W0005306

Bartsch
Taschenbuch mathematischer Formeln
für Ingenieure und Naturwissenschaftler

Taschenbuch mathematischer Formeln für Ingenieure und Naturwissenschaftler

von

Dr.-Ing. Hans-Jochen Bartsch

unter Mitwirkung von Michael Sachs

22., neu bearbeitete Auflage

Mit über 500 Bildern, zahlreichen Beispielen und umfassenden Integraltabellen

fV Fachbuchverlag Leipzig
im Carl Hanser Verlag

Autor
Dr.-Ing. Hans-Jochen Bartsch

Bearbeiter
Prof. Dr. Michael Sachs
Hochschule München
Fakultät für Feinwerk- und Mikrotechnik, Physikalische Technik
www.hm.edu/fb06

Bibliografische Information der Deutschen Nationalbibliothek
Die Deutsche Nationalbibliothek verzeichnet diese Publikation in der Deutschen Nationalbibliografie; detaillierte bibliografische Daten sind im Internet über http://dnb.d-nb.de abrufbar.

ISBN 978-3-446-42785-3
E-Book-ISBN 978-3-446-42927-7

Fachbuchverlag Leipzig im Carl Hanser Verlag

www.hanser.de/taschenbuecher
Lektorat: Christine Fritzsch
Herstellung: Katrin Wulst
Satz: Satzherstellung Dr. Naake, Brand-Erbisdorf
Coverrealisierung: Stephan Rönigk
Druck und Binden: Kösel, Krugzell

Printed in Germany

Vorwort

Das *Taschenbuch Mathematischer Formeln* wendet sich vornehmlich an Studierende von Ingenieurstudiengängen an Hochschulen für Angewandte Wissenschaften (ehemals Fachhochschulen), aber auch Studierenden an Universitäten wird das Taschenbuch ein nützliches Hilfsmittel zur Bewältigung des Mathematikstoffes eines technischen oder naturwissenschaftlichen Studiums sein.

Seit über 50 Jahren ist dieses Buch auf dem Markt und seither Generationen von Studierenden und Anwendern der Mathematik ein Begriff geworden. Im Januar 2008 ist der Verfasser, Dr.-Ing. Hans-Jochen BARTSCH, nachdem er noch die 21. Auflage besorgt hatte, am Beginn der Vorbereitungen zur 22. Auflage verstorben. Gerne habe ich die mir vom Fachbuchverlag Leipzig angebotene Aufgabe, das Werk zu bearbeiten und weiterzuführen, wahrgenommen. So lege ich nun der Öffentlichkeit die 22., neu bearbeitete Auflage des *Bartsch* vor.

Zunächst wurde das gesamte Werk neu erfasst. Hier gilt mein Dank den Erfasserinnen und Erfassern Arvid EICHHOLZ, Carina HÜBNER, Sascha LANGE, Stefanie LOWSKI, Dr. Monika NOACK, Andrea PLOCKE, Sandra SCHNEIDER und Alexander UNGER von der Humboldt-Universität zu Berlin, die mit großem Sachverstand und Akribie dieses formal schwierige Werk mit dem modernen Textsatzprogramm LaTeX gesetzt und es so EDV-technisch für die Zukunft „fit“ gemacht haben.

Kapitel 1 und 2 habe ich nach hinterlassenen Skizzen des Autors überarbeitet, Kapitel 13 völlig neu geschrieben. Der grundlegende Aufbau in Beschreibende Statistik, Stochastik und Schließende Statistik ist dabei gleich geblieben, besondere Sorgfalt habe ich auf den logischen Aufbau, auf die axiomatische Herleitung des Wahrscheinlichkeitsbegriffes und die Beschreibung und Anwendung der wichtigsten Verteilungen gelegt.

Das *Sachwortverzeichnis* wurde bewusst redundant und sehr umfangreich gestaltet, um dem Leser die Möglichkeit eines raschen Quereinstiegs zu einem gewählten Thema oder Begriff zu gewähren. Wohl kaum jemand wird so ein Buch linear von vorne nach hinten durchlesen. Das Sachwortverzeichnis soll daher auch zum „Stöbern“ und Diagonallesen einladen und Interesse an der Materie erwecken.

Zahlreiche *Beispiele*, eingeleitet und beendet mit ♦, zeigen die abstrakten mathematischen Formeln in ihrer Anwendung, wobei Wert gelegt wurde auf Einfachheit der Rechnung, um das Verständnis der Grundsätze nicht zu erschweren.

Kapitel 14 enthält *Integraltabellen* mit fast 600 unbestimmten und bestimmten Integralen. Eine zusätzliche Übersicht am Kapitelanfang ermöglicht einen raschen Zugriff auf das gesuchte Integral. Ein *Daumenregister* erleichtert das Auffinden der einzelnen Kapitel.

Dem Wesen einer Formelsammlung gemäß kann und will das Buch kein Lehrbuch ersetzen, schon gar nicht in der Mathematik, wo die Herleitung neuen Wissens aus bereits vorhandenem nach den strengen Regeln des logischen Schließens oberstes Gebot ist. In diesem Buch sind Herleitungen nur in Ausnahmefällen angedeutet, es soll in erster Linie ein Nachschlagewerk für Studierende technischer Fachrichtungen sein. Gleichwohl ist die Stofffülle so in Kapitel gegliedert und sind diese Kapitel so aufgebaut, dass sie auch einzeln zur Wiederholung eines schon einmal gelernten Stoffes gelesen werden können.

Manche Irrtümer aus der vorangegangenen Auflage habe ich korrigiert, hier danke ich besonders Herrn Prof. Dr. Ulrich TIPP, Hochschule Niederrhein, für viele wertvolle Hinweise. Trotz sorgfältiger Prüfung kann aber bei einem Werk von solchem Umfang völlige Irrtumsfreiheit nie garantiert werden. Der Verlag und ich nehmen deshalb weitere Hinweise, die zur stetigen Verbesserung und Aktualisierung dieses Buches beitragen, jederzeit gerne entgegen.

Mein besonderer Dank gilt den Mitarbeiterinnen des Fachbuchverlags Leipzig, Frau Christine FRITZSCH und Frau Katrin WULST, die unermüdlich und sorgfältig korrekturgelesen haben, für die stets angenehme Zusammenarbeit, sowie Herrn Dr. Steffen NAAKE für den Umbruch der Endfassung.

Möge der *Bartsch* auch nach dem Tode seines Verfassers weiterhin ein treuer und zuverlässiger Begleiter in Studium und Beruf bleiben.

München, im Juni 2011

Michael Sachs
Bearbeiter

Inhaltsverzeichnis

1 Logik, Mengen, Zahlensysteme

1.1 Aussagenlogik

1.1.1 Allgemeines

Aussage, Aussageform

Die *Aussagenlogik* betrachtet die Verknüpfungen elementarer Aussagen, wobei die Aussagen nicht inhaltlich analysiert werden.

Eine *Aussage* ist ein sprachliches Gebilde, das entweder wahr oder falsch ist.

In der Aussagenlogik gelten zwei Grundprinzipien:

- Jede Aussage hat genau einen *Wahrheitswert* „wahr" (kurz: w oder 1), „falsch" (kurz: f oder 0).
  (Satz der *Zweiwertigkeit*, der den *Satz vom ausgeschlossenen Dritten* und den *Satz vom ausgeschlossenen Widerspruch* beinhaltet, s. 1.1.3)
- Der Wahrheitswert einer Aussagenverknüpfung hängt nur von den Wahrheitswerten ihrer Bestandteile ab, nicht aber von deren Inhalt (*Extensionalitätsprinzip*).

Primaussage (*Literal*): Formel ohne logische Verknüpfung (nur p oder $\bar{p}$).

Zusammengesetzte Aussage (aussagenlogische *Formel*, *Ausdruck*, *Aussageform*): enthält Primaussagen und Aussagenverknüpfungen und ist eine endliche Zeichenfolge (*Wort*), bestehend aus aussagenlogischen *Variablen*, *Junktoren* und technischen Zeichen.

Binäre (zweiwertige, BOOLE*sche*) *Variablen* $p, q, r, x_i, \varphi, \ldots$ sind Platzhalter für konkrete Aussagen und sind selbst Formeln.

$A \models \varphi$ heißt: „A erfüllt φ", „A ist Modell für φ".

Durch Belegung der Variablen wird eine Aussageform zur Aussage.

♦ **Beispiele**

Die *einfache, einstellige* Aussage „19 ist eine Primzahl" ist wahr.

Die *dreistellige* Aussage „$8 - 3 = 4$" ist falsch.

„$4x - 3 = 5$" ist nur für $x = 2$ eine wahre Aussage.

„Es regnet." ist eine Aussage φ, die vom betrachteten Ort und der Zeit (Interpretation A) abhängt: $A \models \varphi$.

„Es gibt außerhalb der Erde intelligente Lebewesen." ist eine Aussage, deren Wahrheitswert nicht bekannt ist.

„Wenn eine natürliche Zahl die Endziffer 0 oder 5 hat, ist sie durch 5 teilbar." ist eine wahre, zusammengesetzte Aussage.

„Fischers Fritz", „Der hohe Berg" und „Wann kommst du?" sind keine Aussagen; sie haben keinen Wahrheitswert. ♦

Wahrheits(wert)funktion

Eine *Wahrheits(wert)funktion* F_n^k (BOOLE*sche Funktion*) ordnet jedem k-Tupel von Wahrheitswerten der Argumente einen Wahrheitswert zu. n ist dabei die dezimale Äquivalente der Bitfolge der Werte von F_n^k.

♦ **Beispiel**

NAND $:= \bar{p} \vee \bar{q} = F_7^2$, denn $(0111)_2 = (7)_{10}$, siehe 1.1.2 und 1.1.4. ♦

Bei k Variablen sind 2^k Belegungen möglich, für jede kann der Funktionswert wahr oder falsch sein. Es gibt also genau 2^{2^k} BOOLEsche Funktionen von k Argumenten.

Junktoren

Junktoren sind logische Zeichen, die Variablen oder Ausdrücke zu neuen Ausdrücken verbinden. Sie sind durch eine *Wahrheitstafel* (*Wahrheitstabelle*) charakterisiert.

Nullstellige Junktoren:	$\top$	*Verum*, 1-Element
(*Aussagenkonstanten*)	$\perp$	*Falsum*, 0-Element
Einstelliger Junktor:	$\neg$	Negation (auch $\sim$ oder Überstrich)
Zweistellige Junktoren:	$\wedge$	Und
	$\vee$	Oder
	$\Rightarrow$	Implikation
	$\Leftrightarrow$	Äquivalenz

Bindungen bei zusammengesetzten Ausdrücken gestatten das Weglassen von Klammern:

(1) $\neg$ bindet stärker als zweistellige Junktoren.

(2) $\wedge$ bindet stärker als $\vee$ („Punkt vor Strich").

(3) $\Rightarrow$, $\Leftarrow$ und $\Leftrightarrow$ binden untereinander gleich stark, aber $\wedge$ und $\vee$ binden stärker als $\Rightarrow$, $\Leftarrow$ und $\Leftrightarrow$.

1.1.2 Ein- und zweistellige BOOLEsche Funktionen

Negation, Komplement (einstellig)

Die Wahrheitswerte von p und $\neg p$ ($\sim p$, $\bar{p}$) sind immer verschieden.

Wahrheitstafel der zweistelligen Grundfunktionen

Name		*Konjunktion* UND *logisches Produkt*	*Disjunktion* ODER *Alternative*	*Implikation Subjunktion*	*Äquivalenz Äquijunktion*
lies		„p und q"	„p oder q"	„wenn p dann q"	„p genau dann, wenn q"
p	q	$p \wedge q$	$p \vee q$	$p \Rightarrow q$	$p \Leftrightarrow q$
1	1	1	1	1	1
1	0	0	1	0	0
0	1	0	1	1	0
0	0	0	0	1	1

Wahrheitstafel der erweiterten Funktionen der Informatik

Name		NAND negiertes UND SHEFFER-Fkt.	NOR „weder p noch q" NICOD-Fkt.	*Replikation* „falls"	*Antivalenz* „entweder p oder q"
p	q	$\neg(p \wedge q) = p \uparrow q$	$\neg(p \vee q) = p \downarrow q$	$p \Leftarrow q$	$\neg(p \Leftrightarrow q)$
1	1	0	0	1	0
1	0	1	0	1	1
0	1	1	0	0	1
0	0	1	1	1	0

Bemerkungen zu beiden Tabellen

Konjunktion, logisches Produkt (UND, AND): auch $p\,q$, $p \cdot q$, $p\,\&\,q$.

Disjunktion, Alternative (einschließendes ODER, OR): auch $p + q$.
Die Disjunktion schließt $p = q = 1$ nicht aus.

Implikation, Subjunktion (logische Folgerung): $(p \Rightarrow q) = \bar{p} \vee q$.
Kontraposition: $(p \Rightarrow q) = (\bar{q} \Rightarrow \bar{p})$.
Sprechweisen für $p \Rightarrow q$: „p impliziert q", „p ist hinreichend für q", „q ist notwendig für p".

Äquivalenz, Adjunktion: $(p \Leftrightarrow q) = (p \wedge q) \vee (\bar{p} \wedge \bar{q})$

Antivalenz (ausschließendes Entweder-Oder, XOR):
$\neg(p \Leftrightarrow q) = p\bar{q} \vee \bar{p}q = \neg(q \Leftrightarrow p)$.

Tautologie, Erfüllbarkeit

Tautologien (*Identitäten, universell gültige Formeln*) sind unabhängig von der Belegung der Variablen immer wahr, *Kontradiktionen* immer falsch.

Eine Formel ist *erfüllbar*, wenn es mindestens eine Belegung ihrer Variablen gibt, für die die Formel wahr wird.

♦ **Beispiele für Tautologien**

$p \Rightarrow (q \Rightarrow p), \quad p \Rightarrow (p \vee q), \quad (p \wedge (\bar{q} \Rightarrow \bar{p})) \Rightarrow q.$ ♦

Funktionelle Vollständigkeit

Eine Menge von Junktoren und BOOLEschen Funktionen heißt *funktionell vollständig*, wenn jede andere BOOLEsche Funktion mit ihr ausgedrückt werden kann. Es sind dies

$\{\neg, \wedge, \vee\}, \{\neg, \wedge\}, \{\neg, \vee\}$, NAND, NOR.

Direkte Beweisführung

V Voraussetzung (*Prämisse*, wahr), B die zu beweisende Behauptung.

$V \Rightarrow B$, V ist *hinreichende Bedingung* für B, B ist Folgerung (*Konklusion*). Behauptung B ist bewiesen, wenn sie aus $V = \mathsf{w}$ folgt.

$V \Leftrightarrow B$, V ist *hinreichende und notwendige Bedingung* für B.

Im Falle $B \Rightarrow V$ ist V nur notwendige, jedoch nicht hinreichende Bedingung für B und damit kein Beweis für B, selbst wenn $V = \mathsf{w}$ ist.

♦ **Beispiel**

Man beweise direkt den Satz: Für $a, b \geq 0$ gilt B: $\dfrac{a+b}{2} \geq \sqrt{ab}$ (Das arithmetische Mittel zweier Zahlen ist stets mindestens so groß wie ihr geometrisches Mittel).

Eine geeignete wahre Aussage ist $V: \ (a-b)^2 \geq 0$.

$V \Rightarrow a^2 + b^2 - 2ab \geq 0 \Rightarrow a^2 + b^2 + 2ab \geq 4ab \Rightarrow (a+b)^2 \geq 4ab$

$\Rightarrow a + b \geq 2\sqrt{ab} \Rightarrow \dfrac{a+b}{2} \geq \sqrt{ab} \Rightarrow B \quad$ q. e. d. ♦

Indirekte Beweisführung, Widerspruchsbeweis

B ist bewiesen, wenn man aus der negierten Annahme $\bar{B}$ einen Widerspruch zu $\bar{B}$ oder zu einer anderen bereits bewiesenen Aussage herleiten kann.

♦ **Beispiel**

Man beweise indirekt die Behauptung B: „Es gibt keine größte natürliche Zahl."

Annahme $\overline{B}$: „Es gibt eine größte natürliche Zahl." Diese sei etwa N. Dann ist auch $N+1$ eine natürliche Zahl und größer als N im Widerspruch zu der Annahme, N sei die größte. ♦

Beweis durch vollständige Induktion

Zu beweisen ist eine Aussage der Gestalt: „Für alle natürlichen Zahlen n gilt $B(n)$."

Beweis-Schema:

(1) *Induktionsanfang*: Beweise Behauptung $B(n_0)$, meist $n_0 = 0$ oder 1.

(2) *Induktionsvoraussetzung*: Nimm an, $B(n)$ sei wahr für ein $n \geq n_0$.

(3) *Induktionsschritt*: Beweise: aus $B(n)$ folgt $B(n+1)$.

♦ **Beispiel**

Man beweise die Summenformel: Für die Summe der ersten n natürlichen Zahlen gilt $1+2+\ldots+n = n(n+1)/2$.

(1) $n = 1$: $1 = 1 \cdot 2/2 = 1$, die Behauptung ist wahr für $n = 1$.

(2) Annahme:
Die Behauptung ist wahr für n, also $1+2+\ldots+n = n(n+1)/2$.

(3) Unter der Voraussetzung (2) ist nun zu zeigen, dass die Behauptung auch für $n+1$ gilt, dass also $1+2+\ldots+n+(n+1) = (n+1)(n+2)/2$ ist:
Beweis: $1+2+\ldots+n+(n+1) = \dfrac{n(n+1)}{2} + (n+1)$

$$= \frac{n(n+1)+2n+2}{2} = \frac{n^2+3n+2}{2} = \frac{(n+1)(n+2)}{2} \quad \text{q. e. d.}$$ ♦

1.1.3 Boolesche Algebra

> Ein *Axiom* ist eine grundlegende Aussage, die als in sich einsichtig angesehen wird und daher keines Beweises bedarf. Axiome stehen am Anfang deduktiver mathematischer Theorien und dienen als Ausgangspunkt zur Ableitung weiterführender Ergebnisse.

Deduktiv: Ableitung des Besonderen aus dem Allgemeinen (Gegensatz: *induktiv*)

Sei M eine Menge von BOOLEschen Variablen, versehen mit den beiden Junktoren $\wedge$ und $\vee$. Das Tripel $\langle M, \wedge, \vee \rangle$ heißt dann BOOLE*sche Algebra* (BOOLE*scher Verband*). Für sie gelten folgende Axiome ($p, q, r, \bar{p} \in M$):

Kommutativgesetze: $p \wedge q = q \wedge p, \quad p \vee q = q \vee p$

Assoziativgesetze: $p \wedge (q \wedge r) = (p \wedge q) \wedge r = p\,q\,r$
$p \vee (q \vee r) = (p \vee q) \vee r = p \vee q \vee r$

Distributivgesetze: $p \wedge (q \vee r) = (p \wedge q) \vee (p \wedge r) = pq \vee pr$
$p \vee (q \wedge r) = (p \vee q) \wedge (p \vee r) = (p \vee q) \wedge (p \vee r)$

Idempotenz: $p \wedge p = p, \quad p \vee p = p$

Neutrale Elemente: $p \wedge 1 = p, p \wedge 0 = 0, \quad p \vee 1 = 1, p \vee 0 = p$

Komplementäres Element: Zu jedem p existiert ein komplementäres $\bar{p}$.
$p \wedge \bar{p} = 0$ (*Widerspruch, Kontradiktion*)
$p \vee \bar{p} = 1$ (*ausgeschlossenes Drittes*)
$\neg 1 = 0 \quad \neg 0 = 1$

DE MORGAN*sche Regeln*:
$$\overline{p \wedge q} = \bar{p} \vee \bar{q}, \quad \overline{p \vee q} = \bar{p} \wedge \bar{q}$$

♦ **Beispiele**

(1) Man negiere den Ausdruck $A = (x_1 \vee \bar{x}_2) \wedge x_3$:
$\bar{A} = \overline{(x_1 \vee \bar{x}_2) \wedge x_3} = \overline{x_1 \vee \bar{x}_2} \vee \bar{x}_3 = \bar{x}_1 x_2 \vee \bar{x}_3$.

(2) Man negiere den Ausdruck $B =$ „$x < 1$ oder $x \geq 5$“:
$\bar{B} = \neg B =$„$x \geq 1$ und zugleich $x < 5$“ (nach DE MORGAN). ♦

Rechenregeln

$\bar{\bar{p}} = p$ (*Involutionsregel, doppelte Verneinung*)

$p \wedge (p \vee q) = p \qquad p \vee (p \wedge q) = p$

$p \wedge (q \vee \bar{q}) = p \qquad p \vee (q \wedge \bar{q}) = p$

$p \wedge (\bar{p} \vee q) = p \wedge q \qquad p \vee (\bar{p} \wedge q) = p \vee q$

$(p \wedge q) \vee (p \wedge \bar{q}) = p \qquad (p \vee q) \wedge (p \vee \bar{q}) = p$

(*Reduktionsregeln*)

$(p \vee \bar{r}) \wedge (q \vee r) = (p \wedge r)(q \wedge \bar{r})$

$(p \Rightarrow q) = \bar{p} \vee q \qquad \overline{p \Rightarrow q} = p \wedge \bar{q}$

$(p \Rightarrow q) = (\bar{q} \Rightarrow \bar{p})$ (*Kontraposition*)

$(p \Rightarrow (q \Rightarrow r)) = ((p \wedge q) \Rightarrow r)$

$\overline{p \Leftrightarrow q} = (p \Leftrightarrow \bar{q}) = (\bar{p} \Leftrightarrow q)$

$(p \Leftrightarrow q) = (p \Rightarrow q) \wedge (q \Rightarrow p) \qquad (p \Leftrightarrow q) = (p \wedge q) \vee (\bar{p} \wedge \bar{q})$

♦ **Beispiel**

$(p \vee q)(\bar{p} \vee r)(q \vee r) = (p\bar{p} \vee pr \vee q\bar{p} \vee qr)(q \vee r) = (pr \vee \bar{p}q \vee qr)(q \vee r)$
$= prq \vee prr \vee q\bar{p}q \vee q\bar{p}r \vee qrq \vee qrr = pqr \vee pr \vee \bar{p}q \vee \bar{p}qr \vee qr$
$= (p \vee \bar{p})qr \vee pr \vee \bar{p}q \vee qr = pr \vee \bar{p}q \vee qr.$ ♦

Schaltalgebra

Die *Schaltalgebra* ist eine besondere BOOLEsche Algebra zur Kennzeichnung von Schaltzuständen. Die BOOLEsche Funktion wird zur *Schaltfunktion*. Schaltalgebra und Aussagenalgebra sind *isomorph* durch die Korrespondenz:

Schalter offen (kein Strom) $\hat{=}$ 0, Schalter geschlossen (Strom) $\hat{=}$ 1.

1.1.4 Normalformen

Der Term K_n^k heißt *Elementarkonjunktion* oder *Min-Term*, wenn er die konjunktive Bindung (d. h. mit $\wedge$) aller k Variablen (negiert oder nicht) enthält:

$$K_n^k = \bigwedge_{\nu=1}^{k} x_\nu^{\varepsilon_\nu} = x_1^{\varepsilon_1} \wedge x_2^{\varepsilon_2} \wedge \ldots \wedge x_k^{\varepsilon_k}, \quad n = 0, 1, \ldots, 2^k - 1.$$

Dabei sind die $\varepsilon_i \in \{0,1\}$ und x_ν^1 bezeichnet das positive Literal x_ν, x_ν^0 dagegen das negative $\bar{x}_\nu$.

Ein Min-Term wird nur für eine einzige Variablenbelegung wahr.

Der Term D_n^k heißt *Elementardisjunktion* oder *Max-Term*, wenn er die disjunktive Bindung (d. h. mit $\vee$) aller k Variablen (negiert oder nicht) enthält:

$$D_n^k = \bigvee_{\nu=1}^{k} x_\nu^{\varepsilon_\nu} = x_1^{\varepsilon_1} \vee x_2^{\varepsilon_2} \vee \ldots \vee x_k^{\varepsilon_k}, \quad n = 0, 1, \ldots, 2^k - 1.$$

Ein Max-Term wird nur für eine einzige Variablenbelegung falsch.

Anzahl der möglichen Elementarterme jeweils 2^k.

Interpretation der Bitfolge $(\varepsilon_1\varepsilon_2 \ldots \varepsilon_k)_2$ als Binärzahl liefert die dezimale Äquivalente n.

♦ **Beispiele**

(1) Alle acht 3-stelligen Min-Terme: $pqr, pq\bar{r}, p\bar{q}r, p\bar{q}\bar{r}, \bar{p}qr, \bar{p}q\bar{r}, \bar{p}\bar{q}r, \bar{p}\bar{q}\bar{r}$.

(2) $x_1\bar{x}_2\bar{x}_3x_4x_5\bar{x}_6 \hat{=} (100110)_2 = (38)_{10}$, also $K_{38}^6 = x_1\bar{x}_2\bar{x}_3x_4x_5\bar{x}_6$.

(3) $x_1 \vee \bar{x}_2 \vee \bar{x}_3 \vee x_4 \hat{=} (1001)_2 = (9)_{10}$, also $D_9^4 = x_1 \vee \bar{x}_2 \vee \bar{x}_3 \vee x_4$. ♦

Disjunktive Normalform (DNF) einer BOOLEschen Funktion

Eine disjunktive Verknüpfung von Elementarkonjunktionen heißt *disjunktive Normalform* (*Summenform, Reihen-Parallelschaltung*) der BOOLEschen Funktion F, wenn in ihr genau die Elementarkonjunktionen auftreten, für die $K_n^k = 1$, F also wahr ist.

Konjunktive Normalform (KNF) einer BOOLEschen Funktion

Eine konjunktive Verknüpfung von Elementardisjunktionen heißt *konjunktive Normalform* (*Produktform, Parallel-Reihenschaltung*) der BOOLEschen Funktion F, wenn in ihr genau die Elementardisjunktionen auftreten, für die $D_n^k = 0$, F also falsch ist.

♦ **Beispiel**

Eine BOOLEsche Funktion F ordnet den drei Eingangsvariablen x_1, x_2, x_3 die Ausgangsvariable y zu gemäß nachfolgender Tabelle:

n	x_1	x_2	x_3	y
0	0	0	0	1
1	0	0	1	1
2	0	1	0	1
3	0	1	1	1
4	1	0	0	1
5	1	0	1	1
6	1	1	0	0
7	1	1	1	0

Man berechne die DNF von F und vereinfache sie soweit wie möglich:

$$\begin{aligned} y &= K_0^3 \vee K_1^3 \vee K_2^3 \vee K_3^3 \vee K_4^3 \vee K_5^3 \\ &= \bar{x}_1\bar{x}_2\bar{x}_3 \vee \bar{x}_1\bar{x}_2x_3 \vee \bar{x}_1x_2\bar{x}_3 \vee \bar{x}_1x_2x_3 \vee x_1\bar{x}_2\bar{x}_3 \vee x_1\bar{x}_2x_3 \\ &= \bar{x}_1\bar{x}_2(\bar{x}_3 \vee x_3) \vee \bar{x}_1x_2(\bar{x}_3 \vee x_3) \vee x_1\bar{x}_2(\bar{x}_3 \vee x_3) \\ &= \bar{x}_1\bar{x}_2 \vee \bar{x}_1x_2 \vee x_1\bar{x}_2 = \bar{x}_1(\bar{x}_2 \vee x_2) \vee x_1\bar{x}_2 = \bar{x}_1 \vee \bar{x}_2. \end{aligned}$$

Da in nur zwei Zeilen $K_n^3 = 0$ auftritt, ist es günstiger, die DNF von $\bar{y}$ zu berechnen und das Ergebnis zu invertieren:

$$\bar{y} = K_6^3 \vee K_7^3 = x_1x_2\bar{x}_3 \vee x_1x_2x_3 = x_1x_2(\bar{x}_3 \vee x_3) = x_1x_2.$$

Invertiert: $y = \overline{x_1x_2} = \bar{x}_1 \vee \bar{x}_2$ (DE MORGAN) wie oben. ♦

Terme, die sich nicht weiter vereinfachen lassen, heißen *Primimplikanten*.

1.2 Prädikatenlogik

Die *Prädikatenlogik* (auch *Prädikatenkalkül*) berücksichtigt Eigenschaften von und Beziehungen zwischen (meist) mathematischen Objekten (*Individuen*) und ermöglicht es, kompliziertere logische Beziehungen zu erfassen. Eine *Aussage* entsteht, indem man den *Individuenvariablen* bestimmte Bezeichnungen (Werte) zuweist (Interpretation) bzw. sie durch *Quantifizierung* bindet.

Ein *k-stelliges Prädikat über dem Individuenbereich I* ist eine Abbildung $P(x_1, x_2, \ldots, x_k)$, die jedem k-Tupel von Individuen aus I eindeutig einen Wert aus $\{0, 1\}$ bzw. {„falsch“, „wahr“} zuordnet.

♦ **Beispiele**

(1) Einstelliges Prädikat $P(x) = 1$ genau dann, wenn x prim ($I = \mathbb{N}$).

(2) Zweistelliges Prädikat $P(x, y) = 1$ genau dann, wenn $x < y$ ($I = \mathbb{N}$). ♦

Quantoren

Quantoren vereinigen eine Variable und eine Formel zu einer neuen Formel. Eine Aussageform lässt sich durch Quantifizierung in eine Aussage überführen.

Allquantor (Generalisator) $\forall$

$\forall x\, P(x)$ oder $\forall x : P(x)$ „Für alle x gilt $P(x)$.“

„$P(x)$ ist für jeden Wert von x erfüllt.“

relativiert:

$\forall x \in A\; P(x)$ „Für alle x aus A gilt $P(x)$.“

Existenzquantor (Partikularisator) $\exists$

$\exists x\, P(x)$ „Es gibt (mindestens) ein x mit $P(x)$.“

Wirkungsbereich der Quantoren

$\forall$ und $\exists$ beziehen sich auf die unmittelbar folgende Individuenvariable. Eine an einer Stelle eines Ausdrucks vorkommende Individuenvariable x heißt *frei* an dieser Stelle, wenn sie dort nicht im Wirkungsbereich eines Quantors vorkommt, andernfalls heißt sie *gebunden*.

♦ **Beispiel**

$\forall x \exists y\, (x < y)$, Individuenbereich $I = \mathbb{R}$.
Lies: „Zu jedem reellen x gibt es ein reelles y, welches größer als x ist.“ ♦

Allgemeingültiger Ausdruck, Tautologie

Ein Ausdruck H heißt *allgemeingültig*, wenn für jede Belegung seiner freien Variablen über I gilt: $H = 1$ (wahr). H heißt *erfüllbar*, wenn eine Belegung über I existiert, für die $H = 1$ wird.

Gegensatz: *Kontradiktion*, wenn für jede Belegung gilt $H = 0$.

Austausch von Quantoren durch Negation ($P(x)$ beliebig)

$$\exists x\, P(x) = \neg\forall x\, \neg P(x) \qquad \forall x\, P(x) = \neg\exists x\, \neg P(x)$$

$$\neg\exists x\, P(x) = \forall x\, \neg P(x) \qquad \neg\forall x\, P(x) = \exists x\, \neg P(x)$$

Verteilungssätze ($P_1(x)$, $P_2(x)$ beliebig)

$$\exists x\, (P_1(x) \vee P_2(x)) = \exists x\, P_1(x) \vee \exists x\, P_2(x) \qquad \text{(gilt nicht für } \wedge\text{ !)}$$

$$\forall x\, (P_1(x) \wedge P_2(x)) = \forall x\, P_1(x) \wedge \forall x\, P_2(x) \qquad \text{(gilt nicht für } \vee\text{ !)}$$

Verschiebungssätze (x in $P(x)$ frei, P^* ohne x)

$$\exists x\, (P(x) \wedge P^*) = \exists x\, P(x) \wedge P^* \qquad \text{(gilt auch für } \vee\text{)}$$

$$\forall x\, (P(x) \wedge P^*) = \forall x\, P(x) \wedge P^* \qquad \text{(gilt auch für } \vee\text{)}$$

Austauschsätze für zwei Quantoren ($P(x,y)$ beliebig)

$$\exists x\exists y\, P(x,y) = \exists y\exists x\, P(x,y) \qquad \forall x\forall y\, P(x,y) = \forall y\forall x\, P(x,y)$$

Implikationen ($P(x,y)$ beliebig)

$$\forall x\forall y\, P(x,y) \Rightarrow \exists y\forall x\, P(x,y)$$

$$\exists y\forall x\, P(x,y) \Rightarrow \forall x\exists y\, P(x,y)$$

$$\forall x\exists y\, P(x,y) \Rightarrow \exists y\exists x\, P(x,y)$$

1.3 Mengen

1.3.1 Allgemeines

Eine *Menge* ist eine Zusammenfassung von unterscheidbaren Objekten (Individuen), den *Elementen* der Menge, zu einer Gesamtheit.

Für jedes Objekt x muss eindeutig entscheidbar sein, ob es Element der Menge M ist ($x \in M$) oder nicht ($x \notin M$). Eine Menge ist durch ihre Elemente vollständig beschrieben, d. h. die Reihenfolge der Elemente ist beliebig, Duplikate kommen nicht vor.

Bezeichnung: Mengen: $A, B, M, \ldots$ Elemente: $a, b, m_1, \ldots$

Darstellung und Beschreibung von Mengen

VENN-*Diagramm*: Grafik mit Umrandung der zur Menge gehörenden Elemente (siehe Bilder in 1.3.2).

Verbal: „Menge der natürlichen Zahlen“, „Menge der eingeschriebenen Studierenden eines Studienganges“ usw.

Beschreibung durch Nennung einer *Grund*- oder *Universalmenge* und einer für die Elemente von M charakteristischen Eigenschaft $A(x)$ (einstelliges Prädikat)

$$M := \{x \in G \mid A(x)\}$$

Aufzählungen:

endliche Mengen: $A := \{a_1, a_2, a_3\}$, $B := \{2, 4, 6, \ldots, 2n\}$

unendliche Mengen: $M := \{x_1, x_2, \ldots\}$

Leere Menge: $\emptyset, \{\}$. Sie enthält kein Element (auch nicht die Null). Die leere Menge ist Teilmenge jeder anderen Menge: $\emptyset \subseteq A$.

Man unterscheidet eine *Zweiermenge* $\{a, b\}$ (ungeordnet, d. h. $\{a, b\} = \{b, a\}$) von einem *geordneten Paar* (a, b) (geordnet, d. h. $(a, b) \neq (b, a)$ für $a \neq b$).

Geordnetes Tripel: (x, y, z).

Geordnetes n-Tupel: $(x_1, x_2, \ldots, x_n)$, wobei x_i das i-te Element (die i-te Koordinate) ist.

Punktmengen sind Mengen, deren Elemente Punkte einer Kurve, einer Fläche oder eines noch höherdimensionalen Raumes sind. Punktmengen sind Teilmengen des $\mathbb{R}^n$.

Konventionen für Bezeichnungen von Elementen

Koeffizienten: Beliebig wählbare, aber innnerhalb der Betrachtung dann konstante Zahlen $a, b, a_1, b_1, \ldots$ (erste Buchstaben des Alphabets).

Diskrete, ganzzahlige Variablen: $i, j, k, l, m, n, p, q, \ldots$ (mittlere Buchstaben).

Freie Variablen: Größen, die beliebige Werte eines Definitionsbereiches annehmen können $t, u, v, w, x, y, z, \ldots$ (letzte Buchstaben).

Schranken einer Menge

Eine nicht-leere Menge $M \subseteq \mathbb{R}$ heißt *nach oben beschränkt*, falls eine reelle Zahl S_o existiert (*obere Schranke*), für die gilt: $\forall x \in M \; S_o \geq x$.

Analog gilt für die *untere Schranke* S_u: $\forall x \in M \; S_u \leq x$.

M heißt *beschränkt*, wenn $\forall x \in M \; S_u \leq x \leq S_o$.

Die kleinste obere Schranke von M heißt *Supremum* von M ($G = \sup M = \sup\limits_{x \in M} x$).

Analog heißt die größte untere Schranke von M *Infimum* von M ($g = \inf M = \inf\limits_{x \in M} x$).

Das größte (kleinste) Element einer Menge M heißt *Maximum* (*Minimum*) von M ($\max M$ bzw. $\min M$).

Es gilt:

- Nicht jede nicht-leere Menge muss ein Maximum, Minimum, Supremum oder Infimum besitzen, wenn sie aber eine der genannten Schranken besitzt, so ist diese eindeutig bestimmt.
- Ein Maximum ist stets zugleich Supremum, ein Minimum ist stets zugleich Infimum, aber nicht umgekehrt.
- G ist Supremum von M, wenn (i) $\forall x \in M \; x \leq G$ (d. h. G ist eine obere Schranke von M) und (ii) zu jedem noch so kleinen, aber positiven $\varepsilon \in \mathbb{R}_{>0}$ ein $x_1 \in M$ existiert mit $x_1 > G - \varepsilon$ (d. h. $G - \varepsilon$ ist keine obere Schranke mehr von M, G ist also die kleinste).

♦ **Beispiele**

(1) Die Menge $\mathbb{R}_{>0}$ aller positiven reellen Zahlen hat kein Maximum, kein Supremum, kein Minimum, wohl aber ein Infimum, nämlich 0.

(2) Das Intervall $\{x \in \mathbb{R} \mid 0 \leq x < 1\}$ hat 0 als Infimum und zugleich Minimum, und 1 als Supremum, aber kein Maximum.

(3) Selbst eine nach oben beschränkte Zahlenmenge muss kein Supremum besitzen: So ist $M := \{x \in \mathbb{Q} \mid x^2 < 2\}$ nach oben beschränkt (z. B. durch 1,5), besitzt aber kein Supremum. ♦

Inklusion

A ist *Teilmenge* (*Untermenge*) einer *Obermenge* B ($A \subseteq B$ oder $B \supseteq A$), wenn $\forall x \in A : x \in B$.

A ist *echte Teilmenge* von B ($A \subsetneq B$ oder $B \supsetneq A$), wenn $A \subseteq B \wedge A \neq B$.

Darstellung im VENN-*Diagramm*: Grafik mit Umrandung der Mengen.

Zwei Mengen sind *gleich* ($A = B$), wenn $A \subseteq B \wedge B \subseteq A$.

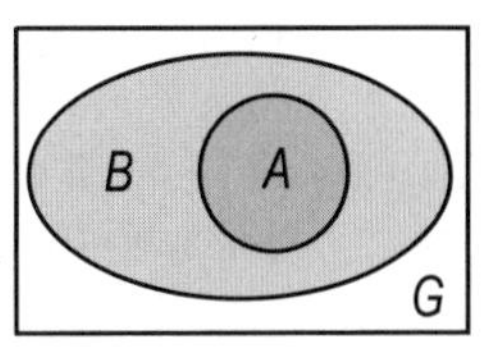

Inklusion $A \subsetneq B$ im VENN-Diagramm

1.3.2 Mengenoperationen

G ist stets die Grundmenge.

Vereinigung zweier Mengen $A \cup B$

Alle Elemente, die zu A oder zu B (oder zu allen beiden) gehören:

$$A \cup B := \{x \in G \mid x \in A \vee x \in B\}, \quad \text{„}A\text{ vereinigt mit }B\text{“}$$

Durchschnitt zweier Mengen $A \cap B$

Alle Elemente, die zu A und zugleich zu B gehören:

$$A \cap B := \{x \in G \mid x \in A \wedge x \in B\}, \quad \text{„}A\text{ geschnitten mit }B\text{“}$$

Gilt $A \cap B = \emptyset$, so heißen A und B *disjunkt* (*elementfremd*).

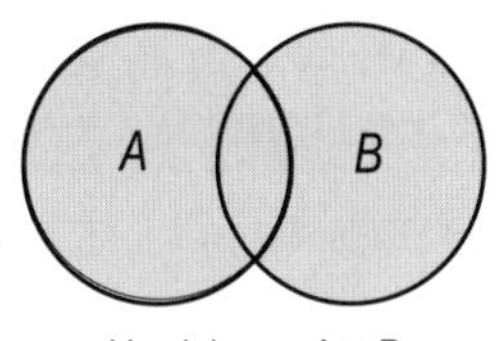

Vereinigung $A \cup B$

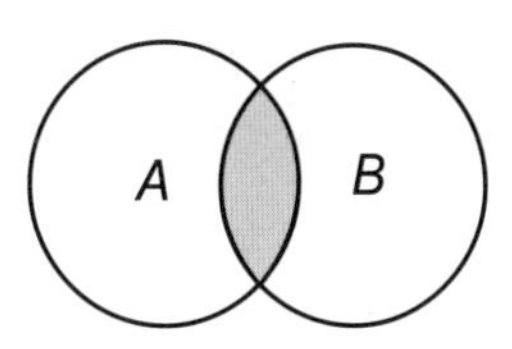

Durchschnitt $A \cap B$

(Absolutes) Komplement von A

Alle Elemente von G, die nicht in A liegen:

$$\bar{A} := \{x \in G \mid x \notin A\}, \quad \text{auch } \complement A.$$

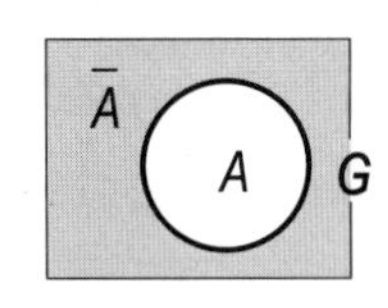

Absolutes Komplement

Differenz zweier Mengen $A \setminus B$

Alle Elemente, die zu A, aber nicht zu B gehören (*Differenz* von A und B, *relatives Komplement* von B bezüglich A):

$$A \setminus B := \{x \in G \mid x \in A \wedge x \notin B\}, \quad \text{„}A\text{ ohne }B\text{“, auch } \complement_A B$$

Es ist nicht erforderlich, dass B Teilmenge von A ist.

Es gilt $A \setminus B = A \cap \bar{B}$, die Operation „Differenz“ ist also entbehrlich.

Die Differenz zweier Mengen ist weder kommutativ noch assoziativ, d. h. es gelten $A \setminus B \neq B \setminus A$ und $A \setminus (B \setminus C) \neq (A \setminus B) \setminus C$.

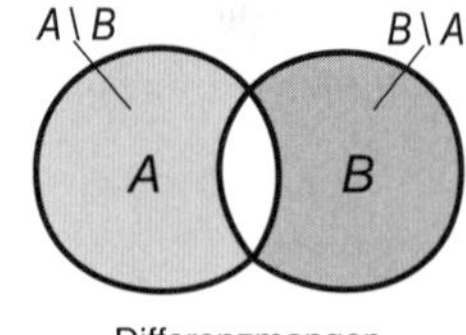

Differenzmengen

Potenzmenge $\mathbb{P}(A)$

Die *Potenzmenge* von A ist die Menge aller Teilmengen von A. Sie enthält insbesondere stets $\emptyset$ und A selbst als Elemente:

$$\mathbb{P}(A) := \{X \mid X \subseteq A\}$$

Ist A eine endliche Menge mit k Elementen, so besteht $\mathbb{P}(A)$ aus 2^k Elementen.

♦ **Beispiel**

Für die zweielementige Menge $A = \{a, b\}$ ist $\mathbb{P}(A) = \{\emptyset, \{a\}, \{b\}, \{a, b\}\}$. ♦

Mächtigkeit einer endlichen Menge

> Die *Mächtigkeit* (*Kardinalität*) einer endlichen Menge A ist die Anzahl ihrer Elemente. Sie wird mit $|A|$ oder mit $\operatorname{card} A$ bezeichnet.

Zwei Mengen von gleicher Mächtigkeit sind eineindeutig aufeinander abbildbar.

Ist $A \subsetneq B$ (A echte Teilmenge von B), so folgt $\operatorname{card} A < \operatorname{card} B$.

Eine unendliche Menge, die eine eineindeutige Zuordnung zur Menge $\mathbb{N}$ der natürlichen Zahlen zulässt, heißt *abzählbar*.

Kartesisches Produkt zweier Mengen $A \times B$

> Das *kartesische Produkt* zweier Mengen (*Produktmenge*) $A \times B$ ist die Menge aller geordneten Paare (x, y) mit $x \in A$ und $y \in B$:
>
> $A \times B := \{(x, y) \mid x \in A \wedge y \in B\}$ lies: „A kreuz B“

Für geordnete Paare gilt: $(x, y) = (u, v) \Leftrightarrow x = u \wedge y = v$.

Ist $A \neq B$, so folgt $A \times B \neq B \times A$.

Sind A und B endliche Mengen, so ist auch $A \times B$ endlich und es ist $\operatorname{card}(A \times B) = (\operatorname{card} A) \cdot (\operatorname{card} B)$.

Es gilt:

$$A \times B = \emptyset \Leftrightarrow (A = \emptyset) \vee (B = \emptyset)$$

$$(A \subseteq C) \wedge (B \subseteq D) \Rightarrow (A \times B) \subseteq (C \times D)$$

1.3.3 Beziehungen, Gesetze, Rechenregeln

G bezeichnet stets die Grundmenge, alle anderen vorkommenden Mengen sind Teilmengen von G.

Reflexivität: $A \subseteq A$

Komplementgesetze: $\bar{\bar{A}} = A,\ \bar{G} = \emptyset,\ \bar{\emptyset} = G,$
$\bar{A} \cap A = \emptyset,\ \bar{A} \cup A = G$

Transitivität: (Überführungsgesetz) $A \subseteq B \wedge B \subseteq C \Rightarrow A \subseteq C$

Teilmengenbeziehungen: (Inklusionen) $A \cap B \subseteq A \cup B$, $A \setminus B \subseteq A$, $\emptyset \subseteq A$, $A \subseteq G$

Kommutativgesetze: (Vertauschungsgesetze) $A \cap B = B \cap A$, $A \cup B = B \cup A$

Assoziativgesetze: (Zusammenfassungsgesetze) $(A \cap B) \cap C = A \cap (B \cap C)$, $(A \cup B) \cup C = A \cup (B \cup C)$

Absorptionsgesetze: $A \cap (A \cup B) = A$, $A \cup (A \cap B) = A$

Distributivgesetze: (Verteilungsgesetze) $A \cap (B \cup C) = (A \cap B) \cup (A \cap C)$, $A \cup (B \cap C) = (A \cup B) \cap (A \cup C)$

DE MORGAN*sche Formeln*: $\overline{A \cap B} = \bar{A} \cup \bar{B}$, $\overline{A \cup B} = \bar{A} \cap \bar{B}$

Die DE MORGANschen Formeln gelten analog für mehr als zwei Mengen.

Weiterhin gilt:

$A \cup \emptyset = A$	$A \cup A = A$	$A \cup G = G$
$A \cap \emptyset = \emptyset$	$A \cap A = A$	$A \cap G = A$
$A \setminus A = \emptyset$	$A \setminus \emptyset = A$	
$(A \setminus B) \cap B = \emptyset$	$A \setminus B = A \setminus (A \cap B)$	

sowie

$$A \cup B = (A \setminus B) \cup (B \setminus A) \cup (A \cap B)$$

Aus einer der nachstehenden Beziehungen folgen die anderen:

$$A \subseteq B \qquad A \cup B = B \qquad A \cap B = A \qquad \bar{B} \subseteq \bar{A} \qquad A \setminus B = \emptyset$$

Produktbeziehungen

In den folgenden Formeln steht $\circ$ für jeweils einen der Operatoren $\cap$, $\cup$ oder $\setminus$:

Multiplikation von rechts:	$(A \circ B) \times C = (A \times C) \circ (B \times C)$
Multiplikation von links:	$C \times (A \circ B) = (C \times A) \circ (C \times B)$

1.3.4 Relationen

Eine (*binäre*) *Relation* R ist eine Beziehung zwischen den Elementen zweier Mengen A und B. Sie ist eine Teilmenge des kartesischen Produkts $A \times B$ aller geordneten Paare (x, y) mit $x \in A$, $y \in B$.

Jede Teilmenge $R \subseteq M_1 \times M_2 \times \ldots \times M_k$ heißt *k-stellige Relation* zwischen den Mengen $M_1, M_2, \ldots, M_k$.

Infix-Notation für binäre Relationen

$$xRy \Leftrightarrow (x, y) \in R \subseteq A \times B$$

gelesen: „Zwischen A und B besteht die Relation R.“

Bezeichnungen

A *Vorbereich*, Quelle von R
B *Nachbereich*, Ziel von R

Definitionsbereich $\mathrm{D}_R := \{x \in A \mid \exists y : xRy\}$
Wertebereich $\mathrm{W}_R := \{y \in B \mid \exists x : xRy\}$

Für $A = B = M$ heißt R eine Relation *auf* der Menge M.

♦ **Beispiele**

(1) Für $x, y \in A$ sei $xRy :\Leftrightarrow x = y$ (*Gleichheitsrelation, identische Relation* id_A).

(2) Für $x, y \in \mathbb{R}$ sei $xRy :\Leftrightarrow x \leq y$ (*Kleiner-gleich-Relation*).

(3) Für $a, b \in \mathbb{Z}$ und festes $n \in \mathbb{N}^*$ sei $aRb :\Leftrightarrow n$ teilt $(a - b)$ (*Kongruenzrelation modulo n*). a und b haben denselben Rest bei Division durch n. Man schreibt hierfür auch $n \mid (a - b)$ (lies: „n teilt $(a - b)$“) oder $a \equiv b \mod n$ (lies: „a kongruent b modulo n“). ♦

Eine Relation $R \subseteq A \times B$ heißt

- *voreindeutig*, wenn jedem $y \in B$ höchstens ein $x \in A$ entspricht,
- *(nach)eindeutig*, wenn jedem $x \in A$ höchstens ein $y \in B$ entspricht (*Funktion*, siehe 7.1),
- *eineindeutig*, wenn sie sowohl vor- als auch nacheindeutig ist,
- *mehrdeutig*, wenn sie weder vor- noch nacheindeutig ist.

Grafische Darstellung

Relationsgraphen mit Relationspfeilen (*Digraphen*), s. Bild.

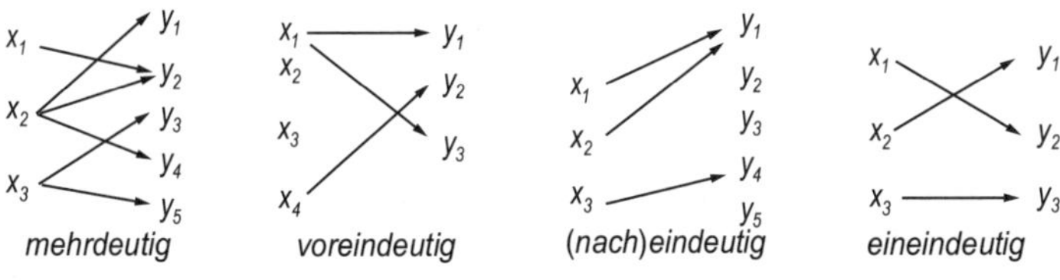

Relationen

♦ **Beispiel**

Zwischen den Mengen $A = \{0, 1\}$ und $B = \{2, 3\}$ seien folgende Relationen definiert:

$R_1 = A \times B = \{(0,2), (0,3), (1,2), (1,3)\}$ (mehrdeutig)

$R_2 = \{(0,2), (0,3)\}$ (vor-, aber nicht nacheindeutig)

$R_3 = \{(0,2), (1,2)\}$ (nach-, aber nicht voreindeutig)

$R_4 = \{(0,2), (1,3)\}$ (eineindeutig) ♦

Eigenschaften binärer Relationen

R sei eine binäre Relation auf M. R heißt

- *reflexiv*, falls $\forall x \in M \; xRx$
- *irreflexiv*, falls $\forall x \in M \; \neg xRx$
- *symmetrisch*, falls $\forall x, y \in M \; (xRy \Rightarrow yRx)$
- *antisymmetrisch*, falls $\forall x, y \in M \; (xRy \wedge yRx \Rightarrow x = y)$
- *transitiv*, falls $\forall x, y, z \in M \; (xRy \wedge yRz \Rightarrow xRz)$
- *linear* (auch *total* oder *konnex*), falls $\forall x, y \in M \; (xRy \vee yRx)$

♦ **Beispiele**

(1) Auf der Potenzmenge $\mathbb{P}(G) = \{A \mid A \subseteq G\}$ einer Menge G sei die Relation $ARB :\Leftrightarrow A \subseteq B$ definiert (Inklusion). R ist

reflexiv: $A \subseteq A$

transitiv: $A \subseteq B \wedge B \subseteq C \Rightarrow A \subseteq C$

antisymmetrisch: $A \subseteq B \wedge B \subseteq A \Rightarrow A = B$

R ist dagegen nicht linear, z. B. gilt für $A = \{1\}$ und $B = \{2\}$ weder $A \subseteq B$ noch $B \subseteq A$.
Eine reflexive, transitive und antisymmetrische Relation heißt *Halbordnung*.

(2) Auf $\mathbb{R}$ sei die Relation $xRy :\Leftrightarrow x \leq y$ definiert (Kleiner-gleich). R ist
reflexiv: $x \leq x$
transitiv: $x \leq y \wedge y \leq z \Rightarrow x \leq z$
antisymmetrisch: $x \leq y \wedge y \leq x \Rightarrow x = y$
linear: $x \leq y$ oder $y \leq x$
(zwei reelle Zahlen sind stets vergleichbar)
Eine Halbordnung, die zusätzlich linear ist, heißt *Ordnung*.

(3) Sei $n \in \mathbb{N}^*$ eine feste Zahl. Auf $\mathbb{Z}$ sei $aRb :\Leftrightarrow a \equiv b \mod n$ (a und b haben denselben Rest bei Division durch n). R ist
reflexiv: $a \equiv a \mod n$
transitiv: $a \equiv b \mod n \wedge b \equiv c \mod n \Rightarrow a \equiv c \mod n$
symmetrisch: $a \equiv b \mod n \Rightarrow b \equiv a \mod n$.
Eine reflexive, transitive und symmetrische Relation heißt *Äquivalenzrelation*. ♦

1.3.5 Intervalle

Ein *endliches Intervall* ist eine zusammenhängende Teilmenge reeller Zahlen, die auf der reellen Zahlengeraden von zwei Randpunkten a und b begrenzt wird ($a < b$). Unendliche Intervalle sind einseitig oder zweiseitig unbegrenzte zusammenhängende Teilmengen reeller Zahlen.

offen: $(a,b) =]a,b[= \{x \mid a < x < b\}$

abgeschlossen: $[a,b] = \{x \mid a \leq x \leq b\}$

halboffen: $[a,b) = [a,b[= \{x \mid a \leq x < b\}$
$(a,b] =]a,b] = \{x \mid a < x \leq b\}$

unendlich: $(-\infty,a) = \{x \mid x < a\}$ $(-\infty,a] = \{x \mid x \leq a\}$
$(a,\infty) = \{x \mid a < x\}$ $[a,\infty) = \{x \mid a \leq x\}$
$(-\infty,\infty) = \mathbb{R} = \{x \mid |x| < \infty\}$
$(-\infty,0) = \mathbb{R}_{<0} = \{x \mid x < 0\}$
$(0,\infty) = \mathbb{R}_{>0} = \{x \mid x > 0\}$

1.3.6 Unscharfe Mengen

Eine *unscharfe Menge* (engl. *Fuzzy-Set*) weist gleitende Übergänge für die Zugehörigkeit eines Elementes zu der Menge mit Wahrheitswerten aus dem Intervall [0; 1] auf.

Charakteristische Funktion, Zugehörigkeitsfunktion

$m_A : X \to [0; 1]$ (auch *Zugehörigkeitsgrad*)

m_A ordnet jedem Element x einer Grundmenge $X \supseteq A$ den Wahrheitswert der Aussage „$x \in A$" zu, gibt also an, „wie sehr" x in A enthalten ist. Die klassische Mengenlehre ist der Spezialfall mit $m_A(x) = 0$, falls $x \notin A$ bzw. $m_A(x) = 1$, falls $x \in A$.

Mithilfe unscharfer Mengen können Probleme der realen Welt modelliert werden, bei denen es aufgrund mangelnder Informationen oder ungenauer Definitionen nicht möglich ist, eindeutig festzulegen, ob ein Element zu einer Menge gehört oder nicht.

♦ **Beispiele unscharfer Mengen**

ausreichende Zimmertemperatur, gefahrvoller Zustand eines chemischen Prozesses, hohe Lärmbelästigung, kleine Kinder, ältere Damen, vertrauenswürdige Personen, reiche Ernte, abgenutzte Werkzeuge u. v. m. ♦

Die in den Beispielen vorkommenden Adjektive heißen *linguistische Variablen*. Oft ist das Vorliegen einer solchen Eigenschaft nicht eindeutig wahr oder falsch.

Darstellung bei Einzelbeobachtungen

- als Tabelle, z. B.

Elemente von X	x_1	x_2	x_3	x_4	...
$m_A(x_i)$	0,3	0,7	0,0	0,9	...

- als Vektor (bei geordneten Indizes): $\boldsymbol{m}_A = (m_A(x_1), m_A(x_2), \ldots)$.

♦ **Beispiele**

(1) Leere Menge: $A = \emptyset \Rightarrow \forall x \in X : m_A(x) = 0$.
Universalmenge: $A = G \Rightarrow \forall x \in X : m_A(x) = 1$.

(2) Das Bild zeigt eine Möglichkeit, den Grundbereich „Körpergröße" mit den Untermengen der linguistischen Variablen „klein", „mittelgroß", „groß" und „sehr groß" gemäß den üblichen Gepflogenheiten einzuteilen. Man bestimme die Zugehörigkeitsgrade bei 1,73 m Größe!

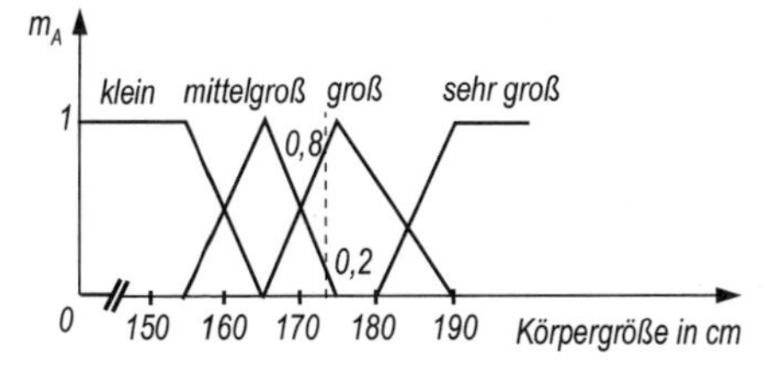

Man liest ab:

$m_{\text{kl.}}(173) = 0$; $m_{\text{mit.}}(173) = 0{,}2$; $m_{\text{gr.}}(173) = 0{,}8$; $m_{\text{s.gr.}}(173) = 0$.

(3) Man gebe eine Zugehörigkeitsfunktion für die unscharfe Menge A aller reellen Zahlen an, die nahezu gleich 10 sind:

$$m_A(x) = \begin{cases} 0 & \text{für } x \leq 8 \vee x \geq 12, \\ \dfrac{x-8}{2} & \text{für } 8 \leq x \leq 10, \\ \dfrac{12-x}{2} & \text{für } 10 \leq x \leq 12. \end{cases}$$ ♦

Kenngrößen und Beziehungen unscharfer Mengen

Träger: $\operatorname{supp}(A) := \{x \in X \mid m_A(x) > 0\}$

Höhe: $\operatorname{hgt}(A) := \sup_{x \in X} m_A(x)$

Kardinalität: $\operatorname{card}(A) := \sum_{x \in X} m_A(x)$

Teilmengen: $A \subseteq B :\Leftrightarrow \forall x \in X\ m_A(x) \leq m_B(x)$

Es gilt $A \subseteq B \Rightarrow \operatorname{supp}(A) \subseteq \operatorname{supp}(B)$ und $A \subseteq B \Rightarrow \operatorname{hgt}(A) \leq \operatorname{hgt}(B)$.

1.4 Zahlensysteme

1.4.1 Polyadische Zahlensysteme

Polyadische Zahlensysteme sind *Positions-* oder *Stellenwertsysteme*. Der Wert einer Ziffer hängt ab von ihrer Stellung innerhalb der Ziffernfolge.

Polyadische Darstellung einer natürlichen Zahl

Sei B eine natürliche Zahl größer 1 (*Basis*). Jede natürliche Zahl $a \in \mathbb{N}^*$ hat eine eindeutige polyadische Darstellung

$$a = a_n B^n + a_{n-1} B^{n-1} + \ldots + a_1 B + a_0 = \sum_{k=0}^{n} a_k \cdot B^k$$

a_k sind die *Ziffern* von a, $a_k \in \{0, 1, \ldots, (p-1)\}$ für $k = 0, \ldots, n$.

BCD (engl. „binary coded decimal“) stellt jede Ziffer des Dezimalsystems als vierstellige Binärziffer dar.

Gebräuchliche Zahlensysteme für natürliche Zahlen

dezimal	dual	*BCD*	oktal	hexadezimal
0	0000	0000 0000	0	0
1	0001	0000 0001	1	1
2	0010	0000 0010	2	2
3	0011	0000 0011	3	3
4	0100	0000 0100	4	4
5	0101	0000 0101	5	5
6	0110	0000 0110	6	6
7	0111	0000 0111	7	7
8	1000	0000 1000	10	8
9	1001	0000 1001	11	9
10	1010	0001 0000	12	A
11	1011	0001 0001	13	B
12	1100	0001 0010	14	C
13	1101	0001 0011	15	D
14	1110	0001 0100	16	E
15	1111	0001 0101	17	F
16	10000	0001 0110	20	10
17	10001	0001 0111	21	11
⋮	⋮	⋮	⋮	⋮

Zur Kennzeichnung des Zahlensystems kann bei Verwechslungsgefahr die Zahl mit der gültigen Basis als Index versehen werden, z. B. $(125)_8$ für eine Oktalzahl.

Festkommadarstellung einer reellen Zahl

$$a = \pm \sum_{k=-\infty}^{n} a_k \cdot B^k$$

Stellenzahl: $n + 1$.

Kommen keine negativen Exponenten k vor, handelt es sich um eine *ganze Zahl* (engl. „integer“).

Dualsystem (Zweiersystem, dyadisches, binäres System)

$$a = \pm \sum_{k=-\infty}^{n} a_k \cdot 2^k$$

Basis $B = 2$, Ziffern $a_k \in \{0, 1\}$, in der Technik auch $\{\mathrm{O}, \mathrm{L}\}$. Eine Ziffer im Dualsystem heißt *Bit* (engl. „binary digit“) oder *Binärstelle*. Sie ist die Einheit des Informationsgehaltes.

Abgeleitete Einheiten:

1 Byte = 8 Bit
1 KB = 1 Kilo-Byte = 2^{10} Byte = 1 024 Byte
1 MB = 1 Mega-Byte = 2^{20} Byte = 1 024 KB = 1 048 576 Byte
1 GB = 1 Giga-Byte = 2^{30} Byte = 1 024 MB = 1 073 741 824 Byte
1 TB = 1 Tera-Byte = 2^{40} Byte = 1 024 GB = 1 099 511 627 776 Byte

Dezimalsystem (dekadisches System)

$$a = \pm \sum_{k=-\infty}^{n} a_k \cdot 10^k$$

Basis $B = 10$, Ziffern $a_k \in \{0, 1, 2, \ldots, 9\}$.

Schreibweisen:

Ganze Zahl: $a = \pm a_n\, a_{n-1}\, \ldots\, a_1\, a_0$
Dezimalbruch: $a = \pm a_n\, a_{n-1}\, \ldots\, a_1\, a_0, a_{-1}\, a_{-2}\, \ldots$

Die $(n+1)$ Ziffern links vom Komma heißen *Stellen*, die Ziffern rechts vom Komma *Dezimalstellen* oder *Dezimalen*.

Endlicher oder *abbrechender Dezimalbruch*: Ab einer Stelle sind alle Dezimalen gleich 0. Ansonsten *unendlicher* oder *nicht-abbrechender Dezimalbruch*.

Echter Dezimalbruch: $0{,}a_{-1}\, a_{-2}\, \ldots$

Tragende Ziffern einer Dezimaldarstellung sind alle Ziffern, links beginnend mit der ersten von 0 verschiedenen Ziffer ($a_n \neq 0$).

Basiskonvertierung von Basis *B* in Basis 10

Man verwendet das HORNER-Schema (siehe 3.3.1.7):

	a_n	a_{n-1}	a_{n-2}	$\ldots$	a_0
B	0	$a_n \cdot B$	$(a_n \cdot B + a_{n-1}) \cdot B$	$\ldots$	$(\ldots) \cdot B$
	a_n	$a_n \cdot B + a_{n-1}$	$(a_n \cdot B + a_{n-1}) \cdot B + a_{n-2}$	$\ldots$	Ergebnis

♦ **Beispiel**

Man konvertiere die Oktalzahl $(7\,301)_8$ in ihr dezimales Äquivalent:

	7	3	0	1
$B = 8$	0	$7 \cdot 8$	$59 \cdot 8$	$472 \cdot 8$
	7	59	472	3 777

Ergebnis: $(7\,301)_8 = (3\,777)_{10}$. ♦

Basiskonvertierung von Basis 10 in Basis *B*

Ganzzahliger Anteil: Fortgesetzte Division durch B ergibt die Ziffern $a_0, a_1, \ldots$ als jeweiligen Divisionsrest (1. Rest ist a_0). Die letzte Zeile ist erreicht, wenn erstmals der Divisor $< B$ ist.

Gebrochener Anteil: Fortgesetzte Multiplikation mit B ergibt die Ziffern $a_{-1}, a_{-2}, \ldots$ als jeweiligen ganzzahligen Anteil des Multiplikationsergebnisses. Ergibt die Multiplikation eine ganze Zahl oder ist die gewünschte Genauigkeit erreicht, wird abgebrochen.

♦ **Beispiel**

Man konvertiere die Dezimalzahl $(43{,}375)_{10}$ in ihr duales Äquivalent:

Ganzzahliger Anteil:	43/2 = 21 Rest **1**	$(a_0 = 1)$
	21/2 = 10 Rest **1**	$(a_1 = 1)$
	10/2 = 5 Rest **0**	$(a_2 = 0)$
	5/2 = 2 Rest **1**	$(a_3 = 1)$
	2/2 = 1 Rest **0**	$(a_4 = 0)$
	1/2 = 0 Rest **1**	$(a_5 = 1)$
Gebrochener Anteil:	0,375 · 2 = **0**,75	$(a_{-1} = 0)$
	0,75 · 2 = **1**,5	$(a_{-2} = 1)$
	0,5 · 2 = **1**,0	$(a_{-3} = 1)$

Ergebnis: $(43{,}375)_{10} = (101011{,}011)_2$ ♦

Gleitpunktzahlen, Maschinenzahlen, Computerzahlen

(engl. „floating point numbers")

$$M = \pm m \cdot B^E = (-1)^v \cdot m \cdot B^E$$

Schreibweise: $M = m(E)$

Bezeichnungen

v *Vorzeichenbit*, $v \in \{0, 1\}$
m *Mantisse*, normiert zu

$$m = 0.m_1m_2m_3\ldots m_n \text{ mit } m_1 \neq 0, \text{ daher } \frac{1}{B} \leq m < 1$$

(Statt des Kommas steht bei Maschinenzahlen ein Punkt.)

m_i Mantissenziffern, $m_i \in \{0, 1, \ldots, (B-1)\}$, $i = 1, 2, \ldots, n$ $(m_1 \neq 0)$
n Mantissenlänge
B Basis der Zahldarstellung, vorzugsweise $B = 2$, aber auch $B = 8, 10, 16$
E *Exponent*, $E \in \mathbb{Z}$ als Dezimalzahl

E bestimmt bei Computerzahlen den *zulässigen Zahlenbereich*, m und B dagegen die *innere Genauigkeit* (den *Rundungsfehler*).

Da die in einem Computer darstellbare Zahlenmenge endlich, aber bereits die Menge der reellen Zahlen im Intervall $[0, 1]$ unendlich ist, müssen viele reellen Zahlen auf die vorhandene Mantissenlänge n gerundet werden:

$\mathrm{rd}(x)$ ist die zu $x \in \mathbb{R}$ nächstgelegene Maschinenzahl, d. h. man erhöht die letzte Mantissenziffer m_n um 1, falls die $(n+1)$-te Ziffer $m_{n+1} \geq B/2$ ist, ansonsten schneidet man nach der n-ten Ziffer ab.

Die *Maschinengenauigkeit* eps ist die kleinste positive Maschinenzahl, die auf 1 addiert eine Maschinenzahl größer 1 liefert:

$$\mathrm{eps} = \min\{x > 0 \mid \mathrm{rd}(1+x) > 1\}$$

eps ist zugleich der maximale relative Fehler bei Rundungen:

$$\left|\frac{\mathrm{rd}(x) - x}{x}\right| \leq \frac{B}{2} B^{-n} = \mathrm{eps}$$

oder gleichbedeutend:

$$\mathrm{rd}(x) = x \cdot (1 + \varepsilon) \text{ mit } |\varepsilon| \leq \mathrm{eps}.$$

♦ **Beispiel**

Bei Gleitpunktzahlen in einem Rechner mit 4-stelliger Mantisse zur Basis 10 beträgt der maximale relative Rundungsfehler $\mathrm{eps} = 5 \cdot 10^{-4} = 0.0005$. Die Nicht-Maschinenzahl $a := 0.12347(1)$ wird abgebildet auf die Maschinenzahl $\mathrm{rd}(a) = 0.1235(1)$, der relative Fehler ist

$$\left|\frac{0.1235(1) - 0.12347(1)}{0.12347(1)}\right| = 0.00024\ldots < \mathrm{eps}.$$

Gleichzeitig ist eps die kleinste positive Maschinenzahl x mit $\mathrm{rd}(1+x) > 1$: Es ist $\mathrm{rd}(1+\mathrm{eps}) = \mathrm{rd}(1.0005) = \mathrm{rd}(0.10005)(1) = 0.1001(1) = 1.001 > 1$, dagegen $\mathrm{rd}(1 + 0.0004) = \mathrm{rd}(1.0004) = \mathrm{rd}(0.10004)(1) = 0.1000(1) = 1$. ♦

Für Gleitpunktzahlen M gelten folgende absoluten Grenzen:

$$B^{E_{\min}-1} \leq |M| \leq (1 - B^{-n}) \cdot B^{E_{\max}}.$$

Warnung

Viele der für reelle Zahlen geltenden Rechengesetze sind falsch für Gleitpunktoperationen, so kann z. B. $x + y = x$ sein, obwohl y eine Maschinenzahl ungleich 0 ist! Außerdem gelten die Assoziativ- und Distributivgesetze *nicht*.

♦ **Beispiel**

(Mantissenlänge $n = 4$, Basis $B = 10$).

Für die Maschinenzahlen $x := 10 = 0.1000(2)$ und $y := 0.004 = 0.4000(-2)$ gilt $x + y = 10.004 = 0.10004(2)$, die Summe ist also keine Maschinenzahl mehr und wird zu $\mathrm{rd}(0.10004(2)) = 0.1000(2) = 10 = x$, also $x + y = x$. ♦

1.4.2 Römisches Zahlensystem

Das römische Zahlensystem ist ein *Additionssystem*. Grundsymbole mit ihrer dezimalen Bedeutung sind

$$\mathrm{I} \mathrel{\widehat{=}} 1,\ \mathrm{V} \mathrel{\widehat{=}} 5,\ \mathrm{X} \mathrel{\widehat{=}} 10,\ \mathrm{L} \mathrel{\widehat{=}} 50,\ \mathrm{C} \mathrel{\widehat{=}} 100,\ \mathrm{D} \mathrel{\widehat{=}} 500,\ \mathrm{M} \mathrel{\widehat{=}} 1\,000$$

Schreibweise

Man beginnt links mit dem Symbol der größten Zahl. Die Symbole I, X und C werden normalerweise nur bis zu dreimal geschrieben (bisweilen auch viermal, insbesondere bei Uhren aus Symmetriegründen).

Steht ein Symbol einer kleineren Zahl vor dem einer größeren, wird sein Wert von dem der größeren subtrahiert. Es gilt also

$$\mathrm{IV} \mathrel{\widehat{=}} 4,\ \mathrm{IX} \mathrel{\widehat{=}} 9,\ \mathrm{XL} \mathrel{\widehat{=}} 40,\ \mathrm{XC} \mathrel{\widehat{=}} 90,\ \mathrm{CD} \mathrel{\widehat{=}} 400,\ \mathrm{CM} \mathrel{\widehat{=}} 900$$

Alle anderen Kombinationen einer kleineren Zahl vor einer größeren sind unzulässig.

♦ **Beispiel**

1999 entspricht MCMXCIX ($1\,000 + 900 + 90 + 9$). Falsch wäre MIM.
2011 entspricht MMXI. ♦

2 Arithmetik

2.1 Menge der reellen Zahlen

2.1.1 Standard-Zahlenmengen

In *(Standard-)Zahlenmengen* ist eine Ordnung erklärt und gewisse mathematische Operationen sind *uneingeschränkt* ausführbar. Bei Erweiterungen von Zahlenmengen ist die Ausgangsmenge echte Teilmenge der neuen: $\mathbb{N} \subsetneq \mathbb{Z} \subsetneq \mathbb{Q} \subsetneq \mathbb{R} \subsetneq \mathbb{C}$

Darstellung

Doppelstrich- oder fette Normalbuchstaben.

Herausnahme der 0 durch *.

Einschränkungen auf Teilbereiche durch Indizes, z. B. $\mathbb{R}_{>0}$ für positive reelle Zahlen, oft auch mit angehängtem $+$: $\mathbb{R}^+$

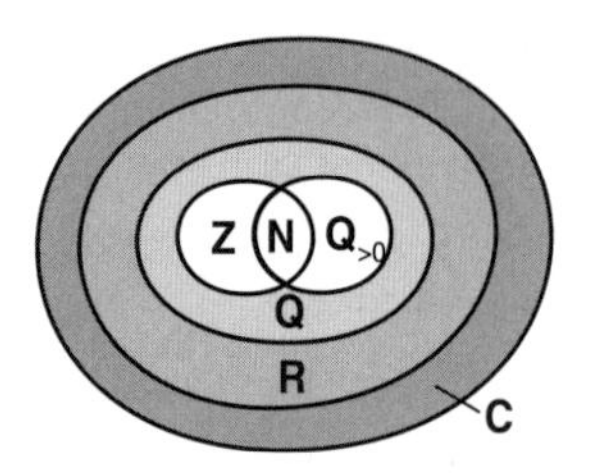

Standard-Zahlenmengen

Natürliche Zahlen

Menge der *nicht-negativen ganzen Zahlen*[1]: $\mathbb{N} = \{0, 1, 2, 3, \ldots\}$ Menge der *positiven ganzen Zahlen*: $\mathbb{N}^* = \{1, 2, 3, \ldots\}$

Uneingeschränkt ausführbar sind: Addition, Multiplikation, Kleiner-als-Relation.

Die Gleichung $m + x = n$ mit $m, n \in \mathbb{N}$ ist in $\mathbb{N}$ nicht immer nach x auflösbar.

Jede natürliche Zahl n hat einen unmittelbaren Nachfolger $(n + 1)$ als isolierten Punkt auf dem *Zahlenstrahl* (PEANO*sches Axiomensystem*).

Kardinalzahl: Anzahl der Elemente einer Menge (*Mächtigkeit*
Ordinalzahl: Stelle eines Elements in einer geordneten Menge

[1] nach DIN 1302 und 5473, aber auch davon abweichend üblich $\mathbb{N}_0 = \{0, 1, 2, \ldots\}$, dann mit $\mathbb{N} = \{1, 2, 3, \ldots\}$

Primzahlen

Eine *Primzahl* p, $p \geq 2$, ist eine natürliche Zahl, die nur durch sich selbst und durch 1 ohne Rest teilbar ist: $2, 3, 5, 7, 11, 13, 17 \ldots$

Jede natürliche Zahl $n \geq 2$ ist entweder selbst Primzahl oder lässt sich als Produkt von Primfaktoren ausdrücken. Die Primfaktoren sind bis auf die Reihenfolge eindeutig durch n bestimmt.

Ganze Zahlen

Menge der *ganzen Zahlen*: $\mathbb{Z} = \{\ldots, -2, -1, 0, 1, 2, \ldots\}$

Menge der *ganzen Zahlen ohne Null*: $\mathbb{Z}^* = \{\ldots, -2, -1, 1, 2, \ldots\}$

Zusätzlich ausführbar in $\mathbb{Z}$: Subtraktion

Jede ganze Zahl hat genau einen Vorgänger und genau einen Nachfolger.

Rationale Zahlen

Menge (*Körper*) der *rationalen Zahlen*:

$$\mathbb{Q} = \left\{ \frac{p}{q} \mid p \in \mathbb{Z}, q \in \mathbb{N}^* \right\}$$

Die Darstellung ist nicht eindeutig, z. B. $1/3 = 2/6 = \ldots$ Durch die Forderung $\mathrm{ggT}(p, q) = 1$ (p und q *teilerfremd*) wird Eindeutigkeit erreicht (*Normaldarstellung*).

Zusätzlich ausführbar: Division (außer durch 0).

Die rationalen Zahlen liegen überall *dicht* auf der Zahlengeraden, d. h., zwischen zwei rationalen Zahlen liegen beliebig viele weitere. Eine rationale Zahl hat daher keinen direkten Nachfolger oder Vorgänger.

$\mathbb{Q}$ ist ein (algebraischer) *Körper* (siehe 2.1.2.1). $\mathbb{Q}$ ist *abzählbar*, d. h., es gibt eine eineindeutige Zuordnung von $\mathbb{Q}$ zu $\mathbb{N}$.

Einteilung der rationalen Zahlen

- *Gemeine Brüche, Bruchzahlen* , z. B. $4/7$, siehe 2.1.2.1
- *Endliche Dezimalbrüche*, z. B. 0,25
- *Unendliche periodische Dezimalbrüche*, bei der Division gemeiner Brüche tritt periodische Wiederholung einer Ziffernfolge ein:
  Reinperiodisch: $7/13 = 0{,}538\,461\,538\,461\ldots = 0{,}\overline{538\,461}$
  Gemischtperiodisch (mit Vorperiode): $1/6 = 0{,}166\,666\ldots = 0{,}1\overline{6}$ (sprich „0,1 Periode 6")

Reelle Zahlen

Menge (*Körper*) der reellen Zahlen: $\mathbb{R} = (-\infty, \infty)$

Zusätzlich ausführbar: Grenzwertbildung

Reelle Zahlen kann man eineindeutig auf Punkte der *reellen Zahlengeraden* abbilden: $\mathbb{R}$ und Zahlengerade sind *gleichmächtig*. $\mathbb{R}$ ist nicht abzählbar.

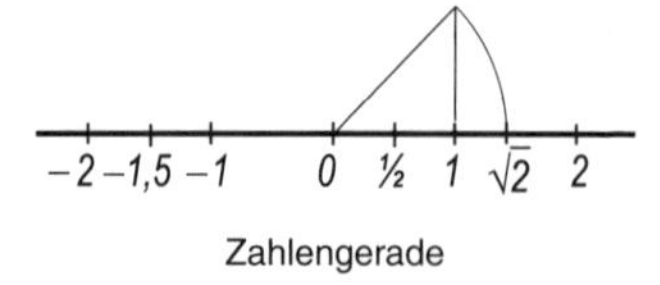

Zahlengerade

Einteilung der reellen Zahlen

- *Rationale Zahlen* $\mathbb{Q}$
- *Irrationale Zahlen* $\mathbb{R} \setminus \mathbb{Q}$: nicht periodische, unendliche Dezimalbrüche, z. B. $\sin 10^\circ, \pi, e, \sqrt{2}, \log 3$
- *Algebraische Zahlen*: Nullstellen von Polynomen mit ganzzahligen Koeffizienten, z. B. $\sqrt{2}$
- *Transzendente Zahlen*: reelle Zahlen, die nicht Nullstellen von Polynomen mit ganzzahligen Koeffizienten sind, z. B. π, e

Als Näherungswerte benutzt man endliche Dezimalbrüche, z. B. $\sqrt{2} \approx 1{,}414\,21$.

Menge der positiven reellen Zahlen: $\mathbb{R}_{>0} = (0, \infty)$, auch $\mathbb{R}^+$.

2.1.2 Grundoperationen an reellen Zahlen

2.1.2.1 Die vier Grundrechenarten

Rechenoperationen höherer Stufe binden stärker als die niederer Stufe.

Stufe	Operation	a	b	c
1. Stufe	*Addition* $a + b = c$	*Summand*	*Summand*	*Summe*
	Subtraktion $a - b = c$	*Minuend*	*Subtrahend*	*Differenz*
2. Stufe	*Multiplikation* $ab = a \cdot b = c$	*Faktor, Multiplikand*	*Faktor, Multiplikator*	*Produkt*
	Division $\frac{a}{b} = c, (b \neq 0)$	*Dividend, Zähler*	*Divisor, Nenner*	*Quotient, Bruch*

Axiomensystem der reellen Zahlen

(Zum Begriff *Axiom* siehe 1.1.3)

Eine Menge $(\mathbb{K}, +, \cdot)$ mit zwei Rechenoperationen heißt *algebraischer Körper*, *Zahlenkörper* oder kurz *Körper*, wenn sie die folgenden Axiome erfüllt:

Körperaxiome ($a, b, c \in \mathbb{K}$)

Abgeschlossenheit:	$a + b \in \mathbb{R}$	$a \cdot b \in \mathbb{R}$
Kommutativgesetze:	$a + b = b + a$	$a \cdot b = b \cdot a$
Assoziativgesetze:	$(a + b) + c = a + (b + c)$	$a \cdot (b \cdot c) = (a \cdot b) \cdot c$
Neutrale Elemente:	$a + 0 = a$ (*Null*)	$a \cdot 1 = a$ (*Eins*)
Inverse Elemente:	$a + (-a) = 0$	$a \cdot \frac{1}{a} = 1 \; (a \neq 0)$
Distributivgesetz:	$a \cdot (b + c) = a \cdot b + a \cdot c$	

Für $a + (-b)$ schreibt man kurz $a - b$, für $a \cdot \frac{1}{b}$ kurz $\frac{a}{b}$ und für $a \cdot b$ kurz ab.

Von den Standardmengen sind $\mathbb{Q}$ und $\mathbb{R}$ Körper, $\mathbb{N}$ und $\mathbb{Z}$ dagegen nicht (keine multiplikativen Inversen).

Folgerungen

Differenz:	$a + x = b \Leftrightarrow x = b - a$	$-(-a) = a$
Null:	$a - 0 = a$	$-0 = 0$
	$a \cdot 0 = 0 \cdot a = 0$	
	$a \cdot b = 0 \Leftrightarrow a = 0 \vee b = 0$ (Körper sind *nullteilerfrei*.)	
Quotient:	$a \cdot x = b \Leftrightarrow x = \frac{b}{a}$	
	$\frac{0}{a} = 0 \quad (a \neq 0)$	Achtung: $\frac{a}{0}$ nicht definiert

Anordnungsaxiome ($a, b, c \in \mathbb{R}$)

Trichotomie: Für jedes $a \in \mathbb{R}$ gilt genau eine der drei Beziehungen
$a > 0, a = 0, -a > 0$.

Summe: Aus $a > 0$ und $b > 0$ folgt $a + b > 0$.

Produkt: Aus $a > 0$ und $b > 0$ folgt $a \cdot b > 0$.

Man vereinbart $a > b$, falls $a - b > 0$ ist, und $a \geq b$, falls $a > b$ oder $a = b$ ist. Statt $a > b$ kann man auch $b < a$ schreiben.

Folgerungen

Transitivität: $a < b \wedge b < c \Rightarrow a < c$
Monotonie der Addition: $a < b \Rightarrow a + c < b + c$
Monotonie der Multiplikation: $a < b \wedge c > 0 \Rightarrow a \cdot c < b \cdot c$

Zahlenmengen, in denen die Körperaxiome und die Anordnungsaxiome erfüllt sind, heißen *angeordnete Körper*. $\mathbb{Q}$ und $\mathbb{R}$ sind angeordnete Körper.

Vorzeichenregeln ($a, b > 0$)

$$a - (-b) = a + b \qquad a + (-b) = a - b$$

$$-a - b = -(a + b) \qquad a - b = -(b - a)$$

$$(-a) \cdot (-b) = a \cdot b \qquad a \cdot (-b) = (-a) \cdot b = -ab$$

$$\frac{-a}{-b} = \frac{a}{b} \qquad \frac{a}{-b} = \frac{-a}{b} = -\frac{a}{b}$$

Klammern auflösen, Ausklammern

Empfehlung: Vorzugsweise *runde Klammern* auch bei geschachtelten Ausdrücken verwenden, da andere Klammerformen z. T. gesonderte Bedeutungen haben und in Programmiersprachen ohnehin nur runde Klammern vorkommen. Geschachtelte Klammern sind von innen nach außen aufzulösen.

$$a + (b - c) = a + b - c \qquad a - (b - c) = a - b + c$$

$$a \cdot b + c = (ab) + c \quad \text{„Punkt vor Strich"}$$

$$a(b \pm c) = ab \pm ac \qquad -a(b \pm c) = -ab \mp ac$$

$$(a + b) \cdot (c + d) = ac + ad + bc + bd$$

Größter gemeinsamer Teiler (ggT) und kleinstes gemeinsames Vielfaches (kgV)

Seien $m, n \in \mathbb{Z}^*$.

Der *größte gemeinsame Teiler* ggT(m,n) ist die größte natürliche Zahl, die m und n teilt.

Das *kleinste gemeinsame Vielfache* kgV(m,n) ist die kleinste natürliche Zahl, die m und n als Teiler enthält.

Zur Berechnung *faktorisiere* man die Zahlen, d. h. man zerlege sie in ihre *Primfaktoren*.

2

♦ **Beispiel**

$$\begin{array}{l} 12 = 2^2 \cdot 3^1 \\ 40 = 2^3 \qquad \cdot 5^1 \\ \hline \text{ggT}(12,40) = 2^2 \qquad\qquad = \quad 4 \\ \text{kgV}(12,40) = 2^3 \cdot 3^1 \cdot 5^1 = 120 \end{array}$$

♦

Bruchrechnung $(a, b, c \in \mathbb{Z}, n \in \mathbb{N}^*)$

Echter Bruch: $\frac{a}{b}$ mit $|a| < |b|$, sonst *unecht*

Gemeiner Bruch: echter Bruch mit $b \neq 10^n$

Gemischte Zahl: $n\frac{a}{b} = n + \frac{a}{b}$, z. B. $7\frac{1}{9} = 7 + \frac{1}{9}$

Stammbruch: $\frac{1}{a}$ mit $a \in \mathbb{N}^*$

Gleichnamige Brüche: Brüche mit gleichen Nennern

Kehrwert von $\frac{a}{b}$: $\frac{b}{a}$

Erweitern mit c: $\frac{a}{b} = \frac{a \cdot c}{b \cdot c}$

Kürzen mit c: $\frac{a}{b} = \frac{a : c}{b : c} = \frac{a/c}{b/c}$

Kürzen mit dem $\text{ggT}(a, b)$ liefert *Normaldarstellung*.

Grundrechenarten mit Brüchen

- *Addition, Subtraktion*: $\frac{a}{b} \pm \frac{c}{b} = \frac{a \pm c}{b}$ (gleichnamige Brüche)
  Ungleichnamige Brüche werden vor der Addition/Subtraktion auf den *Hauptnenner*, z. B. das kgV der Nenner, gebracht (siehe Beispiel).
  $\frac{a}{b} \pm \frac{c}{d} = \frac{ad \pm bc}{bd}$, falls b und d teilerfremd sind.
- *Multiplikation*: $\frac{a}{b} \cdot \frac{c}{d} = \frac{ac}{ad}$
- *Division*: $\frac{a}{b} : \frac{c}{d} = \frac{a}{b} \cdot \frac{d}{c} = \frac{ad}{bc}$ (zweiten Bruch *stürzen*)

♦ **Beispiel**

$$\frac{3}{4} + \frac{5}{14} - \frac{11}{12} = \frac{3 \cdot 21 + 5 \cdot 6 - 11 \cdot 7}{2 \cdot 2 \cdot 7 \cdot 3} = \frac{16}{84} = \frac{4}{21}$$

♦

Polynomdivision (*Partialdivision*)

1. Ordnen von Dividend und Divisor nach fallenden Potenzen von x
2. Nächstes Glied Dividend durch nächstes Glied Divisor ergibt nächstes Glied Quotient
3. Rückmultiplikation mit Divisor
4. Subtraktion
5. Wiederhole Schritte 2–4, bis die Differenz 0 wird oder ein Rest bleibt

♦ **Beispiel**

$$
\begin{array}{l}
(3x^3 - 2x^2 + 5x + 1) : (x^2 + 4) = 3x - 2 \\
\underline{3x^3 \qquad\quad + 12x} \\
\qquad - 2x^2 - 7x + 1 \\
\qquad \underline{- 2x^2 \qquad\quad - 8} \\
\qquad\qquad\quad - 7x + 9 \text{ (Rest)}
\end{array}
$$

Also folgt $\dfrac{3x^3 - 2x^2 + 5x + 1}{x^2 + 4} = 3x - 2$ Rest $(-7x + 9)$ oder

$3x^3 - 2x^2 + 5x + 1 = (3x - 2) \cdot (x^2 + 4) + (-7x + 9)$. ♦

2.1.2.2 Proportionen, Verhältnisgleichungen

$$a : b = c : d \Leftrightarrow \frac{a}{b} = \frac{c}{d} \Leftrightarrow a \cdot d = b \cdot c$$

a, d Außenglieder, b, c Innenglieder, a, c Vorderglieder, b, d Hinterglieder. Brüche „über Kreuz multiplizieren“.

Fortlaufende Proportionen lassen sich in Teilproportionen zerlegen:

Aus $a : b : c = x : y : z$ folgen $a : b = x : y$, $a : c = x : z$ und $b : c = y : z$.

Proportionalitätsfaktor *k*

$$a : b = c : d \Leftrightarrow \begin{cases} a = k \cdot c \\ b = k \cdot d \end{cases} \quad \text{mit } k = \frac{a}{c} = \frac{b}{d}, k \in \mathbb{R}$$

Direkte Proportionalität (Graph: Gerade)

$$y \sim x \Leftrightarrow y = k \cdot x$$

Indirekte Proportionalität (Graph: Hyperbel)

$$y \sim \frac{1}{x} \Leftrightarrow y = \frac{k}{x}$$

Erweitern, Kürzen, Vertauschungssätze $(a, b, c, d \neq 0)$

$$\begin{aligned} a : b = c : d &\Leftrightarrow ak : bk = c : d \\ &\Leftrightarrow ak : b = ck : d \\ &\Leftrightarrow d : b = c : a \\ &\Leftrightarrow a : c = b : d \text{ usw.} \end{aligned}$$

Korrespondierende Addition/Subtraktion

$$\begin{aligned} a : b = c : d &\Leftrightarrow (a \pm b) : a = (c \pm d) : c \\ &\Leftrightarrow (a \pm b) : b = (c \pm d) : d \\ &\Leftrightarrow (a + b) : (a - b) = (c + d) : (c - d) \text{ usw.} \end{aligned}$$

Stetige Proportion: $a : b = b : c$

Arithmetisches Mittel: $\bar{x} = \dfrac{a+b}{2}$

Geometrisches Mittel, mittlere Proportionale

$$a : x = x : b \Leftrightarrow \bar{x}_\text{g} = \sqrt{ab} \quad (a, b > 0)$$

Harmonisches Mittel, harmonische Proportion

$$(a - x) : (x - b) = a : b \Leftrightarrow \bar{x}_\text{h} = \frac{2ab}{a+b}$$

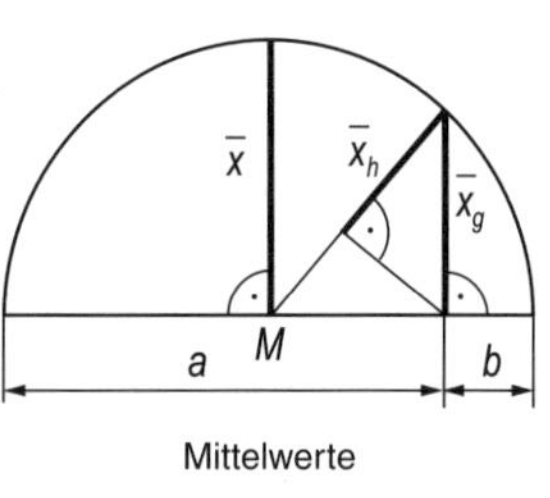

Mittelwerte

Allgemein gilt: $\bar{x} \geq \bar{x}_\text{g} \geq \bar{x}_\text{h}$ (Satz von CAUCHY, siehe 13.1.2)

2.1.2.3 Prozentrechnung

$$P = G_0 \cdot \frac{p}{100} = G_0 \cdot i, \qquad 1\,\% \text{ von } G_0 \text{ sind } \frac{G_0}{100}$$

G_0 *Grundwert*, Basiswert, Bezugswert
P *Prozentwert*
p *Prozentfuß* in %, p von Hundert
$i = \dfrac{p}{100}$ *Prozentsatz*

Beim Vergleich von Prozentsätzen zum gleichen Grundwert wird die Differenz in *Prozentpunkten* ausgedrückt.

Die Sprechweise „p % von G_0" meint $P = i \cdot G_0$.

Prozent „auf" und „in" Hundert

Auf Hundert sind Aufschläge auf den Grundwert (*Vomhundertsatz*):

$$p' = \frac{100\,p}{100 + p}\,\% \quad \text{(auch Geldentwertung mit } \textit{Inflationsrate } p\text{)}$$

In Hundert sind Abschläge (Verlust) vom Grundwert (*Rabatt*):

$$p' = \frac{100\,p}{100 - p}\,\%$$

♦ **Beispiele**

(1) $p = 19\,\%$ Mehrwertsteuer auf den Nettopreis sind
$p' = \frac{100 \cdot 19}{100 + 19}\,\% = 15{,}97\,\%$ Steueranteil am Verkaufspreis.

(2) Einem Materialverlust von 23 % von der Einsatzmasse der Rohstoffe bei einer Fertigung entspricht ein höherer Materialeinsatz, vom Fertigprodukt aus betrachtet, von $p' = \frac{100 \cdot 23}{100 - 23}\,\% = 29{,}87\,\%$. ♦

2.1.2.4 Näherung

Abbruch der Grundziffernfolge

Zum Beispiel ergibt $\pi \approx 3{,}14159$ einen absoluten Fehler $\varepsilon < 10^{-5}$.

Runden (Das Zeichen $\doteq$ heißt „gerundet gleich")

Abrunden: Die letzte Ziffer a_i bleibt unverändert, wenn die erste weggelassene Ziffer $a_{i+1} \in \{0, 1, 2, 3, 4\}$ ist.

Aufrunden: Ziffer a_i wird um 1 erhöht, wenn $a_{i+1} \in \{5, 6, 7, 8, 9\}$ ist.

Absoluter Fehler beim Runden einer Dezimalzahl a auf t Stellen der gerundeten Zahl $\tilde{a}$:

$$|\tilde{a} - a| \leq 0{,}5 \cdot 10^{-t} \qquad t \textit{ sichere (gültige) Dezimalen} \text{ von } a$$

Die Formel gilt analog für das Runden ganzer Zahlen, siehe Beispiel (2).

♦ **Beispiele**

(1) $\tilde{a} = 4{,}700$ steht für $4{,}6995 \leq a < 4{,}7005$ $(t = 3)$, dagegen
$\tilde{a} = 4{,}7$ steht für $4{,}65 \leq a < 4{,}75$ $(t = 1)$

(2) Runden auf Hunderter: $7\,345 \doteq 7\,300$, absoluter Fehler $\leq 0{,}5 \cdot 10^2$

(3) Runden auf 10^{-3}: $6{,}748\,8 \doteq 6{,}749$, absoluter Fehler $\leq 0{,}5 \cdot 10^{-3}$

(4) Runden von 45 500 750 auf Millionen: 46 000 000; auf Hunderttausend: 45 500 000; auf Tausend: 45 501 000, auf Hundert: 45 500 800 ♦

2.1.2.5 Fehlerrechnung

Definition der Fehlergrößen

Bezeichnungen

x Wahrer, aber unbekannter Wert; Sollwert
a Näherungswert, Istwert, Messwert

Wahrer Fehler: $\Delta x = x - a$ (Messtechnik: *Abweichung*)

Absoluter Fehler: $|\Delta x| = |x - a| \Rightarrow x = a \pm \Delta x$

Fehlerschranke für den absoluten Fehler, *absoluter Höchstfehler*

$$|\Delta x| \leq \varepsilon_x \qquad \text{mit } \varepsilon_x > 0\text{, möglichst klein}$$

d. h. $a - \varepsilon_x \leq x \leq a + \varepsilon_x$ bzw. $x \in [a - \varepsilon_x;\ a + \varepsilon_x]$

Relativer Fehler

$$\delta_x = \frac{|\Delta x|}{|x|} = \frac{|x - a|}{|x|} \approx \delta_a = \frac{|\Delta x|}{a} = \frac{|x - a|}{|a|} \qquad x, a \neq 0$$

Fehlerschranke für den relativen Fehler, *relativer Höchstfehler*

$$\delta_x \leq \rho_x \qquad \text{mit } \rho_x > 0\text{, möglichst klein}$$

d. h. $\rho_x = \dfrac{\varepsilon_x}{|x|}$

Prozentualer Fehler: $\delta_x \cdot 100\,\%$

Fehlerschranke für den prozentualen Fehler, *prozentualer Höchstfehler*

$$\delta_x \cdot 100\,\% \leq \rho_x \cdot 100\,\% = \sigma_x \qquad \text{mit } \sigma_x > 0\text{, möglichst klein}$$

♦ **Beispiel**

Man berechne die relative Fehlerschranke (den relativen Höchstfehler) für den Näherungswert 2,718 der EULERschen Zahl e.

Ein genauerer Näherungswert ist e ≈ 2,718 281, woraus eine obere Schranke für den absoluten Fehler von z. B. $\varepsilon_e = 0{,}000\,3$ resultiert.

Die relative Fehlerschranke von 2,718 ist dann $\rho_e = \dfrac{0{,}000\,3}{2{,}718} = 0{,}000\,11$. ♦

Fehlerarten numerischer Berechnungen

Eingabefehler, Eingangsfehler

$$\Delta x = x - a$$

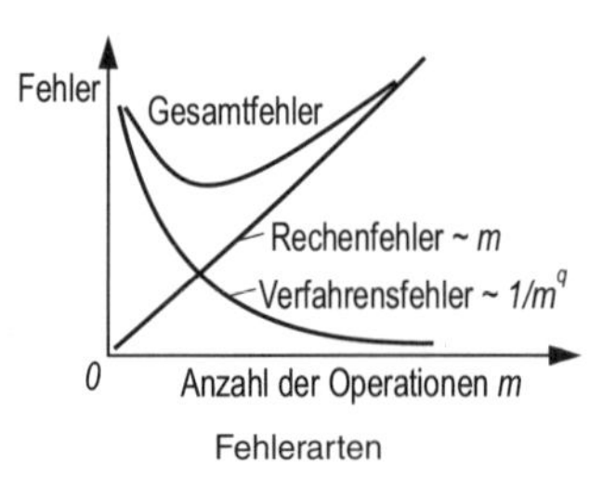

Fehlerarten

Verfahrensfehler

Differenz der Lösung eines Näherungsverfahrens $\Phi(x)$ zum exakten Verfahren $f(x)$:

$$\Delta y = \Phi(x) - f(x)$$

Rechenfehler

Durch Rundung oder Abbruch entstandene Fehler.

Fortpflanzungsfehler

Fehler in den Ausgabedaten, die durch Fehler in den Eingabedaten erzeugt wurden.

Bemerkungen

In der numerischen Mathematik werden Eingabe- und Rechenfehler zusammengefasst.

Wird durch kleine Rundungsfehler während eines Algorithmus das Ergebnis stark verändert, ist der Algorithmus *instabil* und für eine Berechnung eher ungeeignet.

Rufen kleine Änderungen der Parameter eines Modells große Änderungen in den Lösungen hervor, so liegt ein *schlecht konditioniertes Modell* vor.

2.1.2.6 Betrag und Signum

(Absolut-)Betrag einer reellen Zahl

$$|x| := \begin{cases} x \text{ für } x \geq 0 \\ -x \text{ für } x < 0 \end{cases} \qquad |-x| = |x| \qquad |x| \geq 0$$

Für $a > 0$ gilt:

$$|x| = a \Leftrightarrow x = \pm a \Leftrightarrow x^2 = a^2$$

$$|x| < a \Leftrightarrow x \in (-a;\, a) \Leftrightarrow -a < x < a$$

$$|x| \leq a \Leftrightarrow x \in [-a;\, a] \Leftrightarrow -a \leq x \leq a$$

$$|x| > a \Leftrightarrow x \in \mathbb{R} \setminus [-a;\, a] \Leftrightarrow x < -a \vee x > a$$

Regeln für Rechnen mit Beträgen

$$||a|-|b|| \le |a \pm b| \le |a| + |b| \qquad \textit{Dreiecksungleichung}$$

$$|a_1 + a_2 + \ldots + a_n| \le |a_1| + |a_2| + \ldots + |a_n|$$

$$|a \cdot b| = |a| \cdot |b| \qquad \left|\frac{a}{b}\right| = \frac{|a|}{|b|} \qquad (b \neq 0)$$

Vorzeichen (Signum) einer reellen Zahl

$$\operatorname{sgn} x := \begin{cases} 1 \text{ für } x > 0 \\ 0 \text{ für } x = 0 \\ -1 \text{ für } x < 0 \end{cases} \qquad x = \operatorname{sgn} x \cdot |x|$$

$$\operatorname{sgn}(a \cdot b) = \operatorname{sgn} a \cdot \operatorname{sgn} b = \operatorname{sgn}\left(\frac{a}{b}\right) \qquad (b \neq 0)$$

2.1.2.7 Summen- und Produktzeichen

Summations- bzw. Multiplikationsindex (Laufvariable) $i \in \mathbb{Z}$

Summenzeichen (*rekursive Definition*)

$$\sum_{i=m}^{n} x_i := \begin{cases} 0 & \text{für } m > n \text{ (\textit{leere Summe})} \\ \left(\sum\limits_{i=m}^{n-1} x_i\right) + x_n & \text{für } m \le n \end{cases}$$

Gelesen „Summe über die x_i für i von m bis n“

Für $m \le n$ gilt $\sum\limits_{i=m}^{n} x_i = x_m + x_{m+1} + \ldots + x_n$, speziell $\sum\limits_{i=m}^{m} x_i = x_m$.

Andere Schreibweisen: $\sum\limits_{i \in I} x_i$, $\sum\limits_{i} x_i$, $\sum x_i$, $\sum_{i=m}^{n} x_i$

Regeln für Summenzeichen

$$\sum_{i=1}^{n}(a_i \pm b_i) = \sum_{i=1}^{n} a_i \pm \sum_{i=1}^{n} b_i$$

$$\sum_{i=1}^{n} c a_i = c \sum_{i=1}^{n} a_i \qquad c \text{ Konstante}$$

$$\sum_{i=1}^{m} a_i + \sum_{i=m+1}^{n} a_i = \sum_{i=1}^{n} a_i \qquad m < n$$

$$\sum_{i=m}^{n} c = (n-m+1)\cdot c$$ $m \leq n$, c Konstante

$$\sum_{i=m}^{n} a_i = \sum_{j=m-k}^{n-k} a_{j+k}$$ Indexverschiebung

$$\sum_{i=1}^{m}\left(\sum_{j=1}^{n} a_{ij}\right) = \sum_{j=1}^{n}\left(\sum_{i=1}^{m} a_{ij}\right)$$ Summe zeilenweise = Summe spaltenweise

Warnung: Im Allgemeinen ist $\sum_{i=m}^{n} a_i \cdot b_i \neq \sum_{i=m}^{n} a_i \cdot \sum_{i=m}^{n} b_i$.

♦ **Beispiel**

Man transformiere den Index der Summation $\sum_{i=6}^{10} \frac{1}{4+2i}$ so, dass von $k=1$ an summiert wird. Dazu muss offenbar $k = i-5$ oder $i = k+5$ sein:

$$\sum_{i=6}^{10} \frac{1}{4+2i} = \sum_{k=1}^{5} \frac{1}{4+2(k+5)} = \sum_{k=1}^{5} \frac{1}{14+2k}$$ ♦

Produktzeichen (*rekursive Definition*)

$$\prod_{i=m}^{n} x_i := \begin{cases} 1 & \text{für } m > n \text{ (leeres Produkt)} \\ \left(\prod_{i=m}^{n-1} x_i\right)\cdot x_n & \text{für } m \leq n \end{cases}$$

Gelesen „Produkt über die x_i für i von m bis n"

Für $m \leq n$ gilt $\prod_{i=m}^{n} x_i = x_m \cdot x_{m+1} \cdot \ldots \cdot x_n$, speziell $\prod_{i=m}^{m} x_i = x_m$ und $\prod_{i=1}^{n} i = n!$ (*n-Fakultät*, siehe 2.1.5)

Andere Schreibweisen analog zu denen des Summenzeichens

Regeln für Produktzeichen

$$\prod_{i=1}^{n} a_i \cdot b_i = \prod_{i=1}^{n} a_i \cdot \prod_{i=1}^{n} b_i$$

$$\prod_{i=1}^{n} ca_i = c^n \prod_{i=1}^{n} a_i$$ c Konstante

$$\prod_{i=1}^{m} a_i \cdot \prod_{i=m+1}^{n} a_i = \prod_{i=1}^{n} a_i$$ $m < n$

$$\prod_{i=m}^{n} c = c^{n-m+1} \qquad m \le n,\ c \text{ Konstante}$$

$$\prod_{i=m}^{n} a_i = \prod_{j=m-k}^{n-k} a_{j+k} \qquad \text{Indexverschiebung}$$

2.1.3 Potenzen und Wurzeln

Potenzieren und *Radizieren* (Wurzelziehen) sind Rechenoperationen der 3. Stufe.

Potenzen mit ganzzahligen Exponenten ($n \in \mathbb{N}$, $a \in \mathbb{R}$)

$$a^n := \begin{cases} 1 & \text{für } n = 0 \\ a \cdot a^{n-1} & \text{für } n \ge 1 \end{cases}$$

$$a^{-n} := \frac{1}{a^n} \qquad (a \neq 0)$$

n Exponent
a Basis

Für $n \in \mathbb{N}^*$ ist also $a^n = \underbrace{a \cdot a \cdot \ldots \cdot a}_{n \text{ Faktoren}}$.

Spezielle Basen: $0^n = 0$ $(n \neq 0)$, $\quad 1^n = 1$

0^0 ist nicht definiert! Aber zur Darstellung von Polynomen, binomischem Lehrsatz und Potenzreihen mithilfe des Summenzeichens ist es sinnvoll, $0^0 := 1$ zu setzen. Dann kann auch $x = 0$ im Zusammenhang $x^0 = 1$ zugelassen werden.

$n = 2$: *Quadratzahlen*, $n = 3$: *Kubikzahlen*

Reziproke Zahl, Kehrwert

$$a^{-1} = \frac{1}{a} \Leftrightarrow a \cdot a^{-1} = 1 \qquad a \neq 0$$

Vorzeichenregeln ($n \in \mathbb{Z}$)

$$a^n > 0 \qquad \text{für } a > 0$$

$$a^{2n} > 0 \qquad \text{für } a < 0 \qquad \text{speziell } (-1)^{2n} = 1$$

$$a^{2n+1} < 0 \qquad \text{für } a < 0 \qquad \text{speziell } (-1)^{2n+1} = -1$$

n-te Wurzel (Radizieren)

Die nicht-negative, eindeutige Lösung der Gleichung $x^n = a$, $n \in \mathbb{N}_{\geq 2}$, $a \geq 0$ heißt *n-te Wurzel* aus a:

$x = \sqrt[n]{a}$

n *Wurzelexponent* ($n = 2$ nicht extra geschrieben)
a *Radikand*
x *Wurzelwert*

Speziell $\sqrt[n]{0} = 0$ $\quad\sqrt[n]{1} = 1$

$n = 2$: *Quadratwurzeln*: $\sqrt{x^2} = |x|$ für $x \in \mathbb{R}$
$n = 3$: *Kubikwurzeln*: $\sqrt[3]{x^3} = x$ für $x \in \mathbb{R}_{\geq 0}$

♦ **Beispiele**

(1) $\sqrt[5]{32} = 2$, weil $2^5 = 32$

(2) $\sqrt{4} = 2$. Falsch: $\sqrt{4} = -2$ oder $\sqrt{4} = \pm 2$. Dagegen richtig: Die quadratische Gleichung $x^2 = 4$ hat die zwei Lösungen $x_{1,2} = \pm\sqrt{4} = \pm 2$. ♦

Wurzelgesetze ($m, n \in \mathbb{N}^*$, $a \in \mathbb{R}_{>0}$)

$$\sqrt[n]{a} \cdot \sqrt[n]{b} = \sqrt[n]{a \cdot b} \qquad \frac{\sqrt[n]{a}}{\sqrt[n]{b}} = \sqrt[n]{\frac{a}{b}} \qquad \sqrt[n]{\sqrt[m]{a}} = \sqrt[m]{\sqrt[n]{a}} = \sqrt[mn]{a}$$

Dagegen gilt i. Allg.: $\sqrt{a+b} \neq \sqrt{a} + \sqrt{b}$

Potenzen mit gebrochenen Exponenten ($m, n \in \mathbb{N}^*$, $a \in \mathbb{R}_{>0}$)

$$a^{\frac{1}{n}} := \sqrt[n]{a} \qquad a^{\frac{m}{n}} := \left(\sqrt[n]{a}\right)^m = \sqrt[n]{a^m} \qquad a^{-\frac{m}{n}} := \frac{1}{a^{\frac{m}{n}}}$$

Damit ist a^x für $a \geq 0$ und $x \in \mathbb{Q}$ definiert. Für $x \in \mathbb{R} \setminus \mathbb{Q}$ ist $a^x := \lim\limits_{k \to \infty} a^{x_k}$, wobei (x_k) eine rationale Folge mit Grenzwert x ist (siehe 2.4.2).

Potenzgesetze ($a, b \in \mathbb{R}_{>0}$, $x, y \in \mathbb{R}$)

$$a^x \cdot a^y = a^{x+y} \qquad a^x \cdot b^x = (a \cdot b)^x$$

$$\frac{a^x}{a^y} = a^{x-y} \qquad \frac{a^x}{b^x} = \left(\frac{a}{b}\right)^x$$

$$\left(a^x\right)^y = \left(a^y\right)^x = a^{x \cdot y}$$

Für $x, y \in \mathbb{Z}$ sind die Gesetze auch gültig für negative Basen a, b.

♦ **Beispiele**

(1) $7^{\frac{1}{3}} \cdot 7^{\frac{2}{3}} = 7^{\frac{1}{3}+\frac{2}{3}} = 7^1 = 7$, entspricht $\sqrt[3]{7} \cdot \sqrt[3]{7^2} = 7$

(2) $32^{-\frac{3}{5}} = \frac{1}{32^{\frac{3}{5}}} = \frac{1}{\left(\sqrt[5]{32}\right)^3} = \frac{1}{2^3} = \frac{1}{8}$

(3) $\left(3^{\sqrt{2}}\right)^{\sqrt{8}} = 3^{\sqrt{2}\cdot\sqrt{8}} = 3^{\sqrt{16}} = 3^4 = 81$ ♦

Warnung: *Potenzen mit gebrochenen Exponenten sind nur für nicht-negative Basen definiert!* Der Ausdruck $(-8)^{1/3}$ ist also nicht definiert. Würde man ihm den (nahe liegenden) Wert -2 zuordnen, würde die Anwendung der üblichen Potenzgesetze zu Widersprüchen führen, z. B.

$$-2 = (-8)^{\frac{1}{3}} = (-8)^{\frac{2}{6}} = \left((-8)^2\right)^{\frac{1}{6}} = 64^{\frac{1}{6}} = 2 \ !$$

Rationalmachen des Nenners

Brüche mit Wurzeln im Nenner kann man so erweitern, dass der Nenner rational wird. In der Numerischen Mathematik evtl. ungünstig wie im folgenden Beispiel (1), falls $a^2 \approx b$ (*Ziffernauslöschung* im Nenner!)

♦ **Beispiele**

(1) $\frac{m}{a+\sqrt{b}} = \frac{m(a-\sqrt{b})}{(a+\sqrt{b})(a-\sqrt{b})} = \frac{m(a-\sqrt{b})}{a^2-b}$

(2) $\frac{x}{\sqrt[4]{x^3}} = \frac{x}{x^{3/4}} = \frac{x \cdot x^{1/4}}{x^{3/4} \cdot x^{1/4}} = \frac{x \cdot x^{1/4}}{x} = x^{1/4} = \sqrt[4]{x}$ ♦

2.1.4 Logarithmen

> Die eindeutige Lösung der Gleichung $b^x = a$ mit $a, b \in \mathbb{R}_{>0}$ und $b \neq 1$ heißt *Logarithmus* von a zur Basis b:
>
> $x = \log_b a$

Der Logarithmus von a zur Basis b ist also diejenige reelle Zahl, mit der man b potenzieren muss, um a zu erhalten.

a Numerus, Logarithmand, $a \in \mathbb{R}_{>0}$
b Basis, $b \in \mathbb{R}_{>0} \setminus \{1\}$

Regeln

$b^{\log_b x} = x \quad (x \in \mathbb{R}_{>0})$ $\qquad$ $\log_b b^x = x \quad (x \in \mathbb{R})$

$\log_b 1 = 0$ $\qquad$ $\log_b b = 1$

♦ **Beispiele**

(1) $\log_{10} 1000 = 3$, weil $10^3 = 1000$

(2) $\log_2 \sqrt[3]{2} = \frac{1}{3}$, weil $2^{1/3} = \sqrt[3]{2}$

(3) $\log_3 \frac{1}{9} = -2$, weil $3^{-2} = \frac{1}{9}$ ♦

Logarithmengesetze

$$\log_b(x \cdot y) = \log_b x + \log_b y \qquad \log_b \frac{x}{y} = \log_b x - \log_b y$$

$$\log_b \frac{x}{y} = -\log_b \frac{y}{x} \qquad \log_b \frac{1}{y} = -\log_b y$$

$$\log_b x^c = c \cdot \log_b x \quad (c \in \mathbb{R}) \qquad \log_b \sqrt[n]{x} = \frac{1}{n} \log_b x \quad (n \geq 2)$$

Bemerkung: $\log_b(x \pm y)$ lässt sich nicht symbolisch vereinfachen.

Dekadischer (gemeiner, Briggsscher) Logarithmus (Basis $b = 10$)

Bilder der Logarithmusfunktionen in 7.6.3

$$\lg a := \log_{10} a$$

$$\lg a = x \Leftrightarrow 10^x = a \qquad \lg 10^x = x \qquad 10^{\lg a} = a \qquad x \in \mathbb{R}, a > 0$$

Halblogarithmische Darstellung einer positiven reellen Zahl

$$a = m \cdot 10^k \qquad a > 0$$

$$\lg a = \lg m + k \qquad k \in \mathbb{Z}$$

Mantisse $m \in [1;\ 10) \Leftrightarrow \lg m \in [0;\ 1)$

Kennzahl k des Logarithmus gleich Stellenzahl der Mantisse vor dem Komma minus 1 bzw. bei echten Dezimalbrüchen negativ gleich Anzahl der Nullen bis zur ersten gültigen Ziffer.

♦ **Beispiele**

(1) $27\,900 = 2{,}79 \cdot 10^4$, $\quad \lg 27\,900 = \lg 2{,}79 + 4 = 4{,}445\,60$

(2) $0{,}005\,49 = 5{,}49 \cdot 10^{-3}$,
$\lg 0{,}005\,49 = \lg 5{,}49 - 3 = 0{,}739\,57 - 3 = -2{,}260\,43$ ♦

Natürlicher Logarithmus (logarithmus naturalis, ln)

Basis $\mathrm{e} := \lim\limits_{n\to\infty}\left(1+\frac{1}{n}\right)^n = 2{,}718\,281\,828\,459\ldots$ EULER*sche Zahl*

$\ln a := \log_{\mathrm{e}} a$

$x = \ln a \Leftrightarrow \mathrm{e}^x = a \qquad \ln \mathrm{e}^x = x \qquad \mathrm{e}^{\ln a} = a \qquad x \in \mathbb{R}, a > 0$

Zweierlogarithmus (binärer Logarithmus, lb)

Basis $b = 2$

$\operatorname{lb} a := \log_2 a$

$x = \operatorname{lb} a \Leftrightarrow 2^x = a \qquad \operatorname{lb} 2^x = x \qquad 2^{\operatorname{lb} a} = a \qquad x \in \mathbb{R}, a > 0$

Statt lb ist auch die Bezeichnung ld (*logarithmus dualis*) gebräuchlich.

Basiswechsel der Logarithmensysteme

$$\log_b x = \frac{\log_a x}{\log_a b} \qquad a, b \in \mathbb{R}_{>0} \setminus \{1\}, x \in \mathbb{R}_{>0}$$

Speziell $x = a \Rightarrow \log_b a = \dfrac{1}{\log_a b}$

♦ **Beispiele**

(1) $\log_7 12 = \dfrac{\ln 12}{\ln 7} \approx 1{,}2770$

(2) Wechsel binäre in natürliche Logarithmen (Taschenrechner!):
$\operatorname{lb} x = \dfrac{\ln x}{\ln 2} \approx 1{,}442\,695 \cdot \ln x$

(3) Wechsel natürliche in dekadische Logarithmen:
$\ln x = \dfrac{\lg x}{\lg \mathrm{e}} \approx 2{,}302\,585 \cdot \lg x$ ♦

2.1.5 Fakultät und Binomialkoeffizient

Fakultät ($n \in \mathbb{N}$) (*rekursive Definition*)

$$n! := \begin{cases} 1 & \text{für } n = 0 \\ n \cdot (n-1)! & \text{für } n \geq 1 \end{cases}$$

Gelesen: „n-Fakultät“

Für $n \geq 1$ ist also $n!$ das Produkt aller natürlicher Zahlen von 1 bis n:

$$n! = 1 \cdot 2 \cdot 3 \cdot \ldots \cdot n = \prod_{i=1}^{n} i$$

Interpretation: Gegeben seien n unterscheidbare Objekte. Dann gibt es $n!$ Möglichkeiten, diese Objekte anzuordnen ($n!$ *Permutationen*, siehe 2.3.1).

Binomialkoeffizient ($\alpha \in \mathbb{R}$, $k \in \mathbb{N}$)

$$\binom{\alpha}{k} := \begin{cases} 1 & \text{für } k = 0 \\ \dfrac{\alpha \cdot (\alpha - 1) \cdot (\alpha - 2) \cdot \ldots \cdot (\alpha - k + 1)}{k!} & \text{für } k \geq 1 \end{cases}$$

Speziell für $\alpha = n \in \mathbb{N}$ und $0 \leq k \leq n$:

$$\binom{n}{k} = \frac{n!}{k! \cdot (n-k)!}$$

Gelesen: „α über k“, für $\alpha = n \in \mathbb{N}$ auch „k aus n“

Interpretation von $\binom{n}{k}$: Gegeben seien n unterscheidbare Objekte. Dann gibt es $\binom{n}{k}$ Möglichkeiten, daraus k Objekte auszuwählen (siehe 2.3.3).

Rekursionsformel zur Berechnung: $\binom{\alpha}{k} = \binom{\alpha}{k-1} \cdot \dfrac{\alpha - k + 1}{k}$

Symmetriesatz: $\binom{n}{k} = \binom{n}{n-k}$, speziell $\binom{n}{0} = \binom{n}{n} = 1$

Additionssatz: $\binom{\alpha}{k} + \binom{\alpha}{k+1} = \binom{\alpha + 1}{k + 1}$

♦ **Beispiele**

(1) $\binom{10}{6} = \binom{10}{4} = \dfrac{10 \cdot 9 \cdot 8 \cdot 7}{4 \cdot 3 \cdot 2 \cdot 1} = 210$

(2) $\binom{-\frac{1}{2}}{3} = \dfrac{\left(-\frac{1}{2}\right) \cdot \left(-\frac{3}{2}\right) \cdot \left(-\frac{5}{2}\right)}{3 \cdot 2 \cdot 1} = -\dfrac{5}{16}$ ♦

2

PASCALsches Dreieck zur Bestimmung der Binomialkoeffizienten

Zeile n												Zeilensumme
$n=0$						1						2^0
$n=1$					1		1					2^1
$n=2$				1		2		1				2^2
$n=3$			1		3		3		1			2^3
$n=4$		1		4		6		4		1		2^4
$n=5$	1		5		10		10		5		1	2^5
	↑		↑		↑		↑		↑		↑	
$\binom{n}{k}=$	$\binom{5}{0}$		$\binom{5}{1}$		$\binom{5}{2}$		$\binom{5}{3}$		$\binom{5}{4}$		$\binom{5}{5}$	

Jede Zahl ist die Summe der beiden schräg darüber stehenden Zahlen. In Zeile n stehen von links nach rechts die Binomialkoeffizienten $\binom{n}{0}$, $\binom{n}{1}$ bis $\binom{n}{n}$.

Additionstheoreme $(\alpha, \beta \in \mathbb{R}, k \in \mathbb{N})$

$$\binom{\alpha}{0} + \binom{\alpha+1}{1} + \ldots + \binom{\alpha+k}{k} = \binom{\alpha+k+1}{k}$$

$$\binom{\alpha}{0}\binom{\beta}{k} + \binom{\alpha}{1}\binom{\beta}{k-1} + \ldots + \binom{\alpha}{k}\binom{\beta}{0} = \binom{\alpha+\beta}{k}$$

Speziell für $\alpha = \beta = k = n \in \mathbb{N}$: $\binom{n}{0}^2 + \binom{n}{1}^2 + \ldots + \binom{n}{n}^2 = \binom{2n}{n}$

$$\binom{n}{0} + \binom{n}{2} + \binom{n}{4} + \ldots = \binom{n}{1} + \binom{n}{3} + \binom{n}{5} + \ldots = 2^{n-1}$$

Daraus durch Addition: $\binom{n}{0} + \binom{n}{1} + \ldots + \binom{n}{n} = \sum\limits_{k=0}^{n} \binom{n}{k} = 2^n$

Binomischer Lehrsatz für natürliche Exponenten $(a, b \in \mathbb{R}, n \in \mathbb{N})$

$$(a+b)^n = \sum_{k=0}^{n} \binom{n}{k} a^{n-k} b^k = a^n + \binom{n}{1} a^{n-1} b + \binom{n}{2} a^{n-2} b^2 + \ldots + b^n$$

$$(a-b)^n = \sum_{k=0}^{n} (-1)^k \binom{n}{k} a^{n-k} b^k = a^n - \binom{n}{1} a^{n-1} b + \ldots + (-1)^n b^n$$

Spezialfälle für kleine Werte von n (*binomische Formeln*):

$$(a \pm b)^2 = a^2 \pm 2ab + b^2$$

$$(a \pm b)^3 = a^3 \pm 3a^2b + 3ab^2 \pm b^3$$

$$(a \pm b)^4 = a^4 \pm 4a^3b + 6a^2b^2 \pm 4ab^3 + b^4$$

♦ **Beispiel**

Man berechne $(2x-3)^4$, d. h. $a = 2x$, $b = 3$, $n = 4$:

$$(2x-3)^4 = (2x)^4 - 4(2x)^3 \cdot 3 + 6(2x)^2 \cdot 3^2 - 4(2x) \cdot 3^3 + 3^4$$

$$= 16x^4 - 96x^3 + 216x^2 - 216x + 81$$ ♦

Division von Binomen

$$\frac{a^n - b^n}{a - b} = a^{n-1} + a^{n-2}b + \ldots + ab^{n-2} + b^{n-1} \qquad n = 1, 2, 3, \ldots$$

$$\frac{a^n - b^n}{a + b} = a^{n-1} - a^{n-2}b \pm \ldots + ab^{n-2} - b^{n-1} \qquad n = 2, 4, 6, \ldots$$

$$\frac{a^n + b^n}{a + b} = a^{n-1} - a^{n-2}b \pm \ldots - ab^{n-2} + b^{n-1} \qquad n = 1, 3, 5, \ldots$$

$\dfrac{a^n + b^n}{a - b}$ ist dagegen nicht ohne Rest teilbar.

Allgemeiner binomischer Lehrsatz für reelle Exponenten ($a, b, x \in \mathbb{R}$)

$$(a+b)^x = a^x + \binom{x}{1} a^{x-1}b + \binom{x}{2} a^{x-2}b^2 + \ldots$$

Für $x \notin \mathbb{N}$ entsteht eine unendliche Reihe, siehe 12.1.5 Binomische Reihe.
Konvergenzbedingung: $|b| < |a|$

2.2 Menge der komplexen Zahlen

2.2.1 Grundbegriffe

Eine komplexe Zahl z ist ein Ausdruck der Form $x + \mathrm{j}y$ mit $x, y \in \mathbb{R}$ und $\mathrm{j}^2 = -1$. Die Menge aller komplexen Zahlen ist

$$\mathbb{C} = \left\{ z = x + \mathrm{j}y \mid x, y \in \mathbb{R},\ \mathrm{j}^2 = -1 \right\}$$

Imaginäre Einheit: $\mathrm{j} = \sqrt{-1}$, auch $\mathrm{i} = \sqrt{-1}$

Realteil von z: $\operatorname{Re} z := x$
Imaginärteil von z: $\operatorname{Im} z := y$

Uneingeschränkt ausführbar sind alle Operationen für reelle Zahlen sowie zusätzlich die Erfüllbarkeit der algebraischen Gleichung $x^2 + 1 = 0$ durch $x_{1,2} = \pm\mathrm{j}$. $\mathbb{C}$ ist ein Körper (siehe 2.1.2.1). In $\mathbb{C}$ gibt es im Gegensatz zu $\mathbb{R}$ aber keine Ordnungsrelation ($>$, $<$).

Reelle Zahl: $z = x + \mathrm{j} \cdot 0 = x$ $\quad x^2 \in \mathbb{R}_{\geq 0}$
Imaginäre Zahl: $z = 0 + \mathrm{j} \cdot y = \mathrm{j}y$ $\quad (\mathrm{j}y)^2 = -y^2 \in \mathbb{R}_{\leq 0}$

Daraus folgt $\mathbb{R} \subsetneq \mathbb{C}$.

Komplexe Zahlen in der GAUSSschen Zahlenebene

Eineindeutige Abbildung der komplexen Zahlen auf die Punkte P der Ebene $\mathbb{R}^2$ (GAUSS*sche Zahlenebene*)durch $z = x + \mathrm{j}y \leftrightarrow P(x, y)$. Darstellung durch *komplexen Zeiger* (Vektor von 0 zu $P(x, y)$).

Obwohl hier eine Analogie zur Vektorrechnung im $\mathbb{R}^2$ vorliegt, lassen sich nicht alle Konzepte der Vektoralgebra auf $\mathbb{C}$ übertragen, z. B. nicht Skalarprodukt oder Vektorprodukt.

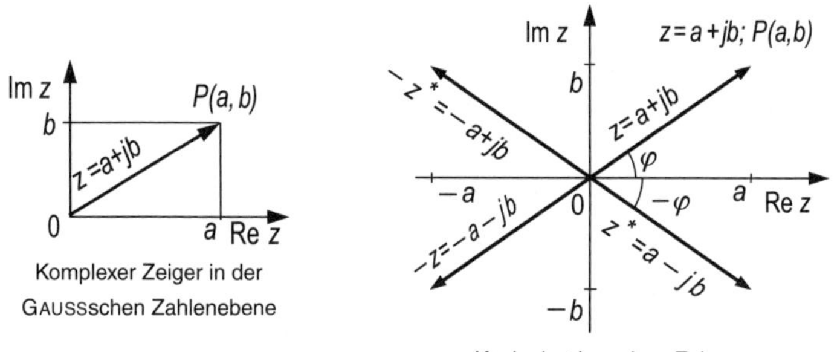

Komplexer Zeiger in der GAUSSschen Zahlenebene

Konjugiert komplexe Zeiger

Konjugiert komplexe Zahlen

> Zu $z = a + \mathrm{j}b$ gehört die *konjugiert komplexe Zahl* $z^* = a - \mathrm{j}b$.
>
> Die Zeiger von z und z^* liegen spiegelbildlich zur reellen Achse.

Statt z^* ist (vor allem in der reinen Mathematik) auch die Bezeichnung $\bar{z}$ üblich.

Es gilt

$$x = \operatorname{Re} z = \frac{1}{2}(z + z^*) \qquad y = \operatorname{Im} z = \frac{1}{2\mathrm{j}}(z - z^*)$$

$$(z_1 \pm z_2)^* = z_1^* \pm z_2^* \qquad (z_1 \cdot z_2)^* = z_1^* \cdot z_2^*$$

$$(z^*)^* = z \qquad \left(\frac{z_1}{z_2}\right)^* = \frac{z_1^*}{z_2^*}$$

$$z \cdot z^* = \operatorname{Re}^2 z + \operatorname{Im}^2 z$$

Betrag einer komplexen Zahl ($z = a + \mathrm{j}b$)

$$r = |z| = \sqrt{z \cdot z^*} = \sqrt{a^2 + b^2} = \sqrt{\operatorname{Re}^2 z + \operatorname{Im}^2 z} \qquad |z| \in \mathbb{R}_{\geq 0}$$

Der Betrag ist die Länge des Zeigers von z in der GAUSSschen Zahlenebene. Es gilt:

$$|z_1 \cdot z_2| = |z_1| \cdot |z_2| \qquad \left|\frac{z_1}{z_2}\right| = \frac{|z_1|}{|z_2|}$$

$$|z_1 + z_2| \leq |z_1| + |z_2| \quad \textit{Dreiecksungleichung}$$

Signum einer komplexen Zahl

$$\operatorname{sgn} z := \begin{cases} \dfrac{z}{|z|} & \text{für } z \neq 0 \\ 0 & \text{für } z = 0 \end{cases} \qquad z = |z| \cdot \operatorname{sgn} z$$

Argument einer komplexen Zahl (Polarwinkel, Phase)

Das *Argument* von $z = x + \mathrm{j}y$ ist der Winkel zwischen der positiven reellen Achse und dem Zeiger von z:

$$\varphi = \arg z \qquad \tan \varphi = \frac{y}{x}$$

Das Argument ist nur bis auf Vielfache von 360° eindeutig bestimmt, so ist z. B. $\varphi = -40° = +320°$. Um Eindeutigkeit zu erzwingen, kann man den *Hauptwert* des Arguments auf $-180° < \varphi \leq 180°$ $(-\pi < \varphi \leq \pi)$ festlegen[1]. φ wird dann nach folgender *Quadrantenregel* berechnet:

$$\varphi = \arg z = \arctan \frac{y}{x} + \begin{cases} \pi & \text{falls } x + \mathrm{j}y \text{ im II. Quadranten} \\ -\pi & \text{falls } x + \mathrm{j}y \text{ im III. Quadranten} \\ 0 & \text{sonst} \end{cases}$$

(Man skizziere die Lage des Zeigers.)

[1] Der Hauptwert wird oft auch als $0 \leq \varphi < 360°$ definiert.

2.2.2 Darstellungsformen komplexer Zahlen

Kartesische Form

$$z = x + \mathrm{j}y = \operatorname{Re} z + \mathrm{j}\operatorname{Im} z, \qquad x, y \in \mathbb{R}$$

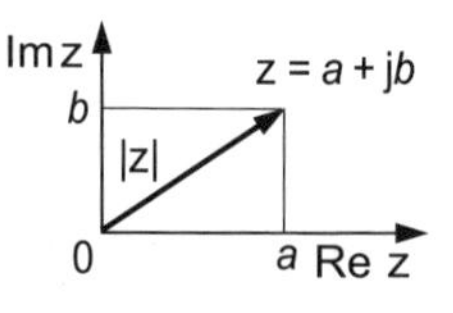

Kartesische Form

Trigonometrische Form

$$z = r\cos\varphi + \mathrm{j}r\sin\varphi = r(\cos\varphi + \mathrm{j}\sin\varphi)$$

Polarform

$$z = r\mathrm{e}^{\mathrm{j}\varphi}$$

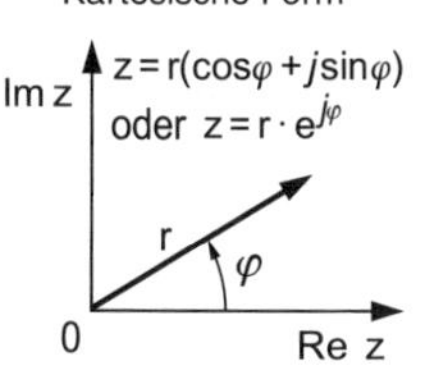

Trigonometrische und Polarform

Den Zusammenhang zwischen den drei Formen liefert die

Eulersche Formel

$$\mathrm{e}^{\mathrm{j}\varphi} = \cos\varphi + \mathrm{j}\sin\varphi \qquad \mathrm{e}^{-\mathrm{j}\varphi} = \cos\varphi - \mathrm{j}\sin\varphi$$

Die komplexe Exponentialfunktion hat die Periode $2\pi\mathrm{j}$ (siehe 7.11):

$$\mathrm{e}^{\mathrm{j}\varphi+2\pi\mathrm{j}} = \mathrm{e}^{\mathrm{j}\varphi}$$

Spezielle Werte von $\mathrm{e}^{\mathrm{j}\varphi}$ ($k \in \mathbb{Z}$)

$$\mathrm{e}^{\mathrm{j}2k\pi} = 1 \qquad \mathrm{e}^{\mathrm{j}(2k+1)\pi} = -1$$

$$\mathrm{e}^{\mathrm{j}\frac{\pi}{2}} = \mathrm{j} \qquad \mathrm{e}^{\mathrm{j}\frac{\pi}{3}} = \frac{1}{2} + \frac{\sqrt{3}}{2}\mathrm{j}$$

$$\mathrm{e}^{\mathrm{j}\frac{3\pi}{2}} = -\mathrm{j} \qquad \mathrm{e}^{\mathrm{j}\frac{2\pi}{3}} = -\frac{1}{2} + \frac{\sqrt{3}}{2}\mathrm{j}$$

♦ **Beispiele für Umwandlungen**

(1) Man wandle $z = -3 + 4\mathrm{j}$ um in die Polarform:
$r = |z| = \sqrt{(-3)^2 + 4^2} = 5$
$\varphi = \arg z = \arctan\frac{4}{-3} + \pi = -0{,}9273 + \pi = 2{,}214\,\mathrm{rad} \mathrel{\widehat{=}} 126{,}87^\circ$
(II. Quadrant)
$z = -3 + 4\mathrm{j} = 5\mathrm{e}^{2{,}214\,\mathrm{j}}$

(2) Man wandle $z = 17\mathrm{e}^{\mathrm{j}37^\circ 22'}$ um in die trigonometrische und kartesische Form:
$z = r(\cos\varphi + \mathrm{j}\sin\varphi) = 17(\cos 37^\circ 22' + \mathrm{j}\sin 37^\circ 22') = 13{,}5 + 10{,}3\,\mathrm{j}$ ♦

2.2.3 Grundrechenarten mit komplexen Zahlen

Alle Rechenregeln für $\mathbb{R}$ bleiben erhalten (*Permanenzprinzip*).

Im Folgenden sei stets $z_1 = x_1 + \mathrm{j}y_1$ und $z_2 = x_2 + \mathrm{j}y_2$.

Gleichheit zweier komplexer Zahlen

$$z_1 = z_2 \Leftrightarrow x_1 = x_2 \wedge y_1 = y_2$$

Addition und Subtraktion komplexer Zahlen

Addition und Subtraktion sind nur in der kartesischen Form möglich.

$$z_1 \pm z_2 = (x_1 \pm x_2) + \mathrm{j}(y_1 \pm y_2)$$

Grafisches Verfahren: Vektoraddition, Zeigeraddition (*Parallelogrammregel*)

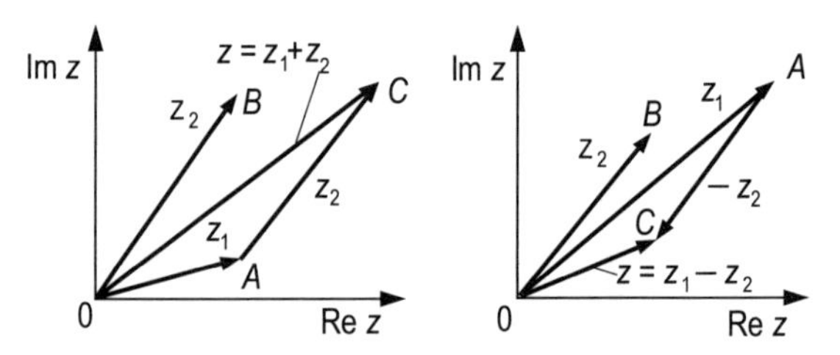

Grafische Addition und Subtraktion komplexer Zeiger

Multiplikation komplexer Zahlen

Arithmetische Form: $z_1 \cdot z_2 = (x_1x_2 - y_1y_2) + \mathrm{j}(x_1y_2 + x_2y_1)$

Trigonometrische Form: $z_1 \cdot z_2 = r_1 \cdot r_2\big(\cos(\varphi_1 + \varphi_2) + \mathrm{j}\sin(\varphi_1 + \varphi_2)\big)$

Polarform: $z_1 \cdot z_2 = r_1 \cdot r_2 \mathrm{e}^{\mathrm{j}(\varphi_1+\varphi_2)}$

Geometrische Deutung, grafisches Verfahren

Die Multiplikation zweier komplexer Zahlen $z_1 \cdot z_2$ ist eine Drehstreckung: Der Zeiger von z_1 wird um den Winkel φ_2 gedreht und mit dem Faktor r_2 gestreckt.

Konstruktion: φ_2 an z_1 antragen; $C = (1; 0)$ mit A verbinden; α an z_1 in B antragen.

Begründung: $\Delta OBD \sim \Delta OCA$, daher $r/r_1 = r_2/1$ oder $r = r_1 \cdot r_2$

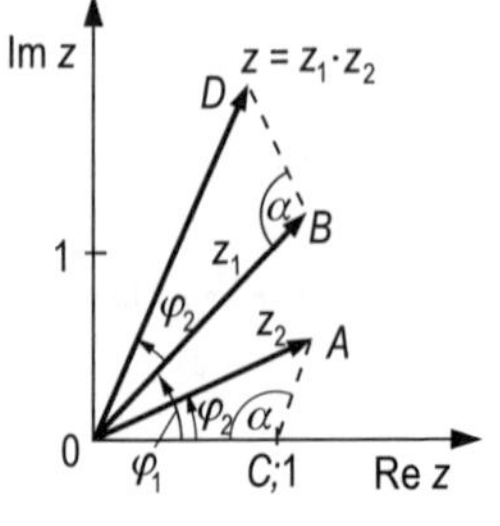

Grafische Multiplikation

Division komplexer Zahlen

Arithmetische Form: $\dfrac{z_1}{z_2} = \dfrac{z_1 \cdot z_2^*}{z_2 \cdot z_2^*} = \dfrac{x_1x_2 + y_1y_2}{x_2^2 + y_2^2} + \mathrm{j}\dfrac{-x_1y_2 + x_2y_1}{x_2^2 + y_2^2}$

Trigonometrische Form: $\dfrac{z_1}{z_2} = \dfrac{r_1}{r_2}\big(\cos(\varphi_1 - \varphi_2) + \mathrm{j}\sin(\varphi_1 - \varphi_2)\big)$

Polarform: $\dfrac{z_1}{z_2} = \dfrac{r_1}{r_2}\mathrm{e}^{\mathrm{j}(\varphi_1 - \varphi_2)}$

Geometrische Deutung, grafisches Verfahren

Die Division zweier komplexer Zahlen $z_1 \cdot z_2$ ist eine Drehstreckung: Der Zeiger von z_1 wird um den Winkel $-\varphi_2$ gedreht und mit dem Faktor $1/r_2$ gestreckt.

Konstruktion: $-\varphi_2$ an z_1 antragen; $C = (1;\ 0)$ mit A verbinden; α an z_1 in B antragen.

Begründung: $\Delta ODB \sim \Delta OCA$, daher $r_1/r = r_2/1$ oder $r = r_1/r_2$

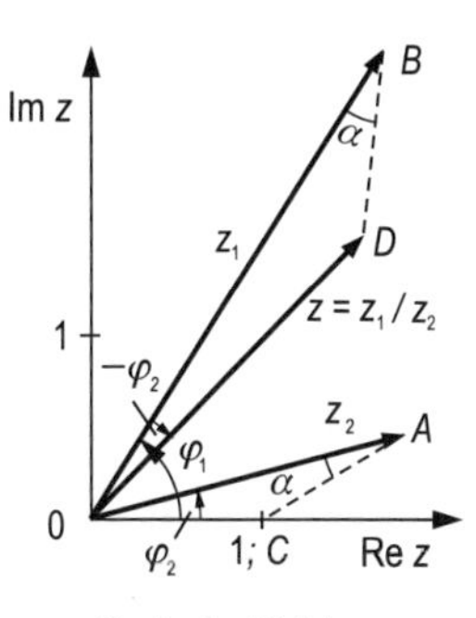

Grafische Division

> Multiplikation/Division von z mit -1 entspricht einer Drehung des Zeigers von z um 180°. Multiplikation mit j entspricht einer Drehung um 90° im Gegenuhrzeigersinn. Division durch j entspricht einer Drehung um 90° im Uhrzeigersinn.

♦ **Beispiele**

(1) $(5 - 3\mathrm{j}) - (3 + 5\mathrm{j}) = 2 - 8\mathrm{j}$

(2) $5\mathrm{j} \cdot 7\mathrm{j} = 35\mathrm{j}^2 = -35$

(3) $(1 + 2\mathrm{j}) \cdot (3 - \mathrm{j}) = 3 - \mathrm{j} + 6\mathrm{j} - 2\mathrm{j}^2 = 5 + 5\mathrm{j}$

(4) $2\,\mathrm{e}^{\mathrm{j}\frac{\pi}{3}} \cdot 3\,\mathrm{e}^{\mathrm{j}\frac{\pi}{6}} = 2 \cdot 3\,\mathrm{e}^{\mathrm{j}(\frac{\pi}{3} + \frac{\pi}{6})} = 6\,\mathrm{e}^{\mathrm{j}\frac{\pi}{2}} = 6\mathrm{j}$

(5) $\dfrac{1 + 2\mathrm{j}}{3 - 2\mathrm{j}} = \dfrac{(1 + 2\mathrm{j})(3 + 2\mathrm{j})}{(3 - 2\mathrm{j})(3 + 2\mathrm{j})} = \dfrac{-1 + 8\mathrm{j}}{3^2 + (-2)^2} = -\dfrac{1}{13} + \dfrac{8}{13}\mathrm{j}$ ♦

2.2.4 Potenzen und Wurzeln komplexer Zahlen

Potenzen mit ganzzahligen Exponenten

Wie im Reellen definiert man $z^0 := 1$ und $z^{-n} := \dfrac{1}{z^n}$ für $z \neq 0$.

Für Potenzbildung ist die Polarform besser geeignet als die kartesische:

$$z = r\mathrm{e}^{\mathrm{j}\varphi} \Rightarrow z^n = r^n\mathrm{e}^{\mathrm{j}n\varphi}$$

Speziell für $r = 1$ in der trigonometrischen Form folgt daraus der

Satz von MOIVRE

$$(\cos\varphi + \mathrm{j}\sin\varphi)^n = \cos n\varphi + \mathrm{j}\sin n\varphi$$

Potenzen der imaginären Einheit j ($k \in \mathbb{Z}$)

$$\mathrm{j}^0 = \mathrm{j}^{4k} = 1 \qquad \mathrm{j}^1 = \mathrm{j}^{4k+1} = \mathrm{j}$$

$$\mathrm{j}^2 = \mathrm{j}^{4k+2} = -1 \qquad \mathrm{j}^3 = \mathrm{j}^{4k+3} = -\mathrm{j}$$

Die n-te Potenz einer komplexen Zahl ist eine n-fache Drehstreckung. Konstruktion durch wiederholte grafische Multiplikation.

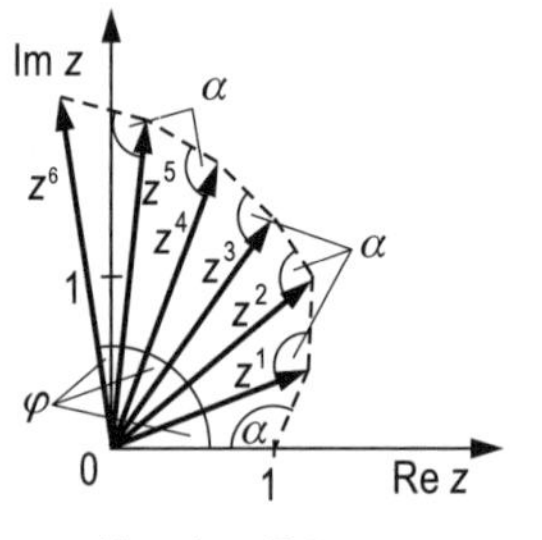

Komplexe Potenzen

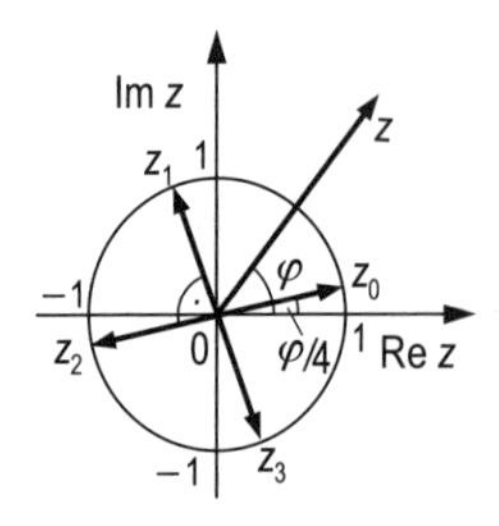

Komplexe Wurzeln

Komplexe n-te Wurzeln

Die Gleichung $z^n = c = r\mathrm{e}^{\mathrm{j}\varphi}$ mit $n \in \mathbb{N}^*$ hat für $c \neq 0$ genau n verschiedene Lösungen in $\mathbb{C}$. Sie heißen *komplexe n-te Wurzeln* von c:

$$z_k = \sqrt[n]{r}\mathrm{e}^{\mathrm{j}\frac{\varphi+k\cdot 2\pi}{n}} = \sqrt[n]{r}\left(\cos\frac{\varphi+k\cdot 2\pi}{n} + \mathrm{j}\sin\frac{\varphi+k\cdot 2\pi}{n}\right)$$

mit $k = 0, 1 \ldots, n-1$

Geometrische Deutung

Die Pfeilspitzen der n-ten komplexen Wurzeln bilden in der GAUSSschen Zahlenebene ein reguläres n-Eck um den Nullpunkt mit Radius $\sqrt[n]{r}$.

Komplexe n-te Einheitswurzeln

Die n verschiedenen Lösungen der Gleichung $z^n = 1$ mit $n \in \mathbb{N}^*$ heißen *n-te Einheitswurzeln*:

$$z_k = \mathrm{e}^{\mathrm{j}\frac{\varphi+k\cdot 2\pi}{n}} = \cos\frac{\varphi+k\cdot 2\pi}{n} + \mathrm{j}\sin\frac{\varphi+k\cdot 2\pi}{n}, \quad k = 0, 1 \ldots, n-1$$

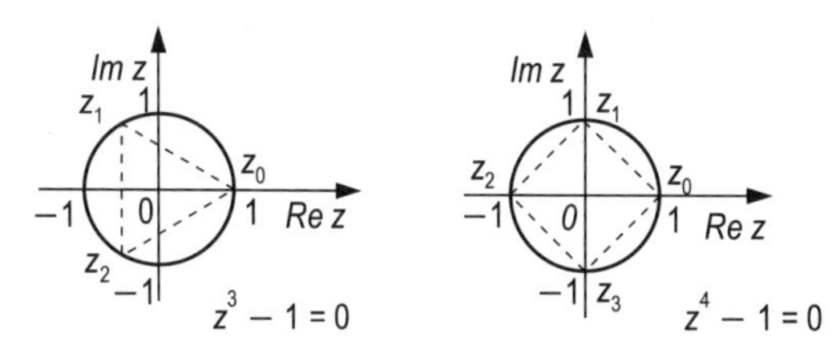

Komplexe 3. und 4. Einheitswurzeln

♦ **Beispiele**

(1) $z^3 = 1 \Rightarrow z_0 = 1$ (Hauptwert), $z_{1,2} = -\dfrac{1}{2} \pm \dfrac{\sqrt{3}}{2}\mathrm{j}$

(2) $z^4 = 1 \Rightarrow z_0 = 1$ (Hauptwert), $z_{1,3} = \pm\mathrm{j}$, $z_2 = -1$

(3) $\sqrt{-2} \cdot \sqrt{-8} = \mathrm{j}\sqrt{2} \cdot \mathrm{j}\sqrt{8} = -4$, falsch ist $\sqrt{-2} \cdot \sqrt{-8} = \sqrt{(-2) \cdot (-8)} = 4$

♦

2.2.5 Natürliche Logarithmen komplexer Zahlen

Wählt man für $z = r\mathrm{e}^{\mathrm{j}\varphi}$ die Polardarstellung, so ergibt sich als Verallgemeinerung des natürlichen Logarithmus im Reellen der Logarithmus im Komplexen:

$$\ln z = \ln\left(r\mathrm{e}^{\mathrm{j}\varphi}\right) = \ln r + \mathrm{j}\varphi$$

Das Argument φ ist dabei aber nur bis auf Vielfache von 2π bestimmt, d. h. der komplexe Logarithmus ist nicht eindeutig. Um Eindeutigkeit zu erzwingen, verlangt man üblicherweise, dass $-\pi < \varphi \leq \pi$ ist (*Hauptwert des Arguments*). Der dann eindeutig definierte komplexe Logarithmus wird im Unterschied zum reellen Logarithmus mit Ln bezeichnet:

> Sei $z = r\mathrm{e}^{\mathrm{j}\varphi} \in \mathbb{C}$, $z \neq 0$.
>
> $\mathrm{Ln}\, z = \ln r + \mathrm{j}\varphi$ mit $-\pi < \varphi \leq \pi$ heißt *Hauptwert des Logarithmus*. Auch die Zahlen $\ln r + \mathrm{j}(\varphi + k \cdot 2\pi)$ mit $k \in \mathbb{Z}$ sind Logarithmen von z. Sie heißen *Nebenwerte*.

♦ **Beispiele**

(1) $\mathrm{Ln}\, 2 = \ln 2$ (Argument von 2 ist 0)

(2) $\mathrm{Ln}\,(-2) = \ln 2 + \mathrm{j}\pi$ (Argument von -2 ist π)

(3) $\mathrm{Ln}\,(2\mathrm{j}) = \ln 2 + \mathrm{j}\dfrac{\pi}{2}$

(4) $\mathrm{Ln}\,(2 + 2\mathrm{j}) = \ln\sqrt{8} + \mathrm{j}\dfrac{\pi}{4}$ ♦

Warnung: Die im Reellen gültige Funktionalgleichung des Logarithmus $\ln(xy) = \ln x + \ln y$ gilt im Komplexen nicht!

Beispielsweise ist $\text{Ln}\,(-2) + \text{Ln}\,(-2) = 2\ln 2 + 2\,\text{j}\pi = \ln 4 + 2\,\text{j}\pi$, dagegen $\text{Ln}\,((-2)\cdot(-2)) = \text{Ln}\,4 = \ln 4$.

2.3 Kombinatorik

Die *Kombinatorik* befasst sich mit dem systematischen Anordnen und Abzählen einer endlichen Menge von Objekten unter Beachtung vorgegebener Regeln.

Fundamentalprinzip der Kombinatorik (*Zählprinzip*)

Aus k nicht-leeren Mengen M_i, $i = 1, 2, \ldots, k$ mit jeweils n_i Elementen kann man $n_1 \cdot n_2 \cdot \ldots \cdot n_k$ verschiedene geordnete k-Tupel $(x_1, x_2, \ldots, x_k)$, $x_i \in M_i$, bilden.

2.3.1 Permutationen

Eine eineindeutige (*bijektive*) Abbildung der endlichen Menge

$G = \{1, 2, \ldots, n\}$

in sich selbst heißt *Permutation* (Umordnung).

Darstellung einer Permutation π:

$$\pi = \begin{pmatrix} 1 & 2 & \ldots & n \\ j_1 & j_2 & \ldots & j_n \end{pmatrix} \quad \text{oder } \pi = j_1\, j_2\, \ldots\, j_n \quad \text{mit } j_i = \pi(i)$$

Bei Permutationen wird grundsätzlich die Reihenfolge beachtet, d. h. $123 \neq 132$.

Permutationen ohne Wiederholung

Mengentheoretisches Modell: n-Tupel verschiedener Elemente

Urnenmodell: Ziehen aller n durchnummerierten Kugeln *ohne Zurücklegen* mit Notierung der Reihenfolge.

Anzahl der Permutationen von n verschiedenen Elementen *ohne Wiederholung*:

$$P_n = n!$$

♦ **Beispiele**

(1) Sämtliche Permutationen der Elemente $1, 2, 3$ *lexikografisch geordnet*:
$123, 132, 213, 231, 312, 321$
Anzahl der Tripel: $P_3 = 3! = 6$

(2) Wie viele Möglichkeiten gibt es, vier Bilder waagerecht anzuordnen?
Anzahl der 4-Tupel: $P_4 = 4! = 24$ ♦

Permutationen mit Wiederholung

Mengentheoretisches Modell: n-Tupel, in denen das Element $i \in G$ insgesamt n_i-mal vorkommt $(1 \leq i \leq n)$.

Urnenmodell: Ziehen von n durchnummerierten Kugeln *mit Zurücklegen* und mit Notieren der Reihenfolge, wobei die i-te Kugel n_i-mal gezogen wurde.

Anzahl der Permutationen von n verschiedenen Elementen *mit Wiederholungen* $n_1, n_2, \ldots, n_r$:

$$P_n^{n_1, \ldots, n_r} = \binom{n}{n_1, \ldots, n_r} = \frac{n!}{n_1! \cdot \ldots \cdot n_r!} \quad (\textit{Polynomialkoeffizient})$$

wobei $n = n_1 + \ldots + n_r$, $n_i \in \mathbb{N}^*$.

♦ **Beispiel**

Wie viele verschiedene elf-buchstabige Wörter kann man aus den Buchstaben des Wortes MISSISSIPPI bilden?

$n = 11$ (Buchstaben insgesamt), $n_1 = 1$ (Wiederholungen von M), $n_2 = 4$ (von I), $n_3 = 4$ (von S), $n_4 = 2$ (von P).
Kontrolle: $n = 1 + 4 + 4 + 2 = 11$.

Anzahl der Permutationen mit Wiederholung:

$$P_{11}^{1,4,4,2} = \binom{11}{1, 4, 4, 2} = \frac{11!}{1! \cdot 4! \cdot 4! \cdot 2!} = 34\,650$$ ♦

Inversionen

Stehen zwei Elemente in einer Permutation entgegen ihrer natürlichen Reihenfolge, so bilden sie eine *Inversion*. Vertauschung zweier benachbarter Elemente verändert also die Anzahl der Inversionen um ± 1.

Eine Permutation heißt *gerade* bzw. *ungerade*, wenn sie eine gerade bzw. ungerade Anzahl von Inversionen enthält. Es gibt jeweils $n!/2$ gerade und ungerade Inversionen.

♦ **Beispiel**

$\pi = 4132$ enthält die vier Inversionen 41, 43, 42 und 32, ist also eine gerade Permutation. ♦

2.3.2 Variationen

Anordnungen, die aus einer Menge G von n Elementen eine bestimmte Anzahl k *mit Berücksichtigung der Reihenfolge* enthalten, heißen *Variationen* von n Elementen zur *k-ten Klasse* ($1 \leq k \leq n$).

Variationen ohne Wiederholung

Mengentheoretisches Modell: k-Tupel verschiedener Elemente

Urnenmodell: Ziehen von k Kugeln aus n durchnummerierten *ohne Zurücklegen* und mit Notieren der Reihenfolge (geordnete Stichprobe ohne Zurücklegen)

Anzahl der Variationen von n Elementen zur k-ten Klasse *ohne Wiederholung*

$$V_n^k = \frac{n!}{(n-k)!} = \binom{n}{k} \cdot k! = [n]_k = \prod_{i=1}^{k}(n-i+1), \quad 1 \leq k \leq n$$

Faktorielle ($k \in \mathbb{N}^*$)

Steigende Faktorielle: $(n)_k := \prod_{i=1}^{k}(n+i-1) = n(n+1)\cdot\ldots\cdot(n+k-1)$

Fallende Faktorielle: $[n]_k := \prod_{i=1}^{k}(n-i+1) = n(n-1)\cdot\ldots\cdot(n-k+1)$

Daneben findet man auch die Bezeichnungen *obere Faktorielle* $n^{\overline{k}}$ bzw. *untere Faktorielle* $n^{\underline{k}}$.

♦ **Beispiele**

(1) Wie viele Würfe mit verschiedenen Augen sind mit drei Würfeln möglich?
$V_6^3 = [6]_3 = 6 \cdot 5 \cdot 4 = 120$

(2) Wie viele und welche zweistelligen Zahlen lassen sich aus den Ziffern 1, 2 und 3 ohne Wiederholung bilden?
$V_3^2 = [3]_2 = 3 \cdot 2 = 6$. Die Zahlen lauten 12, 13, 21, 23, 31, 32. ♦

Variationen mit Wiederholung

Mengentheoretisches Modell: k-Tupel

Urnenmodell: Ziehen von k Kugeln aus n durchnummerierten *mit Zurücklegen* und mit Notieren der Reihenfolge (geordnete Stichprobe mit Zurücklegen)

Anzahl der Variationen von n Elementen zur k-ten Klasse *mit Wiederholung*

$$V_{n,w}^k = n^k$$

Bemerkung: Hier ist auch $k > n$ zulässig.

♦ **Beispiele**

(1) Wie Beispiel (2) oben, aber mit Wiederholung:
$V_{3,w}^2 = 3^2 = 9$. Die Zahlen lauten 11, 12, 13, 21, 22, 23, 31, 32, 33.

(2) Wie viele Varianten gibt es beim Ausfüllen eines Fußballtoto-Scheines?
$n = 3$ (gewonnen, unentschieden, verloren)
$k = 11$ (Anzahl der Spiele)
$V_{3,w}^{11} = 3^{11} = 177\,147$. ♦

2.3.3 Kombinationen

Anordnungen, die aus einer Menge G von n Elementen eine bestimmte Anzahl k *ohne Berücksichtigung der Reihenfolge* enthalten, heißen *Kombinationen* von n Elementen zur *k-ten Klasse* ($1 \leq k \leq n$).

„Ohne Berücksichtigung der Reihenfolge" heißt, dass z. B. die Kombinationen 123, 132, 213 als eine einzige und nicht als drei verschiedene gezählt werden. Man erreicht dies am einfachsten dadurch, dass man jede Kombination der Größe nach ordnet. Die Duplikate werden dann nicht mitgezählt.

Kombinationen ohne Wiederholung

Mengentheoretisches Modell: Teilmengen von G mit k Elementen

Urnenmodell: Ziehen von k Kugeln aus n durchnummerierten *ohne Zurücklegen* und ohne Notieren der Reihenfolge (ungeordnete Stichprobe ohne Zurücklegen)

Anzahl der Kombinationen von n Elementen zur k-ten Klasse *ohne Wiederholung*

$$C_n^k = \binom{n}{k} = \frac{n!}{k! \cdot (n-k)!} = \frac{V_n^k}{k!} \qquad 1 \leq k \leq n$$

♦ **Beispiel**

Wie viele Möglichkeiten gibt es beim Ankreuzen von sechs Zahlen aus dem Bereich von 1 bis 49 (Zahlenlotto „6 aus 49“)?

$$C_{49}^{6} = \binom{49}{6} = \frac{49 \cdot 48 \cdot 47 \cdot 46 \cdot 45 \cdot 44}{6 \cdot 5 \cdot 4 \cdot 3 \cdot 2 \cdot 1} = 13\,983\,816$$ ♦

Kombinationen mit Wiederholung

Mengentheoretisches Modell: geordnete k-Tupel

Urnenmodell: Ziehen von k Kugeln aus n durchnummerierten *mit Zurücklegen* und ohne Notieren der Reihenfolge (ungeordnete Stichprobe mit Zurücklegen)

Anzahl der Kombinationen von n Elementen zur k-ten Klasse *mit Wiederholung*

$$C_{n,w}^{k} = \binom{n+k-1}{k}$$

♦ **Beispiel**

Wie viele Ziffernkombinationen ohne Berücksichtigung der Reihenfolge gibt es bei einem Wurf mit zwei Würfeln?

$$C_{6,w}^{2} = \binom{6+2-1}{2} = \binom{7}{2} = \frac{7 \cdot 6}{2 \cdot 1} = 21$$

Es sind dies: 11, 12, 13, 14, 15, 16, 22, 23, 24, 25, 26, 33, 34, 35, 36, 44, 45, 46, 55, 56, 66 ♦

Übersicht

	Permutationen	*Variationen*	*Kombinationen*
beteiligte Elemente	alle n	Auswahl k aus n	Auswahl k aus n
Reihenfolge	beachten	beachten	nicht beachten
Anzahl *ohne* Wiederholung	$n!$	$[n]_k = \frac{n!}{(n-k)!}$ mit $1 \leq k \leq n$	$\binom{n}{k}$ mit $1 \leq k \leq n$
Anzahl *mit* Wiederholung	$\frac{n!}{n_1! \cdot \ldots \cdot n_r!}$ mit $n_1 + \ldots + n_r = n$	n^k	$\binom{n+k-1}{k}$

2.4 Folgen

2.4.1 Allgemeines

Eine *Folge* ist eine Abbildung einer Menge natürlicher Zahlen $D \subseteq \mathbb{N}^*$ (gelegentlich auch $D \subseteq \mathbb{Z}$) in eine Menge M (Wertebereich).

M ist Punktmenge: *Punktfolge*; M ist Zahlenmenge: *Zahlenfolge*, d. h. eine geordnete Menge (*Tupel*) reeller Zahlen.

Eine *reelle Zahlenfolge* ist eine *diskrete Funktion* mit der *Bildungsvorschrift* $a_k := f(k)$, $\mathrm{D}(f) = \mathbb{N}^*$, d. h. Gliednummern $k \in \mathbb{N}^*$.

Folgen sind i. Allg. *unendlich*, soweit nichts anderes (*endlich*) erwähnt ist.

Die Elemente $f(k)$ des Wertebereiches (*Funktionswerte*) heißen *Glieder der Folge* und sind ebenfalls Zahlen $a_k \in \mathbb{R}$ bzw. $a_k \in \mathbb{C}$.

Schreibweisen einer Zahlenfolge

(a_k), auch $\{a_k\}$, $[a_k]$, $\langle a_k \rangle$ oder nur *Folge* a_k

k: *Index* des Folgengliedes a_k, *Urbild*, $k \in \mathbb{N}^*$
a_k: allgemeines Folgenglied, *Bild, Funktionswert*
a_n: *Endglied* einer endlichen Zahlenfolge mit $a_{n+1} = a_{n+2} = \ldots = 0$

Definitionen von Folgen

In Worten: „Jeder natürlichen Zahl wird ihr Quadrat zugeordnet."

Explizite Darstellung: $(a_k) : a_k := f(k)$

- Endliche Folge: $(a_k) := a_1, a_2, \ldots, a_n$ oder $a_k := f(k)$ für $k = 1, \ldots, n$
- Unendliche Folge: $(a_k) := a_1, a_2, \ldots$ oder $a_k := f(k)$ für $k \in \mathbb{N}^*$

Rekursive Definition: $a_k := \varphi(a_{k-1})$ mit Angabe des ersten Gliedes

Tabellarische Darstellung[1]: Beispiel: $(a_k) := 1, 4, 9, \ldots$

Grafische Darstellungen:

- a_k auf der Zahlengeraden (Zahlenfolge)
- (k, a_k) im rechtwinkligen Koordinatensystem (Punktfolge)

[1] Diese Darstellung kann auch dann noch verwendet werden, wenn die analytischen Darstellungen versagen, z. B. Folge der Primzahlen : $2, 3, 5, 7, 11, 13, 17 \ldots$

Eine Zahlenfolge (a_k) heißt

$$\left.\begin{array}{l}\textit{negativ (positiv) definit}\\ \textit{(streng) monoton wachsend}\\ \textit{(streng) monoton fallend}\\ \textit{alternierend}\end{array}\right\} \text{ wenn } \forall k \text{ gilt } \begin{cases} a_k < 0\ (a_k > 0)\\ (a_k < a_{k+1})\ a_k \leq a_{k+1}\\ (a_k > a_{k+1})\ a_k \geq a_{k+1}\\ a_k \cdot a_{k+1} < 0\end{cases}$$

♦ **Beispiele**

(1) $a_k := k^2 \Rightarrow (a_k) = 1, 4, 9, 16, \ldots$ 12. Glied: $a_{12} = 12^2 = 144$

(2) $a_1 := 2$, $a_k := a_{k-1} + 2k$, $k = 1, 2, \ldots$ (rekursive Definition) $\Rightarrow$
$a_k = k(k+1)$ (explizite Darstellung) ♦

2.4.2 Schranken, Grenzen, Grenzwert einer Folge

Eine Zahlenfolge (a_k) hat eine *untere Schranke* S_u, wenn $\forall k$: $a_k \geq S_u$,
obere Schranke S_o, wenn $\forall k$: $a_k \leq S_o$.

Zum Beispiel ist jede monoton wachsende Folge nach unten beschränkt durch das erste Glied ($S_u = a_1$).

Das offene Intervall $U_\varepsilon(a) := (a - \varepsilon, a + \varepsilon)$ heißt *ε-Umgebung* von a, wobei $a \in \mathbb{R}$, $\varepsilon \in \mathbb{R}^+$.

Eine beliebige Zahlenfolge (a_k) hat den *Grenzwert* g genau dann, wenn für jede noch so kleine positive Zahl $\varepsilon > 0$ fast alle (d. h. alle bis auf endlich viele) a_k innerhalb der ε-Umgebung $U_\varepsilon(g)$ von g liegen.

Damit gleichbedeutend ist: Zu jedem $\varepsilon > 0$ lässt sich ein Index $k_0 = k_0(\varepsilon)$ angeben, sodass gilt:

$|a_k - g| < \varepsilon$ für alle $k \geq k_0$.

Schreibweise

$$\lim_{k\to\infty} a_k = g \quad \text{oder} \quad (a_k) \xrightarrow[k\to\infty]{} g$$

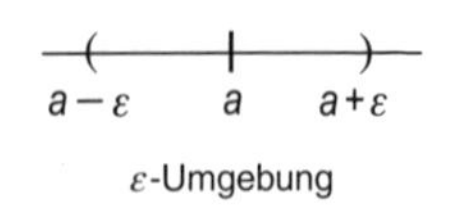

ε-Umgebung

Eine Zahlenfolge heißt *konvergent*, wenn der Grenzwert g existiert (d. h. (a_k) konvergiert gegen g), sonst *divergent*.

Jede nach oben (unten) beschränkte, monoton wachsende (fallende) Zahlenfolge konvergiert gegen ihr *Supremum* (*Infimum*), siehe 1.3.1.

Für $\lim\limits_{k\to\infty} a_k = g_1$, $\lim\limits_{k\to\infty} b_k = g_2$ und $c_1, c_2 \in \mathbb{R}$ gilt:

$$\lim_{k\to\infty}(c_1 a_k \pm c_2 b_k) = c_1 g_1 \pm c_2 g_2 \quad \lim_{k\to\infty}(a_k \cdot b_k) = g_1 \cdot g_2$$

$$\lim_{k\to\infty}\frac{a_k}{b_k} = \frac{g_1}{g_2} \quad (\text{falls } g_2 \neq 0) \qquad \lim_{k\to\infty} a_k^n = g_1^n \quad (\text{für } n \in \mathbb{N}^*)$$

Vergleichskriterium

$$(\forall k \geq k_0 : a_k < b_k) \Rightarrow g_1 \leq g_2$$

Warnung: Aus $a_k < b_k$ kann nicht $g_1 < g_2$ gefolgert werden! Gegenbeispiel: $a_k = 0$ und $b_k = \frac{1}{k}$, dann ist zwar $\forall k : a_k < b_k$, aber $g_1 = g_2 = 0$.

Einschließungskriterium, Zangenregel

$$a_k \leq b_k \leq c_k \text{ und } \lim_{k\to\infty} a_k = \lim_{k\to\infty} c_k = g \Rightarrow \lim_{k\to\infty} b_k = g$$

Vertauschung von Grenzwert und Funktionswert

Wenn alle $a_k \in \mathrm{D}(f)$ und f stetig in g ist, folgt

$$\lim_{k\to\infty} f(a_k) = f(\lim_{k\to\infty} a_k) = f(g)$$

Nullfolge

Eine Folge mit dem Grenzwert $\lim\limits_{k\to\infty} a_k = 0$ heißt *Nullfolge*. Ist die Folge der Differenzen $(a_k - g)$ eine Nullfolge, so hat (a_k) den Grenzwert g:

$$\lim_{k\to\infty}(a_k - g) = 0 \Leftrightarrow \lim_{k\to\infty} a_k = g$$

♦ **Beispiel**

$\left(\frac{1}{k}\right)$ ist Nullfolge für $k \in \mathbb{N}^*$, da $\frac{1}{k} < 0 + \varepsilon$ ist für alle $k > \frac{1}{\varepsilon}$. ♦

Eine Zahlenfolge (a_k) *wächst* bzw. *fällt unbeschränkt*, wenn es für beliebiges $m > 0$ ein a_k gibt mit $a_k > m$ bzw. $a_k < m$.

Uneigentliche Grenzwerte

Die Folge (a_k) *divergiert bestimmt* gegen den *uneigentlichen Grenzwert* ∞ bzw. $-\infty$, falls es zu jedem beliebig großen $m > 0$ einen Index k_0 gibt, sodass $a_k > m$ bzw. $a_k < -m$ für alle $k > k_0$ ist. Man schreibt dafür

$$\lim_{k\to\infty} a_k = \infty \text{ bzw. } \lim_{k\to\infty} a_k = -\infty$$

♦ **Beispiel**

Die Folge $1,0,2,0,3,0,4,0,\ldots$ wächst unbeschränkt, ist aber nicht bestimmt divergent gegen ∞. Die Folge $1,2,3,4,\ldots$ wächst unbeschränkt und ist bestimmt divergent gegen ∞. ♦

Teilfolge

Eine *Teilfolge* einer unendlichen Folge (a_k) entsteht, wenn man in (a_k) endlich viele oder auch unendlich viele Glieder weglässt, sodass aber immer noch unendlich viele Folgenglieder übrig bleiben. Ist (a_k) konvergent, so konvergiert jede Teilfolge gegen denselben Grenzwert wie (a_k).

♦ **Beispiele**

(1) $\left(\frac{1}{2^k}\right)$ und $\left(\frac{1}{k^3}\right)$ sind Teilfolgen von $\left(\frac{1}{k}\right)$ und zugleich Nullfolgen.

(2) $2,4,6,8,\ldots$ ist Teilfolge von $1,2,3,4,\ldots$ ♦

Differenzenfolge

(d_k) ist *Differenzenfolge* zu (a_k), falls gilt $d_k = a_{k+1} - a_k$.

Quotientenfolge

(q_k) ist *Quotientenfolge* zu (a_k) mit $a_k \neq 0$, falls gilt $q_k = \dfrac{a_{k+1}}{a_k}$.

Grenzwerte ausgewählter Zahlenfolgen

$(a,x \in \mathbb{R},\ k \in \mathbb{N}^*,\ n \in \mathbb{N})$

$$\lim_{k\to\infty} a^k = \begin{cases} 0 & \text{für } |a| < 1 \\ 1 & \text{für } a = 1 \\ \infty & \text{für } a > 1 \end{cases} \qquad \text{unbestimmt divergent für } a \leq -1$$

$$\lim_{k\to\infty} \left(1 + \frac{1}{k}\right)^k = 2{,}718\,281\,828\ldots =: \mathrm{e} \qquad (\text{EULER}\textit{sche Zahl})$$

$$\lim_{k\to\infty} \left(1 + \frac{x}{k}\right)^k = \mathrm{e}^x$$

$$\lim_{k\to\infty} \frac{k^n}{a^k} = 0 \ (|a| > 1) \qquad \text{„exponentielles Wachstum besiegt polynomielles“}$$

$$\lim_{k\to\infty} \frac{a^k}{k!} = 0 \ (a > 0) \qquad\qquad \lim_{k\to\infty} \frac{1}{k} = 0$$

$$\lim_{k\to\infty} \frac{a^{1/k}-1}{1/k} = \ln a \; (a>0) \qquad \lim_{k\to\infty} k^a = \begin{cases} \infty & \text{für } a>0 \\ 1 & \text{für } a=0 \\ 0 & \text{für } a<0 \end{cases}$$

$$\lim_{k\to\infty} \left(1+\frac{1}{2}+\frac{1}{3}+\ldots+\frac{1}{k}-\ln k\right) = 0{,}577\,215\,664\ldots =: \mathrm{C}$$

(EULER-MASCHERONI*sche Konstante*[1])

$$\lim_{k\to\infty} \frac{k!\,\mathrm{e}^k}{k^k\sqrt{k}} = \sqrt{2\pi} \quad \text{(STIRLING\textit{sche Formel})} \quad k \text{ groß: } k! \approx \left(\frac{k}{\mathrm{e}}\right)^k \sqrt{2\pi k}$$

$$\lim_{k\to\infty} \left(\frac{2\cdot 4\cdot 6\cdot \ldots \cdot (2k)}{1\cdot 3\cdot 5\cdot \ldots \cdot (2k-1)}\right)^2 \cdot \frac{1}{2k} = \frac{\pi}{2} \quad \text{(WALLIS\textit{sches Produkt})}$$

$$\lim_{k\to\infty} \sqrt[k]{a} = 1 \quad (a>0) \qquad \lim_{k\to\infty} \sqrt[k]{k} = 1$$

2.4.3 Arithmetische und geometrische Folgen

Eine Zahlenfolge (a_k) heißt *arithmetische Folge* zur konstanten Differenz d, falls

$a_k = a_{k-1} + d$ für $k \geq 2$ ist.

Explizite Darstellung: $a_k = a_1 + (k-1)d$

Bei einer arithmetischen Folge ist die Differenz zweier benachbarter Folgenglieder stets gleich d, die Differenzenfolge ist also konstant:

$$(a_k) = a_1, a_1+d, a_1+2d, a_1+3d, \ldots$$

$$(d_k) = d, d, d, \ldots$$

Jedes Folgenglied ab dem zweiten ist das *arithmetische Mittel* seiner beiden Nachbarn:

$$a_k = \frac{a_{k-1}+a_{k+1}}{2}, \quad k \geq 2$$

Konvergenz

Arithmetische Folgen sind für $d \neq 0$ bestimmt divergent.

Eine Zahlenfolge (a_k) heißt *geometrische Folge* zum konstanten Quotienten $q \neq 0$, falls

$a_k = a_{k-1} \cdot q$ für $a_1 \neq 0$ und $k \geq 2$ ist.

Explizite Darstellung: $a_k = a_1 \cdot q^{k-1}$

[1] Vielfach auch mit γ bezeichnet

Bei einer geometrischen Folge ist der Quotient zweier benachbarter Folgenglieder stets gleich q, die Quotientenfolge ist also konstant:

$$(a_k) = a_1, a_1q, a_1q^2, a_1q^3, \ldots$$
$$(q_k) = q, q, q, \ldots$$

Jedes Folgenglied ab dem zweiten ist dem Betrage nach das geometrische Mittel seiner beiden Nachbarn:

$$|a_k| = \sqrt{a_{k-1} \cdot a_{k+1}}, \quad k \geq 2$$

Eigenschaften

- $q < 0$ alternierende Folge
- $0 < q < 1$ und $a_1 > 0$ monoton fallende Folge
- $q > 1$ und $a_1 > 0$ monoton wachsende Folge
- $|q| < 1$ beschränkte Folge

Konvergenz

Geometrische Folgen sind konvergent für $-1 < q \leq 1$, sonst divergent.

Partialsummen (Teilsummen)

Partialsumme der ersten n Glieder (Summanden) der Folge (a_k)

$$s_n := a_1 + a_2 + \ldots + a_n = \sum_{k=1}^{n} a_k$$

Für die *arithmetische Folge* $a_k = a_1 + (k-1)d,\ k \in \mathbb{N}^*$, gilt:

$$s_n = \sum_{k=1}^{n} \big(a_1 + (k-1)d\big) = n \cdot a_1 + d \cdot \frac{n(n-1)}{2}$$

Für die *geometrische Folge* $a_k = a_1 \cdot q^{k-1},\ k \in \mathbb{N}^*$, gilt:

$$s_n = \sum_{k=1}^{n} a_1 \cdot q^{k-1} = \begin{cases} a_1 \cdot \dfrac{1-q^n}{1-q} & \text{für } q \neq 1 \\ na_1 & \text{für } q = 1 \end{cases}$$

Die aus einer gegebenen Folge (a_k) gebildete Folge von Partialsummen $(s_n) = s_1, s_2, s_3, \ldots$ heißt *unendliche Reihe* oder kurz *Reihe* mit den Gliedern $a_1, a_2, a_3, \ldots$, in Zeichen

$$\sum_{k=1}^{\infty} a_k = a_1 + a_2 + a_3 + \ldots$$ (siehe 12.1.1)

♦ **Beispiele**

(1) Die geometrische Folge $(a_k) = 0{,}7; 0{,}07; 0{,}007; \ldots$ mit $a_1 = 0{,}7$ und $q = 0{,}1$ hat die Partialsummenfolge

$(s_n) = 0{,}7; 0{,}77; 0{,}777; \ldots$ (*geometrische Reihe*)

(2) Summe der ersten 8 Glieder der geometrischen Folge $a_k = 20 \cdot 0{,}5^{k-1}$

$$s_8 = 20 \cdot \frac{1 - 0{,}5^8}{1 - 0{,}5} = 39{,}843\,75$$

(3) Summe der ersten n natürlichen Zahlen

$$s_n = 1 + 2 + 3 + \ldots + n = \sum_{k=1}^{n} k = \frac{n(n+1)}{2}$$

(4) Summe der ersten n ungeraden Zahlen

$$s_n = 1 + 3 + 5 + \ldots + (2n - 1) = \sum_{k=1}^{n} (2k - 1) = n^2$$

(5) Summe der ersten n Quadratzahlen

$$s_n = 1 + 4 + 9 + \ldots + n^2 = \sum_{k=1}^{n} k^2 = \frac{n(n+1)(2n+1)}{6}$$

(6) Summe der ersten n Kubikzahlen

$$s_n = 1 + 8 + 27 + \ldots + n^3 = \sum_{k=1}^{n} k^3 = \left(\frac{n(n+1)}{2}\right)^2$$ ♦

Arithmetische Folgen höherer Ordnung

Eine *arithmetische Folge n-ter Ordnung* liegt vor, wenn zum ersten Mal die n-te Diferenzenfolge konstante Glieder aufweist.

♦ **Beispiel**

$(a_k) =$	1	5	10	18	31	51 …	Grundfolge
$(\Delta^1 a_k) =$	4	5	8	13	20 …		1. Differenzenfolge
$(\Delta^2 a_k) =$	1	3	5	7 …			2. Differenzenfolge
$(\Delta^3 a_k) =$	2	2	2 …				3. Differenzenfolge

Die ursprüngliche Folge ist also eine arithmetische Folge 3. Ordnung. ♦

Vorzugszahlen

Vorzugszahlen in der Normung (DIN 323) werden aus endlichen geometrischen Folgen gebildet durch Rundung. Anfang- und Endglied sind aufeinander folgende Zehnerpotenzen. Die Folge Rk hat den Stufensprung $q = \varphi_k = \sqrt[k]{10}$, sodass ausgehend von 1 nach k Schritten 10 erreicht wird. Grundfolgen sind R5, R10, R20, R40.

♦ **Beispiel**

$\varphi_5 = \sqrt[5]{10} \approx 1{,}6$ $\qquad \varphi_{10} = \sqrt[10]{10} \approx 1{,}25$

$\varphi_{20} = \sqrt[20]{10} \approx 1{,}12$ $\qquad \varphi_{40} = \sqrt[40]{10} \approx 1{,}06$

Folge R10, gebildet mit Stufensprung φ_{10}:

1,00; 1,25; 1,60; 2,00; 2,50; 3,15; 4,00; 5,00; 6,30; 8,00; 10,00

Anwendung: Stufung der Transformatorengrößen der Energiewirtschaft ♦

2.4.4 Finanzmathematik

Bezeichnungen

K_0, G_0	*Anfangskapital*, *Guthaben*, *Grundbetrag*, *Grundwert*, *Bestand*
B	*Barwert*
K_n, G_n	*Endkapital*, *Endbetrag*, *Endbestand*, *Endwert* nach n Zinsperioden bzw. nach einer Laufzeit von n Jahren, $n \in \mathbb{N}$
Z	*Zinsen*
p	(jährlicher) *Zinsfuß* in %, Wachstum in %
i	(jährlicher) *Zinssatz*, $i = p/100$
q	*Zinsfaktor*, *Aufzinsungsfaktor*, $q = 1 + i = 1 + p/100$
v	*Abzinsungsfaktor*, *Diskontierungsfaktor*, $v = 1/q = 1/(1+i)$
n	Anzahl der *Zinsperioden*, *Laufzeit* $n \in \mathbb{N}$
R	*Rate*, regelmäßige Zahlung, *Rente*

2.4.4.1 Zinsrechnung

Einfache Verzinsung, Zinsen fällig am Ende einer *Zinsperiode* (ganzzahliger Bruchteil eines Jahres).

Kalenderbasis in Europa:
30 Zinstage p. M. oder 360 Zinstage p. a., kurz 30/360

Endwert, Endkapital: $K_n = K_0(1 + ni)$

Zinsen: $Z = K_0 ni$

Regelmäßige Einzahlung R: $K_n = R\left(n + i \cdot \dfrac{n \pm 1}{2}\right)$ + vorschüssig, – nachschüssig

Barwert, Anfangskapital: $B = K_0 = \dfrac{K_n}{1 + ni}$

Bei T Zinstagen gilt: $n = T/360$

Bei M Zinsmonaten gilt: $n = M/12$

Tageszinsen: $Z_T = ZZ/ZD$, wobei

Zinszahl: $ZZ = K_0 \cdot (\text{Anzahl der Tage})/100$ und

Zinsdivisor: $ZD = 360/p$

♦ **Beispiele**

(1) Wie viele Zinstage T ergibt der Zeitraum vom 16.12.2009 bis 18.03.2011?
$T = 14 + 360 + 60 + 18 = 452$

(2) Regelmäßige Einzahlung ab Januar am Ende des Monats (nachschüssig) von $R = 300$ € ergibt bei einem Zinsfuß von 2,5 % p.a. am Jahresende einen Endbetrag von $K_{12} = 300 \cdot \left(12 + 0{,}025 \cdot \frac{11}{2}\right) = 3641{,}25$ €.

(3) Wie viele Zinsen ergeben 1000 € in 200 Tagen bei einem Zinsfuß von 5 %?
Zinszahl $ZZ = 1000 \cdot 200/100 = 2\,000$, Zinsdivisor $ZD = 360/5 = 72$,
Zinsen $Z_T = ZZ/ZD = 2\,000/72 = 27{,}78$ € ♦

2.4.4.2 Zinseszinsrechnung

Basis der Zinseszinsrechnung ist eine exponentielle (geometrische) Verzinsung bei $n > 1$ Zinsperioden.

Zuschläge am Ende der Zinsperiode (*Aufzinsung*)

$$K_n = K_0(1 + i)^n = K_0 q^n \qquad \text{(LEIBNIZ}\textit{sche Zinseszinsformel})$$

Stetige Verzinsung

Aufteilung eines Jahres in n Zinsperioden, jeweils Verzinsung mit Zinssatz i/n, ergibt nach t Jahren einen Betrag von $K_t = K_0 \left(1 + \frac{i}{n}\right)^{nt}$. Für $n \to \infty$ strebt K_t gegen $K_0 \mathrm{e}^{it} = K_0 \mathrm{e}^{t \cdot p/100}$ (siehe 7.6.2)

♦ **Beispiel**

Ein Kapital von 1000 € wird ein Jahr lang stetig verzinst mit einem Zinsfuß von $p = 5$ %. Am Ende des Jahres ist das Kapital auf

$$K_1 = 1000 \cdot \mathrm{e}^{1 \cdot 0{,}05} = 1\,051{,}27 \text{ €}$$

angewachsen. ♦

Effektiver Zinssatz

Bei jährlich unterschiedlichen Zinssätzen $i_1, i_2, \ldots, i_n$ ist der effektive Jahreszins

$$i = \sqrt[n]{\frac{K_n}{K_0}} - 1 = \sqrt[n]{(1 + i_1) \cdot (1 + i_2) \cdot \ldots \cdot (1 + i_n)} - 1$$

Die vier Umkehraufgaben der Zinseszinsrechnung

1. *Barwert B* (*Anfangsbetrag*, *diskontierter Wert*) ist der Wert, den das Anfangskapital K_0 haben muss, um bei einem Zinsfaktor q nach einer

Laufzeit von n Perioden das Endkapital K_n zu erreichen.

$$B = K_0 = \frac{K_n}{q^n} = K_n \cdot v^n \qquad v = \frac{1}{q}$$

2. *Aufzinsungsfaktor*: $q = 1 + \frac{p}{100} = 1 + i = \sqrt[n]{\frac{K_n}{K_0}}$
3. *Zinsfuß*: $p = 100 \cdot \left(\sqrt[n]{\frac{K_n}{K_0}} - 1 \right) \%$
4. *Laufzeit*: $n = \frac{\lg K_n - \lg K_0}{\lg q}$ Jahre (genauso mit ln statt mit lg)

♦ **Beispiele**

(1) Ein Guthaben von $K_0 = 1000$ € wächst bei $p = 3{,}25\,\%$ Verzinsung bei einem Zuschlag am Ende des Jahres auf 1 032,50 €. Auf welchen Wert würde es bei monatlichem Zuschlag (unterjährig) anwachsen?

$$K_{12} = K_0 \left(1 + \frac{i}{m}\right)^m = 1000 \cdot \left(1 + \frac{3{,}25/100}{12}\right)^{12} = 1\,032{,}99\,€$$

(2) Nach welcher Zeit tritt bei einem Zuwachs des Energieverbrauchs um 5 % pro Jahr eine Verdopplung des anfänglichen Verbrauchs ein?

$$n = \frac{\lg 2 - \lg 1}{\lg 1{,}05} = \frac{0{,}301 - 0}{0{,}021\,2} = 14{,}2\,\text{Jahre}$$

(3) Man diskontiere einen nach drei Jahren fälligen Betrag von 15 000 € bei 8,25 % Zinsen (mit anderen Worten: Welcher Betrag ist heute anzulegen, um nach drei Jahren 15 000 € zur Verfügung zu haben?)

$$q = 1 + \frac{p}{100} = 1{,}082\,5 \qquad K_0 = \frac{15\,000}{1{,}082\,5^3} = 11\,825{,}17\,€$$ ♦

2.4.4.3 Rentenrechnung

Die Formeln gelten für Zahlungen am Ende des Jahres (*nachschüssig, postnumerando*). Für Zahlungen am Anfang des Jahres (*vorschüssig, pränumerando*) ersetze man R durch Rq.

Endbetrag durch Vermehrung (Verminderung) eines Grundbetrages K_0 durch regelmäßige Einzahlungen (Abhebungen) gleicher Raten R

Sparkassenformel, *Raten-Rentenformel*

$$K_n = K_0 q^n \pm R \frac{q^n - 1}{q - 1} \qquad \begin{array}{l} + \text{Einzahlung} \\ - \text{Abhebung} \end{array}$$

Für $K_n = K_0$ wird der jährliche Zuwachs jährlich verbraucht. K_0 heißt dann

Barwert einer *ewigen Rente*

$$B = K_0 = \frac{R}{q-1} = \frac{R}{p/100} = \frac{R}{i}$$

Barwert B einer n-mal nachschüssig zahlbaren *Rate* (*Rente*) R, d. h. Wandlung einer einmaligen Zahlung K_0 in regelmäßig wiederholte Zahlungen (Raten) R

Rentenformel einer Zeitrente

$$B = K_0 = R\frac{q^n - 1}{q^n(q-1)}$$

Zeitrente: Rente, die nur eine bestimmte Zeit gezahlt wird (Gegensatz: *Leibrente*)

Raten (*Rentenhöhe*) bei regelmäßiger Auszahlung bis Kapitalverzehr

$$R = K_0 q^n \frac{q-1}{q^n - 1} \qquad (R > K_0 i)$$

Zeitdauer einer Rentenzahlung bis Kapitalverzehr

$$n = \frac{\lg R - \lg(R - K_0 i)}{\lg q} \qquad (R > K_0 i)$$

(genauso mit ln statt mit lg)

2.4.4.4 Schuldentilgung, Annuität

Die *Annuität* A ist die jährlich von einem Schuldner für Tilgung (R) und Verzinsung (Z) zu zahlende Summe:

$$A = R + Z$$

Ratentilgung einer Schuld K_0

Bei *Ratentilgung* bleibt die *Tilgungsrate* für die Laufzeit n (*Tilgungsdauer*) konstant, die Zinsen und damit die Annuitäten sinken jährlich.

$$R = \frac{K_0}{n} \qquad \text{(Tilgungsrate)}$$

$$K_m = K_0 - mR = K_0\left(1 - \frac{m}{n}\right) \qquad \text{(Restschuld nach } m \text{ Jahren)}$$

Annuität im m-ten Jahr des Tilgungszeitraumes ($m = 1, 2, \ldots, n$)

$$A_m = R + Z_m = K_0\left(\frac{1}{n} + i\left(1 - \frac{m-1}{n}\right)\right)$$

Annuitätentilgung einer Schuld K_0

Bei *Annuitätentilgung* bleibt die Annuität für die Laufzeit n (*Tilgungsdauer*) konstant, die Tilgungsrate erhöht sich jährlich.

Die Formeln sind gültig für nachschüssige Zahlung, bei vorschüssiger Zahlung ersetze man K_0 durch K_0/q.

Annuität

$$A = K_0 \frac{q^n(q-1)}{q^n - 1} \qquad \text{mit } q = 1 + i = 1 + \frac{p}{100}$$

Tilgungsrate im m-ten Jahr des Tilgungszeitraumes

$$R_m = R_1\, q^{m-1} = (A - iK_0)q^{m-1}$$

Tilgungsdauer

$$n = \frac{\lg\left(1 - \frac{iK_0}{A}\right)}{\lg v} = \frac{\lg \frac{A}{R_1}}{\lg q} \text{ Jahre} \qquad \text{mit } v = \frac{1}{q}$$

(genauso mit ln statt mit lg)

♦ **Beispiel**

Eine Schuld von 1000 € soll in 5 Jahren bei einem Zinsfuß von $p = 6\,\%$ durch Annuitätentilgung getilgt werden. Welche Annuität A ist jährlich zu zahlen?

$$A = \frac{1000 \cdot 1{,}06^5 \cdot (1{,}06 - 1)}{1{,}06^5 - 1} = 237{,}40\,€$$ ♦

3 Algebra (Gleichungen)

3.1 Allgemeines

Algebraische Strukturen

Algebraische Strukturen bestehen aus einer nicht-leeren Trägermenge M und ausgezeichneten Operationen, Relationen und Operanden, dargestellt als Tupel.

Eine *binäre Operation* auf M ist eine Abbildung $M \times M$ in M, die zwei *Operanden* $a, b \in M$ eindeutig ein $a * b \in M$ zuordnet, $*$ heißt *Operator*.

Spezielle Operationen: $a + b$, $a \cdot b$, $a \cap b$, $a \cup b$

Gruppe $\langle M, * \rangle$: algebraische Struktur, in der **eine** assoziative und umkehrbare algebraische (binäre) Operation erklärt ist.

Es gelten die vier Gruppenaxiome ($a, b, c, e \in M$):

(1) Gemäß o. a. Definition „Operation" gilt:
$a * b$ führt nicht aus M heraus, M ist abgeschlossen bezüglich $*$.

(2) Das Assoziativgesetz $(a * b) * c = a * (b * c)$ gilt.

(3) Das *neutrale Element* e existiert, $a * e = e * a = a$
Eine multiplikative Gruppe hat 1 als neutrales Element:
$a \cdot 1 = 1 \cdot a = a$,
eine additive Gruppe hat 0 als neutrales Element: $a + 0 = 0 + a = a$

(4) Jedes Element hat sein Inverses a^{-1}; $a, a^{-1} \in M, a*a^{-1} = a^{-1}*a = e$.

Folgerung: $a * x = b$ und $x * a = b$ sind eindeutig lösbar.

Gelten nur (1) und (2), heißt die Struktur *Halbgruppe*, gelten nur (1) bis (3), heißt sie *Monoid*.

Beispiel für eine Gruppe: reguläre quadratische Matrizen bez. Multiplikation

Untergruppe: $U \subseteq M$, die bez. $*$ selbst Gruppe ist. $a, b \in U$ stets $a*b \in U$, $a^{-1} \in U$

ABELsche Gruppe: mit zusätzlicher kommutativer Verknüpfung $a * b = b * a$, $a, b \in M$

Beispiele für ABELsche Gruppen: $\langle \mathbb{Z}, + \rangle$, $\langle \mathbb{Q}_{>0}, \cdot \rangle$, $\langle \mathbb{R}^*, \cdot \rangle$

Ring $\langle R, +, \cdot \rangle$: Menge R mit **zwei** binären Operationen, Addition und Multiplikation, wobei R bez. Addition ABELsche Gruppe, bez. Multiplikation Halbgruppe ist.

(1) Distributivgesetze: $a \cdot (b + c) = (a \cdot b) + (a \cdot c)$
$(a + b) \cdot c = (a \cdot c) + (b \cdot a) \qquad a, b, c \in R$

(2) Neutrale Elemente 0 und 1, inverse Elemente $-a$ und $1/a$ $(a \neq 0)$ existieren.

Beispiele für Ringe: $\langle \mathbb{Z}, +, \cdot \rangle$, quadratische Matrizen, alle Körper

Körper $\langle R, +, \cdot \rangle$: *kommutativer Ring* (bez. Multiplikation gilt das Kommutativgesetz), in dem die Menge $R \setminus \{0\}$ bezüglich $+$ die sog. multiplikative Gruppe des Körpers bilden. Ein Körper hat Einselemente und jedes von 0 verschiedene Element hat sein Inverses bez. Multiplikation, Division ist definiert.

Körper sind *nullteilerfrei*, d. h. aus $a \cdot b = 0$ folgt stets $a = 0$ oder $b = 0$.

Beispiele für Körper: $\langle \mathbb{Q}, +, \cdot \rangle$, $\langle \mathbb{R}, +, \cdot \rangle$, $\langle \mathbb{C}, +, \cdot \rangle$

Verband $\langle M, \cap, \cup \rangle$: Struktur mit den zweistelligen Verknüpfungen Durchschnitt und Vereinigung. Zu jedem $a \in M$ existiert ein komplementäres Element $\bar{a} \in M$.

Beispiel für einen Verband: **Boolescher Verband** $\langle M, \wedge, \vee, \neg \rangle$ (vgl. 1.1.3), eine Struktur mit den Verknüpfungen UND, ODER oder Komplement.

Vektorraum: siehe 5.1

Term

> Ein *Term* ist ein mathematischer Ausdruck, der eine Zahl darstellt bzw. durch Einsetzen von Zahlen anstelle von Variablen oder Parametern in eine Zahl übergeht.

Einfache Terme sind Variable, Parameter oder Konstanten, z. B. a, x, x_1.

Zusammengesetzte Terme entstehen, indem die Leerstellen eines Funktionszeichens durch einfache Terme ausgefüllt werden, z. B. $x + 1$.

Linearer Term: $T(x, y) = ax + by + c$ — a, b, c Konstanten

Linearkombination von Termen: $c_1 T_1 + c_2 T_2 + \ldots$ — c_i Konstanten

Gemischtquadratischer Term: $T(x) = ax^2 + bx + c$

Polynom, ein ganzrationaler Term n-ten Grades

$$T(x) = a_n x^n + a_{n-1} x^{n-1} + \ldots + a_1 x + a_0$$

Rationaler Term

Die Variablen sind nur mit den (rationalen) Grundrechenarten verbunden:

$$T(x) = \frac{a_n x^n + a_{n-1} x^{n-1} + \ldots + a_1 x + a_0}{b_m x^m + b_{m-1} x^{m-1} + \ldots + b_1 x + b_0} \qquad n, m \in \mathbb{N}$$

Definition für Gleichungen/Ungleichungen

Werden Terme ohne Verwendung von Junktoren und Quantoren durch das Zeichen „=“ verbunden, entsteht eine *Gleichung*, die Aussageform G: $T_1 = T_2$.

Die Relationszeichen $<$, $\leq$, $>$, $\geq$, $\neq$ ergeben *Ungleichungen*, z. B. $T_1 \geq T_2$.

Erklärungen: $x \leq y \Leftrightarrow x < y \vee x = y$ *„kleiner gleich“*
$x \geq y \Leftrightarrow x > y \vee x = y$ *„größer gleich“*

Einteilung der Gleichungen/Ungleichungen

- *Identische Gleichungen (feststellende Ungleichungen), Formeln*
- *Funktionsgleichungen*
- *Definitionsgleichungen*
- *Bestimmungsgleichungen (Bestimmungsungleichungen)*

Erfüllen alle Tupel $(x, y, \ldots) \in \mathrm{D}_G$ die Gleichung/Ungleichung, heißt sie eine *identische Gleichung (feststellende Ungleichung)*, Formel über D_G, z. B. $a^2 - b^2 = (a+b)(a-b)$, $|a| - |b| \leq |a \pm b|$.

Funktionsgleichungen stellen Zusammenhänge zwischen sog. *Formvariablen* her, z. B. $U = 2\pi r$ (Kreisumfang).

Die *Formvariable*, die in Abhängigkeit der anderen Formvariablen gesucht wird, heißt *Lösungsvariable*. Alle Formvariablen können zur Lösungsvariablen gemacht werden (Auflösen von Formeln nach ...).

Eine *Definitionsgleichung* erklärt ein neues Zeichen, z. B. $x^{-n} := \frac{1}{x^n}$.

Bestimmungsgleichungen und *Bestimmungsungleichungen* sind *Aussageformen*, die bei Belegung der *Unbekannten* (*Variablen*) zu *Aussagen* werden.

Definitionsbereich einer Gleichung/Ungleichung

Der *Definitionsbereich* D_G, auch *(Variablen-)Grundbereich* einer Gleichung/Ungleichung ist die Durchschnittsmenge der Definitionsbereiche ihrer Teilterme.

Ohne weitere Angaben versteht man unter dem Definitionsbereich D_G den Bereich der reellen Zahlen $\mathbb{R}$.

Lösungsmenge einer Gleichung

$\mathbb{L} = \{(x, y, \ldots) \mid T_1(x, y, \ldots) = T_2(x, y, \ldots) \wedge x \in X; y \in Y; \ldots\}$
Unerfüllbarkeit: $\mathbb{L} = \emptyset$

♦ **Beispiele**

(1) $\mathbb{L} = \{(x, y) \mid (x + y)^2 = x^2 + 2xy + y^2;\ x, y \in \mathbb{R}\} = \mathbb{R} \times \mathbb{R} = \mathbb{R}^2$

(2) $\mathbb{L} = \{x \mid \sin 2x = 2 \sin x \cos x\} = \mathbb{R}$

Beispiele (1) und (2) enthalten identische Gleichungen.

(3) $\mathbb{L} = \{x \mid 3^x = -4 \wedge x \in \mathbb{R}\} = \emptyset$ keine Lösung im reellen Bereich

(4) $\mathbb{L} = \left\{x \mid x = \sqrt{x^2}\right\} = \mathbb{R}_{\geq 0}$

(5) $\mathbb{L} = \{(x, y, z) \mid x^2 + y^2 + z^2 \geq 0; x, y, z \in \mathbb{R}\} = \mathbb{R}^3$
identische Ungleichung ♦

Äquivalenz von Gleichungen/Ungleichungen

Zwei Gleichungen/Ungleichungen sind *gleichwertig* (*äquivalent*) über demselben Grundbereich D_G, wenn sie die gleiche Lösungsmenge $\mathbb{L}$ besitzen.

Äquivalente Umformungen von Gleichungen/Ungleichungen

Äquivalente Umformungen ($\Leftrightarrow$) einer Gleichung sind:

- Addition beider Seiten mit gleichem Summanden
- Multiplikation/Division mit gleichem Faktor, der die Variable nicht enthält.

Es entstehen äquivalente Gleichungen mit gleicher Lösungsmenge.

Nichtäquivalente Umformungen, Folgerungen ($\Rightarrow$) einer Gleichung sind:

- Potenzieren
- Multiplizieren oder Dividieren mit Termen, die die Variable enthalten.

Es entstehen zusätzliche Lösungen bzw. es gehen Lösungen verloren. Zum Schluss ist daher eine Probe an der Ausgangsgleichung erforderlich (siehe 3.3.1.8).

Rechnen mit Ungleichungen

Siehe auch Anordnungsaxiome für reelle Zahlen, 2.1.2.1, $\forall a,b,c,d \in \mathbb{R}$

Bemerkung: Durch Seitentausch der Ungleichungen geht $>$ über in $<$.

$a < b \wedge b < c \Rightarrow a < c$

$a < b \Leftrightarrow a + c < b + c$

$a < b \wedge c > 0 \Rightarrow a \cdot c < b \cdot c$ — c reeller Term ohne Variable

$a < b \wedge c < 0 \Rightarrow a \cdot c > b \cdot c$ — c reeller Term ohne Variable

$a < b \wedge c < d \Rightarrow a + c < b + d$

$a < b \Leftrightarrow -a > -b$ — *Inversionsregel*

$a < b \wedge ab > 0 \Leftrightarrow \frac{1}{a} > \frac{1}{b}$

$a \cdot b > 0 \Leftrightarrow (a > 0 \wedge b > 0) \vee (a < 0 \wedge b < 0)$

$a \cdot b < 0 \Leftrightarrow (a > 0 \wedge b < 0) \vee (a < 0 \wedge b > 0)$

$a < b \wedge c < d \Rightarrow a \cdot c < b \cdot d$ — $b, c > 0$

$a^n + b^n \leq (a+b)^n$ — $a, b > 0, n \in \mathbb{N}^*$

$2^n > n$

$\sqrt[n]{1+a} < 1 + \frac{a}{n}$ — $a > 0, n \in \mathbb{N}_{\geq 2}$

$(a_1 b_1 + a_2 b_2)^2 \leq \left(a_1^2 + a_2^2\right) \cdot \left(b_1^2 + b_2^2\right)$

BERNOULLI*sche Ungleichung*

$(1+a)^n \geq 1 + na$ — $a \in \mathbb{R}, a \geq -1, n \in \mathbb{N}^*$

Das Gleichheitszeichen gilt für $n = 1$ oder $a = 0$.

3.2 Lineare algebraische Gleichungen

3.2.1 Lineare Gleichungen/Ungleichungen mit einer Variablen

Normalform: $ax + b = 0$, $\mathbb{L} = \left\{-\frac{b}{a}\right\}$, a, b *Koeffizienten*, $a, b \in \mathbb{R}, a \neq 0$

Mittels äquivalenter Umformungen wird die Lösungsvariable isoliert.

♦ **Beispiel**

$-12x + 27 = -3x \Leftrightarrow 27 = 9x \Leftrightarrow x = 3$ ♦

Bruchgleichungen (Lösungsvariable steht im Nenner)

- Definitionsbereich: Grundbereich ohne Werte für verschwindende Nenner
- Hauptnenner bilden, danach nur mit den Zählern weiter rechnen bzw. Überkreuzmultiplikation
- Bei mehr als zwei Bruchtermen: Seiten der Gleichung getrennt behandeln
- Wird beim Einsetzen der Lösung in die ursprüngliche Gleichung der Nenner null, ist die Lösung zu verwerfen.

♦ **Beispiel**

$\frac{2}{x-2} = \frac{3}{x-1}$ $\qquad D_G = \mathbb{R} \setminus \{1; 2\}$

$\Leftrightarrow 2(x-1) = 3(x-2)$

$\Leftrightarrow 2x - 2 = 3x - 6 \Rightarrow x = 4$ ♦

Lineare Ungleichungen mit einer Variablen

Mittels äquivalenter Umformungen ist die Ungleichung so zu verändern, dass die Lösungsmenge erkennbar wird.

♦ **Beispiel**

$x - 10 < 3(x-2)$

Addition von $(-3x + 10)$ zu beiden Seiten der Ungleichung

$\Leftrightarrow x - 3x < 10 - 6$

$\Leftrightarrow -2x < 4$, dividiert durch 2 und invertiert ergibt: $x > -2$ $\mathbb{L} = \{(-2,\infty)\}$

Probe: Lösungsmenge als Gleichung geschrieben: $x = -2 + p,\ p > 0$

eingesetzt: linke Seite $(-2+p) - 10 = p - 12$ rechte Seite $3\big((-2+p) - 2\big) = 3p - 12$

Vergleich liefert $p < 3p$, d. h. für $p > 0$ eine wahre Aussage ♦

Bruchungleichung (Lösungsvariable steht im Nenner)

Definitionsbereich: Grundbereich ohne die Werte der Variablen, bei denen die Nenner verschwinden (d. h. $N \neq 0$)

Methode 1: Multiplikation mit dem Hauptnenner

Fall 1: Multiplikator > 0 erfordert keinen Zeilenwechsel

Fall 2: Multiplikator < 0 erfordert Zeilenwechsel (Inversion)

Methode 2: Äquivalenzumformung, sodass rechts 0 steht.

Zusammenfassen zu einem Bruchterm, Zähler Z und Nenner N getrennt betrachten

Bei komplizierten Ungleichungen empfiehlt sich tabellarische Rechnung.

Fallunterscheidungen: $\frac{Z}{N} > 0 \Rightarrow Z > 0 \wedge N > 0$ oder $Z < 0 \wedge N < 0$

$\frac{Z}{N} < 0 \Rightarrow Z > 0 \wedge N < 0$ oder $Z < 0 \wedge N > 0$

♦ **Beispiel** (Methode 2)

$\frac{x+4}{x} > \frac{x}{x-4} \qquad D_G = \mathbb{R} \setminus \{0;\, 4\}$

$\Leftrightarrow \frac{x+4}{x} - \frac{x}{x-4} > 0 \Leftrightarrow \frac{(x+4)(x-4)-x^2}{x(x-4)} > 0 \Leftrightarrow \frac{-16}{x(x-4)} > 0$

Fallunterscheidung: Nenner muss negativ sein, d. h. $x(x-4) < 0$

Fall 1: $x < 0 \wedge (x-4) > 0$

$x < 0 \wedge x > 4 \qquad \mathbb{L} = \emptyset$ (keine Lösung)

Fall 2: $x > 0 \wedge (x-4) < 0$

$x > 0 \wedge x < 4$

$0 < x < 4 \qquad \mathbb{L} = \{x \mid 0 < x < 4, x \in \mathbb{R}\} = (0;\, 4)$ ♦

3.2.2 Lineare Gleichungen/Ungleichungen mit mehreren Variablen

(Siehe auch Lineare Gleichungssysteme, Abschnitt 5.4)

Diophantische Gleichungen

Diophantische Gleichungen sind Gleichungen mit ganzzahligen Koeffizienten und nur ganzzahligen Belegungen der Variablen.

Sie treten beispielsweise bei Beziehungen zwischen Stückzahlen auf.

Eine lineare diophantische Gleichung mit zwei Variablen

$ax + by = c \qquad a, b, c, x, y \in \mathbb{Z}$

Die Gleichung ist lösbar mit unendlich vielen Lösungen, wenn der größte gemeinsame Teiler (ggT, siehe 2.1.2.1) von a und b auch Teiler von c ist.

♦ **Beispiel**

Man löse die diophantische Gleichung $12x + 8y = 44$.

Die Koeffizienten haben ggT $= 4$, und 4 teilt 44, daher

$\mathbb{L} = \{\ldots, (3;\, 1), (5;\, -2), (7, -5), \ldots\}$ ♦

EULER*sche Reduktionsmethode* für diophantische Gleichungen

- Umstellung nach der Variablen mit dem kleinsten Koeffizienten
- Ausdividieren des Quotienten und Darstellung des Restes wieder als Quotienten
- Schluss auf Basis der Ganzzahligkeit

♦ **Beispiel**

$5x + 28y = 114 \qquad x,y \in \mathbb{Z}$

$$x = \frac{114 - 28y}{5} = 22 - 5y + \frac{4 - 3y}{5} \Rightarrow \frac{4 - 3y}{5} = r \qquad \text{ganzzahlig}$$

$$y = \frac{4 - 5r}{3} = 1 - r + \frac{1 - 2r}{3} \Rightarrow \frac{1 - 2r}{3} = s$$

$$r = \frac{1 - 3s}{2} = -s + \frac{1 - s}{2} \Rightarrow \frac{1 - s}{2} = t \qquad s = 1 - 2t$$

$$\text{eingesetzt: } r = \frac{1 - 3(1 - 2t)}{2} = 3t - 1$$

$$y = \frac{4 - 5(3t - 1)}{3} = 3 - 5t \qquad x = \frac{114 - 28(3 - 5t)}{5} = 6 + 28t$$

$$\mathbb{L} = \{(x,y) \mid x = 6 + 28t,\, y = 3 - 5t,\, t \in \mathbb{Z}\}$$ ♦

Eine lineare Gleichung mit zwei Variablen (*Funktionsgleichung*)

$ax + by = c \qquad$ (Graph: Gerade)

$\mathbb{L} = \left\{(x, y) \middle| x \in \mathbb{R},\, y = \frac{c - ax}{b}\right\}$ für $b \neq 0$

Zwei lineare Gleichungen mit zwei Variablen (*Gleichungssystem*)

Die *Lösungsmenge eines Gleichungssystems* mit zwei unabhängigen Variablen ist die Menge aller (geordneten) Wertepaare (x, y), für die beide Aussageformen zu wahren Aussagen führen.

Lösung durch Zurückführen auf eine Gleichung mit einer Variablen durch äquivalente Umformung des Gleichungssystems.

$\mathbb{L} = \{(x, y) \mid a_{11}x + a_{12}y = b_1 \wedge a_{21}x + a_{22}y = b_2;\, x, y \in \mathbb{R}\}$

Einsetzungsmethode (Substitutionsmethode)

Man löst eine Gleichung nach einer Variablen auf und setzt diesen Term in die andere Gleichung ein.

Abwandlung: Man löst beide Gleichungen nach der gleichen Variablen auf und setzt die Terme der rechten Seiten gleich (*Gleichsetzungsmethode*).

♦ **Beispiel**

$\mathbb{L} = \{(x,y) \mid 3x + 7y - 7 = 0 \wedge 5x + 3y + 36 = 0; x, y \in \mathbb{R}\}$

$$\begin{cases} 3x + 7y - 7 &= 0 \\ 5x + 3y + 36 &= 0 \end{cases}$$

$y = \dfrac{7-3x}{7}$ eingesetzt: $5x + 3 \cdot \dfrac{7-3x}{7} + 36 = 0$ $\qquad \mathbb{L} = \{(-10{,}5;\ 5{,}5)\}$

oder $\begin{cases} y = \dfrac{7-3x}{7} \\ y = \dfrac{-36-5x}{3} \end{cases}$ gleichgesetzt: $\dfrac{7-3x}{7} = \dfrac{-36-5x}{3}$

Lösung wie oben ♦

Additionsmethode

Man multipliziert die Gleichungen mit geeigneten Faktoren so, dass eine Variable bei Addition oder Subtraktion der Gleichungen erfüllt.

♦ **Beispiel**

$$\begin{cases} 3x + 7y - 7 &= 0 \quad | \cdot (-3) \\ 5x + 3y + 36 &= 0 \quad | \cdot 7 \end{cases}$$

$$\begin{cases} -9x - 21y + 21 = 0 \\ 35x + 21y + 252 = 0 \end{cases} \Big| +$$

$26x + 273 = 0$ Lösung wie oben ♦

Eine lineare Ungleichung mit zwei Variablen

$ax + by + c < 0 \qquad a, b, c \in \mathbb{R}$
Relationszeichen auch $>$, $\leq$, $\geq$, $\neq$

Lösungsmenge sind alle Punkte des kartesischen Koordinatensystems einer Halbebene, begrenzt durch die Gerade $ax + by + c = 0$.

Ist die Gerade selbst ausgeschlossen (Relationszeichen $>$, $<$), wird sie gestrichelt gezeichnet.

♦ **Beispiel**

Man skizziere die Lösungsmenge der Ungleichung $x + 3y - 3 < 0$:

$y < -\frac{1}{3}x + 1$

Begrenzungsgerade: $y = -\frac{1}{3}x + 1$

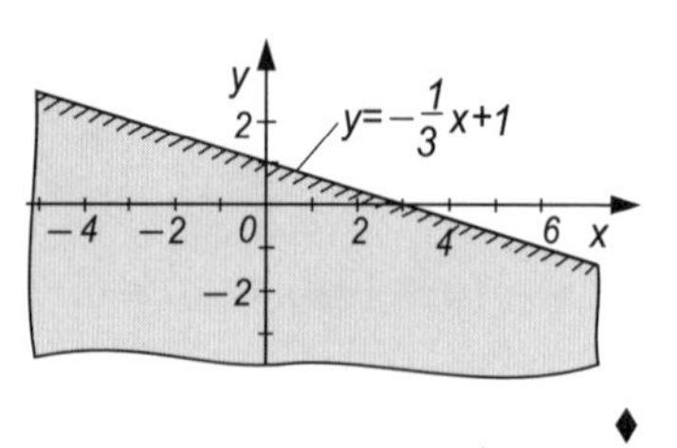

♦

n lineare Gleichungen mit *n* Variablen (*Gleichungssystem*)

Mehrfache Anwendung der Verfahren für zwei Variablen auf jeweils zwei Gleichungen führt für kleines n manuell zur Lösung. Für eine große Anzahl Gleichungen (etwa $n \geq 4$, siehe Lineare Gleichungssysteme, Abschnitt 5.4).

♦ **Beispiel**

$$\begin{cases} \text{(a)} \quad 3x_1 - 2x_2 - x_3 = 12 & \text{(a)} \cdot (-2/3) + \text{(b), danach (a)} \cdot (-1/3) + \text{(c)} \\ \text{(b)} \quad 2x_1 - 3x_2 + 5x_3 = 17 \\ \text{(c)} \quad x_1 - x_2 + 2x_3 = 7 \end{cases}$$

$$\begin{cases} 0 - \frac{5}{3}x_2 + \frac{17}{3}x_3 = \frac{27}{3} \\ 0 - \frac{1}{3}x_2 + \frac{7}{3}x_3 = \frac{9}{3} \end{cases} \Rightarrow \begin{cases} -5x_2 + 17x_3 = 27 & | \cdot (-1/5) \text{ und Addition} \\ -x_2 + 7x_3 = 9 \end{cases}$$

$\frac{18}{5}x_3 = \frac{18}{5} \Rightarrow x_3 = 1$

$-x_2 + 7 \cdot 1 = 9 \Rightarrow x_2 = -2$

$3x_1 - 2(-2) - 1 = 12 \Rightarrow x_1 = 3$

Ergebnis: $\mathbb{L} = \{(3; -2; 1)\}$ ♦

3.3 Nichtlineare Gleichungen

Einteilung nichtlinearer Gleichungen

- *Algebraische Gleichungen*: Mit der Variablen werden nur algebraische Operationen vorgenommen (Summe/Differenz, Quotient mit Divisor ungleich null, Potenz und Wurzel mit positivem ganzem Exponenten und nichtnegativem Radikanden).
- *Transzendente Gleichungen*: Mit der Variablen werden auch nichtalgebraische Operationen vorgenommen, z. B. e^x, $\sin x$, $\log_a x$.

Beispielsweise ist $\cos^2 x - 2\cos x + 1 = 0$ nichtalgebraisch in x, jedoch algebraisch in der Variablen $(\cos x)$.

3.3.1 Nichtlineare algebraische Gleichungen

3.3.1.1 Quadratische Gleichungen/Ungleichungen mit einer Variablen

Quadratische Gleichung

Allgemeine Form: $ax^2 + bx + c = 0 \qquad a, b, c \in \mathbb{R}, a \neq 0$

$$x_{1,2} = \frac{1}{2a}\left(-b \pm \sqrt{b^2 - 4ac}\right) \qquad \text{„Mitternachts-Formel"}$$

Normalform: $x^2 + px + q = 0$ (*gemischtquadratische Gleichung*, $p \neq 0$)

$$x_{1,2} = -\frac{p}{2} \pm \sqrt{\left(\frac{p}{2}\right)^2 - q} \qquad \text{„pq-Formel"}$$

Die Lösung besteht aus zwei Elementen x_1, x_2, den *Wurzeln der Gleichung*. Sie können auch gleich sein. Mit diesen ergibt sich die *Produktform der quadratischen Gleichung*:

$$x^2 + px + q = (x - x_1)(x - x_2) = 0$$

Diskriminante: $D = \left(\frac{p}{2}\right)^2 - q \begin{cases} > 0 & \text{zwei verschiedene reelle Lösungen} \\ = 0 & \text{zwei gleiche reelle Lösungen} \\ < 0 & \text{zwei konjugiert komplexe Lösungen} \end{cases}$

Geometrische Deutung: siehe quadratische Funktion, 7.5.1.2

VIETAscher Wurzelsatz für die *Normalform* $x^2 + px + q = 0$

$$x_1 + x_2 = -p \text{ und } x_1 \cdot x_2 = q$$

♦ **Beispiel**

$$x^2 - \frac{13}{6}x + 1 = 0$$

$$x_{1,2} = \frac{13}{12} \pm \sqrt{\frac{13^2}{12^2} - 1} = \frac{13}{12} \pm \frac{1}{12}\sqrt{169 - 144} = \frac{13}{12} \pm \frac{5}{12} \quad \mathbb{L} = \left\{\frac{3}{2}; \frac{2}{3}\right\}$$

Kontrolle nach VIETA: $x_1 + x_2 = \frac{13}{6}, \quad x_1 \cdot x_2 = 1$ ♦

Reinquadratische Gleichung (ohne lineares Glied)

$$x^2 + q = 0$$

Lösung: $x_{1,2} = \begin{cases} \pm\sqrt{-q} & \text{für } q \leq 0 \\ \pm \mathrm{j}\sqrt{q} & \text{für } q > 0 \end{cases}$

Gemischtquadratische Gleichung (ohne Absolutglied)

$$x^2 + px = 0 \Leftrightarrow x(x+p) = 0$$

Lösung: $x_1 = 0, x_2 = -p$

Quadratische Ungleichung mit einer Variablen

$$ax^2 + bx + c \leq 0 \text{ (bzw. } \geq, <, >, \neq \text{)} \qquad a, b, c \in \mathbb{R}, a \neq 0$$

Lösung durch Faktorisierung: $ax^2 + bx + c = a(x - x_1)(x - x_2) \leq 0$

♦ **Beispiel**

$\mathbb{L} = \{x | x^2 + 2x + 3 > 2\}$

$x^2 + 2x + 3 - 2 > 2 - 2 \Leftrightarrow x^2 + 2x + 1 > 0$

Lösung der quadratischen Gleichung $x^2 + 2x + 1 = 0 \Leftrightarrow x_1 = x_2 = -1$

$x^2 + 2x + 1 = (x+1)(x+1) = (x+1)^2 > 0$

$|x+1| > 0, \mathbb{L} = \mathbb{R} \setminus \{-1\}$ ♦

3.3.1.2 Quadratisches Gleichungssystem mit zwei Variablen

$$\begin{cases} a_1x^2 + b_1xy + c_1y^2 + d_1x + e_1y + f_1 = 0 \\ a_2x^2 + b_2xy + c_2y^2 + d_2x + e_2y + f_2 = 0 \end{cases}$$

Das System lässt sich mit der Einsetzungsmethode lösen, jedoch ist dieses Verfahren rechnerisch sehr umständlich (Gleichung 4. Grades).

Sonderfälle

(1) Eine Gleichung quadratisch, eine linear

Die Einsetzungsmethode führt zum Ziel.

♦ **Beispiel**

$$\begin{cases} x^2 + y^2 = 25 \\ x - y = 4 \end{cases} \Leftrightarrow x^2 + (x-4)^2 = 25 \quad \text{usw.}$$

$$\mathbb{L} = \left\{ \left(2 + \sqrt{\frac{17}{2}}; -2 + \sqrt{\frac{17}{2}}\right), \left(2 - \sqrt{\frac{17}{2}}; -2 - \sqrt{\frac{17}{2}}\right) \right\}$$ ♦

(2) *Reinquadratische Gleichungen* (ohne gemischtquadratisches Glied xy)

Das Additionsverfahren führt zum Ziel.

♦ **Beispiel**

$$\begin{cases} 9x^2 - 2y^2 = 18 & | \cdot 3 \\ 5x^2 + 3y^2 = 47 & | \cdot 2 \end{cases} \Big| +$$

$$37x^2 = 148$$

$$x^2 = 4 \qquad \mathbb{L} = \{(2;\ 3), (2;\ -3), (-2;\ 3), (-2;\ -3)\}$$ ♦

3

(3) Gleichungen, in denen als nichtlineares Glied nur xy vorkommt

Die Additions- oder Substitutionsmethode führen zum Ziel.

♦ **Beispiel**

$$\begin{cases} 5x + y + 3 = 2xy \\ xy = 2x - y + 9 \end{cases}$$

$$\begin{cases} -2xy + 5x + y + 3 = 0 \\ xy - 2x + y - 9 = 0 \end{cases}$$

$$x + 3y - 15 = 0$$

$$x = 15 - 3y \qquad \text{eingesetzt}$$

$$y(15 - 3y) = 2(15 - 3y) - y + 9 \qquad \text{quadratische Gleichung für } y$$

$$\mathbb{L} = \left\{ \left(2;\ \frac{13}{3}\right), (6;\ 3) \right\}$$ ♦

(4) Zwei quadratische Gleichungen mit homogenen linken Seiten (s. 7.1.2)

Die Substitution $y = xz$ führt auf eine quadratische Gleichung für z.

♦ **Beispiel**

$$\begin{cases} x^2 - xy + y^2 = 39 \\ 2x^2 - 3xy + 2y^2 = 43 \end{cases} \qquad \text{Sustitution } y = xz$$

$$\begin{cases} x^2 - x^2z + x^2z^2 = 39 \\ 2x^2 - 3x^2z + 2x^2z^2 = 43 \end{cases}$$

$$\begin{cases} x^2(1 - z + z^2) = 39 \\ x^2(2 - 3z + 2z^2) = 43 \end{cases}$$

$$\frac{1 - z + z^2}{2 - 3z + 2z^2} = \frac{39}{43}$$

Die quadratische Gleichung für z ergibt: $z_1 = 7/5$, $z_2 = 5/7$

Durch Einsetzen entstehen quadratische Gleichungen für x_1 und x_2 mit der Lösungsmenge $\mathbb{L} = \{(5;\ 7), (-5;\ -7), (7;\ 5), (-7;\ -5)\}$ ♦

3.3.1.3 Kubische Gleichungen

Allgemeine Form: $ax^3 + bx^2 + cx + d = 0$ $\qquad a, b, c, d \in \mathbb{R}, a \neq 0$

Substitution: $x = y - \dfrac{b}{3a}$ ergibt die *reduzierte Form*:

$$y^3 + 3py + 2q = 0$$

wobei $3p = \dfrac{3ac - b^2}{3a^2}$ $\qquad 2q = \dfrac{2b^3 - 9abc + 27a^2d}{27a^3}$

Cardanosche Lösungsformel

$$x_1 = y_1 - \frac{b}{3a} = u + v - \frac{b}{3a}$$

$$x_{2,3} = y_{2,3} - \frac{b}{3a} = -\frac{u+v}{2} \pm \mathrm{j}\frac{u-v}{2}\sqrt{3} - \frac{b}{3a}$$

wobei $u = \sqrt[3]{-q + \sqrt{D}}$ $\qquad v = \sqrt[3]{-q - \sqrt{D}}$

Diskriminante: $D = p^3 + q^2$

- $D > 0$ ergibt eine reelle und zwei konjugiert komplexe Lösungen
- $D = 0$ ergibt drei reelle Lösungen, darunter eine Doppelwurzel
- $D < 0$ ergibt drei reelle Lösungen, die sich trigonomisch berechnen lassen (*irreduzibler Fall, casus irreducibilis*):

$$x_1 = y_1 - \frac{b}{3a} = 2\sqrt{|p|}\cos\frac{\varphi}{3} - \frac{b}{3a} \qquad \cos\varphi = -\frac{q}{\sqrt{|p|^3}}$$

$$x_{2,3} = y_{2,3} - \frac{b}{3a} = 2\sqrt{|p|}\cos\left(\frac{\varphi}{3} \pm \frac{\pi}{3}\right) - \frac{b}{3a}$$

Vietascher Wurzelsatz

Gleichung in *Normalform*: $x^3 + Ax^2 + Bx + C = 0$

$$x_1 + x_2 + x_3 = -A$$

$$x_1x_2 + x_1x_3 + x_2x_3 = B$$

$$x_1x_2x_3 = -C$$

Analog für $n > 3$.

♦ **Beispiele**

(1) $\mathbb{L} = \{x \mid x^3 - 3x^2 + 4x - 4 = 0\}$ $\qquad$ Substitution: $x = y - \dfrac{-3}{3 \cdot 1} = y + 1$

$$3p = \frac{3 \cdot 1 \cdot 4 - (-3)^2}{3 \cdot 1^2} = 1$$

$$2q = \frac{2 \cdot (-3)^3 - 9 \cdot 1 \cdot (-3) \cdot 4 + 27 \cdot 1^2 \cdot (-4)}{27 \cdot 1^3} = -2$$

$y^3 + y - 2 = 0$ (reduzierte Form) $\quad D = \left(\frac{1}{3}\right)^3 + (-1)^2 = \frac{28}{27} > 0$

$u = \sqrt[3]{1 + \sqrt{\frac{28}{27}}} = 1{,}264 \qquad v = \sqrt[3]{1 - \frac{28}{27}} = -0{,}264$

$x_1 = 1{,}264 - 0{,}264 + 1 = 2$

$x_{2,3} = -\frac{1{,}264 - 0{,}264}{2} \pm \mathrm{j}\frac{1{,}264 + 0{,}264}{2}\sqrt{3} + 1 = 0{,}5 \pm 0{,}5\sqrt{7} \cdot \mathrm{j}$

$\mathbb{L} = \left\{2; 0{,}5 + 0{,}5\sqrt{7} \cdot \mathrm{j};\ 0{,}5 - 0{,}5\sqrt{7} \cdot \mathrm{j}\right\}$

(2) $\mathbb{L} = \{x \mid x^3 - 21x - 18 = 0\}$ (bereits reduzierte Form, ersetze $y := x$)

$\mathbb{L} = \{y \mid y^3 - 21y - 18 = 0\}$

$D = p^3 + q^2 = (-7)^3 + (-9)^2 = -343 + 81 = -262 < 0$

$\cos\varphi = -\frac{-9}{\sqrt{343}} = 0{,}48595 \qquad \varphi = 60{,}925°,\ \varphi/3 = 20{,}308°$

$y_1 = 2\sqrt{7}\cos 20{,}308° = 4{,}96257 = x_1$

$y_2 = -2\sqrt{7}\cos 80{,}308° = -0{,}89080 = x_2$

$y_3 = -2\sqrt{7}\cos(-39{,}692°) = -4{,}07177 = x_3$

$\mathbb{L} = \{4{,}96257;\ -0{,}89080;\ -4{,}07177\}$ ♦

Sonderfälle der kubischen Gleichung, Erniedrigung des Grades

Ohne Absolutglied: $x^3 + ax^2 + bx = x(x^2 + ax + b) = 0 \quad x_1 = 0$ usw.

Symmetrische Gleichung: $ax^3 + bx^2 + bx + a = 0$, siehe 3.3.1.5

3.3.1.4 Gleichungen 4. Grades

Biquadratische Gleichung

$$ax^4 + cx^2 + e = 0$$

Substitution $x^2 = y$ ergibt eine quadratische Gleichung für y.

Allgemeine Gleichung 4. Grades (BOMBELLI-*Verfahren*)

Der Algorithmus wurde verbessert von Herrn Dipl.-Ing. Dirk Bauer, Zürich.

$$ax^4 + bx^3 + cx^2 + dx + e = 0 \qquad a,b,c,d,e \in \mathbb{R}, a \neq 0$$

Kubische Resolvente: $z^3 - cz^2 + (bd - 4ae)z + (4ace + b^2e - ad^2) = 0$

Z größte reelle Lösung der kubischen Resolvente, falls $a > 0$

Z kleinste reelle Lösung, falls $a < 0$

Aus den beiden quadratischen Gleichungen für s und t

$$s^2 - bs + a(c - Z) = 0$$

$$t^2 - Zt + ae = 0$$

ergeben sich $s_{1,2}$ und $t_{1,2}$.

Falls $bZ < 2ad$, sind t_1 und t_2 (oder s_1 und s_2) zu vertauschen.

Die Gleichung 4. Grades ist dann äquivalent zu 2 quadratischen Gleichungen:

$ax^2 + s_1 x + t_1 = 0$ liefert x_1, x_2 und

$ax^2 + s_2 x + t_2 = 0$ liefert x_3, x_4.

Alle diese Gleichungen haben stets reelle Koeffizienten.

♦ **Beispiel**

$$9x^4 - 12x^3 + 38x^2 + 20x + 25 = 0$$

$$z^3 - 38z^2 - 1140z + 27000 = 0 \Rightarrow \mathbb{L} = \{50, 18, -30\}$$

$a > 0$, daher größter Wert: $Z = 50$

$$s^2 + 12s - 108 = 0 \Rightarrow s_1 = 6, s_2 = -18$$

$$t^2 - 50t + 225 = 0 \Rightarrow t_1 = 45, t_2 = 5$$

$bZ = -600$, $2ad = 360$, d. h. $bZ < 2ad$. Vertauschung: $t_1 = 5, t_2 = 45$

$9x^2 + 6x + 5 = 0$ ergibt $x_{1,2} = -1/3 \pm 2/3\,\mathrm{j}$ und

$9x^2 - 18x + 45 = 0$ ergibt $x_{3,4} = 1 \pm 2\,\mathrm{j}$ (vier komplexe Lösungen) ♦

3.3.1.5 Symmetrische Gleichungen

Symmetrische Gleichung 4. Grades

$$ax^4 + bx^3 + cx^2 + bx + a = 0 \qquad \text{(Division durch } x^2\text{)}$$

$$a\left(x^2 + \frac{1}{x^2}\right) + b\left(x + \frac{1}{x}\right) + c = 0$$

Substitution: $y := x + \frac{1}{x}$, $y^2 - 2 = x^2 + \frac{1}{x^2}$ ergibt die quadratische Gleichung

$$a(y^2 - 2) + by + c = 0$$

Symmetrische Gleichung 5. Grades

$$ax^5 + bx^4 + cx^3 + cx^2 + bx + a = 0$$

$$a(x^5 + 1) + bx(x^3 + 1) + cx^2(x + 1) = 0$$

$$(x + 1)\big(ax^4 + (b - a)x^3 + (a - b + c)x^2 + (b - a)x + a\big) = 0$$

Für alle symmetrischen Gleichungen ungeraden Grades lässt sich der Grad durch Ausheben von $(x + 1)$ mit der Lösung $x_1 = -1$ um eins erniedrigen. Diese neue Gleichung ist wieder symmetrisch.

3.3.1.6 Algebraische Gleichungen *n*-ten Grades

Für algebraische Gleichungen 5. und höheren Grades sind keine allgemeinen Lösungsformeln mehr möglich.

Polynom *n*-ten Grades einer Variablen *x*

Abbildung $p_n\colon \mathbb{C} \longrightarrow \mathbb{C}$ mit $x \longmapsto \sum\limits_{i=0}^{n} a_i x^i$, hier mit $0^0 := 1$ (siehe 2.1.3)

$p_n(x) = a_n x^n + a_{n-1} x^{n-1} + \ldots + a_1 x + a_0 \qquad a_i \in \mathbb{C},\ a_n \neq 0,\ n \in \mathbb{N}$

mit dem Koeffiziententupel $\boldsymbol{a} = \big(a_n, a_{n-1}, \ldots, a_0\big)$ $\quad a_0$ *Absolutglied*

Ist $a_n = 1$, spricht man von einem *normierten Polynom.*

- $y = p_n(x)$ ganzrationale Funktion n-ten Grades
- $p_n(x) = 0$ algebraische Gleichung n-ten Grades

Bemerkung: Ist $a_0 = 0$, ergibt die Division durch einen Term mit der Variablen keine äquivalente Gleichung (Lösungen gehen verloren).

Fundamentalsatz der Algebra

Jede *algebraische Gleichung n-ten Grades*, $n \geq 1$, mit einer freien Variablen hat im Bereich $\mathbb{C}$ mindestens eine Lösung (GAUSS).

Sie hat genau n reelle oder komplexe Wurzeln, die nicht alle verschieden sein müssen.

Sind für die Koeffizienten a_i nur reelle Zahlen zugelassen, treten komplexe Lösungen immer *paarweise konjugiert* auf. Zusammenfallende reelle Lösungen kennzeichnen Berührpunkte des Graphen mit der Abszisse.

Eine algebraische Gleichung ungeraden Grades (n ungerade und $a_i \in \mathbb{R}$) hat bei geeignetem Definitionsbereich stets mindestens eine reelle Lösung.

Ist eine Lösung x_1 bekannt, wird durch die äquivalente Umformung „Division mit $(x - x_1)$" der Grad der Gleichung um 1 erniedrigt.

Sind $x_1, x_2, \ldots, x_n$ einfache *Wurzeln* (Lösungen) *einer Gleichung*, kann das Polynom $p_n(x)$ in n Linearfaktoren zerlegt werden (*Produktform*):

$$p_n(x) = a_n \cdot (x - x_1) \cdot (x - x_2) \cdot \ldots \cdot (x - x_n) \qquad n \geq 1$$

Bei k_i-fachen Wurzeln mit $k_1 + k_2 + \ldots + k_m = n$ (siehe auch 7.4.2)

$$p_n(x) = a_n \cdot (x - x_1)^{k_1} \cdot (x - x_2)^{k_2} \cdot \ldots \cdot (x - x_m)^{k_m}$$

3.3.1.7 HORNER-Schema

Das HORNER-*Schema* dient der Berechnung von Funktions- und Ableitungswerten eines Polynoms n-ten Grades.

Das Verfahren ist übersichtlich, rundungsfehlergünstig und schnell.

Prinzip: $p_n(x_0) = a_n x_0^n + a_{n-1}x_0^{n-1} + \ldots + a_1 x_0 + a_0$

$$= \left(\ldots\left((a_n x_0 + a_{n-1})x_0 + a_{n-2}\right)x_0 + \ldots + a_1\right)x_0 + a_0$$

Die Klammerung ergibt den Ablauf für das HORNER-Schema für Handrechnungen, Schema siehe nächste Seite.

1\. Zeile: $p_n(x) = a_n^{(0)}x^n + a_{n-1}^{(0)}x^{n-1} + \ldots + a_1^{(0)}x + a_0^{(0)}$ alle $a_k^{(0)} \in \mathbb{R}$

1\. Spalte: $a_n^{(\nu)} := a_n^{(\nu-1)}$ υ Schrittzahl, $\nu = 1, 2, \ldots, (n+1)$

3., 5., ... Zeile: $a_k^{(\nu)} := a_k^{(\nu-1)} + a_{k+1}^{(\nu)}x_0$ $k = (n-1), (n-2), \ldots, (\upsilon - 1)$

Ergebnisse aus dem Horner-Schema

(1) *Abspalten eines Linearfaktors* $(x - x_0)$, *Polynomdivision*, *Partialdivision* mit linearem Divisor

Zeile 3: $\dfrac{p_n(x)}{x - x_0} = a_n^{(1)}x^{n-1} + a_{n-1}^{(1)}x^{n-2} + \ldots + a_0^{(1)} + \dfrac{a_0^{(1)}}{x - x_0}$

bzw. $p_n(x) = (x - x_0) \cdot p_{n-1}(x) + p_n(x_0)$

Rest: $p_n(x_0) = a_0^{(1)}$ siehe (3)

(2) *Deflation*: Ist x_0 eine Nullstelle, wird $p_n(x_0) = a_0^{(1)} = 0$.

$p_n(x) = (x - x_0)p_{n-1}(x)$

Deflationspolynom $p_{n-1}(x)$ oder 1. reduz. Polynom vom Grad $(n-1)$

$p_{n-1}(x) = a_n^{(1)}x^{n-1} + a_{n-1}^{(1)}x^{n-2} + \ldots + a_2^{(1)}x + a_1^{(1)}$

Haben alle $a_k^{(1)}$ für

- $x_0 > 0$ gleiches Vorzeichen, existiert keine weitere Nullstelle für $x > x_0$,
- $x_0 < 0$ ungleiches Vorzeichen, existiert keine weitere Nullstelle für $x < x_0$.

(3) Funktionswert an der Stelle $x = x_0$: $p_n(x_0) = a_0^{(1)}$

(4) Werte der *Ableitungen* an der Stelle $x = x_0$

$p_n'(x_0) = 1!a_1^{(2)}$
$p_n''(x_0) = 2!a_2^{(3)}$ usw. bis
$p_n^{(n)}(x_0) = n!a_n^{(n+1)} = n!a_n(0)$

(5) TAYLOR-*Entwicklung* an der Stelle $x = x_0$

$$p_n(x) = a_0^{(1)} + a_1^{(2)}(x - x_0) + \ldots + x a_{n-1}^{(n)}(x - x_0)^{n-1} + a_n^{(n+1)}(x - x_0)^n$$

HORNERsches Schema

$p_n(x)$	$a_n^{(0)}$	$a_{n-1}^{(0)}$	$a_{n-2}^{(0)}$	$\ldots$	$a_2^{(0)}$	$a_1^{(0)}$	$a_0^{(0)}$	$\mid +$
$x = x_0$	0	$a_n^{(1)} x_0$	$a_{n-1}^{(1)} x_0$	$\ldots$	$a_3^{(1)} x_0$	$a_2^{(1)} x_0$	$a_1^{(1)} x_0$	$\mid +$
$p_{n-1}(x)$	$a_n^{(1)}$	$a_{n-1}^{(1)}$	$a_{n-2}^{(1)}$	$\ldots$	$a_2^{(1)}$	$a_1^{(1)}$	$\boldsymbol{a_0^{(1)} = p_n(x_0)}$	
$x = x_0$	0	$a_n^{(2)} x_0$	$a_{n-1}^{(2)} x_0$	$\ldots$	$a_3^{(2)} x_0$	$a_2^{(2)} x_0$		
$p_{n-2}(x)$	$a_n^{(2)}$	$a_{n-1}^{(2)}$	$a_{n-2}^{(2)}$	$\ldots$	$a_2^{(2)}$	$\boldsymbol{a_1^{(2)} = \frac{1}{1!} p_n'(x_0) = p_{n-1}(x_0)}$		
$x = x_0$	0	$a_n^{(3)} x_0$	$a_{n-1}^{(3)} x_0$	$\ldots$	$a_3^{(3)} x_0$			
$p_{n-3}(x)$	$a_n^{(3)}$	$a_{n-1}^{(3)}$	$\ldots$		$\boldsymbol{a_2^{(3)} = \frac{1}{2!} p_n''(x_0) = p_{n-2}(x_0)}$			
$x = x_0$	$\vdots$	$\vdots$	$\vdots$					
$p_1(x)$	$\boldsymbol{a_n^{(n+1)} = \frac{1}{n!} p_n^{(n)}(x_0) = p_0(x_0)}$				$p^{(n)}$ hier n-te Ableitung			
$x = x_0$								

Bemerkung: Durch wiederholte Anwendung des HORNER-Schemas lassen sich die Nullstellen eines Polynoms abschätzen.

♦ **Beispiel**

Man untersuche das Polynom $p_4(x) = x^4 + 2x^3 - 5x + 7$ an der Stelle $x_0 = 2$

	1	2	0	-5	7	+
$x_0 = 2$	0	$1 \cdot 2 = 2$	$4 \cdot 2 = 8$	$8 \cdot 2 = 16$	$11 \cdot 2 = 22$	+
	1	4	8	11	**29**	
$x_0 = 2$	0	2	12	40		
	1	6	20	**51**		
$x_0 = 2$	0	2	16			
	1	8	**36**			
$x_0 = 2$	0	2				
	1	**10**				
$x_0 = 2$	0					
	1					

Aus dem HORNER-Schema sind ablesbar:

(1) Abspalten eines Linearfaktors (Polynomdivision)
$(x^4 + 2x^3 - 5x + 7) = (x-2)(x^3 + 4x^2 + 8x + 11) + 29$

(2) Deflation ist nur mit Kenntnis einer Nullstelle möglich.

(3) Funktionswert an der Stelle $x_0 = 2$: $p(2) = 29$, d. h. $x = 2$ ist keine Nullstelle.

(4) Ableitungen an der Stelle $x_0 = 2$: $p'(2) = 1! \cdot 51 = 51$
$p''(2) = 2! \cdot 36 = 72$
$p'''(2) = 3! \cdot 10 = 60$
$p^{(4)}(2) = 4! \cdot 1 = 24$

(5) TAYLOR-*Entwicklung* an der Stelle $x_0 = 2$
$x^4 + 2x^3 - 5x + 7 = 29 + 51(x-2) + 36(x-2)^2 + 10(x-2)^3 + 1(x-2)^4$

♦

3.3.1.8 Wurzelgleichungen mit einer Variablen

Die Variable $x \in \mathbb{R}$ tritt im Radikanden von Wurzeln auf.

Durch *nicht-äquivalente Umformungen* (Potenzieren) zur Beseitigung von Wurzeln entsteht eine Gleichung mit zuätzlichen Lösungen, die nicht auch Lösung der Ausgangsgleichung sind. Diese sind durch eine Probe an der Ausgangsgleichung zu eliminieren.

Grundgleichungen $(a, b, c, x \in \mathbb{R})$

$\sqrt{x} + b = a$	$x = (a-b)^2$	für $x \geq 0, a \geq b$
$\sqrt{x} + b = a$	$x = a^2 - b$	für $x + b \geq 0, a \geq 0$
$\sqrt{cx} + b = a$	$x = \dfrac{(a-b)^2}{c}$	für $\operatorname{sgn} x = \operatorname{sgn} c, c \neq 0$

♦ **Beispiele**

(1) $\sqrt{3x+1} - \sqrt{7x-2} = 0$, Grundbereich $G = \mathbb{R}$
Definitionsbereich: Radikanden ≥ 0
$3x + 1 \geq 0 \Rightarrow x \geq -\frac{1}{3}$ und $7x - 2 \geq 0 \Rightarrow x \geq \frac{2}{7}$ ergibt $D_G = \left\{x \,\middle|\, x \geq \frac{2}{7}\right\}_{\mathbb{R}}$
$\sqrt{3x+1} = \sqrt{7x-2}$
$\Rightarrow 3x + 1 = 7x - 2 \Leftrightarrow x = \frac{3}{4} \quad \mathbb{L} = \left\{\frac{3}{4}\right\}$ nach Probe

(2) $x - \sqrt{x+10} - 2 = 0$
$\Leftrightarrow x - 2 = \sqrt{x+10}$
$\Rightarrow x^2 - 4x + 4 = x + 10 \Leftrightarrow x^2 - 5x - 6 = 0$
$x_1 = 6 \qquad \mathbb{L} = \{6\}$
$(x_2 = -1) \qquad$ lt. Probe keine Lösung

♦

3.3.2 Transzendente Gleichungen

3.3.2.1 Exponentialgleichungen

Die Variable tritt in mindestens einem Exponenten auf.

3

Exponentialgleichungen sind nur geschlossen lösbar, wenn die unabhängige Variable nur im Exponenten steht. Die Probe an der Ursprungsgleichung ist nötig.

Grundgleichung

$$a^x = b \qquad a, b \in \mathbb{R}_{>0},\ a \neq 1$$

Lösung: $x = \log_a b = \dfrac{\lg b}{\lg a} = \dfrac{\ln b}{\ln a}$

Sonderfall gleicher Basen: $a^x = a^c \Leftrightarrow x = c$ (Eineindeutigkeit)

♦ **Beispiele**

(1) $\mathbb{L} = \left\{x \mid \sqrt[3]{a^{x+2}} = \sqrt{a^{x-5}}\right\}$

$$a^{\frac{x+2}{3}} = a^{\frac{x-5}{2}} \Leftrightarrow \frac{x+2}{3} = \frac{x-5}{2} \Leftrightarrow 2x + 4 = 3x - 15 \qquad \mathbb{L} = \{19\}$$

(2) $\mathbb{L} = \{x|2^{x+1} + 3^{x-3} = 3^{x-1} - 2^{x-2}\}$

$$2^x \cdot 2 + 3^x \cdot 3^{-3} = 3^x \cdot 3^{-1} - 2^x \cdot 2^{-2} \quad | \cdot 3^3 \cdot 2^2$$

$$\Leftrightarrow 216 \cdot 2^x + 27 \cdot 2^x = 36 \cdot 3^x - 4 \cdot 3^x$$

$$\Leftrightarrow 243 \cdot 2^x = 32 \cdot 3^x$$

$$\Leftrightarrow \left(\frac{2}{3}\right)^x = \frac{32}{243} = \frac{2^5}{3^5} = \left(\frac{2}{3}\right)^5 \qquad \mathbb{L} = \{5\}$$

(3) $\mathbb{L} = \{x \mid 4^{3x} \cdot 5^{2x-3} = 6^x\}$

$$3x \lg 4 + (2x - 3) \lg 5 = x \lg 6$$

$$\Leftrightarrow x(3 \lg 4 + 2 \lg 5 - \lg 6) = 3 \lg 5$$

$$\mathbb{L} = \left\{\frac{3 \lg 5}{3 \lg 4 + 2 \lg 5 - \lg 6}\right\} \approx \{0{,}86436\}$$

♦

3.3.2.2 Logarithmische Gleichungen

Die Variable tritt im Argument logarithmischer Terme auf. Eine geschlossene Lösung gelingt nur im Ausnahmefall.

Grundgleichung

$$\log_a x = b \qquad x, a \in \mathbb{R}_{>0},\ a \neq 1$$

Lösung: $x = a^b$

Bemerkung: Festlegung des Definitionsbereichs verhindert bei evtl. nötigen nicht-äquivalenten Umformungen das Auftreten unzulässiger Lösungen.

Sonderfall gleicher Basen: $\log_a x = \log_a c \Leftrightarrow x = c$ (Eineindeutigkeit)

♦ **Beispiele**

(1) Die Gleichungen $2n \cdot \log_a x$ mit $x \in \mathbb{R}_{>0}$, $n \in \mathbb{Z}$ und

$$\log_a x^{2n} \quad \text{mit } x \in \mathbb{R}^*, n \in \mathbb{Z}$$

sind **nicht** äquivalent bez. des Definitionsbereichs.

(2) $\mathbb{L} = \left\{x \mid 3\ln(2x-7) + 8 = \sqrt{\ln(2x-7) + 20}\right\}$

Definitionsbereich: $D_G \geq \dfrac{7 + e^{-20}}{2}$

Substitution: $y = \ln(2x-7)$

$3y + 8 = \sqrt{y + 20}$ (quadriert und zusammengefasst)

$\Rightarrow 9y^2 + 47y + 44 = 0$

$y_1 = -11/9$, $y_2 = -4$. Nur $y_1 = -11/9$ löst die Wurzelgleichung.

Aufgrund der Substitution $y = \ln(2x-7)$ ergibt sich $e^y = 2x - 7$, woraus x berechnet wird: $\mathbb{L} = \{3{,}6473\}$

(3) $\mathbb{L} = \{x \mid \lg\left(x^2 + 1\right) = 2\lg(3-x)\}$

Definitionsbereich: $-\infty < x < 3$

$\lg\left(x^2+1\right) = \lg(3-x)^2$

$\Leftrightarrow x^2 + 1 = (3-x)^2 \qquad \mathbb{L} = \left\{\dfrac{4}{3}\right\}$

(4) $\mathbb{L} = \{x \mid 2\ln x = \ln 25\}$

Definitionsbereich: $0 < x < \infty$

$\ln x = \dfrac{1}{2}\ln 25 = \ln 5 \qquad \mathbb{L} = \{5\}$ ♦

3.3.2.3 Goniometrische Gleichungen

Die Variable tritt im Argument einer Winkelfunktion auf.

Mittels goniometrischer Formeln müssen evtl. vorkommende verschiedene Argumente in den goniometrischen Termen auf ein Argument zurückgeführt werden. Danach sind evtl. verschiedenartige goniometrische Funktionen auf eine Funktion umzuwandeln.

Wegen der Periodizität der Winkelfunktionen hat eine goniometrische Gleichung oft eine unendliche Lösungsmenge.

Meist beschränkt man sich auf die *Grundwerte* der Winkel:

$-\pi \leq x < \pi$ ($-180° \leq x < 180°$) oder auch $0 \leq x < 2\pi$ ($0 \leq x < 360°$) bzw. $-\pi/2 \leq x < \pi/2$ ($-90° \leq x < 90°$) oder auch $0 \leq x < \pi$ ($0 \leq x < 180°$) je nach Art der Winkelfunktion, siehe 7.6.4.1.

Durch die Probe an der Ausgangsgleichung sind die durch nicht-äquivalente Umformung entstandenen Lösungen auszuschließen.

Grundgleichungen

$\sin x = a$	$\cos x = a$	für $a \in [-1; 1]$
$\tan x = a$	$\cot x = a$	für $a \in (-\infty; \infty)$

♦ **Beispiele**

(1) $\mathbb{L} = \{x \mid \sin x = -0{,}743\}$

$x = \arcsin(-0{,}743) = -47{,}99°$

Lösung im III. bzw. IV. Quadranten: $180° + |x|$, $360° - |x|$

$\mathbb{L} = \{227{,}99° + k \cdot 360°; 312{,}01° + k \cdot 360°; k \in \mathbb{Z}\}$, Grundwerte für $k = 0$

(2) $\mathbb{L} = \{x \mid \sin 2x = \sin x\}$, $x \in [0; 2\pi]$

$2 \sin x \cos x = \sin x$

$\Leftrightarrow \sin x(2 \cos x - 1) = 0$

$\sin x = 0 \Rightarrow x_1 = 0, x_2 = \pi, x_3 = 2\pi$ (Grundwerte)

$2 \cos x - 1 = 0 \Rightarrow x_4 = \pi/3, x_5 = 2\pi - x_4 = 5\pi/3$

Alle Werte sind gültig: $\mathbb{L} = \{0; \pi/3; \pi; 5\pi/3; 2\pi\}$ ♦

Zur Form $a \sin x + b \cos x = c$ siehe 7.6.4.3 bzw. 7.6.4.5.

3.3.2.4 Betragsgleichungen, Betragsungleichungen

Gleichungen und Ungleichungen mit einer linearen Variablen innerhalb von Betragszeichen werden durch Fallunterscheidungen unter Nutzung der Definition des Betrags einer reellen Zahl gelöst, siehe 2.1.2.6.

♦ **Beispiele**

(1) $|x - a| = b - x$

Laut Definition des Betrages: $b - x \geq 0 \Rightarrow x \leq b$

Fall 1: Für $x - a \geq 0$ gilt $|x - a| = x - a$, eingesetzt

$x - a = b - x$ mit der Lösung: $x = \dfrac{a + b}{2}$

Bedingung: $\dfrac{a + b}{2} \leq b \Leftrightarrow a \leq b$

Fall 2: Für $x - a < 0$ gilt $|x - a| = -x + a$, $-x + a = b - x \Rightarrow a = b$

$\mathbb{L} = \left\{ \frac{a+b}{2} \right\}$ mit der Bedingung $a \leq b$

z. B. $|x - 2| = 2{,}6 - x \Rightarrow x = 2{,}3$

(2) $|x + 3| < c$

Laut Definition des Betrages: $c \geq 0$

Fall 1: $x + 3 < c \Leftrightarrow x < c - 3$

Fall 2: $-(x + 3) < c \Leftrightarrow x > -c - 3$

$\mathbb{L} = \{x \mid -c - 3 < x < c - 3\}$ ♦

3.4 Numerische Verfahren

zur Lösung nichtlinearer Gleichungen (*Nullstellenaufgaben*)

Lösungsprinzip

Eine Nullstelle x_0, d. h. $f(x_0) = 0$, einer in $[a,b]$ stetigen reellen Funktion f ist (eine) Lösung der Gleichung $f(x) = 0$.

Algorithmus

Ein *Algorithmus* ist eine Folge von Regeln, die in endlich vielen, eindeutig fixierten und in der Reihenfolge festgelegten, immer ausführbaren Schritten zur Lösung oder zum Abbruch führen.

3.4.1 Verfahren von MULLER für Polynome

Die MULLER-*Iteration* liefert alle reellen und komplexen Nullstellen eines *Polynoms*. Die Konvergenzordnung bei einfachen Nullstellen ist $p \approx 1{,}84$.

Die *Konvergenzordnung* gibt an, um welchen Faktor sich die Anzahl der gültigen Dezimalen bei jedem Iterationsschritt etwa vergrößert.

Ausgangspolynom

$$p_n(x) = a_n x^n + a_{n-1} x^{n-1} + \ldots + a_1 x + a_0 \qquad \text{für } a_k \in \mathbb{R},\ a_n \neq 0$$

Prinzip des Verfahrens

Bestimmung von Näherungswerten $x_i^{(N)}$ der Nullstellen des Ausgangspolynoms $p_n(x)$, beginnend beim betragkleinsten Wert $x_1^{(N)}$. Division von $p_n(x)$

durch $\left(x - x_1^{(N)}\right)$ mittels HORNER-Schema ergibt p_{n-1}, dessen Wert etwa dem Deflationspolynom $\dfrac{p_n(x)}{x - x_1}$ (x_1 echte Nullstelle) entspricht.

Fortsetzung des Verfahrens mit p_{n-1} und $x_1^{(N)}$ liefert eine Näherung für die zweite, wiederum betragskleinste Nullstelle $x_2^{(N)}$, usw.

Durchführung des Verfahrens

Zu je 3 Wertepaaren $\left(x^{(k)}, f_k\right)$ mit $f_k := f\left(x^{(k)}\right), k = \nu-2, \nu-1, \nu$, werden das zugehörige quadratische Interpolationspolynom und dessen Nullstellen bestimmt.

v aktueller Iterationsschritt

MULLER empfiehlt für diese drei Wertepaare drei feste Startwerte:

$x^{(0)} = -1$ mit dem Funktionswert $f_0 = a_0 - a_1 + a_2$

$x^{(1)} = 1 \qquad f_1 = a_0 + a_1 + a_2$

$x^{(2)} = 0 \qquad f_2 = a_0$

Eine der Nullstellen wird als Näherung $x^{(\nu+1)} = x^{(3)}$ für die gesuchte betragskleinste Nullstelle von $f(x) = p_n(x)$ gewählt, siehe Bild.

Interpolationsalgorithmus

$$x^{(\nu+1)} = x^{(\nu)} + q_{\nu+1} \cdot h_\nu \qquad \nu = 2, 3, \ldots$$

mit $h_\nu = x^{(\nu)} - x^{(\nu-1)} \qquad q_\nu \cdot h_{\nu-1} = h_\nu$

$$q_{(\nu+1)} = \frac{-2C_\nu}{B_\nu + \sqrt{B_\nu^2 - 4A_\nu C_\nu} \cdot \operatorname{sgn} B_\nu}$$

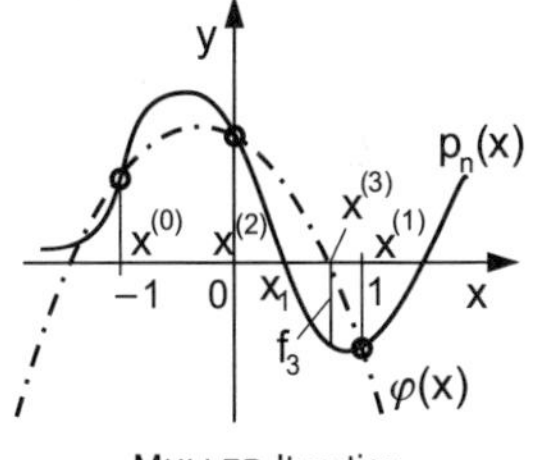

MULLER-Iteration

Hilfsgrößen

$$A_\nu = q_\nu f_\nu - q_\nu(1 + q_\nu)f_{\nu-1} + q_\nu^2 f_{\nu-2}$$
$$B_\nu = (2q_\nu + 1)f_\nu - (1 + q_\nu)^2 f_{\nu-1} + q_\nu^2 f_{\nu-2}$$
$$C_\nu = (1 + q_\nu)f_\nu$$

Besonderheiten: Verschwindet der Nenner von $q_{\nu+1}$, setzt man $q_{\nu+1} = 1$. Bei negativer Wurzel in $q_{\nu+1}$ sind x_1 und $x_2 = \bar{x}_1$ konjugiert komplexe Nullstellen:

$$p_{n-2}(x) = \frac{p_n(x)}{\left(x - x_1^{(N)}\right)\left(x - \bar{x}_1^{(N)}\right)}$$

Falls $\left| \dfrac{f\left(x^{(\nu+1)}\right)}{f\left(x^{(\nu)}\right)} \right| > 10$, wird $q_{\nu+1}$ halbiert, alle Werte sind neu zu berechnen.

Abbruchbedingung: $\dfrac{|x^{(\nu+1)} - x^{(\nu)}|}{|x^{(\nu+1)}|} < \varepsilon$; ε gewünschte Genauigkeit, $\varepsilon > 0$

Dann ist $x^{(\nu+1)} \approx x_0$.

Praktische Berechnung erfolgt mittels Computerprogramm. Nachstehendes Beispiel soll dem Verständnis dienen.

♦ **Prinzipbeispiel**

Man berechne die Nullstellen nachstehenden Polynoms:

$p_4(x) = x^4 - 2x^3 - 13x^2 + 9x + 9$

Startwerte: $x^{(0)} = -1$ $\quad f_0 = a_0 - a_1 + a_2 = 9 - 9 + (-13) = -13$

$x^{(1)} = 1$ $\quad f_1 = a_0 + a_1 + a_2 = 5$

$\mathrm{s}x^{(2)} = 0$ $\quad f_2 = a_0 = 9$

Schritt $\nu = 2$ für eine bessere Näherung $x^{(\nu+1)} = x^{(3)}$

$h_2 = x^{(2)} - x^{(1)} = 0 - 1 = -1$

$h_1 = x^{(1)} - x^{(0)} = 1 + 1 = 2$

$q_2 = \dfrac{h_2}{h_1} = \dfrac{-1}{2} = -\dfrac{1}{2}$

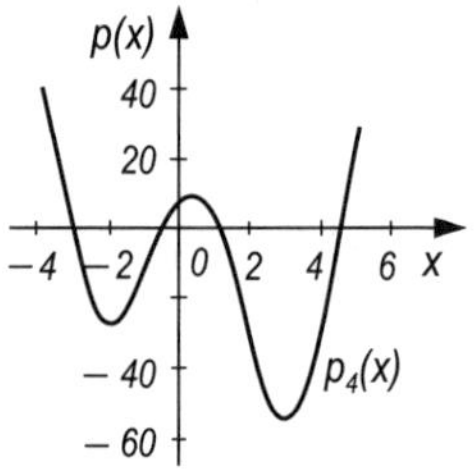

$A_2 = q_2 f_2 - q_2(1 + q_2) f_1 + q_2^2 f_0 = -6{,}5$

$B_2 = (2q_2 + 1) f_2 - (1 + q_2)^2 f_1 + q_2^2 f_0 = -4{,}5$

$C_2 = (1 + q_2) f_2 = \dfrac{1}{2} \cdot 9 = 4{,}5$

$$q_{(\nu+1)} = q_3 = \frac{-2C_2}{B_2 + \sqrt{B_2^2 - 4A_2C_2} \cdot \operatorname{sgn} B_2} = 0{,}555$$

1. Nullstelle: $x^{(3)} = x^{(2)} + q_3 h_2 = 0 + 0{,}555 \cdot (-1) \approx -0{,}555$

Koeffizienten von $p_3(x) = \dfrac{p_4(x)}{x - x^{(3)}}$ errechnet mittels HORNER-Schema:

	1	−2	−13	9	9
$x^{(3)} = -0{,}555$	0	−0,555	1,418	6,42	−8,558
	1	−2,555	−11,582	15,42	$0{,}44 = f_3$

Bemerkung: $f_3 = 0{,}44$ gibt die Güte der Näherung an eine Nullstelle an (je kleiner, desto besser).

$p_3(x) = x^3 - 2{,}555x^2 - 11{,}582x + 15{,}42$

2. Nullstelle mit $p_3(x)$: $x^{(3)} = x^{(2)} + q_3 h_2 = 0 + (-1{,}118)(-1) = 1{,}118$

Mittels HORNER-Schema: $p_2(x) = x^2 - 1{,}437x - 13{,}187$

3. Nullstelle mit $p_2(x)$: $x^{(3)} = -2{,}985$

4. Nullstelle: $x^{(3)} = 4{,}420$ ♦

Allgemeine Iterationsverfahren

Mit dem Startwert $x_0^{(0)} \in [a,b]$ als Näherungswert für eine Nullstelle wird eine Zahlenfolge (*Iterationsfolge*) $\left(x_0^{(\nu)}\right)$ ermittelt für immer bessere Näherungen. Dabei sind die sog. *Einschlussverfahren* (d. h. Nullstellen mit Vorzeichenwechsel der Funktionswerte) den allgemeinen Iterationsverfahren vorzuziehen.

3.4.2 Fixpunktiteration

Fixpunktsatz

Gegeben: *Fixpunktgleichung* $x = \varphi(x)$ und endliches Intervall $[a,b]$

Erfüllt die Funktion φ die Bedingung des *Fixpunktsatzes*

- $\varphi(x) \in [a,b]$ für alle $x \in [a,b]$
- $|\varphi'(x)| \leq L < 1$ (Konvergenzkriterium) L LIPSCHITZ-*Konstante*

dann existiert genau ein *Fixpunkt* $x^* \in [a,b]$ der Abbildung φ.

Iterationsvorschrift zum Erzeugen eines Fixpunktes

$$x^{(\nu+1)} := \varphi\left(x^{(\nu)}\right), \nu = 0, 1, 2, \ldots \qquad \varphi \text{ differenzierbar in } [a,b]$$

zum beliebigen Startwert $x^{(0)} \in [a,b]$

Ergebnis: $\lim\limits_{\nu \to \infty} x^{(\nu)} = x^*$ (Konvergenz gegen die Lösung x^*)

Verfahrensvorschrift

1. Äquivalente Umformung der Gleichung $f(x) = 0$ in $x = \varphi(x)$
2. Bestimmung des Startwertes: Man sucht ein Intervall $[a,b]$ aufgrund des Fixpunktsatzes bzw. man findet eine Näherungslösung für die Nullstelle wie folgt:
   - Grafische Näherungslösung, wobei unter Umständen eine Zerlegung in $f(x) = f_1(x) + f_2(x)$ sinnvoll ist.
   - Überschlagsrechnung: Nullstelle ungerader Ordnung lässt $I = [a,b]$ finden mit $f(a) \cdot f(b) < 0$.
   - Eingrenzung $a \leq x = \varphi(x) \leq b$ ist möglich, ergibt $I = [a,b]$.
3. Prüfung der Erfüllung des Fixpunktsatzes
4. Formulierung der Iterationsvorschrift, Berechnung der Iterationsfolge

Praktisch verwertbar ist das Verfahren für $|\varphi'(x^{(\nu)})| < 0{,}8$. Je kleiner L gewählt, desto schneller ist die Konvergenz (im Bild links).

Für $-1 < \varphi'(x^{(\nu)}) < 0$ ist die Konvergenz oszillierend um x_0, für $|\varphi'(x)| > 1$ ist das Verfahren divergent (im Bild rechts).

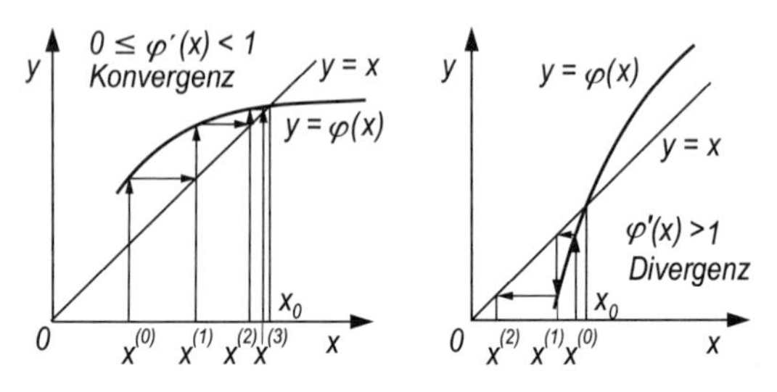

Fixpunktiteration

Weitere Konvergenzbedingungen sind:

$$\left|f\left(x^{(\nu+1)}\right)\right| < \left|f\left(x^{(\nu)}\right)\right| \qquad \text{(Abstieg)}$$

$$\left|\frac{x^{(\nu)} - x^{(\nu-1)}}{x^{(\nu-1)} - x^{(\nu-2)}}\right| < 1$$

Abbruchbedingung

Kombinierter Test, wahlweise für relativen oder absoluten Fehler

$$|x^{(\nu+1)} - x^{(\nu)}| \leq \delta_x \cdot |x^{(\nu+1)}| + \varepsilon_x \qquad \text{oder}$$

$$|x^{(\nu+1)} - x^{(\nu)}| \leq \varepsilon\left(|x^{(\nu+1)}| + |x^{(\nu)}|\right) \quad \text{mit}$$

$$\varepsilon \geq 2 \cdot \rho$$

ρ elementarer Rundungsfehler, (*Masch*)*Eps*

oder wenn die Schrittzahl $\nu = \nu_{\max}$.

Konvergenzordnung

Eine Iterationsfolge $(x^{(\nu)})$ konvergiert von mindestens p-ter ($p \in \mathbb{R}_{\geq 1}$) Ordnung gegen x_0, wenn $\lim\limits_{\upsilon \to \infty} \dfrac{|x^{(\nu+1)} - x_0|}{|x^{(\nu)} - x_0|^p} = M \qquad 0 \leq M < \infty$

Fehlerabschätzung

Ist x^* eine Nullstelle ungerader Ordnung, gilt mit der Fehlerschranke für den absoluten Fehler $\varepsilon > 0$ (Vorgabewert) das Kriterium:

$$f\left(x^{(\nu)} - \varepsilon\right) \cdot f\left(x^{(\nu)} + \varepsilon\right) < 0, \text{ woraus folgt: } |x^{(\nu)} - x^*| < \varepsilon$$

Ist die Nullstelle gerader Ordnung, verwendet man statt f die Funktion $g = \frac{f}{f'}$.

Bei oszillierender Konvergenz gilt:

$$|x^{(\nu)} - x^*| \leq 0{,}5|x^{(\nu)} - x^{(\nu-1)}|$$

Bemerkung: Nachstehende Polynomgleichungen werden am besten mit dem MULLER-Verfahren gelöst. Hier dienen sie dem Prinzipverständnis.

♦ **Beispiel**

Man berechne eine Nullstelle der Gleichung $x^3 + 2x - 6 = 0$ mit einer Fehlerschranke von $\varepsilon = 10^{-3}$.

Gewähltes Intervall: $[a,b] = [1{,}3; 1{,}5]$

mit $f(1{,}3) \cdot f(1{,}5) = (-1{,}203)(0{,}375) < 0$

Startwert: $x^{(0)} = 1{,}45$ mit $f(1{,}45) = -0{,}051\,375$

$$x = \varphi(x) = \frac{6 - x^3}{2} \qquad \varphi'(x) = -\frac{3x^2}{2}$$

$$|\varphi'(x^{(0)})| = |\varphi'(1{,}45)| = 3{,}143\,75 > 1 \qquad \text{(Divergenz)}$$

Folgerung: Es ist nach dem zweiten Term von x aufzulösen.

$$x^3 = 6 - 2x \qquad x = \sqrt[3]{6 - 2x} = \psi(x)$$

$$\psi'(x) = \frac{-2}{3\sqrt[3]{(6 - 2x)^2}} \qquad \psi'(1{,}45) = \frac{-2}{3\sqrt[3]{3{,}1^2}} = -0{,}314$$

Kovergenzkriterium $|-0{,}314| < 0$ ist erfüllt (oszillierende Konvergenz).

$$x^{(1)} = \varphi(x^{(0)}) = \varphi(1{,}45) = \sqrt[3]{6 - 2 \cdot 1{,}45} = 1{,}458\,099\,736$$

$$x^{(2)} = \varphi(x^{(1)}) = \varphi(1{,}458\,099\,736) = \sqrt[3]{6 - 2 \cdot 1{,}458\,099\,736} = 1{,}455\,555\,466$$

Abbruchbedingung: $|x^{(3)} - x^{(2)}| = 0{,}8 \cdot 10^{-3} \leq \varepsilon_x = 10^{-3}$

Fehlerabschätzung: $|x^{(3)} - x^*| \leq 0{,}5|x^{(3)} - x^{(2)}| = 0{,}5 \cdot 0{,}8 \cdot 10^{-3} = 0{,}4 \cdot 10^{-3}$ ♦

3.4.3 NEWTONsches (Tangenten-)Näherungsverfahren

Nicht empfehlenswert, wenn kein brauchbarer Startwert vorliegt, dann Kombination mit Bisektionsverfahren sinnvoll. Bei hinreichend guter Anfangsnäherung $x^{(0)}$ konvergiert das Tangentennäherungsverfahren schnell.

Voraussetzung: Eine zweimal in $[a, b]$ differenzierbare Funktion f besitze in (a, b) eine *einfache Nullstelle* x_0, d. h. $f(x_0) = 0$, $f'(x_0) \neq 0$.

Bekannter Startwert: $x^{(0)} \approx x_0$

Schrittfunktion: $x = \varphi(x)$ mit $\varphi(x) = x - \dfrac{f(x)}{f'(x)}$

Konvergenzordnung: $p = 2$ (*quadratische Konvergenz*)

Das Verfahren versagt, wenn die Kurve an der Nullstelle bzw. die Wendetangente der x-Achse nahezu parallel sind, $f'(x_0) \approx 0$, schlecht konditionierte Aufgabe.

Iterationsvorschrift

$$x^{(\nu+1)} = \varphi\left(x^{(\nu)}\right) = x^{(\nu)} - \frac{f\left(x^{(\nu)}\right)}{f'\left(x^{(\nu)}\right)}$$

$$\nu = 0, 1, 2, \ldots; \quad f'\left(x^{(\nu)}\right) \neq 0$$

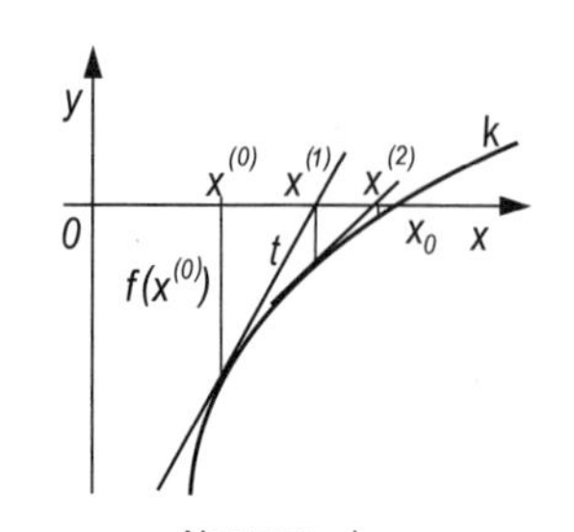

NEWTONsches Näherungsverfahren

Hinreichende Bedingung der Anwendbarkeit

In dem Intervall, das x_0 und alle Näherungswerte enthält, muss eine LIPSCHITZ-*Bedingung* gelten:

$$\varphi'(x) = \left|\frac{f(x) \cdot f''(x)}{\left(f'(x)\right)^2}\right| \leq L < 1 \qquad \text{empfohlener Wert } L < \frac{1}{5}$$

♦ **Beispiel**

Man berechne eine Nullstelle der Gleichung $x^3 + 2x - 6 = 0$ mit dem Tangenten-Näherungsverfahren bei einer Fehlerschranke für den relativen Fehler (relativem Höchstfehler) von $\rho_x = 10^{-3}$.

Zugehörige Funktionsgleichung $f(x) = x^3 + 2x - 6$

Ableitungen: $f'(x) = 3x^2 + 2$, $f''(x) = 6x$

Startwert: $x^{(0)} = 1{,}5; f\left(x^{(0)}\right) = 0{,}375, f'\left(x^{(0)}\right) = 8{,}75, f''\left(x^{(0)}\right) = 9$

Kontrolle der LIPSCHITZ-Bedingung für den Startwert:

$$\left|f\left(x^{(0)}\right) \cdot f''\left(x^{(0)}\right)\right| < \left(f'\left(x^{(0)}\right)\right)^2 \Rightarrow 0{,}375 \cdot 9 < 8{,}75^2 \text{ o. k.}$$

v	$x^{(\nu)}$	$f(x^{(\nu)})$	$f'(x^{(\nu)})$	$\frac{f(x^{(\nu)})}{f'(x^{(\nu)})}$	$x^{(\nu+1)}$
0	1,5	0,375	8,75	0,042 857	1,457 143
1	1,457 143	0,008 188	8,369 797	0,000 979	1,456 164
2	1,456 164	−0,000 206	8,361 241	−0,000 025	1,456 189

Relativer Fehler: $\delta_x < \left|\frac{x^{(2)} - x^{(1)}}{x^{(2)}}\right| = 0{,}67 \cdot 10^{-3} < 10^{-3}$ ♦

3.4.4 Sekantenmethode (Regula falsi)

Die *Regula falsi* ist ein *Sehnennäherungsverfahren.*

Eine evtl. komplizierte erste Ableitung der Funktion wird nicht benötigt, pro Iterationsschritt ist nur eine Funktionsauswertung f_ν erforderlich.

Die Sekantenmethode ist nicht empfehlenswert, wenn kein brauchbarer Startwert vorliegt, dann ist eine Kombination mit dem Bisektionsverfahren sinnvoll. Bei hinreichend guten Anfangsnäherungen konvergiert das Sekantennäherungsverfahren schnell.

Voraussetzung: $f \in C[a,b]$, *einfache Nullstelle* in (a,b)

2 Startwerte: $x^{(0)}$, $f_0 := f\left(x^{(0)}\right)$ und $x^{(1)}$, $f_1 := f\left(x^{(1)}\right)$

mit den Bedingungen: $x^{(0)} \approx x_0$ und $x^{(1)} \approx x_0$

Bemerkung: Die Konvergenz kann von der Nummerierung der Startwerte abhängen. Versagen des Verfahrens wie in 3.4.3 angegeben.

Iterationsvorschrift

$$x^{(\nu+1)} = x^{(\nu)} - \frac{x^{(\nu)} - x^{(\nu-1)}}{f_\nu - f_{\nu-1}} \cdot f_\nu$$

$$\nu = 1, 2, \ldots; \quad f_\nu - f_{\nu-1} \neq 0$$

Konvergenzordnung: $p \approx 1{,}618$

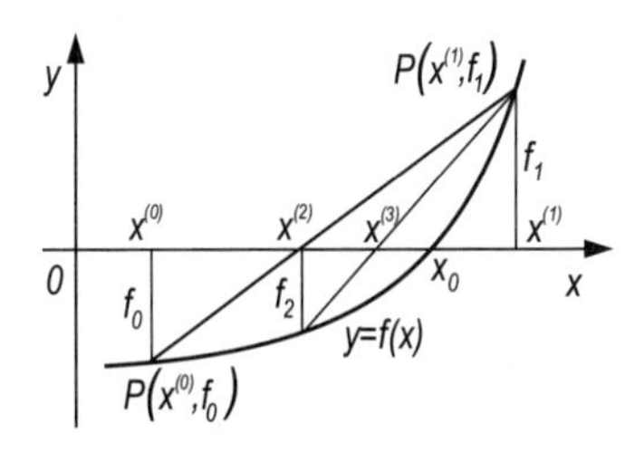

Sekantenmethode

♦ **Beispiel**

Man berechne eine Nullstelle der Gleichung $x^3 + 2x - 6 = 0$.

Funktionsgleichung: $f(x) = x^3 + 2x - 6$

Aus einer Wertetabelle 2 Startwerte: $x^{(0)} = 1$, $f_0 = -3$ und $x^{(1)} = 2$, $f_1 = 6$

$x^{(\nu)}$	f_ν	$x^{(\nu-1)}$	$f_{\nu-1}$	$\dfrac{x^{(\nu)}-x^{(\nu-1)}}{f_\nu - f_{\nu-1}} f_\nu$	$x^{(\nu+1)}$
2	**6**	1	−3	0,666 667	1,333 333
1,333 333	**−0,962 963**	2	**6**	−0,092 199	1,425 532
1,425 532	**−0,252 053**	1,333 333	**−0,962 963**	−0,032 69	1,458 222
1,458 222	**0,017 224**	1,425 532	**−0,252 053**	0,002 091	1,456 131
1,456 131	−0,000 278	1,458 222	**0,017 224**	−0,000 033	1,456 164

Ergebnis: $x_0 \approx 1{,}456164$ mit einer absoluten Genauigkeit von $\varepsilon \leq 3{,}3 \cdot 10^{-5}$ ♦

3.4.5 Einschlussverfahren

Einschlussverfahren konvergieren sicher. Sie sind einsetzbar für Nullstellen ungerader als auch gerader Ordnung, bei letzteren ist wie in 3.4.2 f durch $g(x) = f(x)/f'(x)$ zu ersetzen. Die Nullstelle x_0 wird durch ständige Verkleinerung des Intervalls $[a, b]$ eingeengt. Verfahren bevorzugt anwenden!

Bisektionsverfahren (*Intervall-Halbierung*)

Das Verfahren hat den Vorteil, dass das in jedem Schritt errechnete Intervall die exakte Lösung enthält. Nachteil: langsames Verfahren.

Gegeben: $f \in C[a,b]$ mit $f(a) \cdot f(b) < 0$
Fehlerschranke: $\varepsilon \in \mathbb{R}_{>0}$

Gesucht: $x_0 \in (a,b)$ als Nullstelle von f

Startwerte für das Einschlussintervall

$$x^{(0)} := a, \quad x^{(1)} := b$$

$$f_0 := f\left(x^{(0)}\right), \quad f_1 := f\left(x^{(1)}\right)$$

Iterationsvorschrift

$$x^{(2)} := \frac{x^{(0)} + x^{(1)}}{2}$$

$$f_2 := f\left(x^{(2)}\right)$$

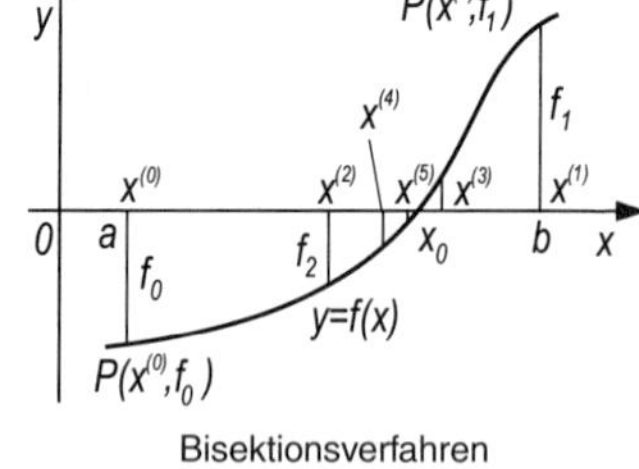

Bisektionsverfahren

Durchführung

- falls $f_2 = 0$, Abbruch mit $x_0 := x^{(2)}$
- falls $f_1 \cdot f_2 < 0$, liegt x_0 zwischen $x^{(2)}$ und $x^{(1)}$, es erfolgt eine Umbenennung: $x^{(0)} := x^{(2)}$, $f_0 := f_2$
- falls $f_1 \cdot f_2 > 0$, liegt x_0 zwischen $x^{(0)}$ und $x^{(2)}$, es erfolgt eine Umbenennung: $x^{(1)} := x^{(2)}$, $f_1 := f_2$.

Es ist stets $x^{(0)} < x^{(1)}$.

Abbruchbedingung

Ist $x^{(1)} - x^{(0)} \leq \varepsilon$, setzt man $x_0 := x^{(1)}$, falls $|f_1| \leq |f_0|$, sonst $x_0 := x^{(0)}$.

Ist $x^{(1)} - x^{(0)} > \varepsilon$, wird das Verfahren mit Halbierung des Einschlussintervalls fortgesetzt.

Abbruchbedingung gemäß 3.4.2 wird empfohlen.

Pegasus-Verfahren

Das Pegasus-Verfahren ist eine Modifikation des Sekantenverfahrens.

Gegeben: $f \in C[a,b]$ mit $f(a) \cdot f(b) < 0$, Fehlerschranke $\varepsilon \in \mathbb{R}_{>0}$
Gesucht: $x_0 \in (a,b)$ als einfache Nullstelle von f

Startwerte für das Einschlussintervall

wie Bisektionsverfahren

Iterationsvorschrift

$$x^{(2)} := x^{(1)} - \frac{f_1}{s_{01}}$$

$$f_2 := f\left(x^{(2)}\right)$$

wobei Sekantensteigung

$$s_{01} = \frac{f_1 - f_0}{x^{(1)} - x^{(0)}}$$

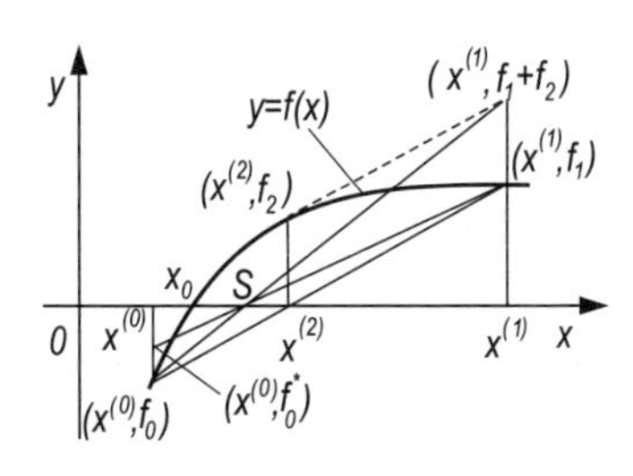

Pegasus-Verfahren, $f_1 f_2 > 0$

Durchführung

- falls $f_2 = 0$, Abbruch mit $x_0 := x^{(2)}$
- falls $f_1 \cdot f_2 < 0$, liegt x_0 zwischen $x^{(1)}$ und $x^{(2)}$, Bild siehe 3.4.4
  Umbenennung: $x^{(0)} := x^{(2)}$, $f_0 := f_2$
- falls $f_1 \cdot f_2 > 0$, liegt x_0 zwischen $x^{(0)}$ und $x^{(2)}$, siehe Bild, Anwendung des Strahlensatzes für f_0^* ergibt den

  modifizierten Schritt: $x^{(1)} := x^{(2)}$, $f_1 := f_2$, $f_0^* := \dfrac{f_1}{f_1 + f_2} f_0$, $f_0 := f_0^*$

Abbruchbedingung

Erreichen der geforderten Genauigkeit, Fehlerschranke $\varepsilon \in \mathbb{R}_{>0}$

$$|x^{(1)} - x^{(0)}| \leq \varepsilon_x, \text{ Abbruch mit } x_0 := x^{(1)}, \text{ falls } |f_1| \leq |f_0| \text{ oder}$$
$$\text{mit } x_0 := x^{(0)}, \text{ falls } |f_1| > |f_0|$$

Die Abbruchbedingung gemäß 3.4.2 wird empfohlen.

Konvergenzordnung: $p \approx 1{,}642$

Versagen des Verfahrens wie in 3.4.3 angegeben.

3.5 Nichtlineare Gleichungssysteme

3.5.1 Allgemeines

Gegeben ist ein nichtlineares Gleichungssystem mit n Gleichungen und n Variablen $x_1, x_2, \ldots, x_n$

$$\begin{cases} f_1(x_1, \ldots, x_n) = 0 \\ \vdots \\ f_n(x_1, \ldots, x_n) = 0 \end{cases} \qquad f_i \text{ stetig, reellwertig, } n \geq 2,\ \mathrm{D}(f) \subseteq \mathbb{R}^n$$

Vektordarstellung: $\boldsymbol{f}(\boldsymbol{x}) = \boldsymbol{o} \qquad \mathrm{D}(\boldsymbol{f}) \subseteq \mathbb{R}^{\boldsymbol{n}}$

Vektorfunktion: $\boldsymbol{f}(\boldsymbol{x}) = \big(f_1(\boldsymbol{x}), \ldots, f_n(\boldsymbol{x})\big)^{\mathrm{T}}$

skalare Funktionen: $f_i(\boldsymbol{x}) = f_i(x_1, \ldots, x_n), \quad i = 1, 2, \ldots, n$

Variablenvektor: $\boldsymbol{x} = (x_1, \ldots, x_n)^{\mathrm{T}}$

Gesucht: Lösungsvektor $\boldsymbol{x}^* \in \mathrm{D}$ mit $\boldsymbol{f}(\boldsymbol{x}^*) = \boldsymbol{o}$

JACOBI-Matrix einer Vektorfunktion $\boldsymbol{f}(\boldsymbol{x}) = (f_1(\boldsymbol{x}), \ldots, f_n(\boldsymbol{x}))^{\mathrm{T}}$

(auch *Funktionalmatrix* genannt)

Bedingung: Die partiellen Ableitungen existieren.

$$\boldsymbol{J}(\boldsymbol{x}) = \left(\frac{\partial f_i(\boldsymbol{x})}{\partial x_k}\right)_{i,k=1,\ldots,n} = \begin{pmatrix} \dfrac{\partial f_1(\boldsymbol{x})}{\partial x_1} & \cdots & \dfrac{\partial f_1(\boldsymbol{x})}{\partial x_n} \\ \vdots & & \\ \dfrac{\partial f_n(\boldsymbol{x})}{\partial x_1} & \cdots & \dfrac{\partial f_n(\boldsymbol{x})}{\partial x_n} \end{pmatrix} \in \mathbb{R}^{n\times n}$$

wobei $\det \boldsymbol{J}(\boldsymbol{x}) \neq 0$

♦ **Beispiel**

Man bilde die JACOBI-Matrix zur Vektorfunktion

$$\boldsymbol{f}(\boldsymbol{x}) = \begin{pmatrix} f_1(x_1, x_2) \\ f_2(x_1, x_2) \end{pmatrix} = \begin{pmatrix} x_1 x_2 + 2x_1 \\ x_1^3 - x_2 \end{pmatrix}$$

$$\boldsymbol{J}(\boldsymbol{x}) = \begin{pmatrix} \dfrac{\partial f_1}{\partial x_1} & \dfrac{\partial f_1}{\partial x_2} \\ \dfrac{\partial f_2}{\partial x_1} & \dfrac{\partial f_2}{\partial x_2} \end{pmatrix} = \begin{pmatrix} x_2 + 2 & x_1 \\ 3x_1^2 & -1 \end{pmatrix}$$ ♦

3.5.2 Iterationsverfahren

Fixpunktgleichung: $\boldsymbol{x} = \vec{\varphi}(\boldsymbol{x})$
vektorielle Schrittfunktion: $\vec{\varphi}(\boldsymbol{x}) = \big(\varphi_1(\boldsymbol{x}), \ldots, \varphi_n \boldsymbol{x})\big)^{\mathrm{T}}$

$\boldsymbol{x}^*$ heißt *Fixpunkt* (Lösung) von $\vec{\varphi}$, wenn $\boldsymbol{x}^* = \vec{\varphi}(\boldsymbol{x}^*)$.

Startvektor: $\boldsymbol{x}^{(0)} \in \mathrm{D}(\vec{\varphi})$ beliebig; $\mathrm{D}(\vec{\varphi})$ endlicher, abgeschlossener Bereich

Iterationsvorschrift

$$\boldsymbol{x}^{(\nu+1)} = \vec{\varphi}\big(\boldsymbol{x}^{(\nu)}\big) \qquad \text{Iterationsschritte } \nu = 0, 1, 2, \ldots$$

Es muss gelten: $\vec{\varphi}(\boldsymbol{x}) \in \mathrm{D}(\vec{\varphi})$ für alle $\boldsymbol{x} \in \mathrm{D}(\vec{\varphi})$ (Selbstabbildung)

Es gibt genau dann einen Fixpunkt $\boldsymbol{x}^* \in \mathrm{D}(\vec{\varphi})$, wenn eine LIPSCHITZ-*Bedingung* erfüllt ist (*Kontraktionssatz*):

$$\|\vec{\varphi}(\boldsymbol{y}) - \vec{\varphi}(\boldsymbol{x})\| \leq L\|\boldsymbol{y} - \boldsymbol{x}\| \quad \text{für alle } \boldsymbol{y},\boldsymbol{x} \in \mathrm{D}(\vec{\varphi}),\ 0 \leq L < 1$$

bzw. mit der JACOBI-Matrix der Vektorfunktion $\vec{\varphi}(\boldsymbol{x})$:

$$\|\boldsymbol{J}_\varphi\| \leq L < 1, \quad \text{wobei } \mathrm{D}(\vec{\varphi}) \text{ konvex und abgeschlossen sein muss.}$$

Hinreichende Konvergenzkriterien

Zeilensumme: $$\|\boldsymbol{J}_\varphi\|_\infty = \max_{\substack{i=1,\ldots,n \\ x \in \mathrm{D}(\varphi)}} \sum_{k=1}^{n} \left|\frac{\partial \varphi_i}{\partial x_k}\right| \leq L_\infty < 1$$

Spaltensumme: $$\|\boldsymbol{J}_\varphi\|_1 = \max_{\substack{i=1,\ldots,n \\ x \in \mathrm{D}(\varphi)}} \sum_{i=1}^{n} \left|\frac{\partial \varphi_i}{\partial x_k}\right| \leq L_1 < 1$$

Kriterium von SCHMIDT und V. MISES

$$\|\boldsymbol{J}_\varphi\|_2 = \max_{x \in D(\varphi)} \sqrt{\sum_{i=1}^{n} \sum_{k=1}^{n} \left(\frac{\partial \varphi_i}{\partial x_k}\right)^2} \leq L_2 < 1$$

Die Konvergenz ist mindestens von p-ter Ordnung, wenn gilt:

$$\lim_{\nu \to \infty} \frac{\|\boldsymbol{x}^{(\nu+1)} - \boldsymbol{x}^*\|}{\|\boldsymbol{x}^{(\nu)} - \boldsymbol{x}^{(*)}\|^p} = M < \infty$$

Fehlerabschätzung

$$\|\boldsymbol{x}^{(\nu)} - \boldsymbol{x}^*\| \leq \frac{L}{1-L} \cdot \|\boldsymbol{x}^{(\nu)} - \boldsymbol{x}^{(\nu-1)}\| \quad \text{(a posteriori)}$$

$$\|\boldsymbol{x}^{(\nu)} - \boldsymbol{x}^*\| \leq \frac{L^\nu}{1-L} \cdot \|\boldsymbol{x}^{(1)} - \boldsymbol{x}^{(0)}\| \quad \text{(a priori, pessimistischer Wert)}$$

3.5.3 Quadratisch konvergentes NEWTON-Verfahren

(auch *n-dimensionales* NEWTON-*Verfahren* gennant)

Gegeben: Nichtlineares Gleichungssystem $\boldsymbol{f}(\boldsymbol{x}) = \boldsymbol{o} \Leftrightarrow \boldsymbol{x} = \vec{\varphi}(\boldsymbol{x})$

Voraussetzung

$\vec{\varphi}(\boldsymbol{x}) \in \mathrm{D}(\vec{\varphi})$ für alle $\boldsymbol{x} \in \mathrm{D}(\vec{\varphi})$, meist gilt $\mathrm{D}(\vec{\varphi}) = \mathbb{R}^n$.

Iterationsvorschrift ($\nu = 0, 1, 2, \ldots$)

(TAYLOR-Entwicklung um $\boldsymbol{x}^{(\nu)}$)

$$\boldsymbol{x}^{(\nu+1)} = \boldsymbol{x}^{(\nu)} - \boldsymbol{J}^{-1}\left(\boldsymbol{x}^{(\nu)}\right) \cdot \boldsymbol{f}\left(\boldsymbol{x}^{(\nu)}\right) = \boldsymbol{x}^{(\nu)} + \Delta\boldsymbol{x}^{(\nu+1)}$$

Zur Vermeidung der Berechnung von $\boldsymbol{J}^{-1}$ wird der Korrekturvektor $\Delta\boldsymbol{x}^{(\nu+1)}$ aus dem umgeformten Gleichungssystem gewonnen:

$$\boldsymbol{J}\left(x^{(\nu)}\right)\Delta\boldsymbol{x}^{(\nu+1)} = -\boldsymbol{f}\left(\boldsymbol{x}^{(\nu)}\right)$$

Die JACOBI-Matrix $\boldsymbol{J} = \boldsymbol{f}'\left(\boldsymbol{x}^{(\nu)}\right)$ wird entweder in jedem Iterationsschritt, in jedem p-ten oder nur für $\nu = 0$ (vereinfachtes NEWTON-Verfahren) berechnet.

Startwert, Startvektor

$$\boldsymbol{x}^{(0)} \in \mathrm{D}(\varphi) \subseteq \mathbb{R}^n$$

Abbruchbedingungen

Abbruchbedingungen (Fehlerabschätzung) des Verfahrens können sein:

- Schrittzahl $\nu \geq \nu_{\max}$ $\nu_{\max} \in \mathbb{N}$
- $\|\boldsymbol{x}^{(\nu+1)} - \boldsymbol{x}^{(\nu)}\| \leq \|\boldsymbol{x}^{(\nu+1)}\| \cdot \varepsilon_1$ $\varepsilon_1, \varepsilon_2, \varepsilon_3 \in \mathbb{R}_{>0}$
- $\|\boldsymbol{x}^{(\nu+1)} - \boldsymbol{x}^{(\nu)}\| \leq \varepsilon_2$ Vektornorm siehe 5.1
- $\|\boldsymbol{f}\left(\boldsymbol{x}^{(\nu+1)}\right)\| \leq \varepsilon_3$

Eine Variante des quadratisch konvergenten NEWTON-Verfahrens ist das *gedämpfte* NEWTON-*Verfahren* für Gleichungssysteme, das nachstehende Abweichungen erfährt:

$\boldsymbol{x}^{(\nu+1)}$ wird erst gültig, wenn die Euklidische Norm erfüllt ist:

$$\|\boldsymbol{f}\left(\boldsymbol{x}^{(\nu+1)}\right)\|_2 < \|\boldsymbol{f}\left(\boldsymbol{x}^{(\nu)}\right)\|_2$$

Dann gilt ein abweichender Algorithmus

$$j := \min\left\{ i \middle| 0 \leq i \leq i_{\max} \left\| \boldsymbol{f}\left(\boldsymbol{x}^{(\nu)} + \frac{1}{2^i}\Delta\boldsymbol{x}^{(\nu+1)}\right) \right\|_2 < \|\boldsymbol{f}(\boldsymbol{x}^{(\nu)})\|_2 \right\}$$

$$\boldsymbol{x}^{(\nu+1)} := \boldsymbol{x}^{(\nu)} + \frac{\Delta\boldsymbol{x}^{(\nu+1)}}{2^j}$$

In der Praxis gilt: $0 \leq i \leq i_{\max}$, $i_{\max} \approx 4$

3.6 Grafische Lösung von Gleichungen

Eine *Bestimmungsgleichung mit einer Variablen* wird in eine Funktionsgleichung überführt. Ihr Graph ergibt die reellen Lösungen der Gleichung als Schnittpunkte mit der x-Achse, $y = f(x) = 0$, Beispiel (1).

Mitunter ist es vorteilhaft, die zu lösende Gleichung in der Form $\varphi(x) = \psi(x)$ zu schreiben und sie als zwei Graphen darzustellen. Lösungen sind dann die Abszissen ihrer Schnittpunkte, Beispiel (2).

Bei *Gleichungssystemen mit zwei Variablen* wird jede Gleichung als implizite Kurve grafisch dargestellt. Die Koordinaten der Schnittpunkte sind die reellen Lösungen des Systems, Beispiel (3).

Bei *linearen Gleichungen* gilt:

Parallele Geraden: Die Gleichungen widersprechen einander, $\mathbb{L} = \emptyset$

Deckungsgleiche Geraden: Die Gleichungen sind äquivalent, die Lösungsmenge $\mathbb{L}$ hat unendlich viele Elemente.

♦ **Beispiele**

(1) $\mathbb{L} = \{x | x^2 - x - 6 = 0\} = \{-2;\ 3\}$ (Bild links)

(2) $\mathbb{L} = \{x | x^3 - 1{,}5x - 0{,}5 = 0\} \approx \{-1;\ -0{,}4;\ 1{,}4\}$ (Bild rechts)

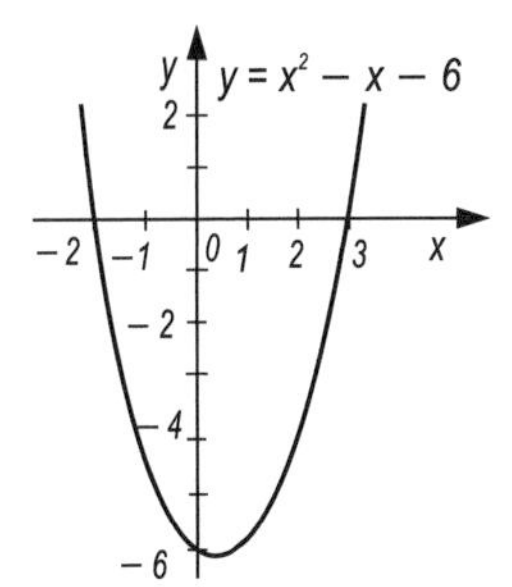

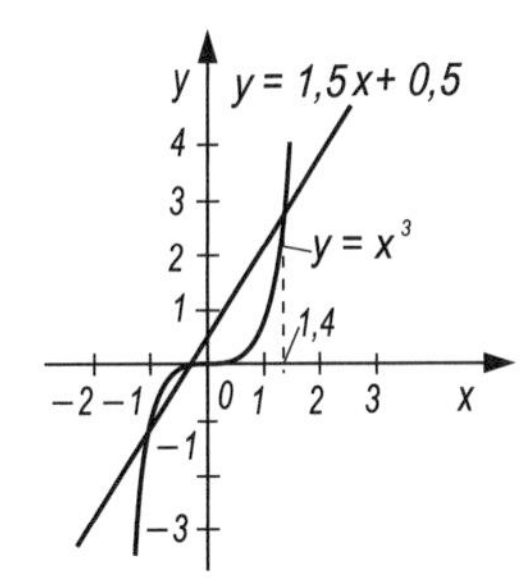

(3) $\begin{cases} x^2 + y^2 = 25 \\ x^2 + y = 3 \end{cases}$

$\mathbb{L} \approx \{(2{,}7;\ -4{,}2), (-2{,}7;\ -4{,}2)\}$

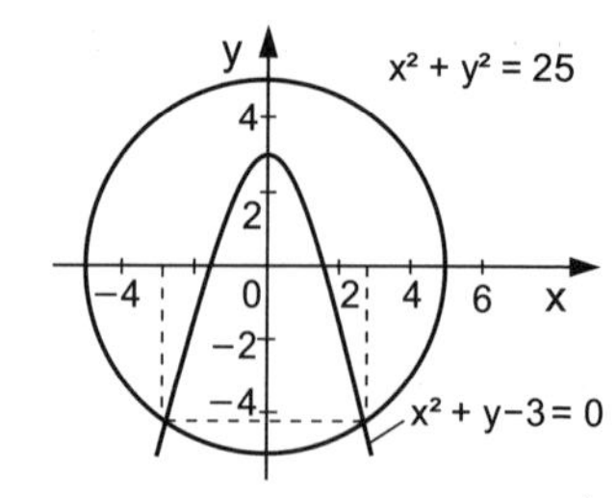

♦

4 Elementare (klassische) Geometrie

4.1 Planimetrie, ebene Trigonometrie

4.1.1 Winkel

Nicht-orientierter Winkel zwischen den Strahlen g und h

$$\angle(g,h) = \angle(h,g) = \angle QSR \qquad 0 \leq \angle(g,h) \leq \pi$$

$$\angle(g,h) := \arccos \frac{\boldsymbol{x} \cdot \boldsymbol{y}}{|\boldsymbol{x}| \cdot |\boldsymbol{y}|} \qquad \boldsymbol{x}, \boldsymbol{y} \text{ Richtungsvektoren von } g \text{ und } h$$

Orientierter Winkel von g nach h: $\measuredangle(g,h)$ *Drehvorgänge!*

Positive Orientierung eines Winkels = *mathematisch positiver Drehsinn* (entgegen Uhrzeigersinn)

Für *Grundwerte* von Winkeln gilt:

$$0 \leq \measuredangle(g,h) < 2\pi$$

$$\measuredangle(g,h) = 2\pi - \measuredangle(h,g),$$
$$\text{falls } \measuredangle(g,h) \neq 0$$

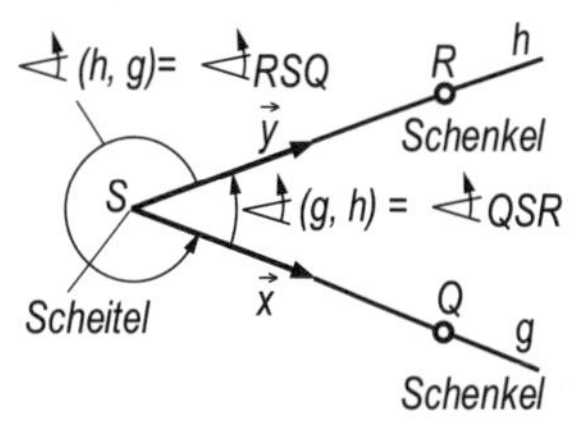

Orientierter Winkel

Winkelmaße

Bogenmaß, *Radiant*, RAD (Taschenrechner!), engl. „radian“

$$1\,\text{rad} := \frac{b}{r} = 1 \text{ in } \frac{\text{m}}{\text{m}}$$

$$x = \widehat{x} = \text{arc}\,\varphi = \frac{\pi \cdot \varphi}{180^\circ} \qquad \varphi \text{ in Grad}$$

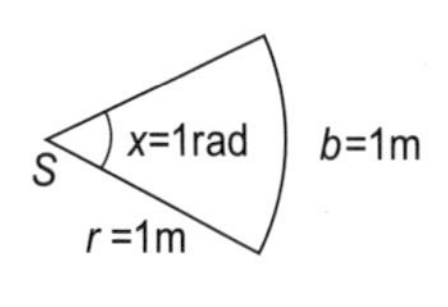

Die dimensionslose SI-Einheit „rad“ darf weggelassen werden.

Gradmaß, *Altgrad*, DEG (TR, dezimal geteilt), engl. „degree“

$$1\,\text{Grad} = 1^\circ = \frac{1}{360} \cdot \text{Vollwinkel}$$

$$1^\circ = 60' \ (\textit{Minuten}) = 3\,600'' \ (\textit{Sekunden}) \qquad \textit{sexagesimale Teilung}$$

Gon, GRAD (TR), engl. „gon“ (*Neugrad* 1^g ist nicht mehr zugelassen)

$$1\,\text{gon} = \frac{1}{400} \cdot \text{Vollwinkel}$$

$$1\,\text{gon} = 100\,\text{cgon} = 1000\,\text{mgon}$$

Umrechnungen (φ in Grad, x in Radiant)

$$\frac{\varphi}{x} = \frac{180^\circ}{\pi} \qquad x = \widehat{x} = \frac{\pi}{180^\circ}\varphi \qquad \frac{\varphi}{\varphi_{\text{gon}}} = \frac{180^\circ}{200\,\text{gon}}$$

$$1\,\text{rad} = \frac{180^\circ}{\pi} = 57{,}295\,78^\circ \approx 57^\circ 17' 45''$$

$$= 63{,}661\,98\,\text{gon} = 3\,437{,}747' = 206\,264{,}8''$$

$90^\circ = \pi/2$	$180^\circ = \pi$	$270^\circ = 3\pi/2$	$360^\circ = 2\pi$
$60^\circ = \pi/3$	$45^\circ = \pi/4$	$30^\circ = \pi/6$	
$1^\circ = 0{,}017\,45$	$1' = 0{,}000\,29$		

Größeneinteilung der Winkel

Zwei Winkel, die sich zu $\begin{cases} \pi/2 \\ \pi \end{cases}$ ergänzen, heißen $\begin{cases} \textit{Komplementwinkel.} \\ \textit{Supplementwinkel.} \end{cases}$

- Nullwinkel: $x = 0 = \angle(g, g)$ $\quad \varphi = 0^\circ = \angle(g, g)$
- spitzer Winkel: $x < \pi/2$ $\quad \varphi < 90^\circ$
- rechter Winkel: $x = \pi/2$ $\quad \varphi = 90^\circ$
- stumpfer Winkel: $\pi/2 < x < \pi$ $\quad 90^\circ < \varphi < 180^\circ$
- gestreckter Winkel: $x = \pi = \angle(g, -g)$ $\quad \varphi = 180^\circ = \angle(g, -g)$
- erhabener Winkel: $\pi < x < 2\pi$ $\quad 180^\circ < \varphi < 360^\circ$
- Vollwinkel: $x = 2\pi$ $\quad \varphi = 360^\circ$

Kongruente Winkel haben gleiche Größe.

Nebenwinkel sind Supplementwinkel, z. B. $\alpha_1 + \beta_1 = \pi$ (Bild umseitig)

Scheitelwinkel sind einander gleich, z. B. $\alpha_1 = \gamma_1$

Äquivalente Winkel : $x + k \cdot 2\pi$ $\quad k \in \mathbb{Z}$, 2π *Periode*

Grundwert eines Winkels: $0 \leq x < 2\pi$

abgeleitet: *Drehwinkel* mit k als Umdrehungszahl

Winkel an geschnittenen Parallelen

Stufenwinkel sind einander gleich, z. B. $\alpha_1 = \alpha_2$, $\beta_1 = \beta_2$

Wechselwinkel sind einander gleich, z. B. $\alpha_1 = \gamma_2$, $\delta_1 = \beta_2$

Entgegengesetzte Winkel (*Ergänzungswinkel*) betragen zusammen π.

$$\alpha_1 + \delta_2 = \gamma_1 + \beta_2 = \ldots = \pi \mathrel{\widehat{=}} 180^\circ$$

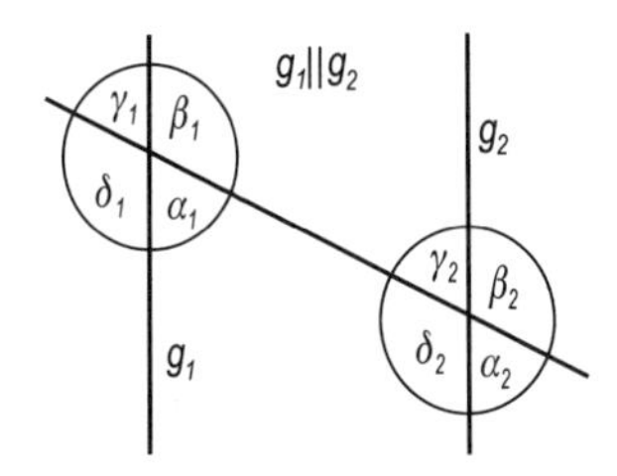

Geschnittene Parallelen

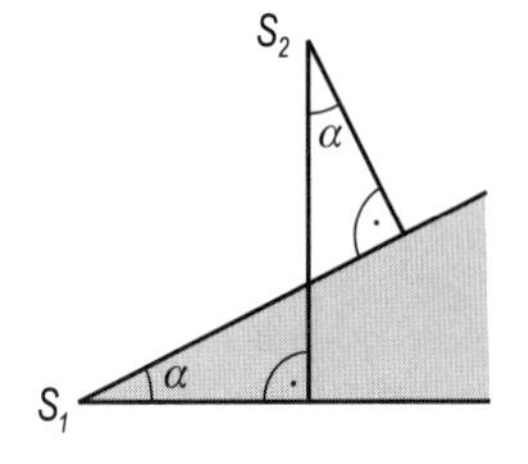

Paarweise senkrechte Schenkel

4

Winkel mit paarweise senkrechten Schenkeln

Zwei Winkel sind gleich, wenn ihre *Schenkel paarweise aufeinander senkrecht* stehen.

Bedingung: Die Scheitel liegen nicht innerhalb der von den Schenkeln des anderen Winkels aufgespannten Fläche (dem *Winkelfeld*, grau markiert).

4.1.2 Teilungen, Ähnlichkeit, Kongruenz, Symmetrie

Strahlensatz

Werden die Strahlen eines Strahlenbüschels von Parallelen geschnitten, so verhalten sich die Abschnitte

(1) auf einem Strahl wie die gleichliegenden auf jedem anderen (Satz ist umkehrbar.)

(2) auf den Parallelen wie die entsprechenden Scheitelstrecken auf irgendeinem Strahl

(3) auf einer Parallelen zueinander wie die gleichliegenden auf den anderen Parallelen.

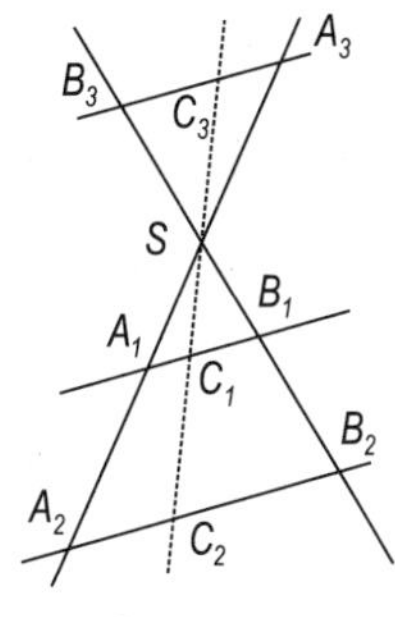

Strahlensatz

♦ **Beispiele**

Aus dem Strahlensatz lassen sich folgende Proportionen ableiten, wobei $\overline{SA}$ hier Streckenlänge zwischen S und A

(1) $\overline{SA_1} : \overline{SA_2} : \overline{SA_3} = \overline{SB_1} : \overline{SB_2} : \overline{SB_3} = \overline{SC_1} : \overline{SC_2} : \overline{SC_3}$

(2) $\overline{A_1B_1} : \overline{A_2B_2} : \overline{A_3B_3} = \overline{SA_1} : \overline{SA_2} : \overline{SA_3}$

$\overline{A_1B_1} : \overline{A_3B_3} = \overline{SA_1} : \overline{SA_3} = \overline{SB_1} : \overline{SB_3}$

(3) $\overline{A_1C_1} : \overline{C_1B_1} = \overline{A_2C_2} : \overline{C_2B_2} = \overline{A_3C_3} : \overline{C_3B_3}$ usw. ♦

Vierte Proportionale

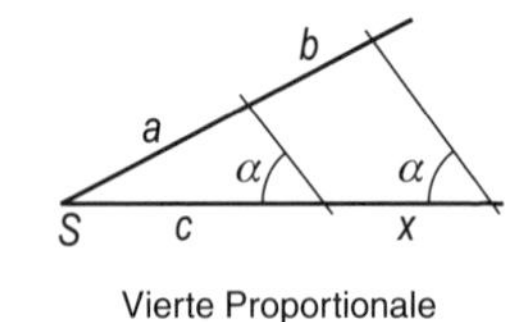

Vierte Proportionale

$$a : b = c : x$$

a,b,c gegebene Strecken
x *vierte Proportionale*

Stetige Teilung (Goldener Schnitt)

Eine Strecke heißt *stetig geteilt*, wenn der größere Abschnitt die mittlere Proportionale zu der ganzen Strecke und dem kleineren Abschnitt ist:

$$a : x = x : (a - x)$$

$$x = \frac{\sqrt{5} - 1}{2} a \approx 0{,}618a$$

Konstruktion

Man errichtet auf der Strecke $\overline{AB} = a$ in B die Senkrechte $\overline{BC} = a/2$, verbindet A mit C, beschreibt um C den Kreis mit dem Radius $a/2$, der $\overline{AC}$ in D schneidet, und trägt $\overline{AD}$ auf $\overline{AB}$ von A aus ab. E teilt $\overline{AB}$ stetig (siehe auch Zehneck).

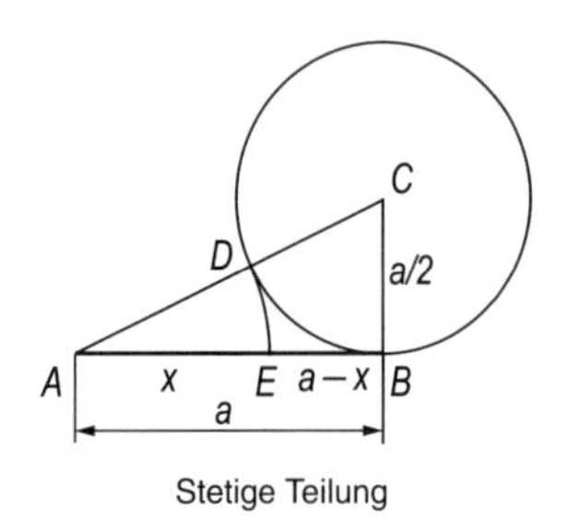

Stetige Teilung

Harmonische Teilung einer Strecke

Teilt man eine Strecke $\overline{AB}$ innen und außen im gleichen Verhältnis $\lambda = m : n$, so nennt man die Punkte $A, B, T_\text{i}, T_\text{a}$ die zu $\overline{AB}$ und $m : n$ gehörenden vier harmonischen Punkte (*Harmonische Teilung*).

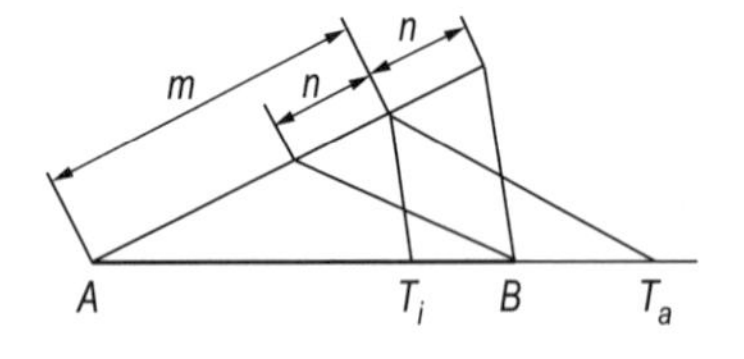

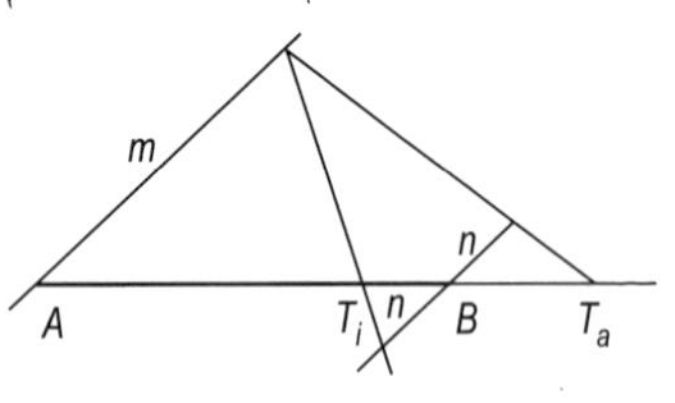

Harmonische Teilung

In jedem *Dreieck* teilen die Halbierungslinien eines Innenwinkels und seines Außenwinkels die Gegenseite harmonisch, und zwar im Verhältnis der beiden anderen Seiten (siehe Bild):

$$\overline{AD} : \overline{BD} = \overline{AE} : \overline{BE} = b : a$$

Der *Kreis des* APPOLONIUS über $\overline{DE}$ als Durchmesser ist die Punktmenge für die Spitzen aller Dreiecke, von denen eine Seite (im Bild $\overline{AB}$) festgelegt und das Verhältnis der beiden anderen Seiten vorgegeben ist.

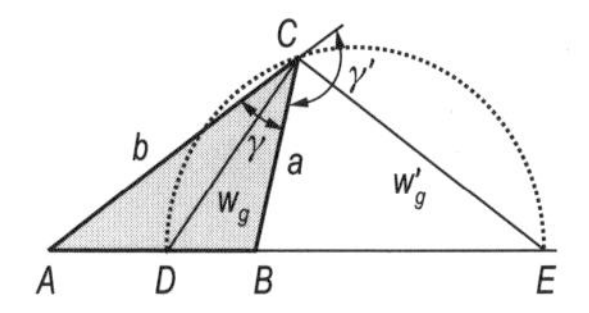

Harmonische Teilung
Kreis des APPOLONIUS

4

Ähnlichkeit

> Punktmengen M_1, M_2 sind *ähnlich*, wenn es eine Ähnlichkeitsabbildung (Drehung, Spiegelung, Streckung, siehe 5.6.2.3) gibt, bei der sie einander entsprechen ($M_1 \sim M_2$).

***n*-Ecke** ($n \geq 3$) sind ähnlich, wenn sie im Verhältnis entsprechender Seiten und in den entsprechenden Winkeln übereinstimmen.

Die Umfänge ähnlicher Vielecke verhalten sich wie ein Paar entsprechender Strecken (Seiten, Höhen, Diagonalen usw.):

$$U_1 : U_2 = a_1 : a_2 = b_1 : b_2 = \ldots = k \qquad k \in \mathbb{R}_{>0}$$

k Ähnlichkeitsfaktor, *Streckungsfaktor*

Die Flächeninhalte ähnlicher Vielecke verhalten sich wie die Quadrate entsprechender Strecken (*Flächenvergrößerung*):

$$A_1 : A_2 = a_1^2 : a_2^2 = b_1^2 : b_2^2 = \ldots = k^2$$

Dreiecke sind ähnlich, wenn sie übereinstimmen

- in zwei Winkeln
- im Verhältnis zweier Seiten und dem eingeschlossenen Winkel
- im Verhältnis zweier Seiten und dem Gegenwinkel der größeren Seite
- im Verhältnis der drei Seiten.

Ähnliche Dreiecke werden durch entsprechende Höhen, Winkelhalbierende oder Seitenhalbierende wieder in ähnliche Dreiecke zerlegt.

In ähnlichen Dreiecken verhalten sich entsprechende Höhen, Winkelhalbierende und Seitenhalbierende wie ein Paar entsprechender Seiten.

Allgemein gilt für ähnliche ebene Figuren, $k \in \mathbb{R}_{>0}$

Umfänge: $U' = k \cdot U$ Flächen: $A' = k^2 \cdot A$

und für ähnliche Körper

Oberflächen: $A'_O = k^2 \cdot A_O$ Volumina: $V' = k^3 \cdot V$

Kongruenz

Kongruenz ist ein Sonderfall der Ähnlichkeit mit $k = 1$.

> Die Punktmengen M_1,M_2 sind einander *kongruent* (deckungsgleich), geschrieben $M_1 \cong M_2$, genau dann, wenn es eine Kongruenzabbildung (Verschiebung, Drehung, siehe 5.6.2.4) gibt, die M_1 auf M_2 abbildet.

Der Satz gilt auch bei räumlichen Punktmengen.

Dreiecke sind *kongruent*, wenn sie übereinstimmen

- in einer Seite und zwei Winkeln (WSW)
- in zwei Seiten und dem eingeschlossenen Winkel (SWS)
- in zwei Seiten und dem der größeren Seite gegenüberliegenden Winkel ($\mathrm{S_gSW}$)
- in den drei Seiten (SSS).

Symmetrie ebener Figuren

> Eine ebene Figur heißt *axialsymmetrisch* (*spiegelsymmetrisch*), wenn es eine Gerade g (*Symmetrieachse*) gibt, an der gespiegelt die Figur auf sich selbst abgebildet wird.

Bild siehe gerade Potenzfunktion, 7.5.5

> Eine ebene Figur heißt *punktsymmetrisch* (*zentralsymmetrisch*, *radialsymmetrisch*), wenn sie durch Drehung um einen Punkt, das *Symmetriezentrum*, auf sich selbst abgebildet wird.

Bild siehe ungerade Potenzfunktion, 7.5.5

4.1.3 Dreieck

Einteilung der Menge aller Dreiecke (siehe Bilder)

- schiefwinkliges Dreieck: $a \neq b \neq c$ $\quad\alpha, \beta, \gamma \neq \pi/2\ (\widehat{=}\ 90^\circ)$
- gleichschenkliges Dreieck: $a = b$
- gleichseitiges Dreieck: $a = b = c$
- spitzwinkliges Dreieck: $\alpha, \beta, \gamma < \pi/2$
- rechtwinkliges Dreieck: $\gamma = \pi/2$
- stumpfwinkliges Dreieck: $\gamma > \pi/2$

4.1.3.1 Schiefwinkliges Dreieck

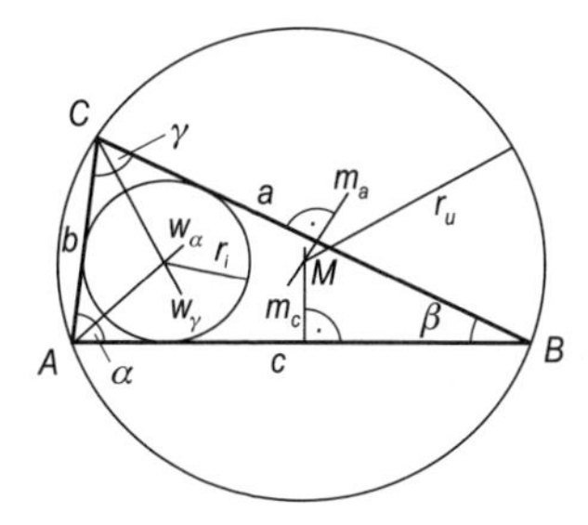

Schiefwinkliges Dreieck

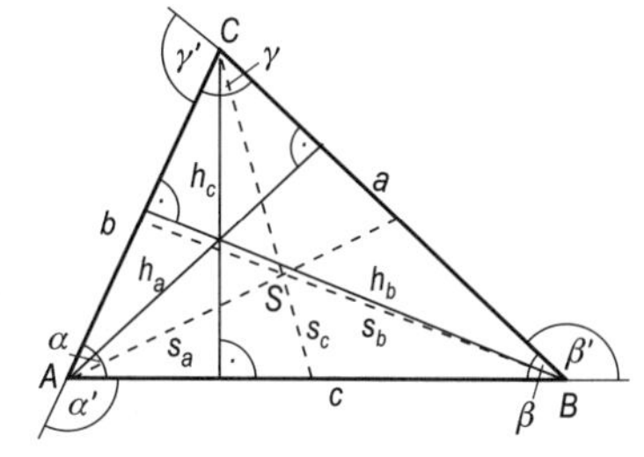

Schiefwinkliges Dreieck

Bezeichnungen

$\alpha, \beta, \gamma \, (\alpha', \beta', \gamma')$	Innenwinkel (Außenwinkel)
a,b,c	Seiten $\quad s = \dfrac{a+b+c}{2} = \dfrac{U}{2}$ halber Umfang
A	Flächeninhalt
h_a, h_b, h_c	Höhen
s_a, s_b, s_c	Seitenhalbierende
m_a, m_b, m_c	Mittelsenkrechte
$w_\alpha, w_\beta, w_\gamma$	Winkelhalbierende, Indizes Winkel
$r_\mathrm{u}, r_\mathrm{i}$	Radius des Umkreises, Radius des Inkreises
ρ_a, ρ_b, ρ_c	Radien der Ankreise (die im Index stehende Seite wird berührt)

Winkelbeziehungen

$$\alpha + \beta + \gamma = \pi \; (\widehat{=}\; 180^\circ) \qquad \alpha' + \beta' + \gamma' = 2\pi \; (\widehat{=}\; 360^\circ)$$

$$\alpha' = \beta + \gamma \qquad \beta' = \alpha + \gamma \qquad \gamma' = \alpha + \beta$$

$$\sin\alpha + \sin\beta + \sin\gamma = 4\cos\frac{\alpha}{2}\cos\frac{\beta}{2}\cos\frac{\gamma}{2}$$

$$\cos\alpha + \cos\beta + \cos\gamma = 1 + 4\sin\frac{\alpha}{2}\sin\frac{\beta}{2}\sin\frac{\gamma}{2}$$

$$\sin 2\alpha + \sin 2\beta + \sin 2\gamma = 4\sin\alpha\sin\beta\sin\gamma$$

$$\cos 2\alpha + \cos 2\beta + \cos 2\gamma = -(4\cos\alpha\cos\beta\cos\gamma + 1)$$

$$\tan\alpha + \tan\beta + \tan\gamma = \tan\alpha\tan\beta\tan\gamma$$

$$\sin^2\alpha + \sin^2\beta + \sin^2\gamma = 2(1 + \cos\alpha\cos\beta\cos\gamma)$$

$$\cos^2\alpha + \cos^2\beta + \cos^2\gamma = 1 - 2\cos\alpha\cos\beta\cos\gamma$$

$$\cot\alpha\cot\beta + \cot\alpha\cot\gamma + \cot\beta\cot\gamma = 1$$

$$\cot\frac{\alpha}{2} + \cot\frac{\beta}{2} + \cot\frac{\gamma}{2} = \cot\frac{\alpha}{2}\cot\frac{\beta}{2}\cot\frac{\gamma}{2}$$

$$4\sin^2\alpha\sin^2\beta\sin^2\gamma = (\sin\alpha+\sin\beta+\sin\gamma)(\sin\alpha+\sin\beta-\sin\gamma) \times(\sin\alpha-\sin\beta+\sin\gamma)(-\sin\alpha+\sin\beta+\sin\gamma)$$

Sinussatz (Bezeichnungen nach Bild bei Grundaufgaben)

$$a : b : c = \sin\alpha : \sin\beta : \sin\gamma \qquad \frac{a}{\sin\alpha} = \frac{b}{\sin\beta} = \frac{c}{\sin\gamma}$$

Kosinussatz

$$a^2 = b^2 + c^2 - 2bc\cos\alpha$$
$$b^2 = c^2 + a^2 - 2ca\cos\beta$$
$$c^2 = a^2 + b^2 - 2ab\cos\gamma$$

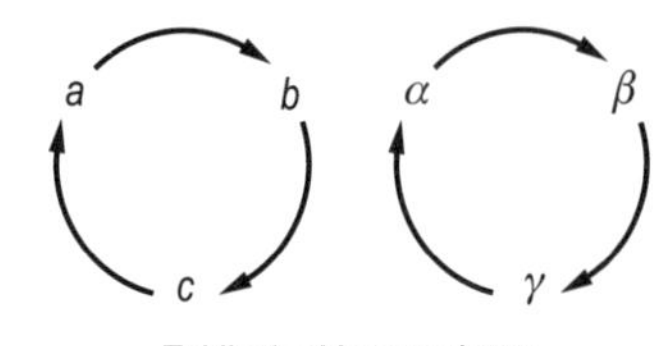

Zyklische Vertauschung

Zyklische Vertauschung (zV)

Zyklische Vertauschung (zV) ist ein Verfahren, aus einer Beziehung zwischen zyklisch angeordneten Größen eine neue, ebenfalls wahre Aussage zu erhalten, indem jedes Element durch das ihm im Zyklus folgende ersetzt wird.

Zum Beispiel im Dreieck: Seitenzyklus $a \longrightarrow b \longrightarrow c \longrightarrow a \longrightarrow \ldots$
Winkelzyklus $\alpha \longrightarrow \beta \longrightarrow \gamma \longrightarrow \alpha \longrightarrow \ldots$

MOLLWEIDEsche Formeln (je zwei weitere Formeln durch zV)

$$\frac{a+b}{c} = \cos\frac{\alpha-\beta}{2}\Big/\sin\frac{\gamma}{2} \text{ (zV)} \qquad \frac{a-b}{c} = \sin\frac{\alpha-\beta}{2}\Big/\cos\frac{\gamma}{2} \text{ (zV)}$$

♦ **Beispiel zyklischer Vertauschung (zV)**

$$\frac{b+c}{a} = \cos\frac{\beta-\gamma}{2}\Big/\sin\frac{\alpha}{2}$$ ♦

Tangenssatz (Zwei weitere Formeln durch zV)

$$\frac{a+b}{a-b} = \frac{\tan\dfrac{\alpha+\beta}{2}}{\tan\dfrac{\alpha-\beta}{2}} = \frac{\cot\dfrac{\gamma}{2}}{\tan\dfrac{\alpha-\beta}{2}} \text{ (zV)}$$

Halbwinkelsätze (Je zwei weitere Formeln durch zV)

$$\sin\frac{\alpha}{2} = \sqrt{\frac{(s-b)(s-c)}{bc}} \text{ (zV)} \qquad \cos\frac{\alpha}{2} = \sqrt{\frac{s(s-a)}{bc}} \text{ (zV)}$$

$$\tan\frac{\alpha}{2} = \sqrt{\frac{(s-b)(s-c)}{s(s-a)}} \text{ (zV)}$$

Seitensätze (Je zwei weitere Formeln durch zV)

$$a+b>c \text{ (zV)} \qquad |a-b|<c \text{ (zV)}$$

$$a \geq b \Leftrightarrow \alpha \geq \beta \qquad a \leq b \Leftrightarrow \alpha \leq \beta$$

4

Seitenhalbierende (Zwei weitere Formeln durch zV)

$$s_a = \frac{1}{2}\sqrt{2\left(b^2+c^2\right)-a^2} = \frac{1}{2}\sqrt{b^2+c^2+2bc\cos\alpha} \text{ (zV)}$$

Schnittpunkt der Seitenhalbierenden = *Schwerpunkt S* mit dem Teilungsverhältnis der Seitenhalbierenden $= 2:1$

Flächenträgheitsmomente

Schwerpunktachse $x \parallel c$: $I_x = \dfrac{c \cdot h_c^3}{36}$

desgl. $y \perp x$ durch Spitze: $I_y = \dfrac{c^3 \cdot h_c}{48}$

Winkelhalbierende (Zwei weitere Formeln durch zV)

Jede *Winkelhalbierende* der Innenwinkel $w_\alpha, w_\beta, w_\gamma$ teilt die Gegenseite innen im Verhältnis der anliegenden Seiten.

Jede Winkelhalbierende der Außenwinkel $w_\alpha, w_\beta, w_\gamma$ teilt die Gegenseite außen harmonisch.

$$w_\alpha = \frac{1}{b+c}\sqrt{bc\left((b+c)^2-a^2\right)} = \frac{2bc\cos\frac{\alpha}{2}}{b+c} \text{ (zV)}$$

Höhen

$$h_a = b\sin\gamma = c\sin\beta$$

$$h_b = c\sin\alpha = a\sin\gamma \qquad h_a : h_b : h_c = \frac{1}{a} : \frac{1}{b} : \frac{1}{c}$$

$$h_c = a\sin\beta = b\sin\alpha$$

Umkreis

Umkreismittelpunkt = Schnittpunkt der *Mittelsenkrechten* m_a, m_b, m_c

$$r_\text{u} = \frac{a}{2\sin\alpha} = \frac{b}{2\sin\beta} = \frac{c}{2\sin\gamma} = \frac{bc}{2h_a} = \frac{ac}{2h_b} = \frac{ab}{2h_c}$$

Inkreis (Zwei weitere Formeln durch zV)

Inkreismittelpunkt = Schnittpunkt der Winkelhalbierenden $w_\alpha, w_\beta, w_\gamma$

$$r_\mathrm{i} = \frac{A}{s} = \sqrt{\frac{(s-a)(s-b)(s-c)}{s}} \qquad r_\mathrm{i} = (s-a)\tan\frac{\alpha}{2}\ \text{(zV)}$$

$$r_\mathrm{i} = s\tan\frac{\alpha}{2}\tan\frac{\beta}{2}\tan\frac{\gamma}{2} \qquad r_\mathrm{i} = 4r_\mathrm{u}\tan\frac{\alpha}{2}\tan\frac{\beta}{2}\tan\frac{\gamma}{2}$$

Abstand Umkreismittelpunkt und Inkreismittelpunkt:

$$d_\mathrm{iu} = \sqrt{r_\mathrm{u}^2 - 2r_\mathrm{u}r_\mathrm{i}}$$

Ankreise (wenn angegeben zwei weitere Formeln durch zV)

Ankreismittelpunkte = Schnittpunkte von $w_{\alpha'}, w_{\beta'}; w_{\alpha'}, w_{\gamma'}$.

$$\rho_a = \frac{A}{s-a}\ \text{(zV)} \qquad \frac{1}{\rho_a} = \frac{1}{h_b} + \frac{1}{h_c} - \frac{1}{h_a}\ \text{(zV)}$$

$$\rho_a = s\tan\frac{\alpha}{2} = \left(a\cos\frac{\beta}{2}\cos\frac{\gamma}{2}\right) \Big/ \cos\frac{\alpha}{2}\ \text{(zV)}$$

$$\rho_a + \rho_b + \rho_c = 4r_\mathrm{u} + r_\mathrm{i}$$

Flächeninhalt (wenn angegeben weitere Formeln durch zV)

$$A = \frac{ah_a}{2}\ \text{(zV)} \qquad A = \frac{abc}{4r} = \sqrt{r_\mathrm{i}\rho_a\rho_b\rho_c}$$

$$A = \sqrt{s(s-s)(s-b)(s-c)} \qquad \text{(H}\small{\text{ERON}}\textit{ische Formel})$$

$$A = r_\mathrm{i}s = \rho_a(s-a)\ \text{(zV)} \qquad A = s^2\tan\frac{\alpha}{2}\tan\frac{\beta}{2}\tan\frac{\gamma}{2}$$

$$A = \frac{1}{2}ab\sin\gamma\ \text{(zV)} \qquad A = \frac{a^2\sin\beta\sin\gamma}{2\sin\alpha}\ \text{(zV)}$$

$$A = 2r_\mathrm{u}^2\sin\alpha\sin\beta\sin\gamma \qquad A = r_\mathrm{i}^2\cot\frac{\alpha}{2}\cot\frac{\beta}{2}\cot\frac{\gamma}{2}$$

Verallgemeinerter Satz des PYTHAGORAS

$$a^2 = b^2 + c^2 \pm 2bp \text{ für } \alpha \gtrless \frac{\pi}{2} (\mathrel{\widehat{=}} 90^\circ) \qquad p \text{ Projektion von } c \text{ auf } b$$

$$b^2 = c^2 + a^2 \pm 2cq \text{ für } \beta \gtrless \frac{\pi}{2} \qquad q \text{ Projektion von } a \text{ auf } c$$

$$c^2 = a^2 + b^2 \pm 2ar \text{ für } \gamma \gtrless \frac{\pi}{2} \qquad r \text{ Projektion von } b \text{ auf } a$$

Die drei Grundaufgaben des schiefwinkligen Dreiecks

Grundaufgabe 1: Eine Seite, zwei Winkel

1.1 WSW, z. B. α, c, β

1.2 SWW, z. B. c, β, γ

Dritter Winkel aus Winkelsumme, Seiten aus Sinussatz, eindeutige Lösungsmenge

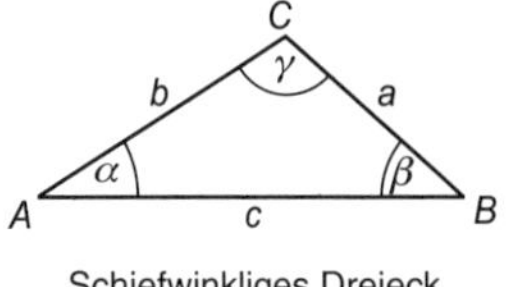

Schiefwinkliges Dreieck

Grundaufgabe 2: Zwei Seiten, ein Winkel

2.1 SSW, z. B. b, c, β, doppeldeutig

Zweiter Winkel aus Sinussatz,

Entscheidung: $b \geq c \Leftrightarrow \beta \geq \gamma$ oder $b \leq c \Leftrightarrow \beta \leq \gamma$

Dritter Winkel aus Winkelsumme, dritte Seite aus Sinussatz

Keine Lösung für $b \leq c$ und $\beta \geq \pi/2$ ($\widehat{=}$ 90°)

2.2 SWS, z. B. b, α, c

Dritte Seite aus Kosinussatz, zweiter und dritter Winkel aus Sinussatz, Größenentscheid aus Winkelsumme, eindeutige Lösungsmenge

oder Winkel aus Tangenssatz, dritte Seite aus Sinus- bzw. Kosinussatz.

Grundaufgabe 3: Drei Seiten SSS, a, b, c; $c > a$, $c > b$

γ aus Kosinussatz, α und β aus Sinussatz, beides spitze Winkel, eindeutige Lösungsmenge

oder Halbwinkelsatz oder Tangenssatz

Übersicht zur Berechnung schiefwinkliger Dreiecke

<table>
<tr><th colspan="4">Fallunterscheidungen</th><th>Lösungsmenge $\mathbb{L}$</th></tr>
<tr><td>$b > c$</td><td rowspan="3">$b > c \sin\beta$</td><td>$0 < \beta < \pi$</td><td>$\gamma < \pi/2$</td><td>eindeutig</td></tr>
<tr><td>$b = c$</td><td rowspan="4">$\beta < \pi/2$</td><td>$\gamma = \beta$</td><td>eindeutig,
gleichschenkliges Dreieck</td></tr>
<tr><td rowspan="3">$b < c$</td><td>$\gamma \neq \pi/2$</td><td>zwei Lösungen</td></tr>
<tr><td>$b = c \sin\beta$</td><td>$\gamma = \pi/2$</td><td>eindeutig,
rechtwinkliges Dreieck</td></tr>
<tr><td>$b < c \sin\beta$</td><td>–</td><td>keine Lösung</td></tr>
</table>

♦ **Beispiel**

Von einem Dreieck sind gegeben: $a = 65\,\text{cm}$, $c = 50\,\text{cm}$, $\gamma = 35°$. Man berechne die restlichen Seiten und Winkel des Dreiecks.

Es liegt die Grundaufgabe SSW vor, die doppeldeutig ist.

$a : c = \sin\alpha : \sin\gamma$

$\sin\alpha = \frac{a}{c}\sin\gamma = \frac{65}{50}\sin 35° = 0{,}5$

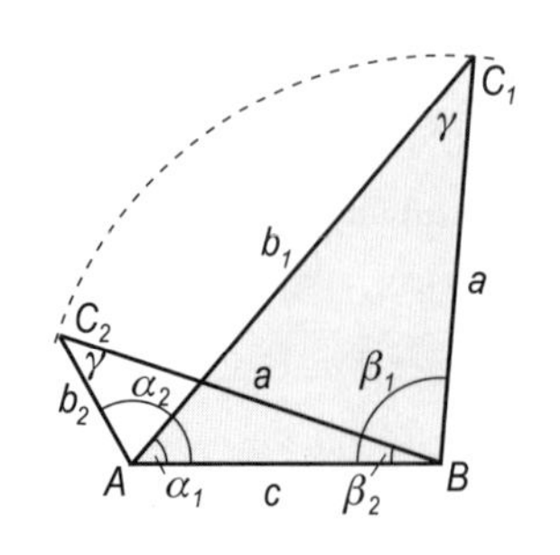

Die beiden Lösungen lauten:

$\alpha_1 = 48{,}215°$

$\alpha_2 = 180° - 48{,}215° = 131{,}785°$

$\beta_1 = 180° - \alpha_1 - \gamma$

$\quad = 180° - 48{,}215° - 35° = 96{,}785°$

$\beta_2 = 180° - 131{,}785° - 35° = 13{,}215°$

$a : b = \sin\alpha : \sin\beta$

$$b_1 = a\frac{\sin\beta_1}{\sin\alpha_1} = 65\frac{\sin 96{,}785°}{\sin 48{,}215°} = 86{,}562\,\text{cm}$$

$$b_2 = a\frac{\sin\beta_2}{\sin\alpha_2} = 65\frac{\sin 13{,}215°}{\sin 131{,}785°} = 19{,}928\,\text{cm}$$ ♦

4.1.3.2 Gleichschenkliges und gleichseitiges Dreieck

Das *gleichschenklige Dreieck* ist axialsymmetrisch, Symmetrieachse ist die Höhe h_c, die Schnittpunkte der Mittellinien, der Seiten- und Winkelhalbierenden liegen auf der Höhe h_c.

$$A = \frac{c}{2}\sqrt{a^2 - \frac{c^2}{4}} \qquad \alpha = 90° - \frac{\gamma}{2}$$

Das *gleichseitige Dreieck* ist axial- und radialsymmetrisch, Symmetriezentrum ist der Schwerpunkt $S\,(\alpha = \beta = \gamma = 60°, a = b = c)$.

$$h = \frac{a\sqrt{3}}{2} \qquad a = 2r_\text{i}\sqrt{3} = r_\text{u}\sqrt{3}$$

$$A = \frac{a^2\sqrt{3}}{4}$$

$$r_\text{u} = \frac{a}{3}\sqrt{3} \qquad r_\text{i} = \frac{1}{2}r_\text{u} = \frac{a}{6}\sqrt{3}$$

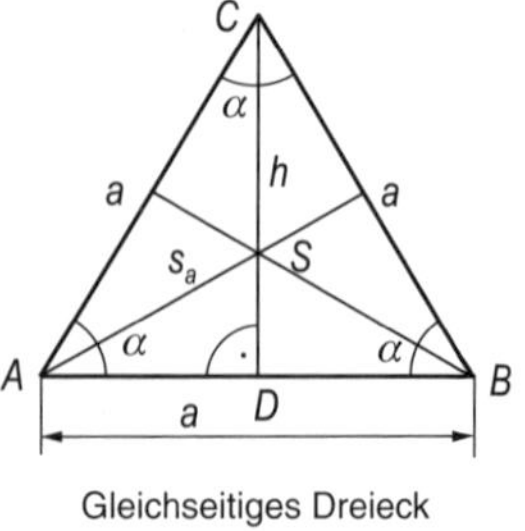

Gleichseitiges Dreieck

Abstand des *Schwerpunktes* S von einer Seite $= \frac{a}{6}\sqrt{3}$

4.1.3.3 Rechtwinkliges Dreieck ($\gamma = \pi/2 \mathrel{\hat{=}} 90°$)

Bezeichnungen

a,b	*Katheten*
c	*Hypotenuse* (längste Seite)
h	*Höhe*
p	Projektion von a auf c
q	Projektion von b auf c

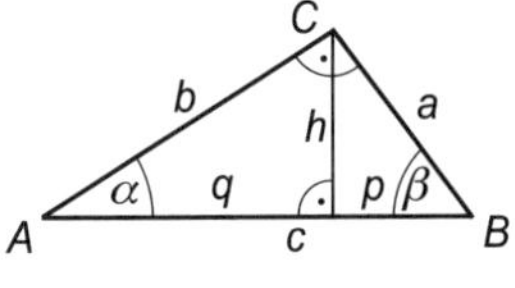

Rechtwinkliges Dreieck

4

Trigonometrische Funktionen am rechtwinkligen Dreieck

(Siehe auch 7.6.4.1)

$0 \leq \alpha \leq \frac{\pi}{2} \qquad 0 \leq \beta \leq \frac{\pi}{2}$

$$\sin\alpha = \frac{a}{c} = \frac{\text{Gegenkathete}}{\text{Hypotenuse}}$$

$$\cos\alpha = \frac{b}{c} = \frac{\text{Ankathete}}{\text{Hypotenuse}}$$

$$\tan\alpha = \frac{a}{b} = \frac{\text{Gegenkathete}}{\text{Ankathete}} = \frac{\sin\alpha}{\cos\alpha}$$

$$\cot\alpha = \frac{b}{a} = \frac{\text{Ankathete}}{\text{Gegenkathete}} = \frac{1}{\tan\alpha}$$

Satz des Pythagoras am rechtwinkligen Dreieck

$$a^2 + b^2 = c^2 \qquad a, b, c \in \mathbb{R}_{>0}$$

Umkehrung: Sind die Maßzahlen der Seiten eines Dreiecks pythagoreische Zahlen, so ist das Dreieck rechtwinklig.

Pythagoreische Zahlen, pythagoreische Zahlentripel

Pythagoreische Zahlen befriedigen die Diophant*ische Gleichung* 2. Grades

$$x^2 + y^2 = z^2 \text{ mit } x, y, z \in \mathbb{Z} \qquad (\text{auch } x, y, z \in \mathbb{N} \text{ üblich})$$

$$\mathbb{L} = \left\{(x, y, z) | \left(2krs, k(r^2 - s^2), k(r^2 + s^2)\right)\right\}$$

x geradzahlig, d. h., eine oder alle 3 pythagoreischen Zahlen sind geradzahlig. $k, r, s \in \mathbb{Z}$, auch $k, r, s \in \mathbb{N}$ üblich

Beispiele einiger pythagoreischer Zahlentripel

4	3	5	10	24	26	20	21	29
6	8	10	12	5	13	24	7	25
8	15	17	16	12	20	30	16	34
8	6	10	18	80	82	36	27	45

♦ **Beispiel**

Bestimmung der pythagoreischen Zahlentripel mit der Vorgabe $x = 24$, $k = 1$

Aus $x = 2rs$ ergeben sich die ganzzahligen Faktoren r und s.

$r = 12,\ s = 1$: $y = 144 - 1 = 143$ $z = 144 + 1 = 145$,
$\mathbb{L} = \{(24;\ 143;\ 145)\}$

$r = 6,\ s = 2$: $y = 36 - 4 = 32$ $z = 36 + 4 = 40$,
$\mathbb{L} = \{(24;\ 32;\ 40)\}$

$r = 4,\ s = 3$: $y = 16 - 9 = 7$ $z = 16 + 9 = 25$,
$\mathbb{L} = \{(27;\ 7;\ 25)\}$ ♦

Kathetensatz (Satz des Euklid)

$$a^2 = cp \qquad b^2 = cq \qquad b = \sqrt{cq} \quad (\textit{geometrisches Mittel})$$

Höhensatz (Euklid)

$$h^2 = pq \qquad h = \sqrt{pq} \quad (\textit{geometrisches Mittel})$$

Kathetensatz Höhensatz

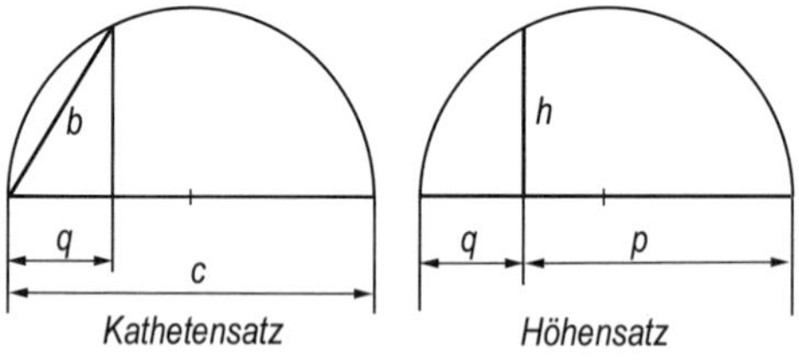

Katheten- und Höhensatz

Flächeninhalt, Höhe

$$A = \frac{ch}{2} = \frac{ab}{2} \qquad \textit{Höhe: } h = \frac{ab}{c}$$

Der Abstand des *Schwerpunkts S* von der Hypotenuse ist $h/3$, von der Kathete a ist er $b/3$ und von der Kathete b ist er $a/3$.

4.1.4 Vierecke

Ebene Vierecke sind von vier Geraden begrenzte Teile der Ebene.

Bezeichnungen

$\alpha, \beta, \gamma, \delta$	*Innenwinkel*
$\alpha', \beta', \gamma', \delta'$	*Außenwinkel*
a, b, c, d	Seiten
e, f	Diagonalen
r_i	Radius des Inkreises
r_u	Radius des Umkreises
h	Höhe

$s = \frac{U}{2} = \frac{a+b+c+d}{2}$ halber Umfang

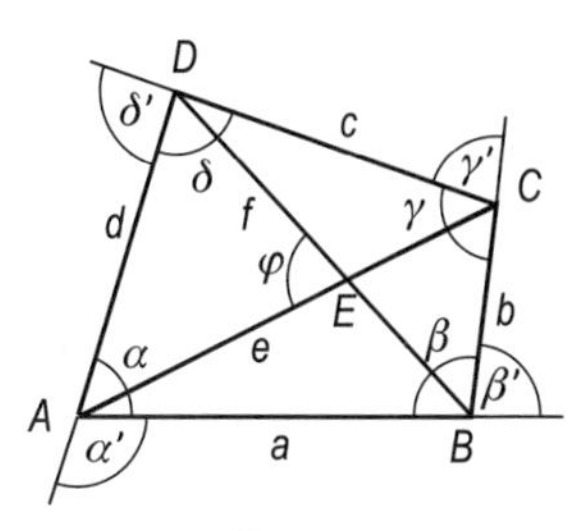

Viereck

Winkelsummen

$$\alpha + \beta + \gamma + \delta = 2\pi \; (\mathrel{\widehat{=}} 360^\circ) \qquad \alpha' + \beta' + \gamma' + \delta' = 2\pi$$

Flächeninhalt

$$A = \frac{ef}{2} \sin\varphi \qquad \varepsilon = \frac{\alpha+\gamma}{2} \text{ oder } \varepsilon = \frac{\beta+\delta}{2}$$

$$A = \sqrt{(s-a)(s-b)(s-c)(s-d) - abcd\cos^2\varepsilon}$$

4.1.4.1 Trapez

(Viereck mit zwei parallelen Seiten $a \parallel c$)

$\alpha = 90^\circ, \beta \neq 90^\circ$ rechtwinkliges Trapez
$\alpha = \beta \neq 90^\circ$ gleichschenkliges Trapez

$$A = \frac{a+c}{2} h = mh$$

m *Mittelparallele*

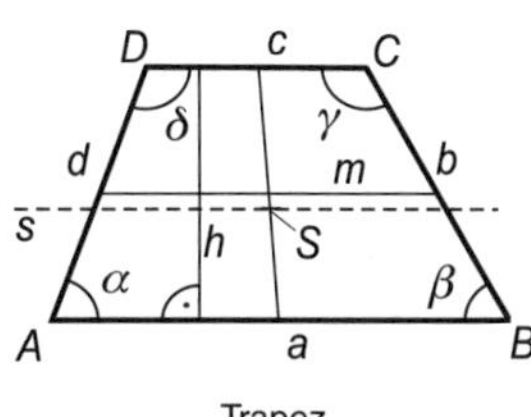

Trapez

Der *Schwerpunkt S* liegt auf der Verbindungslinie der Mitten der parallelen Grundseiten im Abstand $\frac{h}{3} \cdot \frac{a+2c}{a+c}$ von der Grundlinie a.

Flächenmoment 2. Grades für die Schwerpunktachse $s \parallel a$

$$I_s = \frac{h^3}{36} \cdot \frac{(a+c)^2 + 2ac}{a+c}$$

4.1.4.2 Parallelogramme

Für alle Parallelogramme gilt: $a \parallel c$, $b \parallel d$, $a = c$, $b = d$, $\alpha = \gamma$, $\beta = \delta$

Rhomboid

(allgemeines ungleichseitiges Parallelogramm)

Winkel: $\alpha + \beta = \pi\ (\widehat{=}\ 180^\circ)$

Diagonalen: $e = \sqrt{(a + h_a \cot\alpha)^2 + h_a^2}$

$f = \sqrt{(a - h_a \cot\alpha)^2 + h_a^2}$

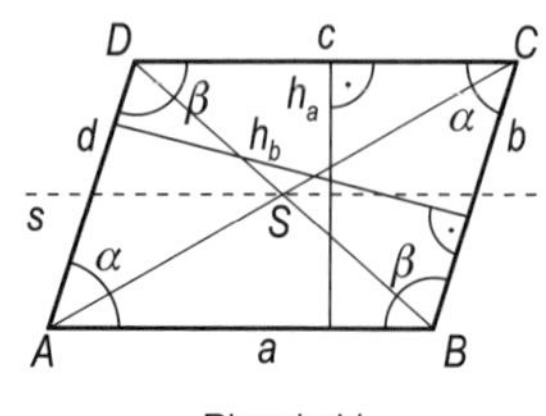

Rhomboid

Die Diagonalen halbieren einander.

$$A = ah_a = bh_b = ab\sin\alpha$$

h_a zu a gehörige Höhe

Schwerpunkt S = Schnittpunkt der Diagonalen

Flächenmoment 2. Grades für die Schwerpunktachse $s \parallel a$

$$I_s = \frac{ah_a^3}{12}$$

Rhombus (Raute)

(Gleichseitiges Parallelogramm: $a = b = c = d$, bei dem die Diagonalen senkrecht aufeinanderstehen und die Rhombuswinkel halbieren)

$$e^2 + f^2 = 4a^2$$

$$A = \frac{ef}{2}$$

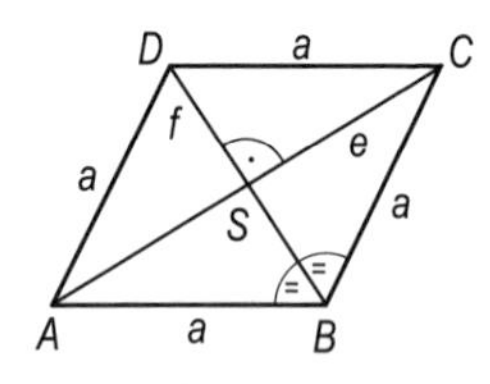

Rhombus

Rechteck

(Ungleichseitiges, rechtwinkliges Parallelogramm)

$$e = f = \sqrt{a^2 + b^2}$$

$$r_{\mathrm{u}} = \frac{1}{2}\sqrt{a^2 + b^2}$$

$$A = ab$$

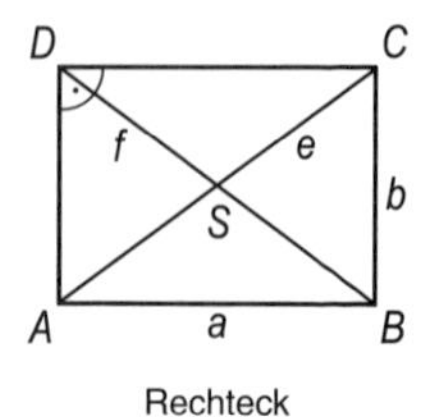

Rechteck

Quadrat

(Gleichseitiges Rechteck, rechtwinkliger Rhombus)

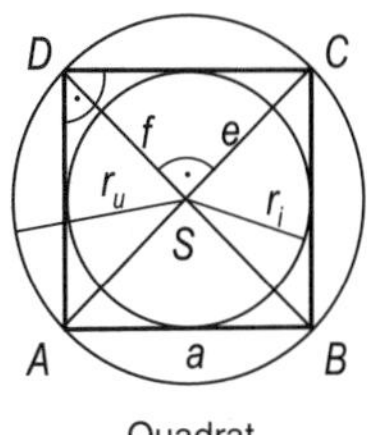

Quadrat

$$e = f = a\sqrt{2}$$

$$a = r_u\sqrt{2}$$

$$r_i = \frac{r_u}{2}\sqrt{2} = \frac{a}{2}$$

$$A = a^2 = 2r_u^2 = \frac{1}{2}e^2$$

4

4.1.4.3 Unregelmäßige Vierecke mit Umkreis bzw. Inkreis

Sehnenviereck

$$\alpha + \gamma = \beta + \delta = \pi \; (\mathrel{\hat{=}} 180^\circ)$$

$$ac + bd = ef \qquad (\textit{Satz von } \text{PTOLEMÄUS})$$

$$e = \sqrt{\frac{(ac+bd)(bc+ad)}{ab+cd}} \qquad f = \sqrt{\frac{(ac+bd)(ab+cd)}{bc+ad}}$$

$$r_u = \frac{1}{4}\sqrt{\frac{(ab+cd)(ac+bd)(bc+ad)}{(s-a)(s-b)(s-c)(s-d)}}$$

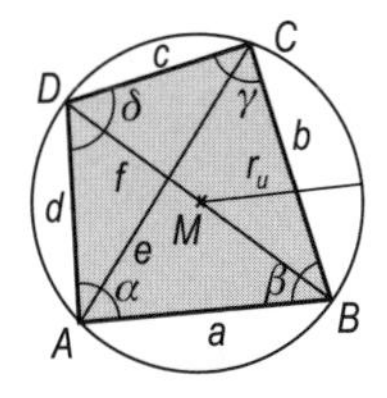

Sehnenviereck

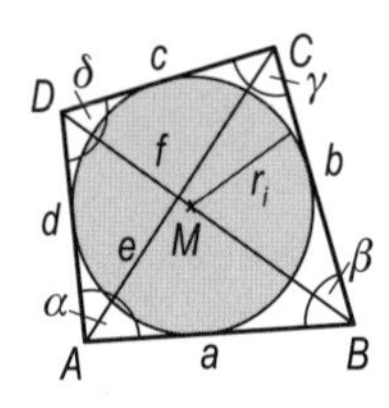

Tangentenviereck

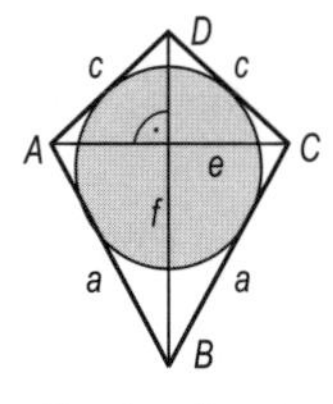

Drachenviereck

Tangentenviereck

$$(a + c = b + d)$$

$$A = r_i s$$

Drachenviereck

(Jede Seite hat eine gleich lange benachbarte Seite)

$$A = \frac{ef}{2}$$

4.1.5 Vielecke (Polygone)

4.1.5.1 Ebene sternförmige n-Ecke

Vielecke heißen *sternförmig*, falls es einen Punkt gibt, von dem alle Verbindungslinien zu den Eckpunkten innerhalb der Fläche liegen.

Vielecke heißen *konvex*, falls alle Verbindungslinien zwischen zwei beliebigen Punkten des Vielecks (auch Punkten auf den Kanten) innerhalb seiner Fläche liegen (*Gebiet*). Jedes konvexe Vieleck ist sternförmig.

Summe der Innenwinkel: $(n-2)\pi$

Summe der Außenwinkel: 2π

Anzahl der Diagonalen: $\dfrac{n(n-3)}{2}$

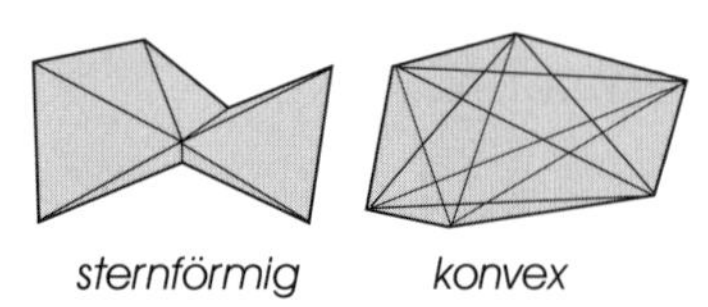

Vielecke

Fläche (siehe Bild)

Dreiecks- oder Trapezmethode

Bemerkung: Die Trapezmethode ist vorzeichenbehaftet.

Flächenformel: siehe 6.5.4

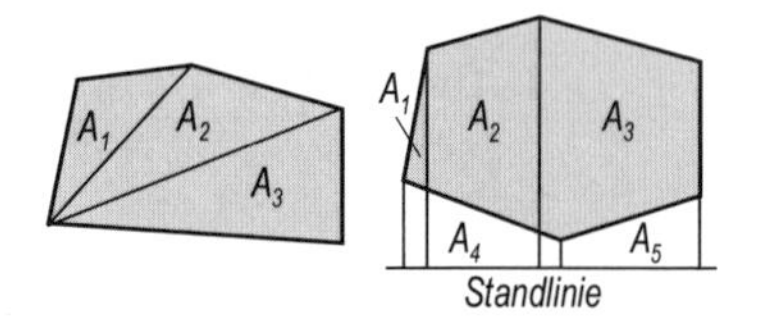

Flächenberechnung

4.1.5.2 Regelmäßige (reguläre) Vielecke

Alle Seiten und Winkel *regelmäßiger ebener Vielecke* sind gleich. Sie haben $n \geq 3$ Symmetrieachsen und gleiche Zentriwinkel $\angle AMB = \varphi$.

Bezeichnungen

- a Seite des regelmäßigen n-Ecks
- a_{2n} Seite des regelmäßigen $2n$-Ecks
- r_i Radius des Innenkreises
- r_u Radius des Umkreises
- α Innenwinkel
- α' Außenwinkel
- φ Zentriwinkel des Dreiecks AMB

Schwerpunkt S = Mittelpunkt des Umkreises

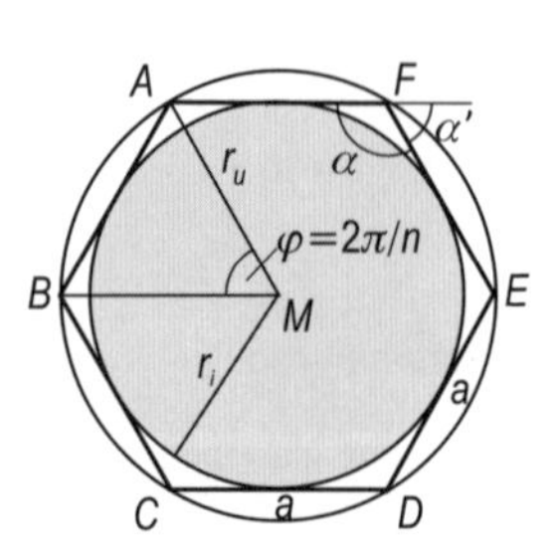

Regelmäßiges Vieleck

$$\alpha = \frac{2n-4}{n} \cdot \frac{\pi}{2} \qquad \alpha' = \frac{2\pi}{n} \qquad \varphi = \frac{2\pi}{n}$$

$$a = 2r_\mathrm{u} \sin\frac{\varphi}{2} = 2r_\mathrm{u} \sin\frac{\pi}{n} \qquad a_{2n} = \sqrt{2r_\mathrm{u}^2 - r_\mathrm{u}\sqrt{4r_\mathrm{u}^2 - a^2}}$$

$$r_\mathrm{i} = \frac{1}{2}\sqrt{4r_\mathrm{u}^2 - a^2} \qquad r_\mathrm{i} = r_\mathrm{u} \cos\frac{\pi}{n}$$

$$A = \frac{nar_\mathrm{i}}{2} = \frac{nr_\mathrm{u}^2}{2} \sin\varphi = \frac{na^2}{4\tan(\pi/2)}$$

4.1.5.3 Einige bestimmte regelmäßige Vielecke

Regelmäßiges Dreieck: siehe gleichseitiges Dreieck, 4.1.3.2

Regelmäßiges Viereck: siehe Quadrat, 4.1.4.2

Regelmäßiges Fünfeck (Pentagramm)

$$a = \frac{r_\mathrm{u}}{2}\sqrt{10 - 2\sqrt{5}}$$

$$r_\mathrm{i} = \frac{a}{10}\sqrt{25 + 10\sqrt{5}} = \frac{r_\mathrm{u}}{4}\left(\sqrt{5} + 1\right) \qquad r_\mathrm{u} = \frac{a}{10}\sqrt{50 + 10\sqrt{5}}$$

$$A = \frac{5}{8}r_\mathrm{u}^2\sqrt{10 + 2\sqrt{5}} = \frac{a^2}{4}\sqrt{25 + 10\sqrt{5}}$$

Regelmäßiges Sechseck

$$a = r_\mathrm{u} \qquad r_\mathrm{i} = \frac{r_\mathrm{u}}{2}\sqrt{3} \qquad A = \frac{3}{2}a^2\sqrt{3}$$

Flächenmoment 2. Grades für die Symmetrieachsen durch den Schwerpunkt

$$I_s = \frac{5\sqrt{3}}{16}a^4$$

Regelmäßiges Achteck

$$a = r_\mathrm{u}\sqrt{2 - \sqrt{2}} \qquad r_\mathrm{i} = \frac{r_\mathrm{u}}{2}\sqrt{2 + \sqrt{2}} = \frac{a}{2}\left(\sqrt{2} + 1\right)$$

$$A = 2r_\mathrm{u}^2\sqrt{2} = 2a^2\left(\sqrt{2} + 1\right) \qquad r_\mathrm{u} = \frac{a}{2}\sqrt{4 + 2\sqrt{2}}$$

Näherungswert für die Seite des regelmäßigen Neunecks ($r_\mathrm{u} = 1$)

$$a \approx \frac{2\sqrt{5} + 1}{8}$$

Regelmäßiges Zehneck

$$a = \frac{r_\mathrm{u}}{2}(\sqrt{5}+1) \qquad r_\mathrm{i} = \frac{a}{2}\sqrt{5+2\sqrt{5}} = \frac{r_\mathrm{u}}{4}\sqrt{10+2\sqrt{5}}$$

$$A = \frac{5a^2}{2}\sqrt{5+2\sqrt{5}} = \frac{5r_\mathrm{u}^2}{4}\sqrt{10-2\sqrt{5}} \qquad r_\mathrm{u} = \frac{a}{2}(\sqrt{5}+1)$$

4.1.5.4 Konstruktion der einfachen regelmäßigen Vielecke

Gegeben: Umkreisradius r_u

Regelmäßiges Viereck (*Quadrat*) und *regelmäßiges Achteck*, 2^n-*Eck*

In den Kreis mit r_u zeichnet man zwei zueinander senkrechte Durchmesser und verbindet deren Endpunkte miteinander zum Quadrat.
Der Schnittpunkt der Mittelsenkrechten mit dem Kreis ergibt die Ecken des Achtecks.
Nach dem gleichen Verfahren ergibt sich das 2^n-Eck, $n = 2, 3, \ldots$

Regelmäßiges Sechseck und *regelmäßiges Zwölfeck* , $3 \cdot 2^n$-Eck

In den Kreis mit dem gegebenen Radius r_u trägt man den Radius sechsmal hintereinander als Sehne ein (Sechseck). Errichtet man die Mittelsenkrechten und bringt diese zum Schnitt mit dem Kreisumfang, so erhält man die Ecken des Zwölfecks.

Nach dem gleichen Verfahren ergeben sich die $3 \cdot 2^n$-Ecke, $n \geq 3$.

Regelmäßiges Fünf- und *regelmäßiges Zehneck*, $5 \cdot 2^n$-Eck

Man teilt den gegebenen Radius r_u stetig und trägt den größeren Abschnitt in den Kreis mit dem Radius r_u hintereinander zehnmal als Sehne ein.

Mithilfe der Mittelsenkrechten erhält man das $5 \cdot 2^n$-Eck, $n = 2, 3, \ldots$

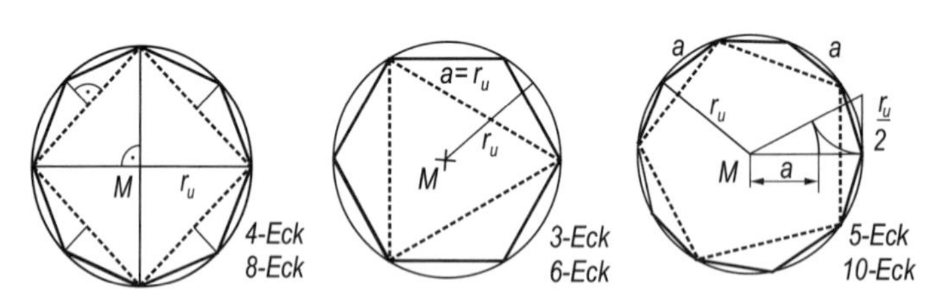

Näherungskonstruktion beliebiger regelmäßiger Vielecke

Gegeben: Umkreisradius r_u

In den Kreis mit r_u zeichnet man zwei zueinander senkrechte Durchmesser $\overline{AB}$ und $\overline{CD}$ ein. Einen von ihnen (im Bild $\overline{AB}$) teilt man in n (im Bild $n = 11$) gleiche Teile und schlägt um den einen Endpunkt (im Bild A) den Kreis mit dem Radius $2r_u$, der die Verlängerung des anderen Durchmessers in E und F schneidet. Von E und F aus zieht man Strahlen durch die Teilpunkte, wobei immer ein Teilpunkt ausgelassen wird, und erhält in deren Schnittpunkten mit dem Ausgangskreis die Eckpunkte des n-Ecks.

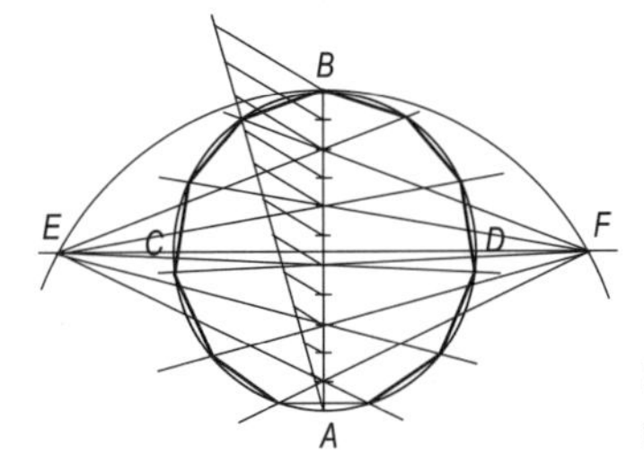

Konstruktion des regelmäßigen 11-Ecks

4.1.6 Der Kreis

4.1.6.1 Sätze zum Kreis

Satz des THALES (Kreis des THALES)

> Jeder *Peripheriewinkel* über dem Durchmesser eines Kreises beträgt 90°.

Der *Sehnentangentenwinkel* $\angle(t, s) = \beta$ ist halb so groß wie der Zentriwinkel über demselben Bogen α und gleich dem Peripheriewinkel.

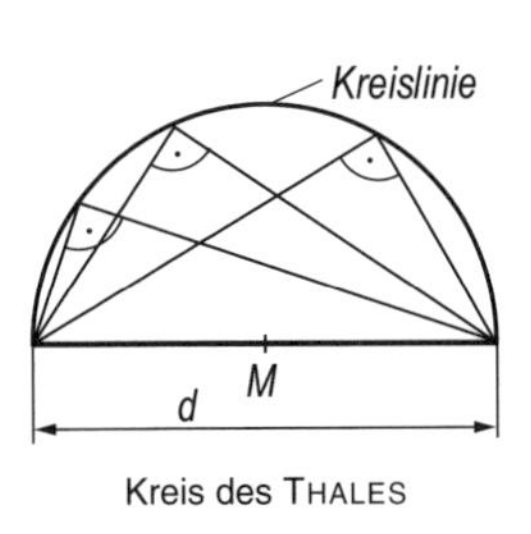

Kreis des THALES

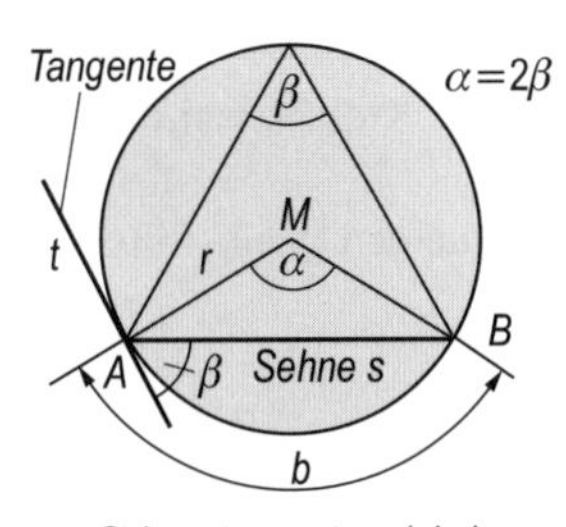

Sehnentangentenwinkel

Siehe auch Sehnenviereck, Tangentenviereck 4.1.4.3.

Sehnensatz

Zieht man durch einen Punkt innerhalb eines Kreises *Sehnen*, so ist das Produkt ihrer Abschnitte konstant:

$a_1 a_2 = b_1 b_2$

Sekantensatz

Zieht man von einem Punkt außerhalb eines Kreises *Sekanten*, so ist das Produkt aus jeder Sekante und ihrem äußeren Abschnitt konstant:

$aa_1 = bb_1$

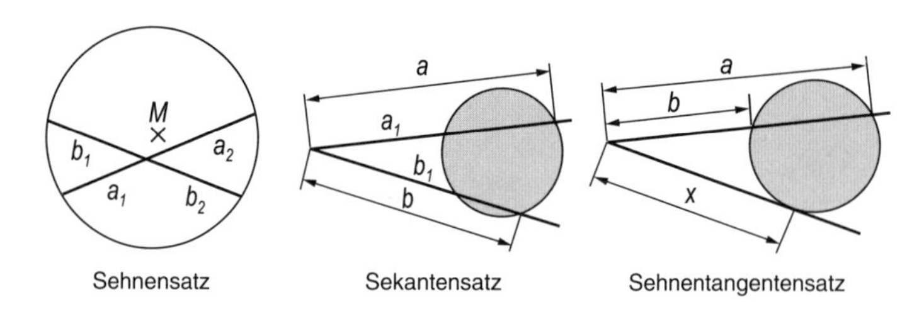

Sehnensatz Sekantensatz Sehnentangentensatz

Sekantentangentensatz

Zieht man von einem Punkt außerhalb eines Kreises eine *Sekante* und eine *Tangente*, so ist das Produkt aus der Sekante und ihrem äußeren Abschnitt gleich dem Quadrat der Tangentenlänge:

$x^2 = ab \Leftrightarrow a : x = x : b$

x *mittlere Proportionale, geometrisches Mittel*

4.1.6.2 Kreisberechnungen

Bezeichnungen (Siehe Bild vorige Seite, Sehnentangentenwinkel)

r *Radius*
d *Durchmesser*
b Bogen AB
s Sehne zum Bogen b
α zu b gehöriger *Mittelpunktswinkel* (*Zentriwinkel*)
β *Umfangswinkel* (*Peripheriewinkel*), $\alpha = 2\beta$

Kreisumfang (Kreislinie)

$$U = 2\pi r = \pi d \qquad \pi = 3{,}141\,592\,653\ldots \text{ (LUDOLF}\textit{sche Zahl}\text{)}$$

Kreisbogen (siehe Bilder Kreisausschnitt, Kreisabschnitt)

$$b = r\widehat{\alpha} \left(\widehat{=} \frac{\pi}{180^\circ} r\alpha\right) \qquad \frac{b}{2\pi r} = \frac{b}{U} = \frac{\widehat{\alpha}}{2\pi} \left(\widehat{=} \frac{\alpha}{360^\circ}\right)$$

Schwerpunkt S des Bogens b liegt auf der Winkelhalbierenden im Abstand $\frac{rs}{b}$ vom Mittelpunkt. In den Klammerausdrücken α in Grad angegeben.

4

Kreisfläche

$$A = \pi r^2 = \frac{\pi d^2}{4}$$

Flächenmoment 2. Grades für die Schwerpunktachse durch den Kreismittelpunkt

$$I_s = \frac{\pi d^4}{64}$$

Kreisausschnitt (Kreissektor)

$$A = b\frac{r}{2} = \frac{r^2}{2}\widehat{\alpha} \left(\widehat{=} \pi r^2 \frac{\alpha}{360^\circ}\right)$$

Schwerpunkt S liegt auf der Symmetrieachse im Abstand $\frac{2}{3} \cdot \frac{rs}{b}$ vom Mittelpunkt M des Kreises.

Im Klammerausdruck α in Grad angegeben.

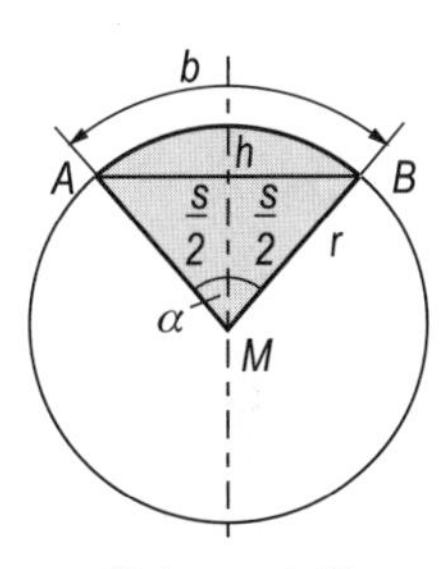

Kreisausschnitt

Kreisabschnitt (Kreissegment)

$$s = 2\sqrt{2hr - h^2} = 2r\sin\frac{\alpha}{2} \text{ (\textit{Sehne})}$$

$$h = r - \frac{1}{2}\sqrt{4r^2 - s^2} \text{ (\textit{Bogenhöhe}, } h < r\text{)}$$

$$A = \frac{1}{2}\big(br - s(r-h)\big) \approx \frac{2}{3}hs$$

$$A = \frac{r^2}{2}(\widehat{\alpha} - \sin\alpha) \left(\widehat{=} \frac{r^2}{2}\left(\frac{\pi\alpha}{180^\circ} - \sin\alpha\right)\right)$$

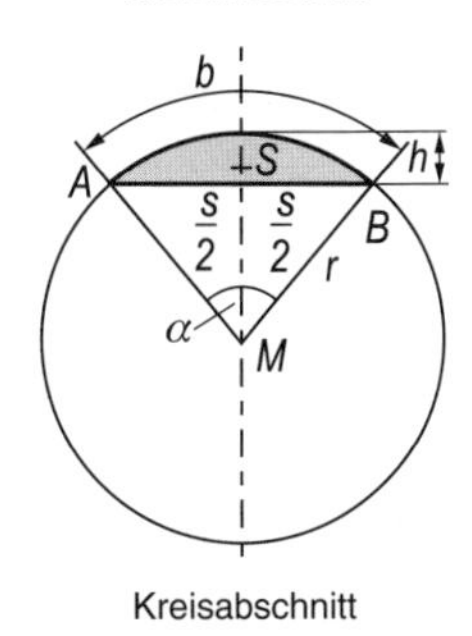

Kreisabschnitt

Schwerpunkt S auf der Symmetrieachse im Abstand $s^3/(12A)$ vom Mittelpunkt M. Im Klammerausdruck α in Grad angegeben.

Kreisring

$$A = \pi\left(r_1^2 - r_2^2\right) = 2\pi r_\mathrm{m}\delta$$

$$\delta = r_1 - r_2 > 0$$

$$r_\mathrm{m} = \frac{r_1 + r_2}{2}$$

Flächenmoment 2. Grades bez. der Schwerpunktachse durch M

$$I_s = \frac{\pi}{64}\left(d_1^4 - d_2^4\right)$$

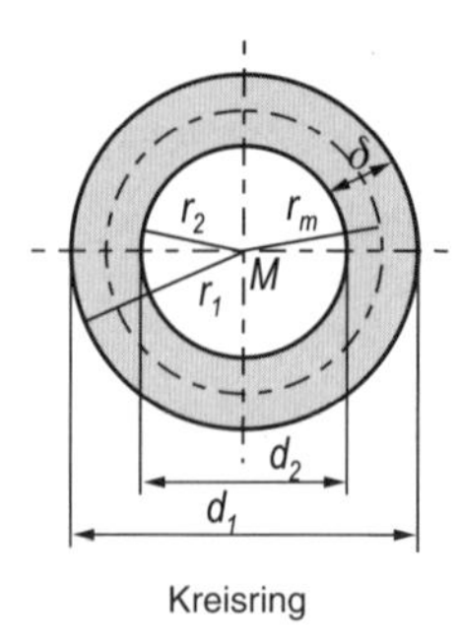

Kreisring

4.2 Geometrische Körper (Stereometrie)

4.2.1 Allgemeines

Ein *geometrischer Körper* ist eine Punktmenge, die allseitig von einer Fläche oder von mehreren zusammenhängenden Flächenstücken begrenzt wird.

Bezeichnungen

a, b, c	Kanten
s	Mantellinie
r, d	Radius bzw. Durchmesser des Kreises bzw. der Kugel
$r_\mathrm{i}, r_\mathrm{u}$	Radius der Inkugel bzw. der Umkugel
A_O	Oberfläche
A_S	Seitenfläche
A_M	Mantelfläche
A_G	Grundfläche
A_D	Deckfläche
V	Volumen
h	Körperhöhe
h_S	Höhe der Seitenfläche

Satz von Cavalieri

Körper, die zwischen den Flächen $x = a$ und $x = b$ liegen, haben gleiches Volumen, wenn die Inhalte ihrer Querschnitte für jedes $x \in [a, b]$ übereinstimmen.

SIMPSONsche Regel

Besitzt ein *Körper* parallele Grund- und Deckfläche und hat jeder parallele Querschnitt in der Höhe x einen Flächeninhalt, der Funktionswert einer ganzrationalen Funktion höchstens dritten Grades von x ist, so gilt:

$$V \approx \frac{h}{6}\left(A_{\mathrm{G}} + A_{\mathrm{D}} + 4A_{\mathrm{m}}\right)$$

A_{m} mittlerer Querschnitt

GULDINsche Regeln für Rotationskörper

1. GULDINsche Regel

Die *Mantelfläche* A_{M} eines *Rotationskörpers* mit einer Drehachse, die die erzeugende Linie nicht schneidet, ist gleich dem Produkt aus der Länge des erzeugenden Linienzugs l und dem Umfang des von seinem Schwerpunkt beschriebenen Kreises:

$$A_{\mathrm{M}} = 2\pi r \cdot l$$

2. GULDINsche Regel

Das *Volumen* V eines *Rotationskörpers* mit einer Drehachse, die die erzeugende Fläche nicht schneidet, ist gleich dem Produkt aus dem Inhalt A der erzeugenden Fläche und dem Umfang des von ihrem Schwerpunkt beschriebenen Kreises:

$$V = 2\pi r \cdot A = 2\pi H_x$$

r Abstand des Schwerpunktes von der Drehachse
H_x Flächenmoment 1. Grades

Die Regeln gelten sinngemäß auch für *Rotationssektoren* mit einem Drehwinkel kleiner 2π.

Raumwinkel

Ein räumlicher Winkel (*Raumwinkel*) Ω bzw. ω wird gemessen durch das Verhältnis der aus einer Kugel (um seinen Scheitelpunkt) ausgeschnittenen Fläche A zum Quadrat des Kugelradius ($0 \leq \Omega \leq 4\pi$).

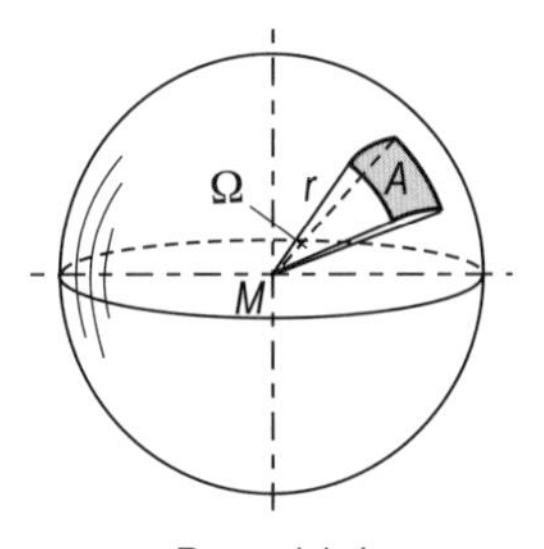

Raumwinkel

Als Einheit gilt derjenige räumliche Winkel, für den dieses Verhältnis den Zahlenwert 1 besitzt.

Diese Einheit heißt *Steradiant* („sr“).

4.2.2 Ebenflächig begrenzte Körper (Polyeder)

Polyeder (*Vielflache*) sind Körper, die nur von ebenen Vielecken begrenzt werden.

EULERscher Polyedersatz

Unter der Voraussetzung, dass das Polyeder keine einspringende Ecke und keine Hohlräume hat (konvexes Polyeder), gilt:

$e - k + f = 2$ e Anzahl der Ecken, f Anzahl der Flächen
k Anzahl der Kanten

$w = 2k$ w Anzahl der Kantenwinkel

4.2.2.1 Prismatische Körper

Prisma, gerade und schief

(Deckfläche parallel der Grundfläche $A_\mathrm{G} \parallel A_\mathrm{D}$, beide kongruent $A_\mathrm{G} \cong A_\mathrm{D}$, Seiten Parallelogrammflächen)

$V = A_\mathrm{G} h$ $A_\mathrm{O} = A_\mathrm{M} + 2A_\mathrm{G}$

Schwerpunkt S ist Halbierungspunkt der Verbindungsstrecke zwischen den Schwerpunkten der Grund- und Deckfläche.

Gerades Prisma: Seitenfläche $\perp$ Grundfläche

Rechtkant (Quader)

$V = abc$ $A_\mathrm{O} = 2(ab + ac + bc)$

$d = \sqrt{a^2 + b^2 + c^2}$

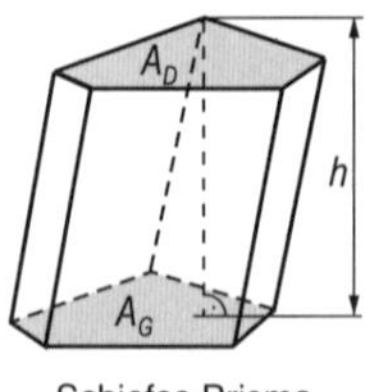

Schiefes Prisma

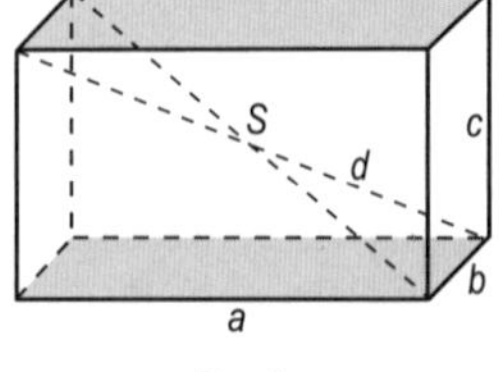

Quader

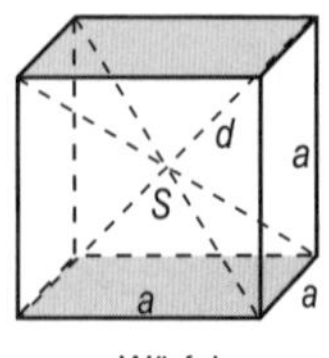

Würfel

Schwerpunkt S = Schnittpunkt der Körperdiagonalen

Würfel (gleichseitiger Quader)

$$V = a^3 \qquad A_\mathrm{O} = 6a^2$$
$$d = a\sqrt{3} \qquad r_\mathrm{i} = \frac{a}{2} \qquad r_\mathrm{u} = \frac{a}{2}\sqrt{3}$$

Schief abgeschnittenes dreiseitiges Prisma

(Seitenflächen: Rechtecke, Rhomboide, Rhomben, $a \parallel b \parallel c$)

Gerades Prisma: $V = A_\mathrm{G}\dfrac{a+b+c}{3}$ Schräges Prisma: $V = A_\mathrm{Q}\dfrac{a+b+c}{3}$

A_Q Inhalt eines Querschnitts senkrecht zu den Kanten

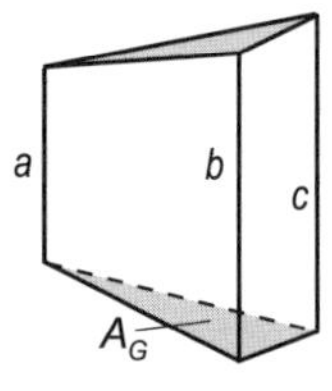

Schief abgeschnittenes dreiseitiges Prisma

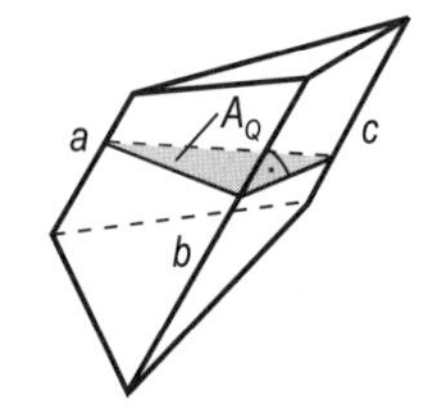

Schief abgeschnittenes schräges dreiseitiges Prisma

Schief abgeschnittenes *n*-seitiges Prisma

s Verbindungslinie der Schwerpunkte der Grund- und Deckfläche
A_Q Inhalt eines Querschnitts senkrecht s

$$V = A_\mathrm{Q} \cdot s$$

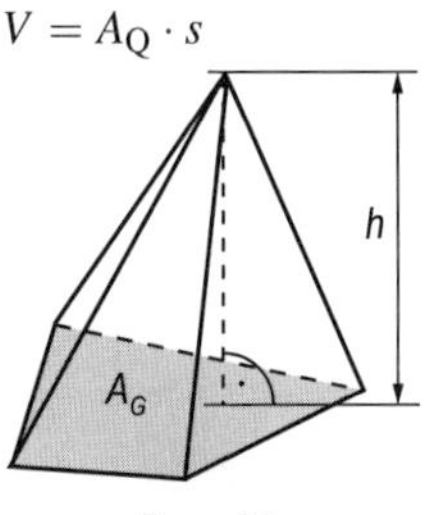

Pyramide

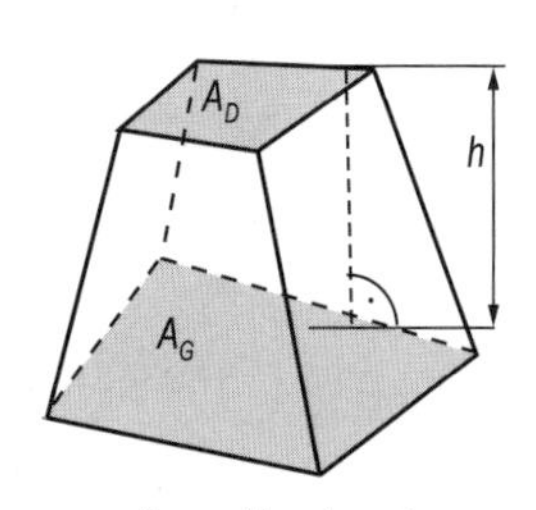

Pyramidenstumpf

4.2.2.2 Pyramide, Pyramidenstumpf

(Grundfläche n-Eck, Seitenfläche n Dreiecke)

Die *Pyramide* heißt gerade, wenn die Grundfläche einen Mittelpunkt M hat und die Spitze senkrecht über M liegt.

$$V = \frac{1}{3}A_\mathrm{G}h \qquad A_\mathrm{O} = A_\mathrm{G} + A_\mathrm{M}$$

Die Pyramide heißt *regulär*, wenn A_G ein regelmäßiges Vieleck ist.

Schwerpunkt S liegt auf der Verbindung der Spitze zum Schwerpunkt der Grundfläche im Abstand $\frac{h}{4}$ von der Grundfläche, siehe auch Tetraeder.

Pyramidenstumpf

(Grund- und Deckfläche ähnliche parallele n-Ecke, wobei $A_\mathrm{G} \parallel A_\mathrm{D}$, Seiten n Trapeze)

$$V = \frac{h}{3}\left(A_\mathrm{G} + \sqrt{A_\mathrm{G}A_\mathrm{D}} + A_\mathrm{D}\right) \qquad A_\mathrm{O} = A_\mathrm{G} + A_\mathrm{D} + A_\mathrm{M}$$

Schwerpunkt S liegt auf der Verbindungslinie der Schwerpunkte von Grund- und Deckfläche im Abstand von der Grundfläche:

$$\frac{h}{4} \cdot \frac{A_\mathrm{G} + 2\sqrt{A_\mathrm{G}A_\mathrm{D}} + 3A_\mathrm{D}}{A_\mathrm{G} + \sqrt{A_\mathrm{G}A_\mathrm{D}} + A_\mathrm{D}}$$

Näherungsformel, falls A_G wenig von A_D abweicht:

$$V \approx \frac{A_\mathrm{G} + A_\mathrm{D}}{2}h$$

4.2.2.3 Prismoid

(Grund- und Deckflächen beliebige, im Allgemeinen nicht ähnliche parallele Vielecke, Seitenfläche Dreiecke oder Trapeze)

$$V = \frac{h}{6}(A_\mathrm{G} + A_\mathrm{D} + 4A_\mathrm{m}) \qquad \text{(S\textsc{impson}\textit{sche Regel})}$$

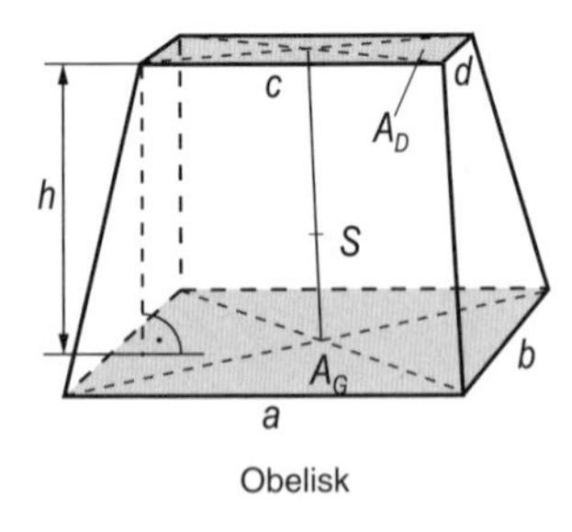

Obelisk

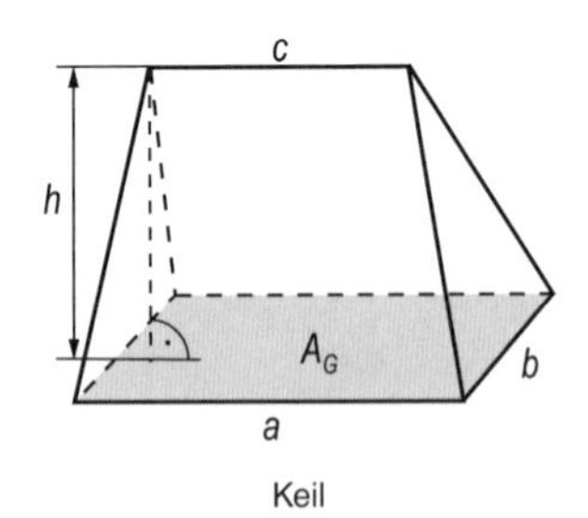

Keil

Obelisk (Ponton)

(Grund- und Deckfläche nicht ähnliche parallele Rechtecke, Seitenflächen Trapeze)

$$V = \frac{h}{6}\big((2a + c)b + (2c + a)d\big) = \frac{h}{6}\big(ab + (a + c)(b + d) + cd\big)$$

Schwerpunkt S liegt auf der Verbindungslinie der Rechteckmitten im Abstand von der Grundfläche:

$$\frac{h}{2} \cdot \frac{ab + ad + cb + 3cd}{2ab + ad + bc + 2cd}$$

Keil

(Grundfläche rechteckig, Seitenflächen gleichschenklige Dreiecke und Trapeze)

$$V = \frac{bh}{6}(2a + c)$$

Schwerpunkt wie Obelisk mit $d = 0$

4.2.2.4 Die fünf regelmäßigen Polyeder

(*Platonische Körper*, von regelmäßigen kongruenten Vielecken begrenzt)

Tetraeder (dreiseitige regelmäßige Pyramide)

(6 Kanten, 4 Ecken, von 4 gleichseitigen Dreiecken begrenzt)

$$V = \frac{a^3}{12}\sqrt{2} \qquad A_\mathrm{O} = a^2\sqrt{3}$$

$$r_\mathrm{i} = \frac{a}{12}\sqrt{6} \qquad r_\mathrm{u} = \frac{a}{4}\sqrt{6}$$

Schwerpunkt S liegt auf der Höhe im Abstand $\frac{h}{4}$ von der Grundfläche. Er ist Mittelpunkt der ein- und umbeschriebenen Kugel.

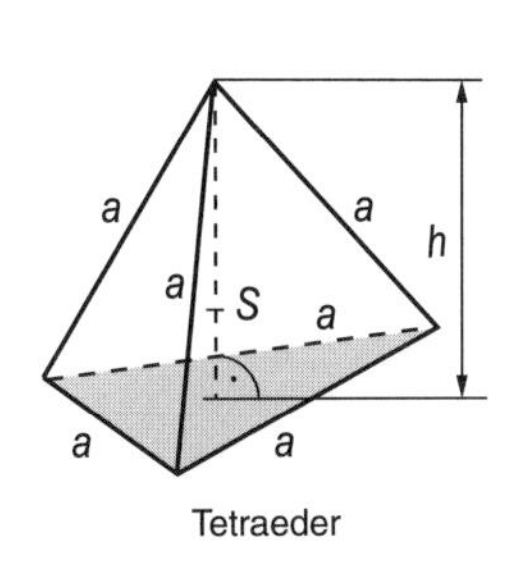

Tetraeder

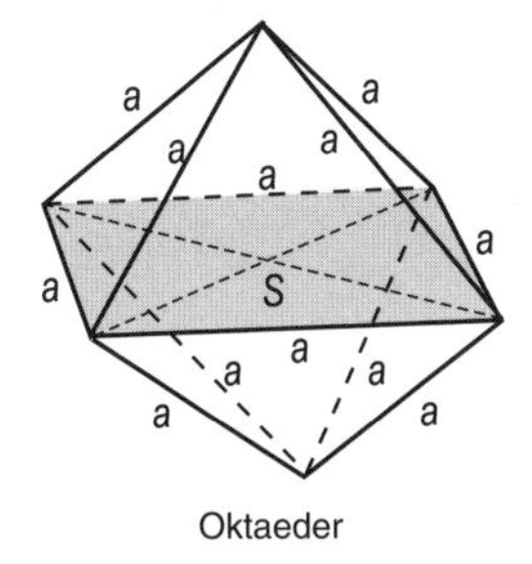

Oktaeder

Hexaeder (Würfel)

(12 Kanten, 8 Ecken, von 6 Quadraten begrenzt) siehe 4.2.2.1.

Oktaeder

(12 Kanten, 6 Ecken, von 8 gleichseitigen Dreiecken begrenzt)

$$V = \frac{a^3}{3}\sqrt{2} \qquad A_\mathrm{O} = 2a^2\sqrt{3}$$

$$r_\mathrm{i} = \frac{a}{6}\sqrt{6} \qquad r_\mathrm{u} = \frac{a}{2}\sqrt{2}$$

Schwerpunkt S ist der Schnittpunkt der Diagonalen des gemeinsamen Grundquadrates.

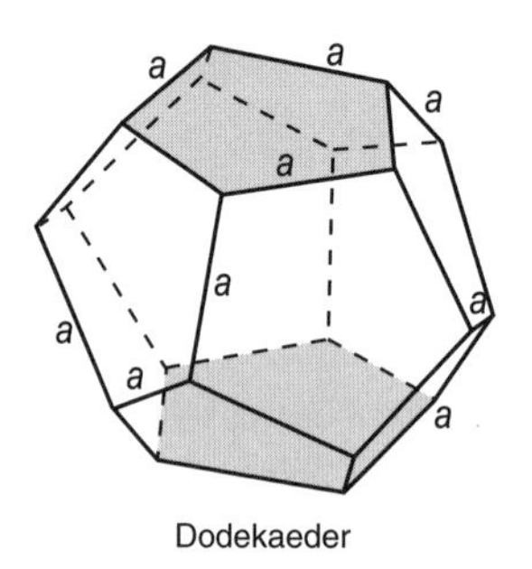

Dodekaeder

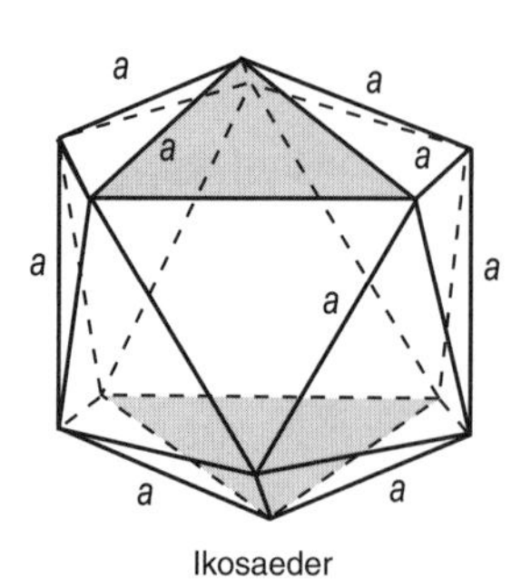

Ikosaeder

Dodekaeder

(30 Kanten, 20 Ecken, von 12 regelmäßigen Fünfecken begrenzt)

$$V = \frac{a^3}{4}\left(15 + 7\sqrt{5}\right) \qquad A_\mathrm{O} = 3a^2\sqrt{5\left(5 + 2\sqrt{5}\right)}$$

$$r_\mathrm{i} = \frac{a}{20}\sqrt{10\left(25 + 11\sqrt{5}\right)} \qquad r_\mathrm{u} = \frac{a\sqrt{3}}{4}\left(1 + \sqrt{5}\right)$$

Ikosaeder

(30 Kanten, 12 Ecken, von 20 gleichseitigen Dreiecken begrenzt)

$$V = \frac{5a^3}{12}\left(3 + \sqrt{5}\right) \qquad A_\mathrm{O} = 5a^2\sqrt{3}$$

$$r_\mathrm{i} = \frac{a\sqrt{3}}{12}\left(3 + \sqrt{5}\right) \qquad r_\mathrm{u} = \frac{a}{4}\sqrt{2\left(5 + \sqrt{5}\right)}$$

4.2.3 Krummflächig begrenzte Körper

4.2.3.1 Zylinder, Zylinderabschnitt

U Umfang des Querschnitts normal zur Achse
s Seitenlinie

$$V = A_G h$$

$$A_O = 2A_G + A_M \qquad A_M = Us$$

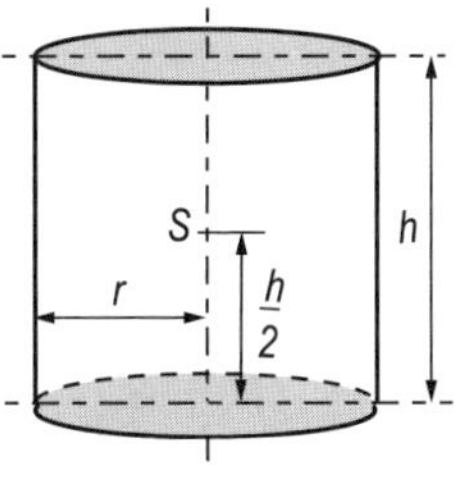

Gerader Kreiszylinder

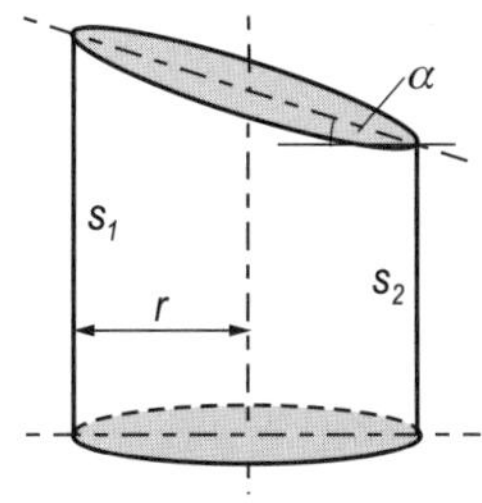

Schief abgeschnittener Kreiszylinder

Gerader Kreiszylinder

$$V = \pi r^2 h \qquad s = \sqrt{h^2 + r^2}$$

$$A_M = 2\pi r h \qquad A_O = 2\pi r(r + h)$$

$$J = \frac{1}{2} m r^2 \quad \text{(Massenmoment 2. Grades)}$$

Schief abgeschnittener gerader Kreiszylinder

$$V = \frac{\pi r^2}{2}(s_1 + s_2)$$

$$A_M = \pi r(s_1 + s_2) \qquad A_O = \pi r\left(s_1 + s_2 + r + \sqrt{r^2 + \left(\frac{s_1 - s_2}{2}\right)^2}\right)$$

Schwerpunkt S liegt auf der Achse im Abstand $\frac{s_1 + s_2}{4} + \frac{1}{4} \cdot \frac{r^2 \tan^2 \alpha^2}{s_1 + s_2}$ von der Grundfläche. α Neigungswinkel der Deckfläche gegen die Grundfläche.

Zylinderabschnitt (Zylinderhuf)

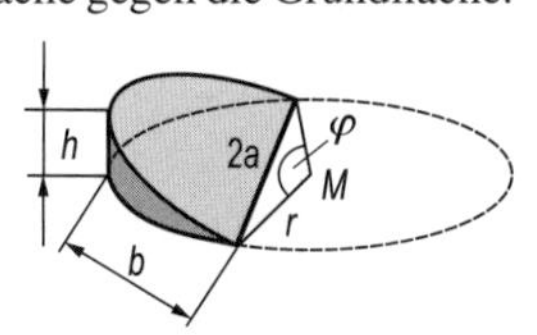

Zylinderhuf

φ Mittelpunktswinkel des Grundrisses
$2a$ Hufkante, r Radius des Grundkreises
h längste Mantellinie
b Lot vom Fußpunkt von h auf die Hufkante

$$V = \frac{h}{3b}\left(a\left(3r^2 - a^2\right) + 3r^2\,(b - r)\,\frac{\varphi}{2}\right)$$

$$A_{\mathrm{M}} = \frac{2rh}{b}\left((b - r)\frac{\varphi}{2} + a\right)$$

Für $a = b = r$ (Halbkreis) gelten nachstehende Formeln:

$$V = \frac{2}{3}r^2 h \qquad A_{\mathrm{O}} = A_{\mathrm{M}} + \frac{\pi}{2}r^2 + \frac{\pi}{2}r\sqrt{r^2 + h^2}$$

$$A_{\mathrm{M}} = 2rh$$

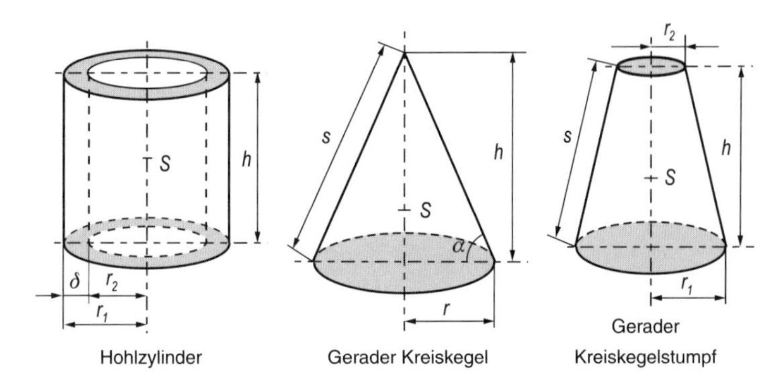

Hohlzylinder Gerader Kreiskegel Gerader Kreiskegelstumpf

Gerader Hohlzylinder (Rohr)

$\delta = r_1 - r_2$ Wanddicke

$r_{\mathrm{m}} = \dfrac{r_1 - r_2}{2}$ mittlerer Radius

$$V = \pi h\left(r_1^2 - r_2^2\right) = 2\pi r_{\mathrm{m}} \delta h$$

$A_{\mathrm{M}} = 2\pi h\left(r_1 + r_2\right)$ $\qquad A_{\mathrm{O}} = 2\pi\left(r_1 + r_2\right)\left(h + r_1 - r_2\right)$

$J = \dfrac{1}{2}m\left(r_1^2 - r_2^2\right)$ (Massenmoment 2. Grades)

4.2.3.2 Kegel, Kegelstumpf

$$V = \frac{1}{3}A_{\mathrm{G}} h \qquad A_{\mathrm{O}} = A_{\mathrm{G}} + A_{\mathrm{M}}$$

Gerader Kreiskegel

(Kreisfläche und gekrümmte, in eine Ebene abwickelbare Fläche, die in eine Spitze ausläuft), s Mantellinie, α *Böschungswinkel*

$$V = \frac{1}{3}\pi r^2 h \quad \text{(gilt auch für schiefe Kegel)}$$

$$A_\mathrm{M} = \pi r s \qquad A_\mathrm{O} = \pi r(r+s)$$

$$s = \sqrt{h^2 + r^2}$$

Schwerpunkt S liegt auf der Achse im Abstand $\frac{h}{4}$ von der Grundfläche.

$$J = \frac{3}{10} m r^2 \quad \text{(Massenmoment 2. Grades)}$$

Gerader Kreiskegelstumpf

(Grund- und Deckfläche Kreise, Mantelfläche in der Ebene abwickelbar)

$$V = \frac{1}{3}\pi h\left(r_1^2 + r_1 r_2 + r_2^2\right)$$

$$A_\mathrm{M} = \pi s\left(r_1 + r_2\right) \qquad A_\mathrm{O} = \pi\left(r_1^2 + r_2^2 + s\left(r_1 + r_2\right)\right)$$

mit $s = \sqrt{h^2 + \left(r_1 - r_2\right)^2}$ (Seitenlinie)

Schwerpunkt S liegt auf der Achse im Abstand $\frac{h}{4} \cdot \frac{r_1^2 + 2r_1 r_2 + 3r_2^2}{r_1^2 + r_1 r_2 + r_2^2}$ von der Grundfläche.

Näherungsformel für das Volumen, falls r_1 wenig von r_2 abweicht:

$$V \approx \frac{\pi}{2} h\left(r_1^2 + r_2^2\right) \approx \frac{\pi}{4} h\left(r_1 + r_2\right)^2$$

4.2.3.3 Kugel

$$V = \frac{4}{3}\pi r^3 = \frac{\pi}{6} d^3 = \frac{1}{6}\sqrt{\frac{A_\mathrm{O}^3}{\pi}}$$

$$A_\mathrm{O} = 4\pi r^2 = \pi d^2 = \sqrt[3]{36\pi V^2}$$

$$r = \frac{1}{2}\sqrt{\frac{A_\mathrm{O}}{\pi}} = \sqrt[3]{\frac{3V}{4\pi}}$$

$$d = 2r$$

$$J = \frac{4}{10} m r^2 \quad \text{(Massenmoment 2. Grades)}$$

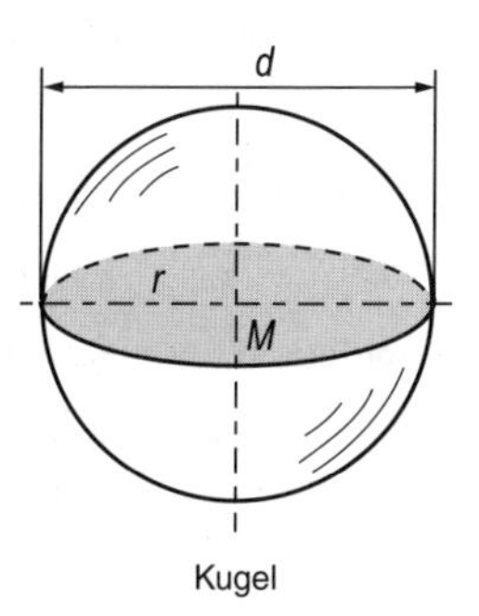

Kugel

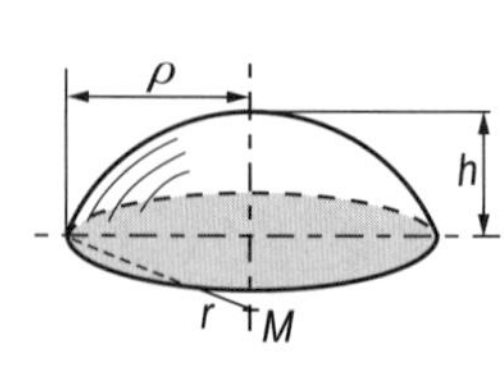

Kugelabschnitt

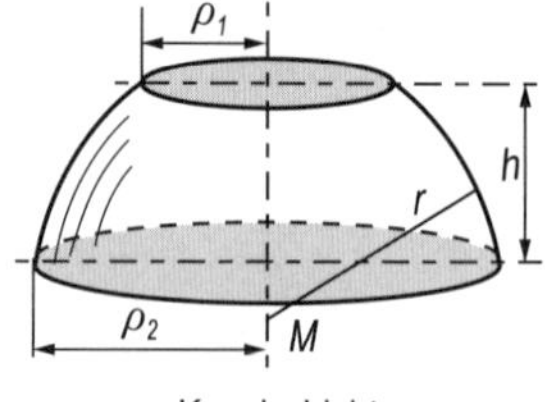

Kugelschicht

Kugelabschnitt (Kugelsegment)

ρ Radius der Grundfläche des Abschnitts
h Höhe des Abschnitts

$$V = \frac{1}{6}\pi h\left(3\rho^2 + h^2\right) = \frac{1}{3}\pi h^2(3r - h)$$

$$A_\text{M} = 2\pi rh = \pi\left(\rho^2 + h^2\right)$$

$$A_\text{O} = \pi\left(2rh + \rho^2\right) = \pi\left(h^2 + 2\rho^2\right) = \pi h(4r - h)$$

$$\rho = \sqrt{h(2r - h)}$$

Schwerpunkt S liegt auf der Symmetrieachse im Abstand $\frac{3}{4} \cdot \frac{(2r-h)^2}{3r-h}$ vom Kugelmittelpunkt.

Kugelkappe

Die *Kugelkappe* ist der krumme Teil der Oberfläche des Kugelabschnitts.

Kugelschicht

ρ_1, ρ_2 Radien der begrenzenden Kreise
h Höhe der Schicht

$$V = \frac{1}{6}\pi h\left(3\rho_1^2 + 3\rho_2^2 + h^2\right)$$

$A_\text{M} = 2\pi rh$ (*Kugelzone*) $\qquad A_\text{O} = \pi\left(2rh + \rho_1^2 + \rho_2^2\right)$

Kugelausschnitt (Kugelsektor)

h Höhe des zugehörigen Abschnitts
ρ Radius des Grundkreises des zugehörigen Abschnitts

$$V = \frac{2\pi r^2 h}{3}$$

$$A_\text{O} = \pi r(2h + \rho)$$

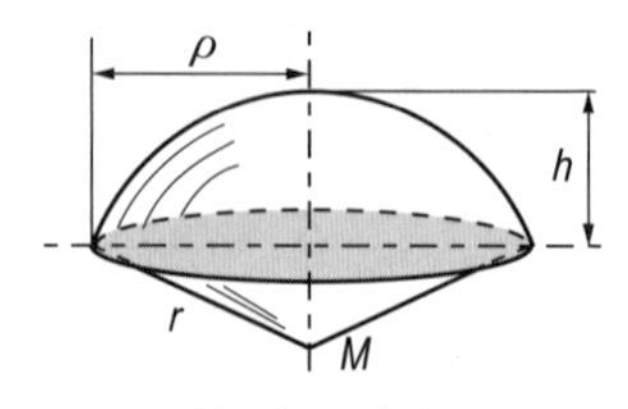

Kugelausschnitt

Schwerpunkt S liegt auf der Symmetrieachse im Abstand $\frac{3}{8}(2r - h)$ vom Kugelmittelpunkt.

Kugelzweieck, Kugeldreieck

Siehe Sphärische Trigonometrie, 4.3.

4.2.3.4 Tonne, Torus

Tonne, Fass

(Grund- und Deckfläche parallele Kreisflächen)

Sphärische und elliptische Krümmung

$$V = \frac{1}{3}\pi h\left(2r_2^2 + r_1^2\right)$$

Parabolische Krümmung

$$V = \frac{1}{15}\pi h\left(8r_2^2 + 4r_2 r_1 + 3r_1^2\right)$$

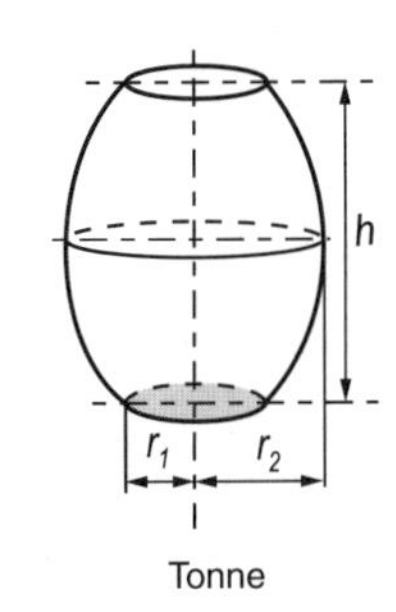

Tonne

Für andere Krümmungen ergeben obige Formeln Näherungswerte.

Torus (*Ring* mit kreisförmigem Querschnitt)

$$V = 2\pi^2 r^2 R$$

$$A_O = 4\pi^2 rR$$

R Seelenradius, r Wulstradius

Massenmoment

$$J = m\left(R^2 + \frac{3}{4}r^2\right)$$

Torus

4.2.3.5 Fraktale Geometrie

Unter *Fraktal* (engl. „Bruch“) versteht man eine selbstähnliche Figur, deren Teile das skalierte (verkleinerte) Ganze sind, z. B. Farnblatt, Wolken, Blutgefäße. Dabei wird das Urbild ersetzt, und zwar durch N um den *Skalierungsfaktor* s verkleinerte Bilder des Urbilds. Das Verfahren lässt sich beliebig fortsetzen.

Hausdorff-Dimension

$$D = \frac{\log_a N}{\log_a s}, \text{ errechnet aus dem Potenzgesetz: } N = s^D$$

N Anzahl identische Objekte, $s = \frac{1}{\lambda}$ Skalierungsfaktor (siehe auch 5.6.2.2)

Bemerkung: Für einfache Objekte der klassischen Geometrie stimmt die HAUSDORFF-Dimension mit der EUKLIDischen Dimension überein.

♦ **Beispiel**

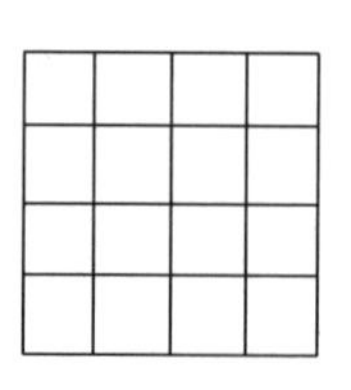

Quadrat mit geviertelter Seite: $N = 16$, $s = 4$

$D = \text{lb}\,16/\,\text{lb}\,4 = 4/2 = 2$

desgl. Würfel $n = 64$, $s = 4$,

$D = \text{lb}\,64/\,\text{lb}\,4 = 6/2 = 3$ ♦

Bemerkung: D ist nicht von den absoluten Werten abhängig. Zum Beispiel ergibt $N = 81$, $s = 9$ ebenfalls $D = \ln 81/\ln 9 = 2$.

Fraktale Objekte

CANTOR-*Staub* (CANTOR*sche Wischmenge*): Von einer Strecke wird das mittlere Drittel entfernt, mit den Restdritteln verfährt man ebenso usw. bis zur „Länge" Null.

Es gilt: $N = 2$, $s = 3$, $D = \ln 2/\ln 3 \doteq 0{,}631$

d. h. mehr als ein Punkt, weniger als eine Linie.

KOCH-*Kurve*: Von einer Strecke wird das mittlere Drittel um 60° aufgeklappt und der Linienzug geschlossen (Dach aufgesetzt).

Es gilt: $N = 4$, $s = 3$, $D = \ln 4/\ln 3 \doteq 1{,}262$

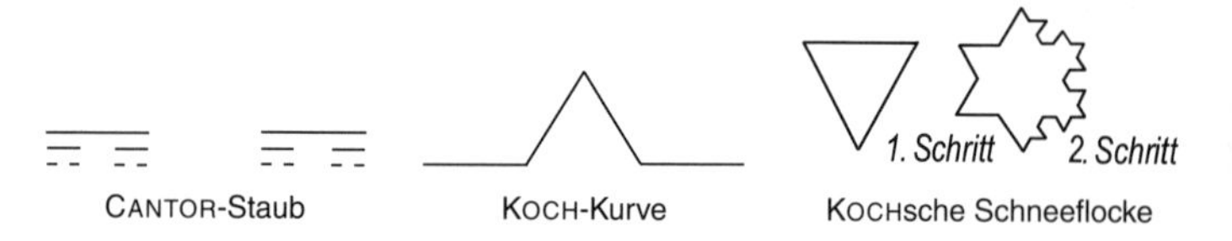

CANTOR-Staub KOCH-Kurve KOCHsche Schneeflocke

Legt man ein gleichseitiges Dreieck zugrunde und verfährt mit jeder Seite wie eben beschrieben, entsteht die KOCH*sche Schneeflocke*. Der Umfang U wächst mit jedem Schritt um den Faktor $4/3$, $D \doteq 1{,}21$.

SIERPINSKI-*Schwamm*: In ein gleichseitiges Dreieck beschreibt man ein um 180° gedrehtes mit halber Seitenlänge ein und entfernt den Rest. Die Fläche verringert sich auf $1/4$. Bei weiteren Schritten geht die Fläche gegen null.

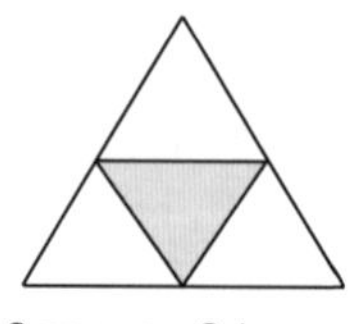

SIERPINSKI-Schwamm

Es ist: $N = 3$, $s = 2$, $D = \ln 3/\ln 2 \doteq 1{,}585$

4.3 Sphärische Trigonometrie

4.3.1 Allgemeines

Die Kugel mit dem Radius $r = 1$ heißt *Einheitskugel*.

Großkreise sind die Schnittlinien, in denen Ebenen durch den Kugelmittelpunkt M die Kugeloberfläche schneiden.

Nebenkreise sind die Schnittlinien, in denen nicht durch den Kugelmittelpunkt gehende Ebenen die Kugeloberfläche schneiden.

Sphärische Zweiecke (*Kugelzweiecke*) werden von zwei Großkreisen begrenzt. *Sphärische Dreiecke* (*Kugeldreiecke*, Bild) werden von drei Großkreisen begrenzt.

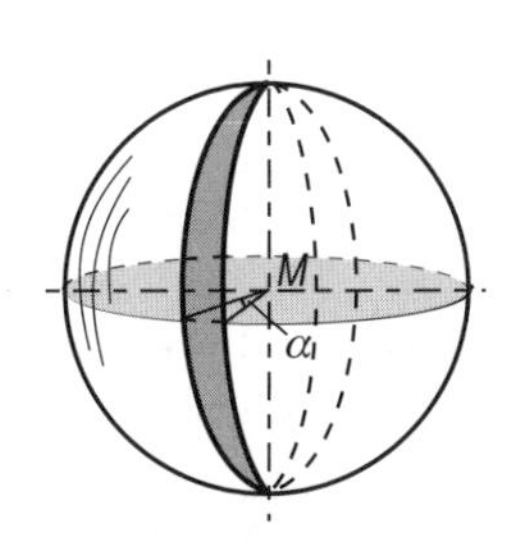

Kugelzweieck

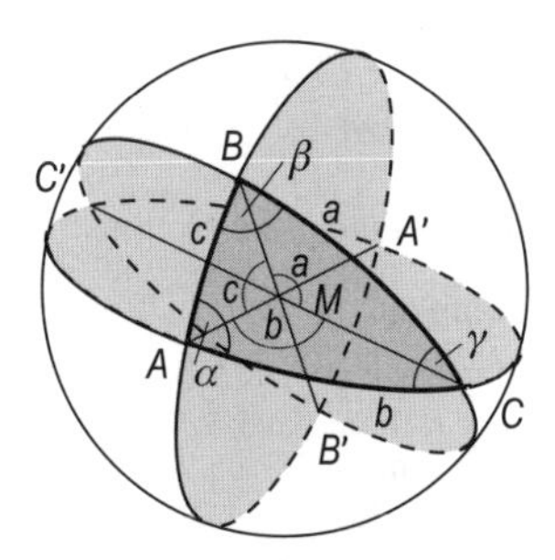

Kugeldreieck

Da drei Großkreise auf der Kugel vier sphärische Dreiecke mit den gleichen Eckpunkten A, B, C bilden, wird festgelegt, dass das Kugeldreieck mit Seiten und Winkeln kleiner als π, die nicht auf dem gleichen Großkreis liegen und von denen keine Gegenpunkte A', B', C' sind, betrachtet wird (kleiner als Halbkugel, EULER*sche Dreiecke*).

Bezeichnungen

a, b, c Seiten im Winkelmaß des Zentriwinkels
α, β, γ Winkel zwischen den Tangenten in den Ecken an die Großkreise

Die Seite c ist z. B. durch den Winkel $\angle AMB$ gekennzeichnet. Durch die vom EULERschen Dreieck ABC definierten Großkreise wird mit den Gegenpunkten A', B', C' die Kugel in acht EULERsche Dreiecke zerlegt. Je zwei dieser Dreiecke sind zentralsymmetrisch.

Bedingungen für die Seiten und Winkel EULERscher Dreiecke

$$0 < a + b + c = 2s < 2\pi$$

$$\pi < \alpha + \beta + \gamma = 2\sigma < 3\pi$$

$$a \geq b \text{ für } \alpha \geq \beta \qquad \text{bzw. } a \leq b \text{ für } \alpha \leq \beta$$

$$a + b \geq \pi \text{ für } \alpha + \beta \geq \pi \qquad \text{bzw. } a + b \leq \pi \text{ für } \alpha + \beta \leq \pi$$

Entsprechende Formeln gelten für die anderen Seiten und Winkel.

Dreiecksungleichung (Weitere Formeln durch zyklische Vertauschung)

$$a + b > c \text{ (zV)} \qquad |a - b| < c \text{ (zV)}$$

$$\alpha + \beta < \pi + \gamma \text{ (zV)}$$

Sphärischer Exzess : $\varepsilon = \alpha + \beta + \gamma - \pi$ (auch im Gradmaß)
Sphärischer Defekt: $d = 2\pi - a - b - c$

Flächeninhalt EULERscher Dreiecke

$$A = |\Delta ABC| = r^2 \cdot \widehat{\varepsilon} \left(\widehat{=} \frac{\pi r^2 \varepsilon}{180^\circ} \right)$$

$\widehat{\varepsilon}$ im Bogenmaß, ε im Gradmaß

♦ **Beispiel**

Man bestimme die Fläche des EULERschen Dreiecks „Nordpol und zwei um $\pi \widehat{=} 180^\circ$ auseinanderliegende Punkte auf dem Äquator", entspricht $1/4$ Kugeloberfläche.

$$A = (\alpha + \beta + \gamma - \pi) r^2 = \left(\frac{\pi}{2} + \frac{\pi}{2} + \pi - \pi \right) r^2 = \pi r^2 \text{ erwartungsgemäß}$$ ♦

Sphärisches Zweieck (Kugelzweieck)

$$A = 2r^2 \widehat{\alpha} \left(\widehat{=} \frac{\pi r^2 \alpha}{90^\circ} \right)$$

α Schnittwinkel der Großkreise

Der von dem sphärischen Zweieck und den Großkreisebenen abgegrenzte Teil heißt *Kugelkeil* (Beispiel: Apfelsinenscheibe).

4.3.2 Rechtwinkliges sphärisches Dreieck

NEPERsche Regel

Wenn man den rechten Winkel $\gamma = \pi/2$ nicht mit einbezieht und statt der Katheten a und b ihre Komplemente (bzw. ihre Kofunktion) setzt, so ist der Kosinus eines Stückes

$\pi/2 - b$ | $\pi/2 - a$ | α | c | β

NEPERsche Regel

- gleich dem Produkt der Sinuswerte der nicht anliegenden Stücke bzw.
- gleich dem Produkt der Kotangenswerte der beiden anliegenden Stücke.

$$\cos(\pi/2 - a) = \sin\alpha \sin c = \sin a$$
$$\cos(\pi/2 - a) = \cot(\pi/2 - b)\cot\beta = \tan b \cot\beta$$
$$\cos(\pi/2 - b) = \sin\beta \sin c = \sin b$$
$$\cos(\pi/2 - b) = \cot(\pi/2 - a)\cot\alpha = \tan a \cot\alpha$$
$$\cos c = \sin(\pi/2 - a)\sin(\pi/2 - b) = \cos a \cos b$$
$$\cos c = \cot\alpha \cot\beta$$
$$\cos\alpha = \sin(\pi/2 - a)\sin\beta = \cos a \sin\beta$$
$$\cos\alpha = \cot(\pi/2 - b)\cot c = \tan b \cot c$$
$$\cos\beta = \sin(\pi/2 - b)\sin\alpha = \cos b \sin\alpha$$
$$\cos\beta = \cot(\pi/2 - a)\cot c = \tan a \cot c$$

4.3.3 Schiefwinkliges sphärisches Dreieck

Sinussatz

$$\sin a : \sin b : \sin c = \sin\alpha : \sin\beta : \sin\gamma$$

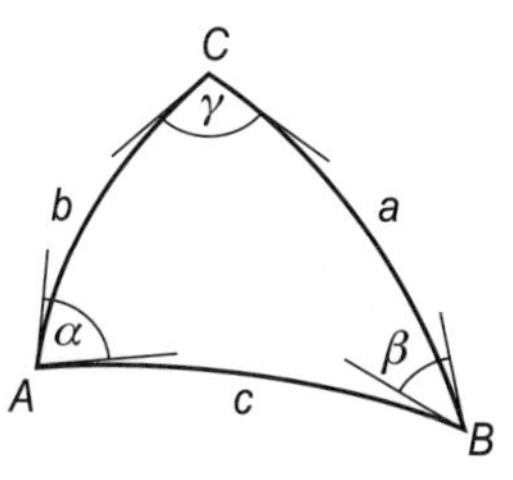

Schiefwinkliges sphärisches Dreieck

Seitenkosinussätze

$$\cos a = \cos b \cos c + \sin b \sin c \cos\alpha$$
$$\cos b = \cos c \cos a + \sin c \sin a \cos\beta$$
$$\cos c = \cos a \cos b + \sin a \sin b \cos\gamma$$

Winkelkosinussätze

$$\cos\alpha = -\cos\beta \cos\gamma + \sin\beta \sin\gamma \cos a$$
$$\cos\beta = -\cos\gamma \cos\alpha + \sin\gamma \sin\alpha \cos b$$
$$\cos\gamma = -\cos\alpha \cos\beta + \sin\alpha \sin\beta \cos c$$

Halbseitensätze (Weitere acht Formeln durch zyklische Vertauschung)

$$\sin\frac{a}{2} = \sqrt{-\frac{\cos\sigma \cos(\sigma - \alpha)}{\sin\beta \sin\gamma}} \text{ (zV)} \qquad \sigma = \frac{\alpha + \beta + \gamma}{2}$$

$$\cos\frac{a}{2} = \sqrt{\frac{\cos(\sigma - \beta)\cos(\sigma - \gamma)}{\sin\beta \sin\gamma}} \text{ (zV)}$$

$$\tan\frac{a}{2} = \sqrt{-\frac{\cos\sigma \cos(\sigma - \alpha)}{\cos(\sigma - \beta)\cos(\sigma - \gamma)}} \text{ (zV)}$$

$$\cot\frac{a}{2} = \sqrt{-\frac{\cos(\sigma - \beta)\cos(\sigma - \gamma)}{\cos\sigma \cos(\sigma - \alpha)}} \text{ (zV)}$$

Halbwinkelsätze

(Weitere acht Formeln durch zyklische Vertauschung)

$$\sin\frac{\alpha}{2} = \sqrt{\frac{\sin(s-b)\sin(s-c)}{\sin b \sin c}} \text{ (zV)} \qquad s = \frac{a+b+c}{2}$$

$$\cos\frac{\alpha}{2} = \sqrt{\frac{\sin s \sin(s-a)}{\sin b \sin c}} \text{ (zV)}$$

$$\tan\frac{\alpha}{2} = \sqrt{\frac{\sin(s-b)\sin(s-c)}{\sin s \sin(s-a)}} \text{ (zV)}$$

$$\cot\frac{\alpha}{2} = \sqrt{\frac{\sin s \sin(s-a)}{\sin(s-b)\sin(s-c)}} \text{ (zV)}$$

GAUSSsche Formeln

(Weitere acht Formeln durch zyklische Vertauschung zV)

$$\frac{\sin\frac{\alpha+\beta}{2}}{\cos\frac{\gamma}{2}} = \frac{\cos\frac{a-b}{2}}{\cos\frac{c}{2}} \text{ (zV)} \qquad \frac{\cos\frac{\alpha+\beta}{2}}{\sin\frac{\gamma}{2}} = \frac{\cos\frac{a+b}{2}}{\cos\frac{c}{2}} \text{ (zV)}$$

$$\frac{\sin\frac{\alpha-\beta}{2}}{\cos\frac{\gamma}{2}} = \frac{\sin\frac{a-b}{2}}{\sin\frac{c}{2}} \text{ (zV)} \qquad \frac{\cos\frac{\alpha-\beta}{2}}{\sin\frac{\gamma}{2}} = \frac{\sin\frac{a+b}{2}}{\sin\frac{c}{2}} \text{ (zV)}$$

NEPERsche Analogien

(Weitere acht Formeln durch zyklische Vertauschung)

$$\frac{\tan\frac{a+b}{2}}{\tan\frac{c}{2}} = \frac{\cos\frac{\alpha-\beta}{2}}{\cos\frac{\alpha+\beta}{2}} \text{ (zV)} \qquad \frac{\tan\frac{\alpha+\beta}{2}}{\cot\frac{\gamma}{2}} = \frac{\cos\frac{a-b}{2}}{\cos\frac{a+b}{2}} \text{ (zV)}$$

$$\frac{\tan\frac{a-b}{2}}{\tan\frac{c}{2}} = \frac{\sin\frac{\alpha-\beta}{2}}{\sin\frac{\alpha+\beta}{2}} \text{ (zV)} \qquad \frac{\tan\frac{\alpha-\beta}{2}}{\cot\frac{\gamma}{2}} = \frac{\sin\frac{a-b}{2}}{\sin\frac{a+b}{2}} \text{ (zV)}$$

Inkreisradius r_i und Umkreisradius r_u des Kugeldreiecks

$$\tan r_\mathrm{i} = \sqrt{\frac{\sin(s-a)\sin(s-b)\sin(s-c)}{\sin s}}$$

$$\cot r_{\text{u}} = \sqrt{-\frac{\cos(\sigma-\alpha)\cos(\sigma-\beta)\cos(\sigma-\gamma)}{\cos\sigma}}$$

$$\tan r_{\text{i}} = \tan\frac{\alpha}{2}\sin(s-a)\ \text{(zV)}$$

$$\cot r_{\text{u}} = \cot\frac{a}{2}\cos(\sigma-\alpha)\ \text{(zV)}$$

L'HUILIERsche Formel

$$\tan\frac{\varepsilon}{4} = \sqrt{\tan\frac{s}{2}\tan\frac{s-a}{2}\tan\frac{s-b}{2}\tan\frac{s-c}{2}}$$

$$\tan\left(\frac{\alpha}{2}-\frac{\varepsilon}{2}\right) = \sqrt{\frac{\tan\frac{s-b}{2}\tan\frac{s-c}{2}}{\tan\frac{s}{2}\tan\frac{s-a}{2}}}\ \text{(zV)}$$

Sphärischer Defekt

$$\tan\frac{d}{4} = \sqrt{-\tan\left(\frac{\pi}{4}-\sigma\right)\tan\left(\frac{\pi}{4}-\frac{\sigma-\alpha}{2}\right)\tan\left(\frac{\pi}{4}-\frac{\sigma-\beta}{2}\right)\tan\left(\frac{\pi}{4}-\frac{\sigma-\gamma}{2}\right)}$$

4.3.4 Berechnung sphärischer Dreiecke

Grundaufgabe 1: Drei Seiten a, b, c

Ein Winkel nach Seitenkosinussatz, weiter mit Sinussatz
oder alle Winkel mit Seitenkosinussatz oder Halbwinkelsatz

Grundaufgabe 2: Zwei Seiten und der eingeschlossene Winkel, z. B. b, c, α

Dritte Seite nach Seitenkosinussatz, weiter mit Sinussatz

oder NEPERsche Analogien $\tan\frac{\beta+\gamma}{2} = \ldots$, $\tan\frac{\beta-\gamma}{2} = \ldots$,

danach $\tan\frac{\alpha}{2} = \ldots$

Grundaufgabe 3: Zwei Seiten und ein gegenüberliegender Winkel, z. B. b, c, β

Zweiter Winkel mit Sinussatz, falls $\sin c \sin\beta \leq \sin b$

Fallunterscheidungen

(1) $\sin b \geq \sin c \Rightarrow \beta$ eindeutig

(2.1) $\sin c \sin\beta < \sin b \Rightarrow 2$ Lösungen γ_1 und γ_2 mit $\gamma_1 + \gamma_2 = \pi$

(2.2) $\sin c \sin \beta = \sin b \Rightarrow \beta = \pi/2$, genau eine Lösung

(2.3) $\sin c \sin \beta > \sin b \Rightarrow$ keine Lösung

Dritte Seite mit NEPERscher Analogie, dritter Winkel mit Sinussatz

Grundaufgabe 4: Eine Seite und die beiden anliegenden Winkel, z. B. a, β, γ

Dritter Winkel mit Winkelkosinussatz, Seiten mit Sinussatz
oder NEPERsche Analogie $\tan\dfrac{b+c}{2} = \ldots$ und $\tan\dfrac{b-c}{2} = \ldots$
Sinussatz für dritten Winkel

Grundaufgabe 5: Eine Seite, ein anliegender und der gegenüberliegende Winkel, z. B. b, β, γ

Sinussatz für zweite Seite, NEPERsche Analogie für dritte Seite, Sinussatz für dritten Winkel

Grundaufgabe 6: Drei Winkel, α, β, γ

Winkelkosinussatz für eine Seite, Sinussatz für weitere Seiten oder Halbseitensatz für eine Seite, weiter Sinussatz

4.3.5 Mathematische Geografie

Längen- und Winkelmaße

Die Erde wird als Kugel aufgefasst.

Erdradius: $r \approx 6\,370\,\text{km}$

Erdumfang: $U \approx 40\,000\,\text{km}$

1 *Bogengrad* $\approx 111{,}3\,\text{km}$ (gültig für Großkreise)

1 *Bogenminute* $\approx 1\,852\,\text{m} = 1\,\text{sm}$ (*Seemeile*), gültig für Großkreise

1 *geografische Meile* $= 4\,\text{sm} \approx 7\,500\,\text{m}$

1 *Strich der Kompassrose* $= 11{,}25^\circ$

Sphärisches Koordinatensystem, geografische Koordinaten

Abszissenachse ist der *Äquator*. Ordinatenachse ist der *Nullmeridian* (*Meridian* von Greenwich).

Geografische Länge λ

Die *geografische Länge* wird gemessen entweder

- auf dem Äquator als Bogenstück zwischen Nullmeridian und Meridian des Ortes oder
- als Winkel zwischen der Meridianebene des Ortes und der Ebene des Nullmeridians
  (gemessen von 0° bis 180°, östlich positiv, westlich negativ).

Geografische Breite φ

Die *geografische Breite* ist der sphärische Abstand des Ortes vom Äquator (gemessen von 0° bis 90°, nördlich positiv, südlich negativ).

Bemerkung: Die Handhabung der geografischen Koordinaten ist abweichend von der Definition der Kugelkoordinaten.

Kürzeste Entfernung *e* zweier Orte

Der Großkreisbogen zwischen den Punkten $P_1(\varphi_1,\lambda_1)$ und $P_2(\varphi_2,\lambda_2)$, die *Orthodrome*, bestimmt die kürzeste (orthodrome) Entfernung $e = d(P_1,P_2)$.

Mit dem Winkel $\Delta\lambda = \lambda_2 - \lambda_1$ gilt:

$$\cos e = \sin\varphi_1 \sin\varphi_2 + \cos\varphi_1 \cos\varphi_2 \cos(\Delta\lambda)$$

Kurswinkel

$$\sin\alpha = \frac{\sin(\Delta\lambda)\cos\varphi_2}{\sin e} \qquad \sin\beta = \frac{\sin(\Delta\lambda)\cos\varphi_1}{\sin e}$$

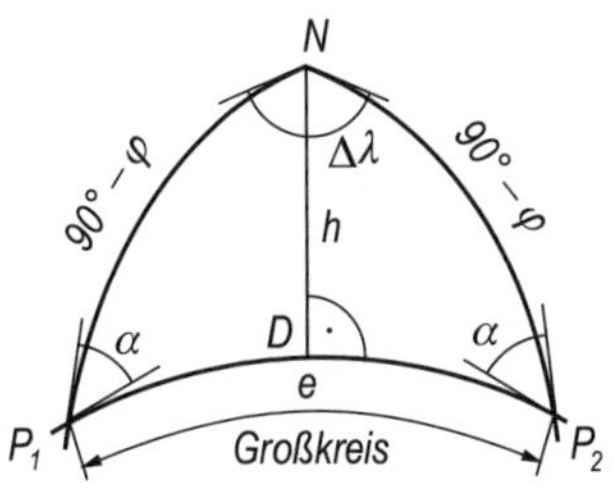

Orthodrome Entfernung

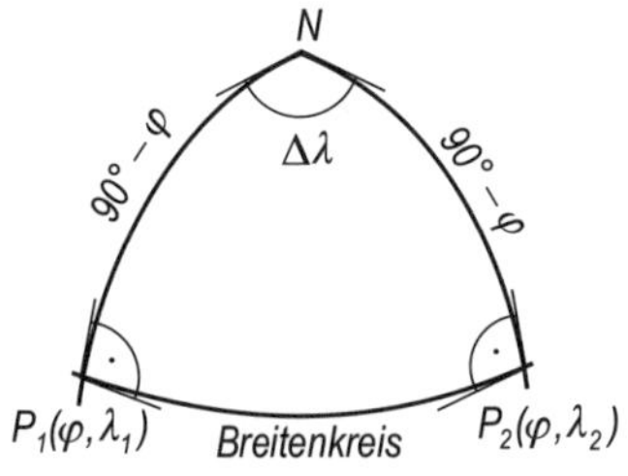

Loxodrome Entfernung

Entfernung zweier Orte gleicher geografischer Breite φ

Orthodrome Entfernung e (Bogen auf dem Großkreis)

$$\sin\frac{e}{2} = \cos\varphi \sin\frac{\Delta\lambda}{2} \qquad \text{(NEPERsche Regel)}$$

Loxodrome Entfernung l (Bogen auf einem Breitenkreis)

$$l = (\Delta\lambda)\cos\varphi \quad \text{in Grad oder}$$

$$l = \frac{\pi r(\Delta\lambda)\cos\varphi}{180^\circ} \quad \text{in km}$$

Anmerkung: Die *Loxodrome* ist eine Linie auf der Kugeloberfläche, die alle Meridiane unter gleichem Winkel schneidet. Ist der Winkel verschieden von 90°, dann nähert sich die Loxodrome spiralförmig dem Pol. Jeder Breitenkreis ist eine Loxodrome, die die Meridiane rechtwinklig schneidet.

5 Lineare Algebra

5.1 Vektorraum

Ein *Vektorraum* V (*linearer Raum*) über dem Körper K ($K = \mathbb{R}$ oder $K = \mathbb{C}$) ist eine Struktur, bestehend aus einer nicht leeren Menge V mit ihren Elementen, den *Vektoren* $\boldsymbol{a}, \boldsymbol{b}, \vec{c}, \vec{x}, \ldots$, und einer Menge K mit ihren Elementen, den *Skalaren* $a, b, x \ldots$, in der eine Addition und eine Multiplikation mit reellen Zahlen erklärt sind: $V = (V, +, \cdot)$[1].

Axiome im Vektorraum (für alle $\boldsymbol{a}, \boldsymbol{b}, \boldsymbol{c}, \boldsymbol{x}, \boldsymbol{o} \in V$; $s, t \in K$)

Addition $+$: $V \times V \to V$ (innere Verknüpfung), $\langle V, + \rangle$ kommutative Gruppe

- Zu $\boldsymbol{a}, \boldsymbol{b}$ gibt es genau ein Element $\boldsymbol{a} + \boldsymbol{b} \in V$, die *Summe* von $\boldsymbol{a}$ und $\boldsymbol{b}$. (Ausführbarkeit, Eindeutigkeit, Abgeschlossenheit)
- $\boldsymbol{a} + \boldsymbol{b} = \boldsymbol{b} + \boldsymbol{a}$ (Kommutativgesetz)
- $(\boldsymbol{a} + \boldsymbol{b}) + \boldsymbol{c} = \boldsymbol{a} + (\boldsymbol{b} + \boldsymbol{c})$ (Assoziativgesetz)
- Zu $\boldsymbol{a}, \boldsymbol{b}$ gibt es stets genau ein $\boldsymbol{x}$, sodass $\boldsymbol{a} + \boldsymbol{x} = \boldsymbol{b}$. (Umkehrbarkeit)
- Es gibt den Nullvektor $\boldsymbol{o}$, sodass $\forall \boldsymbol{a}$: $\boldsymbol{a} + \boldsymbol{o} = \boldsymbol{a}$.
- Es gibt den inversen Vektor $-\boldsymbol{a}$, sodass $\forall \boldsymbol{a}$: $\boldsymbol{a} + (-\boldsymbol{a}) = \boldsymbol{o}$, $(-\boldsymbol{a}) \in V$.

Skalare Multiplikation $\bullet$: $K \times V \to V$ (äußere Verknüpfung 1. Art)

- Zu $\boldsymbol{a}$ und jedem s gibt es genau ein Element $s \cdot \boldsymbol{a} \in V$, das s-Fache von $\boldsymbol{a}$.
- $s \cdot (t \cdot \boldsymbol{a}) = (s \cdot t) \cdot \boldsymbol{a}$ (Assoziativgesetz)
- $s \cdot \boldsymbol{a} = \boldsymbol{a} \cdot s$ (Kommutativgesetz)
- $(s + t) \cdot \boldsymbol{a} = s \cdot \boldsymbol{a} + t \cdot \boldsymbol{a}$, $s \cdot (\boldsymbol{a} + \boldsymbol{b}) = s \cdot \boldsymbol{a} + s \cdot \boldsymbol{b}$ (Distributivgesetz)
- $1 \cdot \boldsymbol{a} = \boldsymbol{a}$

Folgerungen: $0 \cdot \boldsymbol{a} = \boldsymbol{o}$, $s \cdot \boldsymbol{o} = \boldsymbol{o}$, $-\boldsymbol{a} = (-1) \cdot \boldsymbol{a}$

♦ **Beispiele für Vektorräume**

(Geordnete) Paare über $\mathbb{R}$: $\mathbb{R}^2 := \{(x_1, x_2) \mid x_1, x_2 \in \mathbb{R}\}$ („R-zwei“)

Menge aller Verschiebungsvektoren in Raum bzw. Ebene

n-dimensionaler linearer Lösungsraum eines Gleichungssystems

$m \cdot n$-dimensionaler Vektorraum der (m, n)-Matrizen

Vektorraum aller auf $[a, b]$ stetigen Funktionen $C[a, b]$

Alle möglichen Werte der elektrischen Feldstärke in einem Punkt ♦

[1] Ist $K = \mathbb{R}$, spricht man von einem *reellen Vektorraum*, ist $K = \mathbb{C}$, von einem komplexen.

♦ **Beispiel**

Bildet die Menge der Vektoren $M_1 = \left\{ \begin{pmatrix} 2t \\ 3t \\ 4t \end{pmatrix}, t \in \mathbb{R} \right\}$ einen Vektorraum?

Kontrollen der Abgeschlossenheitsaxiome:

Addition zweier Elemente:

$$\begin{pmatrix} 2t_1 \\ 3t_1 \\ 4t_1 \end{pmatrix} + \begin{pmatrix} 2t_2 \\ 3t_2 \\ 4t_2 \end{pmatrix} = \begin{pmatrix} 2t_1 + 2t_2 \\ 3t_1 + 3t_2 \\ 4t_1 + 4t_2 \end{pmatrix} = \begin{pmatrix} 2t' \\ 3t' \\ 4t' \end{pmatrix} \in M_1, t' \in \mathbb{R}$$

Multiplikation (s-Faches): $s \cdot \begin{pmatrix} 2t \\ 3t \\ 4t \end{pmatrix} = \begin{pmatrix} 2st \\ 3st \\ 4st \end{pmatrix} = \begin{pmatrix} 2t'' \\ 3t'' \\ 4t'' \end{pmatrix} \qquad t'' \in \mathbb{R}$

Kontrolle der weiteren Bedingungen bestätigt: M_1 bildet einen Vektorraum.

Aber für

$$M_2 = \left\{ \begin{pmatrix} 1 \\ 3t \\ 4t \end{pmatrix}, t \in \mathbb{R} \right\}; \begin{pmatrix} 1 \\ 3t_1 \\ 4t_1 \end{pmatrix} + \begin{pmatrix} 1 \\ 3t_2 \\ 4t_2 \end{pmatrix} = \begin{pmatrix} 2 \\ 3(t_1 + t_2) \\ 4(t_1 + t_2) \end{pmatrix} = \begin{pmatrix} 2 \\ 3t' \\ 4t' \end{pmatrix} \notin M_2$$

Ergebnis: M_2 ist kein Vektorraum. ♦

Linearkombination von Vektoren

> $\boldsymbol{b}$ heißt *Linearkombination* von $\boldsymbol{a}_1, \ldots, \boldsymbol{a}_m \in V$, wenn gilt:
>
> $\boldsymbol{b} = x_1\boldsymbol{a}_1 + \ldots + x_m\boldsymbol{a}_m \qquad x_i \in K$, Koeffizienten der Linearkombination

Lineare Unabhängigkeit von Vektoren

> Die Vektoren $\boldsymbol{a}_1, \ldots, \boldsymbol{a}_m$ sind *linear unabhängig*, wenn die Gleichung
>
> $x_1\boldsymbol{a}_1 + \ldots + x_m\boldsymbol{a}_m = \boldsymbol{o}$
>
> nur die *triviale Lösungsmenge* $x_1 = \ldots = x_m = 0$ hat.

Die Vektoren sind *linear abhängig*, wenn mindestens ein $x_i \neq 0$ möglich ist.

Dann ist mindestens einer der Vektoren als Linearkombination der übrigen darstellbar. Für $m > n$ sind die Vektoren immer linear abhängig. Vier und mehr Vektoren im dreidimensionalen Raum sind daher stets linear abhängig.

Basis eines Vektorraumes

Lassen sich *alle* Vektoren des Vektorraumes V aus der Linearkombination von n linear unabhängigen Vektoren $\boldsymbol{u}_1, \boldsymbol{u}_2, \ldots, \boldsymbol{u}_n$ darstellen, dann heißt ihr geordnetes *n-Tupel* $(\boldsymbol{u}_1, \ldots, \boldsymbol{u}_n)$ eine *Basis* von V.

Die Basis *erzeugt* den Vektorraum V. Die $\boldsymbol{u}_i$ heißen *Basisvektoren*. Die Basisvektoren spannen den Vektorraum V auf.

Eine Basis ist ein *minimales Erzeugendensystem* (lässt man einen Vektor daraus weg, wird nicht mehr der gesamte Raum erzeugt), und gleichzeitig eine *maximale Menge von linear unabhängigen Vektoren* (nimmt man einen weiteren Vektor mit hinzu, wird die Menge linear abhängig).

5

Dimension eines Vektorraumes

Die *Dimension eines Vektorraumes* V ist gleich der Anzahl der Basisvektoren: $\dim V = n$.

♦ **Beispiele**

$\mathbb{R}^2$ zweidimensional, z. B. ebene Koordinaten, wie affine Ebene $\mathbb{R}^2$

$\mathbb{R}^3$ dreidimensional, z. B. Raumkoordinaten, wie affiner Raum $\mathbb{R}^3$ ♦

Vektordarstellung mittels Basisvektoren

$$\boldsymbol{x} = x_1\boldsymbol{u}_1 + x_2\boldsymbol{u}_2 + \ldots + x_n\boldsymbol{u}_n \qquad \boldsymbol{B} = (\boldsymbol{u}_1, \boldsymbol{u}_2, \ldots, \boldsymbol{u}_n)\ \textit{Basismatrix}$$

$x_i\boldsymbol{u}_i$ *Vektorkomponenten*
x_i *Vektorkoordinaten* bezüglich der Basis B

Praktisch verwendet man als Basis die **O**rthogonalen **N**ormierten Einheitsvektoren $\boldsymbol{e}_i$ (*ON-Standardbasis*).

$$\boldsymbol{e}_1 = \begin{pmatrix}0\\1\\\vdots\\0\end{pmatrix}, \boldsymbol{e}_2 = \begin{pmatrix}1\\0\\\vdots\\0\end{pmatrix}, \ldots, \boldsymbol{e}_n = \begin{pmatrix}0\\0\\\vdots\\1\end{pmatrix}, \boldsymbol{e}_i \in \mathbb{R}^n$$

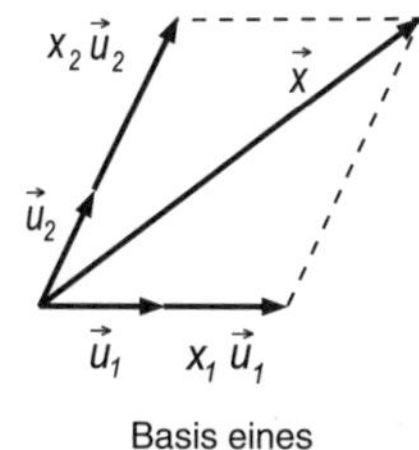

Basis eines Vektorraumes

Vektornormen von *a*

Die *Norm* $\|\boldsymbol{a}\|$ ist eine reelle Zahl, die dem Vektor $\boldsymbol{a}$ zugeordnet ist.

Axiome für Vektornormen

- $\|\boldsymbol{a}\| > 0$ $\quad \boldsymbol{a} \in \mathbb{R}^n, \boldsymbol{a} \neq \boldsymbol{o}$ $\quad$ (*positiv definit*)
- $\|\boldsymbol{a}\| = 0$ genau dann, wenn $\boldsymbol{a} = \boldsymbol{o}$
- $\|s \cdot \boldsymbol{a}\| = |s| \cdot \|\boldsymbol{a}\|$ $\quad \boldsymbol{a}, \boldsymbol{b} \in \mathbb{R}^n, s \in \mathbb{R}$
- $\|\boldsymbol{a} + \boldsymbol{b}\| \leq \|\boldsymbol{a}\| + \|\boldsymbol{b}\|$ $\quad$ (*Dreiecksungleichung*)

abgeleitet: $|\|\boldsymbol{a}\| - \|\boldsymbol{b}\|| \leq \|\boldsymbol{a} - \boldsymbol{b}\|$

Spezielle Vektornormen

Maximumnorm, sup-Norm: $\|\boldsymbol{a}\|_\infty := \max\limits_{1 \leq i \leq n} |a_i|$

Norm der Komponenten-Betragssumme: $\|\boldsymbol{a}\|_1 := \sum\limits_{i=1}^{n} |a_i|$

EUKLID*ische Norm* [1] $\|\boldsymbol{a}\|_2 := \sqrt{\sum\limits_{i=1}^{n} |a_i|^2} \overset{\text{kurz}}{=} |\boldsymbol{a}|$

Es gilt: $\frac{1}{\sqrt{n}} \|\boldsymbol{a}\|_2 \leq \|\boldsymbol{a}\|_\infty \leq \|\boldsymbol{a}\|_2 \leq \sqrt{n} \|\boldsymbol{a}\|_\infty$

oder $\frac{1}{n} \|\boldsymbol{a}\|_1 \leq \|\boldsymbol{a}\|_\infty \leq \|\boldsymbol{a}\|_1 \leq \sqrt{n} \|\boldsymbol{a}\|_\infty$

oder $\frac{1}{\sqrt{n}} \|\boldsymbol{a}\|_1 \leq \|\boldsymbol{a}\|_2 \leq \|\boldsymbol{a}\|_1 \leq \sqrt{n} \|\boldsymbol{a}\|_2$

Tensoren

Ein *Tensor* ist eine lineare Abbildung f: $\boldsymbol{V}_1 \times \boldsymbol{V}_2 \times \ldots \times \boldsymbol{V}_p \to \mathbb{R}$ (oder $\mathbb{C}$), die jedem *p-Tupel* von Vektoren aus den endlichdimensionalen reellen (komplexen) Vektorräumen $\boldsymbol{V}_i$ eine reelle (komplexe) Zahl zuordnet.

Bezeichnung: *Tensor* ($\boldsymbol{T}$, $\boldsymbol{U}$, ...) p-ter Stufe.

Er besitzt im m-dimensionalen Raum m^p Koordinaten.

Jede Linearkombination aus gleichstufigen Tensoren, $\boldsymbol{T} + \boldsymbol{U}$ ist wieder ein Tensor derselben Stufe (p-Linearform).

In der Tensoralgebra ist ein Skalar ein Tensor 0-ter Stufe, ein Vektor ein Tensor 1. Stufe.

Multiplikation eines Tensors mit einem Skalar, $x\boldsymbol{T}$ ist das x-Fache von $\boldsymbol{T}$ als p-Linearform.

---

[1] Der Wert der EUKLIDischen Vektornorm im $\mathbb{R}^2$ und $\mathbb{R}^3$ ist gleich dem *Betrag* (Länge, *Verschiebungsweite*) des Vektors.

Multiplikation eines jeden Elements eines Tensors p-ter Stufe mit einem Tensor q-ter Stufe, $\boldsymbol{T} \otimes \boldsymbol{U}$ ist ein Tensor $(p+q)$-ter Stufe, das Tensorprodukt ist assoziativ.

Tensoren der 2. Stufe sind durch quadratische Matrizen darstellbar. Tensoren der 2. Stufe, Dyaden, siehe 5.2.2.2

Anwendungen in der Differenzialgeometrie und der theoretischen Physik.

5.2 Matrizen

5.2.1 Matrizenarten, Definitionen

5.2.1.1 Allgemeines

Eine (I,K)-*Matrix* bzw. $(I \times K)$-Matrix (I, K sind Indexmengen) ordnet jedem Paar (i,k) von Indizes ein Objekt zu.

Eine Matrix vom Typ (m,n) ist ein rechteckig angeordnetes Schema von $m \cdot n$ Größen (m *Zeilen*, n *Spalten*), den *Elementen* a_{ik} der Matrix.

Für reelle Elemente a_{ik} gilt: $\boldsymbol{A} \in \mathbb{R}^{m \times n}$ (Menge aller reellen (m,n)-Matrizen).

Darstellung (gelesen „m-n Matrix A-i-k")

$$\boldsymbol{A} = \begin{pmatrix} a_{11} & a_{12} & \dots & a_{1n} \\ a_{21} & a_{22} & \dots & a_{2n} \\ \vdots & \vdots & & \vdots \\ a_{m1} & a_{m2} & \dots & a_{mn} \end{pmatrix} = (a_{ik})_{m,n} \quad \begin{array}{l} \text{Zeilenindex } i = 1, 2, \dots, m \\ \text{Spaltenindex } k = 1, 2, \dots, n \\ m, n \in \mathbb{N}^* \end{array}$$

Erster Index immer Zeilenindex, zweiter Spaltenindex.

Schreibweisen: $\boldsymbol{A}, \boldsymbol{A}_{m,n}, (a_{ik}), (a_{ik})_{m,n}$

Hauptdiagonale: $a_{11}, a_{22}, a_{22}, \dots, a_{ii}, \dots \qquad i = 1, 2, \dots, \min(m,n)$

Eine Matrix $\boldsymbol{a}$ (auch $\vec{a}$) mit nur einer Zeile oder Spalte heißt *Vektor*.

Zu Vektoren siehe Abschnitte 5.1 und 6.1

Zeilenmatrix, Zeilenvektor, Typ $\boldsymbol{a}_{1,n}$: $\boldsymbol{a}^i = (a_{i1} \dots a_{in})$ i Zeilenindex

Spaltenmatrix, Spaltenvektor, Typ $\boldsymbol{a}_{m,1}$: $\boldsymbol{a}_k = \begin{pmatrix} a_{1k} \\ \vdots \\ a_{mk} \end{pmatrix}$ k Spaltenindex

Bemerkung: Bei den Elementen können die Zeilen- oder Spaltenindizes entfallen.

Matrix in Vektorschreibweise: $\boldsymbol{A} = (\boldsymbol{a}_1 \dots \boldsymbol{a}_n) = \begin{pmatrix} \boldsymbol{a}^1 \\ \vdots \\ \boldsymbol{a}^m \end{pmatrix} \in \mathbb{R}^{m \times n}$

Nullmatrix $\boldsymbol{O}$: Alle Elemente sind null, $\boldsymbol{O}_{m,n} = (0)_{m,n}$.

Matrix von Matrizen, Hypermatrix

Sie dienen der Erhöhung der Übersichtlichkeit und der Vereinfachung der Multiplikation bei Abspaltung von Null-, Einheits- oder Diagonalmatrizen.

$$\boldsymbol{A} = \begin{pmatrix} \boldsymbol{A}_{11} & \boldsymbol{A}_{12} & \dots \\ \boldsymbol{A}_{21} & \boldsymbol{A}_{22} & \dots \\ \vdots & \vdots & \end{pmatrix} \qquad \boldsymbol{A} \textit{ Hypermatrix}$$

Transponierte Matrix A^{T}

Vertauscht man in einer Matrix die Zeilen mit den gleichstelligen Spalten, so entsteht die *transponierte Matrix* $\boldsymbol{A}^{\mathrm{T}}$ (sprich „A-transponiert").

$\boldsymbol{A} = (a_{ik})_{m,n} \Leftrightarrow \boldsymbol{A}^{\mathrm{T}} = (a_{ki})_{n,m}$

Regeln: $(\boldsymbol{A}^{\mathrm{T}})^{\mathrm{T}} = \boldsymbol{A}$ $\qquad (\boldsymbol{A} \pm \boldsymbol{B})^{\mathrm{T}} = \boldsymbol{A}^{\mathrm{T}} \pm \boldsymbol{B}^{\mathrm{T}}$

$(s \cdot \boldsymbol{A})^{\mathrm{T}} = s \cdot \boldsymbol{A}^{\mathrm{T}}$, s Skalar $\qquad (\boldsymbol{A} \cdot \boldsymbol{B})^{\mathrm{T}} = \boldsymbol{B}^{\mathrm{T}} \cdot \boldsymbol{A}^{\mathrm{T}}$

Matrizen-Multiplikation siehe 5.2.2.2.

♦ **Beispiel**

$$\boldsymbol{A}_{3,4} = \begin{pmatrix} 7 & 4 & 3 & 5 \\ 1 & 0 & 7 & 6 \\ 4 & 2 & 9 & 8 \end{pmatrix} \qquad \boldsymbol{A}^{\mathrm{T}} = \boldsymbol{B}_{4,3} \begin{pmatrix} 7 & 1 & 4 \\ 4 & 0 & 2 \\ 3 & 7 & 9 \\ 5 & 6 & 8 \end{pmatrix}$$ ♦

Komplexe, konjugiert-komplexe und transjugierte Matrix

Komplexe Matrix: Die Elemente der Matrix sind komplexe Zahlen.

$$\boldsymbol{A} = (a_{ik}) = (u_{ik} + \mathrm{j}v_{ik}) = (u_{ik}) + \mathrm{j}(v_{ik}) = \boldsymbol{U} + \mathrm{j}\boldsymbol{V} \qquad a_{ik} \in \mathbb{C}$$

Konjugiert-komplexe Matrix: Die Elemente der Matrix sind die konjugiert-komplexen Elemente gegenüber der komplexen Matrix.

$$\overline{\boldsymbol{A}} = (\overline{a}_{ik}) = (u_{ik} - \mathrm{j}v_{ik}) = (u_{ik}) - \mathrm{j}(v_{ik}) = \boldsymbol{U} - \mathrm{j}\boldsymbol{V}$$

Regeln: $\overline{\overline{\boldsymbol{A}}} = \boldsymbol{A}$ $\quad (\overline{\boldsymbol{A}})^{\mathrm{T}} = \overline{(\boldsymbol{A}^{\mathrm{T}})}$ $\quad \overline{(s \cdot \boldsymbol{A})} = s \cdot \overline{\boldsymbol{A}},\ s \in \mathbb{R}$

$\overline{(\boldsymbol{A} + \boldsymbol{B})} = \overline{\boldsymbol{A}} + \overline{\boldsymbol{B}}$ $\quad \overline{(\boldsymbol{A} \cdot \boldsymbol{B})} = \overline{\boldsymbol{A}} \cdot \overline{\boldsymbol{B}}$

Matrizen-Multiplikation siehe 5.2.2.2.

♦ **Beispiel**

$$\boldsymbol{A} = \begin{pmatrix} 1+3\mathrm{j} & 2-5\mathrm{j} \\ 5 & 7+2\mathrm{j} \end{pmatrix}$$

$$\overline{\boldsymbol{A}} = \begin{pmatrix} 1-3\mathrm{j} & 2+5\mathrm{j} \\ 5 & 7-2\mathrm{j} \end{pmatrix} = \begin{pmatrix} 1 & 2 \\ 5 & 7 \end{pmatrix} + \mathrm{j}\begin{pmatrix} -3 & 5 \\ 0 & -2 \end{pmatrix}$$ ♦

Transjugierte (adjungierte) Matrix: $\boldsymbol{A}^{\mathrm{H}} = \overline{\boldsymbol{A}}^{\mathrm{T}} = (\overline{a}_{ki})$, auch $\boldsymbol{A}^*$ üblich

5.2.1.2 Quadratische Matrizen

Für $m = n$ entsteht die *n-reihige quadratische Matrix* $\boldsymbol{A}_{n,n}$ der Ordnung n:

$$\boldsymbol{A} = \boldsymbol{A}_{n,n} = \begin{pmatrix} a_{11} & \dots & a_{1n} \\ \vdots & & \vdots \\ a_{n1} & \dots & a_{nn} \end{pmatrix} \qquad \boldsymbol{A} \in \mathbb{R}^{n \times n}$$

Hauptdiagonale: $a_{11}, a_{22}, \dots, a_{nn}$ — a_{ii} Diagonalelemente
Nebendiagonale: $a_{1n}, a_{2,(n-1)}, \dots, a_{n1}$ — (rechts oben nach links unten)
Spur: $\operatorname{tr}\boldsymbol{A} = \operatorname{sp}\boldsymbol{A} = a_{11} + a_{22} + \ldots + a_{nn}$ — (engl. „trace“)

Hauptabschnittsmatrix

Die *Hauptabschnittsmatrix* einer quadratischen Matrix ist die aus ihren ersten k Zeilen und k Spalten gebildete (k,k)-Matrix $\boldsymbol{A}_k$ der Ordnung k.

Reguläre Matrix

Eine quadratische Matrix heißt *regulär*, wenn $\det\boldsymbol{A} \neq 0$ ist, sonst *singulär*. (Determinanten siehe 5.3)

Jede reguläre Matrix besitzt eine eindeutig bestimmte inverse Matrix.

Eine Matrix heißt *streng regulär*, wenn alle $\det \boldsymbol{A}_k \neq 0$ für $k = 1, 2, \ldots, n$ sind.

Bemerkung: Jede reguläre Matrix kann mittels Permutation zu einer streng regulären Matrix $\boldsymbol{P} \cdot \boldsymbol{A}$ gemacht werden.

♦ **Beispiel**

$$\boldsymbol{A} = \begin{pmatrix} 2 & 1 & 9 \\ 1 & -2 & -3 \\ 3 & 5 & 4 \end{pmatrix}, \ \det \boldsymbol{A} = \begin{vmatrix} 2 & 1 & 9 \\ 1 & -2 & -3 \\ 3 & 5 & 4 \end{vmatrix} = 100 \neq 0 \Rightarrow \boldsymbol{A} \text{ ist regulär.}$$ ♦

Symmetrieeigenschaften quadratischer Matrizen

Eine *reelle* quadratische Matrix $\boldsymbol{A}$ heißt

- *symmetrisch*, wenn $\boldsymbol{A} = \boldsymbol{A}^{\mathrm{T}} \Leftrightarrow a_{ik} = a_{ki}$ für alle $i, k = 1, 2, \ldots, n$,
- *schiefsymmetrisch* (*antisymmetrisch*), wenn $\boldsymbol{A} = -\boldsymbol{A}^{\mathrm{T}} \Leftrightarrow a_{ik} = -a_{ki}$,
- *orthogonal*, wenn $\boldsymbol{A}$ regulär ist und $\boldsymbol{A}^{\mathrm{T}} = \boldsymbol{A}^{-1}$ bzw. $\boldsymbol{A}^{\mathrm{T}} \cdot \boldsymbol{A} = \boldsymbol{E}$ gilt.

Jede quadratische Matrix $\boldsymbol{A}$ kann als Summe einer symmetrischen Matrix $\boldsymbol{B}$ und einer antisymmetrischen Matrix $\boldsymbol{C}$ dargestellt werden mit den Elementen

$$b_{ik} = \frac{1}{2}(a_{ik} + a_{ki}) \qquad c_{ik} = \frac{1}{2}(a_{ik} - a_{ki})$$

Für jede Matrix $\boldsymbol{A}_{m,n}$ ist $\boldsymbol{B}_{n,n} = \boldsymbol{A}^{\mathrm{T}} \cdot \boldsymbol{A}$ (bzw. $\boldsymbol{B}_{m,m} = \boldsymbol{A} \cdot \boldsymbol{A}^{\mathrm{T}}$) immer symmetrisch.

♦ **Beispiel**

symmetrische Matrix $\boldsymbol{A} = \boldsymbol{A}^{\mathrm{T}}$ antisymmetrische Matrix $\boldsymbol{A} = -\boldsymbol{A}^{\mathrm{T}}$

$$\boldsymbol{A} = \boldsymbol{A}^{\mathrm{T}} = \begin{pmatrix} 1 & 5 & 7 \\ 5 & 2 & -6 \\ 7 & -6 & 8 \end{pmatrix} \qquad \boldsymbol{A} = -\boldsymbol{A}^{\mathrm{T}} \begin{pmatrix} 0 & 5 & 7 \\ -5 & 0 & 3 \\ 7 & -3 & 0 \end{pmatrix}$$ ♦

Eine quadratische Matrix $\boldsymbol{A}$ mit *komplexen Elementen* ist entsprechend

- HERMITE*sch*, wenn $\boldsymbol{A} = \overline{\boldsymbol{A}}^{\mathrm{T}} \Leftrightarrow \overline{a}_{ik} = a_{ki}$, alle Eigenwerte reell, Realteil symmetrisch, Imaginärteil schiefsymmetrisch,
- *schief*-HERMITE*sch*, wenn $\boldsymbol{A} = -\overline{\boldsymbol{A}}^{\mathrm{T}} \Leftrightarrow \overline{a}_{ik} = -a_{ki}$, alle Eigenwerte rein imaginär, Symmetrie umgekehrt
- *unitär*, wenn $\overline{\boldsymbol{A}}^{\mathrm{T}} = \boldsymbol{A}^{\mathrm{H}} = \boldsymbol{A}^{-1}$.

♦ **Beispiel**

$$\boldsymbol{A} = \overline{\boldsymbol{A}}^{\mathrm{T}} = \begin{pmatrix} 2 & 1-2\mathrm{j} & 3+5\mathrm{j} \\ 1+2\mathrm{j} & 3 & 2-\mathrm{j} \\ 3-5\mathrm{j} & 2+\mathrm{j} & 5 \end{pmatrix} = \begin{pmatrix} 2 & 1 & 3 \\ 1 & 3 & 2 \\ 3 & 2 & 5 \end{pmatrix} + \mathrm{j} \begin{pmatrix} 0 & -2 & 5 \\ 2 & 0 & -1 \\ -5 & 1 & 0 \end{pmatrix}$$

$$A = -\overline{A}^{\mathrm{T}} = \begin{pmatrix} 2\mathrm{j} & 1-2\mathrm{j} & 3+5\mathrm{j} \\ -1-2\mathrm{j} & 3\mathrm{j} & 2-\mathrm{j} \\ -3+5\mathrm{j} & -2-\mathrm{j} & 5\mathrm{j} \end{pmatrix}$$

$$= \begin{pmatrix} 0 & 1 & 3 \\ -1 & 0 & 2 \\ -3 & -2 & 0 \end{pmatrix} + \mathrm{j} \begin{pmatrix} 2 & -2 & 5 \\ -2 & 3 & -1 \\ -5 & 1 & 5 \end{pmatrix}$$ ♦

Positiv (negativ) definite symmetrische Matrix

Eine symmetrische Matrix $\boldsymbol{A}$ und ihre *quadratische Form*

$Q(\boldsymbol{x}) := \boldsymbol{x}^{\mathrm{T}}\boldsymbol{A}\boldsymbol{x} = \sum_{i=1}^{n}\sum_{k=1}^{n} a_{ik}x_i x_k$ mit $a_{ik} = a_{ki}$ heißen *positiv definit*, wenn gilt: $\forall \boldsymbol{x} \in \mathbb{R}^n \setminus \{\boldsymbol{o}\}$: $Q(\boldsymbol{x}) > 0$

5

Notwendige Bedingung: $a_{ii} > 0,\ i = 1, 2, \ldots, n$

Hinreichende Bedingungen (*Diagonaldominanz*)

- $|a_{ii}| > \sum_{k=1;\,k\neq i}^{n} |a_{ik}| \qquad a_{ii} > 0,\ i = 1, 2, \ldots, n, \quad \boldsymbol{A} = \boldsymbol{A}^{\mathrm{T}}$
- $|a_{ii}| \geq \sum_{k=1;\,k\neq i}^{n} |a_{ik}| \qquad a_{ii} > 0,\ a_{ik} \leq 0,\ i = 1, 2, \ldots, n, \quad \boldsymbol{A} = \boldsymbol{A}^{\mathrm{T}}$

$\boldsymbol{A}$ heißt *positiv semidefinit*, wenn $Q(\boldsymbol{x}) \geq 0$, $\lambda_i \geq 0$ ist.

$\boldsymbol{A}$ heißt *indefinit*, wenn $Q(\boldsymbol{x}) = \boldsymbol{x}^{\mathrm{T}}\boldsymbol{A}\boldsymbol{x} < 0$ für mindestens ein x_i ist. $\boldsymbol{A}$ hat positive und negative Eigenwerte.

$\boldsymbol{A}$ heißt *negativ definit*, wenn $-\boldsymbol{A}$ bzw. $-Q(\boldsymbol{x})$ positiv definit sind, $\lambda_i < 0$, $\det \boldsymbol{A}_1 < 0$, $\det \boldsymbol{A}_2 > 0$ usw. mit alternierenden Vorzeichen.

Bandmatrix

Bei einer quadratischen *Bandmatrix* verschwinden alle Elemente außerhalb eines Bandes längs der Hauptdiagonalen $d_1, \ldots, d_n$.

$$\boldsymbol{A} = \begin{pmatrix} d_1 & * & & & \boldsymbol{0} \\ * & \ddots & (m_{\mathrm{o}}) & & \\ & (m_{\mathrm{u}}) & \ddots & \ddots & \\ & & \ddots & \ddots & * \\ \boldsymbol{0} & & & * & d_n \end{pmatrix} \qquad \begin{array}{l} a_{ik} = 0 \text{ für} \\ i + m_{\mathrm{o}} < k < i - m_{\mathrm{u}} \end{array}$$

m_{o} (m_{u}) Anzahl der oberen (unteren) zur Hauptdiagonalen parallelen Reihen

Bandbreite: $m = m_o + m_u + 1$ (pro Zeile höchstens m Elemente möglich)

- $m_o = m_u = 0 \Rightarrow m = 1$ — *Diagonalmatrix* (siehe unten)
- $m_u = 1, m_o = 0$ oder $m_u = 0, m_o = 1 \Rightarrow m = 2$ — *bidiagonale Matrizen*
- $m_u = m_o = 1 \Rightarrow m = 3$ — *tridiagonale Matrix*
- $m_u = m_o = 2 \Rightarrow m = 5$ — fünfdiagonale Matrix
- $a_{ik} = 0$ für $1 < |i - k| < n - 1$ — zyklisch tridiagonale Matrix

Diagonal dominante Matrix

$$|a_{ii}| \geq \sum_{k=1,\, i \neq k}^{n} |a_{ik}| \qquad i = 1, 2, \ldots, n$$

Gilt „>" für alle i, heißt die Matrix *stark diagonal dominant*, diese ist streng regulär.

Diagonalmatrix

Bei einer quadratischen *Diagonalmatrix* verschwinden alle Elemente außerhalb der Hauptdiagonalen, d. h., $a_{ik} = 0$ für alle $i \neq k$:

$$\boldsymbol{D} = \begin{pmatrix} d_1 & & \boldsymbol{0} \\ & \ddots & \\ \boldsymbol{0} & & d_n \end{pmatrix} = (\delta_{ik} \cdot d_k) \qquad \det \boldsymbol{D} = \prod_{k=1}^{n} d_k$$

Bemerkungen: Auch einzelne $d_k = 0$ sind möglich. Bei Notwendigkeit kann man auch $\boldsymbol{D}_n$ schreiben.

Für $d_1 = d_2 = \ldots = d$ entsteht eine *Skalarmatrix* $\boldsymbol{S}$.

KRONECKER-*Symbol*: $\delta_{ik} = \begin{cases} 1 & \text{für } i = k \\ 0 & \text{für } i \neq k \end{cases}$ auch δ_k^i üblich

Diagonalisierung eines Spaltenvektors

$$\operatorname{diag} \begin{pmatrix} a_1 \\ \vdots \\ a_n \end{pmatrix} = (\delta_{ik} \cdot a_k) = \begin{pmatrix} a_1 & & \boldsymbol{0} \\ & \ddots & \\ \boldsymbol{0} & & a_n \end{pmatrix}$$

Einheitsmatrix für $d = 1$

$$\boldsymbol{E} = \begin{pmatrix} 1 & & \boldsymbol{0} \\ & \ddots & \\ \boldsymbol{0} & & 1 \end{pmatrix} = (\delta_{ik})_{n,n} \qquad \text{auch } \boldsymbol{I}, \boldsymbol{U} \text{ üblich}$$

$e_{ik} = 0$ für $i \neq k$, $e_{ii} = 1$ für alle i, $\det \boldsymbol{E} = 1$

Dreiecksmatrizen, LR-Zerlegung

Jede quadratische Matrix $\boldsymbol{A}$ mit $\det\boldsymbol{A} \neq 0$ kann ggf. mittels Permutationsmatrix in ein Produkt zweier Dreiecksmatrizen zerlegt werden, siehe 5.4.3.1:

$$\boldsymbol{PA} = \boldsymbol{LR} \qquad \text{(Links-Rechts-Zerlegung)}$$

Obere Dreiecksmatix (*Superdiagonalmatrix*) $\boldsymbol{R}$: $r_{ik} = 0$ für $i > k$,
Untere Dreiecksmatix (*Subdiagonalmatrix*) $\boldsymbol{L}$: $l_{ik} = 0$ für $i < k$,

normiert als *Einsdreiecksmatrizen*, wenn außerdem $\forall i\colon r_{ii} = 1$ bzw. $\forall i\colon l_{ii} = 1$ gilt.

$$\det\boldsymbol{L} = \det\boldsymbol{R} = \prod_i a_{ii}$$

$$\det\boldsymbol{A} = (-1)^p \det\boldsymbol{R} = (-1)^p r_{11} r_{22} \cdot \ldots \cdot r_{nn}$$

p Anzahl Zeilenvertauschungen

♦ **Beispiel**

$$\boldsymbol{R} = \begin{pmatrix} 11 & 2 & 7 \\ 0 & 3 & 4 \\ 0 & 0 & 2 \end{pmatrix}, \det\boldsymbol{R} = 11 \cdot 3 \cdot 2 = 66 \quad \boldsymbol{L} = \begin{pmatrix} 3 & 0 & 0 \\ 7 & 4 & 0 \\ 9 & 1 & 6 \end{pmatrix}$$ ♦

Multiplikatormatrix

Die quadratische *Multiplikatormatrix* $\boldsymbol{M}(k,s)$ entsteht aus der Einheitsmatrix, indem man ein Diagonalelement $a_{kk} = 1$ durch $a_{kk} = s$ ersetzt.

Linksmultiplikation $\boldsymbol{M}_m(k,s) \cdot \boldsymbol{A}_{m,n}$
multipliziert in $\boldsymbol{A}$ die k-te Zeile mit s.

Rechtsmultiplikation $\boldsymbol{A}_{m,n} \cdot \boldsymbol{M}_n(k,s)$
multipliziert in $\boldsymbol{A}$ die k-te Spalte mit s.

♦ **Beispiel**

$$\boldsymbol{M}_3(1;5) \cdot \boldsymbol{A}_{3,4} = \begin{pmatrix} 5 & 0 & 0 \\ 0 & 1 & 0 \\ 0 & 0 & 1 \end{pmatrix} \begin{pmatrix} 1 & 2 & 3 & 4 \\ 5 & 6 & 7 & 8 \\ 9 & 10 & 11 & 12 \end{pmatrix} = \begin{pmatrix} 5 & 10 & 15 & 20 \\ 5 & 6 & 7 & 8 \\ 9 & 10 & 11 & 12 \end{pmatrix}$$ ♦

Elementarmatrix

In einer quadratischen *Elementarmatrix* $\boldsymbol{E}_{ik}$ ist nur ein $e_{ik} = 1$, alle anderen Elemente sind null.

Beachtung: *ik* gibt hier nicht den Typ der Matrix an.

Linksmultiplikation mit der Elementarmatrix $\boldsymbol{E}_{ik} \cdot \boldsymbol{A}_{m,n}$ ergibt eine (m,n)-Matrix mit der k-ten Zeile von $\boldsymbol{A}$ in seiner i-ten Zeile und weiter nur Nullen.

Rechtsmultiplikation mit der Elementarmatrix $\boldsymbol{A}_{m,n} \cdot \boldsymbol{E}_{ik}$ ergibt eine (m,n)-Matrix mit der i-ten Spalte von $\boldsymbol{A}$ in seiner k-ten Spalte und weiter nur Nullen.

♦ **Beispiel**

$$\boldsymbol{A}_{4,3} \cdot \boldsymbol{E}_{13} = \begin{pmatrix} 1 & 2 & 3 \\ 4 & 5 & 6 \\ 7 & 8 & 9 \\ 10 & 11 & 12 \end{pmatrix} \begin{pmatrix} 0 & 0 & 1 \\ 0 & 0 & 0 \\ 0 & 0 & 0 \end{pmatrix} = \begin{pmatrix} 0 & 0 & 1 \\ 0 & 0 & 4 \\ 0 & 0 & 7 \\ 0 & 0 & 10 \end{pmatrix}$$ ♦

Eliminationsmatrix

$$(\boldsymbol{E} + s\boldsymbol{E}_{ik}) = \begin{pmatrix} 1 & & & \boldsymbol{0} \\ & 1 & & \\ & s & \ddots & \\ \boldsymbol{0} & & & 1 \end{pmatrix} \begin{matrix} \\ \\ i \\ \\ \end{matrix}$$

(Spalte k über der Spalte mit s.)

Linksmultiplikation $(\boldsymbol{E} + s\boldsymbol{E}_{ik}) \cdot \boldsymbol{A} = \boldsymbol{A} + s(\boldsymbol{E}_{ik} \cdot \boldsymbol{A})$ addiert das s-Fache der k-ten Zeile von $\boldsymbol{A}$ zur i-ten Zeile von $\boldsymbol{A}$.

Rechtsmultiplikation $\boldsymbol{A} \cdot (\boldsymbol{E} + s\boldsymbol{E}_{ik}) = \boldsymbol{A} + s(\boldsymbol{A} \cdot \boldsymbol{E}_{ik})$ addiert das s-Fache der i-ten Spalte von $\boldsymbol{A}$ zur k-ten Spalte von $\boldsymbol{A}$.

♦ **Beispiel**

$$(\boldsymbol{E} + 4\boldsymbol{E}_{32}) \cdot \boldsymbol{A}_{4,3} = \begin{pmatrix} 1 & 0 & 0 & 0 \\ 0 & 1 & 0 & 0 \\ 0 & 4 & 1 & 0 \\ 0 & 0 & 0 & 1 \end{pmatrix} \begin{pmatrix} 1 & 2 & 3 \\ 4 & 5 & 6 \\ 7 & 8 & 9 \\ 10 & 11 & 12 \end{pmatrix} = \begin{pmatrix} 1 & 2 & 3 \\ 4 & 5 & 6 \\ 23 & 28 & 33 \\ 10 & 11 & 12 \end{pmatrix}$$ ♦

Permutationsmatrix, Vertauschungsmatrix

Vertauschen der Zeilen der Einheitsmatrix $\boldsymbol{E}$ ergibt die *Permutationsmatrix* $\boldsymbol{P}(i,k)$, bei der die i-te und die k-te Zeile vertauscht sind.

Multiplikation von links mit der Vertauschungsmatrix $\boldsymbol{P}(i,k) \cdot \boldsymbol{A}$, tauscht die i-te Zeile mit der k-ten Zeile von $\boldsymbol{A}$, Multiplikation von rechts $\boldsymbol{A} \cdot \boldsymbol{P}(i,k)$ tauscht die i-te Spalte mit der k-ten Spalte von $\boldsymbol{A}$.

Es gilt: $\det \boldsymbol{P}(i,k) = (-1)^p$, p Anzahl der Zeilenvertauschungen

♦ **Beispiel**

Gegeben: $\boldsymbol{P}(1;2) = \begin{pmatrix} 0 & 1 & 0 \\ 1 & 0 & 0 \\ 0 & 0 & 1 \end{pmatrix}$, $\boldsymbol{A} = \begin{pmatrix} 1 & 2 & 3 \\ 4 & 5 & 6 \\ 7 & 8 & 9 \end{pmatrix}$, gesucht: $\boldsymbol{PA}$ und $\boldsymbol{AP}$.

$$\boldsymbol{PA} = \begin{pmatrix} 4 & 5 & 6 \\ 1 & 2 & 3 \\ 7 & 8 & 9 \end{pmatrix} \text{ und } \boldsymbol{AP} = \begin{pmatrix} 2 & 1 & 3 \\ 5 & 4 & 6 \\ 8 & 7 & 9 \end{pmatrix}$$ ♦

Bemerkung: Jede invertierbare Matrix $\boldsymbol{A} \in \mathbb{C}^{n \times n}$ kann als Produkt von Eliminations-, Permutations- und Multiplikationsmatrizen dargestellt werden.

5

5.2.1.3 Inverse Matrix, (Um)Kehrmatrix $\boldsymbol{A}^{-1}$

Sei $\boldsymbol{A} \in \mathbb{C}^{n \times n}$ quadratisch und regulär, d. h. $\det \boldsymbol{A} \neq 0$.

Die zu $\boldsymbol{A}$ inverse Matrix $\boldsymbol{A}^{-1}$ (sprich: „A hoch minus 1") ist diejenige Matrix $\in \mathbb{C}^{n \times n}$ mit der Eigenschaft

$$\boldsymbol{A} \cdot \boldsymbol{A}^{-1} = \boldsymbol{A}^{-1} \cdot \boldsymbol{A} = \boldsymbol{E}$$

(Multiplikation siehe 5.2.2.2, Determinante siehe 5.3)

Regeln ($\boldsymbol{A}, \boldsymbol{B} \in \mathbb{C}^{n \times n}$, $s \in \mathbb{C}$, $s \neq 0$)

$(\boldsymbol{A}^{-1})^{-1} = \boldsymbol{A}$ (Eindeutigkeit) $\qquad (\boldsymbol{A} \cdot \boldsymbol{B})^{-1} = \boldsymbol{B}^{-1} \cdot \boldsymbol{A}^{-1}$

$(s \cdot \boldsymbol{A})^{-1} = s^{-1} \cdot \boldsymbol{A}^{-1}$

$(\boldsymbol{A}^{\mathrm{T}})^{-1} = (\boldsymbol{A}^{-1})^{\mathrm{T}}$ (*kontragrediente Matrix* zu $\boldsymbol{A}$)

$$\det \boldsymbol{A}^{-1} = \frac{1}{\det \boldsymbol{A}}$$

Zu einer Matrix $\boldsymbol{A}$ mit Nullzeilen oder Nullspalten gibt es keine Inverse $\boldsymbol{A}^{-1}$.

Ist $\boldsymbol{A}$ symmetrisch, ist es auch $\boldsymbol{A}^{-1}$.

$$\boldsymbol{A}^{-1} = \frac{1}{\det \boldsymbol{A}} \begin{pmatrix} \operatorname{cof}_{11}\boldsymbol{A} & \dots & \operatorname{cof}_{1n}\boldsymbol{A} \\ \vdots & & \vdots \\ \operatorname{cof}_{n1}\boldsymbol{A} & \dots & \operatorname{cof}_{nn}\boldsymbol{A} \end{pmatrix}^{\mathrm{T}}$$

$\operatorname{cof}_{ik}\boldsymbol{A}$ siehe 5.3.1, Transformation der Matrix beachten!

Oder Bestimmung von $\boldsymbol{A}^{-1}$ mithilfe des Austauschverfahrens (5.5.3), des GAUSSschen Algorithmus (5.4.3.1) bzw. mittels CRAMERscher Regel (5.4.4).

5.2.1.4 Rang einer Matrix

Eine (m,n)-Matrix $\boldsymbol{A}$ hat den *Rang* $\text{r}(\boldsymbol{A}) = \text{Rg}\,\boldsymbol{A} = r$, wenn

- r die höchste Ordnung aller von null verschiedenen Unterdeterminanten (Streichen von $(m-r)$ Zeilen und $(n-r)$ Spalten) von $\boldsymbol{A}$ ist,
- sie aus r linear unabhängigen Zeilen oder Spalten besteht oder
- r die Anzahl der Zeilenvektoren $\neq \boldsymbol{o}$ in der *Trapezform* der Matrix ist.

$\text{r}(\boldsymbol{A}) \leq \min(m,n)$, d. h. der Rang $\text{r}(\boldsymbol{A})$ ist nicht größer als die kleinere Zahl.

Für $\boldsymbol{A} \neq \boldsymbol{O}$ ist $r(\boldsymbol{A}) \neq 0$, für $\boldsymbol{A} = \boldsymbol{O}$ ist auch $r(\boldsymbol{O}) = 0$.

Maschinell erfolgt die Feststellung des Ranges durch Umformung in die *Trapezform* mit dem GAUSSschen Algorithmus oder dem Austauschverfahren, siehe 5.4.3.1 und 5.5.3.

♦ **Beispiel**

$$\text{r}(\boldsymbol{A}) = \text{r}\begin{pmatrix} 2 & 1 & -2 & 3 \\ -2 & 9 & -4 & 7 \\ -4 & 3 & 1 & -1 \end{pmatrix} = \text{r}\begin{pmatrix} 2 & 1 & -2 & 3 \\ 0 & 10 & -6 & 10 \\ 0 & 5 & -3 & 5 \end{pmatrix}$$

$$= \text{r}\begin{pmatrix} 2 & 1 & -2 & 3 \\ 0 & 10 & -6 & 10 \\ 0 & 0 & 0 & 0 \end{pmatrix} = 2$$

Rechenweg unter Verwendung von Unterdeterminanten

1. plus 2. Zeile und doppelte 1. Zeile plus 3. Zeile ergibt 2. Matrix;
Subtraktion der 2. Zeile von der doppelten 3. Zeile ergibt die 3. Matrix.
Die sechs möglichen Unterdeterminanten sind von 2. Ordnung bzw. in der Trapezform sind zwei Zeilenvektoren ungleich null. ♦

$\boldsymbol{A}$ ist für $\text{r}(\boldsymbol{A}) = n$ regulär und invertierbar, d. h. $\det\boldsymbol{A} \neq 0$,

für $\text{r}(\boldsymbol{A}) < n$ singulär und nicht invertierbar, $\det\boldsymbol{A} = 0$.

♦ **Beispiel**

$$\boldsymbol{A} = \begin{pmatrix} 1 & 3 & 2 \\ -1 & 2 & 3 \\ 1 & 0 & -1 \end{pmatrix}, \quad \det\boldsymbol{A} = \begin{vmatrix} 1 & 3 & 2 \\ -1 & 2 & 3 \\ 1 & 0 & -1 \end{vmatrix} = -2+9+0-(4+0+3) = 0$$

Die Spaltenvektoren von $\boldsymbol{A}$ sind voneinander linear abhängig, $\boldsymbol{a}_3 = \boldsymbol{a}_2 - \boldsymbol{a}_1$, der Rang ist $\text{r}(\boldsymbol{A}) < 3$. Man sucht einer Unterdeterminante 2. Ordnung.

$$U_{11} = \begin{pmatrix} 2 & 3 \\ 0 & -1 \end{pmatrix} = -2 \neq 0.$$

Der Rang ist $\text{r}(\boldsymbol{A}) = 2 < n$, die Matrix $\boldsymbol{A}$ ist nicht invertierbar. ♦

Defekt, Nullität, Rangabfall

$$d = n - r$$

5.2.1.5 Matrizennormen

Die *Norm* $\|\boldsymbol{A}\|$ ist eine reelle Zahl, die der Matrix $\boldsymbol{A}$ zugeordnet ist.

Axiome für Matrizennormen

- $\|\boldsymbol{A}\| \geq 0$ $\quad \boldsymbol{A} \in \mathbb{R}^{m \times n}$
- $\|\boldsymbol{A}\| = 0$ genau dann, wenn $\boldsymbol{A} = \boldsymbol{O}$ (Nullmatrix)
- $\|s \cdot \boldsymbol{A}\| = |s| \cdot \|\boldsymbol{A}\|$ $\quad s \in \mathbb{R}$
- $\|\boldsymbol{A} + \boldsymbol{B}\| \leq \|\boldsymbol{A}\| + \|\boldsymbol{B}\|$ $\quad \boldsymbol{A}, \boldsymbol{B}$ beliebig (*Dreiecksungleichung*)
- $\|\boldsymbol{A} \cdot \boldsymbol{B}\| \leq \|\boldsymbol{A}\| \cdot \|\boldsymbol{B}\|$ $\quad \boldsymbol{A} = \mathbb{R}^{m \times n}, \boldsymbol{B} = \mathbb{R}^{n \times k}$

Die einer Vektornorm zugeordnete Matrixnorm lautet

$$\|\boldsymbol{A}\| = \min\{K \geq 0 \mid \forall \boldsymbol{x} : \|\boldsymbol{A} \cdot \boldsymbol{x}\| \leq K \cdot \|\boldsymbol{x}\|\}$$

Verträglichkeitsbedingung zwischen Vektor- und Matrixnorm

$$\|\boldsymbol{A} \cdot \boldsymbol{x}\| \leq \|\boldsymbol{A}\| \cdot \|\boldsymbol{x}\|$$

für jede Matrix $\boldsymbol{A} \in \mathbb{R}^{m \times n}$ und jeden Vektor $\boldsymbol{x} \in \mathbb{R}^n$

Spezielle Matrizennormen

Zeilensummennorm: $\|\boldsymbol{A}\|_\infty := \max\limits_{1 \leq i \leq m} \sum\limits_{k=1}^{n} |a_{ik}|$

Spaltensummennorm: $\|\boldsymbol{A}\|_1 := \max\limits_{1 \leq k \leq n} \sum\limits_{i=1}^{m} |a_{ik}|$

Spektralnorm, EUKLID*ische Norm* : $\|\boldsymbol{A}\|_2 = \|\boldsymbol{A}^\mathrm{T}\|_2 = \sqrt{\max\limits_i |\lambda_i(\boldsymbol{A}^\mathrm{T}\boldsymbol{A})|}$

FROBENIUS-*Norm*: $\|\boldsymbol{A}\|_\mathrm{F} = \sqrt{\sum\limits_{i=1}^{m} \sum\limits_{k=1}^{n} |a_{ik}|^2}$

Zur Abschätzung der Spektralnorm gilt:

$$\|\boldsymbol{A}\|_2 \leq \|\boldsymbol{A}\|_\mathrm{F} \leq \sqrt{n}\|\boldsymbol{A}\|_2$$

5.2.1.6 Grenzwert, Differenzialquotient, Integral

Grenzwert einer Matrix $A(t)$

Hängt eine Matrix von einem Parameter t ab, versteht man unter der *Grenzmatrix* diejenige Matrix, bei der an jedem Element der Grenzübergang $t \to t_0$ vollzogen ist.

$$\lim_{t \to t_0} \boldsymbol{A}(t) = \left(\lim_{t \to t_0} a_{ik}(t) \right)$$

Differenzialquotient und Integral einer Matrix $A(t)$

Die Elemente der Matrix werden einzeln differenziert bzw. integriert.

$a_{ik}(t)$ differenzier- bzw. integrierbar

$$\frac{\mathrm{d}}{\mathrm{d}t} \boldsymbol{A}(t) = \left(\frac{\mathrm{d}}{\mathrm{d}t} a_{ik}(t) \right) \qquad \int_a^b \boldsymbol{A}(t)\,\mathrm{d}t = \left(\int_a^b a_{ik}(t)\,\mathrm{d}t \right)$$

5.2.2 Matrizengesetze

5.2.2.1 Gleichheit und Summe zweier Matrizen

$(\boldsymbol{A}, \boldsymbol{B}, \boldsymbol{C} \in \mathbb{C}^{m \times n})$

$$\forall i,k\colon \boldsymbol{A} = \boldsymbol{B} \Leftrightarrow a_{ik} = b_{ik} \qquad \boldsymbol{A} - \boldsymbol{B} = \boldsymbol{O} \Leftrightarrow \boldsymbol{A} = \boldsymbol{B}$$

$$\forall i,k\colon \boldsymbol{A} \pm \boldsymbol{B} = \left(a_{ik} \pm b_{ik} \right)_{m,n}$$

$$\boldsymbol{A} + \boldsymbol{B} = \boldsymbol{B} + \boldsymbol{A} \qquad \text{(Kommutativgesetz)}$$

$$(\boldsymbol{A} + \boldsymbol{B}) + \boldsymbol{C} = \boldsymbol{A} + (\boldsymbol{B} + \boldsymbol{C}) = \boldsymbol{A} + \boldsymbol{B} + \boldsymbol{C} \qquad \text{(Assoziativgesetz)}$$

$$\boldsymbol{A} = \boldsymbol{B} \Leftrightarrow \boldsymbol{A} + \boldsymbol{C} = \boldsymbol{B} + \boldsymbol{C}$$

$$\boldsymbol{A} \pm \boldsymbol{O} = \boldsymbol{A}$$

$$\boldsymbol{O} - \boldsymbol{A} = -\boldsymbol{A}$$

5.2.2.2 Multiplikation von Matrizen

Multiplikation einer Matrix mit einem Skalar

Jedes Element von $\boldsymbol{A}$ wird mit dem Skalar multipliziert.

$$\forall i,k\colon s \cdot \boldsymbol{A} = s \cdot \left(a_{ik} \right) := \left(s \cdot a_{ik} \right) \qquad s,t \in \mathbb{C}$$

Umkehrung: Ein gemeinsamer Faktor **jedes** Elements der Matrix kann vor die Matrix gesetzt werden, gleiche Maßeinheit wird einmal hinter der Matrix angegeben.

$s \cdot (\boldsymbol{A} \pm \boldsymbol{B}) = s \cdot \boldsymbol{A} \pm s \cdot \boldsymbol{B}$ (Distributivgesetz)
$(s \pm t) \cdot \boldsymbol{A} = s \cdot \boldsymbol{A} \pm t \cdot \boldsymbol{A}$ (Distributivgesetz)
$s \cdot (t \cdot \boldsymbol{A}) = (s \cdot t) \cdot \boldsymbol{A} = s \cdot t \cdot \boldsymbol{A}$ (Assoziativgesetz)
$\boldsymbol{A} \cdot s := s \cdot \boldsymbol{A}, \boldsymbol{S} \cdot \boldsymbol{A} = \boldsymbol{A} \cdot \boldsymbol{S}$ (Kommutativgesetz)

$\boldsymbol{S}$ Skalarmatrix mit $d = s$

♦ **Beispiel**

$$s = 2, \quad \boldsymbol{A} = \begin{pmatrix} 7 & 4 \\ -3 & 0 \end{pmatrix},$$

$$s \cdot \boldsymbol{A} = 2 \cdot \begin{pmatrix} 7 & 4 \\ -3 & 0 \end{pmatrix} = \begin{pmatrix} 14 & 8 \\ -6 & 0 \end{pmatrix} = \begin{pmatrix} 2 & 0 \\ 0 & 2 \end{pmatrix} \begin{pmatrix} 7 & 4 \\ -3 & 0 \end{pmatrix}$$ ♦

5

Produkt von Matrizen

Das Element c_{ik} der Matrix $\boldsymbol{C}_{m,n} = \boldsymbol{A}_{m,p} \cdot \boldsymbol{B}_{p,n}$ ergibt sich als skalares Produkt $c_{ik} = \boldsymbol{a}^i \cdot \boldsymbol{b}_k$ des Zeilenvektors $\boldsymbol{a}^i$ mit dem Spaltenvektor $\boldsymbol{b}_k$.

$$(c_{ik})_{m,n} = (\boldsymbol{a}^i \cdot \boldsymbol{b}_k)_{m,n} = (a_{ij})_{m,p} \cdot (b_{jk})_{p,n} = \left(\sum_{j=1}^{p} a_{ij} \cdot b_{jk} \right)_{m,n}$$

Bedingung: $\boldsymbol{A}, \boldsymbol{B}$ verkettet, d. h. Spaltenanzahl von $\boldsymbol{A}$ = Zeilenanzahl von $\boldsymbol{B}$

$\boldsymbol{C}$ hat so viele Zeilen wie $\boldsymbol{A}$ und so viele Spalten wie $\boldsymbol{B}$.

Schema von Falk (Matrizenmultiplikation „von Hand“)

		n	
	p	$\boldsymbol{B}$	
m	$\boldsymbol{A}$ (p)	$\boldsymbol{C} = \boldsymbol{A} \cdot \boldsymbol{B}$	m
		n	

Die Elemente c_{ik} der Matrix $\boldsymbol{C} = \boldsymbol{A} \cdot \boldsymbol{B}$ stehen im Kreuzungspunkt der i-ten Zeile von $\boldsymbol{A}$ und der k-ten Spalte von $\boldsymbol{B}$ und sind deren skalares Produkt.

♦ **Beispiel**

$$\boldsymbol{C} = \boldsymbol{A} \cdot \boldsymbol{B} = \begin{pmatrix} 1 & 3 & 2 \\ 2 & 4 & 1 \end{pmatrix} \cdot \begin{pmatrix} 1 & 0 \\ 2 & 3 \\ 4 & 1 \end{pmatrix}$$ Verkettung: $\boldsymbol{A}_{2,3} \cdot \boldsymbol{B}_{3,2} = \boldsymbol{C}_{2,2}$

$$\boldsymbol{C} = \begin{pmatrix} 1 \cdot 1 + 3 \cdot 2 + 2 \cdot 4 & 1 \cdot 0 + 3 \cdot 3 + 2 \cdot 1 \\ 2 \cdot 1 + 4 \cdot 2 + 1 \cdot 4 & 2 \cdot 0 + 4 \cdot 3 + 1 \cdot 1 \end{pmatrix} = \begin{pmatrix} 15 & 11 \\ 14 & 13 \end{pmatrix}$$

				b_1	b_2
				1	0
				2	3
				4	1
a^1	1	3	2	$a^1 \cdot b_1 = 15$	$a^1 \cdot b_2 = 11$
a^2	2	4	1	$a^2 \cdot b_1 = 14$	$a^2 \cdot b_2 = 13$

♦

Das Kommutativgesetz gilt im Allgemeinen *nicht*: $\boldsymbol{A} \cdot \boldsymbol{B} \neq \boldsymbol{B} \cdot \boldsymbol{A}$

Ausnahme: $\boldsymbol{A}, \boldsymbol{B}$ heißen dann *kommutative Matrizen*, falls $\boldsymbol{A} \cdot \boldsymbol{B} = \boldsymbol{B} \cdot \boldsymbol{A}$

Regeln

$s \cdot (\boldsymbol{A} \cdot \boldsymbol{B}) = (s \cdot \boldsymbol{A}) \cdot \boldsymbol{B} = \boldsymbol{A} \cdot (s \cdot \boldsymbol{B})$ $\quad$ s beliebiger Skalar

$(\boldsymbol{A} \cdot \boldsymbol{B})^{\mathrm{T}} = \boldsymbol{B}^{\mathrm{T}} \cdot \boldsymbol{A}^{\mathrm{T}}$ $\quad$ $(\boldsymbol{A} \cdot \boldsymbol{B})^{-1} = \boldsymbol{B}^{-1} \cdot \boldsymbol{A}^{-1}$

$\boldsymbol{A} = \boldsymbol{B} \Rightarrow \boldsymbol{A} \cdot \boldsymbol{C} = \boldsymbol{B} \cdot \boldsymbol{C}$ oder $\boldsymbol{C} \cdot \boldsymbol{A} = \boldsymbol{C} \cdot \boldsymbol{B}$

$\boldsymbol{A}_{n,m} \cdot \boldsymbol{E}_m = \boldsymbol{E}_n \cdot \boldsymbol{A}_{n,m} = \boldsymbol{A}_{n,m}$ $\quad$ $\boldsymbol{A} \cdot \boldsymbol{O} = \boldsymbol{O} \cdot \boldsymbol{A} = \boldsymbol{O}$

Bemerkungen: Aus $\boldsymbol{A} \cdot \boldsymbol{B} = \boldsymbol{O}$ folgt *nicht* $\boldsymbol{A} = \boldsymbol{O}$ oder $\boldsymbol{B} = \boldsymbol{O}$.

$\boldsymbol{A}, \boldsymbol{B}$ heißen in diesem Fall *Nullteiler*.

Analog: Aus $\boldsymbol{A} \cdot \boldsymbol{B} = \boldsymbol{A}$ folgt *nicht* $\boldsymbol{B} = \boldsymbol{E}$.

Distributivgesetze

$\boldsymbol{A} \cdot (\boldsymbol{B} + \boldsymbol{C}) = \boldsymbol{A} \cdot \boldsymbol{B} + \boldsymbol{A} \cdot \boldsymbol{C}$ $\quad$ (Linksmultiplikation)

$(\boldsymbol{A} + \boldsymbol{B}) \cdot \boldsymbol{C} = \boldsymbol{A} \cdot \boldsymbol{C} + \boldsymbol{B} \cdot \boldsymbol{C}$ $\quad$ (Rechtsmultiplikation)

Multiplikation von Zeilen- und Spaltenvektor

Skalarprodukt

$$\boldsymbol{a} \cdot \boldsymbol{b} = \boldsymbol{a}^{\mathrm{T}} \boldsymbol{b} = (a_1, \ldots, a_n) \cdot \begin{pmatrix} b_1 \\ \vdots \\ b_n \end{pmatrix} = \sum_{i=1}^{n} a_i b_i$$

Ergebnis: ein Skalar
Siehe auch 6.2.2.2.

Dyadisches Produkt (siehe auch Tensoren, 5.1)

$\left(\boldsymbol{a}\boldsymbol{b}^{\mathrm{T}}\right)_{ik} = \boldsymbol{a}_i \boldsymbol{b}^k$ $\quad$ Spaltenvektor mal Zeilenvektor ergibt Matrix.

Potenzen von quadratischen Matrizen

$\boldsymbol{A}^n := \boldsymbol{A}^{n-1} \cdot \boldsymbol{A} \qquad \boldsymbol{A}^0 := \boldsymbol{E}$

Multiplikation mit einer Diagonalmatrix *D*

Multiplikation von links

$$\boldsymbol{D}_m \cdot \boldsymbol{A}_{m,n} = \left(a_{ik} \cdot d_i\right) = \begin{pmatrix} a_{11}d_1 & a_{12}d_1 & \dots & a_{1n}d_1 \\ a_{21}d_2 & a_{22}d_2 & \dots & a_{2n}d_2 \\ \vdots & \vdots & & \vdots \\ a_{m1}d_m & a_{m2}d_m & \dots & a_{mn}d_m \end{pmatrix}$$

Multiplikation von rechts

$$\boldsymbol{A}_{m,n} \cdot \boldsymbol{D}_n = \left(a_{ik} \cdot d_k\right) = \begin{pmatrix} a_{11}d_1 & a_{12}d_2 & \dots & a_{1n}d_n \\ a_{21}d_1 & a_{22}d_2 & \dots & a_{2n}d_n \\ \vdots & \vdots & & \vdots \\ a_{m1}d_1 & a_{m2}d_2 & \dots & a_{mn}d_n \end{pmatrix}$$

Multiplikation von drei und mehr Matrizen

$$(\boldsymbol{A} \cdot \boldsymbol{B}) \cdot \boldsymbol{C} = \boldsymbol{A} \cdot (\boldsymbol{B} \cdot \boldsymbol{C}) = \boldsymbol{ABC} = \boldsymbol{M} \qquad \text{(Assoziativgesetz)}$$

Voraussetzung für die Multiplikation ist die Verkettung (Verkettbarkeit):

$$\boldsymbol{A}_{m,p} \cdot \boldsymbol{B}_{p,q} \cdot \boldsymbol{C}_{q,n} = \boldsymbol{M}_{m,n}$$

5.2.3 Matrizengleichungen

Gleichungsform: $\boldsymbol{AX} = \boldsymbol{B}$

- $\boldsymbol{A}_{n,n}, \boldsymbol{B}_{n,n}, \det \boldsymbol{A}_{n,n} \neq 0$ — eindeutige Lösung: $\boldsymbol{X} = \boldsymbol{A}^{-1}\boldsymbol{B}$
- mit Spaltenvektor $\boldsymbol{B}_{n,1} = \boldsymbol{b}$ — siehe lineare Gleichungssysteme, 5.4
- mit Matrix $\boldsymbol{B}_{n,m}$ — siehe GAUSSscher Algorithmus, 5.4.3.1
- $\boldsymbol{A}_{m,n}, \boldsymbol{B}_{m,q}$, $\mathrm{r}(\boldsymbol{A}) = \mathrm{r}(\boldsymbol{A}|\boldsymbol{B}) < n$ — unendlich viele Lösungen
- $\boldsymbol{A}_{m,n}, \boldsymbol{B}_{p,q}, m \neq p$ — keine Lösung

Gleichungsform: $\boldsymbol{X} = \boldsymbol{B} + \boldsymbol{XA}$

- $\boldsymbol{A}_{n,n}, \boldsymbol{B}_{n,n}, \det \boldsymbol{A} \neq 0$ — eindeutige Lösung: $\boldsymbol{X} = \boldsymbol{B}(\boldsymbol{E} - \boldsymbol{A})^{-1}$

5.2.4 Eigenwerte und Eigenvektoren quadratischer Matrizen

Bestimmen der *Eigenwerte* λ und der dazu gehörigen *Eigenvektoren* $\boldsymbol{x}$ einer quadratischen Matrix heißt *Eigenwertaufgabe* oder *Eigenwertproblem*.

Beschreibungen durch die *Eigenwert-Eigenvektor-Gleichung*:

$\boldsymbol{A}\boldsymbol{x} = \lambda \boldsymbol{x}$ bzw. $(\boldsymbol{A} - \lambda \boldsymbol{E})\boldsymbol{x} = \boldsymbol{o}$

mit $\boldsymbol{A} \in \mathbb{C}^{n \times n}$, $\boldsymbol{x} \in \mathbb{C}^n \setminus \{\boldsymbol{o}\}$, $\lambda \in \mathbb{C}$, $\boldsymbol{E}$ Einheitsmatrix

Eigenwerte einer Matrix

Die Zahl λ heißt *Eigenwert* der Matrix $\boldsymbol{A}$, wenn es einen Eigenvektor $\boldsymbol{x} \neq \boldsymbol{o}$ gibt, der die Eigenwert-Eigenvektor-Gleichung erfüllt.

Die Eigenwerte der Matrix $\boldsymbol{A}$ sind die n Lösungen der *charakteristischen Gleichung* (algebraische Gleichung n-ten Grades) $\det(\boldsymbol{A} - \lambda \boldsymbol{E}) = 0$:

$$\det(\boldsymbol{A} - \lambda \boldsymbol{E}) = \begin{vmatrix} a_{11} - \lambda & a_{12} & \dots & a_{1n} \\ a_{21} & a_{22} - \lambda & \dots & a_{2n} \\ \vdots & \vdots & \ddots & \vdots \\ a_{n1} & a_{n2} & \dots & a_{nn} - \lambda \end{vmatrix} = 0$$

Charakteristisches Polynom:

$$\operatorname{ch}_A(\lambda) = a_n \lambda^n + a_{n-1}\lambda^{n-1} + \ldots + a_1 \lambda + a_0 = 0 \quad \text{(vgl. 11.4)}$$

Invarianten von $\boldsymbol{A}$: $a_n = (-1)^n \quad a_{n-1} = (-1)^n \operatorname{sp}\boldsymbol{A} \quad a_0 = \det \boldsymbol{A}$

Für die Eigenwerte gilt: $\det \boldsymbol{A} = \prod_{i=1}^{n} \lambda_i \quad \operatorname{sp}\boldsymbol{A} = \sum_{i=1}^{n} a_{ii} = \sum_{i=1}^{n} \lambda_i$ (*Spur*)

Jede symmetrische bzw. HERMITEsche Matrix $\boldsymbol{A}$ hat genau n reelle Eigenwerte. Für nicht symmetrische Matrizen kann λ auch komplex sein.

Eigenvektoren $\boldsymbol{x}_i$

Die zu den Eigenwerten λ_i gehörenden *Eigenvektoren* $\boldsymbol{x}_i$ von $\boldsymbol{A}$ sind die Lösungsvektoren folgender homogenen linearen Gleichungssysteme:

$(\boldsymbol{A} - \lambda_i \boldsymbol{E})\boldsymbol{x}_i = \boldsymbol{o}$ mit $\boldsymbol{x}_i \in \mathbb{C}^n$, $i = 1, 2, \ldots, n$

Eigenvektoren werden meist normiert angegeben: $|\boldsymbol{x}_i| = 1$

Ist $\boldsymbol{x}$ Eigenvektor von $\boldsymbol{A}$, dann auch $\alpha \cdot \boldsymbol{x}$ mit $\alpha \in \mathbb{C}$. Jede Linearkombination von zwei Eigenvektoren zum gleichen Eigenwert ist ebenfalls Eigenvektor.

Die Lösungsmenge $\{\boldsymbol{x}_i\}$ bildet daher einen Vektorraum, den zu λ_i gehörenden *Eigenraum* von $\boldsymbol{A}$: $E(\lambda, \boldsymbol{A})$. $(\lambda, \boldsymbol{x})$ heißt *Eigenpaar*.

Bei *paarweise verschiedenen* Eigenwerten gehört zu jedem Eigenwert ein eindimensionaler Eigenraum.

Die Eigenvektoren sind dann linear unabhängig und für

symmetrische / HERMITEsche Matrizen sind paarweise zwei Eigenvektoren orthogonal. / unitär.

Diagonalisierung, diagonalähnliche Matrix

Eine quadratische Matrix $\boldsymbol{A} \in \mathbb{C}^{n \times n}$ heißt *diagonalisierbar*, wenn sie n linear unabhängige Eigenvektoren $\boldsymbol{x}_i$ hat (n-dimensionaler Vektorraum). Die zugehörigen Eigenwerte müssen nicht notwendig verschieden sein.

Entwicklungssatz

Jeder Vektor $\boldsymbol{z} \neq \boldsymbol{o}$ des Vektorraumes $\mathbb{R}^n$ lässt sich als Linearkombination von n linear unabhängigen Eigenvektoren $\boldsymbol{x}_i$ einer diagonalisierbaren (n,n)-Matrix darstellen.

$\boldsymbol{z} = c_1\boldsymbol{x}_1 + c_2\boldsymbol{x}_2 + \ldots + c_n\boldsymbol{x}_n$ $\quad c_i$ Konstante, mindestens ein $c_i \neq 0$

Orthogonale Eigenvektormatrix, Orthonormalsystem

$\boldsymbol{A}$ sei eine symmetrische Matrix. Dann kann man eine Basis von Eigenvektoren finden mit folgenden Eigenschaften:

$\boldsymbol{X} = (\boldsymbol{x}_i)$, $\boldsymbol{x}_i$ Eigenvektor von $\boldsymbol{A}$ = i-ter Spaltenvektor von $\boldsymbol{X}$

$\boldsymbol{X}$ ist orthogonal, d. h. $\boldsymbol{X}^{\mathrm{T}}\boldsymbol{X} = \boldsymbol{E}$, und $\det \boldsymbol{X} = \pm 1$.

Eigenvektoren $\boldsymbol{x}_i$ sind paarweise linear unabhängig, $i = 1, 2, \ldots, n$

Mit der Normierung $|\boldsymbol{x}_i| = 1$ liegt ein *Orthonormalsystem* vor.

Spektralmatrix der Eigenwerte (*Modalmatrix*)

$$\hat{\boldsymbol{D}} = \operatorname{diag}(\lambda_i) = \begin{pmatrix} \lambda_1 & 0 & \dots & 0 \\ 0 & \ddots & \ddots & \vdots \\ \vdots & \ddots & \ddots & 0 \\ 0 & \dots & 0 & \lambda_n \end{pmatrix} \overset{\text{kurz}}{=} \begin{pmatrix} \lambda_1 & & \boldsymbol{0} \\ & \ddots & \\ \boldsymbol{0} & & \lambda_n \end{pmatrix}$$

Jede (symmetrische) Matrix $\boldsymbol{A}$ mit n linear unabhängigen Eigenvektoren $\boldsymbol{x}_i$ gestattet eine (orthogonale) Transformation auf die *Hauptdiagonalform*, (*orthogonale*) *Ähnlichkeitstransformation*, d. h. für jede (symmetrische) Matrix $\boldsymbol{A}$ lässt sich eine (orthogonale) Eigenvektormatrix $\boldsymbol{X}$ finden, sodass

$$\hat{\boldsymbol{D}} = \boldsymbol{X}^{-1}\boldsymbol{A}\boldsymbol{X} \Big(= \boldsymbol{X}^{\mathrm{T}}\boldsymbol{A}\boldsymbol{X} \text{ äquivalent } \boldsymbol{A} = \boldsymbol{X}\hat{\boldsymbol{D}}\boldsymbol{X}^{\mathrm{T}} \Big)$$

Werden die Begriffe in runden Klammern weggelassen, wird die Aussage allgemeiner.

♦ **Beispiel**

Gegeben: Vektorabbildung $\boldsymbol{x}' = \boldsymbol{A}\boldsymbol{x}$ mit $\boldsymbol{A} = \begin{pmatrix} 2 & -5 \\ 1 & -4 \end{pmatrix}$, $\boldsymbol{x} = \begin{pmatrix} x_1 \\ x_2 \end{pmatrix}$

Gesucht: Eigenwerte und Eigenvektoren von $\boldsymbol{A}$

Charakteristische Gleichung:

$$\begin{vmatrix} 2-\lambda & -5 \\ 1 & -4-\lambda \end{vmatrix} = (2-\lambda)(-4-\lambda) - 1 \cdot (-5)$$

$$= \lambda^2 + 2\lambda - 3 = 0$$

mit den Wurzeln $\lambda_1 = 1$, $\lambda_2 = -3$

Eigenvektor zu $\lambda_1 = 1$: $(\boldsymbol{A} - \lambda_1 \boldsymbol{E})\boldsymbol{x} = \boldsymbol{o}$

$$\begin{pmatrix} 1 & -5 \\ 1 & -5 \end{pmatrix} \begin{pmatrix} x_1 \\ x_2 \end{pmatrix} = \begin{pmatrix} 0 \\ 0 \end{pmatrix} \text{ oder } \begin{cases} x_1 - 5x_2 = 0 \\ x_1 - 5x_2 = 0 \end{cases}$$

führt auf eine Gleichung mit zwei Unbekannten: $x_1 - 5x_2 = 0$

Lösungsmenge (Eigenraum): $L_1 = \left\{ t_1 \cdot \begin{pmatrix} 5 \\ 1 \end{pmatrix}, t_1 \in \mathbb{R}^* \right\}$,

normiert $\boldsymbol{x}_1 = \dfrac{1}{\sqrt{26}} \begin{pmatrix} 5 \\ 1 \end{pmatrix}$

desgl. zu $\lambda_2 = -3$: $x_1 - x_2 = 0$

$L_2 = \left\{ t_2 \cdot \begin{pmatrix} 1 \\ 1 \end{pmatrix}, t_2 \in \mathbb{R}^* \right\}$, normiert $\boldsymbol{x}_2 = \dfrac{1}{\sqrt{2}} \begin{pmatrix} 1 \\ 1 \end{pmatrix}$

Ergebnis:

Geraden mit den Richtungsvektoren $\frac{1}{\sqrt{26}}\begin{pmatrix}5\\1\end{pmatrix}$ und $\frac{1}{\sqrt{2}}\begin{pmatrix}1\\1\end{pmatrix}$ werden bei der Vektorabbildung $\boldsymbol{x}' = \begin{pmatrix}2 & -5\\1 & -4\end{pmatrix}\boldsymbol{x}$ auf ein Vielfaches von sich selbst abgebildet. Bildgerade und Urbildgerade stimmen überein.

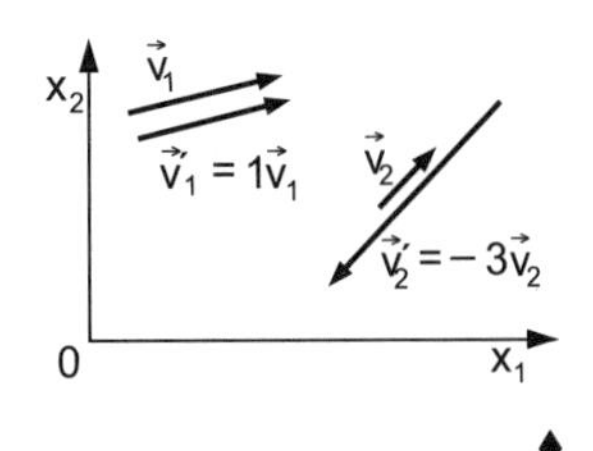

♦

5.2.5 Numerische Verfahren

5.2.5.1 HOUSEHOLDER-Orthogonalisierung (-Transformation)

(Favorisiertes Verfahren für überbestimmte lineare Gleichungssysteme)

Ziel: *QR-Zerlegung* (*QR*-Faktorisierung) $\boldsymbol{A}_{m,n} = \boldsymbol{Q}_{m,m} \cdot \boldsymbol{R}_{m,n}$ mit $\boldsymbol{Q}_{m,m}$ als orthogonale Transformationsmatrix, d. h. $\boldsymbol{Q}^{\mathrm{T}}\boldsymbol{Q} = \boldsymbol{E}$

Unter einer HOUSEHOLDER-*Matrix* versteht man die symmetrische, orthogonale Matrix $\boldsymbol{H}$, bestehend aus einem Vektor $\boldsymbol{v} \in \mathbb{R}^n$ und der Einheitsmatrix $\boldsymbol{E}$ nach folgender Definition:

$\boldsymbol{H} := \boldsymbol{E} - \frac{2\boldsymbol{v}\boldsymbol{v}^{\mathrm{T}}}{|\boldsymbol{v}|^2}$ ($\boldsymbol{v}\boldsymbol{v}^{\mathrm{T}}$ dyadisches Produkt) $\quad \boldsymbol{H}^{\mathrm{T}}\boldsymbol{H} = \boldsymbol{E}, \boldsymbol{H}^{-1} = \boldsymbol{H}^{\mathrm{T}}$

Lösungsweg

$\boldsymbol{A}_{m,n}$ wird transformiert in die obere Dreiecksmatrix $\boldsymbol{R}_{m,n}$ durch sukzessive Linksmultiplikation von $\boldsymbol{A}$ mit (m,m)-HOUSEHOLDER-Matrizen $\boldsymbol{H}_j$.

Gegeben/gesetzt: $\boldsymbol{A}^{(1)} := \boldsymbol{A}$

$\boldsymbol{A}^{(j+1)} := \boldsymbol{H}_j\boldsymbol{A}^{(j)} \quad j = 1, 2, \ldots, q,\ q = \min\big((m-1), n\big)$

Letzter Schritt: $\boldsymbol{A}^{(q+1)} = \big(\boldsymbol{H}_q\boldsymbol{H}_{q-1} \cdot \ldots \cdot \boldsymbol{H}_1\big)\boldsymbol{A}^{(1)} := \boldsymbol{H}\boldsymbol{A} = \boldsymbol{R}$

Ergebnisschritt: $\boldsymbol{H}\boldsymbol{A} = \boldsymbol{R}$ wird $\boldsymbol{A} = \boldsymbol{H}^{\mathrm{T}}\boldsymbol{R} =: \boldsymbol{Q}\boldsymbol{R}$ mit $\boldsymbol{Q}^{\mathrm{T}}\boldsymbol{Q} = \boldsymbol{E}$

Obere Dreiecksmatrix

$$\boldsymbol{R}_{m,n} = \begin{pmatrix} r_{11} & \cdots & r_{1n} \\ & \ddots & \vdots \\ & & r_{nn} \\ & \boldsymbol{O} & \end{pmatrix} = \left(\frac{\boldsymbol{R}_{n,n}}{\boldsymbol{O}_{m-n-1,n}}\right) \begin{matrix}\text{für } i \le k \\ \text{für } i > k\end{matrix} = \begin{pmatrix}\boldsymbol{R} \\ \boldsymbol{O}\end{pmatrix}\begin{matrix}1\\ \vdots \\ n \\ n+1 \\ \vdots \\ m\end{matrix}$$

Durchführung der HOUSEHOLDER-Transformation

1. Schritt

Erster Spaltenvektor $\boldsymbol{a}_1^{(1)}$ von $\boldsymbol{A}^{(1)}$ wird transformiert zum ersten Spaltenvektor $r_{11}\boldsymbol{e}_1$ von $\boldsymbol{R}$, wobei $\boldsymbol{e}_1$ der erste Einheitsvektor (Spalte 1) der Einheitsmatrix $\boldsymbol{E}$ ist.

$\boldsymbol{H}_1$ ist so zu bestimmen, dass $\boldsymbol{a}_1^{(2)} = \boldsymbol{H}_1\boldsymbol{a}_1^{(1)} = r_{11}\boldsymbol{e}_1 = \left(r_{11}, 0, \ldots, 0\right)^{\mathrm{T}}$ wird.

HOUSEHOLDER-Matrix: $\boldsymbol{H}_1 = \boldsymbol{E} - \dfrac{2\boldsymbol{v}_1\boldsymbol{v}_1^{\mathrm{T}}}{|\boldsymbol{v}_1|^2}$

Vektor: $\boldsymbol{v}_1 = \boldsymbol{a}_1^{(1)} - r_{11}\boldsymbol{e}_1 = \left(a_{11}^{(1)} + \operatorname{sgn} a_{11}^{(1)} \cdot |\boldsymbol{a}_1^{(1)}|, a_{21}^{(1)}, \ldots, a_{m1}^{(1)}\right)^{\mathrm{T}}$

Ausgangsmatrix $\boldsymbol{A} = \boldsymbol{A}^{(1)}$, 1. Transformationsmatrix $\boldsymbol{H}_1\boldsymbol{A}^{(1)} = \boldsymbol{A}^{(2)}$:

$$\boldsymbol{A}^{(1)} = \begin{pmatrix} a_{11}^{(1)} & a_{12}^{(1)} & \cdots & a_{1n}^{(1)} \\ a_{21}^{(1)} & a_{22}^{(1)} & \cdots & a_{2n}^{(1)} \\ \vdots & \vdots & & \vdots \\ a_{m1}^{(1)} & a_{m2}^{(1)} & \cdots & a_{mn}^{(1)} \end{pmatrix}, \boldsymbol{A}^{(2)} = \begin{pmatrix} a_{11}^{(2)} & a_{12}^{(2)} & \cdots & a_{1n}^{(2)} \\ 0 & a_{22}^{(2)} & \cdots & a_{2n}^{(2)} \\ \vdots & \vdots & & \vdots \\ 0 & a_{m2}^{(2)} & \cdots & a_{mn}^{(2)} \end{pmatrix}$$

daraus $a_{11}^{(2)} = r_{11} = r_{11}^{(1)}$

Bemerkung: Man arbeitet nur mit $\boldsymbol{v}$, ohne $\boldsymbol{H}$ bilden zu müssen.

2. Schritt

Die $\big((m-1), (n-1)\big)$-Restmatrix in $\boldsymbol{A}^{(2)}$ wird weiter transformiert: $\boldsymbol{A}^{(3)} = \boldsymbol{H}_2\boldsymbol{A}^{(2)}$

Allgemein: $\boldsymbol{A}^{(k+1)} = \boldsymbol{H}_k\boldsymbol{A}^{(k)}$.

Dabei ist $\boldsymbol{v}_k$ wieder ein Vektor, der in der k-ten Spalte von $\boldsymbol{A}^{(k+1)}$ unterhalb des Diagonalelements nur Nullen erzeugt.

5.2.5.2 QR-Verfahren

(Verfahren zur Bestimmung aller Eigenwerte einer (n, n)-Matrix $\boldsymbol{A}$)

Algorithmus für das QR-Verfahren ohne Spektralverschiebung

(1) Man setzt: $\boldsymbol{A}^{(1)} := \boldsymbol{A}$ $\quad \boldsymbol{A} = \boldsymbol{A}_{n,n}$, regulär, auch komplex

(2.1) Faktorisierung gemäß 5.2.5.1 [1)]
$\boldsymbol{A}^{(j)} = \boldsymbol{Q}_j\boldsymbol{R}_j$ für alle Schritte $j = 1, 2, \ldots$
$\boldsymbol{Q}$ orthogonal $\left(\boldsymbol{Q}^{-1} = \boldsymbol{Q}^{\mathrm{T}}\right)$ bzw. unitär $\left(\boldsymbol{Q}^{-1} = \overline{\boldsymbol{Q}}^{\mathrm{T}}\right)$,
$\boldsymbol{R}_j$ obere Dreiecksmatrix

(2.2) Matrizenmultiplikation $\boldsymbol{A}^{(j+1)} = \boldsymbol{R}_j\boldsymbol{Q}_j$ für alle $j = 1, 2, \ldots$

---

1) Oder: Orthogonalisierung nach GRAM-SCHMIDT, vgl. Preuß, W. / Wenisch, G.: Lehr- und Übungsbuch Numerische Mathematik. – Fachbuchverlag Leipzig 2001.

Unter gewissen Voraussetzungen, etwa für $|\lambda_1| > |\lambda_2| > \ldots > |\lambda_n| > 0$, gilt:

$$\lim_{j\to\infty} \boldsymbol{A}^{(j)} = \begin{pmatrix} \lambda_1 & \ldots & * \\ & \ddots & \vdots \\ & & \lambda_n \end{pmatrix}$$

Seine volle Effektivität erreicht das Verfahren mit einer *Spektralverschiebung* $\overline{\boldsymbol{A}} := \boldsymbol{A} - \mu\boldsymbol{E}$, $\mu \neq \lambda$ und einer Dimensionsreduzierung.

shift-Strategie: $\boldsymbol{A} - k_i\boldsymbol{E} = \boldsymbol{Q}_i\boldsymbol{R}_i$

$\boldsymbol{A}_{i+1} = \boldsymbol{R}_i\boldsymbol{Q}_i + k_i\boldsymbol{E}$

5.2.5.3 Vektoriteration (Potenzmethode, v.-MISES-Verfahren)

Das Verfahren dient der Bestimmung des *betragsgrößten Eigenwertes* λ_1 und des zugehörigen Eigenvektors $\boldsymbol{x}_1$.

Voraussetzung

$\boldsymbol{A}_{n,n}$ ist diagonalisierbar, meist sogar symmetrisch bzw. HERMITEsch, mit linear unabhängigen Eigenvektoren $\boldsymbol{x}_i \in \mathbb{R}^n$, $i = 1,2,\ldots,n$

λ_1 sei einfach dominant, d. h. $|\lambda_1| > |\lambda_2| \geq \ldots \geq |\lambda_n| > 0$

Iterationsvorschrift

$z^{(1)} \neq \boldsymbol{o}$	Startvektor, beliebig
$z^{(\nu+1)} := \boldsymbol{A}z^{(\nu)}$	Schrittzahl $v = 1, 2, \ldots$
$z^{(\nu+1)} = \boldsymbol{A}\left(\boldsymbol{A}z^{(\nu-1)}\right) = \ldots = \boldsymbol{A}^{\nu}z^{(1)}$	$\boldsymbol{A}^{\nu}$ v-te Potenz von $\boldsymbol{A}$

Gemäß Entwicklungssatz gilt: $z^{(1)} = \sum\limits_{i=1}^{n} c_i\boldsymbol{x}_i$ $\quad c_i \neq 0$ für mindestens ein i

Mit $\boldsymbol{A}\boldsymbol{x} = \lambda\boldsymbol{x} \Leftrightarrow \boldsymbol{A}^{\nu}\boldsymbol{x}_i = \lambda_i^{\nu}\boldsymbol{x}_i$ wird $z^{(\nu+1)} = \boldsymbol{A}^{\nu}z^{(1)} = c_1\lambda_1^{\nu}\boldsymbol{x}_1 + \ldots + {}+c_n\lambda_n^{\nu}\boldsymbol{x}_n$.

Gilt weiterhin $c_1 \neq 0$, kann $c_1\lambda_1^{\nu}$ ausgeklammert werden

$$z^{(\nu+1)} = c_1\lambda_1^{\nu}\left(\boldsymbol{x}_1 + \frac{c_2}{c_1}\left(\frac{\lambda_2}{\lambda_1}\right)^{\nu}\boldsymbol{x}_2\ldots + \frac{c_n}{c_1}\left(\frac{\lambda_n}{\lambda_1}\right)^{\nu}\boldsymbol{x}_n\right) \qquad (*)$$

$$= c_1\lambda_1^{\nu}\left(\boldsymbol{x}_1 + O\left(\left|\frac{\lambda_2}{\lambda_1}\right|^{\nu}\right)\right)$$

Wachsende Schrittzahl v nähert die Richtung von $z^{(\nu+1)}$ der von $\boldsymbol{x}_1$ beliebig nahe an.

Lösung aus den Quotienten der i-ten Komponenten von $\boldsymbol{A}^{(\nu+1)}$ und $z^{(\nu)}$:

$$\frac{z_i^{(\nu+1)}}{z_i^{(\nu)}} = \frac{c_1\lambda_1^{\nu+1}x_{1,i}+\dots}{c_1\lambda_1^{\nu}x_{1,i}+\dots} = \lambda_1 + O\left(\left|\frac{\lambda_2}{\lambda_1}\right|\right) \quad \text{bzw.} \quad \lambda_1 = \lim_{\nu\to\infty}\frac{z_i^{(\nu+1)}}{z_i^{(\nu)}}$$

O Fehlerordnung, LANDAU-Symbol, siehe Anhang

Betragskleinster Eigenwert $\hat{\lambda}$, inverse Iteration

Man setzt $\lambda = 1/\kappa$ und erhält aus der Eigenwertgleichung $\boldsymbol{A}\boldsymbol{x} = \lambda\boldsymbol{x}$ die transformierte Eigenwertaufgabe (EWA) $\boldsymbol{A}^{-1}\boldsymbol{x} = \kappa\boldsymbol{x}$.

Die Vorschrift $z^{(\nu+1)} = \boldsymbol{A}^{-1}z^{(\nu)}$ liefert aus $\boldsymbol{A}z^{(\nu+1)} = z^{(\nu)}$ mittels des GAUSSschen Algorithmus den betragsgrößten Eigenwert $\hat{\kappa}$ von $\boldsymbol{A}^{-1}$.

Betragskleinster Eigenwert $\hat{\lambda}$ von $\boldsymbol{A}$ ist dann: $\hat{\lambda} = 1/\hat{\kappa}$.

5.3 Determinanten

5.3.1 Determinante einer quadratischen Matrix

Eine *Determinante* (der Ordnung n) ordnet einer quadratischen Matrix $\boldsymbol{A}$ der *Ordnung n* eindeutig eine reelle oder komplexe Zahl $\det\boldsymbol{A}$ zu.

$$\det\boldsymbol{A} = \det\begin{pmatrix} a_{11} & \dots & a_{1n} \\ \vdots & & \vdots \\ a_{n1} & \dots & a_{nn}\end{pmatrix} = \begin{vmatrix} a_{11} & \dots & a_{1n} \\ \vdots & & \vdots \\ a_{n1} & \dots & a_{nn}\end{vmatrix} \in \mathbb{C}$$

a_{ik} *Elemente der Determinante*

Hauptdiagonale: $a_{11}, a_{22}, \dots, a_{nn}$ *Nebendiagonale*: $a_{1n}, a_{2,(n-1)}, \dots, a_{n1}$

Determinante der inversen Matrix: $\det(\boldsymbol{A}^{-1}) = \dfrac{1}{\det\boldsymbol{A}}$

Multiplikationstheorem

$$\det(\boldsymbol{A}\cdot\boldsymbol{B}) = \det\boldsymbol{A}\cdot\det\boldsymbol{B} \qquad \boldsymbol{A},\boldsymbol{B} \text{ quadratisch}$$

Ist die Matrix $\boldsymbol{A}$ singulär, d. h. nicht invertierbar, gilt: $\det\boldsymbol{A} = 0$

Die *Hauptabschnittsdeterminante* ist die aus ihren ersten k Zeilen und k Spalten gebildete Determinante $\det\boldsymbol{A}_k$ der Ordnung k.

Algebraisches Komplement (Kofaktor, Adjunkte) einer Matrix

$\text{cof}_{ik}\boldsymbol{A} := (-1)^{i+k} \cdot \det \boldsymbol{A}_{ik}$, wobei $\boldsymbol{A}_{ik}$ aus $\boldsymbol{A}$ durch Streichen der i-ten Zeile und k-ten Spalte entsteht. $\boldsymbol{A}_{ik}$ ist $(n-1)$-ter Ordnung.

$\det \boldsymbol{A}_{ik} = U_{ik}$ *Unterdeterminante, Minor,* veraltet: $\text{cof}_{ik}\boldsymbol{A} = A_{ik}$

„*Schachbrettregel*" für das Vorzeichen der Kofaktoren

$+\det \boldsymbol{A}_{11}$	$-\det \boldsymbol{A}_{12}$	$+\det \boldsymbol{A}_{13}$	$\ldots$
$-\det \boldsymbol{A}_{21}$	$+\det \boldsymbol{A}_{22}$	$-\det \boldsymbol{A}_{23}$	$\ldots$
$+\det \boldsymbol{A}_{31}$	$-\det \boldsymbol{A}_{32}$	$+\det \boldsymbol{A}_{33}$	$\ldots$
$\vdots$	$\vdots$	$\vdots$	

5.3.2 Berechnung von Determinanten

Zweireihige Determinante (Determinante 2. Ordnung)

$$\det \boldsymbol{A} = \begin{vmatrix} a_{11} & a_{12} \\ a_{21} & a_{22} \end{vmatrix} = a_{11}a_{22} - a_{12}a_{21}$$

♦ **Beispiel**

$$\det \boldsymbol{A} = \begin{vmatrix} 2 & 4 \\ 6 & 7 \end{vmatrix} = 2 \cdot 7 - 4 \cdot 6 = -10$$ ♦

Regeln von SARRUS für dreireihige Determinanten (3. Ordnung)

Man fügt die ersten beiden Spalten rechts nochmals an und bildet die Summe der Produkte parallel der Hauptdiagonalen (positiv) und parallel der Nebendiagonalen (negativ).

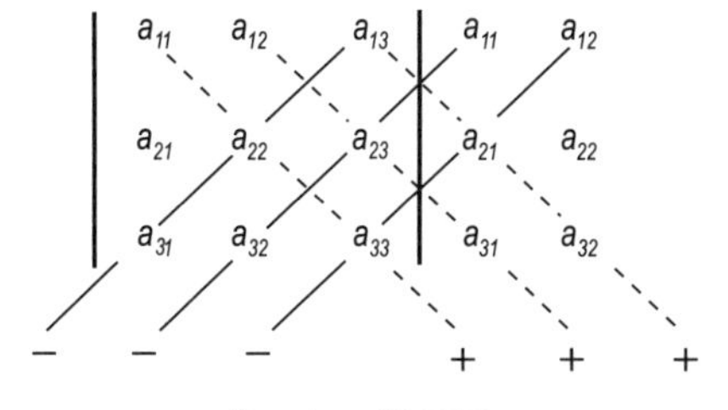

Regel von SARRUS

♦ **Beispiel**

$$\begin{vmatrix} 2 & 1 & 9 \\ 1 & -2 & -3 \\ 3 & 5 & 4 \end{vmatrix} \begin{matrix} 2 & 1 \\ 1 & -2 \\ 3 & 5 \end{matrix} = \begin{cases} 2 \cdot (-2) \cdot 4 + 1 \cdot (-3) \cdot 3 + 9 \cdot 1 \cdot 5 \\ -3 \cdot (-2) \cdot 9 - 5 \cdot (-3) \cdot 2 - 4 \cdot 1 \cdot 1 = 100 \end{cases}$$ ♦

n-reihige Determinante, LAPLACEscher Entwicklungssatz

Der Wert einer *n-reihigen Determinante* (*Determinante n-ter Ordnung*) wird rekursiv durch Entwickeln nach den Elementen der i-ten Zeile oder k-ten Spalte bestimmt.

$$\det \boldsymbol{A} = \sum_{k=1}^{n} a_{ik} \cdot \mathrm{cof}_{ik}\boldsymbol{A} \qquad i \in \{1, 2, \ldots, n\} \qquad \text{oder}$$

$$\det \boldsymbol{A} = \sum_{i=1}^{n} a_{ik} \cdot \mathrm{cof}_{ik}\boldsymbol{A} \qquad k \in \{1, 2, \ldots, n\}$$

In der Praxis entwickelt man nach der Zeile (Spalte) mit den meisten Nullen, die mithilfe der Rechenregeln erzeugt werden.

Bei Entwicklung nach der 1. Zeile ergibt sich zum Beispiel

$$\det \boldsymbol{A} = \begin{vmatrix} a_{11} & a_{12} & a_{13} \\ a_{21} & a_{22} & a_{23} \\ a_{31} & a_{32} & a_{33} \end{vmatrix} = a_{11}\mathrm{cof}_{11}\boldsymbol{A} + a_{12}\mathrm{cof}_{12}\boldsymbol{A} + a_{13}\mathrm{cof}_{13}\boldsymbol{A}$$

$$= a_{11} \det A_{11} - a_{12} \det A_{12} + a_{13} \det A_{13}$$

$$= a_{11} \cdot \begin{vmatrix} a_{22} & a_{23} \\ a_{32} & a_{33} \end{vmatrix} - a_{12} \cdot \begin{vmatrix} a_{21} & a_{23} \\ a_{31} & a_{33} \end{vmatrix} + a_{13} \cdot \begin{vmatrix} a_{21} & a_{22} \\ a_{31} & a_{32} \end{vmatrix}$$

♦ **Beispiel**

Man entwickle die Determinante 4. Ordnung D nach den Elementen der ersten Zeile:

$$D = \begin{vmatrix} 3 & 7 & 4 & 6 \\ 10 & 5 & 9 & 6 \\ 1 & 2 & 7 & 8 \\ 5 & 4 & 2 & 9 \end{vmatrix}$$

$$= 3 \cdot \begin{vmatrix} 5 & 9 & 6 \\ 2 & 7 & 8 \\ 4 & 2 & 9 \end{vmatrix} - 7 \cdot \begin{vmatrix} 10 & 9 & 6 \\ 1 & 7 & 8 \\ 5 & 2 & 9 \end{vmatrix} + 4 \cdot \begin{vmatrix} 10 & 5 & 6 \\ 1 & 2 & 8 \\ 5 & 4 & 9 \end{vmatrix} - 6 \cdot \begin{vmatrix} 10 & 5 & 9 \\ 1 & 2 & 7 \\ 5 & 4 & 2 \end{vmatrix}$$

$$= -2516$$ ♦

Die numerische Berechnung größerer Determinanten erfolgt nach LR-Zerlegung von $\boldsymbol{A}$, z. B. mit dem GAUSS-Algorithmus (siehe 5.4.3.1).

Dann ist:

$$\det \boldsymbol{A} = (-1)^p \cdot \det \boldsymbol{R} = (-1)^p \cdot r_{11} \cdot r_{22} \cdot \ldots \cdot r_{nn}$$

p Anzahl der Zeilenvertauschungen

Allgemein gültig: Der Wert der Determinante einer n-reihigen *Dreiecksmatrix* ist das Produkt der Elemente der Hauptdiagonalen.

5.3.3 Rechenregeln für Determinanten

1. Vertauschen der Zeilen mit den gleichstelligen Spalten (*Transposition, Stürzen*) ändert den Wert der Determinante nicht: $\det \boldsymbol{A} = \det \boldsymbol{A}^{\mathrm{T}}$
2. Vertauschen von zwei Zeilen oder Spalten ändert das Vorzeichen der Determinante.

♦ **Beispiele**

(1) $$\begin{vmatrix} 2 & 7 & 13 \\ 4 & 6 & 9 \\ 16 & 3 & 8 \end{vmatrix} = \begin{vmatrix} 2 & 4 & 16 \\ 7 & 6 & 3 \\ 13 & 9 & 8 \end{vmatrix} = -266$$

(2) $$\begin{vmatrix} 2 & 7 & 13 \\ 4 & 6 & 9 \\ 16 & 3 & 8 \end{vmatrix} = -\begin{vmatrix} 4 & 6 & 9 \\ 2 & 7 & 13 \\ 16 & 3 & 8 \end{vmatrix} = -266$$ ♦

3. Ein allen Elementen einer Zeile oder Spalte gemeinsamer Faktor kann herausgezogen werden.
   Umkehrung: *Multiplikation einer Determinante mit einem Skalar* wird durch Multiplikation der Elemente **einer** beliebigen Zeile oder Spalte mit dem Skalar ausgeführt.
   Man beachte den Unterschied zur Matrix: $\det\left(s \cdot \boldsymbol{A}\right) = s^n \cdot \det \boldsymbol{A}$
4. $\det \boldsymbol{A} = 0$ heißt, die Zeilen (Spalten) sind voneinander linear abhängig:
   - Die Elemente von zwei Zeilen oder Spalten sind proportional,
   - die Elemente einer Zeile (Spalte) sind Linearkombinationen der Elemente anderer Zeilen (Spalten) oder
   - alle Elemente einer Zeile oder Spalte sind null.

♦ **Beispiel**

$$\begin{matrix} \\ \rightarrow \\ \rightarrow \end{matrix} \begin{vmatrix} 2 & 7 & 13 \\ 4 & 6 & 9 \\ 8 & 12 & 18 \end{vmatrix} = 0 \qquad \begin{matrix} \\ \\ \left.\begin{matrix} 2 \cdot (\text{1. Zeile}) + \\ 3 \cdot (\text{2. Zeile}) \end{matrix}\right\} \end{matrix} \begin{vmatrix} 2 & 7 & 13 \\ 4 & 6 & 9 \\ 16 & 32 & 53 \end{vmatrix} = 0$$ ♦

5. Addition eines Vielfachen der Elemente einer Zeile (Spalte) zu einer anderen Zeile (Spalte) ändert den Wert der Determinante nicht.

♦ **Beispiel**

$$\begin{vmatrix} 2 & 7 & 13 \\ 4 & 6 & 9 \\ 16 & 3 & 8 \end{vmatrix} = \begin{vmatrix} 2 & 7 & 13 \\ 4 & 6 & 9 \\ 16+5\cdot 4 & 3+5\cdot 6 & 8+5\cdot 9 \end{vmatrix} = -266$$ ♦

6. Determinanten, die sich nur in einer Zeile (Spalte) unterscheiden, können addiert werden, indem in der Summendeterminante nur die Elemente dieser unterschiedlichen Zeile (Spalte) addiert werden und alle übrigen erhalten bleiben.

♦ **Beispiel**

$$\begin{vmatrix} 2 & 7 & 13 \\ 4 & 6 & 9 \\ 16 & 3 & 8 \end{vmatrix} + \begin{vmatrix} 2 & 7 & 13 \\ 5 & -2 & 9 \\ 16 & 3 & 8 \end{vmatrix} = \begin{vmatrix} 2 & 7 & 13 \\ 9 & 4 & 18 \\ 16 & 3 & 8 \end{vmatrix} = 987$$ ♦

5.3.4 Praktische Berechnung einer Determinante

(per Hand)

- Gemeinsame Faktoren von Zeilen bzw. Spalten herausziehen.
- Mit Umformungen gemäß Rechenregel 5 werden alle Elemente einer Zeile oder Spalte bis auf eines zum Verschwinden gebracht.
- Die Determinante wird nach dieser Zeile (Spalte) entwickelt.
- Wiederholung bis zu dreireihigen Unterdeterminante(n)

Merkregel

> Sollen in einer Zeile (Spalte) Nullen erzeugt werden, so sind Spalten (Zeilen) oder ihr Vielfaches zu addieren.

♦ **Beispiel**

$$\det \boldsymbol{A} = \begin{vmatrix} 1 & 7 & 5 & 4 \\ -4 & 4 & 12 & 8 \\ 2 & 6 & 9 & -2 \\ 3 & 1 & 7 & 3 \end{vmatrix} \overset{1)}{=} 4 \cdot \begin{vmatrix} 1 & 7 & 5 & 4 \\ -1 & 1 & 3 & 2 \\ 2 & 6 & 9 & -2 \\ 3 & 1 & 7 & 3 \end{vmatrix} \overset{2)}{=} 4 \cdot \begin{vmatrix} 0 & 8 & 8 & 6 \\ -1 & 1 & 3 & 2 \\ 2 & 6 & 9 & -2 \\ 3 & 1 & 7 & 3 \end{vmatrix}$$

$$\overset{3)}{=} 4 \cdot \begin{vmatrix} 0 & 8 & 8 & 6 \\ -1 & 1 & 3 & 2 \\ 0 & 8 & 15 & 2 \\ 3 & 1 & 7 & 3 \end{vmatrix} \overset{4)}{=} 4 \cdot \begin{vmatrix} 0 & 8 & 8 & 6 \\ -1 & 1 & 3 & 2 \\ 0 & 8 & 15 & 2 \\ 0 & 4 & 16 & 9 \end{vmatrix}$$

$$\overset{5)}{=} 4 \cdot 1 \cdot \begin{vmatrix} 8 & 8 & 6 \\ 8 & 15 & 2 \\ 4 & 16 & 9 \end{vmatrix} = 2880$$

Kommentar:
1) gemeinsamer Faktor der 2. Zeile herausgezogen
2) Zeile 2 zu Zeile 1 addiert
3) zweifache Zeile 2 zu Zeile 3 addiert
4) dreifache Zeile 2 zu Zeile 4 addiert
5) entwickelt nach den Elementen der 1. Spalte ♦

5.4 Lineare Gleichungssysteme

5.4.1 Allgemeines

5

Ein *lineares* (m,n)*-Gleichungssystem* besteht aus m linearen Gleichungen G_i mit n Variablen x_k $\quad i = 1, 2, \ldots, m,\ k = 1, 2, \ldots, n$

$$(*)\quad \begin{cases} a_{11}x_1 + a_{12}x_2 + \ldots + a_{1n}x_n = b_1 \\ \vdots \\ a_{m1}x_1 + a_{m2}x_2 + \ldots + a_{mn}x_n = b_m \end{cases}$$

oder $\boldsymbol{A}_{m,n}\boldsymbol{x} = \boldsymbol{b}$ bzw. $x_1\boldsymbol{a}_1 + x_2\boldsymbol{a}_2 + \ldots + x_n\boldsymbol{a}_n = \boldsymbol{b}$

Bezeichnungen

$\boldsymbol{A}$ *Koeffizientenmatrix, Systemmatrix,* $\boldsymbol{A} \in \mathbb{C}^{m \times n}$
$\boldsymbol{a}_k$ Spaltenvektor von $\boldsymbol{A}$
$(\boldsymbol{A}|\boldsymbol{b})$ *erweiterte Koeffizientenmatrix,* $(\boldsymbol{A}|\boldsymbol{b}) = (\boldsymbol{a}_1, \ldots, \boldsymbol{a}_n, \boldsymbol{b})$
$\boldsymbol{x}$ Vektor der Variablen, (bei Erfüllung) *Lösungsvektor,* $\boldsymbol{x} \in \mathbb{C}^n$
$\boldsymbol{b}$ Vektor der rechten Seiten, *Konstantenvektor,* $\boldsymbol{b} \in \mathbb{C}^m$

$$\boldsymbol{A} = \begin{pmatrix} a_{11} & \ldots & a_{1n} \\ \vdots & & \vdots \\ a_{m1} & \ldots & a_{mn} \end{pmatrix} \quad \boldsymbol{x} = \begin{pmatrix} x_1 \\ \vdots \\ x_n \end{pmatrix} \quad \boldsymbol{b} = \begin{pmatrix} b_1 \\ \vdots \\ b_m \end{pmatrix}$$

$$(\boldsymbol{A}|\boldsymbol{b}) = \begin{pmatrix} a_{11} & \ldots & a_{1n} & b_1 \\ \vdots & & \vdots & \vdots \\ a_{m1} & \ldots & a_{mn} & b_m \end{pmatrix}$$

$\boldsymbol{x}$ heißt *Lösungsvektor*, wenn seine Komponenten jede Gleichung des Systems identisch erfüllen.

Homogenes Gleichungssystem: $\boldsymbol{A}\boldsymbol{x} = \boldsymbol{o}$, alle $b_i = 0$
Inhomogenes Gleichungssystem: $\boldsymbol{A}\boldsymbol{x} = \boldsymbol{b}$, nicht alle $b_i = 0$
Quadratisches (n,n)*-Gleichungssystem:* $m = n$

5.4.2 Lösbarkeit linearer Gleichungssysteme

Allgemeine Lösbarkeitsbedingung: Rang

$\mathrm{r}(\boldsymbol{A}) = \mathrm{r}(\boldsymbol{A}|\boldsymbol{b}) = r$

Homogene lineare Gleichungssysteme $\boldsymbol{Ax} = \boldsymbol{o}$

Homogene lineare Gleichungssysteme sind stets lösbar (siehe Schema), da Koeffizientenmatrix und erweiterte Koeffizientenmatrix gleichen Rang haben.

Homogene lineare Gleichungssysteme haben entweder

- nur die *triviale Lösung* $\boldsymbol{x} = \boldsymbol{o}$ für $\mathrm{r}(\boldsymbol{A}) = n$ oder
- unendlich viele Lösungen für $\mathrm{r}(\boldsymbol{A}) < n$, darunter auch die triviale Lösung
  ($f = n - r > 0$ *Freiheitsgrad*).

Jedes Vielfache und jede Linearkombination von Lösungen eines homogenen Gleichungssystems sind wieder Lösungen.

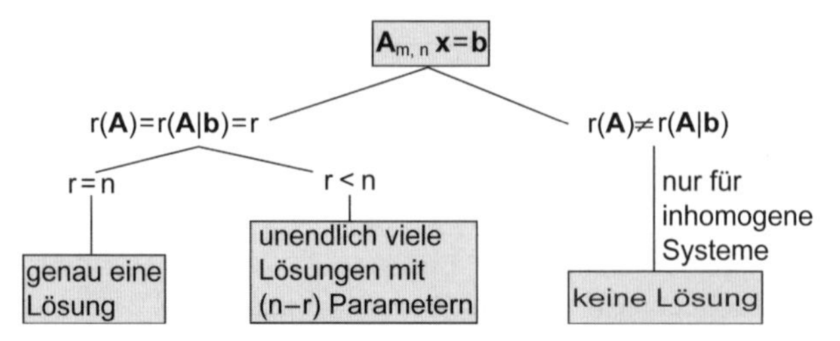

Inhomogene lineare Gleichungssysteme $\boldsymbol{Ax} = \boldsymbol{b}, \boldsymbol{b} \neq \boldsymbol{o}$

Inhomogene lineare Gleichungssysteme haben entweder genau eine oder unendlich viele Lösung(en) oder keine Lösung, siehe Schema.

Unterscheidung

$m > n$: *Überbestimmtes Gleichungssystem*[1)]

Lösung mit dem GAUSS-Algorithmus: Entweder gibt es eine eindeutige Lösung, dann sind $(m-n)$ Gleichungen überflüssig und linear abhängig von den anderen, oder sie sind nicht überflüssig, dann Quadratmittelproblem, 5.4.5.

1) Das System kann sogar bei $m > n$ unterbestimmt sein, nämlich dann, wenn mehr als $(m - n)$ Gleichungen linear abhängig sind.

$m < n$: Unterbestimmtes Gleichungssystem

mit $(n - m)$ überzähligen Variablen, falls alle Gleichungen linear unabhängig sind.

Diese werden auf den rechten Seiten zu freien Parametern und mit beliebigen Werten des Definitionsbereichs belegt.

♦ **Beispiele**

(1) $\begin{cases} 2x_1 - x_2 + x_3 = 0 \\ \quad\quad x_2 + x_3 = 0 \end{cases}$ $r(\boldsymbol{A}) = r = 2, n = 3 \Rightarrow r < n,$

$\mathbb{L} = \{\lambda(1; 1; -1)\}, \lambda \in \mathbb{R}$

(2) $\begin{cases} 2x_1 - x_2 + x_3 = -5 \\ \quad\quad x_2 + x_3 = 1 \end{cases}$ $r(\boldsymbol{A}|\boldsymbol{b}) = r\begin{pmatrix} 2 & -1 & 1 & -5 \\ 0 & -1 & 1 & 1 \end{pmatrix} = 2 = r(\boldsymbol{A}), r < n$

$\mathbb{L} = \{(-3; \lambda - 1; \lambda)\}, \lambda \in \mathbb{R}$ ♦

Quadratische (n, n)-Gleichungssysteme $\boldsymbol{A}_{n,n}\boldsymbol{x} = \boldsymbol{b}$

> Zur eindeutigen Bestimmung von n Variablen (*eine* Lösung) sind n voneinander unabhängige, durch logisches UND verbundene und einander nicht widersprechende Gleichungen notwendig.
>
> Es ist dann $\mathrm{r}(\boldsymbol{A}) = n$ und $\boldsymbol{A}$ regulär, d. h. $\det \boldsymbol{A} \neq 0$.

Bei *homogenen Systemen* ist als eindeutige Lösung nur die triviale Lösung $\boldsymbol{x} = \boldsymbol{o}$ möglich. Ist $\det \boldsymbol{A} = 0$, d. h. $\boldsymbol{A}$ ist singulär, haben homogene Systeme unendlich viele Lösungen mit $(n - r)$ Parametern.

Für *inhomogene Systeme* siehe Schema:

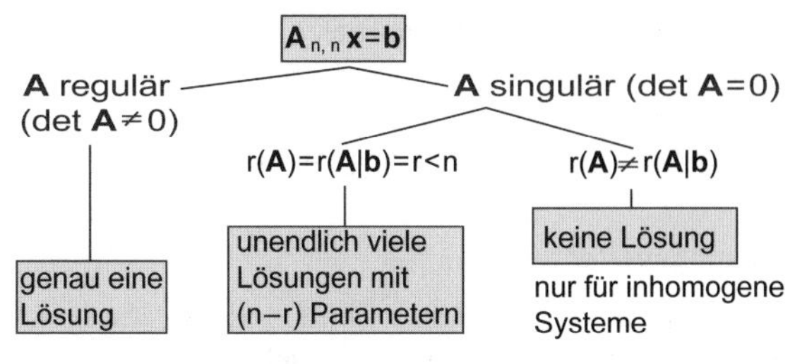

♦ **Beispiele**

(1) $\begin{cases} 5x - y + z = 0 \\ x + y = 0 \\ y + 3z = 0 \end{cases}$ $\det(A) = \begin{vmatrix} 5 & -1 & 1 \\ 1 & 1 & 0 \\ 0 & 1 & 3 \end{vmatrix} = 19 \neq 0$

$\mathbb{L} = \{(0;\, 0;\, 0)\}$ (triviale eindeutige Lösung)

(2) $\begin{cases} 4x_1 - x_2 = 9 \\ x_1 + 2x_2 = 0 \end{cases}$ $\det \boldsymbol{A} = 9 \neq 0$ (regulär),

genau eine Lösung: $\mathbb{L} = \{(2;\, -1)\}$

(3) $\begin{cases} 2x + y - 2z = 3 \\ -2x + 9y - 4z = 7 \\ -4x + 3y + z = 0 \end{cases}$ $\det \boldsymbol{A} = 0$ (singuläre Matrix)

$$\mathrm{r}(\boldsymbol{A}|\boldsymbol{b}) = \mathrm{r}\begin{pmatrix} 2 & 1 & -2 & 3 \\ -2 & 9 & -4 & 7 \\ -4 & 3 & 1 & 0 \end{pmatrix} = \mathrm{r}\begin{pmatrix} 2 & 1 & -2 & 3 \\ 0 & 10 & -6 & 10 \\ 0 & 5 & -3 & 6 \end{pmatrix}$$

(mit $\boldsymbol{A}$ = erste drei Spalten, $\boldsymbol{b}$ = letzte Spalte)

$$= \mathrm{r}\begin{pmatrix} 2 & 1 & -2 & 3 \\ 0 & 10 & -6 & 10 \\ 0 & 0 & 0 & 1 \end{pmatrix} = 3$$

aber $\mathrm{r}(\boldsymbol{A}) = 2$, keine Lösung, da $\mathrm{r}(\boldsymbol{A}) \neq \mathrm{r}(\boldsymbol{A}|\boldsymbol{b})$, $\mathbb{L} = \emptyset$ ♦

5.4.3 Lösungsverfahren für lineare Gleichungssysteme

(Siehe auch manuell lösbare Systeme mit zwei bis vier Variablen, 3.2.2)

Äquivalente Umformungen eines (m, n)-Gleichungssystems

Äquivalente, ranginvariante Umformungen verändern die Lösungsmenge eines Gleichungssystems und den Rang ihrer Koeffizientenmatrix nicht.

Ranginvariante Umformungen sind:

- Umstellung (Vertauschen) von Spalten der Koeffizientenmatrix (Achtung: Das bedeutet Umnummerieren der Variablen.)
- Umstellung (Vertauschen) von Gleichungen
- Multiplikation einer Gleichung mit einer reellen Konstanten $c \neq 0$
- Addition des Vielfachen einer Gleichung zu einer anderen (*Linearkombination*)

Direkte Lösungsverfahren

Direkte Lösungsverfahren liefern die exakte Lösung, sofern diese existiert, abgesehen von Rundungsfehlern in endlich vielen Schritten.

Dies erfolgt durch schrittweise Transformation von $\boldsymbol{Ax} = \boldsymbol{b}$ in ein einfacher zu lösendes Problem $\boldsymbol{Rx} = \boldsymbol{c}$, $\boldsymbol{R}$ reguläre obere Dreiecksmatrix, wobei alle Zwischenschritte die gleiche Lösungsmenge wie das Ausgangsproblem haben. Direkte Lösungsverfahren in den Abschnitten 5.4.3.1 bis 5.4.3.5.

5.4.3.1 Einfacher und verketteter GAUSSscher Algorithmus

Der GAUSS*sche Algorithmus* (GAUSS-*Elimination*) wandelt ein lineares Gleichungssystem $\boldsymbol{Ax} = \boldsymbol{b}$ mittels äquivalenter Umformungen in ein *gestaffeltes Gleichungssystem*, (*) auf Seite 208, mit r Gleichungen ($r = \mathrm{r}(\boldsymbol{A})$) und n Variablen um, aus dem im Falle der Lösbarkeit die Unbekannten schrittweise errechnet werden können.

Manuelle Verfahren lassen äquivalente Umformungen in beliebiger Reihenfolge zu, numerische Verfahren erfordern einen festen Ablauf (Algorithmus).

Bei Handrechnung ist ein Zeilentausch günstig, für den $a_{kk} = \pm 1$ wird.

Mit dem GAUSSschen Algorithmus lässt sich bequem der Rang einer Matrix bestimmen. Die entstehende Restmatrix in *Treppenform* (*Zeilenstufenform*) ergibt das gestaffelte System.

♦ **Beispiel**

Ist das (m,n)-Gleichungssystem lösbar, wenn ja, wie lautet die Lösung?

$$\begin{cases} 3x_1 - 2x_2 - x_3 = 12 \\ 2x_1 - 3x_2 + 5x_3 = 17 \\ x_1 - x_2 + 2x_3 = 7 \\ -2x_1 + x_3 = -5 \end{cases}$$

Wechsel der 3. Zeile in die erste Zeile: $a_{11} = 1$

$$\mathrm{r}(\boldsymbol{A}|\boldsymbol{b}) = \mathrm{r}\begin{pmatrix} 1 & -1 & 2 & 7 \\ 3 & -2 & -1 & 12 \\ 2 & -3 & 5 & 17 \\ -2 & 0 & 1 & -5 \end{pmatrix} = \mathrm{r}\begin{pmatrix} 1 & -1 & 2 & 7 \\ 0 & 1 & -7 & -9 \\ 0 & -1 & 1 & 3 \\ 0 & -2 & 5 & 9 \end{pmatrix}$$

$$= \mathrm{r}\begin{pmatrix} 1 & -1 & 2 & 7 \\ 0 & 1 & -7 & -9 \\ 0 & 0 & -6 & -6 \\ 0 & 0 & -9 & -9 \end{pmatrix} = \mathrm{r}\begin{pmatrix} 1 & -1 & 2 & 7 \\ 0 & 1 & -7 & -9 \\ 0 & 0 & -1 & -1 \\ 0 & 0 & 0 & 0 \end{pmatrix} = 3$$

Auch $\mathrm{r}(\boldsymbol{A}) = 3$, denn z. B. Hauptabschnittsdeterminante $\det \boldsymbol{A}_3 \neq 0$

Lösung:

$x_3 = 1, x_2 = -9 + 7 \cdot 1 = -2, x_1 = 7 - 1 \cdot 2 - 2 \cdot 1 = 3, \mathbb{L} = \{(3;\ -2;\ 1)\}$ ♦

Bemerkung: Die Matrizenumformungen dieses Beispiels bilden, in einem geeigneten Schema aufgeschrieben, den *einfachen* GAUSS*schen Algorithmus.*

Verketteter GAUSSscher Algorithmus

Der *verkettete* GAUSS*sche Algorithmus* ist eine komprimierte Tabelle, bei der im Computer die Ausgangsdaten $\{\boldsymbol{A}, \boldsymbol{b}\}$ mit den transformierten Größen $\{\boldsymbol{A}^{(\nu)}, \boldsymbol{b}^{(\nu)}\}$ und die Nullen mit den Eliminationskoeffizienten $l_{i\upsilon}$ überspeichert werden. Außerdem können auch die $b_i^{(\nu+1)}$ durch die x_k überschrieben werden („*in-situ-Realisierung*“).

Die reguläre Koeffizientenmatrix $\boldsymbol{A}$ ($\det \boldsymbol{A} \neq 0$) wird dabei durch *LR-Zerlegung* in eine normierte untere (Links-)Dreiecksmatrix $\boldsymbol{L}$ (*Eliminationsmatrix*) und eine reguläre obere (Rechts-)Dreiecksmatrix $\boldsymbol{R}$ überführt:

$$\boldsymbol{A} = \boldsymbol{L} \cdot \boldsymbol{R}$$

Ergebnis:	$\boldsymbol{P} \cdot \boldsymbol{A}^{(n)} = \boldsymbol{R}$	obere Dreiecksmatrix
	$\boldsymbol{b}^{(n)} = \boldsymbol{Lc}$	rechte Seiten
	$\boldsymbol{Rx} = \boldsymbol{c}$	Dreiecksystem

Für $m > n$ entsteht die Trapezform.

Bedingungen: Alle $a_{ii}^{(i)} \neq 0$, $i = 1,2,\ldots,r$. Das Gleichungssystem ist nur lösbar, wenn alle $b_{r+j}^{(r+j)} = 0$, wobei r Rang des Gleichungssystems.

$$(*) \quad \left\{ \begin{array}{rl} a_{11}^{(1)}x_1 + a_{12}^{(1)}x_2 + \ldots + a_{1r}^{(1)}x_r + a_{1,r+1}^{(1)}x_{r+1} + \ldots + a_{1n}^{(1)}x_n &= b_1^{(1)} \\ a_{22}^{(2)}x_2 + \ldots + a_{2r}^{(2)}x_r + a_{1,r+1}^{(2)}x_{r+1} + \ldots + a_{2n}^{(2)}x_n &= b_2^{(2)} \\ \ddots \qquad \ddots \qquad \ddots \qquad & \vdots \\ a_{rr}^{(r)}x_r + a_{r,r+1}^{(r)}x_{r+1} + \ldots + a_{rn}^{(n)}x_n &= b_r^{(r)} \\ 0 &= b_{r+1}^{(r+1)} \\ & \vdots \\ 0 &= b_m^{(m)} \end{array} \right.$$

Verfahrensbeschreibung

(1) Die 1. Gleichung von (∗) wird übernommen, falls $a_{11} \neq 0, a_{1k} := a_{1k}^{(1)}$, $b_1 := b_1^{(1)}$. Ist $a_{11} = 0$, Zeilentausch vornehmen.

(2) Rechenschritt $v = 1$: Subtraktion des (a_{i1}/a_{11})-Fachen der 1. Gleichung zu jeder i-ten Gleichung, $i = 1, 2, 3, \ldots, m$. Dabei verschwindet jeweils x_1 in den $(m-1)$ Gleichungen des Restsystems mit noch $(n-1)$ Unbekannten.

(3) k-ter Schritt zur Elimination von x_{k-1} aus dem Restsystem mit der k-ten bis zur m-ten Gleichung, $k = 3, 4, \ldots, m$ analog Ablauf (2). Im m-ten Schritt entsteht eine Gleichung mit einer bzw. mehreren Unbekannten.

(4) Berechnung aller Unbekannten rekursiv von unten nach oben (Rückwärtsauflösung)

5

Bemerkung: Zur Verminderung von Ungenauigkeiten auf EDV-Anlagen (Division durch betragsmäßig kleine Diagonalelemente) oder wenn $a_{kk} = 0$, ist die Gleichung des jeweiligen Restsystems mit dem betragsgrößten Anfangselement (*Pivotelement* $a_{ii} := a_{kk}$) in die Eliminationszeile zu tauschen (*Pivotisierung*). Der Algorithmus wird meist numerisch stabil.

Eliminationsvorschrift für die Rechenschritte $\nu = 1, 2, \ldots, (m-1)$

$$a_{ik}^{(\nu+1)} = \begin{cases} a_{ik}^{(\nu)} - l_{i\nu} a_{\nu k}^{(\nu)} & i = (\nu+1), (\nu+2), \ldots, m \\ & k = (\nu+1), (\nu+2), \ldots, (n+1) \\ 0 & i = (\nu+1), (\nu+2), \ldots, m \qquad k = v \\ a_{ik}^{(\nu)} & \text{sonst} \end{cases}$$

$$a_{i,n+1} := b_i$$

mit $l_{i\nu} = \dfrac{a_{i\nu}^{(\nu)}}{a_{\nu\nu}^{(\nu)}} \qquad i = (\nu+1), (\nu+2), \ldots, m$

Bedingung: Pivotelemente (kurz Pivots) $a_{\nu\nu}^{(\nu)} \neq 0$

Bestimmung der Variablen rekursiv von unten nach oben

$$x_k = \frac{c_k - a_{k,k+1}^{(k)} \cdot x_{k+1} - a_{k,k+2}^{(k)} \cdot x_{k+2} - \ldots - a_{kn}^{(k)} \cdot x_n}{a_{kk}^{(k)}}$$

$$k = n, (n-1), \ldots, 1$$

Rechenschema zum GAUSSschen Algorithmus

(z. B. $m = 4, n = 3$)

				$\boldsymbol{b}$	$\boldsymbol{x}$
$\boldsymbol{A}$	a_{11}	a_{12}	a_{13}	b_1	
	a_{21}	a_{22}	a_{23}	b_2	
	a_{31}	a_{32}	a_{33}	b_3	
	a_{41}	a_{42}	a_{43}	b_4	
$\boldsymbol{R}$	$a_{11}^{(1)}$	$a_{12}^{(1)}$	$a_{13}^{(1)}$	$b_1^{(1)} = c_1$	x_1
$\boldsymbol{L}$	l_{21}	$a_{22}^{(2)}$	$a_{23}^{(2)}$	$b_2^{(2)} = c_2$	x_2
	l_{31}	l_{32}	$a_{33}^{(3)}$	$b_3^{(3)} = c_3$	x_3
	l_{41}	l_{42}	l_{43}	$b_4^{(4)}$	

♦ **Prinzipbeispiel mit $m = 4, n = 3$** (Siehe oben und auch 3.2.2)

$$\begin{cases} 3x_1 - 2x_2 - x_3 = 12 \\ 2x_1 - 3x_2 + 5x_3 = 17 \\ x_1 - x_2 + 2x_3 = 7 \\ -2x_1 + x_3 = -5 \end{cases}$$

$\mathrm{r}(\boldsymbol{A}) = \mathrm{r}(\boldsymbol{A}|\boldsymbol{b}) = 3$,System überbestimmt
Für Handrechnung Zeilentausch vornehmen, damit $a_{11} = 1$ wird (3. Zeile wird 1. Zeile).

Rechenschritt $v = 1$, erste Berechnungen detailliert dargestellt:

$l_{21} = a_{21}^{(1)}/a_{11}^{(1)} = 3/1 = 3$

$a_{22}^{(2)} = a_{22}^{(1)} - l_{21}a_{12}^{(1)} = -2 - 3 \cdot (-1) = 1$

$a_{23}^{(2)} = a_{23}^{(1)} - l_{21}a_{13}^{(1)} = -1 - 3 \cdot 2 = -7$

$b_2^{(2)} = b_2^{(1)} - l_{21}b_1^{(1)} = 12 - 3 \cdot 7 = -9$

$l_{31} = a_{31}^{(1)}/a_{11}^{(1)} = 2/1 = 2$

$a_{32}^{(2)} = a_{32}^{(1)} - l_{31}a_{12}^{(1)} = -3 - 2 \cdot (-1) = -1$ wird überspeichert, usw.

Rechenschema zu diesem Beispiel

				$\boldsymbol{b}$	$\boldsymbol{x}$	Summe
$\boldsymbol{A}$	1	−1	2	7		9
	3	−2	−1	12		12
	2	−3	5	17		21
	−2	0	1	−5		
$\boldsymbol{R}$	1	−1	2	7	3	9
$\boldsymbol{L}$	3	1	−7	−9	−2	−12
	2	−1	−6	−6	1	−11
	−2	−2	0	0		

Rekursive Berechnung der Unbekannten von unten nach oben (*Rücksubstitution*

$$x_3 = \frac{c_3}{a_{33}^{(3)}} = \frac{-6}{-6} = 1 \qquad x_2 = \frac{c_2 - a_{23}^{(2)} x_3}{a_{22}^{(2)}} = \frac{-9-(-7)\cdot 1}{1} = -2$$

$$x_1 = \frac{c_1 - a_{12}^{(1)} x_2 - a_{13}^{(1)} x_3}{a_{11}^{(1)}} = \frac{7-(-1)\cdot(-2) - 1\cdot 1}{1} = 3$$

♦

5.4.3.2 GAUSSscher Algorithmus für Systeme mit gleicher Matrix *A* und *m* rechten Seiten

Gegeben: lineare Gleichungssysteme $\boldsymbol{A}_{n,n}\boldsymbol{X}_{n,m} = \boldsymbol{B}_{n,m}$

Bedingung: Hauptabschnittsdeterminanten $\det \boldsymbol{A}_k \neq 0$
für $k = 1, 2, \ldots, (n-1)$

Gesucht: $\boldsymbol{X} = \left(\boldsymbol{x}_1, \boldsymbol{x}_2, \ldots, \boldsymbol{x}_m\right)$

Spaltenweiser Aufbau von $\boldsymbol{X}$ durch m-fache Anwendung des GAUSSschen Algorithmus auf die m rechten Seiten

(1) Faktorisierung (nur einmal notwendig): $\boldsymbol{A} = \boldsymbol{LR}$

(2) m-malige Vorwärtselimination zur Berechnung von $\boldsymbol{C}$: $\boldsymbol{B} = \boldsymbol{LC}$

(3) m-malige Rückwärtselimination zur Berechnung von $\boldsymbol{X}$: $\boldsymbol{RX} = \boldsymbol{C}$

Anwendung

- Lineare Gleichungssysteme mit gleichen linken Seiten und m unterschiedlichen rechten Seiten
- *Matrixinversion* mit $m = n$: $\boldsymbol{A}_{n,n}\boldsymbol{X}_{n,n} = \boldsymbol{B}_{n,n} = \boldsymbol{E}$, wobei $\boldsymbol{X} = \boldsymbol{A}^{-1}$

♦ **Beispiel**

Inversion der Matrix $\boldsymbol{A} = \begin{pmatrix} 3 & -2 & 1 \\ -3 & 5 & 0 \\ 2 & -1 & 2 \end{pmatrix}$ mit dem GAUSS-Algorithmus

Die manuelle Berechnung verläuft analog dem vorherigen Beispiel

Schema für den GAUSSschen Algorithmus				$\boldsymbol{e}_1$	$\boldsymbol{e}_2$	$\boldsymbol{e}_3$
	3	−2	1	1	0	0
$\boldsymbol{A}$	−3	5	0	0	1	0
	2	−1	2	0	0	1
$\boldsymbol{R}$	3	−2	1	1	0	0
$\boldsymbol{L}$	−1	3	1	1	1	0
	2/3	1/9	11/9	−7/9	−1/9	1

Rekursive Elimination der x_{ik}

$$x_{31} = \frac{c_3}{a_{33}^{(3)}} = \frac{-7/9}{11/9} = -\frac{7}{11}, x_{32} = \frac{-1/9}{11/9} = -\frac{1}{11}, x_{33} = \frac{1}{11/9} = \frac{9}{11}$$

$$x_{21} = \frac{c_2 - a_{23}^{(2)} x_{31}}{a_{22}^{(2)}} = \frac{1 - 1 \cdot (-7/11)}{3} = \frac{6}{11}, x_{22} = \frac{4}{11}, x_{23} = -\frac{3}{11}$$

$$x_{11} = \frac{c_1 - a_{12}^{(1)} x_{21} - a_{13}^{(1)} x_{31}}{a_{11}^{(1)}} = \frac{1 - (-2)(6/11) - 1 \cdot (-7/11)}{3} = -\frac{10}{11}$$

$$x_{12} = \frac{3}{11}, \quad x_{13} = -\frac{5}{11}$$

Die inverse Matrix lautet: $A^{-1} = \frac{1}{11} \cdot \begin{pmatrix} 10 & 3 & -5 \\ 6 & 4 & -3 \\ -7 & -1 & 9 \end{pmatrix}$ ♦

5.4.3.3 GAUSS-JORDAN-Verfahren zur Matrixinversion

Beim GAUSS-JORDAN-*Verfahren* wird die Elimination von Variablen gemäß dem GAUSS-Algorithmus auch auf die oberhalb der Eliminationszeile liegenden Zeilen angewandt, sodass statt einer Trapezform am Schluss nur jeweils eine Variable in einer Zeile steht, deren Wert sofort ablesbar ist.

Zur Matrixinversion wird die $(n, 2n)$-Matrix $(\boldsymbol{A}|\boldsymbol{E})$ aus Koeffizienten- und Einheitsmatrix überführt in eine Matrix $(\boldsymbol{E}|\boldsymbol{A}^{-1})$.

♦ **Beispiel**
Inversion der Matrix $\boldsymbol{A} = \begin{pmatrix} 3 & -2 & 1 \\ -3 & 5 & 0 \\ 2 & -1 & 2 \end{pmatrix}$ mit dem GAUSS-JORDAN-Algorithmus wie im Beispiel in 5.4.3.2.

Rechenschema nachstehend, $*$ = Zeile, die multipliziert und addiert wird.

*	3	−2	1	1	0	0	
A	−3	5	0	0	1	0	**E**
	2	−1	2	0	0	1	
	3	−2	1	1	0	0	
*	0	3	1	1	1	0	
	0	1/3	4/3	−2/3	0	1	
	3	0	5/3	5/3	2/3	0	
	0	3	1	1	1	0	
*	0	0	11/9	−7/9	−1/9	1	
	3	0	0	30/11	9/11	−15/11	
	0	3	0	18/11	12/11	−9/11	
	0	0	11/9	−7/9	−1/9	1	
normiert	1	0	0	10/11	3/11	−5/11	
E	0	1	0	6/11	4/11	−3/11	$\boldsymbol{A}^{-1}$
	0	0	1	−7/11	−1/11	9/11	

Das Ergebnis ist identisch mit dem des obigen Beispiels. ♦

5.4.3.4 GAUSSscher Algorithmus für symmetrische, positiv definite Koeffizientenmatrix, CHOLESKY-Verfahren

Gegeben: $\boldsymbol{Ax} = \boldsymbol{b}, \boldsymbol{A}$ symmetrisch $a_{ik} = a_{ki}$,

positiv definit $\forall \boldsymbol{x} \neq \boldsymbol{o}$: $\boldsymbol{x}^{\mathrm{T}}\boldsymbol{Ax} > 0$

Gesucht: $\boldsymbol{x}$

1. Methode: CHOLESKY-Faktorisierung $\boldsymbol{A} = \boldsymbol{R}^{\mathrm{T}}\boldsymbol{R}$

Bei der Faktorisierung entstehen in jedem Schritt wieder symmetrische Restmatrizen.

(1) Berechnung der Elemente der Dreiecksmatrix $\boldsymbol{R}$

$$r_{jj} = \sqrt{a_{jj} - \sum_{i=1}^{j-1} r_{ij}^2},$$

$$r_{jk} = \frac{1}{r_{jj}}\left(a_{jk} - \sum_{i=1}^{j-1} r_{ik}r_{ij}\right) \qquad \begin{aligned} j &= 1, 2, \ldots, n \\ k &= (j+1), (j+2), \ldots, n \end{aligned}$$

Nach Faktorisierung $\boldsymbol{A} = \boldsymbol{R}^{\mathrm{T}}\boldsymbol{R}$ geht $\boldsymbol{Ax} = \boldsymbol{b}$ über in $\boldsymbol{R}^{\mathrm{T}}\boldsymbol{Rx} = \boldsymbol{b}$, äquivalent zu den zwei Gleichungen $\boldsymbol{R}^{\mathrm{T}}\boldsymbol{c} = \boldsymbol{b}$ und $\boldsymbol{Rx} = \boldsymbol{c}$ (Basis des Algorithmus).

(2) Sukzessive Vorwärtselimination $\boldsymbol{R}^{\mathrm{T}}\boldsymbol{c} = \boldsymbol{b}$

$$c_j = \frac{1}{r_{jj}}\left(b_j - \sum_{i=1}^{j-1} r_{ij}c_i\right) \qquad j = 1, 2, \ldots, n$$

(3) Rekursive Elimination $\boldsymbol{Rx} = \boldsymbol{c}$

$$x_n = \frac{c_n}{r_{nn}} \quad x_i = \frac{1}{r_{ii}}\left(c_i - \sum_{k=i+1}^{n} r_{ik}x_k\right) \quad i = (n-1), (n-2), \ldots, 1$$

Außerdem gilt: $\det \boldsymbol{A} = \det \boldsymbol{R}^{\mathrm{T}} \cdot \det \boldsymbol{R} = (r_{11} \cdot r_{22} \cdot \ldots \cdot r_{nn})^2$

♦ **Beispiel**

CHOLESKY-Faktorisierung von

$$\begin{pmatrix} 2 & -2 & 4 \\ -2 & 5 & -7 \\ 4 & -7 & 15 \end{pmatrix} \text{ ergibt } \boldsymbol{R} = \begin{pmatrix} \sqrt{2} & -\sqrt{2} & 2\sqrt{2} \\ 0 & \sqrt{3} & -\sqrt{3} \\ 0 & 0 & 2 \end{pmatrix}$$ ♦

2. Methode: CHOLESKY-Faktorisierung $\boldsymbol{A} = \boldsymbol{R}^{\mathrm{T}}\boldsymbol{DR}$

(1) $h_i = r_{ij}d_i$ (Hilfsgröße) $\qquad i = 1, 2, \ldots, (j-1),$
$\qquad j = 1, 2, \ldots, n$

$$d_j = a_{jj} - \sum_{i=1}^{j-1} h_i r_{ij} \Rightarrow \boldsymbol{D} \qquad \text{(Elemente der Diagonalmatrix)}$$

$$r_{jk} = \frac{1}{d_j}\left(a_{jk} - \sum_{i=1}^{j-1} h_i r_{ik}\right) \Rightarrow \boldsymbol{R} \qquad k = (j+1), (j+2), \ldots, n$$

(2) Sukzessive Vorwärtselimination $\boldsymbol{R}^{\mathrm{T}}\boldsymbol{z} = \boldsymbol{b}$, daraus $\boldsymbol{z}$, $\boldsymbol{D}\boldsymbol{c} = \boldsymbol{z}$, daraus $\boldsymbol{c}$

(3) Rekursive Elimination $\boldsymbol{R}\boldsymbol{x} = \boldsymbol{c}$, daraus $\boldsymbol{x}$

5.4.3.5 Gleichungssysteme mit symmetrischer, tridiagonaler, positiv definiter Matrix

($\{1,1\}$-Bandmatrix)

Gegeben: $\boldsymbol{A}\boldsymbol{x} = \boldsymbol{b}$, $\boldsymbol{A}$ symmetrisch, tridiagonal, positiv definit

Gesucht: $\boldsymbol{x}$

Lösung äquivalent zum CHOLESKY-Verfahren.

$$\boldsymbol{D} = \begin{pmatrix} \delta_1 & & \boldsymbol{0} \\ & \ddots & \\ \boldsymbol{0} & & \delta_n \end{pmatrix} \quad \boldsymbol{b} = \begin{pmatrix} b_1 \\ \vdots \\ b_n \end{pmatrix} \quad \boldsymbol{c} = \begin{pmatrix} c_1 \\ \vdots \\ c_n \end{pmatrix} \quad \boldsymbol{z} = \begin{pmatrix} z_1 \\ \vdots \\ z_n \end{pmatrix} \quad \boldsymbol{x} = \begin{pmatrix} x_1 \\ \vdots \\ x_n \end{pmatrix}$$

$$\boldsymbol{A} = \begin{pmatrix} d_1 & a_1 & & & & \\ a_1 & d_2 & a_2 & & \boldsymbol{0} & \\ & \ddots & \ddots & \ddots & & \\ & & & & a_{n-2} & \\ & \boldsymbol{0} & & a_{n-2} & d_{n-1} & a_{n-1} \\ & & & & a_{n-1} & d_n \end{pmatrix} \quad \boldsymbol{R} = \begin{pmatrix} 1 & \rho_1 & & \boldsymbol{0} & \\ & 1 & \rho_2 & & \\ & & \ddots & \ddots & \\ & \boldsymbol{0} & & 1 & \rho_{n-1} \\ & & & & 1 \end{pmatrix}$$

Algorithmus

(1) Faktorisierung $\boldsymbol{A} = \boldsymbol{R}^{\mathrm{T}}\boldsymbol{D}\boldsymbol{R}$, daraus $\boldsymbol{R}$ und $\boldsymbol{D}$

$$d_1 = \delta_1, \rho_1 = \frac{a_1}{\delta_1}, \delta_i = d_i - a_{i-1}\rho_{i-1}, \rho_i = \frac{a_i}{\delta_i} \qquad i = 2, 3, \ldots, (n-1)$$

$$\delta_n = d_n - a_{n-1}\rho_{n-1}$$

(2) Sukzessive Vorwärtselimination $\boldsymbol{R}^{\mathrm{T}}\boldsymbol{z} = \boldsymbol{b}$, daraus $\boldsymbol{z}$, $\boldsymbol{D}\boldsymbol{c} = \boldsymbol{z}$, daraus $\boldsymbol{c}$

(3) Rekursive Elimination $\boldsymbol{R}\boldsymbol{x} = \boldsymbol{c}$, daraus $\boldsymbol{x}$

5.4.3.6 GAUSS-SEIDELsches Iterationsverfahren

Iterationsverfahren verbessern den Startvektor $\boldsymbol{x}^{(0)}$ der Lösung schrittweise:

$$\boldsymbol{x}^{(0)} \Rightarrow \boldsymbol{x}^{(1)} \Rightarrow \ldots \Rightarrow \boldsymbol{x}^{(\nu)} \Rightarrow \ldots$$

$\boldsymbol{x}^{(\nu)}$ konvergiert für $\upsilon \to \infty$ gegen die gesuchte Lösung.

Das GAUSS-SEIDEL*sche Iterationsverfahren* ist ein Verfahren in Einzelschritten[1] für sehr große und schwach besetzte Matrizen.

Gegeben: $\boldsymbol{Ax} = \boldsymbol{b}$, $\det \boldsymbol{A} \neq 0$ und kein $a_{ii} = 0$, sonst Zeilentausch vornehmen.

Gesucht: Näherungsvektor $\widetilde{\boldsymbol{x}}^{(\nu)} \approx \boldsymbol{x}$

Prinzip: Errechnung einer Folge $\left(\boldsymbol{x}^{(\nu)}\right)$, für die unter gewissen Umständen $\lim\limits_{\nu \to \infty} \boldsymbol{x}^{(\nu)} = \boldsymbol{x}$ gilt.

Man löst vom gegebenen Gleichungssystem jede i-te Gleichung nach x_i auf:

$$x_i = -\sum_{k=1,\, i \neq k}^{n} \frac{a_{ik}}{a_{ii}} \cdot x_k + \frac{b_i}{a_{ii}} \qquad i = 1,2,\ldots,n$$

Fixpunktgleichung: $\boldsymbol{x} = \varphi(\boldsymbol{x}) = \boldsymbol{Bx} + \boldsymbol{c}$ (vektorielle *Schrittfunktion*)

Iterationsmatrix: $\boldsymbol{B} = \left(b_{ik}\right)$ mit $b_{ik} = \begin{cases} -\dfrac{a_{ik}}{a_{ii}} & \text{für } i \neq k \\ 0 & \text{für } i = k \end{cases} \qquad a_{ii} \neq 0$

Vektor der neutralen Elemente: $\boldsymbol{c} = \left(c_1, c_2, \ldots, c_n\right)^{\mathrm{T}}$ mit $c_i = \dfrac{b_i}{a_{ii}}$

Iterationsvorschrift

Der Startvektor $\boldsymbol{x}^{(0)}$ ist beliebig, auch $\boldsymbol{x}^{(0)} = \boldsymbol{o}$ ist möglich.

$$\boldsymbol{x}^{(\nu+1)} = \varphi\left(\boldsymbol{x}^{(\nu)}\right) = \boldsymbol{B}_{\text{rechts}}\boldsymbol{x}^{(\nu)} + \boldsymbol{B}_{\text{links}}\boldsymbol{x}^{(\nu+1)} + \boldsymbol{c}$$

mit $\boldsymbol{B}_{\text{rechts}} = \begin{pmatrix} 0 & b_{12} & b_{13} & \ldots & b_{1n} \\ & 0 & b_{23} & \ldots & b_{2n} \\ \vdots & & \ddots & \ddots & \vdots \\ & & & 0 & b_{n-1,n} \\ 0 & & \ldots & & 0 \end{pmatrix}$

entspricht $\boldsymbol{B}$ für $k > i$

mit $\boldsymbol{B}_{\text{links}} = \begin{pmatrix} 0 & & \ldots & & 0 \\ b_{21} & 0 & & & \\ b_{31} & b_{32} & 0 & & \vdots \\ \vdots & & \ddots & \ddots & \\ b_{n1} & b_{n2} & \ldots & b_{n,n-1} & 0 \end{pmatrix}$

entspricht $\boldsymbol{B}$ für $k < i$

[1] Beim *Gesamtschrittverfahren* (JACOBI-*Verfahren*) werden die n Gleichungen des Gleichungssystems jeweils nach einer der Variablen aufgelöst und die $(k+1)$-te Iteratiton erhält man durch Einsetzen der Variablen aus der k-ten auf den rechten Seiten.

in Summenschreibweise

$$x_i^{(\nu+1)} = \sum_{\substack{k=i+1 \\ \text{bzw.}k>1}}^{n} b_{ik} x_k^{(\nu)} + \sum_{\substack{k=1 \\ \text{bzw.}k<i}}^{i-1} b_{ik} x_k^{(\nu+1)} + c_i$$

$$= - \sum_{\substack{k=i+1 \\ \text{bzw.}k>1}}^{n} \frac{a_{ik}}{a_{ii}} x_k^{(\nu)} - \sum_{\substack{k=1 \\ \text{bzw.}k<i}}^{i-1} \frac{a_{ik}}{a_{ii}} x_k^{(\nu+1)} + \frac{b_i}{a_{ii}}$$

Abbruchkriterien

- $\max\limits_{1 \le i \le n} |x_i^{(\nu+1)} - x_i^{(\nu)}| < \varepsilon$ $\quad\varepsilon > 0$ vorgegebene Genauigkeit
- $\nu > \nu_{\max}$ $\quad\nu_{\max}$ vorgegebene Anzahl Iterationen

Hinreichende **Konvergenzkriterien** (vorab prüfen!) sind

- Zeilensummenkriterium (L LIPSCHITZ-Konstante)

  $$\|\boldsymbol{B}\|_\infty = \max_{1 \le i \le n} \sum_{k=1}^{n} |b_{ik}| = \max_{1 \le i \le n} \sum_{\substack{k=1 \\ k \ne i}}^{n} \left| \frac{a_{ik}}{a_{ii}} \right| \le L < 1$$

  (strikt diagonaldominant) oder

  Spektralradius von $\boldsymbol{B}$ (praktisch kaum zu überprüfen): $\max\limits_{1 \le i \le n} |\lambda_i| < 1$

Bemerkung: Genügend schnelle Konvergenz, falls $L < 2/3$

- Spaltensummenkriterium

  $$\|\boldsymbol{B}\|_1 = \max_{1 \le k \le n} \sum_{i=1}^{n} |b_{ik}| = \max_{1 \le k \le n} \sum_{\substack{i=1 \\ i \ne k}}^{n} \left| \frac{a_{ik}}{a_{kk}} \right| \le L < 1$$

- $\boldsymbol{A}$ ist symmetrisch, $a_{ik} = a_{ki}$, und positiv definit, $\forall \boldsymbol{x} \ne \boldsymbol{o}$: $\boldsymbol{x}^{\mathrm{T}} \boldsymbol{A} \boldsymbol{x} > 0$

Fehlerabschätzung in Numerik-Algorithmen [1)]

Rechenschema für $n = 3$

c_i	$b_{ik}\ (k \ge i)$			$b_{ik}\ (k < i)$			$x_i^{(0)}$	$x_i^{(1)}$	...
$\frac{b_1}{a_{11}}$	0	$-\frac{a_{12}}{a_{11}}$	$-\frac{a_{13}}{a_{11}}$	0	0	0	0		
$\frac{b_2}{a_{22}}$	0	0	$-\frac{a_{23}}{a_{22}}$	$-\frac{a_{21}}{a_{22}}$	0	0	0		
$\frac{b_3}{a_{33}}$	0	0	0	$-\frac{a_{31}}{a_{33}}$	$-\frac{a_{32}}{a_{33}}$	0	0		

1) Engeln-Müllges, G. / Niederdrenk, K. / Wodicka, R.: Numerik-Algorithmen. – Springer 2011

♦ **Beispiel**

$$\begin{cases} 4x_1 + x_2 - x_3 = 3 \\ -x_1 + 3x_2 = 5 \\ 2x_1 - x_2 + 5x_3 = 15 \end{cases} \text{ mit der exakten Lösung } \boldsymbol{x} = \begin{pmatrix} 1 \\ 2 \\ 3 \end{pmatrix}$$

$$\boldsymbol{Ax} = \boldsymbol{b} \quad \text{mit} \quad \boldsymbol{A} = \begin{pmatrix} 4 & 1 & -1 \\ -1 & 3 & 0 \\ 2 & -1 & 5 \end{pmatrix} \quad \boldsymbol{x} = \begin{pmatrix} x_1 \\ x_2 \\ x_3 \end{pmatrix} \quad \boldsymbol{b} = \begin{pmatrix} 3 \\ 5 \\ 15 \end{pmatrix}$$

Konvergenzkriterium, Maximum für $i = 3$:

$$\left|\frac{a_{31}}{a_{33}}\right| + \left|\frac{a_{32}}{a_{33}}\right| = \frac{2}{5} + \frac{1}{5} = \frac{3}{5} < \frac{2}{3}$$

c_i	b_{ik} $(k \geq i)$	b_{ik} $(k < i)$	$x_i^{(0)}$	$x_i^{(1)}$	$x_i^{(2)}$
$\frac{3}{4}$	$0 \quad -\frac{1}{4} \quad \frac{1}{4}$	$0 \quad 0 \quad 0$	0	0,75	1,041 666 7
$\frac{5}{3}$	$0 \quad 0 \quad \frac{0}{3}$	$\frac{1}{3} \quad 0 \quad 0$	0	1,916 666 7	2,013 888 9
$\frac{15}{5}$	$0 \quad 0 \quad 0$	$-\frac{2}{5} \quad \frac{1}{5} \quad 0$	0	3,083 333 3	2,986 111 1

$$x_1^{(1)} = \frac{3}{4} \qquad x_2^{(1)} = \frac{5}{3} + \frac{1}{3} \cdot \frac{3}{4} = \frac{23}{12} = 1{,}916\,666\,7$$

$$x_3^{(1)} = 3 - \frac{2}{5} \cdot \frac{3}{4} + \frac{1}{5} \cdot \frac{23}{12} = \frac{37}{12} = 3{,}083\,333\,3$$

$$x_1^{(2)} = \frac{3}{4} - \frac{1}{4} \cdot \frac{23}{12} + \frac{1}{4} \cdot \frac{37}{12} = \frac{25}{24} = 1{,}041\,666\,7$$

$$x_2^{(2)} = \frac{5}{3} + \frac{1}{3} \cdot \frac{25}{24} = \frac{145}{72} = 2{,}013\,888\,9$$

$$x_3^{(2)} = 3 - \frac{2}{5} \cdot \frac{25}{24} + \frac{1}{5} \cdot \frac{145}{72} = \frac{215}{72} = 2{,}986\,111\,1$$

$$x_1^{(3)} = 0{,}993\,055\,5 \quad x_2^{(3)} = 1{,}997\,685\,2 \quad x_3^{(3)} = 3{,}002\,314\,8 \text{ usw.}$$ ♦

Bemerkung: Wird die Iterationsvorschrift

$$\boldsymbol{x}^{(\nu+1)} = \boldsymbol{B}_{\text{rechts}}\boldsymbol{x}^{(\nu)} + \boldsymbol{B}_{\text{links}}\boldsymbol{x}^{(\nu+1)} + \boldsymbol{c}$$

umgeformt und ein Relaxationskoeffizient ω eingeführt, ergibt sich das *SOR-Verfahren* (*Verfahren der sukzessiven Überrelaxation*):

$$\boldsymbol{x}^{(\nu+1)} = \boldsymbol{x}^{(\nu)} + \omega\left(\boldsymbol{B}_{\text{links}}\boldsymbol{x}^{(\nu+1)} - \left(\boldsymbol{E} - \boldsymbol{B}_{\text{rechts}}\right)\boldsymbol{x}^{(\nu)} + \boldsymbol{c}\right)$$

Für symmetrische, positiv definite, tridiagonale Koeffizientenmatrix $\boldsymbol{A}$:

$$\omega_{\text{opt}} = \frac{2}{1 + \sqrt{1 - \lambda_1^2}} \qquad \lambda_1 \text{ größter Eigenwert von } \boldsymbol{B} = \boldsymbol{B}_{\text{links}} + \boldsymbol{B}_{\text{rechts}}$$

5

Für symmetrische, positiv definite Matrix ist auch *CG-Verfahren*, (*Verfahren der konjugierten Gradienten* einsetzbar mit dem Verfahrensprinzip:

„Löse $\boldsymbol{A}\boldsymbol{x} = \boldsymbol{b}$“ ist identisch mit „Minimiere $F(\boldsymbol{x}) = \frac{1}{2}\boldsymbol{x}^{\mathrm{T}}\boldsymbol{A}\boldsymbol{x} - \boldsymbol{x}^{\mathrm{T}}\boldsymbol{b}$“.

Näheres in Numerik-Algorithmen, siehe Vorwort.

5.4.3.7 Austauschverfahren

Prinzip: $\boldsymbol{A}\boldsymbol{x} = \boldsymbol{b} \Rightarrow \boldsymbol{x} = \boldsymbol{A}^{-1}\boldsymbol{b} \Rightarrow \boldsymbol{x}$ ergibt sich aus einfacher Multiplikation

Zum *Austauschverfahren* siehe Simplex-Algorithmus, 5.5.3.

5.4.4 CRAMERsche Regel

Das Verfahren dient theoretischen Zwecken und ist für Gleichungssysteme mit vielen Unbekannten zu verwenden, von denen nur wenige interessieren.

$$\boldsymbol{A}\boldsymbol{x} = \boldsymbol{b} \Leftrightarrow \boldsymbol{x} = \boldsymbol{A}^{-1}\boldsymbol{b}$$

$\boldsymbol{A}$ regulär, $\boldsymbol{A} \in \mathbb{C}^{n \times n}$, $\det \boldsymbol{A} \neq 0$; $\boldsymbol{x}, \boldsymbol{b} \in \mathbb{C}^n$

$\mathrm{r}(\boldsymbol{A}) = \mathrm{r}(\boldsymbol{A}|\boldsymbol{b}) = n$

Lösung unter Verwendung von Determinanten

$$x_k = \frac{1}{\det \boldsymbol{A}} \sum_{i=1}^{n} \mathrm{cof}_{ik}\boldsymbol{A} \cdot b_i = \frac{\det \boldsymbol{A}(k,\boldsymbol{b})}{\det \boldsymbol{A}} \overset{\text{kurz}}{=} \frac{D_k}{\det \boldsymbol{A}} \qquad k = 1, 2, \ldots, n$$

Zählerdeterminante D_k: Die k-te Spalte der Matrix $\boldsymbol{A}$ wird ersetzt durch den Vektor der konstanten Glieder $\boldsymbol{b}$.

Lösung unter Verwendung von Matrizen

$$\boldsymbol{x} = \boldsymbol{A}^{-1}\boldsymbol{b} = \frac{1}{\det \boldsymbol{A}} \begin{pmatrix} \mathrm{cof}_{11}\boldsymbol{A} & \ldots & \mathrm{cof}_{1n}\boldsymbol{A} \\ \vdots & & \vdots \\ \mathrm{cof}_{n1}\boldsymbol{A} & \ldots & \mathrm{cof}_{nn}\boldsymbol{A} \end{pmatrix}^{\mathrm{T}} \cdot \begin{pmatrix} b_1 \\ \vdots \\ b_n \end{pmatrix}$$

$\mathrm{cof}_{ik}\boldsymbol{A}$ Adjunkte, siehe 5.3.1.

Lösbarkeitsbedingungen

- $\det \boldsymbol{A} \neq 0$ und $\exists k$: $D_k \neq 0 \Rightarrow x_k \neq 0$ — eindeutige Lösungsmenge
  $\forall k$: $D_k = 0 \Rightarrow \boldsymbol{x} = \boldsymbol{o}$ — eindeutige Lösungsmenge
  (insbesondere hat ein homogenes System nur die triviale Lösung)
- $\det \boldsymbol{A} = 0$ und $\forall k$: $D_k = 0$ — unendliche Lösungsmenge
  (insbesondere hat ein homogenes System auch nichttriviale Lösungen)
- $\det \boldsymbol{A} = 0$ und $\exists k$: $D_k \neq 0$ — leere Lösungsmenge

♦ **Beispiel** (vgl. auch Beispiele in 3.2.2 und 5.4.3.1)

$$\begin{cases} x_1 - x_2 + 2x_3 = 7 \\ 2x_1 - 3x_2 + 5x_3 = 17 \\ 3x_1 - 2x_2 - x_3 = 12 \end{cases}$$

$$\det \boldsymbol{A} = \begin{vmatrix} 1 & -1 & 2 \\ 2 & -3 & 5 \\ 3 & -2 & -1 \end{vmatrix} = (3 - 15 - 8) - (-18 - 10 + 2) = 6$$

$$D_1 = \begin{vmatrix} 7 & -1 & 2 \\ 17 & -3 & 5 \\ 12 & -2 & -1 \end{vmatrix} = 18, \quad D_2 = \begin{vmatrix} 1 & 7 & 2 \\ 2 & 17 & 5 \\ 3 & 12 & -1 \end{vmatrix} = -12,$$

$$D_3 = \begin{vmatrix} 1 & -1 & 7 \\ 2 & -3 & 17 \\ 3 & -2 & 12 \end{vmatrix} = 6$$

$x_1 = 18/6 = 3, x_2 = -12/6 = -2, x_3 = 6/6 = 1 \qquad \mathbb{L} = \{(3;\ -2;\ 1)\}$

Geometrische Deutung: $P(3; -2; 1)$ liegt auf allen drei Ebenen, die von den drei Gleichungen bestimmt werden. ♦

5.4.5 Überbestimmte lineare Gleichungssysteme

Überbestimmte Gleichungssysteme entstehen bei einer großen Anzahl Beobachtungen (t_i, b_i), $i = 1, 2, \ldots, m$ mit n Parametern x_k und $m > n$, oft ist $m \gg n$.

$y = x_n\varphi_n(t) + \ldots + x_1\varphi_1(t)$ wird so angenähert, dass $(t_i, b_i) \approx (t_i, y_i)$

t, y skalare, charakteristische Zustandsgrößen für den Prozess
x_k unbekannte Parameter, Koeffizienten der Gleichung
φ_k bekannte Funktionen lt. Ansatz, z. B. als quadratisches Polynom $y = x_1 + x_2 t + x_3 t^2$ mit φ_1, $\varphi_2 = t$, $\varphi_3 = t^2$

Theoretischer Fall: Ohne Fehler ergäbe sich ein lineares Gleichungssystem von m Gleichungen mit n Parametern (Variablen).

$$y_i = \sum_{k=1}^{n} x_k\varphi_k(t_i) \quad i = 1, 2, \ldots, m, \text{ wobei Beobachtungen } b_i = y_i$$

Als Matrizengleichung: $\boldsymbol{y} = \boldsymbol{A}\boldsymbol{x} = \boldsymbol{b}$

$$\text{mit } \boldsymbol{A}_{m,n} = \begin{pmatrix} \varphi_1(t_1) & \ldots & \varphi_n(t_1) \\ \vdots & & \vdots \\ \varphi_1(t_m) & \ldots & \varphi_n(t_m) \end{pmatrix} \ \boldsymbol{x} = \begin{pmatrix} x_1 \\ \vdots \\ x_n \end{pmatrix} \ \boldsymbol{y} = \boldsymbol{b} = \begin{pmatrix} b_1 \\ \vdots \\ b_m \end{pmatrix} \quad m \geq n$$

Praktischer Fall: $b_i = y_i + r_i$ bzw. $\boldsymbol{b} = \boldsymbol{y} + \boldsymbol{r} = \boldsymbol{Ax} = \boldsymbol{r}$

Fehler von $\boldsymbol{x}$, *Residuum* (*Defekt*) von $\boldsymbol{x}$: $\boldsymbol{r} = \boldsymbol{b} - \boldsymbol{Ax} \in \mathbb{R}^m$

$\boldsymbol{Ax} = \boldsymbol{b}$ hat erwartungsgemäß keine Lösung $\boldsymbol{x}$ mit verschwindendem Fehler (*inkonsistentes System*):

$$\boldsymbol{r} = \boldsymbol{b} - \boldsymbol{Ab} \neq \boldsymbol{o}$$

Quadratmittelproblem

$\boldsymbol{x}$ ist im *quadratischen Mittel* die „beste Lösung“ des Systems, die es immer gibt, selbst wenn keine exakte Lösung möglich ist.

Minimierung der Fehlerquadratsumme nach GAUSS mittels Methode der kleinsten Quadrate heißt *lineares Quadratmittelproblem.*

$$\sum_{i=1}^{m} r_i^2 = |\boldsymbol{r}|^2 = \boldsymbol{r}^{\mathrm{T}}\boldsymbol{r} = |\boldsymbol{b} - \boldsymbol{Ax}|^2 \Rightarrow \text{min; kurz } \boldsymbol{Ax} \cong \boldsymbol{b}, \text{ mit } |\boldsymbol{r}| := \|\boldsymbol{r}\|_2$$

Normalgleichungsverfahren

$\boldsymbol{x}$ ist die Lösung des Quadratmittelproblems $\boldsymbol{Ax} \cong \boldsymbol{b}$ genau dann, wenn das Residuum $\boldsymbol{r}$ orthogonal zu allen Spaltenvektoren von $\boldsymbol{A}$ ist:

$$\boldsymbol{A}^{\mathrm{T}}\boldsymbol{r} = \boldsymbol{A}^{\mathrm{T}}(\boldsymbol{b} - \boldsymbol{Ax}) = \boldsymbol{A}^{\mathrm{T}}\boldsymbol{b} - \boldsymbol{A}^{\mathrm{T}}\boldsymbol{Ax} = \boldsymbol{o} \text{ (\textit{Normalgleichungen})}$$

$\boldsymbol{x} = \left(\boldsymbol{A}^{\mathrm{T}}\boldsymbol{A}\right)^{-1}\boldsymbol{A}^{\mathrm{T}}\boldsymbol{b}$ ist mittels CHOLESKY-Verfahren (5.4.3.4) lösbar, aber bei großem n numerisch instabil. Besser sind Orthogonalisierungsverfahren.

Orthogonalisierungsverfahren

Gegeben: $\boldsymbol{Ax} = \boldsymbol{b}$ mit $\boldsymbol{A}_{m,n} = \left(a_{ik}\right)$ $\quad m \geq n$, $\mathrm{r}(\boldsymbol{A}) = n$, $\boldsymbol{b} \in \mathbb{R}^m$

Gesucht: $\boldsymbol{x} \in \mathbb{R}^n$

Algorithmus

(1) Faktorisierung von $\boldsymbol{A} = \boldsymbol{QR}$ mit orthogonaler (m,m)-Matrix $\boldsymbol{Q}$ und oberer (m,n)-Dreiecksmatrix $\boldsymbol{R}$
Orthogonale Matrix $\boldsymbol{Q}$ bedeutet: $\boldsymbol{Q}^{\mathrm{T}}\boldsymbol{Q} = \boldsymbol{E}$ und $\boldsymbol{Q}^{\mathrm{T}} = \boldsymbol{Q}^{-1}$, siehe HOUSEHOLDER-Orthogonalisierung in 5.2.5.1.

(2) Vorwärtselimination $\boldsymbol{Qc} = \boldsymbol{b}$ zur Ermittlung von $\boldsymbol{c} = \boldsymbol{Q}^{\mathrm{T}}\boldsymbol{b}$, $\boldsymbol{c} \in \mathbb{R}^m$

(3) Rekursive Elimination $\boldsymbol{Rx} = \boldsymbol{c}$ zur Ermittlung von $\boldsymbol{x} \in \mathbb{R}^n$

5.5 Lineare Optimierung

5.5.1 Allgemeines

Lineare Optimierung (*lineare Programmierung, Linearplanung*) ist ein mathematisches Verfahren, das das Maximum (Minimum) einer linearen Zielfunktion unter einschränkenden linearen Nebenbedingungen (*Restriktionen*) ermittelt, dargestellt an einem *mathematischen Modell.*

Das mathematische Modell ist ein System linearer Gleichungen und/oder Ungleichungen. Als Standard wird eine *Maximierungsaufgabe* festgelegt.

Aufstellen des mathematischen Modells (Normalfall)

(1) Ziel- oder Zweckfunktion (Optimierungskriterium)

$$z(\boldsymbol{x}) = z_0 + c_1x_1 + c_2x_2 + \ldots + c_nx_n \to \max$$

x_k *Entscheidungsvariable*, $x_k \in \mathbb{R}_{\geq 0}$

c_k bekannte Koeffizienten, c_k, $z_0 \in \mathbb{R}$

z_0 ist nur bei der Berechnung des *Optimalwertes* von z zu berücksichtigen.

(2) Nebenbedingungen

Restriktionen (Definitionsbereich)

$$\begin{cases} a_{11}x_1 + a_{12}x_2 + \ldots + a_{1n}x_n \leq b_1 \\ \quad\vdots \\ a_{m1}x_1 + a_{m2}x_2 + \ldots + a_{mn}x_n \leq b_m \end{cases}$$

$a_{ik} \in \mathbb{R}$
b_i bekannte Konstanten,
$b_i \in \mathbb{R}_{\geq 0}$

Nichtnegativitätsbedingungen

$x_k \geq 0$ (für zwei Variable Lösung im 1. Quadranten)

(1) und (2) bilden ein Ungleichungssystem als mathematisches Modell.

Da normalerweise das Ungleichungssystem sehr große Dimension aufweist, empfiehlt sich für die *Standard-Maximum-Aufgabe* folgende Schreibweise:

$$\begin{cases} z(\boldsymbol{x}) = z_0 + \boldsymbol{c}^{\mathrm{T}}\boldsymbol{x} \to \max \\ \boldsymbol{A}\boldsymbol{x} \leq \boldsymbol{b} \\ \boldsymbol{x} \geq \boldsymbol{o} \end{cases} \qquad \begin{array}{l} \boldsymbol{c} \in \mathbb{R} \\ \boldsymbol{A} \in \mathbb{R}^{m \times n}, \boldsymbol{b} \in \mathbb{R}^m, \boldsymbol{b} \geq \boldsymbol{o} \\ \boldsymbol{x} \in \mathbb{R}^n \end{array}$$

Bemerkung: $\boldsymbol{b} \geq \boldsymbol{o}$ heißt, alle $b_i \geq 0$, desgl. für $\boldsymbol{x} \geq \boldsymbol{o}$

Der *Normalfall* liegt vor, wenn in den Restriktionen nur die Relation $\leq$ für das Maximierungsmodell gilt, sonst ist es der allgemeine Fall.

Zulässige Lösung ist jeder Vektor $\boldsymbol{x}$, der den Nebenbedingungen und den Nichtnegativitätsbedingungen genügt. Alle zulässigen Lösungen bilden eine *konvexe Punktmenge* (siehe unten).

Jede zulässige Lösung, für die die Zielfunktion den optimalen (maximalen) Wert annimmt, heißt *optimales Programm* (*optimale Lösung*).

Eine beliebige Punktmenge des n-dimensionalen Raumes, siehe 6.1, heißt *konvex*, wenn für zwei beliebige, ihr zugehörige Punkte P_1 und P_2 auch alle Punkte der Strecke $\overline{P_1P_2}$ zu dieser Punktmenge gehören (*Gebiet*). Eine konvexe Punktmenge besteht i. Allg. aus der Menge der inneren Punkte und der Menge der Randpunkte. Randpunkte, die nicht innere Teilpunkte einer Verbindungsstrecke, sondern Eckpunkte sind, heißen *extremale Punkte*.

Ist eine konvexe Punktmenge beschränkt und hat sie nur endlich viele extremale Punkte, heißt sie *konvexes Polyeder*.

Eckenprinzip von DANTZIG

Eine lineare Funktion mit n Variablen nimmt auf dem durch die Nebenbedingungen bestimmten konvexen Polyeder von $\mathbb{R}^n$ ihr Optimum in mindestens *einem Eckpunkt* an.

Wandlung der Restriktionen in ein Gleichungssystem

Jedes System von Ungleichungen kann man durch Zufügen sog. *Schlupfvariablen* $x_{n+1}, x_{n+2}, \ldots, x_{n+m} \geq 0$ in ein erweitertes lineares Gleichungssystem (Index e) überführen und auf dieses die Lösungsmethoden für lineare Gleichungssysteme anwenden. Schlupfvariable kennzeichnen die Reserven. In der Zielfunktion erhalten sie den Koeffizienten 0, womit Ausgangs- und erweitertes System äquivalent sind.

Man erhält die *kanonische Normalform der Optimierungsaufgabe*:

$$\begin{cases} z(\boldsymbol{x}) = z_0 + \boldsymbol{c}_\mathrm{e}^\mathrm{T}\boldsymbol{x}_\mathrm{e} \to \max \\ \boldsymbol{A}_\mathrm{e}\boldsymbol{x}_\mathrm{e} = \boldsymbol{b} \text{ mit } \boldsymbol{A}_\mathrm{e} = (\boldsymbol{A}|\boldsymbol{E}) \qquad \boldsymbol{A}_\mathrm{e} \text{ ist eine } \big(m, (m+n)\big)\text{-Matrix.} \\ \boldsymbol{x} \geq \boldsymbol{o} \end{cases}$$

Basis

m linear unabhängige Spaltenvektoren der Matrix $(\boldsymbol{A}|\boldsymbol{E})$ bilden eine *Basis*, wobei m gleich der Anzahl der Restriktionen ist. Ihre Variablen heißen *Basisvariable* (BV), die nicht zur Basis gehörenden *Nichtbasisvariable* (NBV).

Zum Beispiel sind in der erweiterten Form die Schlupfvariablen (und die künstlichen Variablen, s. u.) eine Basis. Jede Schlupfvariable tritt nur jeweils in einer Gleichung mit dem Koeffizienten 1 auf.

Basisdarstellung

Die erweiterte Normalform $(\boldsymbol{A}|\boldsymbol{E})\boldsymbol{x} = \boldsymbol{b}$ wird nach den BV aufgelöst, sodass für eine beliebige Basis BV $= f$(NBV) bzw. $\boldsymbol{x}_{\mathrm{BV}} = \boldsymbol{b} - \boldsymbol{A}\boldsymbol{x}_{\mathrm{NBV}}$ gilt.

Basislösung

Eine Lösung $\boldsymbol{x}$, bei der alle NBV $= 0$ sind, heißt *Basislösung*. Sie wird zu einer *zulässigen Basislösung*, wenn alle BV ≥ 0 sind. Dann liegt eine *zulässige kanonische Form* vor.

In jeder Basislösung entspricht das n-Tupel der Entscheidungsvariablen einem Eckpunkt des zulässigen Bereichs, jeder Austausch entspricht dem Übergang von einer Ecke längs der Kante zu einer anderen Ecke.

Sonderfälle

Tritt eine Gleichung auf, wird eine künstliche Schlupfvariable $\overline{x}_i$ eingeführt, die unbedingt null sein muss. Man wechselt sie als erste von der BV zur NBV.

Muss eine Variable x_i der Nichtnegativitätsbestimmung $x_i \geq 0$ nicht genügen, ersetzt man sie durch die Differenz $x_i = x_{i1} - x_{i2}$ mit $x_{i1}, x_{i2} \geq 0$.

5.5.2 Grafische Lösung für zwei Variable

In einem linearen Ungleichungssystem mit **zwei** Variablen kann die Menge der zulässigen Lösungen (zulässiger Bereich) grafisch ermittelt werden.

$$z(\boldsymbol{x}) = z_0 + c_1x_1 + c_2x_2 \to \max$$

$$a_{i1}x_1 + a_{i2}x_2 \leq b_i, b_i \geq 0 \qquad i = 1, 2, \ldots, m$$

$$x_1, x_2 \geq 0$$

Jede der Ungleichungen teilt die Fläche jeweils in eine für diese mögliche (oft schraffiert) sowie eine unmögliche Halbebene.

Die Zielfunktion wird durch Niveaulinien (Geraden) $z(x_1, x_2) = k$ dargestellt (k willkürliche Konstante). Das Optimum entsteht für $k = k_{\max}$. Es ist eindeutig, wenn die Niveaulinie durch eine Ecke des zulässigen Bereichs verläuft (*Eckenlösung*). Die Lösung ist mehrdeutig, wenn die Niveaulinien parallel zu einer der Restriktionsgeraden verlaufen (Varianten der Optimallösung).

♦ **Beispiel**

Man ermittle das optimale Programm folgenden mathematischen Modells:

$z(\boldsymbol{x}) = z(x_1,x_2) = 10x_1 + 15x_2 \to \max.$

$$\begin{array}{lll} x_1 + 2x_2 \leq 102 & x_1 \geq 0 \\ 15x_1 + 3x_2 \leq 450 & x_2 \geq 0 \\ x_1 \quad\quad \leq 25 & \\ \quad\quad x_2 \leq 45 & \end{array}$$

Bereich der zulässigen Lösungen:

Sechseck $0, P_1, P_2, P_3, P_4, P_5$

Zeichnen einer Niveaulinie, z. B.

$z(x_1,x_2) \equiv 10x_1 + 15x_2 = 150$

Parallelverschiebung dieser Geraden durch P_3 ergibt das Maximum:

$z_{\max} = z(22;40)$

$= 10 \cdot 22 + 15 \cdot 40 = 820$

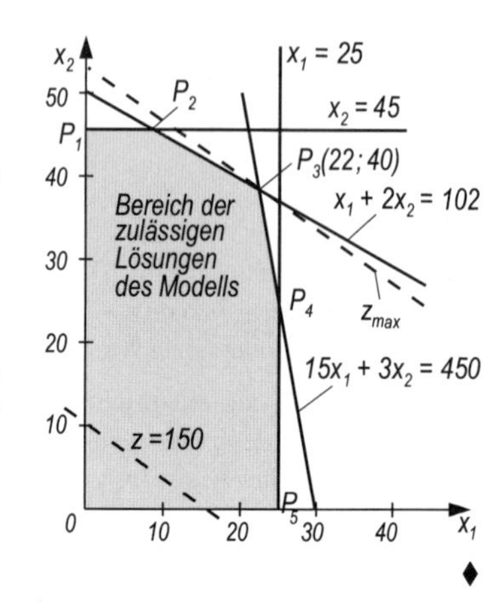

♦

5.5.3 Simplexalgorithmus

Der *Simplexalgorithmus*[1] (das *Simplexverfahren*) ist ein Iterationsverfahren für n Variable zur Annäherung an das Optimum.

Eine zulässige Simplextafel ist aufstellbar, wenn die Aufgabenstellung in kanonischer Normalform vorliegt. Grundlage der Simplextafel ist die Basisdarstellung des Gleichungssystems mit BV $= f$(NBV).

Man wählt in der Anfangsdarstellung die Entscheidungsvariablen als NBV.

Zur Lösung dient das *(Basis-)Austauschverfahren.*

Solange das Optimum noch nicht erreicht ist, muss man die Basisvariablen (BV) und Nichtbasisvariablen (NBV) der Anfangslösung (Anfangsdarstellung) schrittweise austauschen.

Abbruchbedingung: Der Maximalwert der Zielfunktion z ist dann erreicht, wenn in der Zeile $-z$ im Raum der NBV alle Koeffizienten ≥ 0 sind.

Austauschverfahren (siehe Simplextafel unten)

(1) Wahl der *Pivotspalte*: Der größte Absolutwert aller negativen Koeffizienten der Zeile $-z$ bestimmt die Pivotspalte k'.

[1] Ein *Simplex* ist jedes komplexe Polyeder im $\mathbb{R}^n$ mit $(n+1)$ Ecken.

Es existiert kein Maximum, wenn in der Pivotspalte alle $a_{ik'} \leq 0$.

(2) Wahl der *Pivotzeile*: Für alle negativen $a_{ik'}$ wird der Quotient $q_i = b_i/(-a_{ik'})$ gebildet, der kleinste Wert ergibt die Pivotzeile i'.
Im Schnittpunkt von Pivotspalte und Pivotzeile liegt das *Pivotelement* der Anfangslösung $p = a_{i'k'}$.

(3) Erster Austauschschritt mit Pivotelement p

(3.1) Man fügt eine neue Tabelle gleicher Einteilung an und tauscht $x_{i'}$ mit $x_{k'}$ (Austausch einer NBV durch eine BV).

(3.2) Man ersetzt das Pivotelement durch $1/p$.

(3.3) Man multipliziere die übrigen Elemente der Pivotspalte mit $1/p$.

(3.4) Man multipliziere die übrigen Elemente der Pivotzeile mit $-1/p$. Die neuen Elemente mögen $c, d, \ldots$ heißen.

(3.5) Man vermehre die restlichen Elemente des ursprünglichen Schemas um das c-, d-, ...Fache des in der gleichen Zeile stehenden Elements der Pivotspalte.

Empfehlung: Spaltenweises Abarbeiten aller $k \neq k'$, d. h.

(neue Spalte) = (alte Spalte) + (Wert, der in der neuen Spalte nach (3.4) schon steht) mal (Pivotspalte des alten Schemas)

Die Zeile der Zielfunktion $-z$ wird wie eine Nichtpivotzeile behandelt, wobei $-z$ stets Basisvariable ist, d. h. nicht ausgetauscht wird.

Simplextafel der Anfangslösung

	Nichtbasisvariable x_k = Entscheidungsvariable					
	$i\downarrow, k\rightarrow$	x_k	...	Pivotspalte $x_{k'}$		b
Basisvariable x_i und $-z$	x_i	a_{ik}	...	$a_{ik'}$	...	b_i
	$\vdots$	$\vdots$		$\vdots$		
	Pivotzeile $x_{i'}$			$a_{i'k'} = p$		
	$\vdots$	$\vdots$		$\vdots$		
	$-z$	c_k		c'_k		$-z_0$

$p = a_{i'k'}$ Pivotelement

$m + n + 1 = \sum i + \sum k + 1$ Anzahl der Variablen

n Anzahl der Entscheidungsvariablen

m Anzahl der Schlupfvariablen

♦ **Beispiel** (wie in 5.5.2)

Zielfunktion: $z(x_1,x_2) = 10x_1 + 15x_2 \to \max.$

Restriktionen:
$$x_1 + 2x_2 \leq 102$$
$$15x_1 + 3x_2 \leq 450$$
$$x_1 \leq 25$$
$$x_2 \leq 45$$

Nichtnegativitätsbedingungen: $x_i \geq 0, i = 1,2,\ldots,6$ (mit 4 Schlupfvariablen)

Die zulässige kanonische Form liegt vor, eine Simplextafel ist aufstellbar.

Grundlage bildet die Basisdarstellung mit $n = 2$ und $m = 4$, d.h. mit 7 Variablen.

Basisdarstellung der Anfangslösung: Anfangslösung

$x_3 = 102 - x_1 - 2x_2$ NBV $x_1 = 0$ BV $x_3 = 102$

$x_4 = 450 - 15x_1 - 3x_2$ $x_2 = 0$ $x_4 = 450$

$x_5 = 25 - x_1$ $x_5 = 25$

$x_6 = 45 - x_2$ $x_6 = 45$

$-z = 0 - 10x_1 - 15x_2$ $z = 84$

NBV BV	x_1	x_2	b_i	$q_i = b_i/(-a_{i2})$
x_3	-1	-2	102	$102/2 = 51$
x_4	-15	-3	450	$450/3 = 150$
x_5	-1	0	25	
x_6	0	$-1 = p$	45	$45/1 = 45 = q_{\min}$ $\Rightarrow$ Pivotzeile
$-z$	-10	$-15 \Rightarrow$ Pivotspalte	0	

Die Anfangslösung lautet:

$\boldsymbol{x}_0 = (0; 0; 102; 450; 25; 45)^{\mathrm{T}}, z = 0$

NBV BV	x_1	x_6	b_i	$q_i = b_i/(-a_{ik'})$
x_3	-1	2	12	$12/1 = 12 = q_{\min}$
x_4	-15	3	315	$315/15 = 21$
x_5	-1	0	25	$25/1 = 25$
x_2	0	$-1 = 1/p$	45	
$-z$	-10	15	-675	

Der erste Austausch ergibt:

$\boldsymbol{x}_1 = (0; 45; 12; 315; 25; 0)^{\mathrm{T}}$, $z = 675$ (P_1 in 5.5.2)

	x_3	x_6	b_i	q_i
x_1	-1	2	12	
x_4	15	-27	135	5
x_5	1	-2	13	$6{,}5$
x_2	0	-1	45	45
$-z$	10	-5	-795	

Der zweite Austausch ergibt:

$\boldsymbol{x}_2 = (12; 45; 0; 135; 13; 0)^{\mathrm{T}}$, $z = 795$ (P_2 in 5.5.2)

Da noch ein Koeffizient in $-z$ negativ ist, ist das Optimum noch nicht erreicht.

	x_3	x_4	b_i	q_i
x_1	$3/27$	$-2/272$	22	
x_6	$15/27$	$-1/27$	5	
x_5	$-3/27$	$2/27$	3	
x_2	$-15/27$	$1/27$	40	
$-z$	$195/27$	$5/27$	-820	

Alle Koeffizienten von $-z$ sind jetzt $c_i \geq 0$, die Basislösung ist das Optimum.

Maximalpunkt: (22; 40; 0; 0; 3; 5)

Maximalwert: $z_{\max} = 820$

Kontrolle: $z_{\max} = 10 \cdot 22 + 15 \cdot 40 = 820$ ♦

Minimierung

Eine *Minimierung* $z(x) \to \min$ wird durch $g(x) = -z(x) \to \max$ unter gleichen Restriktionen in eine Maximierung überführt. Nach Beendigung der Optimierung muss wieder auf $z(x)$ zurückgegangen werden.

♦ **Beispiel**

Zielfunktion $z = 4x_1 + x_2 - 2x_3 + 21 \to \min$ mit den Nebenbedingungen

$$\begin{aligned} -x_1 + 2x_2 + 3x_3 &\geq 21 \\ 2x_3 &\geq 4 \\ 3x_1 - 3x_2 &\geq 3 \\ x_2 - 3x_3 &\geq 6 \end{aligned} \qquad x_i \geq 0 \qquad \begin{aligned} x_4 &= 21 + x_1 - 2x_2 - 3x_3 \\ x_5 &= 4 - 2x_3 \\ x_6 &= 3 - 3x_1 + 3x_2 \\ x_7 &= 6 - x_2 + 3x_3 \end{aligned}$$

Wandlung in ein Maximumproblem

$g = -z = -4x_1 - x_2 + 2x_3 - 21 \to \max$ bzw. $-g = 21 + 4x_1 + x_2 - 2x_3$

	x_1	x_2	x_3	b_i
x_4	1	−2	−3	21
x_5	0	0	−2	4
x_6	−3	3	0	3
x_7	0	−1	3	6
$-g$	4	1	−2	21

♦

Dualitätsprinzip

Zu jedem primalen Problem gehört ein duales, wobei $z_{\text{primal}} = z_{\text{dual}}$

	Primales Modell	Duales Modell
Zielfunktion:	$z_p(\boldsymbol{x}) = \boldsymbol{c}^T\boldsymbol{x} \to \max$	$z_d(\boldsymbol{y}) = \boldsymbol{b}^T\boldsymbol{y} \to \min$
Restriktionen:	$\boldsymbol{A}\boldsymbol{x} \leq \boldsymbol{b}$	$\boldsymbol{A}^T\boldsymbol{y} \geq \boldsymbol{c}$

5.6 Abbildungen

Eine *Abbildung* ist die eindeutige Zuordnung von Elementen einer nicht leeren Menge X zu Elementen einer ebenfalls nicht leeren Menge Y.

5.6.1 Lineare Abbildungen

Eine *Abbildung* $\varphi\colon V \to V'$ ist die Abbildung eines Vektorraumes V über K in einen solchen V' über K.

Dabei ist $\varphi\colon \mathbb{C}^n \to \mathbb{C}^m$ oder $\varphi\colon \mathbb{R}^n \to \mathbb{R}^m$, $\dim V = n$, $\dim V' = m$.

Eine Abbildung φ heißt *linear*, wenn die *Linearitätsbedingungen* gelten:

$\varphi(\boldsymbol{x}+\boldsymbol{y}) = \varphi(\boldsymbol{x}) + \varphi(\boldsymbol{y})$ und $\varphi(\lambda\,\boldsymbol{x}) = \lambda\,\varphi(\boldsymbol{x}) \quad \boldsymbol{x},\boldsymbol{y} \in V, \lambda \in K$

Linearitätsbedingungen in anderer Schreibweise:

$$\varphi(\alpha\boldsymbol{x} + \beta\boldsymbol{y}) = \alpha \cdot \varphi(\boldsymbol{x}) + \beta \cdot \varphi(\boldsymbol{y}) \qquad \alpha,\beta \in K$$

Siehe auch binäre Relationen, Abschnitt 1.3.4.

Bei linearen Abbildungen liegen *freie Vektoren* (siehe 6.1) zugrunde, ein Koordinatensystem ist nicht notwendig.

Es gilt: $\varphi(\boldsymbol{o}) = \boldsymbol{o}' \qquad \boldsymbol{o} \in V, \boldsymbol{o}' \in V'$

Bild, Bildraum

$\boldsymbol{x}$ *Urbild, Original* $\boldsymbol{x}'$ *Bild*

$$\text{Bild}(\varphi) = \{\varphi(\boldsymbol{x}) \in V' \mid \boldsymbol{x} \in V\} \subseteq V' \quad \text{(Untervektorraum von } V')$$

kurz $\boldsymbol{x}' = \varphi(\boldsymbol{x})$
bzw. $\varphi(\boldsymbol{x}) = \boldsymbol{C}_{m,n} \cdot \boldsymbol{x}$ (*Vektorabbildung*)

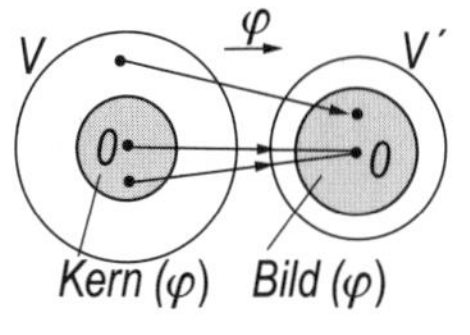

Lineare Abbildung

$\boldsymbol{C}$ *darstellende Matrix, Abbildungsmatrix*
$\text{Bild}(\varphi) =$ *Spaltenraum* von $\boldsymbol{C}$

Rang der linearen Abbildung

$$\text{Rang}(\varphi) := \dim \text{Bild}(\varphi) = \dim \varphi(V)$$

Kern, Nullraum

Neben $\boldsymbol{o} \in V$ kann es noch andere $\boldsymbol{x} \in V$ geben, für die $\varphi(\boldsymbol{x}) = \boldsymbol{o}'$ ist.

$$\text{Kern}(\varphi) = \{\boldsymbol{x} \in V | \varphi(\boldsymbol{x}) = \boldsymbol{o}'\} \subseteq V \quad \text{(Untervektorraum von } V)$$

Zwei Elemente $\boldsymbol{x}, \boldsymbol{y} \in V$ haben dasselbe Bild bez. φ genau dann, wenn

$$\boldsymbol{x} - \boldsymbol{y} \in \text{Kern}(\varphi)$$

Defekt der linearen Abbildung: $\text{Defekt}(\varphi) := \dim \text{Kern}(\varphi)$

Dimensionsformel: $\dim(V) = \dim \text{Bild}(\varphi) + \dim \text{Kern}(\varphi)$

Eine lineare Abbildung φ ist eine (vgl. 7.1.1)

- *Surjektion*, wenn $\text{Bild}(\varphi) = V'$
- *Injektion*, wenn $\text{Kern}(\varphi) = \{\boldsymbol{o}\}$ (umkehrbar eindeutig)
- *Bijektion*, wenn die *Umkehrabbildung* $\varphi^{-1}\colon V' \to V$ auch linear ist (*Isomorphismus*). V und V' heißen dann *isomorph* („strukturgleich“).

Spezielle Abbildungen

Nullabbildung: $0\colon V \to V'$ heißt: $\forall \boldsymbol{x} \in V\colon 0(\boldsymbol{x}) = \boldsymbol{o}$
identische Abbildung: $\text{id}\colon V \to V$ heißt: $\forall \boldsymbol{x} \in V\colon \text{id}(\boldsymbol{x}) = \boldsymbol{x}$

Summe und Vielfaches ($\varphi\colon V \to V'$, $\psi\colon V \to V'$)

Summe $\varphi + \psi\colon V \to V'$

$$\forall \boldsymbol{x} \in V\colon \big(\varphi + \psi\big)(\boldsymbol{x}) := \varphi(\boldsymbol{x}) + \psi(\boldsymbol{x})$$

λ-faches $\lambda\,\varphi\colon V \to V'$

$$\forall \boldsymbol{x} \in V\colon \big(\lambda\,\varphi\big)(\boldsymbol{x}) := \lambda\,\varphi(\boldsymbol{x}) \qquad \lambda \in \mathbb{R}$$

Die Menge aller linearen Abbildungen von V in V' bildet mit ihrer Addition und einer Multiplikation mit $\lambda \in \mathbb{R}$ wieder einen *Vektorraum*.

$\mathcal{L}(V,V') = \{\varphi\colon V \to V' \mid \varphi \text{ linear}\}$

Verkettung ($\varphi\colon V \to V'$, $\psi\colon V' \to V''$)

$$\psi \circ \varphi\colon V \to V''$$
$$\forall \boldsymbol{x} \in V\colon \big(\psi \circ \varphi\big)(\boldsymbol{x}) := \psi\big(\varphi(\boldsymbol{x})\big)$$

Verkettung

Für $V = V'$, d. h. Abbildung im Vektorraum V auf bzw. in sich selbst, $\varphi \in \mathcal{L}(V,V)$, gilt: φ ist ein *linearer Operator* von V.

Darstellung durch Matrizen

Zwischen der Menge aller linearen Abbildungen $\varphi\colon V \to V'$, $\dim V = n$, $\dim V' = m$ und der Menge aller (m,n)-Matrizen besteht eine eineindeutige Zuordnung bezüglich des Basenpaares $B = \{\boldsymbol{b}_1, \ldots, \boldsymbol{b}_n\}$ von V und $B' = \{\boldsymbol{b}'_1, \ldots, \boldsymbol{b}'_m\}$ von V', die sogenannte *Koordinatenmatrix* :

$$\varphi\big[B',B\big] = \boldsymbol{C}_{(B',B)} \in K^{m\times n}$$

In der k-ten Spalte von $\varphi\big[B',B\big]$ steht der Koordinatenvektor des Bildes $\varphi\big(\boldsymbol{b}_k\big)$, $\boldsymbol{b}_k \in B$, bezüglich der Basis B', Schreibweise $\varphi\big(\boldsymbol{b}_k\big)\big[B'\big]$:

$$\varphi[B',B] = \begin{pmatrix} c_{11} & \cdots & c_{1n} \\ \vdots & & \\ c_{m1} & \cdots & c_{mn} \end{pmatrix}, \text{ wobei } \varphi\big(\boldsymbol{b}_k\big)[B'] = \begin{pmatrix} c_{1k} \\ \vdots \\ c_{mk} \end{pmatrix}, 1 \le k \le n$$

Koordinatenumrechnung

$$\varphi\boldsymbol{x}[B'] = \varphi[B',B]\boldsymbol{x}[B]$$

Für $V = V'$ und $\varphi = \mathrm{id}$ gilt:

$$\boldsymbol{x}[B'] = \boldsymbol{E}[B',B]\boldsymbol{x}[B]$$

♦ **Beispiel**

Man bestimme die Matrix der linearen Abbildung $\varphi[B',B]$, die jeden Punkt des $\mathbb{R}^3$ in Richtung des Vektors $(1,1\ -1)^{\mathrm{T}}$ auf die (x,y)-Ebene projiziert (*Parallelprojektion*, siehe Bild), bezüglich der beiden Standardbasen B des $\mathbb{R}^3$ und B' des $\mathbb{R}^2$.

$\varphi\big(x_1,x_2,x_3\big) = \big(x'_1,x'_2\big)$,

$$B = \left\{ \begin{pmatrix}1\\0\\0\end{pmatrix}, \begin{pmatrix}0\\1\\0\end{pmatrix}, \begin{pmatrix}0\\0\\1\end{pmatrix} \right\} \in \mathbb{R}^3, \quad B' = \left\{ \begin{pmatrix}1\\0\end{pmatrix}, \begin{pmatrix}0\\1\end{pmatrix} \right\} \in \mathbb{R}^2$$

$$\varphi[B', B] = \boldsymbol{C}_{(B',B)} = \begin{pmatrix}1\;0\;1\\0\;1\;1\end{pmatrix}, \quad \text{denn}$$

$$\varphi \begin{pmatrix}1\\0\\0\end{pmatrix} = \begin{pmatrix}1\\0\end{pmatrix} = 1 \cdot \begin{pmatrix}1\\0\end{pmatrix} + 0 \cdot \begin{pmatrix}0\\1\end{pmatrix}$$

$$\varphi \begin{pmatrix}0\\1\\0\end{pmatrix} = \begin{pmatrix}0\\1\end{pmatrix} = 0 \cdot \begin{pmatrix}1\\0\end{pmatrix} + 1 \cdot \begin{pmatrix}0\\1\end{pmatrix}$$

$$\varphi \begin{pmatrix}0\\0\\1\end{pmatrix} = \begin{pmatrix}1\\1\end{pmatrix} = 1 \cdot \begin{pmatrix}1\\0\end{pmatrix} + 1 \cdot \begin{pmatrix}0\\1\end{pmatrix}$$

♦

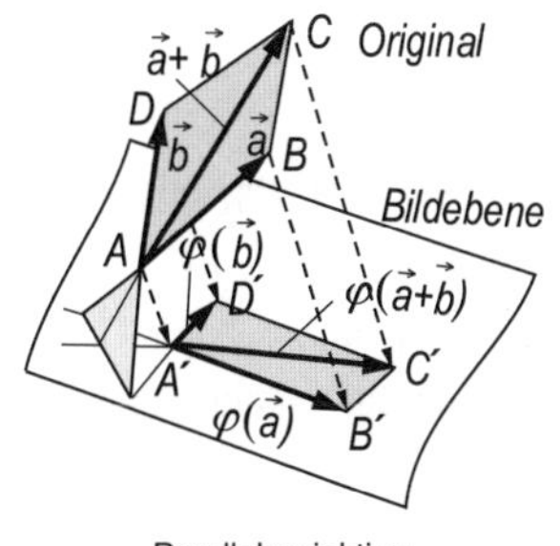

Parallelprojektion

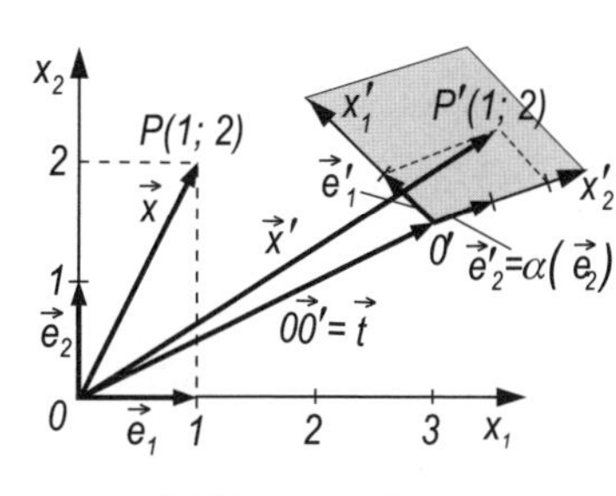

Abbildung eines Punktes

5.6.2 Affine Abbildungen

5.6.2.1 Allgemeines

> Eine *affine Abbildung* (*Affinität* = Ähnlichkeit) α ist die umkehrbare Abbildung eines metrischen *affinen Raumes* $\mathbb{R}^n$ (Urbildraum) auf/in sich oder auf/in einen Raum (Bildraum) $\mathbb{R}^m$, bei der Geradentreue, Parallelität und die Teilverhältnisse auf jeder Geraden (*kollineare Punkte*) erhalten bleiben.
>
> Ein Dreieck und sein Bild kennzeichnen eine affine Abbildung in der Ebene eindeutig.

Längen, Winkel, Flächeninhalte und Orientierungen (Umlaufsinn) können sich ändern. Im $\mathbb{R}^n$ liegen *Ortsvektoren* in Koordinatensystemen zugrunde. Verschiedene Urbilder haben stets verschiedene Bildpunkte.

Es werden kartesische Koordinaten vereinbart, dargestellt in der Ebene.

> Jeder affinen Abbildung α entspricht eine lineare Abbildung φ der zu den affinen Räumen gehörenden Vektorräume, d. h. aus $\boldsymbol{v} = \overrightarrow{PQ}$ folgt: $\varphi(\boldsymbol{v})$ ist der Vektor $\left(\alpha(P), \alpha(Q)\right)^{\mathrm{T}}$.

Affine Abbildung eines Punktes (siehe Bild oben)

> Die *Abbildung eines Punktes* ist die grundlegende affine Abbildung. Sie entspricht der Abbildung eines Ortsvektors, dargestellt in der Ebene $\mathbb{R}^2$:
>
> $\alpha\colon \boldsymbol{x} \to \boldsymbol{x}'$

Gegeben:
2 Parallelkoordinatensysteme $K = \{0; \boldsymbol{e}_1, \boldsymbol{e}_2\}$ und $K' = \{0'; \boldsymbol{e}_1', \boldsymbol{e}_2'\}$

$P(x_1, x_2)$ mit dem Ortsvektor $\overrightarrow{0P} = x_1\boldsymbol{e}_1 + x_2\boldsymbol{e}_2$ wird abgebildet auf $P'(x_1', x_2')$ mit dem Ortsvektor $\overrightarrow{0P'} = x_1\boldsymbol{e}_1' + x_2\boldsymbol{e}_2' + \boldsymbol{t}$.

Die Linearitätsbedingungen linearer Abbildungen sind hier durch die additive Komponente nicht erfüllt! Dieser Summand entfällt bei einer linearen Vektorbildung.

Abbildungsmatrix

$$\boldsymbol{C} = \begin{pmatrix} c_{11} & c_{12} \\ c_{21} & c_{22} \end{pmatrix}$$

Translationsvektor

$$\overrightarrow{00'} = \boldsymbol{t} = \begin{pmatrix} t_1 \\ t_2 \end{pmatrix}$$

Darstellungen affiner Abbildungen

Vektordarstellung: $\alpha\colon \boldsymbol{x}' = x_1\boldsymbol{e}_1' + x_2\boldsymbol{e}_2' + \boldsymbol{t}$

Koordinatendarstellung: $\alpha\colon \begin{cases} x_1' = c_{11}x_1 + c_{12}x_2 + t_1 \\ x_2' = c_{21}x_1 + c_{22}x_2 + t_2 \end{cases}$

Matrixdarstellung: $\alpha\colon \boldsymbol{x}' = \boldsymbol{C}\boldsymbol{x} + \boldsymbol{t}$

Bemerkung:

$$\boldsymbol{e}_1' = \begin{pmatrix} c_{11} \\ c_{21} \end{pmatrix} \text{ ist Bild von } \boldsymbol{e}_1 = \begin{pmatrix} 1 \\ 0 \end{pmatrix}, \boldsymbol{e}_2' = \begin{pmatrix} c_{12} \\ c_{22} \end{pmatrix} \text{ ist Bild von } \boldsymbol{e}_2 = \begin{pmatrix} 0 \\ 1 \end{pmatrix}.$$

♦ **Beispiel**

Der Punkt $0(0;0)$ werde auf $0'(3;5)$, Punkt $E_1(1;0)$ auf $E_1'(-2;4)$ und Punkt $E_2(0;1)$ auf $E_2'(5;-2)$ abgebildet.

Wie lautet die affine Abbildung?

$\alpha\colon \boldsymbol{x}' = x_1\overrightarrow{0'E_1'} + x_2\overrightarrow{0'E_2'} + \overrightarrow{00'}$ ergibt

$$\boldsymbol{x}' = x_1\begin{pmatrix} -5 \\ -1 \end{pmatrix} + x_2\begin{pmatrix} 2 \\ -7 \end{pmatrix} + \begin{pmatrix} 3 \\ 5 \end{pmatrix},$$

Matrizendarstellung $\boldsymbol{x}' = \begin{pmatrix} -5 & 2 \\ -1 & -7 \end{pmatrix}\boldsymbol{x} + \begin{pmatrix} 3 \\ 5 \end{pmatrix}$ ♦

Affinitätsverhältnis (Verhältnis der Flächen von Bild- und Urbildfigur)

$$\det \boldsymbol{C} = \begin{vmatrix} c_{11} & c_{12} \\ c_{21} & c_{22} \end{vmatrix}$$

- $\det \boldsymbol{C} > 0$ orientierungserhaltende affine Abbildung
- $\det \boldsymbol{C} = \pm 1$ flächeninhaltserhaltende affine Abbildungen

Umkehrabbildung $\boldsymbol{\alpha}^{-1}$

Bedingung für die Umkehrbarkeit: $\boldsymbol{C}$ ist eine reguläre Matrix ($\det \boldsymbol{C} \neq 0$)

Originalabbildung: $\alpha\colon \boldsymbol{x}' = \boldsymbol{C}\boldsymbol{x} + \boldsymbol{t}$
Umkehrabbildung: $\alpha^{-1}\colon \boldsymbol{x}' = \boldsymbol{C}^{-1}\boldsymbol{x} - \boldsymbol{C}^{-1}\boldsymbol{t}$

$$\boldsymbol{C}^{-1} = \frac{1}{\det \boldsymbol{C}}\begin{pmatrix} c_{22} & -c_{12} \\ -c_{21} & c_{11} \end{pmatrix}$$

♦ **Beispiel**

Man bilde die Umkehrabbildung von $\alpha\colon \boldsymbol{x}' = \begin{pmatrix} 5 & 3 \\ 6 & 4 \end{pmatrix}\boldsymbol{x} + \begin{pmatrix} -3 \\ 6 \end{pmatrix}$.

$\det \boldsymbol{C} = \begin{vmatrix} 5 & 3 \\ 6 & 4 \end{vmatrix} = 20 - 18 = 2 \neq 0$, die Matrix ist regulär und umkehrbar.

$$\alpha^{-1}\colon \boldsymbol{x}' = \frac{1}{2}\begin{pmatrix} 4 & -3 \\ -6 & 5 \end{pmatrix}\boldsymbol{x} - \frac{1}{2}\begin{pmatrix} 4 & -3 \\ -6 & 5 \end{pmatrix}\begin{pmatrix} -3 \\ 6 \end{pmatrix}$$

$$= \frac{1}{2}\begin{pmatrix} 4 & -3 \\ -6 & 5 \end{pmatrix}\boldsymbol{x} - \frac{1}{2}\begin{pmatrix} -30 \\ 48 \end{pmatrix} = \begin{pmatrix} 2 & -1{,}5 \\ -3 & 2{,}5 \end{pmatrix}\boldsymbol{x} + \begin{pmatrix} 15 \\ -24 \end{pmatrix}$$ ♦

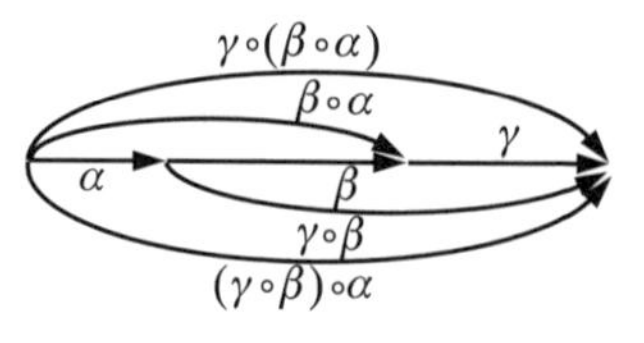

Assoziativität der Verkettung

Verkettung von Punktabbildungen

$\alpha\colon \boldsymbol{x}' = \boldsymbol{C}\boldsymbol{x} + \boldsymbol{t},\ \beta\colon \boldsymbol{x}' = \boldsymbol{D}\boldsymbol{x} + \boldsymbol{u}$
$\beta \circ \alpha\colon \boldsymbol{x}' = \boldsymbol{D}\boldsymbol{C}\boldsymbol{x} + \boldsymbol{D}\boldsymbol{t} + \boldsymbol{u}$

Assoziativgesetz (gelesen „α nach β")

$$(\gamma \circ \beta) \circ \alpha = \gamma \circ (\beta \circ \alpha)$$

Vektorabbildung φ

Zu einer affinen (Punkt-)Abbildung gehört eine lineare Vektorabbildung der jeweils zwei Punkte verbindenen Vektoren gemäß 5.6.1:

$$\boldsymbol{v}' = \varphi(\boldsymbol{v}) = \boldsymbol{C}_{m,n}\boldsymbol{v}$$

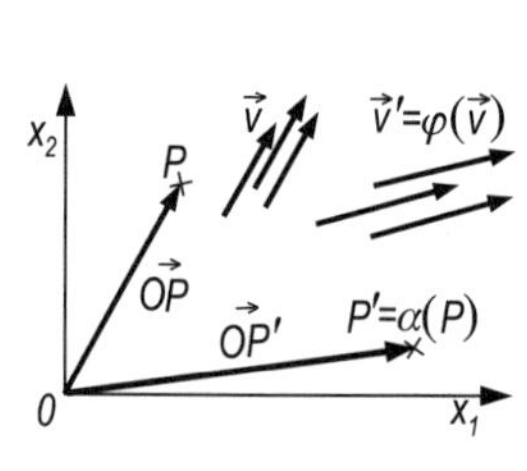

Punkt- und Vektorabbildung

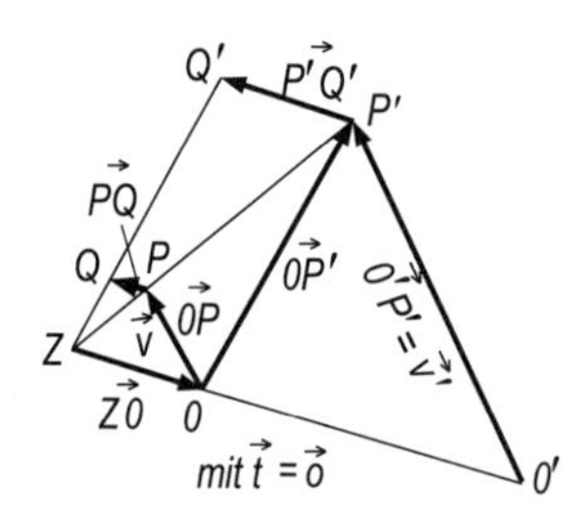

Bild zum Beispiel unten

Vergleich Punktabbildung α und Vektorabbildung φ

Punktabbildung: $\alpha\colon \boldsymbol{x}' = \boldsymbol{C}\boldsymbol{x} + \boldsymbol{t}$

mit den Ortsvektoren $\boldsymbol{x} = \overrightarrow{0P}$ und $\boldsymbol{x}' = \overrightarrow{0P'}$

Vektorabbildung: $\varphi\colon \boldsymbol{v}' = \boldsymbol{C}\boldsymbol{v}$

mit den freien Vektoren $\boldsymbol{v}$ und $\boldsymbol{v}'$

Bemerkung: Mit $\boldsymbol{t} = \boldsymbol{o}$ (Ursprung = Fixpunkt) vermittelt die Punktabbildung trotz gleicher mathematischer Form eine andere Abbildung als die Vektorabbildung.

♦ **Beispiel**

Punktabbildung α: $\overrightarrow{0P}$ wird $\overrightarrow{0P'}$, zentrische Streckung um k von Z aus.

Dagegen Vektorabbildung φ: $\overrightarrow{0P}$ wird zu $\overrightarrow{0'P'}$ mit k-facher Größe. ♦

Fixelemente

> *Fixelemente* bleiben bei Abbildungen auf bzw. in sich erhalten:
>
> Bild = Urbild, $\boldsymbol{x}' = \boldsymbol{x}$

Lineares Gleichungssystem zur Bestimmung der Fixelemente

$$\boldsymbol{x} = \boldsymbol{C}\boldsymbol{x} + \boldsymbol{t} \qquad \begin{cases} x_1 = c_{11}x_1 + c_{12}x_2 + t_1 \\ x_2 = c_{21}x_1 + c_{22}x_2 + t_2 \end{cases}$$

- eine eindeutige Lösung — genau ein Fixpunkt
- unendlich viele Lösungen — eine Fixpunktgerade
- keine Lösung — kein Fixpunkt

Fixpunkt

$$\boldsymbol{x}_\mathrm{F} = \alpha\left(\boldsymbol{x}_\mathrm{F}\right) = \boldsymbol{C}\boldsymbol{x}_\mathrm{F} + \boldsymbol{t} \Rightarrow (\boldsymbol{C} - \boldsymbol{E})\boldsymbol{x}_\mathrm{F} + \boldsymbol{t} = \boldsymbol{o}$$

Bemerkung: Eine *affine Abbildung ohne Fixpunkt* ergibt eine *Verschiebung* oder eine Verkettung von *Achsenaffinität* mit einer *Verschiebung*.

Fixpunktgerade

Eine *Fixpunktgerade* ist eine Gerade, deren Punktmenge Fixpunkte sind.

Eine affine Abbildung mit genau einer Fixpunktgeraden heißt *Achsenaffinität*, die Gerade ist Achse der Affinität.

Eine Abbildung mit der Abbildungsmatrix $\boldsymbol{C}$ hat eine Fixpunktgerade oder keinen Fixpunkt, falls die Matrix nur den Eigenwert $\lambda = 1$ hat.

Fixgerade

(analog zweidimensional *Fixebene*)

Fixgeraden werden auf sich selbst abgebildet. Die Lage ihrer Punkte auf der Geraden kann sich bei der Abbildung aber ändern.

g: $\boldsymbol{x} = \boldsymbol{r}_0 + t\boldsymbol{a}$, $t \in \mathbb{R}$ ist Fixgerade der affinen Abbildung α: $\boldsymbol{x}' = \boldsymbol{C}\boldsymbol{x} + \boldsymbol{t}$, wenn gilt:

- $\boldsymbol{a}$ ist Eigenvektor von $\boldsymbol{C}$
- $\overrightarrow{P_0P_1} = \boldsymbol{C}\boldsymbol{r}_0 + \boldsymbol{t} - \boldsymbol{r}_0$ ist Vielfaches von $\boldsymbol{a}$.

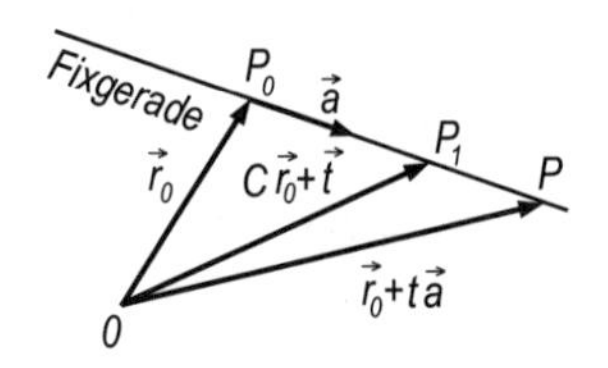

Fixgerade

Fixvektor $\boldsymbol{v}_\mathrm{F}$: $(\boldsymbol{C} - \boldsymbol{E})\boldsymbol{v}_\mathrm{F} = \boldsymbol{o}$

♦ **Beispiel**

Man bestimme Fixpunkt, Eigenwerte, Eigenvektoren und Fixgeraden der Abbildung: $\boldsymbol{x}' = \begin{pmatrix} 1 & -1 \\ 3 & 5 \end{pmatrix} \boldsymbol{x} + \begin{pmatrix} 1 \\ 3 \end{pmatrix}$.

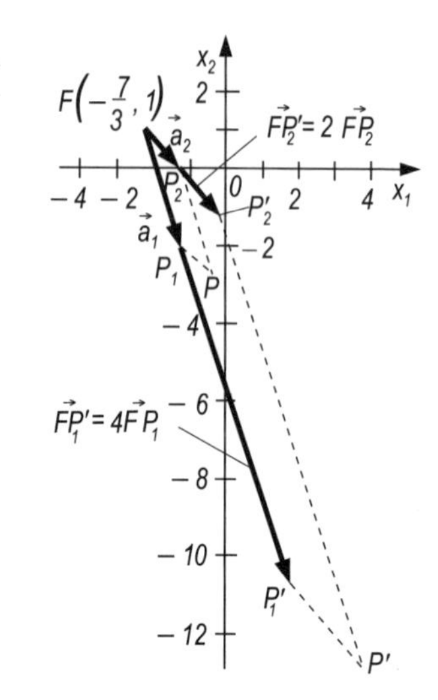

Fixpunkt

$$\begin{cases} x_1 = x_1 - x_2 + 1 \\ x_2 = 3x_1 + 5x_2 + 3 \end{cases}$$

ergibt $x_2 = 1$, $x_1 = -7/3$,

$\mathbb{L} = (-7/3;\ 1)$

Eigenwerte

$(1 - \lambda)(5 - \lambda) + 3 = 0$

$\lambda^2 - 6\lambda + 8 = 0$

$\lambda_1 = 4$, $\lambda_2 = 2$

(Euler-Affinität, 5.6.2.2)

Eigenvektoren zu

$$\lambda_1 = 4{:} \begin{cases} -3x_1 - x_2 = 0 \\ 3x_1 + x_2 = 0 \end{cases} \quad \Rightarrow \boldsymbol{a}_1 = t \begin{pmatrix} 1 \\ -3 \end{pmatrix}$$

$$\lambda_2 = 2{:} \begin{cases} -x_1 \ - x_2 = 0 \\ 3x_1 + 3x_2 = 0 \end{cases} \quad \Rightarrow \boldsymbol{a}_2 = t \begin{pmatrix} 1 \\ -1 \end{pmatrix} \qquad t \in \mathbb{R}^*$$

Fixgeraden

$$g_{F_1}{:}\ x = \begin{pmatrix} -7/3 \\ 1 \end{pmatrix} + t \begin{pmatrix} 1 \\ -3 \end{pmatrix} \qquad t \in \mathbb{R}$$

$$g_{F_2}{:}\ x = \begin{pmatrix} -7/3 \\ 1 \end{pmatrix} + t \begin{pmatrix} 1 \\ -1 \end{pmatrix} \qquad t \in \mathbb{R}$$

♦

5.6.2.2 Allgemeine, nicht winkeltreue affine Abbildungen

Bemerkung: Da eine Verschiebung eine Kongruenzabbildung mit nur veränderter Bildlage erzeugt, können alle Eigenschaften einer Abbildung mit dem Ursprung gleich Fixpunkt untersucht werden.

(1) Zwei Eigenwerte der Abbildungsmatrix, $\lambda_1 \neq \lambda_2$

Die affine Abbildung hat genau zwei Fixgeraden.

Sie heißt EULER-*Affinität*.

Bemerkung: Übersichtliche Darstellung ermöglicht die Basis der Eigenvektoren $\{0; \boldsymbol{a}_1, \boldsymbol{a}_2\}$, d. h. Angabe als Linearkombination der Eigenvektoren.

Der Ortsvektor zum Punkt P: $\boldsymbol{x} = r_1\boldsymbol{a}_1 + r_2\boldsymbol{a}_2$ wird dabei abgebildet auf P': $\boldsymbol{x}' = \boldsymbol{C}\boldsymbol{x} = r_1\boldsymbol{C}\boldsymbol{a}_1 + r_2\boldsymbol{C}\boldsymbol{a}_2 = \lambda_1 r_1\boldsymbol{a}_1 + \lambda_2 r_2\boldsymbol{a}_2$.

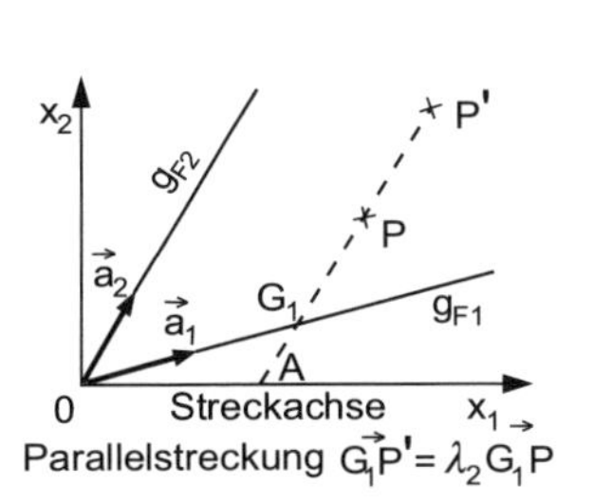

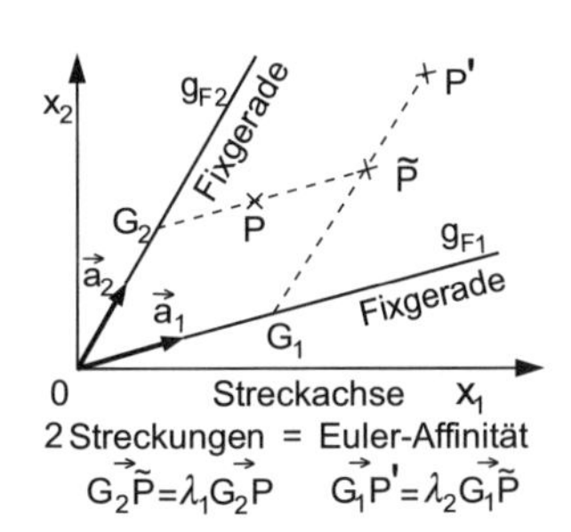

Sonderfall

$\lambda_1 = 1$, *Parallelstreckung* α_1 mit der Achse g_{F_1}: $\boldsymbol{x} = t\boldsymbol{a}_1$ in Richtung

g_{F_2}: $\boldsymbol{x} = t\boldsymbol{a}_2$ mit Streckungsfaktor $\lambda_2, \overrightarrow{G_1P'} = \lambda_2\overrightarrow{G_1P}$ (α_2 analog mit $\lambda_2 = 1$)

Bemerkung: Verkettung $\alpha_2 \circ \alpha_1$, ergibt EULER-Affinität (Bild oben rechts)

♦ **Beispiel**

Gegeben ist die affine Abbildung α: $\boldsymbol{x}' = \begin{pmatrix} 1 & 1 \\ 2 & 0 \end{pmatrix} \boldsymbol{x}$.

$(1-\lambda)(0-\lambda) - (2 \cdot 1) = 0$ ergibt die Eigenwerte $\lambda_1 = -1$, $\lambda_2 = 2$ mit zwei Eigenräumen der Dimension 1:

$$\lambda_1 = -1: \boldsymbol{x}' = \begin{pmatrix} 1+1 & 1 \\ 2 & 0+1 \end{pmatrix} \boldsymbol{x} = \begin{pmatrix} 2 & 1 \\ 2 & 1 \end{pmatrix} \boldsymbol{x}$$

ergibt den Eigenvektor $\boldsymbol{a}_1 = t\begin{pmatrix} 1 \\ -2 \end{pmatrix}$.

$$\lambda_2 = 2: \boldsymbol{x}' = \begin{pmatrix} 1-2 & 1 \\ 2 & 0-2 \end{pmatrix} \boldsymbol{x} = \begin{pmatrix} -1 & 1 \\ 2 & -2 \end{pmatrix} \boldsymbol{x}$$

ergibt den Eigenvektor $\boldsymbol{a}_2 = t\begin{pmatrix} 1 \\ 1 \end{pmatrix}$.

Konstruktion des Bilddreiecks $A''B''C''$ zum Urbild ABC

Spiegelung wegen $\lambda_1 = -1$ an der Fixgeraden g_{F_2} in Richtung g_{F_1} ($A'B'C'$), danach Streckung an g_{F_1} in Richtung g_{F_2} mit dem Faktor 2 ($\lambda_2 = 2$), siehe Bild. ♦

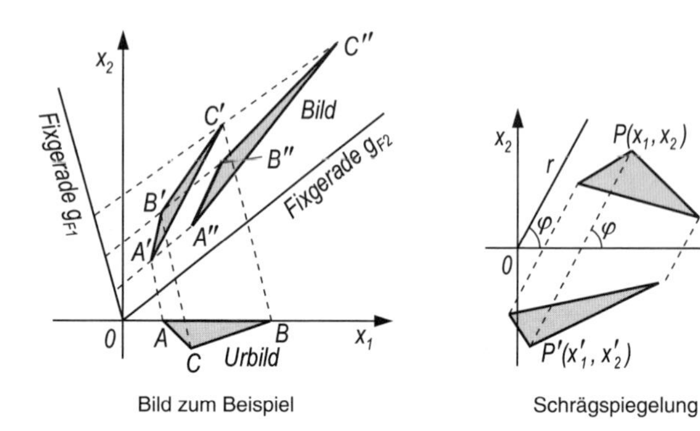

Bild zum Beispiel Schrägspiegelung

$\lambda_1 = 1, \lambda_2 = -1$, *Schrägspiegelung* an der x_1-Achse in Richtung r

$$C = \begin{pmatrix} 1 & c_{12} \\ 0 & -1 \end{pmatrix} \text{ mit } c_{12} = \frac{-2}{\tan\varphi} \qquad \varphi \text{ siehe Bild}$$

$c_{12} = 0$ ergibt senkrechte *Achsspiegelung*.

(2) **Ein Eigenwert der Abbildungsmatrix**

$$C = \begin{pmatrix} \lambda & c_{12} \\ 0 & \lambda \end{pmatrix} \qquad \lambda, c_{12} \in \mathbb{R}$$

- $\lambda \neq 1$, $c_{12} \neq 0$ *Streckscherung* (zentrische Streckung mit Scherung) Streckzentrum auf Scherungsachse, Eigenraum eindimensional

$c_{12} = 0, C = \begin{pmatrix} \lambda & 0 \\ 0 & \lambda \end{pmatrix}$ *zentrische Streckung* (*Skalierung*) am Ursprung

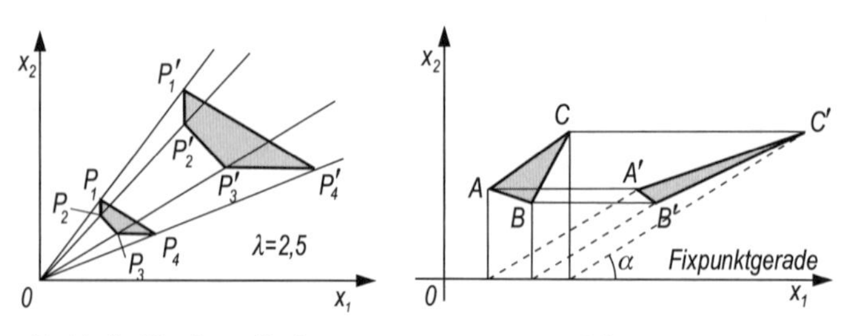

Zentrische Streckung, Skalierung Scherung

Das Bild links stellt eine *körperliche Ecke* mit den Kanten $\overline{0P_i}$ dar.

Streckungsfaktor (*Skalierungsfaktor*)

$$\lambda \in \begin{cases} (0;\,1) & \textit{Stauchung} \\ 1 & \text{Identität} \\ (1,\infty) & \textit{Dehnung} \end{cases}$$

Jede Gerade durch den Nullpunkt ist Fixgerade, Eigenraum zweidimensional.

- $\lambda < 0$, *Streckscherung* mit *Spiegelung am Ursprung*
  speziell: $\lambda = -1$, nur *Spiegelung* am Ursprung
- $\lambda = 1, c_{12} \neq 0, \boldsymbol{C} = \begin{pmatrix} 1 & c_{12} \\ 0 & 1 \end{pmatrix}$ *Scherung*, $c_{12} = \tan\alpha$, α siehe Bild
  Eigenraum eindimensional, jede Parallele zu $\boldsymbol{a}$ ist Fixgerade.

5

(3) **Kein reeller Eigenwert der Abbildungsmatrix**

Affindrehung, das ist die Verkettung einer Drehung um den Nullpunkt mit einer EULER-Affinität oder einer Streckscherung (siehe oben).

Bedingung: $c_{12}c_{21} \neq 0$ $\qquad$ $\boldsymbol{D}$ Drehmatrix (siehe 5.6.2.4)

Rückdrehung um $\varphi = \arctan\left(-\,c_{12}/c_{11}\right)$ ergibt obige Abbildungen:

$$\boldsymbol{DC} = \begin{pmatrix} c_{11}\cos\varphi - c_{21}\sin\varphi & c_{12}\cos\varphi - c_{22}\sin\varphi \\ c_{11}\sin\varphi + c_{21}\cos\varphi & c_{12}\sin\varphi + c_{22}\cos\varphi \end{pmatrix}$$

mit $\tan\varphi = -c_{21}/c_{11}$

5.6.2.3 Ähnlichkeitsabbildungen

Bei einer *Ähnlichkeitsabbildung* (*äquiformen Abbildung*) bleiben die *Winkel* und damit die *Längenverhältnisse* erhalten.

$\alpha\colon \boldsymbol{x}' = \boldsymbol{Cx} + \boldsymbol{t}$

Bedingungen für eine Ähnlichkeitsabbildung

- Abbildungsmatrix $\boldsymbol{C}\begin{pmatrix} a & \pm b \\ b & \mp a \end{pmatrix}$
- Als Eigenwerte von $\boldsymbol{C}$ sind nur möglich: $\lambda_1 = -\lambda_2$
  $\boldsymbol{CC}^{\mathrm{T}} = \lambda^2\boldsymbol{E} \qquad a^2 + b^2 = \lambda^2$

Streckungsfaktor λ = (Längen im Bild) zu (Längen im Urbild), $\lambda \in \mathbb{R}$

(1) **Zwei Eigenwerte der Abbildungsmatrix,** $\lambda_1 = -\lambda_2 = \lambda$

$$\boldsymbol{C} = \begin{pmatrix} \lambda & 0 \\ 0 & -\lambda \end{pmatrix}$$ *Spiegelstreckung*

Die Eigenvektoren $\boldsymbol{a}_1$ und $\boldsymbol{a}_2$ sind linear unabhängig und orthogonal.

Fixgeraden

$g_{F_1}\colon \boldsymbol{x} = t_1\boldsymbol{a}_1$ wird abgebildet zu $g'_{F_1}\colon \boldsymbol{x} = \lambda t_1\boldsymbol{a}_1$
$g_{F_2}\colon \boldsymbol{x} = t_2\boldsymbol{a}_2$ wird abgebildet zu $g'_{F_2}\colon \boldsymbol{x} = -\lambda t_2\boldsymbol{a}_2$

(2) **Ein Eigenwert der Abbildungsmatrix**

$$\boldsymbol{C} = \begin{pmatrix} \lambda & 0 \\ 0 & \lambda \end{pmatrix}$$ *zentrische Streckung*

(3) **Kein reeller Eigenwerte der Abbildungsmatrix**

$$\boldsymbol{C} = k\begin{pmatrix} \cos\varphi & -\sin\varphi \\ \sin\varphi & \cos\varphi \end{pmatrix}$$ *Drehstreckung*

5.6.2.4 Kongruenzabbildungen

Kongruenzabbildungen (*metrische affine Abbildungen*) sind ein Sonderfall der Ähnlichkeitsabbildungen. Die Abbildungsmatrix hat den Eigenwert $\lambda = 1$. Kongruenzabbildungen sind *winkel-* und *längentreu*:

$\alpha\colon \boldsymbol{x}' = \boldsymbol{C}\boldsymbol{x} + \boldsymbol{t}$

Die Abbildungsmatrix $\boldsymbol{C}$ lässt sich in nachstehende Form bringen

$$\boldsymbol{C} = \begin{pmatrix} \cos\varphi & \mp\sin\varphi \\ \sin\varphi & \pm\cos\varphi \end{pmatrix}$$

$\boldsymbol{C}\boldsymbol{C}^{\mathrm{T}} = \boldsymbol{E}$, $\boldsymbol{C}$ orthogonal, $\det\boldsymbol{C} = \pm 1$, φ orientierter Drehwinkel

Bewegungen

Bewegungen sind Kongruenzabbildungen mit $\det\boldsymbol{C} = +1$. *Winkel* und *Längen* (Flächeninhalt) und deren *Orientierung* bleiben erhalten, Figuren ändern nur ihre Lage.

Verschiebungen (*Translationen, Parallelverschiebung*)

$$\boldsymbol{C} = \boldsymbol{E} = \begin{pmatrix} 1 & 0 \\ 0 & 1 \end{pmatrix}$$ keine Drehung, $\varphi = 0$

$$\boldsymbol{x}' = \boldsymbol{E}\boldsymbol{x} + \boldsymbol{t} = \boldsymbol{x} + \boldsymbol{t} \qquad \begin{cases} x'_1 = x_1 + t_1 \\ x'_2 = x_2 + t_2 \end{cases}$$

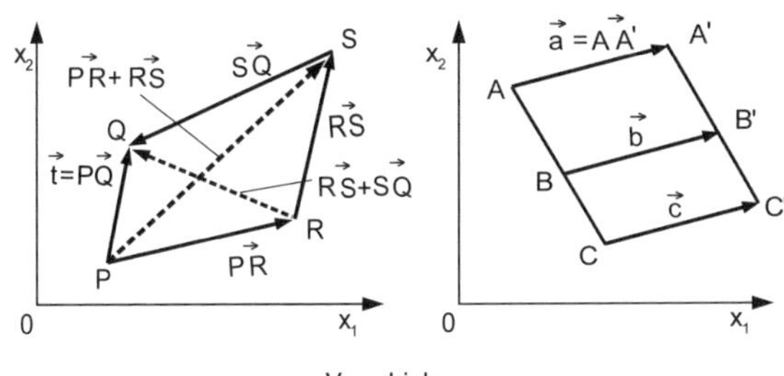

Verschiebung

Eine *Verschiebung* ist die Menge aller *Repräsentanten*:

$$\big(\text{Originalpunkt,Bildpunkt}\big) = \big((x_1, x_2), (x_1', x_2')\big)$$

Translationsvektor: $\boldsymbol{t} = \overrightarrow{PQ}$ (Verschiebung, die P in Q abbildet)

Verschiebungsweite: $|\overrightarrow{PQ}|$

Mehrfache Verschiebungen sind Linearkombinationen der Einzelverschiebungen, Bild oben links:

$$\boldsymbol{t} = \overrightarrow{PQ} = \overrightarrow{PR} + \left(\overrightarrow{RS} + \overrightarrow{SQ}\right) = \left(\overrightarrow{PR} + \overrightarrow{RS}\right) + \overrightarrow{SQ}$$

Drehung um den Nullpunkt

Drehwinkel $\varphi \neq 0, \boldsymbol{t} = \boldsymbol{o}$

$$\boldsymbol{C} = \boldsymbol{D} = \begin{pmatrix} \cos\varphi & -\sin\varphi \\ \sin\varphi & \cos\varphi \end{pmatrix} \qquad \det \boldsymbol{C} = 1 \qquad (\textit{Drehmatrix})$$

$\boldsymbol{D}$ hat keinen reellen Eigenwert.

$$\boldsymbol{x}' = \boldsymbol{D}\boldsymbol{x} \qquad \begin{cases} x_1' = x_1 \cos\varphi - x_2 \sin\varphi \\ x_2' = x_1 \sin\varphi + x_2 \cos\varphi \end{cases}$$

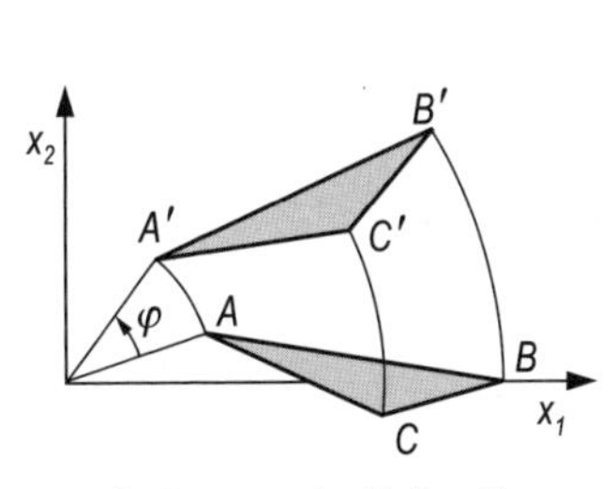

Drehung um den Nullpunkt

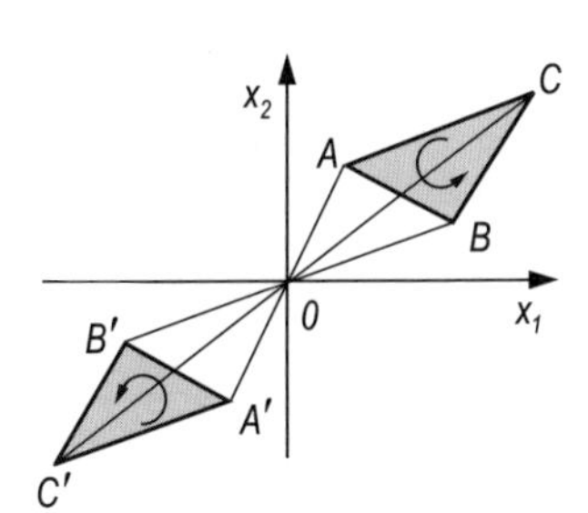

Punktspiegelung

Punktspiegelung

Drehwinkel $\varphi = \pi, \boldsymbol{t} = \boldsymbol{o}$

$$\boldsymbol{C} = \begin{pmatrix} -1 & 0 \\ 0 & -1 \end{pmatrix} \quad \det \boldsymbol{C} = 1$$

$$\boldsymbol{x}' = -\boldsymbol{x} \qquad \begin{cases} x_1' = -x_1 \\ x_2' = -x_2 \end{cases}$$

Achsspiegelung (Umlegung, Umklappung)

> *Achsspiegelung* an einer Spiegelachse g ist eine Kongruenzabbildung, bei der Winkel und Längen (Flächeninhalt) erhalten bleiben, die *Orientierung* wird umgekehrt, die Lage im Allgemeinen verändert.

$$\boldsymbol{C} = \begin{pmatrix} \cos\varphi & \sin\varphi \\ \sin\varphi & -\cos\varphi \end{pmatrix} \quad \det \boldsymbol{C} = -1$$

$$\boldsymbol{x}' = \boldsymbol{C}(\boldsymbol{x} - \boldsymbol{t}) + \boldsymbol{t} \qquad \begin{cases} x_1' = (x_1 - t_1)\cos\varphi + (x_2 - t_2)\sin\varphi + t_1 \\ x_2' = (x_1 - t_1)\sin\varphi - (x_2 - t_2)\cos\varphi + t_2 \end{cases}$$

$\dfrac{\varphi}{2}$ Winkel zwischen der Spiegel- und der x_1-Achse

$\boldsymbol{t}$ Verschiebungsvektor des Koordinatensystems, sodass die Spiegelachse zu einer Ursprungsachse wird. Die Spiegelung erfolgt in diesem System.

Am Ende ist die Verschiebung rückgängig zu machen.

- $\overline{AA'} \perp g$ (Relation „*Senkrechtstehen*"), g Spiegelachse
- $\overline{AD} = \overline{A'D}$ (Abstand eines Punktes von einer Geraden)
- Die Geraden AB und $A'B'$ schneiden einander auf g, außer wenn $\overline{AB} \parallel \overline{A'B'}$.
- Die Orientierung (Umlaufsinn) wird umgekehrt.
- Umkehrspiegelung führt auf den Urzustand zurück.

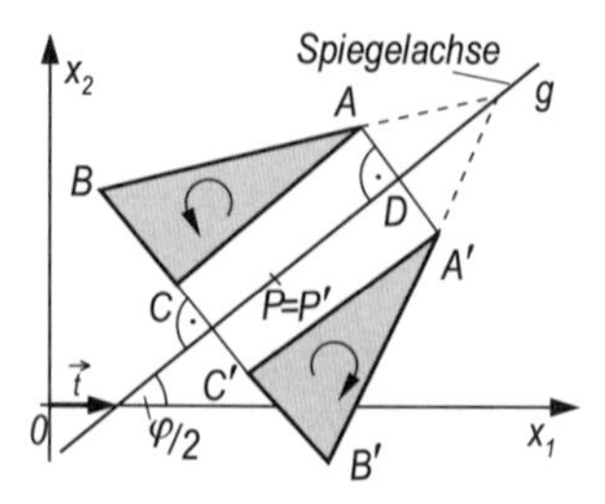

Spiegelung an der Spiegelachse g

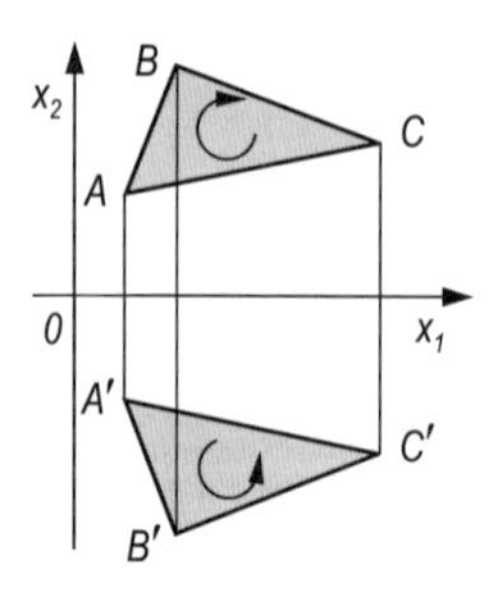

Spiegelung an der x_1-Achse

Zwei Spiegelungen an g_1 und g_2 mit $g_1 \parallel g_2$ sind eine Verschiebung, mit $g_1 \perp g_2$ eine Drehung um π.

Spiegelung an der x_1-Achse

$$\boldsymbol{C} = \begin{pmatrix} 1 & 0 \\ 0 & -1 \end{pmatrix} \Rightarrow \lambda_1 = 1, \lambda_2 = -1 \quad \det \boldsymbol{C} = -1$$

$$\boldsymbol{x}' = \boldsymbol{C}\boldsymbol{x} \qquad \begin{cases} x_1' = x_1 \\ x_2' = -x_2 \end{cases}$$

Ein Spezialfall einer Ähnlichkeitsabbildung ist die

Vervielfachung (Skalierung)

$$\boldsymbol{C} = \boldsymbol{S} = \begin{pmatrix} \lambda_1 & 0 \\ 0 & \lambda_2 \end{pmatrix} \qquad (\textit{Skaliermatrix})$$

$$\alpha\colon \boldsymbol{x}' = \boldsymbol{S}(\boldsymbol{x} + \boldsymbol{t})$$

5.7 Koordinatentransformation

5.7.1 Allgemeines

Übergang von einem Parallelkoordinatensystem $K = \{0; \boldsymbol{e}_i\}$ in ein gleichartiges $K' = \{0'; \boldsymbol{e}_i'\}$, $i = 1, 2, \ldots, n$, heißt *affine Koordinatentransformation* im n-dimensionalen Raum.

Objekte bleiben fest, ihre Koordinaten ändern sich (im Gegensatz zu Abbildungen).

Orthogonale Koordinatentransformation erfolgt auf der Basis eines rechtwinkligen (kartesischen) Koordinatensystems, zum Beispiel Transformation eines Objektsystems K in ein Gerätesystem K'.

Beispiele: CNC-Werkzeugmaschine, Grundlage für grafische Darstellung auf Bildschirmen und Plottern

Hauptachsentransformation vereinfacht die Funktionsgleichungen der Kegelschnitte, siehe 6.8.

5

5.7.2 Orthogonale Koordinatentransformation in der Ebene

$$K = \{0; x, y\} \Rightarrow K' = \{0'; x', y'\}$$

Translation, Verschiebung des Ursprungs

Translationsvektor: $\boldsymbol{t} = \overrightarrow{00'} = t_x\boldsymbol{e}_x + t_y\boldsymbol{e}_y$

$$\boldsymbol{x}' = \boldsymbol{x} - \boldsymbol{t} \qquad \begin{cases} x' = x - t_x \\ y' = y - t_y \end{cases} \qquad \boldsymbol{x} = \boldsymbol{x}' + \boldsymbol{t} \qquad \begin{cases} x = x' + t_x \\ y = y' + t_y \end{cases}$$

mit $\boldsymbol{x} = \begin{pmatrix} x \\ y \end{pmatrix}, \boldsymbol{x}' = \begin{pmatrix} x' \\ y' \end{pmatrix}, \boldsymbol{t} = \begin{pmatrix} t_x \\ t_y \end{pmatrix}$

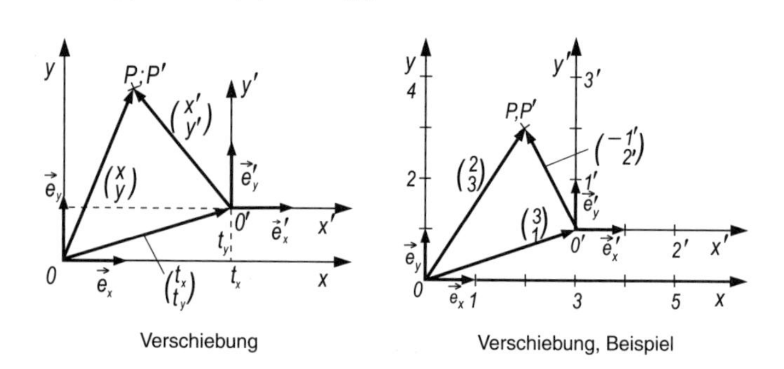

Verschiebung Verschiebung, Beispiel

Rotation, Drehung des Systems K' gegen das System K

$\varphi = \angle(K,K')$, positiver Drehsinn, *Drehmatrix* $\boldsymbol{R}$ ist *orthogonal*

$$\boldsymbol{R} = \begin{pmatrix} \cos\varphi & \sin\varphi \\ -\sin\varphi & \cos\varphi \end{pmatrix} \qquad \boldsymbol{R}^{-1} = \boldsymbol{R}^{\mathrm{T}}, \ \det\boldsymbol{R} = 1$$

$$\boldsymbol{x}' = \boldsymbol{R}\boldsymbol{x} \qquad \begin{cases} x' = x\cos\varphi + y\sin\varphi \\ y' = -x\sin\varphi + y\cos\varphi \end{cases}$$

$$\boldsymbol{x}' = \boldsymbol{R}^{\mathrm{T}}\boldsymbol{x}' \qquad \begin{cases} x = x'\cos\varphi - y'\sin\varphi \\ y = x'\sin\varphi + y'\cos\varphi \end{cases}$$

Bemerkung: Transformation der Basisvektoren $\boldsymbol{e}'_i$ kann über die Einheitspunkte $(1; 0)$ bzw. $(0; 1)$ erfolgen, vgl. Seite 233.

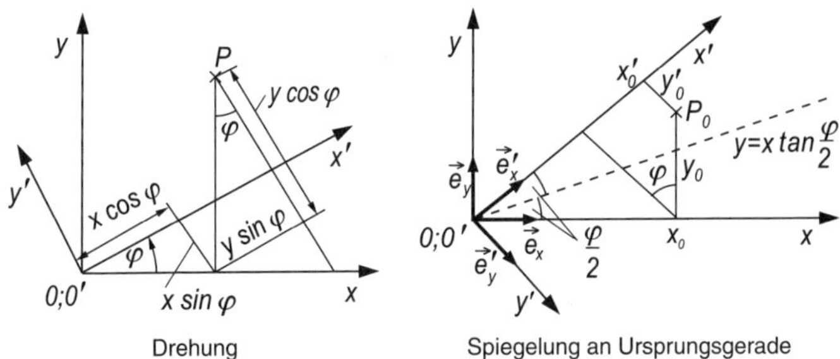

Drehung Spiegelung an Ursprungsgerade

Spiegelung des Koordinatensystems an Ursprungsgerade

Ursprungsgerade: $y = mx$, $m = \tan\dfrac{\varphi}{2}$

Das neue Koordinatensystem $\{0;\, x', y'\}$ wird zum *Linkssystem.*

Spiegelungsmatrix : $\boldsymbol{R} = \begin{pmatrix} \cos\varphi & \sin\varphi \\ \sin\varphi & -\cos\varphi \end{pmatrix} \qquad \det\boldsymbol{R} = -1$

$$\boldsymbol{x}' = \boldsymbol{R}\boldsymbol{x} \qquad \begin{cases} x' = x\cos\varphi + y\sin\varphi \\ y' = x\sin\varphi - y\cos\varphi \end{cases}$$

$$\boldsymbol{x}' = \boldsymbol{R}^{\mathrm{T}}\boldsymbol{x}' = \boldsymbol{R}\boldsymbol{x}' \qquad \begin{cases} x = x'\cos\varphi + y'\sin\varphi \\ y = x'\sin\varphi - y'\cos\varphi \end{cases}$$

5.7.3 Orthogonale Koordinatentransformation im Raum

$$K = \{0;\, x, y, z\} \Rightarrow K' = \{0';\, x', y', z'\}$$

> *Homogene Koordinaten* sind Mittel zur einheitlichen Beschreibung aller geometrischen Transformationen im Raum durch eine (4, 4)-Matrix. Sie sind Verhältniskoordinaten und damit nicht eindeutig.

Vorteil homogener Koordinaten: Die Addition bei einer Verschiebung wird zu einer Multiplikation mit der Translationsmatrix $\boldsymbol{T}$:

$$\boldsymbol{x}' = \boldsymbol{R}\boldsymbol{x} - \boldsymbol{t} \text{ wird zu } \boldsymbol{x}' = \boldsymbol{A}\boldsymbol{x} \text{ mit } \boldsymbol{A} = \boldsymbol{T}\cdot\boldsymbol{R}_z\cdot\boldsymbol{R}_y\cdot\boldsymbol{R}_x$$

Ein Ortsvektor $\boldsymbol{x} = \begin{pmatrix} x \\ y \\ z \end{pmatrix}$ wird zu $\boldsymbol{x} = \begin{pmatrix} hx \\ hy \\ hz \\ h \end{pmatrix}$.

$h \in \mathbb{R}$ *homogenisierende Koordinate*

h ist immmer ungleich null, meist $h = 1$.

Koordinatenvektoren (mit $h = 1$)

$$\boldsymbol{x} = \begin{pmatrix} x \\ y \\ z \\ 1 \end{pmatrix} \text{ und } \boldsymbol{x}' = \begin{pmatrix} x' \\ y' \\ z' \\ 1 \end{pmatrix}$$

Translation, Verschiebung

$$\boldsymbol{x}' = \boldsymbol{T}\boldsymbol{x}$$

Translationsmatrix

$$\boldsymbol{T} = \begin{pmatrix} 1 & 0 & 0 & -t_x \\ 0 & 1 & 0 & -t_y \\ 0 & 0 & 1 & -t_z \\ 0 & 0 & 0 & 1 \end{pmatrix}$$

Rotation, Drehung

$$\boldsymbol{x}' = \boldsymbol{R}\boldsymbol{x} \text{ mit } \boldsymbol{R} = \boldsymbol{R}_z \cdot \boldsymbol{R}_y \cdot \boldsymbol{R}_x \qquad (\textit{Drehmatrix})$$

$$\boldsymbol{R}_x = \begin{pmatrix} 1 & 0 & 0 & 0 \\ 0 & \cos\alpha_x & \sin\alpha_x & 0 \\ 0 & -\sin\alpha_x & \cos\alpha_x & 0 \\ 0 & 0 & 0 & 1 \end{pmatrix} \quad \boldsymbol{R}_y = \begin{pmatrix} \cos\alpha_y & 0 & -\sin\alpha_y & 0 \\ 0 & 1 & 0 & 0 \\ \sin\alpha_y & 0 & \cos\alpha_y & 0 \\ 0 & 0 & 0 & 1 \end{pmatrix}$$

$$\boldsymbol{R}_z = \begin{pmatrix} \cos\alpha_z & \sin\alpha_z & 0 & 0 \\ -\sin\alpha_z & \cos\alpha_z & 0 & 0 \\ 0 & 0 & 1 & 0 \\ 0 & 0 & 0 & 1 \end{pmatrix}$$

Index = Drehachse

Translation und Rotation

$$\boldsymbol{A} = \boldsymbol{T} \cdot \boldsymbol{R}_z \cdot \boldsymbol{R}_y \cdot \boldsymbol{R}_x$$

Skalierung

Skalierung ist in Produkten vertauschbar.

$$\boldsymbol{x}' = \boldsymbol{S}\boldsymbol{x}$$

Skaliermatrix

$$\begin{pmatrix} \lambda_1 & 0 & 0 & 0 \\ 0 & \lambda_2 & 0 & 0 \\ 0 & 0 & \lambda_3 & 0 \\ 0 & 0 & 0 & 1 \end{pmatrix}$$

speziell: *Spiegelung* mit $\lambda_1 = \lambda_2 = \lambda_3 = -1$

Die Skaliermatrix tritt als weiterer Faktor zur Errechnung der Abbildungsmatrix hinzu.

♦ **Beispiel**

Mehrfache Transformation (siehe Bilder unten).

1. Ursystem $\boldsymbol{x}$, gedreht um die y-Achse, $\alpha_y = 30^\circ$
   $\boldsymbol{x}' = \boldsymbol{R}_y\boldsymbol{x}$
2. Zwischenschritt: $\boldsymbol{x}'$, gedreht um z-Achse, $\alpha_z = 45^\circ$
   $\boldsymbol{x}'' = \boldsymbol{R}_z\boldsymbol{x}' = \boldsymbol{R}_z\boldsymbol{R}_y\boldsymbol{x}$
3. Endschritt: $\boldsymbol{x}''$, verschoben um $t_x = 150$
   $\boldsymbol{x}''' = \boldsymbol{T}\boldsymbol{R}_z\boldsymbol{R}_y\boldsymbol{x} =: \boldsymbol{A}\boldsymbol{x}$

$$\boldsymbol{A} = \begin{pmatrix} 1 & 0 & 0 & -150 \\ 0 & 1 & 0 & 0 \\ 0 & 0 & 1 & 0 \\ 0 & 0 & 0 & 1 \end{pmatrix} \cdot \begin{pmatrix} \sqrt{2}/2 & \sqrt{2}/2 & 0 & 0 \\ -\sqrt{2}/2 & \sqrt{2}/2 & 0 & 0 \\ 0 & 0 & 1 & 0 \\ 0 & 0 & 0 & 1 \end{pmatrix} \cdot \begin{pmatrix} \sqrt{3}/2 & 0 & -1/2 & 0 \\ 0 & 1 & 0 & 0 \\ 1/2 & 0 & \sqrt{3}/2 & 0 \\ 0 & 0 & 0 & 1 \end{pmatrix}$$

$$= \begin{pmatrix} \sqrt{6}/4 & \sqrt{2}/2 & -\sqrt{2}/4 & -150 \\ -\sqrt{6}/4 & \sqrt{2}/2 & \sqrt{2}/4 & 0 \\ 1/2 & 0 & \sqrt{3}/2 & 0 \\ 0 & 0 & 0 & 1 \end{pmatrix}$$

♦

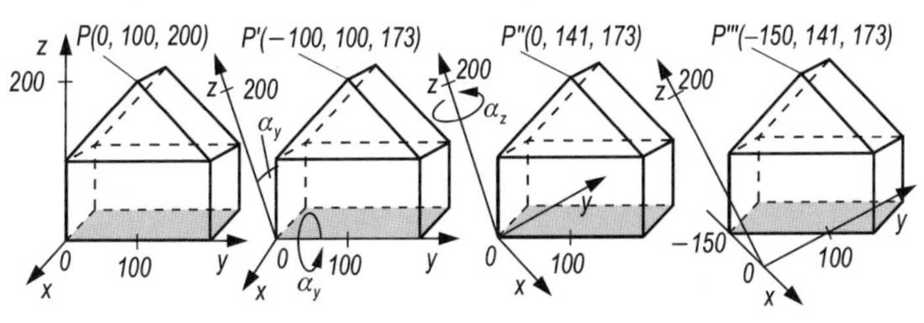

Drehung ohne Verwendung homogener Koordinaten

$\alpha_i, \beta_i, \gamma_i, i = x, y, z$ Winkel zwischen den Koordinaten von K' und K, z. B. zwischen neuer Achse x' und alter Achse x: α_x, analog zwischen y' und y: α_y sowie zwischen z' und z: α_z

$\boldsymbol{R}$ Drehmatrix

$$\boldsymbol{x}' = \boldsymbol{R}\boldsymbol{x} \text{ mit } \boldsymbol{R} = \begin{pmatrix} \cos\alpha_x & \cos\alpha_y & \cos\alpha_z \\ \cos\beta_x & \cos\beta_y & \cos\beta_z \\ \cos\gamma_x & \cos\gamma_y & \cos\gamma_z \end{pmatrix}, \quad \det\boldsymbol{R} = 1$$

Es gilt: $\cos^2\alpha_x + \cos^2\alpha_y + \cos^2\alpha_z = 1$ (zyklische Vertauschung zV)

$\cos^2\alpha_x + \cos^2\beta_y + \cos^2\gamma_z = 1$ (zV)

$\cos\alpha_x\cos\alpha_y + \cos\beta_x\cos\beta_y + \cos\gamma_x\cos\gamma_y = 0$ (zV)

$\cos\alpha_x\cos\beta_x + \cos\alpha_y\cos\beta_y + \cos\alpha_z\cos\beta_z = 0$ (zV)

Die Translation ist getrennt auszuführen.

6 Vektoren, Analytische Geometrie

6.1 Vektoren, Grundlagen

n-dimensionaler affiner Raum $\mathbb{R}^n$

Der *n-dimensionale Raum* $\mathbb{R}^n$ ist die Menge aller geordneten n-Tupel, wobei jedes Tupel einen Punkt dieses Raumes bestimmt.

Ein *affiner Raum* ist die Menge von Punkten und Vektoren, für die gilt:

- Die Menge der Vektoren bilden einen *n-dimensionalen Vektorraum.* Die Dimension des affinen Raumes ist gleich der Dimension des Vektorraumes.
- Zwei Punkten P, Q wird ein Vektor $\boldsymbol{v} = \overrightarrow{PQ}$ zugeordnet, d. h., zu einem Paar $(P, \boldsymbol{v})$ gibt es genau einen Punkt Q, sodass $\boldsymbol{v} = \overrightarrow{PQ}$.
- Für drei Punkte P, Q, R gilt: $\overrightarrow{PR} = \overrightarrow{PQ} + \overrightarrow{QR}$

Im affinen Raum kann man *Parallelkoordinatensysteme* einführen.

$\overrightarrow{AB} = \overrightarrow{CD}$ heißt: $d(A, B) = d(C, D)$ und gleiche Richtung der Vektoren

Ist in $\mathbb{R}^n$ das Skalarprodukt definiert, wird $\mathbb{R}^n$ zum *metrischen affinen Raum*. Für $n = 2$ entsteht die *affine Ebene*, in der der Abstand $|\overrightarrow{PQ}|$ und der Winkel $\angle QPR$ mit $0 \leq \angle QPR \leq \pi$ definiert sind.

Vektoren

Ein *Vektor* ist eine Äquivalenzklasse gleich langer und paralleler Pfeile, deren Länge dem Betrag des Vektors proportional ist. Der Pfeil ist der *Repräsentant* des Vektors.

Freie Vektoren können beliebig parallel zu sich selbst verschoben werden, *linienflüchtige Vektoren* lassen sich nur längs ihrer Wirkungslinie verschieben.

Gebundene Vektoren sind einer Stelle im Raum fest zugeordnet.

Vektoren sind gekennzeichnet durch

- Länge, Betrag (Zahlenwert)
- Richtung einschl. Richtungssinn (Orientierung)
- Anfangspunkt bei ortsgebundenen Vektoren

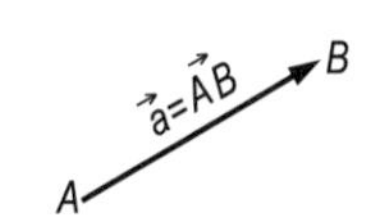

Vektor

Basisvektoren $\boldsymbol{b}_1, \boldsymbol{b}_2, \ldots, \boldsymbol{b}_n$ (siehe 5.1) sind gebundene Vektoren. Mit ihnen ist die Darstellung eines Vektors $\boldsymbol{a}$ eindeutig:

$$\boldsymbol{a} = a_1 \cdot \boldsymbol{b}_1 + a_2 \cdot \boldsymbol{b}_2 + \ldots + a_n \cdot \boldsymbol{b}_n$$

und man schreibt $\boldsymbol{a}$ in symbolischer Schreibweise wie folgt:

Spaltenvektor der Vektorkoordinaten

$$\boldsymbol{a} = \begin{pmatrix} a_1 \\ \vdots \\ a_n \end{pmatrix} \qquad \boldsymbol{a} \in \mathbb{R}^n \text{ (n-dimensionaler Raum)}$$

Skalar

> Eine reelle Größe, die im Gegensatz zu einem Vektor nur durch eine Maßzahl bestimmt ist, heißt *Skalar*.

Betrag eines Vektors, Euklidische Länge, Euklidische Norm

$$|\boldsymbol{a}| = \sqrt{\boldsymbol{a} \cdot \boldsymbol{a}} = a,\ a \in \mathbb{R}_{\geq 0} \qquad a = 0 \Leftrightarrow \boldsymbol{a} = \boldsymbol{o}$$

Bemerkung: Daneben gibt es noch die ältere Schreibweise $\|\boldsymbol{a}\|$. DIN 1303 lässt beide Schreibweisen zu. Aus der Schreibweise des Objektes selbst geht aber klar hervor, ob es sich um den Betrag eines Vektors ($|\boldsymbol{a}|$) oder um den Absolutbetrag einer reellen oder komplexen Zahl handelt ($|a|$).

Gleiche Vektoren haben gleichen Betrag und gleiche Richtung, *inverse* (*entgegengesetzte*) *Vektoren* dagegen entgegengesetzte Richtung.

$$\overrightarrow{AB} = \boldsymbol{a},\ \overrightarrow{BA} = -\boldsymbol{a} \Rightarrow \boldsymbol{a} + (-\boldsymbol{a}) = \boldsymbol{o} \qquad (\textit{Nullvektor})$$

Nullvektor, neutrales Element der Vektoraddition

> Ein *Nullvektor* $\boldsymbol{o}$ ist ein Vektor unbestimmter Richtung der Länge null.
>
> $\boldsymbol{a} + \boldsymbol{x} = \boldsymbol{a} \ \Rightarrow\ \boldsymbol{x} = \boldsymbol{o} = (0, \ldots, 0)^{\mathrm{T}} \qquad \overrightarrow{AA} = \boldsymbol{o}$

Kollineare Vektoren sind zwei (linear abhängige) gleich oder entgegengesetzt gerichtete Vektoren.

$$x_1\boldsymbol{a}_1 + x_2\boldsymbol{a}_2 = \boldsymbol{o} \qquad \boldsymbol{a}_1, \boldsymbol{a}_2 \neq \boldsymbol{o},\ x_1, x_2 \in \mathbb{R}, \text{ nicht beide gleichzeitig } 0$$

Deutung: Parallele Geraden mit $\boldsymbol{a}_1, \boldsymbol{a}_2$ als *Orientierungsvektoren*

oder $\boldsymbol{a}_1 = k \cdot \boldsymbol{a}_2$ mit $|\boldsymbol{a}_1| = |k| \cdot |\boldsymbol{a}_2| \qquad k \in \mathbb{R}$

$k > 0$	$\boldsymbol{a}_1 \uparrow\uparrow \boldsymbol{a}_2$	(*parallele Vektoren*)
$k = 0$	$\boldsymbol{a}_1 = \boldsymbol{a}_2 = \boldsymbol{o}$	(Nullvektor)
$k < 0$	$\boldsymbol{a}_1 \uparrow\downarrow \boldsymbol{a}_2$	(*antiparallele Vektoren*)

Komplanare Vektoren sind drei (linear abhängige) Vektoren, die in einer Ebene bzw. in parallelen Ebenen liegen.

$$x_1\boldsymbol{a}_1 + x_2\boldsymbol{a}_2 + x_3\boldsymbol{a}_3 = \boldsymbol{o} \qquad \boldsymbol{a}_i \neq \boldsymbol{o},\ x_i \in \mathbb{R}, \text{ nicht alle gleichzeitig } 0$$

Für drei komplanare Vektoren $\boldsymbol{a}, \boldsymbol{b}, \boldsymbol{c}$ gilt: $D = \begin{vmatrix} a_x & b_x & c_x \\ a_y & b_y & c_y \\ a_z & b_z & c_z \end{vmatrix} = 0$

Ist $D = 0$, ist einer der Vektoren Linearkombination der beiden anderen. Siehe auch Spatprodukt, 6.2.2.4.

Ist $D \neq 0$, sind die drei Vektoren linear unabhängig und die Zerlegung eines vierten Vektors in ihre drei Richtungen ist möglich.

♦ **Beispiel**

Sind $\boldsymbol{a} = \begin{pmatrix} 1 \\ 4 \\ 5 \end{pmatrix}, \quad \boldsymbol{b} = \begin{pmatrix} 0 \\ 2 \\ 1 \end{pmatrix}, \quad \boldsymbol{c} = \begin{pmatrix} 1 \\ 2 \\ 3 \end{pmatrix}$ komplanar?

$$D = \begin{vmatrix} 1 & 0 & 1 \\ 4 & 2 & 2 \\ 5 & 1 & 3 \end{vmatrix} = -2 \neq 0$$

Die Vektoren sind linear unabhängig, also nicht komplanar. ♦

Ortsvektor im dreidimensionalen Raum[1)]

Der *Ortsvektor* $\boldsymbol{r} = \overrightarrow{0P}$, $\boldsymbol{r} \in \mathbb{R}^3$ von *0* nach *P* bildet den Ursprung des (kartesischen) Koordinatensystems auf *P* ab. Er besitzt die gleichen Zahlen als Koordinaten wie der Punkt *P*. Für $\boldsymbol{r}$ schreibt man auch $\boldsymbol{x}$.

Ortsvektor (*Verschiebungsvektor*) in Koordinatendarstellung:

$$\boldsymbol{x} = \boldsymbol{r} = x\boldsymbol{e}_x + y\boldsymbol{e}_y + z\boldsymbol{e}_z = x\boldsymbol{i} + y\boldsymbol{j} + z\boldsymbol{k} = \begin{pmatrix} x \\ y \\ z \end{pmatrix} = (x, y, z)^{\mathrm{T}}$$

Bemerkung:

Unterscheide davon *Punktkoordinaten* als Tripel $P(x, y, z)$.

1) Im klassischen Sinn wurden Vektoren nur im 3-dimensionalen Raum definiert. Es gelten jedoch analoge Betrachtungen auch im n-dimensionalen Raum, siehe auch 5.1. Im Folgenden werden Vektoren im (anschaulichen) 3D-Raum betrachtet.

Projektion eines Ortsvektors auf die Koordinatenachsen

$$\boldsymbol{r} = r_x\boldsymbol{e}_x + r_y\boldsymbol{e}_y + r_z\boldsymbol{e}_z = x\boldsymbol{e}_x + y\boldsymbol{e}_y + z\boldsymbol{e}_z = \boldsymbol{r}_x + \boldsymbol{r}_y + \boldsymbol{r}_z$$

x, y, z bzw. r_x, r_y, r_z *Vektorkoordinaten* (skalare Komponenten)

$\boldsymbol{r}_x, \boldsymbol{r}_y, \boldsymbol{r}_z$ *Vektorkomponenten*

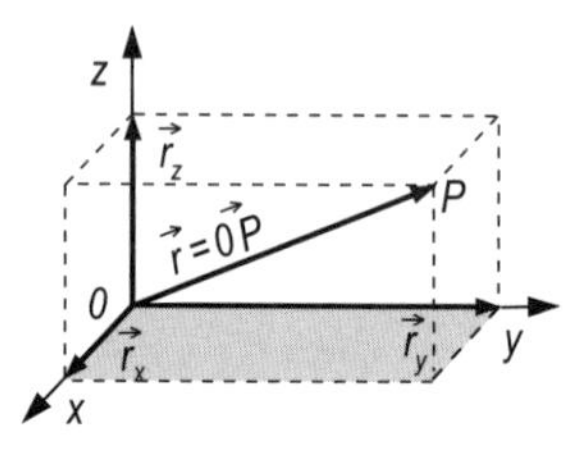

Komponenten eines Ortsvektors

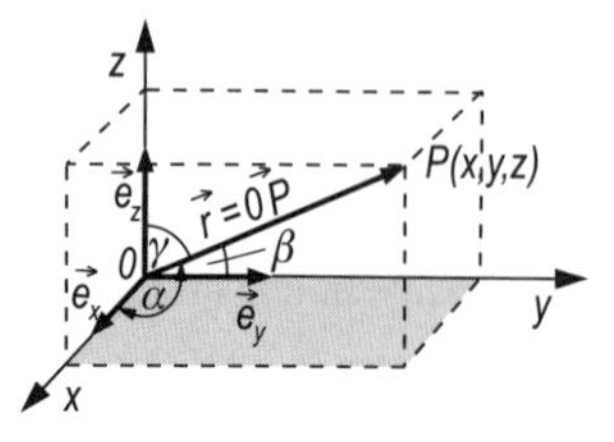

Richtungswinkel eines Ortsvektors

Richtungswinkel eines Ortsvektors

Richtungswinkel sind die Winkel, die der Ortsvektor mit den positiven Koordinatenachsen bildet (Winkel zwischen 0° und 180°).

$\angle(\boldsymbol{e}_x, \boldsymbol{r}) = \alpha \qquad \angle(\boldsymbol{e}_y, \boldsymbol{r}) = \beta \qquad \angle(\boldsymbol{e}_z, \boldsymbol{r}) = \gamma$

Richtungskosinus eines Ortsvektors

$$\cos(\boldsymbol{e}_x, \boldsymbol{r}) = \cos\alpha = \frac{r_x}{|\boldsymbol{r}|} = \frac{x}{r}$$
$$\cos(\boldsymbol{e}_y, \boldsymbol{r}) = \cos\beta = \frac{r_y}{|\boldsymbol{r}|} = \frac{y}{r}$$
$$\cos(\boldsymbol{e}_z, \boldsymbol{r}) = \cos\gamma = \frac{r_z}{|\boldsymbol{r}|} = \frac{z}{r}$$

Bemerkung: Die Richtungskosinus gelten auch für einen beliebigen Vektor $\boldsymbol{a}$, indem dieser parallel zu sich und durch den Nullpunkt verschoben wird.

$$\cos^2\alpha + \cos^2\beta + \cos^2\gamma = 1 \qquad (\textit{Winkelpythagoras})$$

♦ **Beispiel**

Bestimmung der Richtungskosinus für $\boldsymbol{r} = 5\boldsymbol{e}_x + 2\boldsymbol{e}_y - 6\boldsymbol{e}_z = (5, 2, -6)^{\mathrm{T}}$.

$|\boldsymbol{r}| = \sqrt{5^2 + 2^2 + (-6)^2} \approx 8{,}062$

$$\cos\alpha = \frac{5}{8{,}062} = 0{,}6202 \qquad \alpha = 51°40' \text{ (Richtungswinkel)}$$

$$\cos\beta = \frac{2}{8{,}062} = 0{,}2481 \qquad \beta = 75°38'$$

$$\cos\gamma = \frac{-6}{8{,}062} = -0{,}7442 \qquad \gamma = 138°6'$$

♦

Ortsvektor, Darstellung mit Richtungskosinus

$$\boldsymbol{r} = |\boldsymbol{r}|\big(\boldsymbol{e}_x \cos\angle(\boldsymbol{e}_x, \boldsymbol{r}) + \boldsymbol{e}_y \cos\angle(\boldsymbol{e}_y, \boldsymbol{r}) + \boldsymbol{e}_z \cos\angle(\boldsymbol{e}_z, \boldsymbol{r})\big)$$

d. h. $x = r\cos\alpha$, $y = r\cos\beta$, $z = r\cos\gamma$

Betrag, Norm eines Ortsvektors (Abstand Ursprung – Punkt P)

(*Räumlicher Lehrsatz des* PYTHAGORAS)

$$\left|\overrightarrow{0P}\right| = |\boldsymbol{r}| = \sqrt{\boldsymbol{r}\cdot\boldsymbol{r}} = \sqrt{\boldsymbol{r}^2} = \sqrt{r_x^2 + r_y^2 + r_z^2} \qquad \text{(positiv definit)}$$

auch $\left|\overrightarrow{0P}\right| = |\boldsymbol{x}| = \sqrt{\boldsymbol{x}\cdot\boldsymbol{x}} = \sqrt{\boldsymbol{x}^2} = \sqrt{x^2 + y^2 + z^2}$

Einheitsvektor (*Einsvektor, normierter Vektor*)

> Ein *Einheitsvektor* ist jeder Vektor $\boldsymbol{e}$ mit der *Norm* $|\boldsymbol{e}| = 1$.

Zum Vektor $\boldsymbol{a}$ gehört der Einheitsvektor $\boldsymbol{e}_a$ mit $|\boldsymbol{e}_a| = 1$ und $\boldsymbol{a} \uparrow\uparrow \boldsymbol{e}_a$.

$$\boldsymbol{e}_a = \boldsymbol{a}^0 = \frac{\boldsymbol{a}}{|\boldsymbol{a}|} \qquad \boldsymbol{a} = |\boldsymbol{a}|\cdot\boldsymbol{e}_a = a\cdot\boldsymbol{e}_a \qquad \boldsymbol{a} \neq \boldsymbol{o}$$

Die *orthonormierten Einheitsvektoren* in Richtung der kartesischen Koordinatenachsen bilden die *Standardbasis* des Vektorraumes $\mathbb{R}^3$:

$$\boldsymbol{e}_x = \boldsymbol{i} = \begin{pmatrix}1\\0\\0\end{pmatrix}, \quad \boldsymbol{e}_y = \boldsymbol{j} = \begin{pmatrix}0\\1\\0\end{pmatrix}, \quad \boldsymbol{e}_z = \boldsymbol{k} = \begin{pmatrix}0\\0\\1\end{pmatrix} \qquad \textit{(ON-System)}$$

Einheitsvektor, Darstellung mit Richtungskosinus

Die Koordinaten eines Einheitsvektors sind seine Richtungskosinus:

$$\boldsymbol{e}_a = \boldsymbol{a}^0 = \boldsymbol{e}_x\cos\alpha + \boldsymbol{e}_y\cos\beta + \boldsymbol{e}_z\cos\gamma$$

Koordinaten-(Komponenten-)Darstellung, Vektor von P_1 nach P_2

$$\boldsymbol{a} = \begin{pmatrix}a_x\\a_y\\a_z\end{pmatrix} = a_x\boldsymbol{i} + a_y\boldsymbol{j} + a_z\boldsymbol{k} \qquad \overrightarrow{P_1P_2} = \begin{pmatrix}x_2 - x_1\\y_2 - y_1\\z_2 - z_1\end{pmatrix}$$

Abstand zweier Punkte P_1 und P_2: $d(P_1, P_2) = \left|\overrightarrow{P_1P_2}\right|$

6.2 Vektoralgebra

6.2.1 Addition und Subtraktion von Vektoren

Summe, Grundbegriff im Vektorraum

$$s = a + b \qquad \overrightarrow{AC} = \overrightarrow{AB} + \overrightarrow{BC}$$

$$a + b = b + a \qquad \text{(Kommutativgesetz)}$$

$$(a + b) + c = a + (b + c) \qquad \text{(Assoziativgesetz)}$$

Differenz: Es gibt ein $\boldsymbol{d}$ mit $\boldsymbol{a} + \boldsymbol{d} = \boldsymbol{b} \Rightarrow \boldsymbol{d} = \boldsymbol{b} - \boldsymbol{a} = \boldsymbol{b} + (-\boldsymbol{a})$

Inverser (entgegengesetzter) Vektor: $\boldsymbol{a} + \boldsymbol{x} = \boldsymbol{o} \Rightarrow \boldsymbol{x} = -\boldsymbol{a}$

$$\boldsymbol{o} - \boldsymbol{a} = -\boldsymbol{a} \qquad \boldsymbol{o} + \boldsymbol{a} = \boldsymbol{a}$$

$$|\boldsymbol{a}| = |-\boldsymbol{a}| \qquad \boldsymbol{a} + (-\boldsymbol{a}) = \boldsymbol{o}$$

$$\boldsymbol{a} = -(-\boldsymbol{a}) \qquad \boldsymbol{b} - \boldsymbol{a} = \boldsymbol{b} + (-\boldsymbol{a})$$

$$-(\boldsymbol{a} - \boldsymbol{b}) = -\boldsymbol{a} + \boldsymbol{b} \qquad -(\boldsymbol{a} + \boldsymbol{b}) = -\boldsymbol{a} - \boldsymbol{b}$$

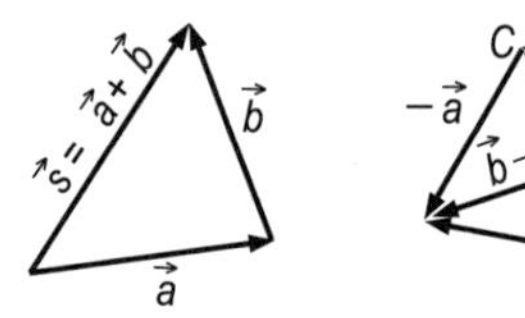

Vektorielle Summe Parallelogrammregel

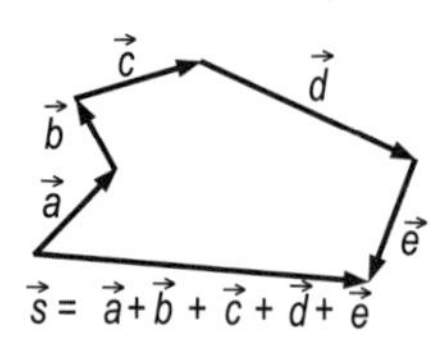

Vektorpolygon

Summe und *Differenz* von Vektoren in Komponentendarstellung (gilt auch für endlich viele Vektoren)

$$\boldsymbol{a} \pm \boldsymbol{b} = \boldsymbol{a}_x + \boldsymbol{a}_y + \boldsymbol{a}_z \pm (\boldsymbol{b}_x + \boldsymbol{b}_y + \boldsymbol{b}_z) = (a_x \pm b_x, a_y \pm b_y, a_z \pm b_z)^{\mathrm{T}}$$

$$\boldsymbol{a} \pm \boldsymbol{b} = (a_x \pm b_x)\boldsymbol{e}_x + (a_y \pm b_y)\boldsymbol{e}_y + (a_z \pm b_z)\boldsymbol{e}_z$$

$$\boldsymbol{a} \pm \boldsymbol{b} = (x_1 \pm x_2)\boldsymbol{i} + (y_1 \pm y_2)\boldsymbol{j} + (z_1 \pm z_2)\boldsymbol{k}$$

♦ **Beispiele**

(1) Man bilde die Summe der beiden Vektoren $\boldsymbol{a} = -5\boldsymbol{e}_x + 12\boldsymbol{e}_y + 7\boldsymbol{e}_z$ und $\boldsymbol{b} = 3\boldsymbol{e}_x - 6\boldsymbol{e}_y - 7\boldsymbol{e}_z$.

$$\boldsymbol{s} = \boldsymbol{a} + \boldsymbol{b} = (-5 + 3)\boldsymbol{e}_x + (12 - 6)\boldsymbol{e}_y + (7 - 7)\boldsymbol{e}_z = -2\boldsymbol{e}_x + 6\boldsymbol{e}_y$$

oder als Spaltenvektoren: $\boldsymbol{a} = \begin{pmatrix} -5 \\ 12 \\ 7 \end{pmatrix}, \quad \boldsymbol{b} = \begin{pmatrix} 3 \\ -6 \\ -7 \end{pmatrix}, \quad \boldsymbol{s} = \boldsymbol{a} + \boldsymbol{b} = \begin{pmatrix} -2 \\ 6 \\ 0 \end{pmatrix}$

(2) Von einem Trapez (Bild) sind die Vektoren $\boldsymbol{c}$ und $\boldsymbol{d}$ sowie die Beziehung $\boldsymbol{a} = -3\boldsymbol{c}$ gegeben.

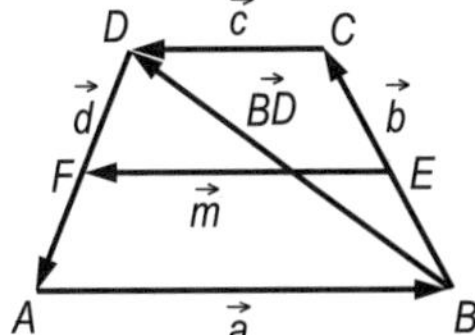

Man weise den Satz nach, dass die den Grundlinien AB und CD parallele Mittellinie m deren arithmetisches Mittel ist. Wie lautet die Diagonale BD?

4. Seite:

$\boldsymbol{b} = -\boldsymbol{c} - \boldsymbol{d} - \boldsymbol{a} = -\boldsymbol{c} - \boldsymbol{d} + 3\boldsymbol{c} = 2\boldsymbol{c} - \boldsymbol{d}$

Mittellinie:

$\boldsymbol{m} = 0{,}5\boldsymbol{b} + \boldsymbol{c} + 0{,}5\boldsymbol{d} = 0{,}5(2\boldsymbol{c} - \boldsymbol{d}) + \boldsymbol{c} + 0{,}5\boldsymbol{d} = 2\boldsymbol{c}$ q. e. d.

Diagonale: $\overrightarrow{BD} = \boldsymbol{b} + \boldsymbol{c} = 2\boldsymbol{c} - \boldsymbol{d} + \boldsymbol{c} = 3\boldsymbol{c} - \boldsymbol{d}$

oder $\overrightarrow{BD} = -\boldsymbol{a} - \boldsymbol{d} = 3\boldsymbol{c} - \boldsymbol{d}$ ♦

Zerlegung eines Vektors in gegebene Richtungen

Umkehrung der Addition von Vektoren führt auf eine *Komponentenzerlegung* eines Vektors in gegebene Richtungen.

Ein Vektor $\boldsymbol{s}$ in der Ebene kann eindeutig in die von zwei Vektoren $\boldsymbol{a}$ und $\boldsymbol{b}$ gegebenen Richtungen zerlegt werden, wenn die drei Vektoren $\boldsymbol{a}, \boldsymbol{b}, \boldsymbol{s}$ in einer Ebene liegen, d. h. komplanare Vektoren sind.

$$\boldsymbol{s} = \boldsymbol{s}_1 + \boldsymbol{s}_2 = n\boldsymbol{e}_a + m\boldsymbol{e}_b$$

Multiplikation mit $\boldsymbol{e}_a$ und $\boldsymbol{e}_a \cdot \boldsymbol{e}_a = 1$, analog mit $\boldsymbol{e}_b$

$$\begin{cases} \boldsymbol{s} \cdot \boldsymbol{e}_a = n + m(\boldsymbol{e}_a \cdot \boldsymbol{e}_b) \\ \boldsymbol{s} \cdot \boldsymbol{e}_b = n(\boldsymbol{e}_a \cdot \boldsymbol{e}_b) + m \end{cases}$$

daraus n und m.

$\boldsymbol{s} \cdot \boldsymbol{e}_a$ skalares Produkt, siehe 6.2.2.2

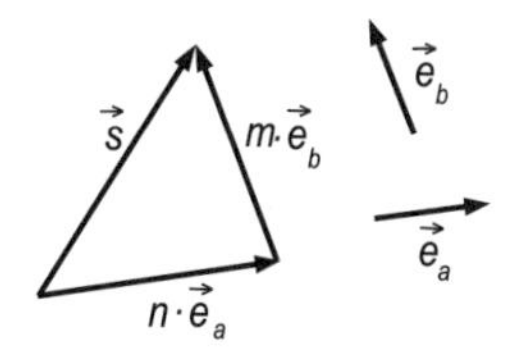

Komponentenzerlegung in der Ebene

Vorgabe: Koordinaten von $\boldsymbol{e}_a$ und $\boldsymbol{e}_b$ als ihre Richtungskosinus

Zerlegung in die Richtungen von 3 Vektoren des Raumes siehe Beispiel.

Orthogonale (Kraft-)Zerlegung, $\boldsymbol{F}$ und $\boldsymbol{s}$ gegeben

$\boldsymbol{F} = \boldsymbol{F}_s + \boldsymbol{F}_v$ mit $\boldsymbol{F}_s \uparrow\uparrow \boldsymbol{s}$, $\boldsymbol{F}_v \perp \boldsymbol{s}$

$$\boldsymbol{F}_s = \frac{\boldsymbol{s} \cdot \boldsymbol{F}}{\boldsymbol{s} \cdot \boldsymbol{s}} \boldsymbol{s} = (\boldsymbol{F} \cdot \boldsymbol{e}_s)\boldsymbol{e}_s, \qquad \boldsymbol{F}_v = \boldsymbol{F} - \boldsymbol{F}_s$$

Probe: $\boldsymbol{F}_s \cdot \boldsymbol{F}_v = 0$, siehe auch Projektion in 6.2.2.2.

♦ **Beispiel**

Man zerlege den Vektor $\boldsymbol{r} = (2, -3, 9)^{\mathrm{T}}$ in Richtung der drei Vektoren $\boldsymbol{a} = (2, -1, 1)^{\mathrm{T}}, \boldsymbol{b} = (1, 1, 2)^{\mathrm{T}}, \boldsymbol{c} = (1, 2, -2)^{\mathrm{T}}$.

Kontrolle der Zerlegbarkeit: $D = \begin{vmatrix} 2 & 1 & 1 \\ -1 & 1 & 2 \\ 1 & 2 & -2 \end{vmatrix} = -15 \neq 0$ (Siehe 6.1)

Die drei Vektoren $\boldsymbol{a}$,$\boldsymbol{b}$ und $\boldsymbol{c}$ sind linear unabhängig, Zerlegung ist möglich.

Aus $\boldsymbol{r} = x_1\boldsymbol{a} + x_2\boldsymbol{b} + x_3\boldsymbol{c}$ folgt das Gleichungssystem $\boldsymbol{A}\boldsymbol{x} = \boldsymbol{r}$.

$$\begin{pmatrix} 2 & 1 & 1 \\ -1 & 1 & 2 \\ 1 & 2 & -2 \end{pmatrix} \begin{pmatrix} x_1 \\ x_2 \\ x_3 \end{pmatrix} = \begin{pmatrix} 2 \\ -3 \\ 9 \end{pmatrix}, \text{ Lösung: } \boldsymbol{x} = \begin{pmatrix} 1 \\ 2 \\ -2 \end{pmatrix}.$$

Daraus $\boldsymbol{r} = \boldsymbol{a} + 2\boldsymbol{b} - 2\boldsymbol{c}$ ♦

6.2.2 Multiplikation von Vektoren

6.2.2.1 Multiplikation eines Vektors mit einem Skalar

$$s \cdot \boldsymbol{a} = s\boldsymbol{a} = s \cdot \begin{pmatrix} a_x \\ a_y \\ a_z \end{pmatrix} = \begin{pmatrix} s \cdot a_x \\ s \cdot a_y \\ s \cdot a_z \end{pmatrix} \quad \text{(Koordinatendarstellung)}$$

$\boldsymbol{a} \cdot s := s \cdot \boldsymbol{a}$	(Kommutativgesetz)	$s, t \in \mathbb{R}$
$(s + t) \cdot \boldsymbol{a} = s \cdot \boldsymbol{a} + t \cdot \boldsymbol{a}$	(Distributivgesetz)	
$s \cdot (\boldsymbol{a} + \boldsymbol{b}) = s \cdot \boldsymbol{a} + s \cdot \boldsymbol{b}$	(Distributivgesetz)	
$s \cdot (t \cdot \boldsymbol{a}) = (s \cdot t) \cdot \boldsymbol{a}$	(Assoziativgestz)	
$1 \cdot \boldsymbol{a} = \boldsymbol{a}$	$(-1) \cdot \boldsymbol{a} = -\boldsymbol{a}$	
$0 \cdot \boldsymbol{a} = \boldsymbol{o}$	$s \cdot \boldsymbol{o} = \boldsymbol{o}$	

Aus $s \cdot \boldsymbol{a} = \boldsymbol{o}$ folgt: Entweder ist $s = 0$ oder $\boldsymbol{a} = \boldsymbol{o}$.

6.2.2.2 Skalarprodukt (inneres Produkt, Punktprodukt)

Das *Skalarprodukt* ist die äußere Verknüpfung 2. Art (siehe auch 5.1): $V \times V \longrightarrow K$. Mit dieser Definition heißt V über $\mathbb{R}$ EUKLID*ischer Vektorraum*.

$$\boldsymbol{a} \cdot \boldsymbol{b} = \boldsymbol{a}^{\mathrm{T}}\boldsymbol{b} = (a_1, \ldots, a_n)\begin{pmatrix} b_1 \\ \vdots \\ b_n \end{pmatrix} := a_1b_1 + \cdots + a_nb_n = \sum_{i=1}^{n} a_ib_i \in \mathbb{R}$$

Geometrische Deutung: $\boldsymbol{a} \cdot \boldsymbol{b} = |\boldsymbol{a}| \cdot |\boldsymbol{b}| \cdot \cos \angle(\boldsymbol{a}, \boldsymbol{b}) \qquad 0 \leq \angle(\boldsymbol{a}, \boldsymbol{b}) \leq \pi$

Winkel zwischen zwei Vektoren: $\angle(\boldsymbol{a},\boldsymbol{b}) = \arccos(\boldsymbol{e}_a,\boldsymbol{e}_b)$

$$\boldsymbol{a}\cdot\boldsymbol{b}\begin{cases} >0 \text{ spitzer} \\ =0 \text{ rechter (\textit{Orthogonalität})} \\ <0 \text{ stumpfer}\end{cases}\Bigg\}\text{ Winkel, falls } \boldsymbol{a},\boldsymbol{b}\neq\boldsymbol{o}$$

In Übereinstimmung mit der Matrizenmultiplikation gilt die Schreibweise:

$\boldsymbol{a}\cdot\boldsymbol{b} = \boldsymbol{a}^{\mathrm{T}}\boldsymbol{b}$, d. h. Zeilenvektor mal Spaltenvektor.

Bemerkung: Das Skalarprodukt ist nicht umkehrbar, d. h., aus $\boldsymbol{a}\cdot\boldsymbol{b} = \boldsymbol{a}\cdot\boldsymbol{c}$ kann nicht auf $\boldsymbol{b} = \boldsymbol{c}$ geschlossen werden.

Axiome, Rechenregeln $(\boldsymbol{a},\boldsymbol{b},\boldsymbol{c}\in V,\ s\in\mathbb{R})$

$\boldsymbol{a}\cdot\boldsymbol{a} = \boldsymbol{a}^2 = |\boldsymbol{a}|^2 \geq 0$

$|\boldsymbol{a}| = \sqrt{\boldsymbol{a}\cdot\boldsymbol{a}} = \sqrt{\boldsymbol{a}^2} \geq 0$ (positiv definit, *Norm*)

$\boldsymbol{a}\cdot\boldsymbol{a} = 0 \Leftrightarrow \boldsymbol{a} = \boldsymbol{o}$

$\boldsymbol{a}\cdot\boldsymbol{b} = \boldsymbol{b}\cdot\boldsymbol{a}$ (Kommutativgesetz, Symmetrie)

$(s\boldsymbol{a})\cdot\boldsymbol{b} = \boldsymbol{a}\cdot(s\boldsymbol{b}) = s(\boldsymbol{a}\cdot\boldsymbol{b})$ (Assoziativgesetz)

$(\boldsymbol{a}+\boldsymbol{b})\cdot\boldsymbol{c} = \boldsymbol{a}\cdot\boldsymbol{c}+\boldsymbol{b}\cdot\boldsymbol{c}$ (Distributivgesetz)

Das Assoziativgesetz für Vektoren hat keinen Sinn (siehe auch 6.2.2.4).

$(\boldsymbol{a}\cdot\boldsymbol{b})\cdot\boldsymbol{c} \neq \boldsymbol{a}\cdot(\boldsymbol{b}\cdot\boldsymbol{c})$ (skalares Vielfaches von $\boldsymbol{c}$ $\neq$ desgl. von $\boldsymbol{a}$)

CAUCHY-SCHWARZSCHE Ungleichung

$|\boldsymbol{a}\cdot\boldsymbol{b}| \leq |\boldsymbol{a}|\cdot|\boldsymbol{b}|$

speziell: $\boldsymbol{a}\cdot\boldsymbol{b} = |\boldsymbol{a}|\cdot|\boldsymbol{b}|$ für $\boldsymbol{a}\uparrow\uparrow\boldsymbol{b}$
$\boldsymbol{a}\cdot\boldsymbol{b} = -|\boldsymbol{a}|\cdot|\boldsymbol{b}|$ für $\boldsymbol{a}\uparrow\downarrow\boldsymbol{b}$

Metrische Koeffizienten: $g_{ik} = \boldsymbol{e}_i\cdot\boldsymbol{e}_k$, $i,k = 1,2,3$, $g_{ik} = g_{ki}$

Für kartesische Koordinaten gilt: $g_{ik} = \delta_{ik}$ (KRONECKER-Symbol)

Damit gilt für die Basisvektoren:

$\boldsymbol{e}_x\cdot\boldsymbol{e}_x = \boldsymbol{i}\cdot\boldsymbol{i} = 1$ $\boldsymbol{e}_y\cdot\boldsymbol{e}_y = \boldsymbol{j}\cdot\boldsymbol{j} = 1$ $\boldsymbol{e}_z\cdot\boldsymbol{e}_z = \boldsymbol{k}\cdot\boldsymbol{k} = 1$

$\boldsymbol{e}_x\cdot\boldsymbol{e}_y = \boldsymbol{i}\cdot\boldsymbol{j} = 0$ $\boldsymbol{e}_y\cdot\boldsymbol{e}_z = \boldsymbol{j}\cdot\boldsymbol{k} = 0$ $\boldsymbol{e}_z\cdot\boldsymbol{e}_x = \boldsymbol{k}\cdot\boldsymbol{i} = 0$

Orthogonale Zerlegung eines Vektors *b* in Richtung *a* ($\boldsymbol{a}\neq\boldsymbol{o}$)

Projizierte Komponente auf $\boldsymbol{a}$: $\boldsymbol{b}_a = |\boldsymbol{b}|\cos\alpha\,\boldsymbol{e}_a = \dfrac{\boldsymbol{a}\cdot\boldsymbol{b}}{\boldsymbol{a}\cdot\boldsymbol{a}}\boldsymbol{a} = (\boldsymbol{b}\cdot\boldsymbol{e}_a)\boldsymbol{e}_a$

Orthogonale Komponente zu $\boldsymbol{a}$: $\boldsymbol{b}_{\perp a} = \dfrac{\boldsymbol{a}\times\boldsymbol{b}}{\boldsymbol{a}\cdot\boldsymbol{a}}\times\boldsymbol{a} = (\boldsymbol{e}_a\times\boldsymbol{b})\times\boldsymbol{e}_a$
$= \boldsymbol{b}-(\boldsymbol{b}\cdot\boldsymbol{e}_a)\boldsymbol{e}_a$

Falls $\boldsymbol{a} \cdot \boldsymbol{b} > 0$: $\angle(\boldsymbol{b}_a, \boldsymbol{b}) = \angle(\boldsymbol{a}, \boldsymbol{b})$

Falls $\boldsymbol{a} \cdot \boldsymbol{b} < 0$: $\angle(\boldsymbol{b}_a, \boldsymbol{b}) = \angle(-\boldsymbol{a}, \boldsymbol{b})$

$0 \leq \angle(\boldsymbol{a}, \boldsymbol{b}) < \pi/2 \qquad \boldsymbol{a} \uparrow\uparrow \boldsymbol{b}_a$

$\pi/2 < \angle(\boldsymbol{a}, \boldsymbol{b}) \leq \pi \qquad \boldsymbol{a} \uparrow\downarrow \boldsymbol{b}_a$

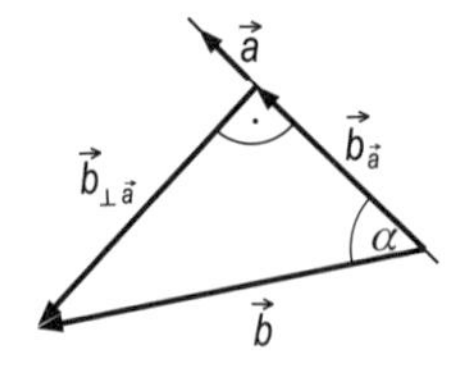

Orthogonale Projektion

Verallgemeinerung

Orthogonale Projektion von $\boldsymbol{b}$ auf einen Unterraum $W \subseteq V$

$$\boldsymbol{b}_W = \sum_{i=1}^{m} (\boldsymbol{b} \cdot \boldsymbol{e}_i)\boldsymbol{e}_i \qquad \boldsymbol{e}_1 \ldots \boldsymbol{e}_m \text{ orthogonale Basis von } W,$$

$$\boldsymbol{b} = \boldsymbol{b}_W + \boldsymbol{b}_{\perp W}$$

Orthogonalität, Nullvektoren

$\boldsymbol{a} \cdot \boldsymbol{b} = 0$ genau dann, wenn

$\boldsymbol{a}$ orthogonal $\boldsymbol{b}$, d. h. $\boldsymbol{a} \perp \boldsymbol{b}$ für $\boldsymbol{a}, \boldsymbol{b} \neq \boldsymbol{o}$ oder

$\boldsymbol{a} = \boldsymbol{o}$ oder $\boldsymbol{b} = \boldsymbol{o}$. Der Nullvektor $\boldsymbol{o}$ ist zu jedem Vektor orthogonal.

Binomische Formeln

$$|\boldsymbol{a} \pm \boldsymbol{b}|^2 = (\boldsymbol{a} \pm \boldsymbol{b})^2 = \boldsymbol{a}^2 \pm 2(\boldsymbol{a} \cdot \boldsymbol{b}) + \boldsymbol{b}^2 = a^2 \pm 2ab\cos\angle(\boldsymbol{a}, \boldsymbol{b}) + b^2$$

$$|\boldsymbol{a} \pm \boldsymbol{b}|^2 = (\boldsymbol{a} \pm \boldsymbol{b})^2 = \sqrt{\boldsymbol{a}^2 \pm 2\boldsymbol{a} \cdot \boldsymbol{b} + \boldsymbol{b}^2}$$

$$(\boldsymbol{a} + \boldsymbol{b})^2 - (\boldsymbol{a} - \boldsymbol{b})^2 = 4(\boldsymbol{a} \cdot \boldsymbol{b})$$

Für unitäre Räume ($\boldsymbol{a}, \boldsymbol{b} \in \mathbb{C}^n$) gilt für das Skalarprodukt:

$$\boldsymbol{a} \cdot \boldsymbol{b} = \boldsymbol{a}^{\mathrm{T}}\overline{\boldsymbol{b}} = \sum_{i=1}^{n} a_i\overline{b_i} \qquad \boldsymbol{a} \cdot \boldsymbol{b} = \overline{\boldsymbol{b} \cdot \boldsymbol{a}}$$

Überstrich: konjugiert-komplex

6.2.2.3 Vektorprodukt (äußeres Produkt, Kreuzprodukt)

Das *Vektorprodukt* ist eine Funktion, die jedem geordneten Paar von Vektoren $\boldsymbol{a}, \boldsymbol{b}$ im Raum $\mathbb{R}^3$ einen dritten Vektor $\boldsymbol{a} \times \boldsymbol{b}$ (gelesen „$\boldsymbol{a}$ Kreuz $\boldsymbol{b}$“) zuordnet, $\boldsymbol{a}, \boldsymbol{b}, \boldsymbol{a} \times \boldsymbol{b} \in \mathbb{R}^3$:

$|\boldsymbol{a} \times \boldsymbol{b}| = |\boldsymbol{a}| \cdot |\boldsymbol{b}| \cdot \sin\angle(\boldsymbol{a}, \boldsymbol{b}) \qquad 0 \leq \angle(\boldsymbol{a}, \boldsymbol{b}) < \pi$

Merkregeln für die Richtung von $\boldsymbol{a} \times \boldsymbol{b}$

Man drehe $\boldsymbol{a}$ auf dem kürzeren Weg in $\boldsymbol{b}$ hinein und erhält eine Rechtsdrehung, wenn man in Richtung von $\boldsymbol{a} \times \boldsymbol{b}$ schaut. *oder*

Daumen der rechten Hand auf $\boldsymbol{a}$, Zeigefinger auf $\boldsymbol{b}$, dann zeigt der Mittelfinger in Richtung von $\boldsymbol{a}\times\boldsymbol{b}$ (*Rechte-Hand-Regel*), d. h. $\boldsymbol{a}, \boldsymbol{b}$ und $\boldsymbol{a}\times\boldsymbol{b}$ bilden in dieser Reihenfolge ein Rechtssystem, falls $\boldsymbol{a}$ und $\boldsymbol{b}$ nicht kollinear sind.

Geometrische Deutung

Der Vektor $\boldsymbol{a} \times \boldsymbol{b}$ steht auf beiden Vektoren $\boldsymbol{a}$ und $\boldsymbol{b}$ senkrecht:

$$(\boldsymbol{a} \times \boldsymbol{b}) \perp \boldsymbol{a} \text{ und } (\boldsymbol{a} \times \boldsymbol{b}) \perp \boldsymbol{b}$$

damit $(\boldsymbol{a} \times \boldsymbol{b}) \cdot \boldsymbol{a} = 0$ und $(\boldsymbol{a} \times \boldsymbol{b}) \cdot \boldsymbol{b} = 0$

Der Betrag (die Norm) $|\boldsymbol{a} \times \boldsymbol{b}|$ ist gleich dem Zahlenwert des Flächeninhalts des aus $\boldsymbol{a}$ und $\boldsymbol{b}$ gebildeten *Parallelogramms*.

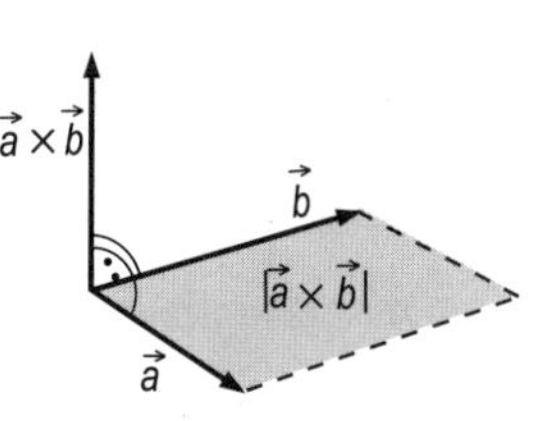

Vektorprodukt

Regeln

$$\boldsymbol{a} \times \boldsymbol{b} = -(\boldsymbol{b} \times \boldsymbol{a}) \qquad \textit{(Alternativgesetz, Anti-Kommutativgesetz)}$$

$$s(\boldsymbol{a} \times \boldsymbol{b}) = (s\boldsymbol{a}) \times \boldsymbol{b} = \boldsymbol{a} \times (s\boldsymbol{b}),\ s \in \mathbb{R} \qquad \text{(Assoziativgesetz)}$$

$$(\boldsymbol{a} + \boldsymbol{b}) \times \boldsymbol{c} = (\boldsymbol{a} \times \boldsymbol{c}) + (\boldsymbol{b} \times \boldsymbol{c}) \qquad \text{(Distributivgesetz I)}$$

$$\boldsymbol{a} \times (\boldsymbol{b} + \boldsymbol{c}) = (\boldsymbol{a} \times \boldsymbol{b}) + (\boldsymbol{a} \times \boldsymbol{c}) \qquad \text{(Distributivgesetz II)}$$

$\boldsymbol{a} \times \boldsymbol{b} = \boldsymbol{o}$ genau dann, wenn

- $\boldsymbol{a}$ und $\boldsymbol{b}$ *kollineare Vektoren* sind (das bedeutet auch: $\boldsymbol{a} \times \boldsymbol{a} = \boldsymbol{o}$) oder
- $\boldsymbol{a} = \boldsymbol{o} \vee \boldsymbol{b} = \boldsymbol{o}$

Für $\boldsymbol{a} \perp \boldsymbol{b}$ gilt: $|\boldsymbol{a} \times \boldsymbol{b}| = |\boldsymbol{a}| \cdot |\boldsymbol{b}|$

Für die orthonormierten Basisvektoren folgt:

$$\boldsymbol{e}_x \times \boldsymbol{e}_x = \boldsymbol{o} \qquad \boldsymbol{e}_y \times \boldsymbol{e}_y = \boldsymbol{o} \qquad \boldsymbol{e}_z \times \boldsymbol{e}_z = \boldsymbol{o}$$

$$\boldsymbol{e}_x \times \boldsymbol{e}_y = \boldsymbol{e}_z \qquad \boldsymbol{e}_y \times \boldsymbol{e}_z = \boldsymbol{e}_x \qquad \boldsymbol{e}_z \times \boldsymbol{e}_x = \boldsymbol{e}_y \qquad \text{(Rechtssystem)}$$

$$\boldsymbol{e}_y \times \boldsymbol{e}_x = -\boldsymbol{e}_z \qquad \boldsymbol{e}_z \times \boldsymbol{e}_y = -\boldsymbol{e}_x \qquad \boldsymbol{e}_x \times \boldsymbol{e}_z = -\boldsymbol{e}_y \qquad \text{(Alternativgesetz)}$$

Komponentendarstellung des Vektorprodukts von Ortsvektoren

$$\boldsymbol{a} \times \boldsymbol{b} = \begin{vmatrix} \boldsymbol{e}_x & \boldsymbol{e}_y & \boldsymbol{e}_z \\ a_x & a_y & a_z \\ b_x & b_y & b_z \end{vmatrix} \Leftrightarrow \begin{pmatrix} a_x \\ a_y \\ a_z \end{pmatrix} \times \begin{pmatrix} b_x \\ b_y \\ b_z \end{pmatrix} = \begin{pmatrix} a_y b_z - a_z b_y \\ a_z b_x - a_x b_z \\ a_x b_y - a_y b_x \end{pmatrix}$$

$$\boldsymbol{a} \times \boldsymbol{b} = (a_y b_z - a_z b_y)\boldsymbol{e}_x + (a_z b_x - a_x b_z)\boldsymbol{e}_y + (a_x b_y - a_y b_x)\boldsymbol{e}_z$$

6

Bemerkung: Symbolische Determinantenschreibweise mit der Konvention „Entwicklung nach der ersten Zeile“ (keine echte Determinante!)

♦ **Beispiel**

Man bilde das Vektorprodukt von $\boldsymbol{a} = 16\boldsymbol{e}_x + 4\boldsymbol{e}_y - 7\boldsymbol{e}_z$ und $\boldsymbol{b} = 3\boldsymbol{e}_x - 9\boldsymbol{e}_y - 4\boldsymbol{e}_z$.

$$\boldsymbol{a} \times \boldsymbol{b} = \begin{vmatrix} \boldsymbol{e}_x & \boldsymbol{e}_y & \boldsymbol{e}_z \\ 16 & 4 & -7 \\ 3 & -9 & -4 \end{vmatrix} = -79\boldsymbol{e}_x + 43\boldsymbol{e}_y - 156\boldsymbol{e}_z$$ ♦

Bemerkung: $\boldsymbol{a} = \begin{pmatrix} a_x \\ a_y \end{pmatrix} \in \mathbb{R}^2$ kann mit $\boldsymbol{a} = \begin{pmatrix} a_x \\ a_y \\ 0 \end{pmatrix} \in \mathbb{R}^3$ identifiziert werden. Damit ist z. B. das Vektorprodukt in der Ebene: $\boldsymbol{a} \times \boldsymbol{b} = (a_x b_y - a_y b_x)\boldsymbol{e}_z$

6.2.2.4 Mehrfache Produkte von Vektoren

Es können in einer Rechenoperation jeweils nur zwei Vektoren skalar oder vektoriell verbunden werden.

Da $\boldsymbol{a} \cdot \boldsymbol{b}$ einen Skalar ergibt, sind weitere Regeln nur für $\boldsymbol{a} \times \boldsymbol{b}$ als ersten Rechenschritt nötig.

Spatprodukt (*gemischtes Produkt*) für das Rechtssystem $(\boldsymbol{a}, \boldsymbol{b}, \boldsymbol{c})$

$$(\boldsymbol{a} \times \boldsymbol{b}) \cdot \boldsymbol{c} = \det(\boldsymbol{a}, \boldsymbol{b}, \boldsymbol{c}) = \begin{vmatrix} a_x & a_y & a_z \\ b_x & b_y & b_z \\ c_x & c_y & c_z \end{vmatrix} = [\boldsymbol{a}, \boldsymbol{b}, \boldsymbol{c}] > 0$$

Geometrische Deutung

Das *Spatprodukt* ist dem Betrag nach gleich dem *Volumen* des von den drei Vektoren $\boldsymbol{a}, \boldsymbol{b}, \boldsymbol{c}$ gebildeten Prismas (*Spates*).

$$\begin{aligned} V &= (\boldsymbol{a} \times \boldsymbol{b}) \cdot \boldsymbol{c} = (\boldsymbol{b} \times \boldsymbol{c}) \cdot \boldsymbol{a} = (\boldsymbol{c} \times \boldsymbol{a}) \cdot \boldsymbol{b} \\ &= -(\boldsymbol{b} \times \boldsymbol{a}) \cdot \boldsymbol{c} = -(\boldsymbol{c} \times \boldsymbol{b}) \cdot \boldsymbol{a} = -(\boldsymbol{a} \times \boldsymbol{c}) \cdot \boldsymbol{b} \\ &= |\boldsymbol{a} \times \boldsymbol{b}| \cdot |\boldsymbol{c}| \cdot \cos\varphi \end{aligned}$$

Volumen eines Tetraeders:

$$V_\mathrm{T} = \left| \frac{1}{6} [\boldsymbol{a}, \boldsymbol{b}, \boldsymbol{c}] \right|$$

$[\boldsymbol{a}, \boldsymbol{b}, \boldsymbol{c}] = 0$, wenn die drei Vektoren in einer Ebene liegen (= *komplanare Vektoren*), oder wenn ein Vektor ein Nullvektor ist.

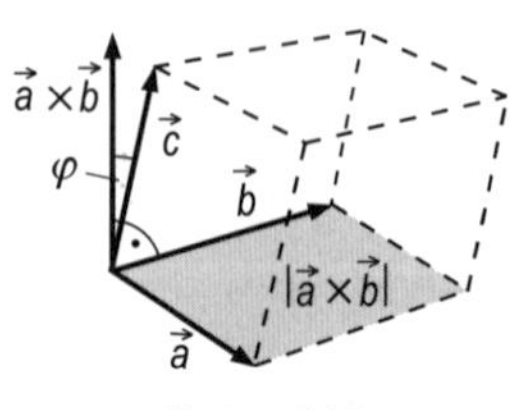

Spatprodukt

Vektorprodukt dreier Vektoren

$$\boldsymbol{a}\times(\boldsymbol{b}\times\boldsymbol{c}) = (\boldsymbol{a}\cdot\boldsymbol{c})\boldsymbol{b} - (\boldsymbol{a}\cdot\boldsymbol{b})\boldsymbol{c} \qquad (\textit{Entwicklungssatz})$$

$$(\boldsymbol{a}\times\boldsymbol{b})\times\boldsymbol{c} = (\boldsymbol{a}\cdot\boldsymbol{c})\boldsymbol{b} - (\boldsymbol{b}\cdot\boldsymbol{c})\boldsymbol{a}$$

Geometrische Deutung: Das Vektorprodukt dreier Vektoren $(\boldsymbol{a}\times\boldsymbol{b})\times\boldsymbol{c}$ stellt einen Vektor dar, der in der Ebene der beiden Vektoren $\boldsymbol{a}$ und $\boldsymbol{b}$ liegt und auf $\boldsymbol{c}$ senkrecht steht.

Es ist *nicht assoziativ*, d. h., i. Allg. ist $\boldsymbol{a}\times(\boldsymbol{b}\times\boldsymbol{c}) \neq (\boldsymbol{a}\times\boldsymbol{b})\times\boldsymbol{c}$

Produkte mit vier Vektoren

$$(\boldsymbol{a}\times\boldsymbol{b})\cdot(\boldsymbol{c}\times\boldsymbol{d}) = \begin{vmatrix} \boldsymbol{a}\cdot\boldsymbol{c} & \boldsymbol{b}\cdot\boldsymbol{c} \\ \boldsymbol{a}\cdot\boldsymbol{d} & \boldsymbol{b}\cdot\boldsymbol{d} \end{vmatrix}$$

$$(\boldsymbol{a}\times\boldsymbol{b})\times(\boldsymbol{c}\times\boldsymbol{d}) = \boldsymbol{c}[\boldsymbol{a},\boldsymbol{b},\boldsymbol{d}] - \boldsymbol{d}[\boldsymbol{a},\boldsymbol{b},\boldsymbol{c}] = \boldsymbol{b}[\boldsymbol{a},\boldsymbol{c},\boldsymbol{d}] - \boldsymbol{a}[\boldsymbol{b},\boldsymbol{c},\boldsymbol{d}]$$

$$\big((\boldsymbol{a}\times\boldsymbol{b})\times\boldsymbol{c}\big)\times\boldsymbol{d} = (\boldsymbol{a}\cdot\boldsymbol{c})(\boldsymbol{b}\times\boldsymbol{d}) - (\boldsymbol{b}\cdot\boldsymbol{c})(\boldsymbol{a}\times\boldsymbol{d})$$
$$= [\boldsymbol{a},\boldsymbol{b},\boldsymbol{d}]\boldsymbol{c} - (\boldsymbol{c}\cdot\boldsymbol{d})(\boldsymbol{a}\times\boldsymbol{b})$$

Zusammenhang zwischen Vektorprodukt und Skalarprodukt

$$|\boldsymbol{a}\times\boldsymbol{b}|^2 = |\boldsymbol{a}|^2\cdot|\boldsymbol{b}|^2 - (\boldsymbol{a}\cdot\boldsymbol{b})^2$$

Bemerkung: Durch Vektoren kann nicht dividiert werden, weder im Sinne des Skalarprodukts noch in dem des Vektorprodukts.

6.3 Koordinatensysteme

6.3.1 Allgemeines

Ein *Parallel-Koordinatensystem* (*affines, kontravariantes K.*) des dreidimensionalen Raumes besteht aus dem Ursprung *0* und der *Standardbasis* $(\boldsymbol{e}_1,\boldsymbol{e}_2,\boldsymbol{e}_3)$ linear unabhängiger Einheitsvektoren als *geordnetes Tripel*.

Dies bedeutet eine eineindeutige Zuordnung (*Abbildung*) der Raumpunkte (achsparallele Projektion) auf *Zahlentripel* (x_1,x_2,x_3).

Schreibweise: $\{0; \boldsymbol{e}_1, \boldsymbol{e}_2, \boldsymbol{e}_3\}$

Sind die Winkel zwischen zwei Basisvektoren $0 < \angle(\boldsymbol{e}_i, \boldsymbol{e}_j) < \pi$, aber ungleich $\pi/2$, heißt das Koordinatensystem *schiefwinklig*.

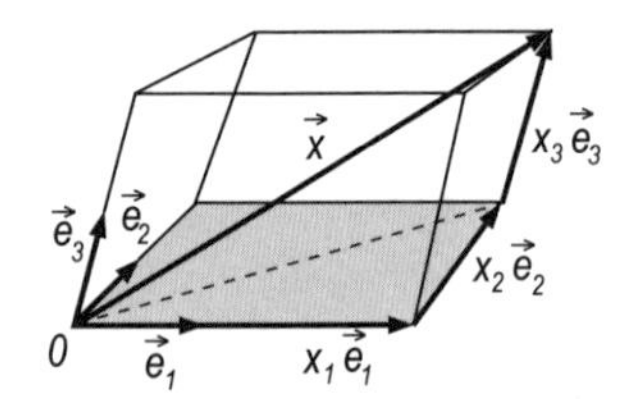

Schiefwinkliges Koordinatensystem

Orthonormiertes Koordinatensystem

> Ein *orthonormiertes Koordinatensystem* (*Orthonormalsystem* ONS) hat *orthogonale* (paarweise senkrechte) *Achsen*, die durch normierte Einheitsvektoren (gleichgeteilte Achsen) festgelegt sind.
>
> Ein solches System heißt auch *kartesisches Koordinatensystem.*

6.3.2 Ebene (2D-)Koordinatensysteme

Kartesisches Koordinatensystem $\{0; x, y\}$

Bezeichnungen

x-Achse	*Abszissenachse* (Definitionsbereich)
y-Achse	*Ordinatenachse* (Wertebereich)
0	*Nullpunkt*, (*Koordinaten-*)*Ursprung*
$\boldsymbol{e}_x, \boldsymbol{e}_y$	orthonormierte *Basisvektoren*

Orientierung des Koordinatensystems

Mathematisch positiver Drehsinn, wenn positive x-Achse in kleinerem Winkel in die positive y-Achse gedreht werden kann (Gegenuhrzeigersinn).

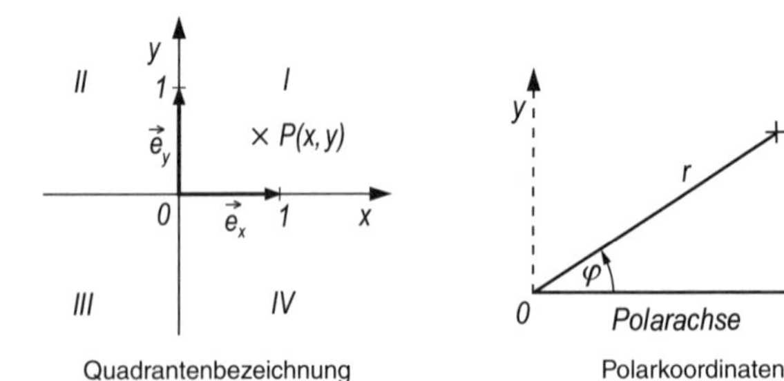

Quadrantenbezeichnung

Polarkoordinaten

Quadrantenbezeichnung: siehe Bild

Transformation eines Punktes $P(x, y)$ aus einem kartesischen $\{0;\ x, y\}$ in ein schiefwinkliges $\{0;\ x', y'\}$ Parallel-Koordinatensystem

$$x = x' \cos\varphi_x + y' \cos\varphi_y \qquad x' = \frac{-x\sin\varphi_y + y\cos\varphi_y}{\sin(\varphi_x - \varphi_y)}$$

$$y = x' \sin\varphi_x + y' \sin\varphi_y \qquad y' = \frac{x\sin\varphi_x - y\cos\varphi_x}{\sin(\varphi_x - \varphi_y)}$$

φ_x, φ_y Winkel zwischen den x- bzw y-Achsen beider Systeme

Polarkoordinatensystem $\{0;\ r, \varphi\}$

Bezeichnungen

r Länge des *Radiusvektors*[1], Abstand, *Modul, Leitstrahl*, $r > 0$
φ *Phase, Polarwinkel, Argument, Richtungswinkel*, $0 \le \varphi < 2\pi$, positiv im mathematisch positiven Drehsinn (Gegenuhrzeigersinn)
0 *Nullpunkt, Pol* positive x-Achse *Polarachse*

Beziehungen zwischen kartesischen Koordinaten und Polarkoordinaten

$$r = \sqrt{x^2 + y^2} \qquad \tan\varphi = \frac{y}{x} \qquad \text{(Quadranten beachten!)}$$

$$x = r\cos\varphi \qquad y = r\sin\varphi$$

Basisvektoren hierzu siehe 6.3.3 mit $z = 0$.

6.3.3 Räumliche (3D-)Koordinatensysteme

Kartesisches Koordinatensystem $\{0;\ x, y, z\}$ bzw. $\{0;\ \boldsymbol{e_x}, \boldsymbol{e_y}, \boldsymbol{e_z}\}$

Wertebereiche: $-\infty < x < +\infty$
$-\infty < y < +\infty$
$-\infty < z < +\infty$

Orthonormierte (konstante) Basisvektoren

$\boldsymbol{e}_x, \boldsymbol{e}_y, \boldsymbol{e}_z$ (auch $\boldsymbol{i}, \boldsymbol{j}, \boldsymbol{k}$)

Koordinatenachsen: x, y, z

Punktkoordinaten: $P(x, y, z)$

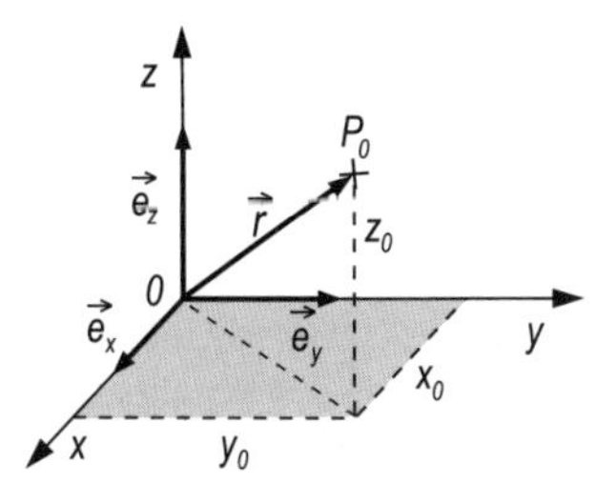

Kartesische Koordinaten

Koordinatenebenen

$x = \text{konst.}, \quad y = \text{konst.}, \quad z = \text{konst.}$

[1] Für $r = 0$ ist φ nicht definiert. In der Regel wird dann $\varphi = 0$ verwendet.

Orientierung des kartesischen Koordinatensystems

Das kartesische Koordinatensystem ist ein *Rechtssystem*. Es ist dadurch gekennzeichnet, dass eine Drehung der positiven x-Achse nach der positiven y-Achse mit gleichzeitiger Verschiebung in Richtung der positiven z-Achse eine Rechtsschraubung ergibt (*Korkenzieherregel*), $[\boldsymbol{e}_x, \boldsymbol{e}_y, \boldsymbol{e}_z] = 1$

oder *Rechte-Hand-Regel* (Finger gespreizt)

Daumen = x-Achse
Zeigefinger = y-Achse
Mittelfinger = z-Achse

Nachstehende *Koordinatensysteme* heißen *krummlinig*.

Kugelkoordinaten $\{0;\ r, \vartheta, \varphi\}$ (DIN 4895)

auch *räumliche Polarkoordinaten*

Wertebereiche:	$0 \le r < \infty$
(*Breite*)	$0 \le \vartheta \le \pi$
(*Länge*)	$0 \le \varphi \le 2\pi$

Koordinatenflächen

Kugeloberflächen:	$r =$ konst.
Kreiskegelmäntel:	$\vartheta =$ konst.
Halbebenen:	$\varphi =$ konst.

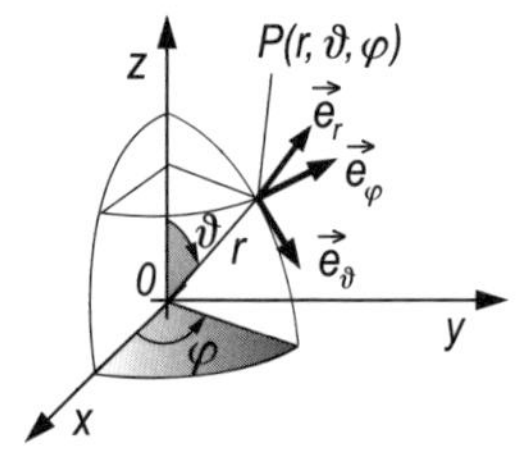

Kugelkoordinaten

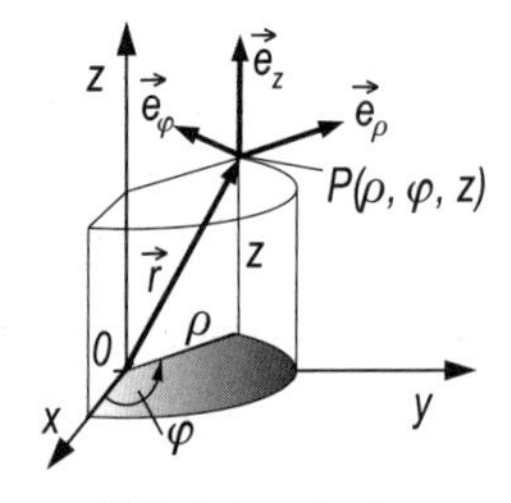

Zylinderkoordinaten

Sich schneidende *Koordinatenflächen*

Breitenkreise:	$r =$ konst., $\vartheta =$ konst.
Meridiane (*Längenkreise*):	$r =$ konst., $\varphi =$ konst.
Schnittgerade des Kegelmantels:	$\vartheta =$ konst., $\varphi =$ konst.
Basisvektoren:	$\boldsymbol{e}_r, \boldsymbol{e}_\vartheta, \boldsymbol{e}_\varphi$

> Die *Basisvektoren* krummliniger Koordinatensysteme sind einem Punkt zugeordnet und Tangentenvektoren an die Koordinatenlinien in Richtung wachsender Parameterwerte. Sie ändern sich von Punkt zu Punkt und bilden ein orthogonales Rechtssystem.

(Kreis-)Zylinderkoordinatensystem $\{0;\ \rho, \varphi, z\}$ (DIN 4895)

Wertebereiche: $0 \leq \rho < \infty$
$0 \leq \varphi < 2\pi$
$-\infty < z < +\infty$

(ρ, φ) *Polarkoordinaten* der Projektion eines Punktes auf die Ebene
z Abstand des Punktes von der Ebene E

Das ebene *Polarkoordinatensystem* entsteht mit $z = 0$.

Koordinatenflächen

Kreiszylindermantel: $\rho = \text{konst.}$
Halbebenen: $\varphi = \text{konst.}$
parallele Ebenen zu E: $z = \text{konst.}$
Basisvektoren: $\boldsymbol{e}_\rho, \boldsymbol{e}_\varphi, \boldsymbol{e}_z$

6

Beziehungen zwischen den räumlichen Koordinatensystemen

Kartesische Koordinaten $\{0;\ x, y, z\} \leftrightarrow$ Kugelkoordinaten $\{0;\ r, \vartheta, \varphi\}$

$$r = \sqrt{x^2 + y^2 + z^2} \qquad \cos\vartheta = \frac{z}{\sqrt{x^2 + y^2 + z^2}}$$

$$\tan\varphi = \frac{y}{x} \qquad \text{(Quadrant beachten!)}$$

$$x = r\sin\vartheta\,\cos\varphi \qquad y = r\sin\vartheta\,\sin\varphi \qquad z = r\cos\vartheta$$

$$\begin{cases} \boldsymbol{e}_x = \boldsymbol{e}_r \sin\vartheta\cos\varphi + \boldsymbol{e}_\vartheta\cos\vartheta\cos\varphi - \boldsymbol{e}_\varphi\sin\varphi \\ \boldsymbol{e}_y = \boldsymbol{e}_r \sin\vartheta\sin\varphi + \boldsymbol{e}_\vartheta\cos\vartheta\sin\varphi + \boldsymbol{e}_\varphi\cos\varphi \\ \boldsymbol{e}_z = \boldsymbol{e}_r\cos\vartheta - \boldsymbol{e}_\vartheta\sin\vartheta \end{cases}$$

$$\begin{cases} \boldsymbol{e}_r = \boldsymbol{e}_x\sin\vartheta\cos\varphi + \boldsymbol{e}_y\sin\vartheta\sin\varphi + \boldsymbol{e}_z\cos\vartheta \\ \boldsymbol{e}_\vartheta = \boldsymbol{e}_x\cos\vartheta\cos\varphi + \boldsymbol{e}_y\cos\vartheta\sin\varphi - \boldsymbol{e}_z\sin\vartheta \\ \boldsymbol{e}_\varphi = -\boldsymbol{e}_x\sin\varphi + \boldsymbol{e}_y\cos\varphi \end{cases}$$

Kartesische Koordinaten $\{0;\ x, y, z\} \leftrightarrow$ Zylinderkoordinaten $\{0;\ \rho, \varphi, z\}$
$\varphi \in [0;\ 2\pi) \setminus \{\pi\}$

$$\rho = \sqrt{x^2 + y^2} \qquad \sin\varphi = \frac{y}{\rho} \qquad \cos\varphi = \frac{x}{\rho} \qquad \tan\varphi = \frac{y}{x} \qquad z = z$$

$$x = \rho\cos\varphi \qquad y = \rho\sin\varphi \qquad z = z$$

$$\begin{cases} \boldsymbol{e}_x = \boldsymbol{e}_\rho\cos\varphi - \boldsymbol{e}_\varphi\sin\varphi \\ \boldsymbol{e}_y = \boldsymbol{e}_\rho\sin\varphi + \boldsymbol{e}_\varphi\cos\varphi \\ \boldsymbol{e}_z = \boldsymbol{e}_z \end{cases} \qquad \begin{cases} \boldsymbol{e}_\rho = \boldsymbol{e}_x\cos\varphi + \boldsymbol{e}_y\sin\varphi \\ \boldsymbol{e}_\varphi = -\boldsymbol{e}_x\sin\varphi + \boldsymbol{e}_y\cos\varphi \\ \boldsymbol{e}_z = \boldsymbol{e}_z \end{cases}$$

6.4 Punkte, Kurven 1. Ordnung

Ordnung

Die *Ordnung* ist eine natürliche Zahl zur Kennzeichnung einer Stufe innerhalb einer Klassifikation. Die Ordnung gibt z. B. zur Klassifikation ebener algebraischer Kurven die maximal mögliche Anzahl der Schnittpunkte einer Kurve mit einer Geraden an.

6.4.1 Punkte

Ein *Punkt* P ist ein Gebilde der Dimension Null, Schnittpunkt zweier Geraden, Element der Punktmengen Linie, Ebene bzw. Raum.

Darstellungen

Punkt P_2, der durch Antragen des Vektors $\boldsymbol{x}$ an Punkt P_1 entsteht

$$P_2 = P_1 + \boldsymbol{x}, \quad \text{wobei } \boldsymbol{x} = \overrightarrow{P_1P_2}$$

Bemerkung: Das Pluszeichen steht hier für „angetragen an" (DIN 1302).

Punkt P und Ortsvektor $\overrightarrow{0P}$ in Koordinatendarstellung

$$\text{Punkt: } P(x, y, z) \qquad \textit{Ortsvektor} \text{ zu } P: \overrightarrow{0P} = \begin{pmatrix} x \\ y \\ z \end{pmatrix}$$

Umrechnung eines Ortsvektors in orthogonale Koordinaten

$$x = \left|\overrightarrow{0P}\right| \cos\alpha, y = \left|\overrightarrow{0P}\right| \cos\beta, z = \left|\overrightarrow{0P}\right| \cos\gamma$$

Richtungswinkel α, β, γ, siehe 6.1

Orthogonale Koordinaten in der Ebene für $z = 0$

$$x = \left|\overrightarrow{0P}\right| \cos\alpha, y = \left|\overrightarrow{0P}\right| \cos\beta = \left|\overrightarrow{0P}\right| \sin\alpha$$

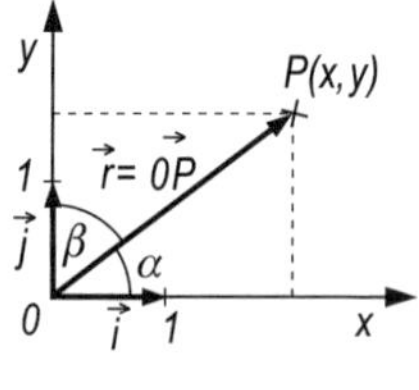

Punkt in der Ebene

Winkel φ zwischen zwei Ortsvektoren r_1 und r_2

$$\cos\varphi = \cos\alpha_1 \cos\alpha_2 + \cos\beta_1 \cos\beta_2 + \cos\gamma_1 \cos\gamma_2$$

$$\cos\varphi = \frac{x_1x_2 + y_1y_2 + z_1z_2}{|\boldsymbol{r}_1| \cdot |\boldsymbol{r}_2|} \qquad \boldsymbol{r}_1 \perp \boldsymbol{r}_2 \Rightarrow \cos\varphi = 0$$

$\alpha_1, \beta_1, \gamma_1$ $(\alpha_2, \beta_2, \gamma_2)$ *Richtungswinkel* der Ortsvektoren $\boldsymbol{r}_1$ $(\boldsymbol{r}_2)$

Abstand zweier Punkte $P_1(x_1, y_1, z_1)$ und $P_2(x_2, y_2, z_2)$

$$d(P_1, P_2) = \sqrt{(x_2 - x_1)^2 + (y_2 - y_1)^2 + (z_2 - z_1)^2}$$

Mit Ortsvektoren $\boldsymbol{r}_1 = \overrightarrow{OP_1}, \boldsymbol{r}_2 = \overrightarrow{OP_2}$

$$d(P_1, P_2) = \left|\overrightarrow{P_1P_2}\right| = \left|\overrightarrow{OP_2} - \overrightarrow{OP_1}\right| = |\boldsymbol{r}_2 - \boldsymbol{r}_1|$$

In Polarkoordinaten $P_1(r_1, \varphi_1)$ und $P_2(r_2, \varphi_2)$

$$d(P_1, P_2) = \sqrt{r_1^2 + r_2^2 - 2r_1r_2\cos(\varphi_2 - \varphi_1)}$$

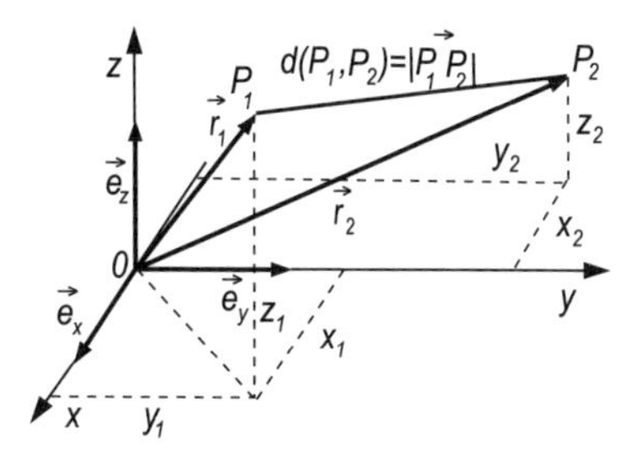

Abstand zweier Punkte

Abstand zweier Punkte in Polarkoordinaten

6.4.2 Gerade, Strahl, Strecke

6.4.2.1 Punktmengen, Teilung einer Strecke

Eine *Kurve* ist die *Punktmenge* $\{P(t) \mid t \in I\}$.

t Kurvenparameter, I Intervall, $I \subseteq \mathbb{R}$

Punktmenge einer linearen Kurve: $\{P_1 + t \cdot \overrightarrow{P_1P_2}\}, P_1 \neq P_2$

Mit dem *Richtungsvektor einer Geraden*: $\boldsymbol{a} = \overrightarrow{P_1P_2}$ für $P_1, P_2 \in g, P_1 \neq P_2$

- für $t \in \mathbb{R}$: *Gerade* P_1P_2, Gerade[1] durch P_1 und P_2, $P_1 \neq P_2$
- für $t \geq 0$: *Strahl, Halbgerade* von P_1 aus
- für $0 \leq t \leq 1$: *Strecke* $\overline{P_1P_2}, \overline{P_1P_2} \mathrel{\widehat{=}} \overline{P_2P_1}$

Letztgenannte Darstellung ist auch für Entfernungen gebräuchlich.

$g \perp h$ g ist *orthogonal* zu h, g senkrecht zu h,
für die Richtungsvektoren $\boldsymbol{a}$ von g und $\boldsymbol{b}$ von h gilt: $\boldsymbol{a} \cdot \boldsymbol{b} = 0$

[1] *Orientierte Gerade*: „P_1 liegt vor P_2“, Gerade mit einer Orientierung
Orientierungsvektor: Richtungsvektor, der die Orientierung auszeichnet

$g \parallel h$ *g parallel h*, kein gemeinsamer Punkt,
die Richtungsvektoren sind kollinear: $\boldsymbol{a} = k\boldsymbol{b}$

$g \uparrow\uparrow h$ g gleichsinnig parallel zu h, gleiche Orientierungsvektoren

$g \uparrow\downarrow h$ g gegensinnig parallel zu h, entgegengesetzt gleiche Orientierungsvektoren

Sonderfall: $g = h$ deckungsgleiche Geraden

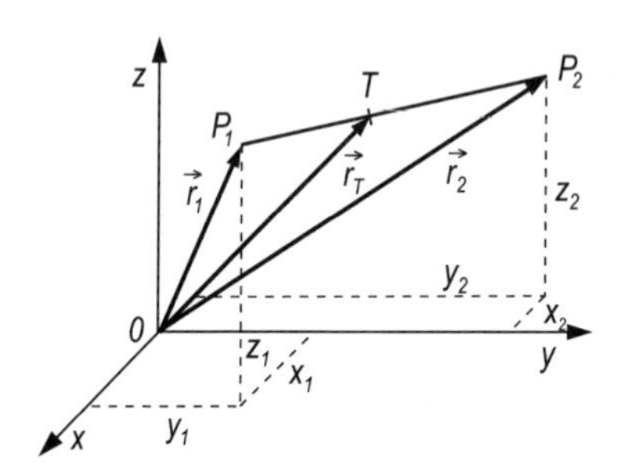

Teilung einer Strecke

Teilung einer Strecke $\overline{P_1P_2}$ im Verhältnis λ

T *Teilungspunkt* auf der Geraden P_1P_2

λ *Teilverhältnis* (TV) des Punktetripels (P_1, T, P_2),
kurz $\lambda = \text{TV}(P_1, T, P_2)$

$$\overrightarrow{P_1T} = \lambda\,\overrightarrow{TP_2}$$

$\lambda > 0$ *innerer Teilunngspunkt* $T = T_\text{i}$

$\lambda < 0$ *äußerer Teilungspunkt* $T = T_\text{a}$

Umrechnungen

$$\overrightarrow{P_1T} = \lambda\,\overrightarrow{TP_2} \Rightarrow \overrightarrow{P_1T} = \frac{\lambda}{1+\lambda}\overrightarrow{P_1P_2} \qquad \text{falls } \lambda \neq -1$$

$$\overrightarrow{P_1T} = \mu\overrightarrow{P_1P_2} \Rightarrow \overrightarrow{P_1T} = \frac{\mu}{1-\mu}\overrightarrow{TP_2} \qquad \text{falls } \mu \neq 1$$

Mittelpunkt einer Strecke für $\lambda = 1$ bzw. $\mu = \dfrac{1}{2}$

♦ **Beispiel**

Gemäß Bild ist

$\text{TV}(P_1,T_\text{i},P_2) = \lambda_\text{i} = 4:3$ und

$\text{TV}(P_1,T_\text{a},P_2) = \lambda_\text{a} = 12:(-5)$

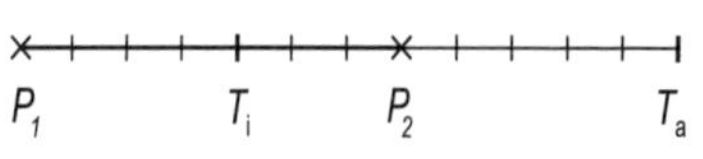

Umrechnungen: $\overrightarrow{P_1T_i} = \frac{4}{3}\overrightarrow{T_iP_2}$ ergibt $\overrightarrow{P_1T_i} = \frac{4/3}{1+4/3}\overrightarrow{P_1P_2} = \frac{4}{7}\overrightarrow{P_1P_2}$

$\overrightarrow{P_1T_a} = -\frac{12}{5}\overrightarrow{T_aP_2}$ ergibt $\overrightarrow{P_1T_a} = \frac{-12/5}{1-12/5}\overrightarrow{P_1P_2} = \frac{12}{7}\overrightarrow{P_1P_2}$ ♦

Teilungspunkt

$$x_T = \frac{x_1 + \lambda x_2}{1+\lambda} \qquad y_T = \frac{y_1 + \lambda y_2}{1+\lambda} \qquad z_T = \frac{z_1 + \lambda z_2}{1+\lambda}$$

$$\boldsymbol{r}_T = \frac{\boldsymbol{r}_1 + \lambda \boldsymbol{r}_2}{1+\lambda}$$

$\boldsymbol{r}_1, \boldsymbol{r}_2, \boldsymbol{r}_T$ Ortsvektoren zu P_1, P_2, T

6

6.4.2.2 Gleichungen einer Geraden in der (*x*, *y*)-Ebene

Punkt-Richtungs-Form (Bild unten)

Parameterdarstellung ($t \in \mathbb{R}$)

$\boldsymbol{r} = \boldsymbol{r}_0 + t\boldsymbol{a}$ $\qquad P_0(x_0, y_0) \in g$ fest, $P(x, y) \in g$ beliebig

$y - y_0 = m(x - x_0)$

$\boldsymbol{a}$ Richtungsvektor der Geraden, t Parameter, $t \in \mathbb{R}$

Richtungsfaktor: $m = \tan\alpha$, $m = \frac{a_y}{a_x}$, $a_x \neq 0$

α Winkel zwischen der Geraden und der positiven x-Richtung bei gleichgeteilten Koordinatenachsen

$m > 0$ ($m < 0$)	steigende (fallende) Gerade
$m = 0$	zur Abszissenachse parallele Gerade

Zweipunkt-Form

P_1: (x_1, y_1) und P_2: (x_2, y_2)

$$\frac{y - y_1}{x - x_1} = \frac{y_2 - y_1}{x_2 - x_1} \qquad \tan\alpha = \frac{y_2 - y_1}{x_2 - x_1} = m$$

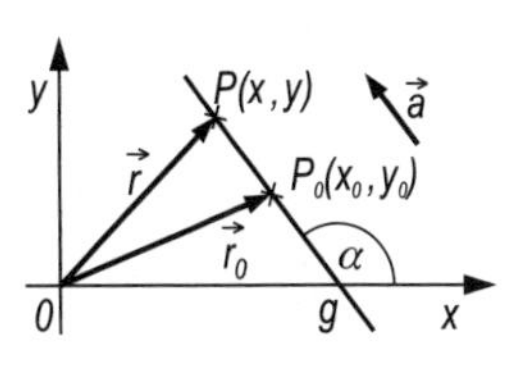

Punkt-Richtungs-Form

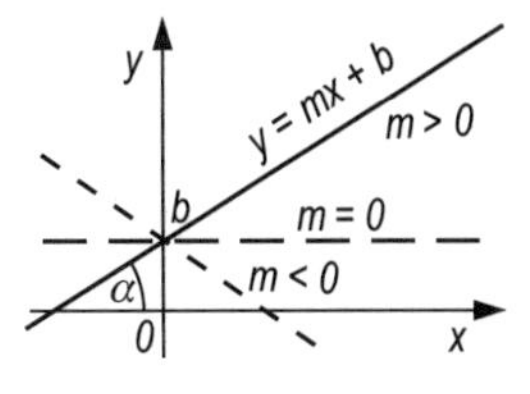

Normalform

Normalform (*Hauptform, kartesische, allgemeine Form*)

Siehe auch 7.5.1.1, lineare Funktion, ganzrationale Funktion 1. Grades

$$f(x) = a_1 x + a_0$$

Zuordnung: $x \longmapsto mx + b$

$$y = mx + b \qquad m, b \in \mathbb{R}$$

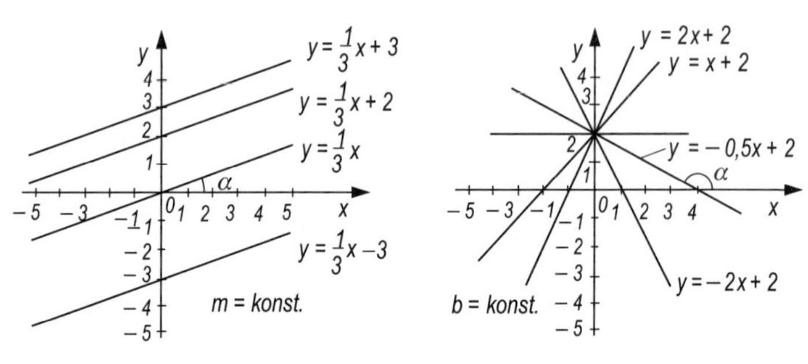

Lineare Funktion, Normalform der Geradengleichung

Achsenabschnittsform

$$\frac{x}{a} + \frac{y}{b} = 1 \qquad a, b \neq 0$$

Richtungsfaktor

$$m = \tan\alpha = -\frac{b}{a}$$

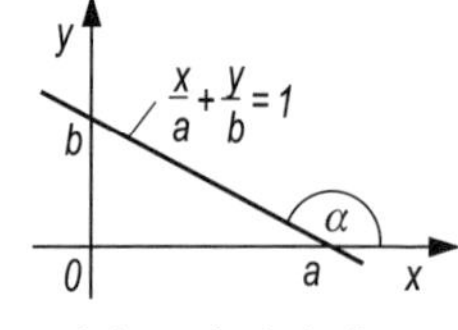

Achsenabschnittsform

HESSEsche Normalform

$$x\cos\beta + y\sin\beta - p = 0$$

p positiver Abstand der Geraden vom Ursprung

β Winkel zwischen Lot p und der positiven x-Richtung

♦ **Beispiel**

Wie groß ist der Abstand der Geraden g: $y = -\frac{1}{2}x + 6$ vom Ursprung?

Wandlung in die HESSEsche Normalform (siehe allgemeine Gleichung)

$$\frac{1}{2}x + y - 6 = 0 \Rightarrow x + 2y - 12 = 0$$

Normierung mit $\sqrt{1^2 + 2^2} = \sqrt{5}$ garantiert, dass der trigonometrische Pythagoras erfüllt wird.

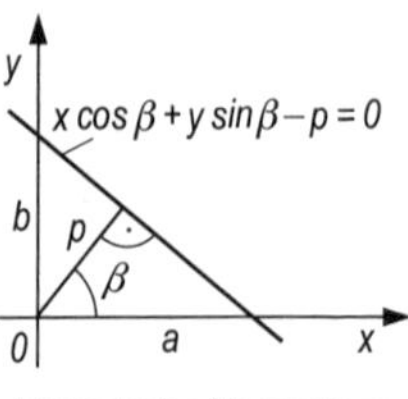

HESSEsche Normalform

Kontrolle: $\sin^2\beta + \cos^2\beta = \left(\frac{1}{\sqrt{5}}\right)^2 + \left(\frac{2}{\sqrt{5}}\right)^2 = 1$

Aus der HESSEschen Normalform lässt sich der Abstand ablesen:

$\frac{x}{\sqrt{5}} + \frac{2y}{\sqrt{5}} - \frac{12}{\sqrt{5}} = 0$ ergibt $p = \frac{12}{\sqrt{5}} \approx 5{,}3666$ ♦

Allgemeine Gleichung einer Geraden in der (*x*, *y*)-Ebene

$F(x,y)\colon Ax + By + D = 0 \quad A,B,D \in \mathbb{R} \quad A,B$ nicht gleichzeitig null

Wandlung der allgemeinen Gleichung in die

Normalform: $y = -\frac{A}{B}x - \frac{D}{B} \qquad m = -\frac{A}{B} \qquad B \neq 0$

Abschnittsform: $\frac{x}{-D/A} + \frac{y}{-D/B} = 1 \qquad A,B,D$ wie oben

HESSEsche Normalform: $\frac{Ax + By + D}{\sqrt{A^2 + B^2}}(-\operatorname{sgn} D) = 0$

Sonderfälle

Gerade durch den Ursprung: $y = mx \quad Ax + By = 0$
Parallele zur x-Achse $y = b \quad By + D = 0$
Gleichungen der *Achsen*: $y = 0$
$x = 0$

Geradengleichung in Polarkoordinaten

$$r = \frac{p}{\cos(\beta - \varphi)}$$

p Abstand der Geraden vom Urprung, $p > 0$
β Winkel zwischen Lot und Achse, $\beta =$ konst.
g Gerade nicht durch den Pol

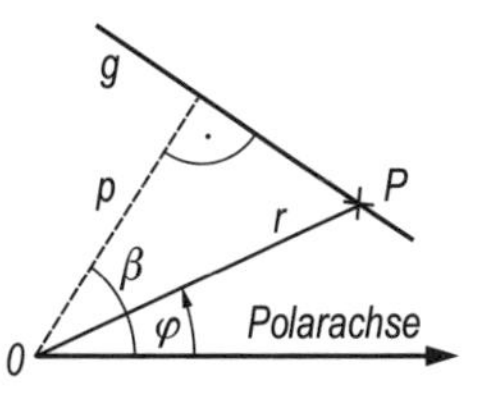

Gerade in Polarkoordinaten

6.4.2.3 Gleichungen einer Geraden im Raum

Punkt-Richtungs-Form

Parameterdarstellungen $(t, t' \in \mathbb{R})$

$\boldsymbol{r} = \boldsymbol{r}_0 + t\boldsymbol{a}$

$P_0(x_0, y_0, z_0) \in g$ fest, $P(x,y,z) \in g$ beliebig

$\boldsymbol{a}$ *Richtungsvektor der Geraden* g, $\boldsymbol{a} \neq \boldsymbol{o}$

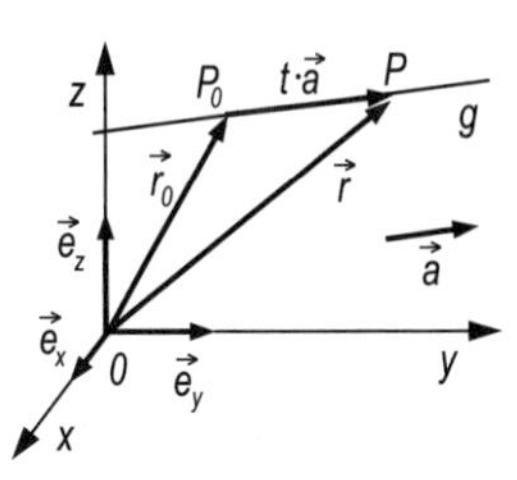

Punkt-Richtungs-Form

$$\begin{cases} x = x_0 + ta_x = x_0 + t' \cos \alpha \\ y = y_0 + ta_y = y_0 + t' \cos \beta \\ z = z_0 + ta_z = z_0 + t' \cos \gamma \end{cases}$$

Richtungswinkel: $\alpha = \angle(\boldsymbol{e}_x, \boldsymbol{a})$, $\beta = \angle(\boldsymbol{e}_y, \boldsymbol{a})$,$\gamma = \angle(\boldsymbol{e}_z, \boldsymbol{a})$

♦ **Beispiel**

Man bestimme die Geradengleichung durch $P_0(3, -4, 6)$ mit $\boldsymbol{a} = (2, 4, 5)^{\mathrm{T}}$.

$\boldsymbol{r} = \boldsymbol{r}_0 + t\boldsymbol{a} = 3\boldsymbol{e}_x - 4\boldsymbol{e}_y + 6\boldsymbol{e}_z + t(2\boldsymbol{e}_x + 4\boldsymbol{e}_y + 5\boldsymbol{e}_z)$ ♦

Zweipunkt-Form

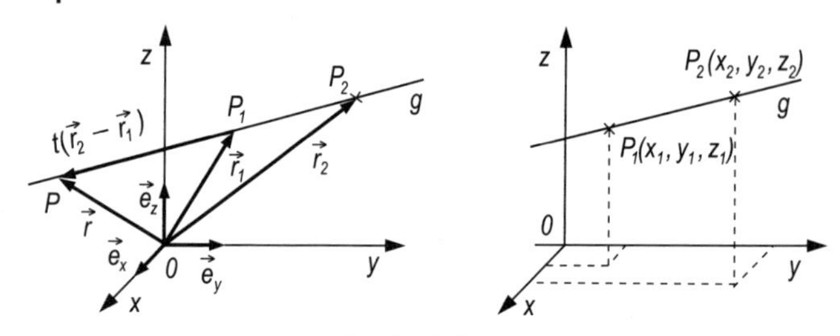

Zweipunkt-Form

P_1: (x_1, y_1, z_1) und P_2: (x_2, y_2, z_2) gegebene Punkte

Parameterdarstellungen

$\boldsymbol{r} = \boldsymbol{r}_1 + t(\boldsymbol{r}_2 - \boldsymbol{r}_1)$ $\quad t \in \mathbb{R}$, Richtungsvektor hier $(\boldsymbol{r}_2 - \boldsymbol{r}_1)$

$$\begin{cases} x = x_1 + t(x_2 - x_1) \\ y = y_1 + t(y_2 - y_1) \\ z = z_1 + t(z_2 - z_1) \end{cases}$$

♦ **Beispiel**

Gleichung der Geraden durch die Punkte $P_1(-1;\ 5;\ 7)$ und $P_2(3;\ -4;\ 2)$.

$\boldsymbol{r} = (-1)\boldsymbol{e}_x + 5\boldsymbol{e}_y + 7\boldsymbol{e}_z + t(3\boldsymbol{e}_x - 4\boldsymbol{e}_y + 2\boldsymbol{e}_z - (-1)\boldsymbol{e}_x - 5\boldsymbol{e}_y - 7\boldsymbol{e}_z)$

$= -\boldsymbol{e}_x + 5\boldsymbol{e}_y + 7\boldsymbol{e}_z + t(4\boldsymbol{e}_x - 9\boldsymbol{e}_y - 5\boldsymbol{e}_z)$ ♦

Koordinatendarstellung

$$\frac{x - x_1}{x_2 - x_1} = \frac{y - y_1}{y_2 - y_1} = \frac{z - z_1}{z_2 - z_1} \qquad \text{Nenner} \neq 0$$

Gerade durch den Ursprung

$$\frac{x}{x_1} = \frac{y}{y_1} = \frac{z}{z_1}$$

Allgemeine Gleichung der Geraden im Raum

Siehe Schnittgerade zweier Ebenen, 6.5.2.

Geradengleichung in zwei projizierenden Ebenen (Normalform)

$$\begin{cases} y = mx + b & \text{Ebene senkrecht zur } (x, y)\text{-Ebene} \\ z = nx + c & \text{Ebene senkrecht zur } (x, z)\text{-Ebene} \end{cases}$$

Umrechnung der allgemeinen Form in die Normalform

$a_1 = -m$	$b_1 = 1$	$c_1 = 0$	$d_1 = -b$
$a_2 = -n$	$b_2 = 0$	$c_2 = 1$	$d_2 = -c$

6

Sonderfälle

Gerade parallel zur (x, y)-Ebene:	$y = mx + b \wedge z = c$
Gerade parallel zur (x, z)-Ebene:	$y = nx + c \wedge y = b$
Gerade parallel zur (y, z)-Ebene:	$z = py + q \wedge x = a$
Gerade parallel zur x-Achse:	$y = b \wedge z = c$
Gerade parallel zur y-Achse:	$x = a \wedge z = c$
Gerade parallel zur z-Achse:	$x = a \wedge y = b$
Gerade durch den Ursprung:	$y = mx \wedge z = nx$
Gleichungen der *Achsen*:	$y = 0 \wedge z = 0$ (x-Achse)
	$x = 0 \wedge z = 0$ (y-Achse)
	$x = 0 \wedge y = 0$ (z-Achse)

Richtungskosinus einer Geraden

E_1: $a_1x + b_1y + c_1z + d_1 = 0$, E_2: $a_2x + b_2y + c_2z + d_2 = 0$

(siehe 6.1 und 6.5.2)

$$\cos\alpha = \cos\angle(\boldsymbol{e}_x, \boldsymbol{r}) = \frac{1}{n}(b_1c_2 - b_2c_1) = \frac{1}{n}\begin{vmatrix} b_1 & c_1 \\ b_2 & c_2 \end{vmatrix}$$

$$\cos\beta = \cos\angle(\boldsymbol{e}_y, \boldsymbol{r}) = \frac{1}{n}(c_1a_2 - c_2a_1) = \frac{1}{n}\begin{vmatrix} c_1 & a_1 \\ c_2 & a_2 \end{vmatrix}$$

$$\cos\gamma = \cos\angle(\boldsymbol{e}_z, \boldsymbol{r}) = \frac{1}{n}(a_1b_2 - a_2b_1) = \frac{1}{n}\begin{vmatrix} a_1 & b_1 \\ a_2 & b_2 \end{vmatrix}$$

mit $n^2 = \begin{vmatrix} b_1 & c_1 \\ b_2 & c_2 \end{vmatrix}^2 + \begin{vmatrix} c_1 & a_1 \\ c_2 & a_2 \end{vmatrix}^2 + \begin{vmatrix} a_1 & b_1 \\ a_2 & b_2 \end{vmatrix}^2$

Richtungskosinus der Geraden $\begin{cases} y = mx + b \\ z = nx + c \end{cases}$

$$\cos\alpha = \frac{1}{\sqrt{1+m^2+n^2}} \qquad \cos\beta = \frac{m}{\sqrt{1+m^2+n^2}}$$

$$\cos\gamma = \frac{n}{\sqrt{1+m^2+n^2}} \qquad \text{mit } \cos^2\alpha + \cos^2\beta + \cos^2\gamma = 1$$

Gleichung einer Geraden durch P_0 mit Richtungskosinus

$$\frac{x - x_0}{\cos\alpha} = \frac{y - y_0}{\cos\beta} = \frac{z - z_0}{\cos\gamma} \qquad \alpha, \beta, \gamma \textit{ Richtungswinkel}$$

6.4.2.4 Abstand eines Punktes von einer Geraden

In der **Ebene**

Vektordarstellung siehe „Im Raum“

Koordinatendarstellung

g: $ax + by + d = 0$, P_1: (x_1, y_1)

$$d(P_1, g) = \left| \frac{ax_1 + by_1 + d}{\sqrt{a^2 + b^2}} \right|$$

wobei $a^2 + b^2 \neq 0$

HESSEsche Normalform

g: $x\cos\beta + y\sin\beta - p = 0$,
P_1: (x_1, y_1)

$$d(P_1, g) = x_1\cos\beta + y_1\sin\beta - p$$

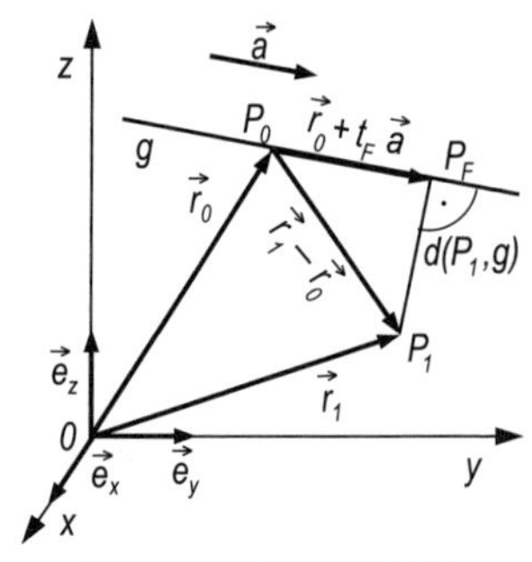

Abstand eines Punktes von einer Geraden im Raum

Lage des Punktes

- $d(P_1, g) > 0$: P_1 und *0* liegen auf verschiedenen Seiten der Geraden,
- $d(P_1, g) < 0$: P_1 und *0* liegen auf derselben Seite der Geraden.

Im **Raum** (Parameterdarstellung)

g: $\boldsymbol{r} = \boldsymbol{r}_0 + t\boldsymbol{a}$, P_1: (x_1, y_1, z_1)

$t \in \mathbb{R}$ Parameter

$$d(P_1, g) = \left| \frac{\boldsymbol{a}}{|\boldsymbol{a}|} \times (\boldsymbol{r}_1 - \boldsymbol{r}_0) \right| = |(\boldsymbol{r}_0 - \boldsymbol{r}_1) + t_{\mathrm{F}}\boldsymbol{a}|$$

Fußpunkt von $d(P_1, g)$ für $t_{\mathrm{F}} = \dfrac{(\boldsymbol{r}_1 - \boldsymbol{r}_0) \cdot \boldsymbol{a}}{|\boldsymbol{a}|^2}$

6.4.3 Mehrere Geraden

Die vier möglichen *Lagebeziehungen* zwischen zwei Geraden sind

- $g_1 = g_2$ (deckungs)gleich
- $g_1 \parallel g_2 \wedge g_1 \neq g_2$ echt parallel
- $g_1 \cap g_2 = \{S\}$ schneiden einander
- $g_1 \nparallel g_2 \wedge g_1 \cap g_2 = \varnothing$ windschief

6.4.3.1 Schnittpunkt zweier Geraden

In der **Ebene**

Normalform g_1: $y = m_1 x + b_1$, g_2: $y = m_2 x + b_2$

Bedingung für einen Schnittpunkt: $m_1 \neq m_2$

Der Schnittpunkt ist die Lösung (x_s, y_s) des Gleichungssystems aus beiden Geradengleichungen.

Allgemeine Gleichungsform g_1: $a_1 x + b_1 y + d_1 = 0$, g_2: $a_2 x + b_2 y + d_2 = 0$

Bedingung für einen Schnittpunkt: $\det \boldsymbol{A} = a_1 b_2 - a_2 b_1 \neq 0$

$$x_s = \frac{b_1 d_2 - b_2 d_1}{a_1 b_2 - a_2 b_1}$$

$$y_s = \frac{a_2 d_1 - a_1 d_2}{a_1 b_2 - a_2 b_1}$$

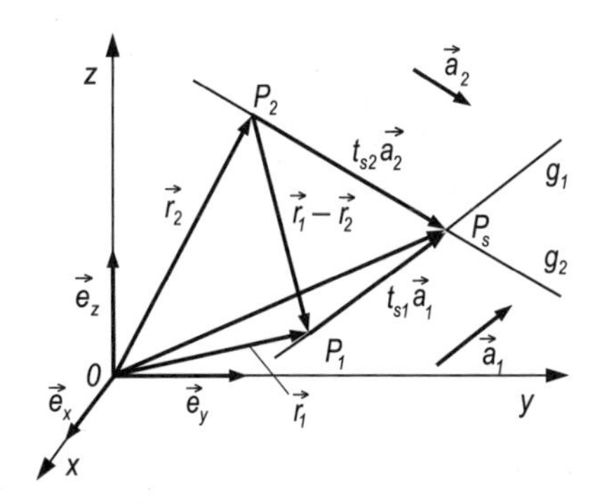

Schnittpunkte zweier Geraden

Im **Raum**

Parameterdarstellung

g_1: $\boldsymbol{r} = \boldsymbol{r}_1 + t_1 \boldsymbol{a}_1$

g_2: $\boldsymbol{r} = \boldsymbol{r}_2 + t_2 \boldsymbol{a}_2$

$$t_{s1}\boldsymbol{a}_1 + \boldsymbol{r}_1 = t_{s2}\boldsymbol{a}_2 + \boldsymbol{r}_2$$

$$\boldsymbol{r}_1 - \boldsymbol{r}_2 = t_{s2}\boldsymbol{a}_2 - t_{s1}\boldsymbol{a}_1$$

Bedingungen für einen Schnittpunkt

Lineare Abhängigkeit

$$\lambda_1 \boldsymbol{a}_1 + \lambda_2 \boldsymbol{a}_2 + \lambda_3 (\boldsymbol{r}_1 - \boldsymbol{r}_2) = 0 \qquad \lambda_i \in \mathbb{R}, \text{ nicht alle } \lambda_i = 0$$

Siehe auch 5.1.

$$\text{oder } D = \begin{vmatrix} a_{1x} & a_{1y} & a_{1z} \\ a_{2x} & a_{2y} & a_{2z} \\ x_2 - x_1 & y_2 - y_1 & z_2 - z_1 \end{vmatrix} = 0$$

Der Schnittpunkt ergibt sich durch Gleichsetzung der Geradengleichungen und Koeffizientenvergleich. Siehe 6.4.3.3, Abstand windschiefer Geraden.

♦ **Beispiel**

Man bestimme den Schnittpunkt der Geraden

g_1: $\boldsymbol{r} = 3\boldsymbol{e}_x - \boldsymbol{e}_y + 2\boldsymbol{e}_z + t_1\left(2\boldsymbol{e}_x + 4\boldsymbol{e}_y + 3\boldsymbol{e}_z\right)$ und

g_2: $\boldsymbol{r} = -\boldsymbol{e}_x + 5\boldsymbol{e}_y + 10\boldsymbol{e}_z + t_2\left(-4\boldsymbol{e}_x + 4\boldsymbol{e}_y + 6\boldsymbol{e}_z\right)$.

$$D = \begin{vmatrix} 2 & 4 & 3 \\ -4 & 4 & 6 \\ 4 & -6 & -8 \end{vmatrix} = 0$$ Die Geraden schneiden einander.

Bemerkung: Die letzte Zeile von D entsteht als Differenz der Ortvektoren der Geradenpunkte für $t_1 = t_2 = 0$.

$$t_{s1}\left(2\boldsymbol{e}_x + 4\boldsymbol{e}_y + 3\boldsymbol{e}_z\right) + 3\boldsymbol{e}_x - \boldsymbol{e}_y + 2\boldsymbol{e}_z$$
$$= t_{s2}\left(-4\boldsymbol{e}_x + 4\boldsymbol{e}_y + 6\boldsymbol{e}_z\right) - \boldsymbol{e}_x + 5\boldsymbol{e}_y + 10\boldsymbol{e}_z$$

$\boldsymbol{e}_x$: $2t_{s1} + 3 = -4t_{s2} - 1$

$\boldsymbol{e}_y$: $4t_{s1} - 1 = 4t_{s2} + 5$

$\boldsymbol{e}_z$: $3t_{s1} + 2 = 6t_{s2} + 10$

Aus zwei Gleichungen ergeben sich: $t_{s1} = 1/3$ und $t_{s2} = -7/6$.

Kontrolle: Auch die dritte Gleichung muss mit den Werten eine wahre Aussage ergeben, sonst kein Schnittpunkt. Im Beispiel ist die Kontrolle positiv.

Ortsvektor des Schnittpunktes

$$\boldsymbol{r}_s = \frac{1}{3}\left(2\boldsymbol{e}_x + 4\boldsymbol{e}_y + 3\boldsymbol{e}_z\right) + 3\boldsymbol{e}_x - \boldsymbol{e}_y + 2\boldsymbol{e}_z = \frac{11}{3}\boldsymbol{e}_x + \frac{1}{3}\boldsymbol{e}_y + 3\boldsymbol{e}_z$$ ♦

Normalform g_1: $\begin{cases} y = m_1 x + b_1 \\ z = n_1 x + c_1 \end{cases}$, g_2: $\begin{cases} y = m_2 x + b_2 \\ z = n_2 x + c_2 \end{cases}$

Bedingung für einen Schnittpunkt: $\dfrac{b_1 - b_2}{c_1 - c_2} = \dfrac{m_1 - m_2}{n_1 - n_2}$

$$x_s = \frac{b_2 - b_1}{m_1 - m_2} = \frac{c_2 - c_1}{n_1 - n_2} \quad y_s = \frac{m_1 b_2 - m_2 b_1}{m_1 - m_2} \quad z_s = \frac{n_1 c_2 - n_2 c_1}{n_1 - n_2}$$

Koordinatendarstellung g_1: $\begin{cases} E_1 = 0 \\ E_2 = 0 \end{cases}$, g_2: $\begin{cases} E_3 = 0 \\ E_4 = 0 \end{cases}$

Bedingung für einen Schnittpunkt: $D = \begin{vmatrix} a_1 & b_1 & c_1 & d_1 \\ a_2 & b_2 & c_2 & d_2 \\ a_3 & b_3 & c_3 & d_3 \\ a_4 & b_4 & c_4 & d_4 \end{vmatrix} = 0$

Der Schnittpunkt (x_s, y_s, z_s) ist die Lösungsmenge des Gleichungssystems.

Gleichungen mit Richtungswinkeln

$$g_1\colon \frac{x-x_1}{\cos\alpha_1}=\frac{y-y_1}{\cos\beta_1}=\frac{z-z_1}{\cos\gamma_1},\quad g_2\colon \frac{x-x_2}{\cos\alpha_2}=\frac{y-y_2}{\cos\beta_2}=\frac{z-z_2}{\cos\gamma_2}$$

Bedingung: Abstand zweier windschiefer Geraden $d=0$, siehe 6.4.3.3.

6.4.3.2 Schnittwinkel zweier Geraden

In der **Ebene**

Normalform $g_1\colon y=m_1x+b_1$, $g_2\colon y=m_2x+b_2$

$$\angle(g_1,g_2)=\arctan\left|\frac{m_2-m_1}{1+m_1m_2}\right| \qquad m_1m_2\neq -1$$

Parallele Geraden $g_1 \parallel g_2\colon m_1=m_2$

Senkrechte (orthogonale) Geraden $g_1\perp g_2$

(Siehe auch Lotgerade, 6.4.3.3.)

$$m_2=-\frac{1}{m_1}\Leftrightarrow m_1m_2=-1 \qquad m_1\neq 0$$

Allgemeine Gleichungsform

$$g_1\colon a_1x+b_1y+d_1=0,\quad g_2\colon a_2x+b_2y+d_2=0$$

$$\angle(g_1,g_2)=\arctan\left|\frac{a_1b_2-a_2b_1}{a_1a_2+b_1b_2}\right|$$

Parallele Geraden $g_1\parallel g_2\colon a_1:a_2=b_1:b_2$

Senkrechte (orthogonale) Geraden $g_1\perp g_2\colon a_1a_2+b_1b_2=0$

Im **Raum**

$$g_1\colon \boldsymbol{r}=\boldsymbol{r}_1+t_1\boldsymbol{a}_1,\quad g_2\colon \boldsymbol{r}=\boldsymbol{r}_2+t_2\boldsymbol{a}_2$$

$\boldsymbol{a}_1, \boldsymbol{a}_2$ Richtungssvektoren der Geraden

$$\angle(g_1,g_2)=\angle(\boldsymbol{a}_1,\boldsymbol{a}_2)=\arccos\frac{\boldsymbol{a}_1\cdot\boldsymbol{a}_2}{|\boldsymbol{a}_1|\cdot|\boldsymbol{a}_2|}$$

$$=\arccos\frac{a_{1x}a_{2x}+a_{1y}a_{2y}+a_{1z}a_{2z}}{\sqrt{a_{1x}^2+a_{1y}^2+a_{1z}^2}\cdot\sqrt{a_{2x}^2+a_{2y}^2+a_{2z}^2}}$$

Parallele Geraden $g_1\parallel g_2\colon \boldsymbol{a}_1=k\boldsymbol{a}_2 \quad k\in\mathbb{R}$

Senkrechte (orthogonale) Geraden $g_1\perp g_2$

$$\boldsymbol{a}_1\cdot\boldsymbol{a}_2=0 \text{ bzw. } a_{1x}a_{2x}+a_{1y}a_{2y}+a_{1z}a_{2z}=0$$

♦ **Beispiel**

Man bestimme den Schnittwinkel zwischen den Geraden

$\boldsymbol{a}_1 = 16\boldsymbol{e}_x + 4\boldsymbol{e}_y - 7\boldsymbol{e}_z$ und $\boldsymbol{a}_2 = 3\boldsymbol{e}_x - 9\boldsymbol{e}_y - 4\boldsymbol{e}_z$.

$$\boldsymbol{a}_1 \cdot \boldsymbol{a}_2 = 16 \cdot 3 + 4 \cdot (-9) + (-7) \cdot (-4) = 40$$

$$|\boldsymbol{a}_1| = \sqrt{16^2 + 4^2 + 7^2} = \sqrt{321} \approx 17{,}916$$

$$|\boldsymbol{a}_2| = \sqrt{3^2 + 9^2 + 4^2} = \sqrt{106} \approx 10{,}296$$

$$\cos\angle(\boldsymbol{a}_1, \boldsymbol{a}_2) \approx \frac{40}{17{,}196 \cdot 10{,}296} \approx 0{,}2168 \qquad \angle(\boldsymbol{a}_1, \boldsymbol{a}_2) \approx 77{,}48^\circ$$ ♦

Normalform $g_1\colon \begin{cases} y = m_1x + b_1 \\ z = n_1x + c_1 \end{cases}, \quad g_2\colon \begin{cases} y = m_2x + b_2 \\ z = n_2x + c_2 \end{cases}$

$$\angle(g_1, g_2) = \arccos \frac{1 + m_1m_2 + n_1n_2}{\sqrt{\left(1 + m_1^2 + n_1^2\right)\left(1 + m_2^2 + n_2^2\right)}}$$

Parallele Geraden $g_1 \parallel g_2$: $m_1 = m_2 \wedge n_1 = n_2$

Senkrechte (orthogonale) Geraden $g_1 \perp g_2$: $1 + m_1m_2 + n_1n_2 = 0$

Gleichungen mit Richtungswinkeln

$$g_1\colon \frac{x - x_1}{\cos\alpha_1} = \frac{y - y_1}{\cos\beta_1} = \frac{z - z_1}{\cos\gamma_1}, \quad g_2\colon \frac{x - x_2}{\cos\alpha_2} = \frac{y - y_2}{\cos\beta_2} = \frac{z - z_2}{\cos\gamma_2}$$

$$\cos\angle(g_1, g_2) = \cos\varphi = \cos\alpha_1\cos\alpha_2 + \cos\beta_1\cos\beta_2 + \cos\gamma_1\cos\gamma_2$$

Parallele Geraden $g_1 \parallel g_2$

$$\cos\alpha_1 = \cos\alpha_2 \quad \cos\beta_1 = \cos\beta_2 \quad \cos\gamma_1 = \cos\gamma_2$$

Senkrechte (orthogonale) Geraden $g_1 \perp g_2$

$$\cos\angle(g_1, g_2) = \cos\varphi = 0$$

Winkelhalbierende zwischen zwei Geraden in der Ebene

Allgemeine Gleichungsform

$$g_1\colon a_1x + b_1y + d_1 = 0, \quad g_2\colon a_2x + b_2y + d_2 = 0$$

Winkelhalbierende w_1 und w_2:

$$\frac{a_1x + b_1y + d_1}{\sqrt{a_1^2 + b_1^2}} \cdot (-\operatorname{sgn} d_1) \pm \frac{a_2x + b_2y + d_2}{\sqrt{a_2^2 + b_2^2}} \cdot (-\operatorname{sgn} d_2) = 0$$

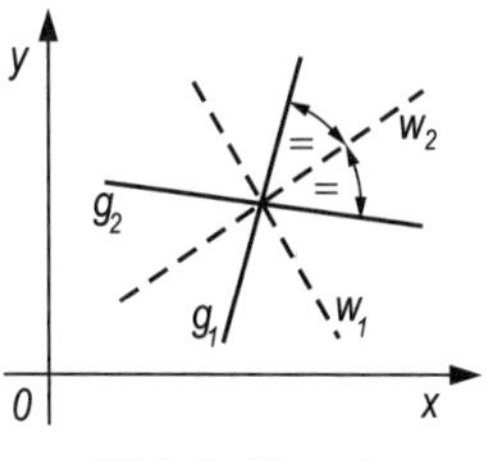

Winkelhalbierende

Folgen g_1, w_1, g_2, w_2 im mathematisch positiven Sinn aufeinander, gilt für w_1 das positive, für w_2 das negative Vorzeichen des zweiten Summanden.

HESSEsche Normalform

$$g_1\colon x\cos\beta_1 + y\sin\beta_1 - p_1 = 0, \quad g_2\colon x\cos\beta_2 + y\sin\beta_2 - p_2 = 0$$

$$x(\cos\beta_1 \pm \cos\beta_2) + y(\sin\beta_1 \pm \sin\beta_2) - (p_1 \pm p_2) = 0$$

6.4.3.3 Abstand zweier Geraden

Lotgerade

> Die *Lotgerade* (das *Lot*) ist eine Gerade, die durch einen Punkt P_0 geht und auf einer Fläche oder einer anderen Geraden senkrecht steht bzw. die auf jeder von zwei *windschiefen Geraden* senkrecht steht.

Abstand windschiefer Geraden

d ist der Abstand auf der Lotgeraden zwischen deren Schnittpunkten mit zwei windschiefen Geraden und damit der kleinste Abstand zwischen den Geraden.

Parameterdarstellung

$$g_1\colon \boldsymbol{r} = \boldsymbol{r}_1 + t_1\boldsymbol{a}_1, \quad g_2\colon \boldsymbol{r} = \boldsymbol{r}_2 + t_2\boldsymbol{a}_2$$

$\boldsymbol{a}_1, \boldsymbol{a}_2$ Richtungsvektoren der Geraden

Bedingung für zwei sich nicht schneidende und nicht parallele Geraden

$$D = \begin{vmatrix} a_{1x} & a_{1y} & a_{1z} \\ a_{2x} & a_{2y} & a_{2z} \\ x_2 - x_1 & y_2 - y_1 & z_2 - z_1 \end{vmatrix} \neq 0$$

$$d(g_1, g_2) = \frac{|(\boldsymbol{a}_1 \times \boldsymbol{a}_2) \cdot (\boldsymbol{r}_2 - \boldsymbol{r}_1)|}{|\boldsymbol{a}_1 \times \boldsymbol{a}_2|} = \frac{|D|}{|\boldsymbol{a}_1 \times \boldsymbol{a}_2|}$$

mit $\boldsymbol{r}_i = x_i\boldsymbol{e}_x + y_i\boldsymbol{e}_y + z_i\boldsymbol{e}_z$

Gleichungen mit Richtungswinkeln

$$g_1\colon \frac{x-x_1}{\cos\alpha_1}=\frac{y-y_1}{\cos\beta_1}=\frac{z-z_1}{\cos\gamma_1},\quad g_2\colon \frac{x-x_2}{\cos\alpha_2}=\frac{y-y_2}{\cos\beta_2}=\frac{z-z_2}{\cos\gamma_2}$$

$$d(g_1,g_2)=\left|\frac{\begin{vmatrix} x_1-x_2 & y_1-y_2 & z_1-z_2 \\ \cos\alpha_1 & \cos\beta_1 & \cos\gamma_1 \\ \cos\alpha_2 & \cos\beta_2 & \cos\gamma_2 \end{vmatrix}}{\sqrt{\begin{vmatrix} \cos\beta_1 & \cos\gamma_1 \\ \cos\beta_2 & \cos\gamma_2 \end{vmatrix}^2+\begin{vmatrix} \cos\gamma_1 & \cos\alpha_1 \\ \cos\gamma_2 & \cos\alpha_2 \end{vmatrix}^2+\begin{vmatrix} \cos\alpha_1 & \cos\beta_1 \\ \cos\alpha_2 & \cos\beta_2 \end{vmatrix}^2}}\right|$$

Abstand paralleler Geraden

$$d(g_1,g_2)=\frac{|\boldsymbol{a}\times(\boldsymbol{r}_2-\boldsymbol{r}_1)|}{|\boldsymbol{a}|}\qquad \text{mit } \boldsymbol{a}_1=\boldsymbol{a}_2=\boldsymbol{a}$$

6.4.3.4 Drei und mehr Geraden

Schnittpunkt dreier Geraden in der Ebene

Allgemeine Gleichungsform

$g_i\colon a_ix+b_ix+d_i=0 \qquad i=1,2,3$

Der Schnittpunkt ergibt sich als Lösung des Gleichungssystems, wenn nachstehende Bedingung erfüllt ist.

Bedingung für einen Schnittpunkt

$$\begin{vmatrix} a_1 & b_1 & d_1 \\ a_2 & b_2 & d_2 \\ a_3 & b_3 & d_3 \end{vmatrix}=0$$

Geradenbüschel in der Ebene

Ein *Geradenbüschel* ist die Menge aller Geraden der Ebene $z=0$, die durch den Schnittpunkt zweier Geraden g_1 und g_2 gehen.

$g_1\colon a_1x+b_1y+d_1=0,\quad g_2\colon a_2x+b_2y+d_2=0$

$$g_1+\lambda g_2=0 \qquad \lambda\in\mathbb{R}$$

6.5 Ebenen

Die Menge der Punkte P mit den Ortsvektoren $\boldsymbol{r}(s,t) = \boldsymbol{r}_0 + s\boldsymbol{a} + t\boldsymbol{b}$ ist eine *Ebene* (Fläche 1. Ordnung).

Bezeichnungen

s,t Parameter, $s,t \in \mathbb{R}$

$\boldsymbol{r}_0$ Stützvektor nach einem festen Punkt P_0 auf der Ebene

$\boldsymbol{a},\boldsymbol{b}$ zwei nicht kollineare (linear unabhängige) *Richtungsvektoren* (*Spannvektoren*) der Ebene, voll in der Ebene liegend

Bild siehe 6.5.1.1.

Orientierung einer Ebene

Eine *Randgerade* g zerlegt eine Ebene in zwei offene *Halbebenen*, wobei g zu jeder Halbebene gehört. Punkt P und Gerade g kennzeichnen eine Halbebene.

Fahne: Punktmenge aus Strahl und offener Halbebene

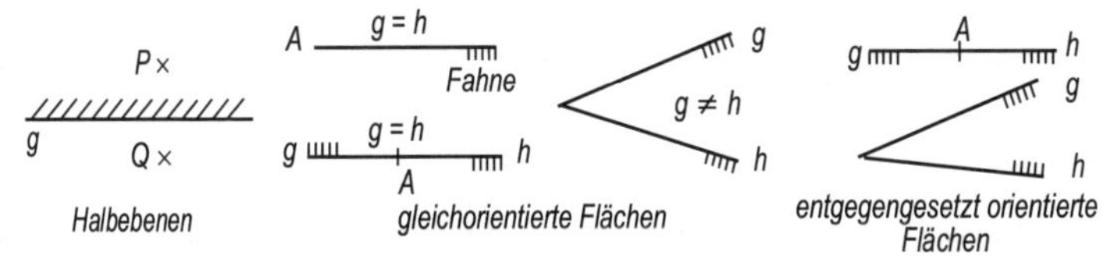

Orientierung von Ebenen

6.5.1 Eine Ebene

6.5.1.1 Gleichungen einer Ebene im Raum

Parameterdarstellungen der Ebene

Punkt-Richtungs-Form der Ebenengleichung durch P_0

(siehe auch Definition in 6.5)

$$\boldsymbol{r}(s,t) = \boldsymbol{r}_0 + s\boldsymbol{a} + t\boldsymbol{b}$$

$\boldsymbol{a},\boldsymbol{b}$ *Richtungsvektoren*, voll in der Ebene liegend, nicht kollinear: $\boldsymbol{a} \neq k\boldsymbol{b}$

Dreipunktgleichung der Ebene

P_1, P_2, P_3 nicht auf einer Geraden liegend

$$\boldsymbol{r}(s,t) = \boldsymbol{r}_1 + s(\boldsymbol{r}_2 - \boldsymbol{r}_1) + t(\boldsymbol{r}_3 - \boldsymbol{r}_1)$$

6

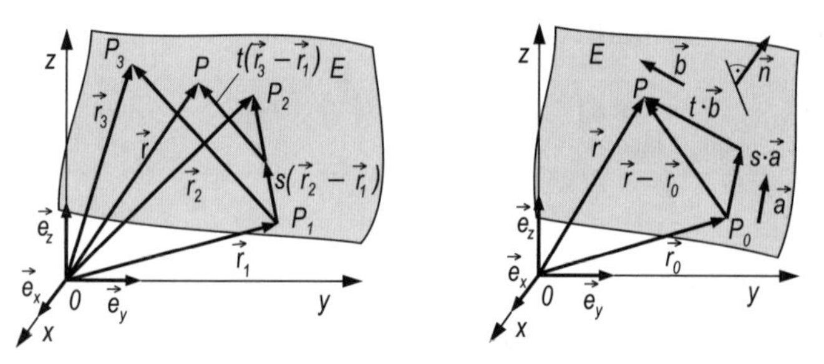

Parameterdarstellungen einer Ebene in Vektorform

♦ **Beispiel**

Man prüfe, ob der Punkt $D(7;5;-3)$ auf der durch die Punkte $A(2;0;1)$, $B(3;3;6)$ und $C(4;-1;2)$ festgelegten Ebene liegt.

Spannvektoren: $\boldsymbol{a} = \overrightarrow{AB} = \begin{pmatrix} 3-2 \\ 3-0 \\ 6-1 \end{pmatrix} = \begin{pmatrix} 1 \\ 3 \\ 5 \end{pmatrix}$

und $\boldsymbol{b} = \overrightarrow{AC} = \begin{pmatrix} 4-2 \\ -1-0 \\ 2-1 \end{pmatrix} = \begin{pmatrix} 2 \\ -1 \\ 1 \end{pmatrix}$

Parametergleichung der Ebene: $\boldsymbol{r}(s,t) = \begin{pmatrix} 2 \\ 0 \\ 1 \end{pmatrix} + s \cdot \begin{pmatrix} 1 \\ 3 \\ 5 \end{pmatrix} + t \cdot \begin{pmatrix} 2 \\ -1 \\ 1 \end{pmatrix}$

Prüfung auf Lösung des Systems für s und t mit $\boldsymbol{r} = \overrightarrow{0D}$

$$\begin{pmatrix} 7 \\ 5 \\ -3 \end{pmatrix} = \begin{pmatrix} 2 \\ 0 \\ 1 \end{pmatrix} + s \cdot \begin{pmatrix} 1 \\ 3 \\ 5 \end{pmatrix} + t \cdot \begin{pmatrix} 2 \\ -1 \\ 1 \end{pmatrix}$$

$$\Rightarrow s \cdot \begin{pmatrix} 1 \\ 3 \\ 5 \end{pmatrix} + t \cdot \begin{pmatrix} 2 \\ -1 \\ 1 \end{pmatrix} = \begin{pmatrix} 7 \\ 5 \\ -3 \end{pmatrix} - \begin{pmatrix} 2 \\ 0 \\ 1 \end{pmatrix} = \begin{pmatrix} 5 \\ 5 \\ -4 \end{pmatrix}$$

$$\begin{cases} s + 2t = 5 \\ 3s - t = 5 \\ 5s + t = -4 \end{cases} \Rightarrow \begin{cases} 7s \qquad = 15 \\ 3s - t = 5 \\ 8s \qquad = 1 \end{cases}$$

Widerspruch zwischen der ersten und der letzten Gleichung, keine Lösung. Der Punkt D liegt nicht auf der Ebene. ♦

Normalenform der Ebenengleichung (parameterfrei)

Gleichung der Ebene durch P_0 mit dem Ortsvektor $\boldsymbol{r}_0$ senkrecht zu einem *Normalenvektor* (*Stellungsvektor*) $\boldsymbol{n}$ der Ebene[1], siehe Bild vorherige Seite.

$$\boldsymbol{n} \cdot (\boldsymbol{r} - \boldsymbol{r}_0) = 0 \Leftrightarrow \boldsymbol{n} \cdot \boldsymbol{r} - \boldsymbol{n} \cdot \boldsymbol{r}_0 = 0$$

bzw.

$$\boldsymbol{n} \cdot \boldsymbol{r} + d = 0 \quad \text{wobei } \boldsymbol{n} \neq \boldsymbol{o}$$

Koordinatendarstellung: $ax + by + cz + d = 0$ mit $d = -\boldsymbol{n} \cdot \boldsymbol{r}_0$

$$\text{mit } \boldsymbol{r} = \begin{pmatrix} x \\ y \\ z \end{pmatrix}, \quad \boldsymbol{n} = \begin{pmatrix} a \\ b \\ c \end{pmatrix}, \quad \boldsymbol{r}_0 = \begin{pmatrix} x_0 \\ y_0 \\ z_0 \end{pmatrix}$$

a, b, c, d siehe allgemeine Gleichung der Ebene

Mit den Spannvektoren $\boldsymbol{a}$ und $\boldsymbol{b}$ gilt wegen $\boldsymbol{n} \cdot \boldsymbol{a} = 0 \wedge \boldsymbol{n} \cdot \boldsymbol{b} = 0$

(Definition für „*Senkrechtstehen*" siehe auch 6.2.2.2)[2]

$$\boldsymbol{n} = \boldsymbol{a} \times \boldsymbol{b}$$

♦ **Beispiel**

Wie lauten die Normalenform und die allgemeine Gleichung der Ebene

$$E\colon \boldsymbol{x} = \begin{pmatrix} 3 \\ 2 \\ 1 \end{pmatrix} + s \begin{pmatrix} -2 \\ 0 \\ 3 \end{pmatrix} + t \begin{pmatrix} 0 \\ 2 \\ 3 \end{pmatrix} ?$$

Ein Normalenvektor ist

$$\boldsymbol{n} = \boldsymbol{a} \times \boldsymbol{b} = \begin{pmatrix} -2 \\ 0 \\ 3 \end{pmatrix} \times \begin{pmatrix} 0 \\ 2 \\ 3 \end{pmatrix} = \begin{pmatrix} 0 \cdot 3 - 3 \cdot 2 \\ 3 \cdot 0 - (-2) \cdot 3 \\ -2 \cdot 2 - 0 \cdot 0 \end{pmatrix} = \begin{pmatrix} -6 \\ 6 \\ -4 \end{pmatrix}$$

Bei skalarer Multiplikation der Ebenengleichung mit $\boldsymbol{n}$ verschwinden die Skalarprodukte mit den Spannvektoren der Ebene, da $\boldsymbol{n} \perp \boldsymbol{a}$ und $\boldsymbol{n} \perp \boldsymbol{b}$.

$$\boldsymbol{n} \cdot \boldsymbol{x} - \boldsymbol{n} \cdot \boldsymbol{x}_0 = 0 \Leftrightarrow \begin{pmatrix} -6 \\ 6 \\ -4 \end{pmatrix} \cdot \boldsymbol{x} - \begin{pmatrix} -6 \\ 6 \\ -4 \end{pmatrix} \cdot \begin{pmatrix} 3 \\ 2 \\ 1 \end{pmatrix} = 0$$

$$\text{ergibt} \begin{pmatrix} -6 \\ 6 \\ -4 \end{pmatrix} \cdot \begin{pmatrix} x \\ y \\ z \end{pmatrix} + 10 = 0$$

Die allgemeine Gleichung lautet: $E\colon\; -6x + 6y - 4z + 10 = 0$ ♦

[1] Man bezeichnet auch den zugehörigen Einheitsvektor (Normalen-Einheitsvektor) z. B. in der Differenzialgeometrie mit $\boldsymbol{n}$.

[2] Orientierung und Länge spielen für Orthogonalität zur Ebene keine Rolle.

Ebene durch den Punkt $P_0(x_0, y_0, z_0)$

$$a(x - x_0) + b(y - y_0) + c(z - z_0) = 0$$

a, b, c siehe allgemeine Gleichung der Ebene

Abstand vom Nullpunkt: $d(0, P_0) = -(ax_0 + by_0 + cz_0)$

Ebene durch drei nicht auf einer Geraden liegenden Punkte

Vektordarstellung

$$[(\boldsymbol{r} - \boldsymbol{r}_1), (\boldsymbol{r} - \boldsymbol{r}_2), (\boldsymbol{r} - \boldsymbol{r}_3)] = 0$$

auch $[(\boldsymbol{r} - \boldsymbol{r}_1), (\boldsymbol{r}_2 - \boldsymbol{r}_1), (\boldsymbol{r}_3 - \boldsymbol{r}_1)] = 0$ d. h. Spatvolumen gleich 0.

Koordinatendarstellung

$$(*) \quad \begin{vmatrix} x & y & z & 1 \\ x_1 & y_1 & z_1 & 1 \\ x_2 & y_2 & z_2 & 1 \\ x_3 & y_3 & z_3 & 1 \end{vmatrix} = 0$$

oder

$$\begin{vmatrix} x - x_1 & y - y_1 & z - z_1 \\ x_2 - x_1 & y_2 - y_1 & z_2 - z_1 \\ x_3 - x_1 & y_3 - y_1 & z_3 - z_1 \end{vmatrix} = 0$$

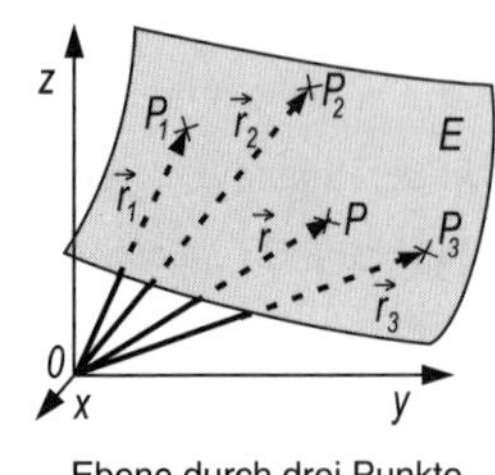

Ebene durch drei Punkte

Allgemeine Gleichung der Ebene

Normalform in kartesischen Koordinaten

$$E\colon ax + by + cz + d = 0 \quad a, b, c \text{ nicht gleichzeitig } 0$$

a, b, c sind die Kofaktoren, d. h. die vorzeichenbehafteten Unterdeterminanten der Elemente der ersten Zeile der Determinante in (∗).

$$a = \begin{vmatrix} y_1 & z_1 & 1 \\ y_2 & z_2 & 1 \\ y_3 & z_3 & 1 \end{vmatrix} \qquad b = -\begin{vmatrix} x_1 & z_1 & 1 \\ x_2 & z_2 & 1 \\ x_3 & z_3 & 1 \end{vmatrix} \qquad c = \begin{vmatrix} x_1 & y_1 & 1 \\ x_2 & y_2 & 1 \\ x_3 & y_3 & 1 \end{vmatrix}$$

Abstand vom Nullpunkt: $d(0, P_0) = -(ax_0 + by_0 + cz_0)$ wie oben

P_0 fester Punkt auf der Ebene

Sonderfälle

$d = 0$	Ebene durch Ursprung:	$ax + by + cz = 0$
$a = 0$	*Ebene parallel* x-Achse:	$by + cz + d = 0$
$b = 0$	Ebene parallel y-Achse:	$ax + cz + d = 0$
$c = 0$	Ebene parallel z-Achse:	$ax + by + d = 0$
$a = b = 0$	Ebene *parallel* (x, y)-Ebene:	$z = \text{konst.}$

$a = c = 0$	Ebene parallel (x,z)-Ebene:	$y = \text{konst.}$
$b = c = 0$	Ebene parallel (y,z)-Ebene:	$x = \text{konst.}$
$a = d = 0$	Ebene enthält die x-Achse:	$by + cz = 0$
$b = d = 0$	Ebene enthält die y-Achse:	$ax + cz = 0$
$c = d = 0$	Ebene enthält die z-Achse:	$ax + by = 0$

Gleichung der (x,y)-Ebene: $z = 0$
Gleichung der (x,z)-Ebene: $y = 0$
Gleichung der (y,z)-Ebene: $x = 0$

Abschnittsgleichung der Ebene

$$\frac{x}{a'} + \frac{y}{b'} + \frac{z}{c'} = 1 \qquad a' = -\frac{d}{a} \qquad b' = -\frac{d}{b} \qquad c' = -\frac{d}{c}$$

a', b', c' Abschnitte auf den Koordinatenachsen

6

HESSEsche Normalform der Ebenengleichung

$$x\cos\alpha + y\cos\beta + z\cos\gamma - p = 0$$

oder $\dfrac{\boldsymbol{n}}{|\boldsymbol{n}|} \cdot \boldsymbol{r} - p = 0$

mit $\boldsymbol{r} = \begin{pmatrix} x \\ y \\ z \end{pmatrix}, \quad \boldsymbol{n} = \begin{pmatrix} a \\ b \\ c \end{pmatrix} \cdot (-\operatorname{sgn} d),$

$$\frac{\boldsymbol{n}}{|\boldsymbol{n}|} = \begin{pmatrix} \cos\alpha \\ \cos\beta \\ \cos\gamma \end{pmatrix} \text{ (\textit{Normaleneinheitsvektor})}$$

$$p = \frac{|d|}{|\boldsymbol{n}|} = \frac{d}{|\boldsymbol{n}|} \operatorname{sgn} d \quad (p \text{ siehe auch Bild nächste Seite})$$

p positiver Abstand auf der *Lotgeraden* vom Ursprung auf die Ebene

$\cos\alpha$, $\cos\beta$, $\cos\gamma$ Richtungskosinus des Normalenvektors, siehe 6.5.1.2.

Überführung der allgemeinen Form in die HESSEsche Normalform

$$\frac{ax + by + cz + d}{\sqrt{a^2 + b^2 + c^2}} \cdot (-\operatorname{sgn} d) = 0$$

6.5.1.2 Richtungskosinus der Normalen einer Ebene

$$\cos\alpha = \frac{a}{\sqrt{a^2 + b^2 + c^2}} \cdot (-\operatorname{sgn} d)$$

$$\cos\beta = \frac{b}{\sqrt{a^2 + b^2 + c^2}} \cdot (-\operatorname{sgn} d)$$

$$\cos\gamma = \frac{c}{\sqrt{a^2+b^2+c^2}} \cdot (-\operatorname{sgn} d)$$

α, β, γ Winkel, die das Lot vom Ursprung aus auf die Ebene mit den positiven Richtungen der Koordinatenachsen bildet

Projektion einer ebenen Fläche vom Inhalt *A* auf die Koordinatenebenen

$$A_{xy} = A\cos\gamma \qquad A_{yz} = A\cos\alpha \qquad A_{xz} = A\cos\beta$$

$$A^2 = A_{xy}^2 + A_{yz}^2 + A_{xz}^2$$

$$A = A_{xy}\cos\gamma + A_{yz}\cos\alpha + A_{xz}\cos\beta$$

6.5.1.3 Abstand eines Punktes P_1 von einer Ebene

Ebenengleichung mit Normalenvektor (Stellungsvektor, siehe Bild)

$$P_1 \mathrel{\widehat{=}} \boldsymbol{r}_1,\ E\colon \boldsymbol{n}\cdot\boldsymbol{r} - \boldsymbol{n}\cdot\boldsymbol{r}_0 = 0 \qquad \big(\boldsymbol{n}/|\boldsymbol{n}|\big)\cdot\boldsymbol{r} - p = 0$$

$$d(P_1,E) = \frac{\boldsymbol{n}}{|\boldsymbol{n}|}\cdot(\boldsymbol{r}_1 - \boldsymbol{r}_0) \qquad d(P_1,E) = \frac{\boldsymbol{n}}{|\boldsymbol{n}|}\cdot\boldsymbol{r}_1 - p$$

$d < 0$: P_1 und Ursprung auf derselben Seite der Ebene

$d > 0$: P_1 und Ursprung auf verschiedenen Seiten der Ebene

p Länge des Lotes vom Ursprung auf die Ebene (HESSEsche Normalform)

$\boldsymbol{n}$ ein Stellungsvektor der Ebene

$\boldsymbol{r}_0$ Ortsvektor zu einem beliebigen Ebenenpunkt P_0

Koordinatendarstellung

P_1: (x_1, y_1, z_1), $\quad E\colon ax + by + cz + d = 0$

$$d(P_1,E) = \frac{ax_1 + by_1 + cz_1 + d}{-\sqrt{a^2+b^2+c^2}} \operatorname{sgn} d$$

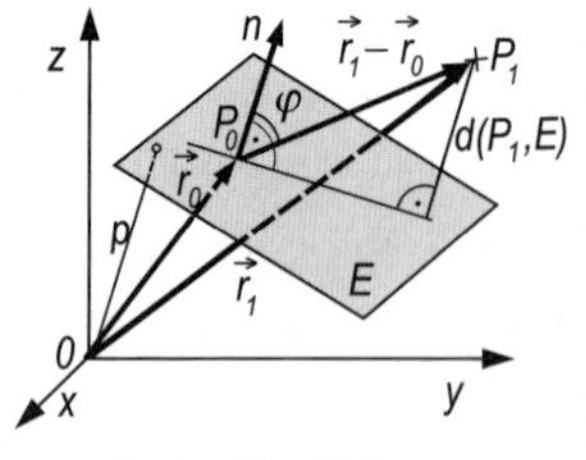

Abstand Punkt-Ebene

HESSEsche Normalform

P_1: (x_1, y_1, z_1), $\quad E\colon x\cos\alpha + y\cos\beta + z\cos\gamma - p = 0$

$$d(P_1,E) = x_1\cos\alpha + y_1\cos\beta + z_1\cos\gamma - p$$

$\alpha, \beta, \gamma \quad$ Richtungswinkel

♦ **Beispiel**

Man ermittle den Abstand des Punktes $P_1(1;\,0;\,0)$ von der Ebene

$$E\colon \boldsymbol{r} = \boldsymbol{r}_0 + s\boldsymbol{a} + t\boldsymbol{b} = \begin{pmatrix}0\\8\\0\end{pmatrix} + s\begin{pmatrix}1\\2\\0\end{pmatrix} + t\begin{pmatrix}0\\0\\1\end{pmatrix}.$$

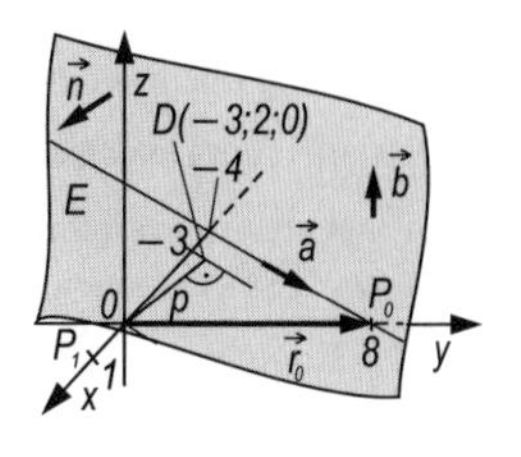

Ein Normalenvektor der Ebene ist

$$\boldsymbol{n} = \boldsymbol{a} \times \boldsymbol{b} = \begin{pmatrix}1\\2\\0\end{pmatrix} \times \begin{pmatrix}0\\0\\1\end{pmatrix} = \begin{pmatrix}2\cdot 1 - 0\cdot 0\\0\cdot 0 - 1\cdot 1\\1\cdot 0 - 2\cdot 0\end{pmatrix} = \begin{pmatrix}2\\-1\\0\end{pmatrix}$$

$$d(P_1, E) = \frac{\boldsymbol{n}}{|\boldsymbol{n}|} \cdot (\boldsymbol{r}_1 - \boldsymbol{r}_0) = \frac{1}{\sqrt{5}}\begin{pmatrix}2\\-1\\0\end{pmatrix} \cdot \begin{pmatrix}1-0\\0-8\\0-0\end{pmatrix} = \frac{2+8}{\sqrt{5}} = 2\sqrt{5} > 0$$

P_1 und Ursprung liegen auf verschiedenen Seiten der Ebene, da $d(P_1, E) > 0$. ♦

Abstand zwischen einer Ebene und einer parallelen Geraden

$$g\colon \boldsymbol{r} = \boldsymbol{r}_0 + t\boldsymbol{a}, \quad E\colon \boldsymbol{n}\cdot(\boldsymbol{r} - \boldsymbol{r}_1) = 0, \quad g \parallel E\colon \boldsymbol{a}\cdot\boldsymbol{n} = 0$$

$$d(g, E) = \frac{\boldsymbol{n}}{|\boldsymbol{n}|} \cdot (\boldsymbol{r}_1 - \boldsymbol{r}_0)$$

6.5.1.4 Durchstoßpunkt *D* einer Geraden durch eine Ebene

Parameterdarstellungen

$$g\colon \boldsymbol{r} = \boldsymbol{r}_0 + t\boldsymbol{a}, \quad E\colon \boldsymbol{r} = \boldsymbol{r}_1 + r\boldsymbol{b} + s\boldsymbol{c}$$

$$\boldsymbol{r}_0 + t\boldsymbol{a} = \boldsymbol{r}_1 + r\boldsymbol{b} + s\boldsymbol{c}$$

liefert drei skalare Gleichungen für die drei Variablen r,s,t.

- Eine Lösung $D(r,s,t)$ — Durchstoßpunkt D vorhanden
- unendlich viele Lösungen $\{(r,s,t)\}$ — g liegt in E
- keine Lösung — $g \parallel E$

$$g\colon \boldsymbol{r} = \boldsymbol{r}_0 + t\boldsymbol{a}, \quad E\colon ax + by + cz + d = 0$$

Man stellt die drei Variablen als Funktion von t dar und setzt ein bzw. setzt $\boldsymbol{r}$ in E ein (siehe Beispiel).

♦ **Beispiel**

Bestimmung des Durchstoßpunktes D der Geraden g: $\boldsymbol{x} = \begin{pmatrix} 4 \\ 6 \\ 2 \end{pmatrix} + t \begin{pmatrix} 1 \\ 2 \\ 3 \end{pmatrix}$ durch die Ebene E: $2x + 4y + 6z - 16 = 0$.

Existiert ein Durschstoßpunkt, gilt: $x = 4 + t$, $y = 6 + 2t$, $z = 2 + 3t$

Eingesetzt in E ergibt: $2(4 + t) + 4(6 + 2t) + 6(2 + 3t) = 16$, daraus $t = -1$, d. h., D ist vorhanden.

Die Koordinaten für $t = -1$ lauten: $x = 4 + (-1) = 3, y = 4, z = -1$

Der Durchstoßpunkt ist $D(3;\ 4;\ -1)$ ♦

$$g\colon \boldsymbol{r} = \boldsymbol{r}_0 + t\boldsymbol{a}, \quad E\colon \boldsymbol{n} \cdot \boldsymbol{r} + d = 0$$

$$t_{\mathrm{D}} = -\frac{d + \boldsymbol{n} \cdot \boldsymbol{r}_0}{\boldsymbol{n} \cdot \boldsymbol{a}}$$

Gerade als Gleichung mit Richtungswinkeln

$$g_1\colon \frac{x - x_1}{\cos\alpha} = \frac{y - y_1}{\cos\beta} = \frac{z - z_1}{\cos\gamma}, \quad E\colon ax + by + cz + d = 0$$

$$\begin{cases} x_{\mathrm{D}} = x_1 - t\cos\alpha \\ y_{\mathrm{D}} = y_1 - t\cos\beta \\ z_{\mathrm{D}} = z_1 - t\cos\gamma \end{cases} \qquad \text{mit } t = \frac{ax_1 + by_1 + cz_1 + d}{a\cos\alpha + b\cos\beta + c\cos\gamma}$$

$$g \parallel E\colon a\cos\alpha + b\cos\beta + c\cos\gamma = 0$$

$$\text{Normalform } g\colon \begin{cases} y = mx + b_1 \\ z = nx + c_1 \end{cases} \qquad E\colon ax + by + cz + d = 0$$

$$x_{\mathrm{D}} = -\frac{b_1 b + c_1 c + d}{a + mb + nc} \qquad y_{\mathrm{D}}, z_{\mathrm{D}} \text{ aus den Ausgangsgleichungen}$$

$$g \parallel E\colon a + mb + nc = 0$$

6.5.1.5 Winkel φ zwischen Gerade und Ebene

$$g\colon \boldsymbol{r} = \boldsymbol{r}_0 + t\boldsymbol{a}, \quad E\colon \boldsymbol{n} \cdot \boldsymbol{r} + d = 0$$

$$\varphi = \arcsin \frac{|\boldsymbol{n} \cdot \boldsymbol{a}|}{|\boldsymbol{n}| \cdot |\boldsymbol{a}|}$$

Gerade als Gleichung mit Richtungswinkeln

$$g_1\colon \frac{x - x_1}{\cos\alpha} = \frac{y - y_1}{\cos\beta} = \frac{z - z_1}{\cos\gamma}, \quad E\colon ax + by + cz + d = 0$$

$$\varphi = \arcsin \frac{a\cos\alpha + b\cos\beta + c\cos\gamma}{\sqrt{a^2 + b^2 + c^2}} \qquad \varphi \leq 90^\circ$$

$g \parallel E$: $a\cos\alpha + b\cos\beta + c\cos\gamma = 0$

$g \perp E$: $\dfrac{a}{\cos\alpha} = \dfrac{b}{\cos\beta} = \dfrac{c}{\cos\gamma}$

Lotgerade durch den Punkt P_1 senkrecht zur Ebene E

$$\frac{x - x_1}{a} = \frac{y - y_1}{b} = \frac{z - z_1}{c}$$

6.5.2 Zwei Ebenen

Schnittgerade zweier Ebenen

Koordinatendarstellung

E_1: $a_1x + b_1y + c_1z + d_1 = 0$, E_2: $a_2x + b_2y + c_2z + d_2 = 0$

$$\begin{cases} a_1x + b_1y + c_1z + d_1 = 0 \\ a_2x + b_2y + c_2z + d_2 = 0 \end{cases}$$

Mit Stellungsvektor (Normalendarstellung)

E_1: $\boldsymbol{n}_1 \cdot \boldsymbol{r} + d_1 = 0$, E_2: $\boldsymbol{n}_2 \cdot \boldsymbol{r} + d_2 = 0$ mit $\boldsymbol{r} = \begin{pmatrix} x \\ y \\ z \end{pmatrix}$, $\boldsymbol{n}_i = \begin{pmatrix} a_i \\ b_i \\ c_i \end{pmatrix}$, $i = 1, 2$

$$\boldsymbol{r} = \boldsymbol{r}_0 + t(\boldsymbol{n}_1 \times \boldsymbol{n}_2) \qquad t \in \mathbb{R}, \boldsymbol{r}_0 \in E_1 \cap E_2$$

Parameterdarstellung

E_1: $\boldsymbol{r} = \boldsymbol{r}_1 + s_1\boldsymbol{a}_1 + t_1\boldsymbol{b}_1$, E_2: $\boldsymbol{r} = \boldsymbol{r}_2 + s_2\boldsymbol{a}_2 + t_2\boldsymbol{b}_2$

$$\boldsymbol{r}_1 + s_1\boldsymbol{a}_1 + t_1\boldsymbol{b}_1 = \boldsymbol{r}_2 + s_2\boldsymbol{a}_2 + t_2\boldsymbol{b}_2$$

- unendlich viele Lösungen $\{(s_1, t_1, s_2, t_2)\}$, Schnittgerade vorhanden
- keine Lösung, $E_1 \parallel E_2$

♦ **Beispiel**

Bestimmung einer Schnittgeraden der Ebenen E_1: $5x + 2y + z + 8 = 0$ und

$$E_2\colon \boldsymbol{r} = \begin{pmatrix} 3 \\ 1 \\ 5 \end{pmatrix} + s\begin{pmatrix} 2 \\ -1 \\ 0 \end{pmatrix} + t\begin{pmatrix} -1 \\ 0 \\ 3 \end{pmatrix}$$

Aus E_2 folgen: $x = 3 + 2s - t$, $y = 1 - s$, $z = 5 + 3t$

eingesetzt in E_1: $5 \cdot (3 + 2s - t) + 2 \cdot (1 - s) + (5 + 3t) + 8 = 0 \Leftrightarrow t = 15 - 4s$

Schnittgerade:

$$\boldsymbol{r} = \begin{pmatrix} 3 \\ 1 \\ 5 \end{pmatrix} + s\begin{pmatrix} 2 \\ -1 \\ 0 \end{pmatrix} + (15 - 4s)\begin{pmatrix} -1 \\ 0 \\ 3 \end{pmatrix} = \begin{pmatrix} -12 \\ 1 \\ 50 \end{pmatrix} + s\begin{pmatrix} 6 \\ -1 \\ -12 \end{pmatrix}$$ ♦

Winkel φ zwischen zwei Ebenen

Koordinaten- und Normalendarstellung

E_1: $a_1x + b_1y + c_1z + d_1 = 0$, E_2: $a_2x + b_2y + c_2z + d_2 = 0$

$$\cos\angle(E_1, E_2) = \cos\varphi = \left|\frac{a_1a_2 + b_1b_2 + c_1c_2}{\sqrt{(a_1^2 + b_1^2 + c_1^2)(a_2^2 + b_2^2 + c_2^2)}}\right| = \frac{|\boldsymbol{n}_1 \cdot \boldsymbol{n}_2|}{|\boldsymbol{n}_1| \cdot |\boldsymbol{n}_2|}$$

$E_1 \parallel E_2$: $a_1 : b_1 : c_1 = a_2 : b_2 : c_2$ $\quad \boldsymbol{n}_1 = k\boldsymbol{n}_2$

$E_1 \perp E_2$: $a_1a_2 + b_1b_2 + c_1c_2 = 0$ $\quad \boldsymbol{n}_1 \cdot \boldsymbol{n}_2 = 0$

Winkelhalbierende Ebenen zu zwei Ebenen

E_1: $a_1x + b_1y + c_1z + d_1 = 0$, E_2: $a_2x + b_2y + c_2z + d_2 = 0$

$$\frac{a_1x + b_1y + c_1z + d_1}{\sqrt{a_1^2 + b_1^2 + c_1^2}}(-\operatorname{sgn} d_1) \pm \frac{a_2x + b_2y + c_2z + d_2}{\sqrt{a_2^2 + b_2^2 + c_2^2}}(-\operatorname{sgn} d_2) = 0$$

Vorzeichen siehe 6.4.3.2.

Abstand zwischen zwei parallelen Ebenen

E_1: $\boldsymbol{n}_1 \cdot (\boldsymbol{r} - \boldsymbol{r}_1) = 0$, E_2: $\boldsymbol{n}_2 \cdot (\boldsymbol{r} - \boldsymbol{r}_2) = 0$, $E_1 \parallel E_2$: $\boldsymbol{n}_1 = k\boldsymbol{n}_2$

$$d(E_1, E_2) = \frac{\boldsymbol{n}_1}{|\boldsymbol{n}_1|} \cdot (\boldsymbol{r}_1 - \boldsymbol{r}_2) = \frac{\boldsymbol{n}_2}{|\boldsymbol{n}_2|} \cdot (\boldsymbol{r}_1 - \boldsymbol{r}_2)$$

6.5.3 Drei und mehr Ebenen

Schnittpunkt S von drei (vier) Ebenen

E_i: $a_ix + b_iy + c_iz + d_i = 0$, $i = 1, 2, 3, (4)$

Bedingung: Koeffizienten-Determinante $D = 0$

Lösung des Gleichungssystems siehe Abschnitte 3.2.2 und 5.4

Ebenenbüschel durch die Schnittgerade zweier Ebenen

E_1: $a_1x + b_1y + c_1z + d_1 = 0$, E_2: $a_2x + b_2y + c_2z + d_2 = 0$

$$E_1 + \lambda E_2 = 0 \qquad \lambda \in \mathbb{R}^*$$

6.5.4 Flächeninhalt, Schwerpunkt, Volumen

Fläche des Dreiecks $P_1P_2P_3$ im Raum

$$A = \sqrt{A_1^2 + A_2^2 + A_3^2} \qquad \text{Eckpunkte } P_k(x_k, y_k, z_k)$$

mit $A_1 = \frac{1}{2}\begin{vmatrix} y_1 & z_1 & 1 \\ y_2 & z_2 & 1 \\ y_3 & z_3 & 1 \end{vmatrix}$ $\quad A_2 = \frac{1}{2}\begin{vmatrix} z_1 & x_1 & 1 \\ z_2 & x_2 & 1 \\ z_3 & x_3 & 1 \end{vmatrix}$ $\quad A_3 = \frac{1}{2}\begin{vmatrix} x_1 & y_1 & 1 \\ x_2 & y_2 & 1 \\ x_3 & y_3 & 1 \end{vmatrix}$

$A_i > 0$, wenn die Vektoren $\boldsymbol{r}_1 = \overrightarrow{0P_1}, \boldsymbol{r}_2 = \overrightarrow{0P_2}, \boldsymbol{r}_3 = \overrightarrow{0P_3}$ ein Rechtssystem bilden.

$$A = \frac{1}{2}|(\boldsymbol{r}_2 - \boldsymbol{r}_1) \times (\boldsymbol{r}_3 - \boldsymbol{r}_1)|$$

In der **Ebene** gilt $A_1 = A_2 = 0$ wegen $z = 0$:

$$A = A_3 = \frac{1}{2}|x_1(y_2 - y_3) + x_2(y_3 - y_1) + x_3(y_1 - y_2)|$$

6

Flächeninhalt eines konvexen n-Ecks in der Ebene $z = 0$

Konvexes n-Eck: Erläuterung siehe 4.1.5.1 (*konvexes Polyeder*)

$$A = \frac{1}{2}\sum_{k=1}^{n} |x_k(y_{k+1} - y_{k-1})| \quad \text{Eckpunkte: } P_k(x_k, y_k),\ k = 1, \ldots, n$$

wobei: $y_0 := y_n,\ y_{n+1} := y_1$

Schwerpunkt S des Dreiecks $P_1P_2P_3$

$$x_s = \frac{x_1 + x_2 + x_3}{3} \qquad y_s = \frac{y_1 + y_2 + y_3}{3} \qquad z_s = \frac{z_1 + z_2 + z_3}{3}$$

Für materielle Punkte in den Ecken des Dreiecks gilt

$$x_s = \frac{m_1x_1 + m_2x_2 + m_3x_3}{m_1 + m_2 + m_3} \qquad y_s = \frac{m_1y_1 + m_2y_2 + m_3y_3}{m_1 + m_2 + m_3}$$

$$z_s = \frac{m_1z_1 + m_2z_2 + m_3z_3}{m_1 + m_2 + m_3}$$

Volumen der dreiseitigen Pyramide (Tetraeder)

P_1, P_2, P_3, P_4 Ecken der Pyramide

$$V = \frac{1}{6}\begin{vmatrix} x_1 & y_1 & z_1 & 1 \\ x_2 & y_2 & z_2 & 1 \\ x_3 & y_3 & z_3 & 1 \\ x_4 & y_4 & z_4 & 1 \end{vmatrix} = \frac{1}{6}\begin{vmatrix} x_1 - x_2 & y_1 - y_2 & z_1 - z_2 \\ x_1 - x_3 & y_1 - y_3 & z_1 - z_3 \\ x_1 - x_4 & y_1 - y_4 & z_1 - z_4 \end{vmatrix}$$

$V > 0$, wenn die Vektoren $\overrightarrow{P_1P_2}$, $\overrightarrow{P_1P_3}$ und $\overrightarrow{P_1P_4}$ ein Rechtssystem bilden, sonst ist der Betrag zu nehmen (siehe auch 6.2.2.4).

$$V = \frac{1}{6}\left[(\boldsymbol{r}_1 - \boldsymbol{r}_4), (\boldsymbol{r}_2 - \boldsymbol{r}_4), (\boldsymbol{r}_3 - \boldsymbol{r}_4)\right] \quad \text{(Spatprodukt)}$$

6.6 Kurven 2. Ordnung (Kegelschnitte)

6.6.1 Allgemeines

Wird ein gerader Kreiskegel mit der Mantelneigung α durch eine Ebene E unter dem Neigungswinkel β aber *nicht* durch die Spitze geschnitten, entstehen *Kegelschnitte* (Bild siehe nächste Seite).

$\beta = 0$	Kreis
$0 < \beta < \alpha$	Ellipse
$\beta = \alpha$	Parabel
$\alpha < \beta \leq \pi/2$	Hyperbel

Beim Schnitt *durch* die Spitze entstehen unter obigen Bedingungen zweimal ein Punkt, eine Gerade oder ein Geradenpaar.

Die Menge (der *geometrische Ort*) aller Punkte P, deren Abstände von einem Punkt F (*Brennpunkt*, $F \notin l$) und einer Geraden l (*Leitlinie*) ein festes Verhältnis haben, heißt *Kegelschnitt*.

Die Kegelschnitte werden in der (x, y)-Ebene betrachtet.

Numerische Exzentrizität: $\varepsilon = \dfrac{\overline{PF}}{\overline{Pl}} = \dfrac{\sin\beta}{\sin\alpha} = \dfrac{e}{a}$ (*Gestrecktheitsmaß*)

Lineare Exzentrizität: $e \geq 0$ (siehe jeweiligen Abschnitt)

$\varepsilon = 0,\ e = 0$	Kreis
$\varepsilon < 1,\ e < a$	Ellipse
$\varepsilon = 1,\ e = a$	Parabel (nach rechts geöffnet)
$\varepsilon > 1,\ e > a$	Hyperbel (rechter Ast)

Allgemeine Gleichung 2. Grades

$$F(x, y) = a_{11}x^2 + 2a_{12}xy + a_{22}y^2 + 2a_{10}x + 2a_{20}y + a_{00} = 0$$

Kreis:	$a_{11} = a_{22} \wedge a_{12} = 0 \wedge a_{10}^2 + a_{20}^2 - a_{11}a_{00} > 0$
Ellipse in achsparalleler Lage:	$\operatorname{sgn} a_{11} = \operatorname{sgn} a_{22} \wedge a_{12} = 0 \wedge a_{11} \neq a_{22}$
Parabel in achsparalleler Lage:	$a_{11} = 0 \wedge a_{12} = 0$ oder $a_{22} = 0 \wedge a_{12} = 0$
Parabel in allgemeiner Lage:	$a_{11}a_{22} - a_{12}^2 = 0$
Hyperbel in achsparalleler Lage:	$\operatorname{sgn} a_{11} \neq \operatorname{sgn} a_{22} \wedge a_{12} = 0$

Matrizenschreibweise

$$\boldsymbol{x}^{\mathrm{T}}\boldsymbol{A}\boldsymbol{x} + 2\boldsymbol{a}^{\mathrm{T}}\boldsymbol{x} + a_{00} = 0$$

mit $\boldsymbol{A} = \begin{pmatrix} a_{11} & a_{12} \\ a_{21} & a_{22} \end{pmatrix}, \boldsymbol{a} = \begin{pmatrix} a_{10} \\ a_{20} \end{pmatrix}, \boldsymbol{B} = \begin{pmatrix} a_{00} & a_{01} & a_{02} \\ a_{10} & a_{11} & a_{12} \\ a_{20} & a_{21} & a_{22} \end{pmatrix} = \begin{pmatrix} a_{00} & \boldsymbol{a}^{\mathrm{T}} \\ \boldsymbol{a} & \boldsymbol{A} \end{pmatrix}$

$\boldsymbol{A}, \boldsymbol{B}$ reell und symmetrisch, d. h., für alle Elemente a_{ik}, $i \neq k$ gilt: $a_{ik} = a_{ki}$

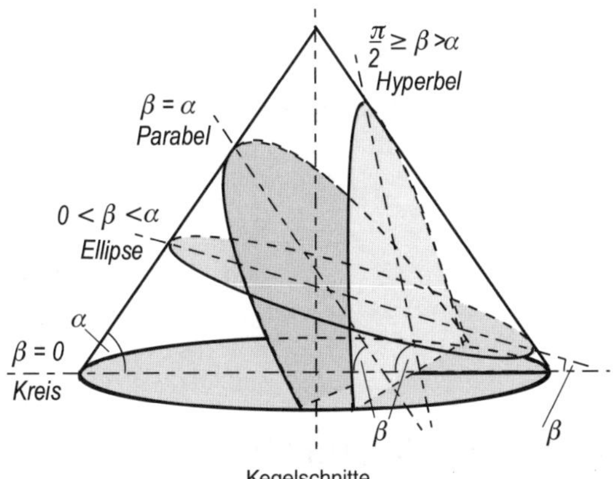

Kegelschnitte

Übersicht	$\det \boldsymbol{A} = \lambda_1\lambda_2 \neq 0$, Kegelschnitte mit Mittelpunkt		$\det \boldsymbol{A} = \lambda_1\lambda_2 = 0$, desgl. ohne Mittelpunkt
	$\det \boldsymbol{A} > 0$	$\det \boldsymbol{A} < 0$	
$\det \boldsymbol{B} \neq 0$, eigentliche Kegelschnitte	$S \cdot \det \boldsymbol{B} \leq 0$, $S = a_{11} + a_{22}$, Ellipse $a_{11} = a_{22}$ Kreis, sonst imaginäre Ellipse	Hyperbel	Parabel
$\det \boldsymbol{B} = 0$, uneigentliche, ausgeartete Kegelschnitte	Nullkegelschnitt	nicht paralleles Geradenpaar	$a_{10}^2 - a_{11}a_{00} > 0$ Parallelenpaar, $a_{10}^2 = 0$ 2 identische Parallelen, $a_{10}^2 - a_{11}a_{00} < 0$ 2 imaginäre Parallelen

6.6.2 Kreis

Ein *Kreis* (*Kreisperipherie*, *Kreislinie*) ist die Menge aller Punkte einer Ebene, die von einem festen Punkt (Mittelpunkt) gleichen Abstand haben (*Radius* des Kreises).

6.6.2.1 Gleichungen des Kreises

Jede Gerade durch den Mittelpunkt eines Kreises ist Symmetrieachse.

Mittelpunktsgleichungen, *M*(0; 0)

(*Ursprungsgleichungen*, Ursprung = *Zentrum*)

$$x^2 + y^2 = r^2$$

r *Radius*, $-r \le x \le r$

Vektorgleichung

$$|\boldsymbol{r}|^2 = r^2 = x^2 + y^2$$

mit $\boldsymbol{r} = x\boldsymbol{e}_x + y\boldsymbol{e}_y = \begin{pmatrix} x \\ y \end{pmatrix}$

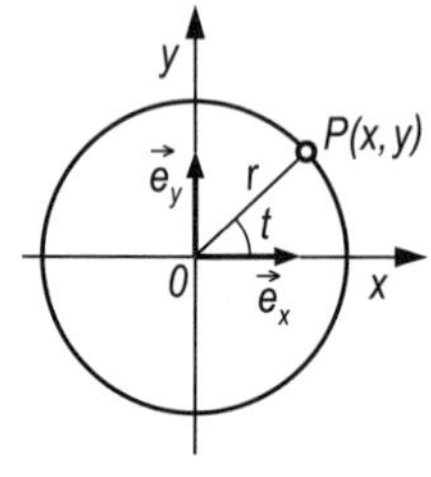

Mittelpunktslage

Bemerkung: Die Kreisgleichung besteht aus zwei getrennten Funktionen, deren Bilder der obere und der untere Halbkreis sind (siehe auch 7.1.1).

Parameterdarstellungen

$$\begin{cases} x = r\cos t \\ y = r\sin t \end{cases} \qquad \boldsymbol{r}(t) = \begin{pmatrix} x(t) \\ y(t) \end{pmatrix} = \begin{pmatrix} r\cos t \\ r\sin t \end{pmatrix} \qquad 0 \le t < 2\pi$$

Allgemeine Kreisgleichung, Hauptform

$$(x - x_\text{m})^2 + (y - y_\text{m})^2 = r^2$$

Parameterdarstellung, *Vektor*- und *komplexe Form*

$$\begin{cases} x = r\cos t + x_\text{m} \\ y = r\sin t + y_\text{m} \end{cases} \qquad 0 \le t < 2\pi$$

$$|\boldsymbol{r} - \boldsymbol{r}_\text{m}|^2 = r^2 \text{ mit } \boldsymbol{r}_\text{m} = \begin{pmatrix} x_\text{m} \\ y_\text{m} \end{pmatrix}$$

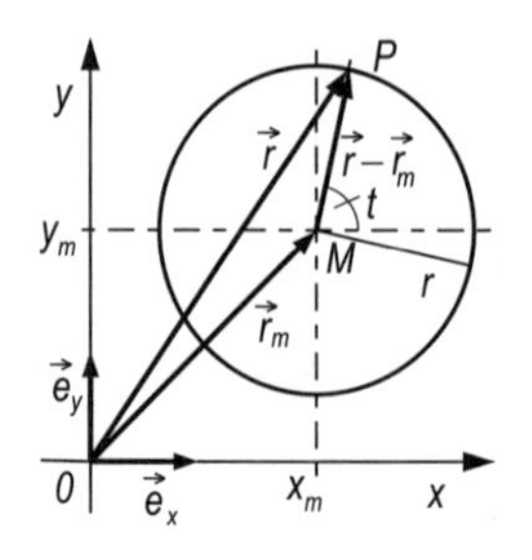

Allgemeine Lage

In der GAUSSschen Zahlenebene

$$z - z_m = r \cdot e^{jt} \qquad \text{mit } |z - z_m| = r$$

Scheitelgleichung, $M(r, 0)$

$$y^2 = 2rx - x^2$$

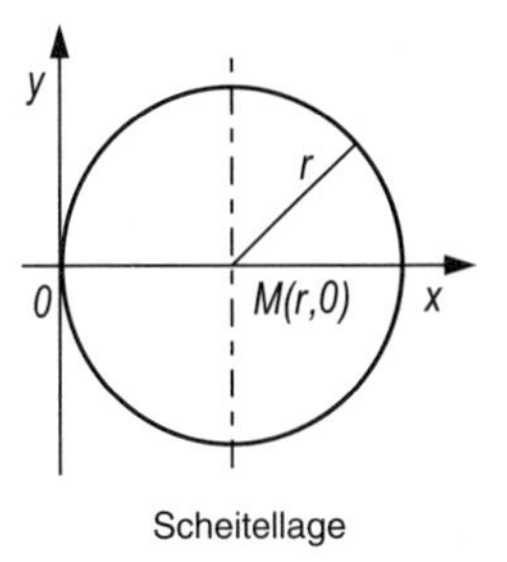

Scheitellage

Gleichung 2. Grades als Kreis

$$a_{11}x^2 + a_{11}y^2 + 2a_{10}x + 2a_{20}y + a_{00} = 0$$

$$M\left(-\frac{a_{10}}{a_{11}}, -\frac{a_{20}}{a_{11}}\right), r = \frac{1}{a_{11}}\sqrt{a_{10}^2 + a_{20}^2 - a_{11}a_{00}} \text{ mit } a_{10}^2 + a_{20}^2 - a_{11}a_{00} > 0$$

Kreisgleichungen in Polarkoordinaten $\{0;\ r, \varphi\}$

$M(r_0, \varphi_0)$: $r^2 - 2rr_0\cos(\varphi - \varphi_0) + r_0^2 = R^2$ R Kreisradius
$M(0; 0)$: $r = R = \text{const.}$
$M(R, 0)$: $r = 2R\cos\varphi$
$M(R, \varphi_0)$: $r = 2R\cos(\varphi - \varphi_0)$
$M(r_0, 0)$: $R^2 = r^2 - 2rr_0\cos\varphi + r_0^2$

und mit den Abschnitten a und b auf den rechtwinkligen Koordinatenachsen

$$r = a\cos\varphi + b\sin\varphi$$

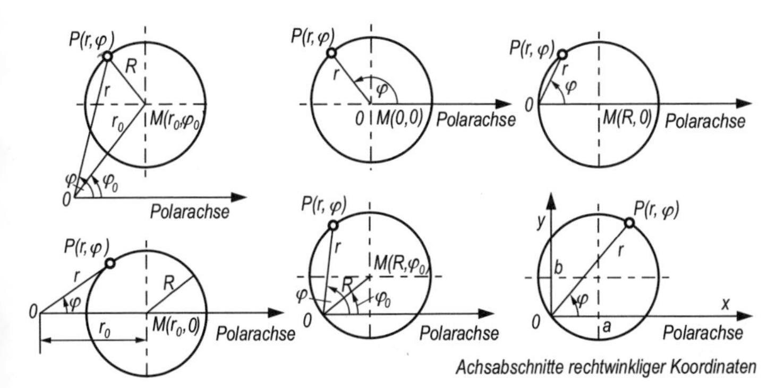

Kreise in Polarkoordinatendarstellungen

Gleichung des Kreises durch drei Punkte

Die Koordinaten der Punkte werden in drei Kreisgleichungen eingesetzt. Aus dem Gleichungssystem werden die drei Unbekannten x_{m}, y_{m} und r errechnet. Alternativ: Entwicklung der folgenden Determinante nach der ersten Zeile liefert Kreisgleichung der Form $a(x^2+y^2)+bx+cy+d=0$:

$$\begin{vmatrix} x^2+y^2 & x & y & 1 \\ x_1^2+y_1^2 & x_1 & y_1 & 1 \\ x_2^2+y_2^2 & x_2 & y_2 & 1 \\ x_3^2+y_3^2 & x_3 & y_3 & 1 \end{vmatrix} = 0$$

6.6.2.2 Schnittpunkte einer Geraden mit einem Kreis

g: $y = mx + b$, k: $x^2 + y^2 = r^2$ (Mittelpunktslage)

$$x_{1,2} = -\frac{bm}{1+m^2} \pm \frac{m}{1+m^2}\sqrt{r^2(1+m^2)-b^2}$$

$$y_{1,2} = \frac{b}{1+m^2} \pm \frac{m}{1+m^2}\sqrt{r^2(1+m^2)-b^2}$$

Diskriminante: $D = r^2(1+m^2) - b^2$

- $D > 0$ Der Kreis wird von der Geraden zweimal geschnitten (*Sekante*).
- $D = 0$ Der Kreis wird von der Geraden in einem *Doppelpunkt* berührt (*Tangente*).
- $D > 0$ Der Kreis wird von der Geraden gemieden.

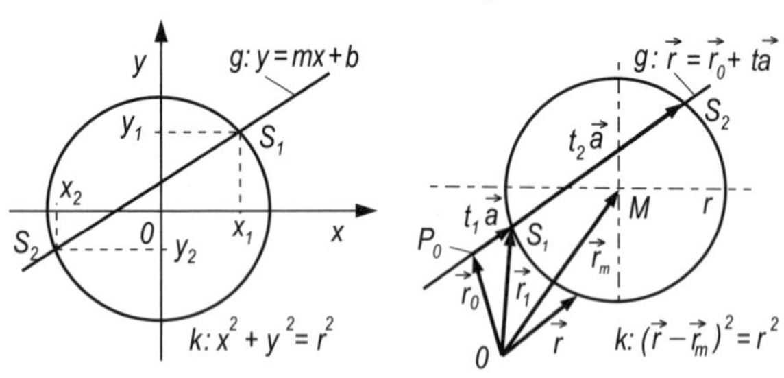

Schnittpunkte Gerade – Kreis

g: $\boldsymbol{r} = \boldsymbol{r}_0 + t\boldsymbol{a}$, k: $(\boldsymbol{r} - \boldsymbol{r}_{\mathrm{m}})^2 = r^2$ (beliebige Lage des Kreises)

$$t_{1,2} = \frac{1}{|\boldsymbol{a}|^2}\left(\boldsymbol{a}\cdot(\boldsymbol{r}_{\mathrm{m}}-\boldsymbol{r}_0)\right) \pm \sqrt{\left(\boldsymbol{a}\cdot(\boldsymbol{r}_{\mathrm{m}}-\boldsymbol{r}_0)\right)^2 - |\boldsymbol{a}|^2(\boldsymbol{r}_0-\boldsymbol{r}_{\mathrm{m}})^2 - r^2}$$

Diskriminante D analog oben

6.6.2.3 Tangente und Normale eines Kreises

k: $x^2 + y^2 = r^2$ (Mittelpunktslage), P_0: (x_0, y_0) auf dem Kreis

Tangente: $xx_0 + yy_0 = r^2$ $\quad m_\text{t} = -\dfrac{x_0}{y_0}$ $\quad$ Tangentenlänge: $t = \left|\dfrac{ry_0}{x_0}\right|$

Normale: $yx_0 - xy_0 = 0$ $\quad m_\text{n} = \dfrac{y_0}{x_0}$ $\quad$ Normalenlänge: $n = r$

Subtangentenlänge: $s_\text{t} = \dfrac{y_0^2}{|x_0|}$ $\quad$ Subnormalenlänge: $s_\text{n} = x_0$

k: $(x - x_\text{m})^2 + (y - y_\text{m})^2 = r^2$ (beliebige Lage), P_0: (x_0, y_0) auf dem Kreis

Tangente: $(x - x_\text{m})(x_0 - x_\text{m}) + (y - y_\text{m})(y_0 - y_\text{m}) = r^2$ $\quad m_\text{t} = -\dfrac{x_0 - x_\text{m}}{y_0 - y_\text{m}}$

Normale: $(y - y_0)(x_0 - x_\text{m}) = (x - x_0)(y_0 - y_\text{m})$ $\quad m_\text{n} = \dfrac{y_0 - y_\text{m}}{x_0 - x_\text{m}}$

k: $|\boldsymbol{r} - \boldsymbol{r}_\text{m}| = r$ (beliebige Lage), P_0: (x_0, y_0) auf dem Kreis

Tangente: $(\boldsymbol{r} - \boldsymbol{r}_\text{m}) \cdot (\boldsymbol{r}_0 - \boldsymbol{r}_\text{m}) = r^2$

Normale: $\boldsymbol{n} = \boldsymbol{r}_0 - \boldsymbol{r}_\text{m}$

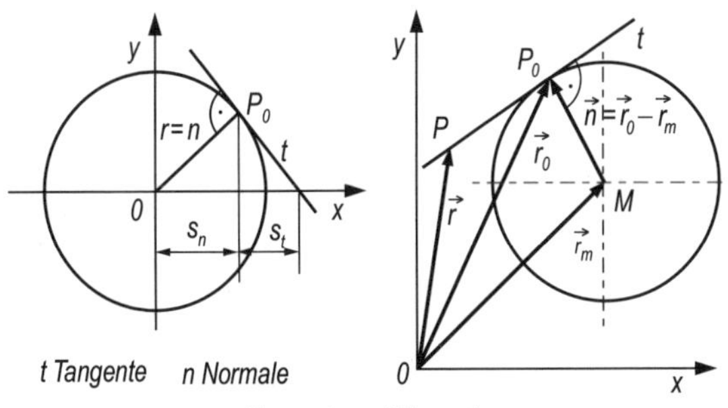

Tangente und Normale

6.6.2.4 Polare eines Punktes in Bezug auf einen Kreis

> Die *Polare* P_1P_2 ist die Verbindungsgerade der Tangentenberührungspunkte. Auf ihr liegt die *Berührungssehne*, die Strecke $\overline{P_1P_2}$.

k: $(x - x_\text{m})^2 + (y - y_\text{m})^2 = r^2$

$$(x - x_\text{m})(x_0 - x_\text{m}) + (y - y_\text{m})(y_0 - y_\text{m}) = r^2$$

Zur Polare $ax + by + d = 0$ gehört der Pol $P_0\left(-\dfrac{ar^2}{d}, -\dfrac{br^2}{d}\right)$ außerhalb Kreis

Harmonische Teilung: $\left|\overline{P_3S}\right| : \left|\overline{SP_4}\right| = \left|\overline{P_3P_0}\right| : \left|\overline{P_4P_0}\right|$

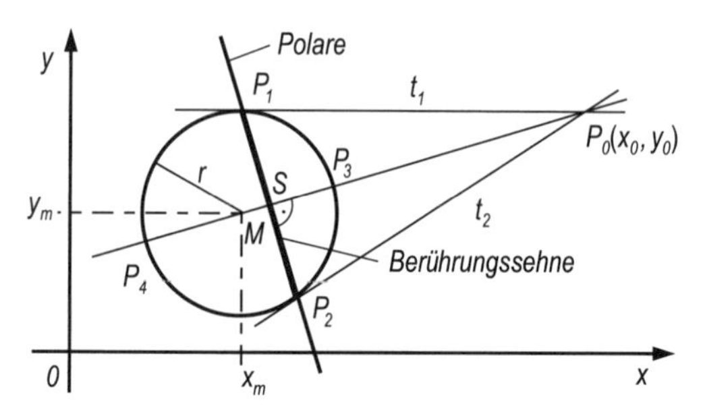

Polare und Berührungssehne

6.6.2.5 Potenz *p* eines Punktes in Bezug auf einen Kreis

Die *Potenz p* ist eine reelle Zahl, die einem Punkt P_0 der Ebene in Bezug auf einen Kreis zugeordnet wird. Sie ist gleich dem Produkt aus den Strecken $\overline{P_0S_1}$ und $\overline{P_0S_2}$, wobei S_1, S_2 die Schnittpunkte einer Geraden durch P_0 mit dem Kreis sind.

k: $(x - x_\mathrm{m})^2 + (y - y_\mathrm{m})^2 = r^2$

$$p = (x_0 - x_\mathrm{m})^2 + (y_0 - y_\mathrm{m})^2 - r^2$$

- $p > 0$ P_0 außerhalb des Kreises
- $p = 0$ P_0 auf dem Kreis
- $p < 0$ P_0 innerhalb des Kreises

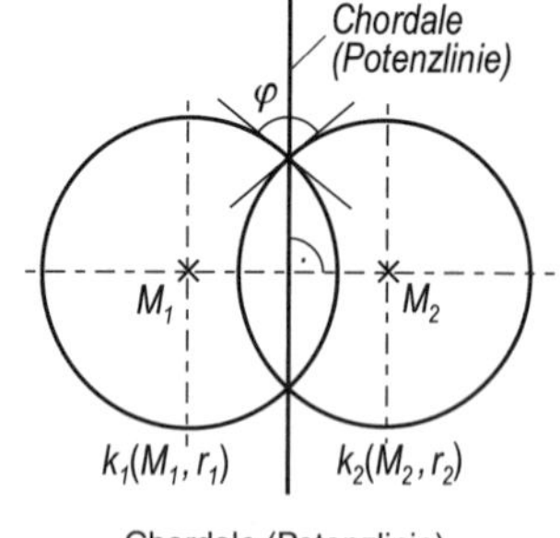

Chordale (Potenzlinie)

Chordale von zwei Kreisen

(*Potenzlinie*)

k_1: $(x - x_\mathrm{m1})^2 + (y - y_\mathrm{m1})^2 - r_1^2 = 0$

k_2: $(x - x_\mathrm{m2})^2 + (y - y_\mathrm{m2})^2 - r_2^2 = 0$

$$k_1 - k_2 = 0$$

Schnittwinkel zweier Kreise

Der *Schnittwinkel zweier Kreise* ist der Winkel φ, den die beiden Tangenten in den Schnittpunkten miteinander bilden (siehe Bild Chordale).

6.6.2.6 Kreisbüschel

k_1: $(x - x_{m1})^2 + (y - y_{m1})^2 - r_1^2 = 0$, k_2: $(x - x_{m2})^2 + (y - y_{m2})^2 - r_2^2 = 0$

$$k_1 + \lambda k_2 = 0$$

für $\lambda \neq -1$

6.6.3 Ellipse

Eine *Ellipse* ist die Menge aller Punkte einer Ebene, deren Entfernungen von zwei festen Punkten (den *Brennpunkten* F_1, F_2) eine konstante Summe haben, die größer ist als $|\overline{F_1F_2}|$.

$|\overline{F_1P}| + |\overline{PF_2}| = 2a = \text{konst.}$

Bezeichnungen

M	Mittelpunkt
A, B	Hauptscheitel, C, D Nebenscheitel
$\overline{PF_1}, \overline{PF_2}$	*Brennstrahlen*, F_1, F_2 *Brennpunkte*
$\lvert\overline{AB}\rvert = 2a$	*Hauptachse*, große Achse, a *große Halbachse*
$\lvert\overline{CD}\rvert = 2b$	*Nebenachse*, kleine Achse, b *kleine Halbachse*
$\lvert\overline{F_1F_2}\rvert = 2e$	Abstand der Brennpunkte, $a > e \geq 0$
$e = \sqrt{a^2 - b^2}$	*Brennweite, lineare Exzentrizität*
$\varepsilon = \frac{e}{a}$	*numerische Exzentrizität*, für Ellipse gilt $\varepsilon < 1$
$p = \frac{b^2}{a}$	*Parameter*
$2p$	zur Hauptachse senkrechte Sehne im Brennpunkt

6.6.3.1 Gleichungen der Ellipse

Mittelpunktsgleichung, *M*(0; 0)

$$\frac{x^2}{a^2} + \frac{y^2}{b^2} = 1$$

$$y = \pm\frac{b}{a}\sqrt{a^2 - x^2} \qquad |x| \leq a$$

Parameterdarstellung

$$\begin{cases} x = a\cos t \\ y = b\,\sin t \end{cases}$$

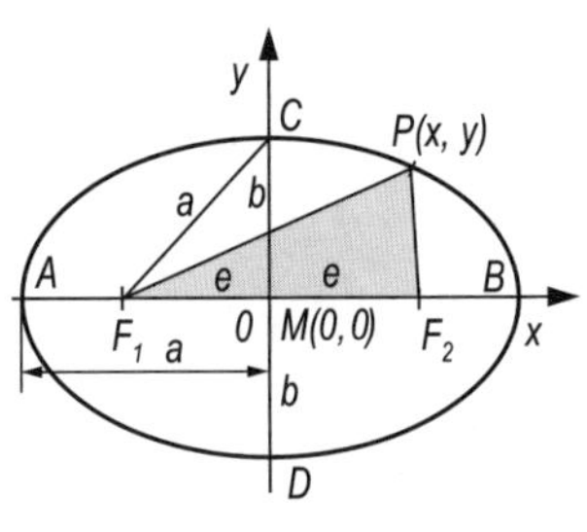

Ellipse, Mittelpunktslage

t exzentrische Anomalie, $0 \leq t < 2\pi$, siehe auch 6.6.3.6.

Bemerkung: Die Ellipse ist symmetrisch zu beiden Koordinatenachsen.

$a = b = r$ ergibt einen Kreis. $M(0;\,0)$ ist das *Zentrum* der Ellipse.

Allgemeine Gleichung bei achsparalleler Lage, Hauptform

$$\frac{(x-x_\mathrm{m})^2}{a^2}+\frac{(y-y_\mathrm{m})^2}{b^2}=1$$

Mittelpunkt $M(x_\mathrm{m}, y_\mathrm{m})$

Parameterdarstellung

$$\begin{cases} x = a\cos t + x_\mathrm{m} \\ y = b\,\sin t + y_\mathrm{m} \end{cases} \qquad t \text{ wie oben}$$

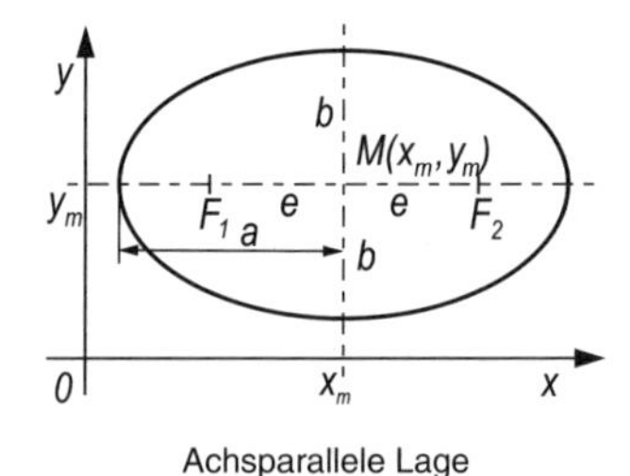

Achsparallele Lage

Scheitellage

Scheitelgleichung, *M*(*a*, 0)

$$y^2 = 2px - \frac{p}{a}x^2$$

Inverse Gleichungen (Die y-Achse ist die große Achse.)

$$M(0;\,0)\colon \frac{y^2}{a^2}+\frac{x^2}{b^2}=1 \qquad\qquad M(0,a)\colon x^2 = 2py - \frac{p}{a}y^2$$

Gleichung 2. Grades als Ellipse in achsparalleler Lage

$$a_{11}x^2 + a_{22}y^2 + 2a_{10}x + 2a_{20}y + a_{00} = 0$$

Bedingungen: $\operatorname{sgn} a_{11} = \operatorname{sgn} a_{22} \wedge a_{11} \neq a_{22}$

Halbachsen: $a = \sqrt{\dfrac{a_{22}a_{10}^2 + a_{11}a_{20}^2 - a_{11}a_{22}a_{00}}{a_{11}^2 a_{22}}}$,

$$b = \sqrt{\frac{a_{22}a_{10}^2 + a_{11}a_{20}^2 - a_{11}a_{22}a_{00}}{a_{11}a_{22}^2}}$$

Ellipsengleichung in Polarkoordinaten $\{0;\ r,\varphi\}$

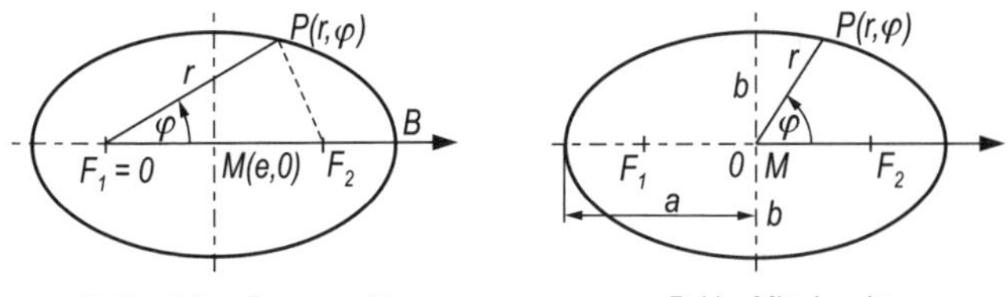

Pol im linken Brennpunkt   Pol im Mittelpunkt

Polargleichung mit Pol = F_1, Polarachse $F_1 \longrightarrow F_2$ (Bild links)

$$r = \frac{p}{1-\varepsilon\cos\varphi} = \frac{b^2}{a-e\cos\varphi} \qquad 0 \leq \varphi < 2\pi, 0 < \varepsilon < 1$$

Polargleichung mit Pol = M, Polarachse $M \longrightarrow F_2$ (Bild rechts)

$$r^2 = \frac{b^2}{1-\varepsilon^2\cos^2\varphi}$$

6.6.3.2 Schnittpunkte einer Geraden mit einer Ellipse

$g\colon y = mx + b_1,\ k\colon \dfrac{x^2}{a^2} + \dfrac{y^2}{b^2} = 1$

$$x_{1,2} = -\frac{a^2mb_1}{b^2+a^2m^2} \pm \frac{ab}{b^2+a^2m^2}\sqrt{a^2m^2+b^2-b_1^2}$$

$$y_{1,2} = \frac{b^2b_1}{b^2+a^2m^2} \pm \frac{abm}{b^2+a^2m^2}\sqrt{a^2m^2+b^2-b_1^2}$$

Diskriminante: $D = a^2m^2 + b^2 - b_1^2$

- $D > 0$ Die Ellipse wird von der Geraden geschnitten (Sekante).
- $D = 0$ Die Ellipse wird von der Geraden berührt (Tangente).
- $D < 0$ Die Ellipse wird von der Geraden gemieden.

Länge der Brennstrahlen $\overline{PF_1}$ und $\overline{PF_2}$

$$\left|\overline{PF_1}\right| = a + \varepsilon x$$
$$\Rightarrow \left|\overline{PF_1}\right| + \left|\overline{PF_2}\right| = 2a$$
$$\left|\overline{PF_2}\right| = a - \varepsilon x$$

6.6.3.3 Tangente, Normale und Durchmesser einer Ellipse

k: $\dfrac{x^2}{a^2} + \dfrac{y^2}{b^2} = 1$, P_0: (x_0, y_0) auf Ellipse

Tangente:

$$\frac{xx_0}{a^2} + \frac{yy_0}{b^2} = 1, \quad m_t = -\frac{b^2 x_0}{a^2 y_0}$$

Normale:

$$y - y_0 = \frac{a^2 y_0}{b^2 x_0}(x - x_0), \quad m_n = \frac{a^2 y_0}{b^2 x_0}$$

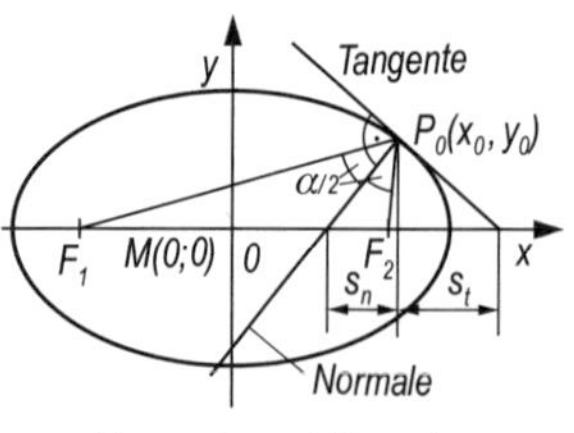

Tangente und Normale

$\angle(F_1 P_0 F_2)$ wird von der Normalen halbiert.

Tangentenlänge: $t = \sqrt{y_0^2 + \left(\dfrac{a^2}{x_0} - x_0\right)^2}$

Normalenlänge: $n = \dfrac{b\sqrt{a^4 - e^2 x_0^2}}{a^2}$

Subtangentenlänge: $s_t = \left|\dfrac{a^2}{x_0} - x_0\right|$, Subnormalenlänge: $s_n = \left|\dfrac{b^2 x_0}{a^2}\right|$

k: $\dfrac{(x - x_m)^2}{a^2} + \dfrac{(y - y_m)^2}{b^2} = 1$, P_0: (x_0, y_0) auf Ellipse

Tangente: $\dfrac{(x - x_m)(x_0 - x_m)}{a^2} + \dfrac{(y - y_m)(y_0 - y_m)}{b^2} = 1$

$$m_t = -\frac{b^2(x_0 - x_m)}{a^2(y_0 - y_m)}$$

Normale: $y - y_0 = \dfrac{a^2(y_0 - y_m)}{b^2(x_0 - x_m)}(x - x_0) \quad m_n = \dfrac{a^2(y_0 - y_m)}{b^2(x_0 - x_m)}$

Durchmesser einer Ellipse

Ein *Durchmesser* einer Ellipse verbindet die Berührungspunkte zweier paralleler Tangenten und halbiert die zu diesen parallelen Sehnen.

$$y = -\frac{b^2}{a^2 m} x$$

m Richtungsfaktor der Sehnen

Konjugierte Durchmesser sind Durchmesser, von denen jeder die dem anderen parallelen Sehnen halbiert. Zum Beispiel sind die beiden Achsen konjugierte Durchmesser.

$y = m_1 x$ und $y = m_2 x$ sind konjugierte Durchmesser, wenn $m_1 m_2 = -\dfrac{b^2}{a^2}$.

Für zwei konjugierte Durchmesser $2a_1$ und $2b_1$ gilt:

$$a_1^2 + b_1^2 = a^2 + b^2$$

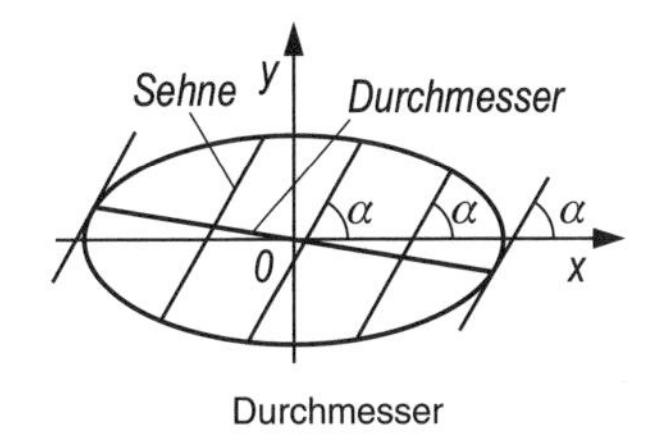

Durchmesser

Konjugierte Durchmesser

Satz des Appolonius

$$a_1 b_1 \sin(\varphi_1 - \varphi_2) = ab$$

In Worten: Der Inhalt des aus zwei konjugierten Halbmessern einer Ellipse und der Verbindungslinie ihrer Eckpunkte gebildeten Dreiecks ist konstant (Bild rechts).

6.6.3.4 Polare eines Punktes in Bezug auf eine Ellipse

k: $\dfrac{x^2}{a^2} + \dfrac{y^2}{b^2} = 1$, P_0: (x_0, y_0) Pol außerhalb der Ellipse

$$\frac{xx_0}{a^2} + \frac{yy_0}{b^2} = 1$$ Definition der Polare siehe Kreis, 6.6.2.4

6.6.3.5 Krümmung einer Ellipse

Krümmungsradius ρ, Krümmungsmittelpunkt $M_k(\xi, \eta)$

k: $\dfrac{x^2}{a^2} + \dfrac{y^2}{b^2} = 1$, Krümmung im Punkt P_0: (x_0, y_0) auf der Ellipse

$$\rho = \frac{1}{a^4 b^4}\sqrt{(a^4 y_0^2 + b^4 x_0^2)^3} = \frac{1}{a^4 b}\sqrt{(a^4 - e^2 x_0^2)^3} = \frac{n^3}{p^2}$$

n Normalenlänge, siehe 6.6.3.3

$$\xi = \frac{e^2 x_0^3}{a^4} \qquad \eta = -\frac{e^2 y_0^3}{b^4} = -\frac{\varepsilon^3 a^2 y_0^3}{b^4}$$

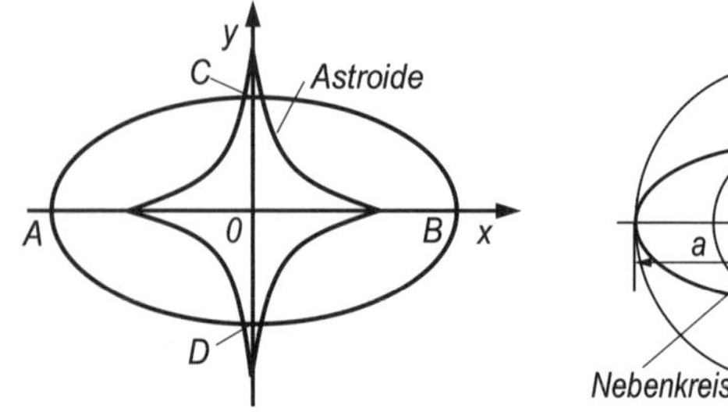

Evolute der Ellipse

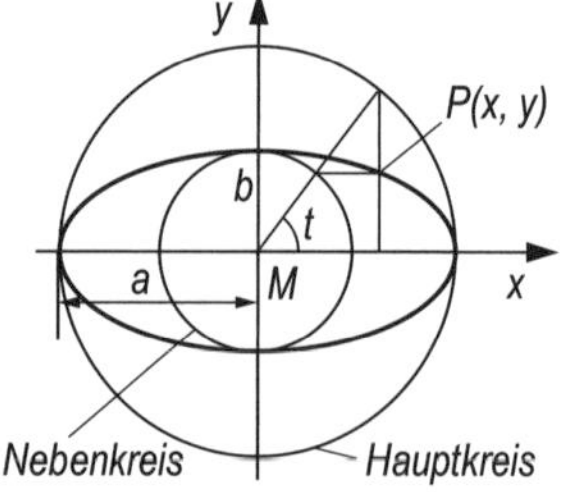

Haupt- und Nebenkreis

Speziell

In den Hauptscheiteln $(\pm a, 0)$: $\rho = \frac{b^2}{a} = p \qquad \xi = \pm\frac{e^2}{a},\ \eta = 0$

In den Nebenscheiteln $(0, \pm b)$: $\rho = \frac{a^2}{b} \qquad \xi = 0,\ \eta = \mp\frac{e^2}{b}$

Evolute der Ellipse (Astroide)

$$k\colon \frac{x^2}{a^2} + \frac{y^2}{b^2} = 1$$

$$\left(\frac{ax}{e^2}\right)^{\frac{2}{3}} + \left(\frac{by}{e^2}\right)^{\frac{2}{3}} = 1 \qquad |x| \le \frac{e^2}{a}$$

6.6.3.6 Haupt- und Nebenkreis einer Ellipse

Bild siehe oben.

Aus dem Bild folgt: $P(x, y) \Leftrightarrow P(a\cos t, b\sin t)$

$$k\colon \frac{x^2}{a^2} + \frac{y^2}{b^2} = 1$$

$$x^2 + y^2 = a^2 \quad \text{(Hauptkreis)}$$

$$x^2 + y^2 = b^2 \quad \text{(Nebenkreis)}$$

6.6.3.7 Flächeninhalt und Umfang von Ellipse, Ellipsensegment und Ellipsensektor

Ellipse

$$A = \pi ab$$

$$U = 2\pi a\left(1 - \left(\frac{1}{2}\right)^2\varepsilon^2 - \left(\frac{1\cdot 3}{2\cdot 4}\right)^2\frac{\varepsilon^4}{3} - \left(\frac{1\cdot 3\cdot 5}{2\cdot 4\cdot 6}\right)^2\frac{\varepsilon^6}{5} - \dots\right)$$

Näherungen: $U \approx \pi\left(\frac{3}{2}(a+b)-\sqrt{ab}\right)$ $\quad U \approx \frac{\pi}{2}\left(a+b+\sqrt{2(a^2+b^2)}\right)$

Ellipsensegment P_1P_2C

$$A = \frac{1}{2}(x_1y_2 - x_2y_1) + \frac{ab}{2}\left(\arcsin\frac{x^2}{a} - \arcsin\frac{x_1}{a}\right)$$

Ellipsensegment P_2P_3B

$$A = ab\arccos\frac{x_2}{a} - x_2y_2$$

Ellipsensektor $P_2 0 P_3 B$

$$A = ab\arccos\frac{x_2}{a}$$

Ellipsensektor $P_1 0 P_2 C$

$$A = \frac{ab}{2}\left(\arcsin\frac{x_2}{a} - \arcsin\frac{x_1}{a}\right)$$

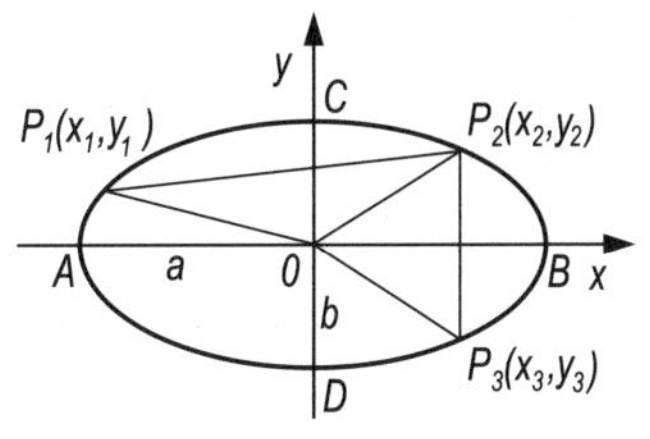

Ellipsensegment und Ellipsensektor

6.6.3.8 Ellipsenkonstruktionen

Gegeben: Brennpunkte F_1 und F_2 und große Achse $2a$

(1) Man zeichnet um F_1 und F_2 Kreise mit den Radien $\rho < 2a$ und $(2a - \rho)$ und erhält vier symmetrische Ellipsenpunkte. Durch Variation von ρ ergeben sich weitere Ellipsenpunkte.

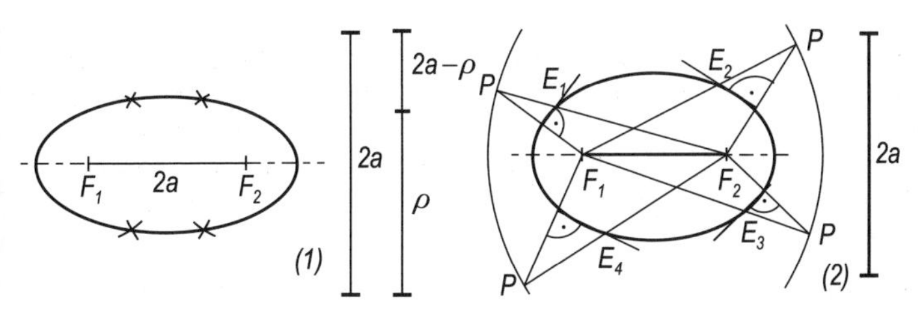

(2) Man zeichnet um F_1 (F_2) einen Kreis mit dem Radius $2a$ (Leitkreis), verbindet einen beliebigen Punkt P des Leitkreises mit dem zweiten Brennpunkt F_2 (F_1) und errichtet auf dieser Verbindungsstrecke die Mittelsenkrechte. Ihr Schnittpunkt mit PF_1 (PF_2) ist ein Ellipsenpunkt.

(3) *Gärtner*-(Faden-)*Konstruktion*

Man befestigt in den Brennpunkten F_1 und F_2 einen Faden der Länge $2a$ und lässt bei gestrafftem Faden den Bleistift entlang des Fadens gleiten.

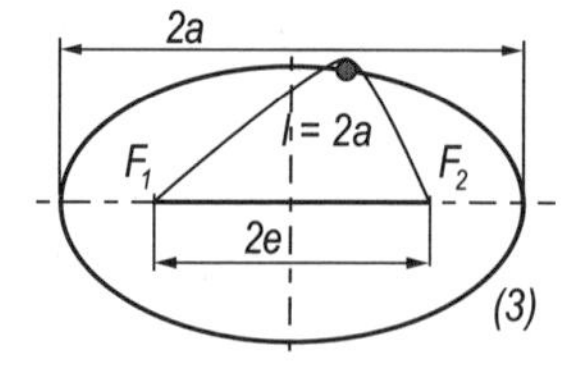

Gegeben: Halbachsen a und b

(4) Man zeichnet um den Nullpunkt den Haupt- ($r = a$) und den Nebenkreis ($r = b$). Auf der waagerechten Achse wird eine beliebige Senkrechte g errichtet, die den Hauptkreis in A_1 und A_2 schneidet. Die Verbindungslinien $0A_1$ und $0A_2$ schneiden den Nebenkreis in B_1 und B_2. Die Parallelen durch B_1 und B_2 zur waagerechten Achse ergeben auf der Senkrechten g zwei Ellipsenpunkte E_1 und E_2, vgl. 6.6.3.6.

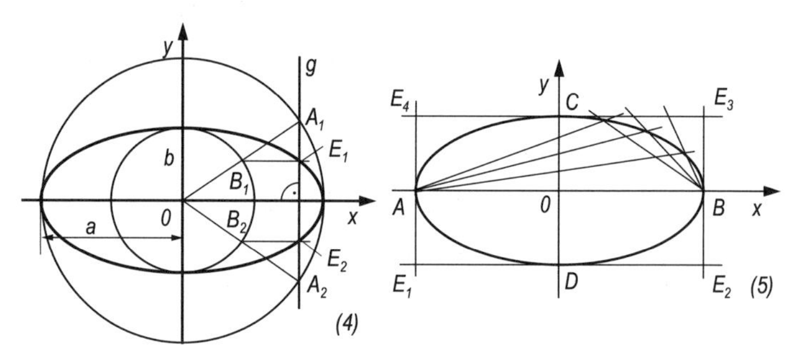

(5) Man zieht durch die Scheitelpunkte A,B,C,D zu den Koordinatenachsen die Parallelen (Schnittpunkte E_1,E_2,E_3,E_4). Man teilt die Strecken $\overline{0C}$ und $\overline{E_3C}$ in gleich viele, untereinander gleiche Teile. Durch die Teilpunkte von $\overline{0C}$ ($\overline{E_3C}$) zieht man von A (B) aus Strahlen. Die Schnittpunkte entsprechender Strahlen sind Ellipsenpunkte. Durch die zu den Achsen symmetrischen Punkte ergibt sich die Ellipse.

(6) Man trägt auf einem Papierstreifen mit gerader Kante die beiden Halbachsen $\overline{PQ} = a$ und $\overline{PR} = b$ von P aus aufeinander ab ($\overline{QR} = a - b$). Verschiebt man den Streifen so, dass sich Q auf der y-Achse und R auf der x-Achse bewegt, dann beschreibt P eine Ellipse (Prinzip des *Ellipsenzirkels*).

(7) Man trägt auf einem Papierstreifen mit gerader Kante die beiden Halbachsen $|\overline{PQ}| = a$ und $|\overline{PR}| = b$ nacheinander ab $\left(|\overline{QR}| = a + b\right)$. Verschiebt man den Streifen so, dass sich Q auf der y-Achse und R auf der x-Achse bewegt, dann beschreibt P eine Ellipse.

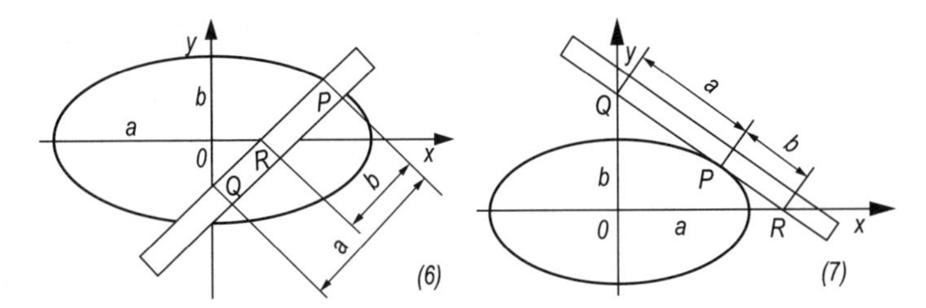

6.6.4 Parabel

Eine *Parabel* ist die Menge aller Punkte einer Ebene, die von einem festen Punkt (*Brennpunkt*) F der Ebene und einer festen Geraden der gleichen Ebene (*Leitlinie*) l den gleichen Abstand haben: $|\overline{FP}| = |\overline{PL}|$.

6

Bezeichnungen

S	*Scheitelpunkt* der Parabel
$p = \|\overline{DF}\|$	Halbparameter, $p > 0$, $2p$ *Parameter*
$\|\overline{SF}\| = \|\overline{SD}\| = \frac{p}{2}$	*Brennweite*
F	*Brennpunkt, Fokus*
l	*Leitlinie, Direktrix*
$\overline{FP}$	*Brennstrahl*
$\overline{PL}$	Leitstrahl, $\|\overline{FP}\| = \|\overline{PL}\|$
$\varepsilon = 1$	numerische Exzentrizität
$e = a$	lineare Exzentrizität

6.6.4.1 Gleichungen der Parabel

Scheitelgleichung, $S(0;0)$

Scheiteltangente gleich y-Achse, Symmetrie zur x-Achse

$F(p/2, 0)$, Öffnung nach rechts

$$y^2 = 2px \quad x \geq 0$$

$F(-p/2, 0)$, Öffnung nach links

$$y^2 = -2px \quad x \leq 0$$

Parameterdarstellung

$$\begin{cases} x = t^2 \\ y = \sqrt{2p}t \end{cases} \qquad t \in \mathbb{R}$$

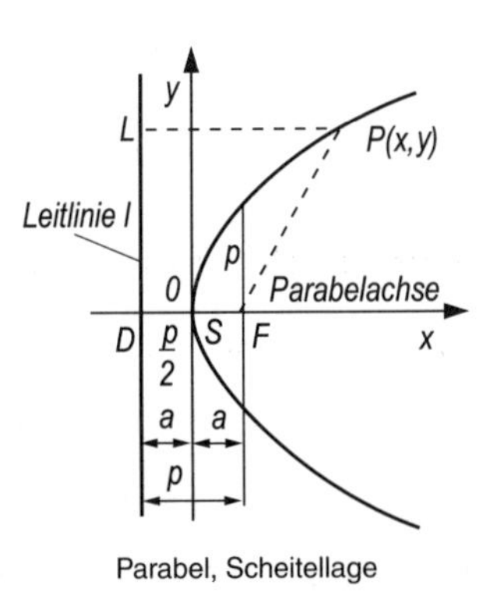

Parabel, Scheitellage

Allgemeine Gleichung bei achsparalleler Lage, Hauptform

$$(y-y_s)^2 = 2p(x-x_s) \qquad \text{für } x \geq x_s\text{, Öffnung nach rechts}$$

$$(y-y_s)^2 = -2p(x-x_s) \qquad \text{für } x \leq x_s\text{, Öffnung nach links}$$

Parameterdarstellung

$$\begin{cases} x = t^2 + x_s \\ y = \sqrt{2pt} + y_s \end{cases} \qquad t \in \mathbb{R}$$

Gleichung 2. Grades als Parabel in achsparalleler Lage

$$a_{22}y^2 + 2a_{10}x + 2a_{20}y + a_{00} = 0 \quad \text{(Öffnung nach rechts oder links)}$$

Parameter: $2p = \left|\dfrac{2a_{10}}{a_{22}}\right|$ Scheitel: $S\left(\dfrac{a_{20}^2 - a_{22}a_{00}}{2a_{22}a_{10}}, -\dfrac{a_{20}}{a_{22}}\right)$

Ist die Parabelachse parallel der x-Achse, sind die Parabeln kein Graph einer Funktion.

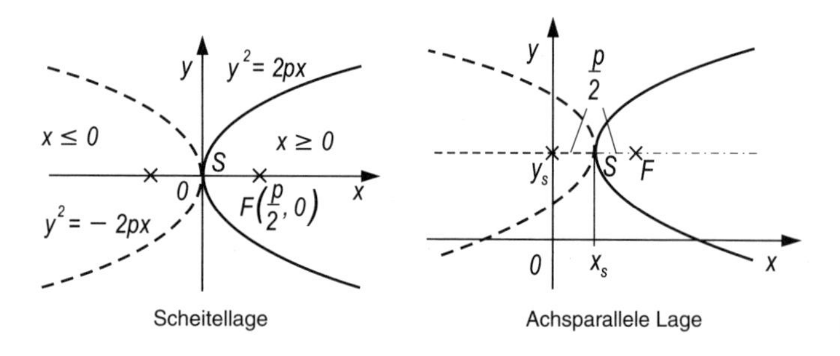

Scheitellage

Achsparallele Lage

Bei nicht achsparalleler Lage siehe Hauptachsentransformation, 6.8.

Ganzrationale Funktion 2. Grades (quadratische Funktion)

Allgemeine Form: $f(x) = a_2x^2 + a_1x + a_0 \qquad a_i \in \mathbb{R},\ a_2 \neq 0$

$a_2 > 0$ nach oben geöffnet, Scheitel ist Minimum: $(x-x_s)^2 = 2p(y-y_s)$

$a_2 < 0$ nach unten geöffnet, Scheitel ist Maximum: $(x-x_s)^2 = -2p(y-y_s)$

Je größer $|a_2|$, desto enger ist die Öffnung.

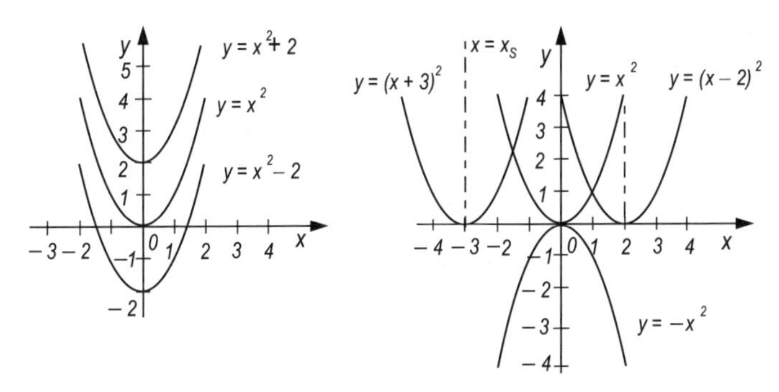

Quadratische Funktion, inverse Gleichungen

Allgemeine *inverse Gleichung* (Parabelachse $\parallel$ y-Achse)

$$a_{11}x^2 + 2a_{10}x + 2a_{20}y + a_{00} = 0$$

Parameter: $2p = \left|\dfrac{2a_{20}}{a_{11}}\right|$ Scheitel: $S\left(-\dfrac{a_{10}}{a_{11}}, \dfrac{a_{10}^2 - a_{11}a_{00}}{2a_{11}a_{20}}\right)$

Parabelgleichung in Polarkoordinaten $\{0;\, r, \varphi\}$

Polargleichung, Pol im Brennpunkt: $\dfrac{p}{1 - \cos\varphi}$ $\qquad 0 < \varphi < 2\pi$

Pol im Scheitel: $r = 2p\cos\varphi(1 + \cot^2\varphi)$ $\qquad 0 < \varphi < 2\pi$

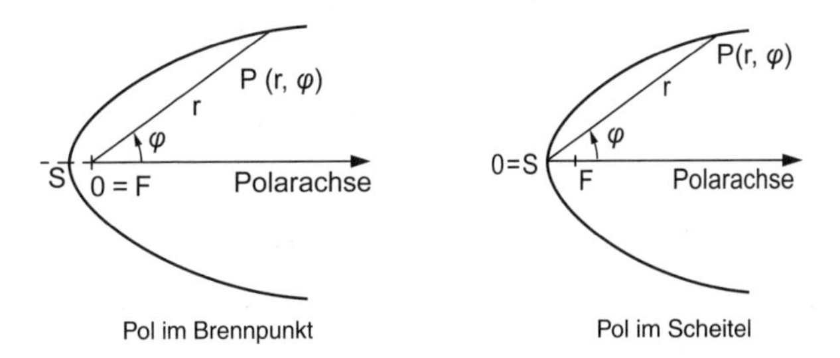

Pol im Brennpunkt Pol im Scheitel

6.6.4.2 Schnittpunkte einer Geraden mit einer Parabel

g: $y = mx + b$, k: $y^2 = 2px$ (Scheitellage)

$$x_{1,2} = \frac{p - bm}{m^2} \pm \frac{1}{m^2}\sqrt{p(p - 2bm)}$$

$$y_{1,2} = \frac{p}{m} \pm \frac{1}{m}\sqrt{p(p - 2bm)}$$

Diskriminante: $D = p(p - 2bm)$

- $D > 0$ Die Parabel wird von der Geraden geschnitten (Sekante).
- $D = 0$ Die Parabel wird von der Geraden berührt (Tangente).
- $D < 0$ Die Parabel wird von der Geraden gemieden.

6.6.4.3 Tangente und Normale einer Parabel

k: $y^2 = 2px$ (Scheitellage), P_0: (x_0, y_0) auf der Parabel

Tangente: $yy_0 = p(x + x_0)$, $\quad m_t = \dfrac{p}{y_0}$

Tangente in S = *Scheiteltangente*

Normale: $p\,(y - y_0) + y_0\,(x - x_0) = 0$, $\quad m_n = -\dfrac{y_0}{p}$

Tangentenlänge: $t = \sqrt{y_0^2 + 4x_0^2}$

Normalenlänge: $n = \sqrt{y_0^2 + p^2}$

Subtangentenlänge: $s_t = 2x_0$

Subnormalenlänge: $s_n = p$

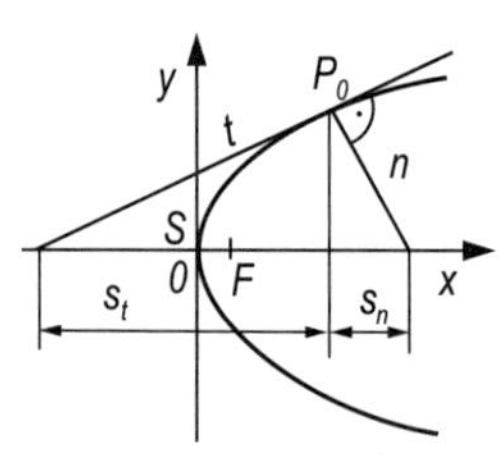

Tangente und Normale

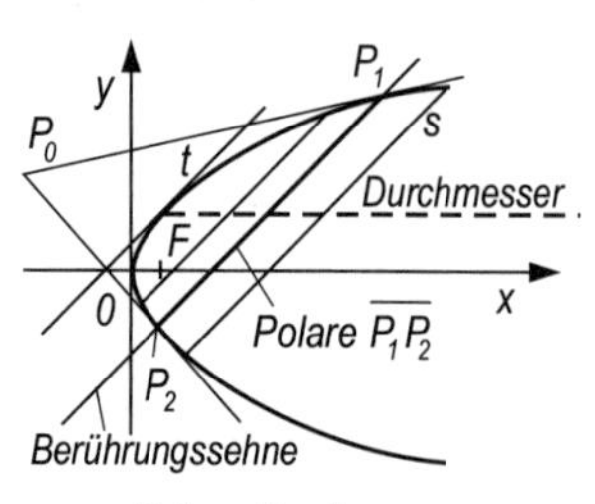

Polare, Durchmesser

k: $(y - y_s)^2 = 2p(x - x_s)$, P_0: (x_0, y_0) Pol auf der Parabel

Tangente: $(y - y_s)\,(y_0 - y_s) = p\,(x + x_0 - 2x_s)$ $\quad m_t = \dfrac{p}{y_0 - y_s}$

Normale: $p\,(y - y_0) + (y_0 - y_s)\,(x - x_0) = 0$ $\quad m_n = -\dfrac{y_0 - y_s}{p}$

6.6.4.4 Polare eines Punktes in Bezug auf eine Parabel

k: $y^2 = 2px$, P_0: (x_0, y_0) Pol außerhalb der Parabel

$$yy_0 = p\,(x + x_0)$$

Durchmesser der Parabel $y^2 = 2px$

$$y = \frac{p}{m}$$

m Richtungsfaktor der zugeordneten parallelen Sehnen s, die vom Durchmesser halbiert werden ($t \parallel s$).

6.6.4.5 Krümmung einer Parabel

Krümmungsradius ρ, Krümmungsmittelpunkt $M_k(\xi, \eta)$

k: $y^2 = 2px$, Krümmung im Punkt P_0: (x_0, y_0) auf der Parabel

$$\rho = \frac{\sqrt{\left(y_0^2 + p^2\right)^3}}{p^2} = \frac{n^3}{p^2} \quad \xi = 3x_0 + p \quad \eta = -\frac{y_0^3}{p^2}$$

n Normalenlänge, siehe 6.6.4.3

k: $y^2 = 2px$ im Scheitel $S(0; 0)$

$$\rho = |p| \qquad \xi = p \quad \eta = 0$$

Evolute der Parabel $y^2 = 2px$

$$y^2 = \frac{8(x-p)^3}{27p} \qquad \text{für } x \geq p$$

Die Evolute ist eine NEILsche oder *semikubische Parabel*.

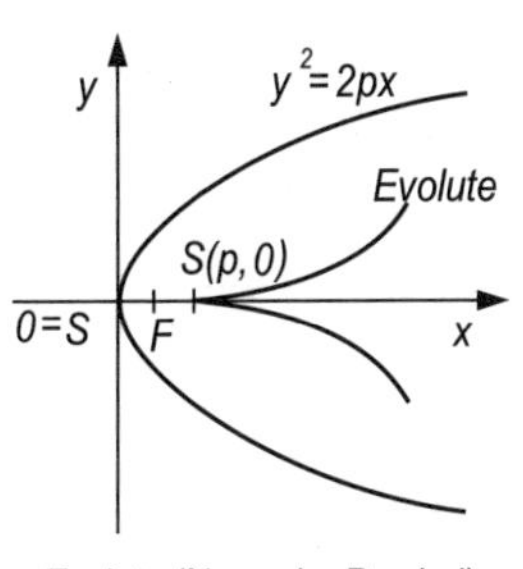

Evolute (NEILsche Parabel)

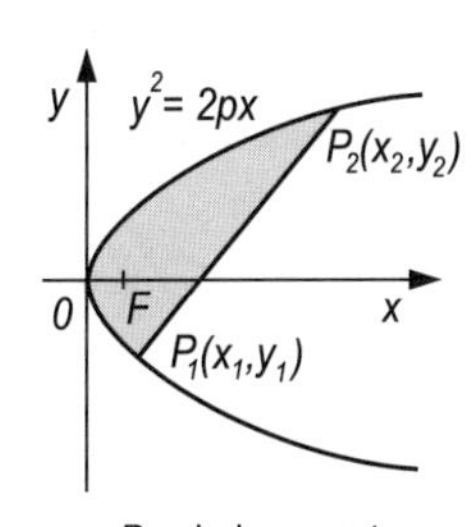

Parabelsegment

6.6.4.6 Parabelsegment, Parabelbogen, Brennstrahl

k: $y^2 = 2px$, Sehne $\overline{P_1P_2}$ hat beliebige Richtung

$$A = \left|\frac{(y_1 - y_2)^3}{12p}\right| = \left|\frac{(x_1 - x_2)(y_1 - y_2)^2}{6(y_1 + y_2)}\right|$$

k: $y^2 = 2px$, die Sehne liegt senkrecht zur y-Achse in P_1

$$A = \frac{4}{3}x_1y_1 \quad \text{wobei } x_1 = x_2$$

Länge des Parabelbogens

$$\widehat{OP_0} = \frac{p}{2}\left(\sqrt{\frac{2x_0}{p}\left(1+\frac{2x_0}{p}\right)} + \ln\left(\sqrt{\frac{2x_0}{p}} + \sqrt{1+\frac{2x_0}{p}}\right)\right)$$

$$= \frac{y_0}{2p}\sqrt{p^2+y_0^2} + \frac{p}{2}\ln\frac{y_0+\sqrt{p^2+y_0^2}}{p}$$

$$= \frac{y_0}{2p}\sqrt{p^2+y_0^2} + \frac{p}{2}\operatorname{arsinh}\frac{y_0}{p}$$

Näherungswert für kleines $\frac{x_0}{y_0}$: $\widehat{OP_0} \approx y_0\left(1+\frac{2}{3}\left(\frac{x_0}{y_0}\right)^2 - \frac{2}{5}\left(\frac{x_0}{y_0}\right)^4\right)$

Länge l des Brennstrahls zum Punkt $P_0(x_0, y_0)$

$$l = x_0 + \frac{p}{2}$$

6.6.4.7 Parabelkonstruktionen

Gegeben: Brennpunkt F und Leitlinie l

(1) Man fällt von F auf l das Lot $\overline{FD}$ (Parabelachse) und errichtet in beliebigen Punkten A_1,A_2,... Senkrechte zur Achse. Dann zeichnet man um F mit den Radien $\left|\overline{DA_1}\right|$, $\left|\overline{DA_2}\right|$,... Kreise, die die entsprechenden Senkrechten in Parabelpunkten schneiden. Der Mittelpunkt von $\overline{FD}$ ist Parabelscheitel.

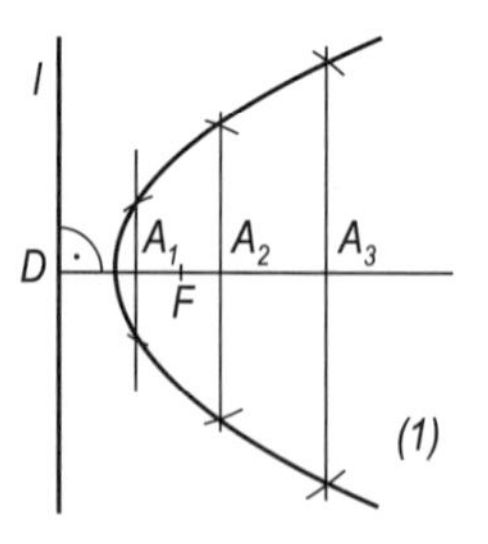

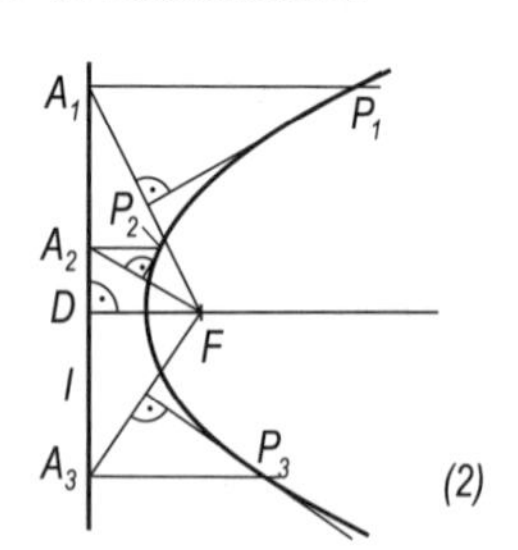

(2) Man verbindet einen beliebigen Punkt A_1 der Leitlinie mit dem Brennpunkt F und errichtet auf $\overline{AF_1}$ die Mittelsenkrechte, die die Senkrechte in A_1 auf der Leitlinie in einem Parabelpunkt schneidet.

Gegeben: Brennpunkt F und Scheiteltangente

(3) Man verbindet verschiedene Punkte der Scheiteltangente mit F und errichtet auf diesen Verbindungslinien in den einzelnen Punkten die Senkrechten, die die Parabel umhüllen.

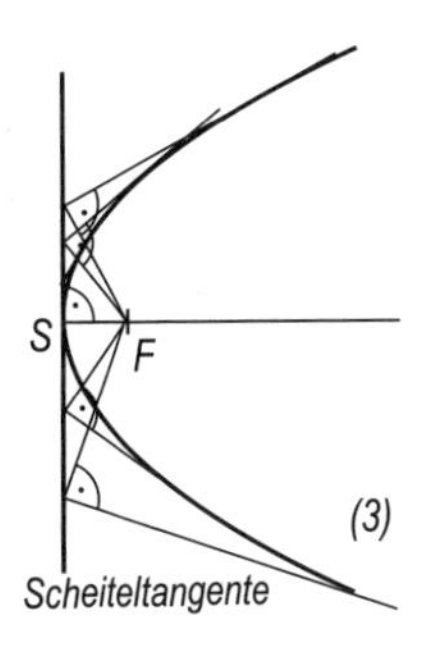

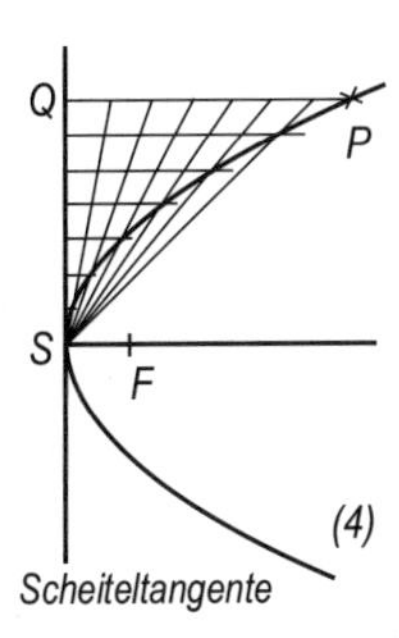

Gegeben: Koordinatenachsen, Scheitel im Ursprung und ein Punkt P der Parabel

(4) Man fällt von P das Lot $\overline{PQ}$ auf die Scheiteltangente und teilt $\overline{PQ}$ und $\overline{SQ}$ in gleich viele, untereinander gleiche Teile. Die Teilpunkte auf $\overline{PQ}$ verbindet man mit S und zieht durch die Teilpunkte auf $\overline{SQ}$ Parallelen zur Parabelachse. Die Schnittpunkte der entsprechenden Parallelen mit den Verbindungslinien von S aus sind Parabelpunkte.

Die unterhalb der Parabelachse liegenden Parabelpunkte liegen symmetrisch.

(5) Schnelle und annähernd genaue Skizze mit den fünf Punkten:

$$P_1 = S = (0;\, 0),\ P_2\left(\frac{p}{2}, p\right),\ P_3\left(\frac{p}{2}, -p\right),\ P_4(2p, 2p),\ P_5(2p, -2p)$$

6.6.5 Hyperbel

> Eine *Hyperbel* ist die Menge aller Punkte einer Ebene, deren Entfernungen von zwei festen Punkten auf der Ebene (den *Brennpunkten*) F_1 und F_2 eine konstante Differenz aufweisen:
>
> $\left|\overline{F_1P}\right| - \left|\overline{PF_2}\right| = 2a < \left|\overline{F_1F_2}\right|$

Bezeichnungen

$A(-a,0)$, $B(a,0)$	Scheitelpunkte
M	Mittelpunkt, *Zentrum*
$\overline{PF_1}, \overline{PF_2}$	*Brennstrahlen*
$\lvert\overline{AB}\rvert = 2a$	Hauptsymmetrieachse
$\lvert\overline{F_1F_2}\rvert = 2e$	$e > a \geq 0$
$F_1(-e,0)$, $F_2(e,0)$	Brennpunkte
$e = \sqrt{a^2+b^2}$	*Brennweite, lineare Exzentrizität*
$\varepsilon = e/a$	*numerische Exzentrizität,* $\varepsilon > 1$ für Hyperbel
$2p = \dfrac{2b^2}{a}$	*Parameter,* Sehnen in F_1, F_2

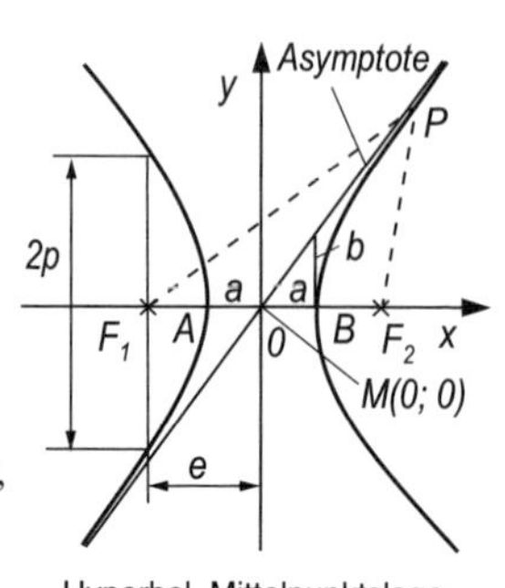

Hyperbel, Mittelpunktslage

6.6.5.1 Gleichungen der Hyperbel

Mittelpunktsgleichung (Ursprungsgleichung), *M*(0; 0)

$$\frac{x^2}{a^2} - \frac{y^2}{b^2} = 1 \qquad y = \pm\frac{b}{a}\sqrt{x^2-a^2} \qquad x \in (-\infty, -a] \cup [a, \infty)$$

Bemerkung: Symmetrie zu beiden Koordinatenachsen (siehe Bild)

Gleichseitige oder *rechtwinklige Hyperbel* $(a = b)$

$$x^2 - y^2 = a^2$$

Parameterdarstellungen

$$\begin{cases} x = \dfrac{a}{\cos t} \\ y = \pm b \tan t \end{cases} \quad \text{bzw.} \quad \begin{cases} x = \pm a \cosh t \\ y = b \sinh t \end{cases} \qquad \begin{matrix} t \in \mathbb{R}, + \text{ für rechten Ast} \\ a,b > 0 \end{matrix}$$

Allgemeine Gleichung bei achsparalleler Lage, Hauptform

$$\frac{(x-x_\mathrm{m})^2}{a^2} - \frac{(y-y_\mathrm{m})^2}{b^2} = 1 \qquad M(x_\mathrm{m}, y_\mathrm{m})$$

Parameterdarstellungen wie oben,
man setze $x - x_\mathrm{m}$ für x und $y - y_\mathrm{m}$ für y.

Scheitelgleichung, *M*(−*a*, 0)

$$y^2 = 2px + \frac{p}{a}x^2$$

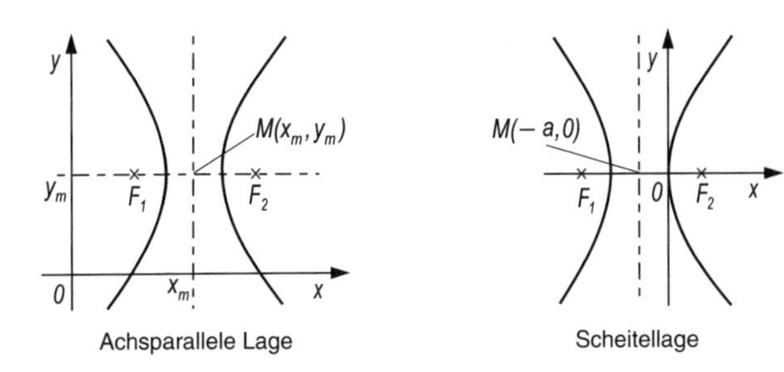

Achsparallele Lage Scheitellage

6

Gleichung 2. Grades als Hyperbel in achsparalleler Lage

$$a_{11}x^2 + a_{22}y^2 + 2a_{10}x + 2a_{20}y + a_{00} = 0 \qquad a_{11}a_{22} < 0$$

Halbachsen: $a = \sqrt{\left|\dfrac{a_{22}a_{10}^2 + a_{11}a_{20}^2 - a_{11}a_{22}a_{00}}{a_{11}^2 a_{22}}\right|}$,

$$b = \sqrt{\left|\frac{a_{22}a_{10}^2 + a_{11}a_{20}^2 - a_{11}a_{22}a_{00}}{a_{11}a_{22}^2}\right|}$$

Mittelpunkt: $M\left(-\dfrac{a_{10}}{a_{11}}, -\dfrac{a_{20}}{a_{22}}\right)$

Jede Gleichung der Form $y = \dfrac{Ax + B}{Cx + D}$, $AD - BC \neq 0$ und $C \neq 0$ stellt eine Hyperbel dar, deren Asymptoten den kartesischen Koordinatenachsen parallel sind.

Inverse Gleichungen

(Nach oben und unten geöffnet)

Allgemeine Gleichung: $\dfrac{(y - y_\mathrm{m})^2}{a^2} - \dfrac{(x - x_\mathrm{m})^2}{b^2} = 1$

Scheitelgleichung: $M(0, -a)$: $x^2 = 2py + \dfrac{p}{a}y^2$

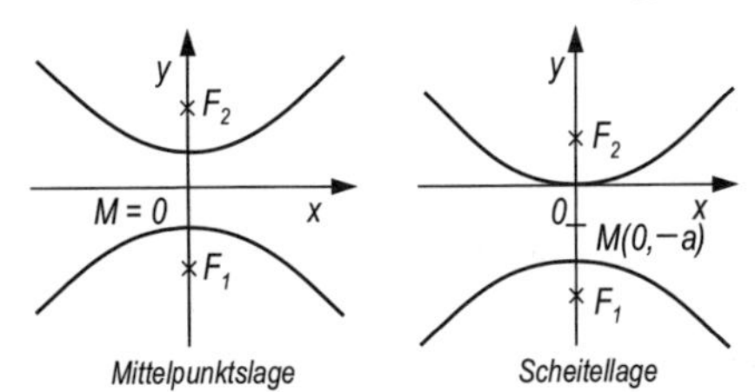

Inverse Gleichungen

Polargleichungen der Hyperbel, Polarkoordinaten $\{0;\, r, \varphi\}$

$$M = \text{Pol: } r^2 = \frac{b^2}{\varepsilon^2 \cos^2 \varphi - 1} \qquad \varepsilon > 1$$

$$F_2 = \text{Pol: } r = \frac{p}{1 - \varepsilon \cos \varphi} \qquad \varepsilon > 1 \quad \varphi \in [0{,}2\pi] \backslash [-\varphi_0, \varphi_0]$$

$$\text{Asymptoten: } \tan \varphi_0 = \frac{b}{a} \qquad \pm\, \varphi_0 \text{ Steigung der Asymptoten}$$

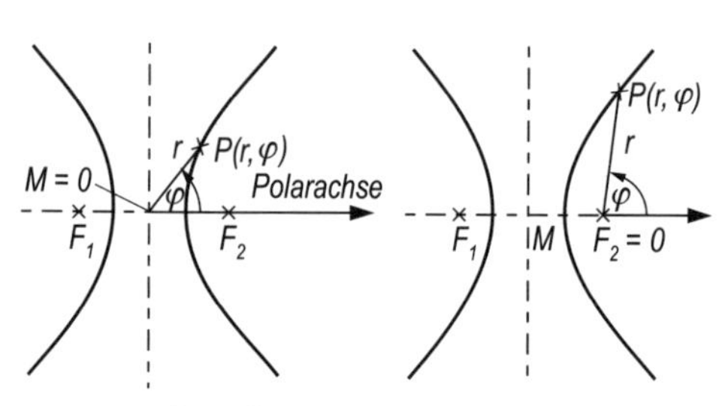

Darstellung in Polarkoordinaten

Brennstrahlen der Hyperbel $\frac{x^2}{a^2} - \frac{y^2}{b^2} = 1$

$$\left|\overline{PF_1}\right| = \varepsilon x + a$$

$$\Rightarrow \left|\overline{PF_1}\right| - \left|\overline{PF_2}\right| = 2a$$

$$\left|\overline{PF_2}\right| = \varepsilon x - a$$

6.6.5.2 Schnittpunkt einer Geraden mit einer Hyperbel

$$g\colon y = mx + b_1,\ k\colon \frac{x^2}{a^2} - \frac{y^2}{b^2} = 1$$

$$x_{1,2} = \frac{a^2 m b_1}{b^2 - a^2 m^2} \pm \frac{ab}{b^2 - a^2 m^2} \sqrt{b^2 + b_1^2 - a^2 m^2} \qquad b^2 - a^2 m^2 \neq 0$$

$$y_{1,2} = \frac{b^2 b_1}{b^2 - a^2 m^2} \pm \frac{abm}{b^2 - a^2 m^2} \sqrt{b^2 + b_1^2 - a^2 m^2}$$

Diskriminante: $D = b^2 + b_1^2 - a^2 m^2$

- $D > 0$ Die Hyperbel wird von den Geraden geschnitten.
- $D = 0$ Die Hyperbel wird von der Geraden berührt (Tangente).
- $D < 0$ Die Hyperbel wird von der Geraden gemieden.

Sonderfälle

$b^2 - a^2m^2 = 0, m \neq 0$

- $b_1 \neq 0$: Die Gerade schneidet die Hyperbel nur in einem Punkt (x_s, y_s) und ist einer der beiden Asymptoten parallel.

  $$x_s = -\frac{b_1^2 + b^2}{2mb_1} \quad y_s = -\frac{b_1^2 - b^2}{2b_1}$$

- $b_1 = 0$: Die Gerade ist Asymptote.

6.6.5.3 Tangente und Normale einer Hyperbel

6

k: $\frac{x^2}{a^2} - \frac{y^2}{b^2} = 1$, P_0: (x_0, y_0) auf Hyperbel

Tangente: $\frac{xx_0}{a^2} - \frac{yy_0}{b^2} = 1$, $m_t = \frac{b^2x_0}{a^2y_0}$

Normale: $y - y_0 = -\frac{a^2y_0}{b^2x_0}(x - x_0)$

$$m_n = -\frac{a^2y_0}{b^2x_0}$$

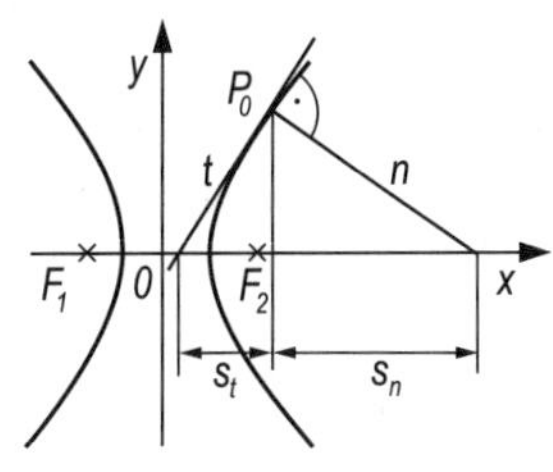

Tangente und Normale

Tangentenlänge: $t = \sqrt{y_0^2 + \left(x_0 - \frac{a^2}{x_0}\right)^2}$

Normalenlänge: $n = \frac{b}{a^2}\sqrt{e^2x_0^2 - a^4}$

Subtangentenlänge: $s_t = \left|x_0 - \frac{a^2}{x_0}\right|$ Subnormalenlänge: $s_n = \left|\frac{b^2x_0}{a^2}\right|$

k: $\frac{(x - x_m)^2}{a^2} - \frac{(y - y_m)^2}{b^2} = 1$, P_0: (x_0, y_0) auf Hyperbel

Tangente: $\frac{(x - x_m)(x_0 - x_m)}{a^2} - \frac{(y - y_m)(y_0 - y_m)}{b^2} = 1$

$$m_t = \frac{b^2(x_0 - x_m)}{a^2(y_0 - y_m)}$$

Normale: $y - y_0 = -\frac{a^2(y_0 - y_m)}{b^2(x_0 - x_m)}(x - x_0) \quad m_n = -\frac{a^2(y_0 - y_m)}{b^2(x_0 - x_m)}$

Asymptoten

> Die Tangenten in den unendlich fernen Punkten heißen *Asymptoten*.

$$y = \pm \frac{b}{a} x \qquad \tan \varphi_0 = \frac{b}{a}$$

$$\left|\overline{T_1 E}\right| = \left|\overline{T_2 E}\right|$$

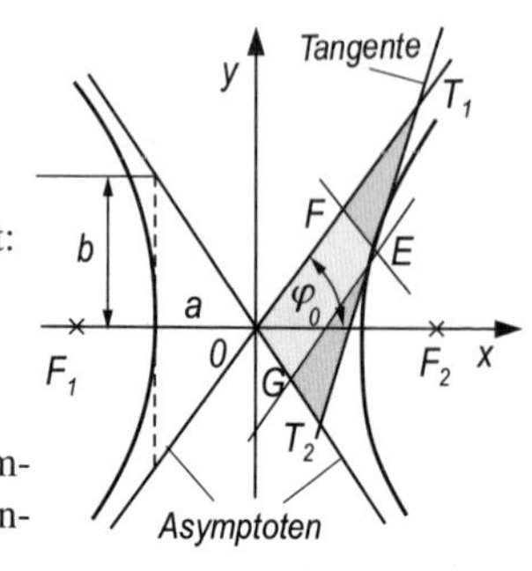

Tangente und Asymptoten

Satz vom konstanten Dreieck

Die Fläche des Dreiecks $T_1 0 T_2$ ist konstant:

$$A = ab$$

Satz vom konstanten Parallelogramm

Sind EF und EG Parallelen zu den Asymptoten, so ist der Flächeninhalt des entstandenen Parallelogramms $0GEF$ konstant:

$$A = \frac{ab}{2}$$

Asymptotengleichung der Hyperbel im Asymptoten-Koordinatensystem $\{0;$ Asymptote 1; Asymptote 2$\}$

$$x'y' = \frac{e^2}{4} \qquad a \neq b, \text{ schiefwinklig}$$

Sonderfall

Stehen die Asymptoten $y = \pm x$ senkrecht aufeinander ($a = b$), ergibt sich eine *gleichseitige* oder *rechtwinklige Hyperbel*

$$x'y' = \frac{a^2}{2} \quad \text{bzw. } x^2 - y^2 = a^2$$

6.6.5.4 Polare eines Punktes in Bezug auf eine Hyperbel

k: $\frac{x^2}{a^2} - \frac{y^2}{b^2} = 1$, P_0: (x_0, y_0) Pol außerhalb der Hyperbel

$$\frac{xx_0}{a^2} - \frac{yy_0}{b^2} = 1$$

Durchmesser der Hyperbel

Durchmesser einer Hyperbel sind Geraden durch deren Mittelpunkt:

$$y = \frac{b^2}{a^2 m} x \qquad m = \tan \alpha$$

Konjugierte Durchmesser sind Durchmesser, von denen jeder die dem anderen parallelen Sehnen halbiert.

$y = m_1 x$ und $y = m_2 x$ sind zwei konjugierte Durchmesser, wenn

$$m_1 m_2 = \frac{b^2}{a^2}$$

Für zwei konjugierte Durchmesser $2a_1$ und $2b_1$ gilt:

$$a_1^2 - b_1^2 = a^2 - b^2$$

Gleichung der Hyperbel, bezogen auf die konjugierten Durchmesser $2a_1$ und $2b_1$

$$\frac{x^2}{a_1^2} - \frac{y^2}{b_1^2} = 1$$

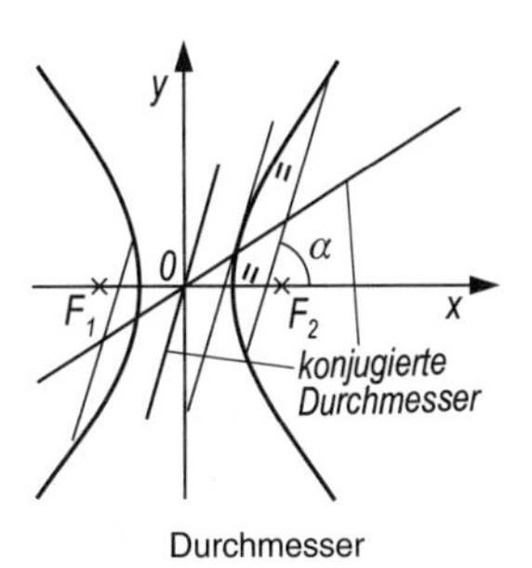

6.6.5.5 Krümmung einer Hyperbel

Krümmungsradius ρ, Krümmungsmittelpunkt $M_k(\xi, \eta)$

k: $\frac{x^2}{a^2} - \frac{y^2}{b^2} = 1$, Krümmung im Punkt P_0: (x_0, y_0) auf der Hyperbel

$$\rho = \frac{1}{a^4 b^4}\sqrt{\left(b^4 x^2 + a^4 y^2\right)^3} = \frac{\sqrt{\left(e^2 x^2 - a^4\right)^3}}{a^4 b} = \frac{n^3}{p^2}$$

n Normalenlänge, siehe 6.6.5.3

$$\xi = \frac{e^2 x_0^3}{a^4} \qquad \eta = -\frac{e^2 y_0^3}{b^4} = -\frac{\varepsilon^2 a^2 y_0^3}{b^4}$$

desgl. im Scheitel $A(-a, 0)$

$$\rho = \frac{b^2}{a} = p \qquad \xi = -\frac{e^2}{a} \qquad \eta = 0$$

desgl. im Scheitel $B(a, 0)$

$$\rho = \frac{b^2}{a} = p \qquad \xi = \frac{e^2}{a} \qquad \eta = 0$$

Hauptkreis der Hyperbel

$$x^2 + y^2 = a^2$$

Evolute der Hyperbel

$$\left(\frac{ax}{e^2}\right)^{\frac{2}{3}} - \left(\frac{by}{e^2}\right)^{\frac{2}{3}} = 1 \text{ für } |x| \geq \frac{e^2}{a}$$

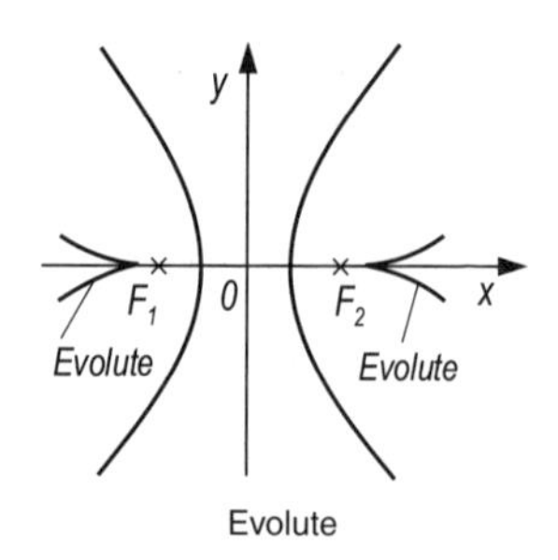

Evolute

6.6.5.6 Hyperbelsegment und Hyperbelsektor

Hyperbelsegment P_1BP_2

$$A = x_1y_1 - ab\ln\left(\frac{x_1}{a} + \frac{y_1}{b}\right)$$
$$= x_1y_1 - \operatorname{arcosh}\frac{x_1}{a}$$

Hyperbelsektor $0P_2BP_1$

$$A = ab\ln\left(\frac{x_1}{a} + \frac{y_1}{b}\right) = \operatorname{arcosh}\frac{x_1}{a}$$

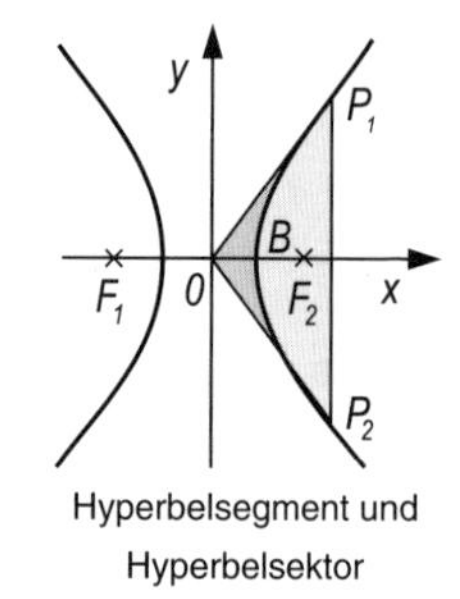

Hyperbelsegment und Hyperbelsektor

6.6.5.7 Hyperbelkonstruktionen

Gegeben: Brennpunkte F_1, F_2 und Hauptsymmetrieachse $2a$

(1) Man zeichnet um F_1 und F_2 Kreise mit beliebigem Radius ρ und dem Radius $2a + \rho$ und erhält als Schnittpunkte vier symmetrisch liegende Hyperbelpunkte. Durch Variieren von ρ ergeben sich weitere Hyperbelpunkte.

Gegeben: Halbachsen a und b

(2) Man zeichnet um $M = 0$ Kreise mit den Radien a und b. An diese „Leitkreise" zieht man die lotrechten Tangenten s und t. Eine beliebige Gerade g durch 0 schneidet die Tangenten in A und B. Dann zeichnet man um 0 den Kreisbogen mit dem Radius $|\overline{0B}|$ und errichtet in seinem Schnittpunkt mit der x-Achse die Senkrechte zur x-Achse. Ihr Schnittpunkt mit der zur x-Achse parallelen Geraden durch A ist ein Hyperbelpunkt. Variation von g ergibt weitere Hyperbelpunkte.

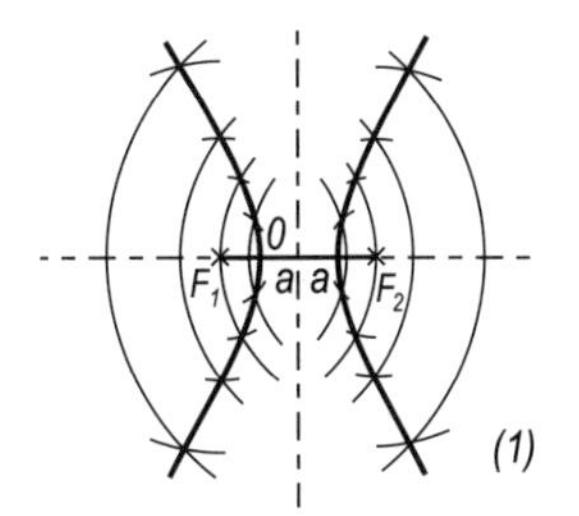

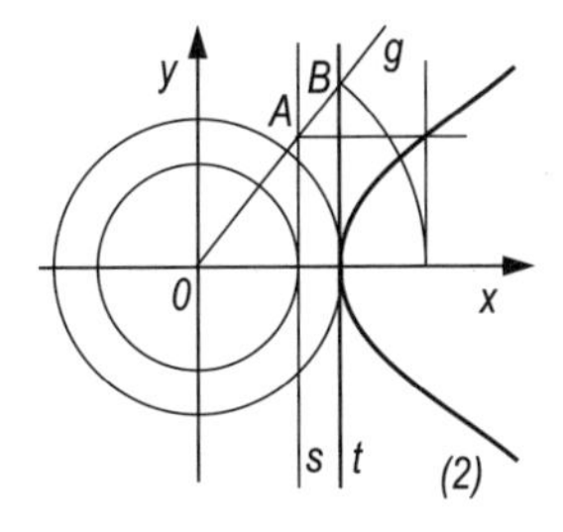

Gegeben: Koordinatenachsen als Asymptoten und ein Punkt P der gleichseitigen Hyperbel

(3) Man fällt von P die Lote $\overline{PQ}$ und $\overline{PR}$ auf die Koordinatenachsen, verlängert $\overline{PR}$ über P hinaus und verbindet beliebige Punkte auf der Verlängerung mit dem Ursprung 0. Durch die Schnittpunkte dieser Verbindungslinien mit $\overline{PQ}$ zieht man Parallelen zur x-Achse. Dann zieht man durch die Teilpunkte auf der Verlängerung von $\overline{PR}$ Parallelen zur y-Achse. Ihre Schnittpunkte mit den entsprechenden Parallelen zur x-Achse sind Hyperbelpunkte.

Analoges Verfahren im 3. Quadranten ergibt den zweiten Zweig der Hyperbel.

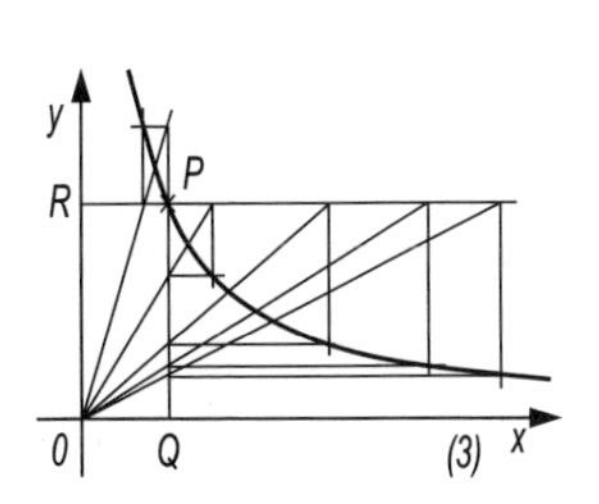

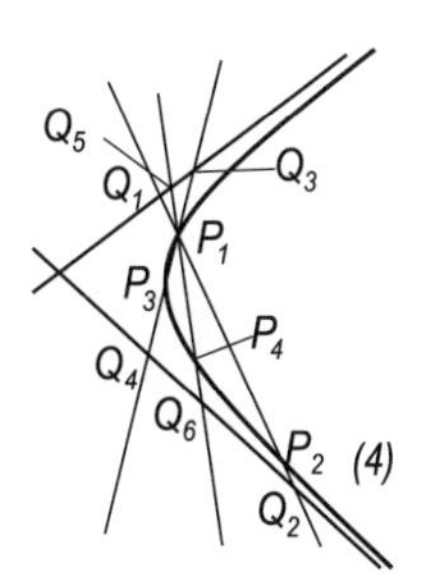

Gegeben: Asymptoten und ein Hyperbelpunkt P_1

(4) Man zeichnet eine beliebige Gerade durch P_1, die die Asymptoten in Q_1 und Q_2 schneidet, und trägt auf ihr $|\overline{Q_2P_2}| = |\overline{Q_1P_1}|$ ab. Der Punkt P_2 ist dann ein weiterer Hyperbelpunkt. Durch Variieren der Geraden ergeben sich weitere Punkte.

Bemerkung: Aus den Scheitelpunkten und den Asymptoten lässt sich leicht der ungefähre Hyperbelverlauf ermitteln.

6.7 Flächen 2. Ordnung[1)]

6.7.1 Allgemeines

Allgemeine Gleichung für (Hyper-)Flächen 2. Ordnung

$$F(x,y,z) := a_{11}x^2 + a_{22}y^2 + a_{33}z^2 + 2a_{12}xy + 2a_{13}xz + 2a_{23}yz + 2a_{10}x + 2a_{20}y + 2a_{30}z + a_{00} = 0 \text{ oder}$$

$$\boldsymbol{x}^{\mathrm{T}}\boldsymbol{A}\boldsymbol{x} + 2\boldsymbol{a}^{\mathrm{T}}\boldsymbol{x} + a_{00} = 0$$

$$\boldsymbol{A} = \begin{pmatrix} a_{11} & a_{12} & a_{13} \\ a_{21} & a_{22} & a_{23} \\ a_{31} & a_{32} & a_{33} \end{pmatrix}, \quad \boldsymbol{a} = \begin{pmatrix} a_{10} \\ a_{20} \\ a_{30} \end{pmatrix},$$

$$\boldsymbol{B} = \begin{pmatrix} a_{00} & a_{01} & a_{02} & a_{03} \\ a_{10} & a_{11} & a_{12} & a_{13} \\ a_{20} & a_{21} & a_{22} & a_{23} \\ a_{30} & a_{31} & a_{32} & a_{33} \end{pmatrix} = \begin{pmatrix} a_{00} & \boldsymbol{a}^{\mathrm{T}} \\ \boldsymbol{a} & \boldsymbol{A} \end{pmatrix}$$

$\boldsymbol{A}$ *Formenmatrix*, reell, symmetrisch, d. h. $a_{ik} = a_{ki}$ $\quad \boldsymbol{x} = (x, y, z)^{\mathrm{T}}$

Übersicht (nicht zerfallende Flächen 2. Ordnung)

Fall 1: $\det \boldsymbol{A} = \lambda_1\lambda_2\lambda_3 \neq 0$ (*Mittelpunktsflächen*, Mittelpunktsquadriken)

	$\mathrm{sp}(\boldsymbol{A}) = a_{11} + a_{22} + a_{33}$ $\mathrm{sp}(\boldsymbol{A}) \cdot \det \boldsymbol{A} > 0, T > 0$	$\mathrm{sp}(\boldsymbol{A}) \cdot \det \boldsymbol{A} < 0$ oder $T < 0$, T s. 6.8, S. 333
$\det \boldsymbol{B} < 0$	Ellipsoid	zweischaliges Hyperboloid
$\det \boldsymbol{B} > 0$	imaginäres Ellipsoid	einschaliges Hyperboloid
$\det \boldsymbol{B} = 0$	imaginärer Kegel	Kegel

Fall 2: $\det \boldsymbol{A} = \lambda_1\lambda_2\lambda_3 = 0$, T siehe Hauptachsentransformation 6.8.

	$\det \boldsymbol{B} < 0, T > 0$	$\det \boldsymbol{B} > 0, T < 0$
	elliptisches Paraboloid	hyperbolisches Paraboloid

	$T > 0$	$T > 0$	$T = 0$
$\det \boldsymbol{B} = 0$	elliptischer Zylinder	hyperbolischer Zylinder	parabolischer Zylinder

[1)] Allgemeine krumme Flächen siehe Differenzialgeometrie, Abschnitt 8.3.3.

Die Fläche 2. Ordnung besitzt einen im Endlichen gelegenen Mittelpunkt, wenn $\det \boldsymbol{A} \neq 0$ ist (*Mittelpunktsflächen*). Sehnen durch den Mittelpunkt heißen *Durchmesser*.

Der Ort aller Mittelpunkte paralleler Sehnen ist eine *Durchmesserebene* (*Diametralebene*). Der zu den Sehnen gehörende Durchmesser ist konjugiert zur Diametralebene.

Ein *Zerfallen* der Fläche 2. Ordnung in ein Ebenenpaar tritt ein, wenn

$$\begin{vmatrix} a_{00} & a_{01} & a_{02} \\ a_{10} & a_{11} & a_{12} \\ a_{20} & a_{21} & a_{22} \end{vmatrix} + \begin{vmatrix} a_{00} & a_{01} & a_{03} \\ a_{10} & a_{11} & a_{13} \\ a_{30} & a_{31} & a_{33} \end{vmatrix} + \begin{vmatrix} a_{00} & a_{02} & a_{03} \\ a_{20} & a_{22} & a_{23} \\ a_{30} & a_{32} & a_{33} \end{vmatrix} = 0$$

Für Flächen 2. Ordnung im Raum $\mathbb{R}^3$ sind die Koordinaten eines Flächenpunktes $\boldsymbol{x}$ Funktionen von *zwei* skalaren Parametern.

6

6.7.2 Kugel

Mittelpunktsgleichungen, $M(0;\,0;\,0)$

$$x^2 + y^2 + z^2 = r^2 \qquad r \text{ Kugelradius}$$

$$\boldsymbol{r} \cdot \boldsymbol{r} = r^2$$

Allgemeine Gleichungen, $M(x_\mathrm{m}, y_\mathrm{m}, z_\mathrm{m})$

$$(x - x_\mathrm{m})^2 + (y - y_\mathrm{m})^2 + (z - z_\mathrm{m})^2 = r^2$$

$$(\boldsymbol{r} - \boldsymbol{r}_\mathrm{m}) \cdot (\boldsymbol{r} - \boldsymbol{r}_\mathrm{m}) = r^2$$

Allgemeine Gleichung 2. Grades als Kugel

$$x^2 + y^2 + z^2 + 2a_{10}x + 2a_{20}y + 2a_{30}z + a_{00} = 0$$

$$(x + a_{10})^2 + (y + a_{20})^2 + (z + a_{30})^2 = a_{10}^2 + a_{20}^2 + a_{30}^2 - a_{00} = r^2$$

Mittelpunkt: $M(-a_{10}, -a_{20}, -a_{30})$

Parameterdarstellung in *Kugelkoordinaten* $\{0; r, \vartheta, \varphi\}$, siehe 6.3.3.

$$\boldsymbol{r}(\vartheta, \varphi) = \begin{pmatrix} r \sin\vartheta \cos\varphi \\ r \sin\vartheta \sin\varphi \\ r \cos\vartheta \end{pmatrix} = \begin{pmatrix} x \\ y \\ z \end{pmatrix}$$

Parameter: $0 \leq \vartheta \leq \pi, 0 \leq \varphi < 2\pi$ Radius: r fest, $r > 0$

Tangentialebene im Punkt $P_0(x_0, y_0, z_0)$ auf der Kugel

$K\colon\ (x - x_\mathrm{m})^2 + (y - y_\mathrm{m})^2 + (z - z_\mathrm{m})^2 = r^2$

$$(x - x_\mathrm{m})(x_0 - x_\mathrm{m}) + (y - y_\mathrm{m})(y_0 - y_\mathrm{m}) + (z - z_\mathrm{m})(z_0 - z_\mathrm{m}) = r^2$$

Liegt P_0 nicht auf der Kugeloberfläche, stellt die Gleichung die *Polarebene* von P_0 in Bezug auf die Kugel dar.

Potenz p des Punktes $P_0(x_0, y_0, z_0)$ in Bezug auf die Kugel K wie oben

$$p = (x_0 - x_{\text{m}})^2 + (y_0 - y_{\text{m}})^2 + (z_0 - z_{\text{m}})^2 - r^2$$

Potenzebene in Bezug auf zwei Kugeln

K_1: $(x - x_{\text{m1}})^2 + (y - y_{\text{m1}})^2 + (z - z_{\text{m1}})^2 - r_1^2 = 0$

K_2: $(x - x_{\text{m2}})^2 + (y - y_{\text{m2}})^2 + (z - z_{\text{m2}})^2 - r_2^2 = 0$

$$K_1 - K_2 = 0$$

Die Potenzebene steht senkrecht auf der Zentralen der beiden Kugeln.

Potenzlinie in Bezug auf drei Kugeln $K_1 = 0$, $K_2 = 0$, $K_3 = 0$
(in Kurzschreibweise für die impliziten Kreisgleichungen)

$$K_1 - K_2 = 0 \wedge K_1 - K_3 = 0$$

6.7.3 Ellipsoid

$$\frac{x^2}{a^2} + \frac{y^2}{b^2} + \frac{z^2}{c^2} = 1 \quad \text{(Mittelpunkt im Ursprung, Normalform)}$$

a, b, c Halbachsen der Hauptschnitte,
$a, b, c > 0$

- drei ungleiche Achsen, allg. Ellipsoid
- zwei gleiche Achsen: *Rotationsellipsoid*
- drei gleiche Achsen: Kugel

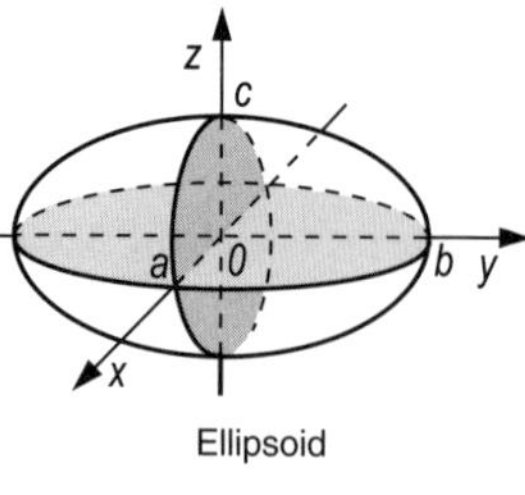

Ellipsoid

Parameterdarstellung (*Kugelkoordinaten*)

$$\boldsymbol{r}(\vartheta, \varphi) = \begin{pmatrix} a \sin\vartheta \cos\varphi \\ b \sin\vartheta \sin\varphi \\ c \cos\vartheta \end{pmatrix} = \begin{pmatrix} x \\ y \\ z \end{pmatrix}$$

Parameter: $0 \leq \vartheta \leq \pi$, $0 \leq \varphi < 2\pi$; a, b, c fest

Tangentialebene im Punkt $P_0(x_0, y_0, z_0)$ auf dem Ellipsoid

$$\frac{xx_0}{a^2} + \frac{yy_0}{b^2} + \frac{zz_0}{c^2} = 1$$

Liegt P_0 nicht auf der Fläche des Ellipsoids, stellt die Gleichung die *Polarebene* von P_0 (Pol) bezüglich des Ellipsoids dar.

Durchmesserebene (*Diametralebene*): $\dfrac{x\cos\alpha}{a^2} + \dfrac{y\cos\beta}{b^2} + \dfrac{z\cos\gamma}{c^2} = 0$

α, β, γ Richtungswinkel des zugeordneten Durchmessers

Drei *konjugierte Durchmesser*

$$\frac{\cos\alpha_1\cos\alpha_2}{a^2}+\frac{\cos\beta_1\cos\beta_2}{b^2}+\frac{\cos\gamma_1\cos\gamma_2}{c^2}=0 \quad \text{(zV)}$$

Durch zyklische Vertauschung (zV) der jeweiligen drei Winkel entstehen zwei weitere Formeln.

$\alpha_i, \beta_i, \gamma_i$, $i = 1, 2, 3$, Richtungswinkel der konjugierten Durchmesser

Jede Ebene schneidet das Ellipsoid in einer reellen oder imaginären Ellipse.

Volumen

$$V=\frac{4}{3}\pi abc$$

Rotationsellipsoid

Rotierende Kurve k: $\frac{x^2}{a^2}+\frac{y^2}{b^2}=1$

Rotation um die a-Achse (längliches Ellipsoid, $b = c$)

$$V=\frac{4}{3}\pi ab^2$$

Rotation um die b-Achse (*Sphäroid*, $a = c$)

$$V=\frac{4}{3}\pi a^2 b$$

6.7.4 Hyperboloid

a, b, c Halbachsen der Hauptschnitte

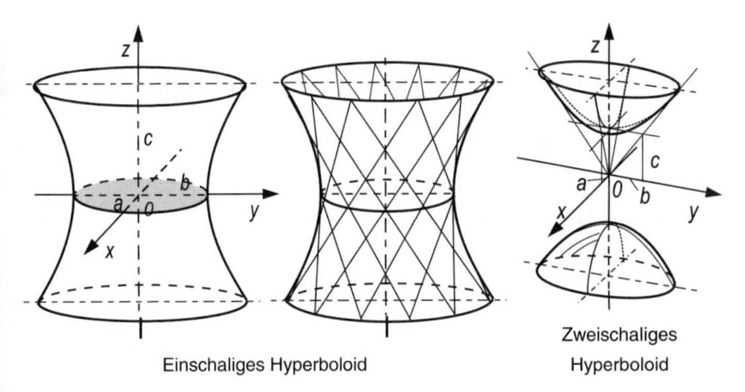

Einschaliges Hyperboloid

Zweischaliges Hyperboloid

Einschaliges Hyperboloid

Schnitte $\perp$ z-Achse: Ellipsen
Schnitte $\perp$ x- und y-Achse: Hyperbeln

$$\frac{x^2}{a^2}+\frac{y^2}{b^2}-\frac{z^2}{c^2}=1 \qquad \boldsymbol{r}(u,v)=\begin{pmatrix} a\cos u\cdot v\\ b\sin u\cdot v\\ \pm c\sqrt{v^2-1}\end{pmatrix}$$

a, b reelle Halbachsen, c imaginäre Halbachse, Parameter $0 \le u < 2\pi$, $v \ge 1$

Zweischaliges Hyperboloid

Bemerkung: Schnitte senkrecht zur z-Achse sind erst für $z^2 \ge c^2$ Ellipsen.

$$\frac{x^2}{a^2}+\frac{y^2}{b^2}-\frac{z^2}{c^2}=-1 \qquad \boldsymbol{r}(u,v)=\begin{pmatrix} a\cos u\cdot v\\ b\sin u\cdot v\\ \pm c\sqrt{v^2+1}\end{pmatrix}$$

c reelle Halbachse, a, b imaginäre Halbachsen, Parameter $0 \le u < 2\pi$, $v \ge 1$

Asymptotenkegel (gültig für beide Hyperboloide)

$$\frac{x^2}{a^2}+\frac{y^2}{b^2}-\frac{z^2}{c^2}=0$$

Durchmesserebene (*Diametralebene*), gültig für beide Hyperboloide

$$\frac{x\cos\alpha}{a^2}+\frac{y\cos\beta}{b^2}-\frac{z\cos\gamma}{c^2}=0$$

α, β, γ Richtungswinkel des zugeordneten Durchmessers

Tangentialebene im Punkt $P_0(x_0, y_0, z_0)$ auf dem Hyperboloid

$$\frac{xx_0}{a^2}+\frac{yy_0}{b^2}-\frac{zz_0}{c^2}=\pm 1$$

Pluszeichen für einschaliges, Minuszeichen für zweischaliges Hyperboloid

Liegt P_0 nicht auf der Fläche, stellt die Gleichung die *Polarebene* von P_0 (Pol) bezüglich des Hyperboloids dar.

Geradlinige *Erzeugende* jedes einschaligen Hyperboloids
(Bild oben, rechte Darstellung), Anwendung: Kühltürme

$$\text{1. Schar}\begin{cases}\dfrac{x}{a}+\dfrac{z}{c}=\kappa\left(1+\dfrac{y}{b}\right)\\[2ex] \dfrac{x}{a}-\dfrac{z}{c}=\dfrac{1}{\kappa}\left(1-\dfrac{y}{b}\right)\end{cases}$$

2. Schar $\begin{cases} \dfrac{x}{a} + \dfrac{z}{c} = \lambda \left(a - \dfrac{y}{b}\right) \\ \dfrac{x}{a} - \dfrac{z}{c} = \dfrac{1}{\lambda} \left(1 + \dfrac{y}{b}\right) \end{cases}$ $\qquad \kappa, \lambda \in \mathbb{R}^*$

Je zwei Geraden derselben Schar sind zueinander windschief. Je zwei Geraden verschiedener Scharen schneiden sich in genau einem Punkt des Hyperboloids. Eine Ebene schneidet das Hyperboloid in einer Hyperbel, Parabel oder Ellipse, je nachdem, ob die Ebene parallel zu zwei Mantellinien, zu einer oder zu keiner Mantellinie des Asymptotenkegels liegt.

Rotationshyperboloide

Rotation um die x-Achse in den Grenzen a bis x_0 und $-a$ bis $-x_0$

(Rotierende Hyperbel: $\dfrac{x^2}{a^2} - \dfrac{y^2}{b^2} = 1$)

$$V = \frac{2\pi b^2 (x_0 - a)^2 (x_0 + 2a)}{3a^2} \qquad \text{(zweischalig)}$$

Rotation um die y-Achse in den Grenzen von y_0 bis $-y_0$

$$V = \frac{2\pi a^2 y_0 \left(y_0^2 + 3b^2\right)}{3b^2} \qquad \text{(einschalig)}$$

Rotation um die z-Achse einer zur Drehachse windschiefen Strecke: $a = b$

6.7.5 Kegel

$$\frac{x^2}{a^2} + \frac{y^2}{b^2} - \frac{z^2}{c^2} = 0 \qquad \boldsymbol{r}(u, v) = \begin{pmatrix} av \cos u \\ bv \sin u \\ cv \end{pmatrix}, 0 \leq u > 2\pi, v \in \mathbb{R}$$

a, b Halbachsen der Ellipse, die Leitkurve des Asymptotenkegels K der Hyperboloide ist und deren Ebene senkrecht zur z-Achse steht.

c Abstand der Ellipsenebene von der (x, y)-Ebene, Spitze = Ursprung

Schnitte durch Ebenen senkrecht der x- oder der y-Achse ergeben Geradenpaare.

Tangentialebene an den Kegel im Punkt $P_0(x_0, y_0, z_0)$

$$\frac{xx_0}{a^2} + \frac{yy_0}{b^2} - \frac{zz_0}{c^2} = 0$$

6

Gerader Kreiskegel (Leitkurve Kreis, $a = b$)

$$\frac{x^2 + y^2}{a^2} - \frac{z^2}{c^2} = 0$$

Tangentialebene im Punkt P_0 des Kreiskegels

$$\frac{xx_0 + yy_0}{a^2} - \frac{zz_0}{c^2} = 0$$

Geradlinige *Erzeugende* des Kegels

$$\frac{x}{a} + \frac{z}{c} = \frac{1}{\lambda}\frac{y}{b} \qquad \frac{x}{a} - \frac{z}{c} = -\lambda\frac{y}{b}$$

Die Schar geht durch die Spitze des Kegels (zentralsymmetrisch), $\lambda \in \mathbb{R}^*$. z ist Symmetrieachse.

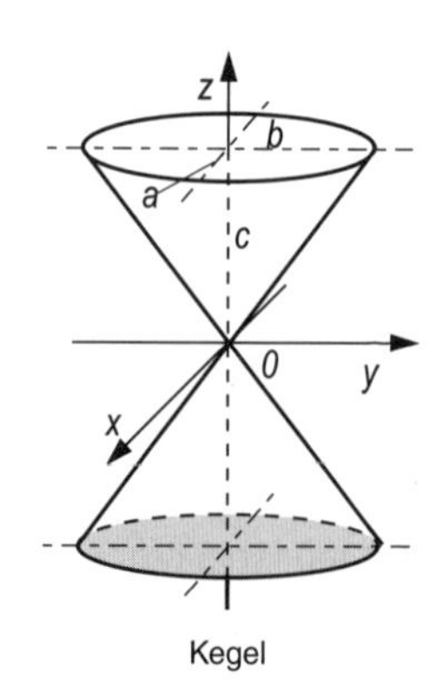

Kegel

6.7.6 Zylinder

Ein Zylinder ist eine Fläche 2. Ordnung ohne Mittelpunkt, Mittellinien parallel der z-Achse.

Elliptischer Zylinder

(senkrecht zur (x, y)-Ebene)

$$\frac{x^2}{a^2} + \frac{y^2}{b^2} = 1$$

Die Gleichung entspricht der Schnittellipse in der (x, y)-Ebene.

(x, z)- und (y, z)-Ebene sind Symmetrieebenen.

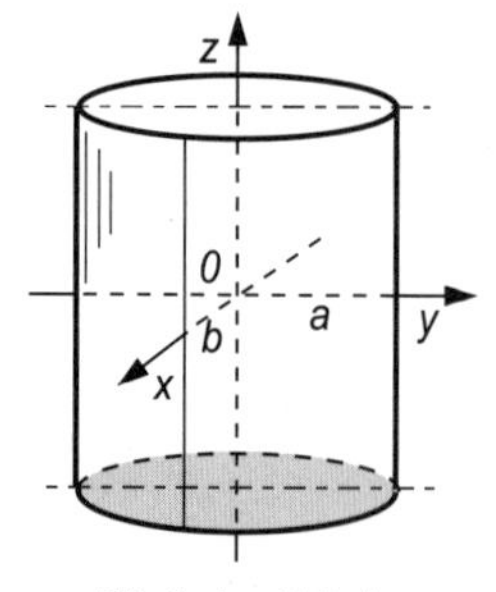

Elliptischer Zylinder

Kreiszylinder ($a = b = r$)

$$x^2 + y^2 = r^2$$

Parameterdarstellung (*Zylinderkoordinaten*)

$$\boldsymbol{r}(\varphi,h) = \begin{pmatrix} r\cos\varphi \\ r\sin\varphi \\ h \end{pmatrix} = \begin{pmatrix} x \\ y \\ z \end{pmatrix}$$

Parameter: $0 \leq \varphi < 2\pi,\ -\infty < h < \infty$

r fest, $r > 0$

Hyperbolischer Zylinder (senkrecht zur (x, y)-Ebene)

Die Schnittkurve in der (x, y)-Ebene ist eine Hyperbel.

$$\frac{x^2}{a^2} - \frac{y^2}{b^2} = 1$$

(x, z)- und (y, z)-Ebene sind Symmetrieebenen.

Parabolischer Zylinder (senkrecht zur (x, y)-Ebene)

$$\frac{y^2}{b^2} - 2x = 0 \Rightarrow y^2 = 2px$$

Die (x, z)-Ebene ist Symmetrieebene. Die (y, z)-Ebene ist Tangentialebene, die die Fläche in der z-Achse berührt.

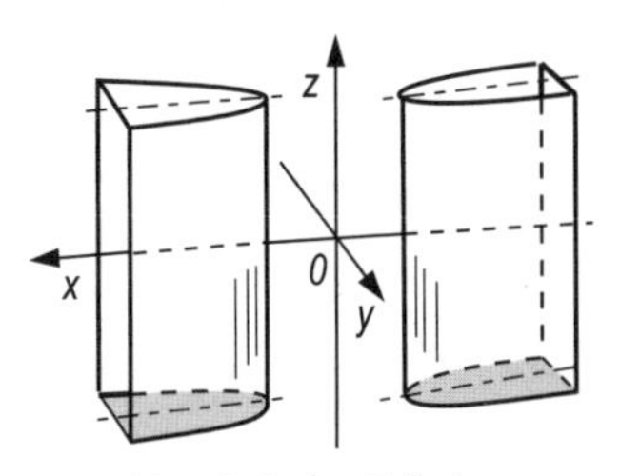

Hyperbolischer Zylinder

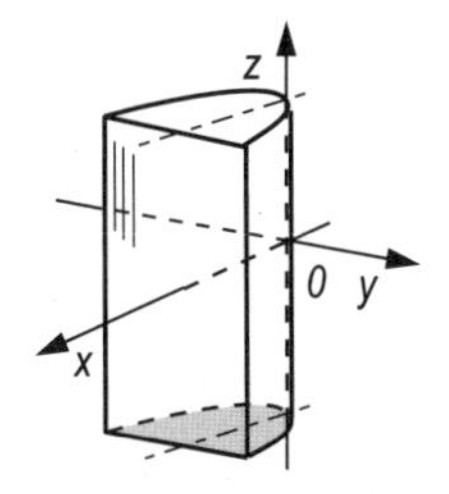

Parabolischer Zylinder

Schnitte senkrecht zur (x, y)-Ebene ergeben ein reelles oder imaginäres Geradenpaar. Jede andere Ebene schneidet den elliptischen, hyperbolischen oder parabolischen Zylinder in einer Ellipse, Hyperbel oder Parabel.

Tangentialebene im Punkt $P_0(x_0, y_0, z_0)$

für elliptischen Zylinder: $\frac{xx_0}{a^2} + \frac{yy_0}{b^2} = 1$

für hyperbolischen Zylinder: $\frac{xx_0}{a^2} - \frac{yy_0}{b^2} = 1$

für parabolischen Zylinder: $yy_0 = p\,(x + x_0)$

6.7.7 Paraboloid

$$\Phi_1\colon 2z = \frac{x^2}{a^2} + \frac{y^2}{b^2} \ (\textit{elliptisch}) \qquad \Phi_2\colon 2z = \frac{x^2}{a^2} - \frac{y^2}{b^2} \left(\begin{matrix}\textit{hyperbolisch,}\\ \textit{Sattelfläche}\end{matrix}\right)$$

Schnitte parallel der (x, y)-Ebene für $z > 0$ sind Ellipsen bzw. Hyperbeln.

Schnitte parallel der (x, z)- und (y, z)-Ebene sind Parabeln.

Achse des Paraboloids: z-Achse

Ursprung ist Scheitel- bzw. Sattelpunkt $P_S(0;0;0)$

$$V = \frac{1}{2}\pi abh$$

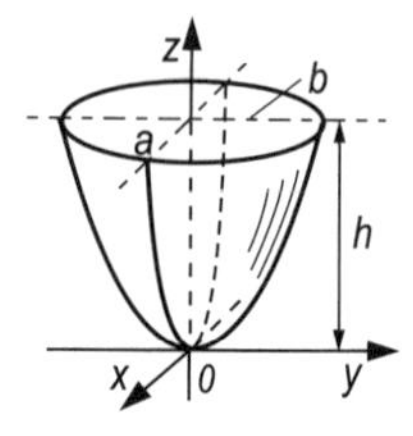

Elliptisches Paraboloid

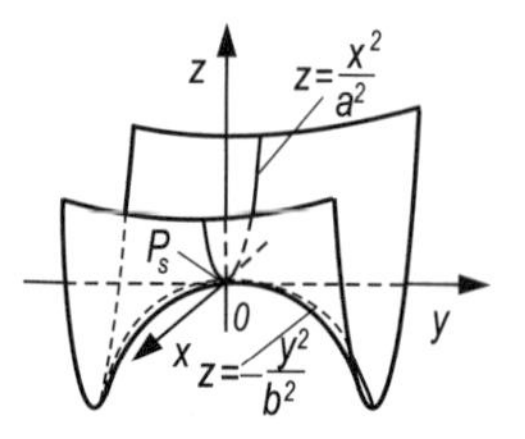

Hyperbolisches Paraboloid

$a = b = r$ beim elliptischen Paraboloid ergibt ein *Rotationsparaboloid*, rotierende Kurve $2z = \frac{y^2}{a^2}$, $h = z$ mit der z-Achse als Drehachse.

Der *Schwerpunkt S* liegt auf der Achse im Abstand $2h/3$ vom Scheitel.

Die (x, y)-Ebene ist Tangentialebene an beide Paraboloide im Ursprung.

Elliptisches Paraboloid

Schnitte parallel (x, y)-Ebene ergeben Ellipsen $(z > 0)$, Schnitte parallel (x, z)- und (y, z)-Ebene ergeben wieder Parabeln.

Hyperbolisches Paraboloid

Schnitte parallel (x, y)-Ebene ergeben Hyperbeln $(z \neq 0)$ bzw. Geraden $(z = 0)$, Schnitte parallel (x, z)- und (y, z)-Ebene Parabeln.

Die (x, z)- und (y, z)-Ebene sind Symmetrieebenen für beide Paraboloide.

Tangentialebene in $P_0(x_0, y_0, z_0)$

$$\frac{xx_0}{a^2} \pm \frac{yy_0}{b^2} - (z + z_0) = 0$$

Liegt P_0 nicht auf der Fläche, stellt die Gleichung die *Polarebene* dar.

Geradlinige *Erzeugende* des *hyperbolischen Paraboloids*

1. Schar $\begin{cases} \frac{x}{a} + \frac{y}{b} = \kappa \\ \frac{x}{a} - \frac{y}{b} = \frac{1}{\kappa} 2z \end{cases}$ parallel der Ebene $\frac{x}{a} + \frac{y}{b} = 0$

2. Schar $\begin{cases} \frac{x}{a} - \frac{y}{b} = \lambda \\ \frac{x}{a} + \frac{y}{b} = \frac{1}{\lambda} 2z \end{cases}$ parallel der Ebene $\frac{x}{a} - \frac{y}{b} = 0;\ \kappa, \lambda \in \mathbb{R}^*$

Abgestumpftes Rotationsparaboloid

6

(Grund- und Deckflächen parallele Kreisflächen)

$$V = \frac{1}{2}\pi h \left(r_1^2 + r_2^2\right)$$

6.8 Hauptachsentransformation

Eine orthogonale Koordinatentransformation, bei der die *allgemeine Gleichung 2. Grades* in eine *metrische Normalform* überführt wird, heißt (*orthogonale*) *Hauptachsentransformation.*

Geometrische Deutung

Eine Hauptachsentransformation setzt sich aus einer Drehung um *0* und einer Translation zusammen.

Durch Hauptachsentransformation werden *Kurven 2. Ordnung* (Kegelschnitte) in ihrer Mittelpunkts- bzw. Scheitellage dargestellt.

Flächen 2. Ordnung werden in der Normalform mit zu den Koordinatenachsen parallelen Hauptachsen dargestellt.

Eine *metrische Normalform* liegt vor, wenn

- kein gemischtquadratisches Glied
- kein lineares Glied oder
- nur ein lineares Glied, aber kein Absolutglied auftritt.

Allgemeine Gleichung 2. Grades für *Kurven* 2. Ordnung in der Ebene $\mathbb{R}^2$

$$F(x,y)\colon a_{11}x^2 + a_{22}y^2 + 2a_{12}xy + 2a_{10}x + 2a_{20}y + a_{00} = 0$$

Allgemeine Gleichung 2. Grades für *Flächen* 2. Ordnung im Raum $\mathbb{R}^3$

$$F(x,y,z)\colon a_{11}x^2 + a_{22}y^2 + a_{33}z^2 + 2a_{12}xy + 2a_{13}xz + 2a_{23}yz + 2a_{10}x + 2a_{20}y + 2a_{30}z + a_{00} = 0$$

Matrizenschreibweise für beide sog. *Hyperflächen 2. Ordnung*

$$\boldsymbol{x}^{\mathrm{T}}\boldsymbol{A}\boldsymbol{x} + 2\boldsymbol{a}^{\mathrm{T}}\boldsymbol{x} + a_{00} = 0$$

a_{00} absolutes Glied

Für Kurven 2. Ordnung: $\boldsymbol{A} = \begin{pmatrix} a_{11} & a_{12} \\ a_{21} & a_{22} \end{pmatrix}, \quad \boldsymbol{a} = \begin{pmatrix} a_{10} \\ a_{20} \end{pmatrix}, \quad \boldsymbol{x} = \begin{pmatrix} x \\ y \end{pmatrix}$

Für Kurven 2. Ordnung: $\boldsymbol{A} = \begin{pmatrix} a_{11} & a_{12} & a_{13} \\ a_{21} & a_{22} & a_{23} \\ a_{31} & a_{32} & a_{33} \end{pmatrix}, \quad \boldsymbol{a} = \begin{pmatrix} a_{10} \\ a_{20} \\ a_{30} \end{pmatrix}, \quad \boldsymbol{x} = \begin{pmatrix} x \\ y \\ z \end{pmatrix}$

$\boldsymbol{A}$ *Formenmatrix*, reell, symmetrisch, $a_{ik} = a_{ki}$ für $i \neq k$ bzw. $\boldsymbol{A} = \boldsymbol{A}^{\mathrm{T}}, \boldsymbol{A} \neq 0$

Der Ausdruck $Q = \boldsymbol{x}^{\mathrm{T}}\boldsymbol{A}\boldsymbol{x}$ heißt *quadratische Form*. Er bestimmt die quadratischen Glieder nach Drehung im $\boldsymbol{x}'$-System.

♦ **Beispiel**

Ist $3x_1^2 + 7x_2^2 - 4x_1x_2$ eine quadratische Form?

$$\begin{aligned} \boldsymbol{x}^{\mathrm{T}}\boldsymbol{A}\boldsymbol{x} &= (x_1 x_2) \cdot \begin{pmatrix} 3 & -2 \\ -2 & 7 \end{pmatrix} \cdot \begin{pmatrix} x_1 \\ x_2 \end{pmatrix} \\ &= (3x_1 - 2x_2, -2x_1 + 7x_2) \cdot \begin{pmatrix} x_1 \\ x_2 \end{pmatrix} \\ &= 3x_1^2 - 2x_1x_2 - 2x_1x_2 + 7x_2^2 \quad \text{wie oben} \end{aligned}$$

Es liegt also eine quadratische Form vor. ♦

Invarianten

> *Invarianten* sind Terme, die bei Koordinatentransformation erhalten bleiben.

Invarianten der Kurven 2. Ordnung

$$\det\boldsymbol{A} = \begin{vmatrix} a_{11} & a_{12} \\ a_{21} & a_{22} \end{vmatrix} \qquad \det\boldsymbol{B} = \begin{vmatrix} a_{00} & a_{01} & a_{02} \\ a_{10} & a_{11} & a_{12} \\ a_{20} & a_{21} & a_{22} \end{vmatrix} = \begin{vmatrix} a_{00} & \boldsymbol{a}^{\mathrm{T}} \\ \boldsymbol{a} & \boldsymbol{A} \end{vmatrix}$$

$$\boldsymbol{a} = \begin{pmatrix} a_{10} \\ a_{20} \end{pmatrix}$$

Spur: $S = a_{11} + a_{22} = \overline{a}_{11} + \overline{a}_{22}$

Invarianten der Flächen 2. Ordnung

$$\det \boldsymbol{A} = \begin{vmatrix} a_{11} & a_{12} & a_{13} \\ a_{21} & a_{22} & a_{23} \\ a_{31} & a_{32} & a_{33} \end{vmatrix}$$

$$\det \boldsymbol{B} = \begin{vmatrix} a_{00} & a_{01} & a_{02} & a_{03} \\ a_{10} & a_{11} & a_{12} & a_{13} \\ a_{20} & a_{21} & a_{22} & a_{23} \\ a_{30} & a_{31} & a_{32} & a_{33} \end{vmatrix} = \begin{vmatrix} a_{00} & \boldsymbol{a}^{\mathrm{T}} \\ \boldsymbol{a} & \boldsymbol{A} \end{vmatrix}$$

Spur: $\operatorname{sp} \boldsymbol{A} = a_{11} + a_{22} + a_{33}$

$$T = \begin{vmatrix} a_{11} & a_{12} \\ a_{21} & a_{22} \end{vmatrix} + \begin{vmatrix} a_{22} & a_{23} \\ a_{32} & a_{33} \end{vmatrix} + \begin{vmatrix} a_{11} & a_{13} \\ a_{31} & a_{33} \end{vmatrix}$$

6

Prinzip der Hauptachsentransformation

(A) Drehung zum Erreichen achsparalleler Lage

Koordinatensystem nach Drehung: $\boldsymbol{x}'$ bzw. $\left(0; x', y', (z')\right)$

Dabei verschwinden die Koeffizienten der gemischtquadratischen Glieder, es entsteht die *metrische Normalform* der quadratischen Form.

Durchführung einer orthogonalen Transformation $\boldsymbol{x} = \boldsymbol{C}\boldsymbol{x}'$ oder umgekehrt $\boldsymbol{x}' = \boldsymbol{C}^{\mathrm{T}}\boldsymbol{x}$, wobei $\boldsymbol{C}$ eine orthogonale Transformationsmatrix ist.

Die neue Formenmatrix $\boldsymbol{D} = \boldsymbol{C}^{\mathrm{T}}\boldsymbol{A}\boldsymbol{C}$ bestimmt mit $\boldsymbol{x}'^{\mathrm{T}}\boldsymbol{C}^{\mathrm{T}}\boldsymbol{A}\boldsymbol{C}\boldsymbol{x}'$ die quadratischen Glieder der Gleichung im $\boldsymbol{x}'$-Koordinatensystem.

$\boldsymbol{D}$ ist die *Spektralmatrix der Eigenwerte* von $\boldsymbol{A}$ (*Modalmatrix*), siehe auch 5.2.4:

$$\boldsymbol{D} = \boldsymbol{C}^{\mathrm{T}}\boldsymbol{A}\boldsymbol{C} = \begin{pmatrix} \lambda_1 & 0 & 0 \\ 0 & \lambda_2 & 0 \\ 0 & 0 & \lambda_3 \end{pmatrix}$$

Die metrische Normalform der quadratischen Form (enthält nur quadratische Glieder) lautet:

$$\boldsymbol{x}'^{\mathrm{T}}\boldsymbol{D}\boldsymbol{x}' = \lambda_1 x_1'^2 + \lambda_2 x_2'^2 + \lambda_3 x_3'^2$$

Speziell für Kurven 2. Ordnung gilt:

Die bezüglich $\boldsymbol{i}$ und $\boldsymbol{j}$ vorgegebenen Vektoren $\boldsymbol{x}_i$ liegen in Richtung $\boldsymbol{i}'$, $\boldsymbol{j}'$, gegenüber $\boldsymbol{i}$, $\boldsymbol{j}$ gedreht um φ, wobei

$$\frac{\boldsymbol{x}_1}{|\boldsymbol{x}_1|} = \begin{pmatrix} \cos\varphi \\ \sin\varphi \end{pmatrix} \text{ und } \frac{\boldsymbol{x}_2}{|\boldsymbol{x}_2|} = \begin{pmatrix} -\sin\varphi \\ \cos\varphi \end{pmatrix} \text{ die Spalten von } \boldsymbol{C} \text{ sind.}$$

(B) *Parallelverschiebung* zum Erreichen der Mittelpunkts- bzw. Scheitellage

Der Vektor der linearen Glieder wird multipliziert mit der *Transformationsmatrix* $\boldsymbol{C}$:

$$\boldsymbol{a}'^{\mathrm{T}} = \boldsymbol{a}^{\mathrm{T}}\boldsymbol{C} \text{ mit } \boldsymbol{C} = (\boldsymbol{x}_1, \boldsymbol{x}_2, (\boldsymbol{x}_3))$$

$\boldsymbol{x}_i$ normierte Eigenvektoren zu den Eigenwerten λ_i

(C) Ergebnis nach Drehung und Verschiebung, achsparallele Lage, beide Operationen zusammen heißen Hauptachsentransformation:

$$\boldsymbol{x}'^{\mathrm{T}}\boldsymbol{D}\boldsymbol{x}' + 2\boldsymbol{a}^{\mathrm{T}}\boldsymbol{C}\boldsymbol{x}' + a_{00} = 0$$

Arbeitsschema „Hauptachsentransformation"

(1) Darstellung der allgemeinen Gleichung 2. Grades in Matrizenform

(2) Bestimmen der Eigenwerte λ_i der Formenmatrix $\boldsymbol{A}$ (siehe 5.2.4)

(3) Bestimmung der zu den Eigenwerten gehörenden Eigenvektoren $\boldsymbol{x}_i$ und deren Normierung (siehe 5.2.4)

(4) Bilden der Transformationsmatrix $\boldsymbol{C}$ aus den normierten Eigenvektoren (Im zweidimensionalen Fall entspricht diese Matrix der Drehmatrix von 5.6.2.4)

(5) Prüfung der Orthogonalität: $\det \boldsymbol{C} = 1$
Ist $\det \boldsymbol{C} = -1$, wird ein Eigenvektor negiert.

(6) Ermitteln der quadratischen Glieder:
$\boldsymbol{x}'^{\mathrm{T}}\boldsymbol{D}\boldsymbol{x}' = \lambda_1 x_1'^2 + \lambda_2 x_2'^2 + \lambda_3 x_3'^2$

(7) Multiplikation des Vektors der linearen Glieder mit $\boldsymbol{C}: \boldsymbol{a}'^{\mathrm{T}} = \boldsymbol{a}^{\mathrm{T}}\boldsymbol{C}$
Gleichung in achsparalleler Lage: $\boldsymbol{x}'^{\mathrm{T}}\boldsymbol{D}\boldsymbol{x}' + 2\boldsymbol{a}^{\mathrm{T}}\boldsymbol{C}\boldsymbol{x}' + a_{00} = 0$

(8) *Quadratische Ergänzung* zum Erreichen der allgemeinen Gleichung im parallelverschobenen Koordinatensystem $\boldsymbol{x}''$ bzw. $\left(O; x'', y'', (z'')\right)$

♦ **Beispiele**

(1) Man führe die Hauptachsentransformation durch für die Kurve

$F(x, y)$: $5x^2 + 4xy + 2y^2 - 18x - 12y + 15 = 0$

(1) Matrizendarstellung $\boldsymbol{x}^{\mathrm{T}}\boldsymbol{A}\boldsymbol{x} + 2\boldsymbol{a}^{\mathrm{T}}\boldsymbol{x} + a_{00} = 0$

$$(x, y)\begin{pmatrix} 5 & 2 \\ 2 & 2 \end{pmatrix}\begin{pmatrix} x \\ y \end{pmatrix} + 2(-9, -6)\begin{pmatrix} x \\ y \end{pmatrix} + 15 = 0$$

(2) $\det(\boldsymbol{A} - \lambda\boldsymbol{E}) = \begin{vmatrix} 5-\lambda & 2 \\ 2 & 2-\lambda \end{vmatrix} = \lambda^2 - 7\lambda + 6 = 0 \Rightarrow \lambda_1 = 6, \lambda_2 = 1$

Bei Bedarf: Bestimmung der Art des Kegelschnitts aus der Übersicht

$\det \boldsymbol{A} = \lambda_1 \lambda_2 = 6 > 0, \det \boldsymbol{B} = -36 \neq 0, S = 5 + 2 = 7$

$S \cdot \det \boldsymbol{B} < 0 \Rightarrow$ Ellipse

(3) Für $\lambda_1 = 6$ wird der Eigenvektor $\boldsymbol{x}_1$

$$(\boldsymbol{A} - \lambda_1 \boldsymbol{E})\boldsymbol{x}_1 = \boldsymbol{o} \Rightarrow \begin{pmatrix} 5-6 & 2 \\ 2 & 2-6 \end{pmatrix} \boldsymbol{x}_1 = \begin{pmatrix} -1 & 2 \\ 2 & -4 \end{pmatrix} \begin{pmatrix} x \\ y \end{pmatrix} = \begin{pmatrix} 0 \\ 0 \end{pmatrix}$$

ausgeschrieben $\begin{cases} -x + 2y = 0 \\ 2x - 4y = 0 \end{cases}$ ergibt $\boldsymbol{x}_1 = t_1 \begin{pmatrix} 2 \\ 1 \end{pmatrix}, t_1 \in \mathbb{R}^*$

Für $\lambda_2 = 1$ wird der Eigenvektor $\boldsymbol{x}_2$

$$(\boldsymbol{A} - \lambda_2 \boldsymbol{E})\boldsymbol{x}_2 = \boldsymbol{o} \Rightarrow \begin{pmatrix} 5-1 & 2 \\ 2 & 2-1 \end{pmatrix} \boldsymbol{x}_2 = \begin{pmatrix} 4 & 2 \\ 2 & 1 \end{pmatrix} \begin{pmatrix} x \\ y \end{pmatrix} = \begin{pmatrix} 0 \\ 0 \end{pmatrix}$$

ausgeschrieben $\begin{cases} 4x + 2y = 0 \\ 2x + y = 0 \end{cases}$ ergibt $\boldsymbol{x}_2 = t_2 \begin{pmatrix} -1 \\ 2 \end{pmatrix}, t_2 \in \mathbb{R}^*$

Normierung der Eigenvektoren

$$|\boldsymbol{x}_1| = \sqrt{x^2 + y^2} = \sqrt{2^2 + 1^2} = \sqrt{5}, \quad |\boldsymbol{x}_2| = \sqrt{(-1)^2 + 2^2} = \sqrt{5}$$

Die Normen mehrerer Eigenvektoren sind im Allgemeinen nicht gleich.

$$t_1 = \frac{1}{\sqrt{5}} \Rightarrow \boldsymbol{x}_1 = \begin{pmatrix} x \\ y \end{pmatrix} = \frac{1}{\sqrt{5}} \begin{pmatrix} 2 \\ 1 \end{pmatrix}$$

$$t_2 = \frac{1}{\sqrt{5}} \Rightarrow \boldsymbol{x}_2 = \begin{pmatrix} x \\ y \end{pmatrix} = \frac{1}{\sqrt{5}} \begin{pmatrix} -1 \\ 2 \end{pmatrix}$$

Kontrolle: $\boldsymbol{x}_1^{\mathrm{T}} \boldsymbol{x}_2 = \frac{1}{\sqrt{5}} \frac{1}{\sqrt{5}} (2; 1) \cdot \begin{pmatrix} -1 \\ 2 \end{pmatrix} = 0$, in Ordnung, Orthogonalität

(4) Transformationsmatrix: $\boldsymbol{C} = (\boldsymbol{x}_1, \boldsymbol{x}_2) = \frac{1}{\sqrt{5}} \begin{pmatrix} 2 & -1 \\ 1 & 2 \end{pmatrix}$

(5) $\det \boldsymbol{C} = \frac{1}{5} \begin{vmatrix} 2 & -1 \\ 1 & 2 \end{vmatrix} = 1$, in Ordnung, $\boldsymbol{C}$ ist orthogonale Matrix.

Jetzt lässt sich der Drehwinkel berechnen:

$$\boldsymbol{e}_{x'} = \begin{pmatrix} \cos\varphi \\ \sin\varphi \end{pmatrix} = \frac{1}{\sqrt{5}} \begin{pmatrix} 2 \\ 1 \end{pmatrix} \Rightarrow \tan\varphi = \frac{\sin\varphi}{\cos\varphi} = \frac{1}{2} \Rightarrow 26{,}57^\circ \mathrel{\widehat{=}} 26^\circ 34'$$

(6) Quadratische Glieder: $\boldsymbol{x}'^{\mathrm{T}} \boldsymbol{D} \boldsymbol{x}' = \lambda_1 x'^2 + \lambda_2 y'^2 = 6x'^2 + y'^2$

(7) Lineare Glieder:

$$2\boldsymbol{a}^{\mathrm{T}} \boldsymbol{C} \boldsymbol{x}' = \frac{2}{\sqrt{5}} (-9, -6) \begin{pmatrix} 2 & -1 \\ 1 & 2 \end{pmatrix} \begin{pmatrix} x' \\ y' \end{pmatrix} = -\frac{48}{\sqrt{5}} x' - \frac{6}{\sqrt{5}} y'$$

Gleichung in achsparalleler Lage

$$\boldsymbol{x}'^{\mathrm{T}}\boldsymbol{D}\boldsymbol{x}' + 2\boldsymbol{a}^{\mathrm{T}}\boldsymbol{C}\boldsymbol{x}' + a_{00} = 0$$

$$6x'^2 + y'^2 - \frac{48}{\sqrt{5}}x' - \frac{6}{\sqrt{5}}y' + 15 = 0$$

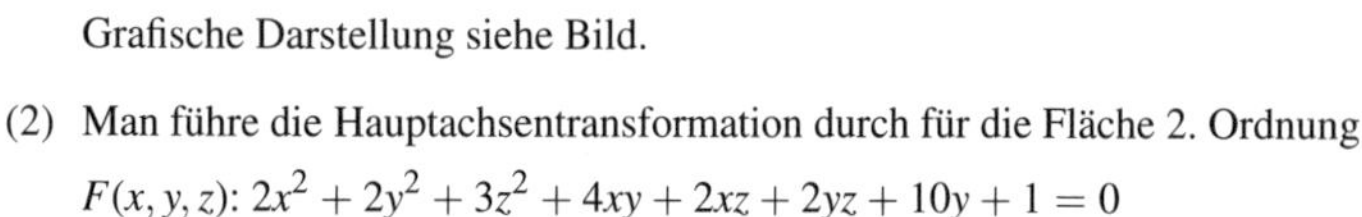

(8) *Quadratische Ergänzung*

$$6\left(x' - \frac{4}{\sqrt{5}}\right)^2 + \left(y' - \frac{3}{\sqrt{5}}\right)^2 - 6 = 0$$

$$6x''^2 + y''^2 = 6$$

$$\frac{x''^2}{1} + \frac{y''^2}{6} = 1 \qquad \text{(Ellipse)}$$

Grafische Darstellung siehe Bild.

(2) Man führe die Hauptachsentransformation durch für die Fläche 2. Ordnung
$F(x, y, z)$: $2x^2 + 2y^2 + 3z^2 + 4xy + 2xz + 2yz + 10y + 1 = 0$

(1) Matrizendarstellung: $\boldsymbol{x}^{\mathrm{T}}\boldsymbol{A}\boldsymbol{x} + 2\boldsymbol{a}^{\mathrm{T}}\boldsymbol{x} + a_{00} = 0$

$$(x, y, z) = \begin{pmatrix} 2 & 2 & 1 \\ 2 & 2 & 1 \\ 1 & 1 & 3 \end{pmatrix} \begin{pmatrix} x \\ y \\ z \end{pmatrix} + 2\,(0, 5, 0) \begin{pmatrix} x \\ y \\ z \end{pmatrix} + 1 = 0$$

$\det \boldsymbol{A} = 0$, $\operatorname{sp} \boldsymbol{A} = 7$

$$\text{(2) } \det(\boldsymbol{A} - \lambda \boldsymbol{E}) = \begin{vmatrix} 2-\lambda & 2 & 1 \\ 2 & 2-\lambda & 1 \\ 1 & 1 & 3-\lambda \end{vmatrix} = \lambda^3 - 7\lambda^2 + 10\lambda = 0$$

Eigenwerte: $\lambda_1 = 5, \lambda_2 = 2, \lambda_3 = 0$

Kontrolle: $\operatorname{sp}\boldsymbol{A} = \lambda_1 + \lambda_2 + \lambda_3 = 7$

(3) Zu den Eigenwerten gehörige Eigenvektoren errechnen sich aus dem Gleichungssystem

$$\begin{pmatrix} 2-\lambda & 2 & 1 \\ 2 & 2-\lambda & 1 \\ 1 & 1 & 3-\lambda \end{pmatrix} \begin{pmatrix} x \\ y \\ z \end{pmatrix} = \begin{pmatrix} 0 \\ 0 \\ 0 \end{pmatrix}$$

Für $\lambda_1 = 5$ wird:

$$\begin{pmatrix} -3 & 2 & 1 \\ 2 & -3 & 1 \\ 1 & 1 & -2 \end{pmatrix} \begin{pmatrix} x \\ y \\ z \end{pmatrix} = \begin{pmatrix} 0 \\ 0 \\ 0 \end{pmatrix} \Rightarrow \begin{pmatrix} 0 & 5 & -5 \\ 0 & -5 & 5 \\ 1 & 1 & -2 \end{pmatrix} \begin{pmatrix} x \\ y \\ z \end{pmatrix} = \begin{pmatrix} 0 \\ 0 \\ 0 \end{pmatrix}$$

$$\begin{cases} x + y - 2z = 0 \\ -5y + 5z = 0 \end{cases} \Rightarrow y = z = x, \text{ daraus } \overline{\boldsymbol{x}}_1 = t_1 \begin{pmatrix} 1 \\ 1 \\ 1 \end{pmatrix},$$

normiert $\boldsymbol{x}_1 = \frac{1}{\sqrt{3}} \begin{pmatrix} 1 \\ 1 \\ 1 \end{pmatrix}$

analog: $\overline{\boldsymbol{x}}_2 = t_2 \begin{pmatrix} 1 \\ 1 \\ -2 \end{pmatrix}$, $\boldsymbol{x}_2 = \frac{1}{\sqrt{6}} \begin{pmatrix} 1 \\ 1 \\ -2 \end{pmatrix}$

und $\overline{\boldsymbol{x}}_3 = t_3 \begin{pmatrix} 1 \\ -1 \\ 0 \end{pmatrix}$, $\boldsymbol{x}_3 = \frac{1}{\sqrt{2}} \begin{pmatrix} 1 \\ -1 \\ 0 \end{pmatrix}$

(4) $\boldsymbol{C} = \begin{pmatrix} 1/\sqrt{3} & 1/\sqrt{6} & 1/\sqrt{2} \\ 1/\sqrt{3} & 1/\sqrt{6} & -1/\sqrt{2} \\ 1/\sqrt{3} & -2/\sqrt{6} & 0 \end{pmatrix}$

(5) $\det \boldsymbol{C} = -1$, ein Eigenvektor ist zu negieren:

$$\boldsymbol{C} = \begin{pmatrix} 1/\sqrt{3} & 1/\sqrt{6} & -1/\sqrt{2} \\ 1/\sqrt{3} & 1/\sqrt{6} & 1/\sqrt{2} \\ 1/\sqrt{3} & -2/\sqrt{6} & 0 \end{pmatrix}$$

(6) $\boldsymbol{D} = \begin{pmatrix} \lambda_1 & 0 & 0 \\ 0 & \lambda_2 & 0 \\ 0 & 0 & \lambda_3 \end{pmatrix} = \begin{pmatrix} 5 & 0 & 0 \\ 0 & 2 & 0 \\ 0 & 0 & 0 \end{pmatrix}$

Man gewinnt sofort die quadratischen Glieder nach Drehung:

$\boldsymbol{x}'^{\mathrm{T}} \boldsymbol{D} \boldsymbol{x}' = \lambda_1 x'^2 + \lambda_2 y'^2 + \lambda_3 z'^2 = 5x'^2 + 2y'^2$

(7) $2\boldsymbol{a}^{\mathrm{T}} \boldsymbol{C} \boldsymbol{x}' = 2\,(0, 5, 0) \begin{pmatrix} 1/\sqrt{3} & 1/\sqrt{6} & -1/\sqrt{2} \\ 1/\sqrt{3} & 1/\sqrt{6} & 1/\sqrt{2} \\ 1/\sqrt{3} & -2/\sqrt{6} & 0 \end{pmatrix} \begin{pmatrix} x' \\ y' \\ z' \end{pmatrix}$

$$= \frac{10}{\sqrt{3}} x' + \frac{10}{\sqrt{6}} y' + \frac{10}{\sqrt{2}} z'$$

Gleichung in achsparalleler Lage: $\boldsymbol{x}'^{\mathrm{T}} \boldsymbol{D} \boldsymbol{x}' + 2\boldsymbol{a}^{\mathrm{T}} \boldsymbol{C} \boldsymbol{x}' + a_{00} = 0$

$$5x'^2 + 2y'^2 + \frac{10}{\sqrt{3}} x' + \frac{10}{\sqrt{6}} y' + \frac{10}{\sqrt{2}} z' + 1 = 0$$

(8) *Quadratische Ergänzung* liefert:

$$5\left(x'^2 + \frac{2}{\sqrt{3}} x' + \frac{1}{3}\right) + 2\left(y'^2 + \frac{5}{\sqrt{6}} y' + \frac{25}{24}\right) + \frac{10}{\sqrt{2}} z' + 1 - \frac{5}{3} - \frac{25}{12} = 0$$

$$5\left(x'^2 + \frac{1}{\sqrt{3}}\right)^2 + 2\left(y'^2 + \frac{5}{2\sqrt{6}}\right)^2 + \frac{10}{\sqrt{2}}\left(z' - \frac{11\sqrt{2}}{40}\right) = 0$$

Ergebnis: $\dfrac{x''^2}{\frac{1}{\sqrt{2}}} + \dfrac{y''^2}{\frac{5}{2\sqrt{2}}} = -2z''$

Elliptisches Paraboloid, nach unten geöffnet, Bild in 6.7.7 ♦

Matrizenfreie Lösung für Kurven

$$F(x,y) := a_{11}x^2 + a_{22}y^2 + 2a_{12}xy + 2a_{10}x + 2a_{20}y + a_{00} = 0$$

(1) **Drehung**, gedrehtes Koordinatensystem $\{0'; x'; y'\}$

$$\begin{cases} x = x'\cos\varphi - y'\sin\varphi \\ y = x'\sin\varphi + y'\cos\varphi \end{cases} \Rightarrow \tan 2\varphi = \frac{2a_{12}}{a_{11} - a_{22}}$$

$$\sin 2\varphi = \frac{2a_{12}}{D} \qquad \cos 2\varphi = \frac{a_{11} - a_{22}}{D}$$

mit $D = \sqrt{(a_{11} - a_{22})^2 + 4a_{12}^2}\ \operatorname{sgn} a_{12}$

Für $a_{11} \neq a_{22}$ gilt: $0 \leq \varphi \leq \frac{\pi}{2}$, bei $a_{11} = a_{22}$ ist $\varphi = \frac{\pi}{4}$

Gleichung nach Drehung

$$a'_{11}x'^2 + a'_{22}y'^2 + 2a'_{10}x' + 2a'_{20}y' + a_{00} = 0$$

mit $a'_{11} = \frac{1}{2}(a_{11} + a_{22} + D) \mathrel{\widehat{=}} \lambda_1 \qquad a'_{22} = \frac{1}{2}(a_{11} + a_{22} - D) \mathrel{\widehat{=}} \lambda_2$

$$a'_{10} = a_{10}\sqrt{\frac{D + (a_{11} - a_{22})}{2D}} + a_{20}\sqrt{\frac{D - (a_{11} - a_{22})}{2D}}$$

$$a'_{20} = a_{20}\sqrt{\frac{D + (a_{11} - a_{22})}{2D}} - a_{10}\sqrt{\frac{D - (a_{11} - a_{22})}{2D}}$$

(2) **Verschiebung**, endgültiges Koordinatensystem $\{0; x''; y''\}$

Für $a'_{11} \neq 0$ und $a'_{22} \neq 0$ ergibt sich

$$x'' = x' + \frac{a'_{10}}{a'_{11}} \qquad y'' = y' + \frac{a'_{20}}{a'_{22}} \qquad a''_{00} = \frac{\det \boldsymbol{B}}{\det \boldsymbol{A}}$$

Transformierte Gleichung in metrischer Normalform

$$a'_{11}x''^2 + a'_{22}y''^2 + a''_{00} = 0 \text{ bzw. } \lambda_1 x''^2 + \lambda_2 y''^2 + a''_{00} = 0$$

Sonderfälle ($\det \boldsymbol{A} = 0$)

(a) $a'_{11} = 0$ und $a'_{22} \neq 0$: $y'' = y' + \dfrac{a'_{20}}{a'_{22}}$ $\qquad x'' = x' + \dfrac{a'_{22}a_{00} - a'^2_{20}}{2a'_{22}a'_{10}}$

(b) $a'_{11} \neq 0$ und $a'_{22} = 0$: $x'' = x' + \dfrac{a'_{10}}{a'_{11}}$ $\qquad y'' = y' + \dfrac{a'_{11}a_{00} - a'^2_{10}}{2a'_{11}a'_{20}}$

Transformierte Gleichungen in metrischer Normalform

Fall (a): $a'_{22}y''^2 + 2a'_{10}x'' = 0$

Fall (b): $a'_{11}x''^2 + 2a'_{20}y'' = 0$

6

7 Funktionen

7.1 Allgemeines

7.1.1 Funktionen mit einer unabhängigen Variablen

f ist eine *Funktion* (eine *Abbildung*) von einer Variablen mit der Zuordnungsvorschrift (*Funktionsbildungsoperator*)[1] $x \mapsto f(x)$ bzw. $y = f(x)$, die jeder Zahl x (*Argument*) aus einem Intervall (*Definitionsbereich*) **genau eine Zahl** y (*Funktionswert*) zuordnet.

Mengentheoretisch: Die eindeutige Relation zwischen einer Menge X und einer Menge Y, dargestellt als Menge $f \subseteq X \times Y$ der (geordneten) *Paare* (x, y) heißt *Funktion*, auch *Abbildung* von X **in** Y.

Jedem Argument $x \in X$ ist genau ein Funktionswert $y \in Y$ zugeordnet.

Bemerkung: Eine gesetzmäßige Abhängigkeit ist noch keine hinreichende Bedingung für eine Funktion. Zum Beispiel ist ein Kreis (Bild) mit $M(0;\,0)$ nicht Schaubild einer Funktion, sondern der Relation $y^2 + x^2 - r^2 = 0$, da zu jedem x-Wert zwei y-Werte gehören. Der obere Halbkreis dagegen ist Graph der Funktion $f\colon y = \sqrt{r^2 - x^2}$.

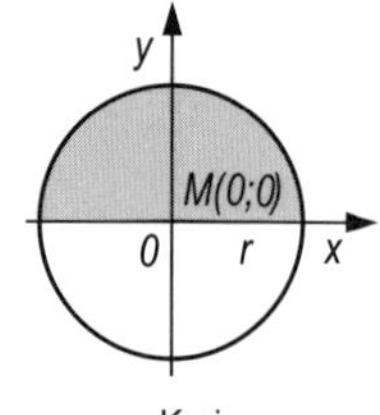

Kreis

- $\mathrm{D}(f)$ **Definitionsbereich**, **Urbildmenge**, Menge der *Argumentwerte* von f, Vorbereich; alle x, denen durch f ein y zugeordnet werden kann.
  $\mathrm{D}(f) := \{x \mid \exists y \in \mathrm{W}(f)\colon y = f(x)\}$, auch D, D_f üblich
- $\mathrm{W}(f)$ **Wertebereich**, **Bildmenge**, Menge der Funktionswerte $f(x)$, *Wertevorrat* von f, Nachbereich; Menge aller $y \in Y$, die Bilder von x sind.
  $\mathrm{W}(f) := \{y \mid \exists x \in \mathrm{D}(f)\colon y = f(x)\}$, auch W_f üblich

  $\mathrm{W}(f) \subseteq Y$: *Abbildung* f von X **in** Y, $f\colon X \to Y$

[1] gelesen „x auf f von x", „x zugeordnet f von x", „y gleich f von x"

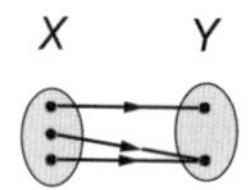

Eine Abbildung f ist

surjektiv: $\forall y \in Y \exists x \in X\colon y = f(x)$; $f\colon \twoheadrightarrow Y$

Doppelte Pfeilspitze: Jedes Element von Y tritt als Funktionswert auf, f ist (eindeutige) *Abbildung* von X **auf** Y.

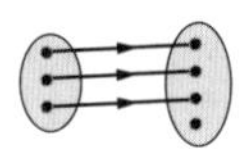

injektiv: $\forall x_1, x_2 \in X\colon x_1 \neq x_2 \Rightarrow f(x_1) \neq f(x_2)$; $f\colon X \rightarrowtail Y$

Feder am Pfeil: Verschiedene Elemente von X haben verschiedene Funktionswerte, f ist umkehrbare *Abbildung* von X **in** Y.

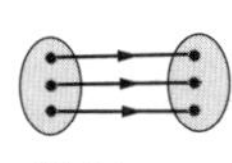

bijektiv: injektiv und surjektiv; $f\colon X \rightarrowtail\!\!\!\!\twoheadrightarrow Y$

f ist umkehrbare (*eineindeutige*) *Abbildung* von X **auf** Y.

Abbildungen

♦ **Beispiel**

Die Vorschrift $n \mapsto 2n - 1$, $n \in \mathbb{N}^*$ kennzeichnet eine bijektive Abbildung der Menge der positiven natürlichen Zahlen auf die Menge der ungeraden Zahlen. Beide (unendliche) Mengen sind gleichmächtig. ♦

Variable

x *unabhängige Variable* (*Veränderliche*), *Argument*, **Urbild** von f

$y, f(x)$ *abhängige Variable*, **Bild** des Urbildes x, bezeichnet den durch f der Variablen x zugeordneten *Funktionswert* von x

Reelle Funktion: $\mathrm{D}(f) \subseteq \mathbb{R}$, $\mathrm{W}(f) \subseteq \mathbb{R}$

Definitions- und Wertebereich sind die jeweils größten Bereiche gemäß obiger Definition.

♦ **Beispiele**

(1) $y = \log_a(9 - x^2)$: $\mathrm{D}(f) = (-3; 3)$, $\mathrm{W}(f) = (-\infty, \log_a 9]$

(2) $f(x) = \dfrac{1}{\sqrt{2-x}} + 5$: $\mathrm{D}(f) = (-\infty, 2)$, $\mathrm{W}(f) = (5, \infty)$ ♦

Schreibweisen

Funktion: $f, F, g, h, \varphi, f_1, \ldots$

Funktionswert, den f an der Stelle x annimmt: $f(x)$

Feste Argumente: $x_1, x_2, \ldots$

Konstanten: $a, b, a_0, \ldots$

Funktionswerte zu festen Argumenten: $f(0), f(a), f(x_1), y(0), \ldots$

Darstellungsarten für eine Funktion *f* (Bildungsvorschrift)

Abbildung: $f\colon x \mapsto f(x)$, d. h. mit f ist die Funktion $x \mapsto f(x)$ gemeint.

geordnetes Paar: $(x,y) = (x, f(x))$, z. B. (x, x^2), Schreibweise auch $\langle x, y\rangle$
$(x,y) \in F \Rightarrow F \subseteq X \times Y$ (Mengenprodukt, siehe 1.3.2)

Wortvorschrift: z. B. Abbildung der Menge der ganzen Zahlen auf die Menge der Quadrate der ganzen Zahlen

Darstellung durch Skalen: z. B. logarithmische Achse als Abbildung der Menge der ganzen Zahlen auf ihren Logarithmus zur Basis a

Analytische Darstellung als **Funktionsgleichung**

Explizite Form: $f\colon y = f(x)$

Implizite Form: $F(x,y) = 0$

Parameterform: $\begin{cases} x = x(t) \\ y = y(t) \end{cases}$ entspricht $x = x(t) \wedge y = y(t),\ t \in [t_1, t_2]$

Implizite Formen sind oft keine (eindeutigen) Funktionen, sondern (mehrdeutige) Relationen (siehe Bemerkung Seite 340 zum Kreis).

Manchmal ist es nicht möglich und häufig nicht zweckmäßig, eine implizite in eine explizite Form zu überführen.

Die *Parameterdarstellung* ist die allgemeinste Form. Sie beschreibt im Allgemeinen eine Relation, nicht immer eine Funktion.

Der Übergang von der Parameterform in eine parameterfreie Darstellung ist nicht immer möglich, oft auch nicht zweckmäßig.

Die Menge aller Punkte P, die einer Funktionsgleichung genügen, heißt *Punktmenge* und stellt eine *Kurve k* dar (veraltet *geometrischer Ort*).

Mengenschreibweisen

$$f = \{(x,y) | y = f(x), x \in X, y \in Y\} \text{ mit } \mathrm{D}(f) = X,\ \mathrm{W}(f) = Y$$

$$f = \{(x,y) | F(x,y) = 0, x \in X, y \in Y\}$$

$$f = \{(x, f(x)) | x \in X,\ f(x) \in Y\}$$

Tabellarische Darstellung

Wertetabelle oder *Funktionstafel* endlich vieler (geordneter) Paare, z. B.

f:

x	0	1	2	3	4	...
y	0	1	4	9	16	...

Grafische Darstellung

Die Darstellung der Abbildung $x \mapsto f(x) = y$ im rechtwinkligen Koordinatensystem $\{0;\ x, y\}$ (siehe 6.3.2), wobei jedem Paar (x, y) ein Punkt $P(x, y)$ der Ebene eineindeutig zugeordnet wird (z. B. auch Fieberkurve ohne analytischen Zusammenhang): *Funktionskurve, Funktionsgraph, Schaubild*

Eine *Kurve* stellt genau dann eine *Funktion* dar, wenn jede Parallele zur Ordinatenachse y mit der Kurve höchstens einen Punkt gemeinsam hat.

Die Relation $G(f) := \{(x, y) | x \in \mathrm{D}(f) \wedge y = f(x)\} \subseteq \mathbb{R}^2$ heißt *Graph*.

Umkehrfunktion, inverse Funktion

Ordnet man bei einer Funktion f, deren Umkehrung eindeutig ist, den Bildern ihre Urbilder zu, erhält man die *Umkehrfunktion* f^{-1}, auch $\bar{f}$ oder g.

Jede eineindeutige bzw. streng monotone Funktion besitzt eine Umkehrfunktion, sie ist *bijektiv*.

Der *Funktionsgraph* einer *umkehrbar eindeutigen Funktion* hat mit jeder Parallelen zur Abszissenachse höchstens einen Punkt gemeinsam. Funktion und Umkehrfunktion weisen dasselbe Monotonieverhalten auf.

Die Graphen von f und f^{-1} liegen im gleich geteilten kartesischen Koordinatensystem spiegelbildlich zur 45°-Geraden $y = x$.

Bilden der Umkehrfunktion

- $y = f(x)$ nach x auflösen: $x = f^{-1}(y)$ (muss möglich und eindeutig sein) und $\mathrm{D}(f^{-1}) = \mathrm{W}(f)$, $\mathrm{W}(f^{-1}) = \mathrm{D}(f)$
- nur in der Mathematik: Vertauschen der Variablenbezeichnung $y = f^{-1}(x)$

Es gilt:

$$\forall x \in \mathrm{D}(f)\colon f^{-1}(y) = f^{-1}\big(f(x)\big) = x$$

$$\forall y \in \mathrm{W}(f)\colon f(x) = f\big(f^{-1}(y)\big) = y$$

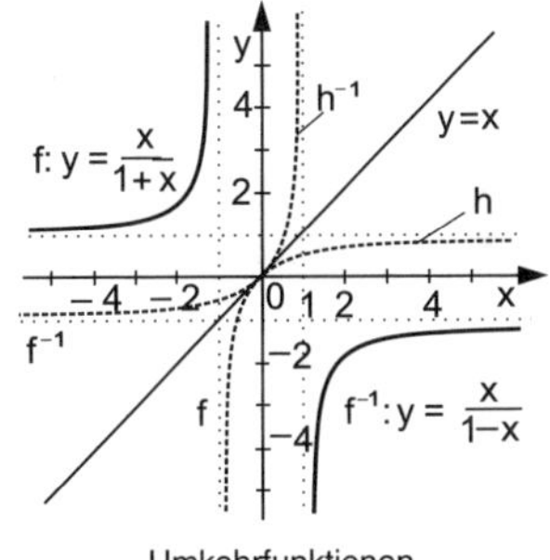

Umkehrfunktionen

♦ **Beispiel**

Man bilde die Umkehrfunktion zu $y = f(x) = \dfrac{x}{1+x}$, $x \neq -1$

Auflösung nach x: $x = \dfrac{y}{1-y}$

Vertauschen der Variablenbezeichnung $y = f^{-1}(x) = \dfrac{x}{1-x}$, $x \neq 1$

$f \downarrow$ x	-3	-2	$-3/2$	-1	$-1/2$	0	1	2	3	y $\uparrow f^{-1}$
y	$3/2$	2	3	Pol	-1	0	$1/2$	$2/3$	$3/4$	x

ursprüngliche Funktion f Umkehrfunktion f^{-1} ♦

Einteilung der reellen Funktionen (Klassen)

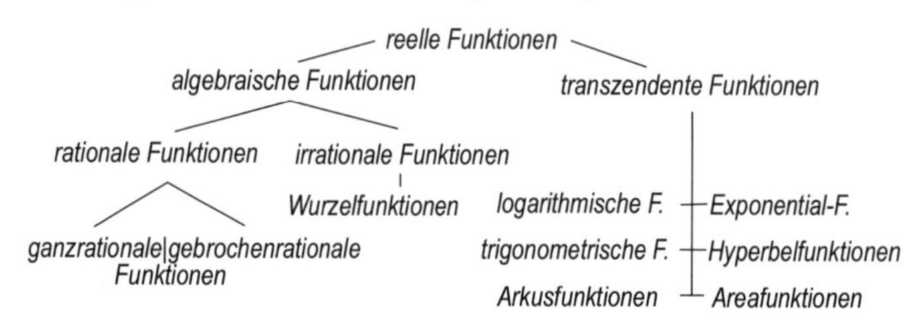

7.1.2 Funktionen mit mehreren Variablen

> Die Abbildung f der Menge $\mathrm{D}(f) = X \times \ldots \times X = X^n$, $X \subseteq \mathbb{R}$ (*Definitionsbereich*) von n-Tupeln $(x_1, \ldots, x_n)$ auf die Menge $\mathrm{W}(f) = Y \subseteq \mathbb{R}$ (*Wertevorrat*) ergibt die Menge der $(n+1)$-Tupel $(x_1, \ldots, x_n, y)$ und heißt *reellwertige Funktion* von n unabhängigen Variablen.

Symbolische Schreibweise:

$$f = \{(x_1, \ldots, x_n, y) \mid y = f(\boldsymbol{x}) = f(x_1, \ldots, x_n)\}$$

Jedes n-Tupel $(x_1, \ldots, x_n)$ entspricht umkehrbar eindeutig einem Punkt des n-dimensionalen Raumes $\mathbb{R}^n$.

Darstellungsarten

Analytische Darstellungen

explizite Form: $z = f(x, y)$ für zwei unabhängige Variable
$u = f(x, y, z)$ für drei unabhängige Variable
$y = f(x_1, \ldots, x_n)$ für n unabhängige Variable
implizite Form: $F(x, y, z) = 0$ bzw. analog für mehr Variable

Tabellarische Darstellung für zwei unabhängige Variable als (m, n)-Matrix

$$\left(z_{ik} = f(x_i, y_k)\right)$$

Grafische Darstellung für zwei unabhängige Variable

Jedem geordneten Zahlenpaar $(x, y) \in D_f$ wird genau ein Punkt aus W_f umkehrbar eindeutig zugeordnet $z = f(x, y)$, darstellbar als Punktmenge $\{P(x, y, z)\}$ eines dreidimensionalen Raumes (kartesische Koordinaten).

P gehört dem Graphen G von f an.

Ist f in jedem abgeschlossenen Teilbereich von D_f stetig und D_f eine zusammenhängende Punktmenge, dann ist ihr Bild eine (i. Allg. *krumme*) *Fläche* im Raum $\mathbb{R}^3$ (siehe 9.3.3).

Schnittkurven entstehen durch Schnitte der zu $z = f(x, y)$ gehörenden Fläche mit zu den Koordinatenebenen parallelen Ebenen, d. h., jeweils eine Koordinate wird konstanter Parameter. Projektion der Schnittkurven in die Koordinatenebenen erzeugen *einparametrische Kurvenscharen*.

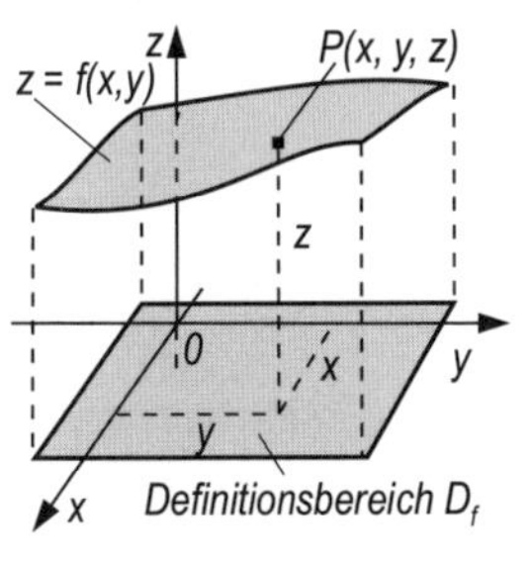

Zwei unabhängige Variable

Für $z = f(x, y) = \text{konst.} = c$ (Flächen parallel zur (x, y)- Ebene) erhält man als Schnittkurven sog. *Niveaulinien* (*Höhenlinien*). Ihre Darstellung als Projektion auf die (x, y)-Ebene heißt *Karte* (wie topografische Landkarte).

Beispiele siehe Flächen 2. Ordnung, 6.7.

♦ **Beispiel**

Die Funktion $z = \frac{3}{8}(x-2)^2 - \frac{5}{8}(y-2)^2 + 3$ ist in den Grenzen $0 \le x \le 5$ und $0 \le y \le 4$ einschließlich einiger Schnittkurven grafisch darzustellen.

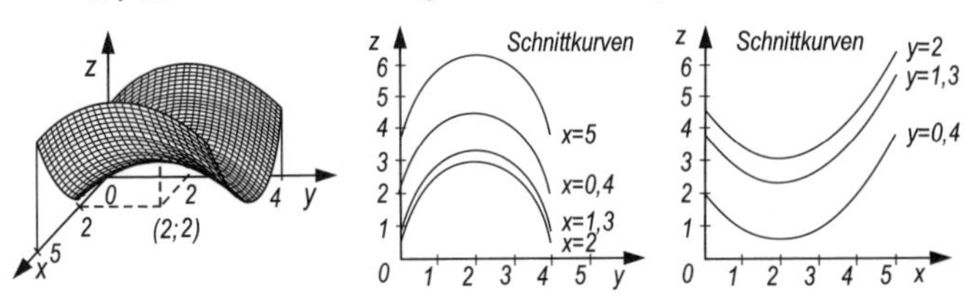

♦

Homogene Funktionen

Eine Funktion $f(x_1, \ldots, x_n) = 0$, $\mathrm{D}(f) \subseteq \mathbb{R}^n$, heißt *homogen vom Grad k* bezüglich der Variablen $x_1, \ldots, x_n$, wenn für jede reelle Zahl $\lambda \geq 0$ gilt:

$$f(\lambda x_1, \ldots, \lambda x_n) = \lambda^k \cdot f(x_1, \ldots, x_n)$$ k *Homogenitätsgrad*, Ordnung

♦ **Beispiel**

$f(x_1, x_2) = x_1^2 + 7x_1x_2 + x_2\sqrt{x_1^2 + \dfrac{x_2^3}{x_1}}$ hat den Homogenitätsgrad 2, denn

$$\begin{aligned} f(\lambda x_1, \lambda x_2) &= (\lambda x_1)^2 + 7(\lambda x_1)(\lambda x_2) + \lambda x_2\sqrt{(\lambda x_1)^2 + \frac{(\lambda x_2)^3}{\lambda x_1}} \\ &= \lambda^2 f(x_1, x_2) \end{aligned}$$ ♦

7.2 Rationale Operationen mit Funktionen

$k \cdot f\colon x \mapsto y = k \cdot f(x)$	$\mathrm{D}(f) = \mathrm{D}(k \cdot f)$	k Konstante, $k \in \mathbb{R}$
$f \pm g\colon x \mapsto y = f(x) \pm g(x)$	$\mathrm{D}(f \pm g) = \mathrm{D}(f) \cap \mathrm{D}(g)$	
$f \cdot g\colon x \mapsto y = f(x) \cdot g(x)$	$\mathrm{D}(f \cdot g) = \mathrm{D}(f) \cap \mathrm{D}(g)$	
$f/g\colon x \mapsto y = f(x)/g(x)$	$\mathrm{D}(f/g) = \mathrm{D}(f) \cap \mathrm{D}(g)$	$g(x) \neq 0$

Kehrwertfunktion

$$\frac{1}{f}\colon x \mapsto y = \frac{1}{f(x)}, \qquad \mathrm{D}(f) = \mathrm{D}\left(\frac{1}{f}\right) \qquad x_0 \notin \mathrm{D}\left(\frac{1}{f}\right)$$

x_0 Nullstelle der Funktion $f(x)$, $f(x) \neq 0$

Verkettung oder Hintereinanderausführung von Funktionen

Schreibweise[1]: $x \mapsto h(x) = (g \circ f)(x) := g\big(f(x)\big)$ nach ISO 31-11-7.4

f *innere*, g *äußere Funktion*

x Argument der inneren Funktion, (f) Argument der äußeren Funktion

> Die durch *Verkettung der Funktionen* f und g, $u = f(x)$, $y = g(u)$ entstandene Funktion (*mittelbare Funktion*) $h = g \circ f$ ist die Menge $\{(x, y)\}$, für die es ein u derart gibt, sodass gilt:
>
> $h = g \circ f := \{(x, y) \mid (x, u) \in f \wedge (u, y) \in g\}$

[1] gelesen „erst f dann g“, „h ist g nach f“

Bedingung für eine Verkettung $h = g \circ f$

$$W(f) \cap D(g) \neq 0, \text{ d. h. } D(h) \subseteq D(f) \text{ und } W(h) \subseteq W(g)$$

Speziell: $\left(f^{-1} \circ f\right)(x) = x, x \in D(f)$ und $\left(f \circ f^{-1}\right)(x) = x, x \in D(f^{-1})$

Es gilt: $g \circ f \neq f \circ g$ (nicht kommutativ)

Bei drei Funktionen: $h \circ (g \circ f) = (h \circ g) \circ f$ (assoziativ)

♦ **Beispiele**

(1) g: $y = g(u) = u^2$ f: $u = f(x) = 1 - \cos^4 x$
$y = (g \circ f)(x) = g\big(f(x)\big) = (1 - \cos^4 x)^2$

(2) $g(x) = \sqrt{x}$, $D_g = \mathbb{R}_{\geq 0}$, $W_g = \mathbb{R}_{\geq 0}$ und $f(x) = \cos x$, $D_f = \mathbb{R}$, $W_f = [-1, 1]$
Die Bedingung für eine Verkettung $W_f \cap D_g \neq 0$ ist erfüllt. $h = g \circ f = \sqrt{\cos x}$ existiert für $D_h = \{x \mid \cos x \geq 0\}$ ♦

7

7.3 Grenzwerte, unbestimmte Ausdrücke

7.3.1 Grenzwert einer Funktion[1)]

Eine reelle Funktion f, die in der Umgebung von x_0, evtl. mit Ausnahme von x_0 definiert ist, hat an der Stelle x_0 den *Grenzwert* (*Limes*) g genau dann, wenn es zu jeder beliebigen reellen Zahl $\varepsilon > 0$ eine reelle Zahl $\delta > 0$ (im Allgemeinen gilt $\delta = \delta(\varepsilon)$) derart gibt, sodass für alle $x \in D(f)$ mit $0 < |x - x_0| < \delta$ gilt: $|f(x) - g| < \varepsilon$

Schreibweisen

$$\lim_{x \to x_0} f(x) = g$$

bzw., wenn für alle x und $|h| < \delta$ gilt: $|f(x + h) - f(x)| < \varepsilon$

$$\lim_{x \to x_0} f(x) = g \Leftrightarrow \lim_{x \to x_0} \big(f(x) - g\big) = 0$$
$$\Leftrightarrow \lim_{x \to x_0} |f(x) - g| = 0 \Leftrightarrow \lim_{h \to 0} f(x_0 + h) = g$$

bzw., wenn für jede gegen x_0 konvergierende Folge (x_n), $x_0 = \lim\limits_{n \to \infty} x_n$, $x_n \neq x_0$, $x_n \in D(f)$, deren Glieder der Umgebung von x_0 angehören, die Folge der zugehörigen Funktionswerte $(f(x_n))$ denselben Grenzwert g hat.

[1)] Grenzwert einer Folge siehe 2.4.2

Einseitige Grenzwerte einer Funktion

g ist *rechtsseitiger* (*linksseitiger*) *Grenzwert*, wenn sich die Funktionswerte für $x \to x_0 + 0$, $(x \to x_0 - 0)$ der Zahl g unbegrenzt nähern. Der Definitionsbereich enthält rechts (links) die Umgebung von x_0.

Schreibweisen

Rechtsseitiger Grenzwert, $x > x_0$

$$g^+ = g_r = \lim_{x \to x_0 + 0} f(x) = \lim_{x \to x_0 +} f(x) = \lim_{\substack{x \to x_0 \\ x > x_0}} f(x) = f(x_0 + 0)$$

$$= f(x_0+)$$

linksseitiger Grenzwert, $x < x_0$

$$g^- = g_l = \lim_{x \to x_0 - 0} f(x) = \lim_{x \to x_0 -} f(x) = \lim_{\substack{x \to x_0 \\ x < x_0}} f(x) = f(x_0 - 0)$$

$$= f(x_0-)$$

Sind rechts- und linksseitiger Grenzwert gleich, $\lim_{x \to x_0+} f(x) = \lim_{x \to x_0-} f(x) = g$, so ist der Grenzwert der Funktion $\lim_{x \to x_0} f(x) = g$.

Diese Aussage gilt auch umgekehrt.

Rechnen mit Grenzwerten

Unter der Voraussetzung, dass die in den Regeln auftretenden Grenzwerte existieren, gelten die *Grenzwertsätze*:

$$\lim_{x \to x_0} \big(f(x) \pm g(x)\big) = \lim_{x \to x_0} f(x) \pm \lim_{x \to x_0} g(x) \qquad \mathrm{D} = \mathrm{D}(f) \cap \mathrm{D}(g)$$

$$\lim_{x \to x_0} \big(f(x) \cdot g(x)\big) = \lim_{x \to x_0} f(x) \cdot \lim_{x \to x_0} g(x) \qquad \mathrm{D} = \mathrm{D}(f) \cap \mathrm{D}(g)$$

$$\lim_{x \to x_0} \big(c \cdot f(x)\big) = c \cdot \lim_{x \to x_0} f(x) \qquad c \in \mathbb{R}$$

$$\lim_{x \to x_0} \frac{f(x)}{g(x)} = \frac{\lim_{x \to x_0} f(x)}{\lim_{x \to x_0} g(x)} \qquad \text{für } \lim_{x \to x_0} g(x) \neq 0$$

$$\lim_{x \to x_0} \sqrt[n]{f(x)} = \sqrt[n]{\lim_{x \to x_0} f(x)} \qquad \lim_{x \to x_0} \big(f(x)\big)^n = \left(\lim_{x \to x_0} f(x)\right)^n$$

$$\lim_{x \to x_0} a^{f(x)} = a^{\lim_{x \to x_0} f(x)},\ a \in \mathbb{R} \qquad \lim_{x \to x_0} \big(\log_a f(x)\big) = \log_a \left(\lim_{x \to x_0} f(x)\right)$$

$$\lim_{x \to x_0} |f(x)| = \left|\lim_{x \to x_0} f(x)\right| \qquad \lim_{x \to x_0} f(x) = g \Rightarrow \lim_{x \to x_0} |f(x)| = |g|^{1)}$$

[1)] Gilt nicht umgekehrt!

$$\lim_{x \to x_0} f\big(g(x)\big) = f\left(\lim_{x \to x_0} g(x)\right) \quad f \text{ stetige Funktion}$$

Gilt: $\forall x \in U_\varepsilon(x_0) \setminus \{x_0\}$: $g(x) < f(x) < h(x)$ und

$\lim\limits_{x \to x_0} g(x) = \lim\limits_{x \to x_0} h(x) = g$, so folgt: $\lim\limits_{x \to x_0} f(x) = g$

$$f(x) \leq g(x) \Rightarrow \lim_{x \to x_0} f(x) \leq \lim_{x \to x_0} g(x)$$

Grenzwert für $x \to 0$ von Quotienten zweier Potenzsummen mit positiven Exponenten, wenn der kleinste Exponent sowohl im Zähler als auch im Nenner steht:

$$g = \frac{\text{Koeffizient der kleinsten Potenz im Zähler}}{\text{Koeffizient der kleinsten Potenz im Nenner}}$$

Ausgewählte Grenzwerte

$\lim_{x \to 0} \log_a (1+x)^{\frac{1}{x}} = \log_a \mathrm{e}$ $\qquad$ $\lim_{x \to \pm\infty} \left(1 + \frac{1}{x}\right)^x = \mathrm{e}$

$\lim_{x \to \pm\infty} \left(1 + \frac{p}{x}\right)^x = \mathrm{e}^p,\ p \in \mathbb{R}$

$\lim_{x \to \infty} \sqrt[x]{x} = 1$ $\qquad$ $\lim_{x \to \infty} \sqrt[x]{a} = 1,\ a > 0$

$\lim_{x \to 0} \frac{\mathrm{e}^x - 1}{x} = 1$ $\qquad$ $\lim_{x \to 0} \frac{\ln(1+x)}{x} = 1$

$\lim_{x \to 0} \frac{\sin ax}{x} = a$ $\qquad$ $\lim_{x \to \infty} \frac{\sin x}{x} = 0$

$\lim_{x \to 0} \frac{\tan ax}{x} = a$ $\qquad$ $\lim_{x \to 0+} \arctan \frac{1}{x} = \frac{\pi}{2}$

$\lim_{x \to 0-} \arctan \frac{1}{x} = -\frac{\pi}{2}$ $\qquad$ $\lim_{x \to \infty} \frac{\ln x}{\sqrt[n]{x}} = 0$

Uneigentlicher Grenzwert

$$\lim_{x \to x_0} f(x) = \pm\infty$$

Grenzwerte von Funktionen für $x \to \pm\infty$

Eine Funktion f hat für $x \to \infty$ den *Grenzwert* $\lim\limits_{x \to \infty} f(x) = g$, wenn für jede *Folge der Urbilder* (x_n) mit $x_n \to \infty$, $x_n \in \mathrm{D}(f)$ die Folge der Bilder $(f(x_n))$ denselben Grenzwert g hat. Analog für $x \to -\infty$.

Siehe auch 8.3.1.7 (Asymptoten).

Geometrische Deutung

Asymptotische (griech. „nicht zusammenfallende") Annäherung des Graphen der Funktion an die Gerade $y = g$.

$$\lim_{x\to\infty} \big(f(x) - g\big) = 0$$

Waagerechte Asymptote von $G(f)$ für $x \to \infty$ (*Verhalten im Unendlichen*)

Grenzwert eines Quotienten von Potenzsummen mit positiven Exponenten für $x \to \pm\infty$ wird analog oben behandelt (siehe Grenzwert für $x \to 0$), jedoch für die Koeffizienten der größten Potenzen.

7.3.2 Unbestimmte Ausdrücke

Ausdrücke der Form „$\frac{0}{0}$", „$\frac{\infty}{\infty}$", „$0 \cdot \infty$", „$\infty - \infty$", „0^0", „∞^0" und „1^∞" heißen *unbestimmte Ausdrücke.*

Wird $\lim\limits_{x\to x_0} \varphi(x) = \lim\limits_{x\to x_0} \dfrac{f(x)}{g(x)}$ ein unbestimmter Ausdruck und sind f und g in der Umgebung $U(x_0) \setminus \{x_0\}$ differenzierbar und ist $\forall x \in U(x_0) \setminus \{x_0\}$: $g(x) \neq 0$, gilt die

Regel von Bernoulli und l'Hospital

$$\lim_{x\to x_0} \frac{f(x)}{g(x)} = \lim_{x\to x_0} \frac{f'(x)}{g'(x)} \qquad \text{(nicht mit Quotientenregel verwechseln!)}$$

Die Regel gilt auch für $x \to x_0+$, $x \to x_0-$, $x \to \infty$, $x \to -\infty$.

Wenn der neue Grenzwert wieder ein unbestimmter Ausdruck ist, ist das Verfahren zu wiederholen. Unter Umständen kann die Regel auch versagen.

♦ **Beispiel**

$$\varphi(x) = \frac{\sin 2x - 2\sin x}{2e^x - x^2 - 2x - 2} \qquad \varphi(0) \text{ hat die Form „}\frac{0}{0}\text{"}$$

$$\lim_{x\to 0} \varphi(x) = \lim_{x\to 0} \frac{2\cos 2x - 2\cos x}{2e^x - 2x - 2} = \lim_{x\to 0} \frac{-4\sin 2x + 2\sin x}{2e^x - 2}$$

$$= \lim_{x\to 0} \frac{-8\cos 2x + 2\cos x}{2e^x} = -3$$

♦

Ausdrücke der Form „$0 \cdot \infty$", „$\infty - \infty$", „0^0", „∞^0", „$1^{\pm\infty}$"

Diese Ausdrücke lassen sich im Allgemeinen in Ausdrücke „$\frac{0}{0}$", „$\frac{\infty}{\infty}$" überführen gemäß nachfolgender Tabelle:

$\varphi(x)$	$\lim\limits_{x\to x_0}\varphi(x)$	Umgeformter Grenzwert
$f(x)\cdot g(x)$	„$0\cdot\infty$“, „$0\cdot(-\infty)$“	$\lim\limits_{x\to x_0}\dfrac{f(x)}{\frac{1}{g(x)}}$ oder $\lim\limits_{x\to x_0}\dfrac{g(x)}{\frac{1}{f(x)}}$
$f(x)-g(x)$	„$\infty-\infty$“	$\lim\limits_{x\to x_0}\dfrac{\frac{1}{g(x)}-\frac{1}{f(x)}}{\frac{1}{f(x)}\cdot\frac{1}{g(x)}}$
$f(x)^{g(x)}$	„0^0“, „∞^0“, „$1^{\pm\infty}$“	$\lim\limits_{x\to x_0}\mathrm{e}^{g(x)\cdot\ln f(x)}$

◆ **Beispiele**

(1) $\varphi(x)=(1-\sin x)\tan x$ $\quad\varphi\left(\frac{\pi}{2}\right)$ hat die Form „$0\cdot\infty$“.

$$\lim_{x\to\frac{\pi}{2}}\frac{1-\sin x}{\frac{1}{\tan x}}=\lim_{x\to\frac{\pi}{2}}\frac{-\cos x}{-\frac{1}{\tan^2 x}\cdot\frac{1}{\cos^2 x}}=\lim_{x\to\frac{\pi}{2}}\frac{\cos^3 x}{\frac{\cos^2 x}{\sin^2 x}}$$

$$=\lim_{x\to\frac{\pi}{2}}(\cos x\cdot\sin^2 x)=0$$

(2) $\varphi(x)=\dfrac{1}{x-1}-\dfrac{1}{\ln x}$ $\quad\varphi(1)$ hat die Form „$\infty-\infty$“.

$$\lim_{x\to 1}\frac{\ln x-(x-1)}{(x-1)\ln x}=\lim_{x\to 1}\frac{\frac{1}{x}-1}{1+\ln x-\frac{1}{x}}=\lim_{x\to 1}\frac{1-x}{x+x\ln x-1}$$

$$=\lim_{x\to 1}\frac{-1}{1+1+\ln x}=-\frac{1}{2}$$

(3) $\varphi(x)=(\sin x)^{\tan x}$ $\quad\varphi\left(\frac{\pi}{2}\right)$ hat die Form „$1^{\pm\infty}$“ und

$\lim\limits_{x\to\frac{\pi}{2}}\mathrm{e}^{\tan x\cdot\ln(\sin x)}$ hat die Form „$\mathrm{e}^{\infty\cdot 0}$“.

Für den Exponenten allein gilt

$$\lim_{x\to\frac{\pi}{2}}\frac{\ln(\sin x)}{\frac{1}{\tan x}}=\lim_{x\to\frac{\pi}{2}}\frac{\frac{1}{\sin x}\cdot\cos x}{\frac{-1}{\tan^2 x}\cdot\frac{1}{\cos^2 x}}=\lim_{x\to\frac{\pi}{2}}(-\cot x\tan^2 x\cos^2 x)$$

$$=\lim_{x\to\frac{\pi}{2}}(-\sin x\cos x)=0$$

demnach: $\lim\limits_{x\to\frac{\pi}{2}}(\sin x)^{\tan x}=\mathrm{e}^0=1$ ◆

Bemerkung: Mitunter führt die Entwicklung nach steigenden Potenzen von x (Reihenentwicklung) schneller zum Ziel, wie nachstehendes Beispiel zeigt.

♦ **Beispiel**

$\varphi(x) = \dfrac{1-\cos x}{\sin^2 x}$ $\qquad\qquad$ $\varphi(0)$ hat die Form „$\frac{0}{0}$“

$$1-\cos x = \frac{x^2}{2!} - \frac{x^4}{4!} \pm \ldots = x^2\left(\frac{1}{2!} - \frac{x^2}{4!} \pm \ldots\right)$$

$$\sin^2 x = \left(\frac{x}{1!} - \frac{x^3}{3!} \pm \ldots\right)^2 = x^2\left(\frac{1}{1!} - \frac{x^2}{3!} \pm \ldots\right)^2$$

$$\lim_{x\to 0} \frac{1-\cos x}{\sin^2 x} = \lim_{x\to 0} \frac{\dfrac{1}{2!} - \dfrac{x^2}{4!} \pm \ldots}{\left(\dfrac{1}{1!} - \dfrac{x^2}{3!} \pm \ldots\right)^2} = \frac{1}{2}$$ ♦

7.4 Eigenschaften reller Funktionen

7.4.1 Ausgewählte Eigenschaften von Funktionen

(Identisch) gleiche Funktionen

Stimmen die Definitions- und Wertebereiche zweier Funktionen f und g überein und wird durch beide Funktionen jedes $x \in X$ auf denselben Funktionswert $y \in Y$ abgebildet, so sind beide Funktionen *(identisch) gleich.*

Beschränkte Funktionen

Eine Funktion f heißt *beschränkt*, wenn es mindestens eine Schranke S_u oder S_o gibt, $S_u \leq f(x) \leq S_o$. f heißt *nach oben beschränkt*, wenn $\forall x \in D(f)$: $f(x) \leq S_o$, bzw. *nach unten beschränkt*, wenn $f(x) \geq S_u$ gilt.

Andere Darstellung: $|f(x)| \leq S$ mit $S = \max(|S_u|, |S_o|)$

Funktionen sind *(un)beschränkt*, wenn $W(f)$ (un)beschränkt ist.

$S_o, S_u \in \mathbb{R}$ obere (untere) *Schranke* für f; S heißt allgemein *Schranke*.

Supremum von f: $\sup\{f(x) \mid x \in X\}$, kleinste obere Schranke
Infimum von f: $\inf\{f(x) \mid x \in X\}$, größte untere Schranke

Gehören Supremum bzw. Infimum zum Intervall $I \subseteq \mathrm{D}(f)$, heißen sie *Maximum* bzw. *Minimum* von f auf I.

♦ **Beispiele**

(1) $f(x) = x^2$ mit $\mathrm{D}(f) = \mathbb{R}, \mathrm{W}(f) = \mathbb{R}_{\geq 0}$ ist nur nach unten beschränkt. Jede nicht positive Zahl ist untere Schranke, das Infimum ist null.

(2) $f(x) = \sin x$ mit $\mathrm{D}(f) = \mathbb{R}, \mathrm{W}(f) = [-1; 1]$ ist im gesamten Definitionsbereich beschränkt. Jede Zahl $S \geq 1$ ist Schranke von f. ♦

Periodische Funktionen

$$\forall x\colon f(x) = f(x+T) \qquad (x+T) \in \mathrm{D}(f)$$

T Periode von f, $T > 0$

Die kleinste Periode heißt *primitive Periode* oder auch nur *die* Periode von f.

7

Symmetrie einer Funktion

Gerade Funktion: $\forall x \in \mathrm{D}(f)\colon f(-x) = f(x)$

Axialsymmetrisch, spiegelsymmetrisch zur y-Achse, z. B. $y = x^2$ (siehe Potenzfunktion, 7.5.5)

Ungerade Funktion: $\forall x \in \mathrm{D}(f)\colon f(-x) = -f(x)$

Zentralsymmetrisch, punktsymmetrisch zum Ursprung, z. B. $y = x^3$ (siehe Potenzfunktion, 7.5.5)

Speziell: Ganzrationale Funktionen f sind gerade (ungerade), wenn das Polynom $p_n(x)$ nur Potenzen mit geraden (ungeraden) Exponenten aufweist, wobei x^0 als gerade zählt.

Verschiebung, Stauchung, Streckung, Spiegelung

Verschiebung von $f(x)$ um b in Richtung y-Achse, um c in Richtung x-Achse, transformierte Funktionsgleichung: $g(x) = f(x-c) + b$

Stauchung, Streckung, Spiegelung von $f(x)$,

transformierte Funktionsgleichung: $g(x) = a \cdot f(x/d)$

$|a| > 1$ ($|a| < 1$) Streckung (Stauchung) in y-Richtung

$a < 0$ Spiegelung an der x-Achse mit Streckung/Stauchung

$|d| > 1$ ($0 < |d| < 1$) Vergrößerung (Verkleinerung) des Abszissenwertes

$d < 0$ Spiegelung an der y-Achse mit Vergrößerung/Verkleinerung

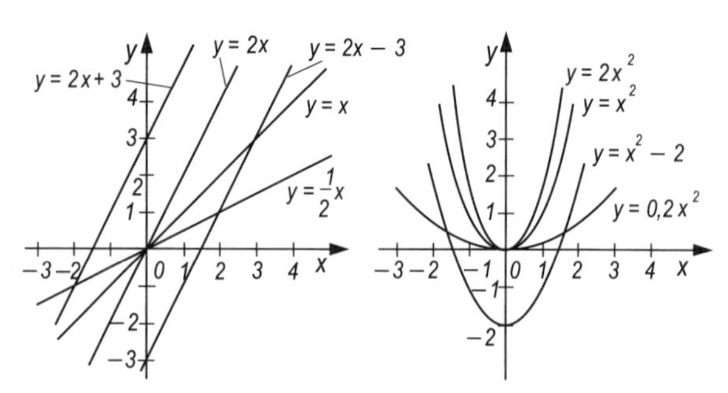

Verschiebung, Streckung, Stauchung

7.4.2 Nullstellen einer Funktion

Nullstelle x_0 einer Funktion f ist jeder Wert aus dem Definitionsbereich, bei dem der Funktionswert verschwindet: $f(x_0) = 0$.

Man löst die Funktionsgleichung $f(x) = 0$. Falls dies möglich ist, gibt es mindestens eine Nullstelle und der Graph von f schneidet bzw. berührt die Abszissenachse in einer oder mehreren reellen Nullstellen.

Nullstellensatz (Satz von Bolzano)

Eine auf dem abgeschlossenen Intervall $[a, b]$ stetige Funktion mit $f(a) \cdot f(b) < 0$ hat in (a, b) mindestens eine *Nullstelle* x_0 ungerader Ordnung.

Die Nullstelle x_0 einer Funktion f heißt *k-fache Nullstelle* ($k \in \mathbb{N}^*$) oder *Nullstelle der Ordnung* k, wenn für f gilt:

$$f(x) = (x - x_0)^k \cdot g(x)$$

$g(x_0) \neq 0$

$k = 1$ einfache Nullstelle

$k = 2, 3, \ldots$ k-fache Nullstelle

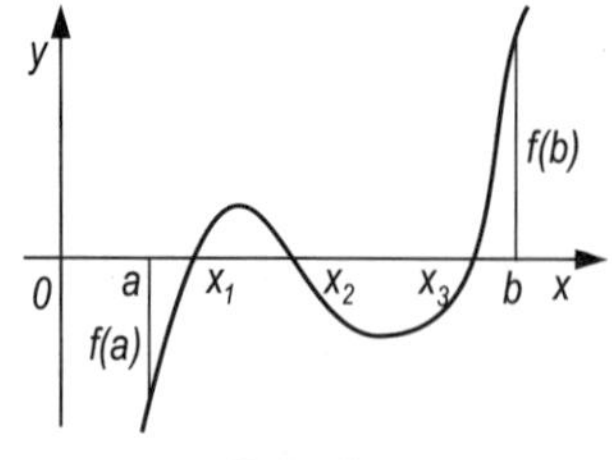

Nullstellen

Ist k ungerade (*Nullstelle ungerader Ordnung*), wechselt f bei x_0 das Vorzeichen.

Ist k gerade, berührt der Graph von f die Abszisse, kein Vorzeichenwechsel.

x_0 ist k-fache Nullstelle von f genau dann, wenn f k-mal differenzierbar ist und $f(x_0) = f'(x_0) = \ldots = f^{(k-1)}(x_0) = 0$, aber $f^{(k)}(x_0) \neq 0$ ist.

7.4.3 Stetigkeit einer Funktion

Stetigkeit ist eine zu einem Punkt $\big(x_0, f(x_0)\big)$ gehörende Eigenschaft.

Eine Funktion f, deren Definitionsbereich die ε-Umgebung $U_\varepsilon(x_0)$ der Stelle x_0 enthält (vgl. 2.4.2), ist in x_0 genau dann *stetig*, wenn

- sie an der Stelle x_0 und deren Umgebung definiert ist, d. h. $f(x_0)$ existiert,
- der Grenzwert $\lim\limits_{x \to x_0} f(x) = g$ vorhanden ist und
- $\lim\limits_{x \to x_0} f(x) = f(x_0)$ ist.

Die Menge aller auf dem Intervall $[a,b]$ stetigen Kurven bildet einen *Vektorraum* $C[a,b] := \{f | f(x) \text{ stetig auf } [a,b]\}$.[1)]

Unstetigkeitsstelle im Definitionsbereich

Eine Unstetigkeitsstelle bei $x_0 \in \mathrm{D}_f$ liegt vor, wenn der stetige Verlauf des Graphen in x_0 unterbrochen ist. Man unterscheidet:

Einseitige Stetigkeit in x_0, vgl. Treppenfunktion, 13.1.1, $\operatorname{int} x$, 7.5.6. Keine einseitige Stetigkeit in x_0, vgl. $y = \operatorname{sgn} x$, 7.5.6.

Die Funktion f ist *im Intervall I stetig*, wenn sie für jedes x des Intervalls stetig ist. f heißt *stetig*, wenn f an jeder Stelle $x \in \mathrm{D}(f)$ stetig ist.

Der Wertebereich einer in $I = [a,b]$ stetigen Funktion ist beschränkt, die Grenzen des Wertebereichs sind Funktionswerte von f in $[a,b]$.

Zwei im Intervall I stetige Funktionen führen durch rationale Operationen (Grundrechnungen) und Verkettung $g \circ f$ wieder zu stetigen Funktionen.

Eine Funktion $f(x)$ heißt auf dem Intervall $[a,b]$ *gleichmäßig stetig*, wenn zu jedem beliebigen $\varepsilon > 0$ ein für das ganze Intervall gültiges $\delta > 0$ existiert, sodass für alle $x, y \in X$ mit $|x-y| < \delta$ stets $|f(x) - f(y)| < \varepsilon$ gilt.

[1)] C ⟨engl. „continuous"⟩

Zwischenwertsatz (Satz von BOLZANO)

> Eine im abgeschlossenen Intervall $[a,b]$ stetige Funktion f hat für jede Zahl c mit $\min\limits_{x\in I} f(x) < c < \max\limits_{x\in I} f(x)$ mindestens ein Argument $x_0 \in (a,b)$ mit $f(x_0) = c$, d. h., f nimmt jeden Wert zwischen $f(a)$ und $f(b)$ mindestens einmal in (a,b) an. Spezialfall: Nullstellensatz, siehe oben.

Extremwertsatz (Satz von WEIERSTRASS)

> Ist f im **abgeschlossenen Intervall** $[a,b]$ stetig, dann existieren sowohl $m = \min\limits_{x\in I} f(x)$ als auch $M = \max\limits_{x\in I} f(x)$.

Definitionslücke, Unendlichkeitsstelle, Sprung

> Eine *Definitionslücke* ist eine Stelle außerhalb des Definitionsbereichs $x_{\mathrm{L}} \notin \mathrm{D}(f)$, links und rechts der Lücke sind Funktionswerte definiert.

Betrachtung der einseitigen Grenzwerte in der Umgebung einer Lücke

- Sprunghöhe null: rechts- und linksseitiger Grenzwert gleich, hebbare Unstetigkeit, d. h. in der *Lücke* stetig fortsetzbare Funktion. Falls $\lim\limits_{x\to x_0} f(x)$ existiert, ordnet man der *Definitionslücke* diesen Grenzwert zu.
- Sprunghöhe endlich (*Sprung, Schaltvorgang, Impuls*): endliche, nicht übereinstimmende einseitige Grenzwerte $g^+ \neq g^-$, nicht hebbare Unstetigkeitsstelle, nicht notwendig auch Definitionslücke
- Sprunghöhe unendlich, mindestens ein einseitiger Grenzwert ist unendlich, *Polstelle, Unendlichkeitsstelle*

♦ **Beispiele**

(1) $f(x) = \begin{cases} 1 & \text{für } x < 1 \\ 2 & \text{für } x \geq 1 \end{cases}$

Sprungstelle bei $x = 1$

$g^+ \neq g^-$, Sprunghöhe $+1$, f rechtsseitig stetig, es liegt aber keine Definitionslücke vor!

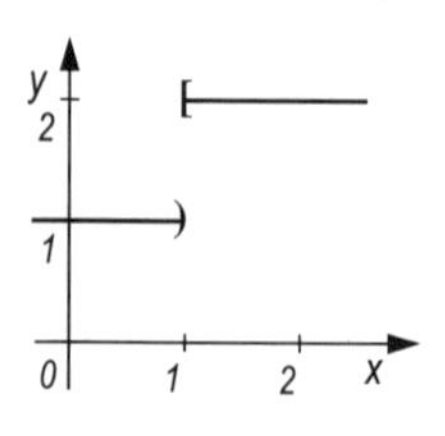

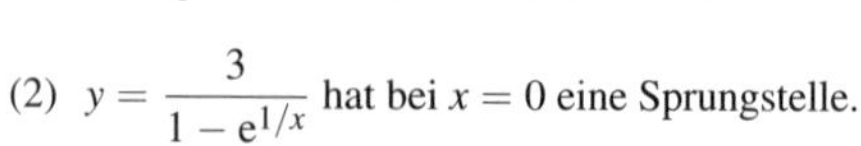
(2) $y = \dfrac{3}{1 - \mathrm{e}^{1/x}}$ hat bei $x = 0$ eine Sprungstelle.

$$\lim_{x\to 0-} \frac{3}{1-e^{1/x}} = 3, \ \lim_{x\to 0+} \frac{3}{1-e^{1/x}} = 0, \ g^+ \neq g^-, \text{ Sprunghöhe } -3; \text{ in}$$

$x = 0$ liegt auch eine Definitionslücke vor. ♦

7.5 Rationale Funktionen

7.5.1 Ganzrationale Funktionen (Polynomfunktionen)

Eine Funktion der Gestalt

$$f(x) = a_n x^n + a_{n-1}x^{n-1} + \ldots + a_1 x + a_0, \qquad a_n \neq 0, a_i \in \mathbb{R}, n, i \in \mathbb{N}$$

heißt *ganzrationale Funktion* oder *Polynom n-ten Grades.*

Satz von TAYLOR (siehe auch MACLAURINsche Formel, 12.1.3.2)

$$f(x) = f(0) + \frac{f'(0)}{1!}x + \frac{f''(0)}{2!}x^2 + \ldots + \frac{f^{(n)}(0)}{n!}x^n$$

7.5.1.1 Ganzrationale Funktion 1. Grades (lineare Funktion)

Allgemeine Form: $f(x) = a_1 x + a_0 \qquad a_i \in \mathbb{R}, a_1 \neq 0$

meist Zuordnung: $x \mapsto mx + b$ bzw. $y = mx + b$

Graph im kartesischen Koordinatensystem: Gerade

Siehe Analytische Geometrie 6.4.2.2

7.5.1.2 Ganzrationale Funktion 2. Grades (quadratische Funktion)

Allgemeine Form: $f(x) = a_2 x^2 + a_1 x + a_0 \qquad a_i \in \mathbb{R}, a_2 \neq 0$

Graph im kartesischen Koordinatensystem: quadratische Parabel, kongruent zur gestreckten/gestauchten *Normalparabel* $y = x^2$ mit zur Ordinatenachse paralleler Achse, siehe Analytische Geometrie, 6.6.4.

Normalform

$$g(x) = x^2 + px + q = \left(x + \frac{p}{2}\right)^2 - \left(\left(\frac{p}{2}\right)^2 - q\right)$$

Scheitel: $S\left(-\frac{p}{2}, -\left(\left(\frac{p}{2}\right)^2 - q\right)\right)$

Das sind zwei Verschiebungen.

$x \leq -\frac{p}{2}$, monoton fallend $\qquad x \geq -\frac{p}{2}$, monoton wachsend

Diskriminante: $D = \frac{p^2}{4} - q$

- $D > 0$ zwei Nullstellen, Parabel schneidet die x-Achse zweimal
- $D = 0$ eine zweifache Nullstelle (Berührung der x-Achse)
- $D < 0$ kein Schnittpunkt der Parabel mit der x-Achse

7.5.1.3 Ganzrationale Funktion 3. Grades (kubische Funktion)

Allgemeine Form

$$f(x) = a_3x^3 + a_2x^2 + a_1x + a_0$$

$$a_i \in \mathbb{R},\ a_3 \neq 0$$

Graph im kartesischen Koordinatensystem:

kubische Parabel

$a_3 > 0$: Die Parabel läuft von der unteren nach der oberen Halbebene.

$a_3 < 0$: Die Parabel läuft von der oberen nach der unteren Halbebene.

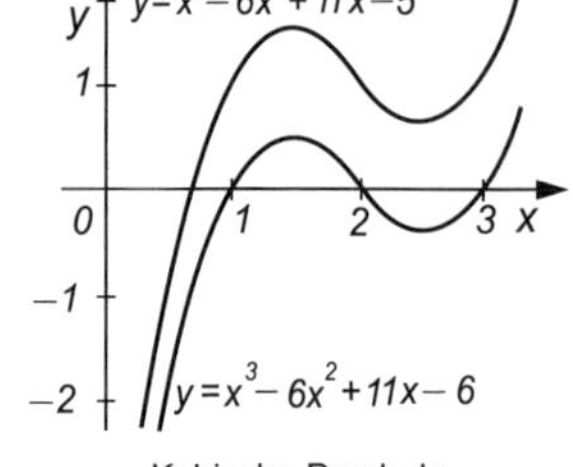

Kubische Parabeln

a_0 verschiebt die Kurve in Ordinatenrichtung und ist Schnittpunkt mit der Ordinatenachse.

Wendeparabel: $y = x^3$

7.5.2 Zerlegung von Funktionen in Linearfaktoren

Ist x_0 Nullstelle der ganzrationalen Funktion f, gilt für alle x

$$p_n(x) = (x - x_0) \cdot p_{n-1}(x) \qquad \textit{(Polynomzerlegung, Deflation)}$$

Bei m Nullstellen $x_1, x_2, \ldots, x_m$ lautet die *Produktdarstellung*

$$p_n(x) = (x - x_1) \cdot (x - x_2) \cdot \ldots \cdot (x - x_m) \cdot p_{n-m}(x)$$

Eine ganzrationale Funktion n-ten Grades mit genau n Nullstellen kann in n *Linearfaktoren* zerlegt werden (HORNERsches Schema, 3.3.1.7).

Nullstellen können bei reellen Koeffizienten auch mehrfach und konjugiert komplex auftreten.

7.5.3 Interpolation

7.5.3.1 Allgemeines

Approximation („Annäherung“) ist die Bestimmung einer *Ersatzfunktion* g aus einer gegebenen Funktionenklasse G, die von einer Funktion $f \notin G$ möglichst wenig abweicht.

Eine spezielle Form ist die *Interpolation* (diskrete Approximation), bei der der Approximationsfehler an endlich vielen, fest vorgegebenen *Stützstellen* (*Knoten*) x_i zu null wird:

$$r(x_i) = g(x_i) - f(x_i) = 0 \Rightarrow g(x_i) = f(x_i) \qquad i = 0, 1, \ldots, n$$

Die Paare $\left(x_i, f(x_i)\right) \in \mathbb{R}^2$ heißen *Interpolationspunkte* (*Stützpunkte*, *Stützstellen*).

Die Ermittlung von Wertepaaren zwischen den Interpolationspunkten innerhalb (außerhalb) von $[a, b]$ heißt *Interpolation* (*Extrapolation*).

Allgemeiner Ansatz mit speziellen Ansatzfunktionen $\varphi_k(x)$

$$g(x,\boldsymbol{c}) = \sum_{k=0}^{n} c_k \varphi_k(x) \qquad \boldsymbol{c} \text{ Parametervektor}$$

Bei bekannten Stützwerten $y_i = f(x_i)$ einer Funktion $f \in C[a, b]$ nähert $g(x_i,\boldsymbol{c}) \in C[a, b]$ diese im Bereich $[a, b]$ an, $a = \min_i(x_i)$, $b = \max_i(x_i)$.

Sind alle Stützstellen x_i paarweise verschieden, dann gibt es genau ein

Interpolationspolynom mit $\varphi_k(x) = x^k$ (Normalform)

$$g(x,\boldsymbol{c}) = p_n(x,\boldsymbol{c}) = \sum_{k=0}^{n} c_k x^k = c_0 + c_1 x + \ldots + c_n x^n \qquad c_k \in \mathbb{R},$$

das obige Interpolationsbedingung erfüllt: $p_n(x_i, \boldsymbol{c}) = f(x_i) = y_i$

Sind Nullstellen gegeben, empfiehlt sich ein Produktansatz (siehe 7.5.2).

♦ **Beispiel**

Lineare Interpolation zwischen den Stützstellen (x_0, y_0) und (x_1, y_1), d. h. $n = 1$.

Als Geradengleichung ergibt sich: $y \approx p_1(x) = y_0 + \dfrac{y_1 - y_0}{x_1 - x_0}(x - x_0)$ ♦

Bemerkung: Interpolationspolynome höheren Grades schwingen im Allgemeinen stark, besser sind daher Splines (siehe 7.5.3.5) oder rationale Funktionen.

7.5.3.2 Interpolationsformel von LAGRANGE

(für $(n+1)$ beliebige Stützstellen)

Das Verfahren ist vorteilhaft, wenn mehrere Polynome mit gleichen Stützstellen x_i aufzustellen sind, da die *Stützpolynome* $L_k(x)$ nur von diesen abhängen, ansonsten ist die aufwendige Berechnung der $L_k(x)$ von Nachteil.

Ansatz: $p_n(x) = \sum_{k=0}^{n} y_k L_k(x) = y_0 L_0(x) + y_1 L_1(x) + \ldots + y_n L_n(x)$

LAGRANGE*sche Stützpolynome* n-ten Grades bez. der $(n+1)$ Stützstellen x_i

$$L_k(x) = \frac{(x-x_0)(x-x_1)\cdot\ldots\cdot(x-x_{k-1})(x-x_{k+1})\cdot\ldots\cdot(x-x_n)}{(x_k-x_0)(x_k-x_1)\cdot\ldots\cdot(x_k-x_{k-1})(x_k-x_{k+1})\cdot\ldots\cdot(x_k-x_n)}$$

wobei $L_k(x_i) = \begin{cases} 1 & \text{für } i = k \\ 0 & \text{für } i \neq k \end{cases} \qquad i, k = 0, 1, \ldots, n$

♦ **Beispiel**

Gesucht wird die ganzrationale Interpolationsfunktion zur Wertetabelle

x	1	4	6	9
y	2	5	3	6

Vier Interpolationsstellen ermöglichen ein Polynom 3. Grades.

$$p_3(x) = 2\cdot\frac{(x-4)(x-6)(x-9)}{(1-4)(1-6)(1-9)} + 5\cdot\frac{(x-1)(x-6)(x-9)}{(4-1)(4-6)(4-9)}$$
$$+\,3\cdot\frac{(x-1)(x-4)(x-9)}{(6-1)(6-4)(6-9)} + 6\cdot\frac{(x-1)(x-4)(x-6)}{(9-1)(9-4)(9-6)}$$
$$= -\frac{1}{60}(x^3-19x^2+114x-216) + \frac{1}{6}(x^3-16x^2+69x-54)$$
$$-\,\frac{1}{10}(x^3-14x^2+49x-36) + \frac{1}{20}(x^3-11x^2+34x-24)$$
$$= \frac{1}{10}x^3 - \frac{3}{2}x^2 + \frac{32}{5}x - 3$$

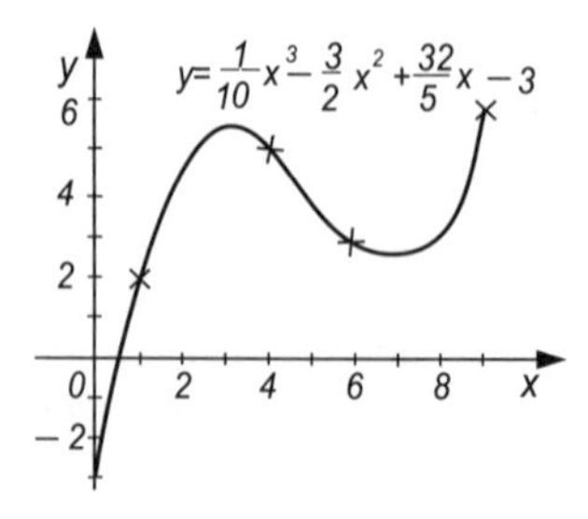

♦

7.5.3.3 Interpolationsformel von NEWTON

(für $(n+1)$ beliebige Stützstellen)

Das Verfahren ist vorteilhaft, wenn $p_n(x)$ an sehr vielen Stellen ausgewertet werden muss, da der Rechenaufwand für die Koeffizienten A_k bei NEWTON geringer ist als für die Stützpolynome L_k bei LAGRANGE.

$(n+1)$ Anzahl der Stützstellen

Ansatz: $p_n(x) = \sum_{k=0}^{n} A_k N_k(x) = A_0 N_0(x) + A_1 N_1(x) + \ldots + A_n N_n(x)$

mit $N_0 = 1$, $N_k(x) = (x - x_0)(x - x_1) \cdot \ldots \cdot (x - x_{k-1}) = N_{k-1}(x) \cdot (x - x_{k-1})$ ergibt:

$$\begin{aligned} p_n(x) = & A_0 + A_1(x - x_0) + A_2(x - x_0)(x - x_1) + \ldots \\ & + A_n(x - x_0)(x - x_1)(x - x_2) \cdot \ldots \cdot (x - x_{n-1}) \end{aligned}$$

Einsetzen der Wertepaare (x_i, y_i) liefert ein gestaffeltes Gleichungssystem zur Bestimmung der A_k. Als Hilfsmittel dienen dividierte Differenzen.

Dividierte Differenzen

Dividierte Differenzen (Steigungen) sind bezüglich der Stützstellen symmetrisch.

$$A_0 = y_0, A_1 = [x_1, x_0] = \frac{y_1 - y_0}{x_1 - x_0}, A_2 = [x_2, x_1, x_0] = \frac{[x_2, x_1] - [x_1, x_0]}{x_2 - x_0}$$

$$A_{k+1} = [x_{k+1}, x_k, \ldots, x_0] = \frac{[x_{k+1}, x_k, \ldots, x_1] - [x_k, x_{k-1}, \ldots, x_1, x_0]}{x_{k+1} - x_0}$$

Mit Differenzbildung zum jeweils vorherigen Stützpunkt statt zu (x_0, y_0) ergibt sich nachstehendes *Steigungsschema.*

Rechenschema dividierter Differenzen

			x_i	y_i			
			x_0	$\mathbf{y_0}$			
		$x_1 - x_0$			$[\mathbf{x_1}, \mathbf{x_0}]$		
	$x_2 - x_0$		x_1	y_1		$[\mathbf{x_2}, \mathbf{x_1}, \mathbf{x_0}]$	
$x_3 - x_0$		$x_2 - x_1$			$[x_2, x_1]$		$[\mathbf{x_3}, \mathbf{x_2}, \mathbf{x_1}, \mathbf{x_0}]$
	$x_3 - x_1$		x_2	y_2		$[x_3, x_2, x_1]$	
		$x_3 - x_2$			$[x_3, x_2]$		
			x_3	y_3			usw.

♦ **Beispiel**

Gesucht wird die ganzrationale Funktion zur gleichen Wertetabelle wie oben

x	1	4	6	9
y	2	5	3	6

Vier Interpolationsstellen ermöglichen ein Polynom 3. Grades.

$p_3(x) = A_0 + A_1(x-1) + A_2(x-1)(x-4) + A_3(x-1)(x-4)(x-6)$

Bestimmung der Werte der A_k mithilfe des Rechenschemas dividierter Differenzen:

			x_i	y_i			
			1	**2**			
		$4-1=3$			$\mathbf{(5-2)/3=1}$		
	$6-1=5$		4	5		$\mathbf{-2/5}$	
$9-1=8$		$6-4=2$			$(3-5)/2=-1$		$\mathbf{\frac{4}{5}/8=\frac{1}{10}}$
	$9-4=5$		6	3		$2/5$	
		$9-6=3$			$(6-3)/3=1$		
			9	6			

$$
\begin{aligned}
f(x) &= p_3(x) \\
&= 2 + 1(x-1) - \frac{2}{5}(x-1)(x-4) + \frac{1}{10}(x-1)(x-4)(x-6) \\
&= \frac{1}{10}x^3 - \frac{3}{2}x^2 + \frac{32}{5}x - 3 \qquad \text{wie oben}
\end{aligned}
$$

Bild siehe voriges Beispiel ♦

7.5.3.4 Interpolationsformel von Gregory-Newton

(für $(n+1)$ äquidistante Stützstellen)

$$x_i = x_0 + i \cdot h \qquad i = 0, 1, \ldots, (n-1)$$

Schrittweite: $\Delta x = h = x_{i+1} - x_i$

Differenzen k-ter Ordnung $\Delta^k y_i$

$$\Delta^0 y_i := y_i \qquad \Delta^k y_i := \Delta^{k-1} y_{i+1} - \Delta^{k-1} y_i$$

Interpolationsformel

$$
\begin{aligned}
p_n(x) = y_0 &+ \Delta^1 y_0 \frac{(x-x_0)}{1!h} + \Delta^2 y_0 \frac{(x-x_0)(x-x_1)}{2!h^2} + \ldots \\
&+ \Delta^n y_0 \frac{(x-x_0)(x-x_1)\cdot \ldots \cdot (x-x_{n-1})}{n!h^n}
\end{aligned}
$$

Interpolationsformel mit einer neuen Variablen t (Parameter)

gemäß der Beziehung: $x = x_0 + th,\ t \in (0,n)$

$$p_n(x) = \tilde{p}_n(t) = y_0 + \binom{t}{1}\Delta^1 y_0 + \ldots + \binom{t}{n}\Delta^n y_0 = \sum_{k=0}^{n}\binom{t}{k}\Delta^k y_0$$

Differenzenschema

i	y_i	$\Delta^1 y_i$	$\Delta^2 y_i$	$\Delta^3 y_i$
0	$\mathbf{y_0}$			
		$\mathbf{\Delta^1 y_0 = y_1 - y_0}$		
1	y_1		$\mathbf{\Delta^2 y_0 = \Delta^1 y_1 - \Delta^1 y_0}$	
		$\Delta^1 y_1 = y_2 - y_1$		$\mathbf{\Delta^3 y_0 = \Delta^2 y_1 - \Delta^2 y_0}$
2	y_2		$\Delta^2 y_1 = \Delta^1 y_2 - \Delta^1 y_1$	
		$\Delta^1 y_2 = y_3 - y_2$		$\Delta^3 y_1 = \Delta^2 y_2 - \Delta^2 y_1$
3	y_3		$\Delta^2 y_2 = \Delta^1 y_3 - \Delta^1 y_2$	
$\vdots$	$\vdots$	$\Delta^1 y_3 = y_4 - y_3$	$\vdots$	$\Delta^3 y_2 = \Delta^2 y_3 - \Delta^2 y_2$

♦ **Beispiel**

Man bestimme das GREGORY-NEWTONsche Interpolationspolynom, das durch die Stützpunkte gemäß folgender Wertetabelle beschrieben wird:

x	2	3	4	5	6
y	3	5	4	2	7

Fünf Interpolationsstellen lassen ein Polynom vom Grad $n = 4$ zu.

Die Koeffizienten werden nachstehendem Schema entnommen:

i	(x_i)	y_i	$\Delta^1 y_i$	$\Delta^2 y_i$	$\Delta^3 y_i$	$\Delta^4 y_i$
0	(2)	**3**				
			$\mathbf{5 - 3 = 2}$			
1	(3)	5		$\mathbf{-1 - 2 = -3}$		
			$4 - 5 = -1$		**2**	
2	(4)	4		$-2 + 1 = -1$		**6**
			$2 - 4 = -2$		8	
3	(5)	2		$5 + 2 = 7$		
			$7 - 2 = 5$			
4	(6)	7				

$$p_4(x) = 3 + 2\frac{x-2}{1!\cdot 1} + (-3)\frac{(x-2)(x-3)}{2!\cdot 1^2} + 2\frac{(x-2)(x-3)(x-4)}{3!\cdot 1^3}$$

$$+\ 6\frac{(x-2)(x-3)(x-4)(x-5)}{4!\cdot 1^4}$$

$$= \frac{1}{4}x^4 - \frac{19}{6}x^3 + \frac{53}{4}x^2 - \frac{61}{3}x + 12$$ ♦

7.5.3.5 Interpolation durch kubische Polynomsplines

Polynomsplines 3. Grades (spline, engl., „biegsames Kurvenlineal") dienen der Herstellung *glatter* Kurven zwischen gegebenen Stützstellen, z. B. für automatische Zeichengeräte, Zeichnen empirisch ermittelter Verläufe u. Ä.

> *Splinefunktion S*: $S(x) \approx f(x)$, stückweise zusammengesetzt aus n kubischen Polynomen p_i im Bereich zwischen zwei Stützstellen, d. h., $x \in [x_i, x_{i+1}]$, $i = 0, 1, \ldots, (n-1)$. Wenn n genügend wächst, kann der Interpolationsfehler beliebig klein gemacht werden.

Die Anschlussbedingungen (s. u.) zwischen den Teilpolynomen garantieren glatte Kurven, z. B. gleiche Krümmung für p_i und p_{i+1} am Übergangspunkt.

(1) Nicht parametrisierte Splinefunktionen

Gegeben: $f \in C[a, b]$ $\qquad$ $C[a, b]$ siehe 7.4.3.

Bedingungen

- Strenge Monotonie der *Stützstellen* $a = x_0 < x_1 < \ldots < x_n = b$ Angemessene Zerlegung: Im Bereich starker (schwacher) Steigung sind die Abstände zwischen den Stützstellen x_i enger (weiter) zu wählen.
- $S(x)$ in $[a, b]$ zweimal stetig differenzierbar (*Glattheitsbedingung*)
- Interpolationsbedingung: $S(x_i) = y_i$, $i = 0, 1, \ldots, n$ d. h. $p_i(x_i) = y_i$, $i = 0, 1, \ldots, (n-1)$ und $p_{n-1}(x_n) = y_n$

Ansatz mit vier Parametern

$$S(x) \equiv p_i(x) := a_i + b_i(x - x_i) + c_i(x - x_i)^2 + d_i(x - x_i)^3$$

für $x \in [x_i, x_{i+1}]$, $i = 0, 1, \ldots, (n-1)$

Je nach den Randbedingungen unterscheidet man sechs verschiedene Arten von Splinefunktionen auf $[a, b]$ [1]. Eine dieser Arten wird hier näher ausgeführt.

Kubische Splinefunktion mit vorgegebener 1. Randableitung

$(4n - 2)$ Bedingungen für die Polynome p_i und die zwei Randbedingungen ergeben $4n$ Gleichungen für die Koeffizienten a_i, b_i, c_i, d_i (Anschlussbedingungen).

[1] Engeln-Müllges, G. / Niederdrenk, K. / Wodicka, R.: Numerik-Algorithmen. – Springer 2011

$$p_i(x_i) = y_i, \quad i = 0, 1, \ldots, (n-1) \wedge p_{n-1}(x_n) = y_n$$
(Interpolationsbed.)

$$p_i(x_i) = p_{i-1}(x_i), \quad i = 1, 2, \ldots, (n-1)$$ (Stetigkeit)

$$p_i'(x_i) = p_{i-1}'(x_i), \quad i = 1, 2, \ldots, (n-1)$$ (kein Knick)

$$p_i''(x_i) = p_{i-1}''(x_i), \quad i = 1, 2, \ldots, (n-1)$$ (gleiche Krümmung)

$$p_0'(x_0) = \alpha \quad \text{und} \quad p_{n-1}'(x_n) = \beta$$ (Randbedingungen)

Algorithmus

(1) $a_i = y_i \qquad i = 0, 1, \ldots, n$

(2) Lineares Gleichungssystem für die Unbekannten c_i, $h_i = x_{i+1} - x_i$

$i = 1$

$$\left(\frac{3}{2}h_0 + 2h_1\right)c_1 + h_1c_2 = \frac{3}{h_1}(a_2 - a_1) - \frac{9}{2h_0}(a_1 - a_0) + \frac{3}{2}\alpha$$

$i = 2, 3, \ldots, (n-2)$

$$h_{i-1}c_{i-1} + 2c_i(h_{i-1} + h_i) + h_ic_{i+1} = \frac{3}{h_i}(a_{i+1} - a_i) - \frac{3}{h_{i-1}}(a_i - a_{i-1})$$

$i = n - 1$

$$\left(2h_{n-2} + \frac{3}{2}h_{n-1}\right)c_{n-1} + h_{n-2}c_{n-2} = \frac{9}{2h_{n-1}}(a_n - a_{n-1}) - \frac{3}{2}\beta - \frac{3}{h_{n-2}}(a_{n-1} - a_{n-2})$$

$i = 0$ und $i = n$

$$c_0 = \frac{1}{2h_0}\left(\frac{3}{h_0}(a_1 - a_0) - 3\alpha - c_1h_0\right)$$

$$c_n = -\frac{1}{2h_{n-1}}\left(\frac{3}{h_{n-1}}(a_n - a_{n-1}) - 3\beta + c_{n-1}h_{n-1}\right)$$

In Matrizenschreibweise $\boldsymbol{Ac} = \boldsymbol{a}$ wird $\boldsymbol{A}$ tridiagonal, symmetrisch, positiv definit, $\det\boldsymbol{A} \neq 0$, Lösung nach dem CHOLESKY-Verfahren, 5.4.3.4.

$\boldsymbol{a}$ enthält die rechten Seiten der Gleichungen unter $i = 1$ bis $i = n - 1$

(3) $b_i = \dfrac{1}{h_i}(a_{i+1} - a_i) - \dfrac{h_i}{3}(c_{i+1} + 2c_i) \qquad i = 0, 1, \ldots, (n-1)$

(4) $d_i = \dfrac{1}{3h_i}(c_{i+1} - c_i) \qquad i = 0, 1, \ldots, (n-1)$

(2) Parametrische kubische Splines mit 1. Randableitung

Ist keine strenge Monotonie der Stützstellen gegeben, z. B. bei geschlossenen Kurven, können die nichtparametrischen Splines nicht verwendet werden.

Man wandelt $\left(x_i, f(x_i)\right)$ in die Parameterform $x = x(t)$, $y = y(t)$. Die Parameterwerte sind monoton steigend zu wählen:

$$t_0 < t_1 < \ldots < t_n$$

Durch (t_i, x_i) wird der Spline S_x festgelegt: $x(t) \approx S_x(t)$

durch (t_i, y_i) wird der Spline S_y festgelegt: $y(t) \approx S_y(t)$

$$\begin{pmatrix} S_x(t) \\ S_y(t) \end{pmatrix} \equiv \begin{pmatrix} p_{ix}(t) \\ p_{iy}(t) \end{pmatrix} \approx \begin{pmatrix} x(t) \\ y(t) \end{pmatrix} \qquad t \in [t_i, t_{i+1}]$$

Das sind vektorielle parametrische kubische Splinefunktionen in $\mathbb{R}^2$, analoge Vorgehensweise in $\mathbb{R}^3$.

Berechnung der parametrischen kubischen Splines

$$S_x(t) \equiv p_{ix}(t) = a_{ix} + b_{ix}(t - t_i) + c_{ix}(t - t_i)^2 + d_{ix}(t - t_i)^3$$

$$S_y(t) \equiv p_{iy}(t) = a_{iy} + b_{iy}(t - t_i) + c_{iy}(t - t_i)^2 + d_{iy}(t - t_i)^3$$

Randbedingungen: $S'(x_0) = \alpha$ und $S'(x_n) = \beta$

Näherungsweise Berechnung der t_i

$$t_0 = 0,\ t_{i+1} = t_i + \sqrt{(x_{i+1} - x_i)^2 + (y_{i+1} - y_i)^2} \quad i = 0, 1, \ldots, (n-1)$$

S_x weiter wie bei den kubischen Splinefunktionen mit vorgegebener 1. Randableitung, jedoch man ersetze $x_i := t_i$, $y_i := x_i$

S_y desgl., jedoch man ersetze $x_i := t_i$, y_i bleibt

7.5.3.6 BÉZIER-Splines

Bei BÉZIER-*Splines* werden kubische Parabeln 3. Ordnung mit gleicher Krümmung, d. h. glatt aneinander gereiht. Forderungen an die Monotonie der Stützstellen werden wegen der Parameterdarstellung nicht benötigt.

BÉZIER-Splines haben Bedeutung in der Computergrafik. Sie gestatten auch die Erzeugung glatter Flächen, siehe Spezialliteratur.

Mit den Ortsvektoren der BÉZIER-*Knoten* $\boldsymbol{b}_i$ wird das erste Kurvensegment:

$$\boldsymbol{P}(t) = \boldsymbol{b}_0(1-t)^3 + 3\boldsymbol{b}_1(1-t)^2 t + 3\boldsymbol{b}_2(1-t)t^2 + \boldsymbol{b}_3 t^3 \qquad 0 \le t \le 1$$

mit den Ableitungen: $\boldsymbol{P}'(0) = 3(\boldsymbol{b}_1 - \boldsymbol{b}_0)$ und $\boldsymbol{P}'(1) = 3(\boldsymbol{b}_3 - \boldsymbol{b}_2)$

Das heißt Tangente in $\boldsymbol{b}_0$, Berührung in $\boldsymbol{b}_3$.

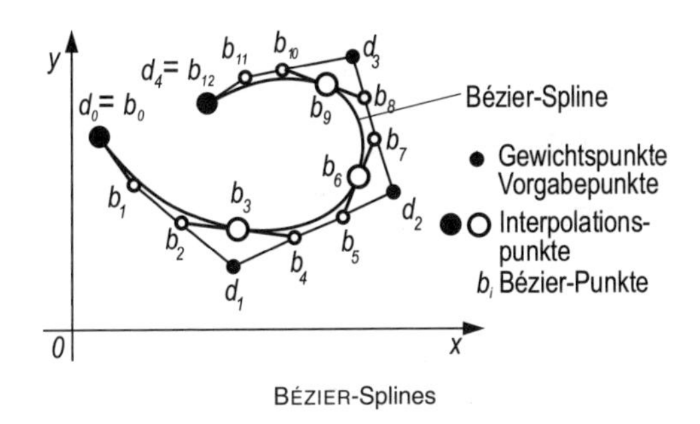

BÉZIER-Splines

Die Punkte $\boldsymbol{b}_1$ und $\boldsymbol{b}_2$ liegen nicht auf der Kurve (siehe Bild). Sie üben eine „magnetische Wirkung“ auf die BÉZIER-Kurve aus.

Die Faktoren der $\boldsymbol{b}_i$ heißen BERNSTEIN-*Polynome*

$$J_{n,i}(t) = \binom{n}{i} t^i (1-t)^{n-i} \qquad i = 0, 1, \ldots, n$$

Die Randpunkte eines Segments heißen *Interpolationspunkte* $\boldsymbol{b}_0, \boldsymbol{b}_3, \ldots, \boldsymbol{b}_{3m}$, durch die die Kurve verläuft.

Mit den drei Bedingungen an jedem Verbindungspunkt $\boldsymbol{b}_3, \boldsymbol{b}_6, \ldots, \boldsymbol{b}_{3m-3}$ nach Stetigkeit, keinen Knick und gleiche Krümmung entsteht das folgende Gleichungssystem:

$$\left\{\begin{array}{rcll} 2\boldsymbol{d}_{k-1} + \boldsymbol{d}_k & = & 3\boldsymbol{b}_{3k-2} & k = 1, 2, \ldots, m \\ \boldsymbol{d}_{k-1} + 2\boldsymbol{d}_k & = & 3\boldsymbol{b}_{3k-1} & k = 1, 2, \ldots, m \\ \boldsymbol{d}_{k-1} + 4\boldsymbol{d}_k + \boldsymbol{d}_{k+1} & = & 6\boldsymbol{b}_{3k} & k = 1, 2, \ldots, (m-1) \\ \boldsymbol{d}_0 & = & \boldsymbol{b}_0 & \\ \boldsymbol{d}_m & = & \boldsymbol{b}_{3m} & \end{array}\right.$$

$\boldsymbol{d}_k$ *Gewichtspunkte* (kurz *Gewichte*), $k = 1, 2, \ldots, (m-1)$

Folgerung: $(m+1)$ vorzugebende Gewichtspunkte erzeugen den Spline.

Zur Erzeugung eines Knicks werden drei aufeinanderfolgende Gewichtspunkte $\boldsymbol{d}_{i-1}$, $\boldsymbol{d}_i$, $\boldsymbol{d}_{i+1}$ übereinandergelegt. Die BÉZIER-Kurve ist an dieser Stelle nicht mehr differenzierbar.

7.5.4 Gebrochenrationale Funktion

Ein rationaler Term als Quotient zweier ganzrationaler Terme führt zur *gebrochenrationalen Funktion* (siehe auch 3.1, rationaler Term)

$$f(x) = \frac{Z(x)}{N(x)} = \frac{a_n x^n + a_{n-1} x^{n-1} + \ldots + a_1 x + a_0}{b_m x^m + b_{m-1} x^{m-1} + \ldots + b_1 x + b_0}$$

$$a_n, b_m \neq 0, \quad N(x) \neq 0, \quad n, m \in \mathbb{N}$$

$n < m$ echt gebrochen, $n \geq m$ unecht gebrochen

Jede unecht gebrochenrationale Funktion $f(x)$ kann durch Polynomdivision (siehe 2.1.2.1) in eine ganzrationale Funktion $p(x)$ vom Grad $(n - m)$ und eine *echt gebrochenrationale Funktion* $r(x)$ zerlegt werden:

$$f(x) = p_{n-m}(x) + r(x) \qquad \text{für } n > m$$

Die Grenzkurve für $x \to \pm\infty$ ist der Graph von $p_{n-m}(x)$.

Nullstellenberechnung bei gebrochenrationalen Funktionen

$$Z(x_0) = 0 \wedge N(x_0) \neq 0$$

Unstetigkeitsstellen bei gebrochenrationalen Funktionen

- $Z(x_L) = 0$, $N(x_L) = 0$, hebbare Unstetigkeitsstelle (*Lücke*)
- $Z(x_L) \neq 0$, $N(x_L) = 0$ *Unendlichkeitsstelle*, *Polstelle* der Funktion, senkrechte *Polasymptote* $x = x_P$ für $x_P \in \mathbb{R}$

Durch Zerlegung von Zähler und Nenner in Linearfaktoren und danach Kürzen entsteht eine *Ersatzfunktion* $g(x)$.

♦ **Beispiel**

$f(x) = \dfrac{1 - x^2}{x^2 - 2x - 3}$, wie lauten Nullstellen und Definitionslücken?

Primzerlegung und Kürzen:

$$f(x) = \frac{1 - x^2}{x^2 - 2x - 3} = \frac{(1 + x)(1 - x)}{(1 + x)(x - 3)} = \frac{1 - x}{x - 3}$$

Ersatzfunktion: $g(x) = \dfrac{1 - x}{x - 3} = -1 + \dfrac{2}{3 - x}$

(unecht gebrochene Funktion)

Nullstelle: $Z\big(g(x)\big) = 0 \Rightarrow 1 - x = 0$ ergibt $x_1 = 1$. Hier ist $N(1) \neq 0$.

Hebbare Lücke

Gleicher Primfaktor $(x + 1)$ in Zähler und Nenner ergibt $x_2 = -1$.

$$f(-1) = \frac{0}{0} \Rightarrow \lim_{x \to -1} \frac{1 - x^2}{x^2 - 2x - 3} = \lim_{x \to -1} \frac{-2x}{2x - 2} = -\frac{1}{2}$$

Übereinstimmung von $g(x)$ mit $f(x)$ an allen Stellen bis auf $x = -1$

Polstelle für $Z(x) \neq 0 \wedge N(x) = 0$, Primfaktor $(x-3)$ ergibt

$x_P = x_3 = 3$ ♦

7.5.5 Potenzfunktion

Allgemein: $f\colon x \mapsto ax^k \qquad k \in \mathbb{Z}, a \in \mathbb{R}, D(f) = \mathbb{R}$

Potenzfunktion mit positivem ganzzahligen Exponenten

$$y = f(x) = ax^n \qquad n \in \mathbb{N}, a \in \mathbb{R}, D(f) = \mathbb{R}$$

Ein Polynom $p_n(x) = a_n x^n + a_{n-1}x^{n-1} + \ldots + a_0$ verhält sich für große $|x|$-Werte ungefähr wie $a_n x^n$ (*asymptotisches Verhalten*).

Die Graphen der Potenzfunktion mit $n \geq 2$ heißen *Parabeln n-ten Grades*.

$a = 1$	*Normalparabeln*, z. B. $y = x^2$, $y = x^3$
$\lvert a\rvert < 1$	gestauchte Parabel, $\lvert a\rvert > 1$ gestreckte Parabel
$y = x^{2n}$	ist in $[0,\infty)$ streng monoton wachsend, in $(-\infty,0]$ fallend, *axialsymmetrisch* zur y-Achse, d. h. gerade Funktion (Bild links)
$y = x^{2n+1}$	ist in $\mathbb{R}$ streng monoton wachsend, *zentralsymmetrisch* zum Ursprung, d. h. ungerade Funktion (Bild rechts)

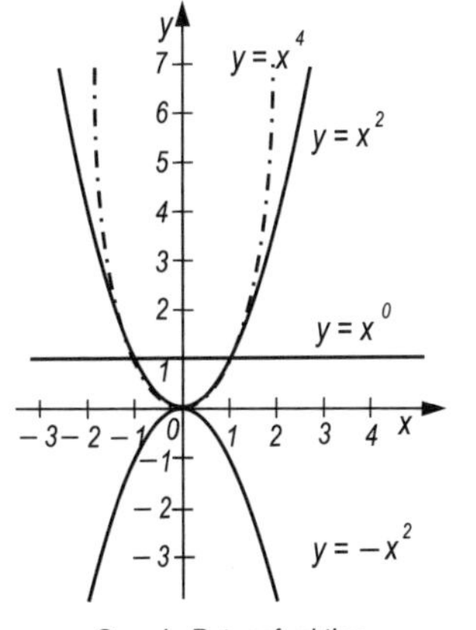

Gerade Potenzfunktion

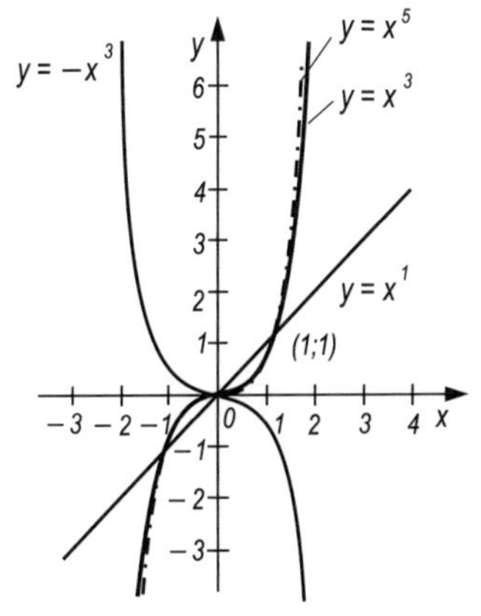

Ungerade Potenzfunktion

Potenzfunktionen mit negativem ganzzahligen Exponenten

$$y = f(x) = ax^{-n} := a \cdot \frac{1}{x^n} \qquad \mathrm{D}(f) = \mathbb{R}^*, \mathrm{W}(f) = \mathbb{R}^*, n \in \mathbb{N}, a \in \mathbb{R}^*$$

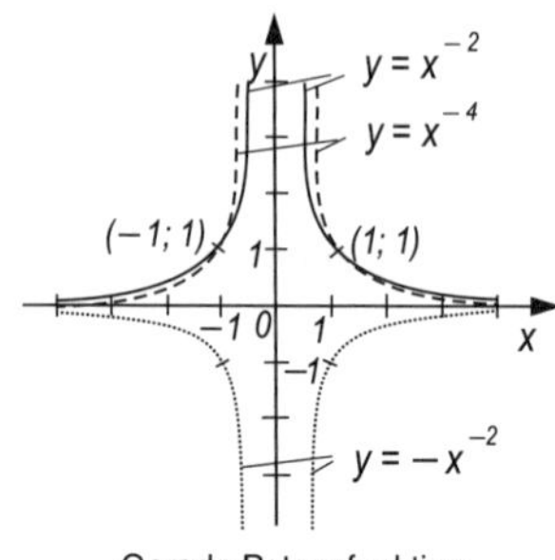

Gerade Potenzfunktion
Pol ohne Vorzeichenwechsel

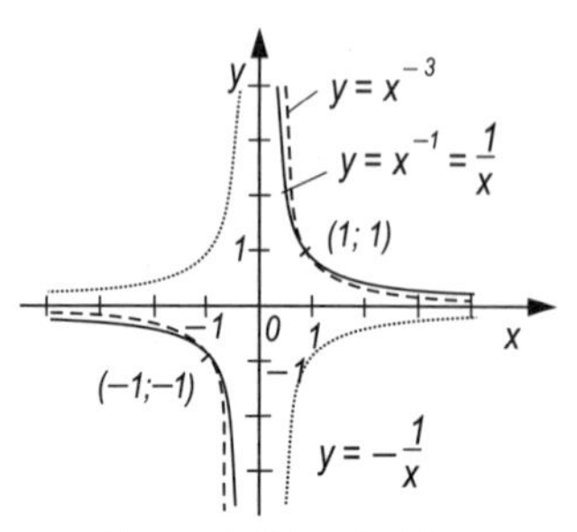

Ungerade Potenzfunktion
Pol mit Vorzeichenwechsel

Der Graph dieser gebrochenrationalen Funktion heißt (verallgemeinerte) *Hyperbel*, $|a| < 1$ gestauchte Hyperbel, $|a| > 1$ gestreckte Hyperbel.

Asymptoten: $y = 0$ (für $x \to \pm\infty$), $x = 0$ (Pol)

Bemerkung: Eine Potenzfunktion $x^a := \mathrm{e}^{a \ln x}$ ist für reelle Exponenten $a \in \mathbb{R} \setminus \mathbb{Z}$ und $x > 0$ keine rationale Funktionen mehr.

7.5.6 Sonstige (elementare) Funktionen

Betragsfunktion

$$|x| = \begin{cases} -x & \text{für } x < 0 \\ x & \text{für } x \geq 0 \end{cases} \qquad \mathrm{D}(f) = \mathbb{R}, \mathrm{W}(f) = \mathbb{R}_{\geq 0}$$

Signumfunktion

$$\operatorname{sgn} x = \begin{cases} -1 & \text{für } x < 0 \\ 0 & \text{für } x = 0 \\ 1 & \text{für } x > 0 \end{cases} \qquad \mathrm{D}(f) = \mathbb{R}, \mathrm{W}(f) = \{-1;\ 0;\ 1\}$$

$(\operatorname{sgn})' = 2\delta(x)$ $\qquad$ $\delta(x)$ Dirac-Funktion (siehe unten)

Man findet auch (nicht normgerecht) die Bezeichung $\operatorname{sign} x$.

Integerfunktion (*integer part function*; integer, engl. „ganzzahlig")

> Der Funktionswert der *Integerfunktion* ist der ganzzahlige Anteil von x:
>
> $\operatorname{int} x := \operatorname{sgn} x \cdot \lfloor |x| \rfloor \qquad D(f) = \mathbb{R},\ W(f) = \mathbb{Z}$

$\lfloor x \rfloor$ größte ganze Zahl kleiner oder gleich x: das $n \in \mathbb{Z}$ mit $n \leq x < n + 1$
$\lceil x \rceil$ kleinste ganze Zahl größer oder gleich x: das $n \in \mathbb{Z}$ mit $n - 1 < x \leq n$
Siehe auch Anhang.

Restfunktion (*fractional part function*)

> Der Funktionswert der *Restfunktion* ist der gebrochene Anteil von x:
>
> $\operatorname{frac} x := x - \operatorname{int} x \qquad D(f) = \mathbb{R},\ W(f) \in (-1, 1)$

♦ **Beispiele**

(1) $\operatorname{int} x = -3$ gilt für $-4 < x \leq -3$ $\qquad$ $\operatorname{int}(\pm 2{,}5) = \pm 2$
(2) $\operatorname{frac}(-3{,}21) = -3{,}21 - (-3) = -0{,}21$ $\qquad$ $\operatorname{frac}(\pm 2{,}5) = \pm 0{,}5$ ♦

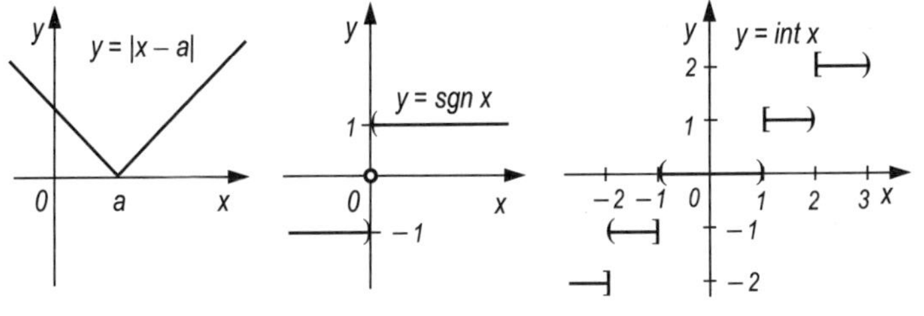

Betrags-, Signum- und Integer-Funktion

Rechteckimpulsfunktion

$$\operatorname{rect}(x) := \begin{cases} 1 & \text{für } |x| < 0{,}5 \\ 0 & \text{für } |x| > 0{,}5 \end{cases}$$

Dreieckimpulsfunktion

$$\operatorname{tri}(x) := \begin{cases} 1 - |x| & \text{für } |x| \leq 1 \\ 0 & \text{für } |x| > 1 \end{cases}$$

Modulo-Funktion

Siehe Äquivalenzrelation, 1.3.4.

Einheitssprungfunktion, Heaviside-Funktion, Theta-Funktion

$$\varepsilon(x-a) = \sigma(x-a) = H(x-a) = \Theta(x-a) := \begin{cases} 0 & \text{für } x < a \\ 1 & \text{für } x > a \end{cases}$$

$$\varepsilon'(x) = \delta(x)$$

$$\varepsilon(x) + \varepsilon(-x) = 1$$

Setzt man $\varepsilon(0) := 1/2$, so gilt $2\varepsilon(x) - 1 = \operatorname{sgn} x$

δ-Distribution, Dirac-Impulsfunktion, Stoßfunktion, Deltafunktion

$$\delta(x-a) = \begin{cases} 0 & \text{für } x \neq a \\ \infty & \text{für } x = a \end{cases} \quad \text{(Keine Funktion im klassischen Sinn!)}$$

$$\int\limits_{x_1}^{x_2} \delta(x-a)\,\mathrm{d}x = \begin{cases} 1 & \text{für } x_1 < a < x_2 \\ 0 & \text{sonst} \end{cases}$$

$\delta(x-a)$ ordnet einer stetigen Funktion $f(x)$ ihren Wert bei $x = a$ zu:

(*Ausblendeigenschaft* von δ)

$$\int\limits_{x_1}^{x_2} f(x)\delta(x-a)\,\mathrm{d}x = \begin{cases} f(a) & \text{falls } x_1 < a < x_2 \\ 0 & \text{sonst} \end{cases}$$

Es gilt: $\delta(x-a) = \delta(a-x)$ (gerade)

$$f(x)\delta(x-a) = f(a)\delta(x-a)$$

$$\delta(ax) = \frac{1}{|a|}\delta(x),\ a \neq 0$$

$$\delta'(x) = 0 \text{ für } x \neq 0$$

$$\delta'(x) = -\delta'(-x) \qquad \delta^{(n)}(-x) = (-1)^n \delta^{(n)}(x)$$

$$\int\limits_{-\infty}^{\infty} \delta(x)\,\mathrm{d}x = 1 \ (\textit{Impulsstärke})$$

$$\int\limits_{-\infty}^{\infty} f(x)\delta'(x-a)\,\mathrm{d}x = -\int\limits_{-\infty}^{\infty} f'(x)\delta(x-a)\,\mathrm{d}x = -f'(a)$$

$$\int\limits_{-\infty}^{\infty} f(x)\delta^{(n)}(x-a)\,\mathrm{d}x = (-1)^n f^{(n)}(a)$$

7.6 Nichtrationale Funktionen

7.6.1 Wurzelfunktion

$$f\colon x \mapsto ax^{\frac{p}{q}}$$

Die Wurzelfunktionen sind die Umkehrfunktionen der entsprechenden Potenzfunktionen. Sie sind *algebraische*, aber *nichtrationale* Funktionen.

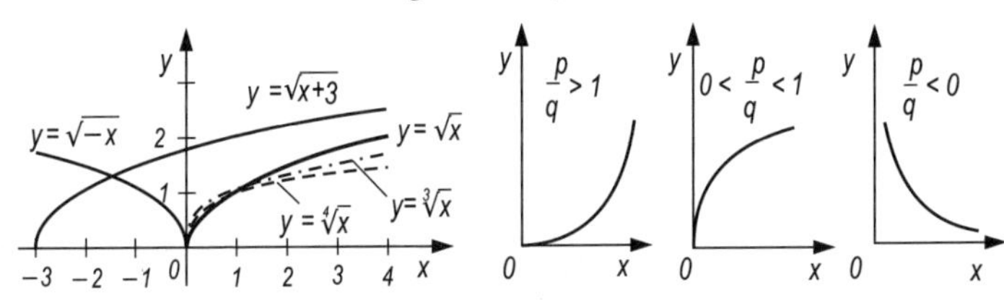

Wurzelfunktionen

$$y = f(x) = ax^{\frac{p}{q}} := a\sqrt[q]{x^p}$$

für $x, y > 0$, $p \in \mathbb{Z}$, $q \in \mathbb{N}^*$, $p \neq kq$, $k \in \mathbb{Z}$

Für $p \in \mathbb{N}^*$ gilt erweitert: $x, y \geq 0$

Umkehrfunktionen

Wurzel n-ten Grades $\Leftrightarrow$ n-te Potenz

$$y = \sqrt[n]{x} \Leftrightarrow x = y^n$$

$x, y \geq 0$, $n \in \mathbb{N}^*$

Ungeradzahliger Exponent (Bild)

(nicht geschlossen darstellbar)

$$f(x) = \begin{cases} \sqrt[2n+1]{x} & \text{falls } x \geq 0 \\ -\sqrt[2n+1]{-x} & \text{falls } x < 0 \end{cases}$$

$$f^{-1}(x) = x^{2n+1}$$

Geradzahliger Exponent

$$f(x) = \sqrt[2n]{x} \qquad x \geq 0$$

$$f^{-1}(x) = x^{2n}$$

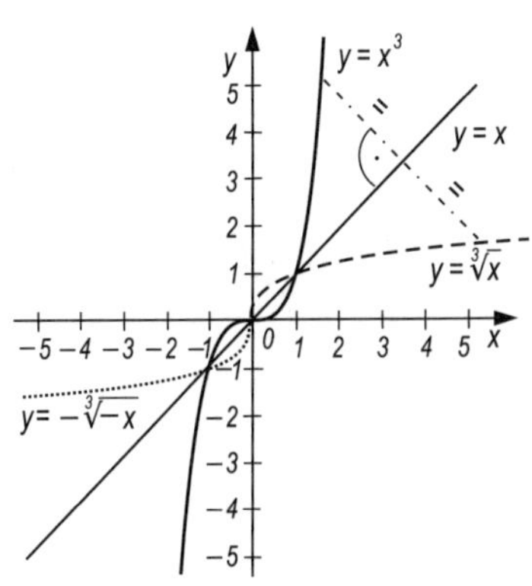

Umkehrfunktion einer Wurzelfunktion

Sonderfall: NEILsche (semikubische) Parabel, siehe 7.7.1.

Transzendente Funktionen

Folgende Funktionen sind *transzendente Funktionen*. Diese sind wie die Wurzelfunktion nichtrational, aber im Gegensatz zu dieser keine algebraischen Funktionen. Siehe Übersicht in 7.1.1.

7.6.2 Exponentialfunktionen

Die e-Funktion

$$y = \mathrm{e}^x = \exp x$$

EULER*sche Zahl* $\mathrm{e} = \lim_{n\to\infty}(1 + 1/n)^n = 2{,}718\,281\,828\,459\ \ldots$

Allgemeine Exponentialfunktion

$$f\colon x \mapsto a^x$$

$$y = f(x) = a^x \qquad \mathrm{D}(f) = \mathbb{R},\ \mathrm{W}(f) = \mathbb{R}_{>0},\ a \in \mathbb{R}_{>0},\ a \neq 1$$

$a > 1$ streng monoton wachsend, $\lim_{x\to\infty} a^x = \infty$, $\lim_{x\to-\infty} a^x = 0$

$0 < a < 1$ streng monoton fallend, $\lim_{x\to\infty} a^x = 0$, $\lim_{x\to-\infty} a^x = \infty$

Asymptote: x-Achse, keine Nullstellen

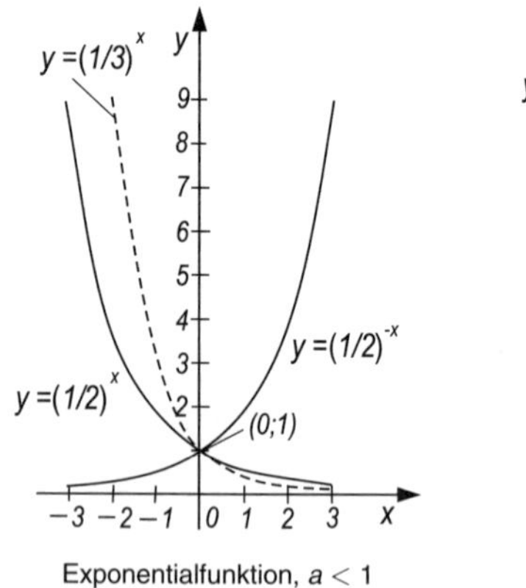

Exponentialfunktion, $a < 1$

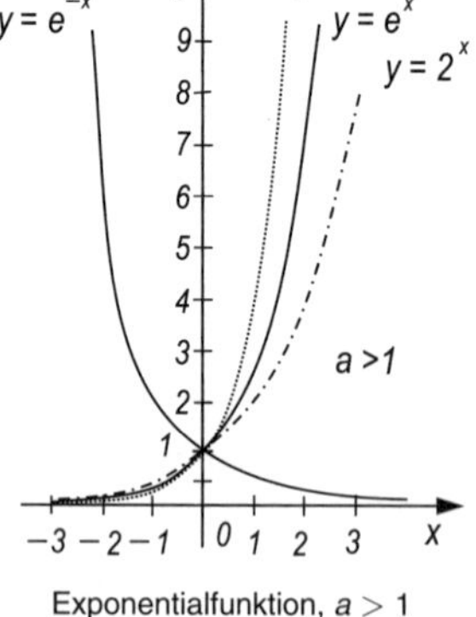

Exponentialfunktion, $a > 1$

Mit $a = \mathrm{e}^{\ln a}$ kann jede Exponentialfunktion auf die e-Funktion zurückgeführt werden:

$$y = a^x = \mathrm{e}^{x \ln a}$$

(Streckung/Stauchung des Graphen der e-Funktion)

Dies gilt auch im Komplexen: $y = a^z = \mathrm{e}^{z \ln a}$, $a > 0$, $z \in \mathbb{C}$

Der Graph der Exponentialfunktion ist konvex (linksseitig gekrümmt) und hat weder Extrema noch Wendepunkte, er geht durch $P(0; 1)$.

$y = a^x$ und $y = a^{-x} = \left(\frac{1}{a}\right)^x$ liegen spiegelbildlich zur y-Achse.

Durchläuft in $f(x) = c \cdot a^x$ $(c \neq 0,\ a > 0,\ a \neq 1)$ das Argument x eine arithmetische Folge, so durchläuft der Funktionswert $f(x)$ eine geometrische Folge. $y = c \cdot a^x$ entspricht einer Verschiebung um x_0 nach links, wobei $c = a^{x_0}$ ist.

Kontinuierliches (stetiges, natürliches, organisches) Wachstum

$$y = f(t) = y_0 e^{kt} = y_0 e^{t/\tau} \qquad \text{bzw.} \qquad G(t) = G_0 e^{kt} = G_0 e^{t/\tau}$$

t Zeit
y_0, G_0 Grundmenge, Anfangsbestand zur Zeit $t = 0$
k *Wachstumsintensität*, $k \in \mathbb{R}$, $k > 0$ wachsend, $k < 0$ abklingend
$\tau = \frac{1}{k}$ *Zeitkonstante*

Abklingvorgang, radioaktiver Zerfall

$$y = G(t) = G_0 e^{-\lambda t}$$

$\lambda > 0$ *Zerfallskonstante*
$T_{1/2}$ *Halbwertszeit*, Halbierung des Bestandes: $G(T_{1/2}) = \frac{1}{2} G_0$

$$T_{1/2} = \frac{\ln 2}{\lambda} = \frac{0{,}6931}{\lambda} = 0{,}6931 \cdot \tau$$

Mittlere Lebensdauer: $\tau = \frac{1}{\lambda} = \frac{T_{1/2}}{\ln 2}$

Zerfallsgeschwindigkeit:

$$v = \left|\frac{dy(t)}{dt}\right| = \lambda G_0 e^{-\lambda t} = \lambda y$$

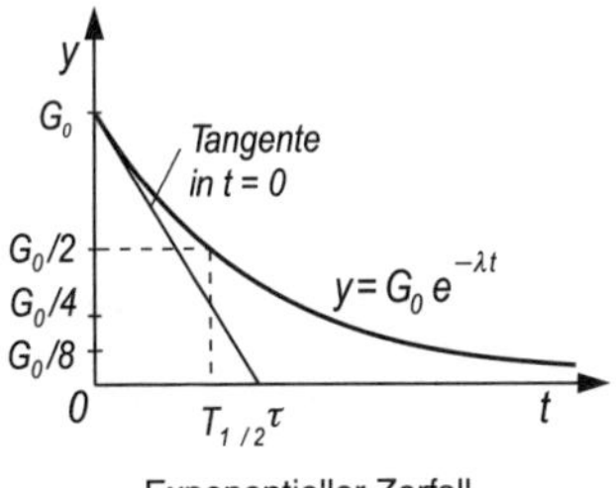

Exponentieller Zerfall

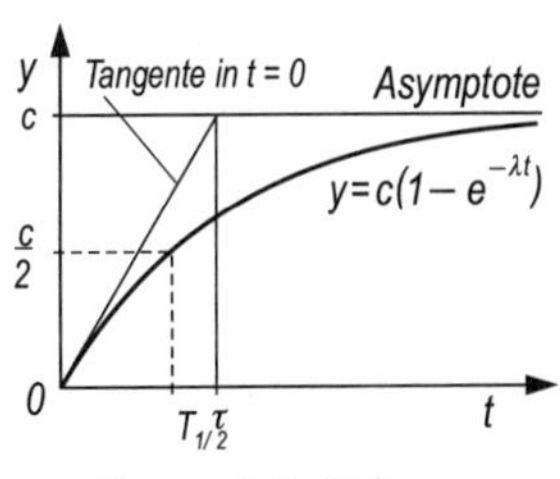

Exponentielle Sättigung

♦ **Beispiel**

Radium hat eine Zerfallskonstante $\lambda = 1{,}382 \cdot 10^{-11}\,\mathrm{s}^{-1}$. Wie groß ist die Halbwertszeit von Radium?

$$T_{1/2} = \frac{0{,}6931}{1{,}382} \cdot 10^{11}\,\mathrm{s} = \frac{0{,}6931}{1{,}382 \cdot 3{,}154} 10^4\,\text{Jahre} = 1590\,\text{Jahre}$$ ♦

Sättigungsfunktion

$$y = f(t) = c(1 - \mathrm{e}^{\lambda t})$$

7.6.3 Logarithmusfunktionen

$$f\colon x \mapsto \log_a x$$

$$y = f(x) = \log_a x \qquad \mathrm{D}(f) = \mathbb{R}_{>0},\ \mathrm{W}(f) = \mathbb{R},\ a \in \mathbb{R}_{>0},\ a \neq 1$$

$a > 1$ streng monoton wachsend

$0 < a < 1$ streng monoton fallend

Nullstelle: $x_0 = 1$

Asymptote: y-Achse

Die logarithmische Funktion ist Umkehrfunktion der Exponentialfunktion:

$$y = f(x) = a^x \Leftrightarrow f^{-1}(x) = \log_a x$$

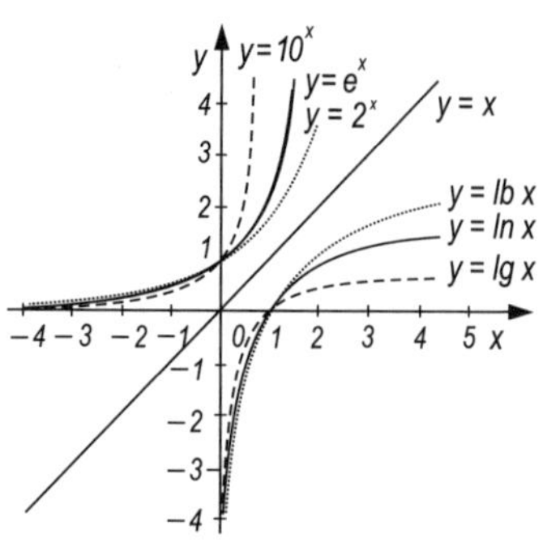

Logarithmusfunktionen und Exponentialfunktionen

Die Funktionen

$$y = \log_a x(c \cdot x) = \log_a x + \log_a c$$

$$y = \log_a x^r = r \cdot \log_a x$$

lassen sich aus dem Graphen $y = \log_a x$ zeichnen.

Natürlicher Logarithmus (Bild der Funktion siehe oben)

$$f\colon x \mapsto \ln x$$

$$y = f(x) = \ln x \qquad \mathrm{D}(f) = \mathbb{R}_{>0},\ \mathrm{W}(f) = \mathbb{R}$$

Durch Streckung/Stauchung mit $\dfrac{1}{\ln a}$ lässt sich der Graph jeder logarithmischen Funktion auf den des natürlichen Logarithmus zurückführen:

$$y = \log_a x = \frac{1}{\ln a} \ln x$$

7.6.4 Winkelfunktionen, trigonometrische Funktionen

$f\colon x \mapsto \sin x,\ f\colon x \mapsto \cos x,\ f\colon x \mapsto \tan x,\ f\colon x \mapsto \cot x$

7.6.4.1 Allgemeines

Definition am Einheitskreis

Einheitskreis: $\{(u, v) \mid u^2 + v^2 = 1\}$

Sinusfunktion (Ordinate von B)

$$\sin x = \overline{AB}$$

Kosinusfunktion (Abszisse von B)

$$\cos x = \overline{0A}$$

Tangensfunktion (*Haupttangentenabschnitt*)

$$\tan x = \overline{CD}$$

Kotangensfunktion (*Nebentangentenabschnitt*)

$$\cot x = \overline{EF}$$

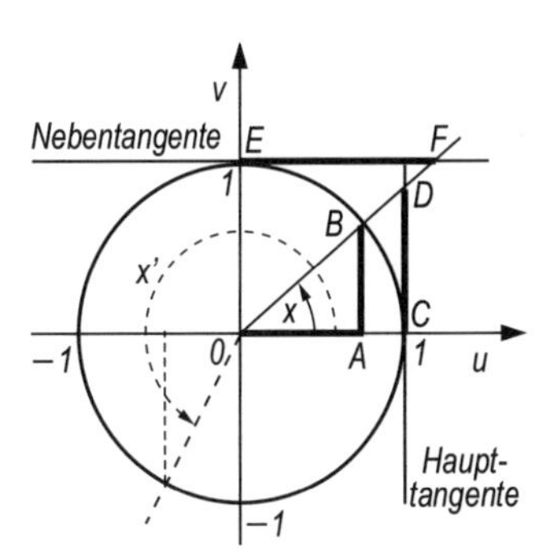

Winkelfunktionen am Einheitskreis

Definition im rechtwinkligen Dreieck siehe 4.1.3.3, im Komplexen siehe 12.1.5.

Kosekansfunktion

$$\csc x = \frac{1}{\sin x} = \overline{0F}$$

Sekansfunktion

$$\sec x = \frac{1}{\cos x} = \overline{0D}$$

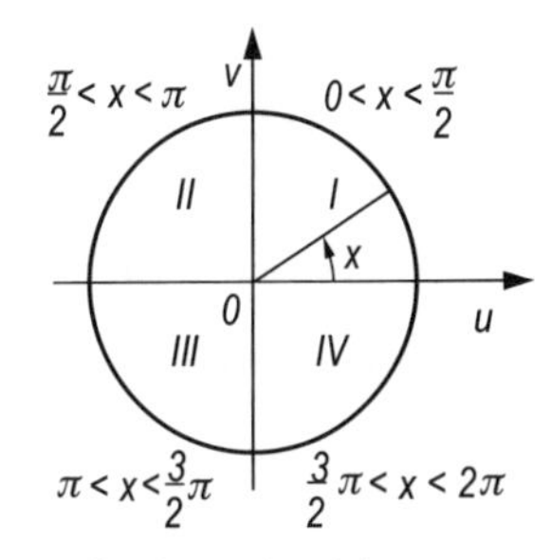

Quadrantenbezeichnungen

Quadrantenbezeichnungen

Die vier Quadranten werden wie die Winkel im mathematisch positiven Sinn (entgegen dem Uhrzeigersinn) gezählt.

Eigenschaften trigonometrischer Funktionen ($k \in \mathbb{Z}$)

$f(x) =$	$\sin x$	$\cos x$	$\tan x$	$\cot x$
Definitionsbereich $D(f)$	$\mathbb{R}$	$\mathbb{R}$	$\mathbb{R} \setminus \{\pi/2 + k\pi\}$	$\mathbb{R} \setminus \{x = k\pi\}$
Wertebereich $W(f)$	$[-1;\ 1]$	$[-1;\ 1]$	$\mathbb{R}$	$\mathbb{R}$
Nullstellen x_0	$k\pi$	$\pi/2 + k\pi$	$k\pi$	$\pi/2 + k\pi$
Pole x_P	–	–	$\pi/2 + k\pi$	$k\pi$
Extrema x_E	$\pi/2 + k\pi$	$k\pi$	–	–
Wendepunkte x_W	$k\pi$	$\pi/2 + k\pi$	$k\pi$	$\pi/2 + k\pi$
Asymptoten	–	–	$y = \pi/2 + k\pi$	$y = k\pi$

Symmetrieeigenschaften

(Vorzeichen der Funktionswerte in den vier Quadranten)

Quadrant	sin	cos	tan	cot
I	+	+	+	+
II	+	–	–	–
III	–	–	+	+
IV	–	+	–	–

Periodizität

$$\sin x = \sin(x + k \cdot 2\pi) \qquad k \in \mathbb{Z}$$
$$\cos x = \cos(x + k \cdot 2\pi)$$
$$\tan x = \tan(x + k \cdot \pi)$$
$$\cot x = \cot(x + k \cdot \pi)$$

2π bzw. π heißen *primitive* (kleinste) *Periode*.

Reduktionsformeln für beliebige Winkel ($0 < x < \pi/2$)

$f(\alpha)$ \ α	$-x \mathrel{\widehat{=}} 2\pi - x$	$\frac{\pi}{2} \pm x$	$x \pm \frac{\pi}{2}$	$\pi \pm x$	$x \pm \pi$	$\frac{3\pi}{2} \pm x$
$\sin\alpha$	$-\sin x$	$+\cos x$	$\pm\cos x$	$\mp\sin x$	$-\sin x$	$-\cos x$
$\cos\alpha$	$+\cos x$	$\mp\sin x$	$\mp\sin x$	$-\cos x$	$-\cos x$	$\pm\sin x$
$\tan\alpha$	$-\tan x$	$\mp\cot x$	$-\cot x$	$\pm\tan x$	$\tan x$	$\mp\cot x$
$\cot\alpha$	$-\cot x$	$\mp\tan x$	$-\tan x$	$\pm\cot x$	$\cot x$	$\mp\tan x$

♦ **Beispiele**

(1) $\sin(\pi + x) = -\sin x$

(2) $\tan(270^\circ - x) = \cot x$ ♦

Besondere Funktionswerte $(0 \le x \le 2\pi)$

x / $f(x)$	$0^\circ \mathrel{\hat=} 0$, $360^\circ = 2\pi$	$30^\circ \mathrel{\hat=} \frac{\pi}{6}$	$45^\circ \mathrel{\hat=} \frac{\pi}{4}$	$60^\circ \mathrel{\hat=} \frac{\pi}{3}$	$90^\circ \mathrel{\hat=} \frac{\pi}{2}$
	$180^\circ \mathrel{\hat=} \pi$	$150^\circ = \frac{5}{6}\pi$	$135^\circ = \frac{3}{4}\pi$	$120^\circ = \frac{2}{3}\pi$	$270^\circ = \frac{3}{2}\pi$
$\sin x$	0	$\frac{1}{2}$	$\frac{1}{2}\sqrt{2}$	$\frac{1}{2}\sqrt{3}$	± 1
$\cos x$	± 1	$\pm\frac{1}{2}\sqrt{3}$	$\pm\frac{1}{2}\sqrt{2}$	$\pm\frac{1}{2}$	0
$\tan x$	0	$\pm\frac{1}{3}\sqrt{3}$	± 1	$\pm\sqrt{3}$	–
$\cot x$	–	$\pm\sqrt{3}$	± 1	$\pm\frac{1}{3}\sqrt{3}$	0

Vorzeichen: + für die Winkel der ersten Kopfzeile
– für die Winkel der zweiten Kopfzeile

Zusammenhang der Funktionswerte bei gleichem Winkel

	$\sin x$	$\cos x$	$\tan x$	$\cot x$
$\sin x =$	–	$\pm\sqrt{1-\cos^2 x}$	$\pm\frac{\tan x}{\sqrt{1+\tan^2 x}}$	$\pm\frac{1}{\sqrt{1+\cot^2 x}}$
$\cos x =$	$\pm\sqrt{1-\sin^2 x}$	–	$\pm\frac{1}{\sqrt{1+\tan^2 x}}$	$\pm\frac{\cot x}{\sqrt{1+\cot^2 x}}$
$\tan x =$	$\pm\frac{\sin x}{\sqrt{1-\sin^2 x}}$	$\pm\frac{\sqrt{1-\cos^2 x}}{\cos x}$	–	$\frac{1}{\cot x}$
$\cot x =$	$\pm\frac{\sqrt{1-\sin^2 x}}{\sin x}$	$\pm\frac{\cos x}{\sqrt{1-\cos^2 x}}$	$\frac{1}{\tan x}$	–

Bei Winkeln $0 \le x \le 2\pi$ entscheidet der Quadrant des Winkels über das Vorzeichen der Wurzel.

7

Komplementbeziehungen

$$\sin x = \cos\left(\frac{\pi}{2} - x\right) = \cos\left(x - \frac{\pi}{2}\right) \quad D(f) = \mathbb{R}$$

$$\cos x = \sin\left(\frac{\pi}{2} - x\right) = \sin\left(x + \frac{\pi}{2}\right) \quad D(f) = \mathbb{R}$$

$$\tan x = \cot\left(\frac{\pi}{2} - x\right) \quad D(f) = \mathbb{R} \setminus \left\{\frac{\pi}{2} + k\pi\right\}, k \in \mathbb{Z}$$

$$\cot x = \tan\left(\frac{\pi}{2} - x\right) \quad D(f) = \mathbb{R} \setminus \{k\pi\}, k \in \mathbb{Z}$$

Grundbeziehungen

$$(\sin x \pm \cos x)^2 = 1 \pm \sin 2x \quad x \in \mathbb{R}$$

$$\sin^2 x + \cos^2 x = 1 \quad \textit{Trigonometrischer } \text{PYTHAGORAS}, x \in \mathbb{R}$$

$$\tan x = \frac{\sin x}{\cos x} = \frac{1}{\cot x} \Leftrightarrow \tan x \cdot \cot x = 1 \quad x \neq k \cdot \frac{\pi}{2}, k \in \mathbb{Z}$$

$$1 + \tan^2 x = \frac{1}{\cos^2 x} \quad x \neq \frac{\pi}{2} + k \cdot \pi$$

$$1 + \cot^2 x = \frac{1}{\sin^2 x} \quad x \neq k \cdot \pi$$

Graphen der Winkelfunktionen

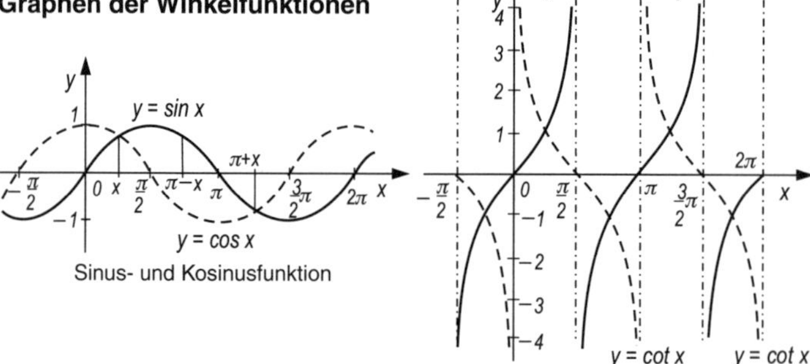

Sinus- und Kosinusfunktion

Tangens- und Kotangensfunktion

7.6.4.2 Goniometrische Beziehungen

Additionstheoreme

$$\sin(x_1 \pm x_2) = \sin x_1 \cos x_2 \pm \cos x_1 \sin x_2$$

$$\cos(x_1 \pm x_2) = \cos x_1 \cos x_2 \mp \sin x_1 \sin x_2$$

$$\tan(x_1 \pm x_2) = \frac{\tan x_1 \pm \tan x_2}{1 \mp \tan x_1 \tan x_2} = \frac{\sin(x_1 \pm x_2)}{\cos(x_1 \pm x_2)}$$

$$\cot(x_1 \pm x_2) = \frac{\cot x_1 \cot x_2 \mp 1}{\cot x_2 \pm \cot x_1} = \frac{\cos(x_1 \pm x_2)}{\sin(x_1 \pm x_2)}$$

$$\sin(x_1 + x_2)\sin(x_1 - x_2) = \cos^2 x_2 - \cos^2 x_1$$

$$\cos(x_1 + x_2)\cos(x_1 - x_2) = \cos^2 x_2 - \sin^2 x_1$$

Doppelte und halbe Winkel

$$\sin 2x = 2\sin x\cos x = \frac{2\tan x}{1+\tan^2 x}$$

$$\cos 2x = \cos^2 x - \sin^2 x = 1 - 2\sin^2 x = 2\cos^2 x - 1 = \frac{1-\tan^2 x}{1+\tan^2 x}$$

$$\tan 2x = \frac{2\tan x}{1-\tan^2 x} = \frac{2}{\cot x - \tan x}$$

$$\cot 2x = \frac{\cot^2 x - 1}{2\cot x} = \frac{\cot x - \tan x}{2}$$

$$\sin\frac{x}{2} = \pm\sqrt{\frac{1-\cos x}{2}} \qquad \cos\frac{x}{2} = \pm\sqrt{\frac{1+\cos x}{2}}$$

$$\tan\frac{x}{2} = \pm\sqrt{\frac{1-\cos x}{1+\cos x}} = \frac{1-\cos x}{\sin x} = \frac{\sin x}{1+\cos x}$$

$$\cot\frac{x}{2} = \pm\sqrt{\frac{1+\cos x}{1-\cos x}} = \frac{1+\cos x}{\sin x} = \frac{\sin x}{1-\cos x}$$

Terme von weiteren Vielfachen eines Winkels

$$\sin 3x = 3\sin x - 4\sin^3 x$$

$$\sin 4x = 8\sin x\cos^3 x - 4\sin x\cos x$$

$$\sin 5x = 16\sin x\cos^4 x - 12\sin x\cos^2 x + \sin x$$

$$\cos 3x = 4\cos^3 x - 3\cos x$$

$$\cos 4x = 8\cos^4 x - 8\cos^2 x + 1$$

$$\cos 5x = 16\cos^5 x - 20\cos^3 x + 5\cos x$$

$$\sin nx = n\sin x\cos^{n-1} x - \binom{n}{3}\sin^3 x\cos^{n-3} x + \binom{n}{5}\sin^5 x\cos^{n-5} x - + \ldots$$

$$\cos nx = \cos^n x - \binom{n}{2}\sin^2 x\cos^{n-2} x + \binom{n}{4}\sin^4 x\cos^{n-4} x - + \ldots$$

$$\tan 3x = \frac{3\tan x - \tan^3 x}{1 - 3\tan^2 x} \qquad \tan 4x = \frac{4\tan x - \tan^3 x}{1 - 6\tan^2 x + \tan^4 x}$$

$$\cot 3x = \frac{\cot^3 x - 3\cot x}{3\cot^2 x - 1} \qquad \cot 4x = \frac{\cot^4 x - 6\cot^2 x + 1}{4\cot^3 x - 4\cot x}$$

7

Summen und Differenzen von trigonometrischen Termen

$$\sin x_1 \pm \sin x_2 = 2\sin\frac{x_1 \pm x_2}{2}\cos\frac{x_1 \mp x_2}{2}$$

$$\cos x_1 + \cos x_2 = 2\cos\frac{x_1 + x_2}{2}\cos\frac{x_1 - x_2}{2}$$

$$\cos x_1 - \cos x_2 = -2\sin\frac{x_1 + x_2}{2}\sin\frac{x_1 - x_2}{2}$$

$$\cos x \pm \sin x = \sqrt{2}\sin\left(\frac{\pi}{4} \pm x\right) = \sqrt{2}\cos\left(\frac{\pi}{4} \mp x\right)$$

$$\tan x_1 \pm \tan x_2 = \frac{\sin(x_1 \pm x_2)}{\cos x_1 \cos x_2}$$

$$\cot x_1 \pm \cot x_2 = \frac{\sin(x_1 \pm x_2)}{\sin x_1 \sin x_2}$$

Produkte von trigonometrischen Termen

$$\sin x_1 \sin x_2 = \frac{1}{2}\big(\cos(x_1 - x_2) - \cos(x_1 + x_2)\big)$$

$$\cos x_1 \cos x_2 = \frac{1}{2}\big(\cos(x_1 - x_2) + \cos(x_1 + x_2)\big)$$

$$\sin x_1 \cos x_2 = \frac{1}{2}\big(\sin(x_1 - x_2) + \sin(x_1 + x_2)\big)$$

$$\tan x_1 \tan x_2 = \frac{\tan x_1 + \tan x_2}{\cot x_1 + \cot x_2} = -\frac{\tan x_1 - \tan x_2}{\cot x_1 - \cot x_2}$$

$$\cot x_1 \cot x_2 = \frac{\cot x_1 + \cot x_2}{\tan x_1 + \tan x_2} = -\frac{\cot x_1 - \cot x_2}{\tan x_1 - \tan x_2}$$

$$\tan x_1 \cot x_2 = \frac{\tan x_1 + \cot x_2}{\cot x_1 + \tan x_2} = -\frac{\tan x_1 - \cot x_2}{\cot x_1 - \tan x_2}$$

$$\begin{aligned}\sin x_1 \sin x_2 \sin x_3 = \frac{1}{4}\big(&\sin(x_1 + x_2 - x_3) + \sin(x_2 + x_3 - x_1)\\ &+ \sin(x_3 + x_1 - x_2) - \sin(x_1 + x_2 + x_3)\big)\end{aligned}$$

$$\begin{aligned}\cos x_1 \cos x_2 \cos x_3 = \frac{1}{4}\big(&\cos(x_1 + x_2 - x_3) + \cos(x_2 + x_3 - x_1)\\ &+ \cos(x_3 + x_1 - x_2) + \cos(x_1 + x_2 + x_3)\big)\end{aligned}$$

$$\begin{aligned}\sin x_1 \sin x_2 \cos x_3 = \frac{1}{4}\big(&-\cos(x_1 + x_2 - x_3) + \cos(x_2 + x_3 - x_1)\\ &+ \cos(x_3 + x_1 - x_2) - \cos(x_1 + x_2 + x_3)\big)\end{aligned}$$

$$\sin x_1 \cos x_2 \cos x_3 = \frac{1}{4}\big(\sin(x_1 + x_2 - x_3) - \sin(x_2 + x_3 - x_1) + \sin(x_3 + x_1 - x_2) + \sin(x_1 + x_2 + x_3)\big)$$

Potenzen von trigonometrischen Termen

$$\sin^2 x = \frac{1}{2}(1 - \cos 2x) \qquad \cos^2 x = \frac{1}{2}(1 + \cos 2x)$$

$$\tan^2 x = \frac{1 - \cos 2x}{1 + \cos 2x}$$

$$\sin^3 x = \frac{1}{4}(3\sin x - \sin 3x) \qquad \cos^3 x = \frac{1}{4}(3\cos x + \cos 3x)$$

$$\sin^4 x = \frac{1}{8}(\cos 4x - 4\cos 2x + 3)$$

$$\cos^4 x = \frac{1}{8}(\cos 4x + 4\cos 2x + 3)$$

$$\sin^5 x = \frac{1}{16}(10\sin x - 5\sin 3x + \sin 5x)$$

$$\cos^5 x = \frac{1}{16}(10\cos x + 5\cos 3x + \cos 5x)$$

$$\sin^6 x = \frac{1}{32}(10 - 15\cos 2x + 6\cos 4x - \cos 6x)$$

$$\cos^6 x = \frac{1}{32}(10 + 15\cos 2x + 6\cos 4x + \cos 6x)$$

7

Zusammenhang der trigonometrischen Funktionen mit der Exponentialfunktion (EULERsche Formel)

$$e^{jx} = \cos x + j\sin x \qquad x \in \mathbb{R}$$

$$e^{-jx} = \cos x - j\sin x$$

Hieraus:

$$\sin x = \frac{e^{jx} - e^{-jx}}{2j} \qquad \cos x = \frac{e^{jx} + e^{-jx}}{2}$$

$$\tan x = -j\frac{e^{jx} - e^{-jx}}{e^{jx} + e^{-jx}} \qquad \cot x = j\frac{e^{jx} + e^{-jx}}{e^{jx} - e^{-jx}} \qquad x \neq 0$$

$$\sin x = -j \cdot \sinh jx \qquad \cos x = \cosh jx$$

$$\tan x = -j \cdot \tanh jx \qquad \cot x = j \cdot \coth jx$$

(Hyperbelfunktionen siehe 7.6.6)

Satz (Formel) von MOIVRE

$$(\cos\varphi + \mathrm{j}\sin\varphi)^n = \cos n\varphi + \mathrm{j}\sin n\varphi$$

Terme von Winkelfunktionen komplexer Argumente

$\sin \mathrm{j}x = \mathrm{j}\sinh x \quad \tan \mathrm{j}x = \mathrm{j}\tanh x$ $\quad x \in \mathbb{R}$

$\cos \mathrm{j}x = \cosh x \quad \cot \mathrm{j}x = -\mathrm{j}\coth x$ $\quad x$ im Bogenmaß!

$\sin z = \sin(x + \mathrm{j}y) = \sin x \cosh y + \mathrm{j}\cos x \sinh y \quad z = x + \mathrm{j}y$

$$\cos z = \cos(x + \mathrm{j}y) = \cos x \cosh y - \mathrm{j}\sin x \sinh y$$

$$\tan z = \tan(x + \mathrm{j}y) = \frac{\sin 2x + \mathrm{j}\sinh 2y}{\cos 2x + \cosh 2y} = \frac{\sin 2x + \mathrm{j}\sinh 2y}{2(\cos^2 x + \sinh^2 y)}$$

$$\cot z = \cot(x + \mathrm{j}y) = -\frac{\sin 2x - \mathrm{j}\sinh 2y}{\cos 2x - \cosh 2y} = \frac{\sin 2x - \mathrm{j}\sinh 2y}{2(\sin^2 x + \sinh^2 y)}$$

Näherungsformeln für kleine Winkel

Absoluter Fehler $|\Delta f| \leq 10^{-3}$ für Winkel $|x|$ gemäß Angabe

$\sin x \approx x$	$\lvert x\rvert \leq 0{,}1817$	$\tan x \approx x$	$\lvert x\rvert \leq 0{,}1439$
$\cos x \approx 1$	$\lvert x\rvert \leq 0{,}04472$	$\sin x \approx \tan x$	$\lvert x\rvert \leq 0{,}1259$
$\sin nx \approx n\sin x$		$n=2$: $\lvert x\rvert \leq 0{,}1001$ $n=3$: $\lvert x\rvert \leq 0{,}0630$ $n=4$: $\lvert x\rvert \leq 0{,}0465$	
$\tan nx \approx n\tan x$		$n=2$: $\lvert x\rvert \leq 0{,}0790$ $n=3$: $\lvert x\rvert \leq 0{,}0499$ $n=4$: $\lvert x\rvert \leq 0{,}0368$	
$\sin(x_1 \pm x_2) \approx \sin x_1 \pm \sin x_2$ $x_2 = nx_1$		$n=2$: $\lvert x\rvert \leq 0{,}0695$ bei $+$; $\lvert x\rvert \leq 0{,}1000$ bei $-$ $n=3$: $\lvert x\rvert \leq 0{,}0551$ bei $+$; $\lvert x\rvert \leq 0{,}0695$ bei $-$ $n=4$: $\lvert x\rvert \leq 0{,}0465$ bei $+$; $\lvert x\rvert \leq 0{,}0550$ bei $-$	
$\tan(x_1 \pm x_2) \approx \tan x_1 \pm \tan x_2$ $x_2 = nx_1$		$n=2$: $\lvert x\rvert \leq 0{,}0548$ bei $+$; $\lvert x\rvert \leq 0{,}0791$ bei $-$ $n=3$: $\lvert x\rvert \leq 0{,}0435$ bei $+$; $\lvert x\rvert \leq 0{,}0547$ bei $-$ $n=4$: $\lvert x\rvert \leq 0{,}0366$ bei $+$; $\lvert x\rvert \leq 0{,}0435$ bei $-$	

7.6.4.3 Allgemeine Sinusfunktion (harmonische Funktion)

$$y = f(x) = a\sin(bx + \varphi_0) \text{ bzw. } x(t) = A\sin(\omega t + \varphi_0)$$

Amplitudenänderung

$$y = a\sin x \text{ bzw. } x(t) = A\sin\omega t \qquad \text{(vgl. auch 11.3.7)}$$

a, A *Amplitude* $a \in \mathbb{R}, A \in \mathbb{R}_{>0}$ ω *Kreisfrequenz*

$y, x(t)$ *Elongation*, Momentanausschlag,
$y \in [-a, a]$ bzw. $x(t) \in [-A, A]$

$a < 0$ Streckung/Stauchung mit $|a|$ und Spiegelung an der x-Achse

Frequenzänderung

$$y = \sin bx \text{ bzw. } x(t) = \sin\omega t \qquad b,\omega \in \mathbb{R}_{>0}$$

$p = \dfrac{2\pi}{b}$ *Periode*

$T = \dfrac{2\pi}{\omega}$ *Schwingungsdauer*

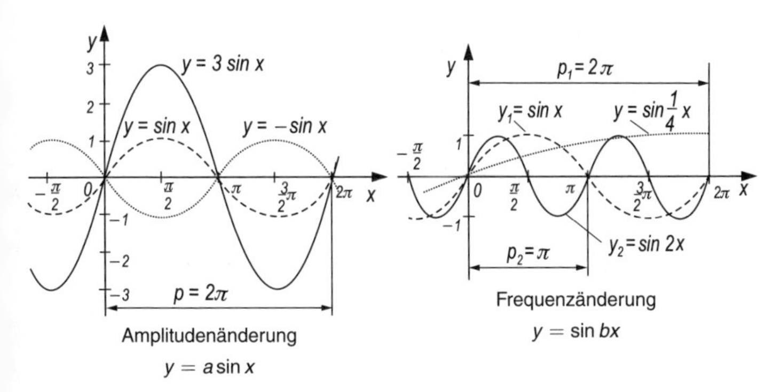

Amplitudenänderung
$y = a\sin x$

Frequenzänderung
$y = \sin bx$

Phasenänderung

$$y = \sin(x + \varphi_0) \text{ bzw. } x(t) = \sin(\omega t + \varphi_0)$$

φ_0 *Nullphasenwinkel*

$-\varphi_0 = \omega t_0$ *Phasenverschiebung*

t_0 *Nullphasenzeit*

$T = \dfrac{2\pi}{\omega}$ *Schwingungsdauer*

ω *Kreisfrequenz*

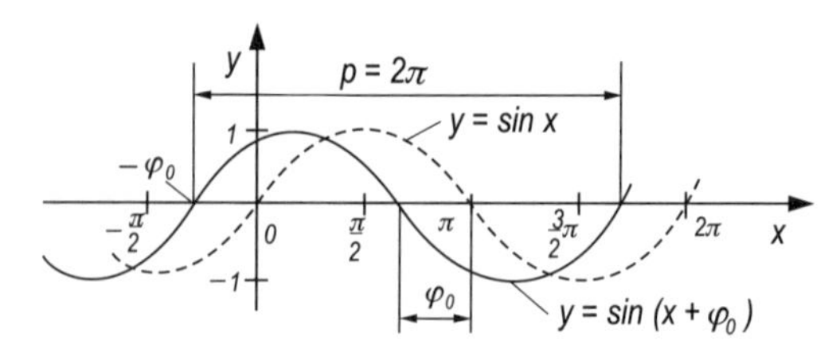

Phasenänderung
$y = \sin(x + \varphi_0)$

Verschiebung der Sinuskurve mit $\varphi_0 > 0$ nach links
$\varphi_0 < 0$ nach rechts

Zerlegung einer Schwingung

als *Überlagerung* von zwei Schwingungen

$$x(t) = A\sin(\omega t + \varphi_0) = a_1 \sin\omega t + a_2 \cos\omega t$$

mit $a_1 = A\cos\varphi_0$, $a_2 = A\sin\varphi_0$, $A = \sqrt{a_1^2 + a_2^2}$, $\tan\varphi_0 = \dfrac{a_2}{a_1}$

♦ **Beispiel**

Man löse die goniometrische Gleichung $2\sin x + \cos x = 2$.

$y_1 = 2\sin x = 2\sin(x + 0) \qquad y_2 = \cos x = \sin\left(x + \dfrac{\pi}{2}\right)$

$C = 2\cos 0 + 1\cos(\pi/2) = 2,\ S = 2\sin 0 + 1\sin(\pi/2) = 1$

$a = \sqrt{2^2 + 1^2} = \sqrt{5}$

$\tan\varphi_0 = \dfrac{S}{C} = \dfrac{1}{2} \Rightarrow \varphi_0 = 26{,}57^\circ \quad \sin\varphi_0 > 0 \wedge \cos\varphi > 0 \Rightarrow$ 1. Quadrant

$y = a\sin(x + \varphi_0) = \sqrt{5}\sin(x + 26{,}57^\circ) = 2$

$\sin(x + 26{,}57^\circ) = \dfrac{2}{\sqrt{5}} = 0{,}8944$ ergibt die beiden gültigen Lösungen

$(x + 26{,}57^\circ) = 63{,}43^\circ \Rightarrow x_1 = 36{,}86^\circ$

$(x + 26{,}57^\circ) = 116{,}57^\circ \Rightarrow x_2 = 90^\circ$ ♦

7.6.4.4 Modulation

Bezeichnungen

ω, Ω *Kreisfrequenz* in s^{-1}, $\omega = 2\pi f = \dfrac{2\pi}{T}$
a, A *Amplitude*
t Zeit in s
T *Periodendauer, Schwingungsdauer* in s, $T = \dfrac{1}{f}$
f *Frequenz* in $s^{-1} = \text{Hz}$
φ *Phasenwinkel*, $\varphi = \omega t + \varphi_0$
φ_0 *Nullphasenwinkel*

Amplitudenmodulation

Trägerschwingung (Träger)

(unmoduliert)

$$F_\Omega(t) = A\cos\Omega t$$

Information

$$f_\omega(t) = a\cos\omega t = \Delta A(t)$$

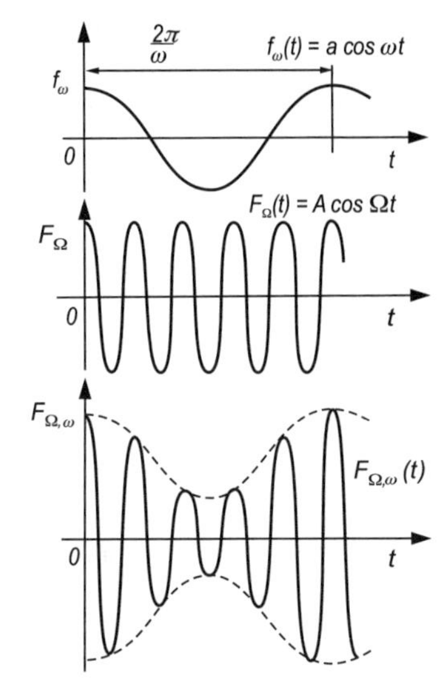

Amplitudenmodulation

Modulierte Trägerschwingung

$$\begin{aligned} F_{\Omega,\omega}(t) &= \big(A + \Delta A(t)\big)\cos\Omega t = (A + a\cos\omega t)\cos\Omega t \\ &= A\cos\Omega t + \frac{a}{2}\cos(\Omega+\omega)t + \frac{a}{2}\cos(\Omega-\omega)t \\ &= F_\Omega(t) = f_{\Omega\pm\omega} \quad \text{(Träger- und zwei } \textit{Seitenschwingungen}\text{)} \end{aligned}$$

Phasenmodulation

Träger: $F_\Omega(t) = A\cos\alpha = A\cos\Omega t = \operatorname{Re}\left(A\mathrm{e}^{\mathrm{j}\Omega t}\right)$

Information: $f_\omega(t) = a\cos\omega t = \Delta\alpha(t) = \dfrac{a}{2}(\mathrm{e}^{\mathrm{j}\omega t} + \mathrm{e}^{-\mathrm{j}\omega t})$

Phasenhub: $\big(\Delta\alpha(t)\big)_{\max} = a$

Modulierte Trägerschwingung

$$\begin{aligned} F_{\Omega,\omega}(t) &= A\cos\big(\alpha + \Delta\alpha(t)\big) = A\cos(\Omega t + a\cos\omega t) \\ &= \operatorname{Re}\left(A\mathrm{e}^{\mathrm{j}\left(\Omega t + \frac{a}{2}(\mathrm{e}^{\mathrm{j}\omega t}+\mathrm{e}^{-\mathrm{j}\omega t})\right)}\right) \end{aligned}$$

Mit $\mathrm{e}^x \approx 1 + x$ und für $a \ll A$ wird

$$\begin{aligned} F_{\Omega,\omega}(t) &\approx \operatorname{Re}\left(A\mathrm{e}^{\mathrm{j}\Omega t}\left(1 + \mathrm{j}\frac{a}{2}(\mathrm{e}^{\mathrm{j}\omega t} + \mathrm{e}^{-\mathrm{j}\omega t})\right)\right) \\ &\approx \operatorname{Re}\left(A\left(\mathrm{e}^{\mathrm{j}\Omega t} + \mathrm{j}\frac{a}{2}\mathrm{e}^{\mathrm{j}(\Omega+\omega)t} + \mathrm{j}\frac{a}{2}\mathrm{e}^{\mathrm{j}(\Omega-\omega)t}\right)\right) \end{aligned}$$

Für beliebiges a ergeben sich BESSEL-Funkionen $I_p(a)$:

$$F_{\Omega,\omega}(t) = \mathrm{Re}\left(A \sum_{p=-\infty}^{\infty} \mathrm{j}^p I_p(a) \mathrm{e}^{\mathrm{j}(\Omega + p\omega)t}\right)$$

$$= \mathrm{Re}\left(A\left(I_0(a)\mathrm{e}^{\mathrm{j}\omega t} + \mathrm{j}I_1(a)\mathrm{e}^{\mathrm{j}(\Omega \pm \omega)t} + \mathrm{j}^2 I_2(a)\mathrm{e}^{\mathrm{j}(\Omega \pm 2\omega)t} + \mathrm{j}^3 \ldots\right)\right)$$

Es entstehen ebenfalls Seitenschwingungen:

$$A_{\Omega \pm \omega} \cos(\Omega \pm \omega)t$$

$$A_{\Omega \pm \omega} = I_p(\Delta\alpha) \qquad p \in \mathbb{N}$$

Frequenzmodulation (Spezialfall der Phasenmodulation)

Träger: $F_\Omega(t) = A\cos\alpha = A\cos\Omega t = \mathrm{Re}\left(A\mathrm{e}^{\mathrm{j}\Omega t}\right)$

Information: $f_\omega(t) = a\cos\omega t = \dfrac{a}{2}\left(\mathrm{e}^{\mathrm{j}\omega t} + \mathrm{e}^{-\mathrm{j}\omega t}\right)$

Frequenz: $\dfrac{\mathrm{d}\alpha}{\mathrm{d}t} = \Omega + \Delta\Omega(t) = \Omega + a\cos\omega t$

Phasenwinkel: $\alpha = \displaystyle\int \mathrm{d}\alpha = \Omega t + \frac{a}{\omega}\sin\omega t$

Modulierte Trägerschwingung

$$F_{\Omega,\omega}(t) = \mathrm{Re}\left(A \sum_{p=-\infty}^{\infty} -\mathrm{j}^{p+1} I_p\left(\frac{a}{\omega}\right)\mathrm{e}^{\mathrm{j}(\Omega - p\omega)t}\right)$$

7.6.4.5 Überlagerung (Superposition) von Schwingungen

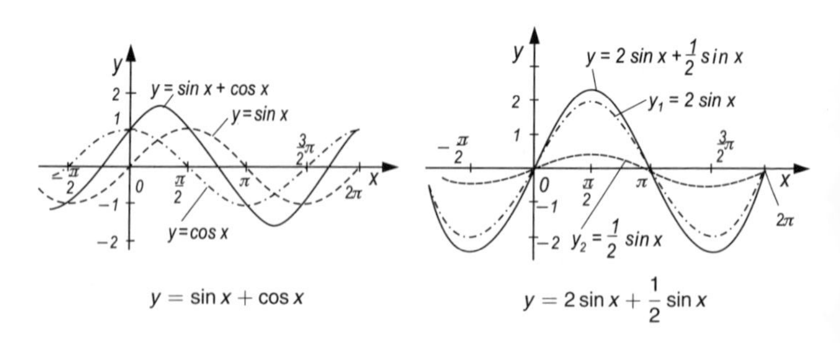

$y = \sin x + \cos x$ $\qquad$ $y = 2\sin x + \dfrac{1}{2}\sin x$

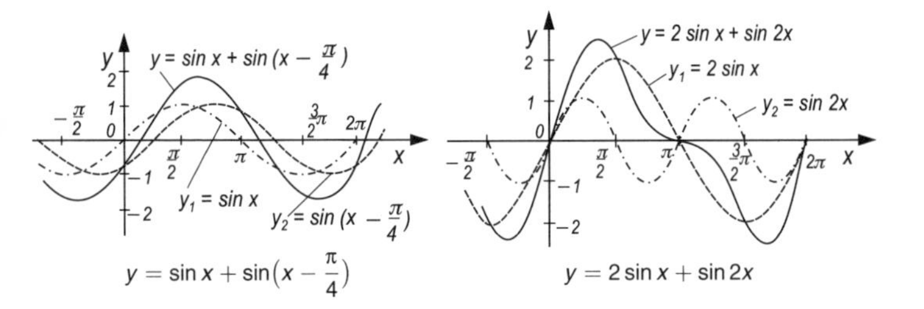

$y = \sin x + \sin\left(x - \frac{\pi}{4}\right)$ $\quad$ $y = 2\sin x + \sin 2x$

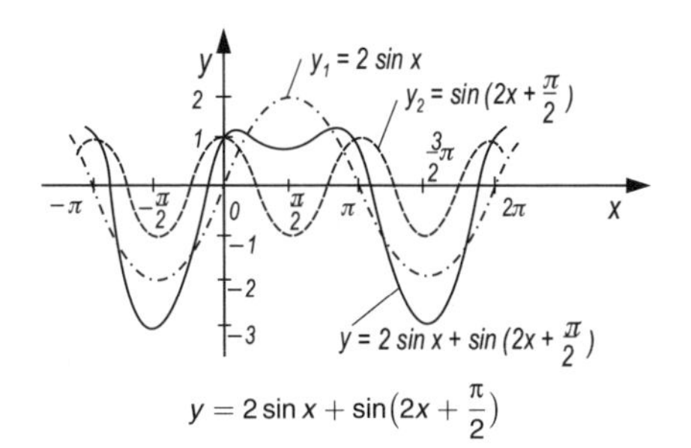

$y = 2\sin x + \sin\left(2x + \frac{\pi}{2}\right)$

Überlagerung von n Sinusfunktionen gleicher Frequenz

$$a \sin(\omega t + \varphi_0) = \sum_{i=1}^{n} a_i \sin(\omega t + \varphi_i)$$

$$a = \sqrt{C^2 + S^2} \text{ mit } C = \sum_{i=1}^{n} a_i \cos \varphi_i,\ S = \sum_{i=1}^{n} a_i \sin \varphi_i \qquad \text{(vgl. 7.6.4.3)}$$

$$\tan \varphi_0 = \frac{S}{C} \qquad \text{(Quadrant gemäß 7.6.4.1 oder Bild in 7.6.4.7)}$$

Bei $n = 2$ Sinusfunktionen und $\varphi_2 > \varphi_1$ sagt man, dass die Schwingung y_2 der Schwingung y_1 um den Winkel $\varphi_2 - \varphi_1$ vorauseilt, Bild in 7.6.4.7, Zeigeraddition.

Überlagerung von harmonischen Schwingungen bei senkrecht aufeinander stehenden Schwingungsrichtungen (LISSAJOUS-*Figuren*)

$$\begin{cases} x = x(t) = a_1 \sin(\omega_1 t + \varphi_1) \\ y = y(t) = a_2 \sin(\omega_2 t + \varphi_2) \end{cases}$$

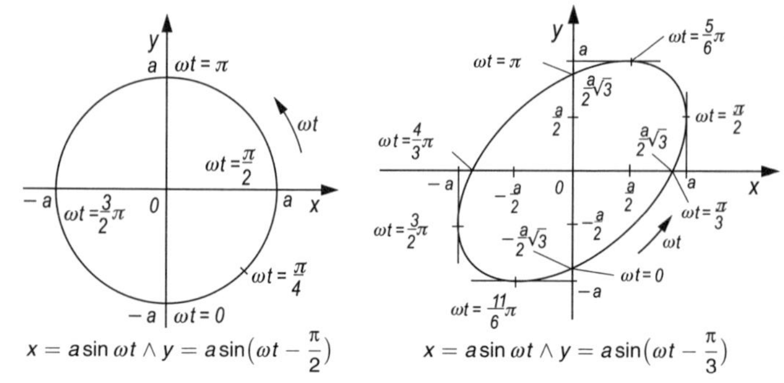

$x = a \sin \omega t \wedge y = a \sin(\omega t - \frac{\pi}{2})$

$x = a \sin \omega t \wedge y = a \sin(\omega t - \frac{\pi}{3})$

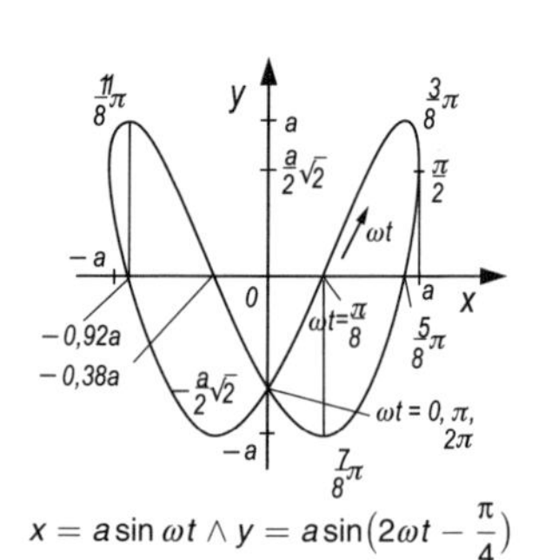

$x = a \sin \omega t \wedge y = a \sin(2\omega t - \frac{\pi}{4})$

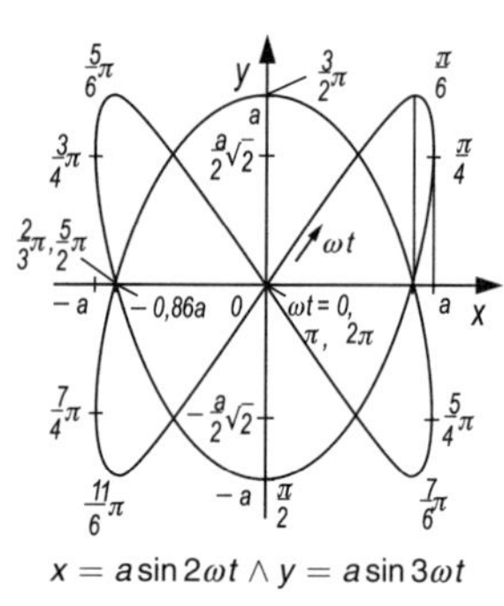

$x = a \sin 2\omega t \wedge y = a \sin 3\omega t$

7.6.4.6 Multiplikation von Funktionen

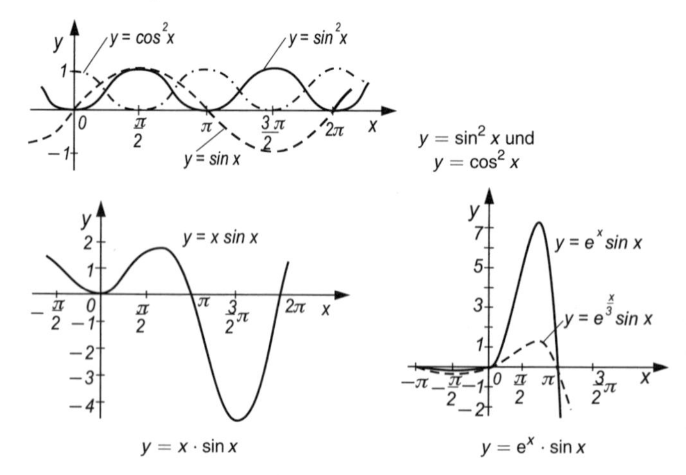

$y = \sin^2 x$ und
$y = \cos^2 x$

$y = x \cdot \sin x$

$y = e^x \cdot \sin x$

7.6.4.7 Komplexe Zeigerdarstellung von Sinusgrößen

(DIN 5483, Teil 3)

Bezeichnungen

$x(t)$ Sinusgröße, $x(t) = A\sin(\omega t + \varphi_0)$, siehe auch 7.6.4.3
A *Amplitude*, t *Zeit*, ω *Kreisfrequenz*, *Winkelgeschwindigkeit*
T *Periodendauer*, *Schwingungsdauer*, $\omega T = 2\pi$
φ_0 *Phasenlage*, *Nullphasenwinkel*
φ *Phasenwinkel*, $\varphi = \omega t + \varphi_0$
$\underline{x}(t)$ komplexer Augenblickswert (*Drehzeiger*), $\underline{x}(t) = A e^{j(\omega t + \varphi_0)}$
$e^{j\omega t}$ Zeitfaktor, beschreibt die Rotation
$\underline{A}$ *komplexe Amplitude*, zeitunabhängiger Teil, $\underline{A} = A \cdot e^{j\varphi_0} = \underline{x}(0)$, Anfangslage

Geometrische Zeigerdarstellung

Eine Sinusgröße $x(t) = A\sin(\omega t + \varphi_0)$ wird durch einen mit ω um den Nullpunkt *umlaufenden Zeiger* (*Versor*) mit der Länge A symbolisiert. Durch Parallelprojektion ergibt sich der jeweilige Momentanwert.

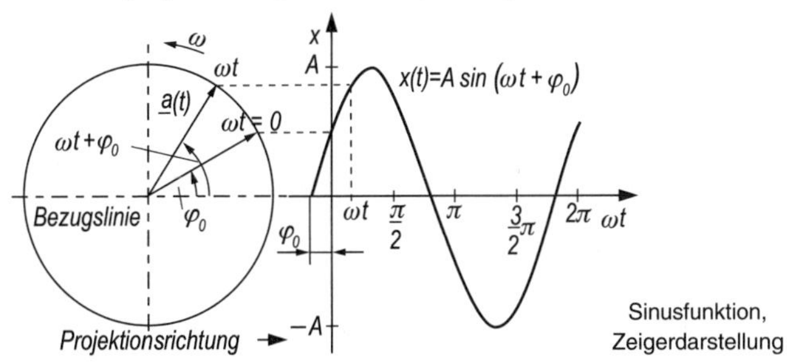

Sinusfunktion, Zeigerdarstellung

Zeigerdarstellung in der *komplexen* (GAUSS*schen*) *Zahlenebene*

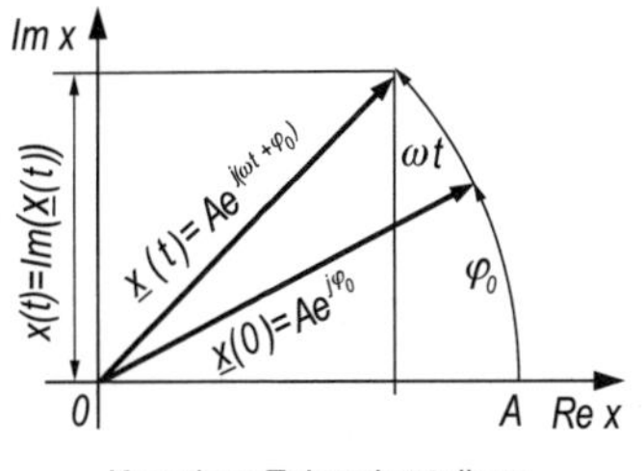

Komplexe Zeigerdarstellung

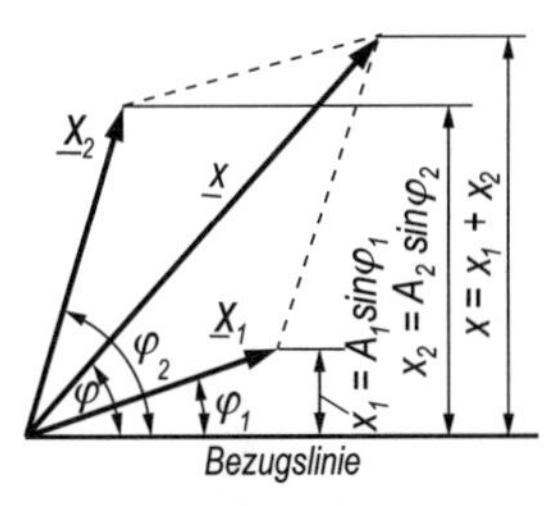

Zeigeraddition

Anfangslage, $t = 0$: $x(0) = A \cdot \mathrm{e}^{\mathrm{j}\varphi_0}$

Augenblickswert, $t > 0$

$$\underline{x}(t) = A\mathrm{e}^{\mathrm{j}(\omega t+\varphi_0)} = A\mathrm{e}^{\mathrm{j}\omega t} \cdot \mathrm{e}^{\mathrm{j}\varphi_0} = A\big(\cos(\omega t + \varphi_0) + \mathrm{j}\sin(\omega t + \varphi_0)\big)$$

Daraus ergibt sich der physikalisch reale Momentanwert als Imaginärteil, wenn $x(t) = A\sin(\omega t + \varphi_0)$ zugrunde liegt:

$$x(t) = \mathrm{Im}\left(\underline{a}(t)\right) = A\sin(\omega t + \varphi_0)$$

Die Voraussetzung $\omega =$ konst. gestattet die Verwendung *ruhender Zeiger* mit den Charakteristiken A und φ_0.

Obwohl diese ruhenden Zeiger sich wie Vektoren behandeln lassen, unterscheiden sie sich von diesen definitionsgemäß.

Im *Zeigerdiagramm* lassen sich zwei symbolisierte harmonische Funktionen wie Vektoren addieren (*Superposition*). Der Summenzeiger spiegelt die physikalische Realität der Addition der Momentanwerte $x(t) = x_1(t)+x_2(t)$, symbolisiert $\underline{x}(t) = \underline{x}_1(t)+\underline{x}_2(t)$, wider (skalare Addition der Komponenten wie bei Vektoren). Seine Größe und Phasenlage gegenüber der Projektionsachse entnimmt man dem Zeigerdiagramm. Seine Winkelgeschwindigkeit ist gleich der der beiden Einzelzeiger.

7.6.5 Zyklometrische Funktionen, Arkusfunktionen

Arkusfunktionen sind zu den trigonometrischen Funktionen invers unter Einschränkung der trigonometrischen Funktionen auf die Grundintervalle gemäß der 3. Zeile nachstehender Tabelle. Wegen der Periodizität sind die trigonometrischen Funktionen nur in bestimmten Intervallen streng monoton und durchlaufen sämtliche Funktionswerte und sind somit nur dort eindeutig umkehrbar (*Hauptwerte*, *Hauptzweige*).

Es ergeben sich je nach Intervall der Hauptwert oder die Nebenwerte.

Für die Hauptwerte gilt:

	$\arcsin x$	$\arccos x$	$\arctan x$	$\operatorname{arccot} x$
Definitionsbereich D(f)	$[-1,1]$	$[-1,1]$	$\mathbb{R}$	$\mathbb{R}$
Wertebereich W(f)	$\left[-\frac{\pi}{2},\frac{\pi}{2}\right]$	$[0,\pi]$	$\left(-\frac{\pi}{2},\frac{\pi}{2}\right)$	$(0,\pi)$
Nullstellen x_0	0	1	0	–
Extrema x_E	–	–	–	–
Wendepunkte x_W	0	0	0	0
Asymptoten	–	–	$y = \pi/2$ $y = -\pi/2$	$y = 0$ $y = \pi$

Wichtige Funktionswerte

$\arcsin 0 = \arctan 0 = 0$	$\arccos 0 = \operatorname{arccot} 0 = \pi/2$
$\arcsin(\pm 1) = \pm\pi/2$	$\arccos 1 = 0$
	$\arccos(-1) = \pi$
$\arctan(\pm 1) = \pm\pi/4$	$\operatorname{arccot} 1 = \pi/4$
	$\operatorname{arccot}(-1) = 3\pi/4$
$\arctan(\pm\infty) = \pm\pi/2$	$\operatorname{arccot} \infty = 0$
	$\operatorname{arccot}(-\infty) = \pi$

Graphen der Arkusfunktionen

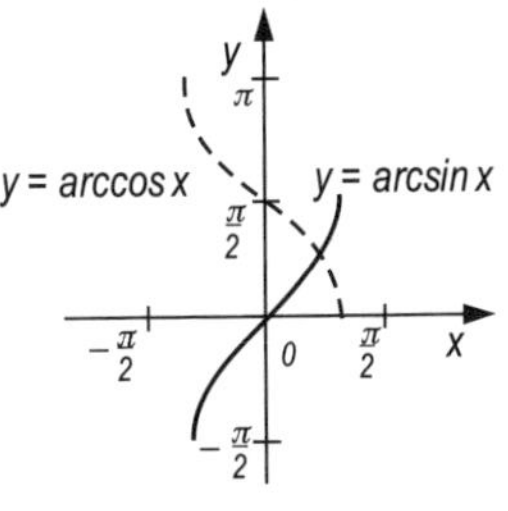

$y = \arcsin x$ und $y = \arccos x$

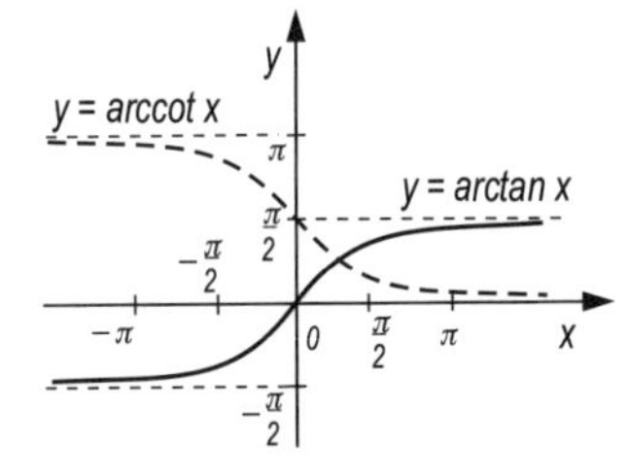

$y = \arctan x$ und $y = \operatorname{arccot} x$

Für die sog. *Nebenwerte* wird für die Umkehrfunktionen ein erweiterter Definitionsbereich der jeweiligen trigonometrischen Funktion zugrunde gelegt.

Zum Beispiel für $\arcsin_k x$ wird:

$$D(\sin x) = \left[\left(k - \frac{1}{2}\right) \cdot \pi, \left(k + \frac{1}{2}\right) \cdot \pi\right], k \in \mathbb{Z}$$

Daraus:

$$\arcsin_k x = k \cdot \pi + (-1)^k \arcsin x \qquad k \in \mathbb{Z}$$

$$\arccos_k x = k \cdot \pi + (-1)^k \arccos x$$

$$\arctan_k x = k \cdot \pi + \arctan x$$

$$\operatorname{arccot}_k x = k \cdot \pi + \operatorname{arccot} x$$

Grundbeziehungen

$$\arcsin x + \arccos x = \frac{\pi}{2}$$

$$\arctan x + \operatorname{arccot} x = \frac{\pi}{2}$$

$$\operatorname{arctan}\frac{1}{x} = \begin{cases} \frac{\pi}{2} - \operatorname{arctan} x & \text{für } x > 0 \\ -\frac{\pi}{2} - \operatorname{arctan} x & \text{für } x < 0 \end{cases}$$

Ersatz eines Terms bei gleichem Argument $(x > 0)$

	$\arcsin x$	$\arccos x$	$\arctan x$	$\operatorname{arccot} x$
$\arcsin x =$	–	$\arccos\sqrt{1-x^2}$	$\arctan\frac{x}{\sqrt{1-x^2}}$	$\operatorname{arccot}\frac{\sqrt{1-x^2}}{x}$
$\arccos x =$	$\arcsin\sqrt{1-x^2}$	–	$\arctan\frac{\sqrt{1-x^2}}{x}$	$\operatorname{arccot}\frac{x}{\sqrt{1-x^2}}$
$\arctan x =$	$\arcsin\frac{x}{\sqrt{1+x^2}}$	$\arccos\frac{1}{\sqrt{1+x^2}}$	–	$\operatorname{arccot}\frac{1}{x}$
$\operatorname{arccot} x =$	$\arcsin\frac{1}{\sqrt{1+x^2}}$	$\arccos\frac{x}{\sqrt{1+x^2}}$	$\arctan\frac{1}{x}$	–

Terme negativer Argumente

$$\arcsin(-x) = -\arcsin x \qquad \arccos(-x) = \pi - \arccos x$$

$$\arctan(-x) = -\arctan x \qquad \operatorname{arccot}(-x) = \pi - \operatorname{arccot} x$$

Summen und Differenzen

$$\arcsin x_1 + \arcsin x_2 = \arcsin\left(x_1\sqrt{1-x_2^2} + x_2\sqrt{1-x_1^2}\right)$$

$$\text{für } x_1^2 + x_2^2 \leq 1 \text{ oder } x_1 \cdot x_2 \leq 0$$

$$= \pi - \arcsin\left(x_1\sqrt{1-x_2^2} + x_2\sqrt{1-x_1^2}\right)$$

$$\text{für } x_1^2 + x_2^2 > 1, x_1, x_2 > 0$$

$$= -\pi - \arcsin\left(x_1\sqrt{1-x_2^2} + x_2\sqrt{1-x_1^2}\right)$$

$$\text{für } x_1^2 + x_2^2 > 1, x_1, x_2 < 0$$

$$\arcsin x_1 - \arcsin x_2 = \arcsin\left(x_1\sqrt{1-x_2^2} - x_2\sqrt{1-x_1^2}\right)$$

$$\text{für } x_1^2 + x_2^2 \leq 1 \text{ oder } x_1 \cdot x_2 \geq 0$$

$$= \pi - \arcsin\left(x_1\sqrt{1-x_2^2} + x_2\sqrt{1-x_1^2}\right)$$

$$\text{für } x_1^2 + x_2^2 > 1, x_1 > 0, x_2 < 0$$

$$= -\pi - \arcsin\left(x_1\sqrt{1-x_2^2} + x_2\sqrt{1-x_1^2}\right)$$

$$\text{für } x_1^2 + x_2^2 > 1, x_1 < 0, x_2 > 0$$

$$\arccos x_1 + \arccos x_2 = \arccos\left(x_1x_2 - \sqrt{(1-x_1^2)(1-x_2^2)}\right)$$

$$\text{für } x_1^2 + x_2^2 \geq 1$$

$$\arccos x_1 - \arccos x_2 = -\arccos\left(x_1x_2 + \sqrt{(1-x_1^2)(1-x_2^2)}\right)$$

$$\text{für } x_1 \geq x_2$$

$$= \arccos\left(x_1x_2 + \sqrt{(1-x_1^2)(1-x_2^2)}\right) \quad \text{für } x_1 < x_2$$

$$\arctan x_1 + \arctan x_2 = \arctan\frac{x_1+x_2}{1-x_1x_2} \qquad \text{für } x_1 \cdot x_2 < 1$$

$$= \pi + \arctan\frac{x_1+x_2}{1-x_1x_2} \qquad \text{für } x_1 \cdot x_2 > 1, x_1 > 0$$

$$= -\pi + \arctan\frac{x_1+x_2}{1-x_1x_2} \qquad \text{für } x_1 \cdot x_2 > 1, x_1 < 0$$

$$\arctan x_1 - \arctan x_2 = \arctan\frac{x_1-x_2}{1+x_1x_2} \qquad \text{für } x_1 \cdot x_2 > -1$$

$$= \pi + \arctan\frac{x_1-x_2}{1+x_1x_2} \qquad \text{für } x_1 \cdot x_2 < -1, x_1 > 0$$

$$= -\pi + \arctan\frac{x_1-x_2}{1+x_1x_2} \qquad \text{für } x_1 \cdot x_2 < -1, x_1 < 0$$

$$\operatorname{arccot} x_1 + \operatorname{arccot} x_2 = \operatorname{arccot}\frac{x_1x_2-1}{x_1+x_2} \qquad \text{für } x_1 \neq -x_2$$

$$\operatorname{arccot} x_1 - \operatorname{arccot} x_2 = \operatorname{arccot}\frac{x_1x_2+1}{x_2-x_1} \qquad \text{für } x_1 \neq x_2$$

Zusammenhang Arkusfunktion – logarithmische Funktion
(für Hauptzweige)

$$y = \arcsin x = -\mathrm{j}\ln\left(\mathrm{j}x + \sqrt{1-x^2}\right)$$

$$y = \arccos x = -\mathrm{j}\ln\left(x + \sqrt{x^2-1}\right)$$

$$y = \arctan x = \frac{1}{2\mathrm{j}}\ln\frac{1+\mathrm{j}x}{1-\mathrm{j}x}$$

$$y = \operatorname{arccot} x = -\frac{1}{2\mathrm{j}}\ln\frac{\mathrm{j}x+1}{\mathrm{j}x-1} = \frac{1}{2\mathrm{j}}\ln\frac{\mathrm{j}x-1}{\mathrm{j}x+1}$$

7.6.6 Hyperbelfunktionen

Hyperbolische Funktionen für $x \in \mathbb{R}$. Die Definitionen gelten aber auch für $x = z \in \mathbb{C}$.

$$y = \sinh x := \sum_{k=0}^{\infty} \frac{x^{2k+1}}{(2k+1)!} = \frac{e^x - e^{-x}}{2} \qquad \textit{(Hyperbelsinus)}$$

$$y = \cosh x := \sum_{k=0}^{\infty} \frac{x^{2k}}{(2k)!} = \frac{e^x + e^{-x}}{2} \qquad \textit{(Hyperbelkosinus}\text{, siehe 7.10.1)}$$

$$y = \tanh x := \frac{\sinh x}{\cosh x} = \frac{e^x - e^{-x}}{e^x + e^{-x}} = \frac{e^{2x} - 1}{e^{2x} + 1} = 1 - \frac{2}{e^{2x} + 1}$$

$$y = \coth x := \frac{\cosh x}{\sinh x} = \frac{e^x + e^{-x}}{e^x - e^{-x}} = \frac{e^{2x} + 1}{e^{2x} - 1} = 1 + \frac{2}{e^{2x} - 1} \qquad x \neq 0$$

$$y = \operatorname{csch} x := \frac{1}{\sinh x} \qquad \textit{(Hyperbelkosekans)}$$

$$y = \operatorname{sech} x := \frac{1}{\cosh x} \qquad x \neq 0 \qquad \textit{(Hyperbelsekans)}$$

Eigenschaften der Hyperbelfunktionen

	$\sinh x$	$\cosh x$	$\tanh x$	$\coth x$
Definitionsbereich $D(f)$	$\mathbb{R}$	$\mathbb{R}$	$\mathbb{R}$	$\mathbb{R}^*$
Wertebereich $W(f)$	$\mathbb{R}$	$[1, \infty)$	$(-1, 1)$	$(-\infty, -1) \cup (1, \infty)$
Nullstellen x_0	0	–	0	–
Extrema x_E	–	$x_{\min} = 0$	–	–
Wendepunkte x_W	0	–	0	–
Asymptoten, Grenzkurven	$y = e^x/2$ $y = -e^{-x}/2$	$y = e^x/2$ $y = e^{-x}/2$	$y = 1$ $y = -1$	$x = 0$ (Pol) $y = 1, y = -1$

Terme negativer Argumente

$$\sinh(-x) = -\sinh x \qquad \tanh(-x) = -\tanh x$$
$$\cosh(-x) = \cosh x \qquad \coth(-x) = -\coth x$$

Periode der Hyperbelfunktionen

$$\sinh(x + j2k\pi) = \sinh x \qquad \tanh(x + j2k\pi) = \tanh x$$
$$\cosh(x + j2k\pi) = \cosh x \qquad \coth(x + j2k\pi) = \coth x$$

Grundbeziehungen

$\sinh x + \cosh x = \mathrm{e}^{x}$ $\qquad$ $\sinh x - \cosh x = -\mathrm{e}^{-x}$

$\cosh^2 x - \sinh^2 x = 1$ $\qquad$ (*Hyperbolischer* PYTHAGORAS)

$\tanh x = \dfrac{\sinh x}{\cosh x}$ $\qquad$ $\coth x = \dfrac{\cosh x}{\sinh x}$

$\coth x = \dfrac{1}{\tanh x}$ $\qquad$ $\dfrac{1 + \tanh x}{1 - \tanh x} = \mathrm{e}^{2x}$

$1 - \tanh^2 x = \dfrac{1}{\cosh^2 x}$ $\qquad$ $\coth^2 x - 1 = \dfrac{1}{\sinh^2 x}$

$\operatorname{sech} x = \dfrac{\tanh x}{\sinh x}$ $\qquad$ $\operatorname{csch} x = \dfrac{\coth x}{\cosh x}$

$\operatorname{sech}^2 x + \tanh^2 x = 1$ $\qquad$ $\coth^2 x - \operatorname{csch}^2 x = 1$

Ersatz eines Terms durch einen anderen bei gleichem Argument

	sinh	cosh	tanh	coth
$\sinh x =$	–	$\sqrt{\cosh^2 x - 1} \cdot \operatorname{sgn} x$	$\dfrac{\tanh x}{\sqrt{1 - \tanh^2 x}}$	$\dfrac{\operatorname{sgn} x}{\sqrt{\coth^2 x - 1}}$
$\cosh x =$	$\sqrt{\sinh^2 x + 1}$	–	$\dfrac{1}{\sqrt{1 - \tanh^2 x}}$	$\dfrac{\lvert \coth x \rvert}{\sqrt{\coth^2 x - 1}}$
$\tanh x =$	$\dfrac{\sinh x}{\sqrt{\sinh^2 x + 1}}$	$\dfrac{\sqrt{\cosh^2 x - 1}}{\cosh x} \cdot \operatorname{sgn} x$	–	$\dfrac{1}{\coth x}$
$\coth x =$	$\dfrac{\sqrt{\sinh^2 x + 1}}{\sinh x}$	$\dfrac{\cosh x}{\sqrt{\cosh^2 x - 1}} \cdot \operatorname{sgn} x$	$\dfrac{1}{\tanh x}$	–

Graphen der Hyperbelfunktionen

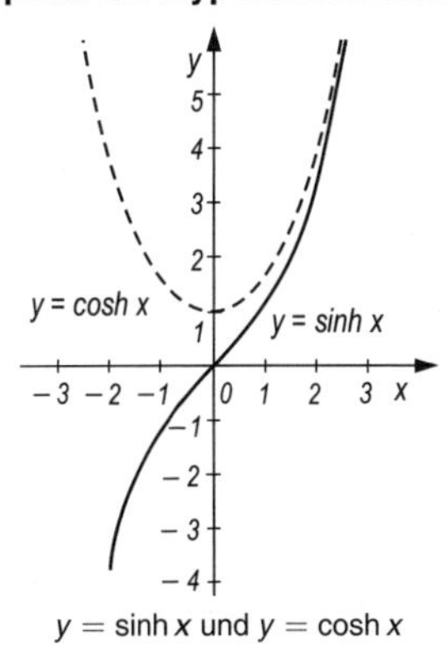

$y = \sinh x$ und $y = \cosh x$

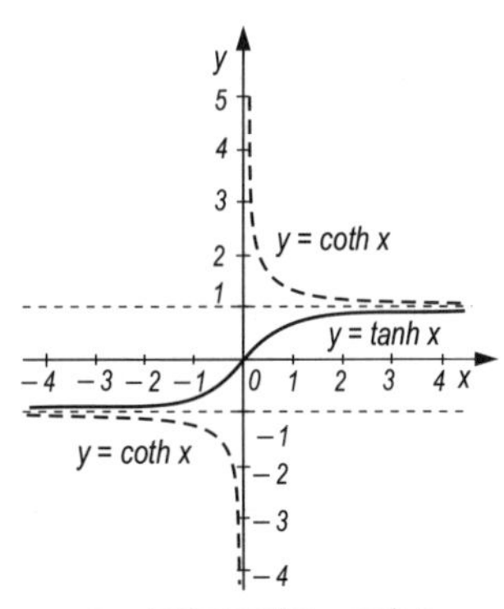

$y = \tanh x$ und $y = \coth x$

Additionstheoreme

$$\sinh(x_1 \pm x_2) = \sinh x_1 \cosh x_2 \pm \cosh x_1 \sinh x_2$$
$$\cosh(x_1 \pm x_2) = \cosh x_1 \cosh x_2 \pm \sinh x_1 \sinh x_2$$
$$\tanh(x_1 \pm x_2) = \frac{\tanh x_1 \pm \tanh x_2}{1 \pm \tanh x_1 \tanh x_2}$$
$$\coth(x_1 \pm x_2) = \frac{1 \pm \coth x_1 \coth x_2}{\coth x_1 \pm \coth x_2}$$

Terme des doppelten und halben Arguments

$$\sinh 2x = 2 \sinh x \cosh x$$
$$\cosh 2x = \sinh^2 x + \cosh^2 x = 2\cosh^2 x - 1 = 2\sinh^2 x + 1$$
$$\tanh 2x = \frac{2 \tanh x}{1 + \tanh^2 x} \qquad \coth 2x = \frac{1 + \coth^2 x}{2 \coth x}$$
$$\sinh \frac{x}{2} = \sqrt{\frac{\cosh x - 1}{2}} \cdot \mathrm{sgn} x = \frac{\sinh x}{\sqrt{2(\cosh x + 1)}}$$
$$\cosh \frac{x}{2} = \sqrt{\frac{\cosh x + 1}{2}} = \frac{\sinh x}{\sqrt{2(\cosh x - 1)}}$$
$$\tanh \frac{x}{2} = \frac{\sinh x}{\cosh x + 1} = \frac{\cosh x - 1}{\sinh x} = \sqrt{\frac{\cosh x - 1}{\cosh x + 1}} \cdot \mathrm{sgn} x$$
$$\coth \frac{x}{2} = \frac{\sinh x}{\cosh x - 1} = \frac{\cosh x + 1}{\sinh x} = \sqrt{\frac{\cosh x + 1}{\cosh x - 1}} \cdot \mathrm{sgn} x$$

Terme von weiteren Vielfachen des Arguments

$$\sinh 3x = \sinh x(4\cosh^2 x - 1)$$
$$\sinh 4x = \sinh x \cosh x(8\cosh^2 x - 4)$$
$$\sinh 5x = \sinh x(1 - 12\cosh^2 x + 16\cosh^4 x)$$
$$\cosh 3x = \cosh x(4\cosh^2 x - 3)$$
$$\cosh 4x = 1 - 8\cosh^2 x + 8\cosh^4 x$$
$$\cosh 5x = \cosh x(5 - 20\cosh^2 x + 16\cosh^4 x)$$
$$\sinh nx = \binom{n}{1} \cosh^{n-1} x \sinh x + \binom{n}{3} \cosh^{n-3} x \sinh^3 x + \binom{n}{5} \ldots$$

$$\cosh nx = \cosh^n x + \binom{n}{2}\cosh^{n-2} x \sinh^2 x + \binom{n}{4}\cosh^{n-4} x \sinh^4 x + \ldots$$

Terme von Potenzen

$$\sinh^2 x = \frac{1}{2}(\cosh 2x - 1)$$

$$\cosh^2 x = \frac{1}{2}(\cosh 2x + 1)$$

$$\sinh^3 x = \frac{1}{4}(-3\sinh x + \sinh 3x)$$

$$\cosh^3 x = \frac{1}{4}(3\cosh x + \cosh 3x)$$

$$\sinh^4 x = \frac{1}{8}(3 - 4\cosh 2x + \cosh 4x)$$

$$\cosh^4 x = \frac{1}{8}(3 + 4\cosh 2x + \cosh 4x)$$

$$\sinh^5 x = \frac{1}{16}(10\sinh x - 5\sinh 3x + \sinh 5x)$$

$$\cosh^5 x = \frac{1}{16}(10\cosh x + 5\cosh 3x + \cosh 5x)$$

$$\sinh^6 x = \frac{1}{32}(-10 + 15\cosh 2x - 6\cosh 4x + \cosh 6x)$$

$$\cosh^6 x = \frac{1}{32}(10 + 15\cosh 2x + 6\cosh 4x + \cosh 6x)$$

Terme von Summen und Differenzen

$$\sinh x_1 \pm \sinh x_2 = 2\sinh\frac{x_1 \pm x_2}{2}\cosh\frac{x_1 \mp x_2}{2}$$

$$\cosh x_1 + \cosh x_2 = 2\cosh\frac{x_1 + x_2}{2}\cosh\frac{x_1 - x_2}{2}$$

$$\cosh x_1 - \cosh x_2 = 2\sinh\frac{x_1 + x_2}{2}\sinh\frac{x_1 - x_2}{2}$$

$$\tanh x_1 \pm \tanh x_2 = \frac{\sinh(x_1 \pm x_2)}{\cosh x_1 \cosh x_2}$$

$$\coth x_1 \pm \coth x_2 = \frac{\sinh(x_1 \pm x_2)}{\sinh x_1 \sinh x_2}$$

Satz (Formel) von MOIVRE

$$(\cosh x \pm \sinh x)^n = \cosh nx \pm \sinh nx \qquad n = 0, 1, \ldots$$

Terme von Produkten

$$\sinh x_1 \sinh x_2 = \frac{1}{2}(\cosh(x_1 + x_2) - \cosh(x_1 - x_2))$$

$$\cosh x_1 \cosh x_2 = \frac{1}{2}(\cosh(x_1 + x_2) + \cosh(x_1 - x_2))$$

$$\sinh x_1 \cosh x_2 = \frac{1}{2}(\sinh(x_1 + x_2) + \sinh(x_1 - x_2))$$

$$\tanh x_1 \tanh x_2 = \frac{\tanh x_1 + \tanh x_2}{\coth x_1 + \coth x_2}$$

Terme komplexer Argumente

Basis ist die EULER*sche Formel*: $\mathrm{e}^{\mathrm{j}x} = \cos x + \mathrm{j} \sin x$

$$\sinh \mathrm{j}x = \mathrm{j} \sin x \qquad \sinh x = -\mathrm{j} \sin \mathrm{j}x$$

$$\cosh \mathrm{j}x = \cos x \qquad \cosh x = \cos \mathrm{j}x$$

$$\tanh \mathrm{j}x = \mathrm{j} \tan x \qquad \tanh x = -\mathrm{j} \tan \mathrm{j}x$$

$$\coth \mathrm{j}x = -\mathrm{j} \cot x \qquad \coth x = \mathrm{j} \cot \mathrm{j}x$$

Weitere Zusammenhänge siehe Abschnitt 7.6.4.2.

$$\sinh z = \sinh(x + \mathrm{j}y) = \sinh x \cos y + \mathrm{j} \cosh x \sin y$$

$$\cosh z = \cosh(x + \mathrm{j}y) = \cosh x \cos y + \mathrm{j} \sinh x \sin y$$

$$\tanh z = \tanh(x + \mathrm{j}y) = \frac{\sinh 2x + \mathrm{j} \sin 2y}{\cosh 2x + \cos 2y}$$

$$\coth z = \coth(x + \mathrm{j}y) = \frac{\sinh 2x - \mathrm{j} \sin 2y}{\cosh 2x - \cos 2y}$$

7.6.7 Areafunktionen

Areafunktionen sind zu den Hyperbelfunktionen invers unter Einschränkung auf den Wertebereich und die Monotonie der Hyperbelfunktionen.

Eigenschaften der Areafunktionen

	arsinh x	arcosh x	artanh x	arcoth x
Defnitionsbereich $D(f)$	$\mathbb{R}$	$[1, \infty)$	$(-1; 1)$	$(-\infty, -1) \cup (1, \infty)$
Wertebereich $W(f)$	$\mathbb{R}$	$[0,\infty)$	$\mathbb{R}$	$\mathbb{R}^*$
Nullstellen x_0	0	1	0	–
Wendepunkte x_W	0	–	0	–
Asymptoten, Grenzkurven	$y = \ln 2x$ $y = -\ln(-2x)$	$y = \ln 2x$	$x = 1$ $x = -1$ (Pole)	$y = 0$ $x = 1$ $x = -1$ (Pole)

Graphen der Areafunktionen

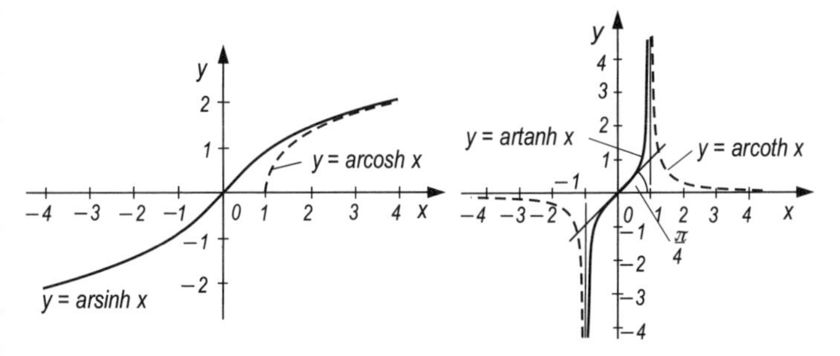

$y = \operatorname{arsinh} x$ und $y = \operatorname{arcosh} x$

$y = \operatorname{artanh} x$ und $y = \operatorname{arcoth} x$

Negative Argumente

$$\operatorname{arsinh}(-x) = -\operatorname{arsinh} x$$
$$\operatorname{artanh}(-x) = -\operatorname{artanh} x$$
$$\operatorname{arcoth}(-x) = -\operatorname{arcoth} x$$

Ersatz eines Terms durch einen anderen bei gleichem Argument

$$\operatorname{arsinh} x = \pm \operatorname{arcosh} \sqrt{x^2+1} = \operatorname{artanh} \frac{x}{\sqrt{x^2+1}} = \operatorname{arcoth} \frac{\sqrt{x^2+1}}{x}$$

$+$ für $x > 0$, $-$ für $x < 0$

$$\operatorname{arcosh} x = \operatorname{arsinh} \sqrt{x^2-1} = \operatorname{artanh} \frac{\sqrt{x^2-1}}{x} = \operatorname{arcoth} \frac{x}{\sqrt{x^2-1}}$$

$x \geq 1$

$$\operatorname{artanh} x = \operatorname{arsinh} \frac{x}{\sqrt{1-x^2}} = \pm \operatorname{arcosh} \frac{1}{\sqrt{1-x^2}} = \operatorname{arcoth} \frac{1}{x}$$

$$+ \text{ für } x > 0, \quad - \text{ für } x < 0$$

$$\operatorname{arcoth} x = \operatorname{arsinh} \frac{1}{\sqrt{x^2-1}} = \pm \operatorname{arcosh} \frac{|x|}{\sqrt{x^2-1}} = \operatorname{artanh} \frac{1}{x}$$

$$+ \text{ für } x > 0, \quad - \text{ für } x < 0$$

Terme von Summen und Differenzen

$$\operatorname{arsinh} x_1 \pm \operatorname{arsinh} x_2 = \operatorname{arsinh} \left(x_1 \sqrt{1+x_2^2} \pm x_2 \sqrt{1+x_1^2} \right)$$

$$\operatorname{arcosh} x_1 \pm \operatorname{arcosh} x_2 = \operatorname{arcosh} \left(x_1 x_2 \pm \sqrt{(x_1^2-1)(x_2^2-1)} \right)$$

$$\operatorname{artanh} x_1 \pm \operatorname{artanh} x_2 = \operatorname{artanh} \frac{x_1 \pm x_2}{1 \pm x_1 x_2}$$

$$\operatorname{arcoth} x_1 \pm \operatorname{arcoth} x_2 = \operatorname{arcoth} \frac{1 \pm x_1 x_2}{x_1 \pm x_2}$$

Terme imaginärer Argumente

$$\operatorname{arsinh} \mathrm{j}x = \mathrm{j} \arcsin x$$

$$\operatorname{arcosh} \mathrm{j}x = \mathrm{j} \arccos x$$

$$\operatorname{artanh} \mathrm{j}x = \mathrm{j} \arctan x$$

$$\operatorname{arcoth} \mathrm{j}x = -\mathrm{j} \ \operatorname{arccot} x$$

$$\operatorname{arcosh} \mathrm{j}x = \pm \operatorname{arsinh} x + \mathrm{j} \left(\frac{\pi}{2} + k \cdot 2\pi \right) \qquad k \in \mathbb{Z}$$

Zusammenhang Areafunktionen – logarithmische Funktion

$$\operatorname{arsinh} x = \ln \left(x + \sqrt{x^2+1} \right) \qquad x \in \mathbb{R}$$

$$\operatorname{arcosh} x = \ln \left(x + \sqrt{x^2-1} \right) \qquad x \in \mathbb{R}_{\geq 1}, \text{ d. h. } x \geq 1$$

$$\operatorname{artanh} x = \frac{1}{2} \ln \frac{1+x}{1-x} \qquad |x| < 1$$

$$\operatorname{arcoth} x = \frac{1}{2} \ln \frac{x+1}{x-1}$$

7.7 Algebraische Kurven höherer Ordnung

In einem kartesischen Koordinatensystem $\{0;\, x, y\}$ stellt eine Funktionsgleichung $F(x,y) = 0$, in der $F(x,y)$ ein Polynom in x und y vom Grad n ist, eine *algebraische Kurve* n-ter Ordnung dar.

Parameterdarstellung

$$\begin{cases} x = x(t) \\ y = y(t) \end{cases} \qquad k = \{P\big(x(t), y(t)\big) \,|\, t \in \mathrm{D}(k)\}$$

Bemerkung: Kurven 2. Ordnung siehe Kegelschnitte 6.6.

7.7.1 Kurven 3. Ordnung

Semikubische Parabel (NEIL*sche Parabel*)

$$y^2 = a^2 x^3$$

Parameterdarstellung mit $y = atx$, $t \in \mathbb{R}$

$$x = t^2,\ y = at \qquad \boldsymbol{r}(t) = t^2\boldsymbol{e}_x + at^3\boldsymbol{e}_y$$

Krümmung: $\kappa = \dfrac{6a}{\sqrt{x}(4 + 9a^2x)^{3/2}}$

Bogen $\overset{\frown}{0P}$: $b = \dfrac{(4 + 9a^2x)^{3/2} - 8}{27a^2}$

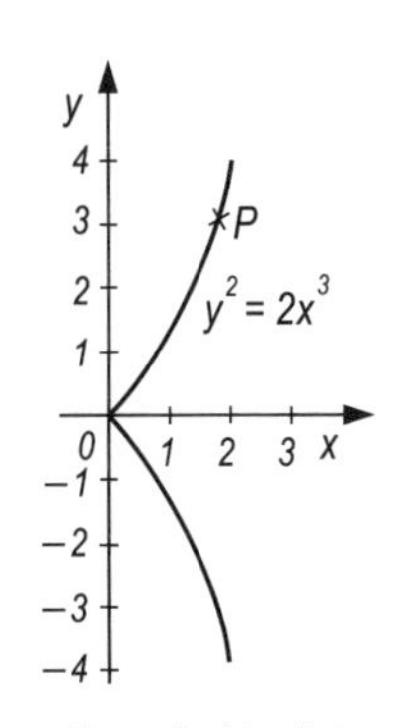

NEILsche Parabel

Kartesisches Blatt

$$x^3 + y^3 - 3axy = 0 \qquad a > 0$$

Parameterdarstellung mit $y = tx$, $t \in \mathbb{R} \setminus \{-1\}$

$$x = \frac{3at}{1 + t^3}, \quad y = \frac{3at^2}{1 + t^3}$$

in Polarkoordinaten

$$r = \frac{3a \sin\varphi \cos\varphi}{\sin^3\varphi + \cos^3\varphi} \qquad t = \tan\varphi$$

Asymptote: $y = -x - a$

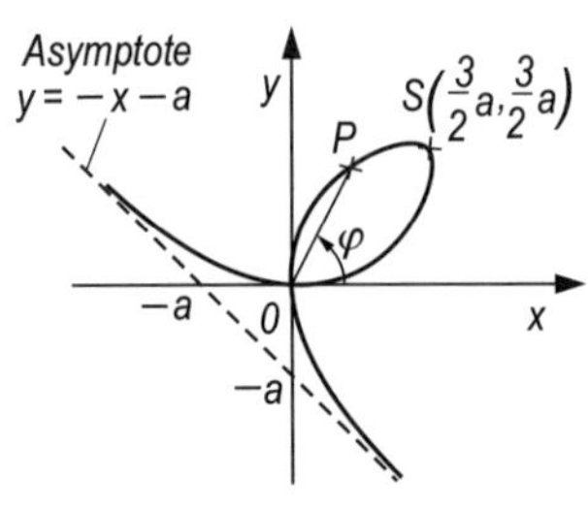

Kartesisches Blatt

Scheitel: $S\left(\frac{3}{2}a, \frac{3}{2}a\right)$

Fläche der Schleife = Fläche zwischen der Kurve und ihrer Asymptote:

$$A = \frac{3}{2}a^2$$

Krümmungsradius im Nullpunkt: $\rho = \frac{3}{2}a$

Zissoide (gr. *kissós* = Efeublatt)

$$y^2(a-x) = x^3 \qquad a > 0$$

Parameterdarstellung

mit $y = tx$, $t = \tan\varphi$, $t \in \mathbb{R}$

$$x = \frac{at^2}{1+t^2}, \quad y = \frac{at^3}{1+t^2}$$

in Polarkoordinaten:

$$r = \frac{a\sin^2\varphi}{\cos\varphi} = a\sin\varphi\tan\varphi$$

Asymptote: $x = a$

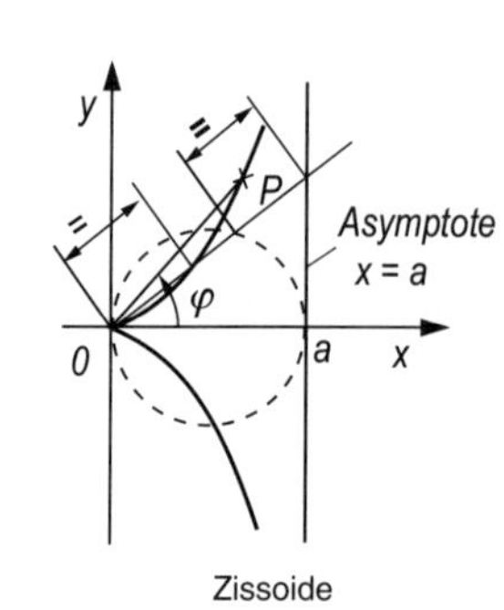

Zissoide

Fläche zwischen Kurve und Asymptote: $A = \frac{3}{4}\pi a^2$

Strophoide (gr. *strophé* = Wendung)

$$(a-x)y^2 = (a+x)x^2$$

Parameterdarstellung mit $y = tx$,
$t = \tan\varphi$, $t \in \mathbb{R}$

$$x = \frac{a(t^2-1)}{t^2+1}, y = \frac{at(t^2-1)}{t^2+1}$$

in Polarkoordinaten: $r = -\frac{a\cos 2\varphi}{\cos\varphi}$

Asymptote: $x = a$

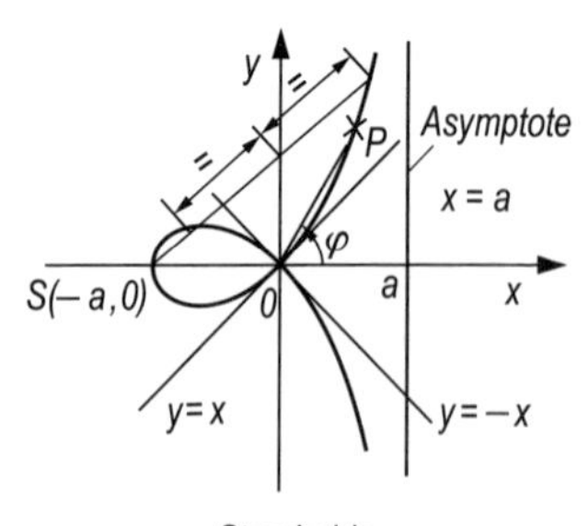

Strophoide

Flächeninhalt der Schleife: $A_1 = a^2\left(2 - \frac{\pi}{2}\right)$

Fläche zwischen Kurve und Asymptote: $A_2 = a^2\left(2 + \frac{\pi}{2}\right)$

7.7.2 Kurven 4. Ordnung

Konchoide des NIKOMEDES (gr. *kónche* = Muschel)

$$(x-a)^2(x^2+y^2) = b^2x^2 \qquad a, b > 0$$

$$\begin{cases} x = a + b\cos t \\ y = a\tan t + b\sin t \end{cases} \qquad t \in \left(\frac{-\pi}{2}, \frac{\pi}{2}\right) \cup \left(\frac{\pi}{2}, \frac{3\pi}{2}\right)$$

in Polarkoordinaten: $r = \dfrac{a}{\cos\varphi} \pm b$

Fläche zwischen dem äußeren Zweig und der Asymptote: $A = \infty$

Scheitel: $S_1(a+b, 0)$ und $S_2(a-b, 0)$

Asymptote: $x = a$

Der Ursprung ist für

- $b < a$ isolierter Punkt (vgl. Bild)
- $b > a$ Doppelpunkt
- $b = a$ Rückkehrpunkt.

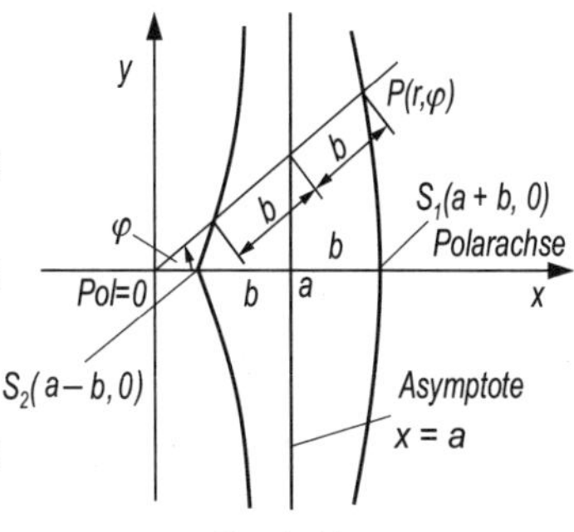

Konchoide

CASSINIsche Kurven

> Eine CASSINI*sche Kurve* ist die Menge aller Punkte, deren Entfernungen von zwei festen Punkten konstantes Produkt a^2 aufweisen.

$$(x^2+y^2)^2 - 2e^2(x^2-y^2) = a^4 - e^4 \qquad a, e > 0$$

in Polarkoordinaten

$$r^2 = e^2\cos 2\varphi \pm \sqrt{e^4\cos^2 2\varphi + a^4 - e^4} \qquad \overline{F_1F_2} = 2e$$

CASSINIsche Kurven

Lemniskate, Schleifenkurve, $a^2 = e^2$

$$(x^2 + y^2)^2 = 2a^2(x^2 - y^2)$$

in Polarkoordinaten

$$r = a\sqrt{2\cos 2\varphi}$$

$$\varphi \in \left[-\frac{\pi}{4}, \frac{\pi}{4}\right] \cup \left[\frac{3\pi}{4}, \frac{5\pi}{4}\right]$$

Der Ursprung ist ein Doppelpunkt und zugleich Wendepunkt.

Extrempunkte: $P_E\left(\pm\frac{a\sqrt{3}}{2}, \pm\frac{a}{2}\right)$

Krümmungsradius: $\rho = \frac{2a^2}{3r}$

Fläche einer Schleife: $A = a^2$

Lemniskate

Kardioide siehe 7.8.2

7.8 Zykloiden (Rollkurven)

Zykloiden, Spirallinien, Kettenlinie, Schleppkurve sind *transzendente*, d. h. keine algebraischen Kurven.

7.8.1 Gewöhnliche (gespitzte) Zykloide

Ein Punkt eines Kreises, der auf einer Geraden abrollt, ohne zu gleiten, beschreibt eine *gewöhnliche Zykloide*.

$$x = a\arccos\frac{a-y}{a} - \sqrt{y(2a-y)}$$

$$\begin{cases} x = a(t - \sin t) \\ y = a(1 - \cos t) \end{cases} \qquad \boldsymbol{r}(t) = a\begin{pmatrix} t - \sin t \\ 1 - \cos t \end{pmatrix}$$

a Radius des Kreises, $a > 0$

$t \in \mathbb{R}$ Parameter *Wälzwinkel*

Bogen $\overset{\frown}{OP}$: $l_1 = 8a\sin^2\frac{t}{4}$

Länge eines vollen Bogens: $l = 8a$

Fläche unter einem vollen Bogen: $A = 3\pi a^2$

Periode: $2\pi a$

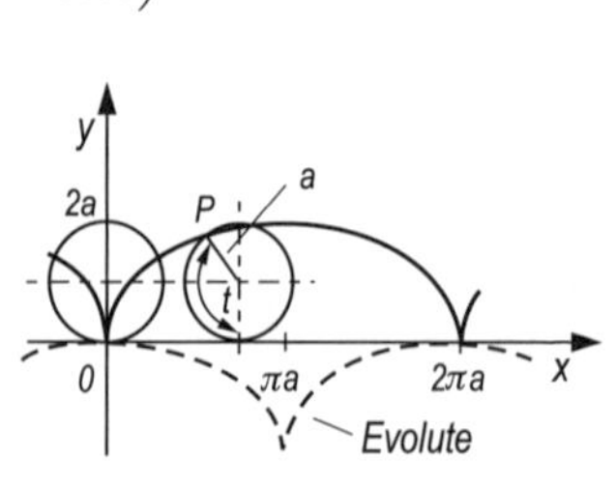

Gewöhnliche Zykloide

Nullstellen: $x_0 = n \cdot 2\pi a$, $n \in \mathbb{N}$ (= Spitzen mit senkrechter Tangente)

Waagerechte Tangenten in den Punkten: $((2n+1)\pi a, 2a)$

Krümmungsradius: $\rho = 4a \sin \dfrac{t}{2}$

Die Evolute einer Zykloide ist eine kongruente Zykloide.

Verkürzte und verlängerte Zykloide (Trochoide)

Bei einer *Trochoide* liegt der erzeugende Punkt innerhalb/außerhalb des abrollenden Kreises im Abstand c vom Mittelpunkt.

$c < a$ verkürzte (gestreckte) Zykloide
$c > a$ verlängerte (verschlungene) Zykloide

$$\begin{cases} x = at - c\sin t \\ y = a - c\cos t \end{cases} \qquad t \in \mathbb{R} \qquad \boldsymbol{r}(t) = \begin{pmatrix} at - c\sin t \\ a - c\cos t \end{pmatrix}$$

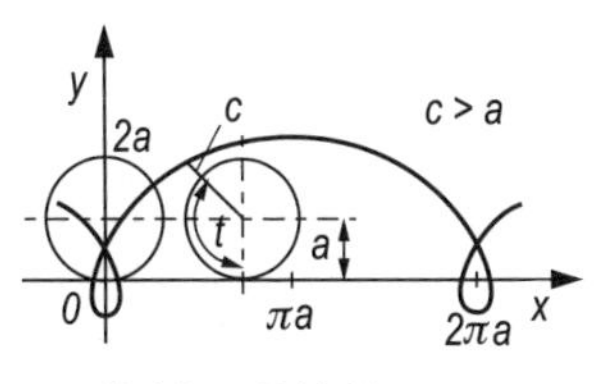

Verkürzte Zykloide, $c < a$

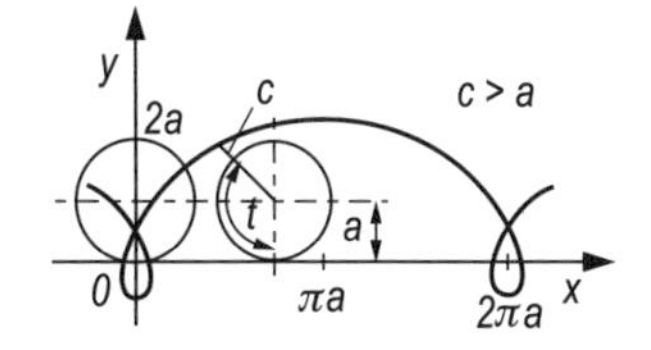

Verlängerte Zykloide, $c > a$

7.8.2 Epizykloiden

Gewöhnliche Epizykloide

Ein Punkt des Umfanges eines Kreises, der, ohne zu gleiten, auf der Außenseite eines festen Kreises rollt, beschreibt eine *Epizykloide*.

a Radius des festen Kreises
b Radius des rollenden Kreises
t Parameter Drehwinkel, w Wälzwinkel, $w = \dfrac{a}{b}t$

$$\begin{cases} x = (a+b)\cos t - b\cos \dfrac{a+b}{b}t \\ y = (a+b)\sin t - b\sin \dfrac{a+b}{b}t \end{cases} \qquad t \in \mathbb{R} \qquad \boldsymbol{r}(t) \text{ analog oben}$$

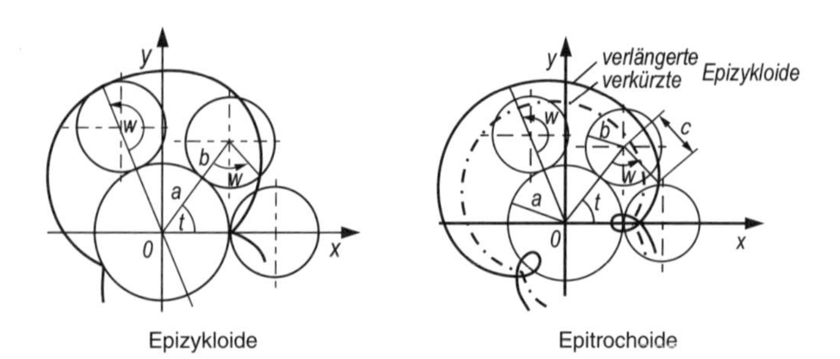

Epizykloide Epitrochoide

Ist das Verhältnis $a/b = m$ ganzzahlig, so besteht die Kurve aus m zusammenhängenden Bogen, andernfalls überschneiden die Bogen einander. Ist m rational, schließt sich die Kurve nach einer Anzahl Umdrehungen in sich.

Länge des Bogens

$$l_1 = \frac{8(a+b)}{m}$$

Länge der ganzen Kurve (bei ganzzahligem m)

$$l = 8(a+b)$$

Fläche unter einem vollen Bogen (zwischen Epizykloide und festem Kreis)

$$A = \frac{\pi b^2(3a+2b)}{a}$$

Verkürzte/verlängerte Epizykloide (*Epitrochoide*)

Der erzeugende Punkt liegt innerhalb bzw. außerhalb des rollenden Kreises im Abstand c vom Mittelpunkt des rollenden Kreises.

$c < b$ verkürzte (gestreckte) Epizykloide
$c > b$ verlängerte (verschlungene) Epizykloide

$$\begin{cases} x = (a+b)\cos t - c\cos\dfrac{a+b}{b}t \\ y = (a+b)\sin t - c\sin\dfrac{a+b}{b}t \end{cases} \qquad t \in \mathbb{R},\ \boldsymbol{r}(t) \text{ analog oben}$$

Kardioide (Herzkurve)

Die gewöhnliche Epizykloide wird für $m = 1$, also für $a = b$ zur *Kardioide*.

$$(x^2+y^2-a^2)^2 = 4a^2((x-a)^2+y^2)$$

$$\begin{cases} x = a(2\cos t - \cos 2t) \\ y = a(2\sin t - \sin 2t) \end{cases} \qquad \boldsymbol{r}(t) = a\begin{pmatrix} 2\cos t - \cos 2t \\ 2\sin t - \sin 2t \end{pmatrix} \qquad t \in \mathbb{R}$$

Kurvenlänge: $16a$

Fläche: $A = 6\pi a^2$

Extremwert (Hochpunkt)

$$P_{\mathrm{E}}\left(-\frac{a}{2}, \pm\frac{3\sqrt{3}a}{2}\right)$$

Schwerpunkt

$$S(-2a/3{,}0)$$

Für ein (ξ,η)-Koordinatensystem, Spitze im Nullpunkt bzw. Pol gilt:

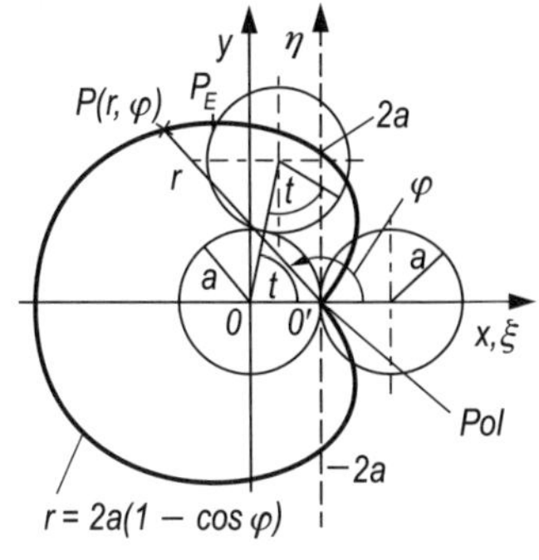

Kardioide

$$\begin{cases} \xi = 2a\cos\varphi(1-\cos\varphi) \\ \eta = 2a\sin\varphi(1-\cos\varphi) \end{cases} \qquad 0 \le \varphi < 2\pi$$

in Polarkoordinaten

$$r = 2a(1-\cos\varphi) \qquad 0 \le \varphi < 2\pi$$

7.8.3 Hypozykloiden

Ein Punkt des Umfangs eines Kreises, der, ohne zu gleiten, auf der Innenseite eines festen Kreises rollt, beschreibt eine *Hypozykloide.*

a Radius des festen Kreises

b Radius des rollenden Kreises

t Parameter Drehwinkel

w Wälzwinkel, $w = \dfrac{a}{b}t$

$$\begin{cases} x = (a-b)\cos t + b\cos\dfrac{a-b}{b}t \\ y = (a-b)\sin t - b\sin\dfrac{a-b}{b}t \end{cases}$$

$t \in \mathbb{R}, a > b$

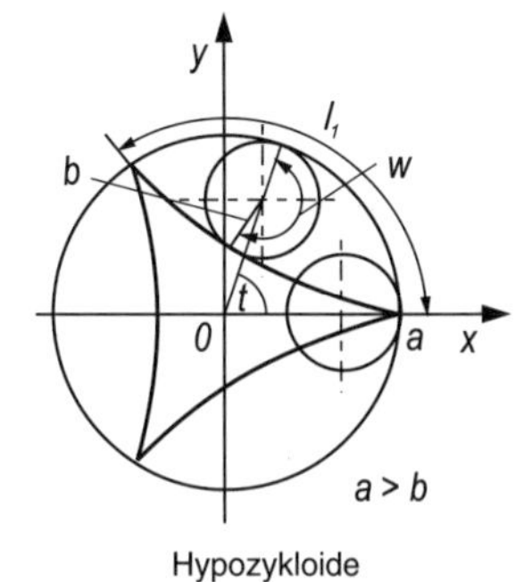

Hypozykloide

Ist das Verhältnis $\dfrac{a}{b} = m$ ganzzahlig (im Bild $m = 3$), so besteht die Kurve aus m zusammenhängenden Bogen, andernfalls überschneiden die Bogen einander. Ist m rational, schließt sich die Kurve nach einer Anzahl Umdrehungen in sich.

Länge des Bogens: $l_1 = \dfrac{8(a-b)}{m}$

Länge der ganzen Kurve: $l = 8(a-b)$ (bei ganzahligem m)

Fläche unter einem vollen Bogen (zwischen Hypozykloide und festem Kreis)

$$A = \frac{\pi b^2(3a-2b)}{a}$$

Krümmungsradius:

$$\rho = \frac{4b(a-b)\sin\dfrac{a}{2b}}{a-2b}$$

Verkürzte bzw. verlängerte Hypozykloide (*Hypotrochoide*)

Der erzeugende Punkt liegt innerhalb bzw. außerhalb des rollenden Kreises im Abstand c vom Mittelpunkt des rollenden Kreises.

$c < b$ verkürzte (gestreckte) Hypozykloide
$c > b$ verlängerte (verschlungene) Hypozykloide

$$\begin{cases} x = (a-b)\cos t + c\cos\dfrac{a-b}{b}t \\ y = (a-b)\sin t - c\sin\dfrac{a-b}{b}t \end{cases} \qquad t \in \mathbb{R}$$

Astroide (Sternlinie)

Die gewöhnliche Hypozykloide wird für $m = 4$, d. h. $b = \dfrac{a}{4}$ zur *Astroide.*

$$x^{2/3} + y^{2/3} = a^{2/3}$$

$$(x^2 + y^2 - a^2)^3 + 27a^2x^2y^2 = 0$$

$$\begin{cases} x = a\cos^3 t \\ y = a\sin^3 t \end{cases} \qquad 0 \le t < 2\pi,\ a > 0$$

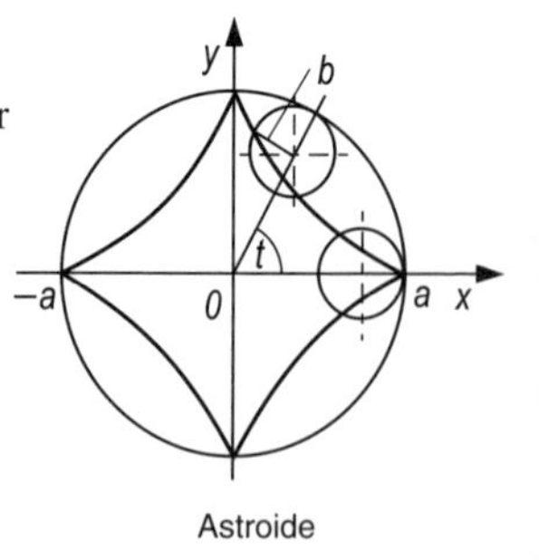

Astroide

Die gewöhnliche Hypozykloide wird für $m = 2$, d. h. $a = 2b$, zu einer Geraden, und zwar artet sie in den Durchmesser des festen Kreises aus.

Anwendung: Wandlung einer Drehbewegung in eine Hin- und Her-Bewegung (Verzahnungstechnik)

Die verkürzte und die verlängerte Hypozykloide werden für $m = 2$ zu Ellipsen mit der Gleichung:

$$x = \left(\frac{a}{2} + c\right)\cos t, \quad y = \left(\frac{a}{2} - c\right)\sin t$$

Anwendung: Wandlung einer Drehbewegung in eine elliptische Bewegung

7.9 Spirallinien

Spiralkurven werden zweckmäßigerweise in Polarkoordinaten angegeben.

7.9.1 Logarithmische Spirale

Eine *logarithmische Spirale* schneidet alle vom Ursprung ausgehenden Strahlen unter dem gleichen Winkel α.

$r = f(\varphi) = a \cdot \mathrm{e}^{b\varphi} \qquad a \in \mathbb{R}_{>0},\, b = \cot\alpha,\, b \neq 0,\, \varphi \in \mathbb{R}$

Der Pol ist ein asymptotischer Punkt.

Länge des Bogens $\widehat{P_1P_2}$:

$$l = \frac{1}{b}\sqrt{1+b^2}(r_2 - r_1) = \frac{r_2 - r_1}{\cos\alpha}$$

Fläche des Sektors $P_1 0 P_2$: $A = \dfrac{r_2^2 - r_1^2}{4b}$

Waagerechte Tangenten bei $\tan\varphi = -1/b$, senkrechte bei $\tan\varphi = b$

Krümmungsradius: $\rho = r\sqrt{1+b^2}$

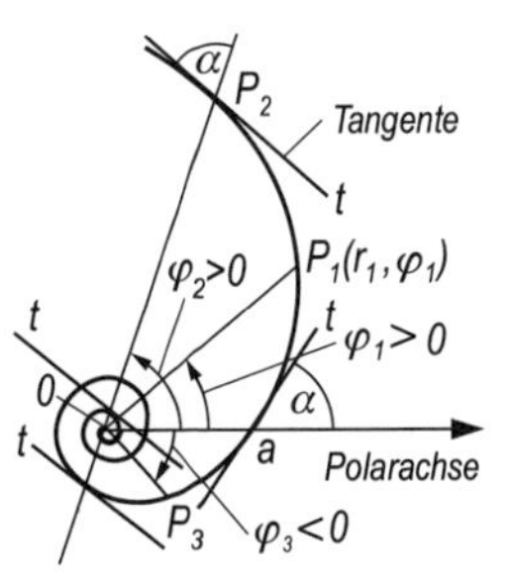

Logarithmische Spirale

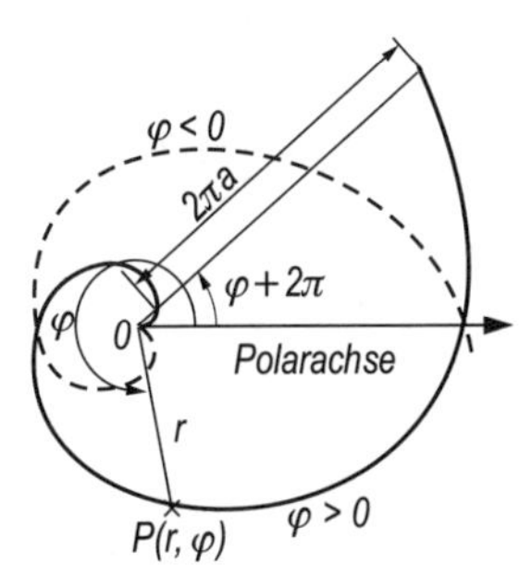

ARCHIMEDische Spirale

7.9.2 ARCHIMEDische Spirale

Ein Punkt, der sich auf einem Leitstrahl vom Ursprung aus mit konstanter Geschwindigkeit v bewegt, während sich der Leitstrahl selbst mit konstanter Winkelgeschwindigkeit ω um den Pol dreht, beschreibt eine *Archimedische Spirale*:

$$r = a\varphi \qquad a = \frac{v}{\omega} > 0,\ \varphi \in \mathbb{R}$$

Länge des Bogens $\overset{\frown}{0P}$:

$$l = \frac{a}{2}\left(\varphi\sqrt{\varphi^2+1} + \operatorname{arsinh}\varphi\right)$$

$$= \frac{a}{2}\left(\varphi\sqrt{\varphi^2+1} + \ln\left(\varphi + \sqrt{\varphi^2+1}\right)\right) \approx \frac{a\varphi^2}{2} \quad \text{für großes } \varphi$$

Fläche eines Sektors $P_1 0 P_2$: $A = \dfrac{a^2}{6}(\varphi_2^3 - \varphi_1^3)$

Krümmungsradius: $\rho = \dfrac{(a^2+r^2)^{3/2}}{2a^2+r^2} = \dfrac{a(\varphi^2+1)^{3/2}}{\varphi^2+2}$

Beispiel: Katze eines Ausleger-Drehkranes

7.9.3 Hyperbolische Spirale

$$r = \frac{a}{\varphi} \quad \textit{bzw.} \quad r = \frac{a}{|\varphi - \pi|}$$

$$x = \frac{a}{t}\cos t, \quad y = \frac{a}{t}\sin t \qquad t \in \mathbb{R}^*$$

Asymptote: $y = a$

Asymptote
$\varphi<0$
P
r
$\varphi>0$
a
φ
0
Polarachse

Hyperbolische Spirale

Der Pol ist asymptotischer Punkt.

Fläche eines Sektors $P_1 0 P_2$: $A = \dfrac{a^2}{2}\left(\dfrac{1}{\varphi_1} - \dfrac{1}{\varphi_2}\right)$

Krümmungsradius: $\rho = \dfrac{a}{\varphi}\left(\dfrac{\sqrt{1+\varphi^2}}{\varphi}\right)^3 = r\left(\dfrac{r^2}{a^2}+1\right)^{\frac{3}{2}}$

7.10 Sonstige Kurven

7.10.1 Kettenlinie

Ein vollkommen biegsames, schweres, an zwei Punkten aufgehängtes Seil (Kette, Kabel) nimmt in Gleichgewichtslage die Form der *Kettenlinie* an:

$$y = \frac{a}{2}\left(e^{\frac{x}{a}} + e^{-\frac{x}{a}}\right) = a\cosh\frac{x}{a} \qquad a > 0$$

Beispiel: elektrische Freileitungen

Scheitel: $S(0, a)$

In der Nähe des tiefsten Punktes S schmiegt sich die Parabel $y = \frac{x^2}{2a} + a$ der Kettenlinie sehr eng an (Berührung 3. Ordnung, siehe Bild).

Fläche zwischen Kettenlinie, x-Achse und den Geraden $x = 0$ und $x = b$

$$A = a^2 \sinh\frac{b}{2} = a^2\frac{e^{\frac{b}{2}} - e^{-\frac{b}{2}}}{2}$$

Länge des Bogens $\overset{\frown}{SP}$: $l = a\sinh\frac{x}{a} = a\frac{e^{\frac{x}{a}} - e^{-\frac{x}{a}}}{2}$

Krümmungsradius: $\rho = \frac{y^2}{a} = a\cosh^2\frac{x}{a}$

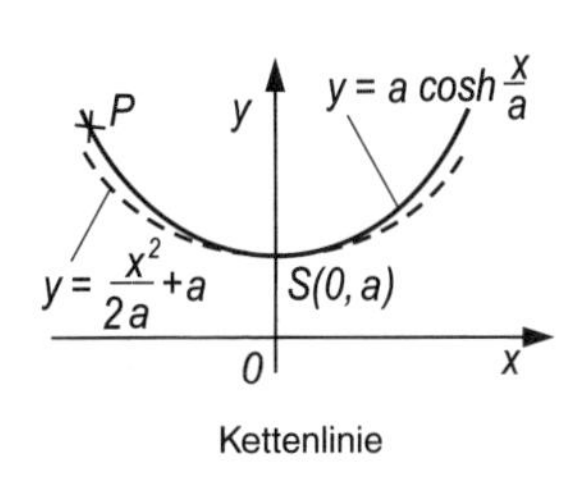

Kettenlinie

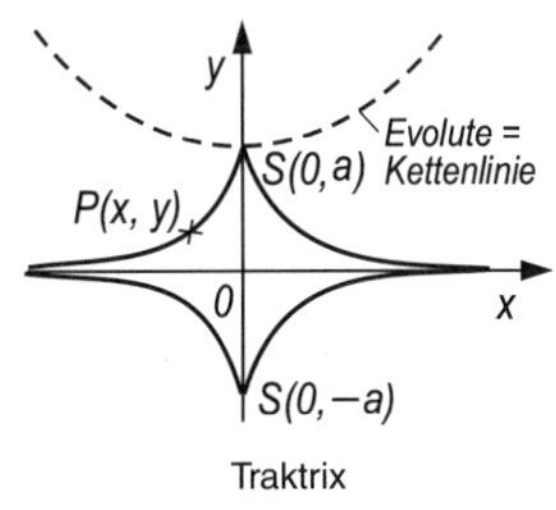

Traktrix

7.10.2 Traktrix (Schleppkurve)

Ein materieller Punkt am Ende eines nicht dehnbaren Fadens von der Länge a beschreibt eine *Traktrix*, wenn der Anfangspunkt des Fadens längs der x-Achse geführt wird. Anfangslage des Punktes ist $S(0, a)$.

$$x = a\ \mathrm{arcosh}\frac{a}{y} \mp \sqrt{a^2 - y^2} = a\ln\left|\frac{a \pm \sqrt{a^2 - y^2}}{y}\right| \mp \sqrt{a^2 - y^2}$$

7

Bogenlänge $\overset{\frown}{SP}$: $b = a \ln \frac{a}{y} \qquad \frac{a}{y} \in [1, \infty)$

Asymptote: $y = 0$

Evolute: Kettenlinie

7.11 Komplexe Funktionen

7.11.1 Komplexe Funktionen, Allgemeines

Komplexwertige Funktion einer reellen Variablen *t* (Parameter)

$$z(t) = x(t) + \mathrm{j}y(t) = r(t)\mathrm{e}^{\mathrm{j}\varphi(t)} \qquad t \in [a, b], x, y, r \in \mathbb{R}, z \in \mathbb{C}$$

Der Graph des Zeigers $z = \underline{z}(t)$ in der *komplexen* (GAUSS*schen*) *Zahlenebene* (Abbildung von $\mathbb{R}$ in $\mathbb{C}$) heißt *Ortskurve* (z. B. Elektrotechnik, Ortskurve eines Widerstandszeigers als Funktion der Frequenz).

Komplexe Funktion einer komplexen Variablen *z*

Komplexe Variable: $z = x + \mathrm{j}y = r \cdot \mathrm{e}^{\mathrm{j}\varphi} \qquad x, y, r \in \mathbb{R}$

Definitionsbereich D(z) und Wertebereich W(f) sind Mengen komplexer Zahlen der *komplexen Zahlenebene*.

Wird durch f jedem Wert der unabhängigen Variablen $z = x + \mathrm{j}y$ ein Wert der abhängigen Variablen $w = u + \mathrm{j}v$, u, $v \in \mathbb{R}$, zugeordnet, heißt f *komplexe Funktion* von z:

$$w = f(z) = u(x, y) + \mathrm{j}v(x, y) = \mathrm{Re}\, f(z) + \mathrm{jIm}\, f(z)$$

In zwei GAUSSschen Zahlenebenen, der z- und der w-Ebene, wird die Abbildung des Urbildbereichs D auf den Bildbereich W dargestellt (Bild).

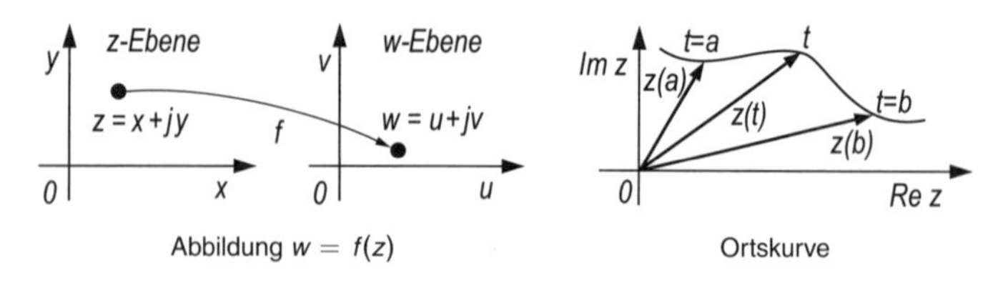

Abbildung $w = f(z)$ Ortskurve

Die Untersuchung komplexer Funktionen heißt *Funktionentheorie*.

Stetigkeit und Differenzierbarkeit werden wie im Reellen definiert.

Ist $f(z)$ in jedem Punkt von D(z) differenzierbar, so heißt f in D(z) *holomorph* oder *analytisch*.

Unter der Voraussetzung, dass die beiden Funktionen u und v der reellen Variablen x und y *stetige* partielle Ableitungen erster Ordnungen haben, gilt:

$f(z)$ ist genau dann differenzierbar, wenn die CAUCHY-RIEMANN*schen* Dgln. gelten:

$$\frac{\partial u}{\partial x} = \frac{\partial v}{\partial y}, \quad \frac{\partial v}{\partial x} = -\frac{\partial u}{\partial y} \qquad \textit{(kartesische Koordinaten)}$$

$$r\frac{\partial u}{\partial r} = \frac{\partial v}{\partial \varphi}, \quad r\frac{\partial v}{\partial r} = -\frac{\partial u}{\partial \varphi} \qquad \textit{(Polarkoordinaten)}$$

Das heißt, $u(x,y) = k$ und $v(x,y) = l$ (k, l beliebige Konstanten) sind zwei orthogonale Kurvenscharen.

Zu speziellen elementaren Funktionen im Komplexen siehe unter dem Kapitel der entsprechenden Funktion.

Die Funktionen x^n, e^x, $\sin x$, $\cos x$, $\tan x$, $\cot x$, $\sinh x$, $\cosh x$, $\tanh x$, $\coth x$ und deren Umkehrfunktionen können ins Komplexe fortgesetzt werden.

Betrag der komplexen Funktion (*Relief, Landschaft* von f)

$$|w| = |f(z)| = \sqrt{u^2(x,y) + v^2(x,y)} = g(x,y)$$

Argument der komplexen Funktion

$$\arg f(z) = \begin{cases} \arctan \dfrac{\operatorname{Im} f(z)}{\operatorname{Re} f(z)} & \text{falls } \operatorname{Re} f(z) > 0 \\ \pi/2 & \text{falls } \operatorname{Re} f(z) = 0 \text{ und } \operatorname{Im} f(z) > 0 \\ -\pi/2 & \text{falls } \operatorname{Re} f(z) = 0 \text{ und } \operatorname{Im} f(z) < 0 \\ \arctan \dfrac{\operatorname{Im} f(z)}{\operatorname{Re} f(z)} + \pi & \text{falls } \operatorname{Re} f(z) < 0 \end{cases}$$

♦ **Beispiel**

$f(z) = z^2 = (x + \mathrm{j}y)^2$
$\operatorname{Re} f(z) = u(x,y) = x^2 - y^2 \quad \operatorname{Im} f(z) = v(x,y) = 2xy$
Betrag: $|f(z)| = x^2 + y^2$ ♦

7.11.2 Konforme Abbildungen

7.11.2.1 Lineare und quadratische konforme Abbildungen

Unter einer *konformen Abbildung* versteht man die winkeltreue Abbildung: $w = f(z) = u(x, y) + \mathrm{j}v(x, y)$, $z \in \mathrm{D}(z)$, $w \in \mathrm{W}(f)$

Bedingung: $f(z)$ ist analytische Funktion in $\mathrm{D}(z)$, $f'(z) \neq 0$ (siehe 7.11.1)

Bei einer konformen Abbildung werden die Schnittwinkel zweier beliebiger Kurven erhalten (Invarianten), bei direkter konformer Abbildung (1. Art) bleibt der Drehsinn erhalten, bei indirekter (2. Art) wird er umgekehrt.

$f'(z)$ ist das *Verzerrungsverhältnis* der konformen Abbildung, d. h., die Verhältnisse der (kleinen) Längenelemente bleiben erhalten. Durch eine konforme Abbildung werden Strecken um $\lambda = |a| = |f'(z)|$ gedehnt bzw. gestaucht und um den Winkel (Argument) $\arg\left(f'(z)\right) = \varphi$ gedreht abgebildet.

Lineare konforme Abbildung

$$w = f(z) = az + b = |a|\mathrm{e}^{\mathrm{j}\varphi}z + b \quad a = |a|\mathrm{e}^{\mathrm{j}\varphi} \neq 0 \qquad a, b \in \mathbb{C}$$

Die lineare konforme Abbildung ist zerlegbar in drei Teilabbildungen:

- Drehung um $\varphi = \arg a = \arg\left(f'(z)\right) \Rightarrow w_1 = \mathrm{e}^{\mathrm{j}\varphi}z$
- Streckung/Stauchung um $\lambda = |a| = |f'(z)| \Rightarrow w_2 = |a|w_1 = |a|\mathrm{e}^{\mathrm{j}\varphi}z$
- Parallelverschiebung der z-Ebene längs Vektor $\boldsymbol{b}$: $w = |a|\mathrm{e}^{\mathrm{j}\varphi}z + b$

Fixpunkte werden in sich selbst abgebildet. Es sind dies:

$$z_1 = \frac{b}{1 - a} \text{ und } z = \infty$$

Sonderfälle

- Maßstabsänderung der z-Ebene, $b = 0$, $a = m$, $m \in \mathbb{R}$:
  $w = mz$ bzw. $u = mx$, $v = my$
- Drehstreckung, $b = 0$: $w = az = |a|\mathrm{e}^{\mathrm{j}\varphi}z$, $a \in \mathbb{C}$
- reine Drehung, $b = 0$: $\varphi = \arg a \Rightarrow w = \mathrm{e}^{\mathrm{j}\varphi}z$

♦ **Beispiel**

Das Dreieck $\triangle z_1z_2z_3$ gemäß Bild links soll konform abgebildet werden gemäß der Vorschrift $w = f(z) = (1 + \mathrm{j})z + (-1 - \mathrm{j})$.

Ähnliche Dreiecke: $\triangle z_1z_2z_3 \sim \Delta w_1w_2w_3$

Drei Teilschritte:

(1) Drehung um $\varphi = \arg a = \arg(1 + \mathrm{j}) = \arg\left(f'(z)\right) = \frac{\pi}{4}$

(2) Dehnung um $\lambda = |a| = |1 + \mathrm{j}| = \sqrt{2}$

(3) Parallelverschiebung um den Vektor $\boldsymbol{b} = -1 - \mathrm{j}$

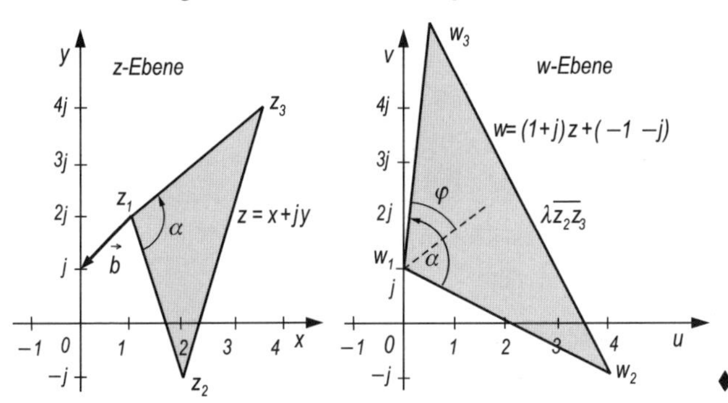

♦

7

Gebrochen lineare konforme Abbildung

$$w = \frac{az + b}{cz + d} \qquad \text{mit } ad - bc \neq 0,\ c \neq 0$$

Die Abbildung ist winkel- und kreistreu (Gerade als Grenzfall des Kreises)

Kreis → Kreis oder Gerade

Gerade → Kreis oder Gerade

Durch Polynomdivision entsteht $w = \frac{az + b}{cz + d} = \frac{a}{c} + \frac{bc - ad}{c} \cdot \frac{1}{cz + d}$

Das ist eine lineare konforme Abbildung der invertierten linearen Funktion $cz + d$.

Fixpunkte können aus $w = f(z)$ gewonnen werden.

Quadratische konforme Abbildung

$$w = z^2$$

Die einfache z-Ebene wird auf die zweifach überdeckte w-Ebene abgebildet.

z-Ebene: zwei Hyperbelscharen $u(x, y) = x^2 - y^2$ und $v(x, y) = 2xy$

w-Ebene: orthogonale Netze

Gestörte Konformität in $z = 0$

Fixpunkte: $z_1 = 0$ und $z_2 = 1$

7.11.2.2 Inversion (Stürzung)

Die *Inversion* ist eine spezielle gebrochen lineare Abbildung.

$w = f(z) = \frac{1}{z}$ (*Kehrwert einer komplexen Zahl*)

Sie stellt eine *Inversion am Einheitskreis* (d. h. Transformation durch *reziproke Radien*) und Spiegelung an der reellen Achse dar.

$z = |z|e^{j\varphi} \Rightarrow w = \frac{1}{z} = \frac{1}{|z|}e^{-j\varphi} = |w|e^{-j\varphi}$

Kreisinneres $|z| \leq 1$ wird zum Äußeren des Kreises $|w| \geq 1$ und umgekehrt.

Kreisperipherie: $|z| = 1 \leftrightarrow |w| = 1$

Punkte oberhalb der reellen Achse werden zu Bildpunkten unterhalb und umgekehrt.

Dem Punkt mit dem kleinsten Abstand $|z|$ wird der Bildpunkt mit dem größten $|w|$ zugeordnet und umgekehrt.

Fixpunkte: $z_1 = 1$ und $z_2 = -1$

Gestörte (nicht konforme) Abbildung in $z = 0 \leftrightarrow w = \infty$

(Verhalten der Funktion im Unendlichen beschreibbar!)

Inversion eines ruhenden Zeigers am Einheitskreis

1. Zeichnen des konjugiert komplexen Zeigers $\underline{z}^* = |\underline{z}|e^{-j\varphi}$, Punkt A
2. Zeichnen der Tangenten von A an den Inversionskreis mit $r = a$
3. Verbindungslinie der Tangentenberührungspunkte schneidet den Zeiger $\underline{z}^*$ in B, dem Endpunkt des inversen Zeigers $\underline{w} = \frac{1}{|\underline{z}|}e^{-j\varphi}$

Begründung: $\triangle 0DA \sim \triangle 0BD \Rightarrow \frac{|\underline{z}|}{a} = \frac{a}{|\underline{w}|}$

Unter Berücksichtigung des Maßstabs gilt:

$r = 1 \mathrel{\widehat{=}} a$ Einheiten von $\underline{z}$ entsprechen $\frac{1}{a}$ Einheiten von $\underline{w}$

z. B. Durchmesser des Inversionskreises $r = 1 \mathrel{\widehat{=}} 5\,\Omega \leftrightarrow \frac{1}{5}$ S bei Umrechnung eines Widerstandes in einen Leitwert

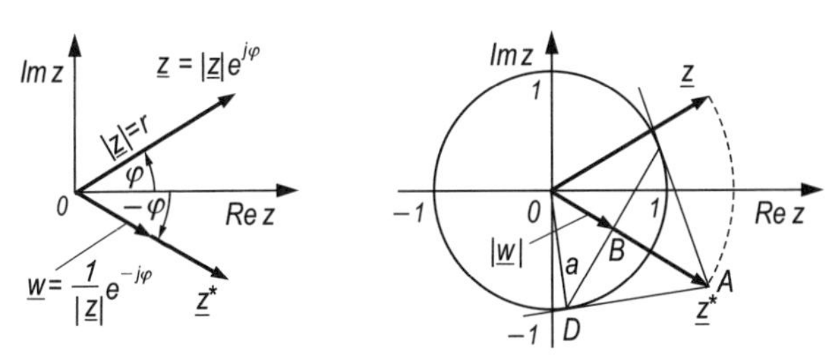

Inversion eines Zeigers

Inversion von Kurven (Elektrotechnik *Ortskurven*)

1. Inversionssatz: Eine Gerade durch den Nullpunkt ergibt durch Inversion wieder eine Gerade durch den Nullpunkt.

Begründung: g_1: $z = t\underline{a}$ ergibt invertiert

$$g_2\colon \underline{w} = \frac{1}{\underline{z}} = \frac{1}{t\underline{a}} = \frac{\underline{a}^*}{t\underline{a}\,\underline{a}^*} = \frac{\frac{1}{t}\cdot\underline{a}^*}{a^2} = \underline{z}'$$

1. Zeichnen der konjugierten Geraden g_2: $\underline{z}^*$
2. Auftragen der Parameterskale $t' = 1/t$

Es wird: $\underline{w} = \dfrac{1}{t\underline{a}}$

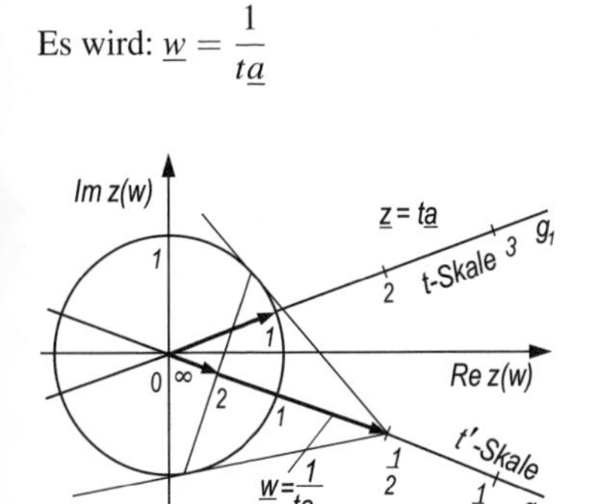

1. Inversionssatz

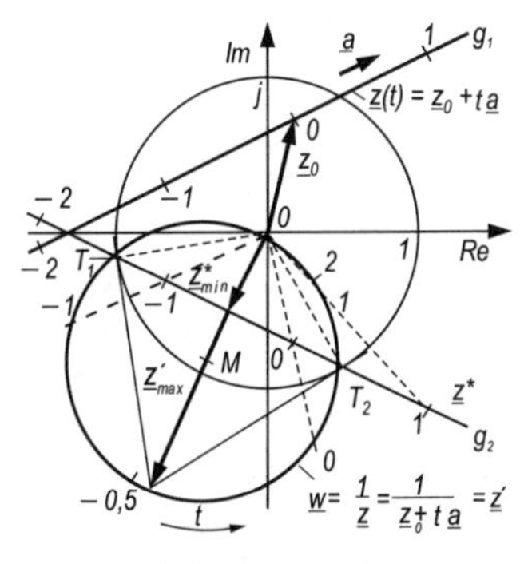

2. Inversionssatz

2. Inversionssatz: Eine Gerade nicht durch den Nullpunkt ergibt durch Inversion einen Kreis durch den Nullpunkt.

Begründung: g_1: $\underline{z} = \underline{z}_0 + t\underline{a}$ ergibt invertiert k: $\underline{w} = \dfrac{1}{\underline{z}} = \dfrac{1}{\underline{z}_0 + t\underline{a}} = \underline{z}'$

1. Zeichnen der konjugiert komplexen Geraden g_2: $\underline{z}^*$
2. Zeichnen der Normalen zu $\underline{z}^*$ ergibt $\underline{z}^*_{\text{min}}$
3. Spiegelung von $\underline{z}^*_{\text{min}}$ am Einheitskreis ergibt $\underline{z}'_{\text{max}}$, einen Punkt des durch Inversion erhaltenen Kreises.

Die Tangentenpunkte T_1 und T_2 sind Schnittpunkte von $\underline{z}^*$ mit dem Einheitskreis und gleichzeitig weitere Punkte des durch die Inversion erhaltenen Kreises.

Umkehrung

Ein Kreis durch den Nullpunkt ergibt durch Inversion eine Gerade nicht durch den Nullpunkt.

3. Inversionssatz: Ein Kreis nicht durch den Nullpunkt ergibt durch Inversion wieder einen Kreis nicht durch den Nullpunkt.

Begründung: k_1: $\underline{z} = \underline{z}_0 + \dfrac{1}{\underline{a} + t\underline{b}} = \dfrac{\underline{c} + t\underline{d}}{\underline{a} + t\underline{b}}$ ergibt k_2: $\underline{w} = \dfrac{1}{\underline{z}^*} = \dfrac{\underline{a} + t\underline{b}}{\underline{c} + t\underline{d}} = \underline{z}'$

1. Zeichnen des konjugiert komplexen Kreises $\underline{z}^*$
2. Zweckmäßigerweise Maßstabswahl für den inversen Kreis so, dass konjugierter und inverser Kreis zusammenfallen. Damit Parameterskale für den inversen Kreis $\underline{z}'$ als Schnittpunkte der Verbindungsgeraden der Parameterpunkte des konjugierten Kreises mit dem Nullpunkt eintragen.

Bei Wahl eines anderen Maßstabs für den inversen Kreis ist zu beachten, dass die Tangenten T_1 und T_2 vom Nullpunkt an den konjugiert komplexen Kreis stets auch Tangenten des inversen Kreises sind, wodurch der Mittelpunkt des inversen Kreises stets auf der Geraden durch M und 0 liegt.

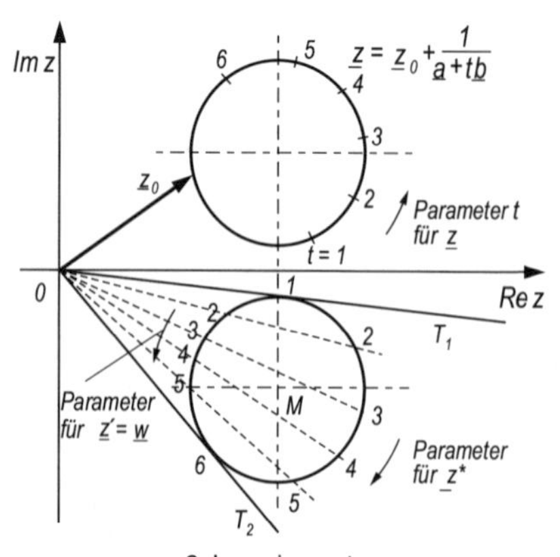

3. Inversionssatz

8 Differenzialrechnung

8.1 Funktionen einer Variablen

8.1.1 Allgemeines

Differenzenquotient (*Anstieg der Sekante,* mittlere *Änderungsrate*)

$$\frac{\Delta y}{\Delta x} = \frac{y - y_0}{x - x_0} = \frac{\Delta f(x)}{\Delta x} = \frac{f(x) - f(x_0)}{x - x_0} = \frac{f(x_0 + \Delta x) - f(x_0)}{\Delta x}$$

$$= \frac{f(x_0 + h) - f(x_0)}{h}$$

Anstieg: $\frac{\Delta y}{\Delta x} = \tan\alpha = m$

$x - x_0 = \Delta x = h$ Abszissenzuwachs

ΔP_0AP *Sekantendreieck*

$P_0(x_0, y_0)$ fester Punkt des Graphen $G(f)$

$P(x, y)$ beliebiger Punkt des Graphen $G(f)$, $P_0 \neq P$

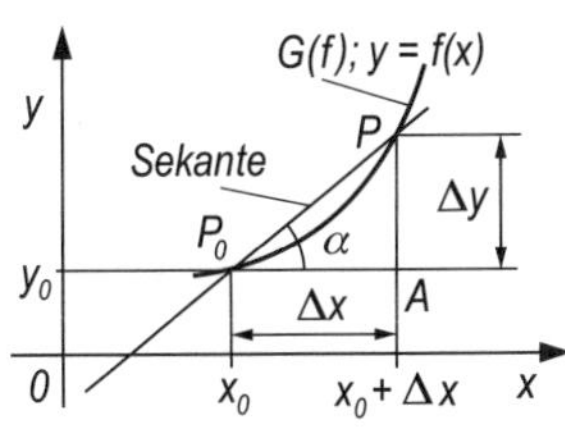

Differenzenquotient

Differenzialquotient, 1. Ableitung einer Funktion an Stelle x_0
(*Anstieg der Tangente, Kurvenanstieg* in P_0, lokale *Änderungsrate*)

$$\lim_{\Delta x \to 0} \frac{\Delta f(x)}{\Delta x} = \lim_{x \to x_0} \frac{f(x) - f(x_0)}{x - x_0} = \lim_{\Delta x \to 0} \frac{f(x_0 + \Delta x) - f(x_0)}{\Delta x} = f'(x_0)$$

auch $\Delta x = h$ und $y = y(x)$ für $f(x)$ üblich

Andere abkürzende Schreibweisen sind:

$$f'(x_0) = \frac{\mathrm{d}f(x_0)}{\mathrm{d}x} = \frac{\mathrm{d}f}{\mathrm{d}x}(x_0) = \frac{\mathrm{d}}{\mathrm{d}x}\left[f(x_0)\right] = \left.\frac{\mathrm{d}f(x)}{\mathrm{d}x}\right|_{x=x_0}$$

Anstieg: $f'(x_0) = \tan\alpha_t = m_t \overset{\text{kurz}}{\Rightarrow} \tan\alpha = m$ (bei gleichem Achsenmaßstab)

ΔP_0BC *Tangentendreieck*

Die Sekante strebt für $P \to P_0$ einer Grenzgeraden zu, der *Tangente*.

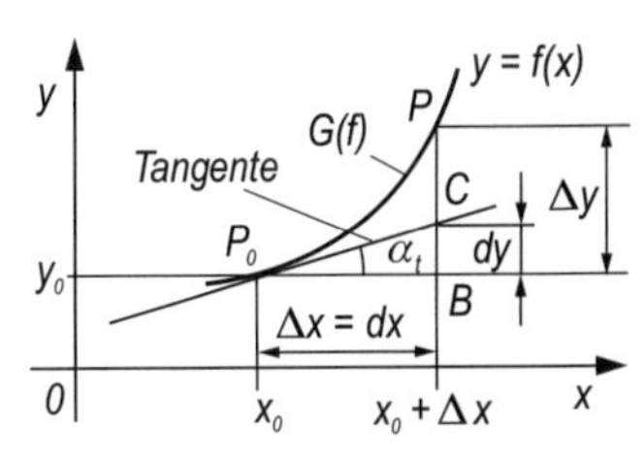

Differenzialquotient

Differenzierbarkeit

Eine Funktion f ist in $x_0 \in \mathrm{D}(f) \subseteq \mathbb{R}$ *differenzierbar*, wenn sie in der Umgebung von x_0, $U(x_0) \setminus \{x_0\}$ definiert ist und der Grenzwert $\lim\limits_{\Delta x \to 0} \dfrac{\Delta f(x)}{\Delta x} = \lim\limits_{x \to x_0} \dfrac{f(x) - f(x_0)}{x - x_0}$ existiert.

Jede an der Stelle x_0 differenzierbare Funktion ist dort auch stetig (Stetigkeit ist notwendig für Differenzierbarkeit). Gilt nicht umgekehrt!

Linksseitige Ableitung (Tangente t_1)

$$f'(x_0-) = \lim_{x \to x_0-} \frac{f(x) - f(x_0)}{x - x_0}$$

Rechtsseitige Ableitung (Tangente t_2)

$$f'(x_0+) = \lim_{x \to x_0+} \frac{f(x) - f(x_0)}{x - x_0}$$

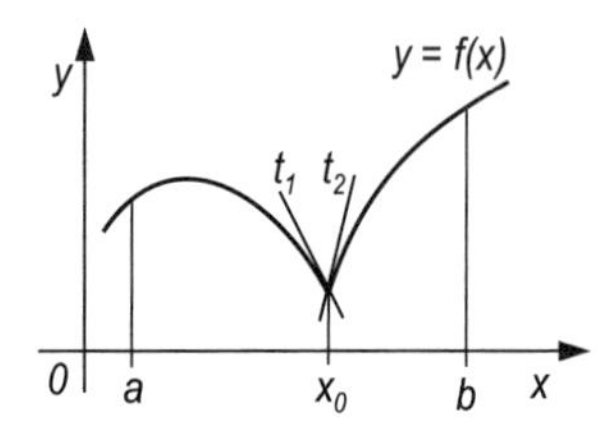

Rechts- und linksseitige Ableitung verschieden

Sind an der Stelle x_0 rechts- und linksseitige Ableitung verschieden, ist die Funktion an der Stelle $x = x_0$ nicht differenzierbar, kann aber sehr wohl dort stetig sein (siehe Bild).

Eine Funktion f ist **im** Intervall $I = (a, b)$ *differenzierbar*, wenn sie an jeder Stelle innerhalb I differenzierbar ist.

Eine Funktion f ist **auf** dem Intervall $[a, b]$ differenzierbar, wenn sie an jeder Stelle innerhalb I und auch in a und b einseitig differenzierbar ist.

Die (*erste*) *Ableitung* von f in (a, b) ist die Funktion f', die alle (geordneten) Paare $\big(x, f'(x)\big)$, $x \in (a, b)$ enthält. Ist f' stetig, nennt man f *stetig differenzierbar* oder *glatt* auf (a, b) und schreibt $f \in C^1(a, b)$.

Ableitung

Ist f für alle $x \in \mathrm{D}(f)$ differenzierbar, so gilt: $x \mapsto f'(x)$

(Erste) *Ableitung* von f, gelesen „df nach dx"

$$f'(x) = \frac{\mathrm{d}f}{\mathrm{d}x} = \frac{\mathrm{d}}{\mathrm{d}x} f(x) \text{ bzw. } y'(x) = \frac{\mathrm{d}y}{\mathrm{d}x} = \frac{\mathrm{d}}{\mathrm{d}x} y(x)$$

$\dfrac{\mathrm{d}}{\mathrm{d}x}$ heißt *Differenzialoperator*, der die (erste) Ableitung erzeugt.

Differenzial

Das *Differenzial* dy einer differenzierbaren Funktion f ist die Änderung der Tangentenordinate, der Zuwachs auf der Tangente:

$$\mathrm{d}y = f'(x)\,\mathrm{d}x$$

dy heißt das Differenzial der Funktion $y = f(x)$, das zum Inkrement $\Delta x = \mathrm{d}x$ gehört.

8.1.2 Erste Ableitungen der elementaren Funktionen

$f(x)$	(Erste) Ableitung $f'(x)$	Bedingungen
c	0	$c \in \mathbb{R}$ *Konstantenregel*
x^a	$a \cdot x^{a-1}$	$a \in \mathbb{R}$ *Potenzregel* $x \neq 0$ für $a < 0, x > 0$ für $a \in \mathbb{R} \setminus \mathbb{N}$
e^x	e^x	
a^x	$a^x \ln a$	$a > 0$
$\ln x$	$\frac{1}{x}$	$x > 0$
$\log_a \lvert x\rvert$	$\frac{1}{x \ln a} = \frac{1}{x} \log_a \mathrm{e}$	$a \neq 1, a, x > 0$
$\sin x$	$\cos x$	
$\cos x$	$-\sin x$	
$\tan x$	$\frac{1}{\cos^2 x} = 1 + \tan^2 x$	$x \neq (2k+1)\frac{\pi}{2}, k \in \mathbb{Z}$
$\cot x$	$-\frac{1}{\sin^2 x} = -(1 + \cot^2 x)$	$x \neq k\pi, k \in \mathbb{Z}$
$\arcsin x$	$\frac{1}{\sqrt{1-x^2}}$	$\lvert x\rvert < 1$
$\arccos x$	$-\frac{1}{\sqrt{1-x^2}}$	$\lvert x\rvert < 1$
$\arctan x$	$\frac{1}{1+x^2}$	
$\operatorname{arccot} x$	$-\frac{1}{1+x^2}$	

$f(x)$	(Erste) Ableitung $f'(x)$	Bedingungen
$\cosh x$	$\sinh x$	
$\sinh x$	$\cosh x$	
$\tanh x$	$\frac{1}{\cosh^2 x} = 1 - \tanh^2 x$	
$\coth x$	$-\frac{1}{\sinh^2 x} = 1 - \coth^2 x$	$x \neq 0$
$\operatorname{arsinh} x$	$\frac{1}{\sqrt{1+x^2}}$	
$\operatorname{arcosh}\lvert x\rvert$	$\frac{1}{\sqrt{x^2-1}} \operatorname{sgn} x$	$\lvert x\rvert > 1$
$\operatorname{artanh} x$	$\frac{1}{1-x^2}$	$\lvert x\rvert < 1$
$\operatorname{arcoth} x$	$-\frac{1}{x^2-1}$	$\lvert x\rvert > 1$

Abgeleitete spezielle Funktionen

$f(x)$	(Erste) Ableitung $f'(x)$	Bedingungen
x	1	$x \in \mathbb{R}$
$\lg x$	$\frac{1}{x} \lg \mathrm{e} \approx \frac{0{,}43429}{x}$ bzw. $\frac{1}{x \ln 10} \approx \frac{1}{2{,}30259x}$	$x > 0$
$\ln \lvert f(x)\rvert$	$\frac{f'(x)}{f(x)}$ *logarithmische Ableitung*	$f(x) \neq 0$

8.1.3 Differenziationsregeln, Ableitungsregeln

8.1.3.1 Grundregeln

Faktorregel: $\big(a \cdot f(x)\big)' = a \cdot f'(x)$ $\quad a \in \mathbb{R}$

Summenregel: $(u \pm v)' = u' \pm v'$ $\quad u = u(x),\ v = v(x)$

Produktregel: $(u \cdot v)' = u'v + uv'$

$(u \cdot v \cdot w)' = u'vw + uv'w + uvw'$

Quotientenregel: $\left(\frac{u}{v}\right)' = \frac{vu' - uv'}{v^2}$ $\quad v \neq 0$

Merke: 1. Quadrat des Nenners im Nenner notieren

2. Nenner mal Zählerableitung **minus** Zähler mal Nennerableitung

Ein Spezialfall der Quotientenregel ist die

Reziprokenregel: $\left(\frac{1}{v}\right)' = -\frac{v'}{v^2}$

Kettenregel (siehe auch 7.2)

Ableitung mittelbarer (zusammengesetzter) Funktionen

$$y = h(x) = (g \circ f)(x) = g\big(f(x)\big)$$

$y = g(u)$ *äußere Funktion*, $u = f(x)$ *innere Funktion*

$$y' = h'(x) = \frac{\mathrm{d}y}{\mathrm{d}x} = \frac{\mathrm{d}y}{\mathrm{d}u} \cdot \frac{\mathrm{d}u}{\mathrm{d}x}$$

bzw. $y' = g'(u) \cdot f'(x)$ „äußere Ableitung mal innere Ableitung"

$y = h(u)$, $u = g(v)$, $v = f(x)$

$$\frac{\mathrm{d}y}{\mathrm{d}x} = \frac{\mathrm{d}y}{\mathrm{d}u} \cdot \frac{\mathrm{d}u}{\mathrm{d}v} \cdot \frac{\mathrm{d}v}{\mathrm{d}x} = h'(u) \cdot g'(v) \cdot f'(x)$$

♦ **Beispiele**

Differenziation der Funktionen $y = f(x)$.

(1) $y = f(x) = x^5 + 3x^2 - x^7$

$$y' = f'(x) = 5x^4 + 6x - 7x^6$$

(2) $y = f(x) = (x^3 + a)(x^2 + 3b)$ $\quad u(x) = x^3 + a,\ u'(x) = 3x^2$
$\quad v(x) = x^2 + 3b,\ v'(x) = 2x$

$$y' = u'v + uv' = 3x^2(x^2 + 3b) + (x^3 + a)2x = 5x^4 + 9bx^2 + 2ax$$

(3) $y = f(x) = \frac{x^3 + 2x}{4x^2 - 7}$ $\quad u(x) = x^3 + 2x,\ u'(x) = 3x^2 + 2$
$\quad v(x) = 4x^2 - 7,\ v'(x) = 8x$

$$y' = \frac{vu' - uv'}{v^2} = \frac{(4x^2 - 7)(3x^2 + 2) - (x^3 + 2x)8x}{(4x^2 - 7)^2} = \frac{4x^4 - 29x^2 - 14}{(4x^2 - 7)^2}$$

(4) $y = (1 - \cos^4 x)^2 = u^2 = h(u)$ $\quad$ wobei $u = 1 - \cos^4 x$

$h'(u) = 2u = 2(1 - \cos^4 x)$

$u = 1 - \cos^4 x = 1 - v^4 = g(v)$ $\quad$ wobei $v = \cos x$

$g'(v) = -4v^3 = -4\cos^3 x$

$v = \cos x = f(x)$ $\quad f'(x) = -\sin x$

$$\frac{\mathrm{d}y}{\mathrm{d}x} = h'(u)g'(v)f'(x) = 2(1 - \cos^4 x)(-4\cos^3 x)(-\sin x)$$

$$= 8\sin x \cos^3 x(1 - \cos^4 x)$$ ♦

Ableitung der Umkehrfunktion (der inversen Funktion)

$y = f(x) \Leftrightarrow x = g(y)$, falls f stetig und streng monoton ist.

Umkehrregel: $g'(y) = \dfrac{1}{f'(x)} \Leftrightarrow \dfrac{dx}{dy} = \dfrac{1}{\dfrac{dy}{dx}}$ $\qquad f'(x) \neq 0$

♦ **Beispiel**

$y = \arctan x$

Umkehrfunktion: $x = \tan y = g(y)$

$$g'(y) = \frac{1}{\cos^2 y} = 1 + \tan^2 y$$

$$y' = f'(x) = \frac{1}{g'(y)} = \frac{1}{1+\tan^2 y} = \frac{1}{1+x^2}$$ ♦

8.1.3.2 Höhere Ableitungen und Differenziale

$f^{(n+1)} := \left(f^{(n)}\right)'$ (rekursive Definition) $\qquad n \in \mathbb{N}^*$

Zweite und dritte Ableitung (Ableitungen 2. und 3. Ordnung)

(gelesen „d-2-y nach d-x Quadrat" bzw. „y-2-Strich")

$$\frac{d^2y}{dx^2} = y'' = f''(x) = \frac{d^2 f(x)}{dx^2} := \frac{df'(x)}{dx}$$

$$\frac{d^3y}{dx^3} = y''' = f'''(x) = \frac{d^3 f(x)}{dx^3} := \frac{df''(x)}{dx}$$

n-te Ableitung oder *Ableitung n-ter Ordnung*

$$\frac{d^ny}{dx^n} = y^{(n)} = f^{(n)}(x) = \frac{d^n f(x)}{dx^n} := \frac{df^{(n-1)}(x)}{dx}$$

2. Differenzial: $d^2y = d(dy) = f''(x)\,dx^2$

3. Differenzial: $d^3y = d(d^2y) = f'''(x)\,dx^3$

n-tes Differenzial: $d^ny = d(d^{n-1}y) = f^{(n)}(x)\,dx^n$

Einige Ableitungen höherer Ordnung ($n \in \mathbb{N}^*$)

$$(x^a)^{(n)} = a(a-1)(a-2)\cdot\ldots\cdot(a-n+1)x^{a-n} \qquad a \in \mathbb{R}$$

$$(x^m)^{(n)} = \begin{cases} n!\dbinom{m}{n} x^{m-n} & \text{für } m \geq n \\ 0 & \text{für } m < n \end{cases} \qquad m \in \mathbb{N}$$

$$(a_nx^n + a_{n-1}x^{n-1} + \ldots + a_1x + a_0)^{(n)} = a_n n!$$

$$(\ln x)^{(n)} = (-1)^{n-1} \cdot \frac{(n-1)!}{x^n}$$

$$(\log_a x)^{(n)} = (-1)^{n-1} \cdot \frac{(n-1)!}{x^n \ln a} \qquad a \neq 1,\, a,\, x > 0$$

$$(\mathrm{e}^x)^{(n)} = \mathrm{e}^x \qquad (\mathrm{e}^{ax})^{(n)} = a^n \mathrm{e}^{ax} \qquad a \in \mathbb{R}$$

$$(b^{ax})^{(n)} = b^{ax}(a \cdot \ln b)^n \qquad a \in \mathbb{R},\, b \in \mathbb{R}_{>0}$$

$$(\sin ax)^{(n)} = a^n \sin\left(ax + \frac{n\pi}{2}\right) \qquad a \in \mathbb{R}$$

$$(\cos ax)^{(n)} = a^n \cos\left(ax + \frac{n\pi}{2}\right) \qquad a \in \mathbb{R}$$

$$(\sinh x)^{(n)} = \begin{cases} \sinh x & \text{für gerades } n \\ \cosh x & \text{für ungerades } n \end{cases}$$

$$(\cosh x)^{(n)} = \begin{cases} \cosh x & \text{für gerades } n \\ \sinh x & \text{für ungerades } n \end{cases}$$

8

LEIBNIZsche Formel

$$(u \cdot v)^{(n)} = u^{(n)}v + \binom{n}{1}u^{(n-1)}v' + \binom{n}{2}u^{(n-2)}v'' + \ldots + \binom{n}{n-1}u'v^{(n-1)} + uv^{(n)}$$

8.1.3.3 Differenziation impliziter Funktionen $F(x, y) = 0$

$$y' = \frac{\mathrm{d}y}{\mathrm{d}x} = -\frac{\partial F}{\partial x} \Big/ \frac{\partial F}{\partial y} = -\frac{F_x}{F_y},\; F_y \neq 0 \quad \text{(Partielle Ableitung, s. 8.2)}$$

$$y'' = \frac{\mathrm{d}^2 y}{\mathrm{d}x^2} = -\frac{F_{xx}F_y^2 - 2F_{xy}F_xF_y + F_{yy}F_x^2}{F_y^3}$$

♦ **Beispiel**

$F(x, y) = x^3 - x^2 y + y^5 = 0$

$\frac{\partial F}{\partial x} = F_x = 3x^2 - 2xy \qquad \frac{\partial F}{\partial y} = F_y = 5y^4 - x^2$

$\frac{\partial^2 F}{\partial x^2} = F_{xx} = 6x - 2y \qquad \frac{\partial^2 F}{\partial y^2} = F_{yy} = 20y^3$

$\frac{\partial^2 F}{\partial x \partial y} = F_{xy} = F_{yx} = -2x \qquad \frac{\mathrm{d}y}{\mathrm{d}x} = -\frac{3x^2 - 2xy}{5y^4 - x^2}$

$$\frac{\mathrm{d}^2y}{\mathrm{d}x^2} = -\frac{(6x-2y)(5y^4-x^2)^2-2(-2x)(3x^2-2xy)(5y^4-x^2)+20y^3(3x^2-2xy)^2}{\left(5y^4-x^2\right)^3}$$

♦

8.1.3.4 Differenziation von Funktionen in Parameterform

Kurve k: $x = x(t)$, $y = y(t)$, *Parameterregel*

$$y' = \frac{\mathrm{d}y}{\mathrm{d}x} = \frac{\mathrm{d}y}{\mathrm{d}t} \Big/ \frac{\mathrm{d}x}{\mathrm{d}t} = \frac{\dot{y}(t)}{\dot{x}(t)} \qquad \dot{x}(t) \neq 0$$

$$y'' = \frac{\mathrm{d}^2y}{\mathrm{d}x^2} = \frac{\ddot{y}(t)\dot{x}(t) - \ddot{x}(t)\dot{y}(t)}{(\dot{x}(t))^3} \qquad \text{mit } \frac{\mathrm{d}^2y}{\mathrm{d}t^2} = \ddot{y}(t),\ \frac{\mathrm{d}^2x}{\mathrm{d}t^2} = \ddot{x}(t)$$

oder $\dfrac{\mathrm{d}^2y}{\mathrm{d}x^2} = \dfrac{\mathrm{d}(y')}{\mathrm{d}t} \cdot \dfrac{\mathrm{d}t}{\mathrm{d}x}$

♦ **Beispiel**

Kurve in Parameterform: $x(t) = \ln t$, $y(t) = \dfrac{1}{1-t}$

$$\frac{\mathrm{d}x}{\mathrm{d}t} = \dot{x}(t) = \frac{1}{t} \qquad \frac{\mathrm{d}^2x}{\mathrm{d}t^2} = -\frac{1}{t^2} \qquad \frac{\mathrm{d}t}{\mathrm{d}x} = t$$

$$\frac{\mathrm{d}y}{\mathrm{d}t} = \frac{1}{(1-t)^2} \qquad \frac{\mathrm{d}^2y}{\mathrm{d}t^2} = \frac{2}{(1-t)^3}$$

$$\frac{\mathrm{d}y}{\mathrm{d}x} = \frac{\mathrm{d}y}{\mathrm{d}t}\frac{\mathrm{d}t}{\mathrm{d}x} = \frac{1}{(1-t)^2} \cdot t = \frac{1}{(1-t)^2}$$

$$\frac{\mathrm{d}^2y}{\mathrm{d}x^2} = \frac{\mathrm{d}(y')}{\mathrm{d}t} \cdot \frac{\mathrm{d}t}{\mathrm{d}x} = \frac{\mathrm{d}}{\mathrm{d}x}\left(\frac{t}{(1-t)^2}\right) \cdot t = \frac{1+t}{(1-t)^3}t = \frac{t^2+t}{(1-t)^3}$$

oder

$$\frac{\mathrm{d}^2y}{\mathrm{d}x^2} = \frac{\dfrac{2}{(1-t)^3} \cdot \dfrac{1}{t} + \dfrac{1}{t^2} \cdot \dfrac{1}{(1-t)^2}}{\left(\dfrac{1}{t}\right)^3} = \frac{2t^2+t-t^2}{(1-t)^3} = \frac{t^2+t}{(1-t)^3} \text{ wie oben}$$

♦

8.1.3.5 Differenziation von Funktionen in Polarkoordinaten

$r = f(\varphi)$ (für Bezeichnungen siehe Zeichnung nächste Seite)

$$\frac{\Delta r}{\Delta \varphi} = \frac{r}{\tan \sigma} = r \cot \sigma$$

$$\frac{\mathrm{d}r}{\mathrm{d}\varphi} = r' = \lim_{\Delta\varphi \to 0} \frac{\Delta r}{\Delta \varphi} = \frac{r}{\tan \tau} = r \cot \tau$$

Kartesische Koordinaten mit Parameter φ

(Kartesische Koordinaten – Polarkoordinaten)

$$\begin{cases} x(\varphi) = r(\varphi)\cos\varphi \\ y(\varphi) = r(\varphi)\sin\varphi \end{cases}$$

$$y' = \frac{\mathrm{d}y}{\mathrm{d}x} = \frac{r'(\varphi)\sin\varphi + r(\varphi)\cos\varphi}{r'(\varphi)\cos\varphi - r(\varphi)\sin\varphi}$$

$$y' = \tan\alpha = \tan(\tau + \varphi) = \frac{\tan\varphi + \tan\tau}{1 - \tan\tau\cdot\tan\varphi} = \frac{\tan\varphi + \dfrac{r}{r'}}{1 - \dfrac{r}{r'\tan\varphi}}$$

$$y'' = \frac{\mathrm{d}^2y}{\mathrm{d}x^2} = \frac{r^2 + 2r'^2 - rr''}{(r'\cos\varphi - r\sin\varphi)^3} \qquad \text{mit } r' = \frac{\mathrm{d}r}{\mathrm{d}\varphi},\ r'' = \frac{\mathrm{d}^2r}{\mathrm{d}\varphi^2}$$

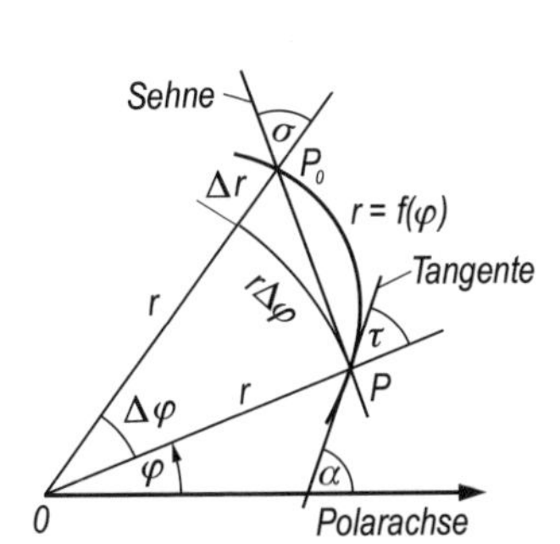

Differenziation von $r = f(\varphi)$

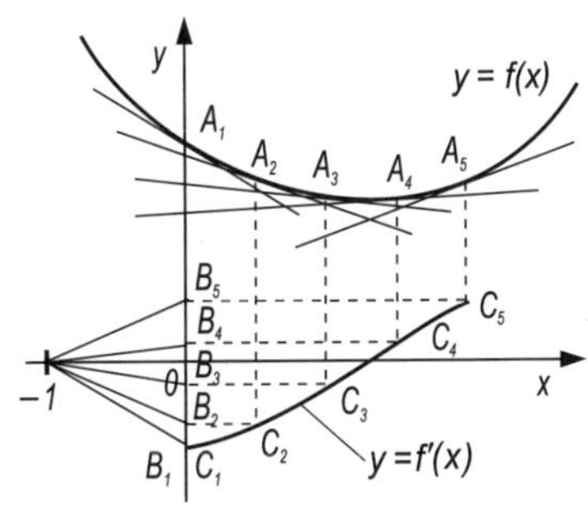

Grafische Differenziation

8.1.4 Grafische Differenziation

Man legt in möglichst zahlreichen Punkten $A_1, A_2, \ldots$ des Graphen der Stammkurve $y = f(x)$ die Tangenten an und zieht durch den Punkt $(-1; 0)$, den sog. *Pol*, die Parallelen zu ihnen, die die y-Achse in den entsprechenden Punkten $B_1, B_2, \ldots$ schneiden. Durch die Punkte $B_1, B_2, \ldots$ legt man Parallelen zur x-Achse, die die Lote von $A_1, A_2, \ldots$ auf der x-Achse in $C_1, C_2, \ldots$ schneiden. Die Punkte $C_1, C_2, \ldots$ liegen auf dem Graphen der Ableitungsfunktion (erste abgeleitete Kurve).

8.1.5 Numerische Differenziation

Kennt man eine endliche Folge von diskreten Wertepaaren $(x_i, f(x_i))$, die der Größe nach indiziert sind, $a \le x_1 < \ldots < x_{i-1} < x_i < x_{i+1} < \ldots \le b$, aber nicht die Funktion $f\colon y = f(x)$ selbst, werden die Ableitungen $f_i^{(r)}(x_i) = y_i^{(r)}$, $r \geq 1$, näherungsweise bestimmt.

$y = f(x)$ wird angenähert durch $y \approx g(x) = g(x,\mathbf{c})$, $g \in C\,[a,b]$, unter Nutzung der empirischen Daten $(x_i, f(x_i))$. Die Approximationsfunktion $g(x)$ wird ersatzweise differenziert (*diskrete Approximation*).

Differenziation mittels Interpolationspolynom

Interpolation von f durch ein Polynom p_n, das von der Approximationsstelle x_i abhängig ist und $(n+1)$ Stützstellen einschließlich x_i nutzt. Verwendung der Interpolationsformeln gemäß Abschnitt 7.5.3.

$$p_n^{(r)}(x_i) = g_i^{(r)} \approx y_i^{(r)} \qquad n \geq r,\ r \text{ Ordnung der Ableitung}$$

Approximationsfehler: $y_i^{(r)} - g_i^{(r)}$

$p_n^{(r)}$ ist ungenauer als p_n (Welligkeit von p_n, „aufrauende Wirkung"), z. B. zentraler Differenzenquotient $y_i' \approx \dfrac{1}{2h}(y_{i+1} - y_{i-1})$, Restglied $-\dfrac{h^2}{6}f'''(\xi)$.

Differenziation mittels interpolierender kubischer Polynomsplines

Vierparametrischer Ansatz gemäß Abschnitt 7.5.3.5.

$$S(x) = p_i(x) := a_i + b_i(x-x_i) + c_i(x-x_i)^2 + d_i(x-x_i)^3$$

für $x \in \left[x_i, x_{i+1}\right]$, $i = 0, 1, \ldots, (n-1)$

Mit $n \to \infty$ bzw. $h_i = x_{i+1} - x_i \to 0$ im Bereich $x \in [a,b]$ streben die Splines $S^{(r)}$ gegen $f^{(r)}$, i. Allg. mit besserem Ergebnis als Interpolationspolynome.

Differenziation von $S(x)$ ergibt

$$S'(x) = p_i'(x) = b_i + 2c_i(x-x_i) + 3d_i(x-x_i)^2 \quad i = 0, 1, \ldots, (n-1)$$

$$S''(x) = p_i''(x) = 2c_i + 6d_i(x-x_i)$$

An den Stützstellen wird $S'(x_i) = b_i$, $S''(x_i) = 2c_i$.

Erhöhung der Genauigkeit für $S''(x_i) \approx f''(x_i)$ ist erreichbar durch weitere Spline-Interpolation mit $f'(x_i)$ (*spline on spline*) vor der zweiten Ableitung.

8.1.6 Logarithmische Differenziation

Gegeben: $y = f(x)$	$y = u(x)^{v(x)}$
$\ln\lvert y\rvert = \ln\lvert f(x)\rvert$	$\ln\lvert y\rvert = v(x)\ln\lvert u(x)\rvert$
$\dfrac{y'}{y} = \dfrac{\mathrm{d}}{\mathrm{d}x}\ln\lvert f(x)\rvert = \dfrac{f'(x)}{f(x)}$	$\dfrac{y'}{y} = v'(x)\ln\lvert u(x)\rvert + v(x)\dfrac{u'(x)}{u(x)}$

♦ **Beispiel**

$y = (\arctan x)^x$ ist zu differenzieren.

$\ln|y| = x \ln|\arctan x|$

$$\frac{y'}{y} = 1 \cdot \ln|\arctan x| + x \cdot \frac{1}{\arctan x} \cdot \frac{1}{1+x^2}$$

$$y' = (\arctan x)^x \left(\ln|\arctan x| + \frac{x}{(1+x^2)\arctan x}\right) \qquad x > 0$$ ♦

8.1.7 Mittelwertsätze

Mittelwertsatz der Differenzialrechnung

Ist $y = f(x)$ im Intervall $[a,b]$ stetig und in (a,b) differenzierbar, dann gibt es mindestens eine Zahl ξ mit $a < \xi < b$, sodass gilt:

$$\frac{f(b)-f(a)}{b-a} = f'(\xi)$$

Andere Fassung

$$\frac{f(x+h)-f(x)}{h} = f'(x+\vartheta h)$$

$0 < \vartheta < 1$

Über die genaue Lage der Stelle ξ kann im Allgemeinen keine Aussage gemacht werden.

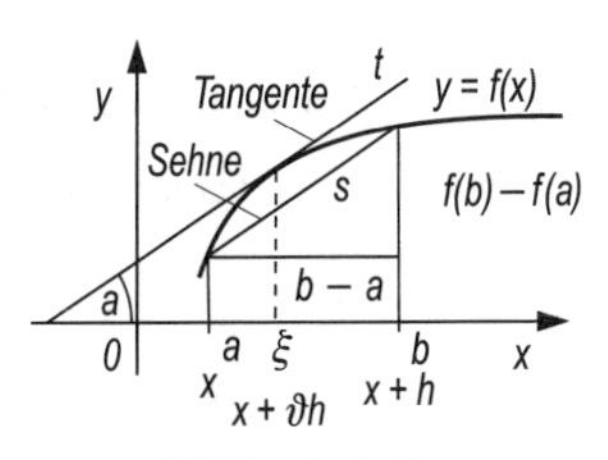

Mittelwertsatz der Differenzialrechnung

Geometrische Deutung

Unter den angegebenen Voraussetzungen existiert in dem Intervall eine Stelle, an der die Tangente an die Kurve der Sehne zwischen den Endpunkten des Intervalls parallel ist.

Satz von ROLLE

Ist $y = f(x)$ im Intervall $[a,b]$ stetig und in (a,b) differenzierbar und ist außerdem $f(a) = f(b)$, dann gibt es mindestens eine Stelle ξ mit $a < \xi < b$, sodass $f'(\xi) = 0$ ist.

Geometrische Deutung

Im Intervall $[a, b]$ gibt es mindestens einen Punkt mit zur x-Achse paralleler Tangente.

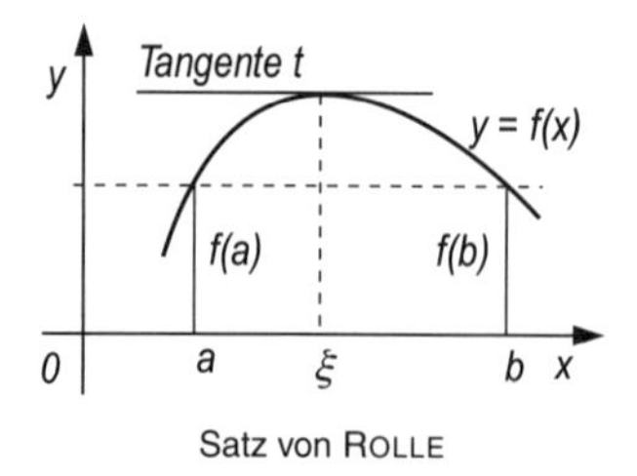

Satz von ROLLE

Verallgemeinerter Mittelwertsatz der Differenzialrechnung

Sind zwei Funktionen f und g im Intervall $[a, b]$ stetig und in (a, b) differenzierbar, so gibt es mindestens eine Zahl ξ mit $a < \xi < b$, sodass gilt:

$$\frac{f(b) - f(a)}{g(b) - g(a)} = \frac{f'(\xi)}{g'(\xi)} \qquad g'(\xi) \neq 0$$

8.2 Funktionen mehrerer Variablen

8.2.1 Partielle Ableitung 1. Ordnung

(*Partieller Differenzialquotient*)

Partieller Differenzialoperator: $\frac{\partial}{\partial x_k}$ (gelesen „d partiell nach d-x-k“)

$$\frac{\partial}{\partial x_k} f(\boldsymbol{x}) = f_{x_k}(\boldsymbol{x})$$

$$= \lim_{\Delta x_k \to 0} \frac{f(x_1, \ldots, x_k + \Delta x_k, \ldots, x_n) - f(x_1, \ldots, x_n)}{\Delta x_k}$$

$$k = 1, 2, \ldots, n$$

Zwei unabhängige Variable $z = f(x, y)$, differenzierbar in $P_0(x_0, y_0)$

$$\frac{\partial}{\partial x} f(x_0, y_0) = f_x(x_0, y_0) = \lim_{\Delta x \to 0} \frac{f(x_0 + \Delta x, y_0) - f(x_0, y_0)}{\Delta x}$$

$$\frac{\partial}{\partial y} f(x_0, y_0) = f_y(x_0, y_0) = \lim_{\Delta y \to 0} \frac{f(x_0, y_0 + \Delta y) - f(x_0, y_0)}{\Delta y}$$

Rechenweg

Bei der partiellen Ableitung nach x_k werden alle anderen Variablen vorübergehend als Konstante betrachtet.

Geometrische Deutung

Die partielle Ableitung $f_y(x_0, y_0)$ einer in P_0 differenzierbaren Funktion ist gleich dem Tangens des Anstiegwinkels φ der Tangente t_y in P_0 an die Schnittkurve s der Ebene E_y: $x = x_0$ mit dem Bild von $f(x, y)$:

$$\tan \varphi = f_y(x_0, y_0)$$

$$\angle\varphi = \angle(t_y, g)$$

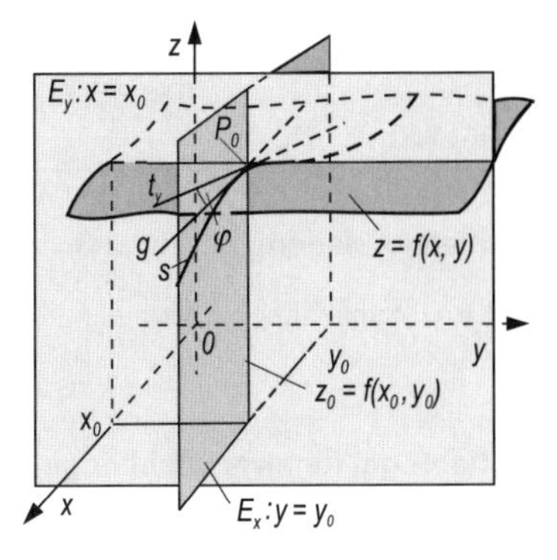

Partielle Ableitung

g Schnittgerade von E_y mit der (x, y)-Ebene

$f_x(x_0, y_0)$ entsprechend an der Ebene E_x: $y = y_0$

8

8.2.2 Höhere partielle Ableitungen

n Anzahl der unabhängigen Variablen

r Ordnung der partiellen Ableitungen = Anzahl der Indizes

Partielle Ableitungen 2. Ordnung

$$\frac{\partial}{\partial x_k}(f_{x_k}) = \frac{\partial(f_{x_k})}{\partial x_k} = f_{x_k x_k} = \frac{\partial^2 f}{\partial x_k^2}$$

Gemischte partielle Ableitung: $\dfrac{\partial}{\partial x_l}(f_{x_k}) = f_{x_k x_l} = \dfrac{\partial^2 f}{\partial x_k \partial x_l}$

Anzahl der möglichen partiellen Ableitungen: n^r

Speziell für $n = 2$, d. h. $z = f(x, y)$, wird $n^r = 2^2 = 4$

$$\frac{\partial f_x}{\partial x} = f_{xx} = \frac{\partial^2 f}{\partial x^2} = \frac{\partial(\partial f/\partial x)}{\partial x} \qquad \frac{\partial f_y}{\partial y} = f_{yy} = \frac{\partial^2 f}{\partial y^2} = \frac{\partial(\partial f/\partial y)}{\partial y}$$

$$\frac{\partial f_x}{\partial y} = f_{xy} = \frac{\partial^2 f}{\partial x \partial y} = \frac{\partial(\partial f/\partial x)}{\partial y} \qquad \frac{\partial f_y}{\partial x} = f_{yx} = \frac{\partial^2 f}{\partial y \partial x} = \frac{\partial(\partial f/\partial y)}{\partial x}$$

Unter der Bedingung stetiger Ableitungen an jeder Stelle (x, y) gilt der

Satz von Schwarz

$$\frac{\partial^2 f}{\partial x \partial y} = \frac{\partial^2 f}{\partial y \partial x} \qquad \text{bzw.} \qquad f_{xy} = f_{yx}$$

Ist $f(x_1, \ldots, x_n)$ m-mal stetig differenzierbar ($m \geq 2$), dann ist die Reihenfolge der partiellen Ableitungen l-ter Ordnung ($2 \leq l \leq m$) vertauschbar.

Partielle Ableitungen dritter Ordnung

Für $n = 2$ unabhängige Variable gibt es $n^r = 2^3 = 8$ partielle Ableitungen:

$$f_{xxx},\ f_{xxy},\ f_{xyx},\ f_{xyy},\ f_{yxx},\ f_{yxy},\ f_{yyx},\ f_{yyy} \quad \text{wobei } f_{xxy} = f_{xyx} = f_{yxx}$$

Kettenregel für zwei unabhängige Variable

$x(t)$ und $y(t)$ seien stetig differenzierbar nach t und $f(x,y)$ besitze auf der Wertemenge von $\big(x(t), y(t)\big)$ stetige partielle Ableitungen f_x und f_y, dann ist $z(t) = f\big(x(t), y(t)\big)$ stetig differenzierbar mit

$$\frac{\mathrm{d}z}{\mathrm{d}t} = \frac{\partial z}{\partial x} \cdot \frac{\mathrm{d}x}{\mathrm{d}t} + \frac{\partial z}{\partial y} \cdot \frac{\mathrm{d}y}{\mathrm{d}t} \qquad \text{(alternativ zu 8.1.6)}$$

8.2.3 Totale Ableitungen für zwei Variable

$$\frac{\mathrm{d}f}{\mathrm{d}x} = \frac{\partial f}{\partial x} + \frac{\partial f}{\partial y}\frac{\mathrm{d}y}{\mathrm{d}x} \quad \text{bzw.} \quad \mathrm{d}f(x,y) = f_x(x,y)\,\mathrm{d}x + f_y(x,y)\,\mathrm{d}y$$

$$\frac{\mathrm{d}^2 f}{\mathrm{d}x^2} = \frac{\partial^2 f}{\partial x^2} + 2\frac{\partial^2 f}{\partial x \partial y}\frac{\mathrm{d}y}{\mathrm{d}x} + \frac{\partial^2 f}{\partial y^2}\left(\frac{\mathrm{d}y}{\mathrm{d}x}\right)^2$$

Zur Richtungsableitung siehe Gradient, Abschnitt 10.3.

Partielles Differenzial 1. Ordnung

der Funktion $y = f(x_1, \ldots, x_n)$, $n \geq 2$, nach der unabhängigen Variablen x_k

$$\mathrm{d}f_{x_k} := \mathrm{d}y_{x_k} = f_{x_k}\,\mathrm{d}x_k = \frac{\partial y}{\partial x_k}\,\mathrm{d}x_k \qquad 1 \leq k \leq n$$

Totales, vollständiges Differenzial

Ist f in P_0 und dessen Umgebung definiert und sind $\mathrm{d}x_1, \ldots, \mathrm{d}x_n$ die Differenziale der Variablen, dann hat f das *totale, vollständige Differenzial*:

$$\begin{aligned}\mathrm{d}y &= \frac{\partial y}{\partial x_1}\,\mathrm{d}x_1 + \frac{\partial y}{\partial x_2}\,\mathrm{d}x_2 + \ldots + \frac{\partial y}{\partial x_n}\,\mathrm{d}x_n \\ &= f_{x_1}\,\mathrm{d}x_1 + f_{x_2}\,\mathrm{d}x_2 + \ldots + f_{x_n}\,\mathrm{d}x_n\end{aligned}$$

Speziell für $z = f(x, y)$

1. Ordnung

$$\mathrm{d}z = \frac{\partial z}{\partial x}\,\mathrm{d}x + \frac{\partial z}{\partial y}\,\mathrm{d}y \quad \text{bzw.} \quad \mathrm{d}f(x,y) = f_x\,\mathrm{d}x + f_y\,\mathrm{d}y$$

2. Ordnung

$$\mathrm{d}^2 z = \frac{\partial^2 z}{\partial x^2}\,\mathrm{d}x^2 + 2\frac{\partial^2 z}{\partial x \partial y}\,\mathrm{d}x\,\mathrm{d}y + \frac{\partial^2 z}{\partial y^2}\,\mathrm{d}y^2 \quad \text{bzw.}$$

$$\mathrm{d}^2 f(x,y) = f_{xx}\,\mathrm{d}x^2 + 2f_{xy}\,\mathrm{d}x\,\mathrm{d}y + f_{yy}\,\mathrm{d}y^2$$

Geometrische Deutung

$\mathrm{d}z$ ist die Änderung des Funktionswertes z auf der in $P_0(x_0, y_0, z_0)$ errichteten *Tangentialebene*, wenn sich die unabhängigen Koordinaten mit $\mathrm{d}x$ bzw. $\mathrm{d}y$ ändern (Punkt P'). Die Tangentialebene enthält alle im Punkt $P_0(x_0, y_0, z_0)$ an die Fläche $z = f(x, y)$ gelegten Tangenten, siehe auch 8.3.2.3.

8

Wert für Δz bei kleiner Änderung

$$\Delta z \approx \mathrm{d}z = \mathrm{d}f(x,y) = f_x\,\mathrm{d}x + f_y\,\mathrm{d}y$$

Geometrische Deutung

Δz ist die Änderung des Funktionswertes z bei einer Verschiebung auf der krummen Fläche bezogen auf P_0.

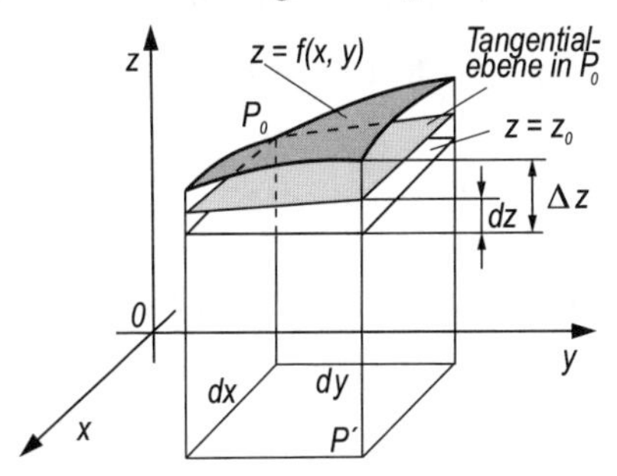

Vollständiges Differenzial

♦ **Beispiel**

Man bilde alle möglichen Ableitungen und Differenziale der Funktion

$z = f(x, y) = y^2 e^x$.

$\dfrac{\partial z}{\partial x} = f_x = y^2 e^x \qquad \dfrac{\partial z}{\partial y} = f_y = 2ye^x$

$$\frac{\partial^2 z}{\partial x^2} = f_{xx} = y^2 e^x \qquad \frac{\partial^2 z}{\partial y^2} = f_{yy} = 2e^x \qquad \frac{\partial^2 z}{\partial x \partial y} = f_{xy} = 2ye^x$$

$$dz = y^2 e^x \, dx + 2ye^x \, dy = ye^x(y \, dx + 2 \, dy)$$

$$d^2 z = y^2 e^x \, dx^2 + 2 \cdot 2ye^x \, dx \, dy + 2e^x \, dy^2 = e^x(y^2 \, dx^2 + 4y \, dx \, dy + 2 \, dy^2) \quad ♦$$

Mittelwertsatz der Differenzialrechnung

Für zwei unabhängige Variable $z = f(x, y)$ gilt:

$$f(x_0 + h, y_0 + k) = f(x_0, y_0) + hf_x(x_0 + \vartheta h, y_0 + \vartheta k)$$
$$+ kf_y(x_0 + \vartheta h, y_0 + \vartheta k) \qquad 0 < \vartheta < 1$$

Siehe auch 12.1.3.2, TAYLORsche Formel für zwei Variable.

8.3 Anwendungen, Differenzialgeometrie

Die *Differenzialgeometrie* untersucht Kurven und Flächen mithilfe der Differenzialrechnung. Jeder stetigen Funktion entspricht eine stetige Kurve. Jeder differenzierbaren Funktion entspricht eine *glatte Kurve*, d. h. eine Kurve ohne Unstetigkeiten, Ecken und Spitzen.

8.3.1 Ebene Kurven

8.3.1.1 Bogenelement, Differenzial der Bogenlänge

Bogenelement und Kurve weisen positive Richtung entsprechend wachsenden x-, t- oder φ-Werten auf.

k: $y = f(x)$ $\qquad ds = \sqrt{1 + y'^2} \, dx$

k: $x = x(t)$, $y = y(t)$ $\qquad ds = \sqrt{\dot{x}^2(t) + \dot{y}^2(t)} \, dt$

k: $\boldsymbol{r} = \boldsymbol{r}(t)$ $\qquad ds = |\dot{\boldsymbol{r}}(t)| \, dt \qquad$ mit $\dot{\boldsymbol{r}}(t) = \dfrac{d\boldsymbol{r}}{dt}$

k: $r = r(\varphi)$ $\qquad ds = \sqrt{r^2(\varphi) + r'^2(\varphi)} \, d\varphi \qquad$ mit $r'(\varphi) = \dfrac{dr}{d\varphi}$

8.3.1.2 Tangente und Normale

Eine *Tangente* ist eine Gerade, die eine Kurve oder eine Fläche in einem ihrer Punkte berührt (Grenzlage einer Sekante). Eine *Normale* steht im Berührpunkt P_0 der Tangente senkrecht auf dieser.

Richtung der Tangente und der Normalen

Positive Richtung der *Tangente* entspricht der positiven Richtung der Kurve. Die positive Richtung der *Normalen* ergibt sich durch Drehung der positiven Tangente um 90° im positiven Drehsinn (entgegen dem Uhrzeigersinn).

In kartesischen Koordinaten

$$\sin\alpha = \frac{\mathrm{d}y}{\mathrm{d}s} \qquad \cos\alpha = \frac{\mathrm{d}x}{\mathrm{d}s} \qquad \tan\alpha = \frac{\mathrm{d}y}{\mathrm{d}x}$$

α Winkel zwischen positiver Tangente und positiver Richtung der x-Achse

In Polarkoordinaten (siehe Bild nächste Seite)

$$\sin\beta = r\frac{\mathrm{d}\varphi}{\mathrm{d}s} \qquad \cos\beta = \frac{\mathrm{d}r}{\mathrm{d}s} \qquad \tan\beta = \frac{r}{\frac{\mathrm{d}r}{\mathrm{d}\varphi}}$$

β Winkel zwischen positiver Tangente und positiver Richtung des Leitstrahls

8

Tangente im Punkt $P_0(x_0, y_0)$

k: $y = f(x)$

$$t\colon y - y_0 = f'(x_0)(x - x_0)$$

$$m_\mathrm{t} = f'(x_0)$$

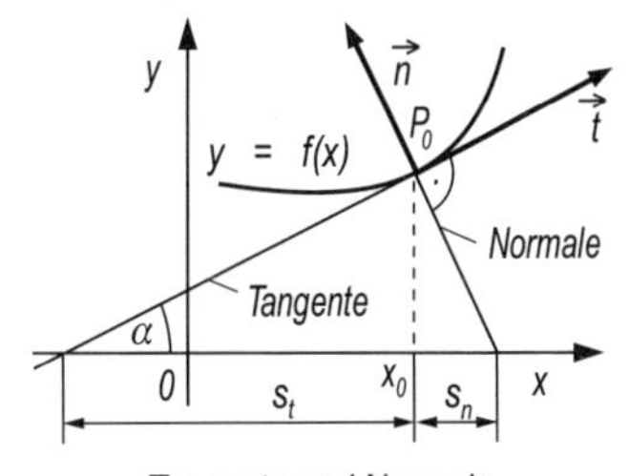

Tangente und Normale

k: $F(x, y) = 0$

$$t\colon (x - x_0)F_x(x_0, y_0) + (y - y_0)F_y(x_0, y_0) = 0$$

$$m_\mathrm{t} = -\frac{F_x(x_0, y_0)}{F_y(x_0, y_0)}, \quad F_x = \frac{\partial F}{\partial x}, \ldots$$

k: $x = x(t)$, $y = y(t)$ mit $\dot{y}_0 = \dot{y}(t_0)$, $\dot{x}_0 = \dot{x}(t_0)$ k: $\boldsymbol{r} = \boldsymbol{r}(t)$

$$t\colon (x - x_0)\dot{y}_0 - (y - y_0)\dot{x}_0 = 0,\ m_\mathrm{t} = \dot{y}/\dot{x} \qquad t\colon \boldsymbol{r}_\mathrm{t} = \boldsymbol{r}_0 + \lambda\dot{\boldsymbol{r}}_0$$

k: $\boldsymbol{r} = \boldsymbol{r}(s)$: t: $\boldsymbol{r}_\mathrm{t} = \boldsymbol{r}'(s)$ mit $\boldsymbol{r}'(s)\dfrac{\mathrm{d}\boldsymbol{r}}{\mathrm{d}s}$

k: $\boldsymbol{r} = \boldsymbol{r}(\varphi)$ (Polarkoordinaten): t: $\boldsymbol{r}_\mathrm{t} = \boldsymbol{r}'(\varphi) = \begin{pmatrix} r'\cos\varphi - r\sin\varphi \\ r'\sin\varphi + r\cos\varphi \end{pmatrix}$

Normale im Punkt $P_0(x_0, y_0)$

k: $y = f(x)$

$$n\colon y - y_0 = -\frac{1}{f'(x_0)}(x - x_0),\ f'(x_0) \neq 0 \qquad m_\mathrm{n} = -\frac{1}{m_\mathrm{t}}$$

k: $F(x,y) = 0$

$$n\colon (x - x_0)F_y(x_0,y_0) - (y - y_0)F_x(x_0,y_0) = 0 \qquad (F_x, F_y \text{ siehe oben})$$

k: $x = x(t),\ y = y(t)$: n: $(x - x_0)\dot{x} + (y - y_0)y = 0$

k: $\boldsymbol{r} = \boldsymbol{r}(t)$ (vgl. auch 8.3.2.3): n: $\boldsymbol{r}_\mathrm{n} = \boldsymbol{r}_0 + \mu\boldsymbol{n}_0$ mit $\boldsymbol{n}_0 = \begin{pmatrix} \dot{y}_0 \\ -\dot{x}_0 \end{pmatrix}$

(Sub-)Tangenten- und (Sub-)Normalen-Längen

k: $y = f(x)$

Tangentenlänge: $t = \left|\frac{y}{y'}\sqrt{1 + y'^2}\right|$ *Normalenlänge*: $n = \left|y\sqrt{1 + y'^2}\right|$

Subtangentenlänge: $s_\mathrm{t} = \left|\frac{y}{y'}\right|$ *Subnormalenlänge*: $s_\mathrm{n} = |yy'|$

k: $r = r(\varphi)$

(Polar-)Tangentenlänge: $t = \left|\frac{r}{r'}\sqrt{r^2 + r'^2}\right|$ mit $r' = \frac{\mathrm{d}r}{\mathrm{d}\varphi}$

(Polar-)Normalenlänge

$$n = \sqrt{r^2 + r'^2}$$

(Polar-)Subtangentenlänge

$$s_\mathrm{t} = \left|\frac{r^2}{r'}\right|$$

(Polar-)Subnormalenlänge

$$s_\mathrm{n} = |r'|$$

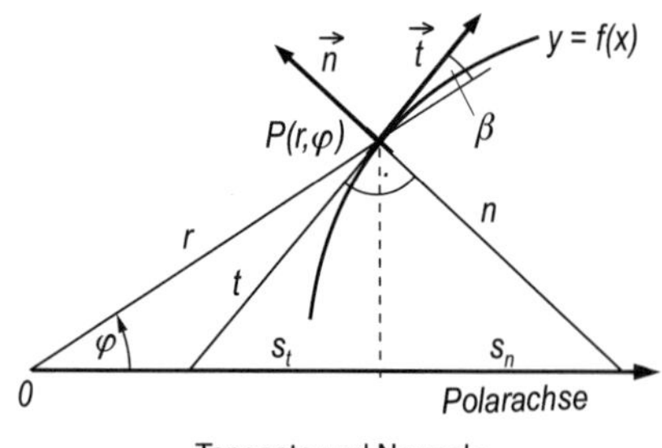

Tangente und Normale

8.3.1.3 Zwei Kurven

Berührung zweier Kurven

Die beiden Kurven $y = f(x)$ und $y = g(x)$ haben im Punkt $P_0(x_0, y_0)$ eine *Berührung n-ter Ordnung*, wenn gilt:

$$f(x_0) = g(x_0),\ f'(x_0) = g'(x_0), \ldots, f^{(n)}(x_0) = g^{(n)}(x_0)$$

Die Berührung ist *genau* von n-ter Ordnung, wenn

$$f^{(n+1)}(x_0) \neq g^{(n+1)}(x_0).$$

Bei geradem n durchdringen die Kurven einander im gemeinsamen Berührungspunkt, bei ungeradem n berühren sie einander, ohne sich zu schneiden.

Schnittwinkel zweier Kurven

Der *Schnittwinkel* σ der Kurven $y = f(x)$ und $y = g(x)$ ist der Winkel zwischen den Tangenten im Schnittpunkt x_S: $\tan\sigma = \dfrac{f'(x_S) - g'(x_S)}{1 + f'(x_S)g'(x_S)}$

8.3.1.4 Monotonie und Krümmungsverhalten einer Funktion

Eine Funktion f heißt im Intervall $I \subseteq \mathrm{D}(f)$ *monoton wachsend* bzw. *monoton fallend*, wenn für alle $x_1, x_2 \in I$ mit $x_1 < x_2$ stets $f(x_1) \leq f(x_2)$ bzw. $f(x_1) \geq f(x_2)$ gilt.

Wird Gleichheit ausgeschlossen, liegt *strenge* (*eigentliche*) *Monotonie* vor.

♦ **Beispiele**

monoton wachsend: $f(x) = 2x$, monoton fallend: $f(x) = 1/x, f'(x) = -1/x^2$;
$f(x) = \sin x$, $f'(x) = \cos x$, wachsend für $x \in [0; \pi/2] \cup [3\pi/2; 2\pi]$, fallend für $x \in [\pi/2; 3\pi/2]$ im Bereich der Grundwerte $0 \leq x < 2\pi$ ♦

Eine im Intervall $I \subseteq \mathrm{D}(f)$ differenzierbare Funktion f ist auf I

monoton wachsend $\Leftrightarrow f'(x) \geq 0$ auf I;

monoton fallend $\Leftrightarrow f'(x) \leq 0$ auf I.

Krümmungsverhalten

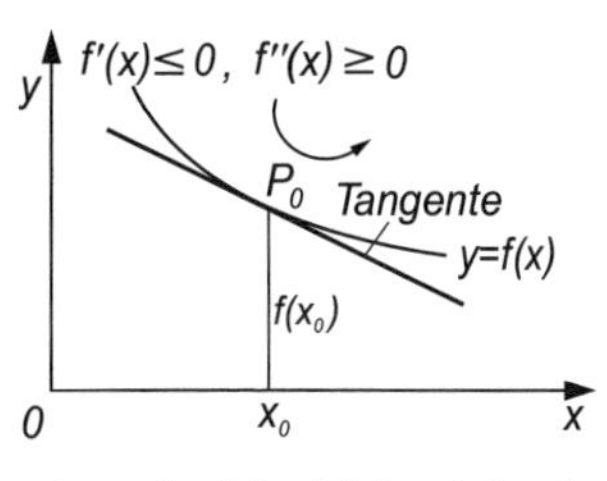

f monoton fallend, linksgekrümmt

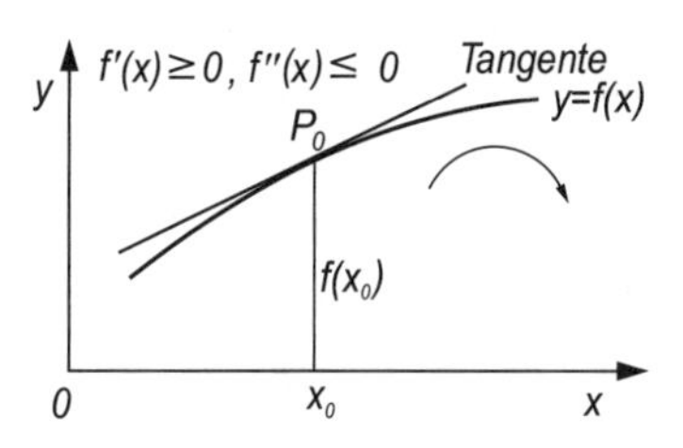

f monoton steigend, rechtsgekrümmt

Eine im Intervall I differenzierbare *Funktion* f heißt *konvex* oder *linksgekrümmt* (*konkav* oder *rechtsgekrümmt*) in I, wenn für eine Tangente t an einen Punkt in I alle Kurvenpunkte des Intervalls oberhalb (unterhalb) der Tangente liegen.

Ist f in I zweimal differenzierbar, gilt auf I

- *konvexe* Kurve (Linkskrümmung): $f''(x) \geq 0$, Krümmung $\kappa(x) \geq 0$
- *konkave* Kurve (Rechtskrümmung): $f''(x) \leq 0$, Krümmung $\kappa(x) \leq 0$

$\kappa(x_W) = 0$ bzw. $f''(x_W) = 0$ gilt i. Allg. für einen *Wendepunkt*, siehe 8.3.1.6.

Krümmungskreis, Krümmungsradius, Krümmung

Unter dem *Krümmungskreis* (*Schmiegkreis*) einer ebenen Kurve im Punkt P_0 versteht man den Kreis, der mit der Kurve in P_0 eine Berührung von mindestens zweiter Ordnung aufweist.

Sein Radius ist der *Krümmungsradius* ρ.

Der Mittelpunkt des Krümmungskreises (*Krümmungsmittelpunkt*) $M_k(\xi\,,\eta)$ liegt auf der Normalen im Kurvenpunkt.

Krümmungsradius

$$\rho = \frac{1}{|\kappa|} = \lim_{\Delta\tau \to 0} \frac{\Delta s}{\Delta\tau} = \frac{\mathrm{d}s}{\mathrm{d}\tau}$$

Krümmung

$$\kappa = \lim_{\Delta s \to 0} \frac{\alpha_2 - \alpha_1}{\Delta s} = \frac{\mathrm{d}\tau}{\mathrm{d}s}$$

τ *Kontingenzwinkel*

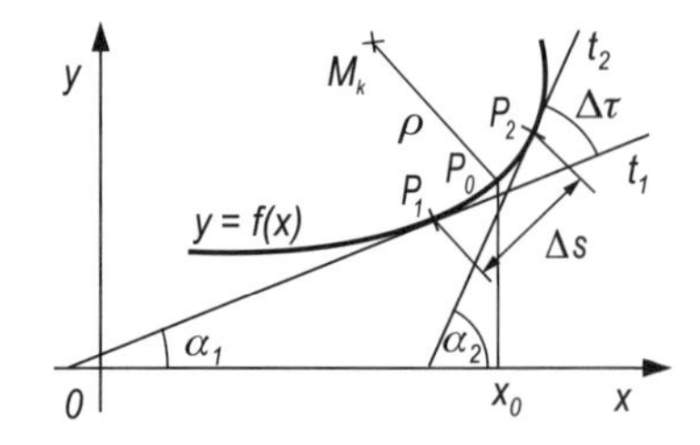

Konvexe Krümmung

Bemerkung: Die Krümmung ebener Kurven ist vorzeichenbehaftet.

Punkte einer ebenen Kurve, in denen die Krümmung ein Maximum bzw. Minimum hat, heißen *Scheitelpunkte* (*Haupt-* bzw. *Nebenscheitel*).

Krümmungswerte für verschiedene Kurvendarstellungen

k: $y = f(x)$

$$\rho = \left|\frac{(1+y'^2)^{3/2}}{y''}\right| \qquad \kappa = \frac{y''}{(1+y'^2)^{3/2}} \approx y''\left(1 - \frac{3}{2}y'^2\right) \text{ für } |y'| < 1$$

$$\xi = x - \frac{y'(1+y'^2)}{y''} = x - \rho\sin\alpha \qquad \eta = y + \frac{1+y'^2}{y''} = y + \rho\cos\alpha$$

mit $y' = \tan\alpha$ und $\rho = \dfrac{1}{|\kappa|}$

k: $F(x,y) = 0$ mit $F_x = \dfrac{\partial F}{\partial x}$, $F_y = \dfrac{\partial F}{\partial y}$, $F_{xx} = \dfrac{\partial^2 F}{\partial x^2}$, $F_{xy} = \dfrac{\partial^2 F}{\partial x \partial y}$

$$\rho = m\sqrt{F_x^2 + F_y^2} \qquad \kappa = \frac{1}{m\sqrt{F_x^2 + F_y^2}}$$

$$\xi = x - mF_x \qquad \eta = y - mF_y$$

$$m = \frac{F_x^2 + F_y^2}{F_{xx}F_y^2 - 2F_{xy}F_xF_y + F_{yy}F_x^2}$$

k: $x = x(t)$, $y = y(t)$

$$\rho = \left|\frac{(\dot{x}^2 + \dot{y}^2)^{3/2}}{\dot{x}\ddot{y} - \ddot{x}\dot{y}}\right| \qquad \kappa = \frac{\dot{x}\ddot{y} - \ddot{x}\dot{y}}{(\dot{x}^2 + \dot{y}^2)^{3/2}}$$

$$\xi = x - \frac{\dot{y}(\dot{x}^2 + \dot{y}^2)}{\dot{x}\ddot{y} - \ddot{x}\dot{y}} \qquad \eta = y + \frac{\dot{x}(\dot{x}^2 + \dot{y}^2)}{\dot{x}\ddot{y} - \ddot{x}\dot{y}}$$

k: $r = r(\varphi)$ mit $r' = \dfrac{\mathrm{d}r}{\mathrm{d}\varphi}$, $r'' = \dfrac{\mathrm{d}^2 r}{\mathrm{d}\varphi^2}$

$$\rho = \left|\frac{(r^2 + r'^2)^{3/2}}{r^2 + 2r'^2 - rr''}\right| \qquad \kappa = \frac{r^2 + 2r'^2 - rr''}{(r^2 + r'^2)^{3/2}}$$

$$\xi = r\cos\varphi - \frac{(r^2 + r'^2)(r\cos\varphi + r'\sin\varphi)}{r^2 + 2r'^2 - rr''}$$

$$\eta = r\sin\varphi - \frac{(r^2 + r'^2)(r\sin\varphi - r'\cos\varphi)}{r^2 + 2r'^2 - rr''}$$

k: $\boldsymbol{r} = \boldsymbol{r}(t)$ und k: $\boldsymbol{r} = \boldsymbol{r}(s)$ siehe Raumkurven, 8.3.2.4.

Evolute

Die *Evolute* einer Kurve ist die Menge aller Krümmungsmittelpunkte.

Die Gleichung der Evolute ergibt sich durch Elimination von x und y aus der Kurvengleichung und den Gleichungen für die Koordinaten ξ, η des Krümmungsmittelpunktes, wobei ξ, η dann die laufenden Koordinaten darstellen.

Die Tangenten der Evolute sind gleichzeitig Normalen der gegebenen Kurve. Evolutengleichungen der Kegelschnitte siehe 6.6.

8

♦ **Beispiel**

Man bestimme die Krümmung, den Krümmungsradius im Scheitel und die Evolute der Parabel $y = 1 - \frac{1}{2}x^2$.

$y' = -x,\ y'' = -1$

Krümmung: $\kappa = \dfrac{-1}{(1+x^2)^{3/2}}$

Krümmungsradius: $\rho(0) = \left|\dfrac{1}{\kappa(0)}\right| = 1$

$\xi = x - \dfrac{-x\left(1+(-x)^2\right)}{-1} = -x^3$

$\eta = y + \dfrac{1+(-x)^2}{-1} = 1 - \dfrac{1}{2}x^2 - (1+x^2)$

$= -\dfrac{3}{2}x^2$

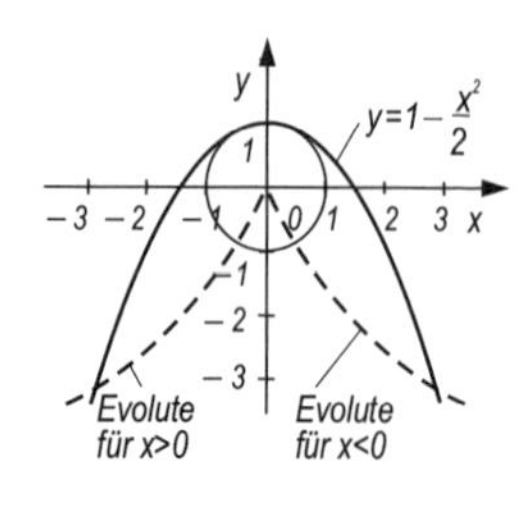

Man setzt $x = t$ und erhält die Parametergleichung der Evolute

$\xi = -t^3 \wedge \eta = -\frac{3}{2}t^2$. Elimination von t liefert: $t = \sqrt[3]{-\xi},\ \xi \leq 0$, eingesetzt

$\eta = -\frac{3}{2}\left(\sqrt[3]{-\xi}\right)^2 = -\frac{3}{2}\sqrt[3]{\xi^2}$ führt auf $27\xi^2 + 8\eta^3 = 0$ (Evolutengleichung)

♦

Evolvente

Bei der Abwicklung der Evolutentangente von der Evolute beschreibt jeder Punkt der Tangente eine zur ursprünglichen Kurve parallele Kurve. Diese Schar paralleler Kurven, zu denen auch die ursprüngliche Kurve gehört, nennt man *Evolventen* der gegebenen Kurve. Jeder Krümmungsradius ist Normale zur Evolvente und Tangente an die Evolute.

Die Krümmungsradien der Evolute und Evolvente verhalten sich wie die zugehörigen Bogenelemente.

Kreisevolvente

Bei Abwicklung der Tangente von einem gegebenen Kreis beschreibt jeder Punkt der Tangente eine *Kreisevolvente*:

$$\begin{cases} x = R(\cos t + t\sin t) \\ y = R(\sin t - t\cos t) \end{cases} \quad \text{bzw.} \quad \boldsymbol{r}(t) = R\begin{pmatrix} \cos t + t\sin t \\ \sin t - t\cos t \end{pmatrix}$$

R Radius des gegebenen Kreises

t Wälzwinkel, $t = \angle M0A, t \in \mathbb{R}$

$$\overline{MP} = \overset{\frown}{MA} = R \cdot t \quad m_\mathrm{t} = \tan t$$

In Polarkoordinaten $\{0; r, \varphi\}$

$$\varphi = \sqrt{\frac{r^2}{R^2} - 1} - \arctan \sqrt{\frac{r^2}{R^2} - 1}$$

Evolventenfunktion, Involute

$$\mathrm{inv}(x) := \tan x - x$$

(gesprochen „Involut x“)

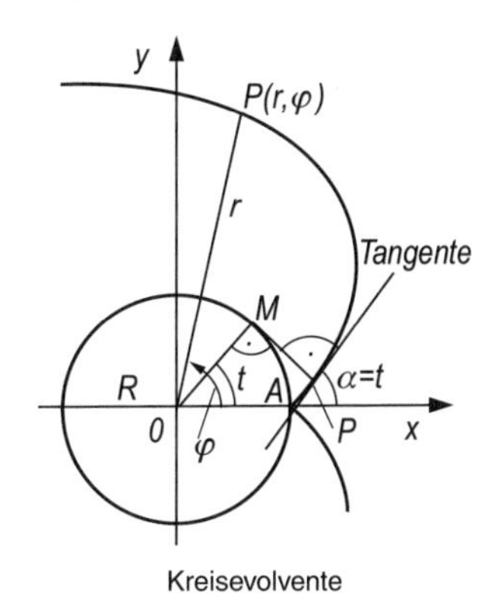

Kreisevolvente

8.3.1.5 Lokale Extrema von Funktionen

Extremstellen in expliziter Darstellung $y = f(x)$

Ein *relativer* oder *lokaler Extrempunkt* (*Hoch-* bzw. *Tiefpunkt*) einer Funktion f an der *Extremstelle* x_E liegt vor, wenn in einem Intervall $I \subseteq \mathrm{D}(f)$ und einer Umgebung $U(x_\mathrm{E}) \subseteq I$ die Funktion dort einen maximalen bzw. minimalen Wert (*Extremwert*) aufweist.

Maximum für $f(x) \leq f(x_\mathrm{E})$ für alle $x \neq x_\mathrm{E}$ in $U(x_\mathrm{E}) \subseteq I$

Minimum für $f(x) \geq f(x_\mathrm{E})$ für alle $x \neq x_\mathrm{E}$ in $U(x_\mathrm{E}) \subseteq I$.

Notwendige Bedingung für ein lokales Extremum, f differenzierbar

$$f'(x_\mathrm{E}) = 0$$

Hinreichende Bedingung für ein lokales *Extremum*

Maximum: $f'(x_\mathrm{E}) = 0 \wedge f''(x_\mathrm{E}) < 0$ (Rechtskrümmung)

Minimum: $f'(x_\mathrm{E}) = 0 \wedge f''(x_\mathrm{E}) > 0$ (Linkskrümmung)

oder Vorzeichenwechsel von $f'(x)$ in $U(x_\mathrm{E})$

Versagt die Bedingung, d. h. verschwindet neben $f'(x_\mathrm{E}) = 0$ auch $f''(x_\mathrm{E})$ an der Stelle $x = x_\mathrm{E}$ (z. B. Potenzfunktionen $y = x^4$, $y = x^5$ für $x_\mathrm{E} = 0$), so entscheidet die erste nicht verschwindende Ableitung.

Maximum für $f^{(2n)}(x_\mathrm{E}) < 0$

Minimum für $f^{(2n)}(x_\mathrm{E}) > 0$
aber Wendepunkt als *Sattelpunkt*
für $f^{(2n+1)}(x_\mathrm{W}) \neq 0$

x_E heißt dann x_W.

$2n$ gerade Zahl, $(2n + 1)$ ungerade Zahl

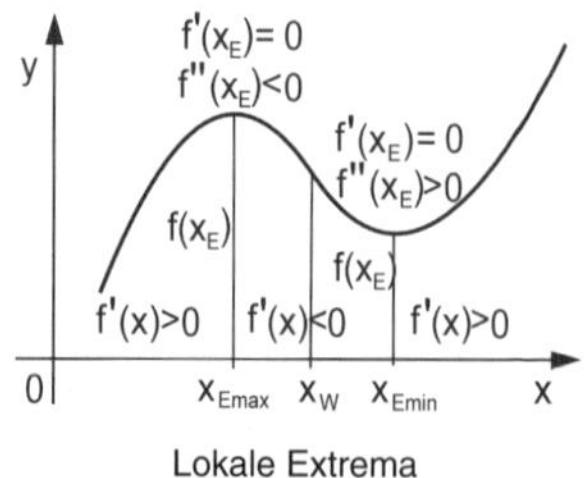

Lokale Extrema

> Ein *globales* oder *absolutes Extremum* von f an der Stelle x_E liegt vor, wenn *für alle* $x \in \mathrm{D}(f)$ gilt $f(x) \leq f(x_\mathrm{E})$ bzw. $f(x) \geq f(x_\mathrm{E})$.

Ist das absolute Extremum gesucht, sind die relativen Extrema im Inneren des Definitionsbereiches mit den Funktionswerten an den Randstellen des Definitionsbereiches zu vergleichen.

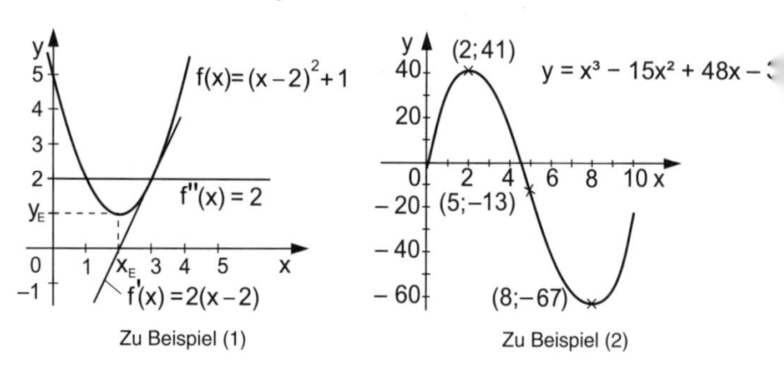

Zu Beispiel (1) Zu Beispiel (2)

♦ **Beispiele**

(1) $f(x) = (x-2)^2 + 1$

$f'(x) = 2(x-2) = 0 \qquad \mathbb{L} = \{2\}$

$f''(x_\mathrm{E}) = 2 > 0 \Rightarrow$ Minimum (2; 1)

(2) $y = x^3 - 15x^2 + 48x - 3$

$y' = 3x^2 - 30x + 48$

$y'' = 6x - 30$

$y' = 0 \Rightarrow 3x^2 - 30x + 48 = 0 \qquad \mathbb{L} = \{8; 2\}$

$y''(x_{\mathrm{E}1}) = 6 \cdot 8 - 30 > 0$ Minimum (8; −67)

$y''(x_{\mathrm{E}2}) = 6 \cdot 2 - 30 < 0$ Maximum (2; 41)

$y'(x) > 0$ für $x \in (-\infty,2) \cup (8, \infty)$, d. h. f streng monoton wachsend

$y'(x) < 0$ für $x \in (2;\ 8)$, d. h. f streng monoton fallend

$y''(x) > 0$ für $x > 5$, d. h. f konvex gekrümmt

$y''(x) < 0$ für $x < 5$, d. h. f konkav gekrümmt

Wendepunkt: $f''(x_W) = 0 \Rightarrow x_W = 5$

$f'''(x_W) \neq 0 \Rightarrow W(5;\ -13)$

(3) $y = x^4$ (Bild siehe 7.5.5.)

$y' = 4x^3,\ y'' = 12x^2,\ y''' = 24x$ verschwinden für $x_E = 0$

$y^{(4)} = 24 > 0 \Rightarrow$ Minimum $(0;\ 0)$ (Exponent $= 2n$, gerade) ♦

Berechnung der Extremstellen gebrochener Funktionen

$$f(x) = \frac{Z(x)}{N(x)} \qquad f'(x) \text{ hat die Form } f'(x) = \frac{p(x)}{q(x)}$$

Für die Nullstellen x_E aus $p(x_E) = 0$ gilt nachstehende vereinfachte Form.

Hinreichende Bedingung für ein Extremum

$$p(x_E) = 0 \text{ und } q(x_E) \neq 0 \text{ und } f''(x_E) = \frac{p'(x_E)}{q(x_E)} \neq 0$$

Über die Art des Extremums bzw. einen Wendepunkt entscheidet das Vorzeichen der 2. Ableitung.

♦ **Beispiel**

Berechnung der Extremstellen von $f\colon y = \dfrac{2 - 3x + x^2}{2 + 3x + x^2}$

$$y' = \frac{(2+3x+x^2)(-3+2x) - (2-3x+x^2)(3+2x)}{(2+3x+x^2)^2} = \frac{6x^2 - 12}{(2+3x+x^2)^2} = \frac{p}{q}$$

$$y'' = \frac{p'(x)}{q(x)} = \frac{12x}{(2+3x+x^2)^2}$$

$$y' = 0 \Rightarrow 6x^2 - 12 = 0 \text{ mit } \mathbb{L} = \left\{\sqrt{2};\ -\sqrt{2}\right\}$$

$$f''(\sqrt{2}) = \frac{12\sqrt{2}}{(2+3x+x^2)^2} > 0 \Rightarrow \text{Minimum: } E_{\min} = \left(\sqrt{2};\ \frac{4-3\sqrt{2}}{4+3\sqrt{2}}\right)$$

$$f''(-\sqrt{2}) = \frac{-12\sqrt{2}}{(2+3x+x^2)^2} < 0 \Rightarrow \text{Maximum: } E_{\max} = \left(-\sqrt{2};\ \frac{4+3\sqrt{2}}{4-3\sqrt{2}}\right)$$ ♦

8

Extremstellen in impliziter Darstellung $F(x, y) = 0$

Hinreichende Bedingung für ein lokales Extremum

$$F_x(x_E, y_E) = 0 \wedge F_y(x_E, y_E) \neq 0$$

Maximum: $\dfrac{F_{xx}}{F_y} > 0$ für $x = x_E$

Minimum: $\dfrac{F_{xx}}{F_y} < 0$ für $x = x_E$

Ist die hinreichende Bedingung nicht erfüllt, entscheidet die erste nicht verschwindende partielle Ableitung nach x über Extremwert bzw. Wendepunkt in Anlehnung an die Kriterien wie oben.

♦ **Beispiel**

$$F(x, y) = x^3 - 3a^2x + y^3 = 0$$

$$F_x = 3x^2 - 3a^2 \qquad F_y = 3y^2 \qquad F_{xx} = 6x$$

$F(x, y) = 0 \wedge F_x = 0$:

$$\begin{cases} x^3 - 3a^2x + y^3 = 0 \\ 3x^2 - 3a^2 \qquad\quad = 0 \end{cases} \Rightarrow \mathbb{L} = \left\{(a, a\sqrt[3]{2}), (-a, -a\sqrt[3]{2})\right\}$$

Für $(a, a\sqrt[3]{2})$ wird:

$$\begin{matrix} F_y = 3a^2\sqrt[3]{4} \neq 0 \\ F_{xx} = 6a \end{matrix} \Rightarrow \frac{F_{xx}}{F_y} = \frac{6a}{3a^2\sqrt[3]{4}} > 0 \Rightarrow \text{Maximum}$$

Für $(-a, \; -a\sqrt[3]{2})$ wird:

$$\begin{matrix} F_y = 3a^2\sqrt[3]{4} \neq 0 \\ F_{xx} = -6a \end{matrix} \Rightarrow \frac{F_{xx}}{F_y} = \frac{-6a}{3a^2\sqrt[3]{4}} < 0 \Rightarrow \text{Minimum}$$ ♦

Extremstellen von Kurven in Parameterdarstellung

k: $x = x(t) \wedge y = y(t)$

Hinreichende Bedingung für ein lokales Extremum

$$\dot{y}(t) = 0 \wedge \dot{x}(t) \neq 0$$

Maximum: $\ddot{y}(t) < 0$

Minimum: $\ddot{y}(t) > 0$

Ist die hinreichende Bedingung nicht erfüllt, entscheidet die erste nicht verschwindende Ableitung nach t über ein Extremum bzw. einen Wendepunkt in Anlehnung an die Kriterien wie oben.

♦ **Beispiele**

(1) $x(t) = a\cos t,\ y(t) = b\sin t$

$\dot{x}(t) = -a\sin t \qquad \dot{y}(t) = b\cos t \qquad \ddot{y}(t) = -b\sin t$

$\dot{y}(t) = 0 \Rightarrow b\cos t = 0 \qquad \text{mit } t_1 = \frac{\pi}{2},\ t_2 = \frac{3\pi}{2}$

Kontrolle: $\dot{x}(t_1) \neq 0,\ \dot{x}(t_2) \neq 0$

$\ddot{y}(t_1) = -b\sin\frac{\pi}{2} = -b < 0 \Rightarrow$ Maximum

$\ddot{y}(t_2) = b > 0 \Rightarrow$ Minimum

Zugehörige Extrempunkte

$x_{E1} = a\cos\frac{\pi}{2} = 0 \quad y_{E1} = b\sin\frac{\pi}{2} = b \Rightarrow$ Maximum

$x_{E2} = a\cos\frac{3\pi}{2} = 0 \quad y_{E2} = b\sin\frac{3\pi}{2} = -b \Rightarrow$ Minimum

$\mathbb{L} = \{(0,b),(0,-b)\}$

(2) $x = \pm kt,\ y = t^4 \qquad k \neq 0$

$\dot{x} = \pm k \neq 0$

$\dot{y} = 4t^3,\ \ddot{y} = 12t^2,\ \dddot{y} = 24t,\ y^{(4)} = 24 > 0$

Die 4. Ableitung ist ungleich null, Minimum an der Stelle $t_E = 0$ ♦

8.3.1.6 Besondere Punkte einer Kurve

Wendepunkt einer Kurve

> Eine in der Umgebung $U(x_W)$ differenzierbare Funktion f hat an der Stelle $x = x_W$ einen *Wendepunkt*, wenn $f'(x_W)$ ein lokales Extremum aufweist. Ein Wendepunkt trennt *konvexe* und *konkave* Bögen einer Kurve.

Die Tangente an den Graphen G_f in $W(x_W, f(x_W))$ heißt *Wendetangente*. Sie schneidet G_f in W.

Notwendige Bedingung für einen Wendepunkt: $f''(x_W) = 0$

Hinreichende Bedingung für einen Wendepunkt:

$$f''(x_W) = 0 \wedge f'''(x_W) \neq 0$$

bzw. $f''(x_W)$ wechselt in x_W das Vorzeichen.

Sind auch $f'''(x_W) = 0, \ldots, f^{(n-1)}(x_W) = 0$, aber $f^{(n)}(x_W) \neq 0$, liegt für eine ungerade Zahl n auch ein Wendepunkt vor. Beispiel hierzu siehe 8.3.1.5, Beispiel (2).

Bedingung $f''(x_W) = 0$ für einen Wendepunkt lautet bei den Kurven

k: $x = x(t)$, $y = y(t)$

$$\dot{x}\ddot{y} - \ddot{x}\dot{y} = 0$$

k: $r = r(\varphi)$, $r' = \dfrac{\mathrm{d}r}{\mathrm{d}\varphi}$, $r'' = \dfrac{\mathrm{d}^2 r}{\mathrm{d}\varphi^2}$

$$r^2 + 2r'^2 - rr'' = 0$$

k: $F(x, y) = 0$

$$\begin{vmatrix} F_{xx} & F_{xy} & F_x \\ F_{xy} & F_{yy} & F_y \\ F_x & F_y & 0 \end{vmatrix} = 0$$

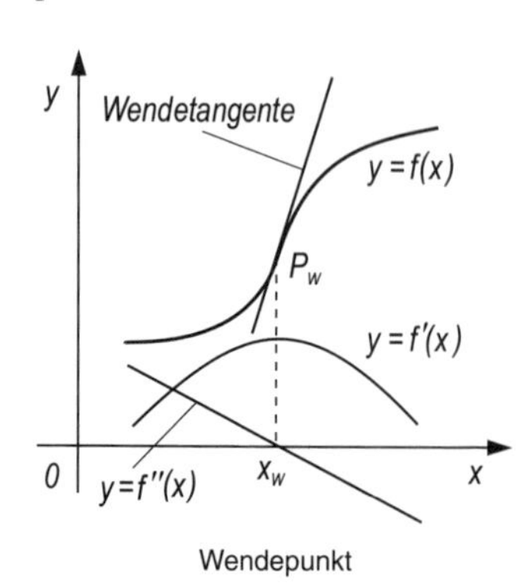

Wendepunkt

Sonderfall

Stufenpunkt, *Terrassenpunkt* mit zur x-Achse paralleler Wendetangente

Hinreichende Bedingung für einen Stufenpunkt

$$f'(x_W) = 0,\ f''(x_W) = 0 \text{ und } f'''(x_W) \neq 0$$

bzw. ungeradzahlige Ableitung $f^{(2n+1)}(x_W) \neq 0$ (vgl. 8.3.1.5)

Singuläre Punkte

Hinreichende Bedingung für einen singulären Punkt

$$F(x, y) = 0,\ F_x = 0 \text{ und } F_y = 0$$

Doppelpunkt: $F_{xy}^2 > F_{xx}F_{yy}$

Rückkehrpunkt (*Spitze*): $F_{xy}^2 = F_{xx}F_{yy}$

Isolierter Punkt: $F_{xy}^2 < F_{xx}F_{yy}$

Doppelpunkte haben zwei reelle verschiedene Tangenten, Rückkehrpunkte haben eine gemeinsame Tangente und isolierte Punkte (*Einsiedlerpunkte*) haben keine reelle Tangente.

♦ **Beispiele**

(1) Man untersuche $F(x, y) = x^3 + y^3 - 3axy = 0$, $a > 0$ auf singuläre Punkte.
$F_x = 3x^2 - 3ay$ $\qquad F_y = 3y^2 - 3ax$

$F_{xy} = -3a$ $\qquad F_{xx} = 6x$ $\qquad F_{yy} = 6y$

$F_x = 0 \wedge F_y = 0 \wedge F = 0$ ergibt $\mathbb{L} = \{0; 0\}$ bzw. $P(0; 0)$

$F_{xy}^2 = 9a^2 > 0 \cdot 0$ $\qquad \Rightarrow$ Doppelpunkt

Siehe Kartesisches Blatt, 7.7.1.

(2) Man untersuche $F(x, y) = x^3 - y^2(a - x) = 0$, $a > 0$ auf singuläre Punkte.

$F_x = 3x^2 + y^2$ $\qquad F_y = 2xy - 2ay$

$F_{xy} = 2y$ $\qquad F_{xx} = 6x$ $\qquad F_{yy} = 2x - 2a$

$F_x = 0 \wedge F_y = 0$ ergibt $\mathbb{L} = \{0; 0\}$ bzw. $P(0; 0)$

$F_{xy}^2 = 0 = F_{xx}F_{yy} = 0 \cdot (-2a)$ $\qquad \Rightarrow$ Rückkehrpunkt

Siehe Zissoide, 7.7.1. ♦

8.3.1.7 Asymptoten

Eine Kurve heißt *Grenzkurve*, wenn sie sich einer anderen Kurve immer weiter annähert, ohne dass eine kleinste Entfernung beider angegeben werden kann. Ist die Grenzkurve eine Gerade, heißt sie *Asymptote*.

8

Achsparallele Asymptoten an die Kurve k: $y = f(x)$

$$y = \lim_{x \to \infty} f(x) \quad \text{bzw.} \quad x = \lim_{y \to \infty} g(y)$$

Schräge Asymptoten an die Kurve k: $y = f(x)$

$$y = mx + b \qquad \text{mit} \quad m = \lim_{x \to \infty} \frac{f(x)}{x} \qquad b = \lim_{x \to \infty} (f(x) - mx)$$

Asymptoten an die Kurve k: $x = x(t)$, $y = y(t)$

Falls in der Nähe von t_1 $\lim\limits_{t \to t_1} x(t) = \pm\infty$ und/oder $\lim\limits_{t \to t_1} y(t) = \pm\infty$ wird, gilt:

- $x \to \pm\infty \wedge y \to b \neq \infty$: waagrechte Asymptote $y = b$
- $y \to \pm\infty \wedge x \to a \neq \infty$: senkrechte Asymptote $x = a$
- $y \to \pm\infty \wedge x \to \infty$: $\quad m = \lim\limits_{t \to t_i} \dfrac{y(t)}{x(t)}$, $b = \lim\limits_{t \to t_i} (y(t) - mx(t))$
  schräge Asymptote: $y = mx + b$

Asymptoten bei Polarkoordinaten $\{O;\ r, \varphi\}$

Wenn $\lim\limits_{\varphi \to \alpha} r(\varphi) = \infty$ ist, wird durch α die Richtung der Asymptote bestimmt. Für den Abstand der Asymptote vom Pol wird:

$$p = \lim_{\varphi \to \alpha} \big(r(\varphi) \sin(\alpha - \varphi)\big)$$

8.3.1.8 Einhüllende Kurven (Enveloppe)

Eine einparametrische Kurvenschar der Gleichung $F(x, y, t) = 0$, worin t ein veränderlicher, von x und y unabhängiger Parameter ist, kann von einer Kurve eingehüllt werden. Die Gleichung dieser *Einhüllenden* ergibt sich durch Elimination von t aus den Gleichungen $F(x, y, t) = 0$ und $\dfrac{\partial F(x, y, t)}{\partial t} = 0$.

Die Tangente in einem Punkt der *Hüllkurve* ist gleichzeitig Tangente an eine Kurve der Kurvenschar.

8.3.1.9 Kurvendiskussion

(*Funktionsuntersuchung*)

Eine vollständige Analyse einer Funktion f: $\langle x \mapsto f(x) \rangle$ umfasst im Allgemeinen folgende Untersuchungen:

- Definitionsbereich: $D(f)$ mit Definitionslücken
- Symmetrie: $f(x) = f(-x)$, $f(-x) = -f(x)$
- Periodizität: $f(x) = f(x + k \cdot T)$
- Unendlichkeitsstellen (Pole): $f(x) \to \pm\infty$, vertikale Asymptoten
- Verhalten im Unendlichen: $x \to \pm\infty$, Asymptoten
- Definitionslücke behebbar?
- Nullstellen: x_0, Schnittwinkel mit der Abszissenachse
- Differenzierbarkeit: $f^{(n)}(x)$
- Monotonie
- Extrempunkte: (x_E, y_E)
- Krümmung
- Wendepunkte: (x_W, y_W), Wendetangentenanstieg: $f'(x_W)$
- Graph der Funktion
- Wertebereich: $W(f)$

8.3.2 Raumkurven

8.3.2.1 Darstellungen in kartesischen Koordinaten

Als Schnitt zweier Flächen

$$F(x, y, z) = 0 \text{ und } G(x, y, z) = 0$$

Durch *Projektion der Kurve* auf zwei Ebenen, z. B. (x, y)- und (x, z)-Ebene (Man löst eine der Parameterfunktionen auf, z. B. $t = \varphi(x)$, und setzt ein.)

$$y = y(t) = y(\varphi(x)) = g(x) \wedge z = z(t) = z(\varphi(x)) = h(x)$$

Vorzugsweise erfolgt die Beschreibung in *Parameterdarstellungen*.

s Bogenlänge, t Zeit

$$\begin{cases} x = x(t) \\ y = y(t) \\ z = z(t) \end{cases} \text{bzw.} \begin{cases} x = x(s) \\ y = y(s) \\ z = z(s) \end{cases} \qquad s, t \in \mathbb{R}$$

bzw. $\boldsymbol{r} = \boldsymbol{r}(t) = x(t)\boldsymbol{e}_x + y(t)\boldsymbol{e}_y + z(t)\boldsymbol{e}_z$

$\boldsymbol{r} = \boldsymbol{r}(s) = x(s)\boldsymbol{e}_x + y(s)\boldsymbol{e}_y + z(s)\boldsymbol{e}_z$

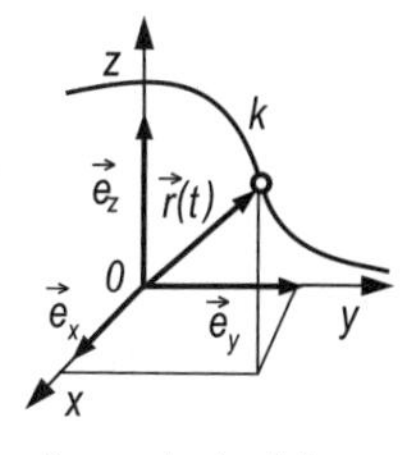

Parameterdarstellung

8.3.2.2 Bogenelement einer Raumkurve

In kartesischen Koordinaten

$$\mathrm{d}s = \sqrt{(\mathrm{d}x)^2 + (\mathrm{d}y)^2 + (\mathrm{d}z)^2}$$

t Parameter

$$\mathrm{d}s = \sqrt{\dot{x}^2(t) + \dot{y}^2(t) + \dot{z}^2(t)}\,\mathrm{d}t$$

$$\mathrm{d}s = |\mathrm{d}\boldsymbol{r}| = |\dot{\boldsymbol{r}}(t)|\,\mathrm{d}t$$

$$\mathrm{d}s = |\mathrm{d}\boldsymbol{r}(s)| = |\boldsymbol{r}'(s)|\,\mathrm{d}s$$

In Zylinderkoordinaten

$$\mathrm{d}s = \sqrt{(\mathrm{d}\rho)^2 + \rho^2(\mathrm{d}\varphi)^2 + (\mathrm{d}z)^2}$$

In Kugelkoordinaten

$$\mathrm{d}s = \sqrt{(\mathrm{d}r)^2 + r^2(\mathrm{d}\vartheta)^2 + r^2\sin^2\vartheta(\mathrm{d}\varphi)^2}$$

8.3.2.3 Tangente und Normale einer Raumkurve

Die *Tangente* t in einem Punkt P_0 ist die Grenzlage der Sekante P_0P_1 für $P_1 \to P_0$.

Die positive Richtung von Kurve und Tangente ist durch wachsende Werte der Variablen bzw. des Parameters gekennzeichnet.

Die *Schmiegebene* S in P_0 ist die Grenzlage einer Ebene durch die *Tangente* in P_0 und einen Kurvenpunkt P_1 für $P_1 \to P_0$. Sie enthält die Einheitsvektoren $\boldsymbol{t}$ und $\boldsymbol{n}$, $\boldsymbol{t} \perp \boldsymbol{n}$.

8

Die *Normalebene* N ist die Ebene senkrecht zur Tangente im Berührungspunkt P_0. Sie enthält die Einheitsvektoren $\boldsymbol{n}$ und $\boldsymbol{b}$, $\boldsymbol{n} \perp \boldsymbol{b}$.

Jede durch den Berührungspunkt gehende, in der Normalebene liegende Gerade heißt *Normale*. Die Normale, die gleichzeitig der Schmiegebene angehört, heißt *Hauptnormale* $\boldsymbol{n}$. Die Normale senkrecht zur Schmiegebene heißt *Binormale* $\boldsymbol{b}$.

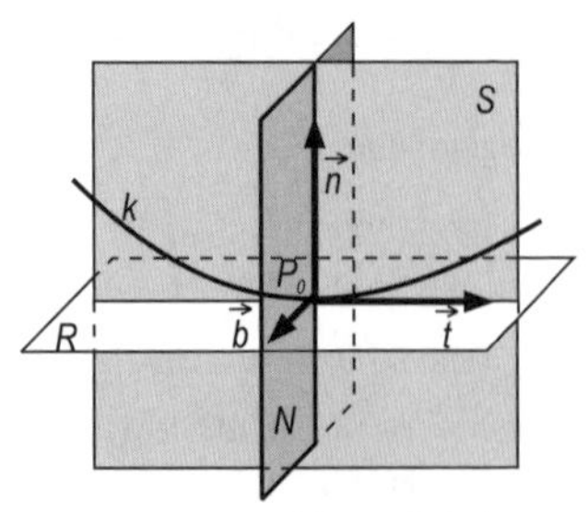

Tangente und Normale bei einer Raumkurve

Die Ebene, die durch $\boldsymbol{t}$ und $\boldsymbol{b}$ gebildet wird, heißt *rektifizierende Ebene R*.

Begleitendes Dreibein der Raumkurve ist das orthonormierte Tripel $\boldsymbol{t}, \boldsymbol{n}, \boldsymbol{b}$ (Rechtssystem), wobei $\boldsymbol{t} \cdot \boldsymbol{n} = 0$ und $\boldsymbol{b} = \boldsymbol{t} \times \boldsymbol{n}$.

FRENETsche Ableitungsformeln

Bezeichnungen

- $\boldsymbol{t}$ *Tangenteneinheitsvektor*
- $\boldsymbol{n}$ *Hauptnormaleneinheitsvektor*
- $\boldsymbol{b}$ *Binormaleneinheitsvektor*
- s Parameter Bogenlänge
- κ Krümmung
- τ Windung, Torsion

$$\frac{\mathrm{d}\boldsymbol{t}}{\mathrm{d}s} = \kappa \boldsymbol{n}, \quad \frac{\mathrm{d}\boldsymbol{n}}{\mathrm{d}s} = -\kappa \boldsymbol{t} + \tau \boldsymbol{b}, \quad \frac{\mathrm{d}\boldsymbol{b}}{\mathrm{d}s} = -\tau \boldsymbol{n}$$

$$\begin{pmatrix} \boldsymbol{t}' \\ \boldsymbol{n}' \\ \boldsymbol{b}' \end{pmatrix} = \begin{pmatrix} 0 & \kappa & 0 \\ -\kappa & 0 & \tau \\ 0 & -\tau & 0 \end{pmatrix} \begin{pmatrix} \boldsymbol{t} \\ \boldsymbol{n} \\ \boldsymbol{b} \end{pmatrix}$$

Richtungskosinus von Tangente, Hauptnormale und Binormale

Tangente: $\cos\alpha = \frac{\mathrm{d}x}{\mathrm{d}s}$ $\quad \cos\beta = \frac{\mathrm{d}y}{\mathrm{d}s}$ $\quad \cos\gamma = \frac{\mathrm{d}z}{\mathrm{d}s}$

Hauptnormale: $\cos l = \rho \frac{\mathrm{d}^2 x}{\mathrm{d}s^2}$ $\quad \cos m = \rho \frac{\mathrm{d}^2 y}{\mathrm{d}s^2}$ $\quad \cos n = \frac{\mathrm{d}^2 z}{\mathrm{d}s^2}$

Binormale

$$\cos\lambda = \rho\left(\frac{dy}{ds}\cdot\frac{d^2z}{ds^2} - \frac{dz}{ds}\cdot\frac{d^2y}{ds^2}\right) \quad \rho \text{ Krümmungsradius}$$

$$\cos\mu = \rho\left(\frac{dz}{ds}\cdot\frac{d^2x}{ds^2} - \frac{dx}{ds}\cdot\frac{d^2z}{ds^2}\right) \quad \cos\nu = \rho\left(\frac{dx}{ds}\cdot\frac{d^2y}{ds^2} - \frac{dy}{ds}\cdot\frac{d^2x}{ds^2}\right)$$

Die in den folgenden Formeln auftretenden Ableitungen sind im Punkt P_0 zu berechnen. Kurzschreibweise: $\dot{\boldsymbol{r}}(t_0) \overset{\text{kurz}}{=} \dot{\boldsymbol{r}}_0$.

Tangente *t* an eine Raumkurve in $P_0(x_0, y_0, z_0)$

k: $F(x,y,z) = 0$, $G(x,y,z) = 0$

$$t\colon \frac{x-x_0}{F_yG_z - F_zG_y} = \frac{y-y_0}{F_zG_x - F_xG_z} = \frac{z-z_0}{F_xG_y - F_yG_x}$$

k: $x = x(t)$, $y = y(t)$, $z = z(t)$

$$t\colon \frac{x-x_0}{\dot{x}_0} = \frac{y-y_0}{\dot{y}_0} = \frac{z-z_0}{\dot{z}_0}$$

k: $\boldsymbol{r} = \boldsymbol{r}(t) = x(t)\boldsymbol{e}_x + y(t)\boldsymbol{e}_y + z(t)\boldsymbol{e}_z$

$$t\colon \boldsymbol{r} = \boldsymbol{r}_0 + \lambda\dot{\boldsymbol{r}}_0, \quad \lambda \in \mathbb{R} \qquad \boldsymbol{t} = \frac{\dot{\boldsymbol{r}}(t)}{|\dot{\boldsymbol{r}}(t)|}$$

k: $\boldsymbol{r} = \boldsymbol{r}(s)$

$$\boldsymbol{t} = \frac{d\boldsymbol{r}}{ds} = \boldsymbol{r}'(s)$$

Hauptnormale *n* einer Raumkurve in $P_0(x_0, y_0, z_0)$

k: $x = x(t)$, $y = y(t)$, $z = z(t)$ $\quad \lambda, \mu, \nu$ Richtungswinkel der Binormalen

$$n\colon \frac{x-x_0}{\begin{vmatrix}\dot{y}_0 & \dot{z}_0\\ \cos\mu & \cos\nu\end{vmatrix}} = \frac{y-y_0}{\begin{vmatrix}\dot{z}_0 & \dot{x}_0\\ \cos\nu & \cos\lambda\end{vmatrix}} = \frac{z-z_0}{\begin{vmatrix}\dot{x}_0 & \dot{y}_0\\ \cos\lambda & \cos\mu\end{vmatrix}}$$

$$= \frac{x-x_0}{n_x} = \frac{y-y_0}{n_y} = \frac{z-z_0}{n_z}$$

k: $\boldsymbol{r} = \boldsymbol{r}(t) = x(t)\boldsymbol{e}_x + y(t)\boldsymbol{e}_y + z(t)\boldsymbol{e}_z$

$$n\colon \boldsymbol{r} = \boldsymbol{r}_0 + \lambda(\dot{\boldsymbol{r}}_0 \times \ddot{\boldsymbol{r}}_0) \times \dot{\boldsymbol{r}}_0 = \boldsymbol{r}_0 + \lambda\boldsymbol{n} \qquad \lambda \in \mathbb{R}$$

$$\boldsymbol{n} = \frac{\dot{\boldsymbol{t}}(t)}{|\dot{\boldsymbol{t}}(t)|} = \frac{(\dot{\boldsymbol{r}} \times \ddot{\boldsymbol{r}}) \times \dot{\boldsymbol{r}}}{|\dot{\boldsymbol{r}} \times \ddot{\boldsymbol{r}}| \cdot |\dot{\boldsymbol{r}}|} = \frac{n_x\boldsymbol{e}_x + n_y\boldsymbol{e}_y + n_z\boldsymbol{e}_z}{\sqrt{n_x^2 + n_y^2 + n_z^2}}$$

k: $\boldsymbol{r} = \boldsymbol{r}(s)$

$$\boldsymbol{n} = \frac{\boldsymbol{r}''(s)}{|\boldsymbol{r}''(s)|}$$

Binormale b einer Raumkurve in $P_0(x_0, y_0, z_0)$

$k\colon x = x(t),\ y = y(t),\ z = z(t) \qquad \dot{x} = \dot{x}_0, \ldots$

$$b\colon \frac{x - x_0}{\dot{y}\ddot{z} - \dot{z}\ddot{y}} = \frac{y - y_0}{\dot{z}\ddot{x} - \dot{x}\ddot{z}} = \frac{z - z_0}{\dot{x}\ddot{y} - \dot{y}\ddot{x}} \text{ bzw. } \frac{x - x_0}{b_x} = \frac{y - y_0}{b_y} = \frac{z - z_0}{b_z}$$

$k\colon \boldsymbol{r} = \boldsymbol{r}(t) = x(t)\boldsymbol{e}_x + y(t)\boldsymbol{e}_y + z(t)\boldsymbol{e}_z$

$$b\colon \boldsymbol{r} = \boldsymbol{r}_0 + \lambda(\dot{\boldsymbol{r}}_0 \times \ddot{\boldsymbol{r}}_0) \qquad \lambda \in \mathbb{R}$$

$$\boldsymbol{b} = \frac{\dot{\boldsymbol{r}} \times \ddot{\boldsymbol{r}}}{|\dot{\boldsymbol{r}} \times \ddot{\boldsymbol{r}}|} = \frac{b_x\boldsymbol{e}_x + b_y\boldsymbol{e}_y + b_z\boldsymbol{e}_z}{\sqrt{b_x^2 + b_y^2 + b_z^2}}$$

$k\colon \boldsymbol{r} = \boldsymbol{r}(s)$

$$\boldsymbol{b} = \frac{\boldsymbol{r}'(s) \times \boldsymbol{r}''(s)}{|\boldsymbol{r}'(s) \times \boldsymbol{r}''(s)|}$$

Schmiegebene S in $P_0(x_0, y_0, z_0)$

$k\colon x = x(t),\ y = y(t),\ z = z(t)$

$$S\colon \begin{vmatrix} x - x_0 & y - y_0 & z - z_0 \\ \dot{x}_0 & \dot{y}_0 & \dot{z}_0 \\ \ddot{x}_0 & \ddot{y}_0 & \ddot{z}_0 \end{vmatrix} = 0$$

bzw. $b_x(x - x_0) + b_y(y - y_0) + b_z(z - z_0) = 0 \qquad b_x, b_y, b_z$ siehe oben

$k\colon \boldsymbol{r} = \boldsymbol{r}(t) = x(t)\boldsymbol{e}_x + y(t)\boldsymbol{e}_y + z(t)\boldsymbol{e}_z$

$$S\colon [(\boldsymbol{r} - \boldsymbol{r}_0), \dot{\boldsymbol{r}}_0, \ddot{\boldsymbol{r}}_0] = (\boldsymbol{r} - \boldsymbol{r}_0) \cdot (\dot{\boldsymbol{r}}_0 \times \ddot{\boldsymbol{r}}_0) = (\boldsymbol{r} - \boldsymbol{r}_0) \cdot \boldsymbol{b} = 0$$

Normalebene N in $P_0(x_0, y_0, z_0)$

$k\colon F(x, y, z) = 0,\ G(x, y, z) = 0$

$$N\colon \begin{vmatrix} x - x_0 & y - y_0 & z - z_0 \\ F_x & F_y & F_z \\ G_x & G_y & G_z \end{vmatrix} = 0$$

$k\colon x = x(t),\ y = y(t),\ z = z(t)$

$$N\colon \dot{x}_0(x - x_0) + \dot{y}_0(y - y_0) + \dot{z}_0(z - z_0) = 0$$

$k\colon \boldsymbol{r} = \boldsymbol{r}(t) = x(t)\boldsymbol{e}_x + y(t)\boldsymbol{e}_y + z(t)\boldsymbol{e}_z$

$$N\colon (\boldsymbol{r} - \boldsymbol{r}_0) \cdot \dot{\boldsymbol{r}}_0 = (\boldsymbol{r} - \boldsymbol{r}_0) \cdot \boldsymbol{t} = 0$$

Rektifizierende Ebene *R*

P_0 Berührungspunkt der Tangente

k: $x = x(t)$, $y = y(t)$, $z = z(t)$, P: $P_0(x_0, y_0, z_0)$

$$R\colon \begin{vmatrix} x - x_0 & y - y_0 & z - z_0 \\ \dot{x}_0 & \dot{y}_0 & \dot{z}_0 \\ \cos\lambda & \cos\mu & \cos\nu \end{vmatrix} = 0$$

λ, μ, ν Richtungswinkel der Binormalen

k: $\boldsymbol{r} = \boldsymbol{r}(t) = x(t)\boldsymbol{e}_x + y(t)\boldsymbol{e}_y + z(t)\boldsymbol{e}_z$

$$R\colon \left[(\boldsymbol{r} - \boldsymbol{r}_0), \dot{\boldsymbol{r}}_0, (\dot{\boldsymbol{r}}_0 \times \ddot{\boldsymbol{r}}_0)\right] = (\boldsymbol{r} - \boldsymbol{r}_0) \cdot \boldsymbol{n} = 0 \quad \text{(Spatprodukt)}$$

8.3.2.4 Krümmung einer Raumkurve

Der *Krümmungskreis* einer Raumkurve im Punkt P_0 ist die Grenzlage eines Kreises durch die Kurvenpunkte P_1, P_0, P_2 für $P_1 \to P_0$ und $P_2 \to P_0$. Sein Mittelpunkt (*Krümmungsmittelpunkt*) liegt auf der Hauptnormalen. Sein Radius ist der *Krümmungsradius* ρ.

Der reziproke Wert von ρ heißt *Krümmung* κ:

$$\kappa = \frac{1}{\rho} \geq 0$$

$\kappa = 0$ kennzeichnet eine Gerade.

Im Gegensatz zu ebenen Kurven ist hier $\kappa \in \mathbb{R}_{\geq 0}$, also positiv.

$$\kappa := \lim_{\Delta s \to 0} \frac{\Delta\alpha}{\Delta s} = \frac{\mathrm{d}s}{\mathrm{d}\alpha} \qquad \text{bzw.} \qquad \rho := \lim_{\Delta\tau \to 0} \frac{\Delta s}{\Delta\alpha} = \frac{\mathrm{d}s}{\mathrm{d}\alpha}$$

$\Delta\alpha$ ist der Winkel, um den sich die Tangente dreht, wenn die Berührungspunkte um Δs auseinanderliegen. α heißt *Kontingenzwinkel*.

k: $\boldsymbol{r} = \boldsymbol{r}(t) = x(t)\boldsymbol{e}_x + y(t)\boldsymbol{e}_y + z(t)\boldsymbol{e}_z$

$$\kappa = \frac{|\dot{\boldsymbol{r}} \times \ddot{\boldsymbol{r}}|}{|\dot{\boldsymbol{r}}|^3} \qquad \kappa^2 = \frac{|\dot{\boldsymbol{r}}|^2 \cdot |\ddot{\boldsymbol{r}}|^2 - (\dot{\boldsymbol{r}} \cdot \ddot{\boldsymbol{r}})^2}{(\dot{\boldsymbol{r}}^2)^3}$$

$$\kappa^2 = \frac{(\dot{x}^2 + \dot{y}^2 + \dot{z}^2)(\ddot{x}^2 + \ddot{y}^2 + \ddot{z}^2) - (\dot{x}\ddot{x} + \dot{y}\ddot{y} + \dot{z}\ddot{z})^2}{\left(\dot{x}^2 + \dot{y}^2 + \dot{z}^2\right)^3}$$

$k\colon \boldsymbol{r} = \boldsymbol{r}(s) = x(s)\boldsymbol{e}_x + y(s)\boldsymbol{e}_y + z(s)\boldsymbol{e}_z$

$$\kappa = |\boldsymbol{t}'(s)| = |\boldsymbol{r}''(s)|$$

$$\kappa = \sqrt{\left(\frac{\mathrm{d}^2x}{\mathrm{d}s^2}\right)^2 + \left(\frac{\mathrm{d}^2y}{\mathrm{d}s^2}\right)^2 + \left(\frac{\mathrm{d}^2z}{\mathrm{d}s^2}\right)^2}$$

Koordinaten des Krümmungsmittelpunktes

$$\boldsymbol{r}_\mathrm{m} = \boldsymbol{r} + \rho\boldsymbol{n}$$

$$\xi = x + \rho^2\frac{\mathrm{d}^2x}{\mathrm{d}s^2} \qquad \eta = y + \rho^2\frac{\mathrm{d}^2y}{\mathrm{d}s^2} \qquad \zeta = z + \rho^2\frac{\mathrm{d}^2z}{\mathrm{d}s^2}$$

Krümmung von $\boldsymbol{r}(s)$

8.3.2.5 Windung (Torsion)

$$\tau = \lim_{\Delta s \to 0} \frac{\Delta\varepsilon}{\Delta s} = \frac{\mathrm{d}\varepsilon}{\mathrm{d}s}$$

Δs Bogenstück zwischen benachbarten Kurvenpunkten P_1 und P_2
$\Delta\varepsilon$ Winkel zwischen den Binormalen in P_1 und P_2
ε *Torsionswinkel*
$\tau \equiv 0$ ebene Kurve
$\tau \neq 0$ *windschiefe* (doppelt gekrümmte) *Kurve*
$\tau > 0$ *rechtsgewunden* (Windungssinn entgegen Uhrzeigersinn), beobachtet von der Schmiegebene in Richtung $\boldsymbol{b}$ als Rechtsschraube,
$\Delta\varepsilon$ mathematisch positiv bei Drehung von $\boldsymbol{b}_1$ nach $\boldsymbol{b}_2$
$\tau < 0$ *linksgewunden* entsprechend

$k\colon \boldsymbol{r} = \boldsymbol{r}(t) = x(t)\boldsymbol{e}_x + y(t)\boldsymbol{e}_y + z(t)\boldsymbol{e}_z$

$$\tau = \frac{[\dot{\boldsymbol{r}}, \ddot{\boldsymbol{r}}, \dddot{\boldsymbol{r}}]}{|\dot{\boldsymbol{r}} \times \ddot{\boldsymbol{r}}|^2} = \rho^2 \frac{[\dot{\boldsymbol{r}}, \ddot{\boldsymbol{r}}, \dddot{\boldsymbol{r}}]}{\left(\dot{\boldsymbol{r}}^2\right)^3} = \rho^2 \frac{\begin{vmatrix} \dot{x} & \dot{y} & \dot{z} \\ \ddot{x} & \ddot{y} & \ddot{z} \\ \dddot{x} & \dddot{y} & \dddot{z} \end{vmatrix}}{\left(\dot{x}^2 + \dot{y}^2 + \dot{z}^2\right)^3}$$

$k\colon \boldsymbol{r} = \boldsymbol{r}(s) = x(s)\boldsymbol{e}_x + y(s)\boldsymbol{e}_y + z(s)\boldsymbol{e}_z$

$$\tau = \frac{\left[\boldsymbol{r}', \boldsymbol{r}'', \boldsymbol{r}'''\right]}{\boldsymbol{r}''^2} = \frac{\begin{vmatrix} x' & y' & z' \\ x'' & y'' & z'' \\ x''' & y''' & z''' \end{vmatrix}}{x''^2 + y''^2 + z''^2} \text{ mit } \boldsymbol{r}' = \frac{\mathrm{d}\boldsymbol{r}}{\mathrm{d}s},\ x' = \frac{\mathrm{d}x}{\mathrm{d}s} \text{ usw.}$$

[...] Spatvolumen

♦ **Beispiel**

Für die gewöhnliche *Schraubenlinie* (*Helix*) sind die Länge von n Windungen, die Krümmung und die Torsion zu berechnen.

Parameterdarstellung der Schraubenlinie: $x = a\cos t,\ y = a\sin t,\ z = \frac{h}{2\pi}t$

h Steigung, Ganghöhe; $h,t \in \mathbb{R}$, n Anzahl der Windungen, $t = 2\pi n$

Länge von n Windungen: $l_{\text{Schraubenlinie}} = t\sqrt{a^2 + \left(\frac{h}{2\pi}\right)^2} = n\sqrt{4\pi^2 a^2 + h^2}$

$$\kappa^2 = \frac{(\dot{x}^2+\dot{y}^2+\dot{z}^2)(\ddot{x}^2+\ddot{y}^2+\ddot{z}^2) - (\dot{x}\ddot{x}+\dot{y}\ddot{y}+\dot{z}\ddot{z})}{\left(\dot{x}^2+\dot{y}^2+\dot{z}^2\right)^3}$$

$$= \frac{\left(a^2\sin^2 t + a^2\cos^2 t + \frac{h^2}{4\pi^2}\right)(a^2\cos^2 t + a^2\sin^2 t)}{\left(a^2\sin^2 t + a^2\cos^2 t + \frac{h^2}{4\pi^2}\right)^3}$$

$$- \frac{\left(a^2\sin t\cos t - a^2\sin t\cos t\right)^2}{\left(a^2\sin^2 t + a^2\cos^2 t + \frac{h^2}{4\pi^2}\right)^3} = \frac{a^2}{\left(a^2 + \frac{h^2}{4\pi^2}\right)^2} \qquad \kappa = \frac{a}{a^2 + \frac{h^2}{4\pi^2}}$$

$$\tau = \rho^2 \frac{\begin{vmatrix} \dot{x} & \dot{y} & \dot{z} \\ \ddot{x} & \ddot{y} & \ddot{z} \\ \dddot{x} & \dddot{y} & \dddot{z} \end{vmatrix}}{\left(\dot{x}^2+\dot{y}^2+\dot{z}^2\right)^3} = \frac{\left(a^2 + \frac{h^2}{4\pi^2}\right)^2}{a^2\left(a^2 + \frac{h^2}{4\pi^2}\right)^3} \cdot \begin{vmatrix} -a\sin t & a\cos t & \frac{h}{2\pi} \\ -a\cos t & -a\sin t & 0 \\ a\sin t & -a\cos t & 0 \end{vmatrix}$$

$$= \frac{1}{a^2\left(a^2 + \frac{h^2}{4\pi^2}\right)} \cdot \frac{ha^2}{2\pi} = \frac{h}{2\pi\left(a^2 + \frac{h^2}{4\pi^2}\right)}$$

♦

8.3.3 Flächen im Raum

Darstellung von Flächen

Parameterfreie Darstellungen

$F(x, y, z) = 0$ (implizit)

$z = f(x, y)$ (explizit)

Parameterdarstellung

$$\boldsymbol{r} = \boldsymbol{r}(u, v) = \begin{pmatrix} x(u, v) \\ y(u, v) \\ z(u, v) \end{pmatrix} = x(u, v)\boldsymbol{e}_x + y(u, v)\boldsymbol{e}_y + z(u, v)\boldsymbol{e}_z \quad u, v \in \mathbb{R}$$

$\boldsymbol{r}(u, v)$ Ortsvektor $\overrightarrow{0P}$ zum Flächenpunkt $P(u, v)$, stetig partiell differenzierbar.

Die Parameter u und v werden als *krummlinige Koordinaten* eines Flächenpunktes $P(u,v)$ bzw. $P(x,y,z)$ auf der *krummen Fläche* $(A) \in \mathbb{R}^3$ bezeichnet. Bild siehe Beispiel unten, (2) Halbkugel.

Eine *glatte Fläche* liegt vor, wenn der Rang $\mathrm{r}(\boldsymbol{x}(u,v)) = 2$ ist, d. h. keine Entartung der Fäche zu einer Kurve:

$$\mathrm{r}(\boldsymbol{x}(u,v)) = \mathrm{r}\begin{pmatrix} \dfrac{\partial x}{\partial u} & \dfrac{\partial y}{\partial u} & \dfrac{\partial z}{\partial v} \\ \dfrac{\partial x}{\partial v} & \dfrac{\partial y}{\partial v} & \dfrac{\partial z}{\partial v} \end{pmatrix} = 2$$

Krummlinige Koordinaten

Für $u =$ konst. und veränderliches v bzw. umgekehrt ergeben sich Raumkurven, deren Schar u- bzw. v-Linien heißen.

Beide Scharen bilden ein Netz *krummliniger Koordinatenlinien* auf (A). Zum Schnittwinkel zwischen den u- und v-Linien siehe Seite 461.

Beziehungen der Koordinaten (u,v) zu Kugelkoordinaten

- $u \mathrel{\widehat{=}} \vartheta,\ 0 \leq \vartheta \leq \pi$
  $v \mathrel{\widehat{=}} \varphi,\ 0 \leq \varphi < 2\pi$
- $u \mathrel{\widehat{=}} \rho,\ 0 \leq \rho < \infty$
  $v \mathrel{\widehat{=}} \varphi,\ 0 \leq \varphi < 2\pi$

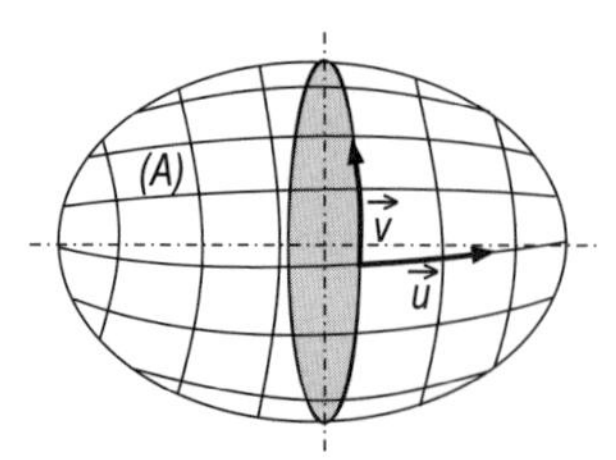

GAUSSsches Koordinatensystem auf der Fläche (*A*), Netz der *u*- und *v*-Linien

♦ **Beispiele**

(1) *Schraubenfläche (Wendelfläche)*

$\boldsymbol{r} = (x,y,z)^{\mathrm{T}} = u\cos v \cdot \boldsymbol{e}_x + u\sin v \cdot \boldsymbol{e}_y + cv \cdot \boldsymbol{e}_z$

u-Linien sind Geraden parallel zur (x,y)-Ebene
($v =$ konst. $\Rightarrow z =$ konst.)

v-Linien sind Schraubenlinien ($u =$ konst.)

Elimination der Parameter ergibt die Gleichung in kartesischen Koordinaten

$\dfrac{y}{x} = \tan v = \tan \dfrac{z}{c}$

(2) Halbkugel über der (x, y)-Ebene in Zylinderkoordinaten:

$$\boldsymbol{r}(u, v) = (x, y, z)^{\mathrm{T}} = u \cos v \boldsymbol{e}_x + u \sin v \boldsymbol{e}_y + \sqrt{a^2 - u^2} \boldsymbol{e}_z$$

$$0 \leq u \leq a, 0 \leq v < 2\pi$$

Kontrolle: $x^2 + y^2 + z^2 = (u \cos v)^2 + (u \sin v)^2 + \left(\sqrt{a^2 - u^2}\right)^2 = a^2$

Desgl. in Kugelkoordinaten:

$$\boldsymbol{r}(u, v) = \begin{pmatrix} a \sin u \cos v \\ a \sin u \sin v \\ a \cos u \end{pmatrix}$$

$$0 \leq u \leq \frac{\pi}{2}, 0 \leq v < 2\pi$$

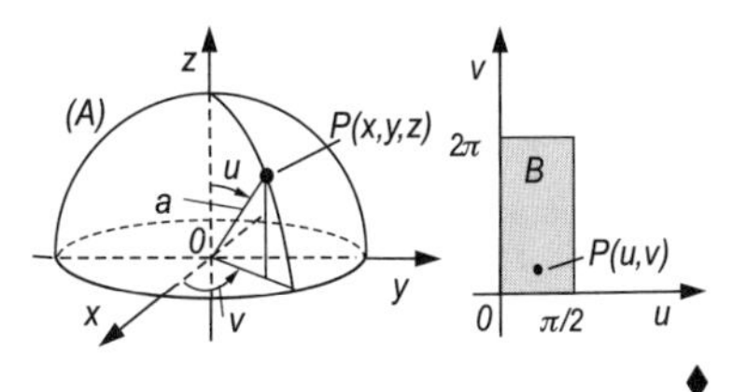

♦

Kurven auf einer krummen Fläche

Darstellung

Die Koordinaten (u, v) hängen voneinander ab, $\varphi(u, v) = 0$, oder eine Kurve k ist in der (u, v)-Ebene (innere Gleichung) mit t als weiterem Parameter gegeben:

$$\boldsymbol{r} = \boldsymbol{r}(u, v) = \boldsymbol{r}(u(t), v(t)) = \boldsymbol{r}(t)$$

Tangentenvektor

$$\boldsymbol{t} = \dot{\boldsymbol{r}}(t) = \left(\frac{\partial \boldsymbol{r}}{\partial u} \dot{u}(t) + \frac{\partial \boldsymbol{r}}{\partial v} \dot{v}(t) \right) = \boldsymbol{r}_u \dot{u}(t) + \boldsymbol{r}_v \dot{v}(t)$$

♦ **Beispiel**

Gegeben sei die Fläche $\boldsymbol{r}(u, v) = 2u^2 \boldsymbol{e}_x + v^2 \boldsymbol{e}_y + 3v \boldsymbol{e}_z$, $u(t) = 2t^2$, $v(t) = 3t$.

Wie lautet die Gleichung der Tangente $\boldsymbol{t}$?

$$\boldsymbol{r}_u = 4u \boldsymbol{e}_x, \boldsymbol{r}_v = 2v \boldsymbol{e}_y + 3\boldsymbol{e}_z, \dot{u} = 4t, \dot{v} = 3$$

$$\boldsymbol{t}(t) = \dot{\boldsymbol{r}} = \boldsymbol{r}_u \dot{u} + \boldsymbol{r}_v \dot{v} = 4u \boldsymbol{e}_x 4t + (2v \boldsymbol{e}_y + 3\boldsymbol{e}_z) \cdot 3$$

$$= 16ut \boldsymbol{e}_x + 6v \boldsymbol{e}_y + 9\boldsymbol{e}_z = 32t^3 \boldsymbol{e}_x + 18t \boldsymbol{e}_y + 9\boldsymbol{e}_z$$

Der gleiche Wert ergibt sich nach Einsetzen aus

$$\boldsymbol{r}(t) = 8t^4 \boldsymbol{e}_x + 9t^2 \boldsymbol{e}_y + 9t \boldsymbol{e}_z$$

♦

Tangentialebene T in $P_0(x_0, y_0, z_0)$

Allgemeingültige Darstellung

$$T\colon (\boldsymbol{r} - \boldsymbol{r}_0) \cdot \boldsymbol{n}_0 = 0$$

Fläche: $F(x,y,z)=0$

$$T\colon F_x(x_0,y_0,z_0)(x-x_0)+F_y(\ldots)(y-y_0)+F_z(\ldots)(z-z_0)=0$$

$$T\colon (\boldsymbol{r}-\boldsymbol{r}_0)\cdot \mathbf{grad}\,F(P_0)=0$$

Fläche: $z=f(x,y)$

$$T\colon f_x(x_0,y_0)(x-x_0)+f_y(x_0,y_0)(y-y_0)-(z-z_0)=0$$

Fläche: $x=x(u,v)$, $y=y(u,v)$, $z=z(u,v)$

$$T\colon \begin{vmatrix} x-x_0 & y-y_0 & z-z_0 \\ x_u & y_u & z_u \\ x_v & y_v & z_v \end{vmatrix}=0$$

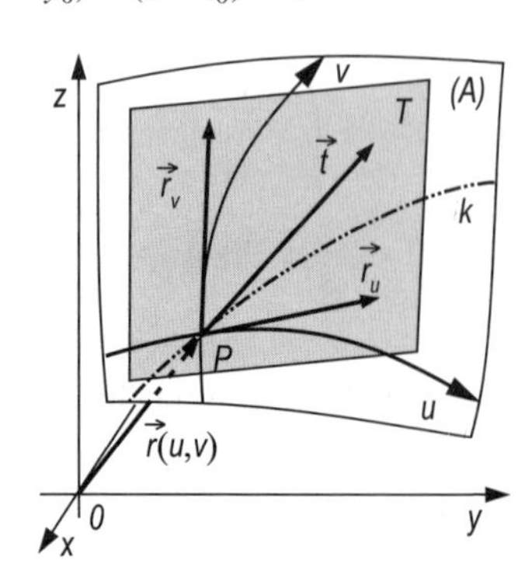

Fläche: $\boldsymbol{r}=\boldsymbol{r}(u,v)$

$$T\colon (\boldsymbol{r}-\boldsymbol{r}_0)\cdot(\boldsymbol{r}_u\times\boldsymbol{r}_v)=\left[(\boldsymbol{r}-\boldsymbol{r}_0),\boldsymbol{r}_u,\boldsymbol{r}_v\right]=0 \quad \text{(Spatprodukt)}$$

Die Tangentialebene wird von den Vektoren $\boldsymbol{r}_u$ und $\boldsymbol{r}_v$ aufgespannt.

Parameterdarstellung

$$T\colon \boldsymbol{r}(\lambda,\mu)=\boldsymbol{r}_0(u_0,v_0)+\lambda\boldsymbol{r}_u(u_0,v_0)+\mu\boldsymbol{r}_v(u_0,v_0) \qquad \lambda,\mu\in\mathbb{R}$$

Flächennormale $\boldsymbol{n}$ in $P_0(x_0,y_0,z_0)$

Fläche: $F(x,y,z)=0$

$$n\colon \frac{x-x_0}{F_x(x_0,y_0)}=\frac{y-y_0}{F_y(x_0,y_0)}=\frac{z-z_0}{F_z(x_0,y_0)}$$

$$\boldsymbol{n}^*=\mathbf{grad}\,F(x,y,z)=(F_x,F_y,F_z)^{\mathrm{T}} \qquad \text{(nicht normiert)}$$

Fläche: $z=f(x,y)$

$$n\colon \frac{x-x_0}{f_x(x_0,y_0)}=\frac{y-y_0}{f_y(x_0,y_0)}=z-z_0$$

$$\boldsymbol{n}^*=(f_x,f_y,-1)^{\mathrm{T}} \qquad \text{(nicht normiert)}$$

Fläche: $x=x(u,v)$, $y=y(u,v)$, $z=z(u,v)$

$$\frac{x-x_0}{\frac{\partial y}{\partial u}\frac{\partial z}{\partial v}-\frac{\partial z}{\partial u}\frac{\partial y}{\partial v}}=\frac{y-y_0}{\frac{\partial z}{\partial u}\frac{\partial x}{\partial v}-\frac{\partial x}{\partial u}\frac{\partial z}{\partial v}}=\frac{z-z_0}{\frac{\partial x}{\partial u}\frac{\partial y}{\partial v}-\frac{\partial y}{\partial u}\frac{\partial x}{\partial v}}$$

Fläche: $\boldsymbol{r} = \boldsymbol{r}(u, v)$

$$\boldsymbol{n} = \frac{\boldsymbol{r}_u \times \boldsymbol{r}_v}{|\boldsymbol{r}_u \times \boldsymbol{r}_v|} = \frac{\boldsymbol{r}_u \times \boldsymbol{r}_v}{\sqrt{EG - F^2}} \qquad E, G, F \text{ siehe unten}$$

Bogenelement

Als erste Grundform der Flächentheorie bezeichnet man das Quadrat des Bogenelements einer Kurve k: $u = u(t)$, $v = v(t)$ auf der Fläche $\boldsymbol{r} = \boldsymbol{r}(u, v)$:

$$\begin{aligned} \mathrm{d}s^2 &= |\mathrm{d}\boldsymbol{r}|^2 = (\boldsymbol{r}_u \,\mathrm{d}u + \boldsymbol{r}_v \,\mathrm{d}v)^2 = \boldsymbol{r}_u^2 \,\mathrm{d}u^2 + 2(\boldsymbol{r}_u \cdot \boldsymbol{r}_v)\,\mathrm{d}u\,\mathrm{d}v + \boldsymbol{r}_v^2 \,\mathrm{d}v^2 \\ &= E\,\mathrm{d}u^2 + 2F\,\mathrm{d}u\,\mathrm{d}v + G\,\mathrm{d}v^2 \end{aligned}$$

GAUSSsche Fundamentalgrößen 1. Art

$$E = \boldsymbol{r}_u^2 = \left(\frac{\partial \boldsymbol{r}}{\partial u}\right)^2 = \left(\frac{\partial x}{\partial u}\right)^2 + \left(\frac{\partial y}{\partial u}\right)^2 + \left(\frac{\partial z}{\partial u}\right)^2 = x_u^2 + y_u^2 + z_u^2$$

$$F = \boldsymbol{r}_u \cdot \boldsymbol{r}_v = \frac{\partial \boldsymbol{r}}{\partial u} \cdot \frac{\partial \boldsymbol{r}}{\partial v} = \frac{\partial x}{\partial u}\frac{\partial x}{\partial v} + \frac{\partial y}{\partial u}\frac{\partial y}{\partial v} + \frac{\partial z}{\partial u}\frac{\partial z}{\partial v} = x_u x_v + y_u y_v + z_u z_v$$

$$G = \boldsymbol{r}_v^2 = \left(\frac{\partial \boldsymbol{r}}{\partial v}\right)^2 = \left(\frac{\partial x}{\partial v}\right)^2 + \left(\frac{\partial y}{\partial v}\right)^2 + \left(\frac{\partial z}{\partial v}\right)^2 = x_v^2 + y_v^2 + z_v^2$$

Schnittwinkel zweier Flächenkurven $k(t)$ und $k^*(t)$

$$\cos\sigma = \frac{\dot{\boldsymbol{r}}_0 \cdot \dot{\boldsymbol{r}}_0^*}{|\dot{\boldsymbol{r}}_0| \cdot |\dot{\boldsymbol{r}}_0^*|} \qquad \text{für } t = t_0$$

Winkel zwischen krummlinigen Koordinaten

$$\cos\sigma(u, v) = \frac{F}{\sqrt{EG}} \qquad 0 < \sigma < \pi$$

Ein Koordinatennetz (u, v) ist genau dann orthogonal, wenn $F = 0$ gilt.

♦ **Beispiel**

Fläche wie oben $\boldsymbol{r}(u, v) = 2u^2\boldsymbol{e}_x + v^2\boldsymbol{e}_y + 3v\boldsymbol{e}_z$, $u(t) = 2t^2$, $v(t) = 3t$.

Wie groß sind das Quadrat des Bogenelements und der Koordinatenwinkel?

$E = \boldsymbol{r}_u^2 = (4u\boldsymbol{e}_x)^2 = 16u^2 \qquad F = \boldsymbol{r}_u \cdot \boldsymbol{r}_v = 4u\boldsymbol{e}_x(2v\boldsymbol{e}_y + 3\boldsymbol{e}_z) = 0$

$G = \boldsymbol{r}_v^2 = (2v\boldsymbol{e}_y + 3\boldsymbol{e}_z)^2 = 4v^2 + 9$

$\mathrm{d}s^2 = 16u^2\,\mathrm{d}u^2 + 0 + (4v^2 + 9)\,\mathrm{d}v^2 = (1024t^6 + 324t^2 + 81)\,\mathrm{d}t^2$

Koordinatenwinkel: $\cos\sigma = 0 \Rightarrow \sigma = \frac{\pi}{2}$, was sofort aus $F = 0$ folgt.

Das (u, v)-Netz ist orthogonal. ♦

Inhalt einer Fläche im Raum

Das *Oberflächenelement* $\mathrm{d}T$ auf der Tangentialebene T ist das Parallelogramm aus $\boldsymbol{r}_u\,\mathrm{d}u$ und $\boldsymbol{r}_v\,\mathrm{d}v$.

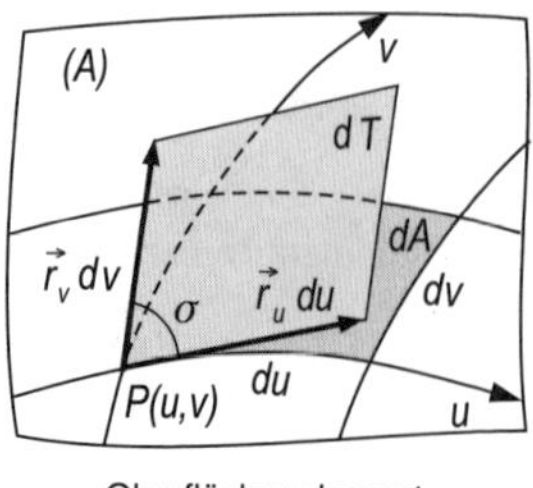

Oberflächenelement

Es wird als Näherung für den Flächeninhalt (das Flächenelement) $\mathrm{d}A$ des *gekrümmten Flächenstücks* (A) genommen, vgl. 10.7.2.

$$\mathrm{d}A = |\boldsymbol{r}_u \times \boldsymbol{r}_v|\,\mathrm{d}u\,\mathrm{d}v = \sqrt{EG - F^2}\,\mathrm{d}u\,\mathrm{d}v$$

♦ **Beispiel**

Halbkugelfläche wie Beispiel (2), Seite 459, in Zylinderkoordinaten

$$\boldsymbol{r} = (x, y, z)^{\mathrm{T}} = u\cos v\boldsymbol{e}_x + u\sin v\boldsymbol{e}_y + \sqrt{a^2 - u^2}\boldsymbol{e}_z \quad 0 \le u \le a, 0 \le v \le 2\pi$$

$$E = 1 + \frac{u^2}{a^2 - u^2} = \frac{a^2}{a^2 - u^2},\ F = 0,\ G = u^2$$

$$\mathrm{d}s^2 = \frac{a^2}{a^2 - u^2}\,\mathrm{d}u^2 + u^2\,\mathrm{d}v^2$$

$$A = \iint\limits_B \sqrt{EG - F^2}\,\mathrm{d}u\,\mathrm{d}v = \int\limits_0^{2\pi}\int\limits_0^a \sqrt{\frac{a^2u^2}{a^2 - u^2}}\,\mathrm{d}u\,\mathrm{d}v = \int\limits_0^{2\pi}\int\limits_0^a \frac{au}{\sqrt{a^2 - u^2}}\,\mathrm{d}u\,\mathrm{d}v = 2\pi a^2$$ ♦

Singuläre Flächenpunkte

Ist $P_0(x_0, y_0, z_0)$ singulärer Punkt der Fläche $F(x, y, z) = 0$, dann erfüllen seine Koordinaten die Gleichungen

$$F_x = F_y = F_z = 0$$

Während Tangenten durch einen gewöhnlichen Flächenpunkt in der Tangentialebene liegen, bilden die Tangenten durch einen singulären Punkt einen *Kegel zweiter Ordnung*.

Umdrehungsflächen (Drehachse z)

(auch *Rotationsfläche*) u Abstand des Punktes P von der z-Achse

u-Linien: Meridiankurven

v geografische Länge

v-Linien: Breitenkreise senkrecht auf z

$$\boldsymbol{r} = u\cos v\boldsymbol{e}_x + u\sin v\boldsymbol{e}_y + f(u)\boldsymbol{e}_z$$

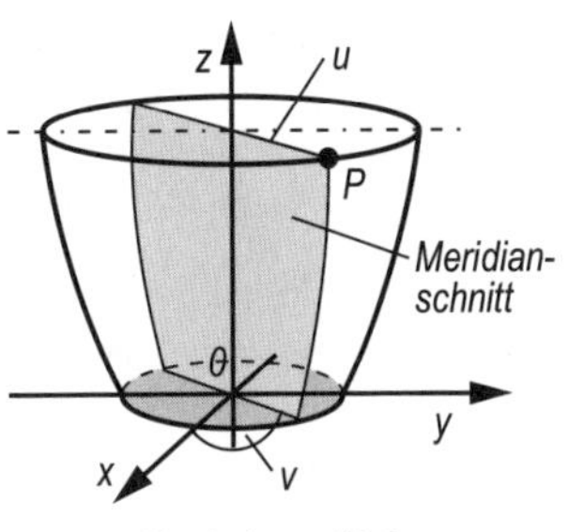

Umdrehungsfläche

Krümmung von Flächen

Man legt durch die Flächennormale in P eine Ebene Γ, die um einen Winkel zwischen 0 und π gedreht wird. Jede Lage von Γ erzeugt eine Normalschnittkurve k_i. Zwei ausgewählte orthogonale Tangentenvektoren $\boldsymbol{t}_1$ und $\boldsymbol{t}_2$ an k_1 und k_2 auf der Tangentialebene in P kennzeichnen dabei die Lage der Normalschnittkurven mit maximaler bzw. minimaler *Hauptkrümmung* κ_1 und κ_2.

8

Die zweite Grundform der Flächentheorie heißt der Ausdruck

$$L\mathrm{d}u^2 + 2M\,\mathrm{d}u\,\mathrm{d}v + N\,\mathrm{d}v^2$$

mit den GAUSSschen *Fundamentalgrößen 2. Art*

$$L = \frac{[\boldsymbol{r}_u, \boldsymbol{r}_v, \boldsymbol{r}_{uu}]}{|\boldsymbol{r}_u \times \boldsymbol{r}_v|} \qquad M = \frac{[\boldsymbol{r}_u, \boldsymbol{r}_v, \boldsymbol{r}_{uv}]}{|\boldsymbol{r}_u \times \boldsymbol{r}_v|} \qquad N = \frac{[\boldsymbol{r}_u, \boldsymbol{r}_v, \boldsymbol{r}_{vv}]}{|\boldsymbol{r}_u \times \boldsymbol{r}_v|}$$

Flachpunkt: $\kappa = 0$ bzw. $L = M = N = 0$ für jeden Normalschnitt durch P

Nabelpunkt für jeden Normalschnitt durch P (z. B. jeder Punkt auf der Kugeloberfläche): $\kappa = \text{konst}$ bzw. $L/E = M/F = N/G \neq 0$

GAUSSsche Krümmung

$$K = \kappa_1\kappa_2 = \frac{LN - M^2}{EG - F^2}$$

Mittlere Krümmung

$$H = \frac{\kappa_1 + \kappa_2}{2} = \frac{EN - 2FM + GL}{2(EG - F^2)}$$

$K > 0$ elliptische, $K = 0$ parabolische, $K < 0$ hyperbolische Krümmung

$H = 0$ in jedem Punkt einer Fläche: *Minimalfläche*

Hauptkrümmung κ_1 und κ_2

Lösung der Gleichung $\kappa^2 - 2H\kappa + K = 0$ ergibt die *Hauptkrümmungen*.

Die Richtung der Hauptkrümmung wird festgelegt durch $\mu = \dot{u}/\dot{v}$.

Bestimmungsgleichung: $(FN - GM)\mu^2 + (EN - GL)\mu + (EM - FL) = 0$

8.3.4 Extremstellen von Funktionen mit mehreren Variablen

Eine *relative Extremstelle* liegt genau dann vor, wenn in der ε-Umgebung $U_\varepsilon(\boldsymbol{x}_\mathrm{E})$, siehe 2.4.2, für alle $\boldsymbol{x} \in U_\varepsilon(\boldsymbol{x}_\mathrm{E})$ gilt:

$f(\boldsymbol{x}) \leq f(\boldsymbol{x}_\mathrm{E})$ (lokales Maximum)

$f(\boldsymbol{x}) \geq f(\boldsymbol{x}_\mathrm{E})$ (lokales Minimum)

Extremstellen einer Fläche $(A) \subseteq \mathbb{R}^2$

Die Tangentialebene ist parallel zur (x, y)-Ebene.

Notwendige Bedingung

$$f_x(x_\mathrm{E}, y_\mathrm{E}) = f_y(x_\mathrm{E}, y_\mathrm{E}) = 0$$

$\boldsymbol{x}_\mathrm{E} = (x_\mathrm{E}, y_\mathrm{E})$ heißt dann *stationärer* (kritischer) *Punkt* der Funktion f.

Hinreichende Bedingung (Ableitungen am stationären Punkt $\boldsymbol{x}_\mathrm{E}$)

$$f_x = f_y = 0 \wedge D = f_{xx}f_{yy} - (f_{xy})^2 > 0$$

Maximum: $f_{xx}(\boldsymbol{x}_\mathrm{E}) < 0$, gleichbedeutend mit $f_{yy}(\boldsymbol{x}_\mathrm{E}) < 0$

Minimum: $f_{xx}(\boldsymbol{x}_\mathrm{E}) > 0$, gleichbedeutend mit $f_{yy}(\boldsymbol{x}_\mathrm{E}) > 0$

Diskriminante $D = f_{xx}f_{yy} - (f_{xy})^2 < 0$: *Sattel*- oder *Jochpunkt* $\boldsymbol{x}_\mathrm{W}$

$D = 0$: keine Aussage möglich

Extremstellen einer Funktion $f(\boldsymbol{x}) = f(x_1, \ldots, x_n)$

$f(\boldsymbol{x})$ nach allen x_i partiell differenzierbar

Notwendige Bedingung

$$\mathbf{grad}\, f(\boldsymbol{x}_\mathrm{E}) = \boldsymbol{o} \quad \text{d. h. alle ersten Ableitungen sind gleich null.}$$

Hinreichende Bedingungen

Man bildet die HESSE-*Matrix* der skalaren Funktion $f(\boldsymbol{x}_\mathrm{E})$, $i, k = 1, 2, \ldots, n$

$$H(\boldsymbol{x}_\mathrm{E}) = \nabla^2 f(\boldsymbol{x}_\mathrm{E}) = \left(\frac{\partial^2 f(\boldsymbol{x}_\mathrm{E})}{\partial x_i \partial x_k}\right) = \begin{pmatrix} f_{11}(\boldsymbol{x}_\mathrm{E}) & \cdots & f_{1n}(\boldsymbol{x}_\mathrm{E}) \\ \vdots & \ddots & \vdots \\ f_{n1}(\boldsymbol{x}_\mathrm{E}) & \cdots & f_{nn}(\boldsymbol{x}_\mathrm{E}) \end{pmatrix}$$

$\boldsymbol{x}_\mathrm{E}$ *stationärer Punkt* der Funktion f

Nach dem Satz von SCHWARZ ist die HESSE-Matrix symmetrisch.

Ihre Hauptabschnittsdeterminanten D_k (siehe 5.3.1) sind für ein

Maximum: $(-1)^k \cdot D_k > 0$ oder HESSE-Matrix negativ definit, alle $\lambda_i < 0$

Minimum: $D_k > 0$ oder HESSE-Matrix positiv definit, alle $\lambda_i > 0$

Sattelpunkt: D_k indefinit

♦ **Beispiel**

Man bilde den Gradienten (siehe 10.3) und die HESSE-Matrix der skalaren Funktion $f(x,y,z) = \dfrac{y^2 e^x}{z}$.

$$\nabla f(\boldsymbol{x}) = \begin{pmatrix} \dfrac{y^2 e^x}{z} \\ \dfrac{2ye^x}{z} \\ -\dfrac{y^2 e^x}{z^2} \end{pmatrix} \quad H(\boldsymbol{x}) = \nabla^2 f(\boldsymbol{x}) = \begin{pmatrix} \dfrac{y^2 e^x}{z} & \dfrac{2ye^x}{z} & -\dfrac{y^2 e^x}{z^2} \\ \dfrac{2ye^x}{z} & \dfrac{2e^x}{z} & -\dfrac{2ye^x}{z^2} \\ -\dfrac{y^2 e^x}{z^2} & -\dfrac{2ye^x}{z^2} & \dfrac{2y^2 e^x}{z^3} \end{pmatrix}$$ ♦

8

Extremstellen mit Nebenbedingungen

Extremstellen von $z = f(x,y)$ unter der Nebenbedingung $\varphi(x,y) = 0$

Substitutionsmethode

Auflösung der Nebenbedingungen nach einer Variablen und Einsetzen in f ergibt ein Extremwertproblem mit zwei Variablen.

LAGRANGEsche Multiplikatorenmethode für $(A) \subseteq \mathbb{R}^2$:

$$F(x,y,\lambda) = f(x,y) + \lambda\, \varphi(x,y)$$

λ LAGRANGE*scher Multiplikator*, $\lambda \in \mathbb{R}$

Aus nachstehendem Gleichungssystem bestimmen sich die Variablen x, y, λ:

$$\begin{cases} F_x(x_\mathrm{E}, y_\mathrm{E}, \lambda) = \dfrac{\partial}{\partial x}\big(f(x_\mathrm{E}, y_\mathrm{E}) + \lambda \cdot \varphi(x_\mathrm{E}, y_\mathrm{E})\big) = 0 \\ F_y(x_\mathrm{E}, y_\mathrm{E}, \lambda) = \dfrac{\partial}{\partial y}\big(f(x_\mathrm{E}, y_\mathrm{E}) + \lambda \cdot \varphi(x_\mathrm{E}, y_\mathrm{E})\big) = 0 \\ F_\lambda(x_\mathrm{E}, y_\mathrm{E}, \lambda) = \varphi(x_\mathrm{E}, y_\mathrm{E}) = 0 \end{cases}$$

Entscheidung über die Art des Extremums

Diskriminante: $D = F_{xx}\varphi_x^2 - 2F_{xy}\varphi_x\varphi_y + F_{yy}\varphi_x^2 \begin{cases} < 0 \Rightarrow \text{Maximum} \\ > 0 \Rightarrow \text{Minimum} \end{cases}$

Die Methode ist sinngemäß auch für n unabhängige Variable $((A) \subseteq \mathbb{R}^n)$ mit $m < n$ Nebenbedingungen, d. h. $(n+m)$ Gleichungen für $x_1, \ldots, x_n$, $\lambda_1, \ldots, \lambda_m$, anwendbar. Für D gilt dann die HESSE-Matrix.

♦ **Beispiel**

$z = f(x,y) = x^2 + xy + y^2$, Nebenbedingung: $\varphi(x,y) = xy - 9 = 0$

Bedingungsgleichungen für die Variablen x, y, λ

$$\begin{cases} F_x = 2x + y + \lambda y = 0 \\ F_y = x + 2y + \lambda x = 0 \\ \varphi = xy - 9 = 0 \end{cases}$$

$x_{1,2} = \pm 3,\ y_{1,2} = \pm 3 \qquad \lambda = -3$

Extremwerte bei $P_1(3;3)$ und $P_2(-3;-3)$, $\mathbb{L} = \{(3;3;27),(-3;-3;27)\}$

Diskriminante: $D = 2x^2 - 2(1+\lambda)xy + 2y^2$

Für P_1 gilt: $D = 2 \cdot 9 - 2 \cdot (1-3) \cdot 3 \cdot 3 + 2 \cdot 9 = 72 > 0 \Rightarrow$ Minimum

Für P_2 gilt: $D = 2 \cdot 9 - 2 \cdot (1-3) \cdot 9 + 2 \cdot 9 = 72 > 0 \Rightarrow$ Minimum

Die Substitutionsmethode führt oft einfacher zur Lösung.

$y = \dfrac{9}{x}$ eingesetzt ergibt $f(x) = x^2 + 9 + \dfrac{81}{x^2}$ mit $x^4 = 81$,

Lösung wie oben ♦

9 Integralrechnung

9.1 Allgemeines

9.1.1 Unbestimmtes Integral

Integration ist die Umkehrung der Differenziation

$$\left(\int f(x)\,\mathrm{d}x\right)' = f(x) \text{ und } \int F'(x)\,\mathrm{d}x = F(x) + C$$

F heißt *Stammfunktion* von f, falls $F'(x) = f(x)$ ist.

F und f sind auf demselben Intervall I definierte **reelle stetige Funktionen**.

F heißt *unbestimmtes Integral* (Definition nach DIN 1302), wenn

$$\int_{x_1}^{x_2} f(x)\,\mathrm{d}x = F(x_2) - F(x_1) \quad \text{für alle } x_1, x_2 \in I \text{ mit } x_1 < x_2 \text{ gilt.}$$

Ist f stetig, stimmen Stammfunktion und unbestimmtes Integral überein.

Schreibweise: $\int f(x)\,\mathrm{d}x = F(x) + C \qquad C \in \mathbb{R}$

Deutung

Das unbestimmte Integral ist die Menge aller Stammfunktionen, *allgemeine Lösung*, wobei C alle reellen Werte durchläuft.

Ist F Stammfunktion von f, ist es auch $F + C$ (in y-Richtung parallel verschobene Kurve).

Bezeichnungen

f	*Integrand*
x	*Integrationsvariable*
C	*Integrationskonstante*, $C \in \mathbb{R}$
I, I_x	*Integrationsbereich*
$\mathrm{d}x$	*Integrationsdifferenzial*
$\int$	*Integralzeichen*

Die *Integralfunktion* ist eine Funktion der oberen Grenze:

$$I(x) := \int_c^x f(\xi)\,\mathrm{d}\xi \qquad c \in [a,b]$$

Sie beschreibt für $f(\xi) \geq 0$ und $f \in C[a,b]$ den Flächeninhalt zwischen der Kurve $f(\xi)$ und der Abszissenachse, wobei ξ zwischen der festen unteren Grenze c und der variablen oberen Grenze x variiert, und heißt daher auch *Flächenfunktion*.

9.1.2 Bestimmtes Integral (RIEMANNsches Integral)

Ist $f(x)$ eine im endlichen Intervall $I = [a,b]$ stetige Funktion mit im Intervall nichtnegativen Funktionswerten, so ist das *bestimmte Integral* der Flächeninhalt zwischen dem Graphen der Funktion, der x-Achse und den Geraden $x = a$ und $x = b$. Das heißt, das bestimmte Integral ist eine reelle Zahl.

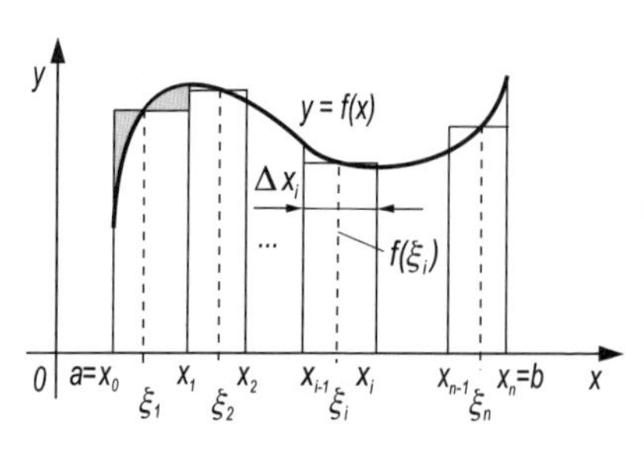

Bestimmtes Integral als Grenzwert

Bestimmtes Integral als Grenzwert

Eine Funktion f heißt in $[a,b]$ *integrierbar*, wenn der Grenzwert

$$\lim_{\substack{n\to\infty \\ \Delta x_i \to 0}} \sum_{i=1}^{n} f(\xi_i)\Delta x_i =: \int_a^b f(x)\,\mathrm{d}x$$

mit $\Delta x_i = x_i - x_{i-1} > 0$, $\xi_i \in [x_{i-1}, x_i]$, $i = 1, 2, \ldots, n$

existiert und für jede Folge beliebig fein werdender Zerlegungen, d. h. Vergrößerung der Streifenzahl n, von $[a,b]$ und für beliebige Zwischenwerte ξ_i den gleichen Wert hat.

Dieser Grenzwert heißt *bestimmtes Integral* der Funktion f im Intervall $[a,b]$, die Zwischensumme heißt RIEMANN*sche Summe*.

Für das bestimmte Integral einer im Integrationsintervall $[a,b]$ stetigen Funktion gilt der für die praktische Berechnung von Integralen nützliche

Hauptsatz der Differenzial- und Integralrechnung

$$\int_a^b f(x)\,\mathrm{d}x = F(x)|_a^b = \left[F(x)\right]_a^b = F(b) - F(a)$$

mit a untere, b obere *Integrationsgrenze*, $a < b$.

F ist Stammfunktion zu f, also $F' = f$.

Eine ebenfalls übliche Schreibweise, besonders bei mehrdimensionalen Integrationsbereichen und Kurvenintegralen, ist

$$\int_I f(x)\,\mathrm{d}x$$

♦ **Beispiel**

$$\int_1^3 \left(2x + 3x^2\right)\,\mathrm{d}x = \left(x^2 + x^3\right)\Big|_1^3 = (9 + 27) - (1 + 1) = 34$$ ♦

Kriterien für Integrierbarkeit

Eine Funktion ist im Integrationsintervall $[a, b]$ integrierbar, wenn sie

- beschränkt ist in $[a, b]$ mit nur endlich vielen Unstetigkeitsstellen oder
- stetig ist in $[a, b]$ oder
- monoton ist.

9

Erster Mittelwertsatz der Integralrechnung

Ist f eine in $[a, b]$ stetige Funktion, so existiert im Intervall mindestens ein Wert ξ, für den gilt: $\int_a^b f(x)\,\mathrm{d}x = (b - a)f(\xi)$

$f(\xi)$ heißt *Integralmittelwert, Mittelwert 1. Ordnung, linearer Mittelwert* von f in $[a, b]$

$$\bar{y} = f(\xi) = \frac{1}{b - a}\int_a^b f(x)\,\mathrm{d}x$$

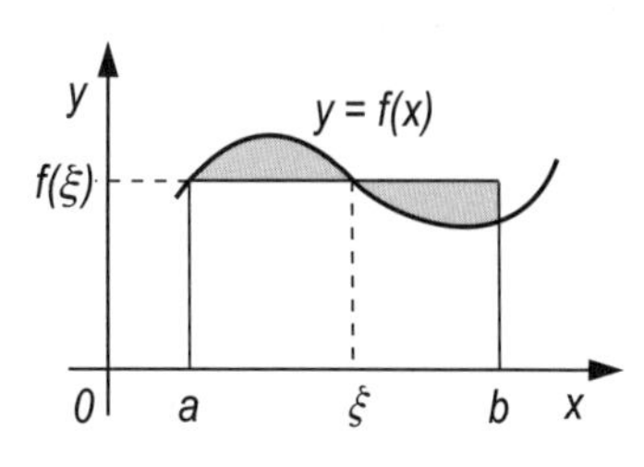

Erster Mittelwertsatz

Quadratisches Mittel (Mittelwert 2. Ordnung)

$$\bar{y}_\mathrm{q} = \sqrt{\frac{1}{b-a}\int\limits_a^b \left(f(x)\right)^2 \,\mathrm{d}x}$$

Stets gilt: $\bar{y}_\mathrm{q} \geq \bar{y}$

Erweiterter erster Mittelwertsatz der Integralrechnung

Sind die Funktionen f und g im Intervall $[a,b]$ stetig und behält $g(x)$ im Intervall das Vorzeichen bei, so gilt:

$$\int\limits_a^b f(x)g(x)\,\mathrm{d}x = f(\xi)\int\limits_a^b g(x)\,\mathrm{d}x \qquad a < \xi < b,\ \xi \in \mathbb{R}$$

Zweiter Mittelwertsatz der Integralrechnung

Sind f monoton und beschränkt und g integrierbar in $[a,b]$, so gilt:

$$\int\limits_a^b f(x)g(x)\,\mathrm{d}x = f(a)\int\limits_a^\xi g(x)\,\mathrm{d}x + f(b)\int\limits_\xi^b g(x)\,\mathrm{d}x \qquad a < \xi < b,\ \xi \in \mathbb{R}$$

Monotonie des Integrals

f und g seien auf $[a,b]$ integrierbare Funktionen.

Ist für alle $x \in [a,b]$

$$f(x) \leq g(x), \text{ dann ist } \int\limits_a^b f(x)\,\mathrm{d}x \leq \int\limits_a^b g(x)\,\mathrm{d}x$$

Speziell („Abschätzbarkeit“)

$f(x)$ stetig in $[a,b]$

$$f(x) \leq M \Rightarrow \int\limits_a^b f(x)\,\mathrm{d}x \leq M(b-a)$$

$$f(x) \geq m \Rightarrow \int\limits_a^b f(x)\,\mathrm{d}x \geq m(b-a)$$

9.1.3 Uneigentliche Integrale

Uneigentliche Integrale mit unbeschränktem Integranden

$$\int_a^b f(x)\,\mathrm{d}x := \lim_{\varepsilon\to 0+} \int_a^{b-\varepsilon} f(x)\,\mathrm{d}x \qquad \text{für } \lim_{x\to b} f(x) = \pm\infty \qquad \text{(1. Art)}$$

$$\int_a^b f(x)\,\mathrm{d}x := \lim_{\varepsilon\to 0+} \int_{a+\varepsilon}^{b} f(x)\,\mathrm{d}x \qquad \text{für } \lim_{x\to a} f(x) = \pm\infty$$

Ist $f(x)$ in der Umgebung eines inneren Punktes c unbeschränkt, d. h., $x = c$ ist *Unendlichkeitsstelle* von $f(x)$, zerlegt man das Integrationsintervall:

$$\int_a^b f(x)\,\mathrm{d}x := \lim_{\varepsilon\to 0+} \int_a^{c-\varepsilon} f(x)\,\mathrm{d}x + \lim_{\delta\to 0+} \int_{c+\delta}^{b} f(x)\,\mathrm{d}x \qquad a < c < b$$

Existieren diese Grenzwerte, so werden sie als Wert des uneigentlichen Integrals gesetzt (*konvergente uneigentliche Integrale*).

Sollten einer oder beide Grenzwerte nicht existieren, kann trotzdem mit der Kopplung $\varepsilon = \delta$ der sog. CAUCHY*sche Hauptwert* vorhanden sein:

$$\text{CHW} \int_a^b f(x)\,\mathrm{d}x = \lim_{\varepsilon\to 0+} \left(\int_a^{c-\varepsilon} f(x)\,\mathrm{d}x + \int_{c+\varepsilon}^{b} f(x)\,\mathrm{d}x \right) \text{ mit } a < c < b$$

c ist hierbei *singuläre Stelle*.

Uneigentliche Integrale mit unbeschränktem Integrationsbereich

$$\int_a^\infty f(x)\,\mathrm{d}x := \lim_{b\to\infty} \int_a^b f(x)\,\mathrm{d}x \qquad \int_{-\infty}^b f(x)\,\mathrm{d}x := \lim_{a\to-\infty} \int_a^b f(x)\,\mathrm{d}x$$

$$\int_{-\infty}^\infty f(x)\,\mathrm{d}x := \lim_{a\to-\infty} \int_a^c f(x)\,\mathrm{d}x + \lim_{b\to\infty} \int_c^b f(x)\,\mathrm{d}x \qquad \text{(2. Art)}$$

Existieren diese Grenzwerte, so werden sie wieder als Wert des uneigentlichen Integrals gesetzt. Beim letzten uneigentlichen Integral streben die Grenzen unabhängig voneinander gegen $-\infty$ und ∞.

Lässt man die Grenzen gleichmäßig gegen $\pm\infty$ gehen (Kopplung von a und b mit $c = 0$), heißt der Wert ebenfalls

CAUCHY*scher Hauptwert*:

$$\text{CHW} \int_{-\infty}^\infty f(x)\,\mathrm{d}x = \lim_{k\to\infty} \int_{-k}^{k} f(x)\,\mathrm{d}x$$

9

♦ **Beispiele**

(1) $$\int_0^1 \frac{dx}{x^n} = \lim_{\varepsilon\to 0}\int_\varepsilon^1 \frac{dx}{x^n} = \lim_{\varepsilon\to 0}\left.\frac{x^{1-n}}{1-n}\right|_\varepsilon^1 = \frac{1}{1-n}\left(1-\lim_{\varepsilon\to 0}\varepsilon^{1-n}\right) = \frac{1}{1-n}\,;\quad n<1$$

da $\lim\limits_{\varepsilon\to 0}\varepsilon^{1-n} = 0$ für $n < 1$, bestimmte Divergenz für $n > 1$.

$n = 1$ siehe Beispiel (3)

(2) $$\int_1^\infty \frac{dx}{x^n} = \lim_{b\to\infty}\int_1^b \frac{dx}{x^n} = \lim_{b\to\infty}\left.\frac{x^{1-n}}{1-n}\right|_1^b = \lim_{b\to\infty}\frac{\frac{1}{b^{n-1}}-1}{1-n} = \frac{1}{n-1}\qquad n>1$$

Der Grenzwert für $n > 1$ existiert, bestimmte Divergenz für $n \leq 1$.

(3) $$\int_0^1 \frac{dx}{x} = \lim_{\varepsilon\to 0}\int_\varepsilon^1 \frac{dx}{x} = \lim_{\varepsilon\to 0}(\ln 1 - \ln\varepsilon)$$ existiert nicht, da $\ln 0$ nicht existiert.

(4) $$\int_0^3 \frac{dx}{x-1} = \lim_{\varepsilon\to 0}\int_0^{1-\varepsilon}\frac{dx}{x-1} + \lim_{\varepsilon\to 0}\int_{1+\varepsilon}^3 \frac{dx}{x-1}$$

$$= \lim_{\varepsilon\to 0}\ln|x-1|\Big|_0^{1-\varepsilon} + \lim_{\varepsilon\to 0}\ln|x-1|\Big|_{1+\varepsilon}^3$$

$$= \ln|-\varepsilon| - \ln|-1| + \ln 2 - \ln|\varepsilon|$$

Der Grenzwert existiert nicht, da $\ln 0$ nicht definiert ist.

Aber der CAUCHYsche Hauptwert existiert:

$$\lim_{\varepsilon\to 0}\left(\int_0^{1-\varepsilon}\frac{dx}{x-1} + \int_{1+\varepsilon}^3 \frac{dx}{x-1}\right) = \lim_{\varepsilon\to 0}\left(\ln|x-1|\Big|_0^{1-\varepsilon} + \ln|x-1|\Big|_{1+\varepsilon}^3\right)$$
$$= \ln|x-1|\Big|_0^3 = \ln 2$$

oder einfacher

$$\text{CHW}\int_0^3 \frac{dx}{x-1} = \ln|x-1|\Big|_0^3 = \ln 2$$ ♦

9.2 Grundintegrale, Stammintegrale

Festlegungen: $n, k \in \mathbb{Z}, C \in \mathbb{R}$

(1) $\int x^n \, \mathrm{d}x = \frac{x^{n+1}}{n+1} + C \quad n \neq -1$ für $n < -1$ gilt zusätzlich $x \neq 0$	(2) $\int x^a \, \mathrm{d}x = \frac{x^{a+1}}{a+1} + C$ $a \in \mathbb{R}, a \neq -1, x > 0$
(3) $\int \frac{\mathrm{d}x}{x} = \ln\lvert x\rvert + C \quad x \neq 0$	(4) $\int \mathrm{e}^x \, \mathrm{d}x = \mathrm{e}^x + C$
(5) $\int a^x \, \mathrm{d}x = \frac{a^x}{\ln a} + C \quad a \in \mathbb{R}_{>0}, \; a \neq 1$	(6) $\int \sin x \, \mathrm{d}x = -\cos x + C$
(7) $\int \cos x \, \mathrm{d}x = \sin x + C$	(8) $\int \frac{\mathrm{d}x}{\cos^2 x} = \tan x + C$ $x \neq \frac{\pi}{2} + k\pi$
(9) $\int \frac{\mathrm{d}x}{\sin^2 x} = -\cot x + C \quad x \neq k\pi$	(10) $\int \sinh x \, \mathrm{d}x = \cosh x + C$
(11) $\int \cosh x \, \mathrm{d}x = \sinh x + C$	(12) $\int \frac{\mathrm{d}x}{\cosh^2 x} = \tanh x + C$
(13) $\int \frac{\mathrm{d}x}{\sinh^2 x} = -\coth x + C$ $x \neq 0$	(14) $\int \frac{\mathrm{d}x}{1+x^2} = \begin{cases} \arctan x + C_1 \\ -\operatorname{arccot} x + C_2 \end{cases}$

$$(15) \int \frac{\mathrm{d}x}{1-x^2} = \begin{cases} \operatorname{artanh} x + C = \frac{1}{2} \ln \frac{1+x}{1-x} + C \text{ für } \lvert x\rvert < 1 \\ \operatorname{arcoth} x + C = \frac{1}{2} \ln \frac{x+1}{x-1} + C \text{ für } \lvert x\rvert > 1 \end{cases}$$

$$(16) \int \frac{\mathrm{d}x}{\sqrt{1+x^2}} = \operatorname{arsinh} x + C = \ln\left(x + \sqrt{1+x^2}\right) + C$$

$$(17) \int \frac{\mathrm{d}x}{\sqrt{1-x^2}} = \begin{cases} \arcsin x + C_1 \\ -\arccos x + C_2 \end{cases} \qquad \lvert x\rvert < 1$$

$$(18) \int \frac{\mathrm{d}x}{\sqrt{x^2-1}} = \operatorname{arcosh}\lvert x\rvert \cdot \operatorname{sgn} x + C = \ln\left\lvert x + \sqrt{x^2-1}\right\rvert + C \qquad \lvert x\rvert > 1$$

9

9.3 Integrationsregeln und -verfahren

9.3.1 Grundregeln der Integralrechnung

Linearität der Integration liegt den ersten beiden Regeln zugrunde.

Summenregel: $\int \big(f(x) \pm g(x)\big)\,\mathrm{d}x = \int f(x)\,\mathrm{d}x \pm \int g(x)\,\mathrm{d}x$

Faktorregel: $\int a \cdot f(x)\,\mathrm{d}x = a \cdot \int f(x)\,\mathrm{d}x \qquad a \in \mathbb{R}$

Potenzregel: $\int \big(f(x)\big)^n f'(x)\,\mathrm{d}x = \frac{1}{n+1}\big(f(x)\big)^{n+1} + C \qquad n \neq -1$

speziell: $\int f(x) f'(x)\,\mathrm{d}x = \frac{1}{2}\big(f(x)\big)^2 + C$

Logarithmische Integration

$$\int \frac{f'(x)}{f(x)}\,\mathrm{d}x = \ln|f(x)| + C \qquad f(x) \neq 0$$

Vertauschen der Integrationsgrenzen: $\int_a^b f(x)\,\mathrm{d}x := -\int_b^a f(x)\,\mathrm{d}x$

Zusammenfallende Integrationsgrenzen: $\int_a^a f(x)\,\mathrm{d}x := 0$

Additivität des Integrals: $\int_a^b f(x)\,\mathrm{d}x = \int_a^c f(x)\,\mathrm{d}x + \int_c^b f(x)\,\mathrm{d}x$

für jede beliebige Anordnung von a, b und c.

♦ **Beispiel**

Man löse das Integral $\int \sin^3 x \cos x\,\mathrm{d}x$.

Es liegt die Form $\int f(x)^n f'(x)\,\mathrm{d}x$ vor (Potenzregel).

$$\int \sin^3 x \cos x\,\mathrm{d}x = \frac{1}{4}\sin^4 x + C$$ ♦

9.3.2 Integration durch Substitution

Ziel ist, ein zu lösendes Integral durch Substitution in ein Grundintegral bzw. ein Integral der Integraltabellen von Kapitel 14 zu wandeln, evtl. auch erst zusammen mit weiteren Integrationsmethoden.

Substitutionsregeln

(1) $\int f\big(g(x)\big)g'(x)\,\mathrm{d}x = \int f(u)\,\mathrm{d}u$

Substitution $u = g(x)$, $\mathrm{d}u = g'(x)\,\mathrm{d}x$ oder

(2) $\int f(x)\,\mathrm{d}x = \int f\big(h(u)\big)h'(u)\,\mathrm{d}u$

Substitution $x = h(u)$, $\mathrm{d}x = h'(u)\,\mathrm{d}u$

mit einer **umkehrbaren** Funktion $h(u)$.

Standard-Substitutionen gemäß (1)

$u = g(x)$	$\mathrm{d}x = \frac{\mathrm{d}u}{g'(x)}$	$u = g(x)$	$\mathrm{d}x = \frac{\mathrm{d}u}{g'(x)}$
$u = ax + b$	$\mathrm{d}x = \frac{1}{a}\,\mathrm{d}u$	$u = \frac{x}{a}$	$\mathrm{d}x = a\,\mathrm{d}u$
$u = \frac{a}{x}$	$\mathrm{d}x = -\frac{a}{u^2}\,\mathrm{d}u$	$u = a^x$	$\mathrm{d}x = \frac{1}{u\ln a}\,\mathrm{d}u$
$u = \sqrt{x}$	$\mathrm{d}x = 2u\,\mathrm{d}u$	$u = \mathrm{e}^x$	$\mathrm{d}x = \frac{1}{u}\,\mathrm{d}u$
$u = \ln x$	$\mathrm{d}x = \mathrm{e}^u\,\mathrm{d}u$	$u = x^2 + a^2$	$\mathrm{d}x = \frac{1}{2\sqrt{u - a^2}}\,\mathrm{d}u$
$u = \sqrt{ax + b}$	$\mathrm{d}x = \frac{2u}{a}\,\mathrm{d}u$	$u = ax^2 + b$	$\mathrm{d}x = \frac{1}{2\sqrt{au - ab}}\,\mathrm{d}u$
$u = \sqrt{x^2 + a^2}$	$\mathrm{d}x = \frac{u}{\sqrt{u^2 - a^2}}\,\mathrm{d}u$	$u = \sqrt{x^2 - a^2}$	$\mathrm{d}x = \frac{u}{\sqrt{u^2 + a^2}}\,\mathrm{d}u$
$u = \sqrt{a^2 - x^2}$	$\mathrm{d}x = -\frac{u}{\sqrt{a^2 - u^2}}\,\mathrm{d}u$	$u = \sqrt[n]{ax + b}$	$\mathrm{d}x = \frac{nu^{n-1}}{a}\,\mathrm{d}u$

Bemerkung: Bei bestimmten Integralen kann man auch die Grenzen substituieren und spart am Ende das Rücksubstituieren:

$$\int_a^b f\big(g(x)\big)g'(x)\,\mathrm{d}x = \int_{g(a)}^{g(b)} f(u)\,\mathrm{d}u$$

mit $u = g(x)$

♦ **Beispiele**

(1) Man löse das Integral $\int \sqrt{ax+b}\,\mathrm{d}x$. (Siehe auch Integral 121 in 14.2.2)

Substitution: $u = \sqrt{ax+b}$, $\mathrm{d}x = \dfrac{2u}{a}\,\mathrm{d}u$

$$\int u \cdot \frac{2u}{a}\,\mathrm{d}u = \frac{2}{a}\int u^2\,\mathrm{d}u = \frac{2u^3}{3a} + C = \frac{2}{3a}\left(\sqrt{ax+b}\right)^3 + C$$

(2) Man löse das Integral $\int \dfrac{x^3}{1+x^2}\,\mathrm{d}x$.

Substitution: $u = x^2 + 1^2$, $\mathrm{d}x = \dfrac{1}{2\sqrt{u-1}}\,\mathrm{d}u$ lt. Tabelle oben, $x = \sqrt{u-1}$

$$\int \frac{x^3}{1+x^2}\,\mathrm{d}x = \int \frac{\sqrt{u-1}(u-1)}{u} \cdot \frac{1}{2\sqrt{u-1}}\,\mathrm{d}u$$

$$= \int \frac{u-1}{2u}\,\mathrm{d}u = \frac{1}{2}u - \frac{1}{2}\ln|u| + C$$

$$= \frac{1+x^2}{2} - \ln\sqrt{1+x^2} + C = \frac{x^2}{2} - \ln\sqrt{1+x^2} + C_1$$

$C \in \mathbb{R}$ ♦

Substitutionen gemäß (2)

Rationaler Integrand R	Substitution	Transformation	Transformierter Integrand
$R\left(x, \sqrt{a^2-x^2}\right)$	$x = a\sin u$	$\mathrm{d}x = a\cos u\,\mathrm{d}u$	$\varphi(a\sin u, a\cos u)a\cos u$
	$x = a\tanh u$	$\mathrm{d}x = \dfrac{a}{\cosh^2 u}\,\mathrm{d}u$	$\varphi\left(a\tanh u, \dfrac{a}{\cosh u}\right)\dfrac{a}{\cosh^2 u}$
$R\left(x, \sqrt{a^2+x^2}\right)$	$x = a\tan u$	$\mathrm{d}x = \dfrac{a}{\cos^2 u}$	$\varphi\left(a\tan u, \dfrac{a}{\cos u}\right)\dfrac{a}{\cos^2 u}$
	$x = a\sinh u$	$\mathrm{d}x = a\cosh u\,\mathrm{d}u$	$\varphi(a\sinh u, a\cosh u)a\cosh u$
$R\left(x, \sqrt{x^2-a^2}\right)$	$x = \dfrac{a}{\cos u}$	$\mathrm{d}x = \dfrac{a\sin u}{\cos^2 u}\,\mathrm{d}u$	$\varphi\left(\dfrac{a}{\cos u}, a\tan u\right)\dfrac{a\sin u}{\cos^2 u}$
	$x = a\cosh u$	$\mathrm{d}x = a\sinh u\,\mathrm{d}u$	$\varphi(a\cosh u, a\sinh u)a\sinh u$
$R\left(x, \sqrt[n]{ax+b}\right)$	$ax+b = u^n$	$\mathrm{d}x = \dfrac{nu^{n-1}}{a}\,\mathrm{d}u$	$\varphi\left(\dfrac{u^n-b}{a}, u\right)\dfrac{n}{a}u^{n-1}$
$m, n \in \mathbb{Q}$ $R(\mathrm{e}^{mx}, \mathrm{e}^{nx}, \ldots)$	$\mathrm{e}^x = u$	$\mathrm{d}x = \dfrac{\mathrm{d}u}{u}$	$\varphi(u^m, u^n, \ldots)\dfrac{1}{u}$

Weitere Substitutionen:

(1) $\int R\left(x\sqrt[m]{\frac{ax+b}{cx+d}}, \sqrt[n]{\frac{ax+b}{cx+d}}, \dots\right) \mathrm{d}x \qquad ad - bc \neq 0$

Substitution: $x = \frac{du^{\nu} - b}{a - cu^{\nu}}$ bzw. $\frac{ax+b}{cx+d} = u^{\nu}$,

$$\mathrm{d}x = \nu(ad - bc)\frac{u^{\nu-1}}{\left(a - cu^{\nu}\right)^2}\,\mathrm{d}u,$$

ν kgV von $m, n, \dots$ ergibt $\int \varphi(u)\,\mathrm{d}u$ (rationale Funktion)

(2) *Binomische Integrale* $\int x^m\left(a + bx^p\right)^q \mathrm{d}x \qquad m, p, q \in \mathbb{Q}$
Binomische Integrale sind nur geschlossen lösbar, falls
q ganzzahlig: $\quad u = \sqrt[n]{x} \quad n =$ kgV der Nenner von m, p

$\frac{m+1}{p}$ ganzzahlig: $\quad u = \sqrt[\nu]{a + bx^p} \quad \nu$ Nenner von q

$\frac{m+1}{p} + q$ ganzzahlig: $u = \sqrt[\nu]{\frac{a + bx^2}{x^p}} \quad \nu$ Nenner von q

(3) $\int R\left(x, \sqrt{ax^2 + bx + c}\right) \mathrm{d}x$

Substitutionen von EULER ergeben $\int \varphi(u)\,\mathrm{d}u$

Fall 1: $a > 0$, Substitution: $\sqrt{ax^2 + bx + c} = x\sqrt{a} + u$

$$x = \frac{u^2 - c}{b - 2u\sqrt{a}} \qquad \mathrm{d}x = 2\frac{-u^2\sqrt{a} + bu - c\sqrt{a}}{\left(b - 2u\sqrt{a}\right)^2}\,\mathrm{d}u$$

Fall 2: $c > 0, x \neq 0$, Substitution: $\sqrt{ax^2 + bx + c} = xu + \sqrt{c}$

$$x = \frac{2u\sqrt{c} - b}{a - u^2} \qquad \mathrm{d}x = \frac{2a\sqrt{c} - 2bu + 2u^2\sqrt{c}}{\left(a - u^2\right)^2}\,\mathrm{d}u$$

Fall 3: Der Radikand hat die reellen Wurzeln x_1 und x_2.
Substitution: $\sqrt{ax^2 + bx + c} = u\left(x - x_1\right)$

$$x = \frac{u^2 x_1 - ax_2}{u^2 - a} \qquad \mathrm{d}x = \frac{2au\left(x_2 - x_1\right)}{\left(u^2 - a\right)^2}\,\mathrm{d}u$$

(4) $\int R(\sin x, \cos x, \tan x, \cot x)\,\mathrm{d}x$

Substitution: $u = \tan\frac{x}{2}$, $\mathrm{d}x = \frac{2}{1+u^2}\,\mathrm{d}u$

ergibt $\int \varphi\left(\frac{2u}{1+u^2}, \frac{1-u^2}{1+u^2}, \frac{2u}{1-u^2}, \frac{1-u^2}{2u}\right)\frac{2}{1+u^2}\,\mathrm{d}u$

9

(5) $\int R(\sinh x, \cosh x, \tanh x, \coth x)\,\mathrm{d}x$

Substitution: $u = \tanh \frac{x}{2}$, $\mathrm{d}x = \frac{2}{1-u^2}\,\mathrm{d}u$

ergibt $\int \varphi\left(\frac{2u}{1-u^2}, \frac{1+u^2}{1-u^2}, \frac{2u}{1+u^2}, \frac{1+u^2}{2u}\right)\frac{2}{1-u^2}\,\mathrm{d}u$

oder Ersatz durch Exponentialfunktionen vornehmen.

9.3.3 Partielle Integration (Produktintegration)

$$\int uv'\,\mathrm{d}x = uv - \int u'v\,\mathrm{d}x, \qquad \text{wobei } u = u(x),\ v = v(x)$$

Andere Schreibweise: $\int u\,\mathrm{d}v = uv - \int v\,\mathrm{d}u$

♦ **Beispiel**

$$\int x^3 \ln x\,\mathrm{d}x,\ x \in \mathbb{R}_{>0} \qquad u = \ln x,\ u' = \frac{1}{x} \qquad v' = x^3, v = \frac{x^4}{4}$$

$$\int x^3 \ln x\,\mathrm{d}x = \frac{x^4}{4}\ln x - \frac{1}{4}\int \frac{x^4}{4}\,\mathrm{d}x = \frac{x^4}{4}\ln x - \frac{1}{4}\int x^3\,\mathrm{d}x$$

$$= \frac{x^4}{4}\ln x - \frac{1}{4}\cdot\frac{x^4}{4} + C = \frac{x^4}{4}\left(\ln x - \frac{1}{4}\right) + C \qquad C \in \mathbb{R}$$ ♦

9.3.4 Integration nach Partialbruchzerlegung

Partialbruchzerlegung einer echt gebrochenrationalen Funktion $\frac{Z(x)}{N(x)}$

Fall 1: Die Gleichung $N(x) = 0$ hat nur **einfache, reelle Wurzeln** $x_1, x_2, \ldots$

$$\frac{Z(x)}{N(x)} = \frac{A}{x-x_1} + \frac{B}{x-x_2} + \frac{C}{x-x_3} + \ldots \text{ (Summe von Partialbrüchen)}$$

wobei $A = \frac{Z(x_1)}{\bar{N}(x_1)}, B = \frac{Z(x_2)}{\bar{N}(x_2)}, C = \frac{Z(x_3)}{\bar{N}(x_3)}, \ldots$ mit $\bar{N}(x_i) = \frac{N}{(x-x_i)}(x_i)$

$$\int \frac{Z(x)}{N(x)}\,\mathrm{d}x = A\int \frac{\mathrm{d}x}{x-x_1} + B\int \frac{\mathrm{d}x}{x-x_2} + C\int \frac{\mathrm{d}x}{x-x_3} + \ldots$$

Die Zähler $A, B, C, \ldots$ der Partialbrüche können auch, oftmals schneller, durch den Ansatz *unbestimmter Koeffizienten* und deren Bestimmung mithilfe des *Koeffizientenvergleichs* beider Zähler und/oder durch Einsetzen geeigneter x-Werte (im Fall 1 am günstigsten der Wurzeln x_i) gefunden werden. Beides führt zu einem eindeutig lösbaren linearen Gleichungssystem.

♦ **Beispiel**

$$\int \frac{15x^2 - 70x - 95}{x^3 - 6x^2 - 13x - 42}\,\mathrm{d}x$$

$N(x)$: $x^3 - 6x^2 - 13x + 42 = 0$

$x_1 = 2, x_2 = -3, x_3 = 7$ sind die Nullstellen von $N(x)$

$$\text{Ansatz: } \frac{15x^2 - 70x - 95}{x^3 - 6x^2 - 13x + 42} = \frac{A}{x-2} + \frac{B}{x+3} + \frac{C}{x-7}$$
$$= \frac{A(x+3)(x-7) + B(x-2)(x-7) + C(x-2)(x+3)}{(x-2)(x+3)(x-7)}$$
$$= \frac{(A+B+C)x^2 - (4A+9B-C)x - (21A-14B+6C)}{(x-2)(x+3)(x-7)}$$

Gleichsetzen der Koeffizienten gleicher Potenzen von x liefert

$$\begin{cases} A + B + C = 15 \\ 4A + 9B - C = 70 \\ 21A - 14B + 6C = 95 \end{cases} \quad \text{mit der Lösung } A = 7, B = 5, C = 3$$

oder

$$A = \frac{Z(x_1)}{\bar{N}(x_1)} = \frac{-175}{-25} = 7,\ B = \frac{Z(x_2)}{\bar{N}(x_2)} = \frac{250}{50} = 5,\ C = \frac{Z(x_3)}{\bar{N}(x_3)} = \frac{150}{50} = 3$$

$$\int \frac{15x^2 - 70x - 95}{x^3 - 6x^2 - 13x + 42}\,\mathrm{d}x = 7\int \frac{\mathrm{d}x}{x-2} + 5\int \frac{\mathrm{d}x}{x+3} + 3\int \frac{\mathrm{d}x}{x-7}$$
$$= 7\ln|x-2| + 5\ln|x+3| + 3\ln|x-7| + C$$

oder Einsetzen von x_1, x_2, x_3

$A(2+3)(2-7) = 15 \cdot 2^2 - 70 \cdot 2 - 95 \Rightarrow A = (-175)/(-25)$

$B(-3-2)(-3-7) = 15(-3)^2 - 70(-3) - 95 \Rightarrow B = 250/50$

$C(7-2)(7+3) = 15 \cdot 7^2 - 70 \cdot 7 - 95 \Rightarrow C = 150/50$ wie oben ♦

Fall 2: Die Wurzeln der Gleichung $N(x) = 0$ sind **reell**, treten aber **mehrfach** auf (x_1 α-mal, x_2 β-mal usw.):

$$\frac{Z(x)}{N(x)} = \frac{A_1}{(x-x_1)^\alpha} + \frac{A_2}{(x-x_1)^{\alpha-1}} + \ldots + \frac{A_\alpha}{(x-x_1)^1}$$
$$+ \frac{B_1}{(x-x_2)^\beta} + \frac{B_2}{(x-x_2)^{\beta-1}} + \ldots + \frac{B_\beta}{(x-x_2)^1} + \ldots$$

Ermittlung der Koeffizienten $A_i, B_i, \ldots$ wieder durch Koeffizientenvergleich

♦ **Beispiel**

$$\int \frac{3x^3 + 10x^2 - x}{(x^2-1)^2}\,\mathrm{d}x$$

$$(x^2-1)^2 = 0 \Rightarrow x_1 = x_2 = 1, x_3 = x_4 = -1$$

$$\frac{3x^3+10x^2-x}{(x^2-1)^2} = \frac{A_1}{(x-1)^2} + \frac{A_2}{x-1} + \frac{B_1}{(x+1)^2} + \frac{B_2}{x+1}$$

$$= \frac{A_1(x+1)^2 + A_2(x+1)^2(x-1) + B_1(x-1)^2 + B_2(x-1)^2(x+1)}{(x-1)^2(x+1)^2}$$

$$= \frac{(A_2+B_2)x^3 + (A_1+A_2+B_1-B_2)x^2}{(x-1)^2(x+1)^2}$$

$$+ \frac{(2A_1-A_2-2B_1-B_2)x + A_1 - A_2 + B_1 + B_2}{(x-1)^2(x+1)^2}$$

Methode des Koeffizientenvergleichs führt zu nachstehendem Gleichungssystem

$$\begin{cases} A_2 + B_2 = 3 \\ A_1 + A_2 + B_1 - B_2 = 10 \\ 2A_1 - A_2 - 2B_1 - B_2 = -1 \\ A_1 - A_2 + B_1 + B_2 = 0 \end{cases}$$

Mit der Lösung $A_1 = 3, A_2 = 4, B_1 = 2, B_2 = -1$

Damit lautet die Partialbruchzerlegung:

$$\int \frac{3x^3+10x^2-x}{(x^2-1)^2}\,\mathrm{d}x = 3\int \frac{\mathrm{d}x}{(x-1)^2} + 4\int \frac{\mathrm{d}x}{x-1} + 2\int \frac{\mathrm{d}x}{(x+1)^2} - \int \frac{\mathrm{d}x}{x+1}$$

$$= -\frac{3}{x-1} + 4\ln|x-1| - \frac{2}{x+1} - \ln|x+1| + C$$ ♦

Fall 3: Die Gleichung $N(x) = 0$ hat neben reellen Wurzeln auch **einfache komplexe Wurzeln**, die konjugiert auftreten: $x_{1,2} = a \pm \mathrm{j}b$

Die oben besprochene Partialbruchzerlegung ist anwendbar, wobei aber auch komplexe Zähler auftreten.

Vermieden wird das Rechnen mit komplexen Größen, wenn man die Partialbrüche, die durch die komplexen Wurzeln zustande kommen, auf den Hauptnenner bringt. Mit z. B. $x_{1,2} = a \pm \mathrm{j}b$ lautet der Ansatz

$$\frac{Z(x)}{N(x)} = \frac{Px+Q}{(x-x_1)(x-x_2)} = \frac{Px+Q}{x^2+px+q}$$

x^2+px+q nicht reell zerlegbar (*irreduzibel*, d. h. $p^2-4q<0$)

Die Koeffizienten werden durch Koeffizientenvergleich ermittelt.

♦ **Beispiel**

$$\int \frac{7x^2-10x+37}{x^3-3x^2+9x+13}\,\mathrm{d}x$$

$x^3 - 3x^2 + 9x + 13 = 0$ mit der Lösung $x_1 = -1, x_2 = 2 + 3\,\mathrm{j}, x_3 = 2 - 3\,\mathrm{j}$

$$\frac{7x^2 - 10x + 37}{x^3 - 3x^2 + 9x + 13} = \frac{A}{x+1} + \frac{Px + Q}{x^2 - 4x + 13}$$
$$= \frac{A(x^2 - 4x + 13) + (Px + Q)(x + 1)}{x^3 - 3x^2 + 9x + 13}$$
$$= \frac{(A + P)x^2 - (4A - Q - P)x + (13A + Q)}{x^3 - 3x^2 + 9x + 13}$$

Ein Koeffizientenvergleich führt zu nachstehendem Gleichungssystem

$$\begin{cases} A \quad\quad + P = 7 \\ 4A - Q - P = 10 \\ 13A + Q \quad\quad = 37 \end{cases} \quad \text{mit der Lösung } A = 3, P = 4, Q = -2$$

$$\int \frac{7x^2 - 10x + 37}{x^3 - 3x^2 + 9x + 13}\,\mathrm{d}x = 3\int \frac{\mathrm{d}x}{x+1} + \int \frac{4x - 2}{x^2 - 4x + 13}\,\mathrm{d}x$$
$$= 3\ln|x + 1| + 2\ln|x^2 - 4x + 13| + 2\arctan\frac{x-2}{3} + C \qquad \blacklozenge$$

Fall 4: Die Gleichung $N(x) = 0$ hat neben **reellen Wurzeln** auch **mehrfache komplexe Wurzeln**. Dann erfolgt am besten wieder Zusammenfassung der Brüche, die durch die konjugiert komplexen Wurzeln entstehen.

Die Zerlegung lautet zum Beispiel

$$\frac{Z(x)}{N(x)} = \frac{A_1}{(x - x_1)^3} + \frac{A_2}{(x - x_1)^2} + \frac{A_3}{(x - x_1)^1}$$
$$+ \frac{P_1 x + Q_1}{(x^2 + px + q)^2} + \frac{P_2 x + Q_2}{(x^2 + px + q)^1}$$

x_1 tritt in dem hier gewählten Beispiel als dreifache reelle Wurzel, die konjugiert komplexen Wurzeln treten zweifach auf.

Insgesamt gilt:

Anzahl der Koeffizienten = Grad der Nennerfunktion $N(x)$

9.3.5 Integration nach Reihenentwicklung

Kann man den Integranden in eine konvergente Potenzreihe entwickeln, $f(x) = a_0 + a_1 x + a_2 x^2 + \ldots$, und liegen die Integrationsgrenzen im Konvergenzbereich der Reihe, ist gliedweise Integration möglich:

$$\int_a^b f(x)\,\mathrm{d}x = a_0 \int_a^b \mathrm{d}x + a_1 \int_a^b x\,\mathrm{d}x + a_2 \int_a^b x^2\,\mathrm{d}x + \ldots$$

wobei $|a| < r$, $|b| < r$ $\qquad r$ Konvergenzradius

9

♦ **Beispiel**

$$\arctan x = \int_0^x \frac{1}{1+z^2}\,\mathrm{d}z$$

Im Intervall $0 \leq z \leq x$ konvergiert die Reihe

$$\frac{1}{1+z^2} = 1 - z^2 + z^4 \mp \ldots \quad \text{für jedes } |z| < 1$$

(geometrische Reihe mit $q = -z^2$)

Integration der Reihe liefert

$$\arctan x = x - \frac{x^3}{3} + \frac{x^5}{5} \mp \ldots \quad \text{für } |x| < 1$$

Diese Reihe konvergiert auch für $x = \pm 1$ nach dem LEIBNIZschen Konvergenzkriterium für alternierende Reihen. ♦

Anwendungen bei nichtelementaren Funktionen

Integralsinus

$$\mathrm{Si}(x) = \int_0^x \frac{\sin t}{t}\,\mathrm{d}t = x - \frac{x^3}{3\cdot 3!} + \frac{x^5}{5\cdot 5!} - \frac{x^7}{7\cdot 7!} \pm \ldots \qquad x \geq 0$$

Integralkosinus

$$\mathrm{Ci}(x) = -\int_x^\infty \frac{\cos t}{t}\,\mathrm{d}t = \mathrm{C} + \ln x - \frac{x^2}{2\cdot 2!} + \frac{x^4}{4\cdot 4!} - \frac{x^6}{6\cdot 6!} \pm \ldots \quad x > 0$$

mit $\mathrm{C} = 0{,}577\,215\,664\,901\ldots$ EULER-MASCHERONI*sche Konstante*

Exponentialintegral (C siehe oben)

$$\mathrm{Ei}(x) = \int_{-\infty}^x \frac{\mathrm{e}^t}{t}\,\mathrm{d}t = \mathrm{C} + \ln x + \frac{x}{1\cdot 1!} + \frac{x^2}{2\cdot 2!} - \frac{x^3}{3\cdot 3!} + \ldots \qquad x > 0$$

Integrallogarithmus (C siehe oben)

$$\mathrm{li}(x) = \int_0^x \frac{\mathrm{d}t}{\ln t} = \mathrm{C} + \ln(\ln x) + \frac{\ln x}{1\cdot 1!} + \frac{(\ln x)^2}{2\cdot 2!} - \frac{(\ln x)^3}{3\cdot 3!} + \ldots \quad x > 1$$

Es gilt: $\mathrm{li}(x) = \mathrm{Ei}(\ln x)$

GAUSS*sche Standard-Normalverteilung* (siehe auch 13.2.8.2)

$$\Phi(x) = \frac{1}{\sqrt{2\pi}} \int_{-\infty}^x \mathrm{e}^{-\frac{t^2}{2}}\,\mathrm{d}t = \frac{1}{2} + \frac{1}{\sqrt{2\pi}} \int_0^x \mathrm{e}^{-\frac{t^2}{2}}\,\mathrm{d}t \qquad x \in \mathbb{R}$$

$$= \frac{1}{2} + \frac{1}{\sqrt{2\pi}}\left(\frac{x}{1} - \frac{x^3}{2\cdot 3\cdot 1!} + \frac{x^5}{2^2\cdot 5\cdot 2!} - \frac{x^7}{2^3\cdot 7\cdot 3!} \pm \ldots\right)$$

9.3.6 Grafische Integration

Näherungsverfahren zur Ermittlung eines partikulären Integrals

$$\int f(x)\,\mathrm{d}x = F(x) + C \quad \text{mit} \quad F'(x) = f(x) \quad \text{bzw.}$$

$$\int_a^b f(x)\,\mathrm{d}x = F(b) - F(a)$$

Man ersetzt die Kurve $y = f(x)$ im Bereich $[a, b]$ durch eine Treppenkurve mit zur Abszisse parallelen Stufen, und zwar so, dass jeweils die beiden zwischen zwei Stufen schraffierten Zipfel gleichen Flächeninhalt aufweisen. Die Ordinaten der Stufen trägt man auf der y-Achse ab, $B_1, B_2, \ldots$, und verbindet die Punkte B_i mit dem Pol $P(-p, 0)$. Zu diesen Verbindungslinien zieht man die Parallelen, beginnend im Punkt C_0, sodass $\overline{C_0C_1} \parallel \overline{PB_1}$, $\overline{C_1C_2} \parallel \overline{PB_2}$, $\overline{C_2C_3} \parallel \overline{PB_3}$ usw. wird. Der dadurch erhaltene Polygonzug stellt einen Tangentenzug an die gesuchte Integralkurve F dar, der die Kurve in den Punkten C_0, D_1, D_2, D_3 usw. berührt (siehe Bild).

Maßstab: $l_F = \dfrac{l_x \cdot l_y}{p}$

l_x, l_y Einheitslängen für $f(x)$

l_F Einheitslänge für $\int f(x)\,\mathrm{d}x$

p Polabstand

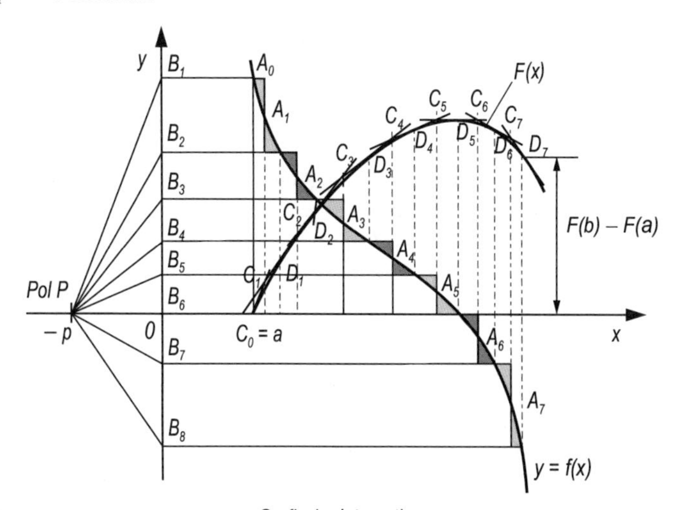

Grafische Integration

9.4 Numerische Integration

9.4.1 Allgemeines

Numerische Integration (*Quadratur*) dient der näherungsweisen Berechnung eines bestimmten Integrals über $f(x)$ aus diskreten Daten (x_i, y_i) (*Stützpunkte*) mit $y_i = f(x_i)$ durch eine *Quadraturformel* Q:

$$Q(f) \approx \int_a^b f(x)\,\mathrm{d}x$$

Numerische Quadratur wird notwendig, wenn

- die Funktion f nur an diskreten *Stützstellen* (Knoten) $x_i \in [a, b]$ bekannt ist,
- die Stammfunktion F von f nicht geschlossen (integralfrei) darstellbar ist,
- der Aufwand zur direkten Berechnung des Integrals I zu groß ist.

Bezeichnungen

$Q_n(f;\, a, b)$	*Quadraturformel* mit Angabe von Grad und Referenzintervall
$E_n(f;\, a, b)$	lokaler *Quadraturfehler*, desgl.
n	Grad des Interpolationspolynoms
$n+1$	Anzahl der *Stützstellen*, $a \leq x_0 < x_1 < \ldots < x_n \leq b$
$[a, b]$	*Referenzintervall* für die Konstruktion einer Quadraturformel, üblich sind $[-1, 1]$, $[0, h]$ oder $[-h, h]$.
A_i	*Gewichte*, (Quadratur-)Koeffizienten
L_i	LAGRANGE*sche Stützpolynome* (siehe 7.5.3.2)

Ansatz: $I(f;\, a, b) = \int_a^b f(x)\,\mathrm{d}x = Q_n(f;\, a, b) + E_n(f;\, a, b)$

Interpolation des Integranden durch ein Polynom p_n vom Grad n bedeutet, Ersatz des Integrals über f durch eines über p_n als Näherung:

$$Q_n(f;\, a, b) = \int_a^b p_n(x)\,\mathrm{d}x \approx \int_a^b f(x)\,\mathrm{d}x$$

$$E_n(f;\, a, b) = \int_a^b \big(f(x) - p_n(x)\big)\,\mathrm{d}x$$

Mit dem Ansatz gemäß Abschnitt 7.5.3.2 erhält man die LAGRANGE*sche Form der Interpolationsquadraturformel*

$$Q_n(f;\, a, b) = \sum_{i=0}^{n} A_i f(x_i) \qquad \text{mit } A_i = \int_a^b L_i(x)\,\mathrm{d}x$$

Da jedes Polynom p_k vom Grad $k \leq n$ durch p_n exakt wiedergegeben wird, ist Q_n für Polynome bis zum Grad n exakt, polynomische Ordnung der Integrationsformel ist $(n+1)$.

Also auch für $p_k = f(x) = 1$:

$$Q(1;a,b) = I(1;a,b) = \sum_{i=0}^{n} A_i = \int_a^b 1\,\mathrm{d}x = b - a$$

In Worten: Die Summe der *Gewichte* ist gleich der Länge des Interpolationsintervalls.

Um mit der Quadraturformel auf $[a,b]$ Polynome bis zum Grad $M \geq n$ exakt integrieren zu können, gilt für die A_i das Gleichungssystem:

$$\sum_{i=0}^{n} A_i x_i^m = \frac{1}{m+1}\left(b^{m+1} - a^{m+1}\right) \qquad m = 0, 1, 2, \ldots, M \qquad (*)$$

Für $m = 0$ ergibt sich auch obige Aussage zur Summe der A_i.

Lokale Fehlerordnung: $q = M + 2$

Arten der Interpolationsquadraturformeln

9

Gegeben a, b, x_i: NEWTON-COTES-*Formeln*

Gegeben $a = -h, b = h, A_i = 2h/(n+1)$: TSCHEBYSCHEFF*sche Formeln*

Gegeben a, b, n (Anzahl der Stützstellen): GAUSS*sche Formeln* (optimal!)

9.4.2 NEWTON-COTES-Formeln

Die NEWTON-COTES-*Formeln* sind von n-ter Ordnung für äquidistante Stützstellen (sog. *Mittelwertsformeln*).

Gleichungssystem für die Gewichte A_i

$$\boldsymbol{X} \cdot \boldsymbol{A} = \boldsymbol{b} \qquad \text{(Vgl. Gleichung (*) mit } m = 0, 1, 2, \ldots, n)$$

Für $\boldsymbol{X}$ gilt die VANDERMONDE*sche Matrix*:

$$\begin{pmatrix} 1 & 1 & \ldots & 1 \\ x_0 & x_1 & \ldots & x_n \\ x_0^2 & x_1^2 & \ldots & x_n^2 \\ \vdots & & & \\ x_0^n & x_1^n & \ldots & x_n^n \end{pmatrix} \cdot \begin{pmatrix} A_0 \\ A_1 \\ A_2 \\ \vdots \\ A_n \end{pmatrix} = \begin{pmatrix} b-a \\ (1/2)\left(b^2 - a^2\right) \\ (1/3)\left(b^3 - a^3\right) \\ \vdots \\ \left(1/(n+1)\right)\left(b^{n+1} - a^{n+1}\right) \end{pmatrix}$$

$\det \boldsymbol{X} \neq 0$ für paarweise verschiedene Stützstellen, eindeutige Lösung für A_i

(Geschlossene) NEWTON-COTES-Formel (d. h. $x_0 = a, x_n = b$)

$$\int_a^b f(x)\,\mathrm{d}x = (b-a)\sum_{i=0}^{n} A_i f(x_i) = nh \sum_{i=0}^{n} A_i f(a+ih) + E_n(f;\, h)$$

$$I(f;\, h) = Q_n(f;\, h) + E_n(f;\, h)$$

$$h = \frac{b-a}{n},\ a = x_0,\ b = x_n,\ x_i = a + ih,\ i = 0, 1, \ldots, n$$

Tabelle der Gewichte A_i im praktischen Bereich ($n \leq 7$)

n	A_0	A_1	A_2	A_3	A_4	A_5			Fehler $E_n(f,h)$
0	1								$-\frac{h^2}{2}f''(\xi)$
1	1/2	1/2							$-\frac{h^3}{12}f''(\xi)$
2	1/6	4/6	1/6						$-\frac{h^5}{90}f^{(4)}(\xi)$
3	$\frac{1}{8}$	$\frac{3}{8}$	$\frac{3}{8}$	$\frac{1}{8}$					$\frac{-3h^5}{80}f^{(4)}(\xi)$
4	$\frac{7}{90}$	$\frac{32}{90}$	$\frac{12}{90}$	$\frac{32}{90}$	$\frac{7}{90}$				$\frac{-8h^7}{945}f^{(6)}(\xi)$
5	$\frac{19}{288}$	$\frac{75}{288}$	$\frac{50}{288}$	$\frac{50}{288}$	$\frac{75}{288}$	$\frac{19}{288}$			$\frac{-275h^7}{12096}f^{(6)}(\xi)$
6	$\frac{41}{840}$	$\frac{216}{840}$	$\frac{27}{840}$	$\frac{272}{840}$	$\frac{27}{840}$	$\frac{216}{840}$	$\frac{41}{840}$		$\frac{-9h^9}{1400}f^{(8)}(\xi)$
7	$\frac{751}{17280}$	$\frac{3577}{17280}$	$\frac{1323}{17280}$	$\frac{2989}{17280}$	$\frac{2989}{17280}$	$\frac{1323}{17280}$	$\frac{3577}{17280}$	$\frac{751}{17280}$	$\frac{-8138h^9}{518400}f^{(8)}(\xi)$

Wird $n > 7$, besteht die Gefahr des Anwachsens von Rundungsfehlern und es erfolgt Zerlegung des Integrationsintervalls $[a, b]$ in Teilintervalle $\left[x_i, x_{i+1}\right]$ zwecks Teilintegration:

$$Z : a = x_0 < x_1 < \ldots < x_i < x_{i+1} < \ldots < x_N = b$$

Das ergibt sogenannte

Summierte oder zusammengesetzte Quadraturformeln

$$Q_h(f;\, a,b) = \sum_{i=0}^{m-1} Q_n\big(f; x_i, x_{i+1}\big) \approx \int_a^b f(x)\,\mathrm{d}x$$

$$E(f) = I(f;\, a,b) - Q_h(f;\, a,b) \qquad \textit{(globaler Quadraturfehler)}$$

Fehlerordnung: $O\left(h_{\max}^{M+1}\right)$, $h_{\max}$ größtes Teilintervall

Globale Fehlerordnung: $q = M + 1$

Zu den jeweils angegebenen Verfahrensfehlern kommt noch der Rechnungsfehler (siehe 2.1.2.5), der bei allen Verfahren mit der Ordnung $O(1/h)$ anwächst.

9.4.2.1 Rechteckformel ($n = 0$, Referenzintervall $[0,h]$)

(nur sehr grobe Näherung)

$$\int_0^h f(x)\,\mathrm{d}x \approx Q^{\mathrm{R}}(0,h) = h\,f(0)$$

Summierte Rechteckformel

(äquidistante Zerlegung, linker Intervallrand)

$$\int_0^h f(x)\,\mathrm{d}x \approx Q_h^{\mathrm{R}}(a,b) = h\big(f(a) + f(x_1) + \ldots + f(x_{m-1})\big)$$

$h = \dfrac{b-a}{m}$ einheitliche Schrittweise, m Stufenanzahl

Beim Bezug auf den rechten Intervallrand: Man ersetze $f(a)$ durch $f(b)$. Das Bild bezieht sich auf den linken Intervallrand.

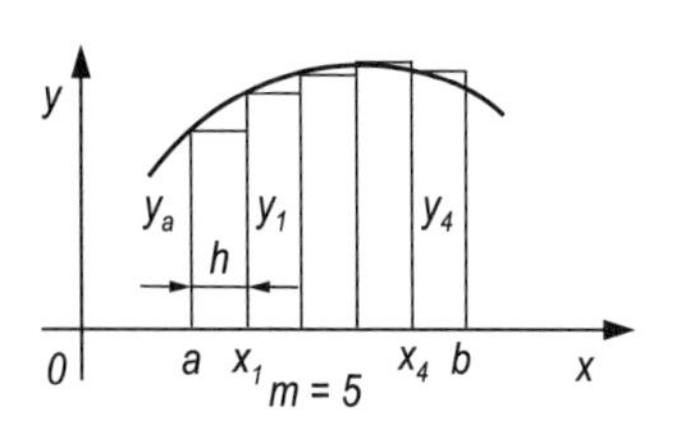

Summierte Rechtecksformel

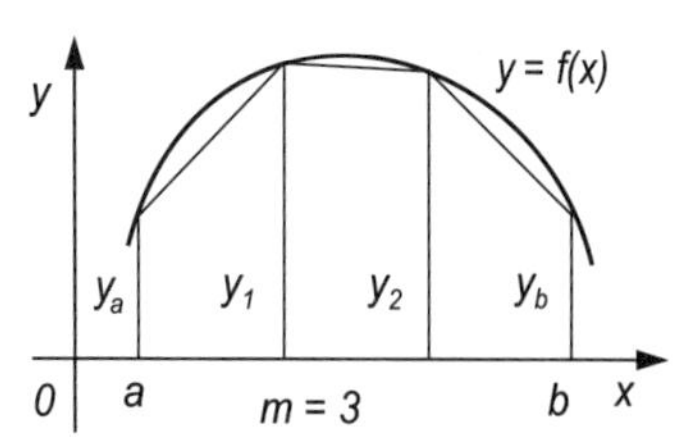

Summierte Sehnentrapezformel

9.4.2.2 Sehnentrapezformel

($n = 1$, Referenzintervall $[0, h]$)

$$\int_0^h f(x)\,\mathrm{d}x \approx Q^{\mathrm{ST}}(0,h) = \frac{h}{2}\big(f(0) + f(h)\big) \qquad E^{\mathrm{ST}}(0,h) = -\frac{h^3}{12} f''(\xi)$$

$h = b - a$ Schrittweite, $\xi \in [0, h]$, $f''(\xi)$ maximale 2. Ableitung in $[0, h]$

Polynome ersten Grades ($M = 1$) werden exakt integriert.

Lokale Fehlerordnung: $q = 3$ bzw. $O(h^3)$ („Formel 3. Ordnung“)

O LANDAU-Symbol, siehe Anhang

Summierte Sehnentrapezformel

(bei äquidistanter Zerlegung)

$$\int_a^b f(x)\,\mathrm{d}x \approx Q_h^{\mathrm{ST}}(a,b) = \frac{h}{2}\left(f(a) + f(b) + 2\sum_{k=1}^{m-1} f(a + kh)\right)$$

$$= \frac{h}{2}\big(y_a + 2y_1 + 2y_2 + \ldots + 2y_{m-1} + y_b\big)$$

$$E_h^{\mathrm{ST}}(a,b) = -\frac{b-a}{12} h^2 f''(\xi)$$

$h = \dfrac{b-a}{m}$ Schrittweite, m Anzahl gleicher Stufen, $\xi \in [a, b]$

$f''(\xi)$ maximale 2. Ableitung in $[a, b]$

Globale Fehlerordnung $O(h^2)$ („Formel 2. Ordnung“)

9.4.2.3 SIMPSONsche Formel, KEPLERsche Fassformel

($n = 2$, Referenzintervall $[0, 2h]$)

$$\int_0^{2h} f(x)\,\mathrm{d}x \approx Q^{\mathrm{KF}}(0, 2h) = \frac{h}{3}\big(f(0) + 4f(h) + f(2h)\big)$$

$$= \frac{h}{3}\big(y_a + 4y_1 + y_b\big)$$

$$E^{\mathrm{KF}}(0, 2h) = -\frac{h^5}{90} f^{(4)}(\xi)$$

$h = \dfrac{b-a}{2}$ Schrittweite, $\xi \in [0, 2h]$,

$f^{(4)}(\xi)$ maximale 4. Ableitung in $[0, 2h]$

Lokale Fehlerordnung $O\big(h^5\big)$

Polynomfunktionen 3. Grades werden exakt integriert.

♦ **Beispiel**

$$\int_{-\pi/2}^{\pi/2} \cos x\,\mathrm{d}x = \sin x\big|_{-\pi/2}^{\pi/2} = 2 \qquad \text{(exakter Wert)}$$

Angenäherte Berechnung mit der KEPLERschen Fassformel, $h = \pi/2$

$$\int_{-\pi/2}^{\pi/2} \cos x\,\mathrm{d}x \approx \frac{\pi}{6}(0 + 4 \cdot 1 + 0) \approx 2{,}094 \quad \text{(Abweichung 4,7 \%)}$$ ♦

Summierte SIMPSONsche Formel

(bei äquidistanter Zerlegung in $2m$ Teilintervalle, Näherung durch quadratische Parabeln)

$$\int_a^b f(x)\,\mathrm{d}x \approx Q_h^{\mathrm{SF}}(a, b)$$

$$= \frac{h}{3}\left(f(a) + f(b) + 4\sum_{k=0}^{m-1} f\big(a + (2k+1)h\big) + 2\sum_{k=1}^{m-1} f(a + 2kh)\right)$$

$$= \frac{h}{3}\big(y_a + y_b + 4y_1 + 4y_3 + \ldots + 2y_2 + 2y_4 + \ldots\big)$$

$$E_h^{\mathrm{SF}}(a, b) = -\frac{b-a}{180} h^4 f^{(4)}(\xi)$$

$h = \dfrac{b-a}{2 \cdot m}$ Schrittweite, m Anzahl gleicher Stufen, $\xi \in [a, b]$

$f^{(4)}(\xi)$ maximale 4. Ableitung in $[a, b]$, globale Fehlerordnung $O\big(h^4\big)$

9

Summierte SIMPSONsche Formel

(bei nichtäquidistanter Zerlegung)

$$\int_a^b f(x)\,\mathrm{d}x \approx \frac{1}{6}\sum_{i=0}^{m-1}\left(x_{i+1}-x_1\right)\left(f(x_i)+4f\left(\frac{x_i+x_{i+1}}{2}\right)+f\left(x_{i+1}\right)\right)$$

9.4.2.4 NEWTONsche 3/8-Formel

($n = 3$, Referenzintervall $[0, 3h]$)

$$\int_0^{3h} f(x)\,\mathrm{d}x \approx Q^{3/8}(0, 3h) = \frac{3h}{8}\left(f(0)+3f(h)+3f(2h)+f(3h)\right)$$

$$E^{3/8}(0, 3h) = -\frac{3}{80}h^5 f^{(4)}(\xi)$$

$h = \dfrac{b-a}{3}$ Schrittweite, $\xi \in [0, 3h]$

$f^{(4)}(\xi)$ maximale 4. Ableitung in $[0, 3h]$, lokale Fehlerordnung $O\left(h^5\right)$

Summierte 3/8-Formel

(bei äquidistanter Zerlegung in $3m$ Teilintervalle)

$$\begin{aligned}\int_a^b f(x)\,\mathrm{d}x &\approx Q_h^{3/8}(a, b)\\ &= \frac{3h}{8}\left(f(a)+f(b)+3\sum_{k=1}^{m} f\left(a+(3k-2)h\right)\right.\\ &\qquad \left.+3\sum_{k=1}^{m} f\left(a+(3k-1)h\right)+2\sum_{k=1}^{m-1} f(a+3kh)\right)\end{aligned}$$

$$E_h^{3/8}(a, b) = -\frac{b-a}{80}h^4 f^{(4)}(\xi)$$

$h = \dfrac{b-a}{3m}$ Schrittweite, m Anzahl gleicher Stufen, $\xi \in [a, b]$

$f^{(4)}(\xi)$ maximale 4. Ableitung in $[a, b]$

Globale Fehlerordnung $O\left(h^4\right)$ (wie SIMPSONsche Formel)

9.4.2.5 Tangententrapezformel

(Referenzintervall $[0, h]$)

Offene Quadraturformel

von NEWTON-COTES ($x_0 > a$, $x_n < b$)

$$\int_0^h f(x)\,\mathrm{d}x \approx Q^{\mathrm{TT}}(0,h) = hf\left(\frac{h}{2}\right)$$

$$E^{\mathrm{TT}}(0,h) = \frac{h^3}{24}f''(\xi)$$

$\xi \in [0,h]$, lokale Fehlerordnung $O(h^3)$

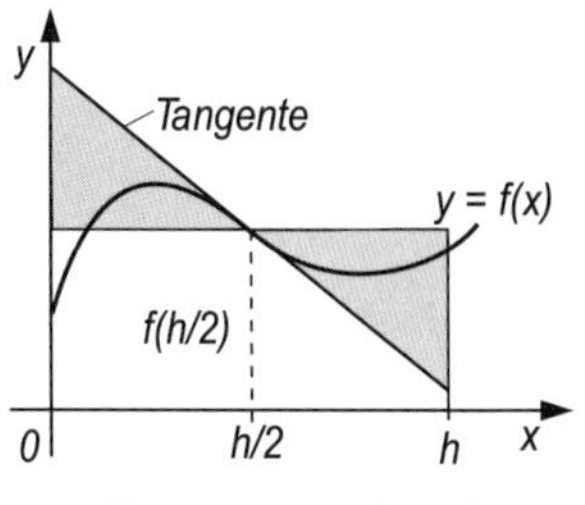

Tangententrapezformel

Summierte Tangententrapezformel

(bei äquidistanter Zerlegung)

$$\int_a^b f(x)\,\mathrm{d}x \approx Q_h^{\mathrm{TT}}(a,b) = h\sum_{k=0}^{m-1} f\left(a + (2k+1)\frac{h}{2}\right)$$

$$= \frac{2(b-a)}{m}\big(y_1 + y_3 + \ldots + y_{2m-1}\big)$$

$$E_h^{\mathrm{TT}}(a,b) = \frac{h^2}{24}(b-a)f''(\xi)$$

$h = \dfrac{b-a}{m}$ Schrittweite, m gerade Anzahl Stufen, $\xi \in [a,b]$

$f''(\xi)$ maximale 2. Ableitung in $[a,b]$, globale Fehlerordnung $O\big(h^2\big)$

9.4.3 GAUSSsches Quadraturverfahren

(Referenzintervall $[-h,h]$)

Optimale Genauigkeit erreichbar für Polynome vom Grad $N_{\max} = 2n+1$

$f(x_i)$ ist an frei wählbaren sog. GAUSS*schen Stützstellen* $x_i \in [a,b]$ bekannt, d. h. im Wesentlichen angewendet, wenn f formelmäßig gegeben ist.

$$Q_n(-h,h) = \sum_{i=0}^{n} A_i f(x_i)$$

$$E_n(-h,h) = O\big(h^{2n+3}\big)$$

d. h. schnellere Konvergenz als NEWTON-COTES-Formeln

Für das Referenzintervall $[-1;\ 1]$ sind die $(n+1)$ GAUSSschen Stützstellen die Nullstellen der LEGENDRE*schen Polynome* innerhalb $[-1;\ 1]$, symmetrisch zum Nullpunkt.

Bemerkung: Auch hier können summierte Formeln gebildet werden.

Tabelle der x_i und A_i im Intervall $[-h,h]$, $i = 0, 1, \ldots, n$

n	x_i	A_i
0	$x_0 = 0$	$A_0 = 2h$
1	$x_{0;1} = \pm(1/\sqrt{3})h$	$A_{0;1} = h$
2	$x_{0;2} = \pm\sqrt{0{,}6}h$ $x_1 = 0$	$A_{0;2} = (5/9)h$ $A_1 = (8/9)h$
3	$x_{0;3} \doteq \pm 0{,}861\,136\,31h$ $x_{1;2} \doteq \pm 0{,}339\,981\,04h$	$A_{0;3} \doteq 0{,}347\,854\,85h$ $A_{1;2} \doteq 0{,}652\,145\,15h$
4	$x_{0;4} \doteq \pm 0{,}906\,179\,85h$ $x_{1;3} \doteq \pm 0{,}538\,469\,31h$ $x_2 = 0$	$A_{0;4} \doteq 0{,}236\,926\,89h$ $A_{1;3} \doteq 0{,}478\,628\,67h$ $A_2 = 0{,}56\overline{8}h$
5	$x_{0;5} \doteq \pm 0{,}932\,469\,51h$ $x_{1;4} \doteq \pm 0{,}661\,209\,39h$ $x_{2;3} \doteq \pm 0{,}238\,619\,19h$	$A_{0;5} \doteq 0{,}171\,324\,49h$ $A_{1;4} \doteq 0{,}360\,761\,57h$ $A_{4;3} \doteq 0{,}467\,913\,93h$

Transformation $z = m + hx$, $m = \dfrac{a+b}{2}$, $h = \dfrac{b-a}{2}$ führt zum Intervall $[a,b]$:

$$\int_a^b f(x)\,\mathrm{d}x \approx Q_n(f) = \sum_{i=0}^{n} A_i f\big(m + x_i\big)$$

9.4.4 ROMBERG-Quadraturverfahren

Das ROMBERG-Verfahren ist ein *Extrapolations-Verfahren*. Für verschiedene Schrittweiten h_i werden Näherungen des gesuchten Funktionswertes $y(h)$ mit der Ordnung p angenähert: $y = y(h) + kh^p$ und die Näherungswerte durch ein Polynom oder eine rationale Funktion extrapoliert:

$$y \approx y(h) + \frac{y(h) - y(qh)}{q^p - 1}$$

Prinzip der ROMBERG-Quadratur

Approximation des Integrals durch die einfache Sehnentrapezformel, $Q^{\mathrm{ST}}(h) := T(h)$ unter ständiger Halbierung der Schrittweite $h_0 = \dfrac{b-a}{N_0}$.

Schrittzahl: $N_i = 2^i N_0$ mit $N_0 = 1$ wird $h_i = \dfrac{h_{i-1}}{2} = \dfrac{h_0}{2^i}$, $i = 1, 2, \ldots$

$$\int_a^b f(x)\,\mathrm{d}x = T_i^{(k)}(f;\, h) + O\left(h_i^{2(k+1)}\right)$$

$T_i^{(k)}(f;\, h)$ Quadraturformel mit der Fehlerordnung $O\left(h_i^{2(k+1)}\right)$

Anfangswerte für $k = 0$ (dritte Spalte des ROMBERG-Schemas)

$$T_0^{(0)}(f) = \frac{h_0}{2}\big(f(a) + f(b)\big) \text{ mit } h_0 = b - a$$

$$T_i^{(0)} = \frac{1}{2} T_{i-1}^{(0)} + h_i \sum_{k=0}^{2^{i-1}-1} f\big(a + (2k+1)h_i\big) \qquad i = 1, 2, \ldots$$

Rekursionsformel für $k = 1, 2, 3, \ldots$ (zeilenweise Berechnung vornehmen!)

$$T_i^{(k)} = T_{i+1}^{(k-1)} + \frac{T_{i+1}^{(k-1)} + T_i^{(k-1)}}{4^k - 1} \qquad k = 1, \ldots, i,\ i = 0, \ldots, (m+1)$$

Abbruchbedingungen

$$\left|T_0^{(m+1)} - T_1^{(m)}\right| < \varepsilon \quad \text{und} \quad \left|T_0^{(m+1)} - T_0^{(m)}\right| < \varepsilon \quad \text{oder} \quad i = i_{\max}$$

Dann ist die ROMBERG-Regel

$$\int_a^b f(x)\,\mathrm{d}x = T_0^{(m+1)} + O\left(h_{m+1}^{2(m+2)}\right)$$

ROMBERG-*Schema* für Näherungswert $T_i^{(k)}$

i	h	$T_i^{(0)}$	$T_i^{(1)}$	$T_i^{(2)}$	$T_i^{(3)}$	$\ldots$	$T_i^{(m)}$
0	h_0	$T_0^{(0)}$					
1	h_1	$T_1^{(0)}$	$T_0^{(1)}$				
2	h_2	$T_2^{(0)}$	$T_1^{(1)}$	$T_0^{(2)}$			
3	h_3	$T_3^{(0)}$	$T_2^{(1)}$	$T_1^{(2)}$	$T_0^{(3)}$		
	$\vdots$	$\vdots$	$\vdots$	$\vdots$	$\vdots$	$\ddots$	
m	h_m	$T_m^{(0)}$	$T_{m-1}^{(1)}$	$T_{m-2}^{(2)}$	$T_{m-3}^{(3)}$	$\ldots$	$T_0^{(m)}$

♦ **Beispiel**

Berechnung von $\int\limits_{-\pi/2}^{\pi/2} \cos x \, \mathrm{d}x$ mit dem ROMBERG-Verfahren.

$$T_0^{(0)} = \frac{\pi}{2}\left(f\left(-\frac{\pi}{2}\right) + f\left(\frac{\pi}{2}\right)\right) = 0$$

mit $h_0 = b - a = \pi/2 + \pi/2 = \pi$ (Fläche des „Zweiecks" von $-\pi/2$ bis $\pi/2$)

$$T_1^{(0)} = \frac{1}{2} \cdot 0 + \frac{\pi}{2} f\left(-\frac{\pi}{2} + \frac{\pi}{2}\right) = 0 + \frac{\pi}{2} \cdot f(0) = \frac{\pi}{2} = 1{,}570\,796\,327$$

mit $h_1 = h_0/2 = \pi/2$ (Dreiecksfläche $-\pi/2, 1, \pi/2$)

$$T_0^{(1)} = \frac{\pi}{2} + \frac{\pi/2 - 0}{4 - 1} = \frac{2}{3}\pi = 2{,}094\,395\,102$$

$$T_2^{(0)} = \frac{\pi}{4} + \frac{\pi}{4}\left(f\left(-\frac{\pi}{2} + \frac{\pi}{4}\right) + f\left(-\frac{\pi}{2} + \frac{3\pi}{4}\right)\right) \quad \text{(Fläche des Fünfecks)}$$

$$= \frac{\pi}{4} + \frac{\pi}{4}\left(\frac{\sqrt{2}}{2} + \frac{\sqrt{2}}{2}\right) = 1{,}896\,118\,898 \text{ mit } h_2 = h_1/2 = \pi/4$$

$$T_1^{(1)} = T_2^{(0)} + \frac{T_2^{(0)} - T_1^{(0)}}{3} = 2{,}004\,559\,755$$

$$T_0^{(2)} = T_1^{(1)} + \frac{T_1^{(1)} - T_0^{(1)}}{4^2 - 1} = 1{,}988\,570\,732$$

$$T_3^{(0)} = \frac{\pi}{8}\left(1 + \sqrt{2}\right) + \frac{\pi}{8} \cdot 2f\left(\frac{3\pi}{8}\right) + \frac{\pi}{8} \cdot 2f\left(\frac{\pi}{8}\right) = 1{,}974\,231\,579$$

(Fläche des Neunecks)

$$T_2^{(1)} = T_3^{(0)} + \frac{T_3^{(0)} - T_2^{(0)}}{4 - 1} = 2{,}000\,269\,139 \text{ usw. (exakter Wert 2,0)}$$

Rechenschema

i	$T_i^{(0)}$	$T_i^{(1)}$	$T_i^{(2)}$	$T_i^{(3)}$
0	0	–	–	–
1	1,570 796 327	2,094 395 102	–	–
2	1,896 118 898	2,004 559 755	1,998 570 732	–
3	1,974 231 579	2,000 269 139	1,999 983 098	2,000 005 517
4	1,993 570 344	2,000 016 599	1,999 999 763	2,000 000 027

Bereits nach drei Intervallhalbierungen erhält man eine Genauigkeit von $\varepsilon \approx 10^{-7}$. ♦

9.5 Bereichsintegrale, Gebietsintegrale

9.5.1 Zweidimensionales Bereichsintegral, Doppelintegral

Das *zweidimensionale Bereichsintegral* ist die Verallgemeinerung des bestimmten Integrals auf zwei unabhängige Variable. Der Integrationsbereich ist zweidimensional in der (x, y)-Ebene.

Allgemein

$$I = \int\limits_{(A)} f(x,y)\,\mathrm{d}A$$

auch[1] $I = \iint\limits_{(A)} f(x,y)\,\mathrm{d}A$

dA *Flächendifferenzial, Flächenelement*

$z = f(x,y)$ stetig ($\Rightarrow$ integrierbar) auf (A)

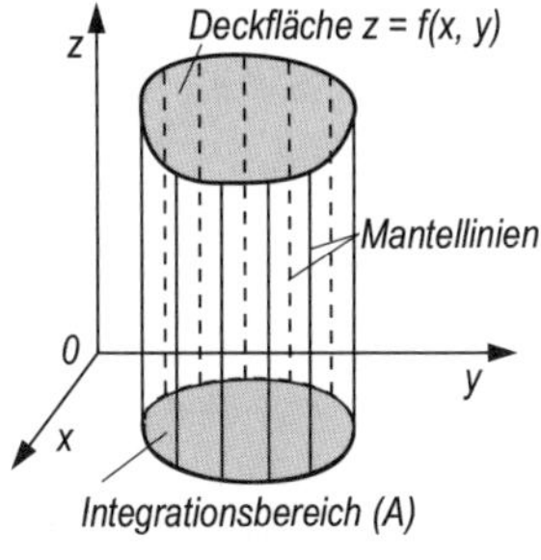

Doppelintegral

Geometrische Deutung

Das zweidimensionale Bereichsintegral stellt (bei kartesischen Koordinaten) die Maßzahl des Rauminhalts für den zylindrischen Körper dar, der vom Integrationsbereich (A) auf der (x, y)-Ebene, den auf ihrem Rand errichteten Loten parallel zur z-Achse (Mantellinien) und der i. Allg. gekrümmten Fläche $z = f(x,y) \geq 0$ begrenzt wird.

Falls $f(x,y) \equiv 1$ ist, gibt das Integral die Maßzahl von (A) an.

Schneidet $z = f(x,y)$ die (x, y)-Ebene, erfolgt die Volumenbestimmung in Teilschritten.

Das zweidimensionale Bereichsintegral wird als *Doppelintegral* seriell berechnet, beginnend beim *inneren Integral* mit dem inneren Differenzial und variablen Grenzen, danach das *äußere Integral* mit konstanten Grenzen.

In kartesischen Koordinaten

$$\int\limits_{(A)} f(x,y)\,\mathrm{d}A = \int\limits_{x_1}^{x_2} \left(\int\limits_{y_1(x)}^{y_2(x)} f(x,y)\,\mathrm{d}y \right) \mathrm{d}x = \int\limits_{x_1}^{x_2} \int\limits_{y_1(x)}^{y_2(x)} f(x,y)\,\mathrm{d}y\,\mathrm{d}x \quad \text{oder}$$

$$\int\limits_{(A)} f(x,y)\,\mathrm{d}A = \int\limits_{y_1}^{y_2} \left(\int\limits_{x_1(y)}^{x_2(y)} f(x,y)\,\mathrm{d}x \right) \mathrm{d}y = \int\limits_{y_1}^{y_2} \int\limits_{x_1(y)}^{x_2(y)} f(x,y)\,\mathrm{d}x\,\mathrm{d}y$$

[1] Lt. DIN 1302, Anhang zu 11.11, sollten mehrfache Integralzeichen bei mehrdimensionalen Integrationsbereichen nicht verwendet werden.

In Polarkoordinaten

$$\int\limits_{(A)} f(r,\varphi)\,\mathrm{d}A = \int\limits_{\varphi_1}^{\varphi_2}\int\limits_{r_1(\varphi)}^{r_2(\varphi)} f(r,\varphi)r\,\mathrm{d}r\,\mathrm{d}\varphi \quad \text{oder}$$

$$\int\limits_{(A)} f(r,\varphi)\,\mathrm{d}A = \int\limits_{r_1}^{r_2}\int\limits_{\varphi_1(r)}^{\varphi_2(r)} f(r,\varphi)r\,\mathrm{d}\varphi\,\mathrm{d}r$$

Die Regeln der Monotonie, Linearität und Additivität gelten wie in 9.1.2 und 9.3.1.

♦ **Beispiel**

Man berechne das Volumen der Kugel mit dem Radius R.

Erster Lösungsweg: Vorteilhaft sind Polarkoordinaten.

Kugelgleichung: $z = f(r,\varphi) = \sqrt{R^2 - r^2}$. Wegen Symmetrie genügt der erste Quadrant mit $0 \leq r \leq R$ und $0 \leq \varphi \leq \pi/2$ (feste Grenzen für r und φ!)

$$\frac{V}{8} = \int\limits_{(A)} f(r,\varphi)\,\mathrm{d}A = \int\limits_{\varphi_1}^{\varphi_2}\int\limits_{r_1}^{r_2} f(r,\varphi)r\,\mathrm{d}r\mathrm{d}\varphi$$

$$= \int\limits_0^{\pi/2}\int\limits_0^R \sqrt{R^2 - r^2}\,r\,\mathrm{d}r\mathrm{d}\varphi$$

$$= \frac{\pi}{2}\cdot\left[-\frac{1}{3}(R^2 - r^2)^{3/2}\right]_{r=0}^{R} = \frac{\pi}{2}\cdot\frac{R^3}{3},$$

$$V = \frac{4}{3}\pi R^3$$

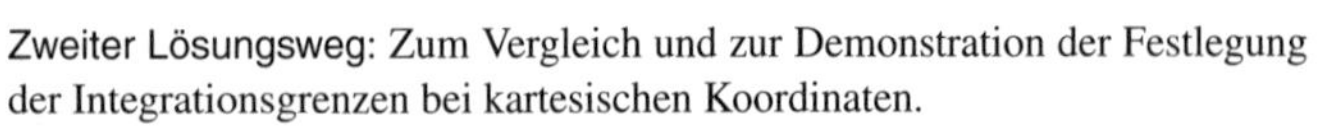
Zweiter Lösungsweg: Zum Vergleich und zur Demonstration der Festlegung der Integrationsgrenzen bei kartesischen Koordinaten.

Kugelgleichung in kartesischen Koordinaten

$$x^2 + y^2 + z^2 = R^2 \Rightarrow f(x,y) = z = \sqrt{R^2 - x^2 - y^2}$$

Variable Grenzen: $0 \leq x \leq \sqrt{R^2 - y^2}$ (Kreis für $z = 0$, siehe Bild), $0 \leq y \leq R$

$$\frac{V}{8} = \int\limits_0^R \int\limits_0^{\sqrt{R^2-y^2}} \sqrt{R^2 - x^2 - y^2}\,\mathrm{d}x\,\mathrm{d}y \qquad x,y \geq 0$$

Substitution: $x = \sqrt{R^2 - y^2}\sin\varphi$, $\mathrm{d}x = \sqrt{R^2 - y^2}\cos\varphi\,\mathrm{d}\varphi$

ergibt als neue Grenzen für das innere Integral: $0 \leq \varphi \leq \pi/2$

$$\frac{V}{8} = \int_0^R \int_0^{\pi/2} \sqrt{R^2 - \left(R^2 - y^2\right) \sin^2 \varphi - y^2} \sqrt{R^2 - y^2} \cos \varphi \, \mathrm{d}\varphi \, \mathrm{d}y \quad \text{usw.}$$

Man erkennt klar den Vorteil des Kugelkoordinatensystems. ♦

Variablentransformation in Doppelintegralen im $\mathbb{R}^2$

Anpassung der Variablen an den Integrationsbereich vereinfacht die Integrationsgrenzen (analog der Substitution bei eindimensionaler Integration).

Funktionaldeterminante (JACOBI-*Determinante*) D der Transformation $x = x(u, v)$, $y = (u, v)$ im Inneren von B

$$D = \frac{\partial(x, y)}{\partial(u, v)} := \begin{vmatrix} x_u & x_v \\ y_u & y_v \end{vmatrix}$$

Ist $D \neq 0$, bilden die auf B stetigen Funktionen $x = x(u, v)$, $y = y(u, v)$ mit ihren partiellen Ableitungen 1. Ordnung den Bereich B eineindeutig auf dem Bereich (A) der (x, y)-Ebene ab.

Dann gilt die *Substitutionsregel*

$$\int_{(A)} f(x, y) \, \mathrm{d}A = \int_B f\big(x(u, v), y(u, v)\big) \left| \frac{\partial(x, y)}{\partial(u, v)} \right| \mathrm{d}u \, \mathrm{d}v$$

♦ **Beispiel**

Berechnung des Übergangs von kartesischen in Polarkoordinaten:

Funktionaldeterminante für $x = r \cos \varphi$, $y = r \sin \varphi$

$$\frac{\partial(x, y)}{\partial(r, \varphi)} = \begin{vmatrix} x_r & x_\varphi \\ y_r & y_\varphi \end{vmatrix} = \begin{vmatrix} \cos \varphi & -r \sin \varphi \\ \sin \varphi & r \cos \varphi \end{vmatrix}$$

$$= r \left(\cos^2 \varphi + \sin^2 \varphi\right) = r$$

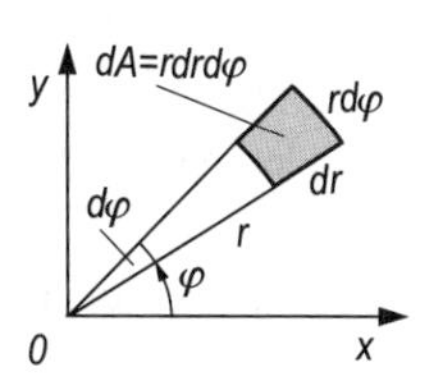

Flächenelement in Polarkoordinaten:

$$\mathrm{d}A = \left| \frac{\partial(x, y)}{\partial(r, \varphi)} \right| \mathrm{d}r \, \mathrm{d}\varphi = r \, \mathrm{d}r \, \mathrm{d}\varphi \text{ (Bild)}$$

$$\int_{(A)} f(x, y) \, \mathrm{d}x \, \mathrm{d}y = \int_B f\big(x(r, \varphi), y(r, \varphi)\big) \, r \, \mathrm{d}r \, \mathrm{d}\varphi$$ ♦

9.5.2 Raumintegral, Volumenintegral, Dreifachintegral

Das *dreidimensionale Bereichsintegral* (*Raumintegral*) ist die Verallgemeinerung des bestimmten Integrals auf drei unabhängige Variable.

Allgemein

$$I = \int_{(V)} f(x,y,z)\,\mathrm{d}V \quad \text{auch} \quad I = \iiint_{(V)} f(x,y,z)\,\mathrm{d}V \qquad f \text{ stetig auf } (V)$$

Das Raumintegral wird als Dreifachintegral seriell berechnet:

$$\int_{(V)} f(x,y,z)\,\mathrm{d}V = \int_{x_1}^{x_2} \int_{y_1(x)}^{y_2(x)} \int_{z_1(x,y)}^{z_2(x,y)} f(x,y,z)\,\mathrm{d}z\,\mathrm{d}y\,\mathrm{d}x$$

(V) räumlicher Integrationsbereich
$\mathrm{d}V$ *Volumenelement, Volumendifferenzial*

Falls $f(x,y,z) \equiv 1$ ist, gibt das Integral das Volumen von (V) an.

Hierbei bedeuten die Grenzen $z_1(x,y)$ und $z_2(x,y)$ die i. Allg. krumme untere bzw. obere Begrenzungsfläche des Körpers, die wiederum durch die Randkurve des Körpers (Verbindungslinie der Berührungspunkte sämtlicher zur z-Achse paralleler Tangentialebenen an den Körper) begrenzt werden.

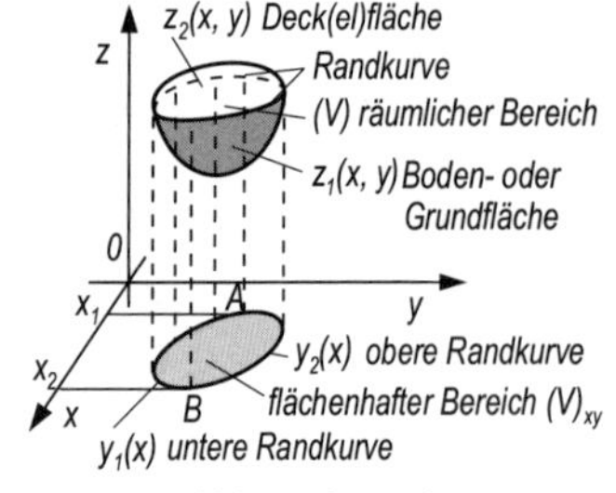

Volumenintegral

Die Reihenfolge der Integration ist die der Differenziale, innen beginnend. Bei Vertauschen der Reihenfolge sind die Integrationsgrenzen neu zu bestimmen.

Bei jeder Integration werden alle anderen Variablen als Konstante betrachtet.

In Zylinderkoordinaten $\{0; \rho, \varphi, z\}$, z. B.

$$\int_{(V)} f(\rho,\varphi,z)\,\mathrm{d}V = \int_{\varphi_1}^{\varphi_2} \int_{\rho_1(\varphi)}^{\rho_2(\varphi)} \int_{z_1(\rho,\varphi)}^{z_2(\rho,\varphi)} f(\rho,\varphi,z)\rho\,\mathrm{d}z\,\mathrm{d}\rho\,\mathrm{d}\varphi$$

In Kugelkoordinaten $\{0;\ r, \vartheta, \varphi\}$, z. B.

$$\int_{(V)} f(r,\vartheta,\varphi)\,\mathrm{d}V = \int_{\vartheta_1}^{\vartheta_2} \int_{\varphi_1(\vartheta)}^{\varphi_2(\vartheta)} \int_{r_1(\vartheta,\varphi)}^{r_2(\vartheta,\varphi)} f(r,\vartheta,\varphi)r^2 \sin\vartheta\,\mathrm{d}r\,\mathrm{d}\varphi\,\mathrm{d}\vartheta$$

Variablentransformation in Dreifachintegralen im Raum $\mathbb{R}^3$

$$\int\limits_{(V)} f(x,y,z)\,\mathrm{d}V$$

$$= \int\limits_{\Gamma} f\big(x(u,v,w),\,y(u,v,w),\,z(u,v,w)\big)\left|\frac{\partial(x,y,z)}{\partial(u,v,w)}\right| \mathrm{d}u\,\mathrm{d}v\,\mathrm{d}w$$

Funktionaldeterminante

$$D = \frac{\partial(x,y,z)}{\partial(u,v,w)}$$

Siehe Variablentransformation in 9.5.1.

♦ **Beispiel**

Man berechne das Volumen des durch die Flächen $z = 2x^2y$, $(x-2)^2 + y^2 = 4$ und $z = 0$ sowie den Halbraum $y \geq 0$ begrenzten Körpers.

Grenzen: $0 \leq z \leq 2x^2y$
$0 \leq y \leq \sqrt{4x - x^2}$ aus $(x-2)^2 + y^2 = 4$
$0 \leq x \leq 4$ aus der Kreisgleichung $(x-2)^2 = 4$

$$V = \int\limits_0^4 \int\limits_0^{\sqrt{4x-x^2}} \int\limits_0^{2x^2y} \mathrm{d}z\,\mathrm{d}y\,\mathrm{d}x = \int\limits_0^4 \int\limits_0^{\sqrt{4x-x^2}} 2x^2y\,\mathrm{d}y\,\mathrm{d}x$$

$$= \int\limits_0^4 \left(x^2y^2\right)\Big|_0^{\sqrt{4x-x^2}} \mathrm{d}x = \int\limits_0^4 \left(4x^3 - x^4\right)\mathrm{d}x = x^4 - \frac{x^5}{5}\Big|_0^4 = 51{,}2\,\mathrm{VE}$$ ♦

9.6 Anwendungen der Integralrechnung

9.6.1 Geometrische Anwendungen

9.6.1.1 Flächeninhalte (Quadratur)

(1) Fläche zwischen der Kurve k: $y = f(x)$, der x-Achse und den Geraden $x = a$ und $x = b$, $a < b$, keine Nullstelle im Intervall $[a, b]$

$$A = \int\limits_a^b f(x)\,\mathrm{d}x \quad \text{für } f(x) \geq 0$$

Bei Nullstellen im Intervall $[a, b]$ sind die oberhalb (positiv) und unterhalb (negativ) der Abszisse liegenden Flächenteile getrennt zu berechnen und deren Absolutwerte zu addieren.

♦ **Beispiel**

Wie groß ist die Fläche zwischen der Kurve $f(x) = \frac{1}{10}\left(x^3 - 2x^2 - 15x\right)$, der x-Achse und den Parallelen $x = -4$ und $x = 4$?

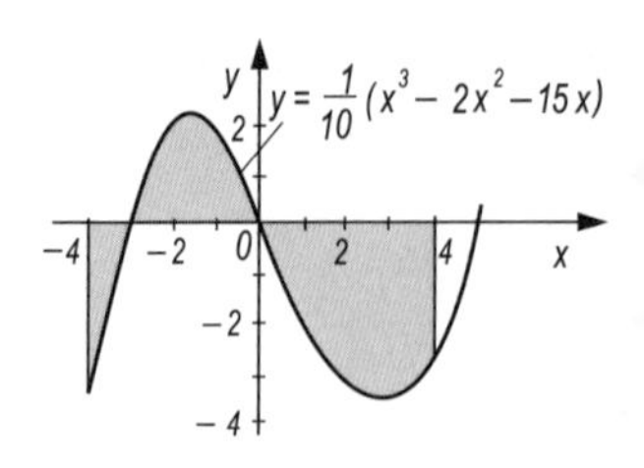

Die Nullstellen der Funktion sind:

$x_1 = -3, x_2 = 0, x_3 = 5$

$$A = \frac{1}{10}\left(\left|\int_{-4}^{-3}\left(x^3 - 2x^2 - 15x\right)\mathrm{d}x\right| + \left|\int_{-3}^{0}\left(x^3 - 2x^2 - 15x\right)\mathrm{d}x\right| + \left|\int_{0}^{4}(\ldots)\,\mathrm{d}x\right|\right)$$

$$= \frac{1}{10}\left(\left|\left(\frac{x^4}{4} - \frac{2x^3}{3} - \frac{15x^2}{2}\right)_{-4}^{-3}\right| + \left|\left(\frac{x^4}{4} - \frac{2x^3}{3} - \frac{15x^2}{2}\right)_{-3}^{0}\right|\right.$$

$$\left. + \left|\left(\frac{x^4}{4} - \frac{2x^3}{3} - \frac{15x^2}{2}\right)_{0}^{4}\right|\right)$$

$$= \frac{1}{10}\left(\left|-\frac{117}{4} + \frac{40}{3}\right| + \frac{117}{4} + \left|-\frac{296}{3}\right|\right) = 14{,}38\,\mathrm{FE}$$ ♦

(2) Fläche zwischen den Kurven k_1: $y = f(x)$ und k_2: $y = g(x)$ und den Parallelen $x = x_1$ und $x = x_2$, $g(x) \geq f(x)$, $x \in [x_1, x_2]$

$$A = \int_{x_1}^{x_2}\int_{f(x)}^{g(x)} \mathrm{d}y\,\mathrm{d}x = \int_{x_1}^{x_2}\left(g(x) - f(x)\right)\mathrm{d}x \qquad (\textit{Bereichsintegral})$$

Haben die beiden Kurven im Intervall $[x_1, x_2]$ Schnittpunkte, sind die Teilflächen zu berechnen und deren Beträge zu addieren.

(3) Fläche zwischen der Kurve k: $x = g(y)$, der y-Achse, $y = y_1$ und $y = y_2$

$$A = \int_{y_1}^{y_2} g(y)\,\mathrm{d}y$$

(4) Fläche zwischen der Kurve k: $x = x(t)$, $y = y(t)$ und den Ordinaten $y(t_1)$ und $y(t_2)$

$$A = \int_{t_1}^{t_2} y(t)\,\dot{x}(t)\,\mathrm{d}t$$

oder Fläche zwischen der Kurve k: $x = x(t)$, $y = y(t)$, der y-Achse und den Abszissen $x(t_1)$ und $x(t_2)$

$$A = \int_{t_1}^{t_2} x(t)\,\dot{y}(t)\,\mathrm{d}t$$

(5) Fläche zwischen der Kurve k: $x = x(t)$, $y = y(t)$ und den Ortsvektoren $\overrightarrow{0P_1}$ und $\overrightarrow{0P_2}$

$$A = \frac{1}{2}\int\limits_{t_1}^{t_2}(x\dot{y} - \dot{x}y)\,\mathrm{d}t \qquad \textit{Leibnizsche Sektorformel} \text{ (kartesisch)}$$

(6) Fläche zwischen der Kurve k: $r = r(\varphi)$ und den Leitstrahlen $r_1 = r(\varphi_1)$ und $r_2 = r(\varphi_2)$

$$A = \frac{1}{2}\int\limits_{\varphi_1}^{\varphi_2} r^2\,\mathrm{d}\varphi \qquad \textit{Leibnizsche Sektorformel} \text{ (polar)}$$

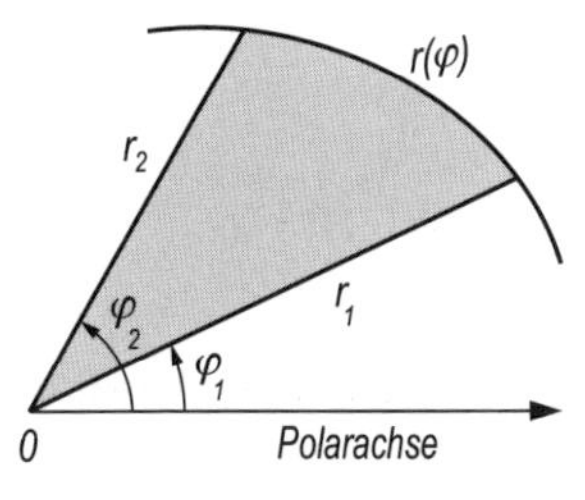

Leibnizsche Sektorformel (6)

Zu Beispiel (7)

(7) Fläche zwischen den Kurven k_1: $r = r_1(\varphi)$ und k_2: $r = r_2(\varphi)$ in den Grenzen φ_1, φ_2

$$A = \int\limits_{\varphi_1}^{\varphi_2}\int\limits_{r_1(\varphi)}^{r_2(\varphi)} r\,\mathrm{d}r\,\mathrm{d}\varphi = \frac{1}{2}\int\limits_{\varphi_1}^{\varphi_2}\Big(r_2^2(\varphi) - r_1^2(\varphi)\Big)\,\mathrm{d}\varphi$$

(8) Inhalt der Fläche $z = f(x, y)$

In kartesischen Koordinaten $\{0; x, y\}$ über dem Gebiet $x_1 \leq x \leq x_2$, $y_1(x) \leq y \leq y_2(x)$

$$A = \int\limits_{x_1}^{x_2}\int\limits_{y_1(x)}^{y_2(x)} \sqrt{f_x^2 + f_y^2 + 1}\,\mathrm{d}y\,\mathrm{d}x$$

In Polarkoordinaten $\{0; r, \varphi\}$ über dem Gebiet $\varphi_1 \leq \varphi \leq \varphi_2$, $r_1(\varphi) \leq r \leq r_2(\varphi)$

$$A = \int\limits_{\varphi_1}^{\varphi_2}\int\limits_{r_1(\varphi)}^{r_2(\varphi)} \sqrt{f_\varphi^2 + r^2 f_r^2 + r^2}\,\mathrm{d}r\,\mathrm{d}\varphi$$

(9) Fläche eines ebenen, von einer geschlossenen Kurve begrenzten Gebietes

$$A = \frac{1}{2}\int\limits_k (x\,\mathrm{d}y - y\,\mathrm{d}x) \qquad (\textit{Kurvenintegral})$$

9.6.1.2 Bogenlänge (Rektifikation)

Länge s eines Kurvenstücks zwischen den Punkten P_1 und P_2

$$k\colon y = f(x) \qquad s = \int_{x_1}^{x_2} \sqrt{1 + y'^2}\,\mathrm{d}x \text{ oder } s = \int_{y_1}^{y_2} \sqrt{1 + \left(\frac{\mathrm{d}x}{\mathrm{d}y}\right)^2}\,\mathrm{d}y$$

$$k\colon \begin{cases} x = x(t) \\ y = y(t) \end{cases} \qquad s = \int_{t_1}^{t_2} \sqrt{\dot{x}^2 + \dot{y}^2}\,\mathrm{d}y$$

$$k\colon \boldsymbol{r}(t) \qquad s = \int_{t_1}^{t_2} |\dot{\boldsymbol{r}}(t)|\,\mathrm{d}t$$

$$k\colon r = r(\varphi) \qquad s = \int_{\varphi_1}^{\varphi_2} \sqrt{r^2 + r'^2}\,\mathrm{d}\varphi = \int_{r_1}^{r_2} \sqrt{1 + r^2\left(\frac{\mathrm{d}\varphi}{\mathrm{d}r}\right)^2}\,\mathrm{d}r \qquad r' = \frac{\mathrm{d}r}{\mathrm{d}\varphi}$$

9.6.1.3 Mantelflächen von Rotationskörpern (Komplanation)

Bei Rotation der Kurve k: $y = f(x)$ um die x- bzw. $x = f^{-1}(y)$ um die y-Achse

$$A_{\mathrm{M}x} = 2\pi \int_{x_1}^{x_2} y\sqrt{1 + y'^2}\,\mathrm{d}x \qquad A_{\mathrm{M}y} = 2\pi \int_{y_1}^{y_2} x\sqrt{1 + \left(\frac{\mathrm{d}x}{\mathrm{d}y}\right)^2}\,\mathrm{d}y$$

Bei Rotation der Kurve k: $x = x(t)$, $y = y(t)$ um die x- bzw. y-Achse

$$A_{\mathrm{M}x} = 2\pi \int_{t_1}^{t_2} y\sqrt{\dot{x}^2 + \dot{y}^2}\,\mathrm{d}t \qquad A_{\mathrm{M}y} = 2\pi \int_{t_1}^{t_2} x\sqrt{\dot{x}^2 + \dot{y}^2}\,\mathrm{d}t$$

Bei Rotation der Kurve k: $r = r(\varphi)$ um die x- bzw. y-Achse, $r' = \dfrac{\mathrm{d}r}{\mathrm{d}\varphi}$

$$A_{\mathrm{M}x} = 2\pi \int_{\varphi_1}^{\varphi_2} r\sin\varphi\sqrt{r^2 + r'^2}\,\mathrm{d}\varphi \qquad A_{\mathrm{M}y} = 2\pi \int_{\varphi_1}^{\varphi_2} r\cos\varphi\sqrt{r^2 + r'^2}\,\mathrm{d}\varphi$$

9.6.1.4 Volumen von Rotationskörpern (Kubatur)

Bei Rotation der Kurve k: $y = f(x)$ um die x- bzw. y-Achse

$$V_x = \pi \int_{x_1}^{x_2} y^2\,\mathrm{d}x \qquad V_y = \pi \int_{x_1}^{x_2} x^2 y'\,\mathrm{d}x$$

Mit $y = f(x) \Leftrightarrow x = g(y)$ wird $\qquad V_y = \pi \displaystyle\int_{y_1}^{y_2} \left(g(y)\right)^2\mathrm{d}y$

Bei Rotation der Kurve k: $x = x(t)$, $y = y(t)$ um die x- bzw. y-Achse

$$V_x = \pi \int_{t_1}^{t_2} y^2 \dot{x}\,\mathrm{d}t \qquad V_y = \pi \int_{t_1}^{t_2} x^2 \dot{y}\,\mathrm{d}t$$

Bei Rotation der Kurve k: $r = r(\varphi)$ um die x- bzw. y-Achse

$$V_x = \pi \int_{\varphi_1}^{\varphi_2} r^2 \sin^2\varphi \left(r' \cos\varphi - r\sin\varphi\right) \mathrm{d}\varphi \qquad r' = \frac{\mathrm{d}r}{\mathrm{d}\varphi}$$

$$V_y = \pi \int_{\varphi_1}^{\varphi_2} r^2 \cos^2\varphi \left(r' \sin\varphi + r\cos\varphi\right) \mathrm{d}\varphi$$

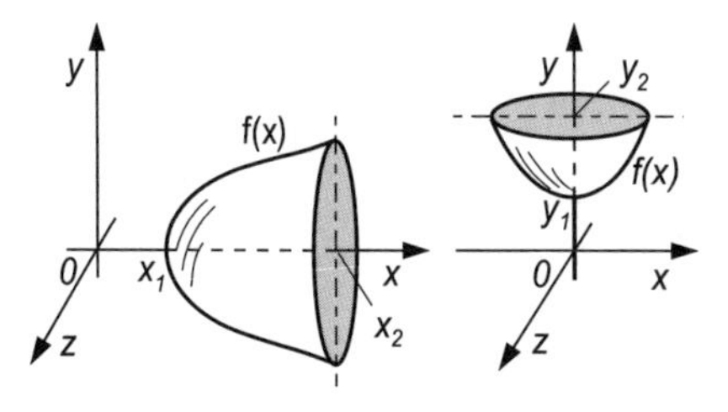

Rotationskörper

9.6.1.5 Volumen eines Körpers

Allgemein: $V = \int_{(V)} \mathrm{d}V = \int_{x_1}^{x_2} A(x)\,\mathrm{d}x$

In kartesischen Koordinaten $\{0;\, x, y, z\}$ (Bild siehe 9.5.2)

$$V = \int_{x_1}^{x_2} \int_{y_1(x)}^{y_2(x)} \int_{z_1(x,y)}^{z_2(x,y)} \mathrm{d}z\,\mathrm{d}y\,\mathrm{d}x = \int_{x_1}^{x_2} \int_{y_1(x)}^{y_2(x)} \left(z_2(x,y) - z_1(x,y)\right) \mathrm{d}y\,\mathrm{d}x$$

In Zylinderkoordinaten $\{0; \rho, \varphi, z\}$

$$V = \int_{\varphi_1}^{\varphi_2} \int_{\rho_1(\varphi)}^{\rho_2(\varphi)} \int_{z_1(\rho,\varphi)}^{z_2(\rho,\varphi)} \rho\,\mathrm{d}z\,\mathrm{d}\rho\,\mathrm{d}\varphi = \int_{\varphi_1}^{\varphi_2} \int_{\rho_1(\varphi)}^{\rho_2(\varphi)} \rho\left(z_2(\rho,\varphi) - z_1(\rho,\varphi)\right) \mathrm{d}\rho\,\mathrm{d}\varphi$$

In Kugelkoordinaten $\{0;\, r, \vartheta, \varphi\}$

$$V = \int_{\vartheta_1}^{\vartheta_2} \int_{\varphi_1(\vartheta)}^{\varphi_2(\vartheta)} \int_{r_1(\varphi,\vartheta)}^{r_2(\varphi,\vartheta)} r^2 \sin\vartheta\,\mathrm{d}r\,\mathrm{d}\varphi\,\mathrm{d}\vartheta$$

Volumen eines Zylinders

(kartesische und Zylinderkoordinaten)

$$V = \int_{(A)} z\,\mathrm{d}A = \int_{x_1}^{x_2}\int_{y_1(x)}^{y_2(x)} z\,\mathrm{d}y\,\mathrm{d}x \qquad V = \int_{\varphi_1}^{\varphi_2}\int_{\rho_1(\varphi)}^{\rho_2(\varphi)} z\rho\,\mathrm{d}r\,\mathrm{d}\varphi$$

9.6.2 Technisch-physikalische Anwendungen

9.6.2.1 Bewegungen, Kinematik

ges. / geg.	*Weg*	*Geschwindigkeit*	*Beschleunigung*
$s = s(t)$	–	$v(t) = \frac{\mathrm{d}s}{\mathrm{d}t} = \dot{s}$	$a(t) = \frac{\mathrm{d}v}{\mathrm{d}t} = \frac{\mathrm{d}^2 s}{\mathrm{d}t^2} = \ddot{s}$
$v = v(t)$	$s = s_0 + \int_{t_0}^{t} v(\tau)\,\mathrm{d}\tau$	–	$a(t) = \frac{\mathrm{d}v}{\mathrm{d}t} = \dot{v}$
$a = a(t)$	$s = s_0 + v_0(t - t_0) + \int_{t_0}^{t}\left(\int_{\tau_0}^{\tau} a(t)\,\mathrm{d}t\right)\mathrm{d}\tau$	$v = v_0 + \int_{t_0}^{t} a(\tau)\,\mathrm{d}\tau$	–

mit den Anfangsbedingungen: $s_0 := s(t_0)$, $v_0 := v(t_0)$

Für rotatorische Bewegung gilt:

$s := \varphi$ (*Drehwinkel*)
$v := \omega$ (*Winkelgeschwindigkeit*)
$a := \dot{\omega} = \alpha$ (*Winkelbeschleunigung*)

9.6.2.2 Arbeit

Mechanische Arbeit

$$W = \int_{s_1}^{s_2} F(s)\cos\varphi\,\mathrm{d}s = \int_{s_1}^{s_2} F_s(s)\,\mathrm{d}s \qquad (\textit{Arbeitsintegral})$$

φ Winkel zwischen Kraft $F(s)$ und Weg s
$F_s(s)$ Kraftkomponente in Wegrichtung

Elektrische Arbeit

$$W = \int_0^T ui\,\mathrm{d}t = \hat{u}\cdot\hat{i}\int_0^T \sin\omega t\,\sin(\omega t + \varphi)\,\mathrm{d}t = U_{\mathrm{eff}} I_{\mathrm{eff}} T\cos\varphi \quad \omega T = 2\pi$$

9.6.2.3 Zeitlich veränderliche Ströme und Spannungen

Kondensator

$$U_C = \frac{1}{C}\int I_C \,\mathrm{d}t \text{ in V} \qquad C = \frac{Q_C}{U_C}$$

Q Elektrizitätsmenge in $\mathrm{A \cdot s}$

$$I_C = \frac{\mathrm{d}Q_C}{\mathrm{d}t} = C\frac{\mathrm{d}U_C}{\mathrm{d}t} \text{ in A}$$

C Kapazität in $\mathrm{F} = \frac{\mathrm{A \cdot s}}{\mathrm{V}}$

Spule

$$U_L = L\frac{\mathrm{d}I_L}{\mathrm{d}t} \text{ in V}$$

L Induktivität in H

$$I_L = \frac{1}{L}\int U_L \,\mathrm{d}t \text{ in A}$$

9.6.2.4 Momente 1. Grades

Die Formeln werden für homogene Masseverteilung ($\rho = 1$) angegeben.

Ist ρ inhomogen, ist der Integrand mit $\rho(x,y)$, $\rho(x,y,z)$ oder $\rho(r,\varphi)$ zu multiplizieren.

Definition der (*statischen*) *Momente 1. Grades* eines ebenen Kurvenstücks bez. der indizierten Koordinatenachsen (Kurvenintegrale)

$$M_x := \int_k y \,\mathrm{d}s \qquad M_y := \int_k x \,\mathrm{d}s$$

Definition der *Flächenmomente 1. Grades*[1] eines ebenen Flächenstücks bez. der indizierten Koordinatenachsen (Flächenintegrale):

$$H_x := \int_{(A)} y \,\mathrm{d}A \qquad H_y := \int_{(A)} x \,\mathrm{d}A$$

Definition der *Volumenmomente 1. Grades* eines Raumbereichs:

Allgemein gilt: $r_S \cdot V = \int_{(V)} r \,\mathrm{d}V$

r_S Abstand des Schwerpunktes von der Drehachse

Desgleichen bezüglich der Koordinatenebenen

$$M_x = M_{yz} := \int_{(V)} x \,\mathrm{d}V \qquad M_y := \int_{(V)} y \,\mathrm{d}V \qquad M_z := \int_{(V)} z \,\mathrm{d}V$$

[1] früher: *Statisches Moment* einer Fläche

(1) Statisches Moment 1. Grades eines homogenen ebenen Kurvenstücks

k: $y = f(x)$ $\quad M_x = \int\limits_{x_1}^{x_2} y\sqrt{1+y'^2}\,\mathrm{d}x \quad M_y = \int\limits_{x_1}^{x_2} x\sqrt{1+y'^2}\,\mathrm{d}x$

k: $x = x(t)$, $y = y(t)$ $\quad M_x = \int\limits_{t_1}^{t_2} y\sqrt{\dot{x}^2+\dot{y}^2}\,\mathrm{d}t \quad M_y = \int\limits_{t_1}^{t_2} x\sqrt{\dot{x}^2+\dot{y}^2}\,\mathrm{d}t$

k: $r = r(\varphi)$ $\quad M_x = \int\limits_{\varphi_1}^{\varphi_2} r\sqrt{r^2+\left(\frac{\mathrm{d}r}{\mathrm{d}\varphi}\right)^2}\sin\varphi\,\mathrm{d}\varphi$

$$M_y = \int\limits_{\varphi_1}^{\varphi_2} r\sqrt{r^2+\left(\frac{\mathrm{d}r}{\mathrm{d}\varphi}\right)^2}\cos\varphi\,\mathrm{d}\varphi$$

(2) Flächenmoment 1. Grades eines homogenen ebenen Flächenstücks, begrenzt von k: $y = f(x)$, der x-Achse und den Parallelen $x = x_1$ und $x = x_2$

$$H_x = \frac{1}{2}\int\limits_{x_1}^{x_2} y^2\,\mathrm{d}x \qquad H_y = \frac{1}{2}\int\limits_{x_1}^{x_2} xy\,\mathrm{d}x$$

(3) Flächenmoment 1. Grades eines homogenen ebenen Flächenstücks, das oben von der Kurve k_2: $y = y_2(x)$, unten von k_1: $y = y_1(x)$ und von den Parallelen $x = x_1$ und $x = x_2$ begrenzt wird

$$H_x = \int\limits_{x_1}^{x_2}\int\limits_{y_1(x)}^{y_2(x)} y\,\mathrm{d}y\,\mathrm{d}x = \frac{1}{2}\int\limits_{x_1}^{x_2}\left(\big(y_2(x)\big)^2 - \big(y_1(x)\big)^2\right)\mathrm{d}x$$

$$H_y = \int\limits_{x_1}^{x_2}\int\limits_{y_1(x)}^{y_2(x)} x\,\mathrm{d}y\,\mathrm{d}x = \int\limits_{x_1}^{x_2} x\big(y_2(x) - y_1(x)\big)\,\mathrm{d}x$$

(4) Flächenmoment 1. Grades eines homogenen ebenen Flächenstücks, das von den Kurven k_1: $r = r_1(\varphi)$ und k_2: $r = r_2(\varphi)$ in den Grenzen φ_1 und φ_2 begrenzt wird

$$H_x = \int\limits_{\varphi_1}^{\varphi_2}\int\limits_{r_1(\varphi)}^{r_2(\varphi)} r^2\sin\varphi\,\mathrm{d}r\,\mathrm{d}\varphi = \frac{1}{3}\int\limits_{\varphi_1}^{\varphi_2}\left(r_2^3(\varphi) - r_1^3(\varphi)\right)\sin\varphi\,\mathrm{d}\varphi$$

$$H_y = \int\limits_{\varphi_1}^{\varphi_2}\int\limits_{r_1(\varphi)}^{r_2(\varphi)} r^2\cos\varphi\,\mathrm{d}r\,\mathrm{d}\varphi = \frac{1}{3}\int\limits_{\varphi_1}^{\varphi_2}\left(r_2^3(\varphi) - r_1^3(\varphi)\right)\cos\varphi\,\mathrm{d}\varphi$$

(5) *Volumenmoment 1. Grades* eines homogenen Drehkörpers bezogen auf die zur Drehachse x im Ursprung senkrechte (y,z)-Ebene

In kartesischen Koordinaten: $M_x = \pi \int\limits_{x_1}^{x_2} xy^2 \,\mathrm{d}x$

9.6.2.5 Schwerpunkte

$$\text{Schwerpunktkoordinate} = \frac{\text{Moment 1. Grades}}{\text{Länge oder Fläche oder Volumen}}$$

(1) *Schwerpunkt eines homogenen ebenen Kurvenstücks* der Kurve k: $y = f(x)$ zwischen den Punkten P_1 und P_2

$$x_S = \frac{\int\limits_{x_1}^{x_2} x\sqrt{1+y'^2}\,\mathrm{d}x}{\int\limits_{x_1}^{x_2} \sqrt{1+y'^2}\,\mathrm{d}x} = \frac{M_y}{s} \qquad y_S = \frac{\int\limits_{x_1}^{x_2} y\sqrt{1+y'^2}\,\mathrm{d}x}{\int\limits_{x_1}^{x_2} \sqrt{1+y'^2}\,\mathrm{d}x} = \frac{M_x}{s}$$

(2) *Schwerpunkt eines homogenen ebenen Flächenstücks*, das von k: $y = f(x)$, der x-Achse und den Parallelen $x = x_1$ und $x = x_2$ begrenzt wird

$$x_S = \frac{\int\limits_{x_1}^{x_2} xy\,\mathrm{d}x}{\int\limits_{x_1}^{x_2} y\,\mathrm{d}x} = \frac{H_y}{A} \qquad y_S = \frac{1}{2}\frac{\int\limits_{x_1}^{x_2} y^2\,\mathrm{d}x}{\int\limits_{x_1}^{x_2} y\,\mathrm{d}x} = \frac{H_x}{A}$$

(3) Schwerpunkt einer homogenen ebenen Fläche, die oben von der Kurve k_2: $y = y_2(x)$ und von unten von k_1: $y = y_1(x)$ begrenzt wird

$$x_S = \frac{\int\limits_{x_1}^{x_2} x\big(y_2(x) - y_1(x)\big)\,\mathrm{d}x}{\int\limits_{x_1}^{x_2} \big(y_2(x) - y_1(x)\big)\,\mathrm{d}x} = \frac{H_y}{A}$$

$$y_S = \frac{\int\limits_{x_1}^{x_2} \Big(\big(y_2(x)\big)^2 - \big(y_1(x)\big)^2\Big)\,\mathrm{d}x}{2\int\limits_{x_1}^{x_2} \big(y_2(x) - y_1(x)\big)\,\mathrm{d}x} = \frac{H_x}{A}$$

Teilschwerpunktsatz

$$x_S = \frac{\sum\limits_k x_k A_k}{\sum\limits_k A_k} \qquad y_S = \frac{\sum\limits_k y_k A_k}{\sum\limits_k A_k}$$

(x_k, y_k) Schwerpunktkoordinaten der Teilflächen einer Gesamtfläche

(4) *Schwerpunkt eines homogenen Rotationskörpers*, der durch Drehung der Kurve k: $y = f(x)$ um die x-Achse entstanden ist

$$x_S = \frac{\int\limits_{x_1}^{x_2} xy^2\,\mathrm{d}x}{\int\limits_{x_1}^{x_2} y^2\,\mathrm{d}x} = \frac{M_x}{V} \qquad y_S = z_S = 0$$

Desgl. Drehung um die y-Achse, Kurve k: $x = g(y)$

$$y_S = \frac{\pi}{V}\int\limits_{y_1}^{y_2} y\big(g(y)\big)^2\mathrm{d}y = \frac{M_y}{V} \qquad x_S = z_S = 0$$

(5) Schwerpunkt eines Rotationskörpers mit der z-Achse als Drehachse (Zylinderkoordinaten)

$$z_S = \frac{1}{V}\int\limits_{\varphi}\int\limits_{\rho}\int\limits_{z} z\rho\,\mathrm{d}z\,\mathrm{d}\rho\,\mathrm{d}\varphi \qquad x_S = y_S = 0$$

(6) *Schwerpunkt eines homogenen Körpers K*: $y = y(x)$, $z = z(x, y)$

$$x_S = \frac{M_x}{V} = \frac{1}{V}\int\limits_{(V)} x\,\mathrm{d}V = \frac{1}{V}\int\limits_{x_1}^{x_2}\int\limits_{y_1(x)}^{y_2(x)}\int\limits_{z_1(x,y)}^{z_2(x,y)} x\,\mathrm{d}z\,\mathrm{d}y\,\mathrm{d}x$$

$$y_S = \frac{M_y}{V} = \frac{1}{V}\int\limits_{(V)} y\,\mathrm{d}V = \frac{1}{V}\int\limits_{x_1}^{x_2}\int\limits_{y_1(x)}^{y_2(x)}\int\limits_{z_1(x,y)}^{z_2(x,y)} y\,\mathrm{d}z\,\mathrm{d}y\,\mathrm{d}x$$

$$z_S = \frac{M_z}{V} = \frac{1}{V}\int\limits_{(V)} z\,\mathrm{d}V = \frac{1}{V}\int\limits_{x_1}^{x_2}\int\limits_{y_1(x)}^{y_2(x)}\int\limits_{z_1(x,y)}^{z_2(x,y)} z\,\mathrm{d}z\,\mathrm{d}y\,\mathrm{d}x$$

Bemerkung: Für Kurven in Parameterdarstellung und Polarkoordinaten ist der Schwerpunkt aus Moment und Bogen, Fläche oder Volumen zu bilden.

9.6.2.6 Momente 2. Grades (Festigkeitslehre)

Allgemeine Definition eines (*Flächen-*)*Momentes 2. Grades*[1)]

$$I = \int_{(A)} l^2 \, \mathrm{d}A$$

A Inhalt einer homogenen ebenen Fläche
$\mathrm{d}A$ ihr Flächenelement
l senkrechter Abstand von $\mathrm{d}A$ zur Bezugsachse

(1) *Äquatoriales* (*axiales*) *Moment 2. Grades* eines ebenen Kurvenbogens s für die Kurve k: $y = f(x)$

$$I_x = \int_{x_1}^{x_2} y^2 \sqrt{1 + y'^2} \, \mathrm{d}x \qquad I_y = \int_{x_1}^{x_2} x^2 \sqrt{1 + y'^2} \, \mathrm{d}x$$

Für die Kurve k: $x = x(t)$, $y = y(t)$

$$I_x = \int_{t_1}^{t_2} y^2 \sqrt{\dot{x}^2 + \dot{y}^2} \, \mathrm{d}t \qquad I_y = \int_{t_1}^{t_2} x^2 \sqrt{\dot{x}^2 + \dot{y}^2} \, \mathrm{d}t$$

Für die Kurve k: $r = r(\varphi)$

$$I_x = \int_{\varphi_1}^{\varphi_2} r^2 \sin^2 \varphi \sqrt{r^2 + \left(\frac{\mathrm{d}r}{\mathrm{d}\varphi}\right)^2} \, \mathrm{d}\varphi$$

$$I_y = \int_{\varphi_1}^{\varphi_2} r^2 \cos^2 \varphi \sqrt{r^2 + \left(\frac{\mathrm{d}r}{\mathrm{d}\varphi}\right)^2} \, \mathrm{d}\varphi$$

(2) Äquatoriales (axiales) Flächenmoment 2. Grades der Fläche (A), begrenzt von den Kurven k_2: $y = y_2(x)$, k_1: $y = y_1(x)$ und den Parallelen $x = x_1$ und $x = x_2$

Bezüglich x-Achse:

$$I_x = \int_{(A)} y^2 \, \mathrm{d}A = \int_{x_1}^{x_2} \int_{y_1(x)}^{y_2(x)} y^2 \, \mathrm{d}y \, \mathrm{d}x = \frac{1}{3} \int_{x_1}^{x_2} \left(y_2^3(x) - y_1^3(x)\right) \mathrm{d}x$$

Bezüglich y-Achse:

$$I_y = \int_{(A)} x^2 \, \mathrm{d}A = \int_{x_1}^{x_2} \int_{y_1(x)}^{y_2(x)} x^2 \, \mathrm{d}y \, \mathrm{d}x = \int_{x_1}^{x_2} x^2 \left(y_2(x) - y_1(x)\right) \mathrm{d}x$$

[1)] früher *Flächenträgheitsmoment*

9

Satz von STEINER oder Verschiebungssatz

$$I = I_S + a^2 A$$

I_S Flächenmoment 2. Grades in Bezug auf den Schwerpunkt
a Abstand zwischen Bezugsachse und Schwerpunkt

(3) Äquatoriales (axiales) Flächenmoment 2. Grades einer homogenen ebenen Fläche zwischen der Kurve k: $y = f(x)$, der x-Achse und den Parallelen $x = x_1$ und $x = x_2$ (Spezialfall von (2) für $y_1(x) = 0$)

$$I_x = \frac{1}{3}\int_{x_1}^{x_2} y^3\,\mathrm{d}x \qquad I_y = \frac{1}{3}\int_{x_1}^{x_2} x^2 y\,\mathrm{d}x$$

(4) Äquatoriales (axiales) Flächenmoment 2. Grades einer homogenen ebenen Fläche, begrenzt von den Kurven k_1: $r = r_1(\varphi)$ und k_2: $r = r_2(\varphi)$ in den Grenzen φ_1 und φ_2

$$I_x = \int_{\varphi_1}^{\varphi_2}\int_{r_1(\varphi)}^{r_2(\varphi)} r^3 \sin^2\varphi\,\mathrm{d}r\,\mathrm{d}\varphi \qquad I_y = \int_{\varphi_1}^{\varphi_2}\int_{r_1(\varphi)}^{r_2(\varphi)} r^3 \cos^2\varphi\,\mathrm{d}r\,\mathrm{d}\varphi$$

(5) *Polares Flächenmoment 2. Grades* bez. der z-Achse

$$k\colon y = y(x)\ I_p = \int_{(A)} r^2\,\mathrm{d}A = I_x + I_y = \int_{x_1}^{x_2}\int_{y_1(x)}^{y_2(x)} \left(x^2 + y^2\right)\mathrm{d}y\,\mathrm{d}x$$

k: $r = r(\varphi)$

$$I_p = \int_{\varphi_1}^{\varphi_2}\int_{r_1(\varphi)}^{r_2(\varphi)} r^3\,\mathrm{d}r\,\mathrm{d}\varphi$$

(6) *Zentrifugales* (*gemischtes* oder *Deviations-*)*Flächenmoment 2. Grades* einer homogenen Fläche, begrenzt von den Kurven k_2: $y = y_2(x)$ und k_1: $y = y_1(x)$ und den Parallelen $x = x_1$ und $x = x_2$

$$I_{xy} = \int_{(A)} xy\,\mathrm{d}A = \int_{x_1}^{x_2}\int_{y_1(x)}^{y_2(x)} xy\,\mathrm{d}y\,\mathrm{d}x = \frac{1}{2}\int_{x_1}^{x_2} x\left(y_2^2(x) - y_1^2(x)\right)\mathrm{d}x$$

9.6.2.7 Massenmomente 2. Grades (Dynamik)

(1) *Massenmoment 2. Grades* (*Trägheitsmoment*)[1] eines homogenen *Drehkörpers* bezüglich der Drehachse

$$J = \int_{(m)} r^2\,\mathrm{d}m = \rho\int_{(V)} r^2\,\mathrm{d}V$$

[1] früher *Massenträgheitsmoment*

$\mathrm{d}m = \rho\, \mathrm{d}V$ Massenelement

ρ Dichte des homogenen Körpers

r senkrechter Abstand von der Drehachse

(2) Massenmoment 2. Grades eines homogenen Körpers, der durch Drehung der ebenen Fläche zwischen der Kurve k: $y = f(x)$, der x-Achse und den Parallelen $x = x_1$ und $x = x_2$ um die x-Achse entsteht

$$J_x = \frac{\pi\rho}{2} \int_{x_1}^{x_2} \left(f(x)\right)^4 \mathrm{d}x \qquad \rho = \frac{m}{V}$$

(3) Massenmoment 2. Grades eines homogenen Körpers, der durch Drehung der ebenen Fläche zwischen der Kurve k: $x = g(y)$, der y-Achse und den Parallelen $y = y_1$ und $y = y_2$ um die y-Achse entsteht

$$J_y = \frac{\pi\rho}{2} \int_{y_1}^{y_2} \left(g(y)\right)^4 \mathrm{d}y \qquad \rho = \frac{m}{V}$$

Bemerkung: Auch hier gilt der Satz von STEINER

$$J = J_S + a^2 m$$

9

10 Vektoranalysis

10.1 Vektorfunktionen

$\boldsymbol{r} = \boldsymbol{r}(t)$ heißt *Vektorfunktion* der skalaren Veränderlichen t, wenn jedem Wert des Parameters $t \in [t_1, t_2]$ genau ein Ortsvektor $\boldsymbol{r}(t)$ des Raumes zugeordnet wird.[1] Die entstehende Raumkurve heißt *Hodograph*.

$$\boldsymbol{r}(t) = \boldsymbol{x}(t) = x(t)\boldsymbol{e}_x + y(t)\boldsymbol{e}_y + z(t)\boldsymbol{e}_z = \big(x(t), y(t), z(t)\big)^{\mathrm{T}} \in \mathbb{R}^3$$

$x(t), y(t), z(t)$ *Koordinatenfunktionen*, kartesische Koordinaten

Bogenelement $\mathrm{d}s$ und Bogenlänge s siehe 8.3.2.2 und 9.6.1.2.

Standard-Bezeichnungen

$\boldsymbol{r} = (x, y, z)^{\mathrm{T}}$ allgemeiner Punkt des $\mathbb{R}^3$ (*Ortsvektor*)

$r = |\boldsymbol{r}| = \sqrt{x^2 + y^2 + z^2}$ Betrag von $\boldsymbol{r}$

Ableitungen der Vektorfunktion

Der über einen zeitabhängigen Vektor oder Skalar gestellte Punkt bedeutet stets Ableitung nach der Zeit.

$$\frac{\mathrm{d}}{\mathrm{d}t}\boldsymbol{r}(t) = \dot{\boldsymbol{r}}(t) = \dot{x}(t)\boldsymbol{e}_x + \dot{y}(t)\boldsymbol{e}_y + \dot{z}(t)\boldsymbol{e}_z \qquad (\textit{Tangentenvektor})$$

$$\frac{\mathrm{d}^2}{\mathrm{d}t^2}\boldsymbol{r}(t) = \ddot{\boldsymbol{r}}(t) = \ddot{x}(t)\boldsymbol{e}_x + \ddot{y}(t)\boldsymbol{e}_y + \ddot{z}(t)\boldsymbol{e}_z \qquad (\textit{Beschleunigungsvektor})$$

Differenzial einer Vektorfunktion

$$\mathrm{d}\boldsymbol{r}(t) = \dot{\boldsymbol{r}}(t)\,\mathrm{d}t$$

Differenziationsregeln für Vektorfunktionen

$\boldsymbol{r} = \boldsymbol{r}(t), \boldsymbol{r}_1 = \boldsymbol{r}_1(t), \boldsymbol{r}_2 = \boldsymbol{r}_2(t)$ differenzierbare Vektorfunktionen

$g = g(t)$ differenzierbare skalare Funktion

$$\frac{\mathrm{d}}{\mathrm{d}t}\big(a\boldsymbol{r}_1(t) \pm b\boldsymbol{r}_2(t)\big) = a\dot{\boldsymbol{r}}_1 \pm b\dot{\boldsymbol{r}}_2 \qquad \text{Skalare } a, b \in \mathbb{R}$$

$$\frac{\mathrm{d}}{\mathrm{d}t}\big(g(t)\boldsymbol{r}(t)\big) = \dot{g}\boldsymbol{r} + g\dot{\boldsymbol{r}}$$

$$\frac{\mathrm{d}}{\mathrm{d}t}\big(\boldsymbol{r}_1(t) \cdot \boldsymbol{r}_2(t)\big) = \dot{\boldsymbol{r}}_1 \cdot \boldsymbol{r}_2 + \boldsymbol{r}_1 \cdot \dot{\boldsymbol{r}}_2$$

---

[1] Gilt analog für den n-dimensionalen Raum.

$$\frac{\mathrm{d}}{\mathrm{d}t}\big(\boldsymbol{r}_1(t)\times\boldsymbol{r}_2(t)\big)=\dot{\boldsymbol{r}}_1\times\boldsymbol{r}_2+\boldsymbol{r}_1\times\dot{\boldsymbol{r}}_2=\dot{\boldsymbol{r}}_1\times\boldsymbol{r}_2-\dot{\boldsymbol{r}}_2\times\boldsymbol{r}_1$$

$$\frac{\mathrm{d}}{\mathrm{d}t}\big[\boldsymbol{r}_1(t),\boldsymbol{r}_2(t),\boldsymbol{r}_3(t)\big]=[\dot{\boldsymbol{r}}_1,\boldsymbol{r}_2,\boldsymbol{r}_3]+[\boldsymbol{r}_1,\dot{\boldsymbol{r}}_2,\boldsymbol{r}_3]+[\boldsymbol{r}_1,\boldsymbol{r}_2,\dot{\boldsymbol{r}}_3]$$

(Spatprodukte)

$$\frac{\mathrm{d}}{\mathrm{d}t}\boldsymbol{r}\big(u(t)\big)=\frac{\mathrm{d}\boldsymbol{r}(u)}{\mathrm{d}u}\cdot\frac{\mathrm{d}u(t)}{\mathrm{d}t}$$ $\boldsymbol{r}\big(u(t)\big)$ mittelbare Vektorfunktion

Bewegung eines Massepunktes auf einer Bahnkurve *k*

k: $\boldsymbol{r}=\boldsymbol{r}(t)$ Ortsvektor zu P

t Parameter Zeit
$\boldsymbol{t}$ Tangenteneinheitsvektor
$\boldsymbol{n}$ Normaleneinheitsvektor
ρ Krümmungsradius
κ Krümmung (s. 8.3.2.4)

Geschwindigkeitsvektor: $\boldsymbol{v}(t)=\dot{\boldsymbol{r}}(t)=\dot{x}(t)\boldsymbol{e}_x+\dot{y}(t)\boldsymbol{e}_y+\dot{z}(t)\boldsymbol{e}_z=v\,\boldsymbol{t}$

Geschwindigkeit: $v=\dot{s}=|\dot{\boldsymbol{r}}|$

Bogenlänge: $s(t)=\int\limits_{t_0}^{t}|\boldsymbol{v}(\tau)|\,\mathrm{d}\tau=\int\limits_{t_0}^{t}|\dot{\boldsymbol{r}}(\tau)|\mathrm{d}\tau=\int\limits_{t_0}^{t}v\,\mathrm{d}\tau$

Beschleunigungsvektor: $\boldsymbol{a}(t)=\dot{\boldsymbol{v}}(t)=\ddot{\boldsymbol{r}}(t)=a_\mathrm{t}\boldsymbol{t}+a_\mathrm{n}\boldsymbol{n}$

Beschleunigung: $a=|\boldsymbol{a}|=|\dot{\boldsymbol{v}}|=|\ddot{\boldsymbol{r}}|$

Tangential- und Normalbeschleunigung

$$a_\mathrm{t}=\frac{\boldsymbol{v}\cdot\boldsymbol{a}}{v}=\frac{\dot{\boldsymbol{r}}\cdot\ddot{\boldsymbol{r}}}{|\dot{\boldsymbol{r}}|}=\frac{\mathrm{d}v}{\mathrm{d}t}=\dot{v}$$

$$a_\mathrm{n}=\frac{|\boldsymbol{v}\times\boldsymbol{a}|}{v}=\frac{|\dot{\boldsymbol{r}}\times\ddot{\boldsymbol{r}}|}{|\dot{\boldsymbol{r}}|}=\frac{v^2}{\rho}=\kappa v^2$$

10.2 Felder

Skalares Feld, Skalarfeld (Abbildung $\mathbb{R}^3\to\mathbb{R}$)

In einem *skalaren Feld* ist jedem Punkt $P(x,y,z)$ des euklidischen Raumes $\mathbb{R}^3$ bzw. eines Teilbereichs $G\subseteq\mathbb{R}^3$ ($P\in G$) ein Skalar (Wert der Feldgröße) durch die *Ortsfunktion (Feldfunktion)* $U(\boldsymbol{r})$ eindeutig zugeordnet.

Schreibweisen: $U(P)=U(x,y,z)=U(\boldsymbol{x})=U(\boldsymbol{r})$ $\boldsymbol{r}$ Ortsvektor $\overrightarrow{0P}$

10

Statisches (stationäres) Feld

Keine zeitliche Abhängigkeit eines Skalarfeldes

Niveauflächen (Äquipotenzialflächen)

$U(\boldsymbol{r}) = c_i$, $i = 1, 2, \ldots$ zur anschaulichen Darstellung, z. B. elektrisches Potenzial, Temperaturverteilung. Durch jeden Punkt, für den $U(\boldsymbol{r})$ definiert ist, geht genau eine Niveaufläche.

Niveaulinien

$U(x, y) = c_i$ sind Schnittkurven der Niveauflächen mit geeigneten Ebenen, z. B. Höhenlinien einer Landkarte, Isobaren, Isoklinen.

Vektorfeld (Abbildung $\mathbb{R}^3 \to \mathbb{R}^3$)

> In einem *Vektorfeld* $\boldsymbol{V}$ ist jedem Punkt $P(x, y, z)$ des Raumes $\mathbb{R}^3$ bzw. eines Teilbereichs $G \subseteq \mathbb{R}^3 (P \in G)$ genau ein Vektor $\boldsymbol{v}(x, y, z)$ zugeordnet.

Schreibweisen: $\boldsymbol{V}(P) = \boldsymbol{V}(x, y, z) = \boldsymbol{V}(\boldsymbol{x}) = \boldsymbol{V}(\boldsymbol{r})$ $\quad$ $\boldsymbol{r}$ Ortsvektor $\overrightarrow{0P}$

$$\boldsymbol{V}(P) = V_x \boldsymbol{e}_x + V_y \boldsymbol{e}_y + V_z \boldsymbol{e}_z = (V_x, V_y, V_z)^{\mathrm{T}}$$

V_x, V_y, V_z skalare räumliche Felder[1)] in Richtung der Einheitsvektoren

$\boldsymbol{e}_x, \boldsymbol{e}_y, \boldsymbol{e}_z$ Einheitsvektoren, Basisvektoren kartesischer Koordinaten

Feldlinien sind Kurven, die in jedem Punkt eines Vektorfeldes $\boldsymbol{V}(P)$ die dortigen Feldvektoren als Tangentenvektoren haben.

$$\boldsymbol{t}(t) \times \boldsymbol{v}(\boldsymbol{r}) = \dot{\boldsymbol{r}}(t) \times \boldsymbol{v}(\boldsymbol{r}) = \boldsymbol{o} \quad \text{bzw.} \quad \boldsymbol{n}(t) \cdot \boldsymbol{v}(\boldsymbol{r}) = 0$$

Jeder Punkt eines Vektorfeldes liegt auf einer Feldlinie, außer wenn $\boldsymbol{V}(\boldsymbol{r}) = \boldsymbol{o}$. Feldlinien schneiden einander nicht. Nimmt $|\boldsymbol{V}|$ zu, verdichten sich die Feldlinien.

Beispiele für Vektorfelder: Geschwindigkeitsfeld von Teilchen, Kraftfeld der Sonne, elektrisches oder magnetisches Feldstärkefeld usw.

Ebene Felder

$$U = U(x, y) \qquad \boldsymbol{V} = \boldsymbol{V}(x, y)$$

[1)] Achtung: Nicht verwechseln mit partiellen Ableitungen $V_x = \dfrac{\partial V}{\partial x}$ usw.

U hängt nicht von z ab, $\boldsymbol{V}$ liegt in der (x, y)-Ebene bzw. ist dieser parallel.

Ebene Schnitte durch räumliche Felder führen ebenfalls zu *ebenen Feldern*, d. h., das Feld ist nur für die Punkte P einer Ebene im Raum definiert. Die Ebene muss dabei nicht zwingend parallel zur (x, y)-, (x, z)-oder (y, z)-Ebene sein.

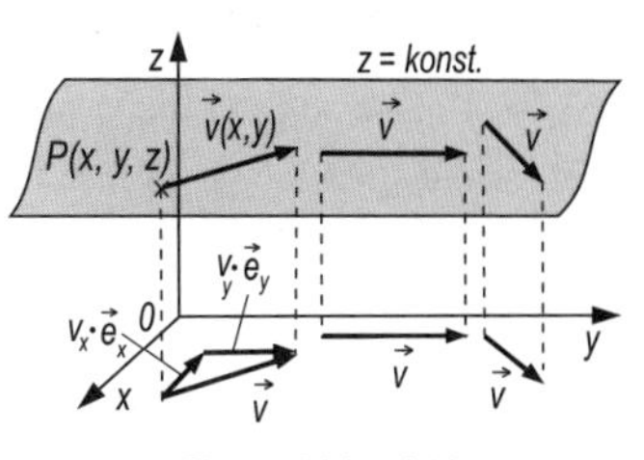

Ebenes Vektorfeld

Zentral- oder kugelsymmetrische Felder

(Darstellung in Kugelkoordinaten ist oft vorteilhaft)

Zentralsymmetrische Felder hängen nur vom Abstand r des Punktes $\boldsymbol{r}$ vom Ursprung ab. Die Vektoren in allen Punkten einer Kugeloberfläche (Kugel um den Nullpunkt) sind gleich lang und liegen parallel oder antiparallel zur Normalen der Kugel, d. h. radial. Zentralsymmetrsiche Felder heißen auch *radialsymmetrische Felder*, sie sind im Fall von Vektorfeldern *Potenzialfelder* (siehe auch 10.6.2).

$$U = U(x, y, z) = U\left(\sqrt{x^2 + y^2 + z^2}\right) \quad \text{oder } U = U(r) \text{ mit } r = |\boldsymbol{r}|$$

$$\boldsymbol{V} = V(r)\frac{\boldsymbol{r}}{r} = V\left(\sqrt{x^2 + y^2 + z^2}\right)\boldsymbol{e}_r \quad \text{mit } \boldsymbol{r} = x\boldsymbol{e}_x + y\boldsymbol{e}_y + z\boldsymbol{e}_z$$

($\boldsymbol{e}_r$ Einheitsvektor in Richtung $\boldsymbol{r}$)

Beispiele: zentrales Kraftfeld, Beleuchtungsstärkefeld

Axial- oder zylindersymmetrische Felder

(Darstellung in Zylinderkoordinaten ist oft vorteilhaft)

Das Feld hängt nur vom Abstand ρ des Punktes von der Zylinderachse (z) ab. Vektorfelder sind ebene Felder, Feldvektoren haben axiale Richtung.

$$U = U(\rho) \qquad \text{bzw. } U = U\left(\sqrt{x^2 + y^2}\right)$$

$$|\boldsymbol{V}| = v(\rho) \qquad \text{bzw. } \boldsymbol{V} = V\left(\sqrt{x^2 + y^2}\right)\boldsymbol{r}$$

Beispiel: Magnetfeld eines (unendlich) langen stromdurchflossenen Leiters.

10

10.3 Gradient eines skalaren Feldes

Der *Gradient* $\mathbf{grad}\, U$ eines skalaren Feldes $U(x,y,z) = U(\boldsymbol{r})$ ist das Vektorfeld, das jedem Punkt des skalaren Feldes denjenigen Vektor zuordnet, in dessen Richtung die Funktion U am schnellsten ansteigt, und dessen Betrag gleich dem Anstieg von U in dieser Richtung ist.

Bezeichnung: Ist $\boldsymbol{V} = \mathbf{grad}\, U$, dann heißt U *Stammfunktion* von $\boldsymbol{V}$ und $-U$ *Potenzialfunktion* oder einfach *Potenzial* von $\boldsymbol{V}$.

$$\mathbf{grad}\, U(\boldsymbol{r}) = \frac{\partial U(\boldsymbol{r})}{\partial x}\boldsymbol{e}_x + \frac{\partial U(\boldsymbol{r})}{\partial y}\boldsymbol{e}_y + \frac{\partial U(\boldsymbol{r})}{\partial z}\boldsymbol{e}_z = \left(\frac{\partial U}{\partial x}, \frac{\partial U}{\partial y}, \frac{\partial U}{\partial z}\right)^{\mathrm{T}}$$

Der Gradient kennzeichnet also die Richtung des steilsten Anstiegs von U. Daher steht er immer senkrecht auf den Niveauflächen von U. Maximalwert der Änderung von U im Punkt $\boldsymbol{r}$ gleich $|\mathbf{grad}\, U(\boldsymbol{r})|$.

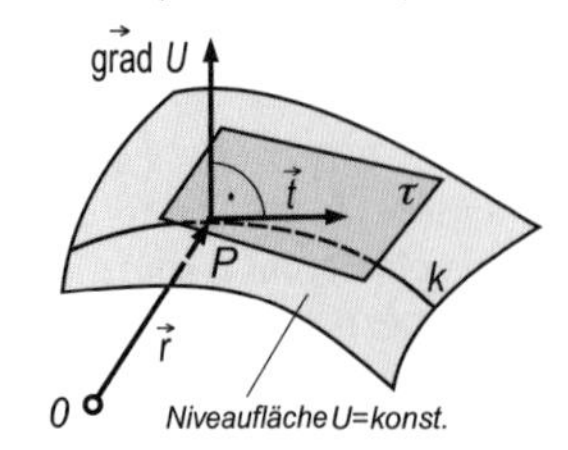

Gradient eines skalaren Feldes

Richtungsableitung

Richtungsableitung der Funktion $U(\boldsymbol{r})$ in Richtung eines beliebigen Vektors $\boldsymbol{a} \in \mathbb{R}^n$ im Punkt $\boldsymbol{r}$.

$$\begin{aligned}\frac{\partial U(\boldsymbol{r})}{\partial \boldsymbol{a}} &= \boldsymbol{e}_a \cdot \mathbf{grad}\, U(\boldsymbol{r}) \\ &= \frac{\partial U}{\partial x}a_x + \frac{\partial U}{\partial y}a_y + \frac{\partial U}{\partial z}a_z = |\mathbf{grad}\, U| \cdot \cos\angle(\mathbf{grad}\, U, \boldsymbol{e}_a)\end{aligned}$$

$\boldsymbol{e}_a$ Einheitsvektor in Richtung $\boldsymbol{a}$

$\boldsymbol{r} = (x,y,z)^{\mathrm{T}}$

Der Maximalwert der Richtungsableitung liegt in Richtung des Gradienten. Definitionsbereich von $\mathbf{grad}\, U$ sind alle Punkte, in denen U differenzierbar ist.

Feldlinien von $\mathbf{grad}\, U$ sind orthogonale Trajektorien der Schar der Niveauflächen.

Totales Differenzial des skalaren Feldes (der Funktion) $U(\boldsymbol{r})$

$$\mathrm{d}U = \frac{\partial U}{\partial x}\,\mathrm{d}x + \frac{\partial U}{\partial y}\,\mathrm{d}y + \frac{\partial U}{\partial z}\,\mathrm{d}z = (\mathbf{grad}\, U)\cdot \mathrm{d}\boldsymbol{r}$$

mit $\mathrm{d}\boldsymbol{r} = \mathrm{d}x\,\boldsymbol{e}_x + \mathrm{d}y\,\boldsymbol{e}_y + \mathrm{d}z\,\boldsymbol{e}_z$

$\mathrm{d}U = 0$ heißt: $\mathrm{d}\boldsymbol{r}$ liegt tangential zur Niveaufläche $U = \text{konst.}$

Nabla-Operator

(HAMILTON*scher Differenzial-Operator*)

Der *Nabla-Operator* ist Differenzialoperator 1. Ordnung und ein *formaler Vektor*, d. h. er ergibt inhaltlich nur Sinn, wenn er von links auf eine Funktion (skalares Feld oder Vektorfeld) einwirkt.

$$\vec{\nabla} = \frac{\partial}{\partial \boldsymbol{r}} = \frac{\partial}{\partial x}\boldsymbol{e}_x + \frac{\partial}{\partial y}\boldsymbol{e}_y + \frac{\partial}{\partial z}\boldsymbol{e}_z$$

Gradient einer skalaren Funktion *f*

an der Stelle $\boldsymbol{x} = x_1, \ldots, x_n$

$$\mathbf{grad}\, f(\boldsymbol{x}) = \vec{\nabla} f(\boldsymbol{x}) = \left(\frac{\partial f(\boldsymbol{x})}{\partial x_1}, \ldots, \frac{\partial f(\boldsymbol{x})}{\partial x_n}\right)^{\mathrm{T}} \qquad \boldsymbol{x} \in \mathrm{D}(f) \subseteq \mathbb{R}^n$$

Koordinatendarstellungen von grad *U*

In kartesischen Koordinaten, $U = U(x, y, z)$

$$\mathbf{grad}\, U = \frac{\partial U}{\partial x}\boldsymbol{e}_x + \frac{\partial U}{\partial y}\boldsymbol{e}_y + \frac{\partial U}{\partial z}\boldsymbol{e}_z = \vec{\nabla} U$$

speziell: Feld von Einheitsvektoren

$$\boldsymbol{r}(t) = x(t)\boldsymbol{e}_x + y(t)\boldsymbol{e}_y + z(t)\boldsymbol{e}_z,\ r = |\boldsymbol{r}(t)| = \sqrt{\left(x(t)\right)^2 + \left(y(t)\right)^2 + \left(z(t)\right)^2}$$

$$\mathbf{grad}\, r = \vec{\nabla} r = \frac{\partial r}{\partial x}\boldsymbol{e}_x + \frac{\partial r}{\partial y}\boldsymbol{e}_y + \frac{\partial r}{\partial z}\boldsymbol{e}_z = \frac{2x\boldsymbol{e}_x + 2y\boldsymbol{e}_y + 2z\boldsymbol{e}_z}{2\sqrt{x^2 + y^2 + z^2}} = \frac{\boldsymbol{r}}{r}$$

In Polarkoordinaten (ebenes Feld), $U = U(r, \varphi)$

$$\mathbf{grad}\, U = \frac{\partial U}{\partial r}\boldsymbol{e}_r + \frac{1}{r}\frac{\partial U}{\partial \varphi}\boldsymbol{e}_\varphi$$

In Zylinderkoordinaten, $U = U(\rho, \varphi, z)$

$$\mathbf{grad}\, U = \frac{\partial U}{\partial \rho}\boldsymbol{e}_\rho + \frac{1}{\rho}\frac{\partial U}{\partial \varphi}\boldsymbol{e}_\varphi + \frac{\partial U}{\partial z}\boldsymbol{e}_z$$

In Kugelkoordinaten, $U = U(r, \vartheta, \varphi)$

$$\mathbf{grad}\, U = \frac{\partial U}{\partial r}\boldsymbol{e}_r + \frac{1}{r}\frac{\partial U}{\partial \vartheta}\boldsymbol{e}_\vartheta + \frac{1}{r \sin\vartheta}\frac{\partial U}{\partial \varphi}\boldsymbol{e}_\varphi$$

Regeln mit Gradienten

$U = U(\boldsymbol{r}) = U(x,y,z)$ skalare *Ortsfunktion*

$\mathbf{grad}\, c = \boldsymbol{o}$	$c \in \mathbb{R}$ Konstante
$\mathbf{grad}\,(cU) = c\,\mathbf{grad}\, U$	$c \in \mathbb{R}$ Konstante
$\mathbf{grad}\,(U_1 + U_2) = \mathbf{grad}\, U_1 + \mathbf{grad}\, U_2$	
$\mathbf{grad}\,(U_1 \cdot U_2) = U_1\,\mathbf{grad}\, U_2 + U_2\,\mathbf{grad}\, U_1$	
$\mathbf{grad}\, U^n = nU^{n-1}\mathbf{grad}\, U$	
$\mathbf{grad}\,(\boldsymbol{a} \cdot \boldsymbol{r}) = \boldsymbol{a}$	$\boldsymbol{a}$ konstantes Feld
$\mathbf{grad}\, f(U) = \frac{\partial f(U)}{\partial U}\mathbf{grad}\, U$	

♦ **Beispiel**

Das Feld der Beleuchtungsstärke einer punktförmigen Lichtquelle ist:

$$U(\boldsymbol{r}) = \frac{c}{|\boldsymbol{r}|} = \frac{c}{\sqrt{x^2+y^2+z^2}} = \frac{c}{r} \text{ mit } \boldsymbol{r} = x\boldsymbol{e}_x + y\boldsymbol{e}_y + z\boldsymbol{e}_z, c \in \mathbb{R}$$

Man bestimme den Gradienten des Feldes.

$$\begin{aligned}\mathbf{grad}\, U &= \vec{\nabla}\frac{c}{|\boldsymbol{r}|} = \frac{\partial}{\partial x}\left(\frac{c}{r}\right)\boldsymbol{e}_x + \frac{\partial}{\partial y}\left(\frac{c}{r}\right)\boldsymbol{e}_y + \frac{\partial}{\partial z}\left(\frac{c}{r}\right)\boldsymbol{e}_z \\ &= -\frac{c}{r^2}\frac{\partial r}{\partial x}\boldsymbol{e}_x - \frac{c}{r^2}\frac{\partial r}{\partial y}\boldsymbol{e}_y - \frac{c}{r^2}\frac{\partial r}{\partial z}\boldsymbol{e}_z = -\frac{c}{r^3}(x\boldsymbol{e}_x + y\boldsymbol{e}_y + z\boldsymbol{e}_z) \\ &= -\frac{c}{r^3}\boldsymbol{r}\end{aligned}$$

$\boldsymbol{V} = -\frac{c}{r^3}\boldsymbol{r}$ hat als Menge aller Stammfunktionen $U(\boldsymbol{r}) = \frac{c}{r} + \text{konst.}$ ♦

10.4 Divergenz eines Vektorfeldes

Die *Divergenz* div $\boldsymbol{V}$ eines Vektorfeldes $\boldsymbol{V}(\boldsymbol{r})$ ist ein skalares Feld, das die Dichte der Quellen in jedem Punkt angibt.

$$\operatorname{div} \boldsymbol{V}(\boldsymbol{r}) = \lim_{V\to 0}\frac{1}{V}\oint_{(A)} \boldsymbol{V}\cdot\boldsymbol{n}\,\mathrm{d}A = \lim_{V\to 0}\frac{1}{V}\oint_{(A)} \boldsymbol{V}\cdot\mathrm{d}\boldsymbol{A} \quad (\textit{Volumenableitung})$$

dA *skalares* Oberflächenelement der Hüllfläche (A) eines $\boldsymbol{r}$ enthaltenden räumlichen Bereichs mit dem Volumen V und nach außen gerichtetem Normaleneinheitsvektor $\boldsymbol{n}$

d$\boldsymbol{A}$ *vektorielles* Oberflächenelement der Hüllfläche (A), $\mathrm{d}\boldsymbol{A} = \boldsymbol{n}\,\mathrm{d}A$

$\boldsymbol{V}$ stetiges Vektorfeld im Raumgebiet, das (A) vollständig enthält

$$\operatorname{div}\boldsymbol{V}\begin{cases}<0 \text{ Senken vorhanden}\\ =0 \text{ quellenfreies Feld}\\ >0 \text{ Quellen vorhanden}\end{cases}$$

Ergiebigkeit der im Körper K enthaltenen Quellen (*Quellenergiebigkeit*)

$$\int_K \operatorname{div}\boldsymbol{V}\,\mathrm{d}x\,\mathrm{d}y\,\mathrm{d}z$$

Koordinatendarstellungen der Divergenz

V_x, V_y, V_z; V_r, V_φ; V_ρ, V_φ, V_z und $V_r, V_\vartheta, V_\varphi$ skalare Komponenten

In kartesischen Koordinaten, $\boldsymbol{V} = \boldsymbol{V}(x, y, z)$

$$\operatorname{div}\boldsymbol{V} = \frac{\partial V_x}{\partial x} + \frac{\partial V_y}{\partial y} + \frac{\partial V_z}{\partial z} = \vec{\nabla}\cdot\boldsymbol{V} \text{ (Skalarprodukt von } \vec{\nabla} \text{ mit } \boldsymbol{V})$$

In Polarkoordinaten (ebenes Feld), $\boldsymbol{V} = \boldsymbol{V}(r, \varphi)$

$$\operatorname{div}\boldsymbol{V} = \frac{1}{r}\frac{\partial(rV_r)}{\partial r} + \frac{1}{r}\frac{\partial V_\varphi}{\partial \varphi}$$

In Zylinderkoordinaten, $\boldsymbol{V} = \boldsymbol{V}(\rho, \varphi, z)$

$$\operatorname{div}\boldsymbol{V} = \frac{1}{\rho}\frac{\partial(\rho V_\rho)}{\partial \rho} + \frac{1}{\rho}\frac{\partial V_\varphi}{\partial \varphi} + \frac{\partial V_z}{\partial z}$$

In Kugelkoordinaten, $\boldsymbol{V} = \boldsymbol{V}(r, \vartheta, \varphi)$

$$\operatorname{div}\boldsymbol{V} = \frac{1}{r^2}\frac{\partial(r^2 V_r)}{\partial r} + \frac{1}{r\sin\vartheta}\left(\frac{\partial(V_\vartheta \sin\vartheta)}{\partial\vartheta} + \frac{\partial V_\varphi}{\partial\varphi}\right)$$

Regeln mit Divergenzen ($\boldsymbol{V} = \boldsymbol{V}(x, y, z)$)

$\operatorname{div}\boldsymbol{a} = 0$ — $\boldsymbol{a}$ konstanter Vektor

$\operatorname{div}(c\boldsymbol{V}) = c\operatorname{div}\boldsymbol{V}$ — $c \in \mathbb{R}$ Konstante

$\operatorname{div}(\boldsymbol{V}_1 + \boldsymbol{V}_2) = \operatorname{div}\boldsymbol{V}_1 + \operatorname{div}\boldsymbol{V}_2$

$\operatorname{div}(U\boldsymbol{V}) = U\operatorname{div}\boldsymbol{V} + \boldsymbol{V}\cdot\mathbf{grad}\,U$ — $U = U(x, y, z)$

$\operatorname{div}(\boldsymbol{V}_1\times\boldsymbol{V}_2) = \boldsymbol{V}_2\,\mathbf{rot}\,\boldsymbol{V}_1 - \boldsymbol{V}_1\,\mathbf{rot}\,\boldsymbol{V}_2$

LAPLACE-Operator

Der LAPLACE-*Operator* ist Differenzialoperator 2. Ordnung und ein Skalar.

$$\Delta = \frac{\partial^2}{\partial x^2} + \frac{\partial^2}{\partial y^2} + \frac{\partial^2}{\partial z^2} = \vec{\nabla}\cdot\vec{\nabla} = \operatorname{div}\mathbf{grad}$$

Es gilt: $\Delta U(\boldsymbol{r}) = \operatorname{div} \mathbf{grad}\, U(\boldsymbol{r})$

$\Delta \boldsymbol{V}(\boldsymbol{r}) = \mathbf{grad} \operatorname{div} \boldsymbol{V}(\boldsymbol{r}) - \mathbf{rot}\,\mathbf{rot}\, \boldsymbol{V}(\boldsymbol{r})$

♦ **Beispiele**

(1) $\operatorname{div} \boldsymbol{r} = \vec{\nabla} \cdot \boldsymbol{r} = \frac{\partial}{\partial x} x + \frac{\partial}{\partial y} y + \frac{\partial}{\partial z} z = 3$

(2) $\operatorname{div} \mathbf{grad}\, r = \left(\vec{\nabla} \cdot \vec{\nabla}\right) r = \Delta r = \operatorname{div} \frac{\boldsymbol{r}}{r} = \frac{2}{r}$(zu **grad** r vgl. 10.3) ♦

10.5 Rotation eines Vektorfeldes

Die *Rotation* $\mathbf{rot}\, \boldsymbol{V}(\boldsymbol{r})$ eines Vektorfeldes ist wieder ein Vektorfeld, welches die *Wirbeldichte* von $\boldsymbol{V}$ beschreibt.

$$\mathbf{rot}\, \boldsymbol{V}(\boldsymbol{r}) = -\lim_{V \to 0} \frac{1}{V} \oint_{(A)} \boldsymbol{V} \times \boldsymbol{n}\, \mathrm{d}A = -\lim_{V \to 0} \frac{1}{V} \oint_{(A)} \boldsymbol{V} \times \mathrm{d}\boldsymbol{A}$$

(Volumenableitung)

$\mathrm{d}A$ *skalares* Oberflächenelement der Hüllfläche (A) eines $\boldsymbol{r}$ enthaltenden räumlichen Bereichs mit dem Volumen V und nach außen gerichtetem Normaleneinheitsvektor $\boldsymbol{n}$

$\mathrm{d}\boldsymbol{A}$ *vektorielles* Oberflächenelement der Hüllfläche (A), $\mathrm{d}\boldsymbol{A} = \boldsymbol{n}\, \mathrm{d}A$

$\boldsymbol{V}$ stetiges Vektorfeld im Raumgebiet, das (A) vollständig enthält

Vektorfeld $\boldsymbol{V}$ heißt *Vektorpotenzial* von $\mathbf{rot}\, \boldsymbol{V}$.

Berechnung von $\mathbf{rot}\, \boldsymbol{V}$ im Punkt $\boldsymbol{r}$ mithilfe der *Zirkulation* von $\boldsymbol{V}$ längs des Randes k (geschlossene Kurve) einer ebenen Fläche A mit Normalenvektor $\boldsymbol{n}$, die $\boldsymbol{r}$ enthält:

$$\boldsymbol{n} \cdot \mathbf{rot}\, \boldsymbol{V}(\boldsymbol{r}) = \lim_{A \to 0} \frac{1}{A} \oint_{k} \boldsymbol{V}(\boldsymbol{r}) \cdot \mathrm{d}\boldsymbol{r}$$

Orientierung so, dass k rechtsherum durchlaufen wird, wenn man in Richtung $\boldsymbol{n}$ schaut (Kurvenintegral siehe 10.6.2).

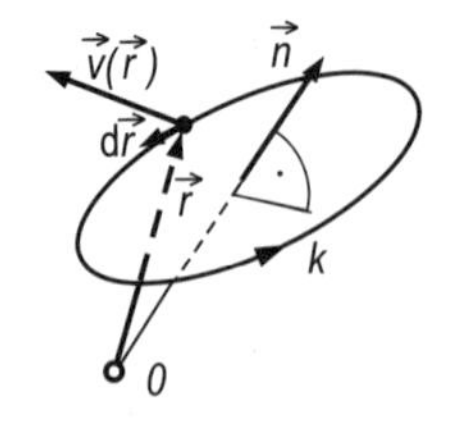

Zirkulation

Koordinatendarstellungen von rot V

In kartesischen Koordinaten, $\boldsymbol{V} = \boldsymbol{V}(x, y, z)$

$$\mathbf{rot}\,\boldsymbol{V} = \begin{vmatrix} \boldsymbol{e}_x & \boldsymbol{e}_y & \boldsymbol{e}_z \\ \dfrac{\partial}{\partial x} & \dfrac{\partial}{\partial y} & \dfrac{\partial}{\partial z} \\ V_x & V_y & V_z \end{vmatrix} = \begin{pmatrix} \dfrac{\partial V_z}{\partial y} - \dfrac{\partial V_y}{\partial z} \\ \dfrac{\partial V_x}{\partial z} - \dfrac{\partial V_z}{\partial x} \\ \dfrac{\partial V_y}{\partial x} - \dfrac{\partial V_x}{\partial y} \end{pmatrix} = \vec{\nabla} \times \boldsymbol{V}$$

In Zylinderkoordinaten, $\boldsymbol{V} = \boldsymbol{V}(\rho, \varphi, z)$

$$\mathbf{rot}\,\boldsymbol{V} = \left(\frac{1}{\rho}\frac{\partial V_z}{\partial \varphi} - \frac{\partial V_\varphi}{\partial z}\right)\boldsymbol{e}_\rho + \left(\frac{\partial V_\rho}{\partial z} - \frac{\partial V_z}{\partial \rho}\right)\boldsymbol{e}_\varphi + \left(\frac{1}{\rho}\frac{\partial(\rho V_\varphi)}{\partial \rho} - \frac{1}{\rho}\frac{\partial V_\rho}{\partial \varphi}\right)\boldsymbol{e}_z$$

In Kugelkoordinaten, $\boldsymbol{V} = \boldsymbol{V}(r, \vartheta, \varphi)$

$$\mathbf{rot}\,\boldsymbol{V} = \frac{1}{r \sin\vartheta}\left(\frac{\partial(V_\varphi \sin\vartheta)}{\partial \vartheta} - \frac{\partial V_\vartheta}{\partial \varphi}\right)\boldsymbol{e}_r + \left(\frac{1}{r\sin\vartheta}\frac{\partial V_r}{\partial \varphi} - \frac{1}{r}\frac{\partial(rV_\varphi)}{\partial r}\right)\boldsymbol{e}_\vartheta + \left(\frac{1}{r}\frac{\partial(rV_\vartheta)}{\partial r} - \frac{1}{r}\frac{\partial V_r}{\partial \vartheta}\right)\boldsymbol{e}_\varphi$$

♦ **Beispiel**

Man berechne die Rotation des Geschwindigkeitsfeldes $\boldsymbol{V}(\boldsymbol{r}) = \omega(\boldsymbol{n} \times \boldsymbol{r})$ (starre Rechts-Drehung um Drehachse $\boldsymbol{n}$ mit Winkelgeschwindigkeit ω).

$$\boldsymbol{V}(\boldsymbol{r}) = \omega(\boldsymbol{n} \times \boldsymbol{r}) = \omega \begin{pmatrix} n_y z - n_z y \\ n_z x - n_x z \\ n_x y - n_y x \end{pmatrix}$$

x-Komponente: $\omega\left(\dfrac{\partial V_z}{\partial y} - \dfrac{\partial V_y}{\partial z}\right)\boldsymbol{e}_x = \omega\big(n_x - (-n_x)\big)\boldsymbol{e}_x = 2\omega n_x \boldsymbol{e}_x$

Analog für y und z

$\mathbf{rot}\,\boldsymbol{V}(\boldsymbol{r}) = 2\omega(n_x\boldsymbol{e}_x + n_y\boldsymbol{e}_y + n_z\boldsymbol{e}_z) = 2\omega\boldsymbol{n}$

Der Betrag $|\mathbf{rot}\,\boldsymbol{V}| = 2\omega$ gibt die doppelte Winkelgeschwindigkeit der Drehung an. ♦

Regeln mit Rotationen (Vektorfeld $\boldsymbol{V} = \boldsymbol{V}(x, y, z)$)

$\mathbf{rot}\,\boldsymbol{a} = \boldsymbol{o}$	$\boldsymbol{a}$ konstanter Vektor
$\mathbf{rot}\,(c \cdot \boldsymbol{V}) = c \cdot \mathbf{rot}\,\boldsymbol{V}$	$c \in \mathbb{R}$ Konstante
$\mathbf{rot}\,(\boldsymbol{V}_1 + \boldsymbol{V}_2) = \mathbf{rot}\,\boldsymbol{V}_1 + \mathbf{rot}\,\boldsymbol{V}_2$	
$\mathbf{rot}\,(U\boldsymbol{V}) = U\,\mathbf{rot}\,\boldsymbol{V} + \mathbf{grad}\,U \times \boldsymbol{V}$	$U = U(x, y, z)$

10

♦ **Beispiel**

Man berechne $\mathbf{rot}\, \boldsymbol{V}$ des Vektorfeldes

$\boldsymbol{V} = 2xy\boldsymbol{e}_x + (\mathrm{e}^x + z)\boldsymbol{e}_y + 2\boldsymbol{e}_z = V_x\boldsymbol{e}_x + V_y\boldsymbol{e}_y + V_z\boldsymbol{e}_z.$

$\mathbf{rot}\, \boldsymbol{V} = (0-1)\boldsymbol{e}_x + (0-0)\boldsymbol{e}_y + (\mathrm{e}^x - 2x)\boldsymbol{e}_z = -\boldsymbol{e}_x + (\mathrm{e}^x - 2x)\boldsymbol{e}_z$ ♦

Besondere Felder

$\mathrm{div}\, \mathbf{rot}\, \boldsymbol{V} = 0$ Ein Wirbelfeld ist stets quellenfrei.

$\mathbf{rot}\, \mathbf{grad}\, U = \boldsymbol{o}$ Ein Gradientenfeld ist stets wirbelfrei, z. B. $\boldsymbol{E} = -\mathbf{grad}\, U$ ($\boldsymbol{E}$ elektrisches Feld, U Potenzial)

$\mathbf{rot}\, \mathbf{rot}\, \boldsymbol{V} = \mathbf{grad}\, \mathrm{div}\, \boldsymbol{V} - \Delta \boldsymbol{V}$

$\boldsymbol{V}$ heißt LAPLACE*sches Feld*, wenn es quellen- und wirbelfrei ist.

LAPLACE-*Gleichung* im quellenfreien Raum

$\mathrm{div}\, \mathbf{grad}\, U = \Delta U = 0$

POISSON-*Gleichung* im quellenbehafteten Raum

$\mathrm{div}\, \mathbf{grad}\, U = \Delta U = \rho$ mit der *Quellendichte* $\rho = \rho(x, y, z)$

Formale Anwendung von Divergenz und Rotation auf den Nablaoperator

$\mathrm{div}\, \vec{\nabla} = \vec{\nabla} \cdot \vec{\nabla} = \Delta$ und $\mathbf{rot}\, \vec{\nabla} = \vec{\nabla} \times \vec{\nabla} = \boldsymbol{o}$

Zusammenfassung

	Feld	Resultat	Symbol
grad	skalares Feld U	Vektor $\mathbf{grad}\, U$	$\vec{\nabla} U$
div	Vektorfeld $\boldsymbol{V}$	Skalar $\mathrm{div}\, \boldsymbol{V}$	$\vec{\nabla} \cdot \boldsymbol{V}$
rot	Vektorfeld $\boldsymbol{V}$	Vektor $\mathbf{rot}\, \boldsymbol{V}$	$\vec{\nabla} \times \boldsymbol{V}$
div **grad**	skalares Feld U	Skalar $\mathrm{div}\, \mathbf{grad}\, U$	$\vec{\nabla}^2 U = \Delta U$

10.6 Kurvenintegrale (Linienintegrale)

10.6.1 Kurvenintegral erster Art

Das *Kurvenintegral erster Art* ist ein verallgemeinertes bestimmtes Integral mit einem Integrationsweg längs einer stückweise stetigen, glatten Kurve k (auch C üblich), auf der eine beschränkte Funktion $u = f(x, y, z)$ definiert ist.

Integral über die Funktion f entlang der Kurve k von A bis B

$$I = \int_k f(x,y,z)\,\mathrm{d}s = \int_{AB} f(x,y,z)\,\mathrm{d}s = \int_{BA} f(x,y,z)\,\mathrm{d}s$$

Ein Kurvenintegral erster Art ist unabhängig von der Durchlaufrichtung.

Berechnung des Kurvenintegrals erster Art

k: $x = x(s), y = y(s), z = z(s) \qquad 0 \leq s \leq l$

s Bogenlänge von k, *natürlicher Parameter*

$$I = \int_k f(x,y,z)\,\mathrm{d}s = \int_0^l f\big(x(s),y(s),z(s)\big)\,\mathrm{d}s$$

k: $x = x(t), y = y(t), z = z(t) \qquad t_A \leq t \leq t_B$

$$I = \int_k f(x,y,z)\,\mathrm{d}s = \int_{t_A}^{t_B} f\big(x(t),y(t),z(t)\big)\sqrt{\dot{x}^2(t)+\dot{y}^2(t)+\dot{z}^2(t)}\,\mathrm{d}t$$

mit dem Bogenelement $\mathrm{d}s = \dot{s}(t)\mathrm{d}t = \sqrt{\dot{x}^2(t)+\dot{y}^2(t)+\dot{z}^2(t)}\,\mathrm{d}t$

k: $y = g(x)$ (in der Ebene) $\qquad a \leq x \leq b$

$$I = \int_k f(x,y)\,\mathrm{d}s = \int_a^b f\big(x,g(x)\big)\sqrt{1+g'^2(x)}\,\mathrm{d}x$$

10

♦ **Beispiel**

Kurvenintegral für den Viertelkreis mit dem Radius r um den Nullpunkt

Parameterdarstellung der Kurve k: $x(t) = r\cos t, y(t) = r\sin t, 0 \leq t \leq \pi/2$

$f(x,y) = y$

$$\mathrm{d}s = \sqrt{\dot{x}^2+\dot{y}^2}\,\mathrm{d}t = \sqrt{r^2\sin^2 t + r^2\cos^2 t}\,\mathrm{d}t = r\,\mathrm{d}t$$

$$\int_k f(x,y)\,\mathrm{d}s = \int_k y\,\mathrm{d}s = \int_0^{\pi/2} r\sin t \cdot r\,\mathrm{d}t = r^2(-\cos t)\Big|_0^{\pi/2} = r^2$$ ♦

10.6.2 Kurvenintegral (zweiter Art)[1]

Im Gegensatz zum Kurvenintegral erster Art wird beim *Kurvenintegral zweiter Art* mit der Projektion der Kurvenstücke auf eine der Koordinatenachsen gearbeitet.

[1] Das Kurvenintegral 2. Art wird oft kurz mit „Kurvenintegral" bezeichnet.

Allgemein

$$I = \int_k f(x,y,z)\,\mathrm{d}x = \int_{AB} f(x,y,z)\,\mathrm{d}x$$

Statt $\mathrm{d}x$ auch $\mathrm{d}y$ oder $\mathrm{d}z$

Änderung des Durchlaufsinns

$$\int_{AB} f(x,y,z)\,\mathrm{d}x = -\int_{BA} f(x,y,z)\,\mathrm{d}x$$

Sind auf einer Raumkurve drei stetige Ortsfunktionen V_x, V_y, V_z, auch Q, R, S üblich, definiert, erhält man das

Allgemeines Kurvenintegral (zweiter Art)

(Lineare) Differenzialform des Integranden

$$I = \int_k \big(V_x(x,y,z)\,\mathrm{d}x + V_y(x,y,z)\,\mathrm{d}y + V_z(x,y,z)\,\mathrm{d}z\big)$$

k: $\boldsymbol{r}(t) = x(t)\boldsymbol{e}_x + y(t)\boldsymbol{e}_y + z(t)\boldsymbol{e}_z, \boldsymbol{V} = \boldsymbol{V}\big(\boldsymbol{r}(t)\big)$

$$\int_k (V_x\,\mathrm{d}x + V_y\,\mathrm{d}y + V_z\,\mathrm{d}z) = \int_{t_A}^{t_B} (V_x\dot{x} + V_y\dot{y} + V_z\dot{z})\,\mathrm{d}t$$

Vektorielle Darstellung des Kurvenintegrals (zweiter Art)

Deutet man die Funktionen V_x,V_y und V_z als rechtwinklige Koordinaten eines Vektors $\boldsymbol{V}(\boldsymbol{r})$, der dem Punkt (x,y,z) zugeordnet ist, erhält man den Feldvektor $\boldsymbol{V}$, und der Raumteil, indem dies geschieht, heißt *Feld des Vektors* $\boldsymbol{V}$.

Allgemeine Definition des Kurvenintegrals zweiter Art

$$\int_k \boldsymbol{V}(\boldsymbol{r}) \cdot \mathrm{d}\boldsymbol{r} = \int_{AB} (V_x\,\mathrm{d}x + V_y\,\mathrm{d}y + V_z\,\mathrm{d}z) = \int_{t_A}^{t_B} (\boldsymbol{V} \cdot \dot{\boldsymbol{r}})\,\mathrm{d}t$$

Kurvenintegral über eine *geschlossene Kurve* k $(A = B)$, *Randintegral*

$$\oint_k \boldsymbol{V}(\boldsymbol{r}) \cdot \mathrm{d}\boldsymbol{r} \qquad \text{(Zirkulation von } \boldsymbol{V} \text{ längs } k\text{)}$$

Berechnung des Kurvenintegrals (zweiter Art)

k: $x = x(t), y = y(t), z = z(t), t_A \leq t \leq t_B$ $\qquad$ $f(x,y,z)$ stetig auf k

$$I = \int_k f(x,y,z)\,\mathrm{d}x = \int_{t_A}^{t_B} f\big(x(t), y(t), z(t)\big)\dot{x}(t)\,\mathrm{d}t$$

Analoge Berechnung mit $\mathrm{d}y$ und $\dot{y}(t)$ oder $\mathrm{d}z$ und $\dot{z}(t)$

$$\int_k \boldsymbol{V}(\boldsymbol{r}) \cdot \mathrm{d}\boldsymbol{r} = \int_{t_A}^{t_B} \left(\boldsymbol{V}\big(x(t), y(t), z(t)\big) \cdot \dot{\boldsymbol{r}}\right) \mathrm{d}t = \int_{t_A}^{t_B} \left(V_x\dot{x} + V_y\dot{y} + V_z\dot{z}\right) \mathrm{d}t$$

$\boldsymbol{r}(t) = (x, y, z)^{\mathrm{T}}$	Ortsvektor von k, $\mathrm{d}\boldsymbol{r} = \dot{\boldsymbol{r}}\,\mathrm{d}t$
$\dot{\boldsymbol{r}}(t)$	Tangentenvektor von k (siehe 10.1)
$\dot{x}, \dot{y}, \dot{z}$	Koordinatenableitungen nach t

k: $y = g(x)$ (ebenes Feld)

$$\int_k \boldsymbol{V}(\boldsymbol{r}) \cdot \mathrm{d}\boldsymbol{r} = \int_{t_A}^{t_B} \left[V_x\big(x, g(x)\big) + V_y\big(x, g(x)\big)g'(x)\right] \mathrm{d}t$$

♦ **Beispiel**

Berechnung des Kurvenintegrals $\int\limits_{AB} \left((xy + y^2)\,\mathrm{d}x + x\,\mathrm{d}y\right)$ längs der Parabel $y = 2x^2$ zwischen den Grenzen $A(0; 0)$ und $B(2; 8)$.

Man wählt bei expliziter Darstellung der Kurvengleichung eine der Variablen selbst als Parameter.

$y = 2x^2$, $\mathrm{d}y = 4x\mathrm{d}x$.

$$I = \int_0^2 (x \cdot 2x^2 + 4x^4 + x \cdot 4x)\,\mathrm{d}x = \frac{664}{15}$$ ♦

Wegunabhängigkeit eines Kurvenintegrals (zweiter Art)

Ein Kurvenintegral zweiter Art ist i. Allg. abhängig vom Integrationsweg.

> Ein *Vektorfeld* heißt *konservativ*, wenn das Kurvenintegral $\int\limits_{AB} \boldsymbol{V} \cdot \mathrm{d}\boldsymbol{r}$ unabhängig vom Weg von A nach B ist. Dann ist über jede geschlossene Kurve k: $\oint\limits_k \boldsymbol{V} \cdot \mathrm{d}\boldsymbol{r} = 0$.

Jedes Gradientenfeld (siehe unten) ist konservativ und umgekehrt.

Liegt k in einem (flächenhaften) *einfach-zusammenhängenden* (Raum-)*Gebiet* G (d. h., sein Rand ist zusammenhängend und k lässt sich stetig auf einen Punkt P zusammenziehen), ist das Kurvenintegral vom Weg *unabhängig*, wenn es in G eine Funktion $U(x, y, z)$ (*Stammfunktion*) gibt, für die gilt:

$$\boldsymbol{V}(P) = \textbf{grad}\, U(P)$$

mit $V_x = \dfrac{\partial U(x,y,z)}{\partial x} \qquad V_y = \dfrac{\partial U(x,y,z)}{\partial y} \qquad V_z = \dfrac{\partial U(x,y,z)}{\partial z}$

Das heißt, die lineare Differenzialform $\boldsymbol{V} \cdot \mathrm{d}\boldsymbol{r} = V_x \mathrm{d}x + V_y \mathrm{d}y + V_z \mathrm{d}z$ ist das totale Differenzial $\mathrm{d}U$ einer Funktion $U(x,y,z)$.

Dann heißt:

$\boldsymbol{V}(x,y,z)$ *Potenzial- oder Gradientenfeld*
$U(x,y,z)$ *Stammfunktion des Vektorfeldes* $\boldsymbol{V}(x,y,z)$
$-U(x,y,z)$ *Potenzial des Vektorfeldes* $\boldsymbol{V}(x,y,z)$

Notwendige und hinreichende Bedingung

für die Existenz einer Stammfunktion U von $\boldsymbol{V}$ in einem einfach-zusammenhängenden Gebiet sind die *Integrabilitätsbedingungen* (SCHWARZ*sche Bedingung*)

$$\frac{\partial V_z}{\partial y} = \frac{\partial V_y}{\partial z} \qquad \frac{\partial V_x}{\partial z} = \frac{\partial V_z}{\partial x} \qquad \frac{\partial V_y}{\partial x} = \frac{\partial V_x}{\partial y}, \quad \text{kurz } \textbf{rot}\, \boldsymbol{V} = \boldsymbol{o}$$

Hat $\boldsymbol{V}(x,y,z)$ eine Stammfunktion $U(x,y,z)$, dann ist $\boldsymbol{V}$ konservativ und umgekehrt.

Die JACOBI-Matrix ist symmetrisch.

Definition des Kurvenintegrals mit konservativem Vektorfeld *V*

$$\boldsymbol{V}(\boldsymbol{r}) \cdot \mathrm{d}\boldsymbol{r} = \textbf{grad}\, U \cdot \mathrm{d}\boldsymbol{r} = \mathrm{d}U \qquad t_A \leq t \leq t_B$$

$$\int_k \boldsymbol{V}(\boldsymbol{r}) \cdot \mathrm{d}\boldsymbol{r} = \int_{AB} \big(V_x(x,y,z)\,\mathrm{d}x + V_y(x,y,z)\,\mathrm{d}y + V_z(x,y,z)\,\mathrm{d}z\big) = \int_{t_A}^{t_B} \mathrm{d}U$$

$$\int_A^B \boldsymbol{V}(\boldsymbol{r}) \cdot \mathrm{d}\boldsymbol{r} = U(x_B, y_B, z_B) - U(x_A, y_A, z_A) = U(B) - U(A)$$

(*Potenzialdifferenz*)

Daraus folgt: Der Weg des Kurvenintegrals eines vollständigen Differenzials über einen geschlossenen Integrationsweg ist Null. Siehe auch totale Dgl. 11.2.4 und integrierender Faktor 11.2.5.

Stammfunktion eines Vektorfeldes *V* (Ansatzmethode)

$$\begin{aligned} U(x,y,z) &= \int V_x\,\mathrm{d}x + C_1(y,z) = \int V_y\,\mathrm{d}y + C_2(x,z) \\ &= \int V_z\,\mathrm{d}z + C_3(x,y) \end{aligned}$$

Andere einfache Berechnung eines Kurvenintegrals in kartesischen Koordinaten von $A(x_1, y_1, z_1)$ nach $B(x_2, y_2, z_2)$ im Potenzialfeld längs eines Polygonzugs parallel zu den Koordinatenachsen (*Hakenintegral*):

$$\int_k \boldsymbol{V}(\boldsymbol{r}) \cdot \mathrm{d}\boldsymbol{r} = \int_{x_1}^{x_2} V_x(x, y_1, z_1)\,\mathrm{d}x + \int_{y_1}^{y_2} V_y(x_2, y, z_1)\,\mathrm{d}y + \int_{z_1}^{z_2} V_z(x_2, y_2, z)\,\mathrm{d}z$$

Arbeitsintegral

Liegt ein *Kraftfeld* vor, $\boldsymbol{V} = \boldsymbol{F}$, wird das Kurvenintegral zum *Arbeitsintegral*:

$$W = \int_k \boldsymbol{F}(\boldsymbol{r}) \cdot \mathrm{d}\boldsymbol{r} = \int_{t_1}^{t_2} \left(\boldsymbol{F}\big(x(t), y(t), z(t)\big) \cdot \dot{\boldsymbol{r}}(t)\right)\mathrm{d}t$$

$$= \int_{t_1}^{t_2} \begin{pmatrix} F_x\big(x(t), y(t), z(t)\big) \\ F_y\big(x(t), y(t), z(t)\big) \\ F_z\big(x(t), y(t), z(t)\big) \end{pmatrix} \cdot \begin{pmatrix} \dot{x}(t) \\ \dot{y}(t) \\ \dot{z}(t) \end{pmatrix} \mathrm{d}t \qquad \boldsymbol{r}(t), \dot{\boldsymbol{r}}(t) \text{ siehe 10.1}$$

Auch ds statt d$\boldsymbol{r}$ üblich, siehe Arbeit in 9.6.2.2.

Das Kurvenintegral ist die von einem Kraftfeld bei einer Verschiebung auf der Kurve insgesamt aufzubringende Arbeit.

♦ **Beispiel**

Man berechne die Arbeit $W = \int_k \boldsymbol{F} \cdot \mathrm{d}\boldsymbol{r}$, die insgesamt von dem Kraftfeld $\boldsymbol{F} = -y\boldsymbol{e}_x + x\boldsymbol{e}_y + \frac{1}{z+1}\boldsymbol{e}_z$ aufzubringen ist, um einen Massenpunkt längs der *Schraubenlinie* k: $\boldsymbol{r} = (a\cos t)\boldsymbol{e}_x + (a\sin t)\boldsymbol{e}_y + ct\boldsymbol{e}_z$ von $P_1(a, 0, 0)$ nach $P_2(a, 0, 2\pi c)$, $c \in \mathbb{N}$, zu bringen.

Aus der Gleichung der Schraubenlinie folgt

$$x = a\cos t \qquad y = a\sin t \qquad z = ct$$
$$\mathrm{d}x = -a\sin t\,\mathrm{d}t \qquad \mathrm{d}y = a\cos t\,\mathrm{d}t \qquad \mathrm{d}z = c\,\mathrm{d}t$$

Damit wird: $\mathrm{d}\boldsymbol{r} = \big((-a\sin t)\boldsymbol{e}_x + (a\cos t)\boldsymbol{e}_y + c\boldsymbol{e}_z\big)\mathrm{d}t$

$$\frac{y}{x} = \frac{\sin t}{\cos t} = \tan t \qquad t = \arctan\frac{y}{x}$$

Für P_1 gilt $t_1 = \arctan\frac{0}{a} = 0, \pi, 2\pi, \ldots$ Mit $z_1 = ct_1 = 0$ ist nur $t_1 = 0$ möglich.

Für P_2 gilt $t_2 = \arctan\frac{0}{a} = 0, \pi, 2\pi, \ldots$ Mit $z_2 = ct_2 = 2\pi c$ ergibt sich $t_2 = 2\pi$.

Hier muss $\arctan x$ als mehrdeutige Funktion betrachtet werden, da c Windungen der Schraubenlinie vorliegen.

$$W = \int_0^{2\pi} ((-a\sin t)\boldsymbol{e}_x + (a\cos t)\boldsymbol{e}_y + \frac{1}{ct+1}\boldsymbol{e}_z) \times \left((-a\sin t)\boldsymbol{e}_x + (a\cos t)\boldsymbol{e}_y + c\boldsymbol{e}_z\right) \mathrm{d}t$$

$$= \int_0^{2\pi} \left(a^2\sin^2 t + a^2\cos^2 t + \frac{c}{ct+1}\right) \mathrm{d}t = 2\pi a^2 + \ln(2\pi c + 1)$$ ♦

10.7 Flächenintegrale[1] (Oberflächenintegrale)

10.7.1 Flächenintegral[2] erster Art

Das *Flächenintegral I* erster Art ist eine Verallgemeinerung des Integrals auf Funktionen, die auf (*gekrümmten*) *Raumflächen* (A) definiert sind.

$$I = \int_{(A)} f(x,y,z)\,\mathrm{d}A$$

(A) *glatte*, i. Allg. *krumme Fläche*, auf der $f(x,y,z)$ definiert (integrierbar) ist.

$\mathrm{d}A$ *Oberflächenelement*

Fläche (A): $x = x(u,v), y = y(u,v), z = z(u,v)$ bzw. $\boldsymbol{r} = \boldsymbol{r}(u,v)$

Bedingungen für ein glattes Flächenstück

- $(y_u z_v - y_v z_u)^2 + (z_u x_v - z_v x_u)^2 + (x_u y_v - x_v y_u)^2 > 0$ und
- partielle Ableitungen sind stetig und
- verschiedene Wertepaare (u,v) führen zu verschiedenen Punkten auf (A)

Berechnung durch Zurückführung des Flächenintegrals I über (A) auf ein Flächenintegral über B, wobei die Parameter u,v (krummlinige Koordinaten) den Bereich B der (u,v)-Ebene durchlaufen.

$$\int_{(A)} f(x,y,z)\,\mathrm{d}A = \int_B f\left(x(u,v), y(u,v), z(u,v)\right)\sqrt{EG - F^2}\,\mathrm{d}u\,\mathrm{d}v$$

mit den

[1] Zuweilen wird das zweidimensionale Bereichsintegral „Flächenintegral" genannt und das eigentliche Flächenintegral heißt dann „Oberflächenintegral".

[2] Das Flächenintegral ist das zweidimensionale Analogon zum Linienintegral.

GAUSSschen Fundamentalgrößen 1. Ordnung
(siehe auch 8.3.3)

$$E = x_u^2 + y_u^2 + z_u^2 \qquad F = x_u x_v + y_u y_v + z_u z_v \qquad G = x_v^2 + y_v^2 + z_v^2$$

Für $f(x, y, z) = 1$ liefert die Formel den *Flächeninhalt* von (A)

$$A = \int\limits_{(A)} \mathrm{d}A = \int\limits_{B} \sqrt{EG - F^2}\,\mathrm{d}u\,\mathrm{d}v$$

Fläche (A): $z = z(x, y)$

Berechnung des Flächenintegrals I über (A) durch Zurückführung auf ein Doppelintegral über B in kartesischen Koordinaten $z = z(x, y)$

B Bereich der (x, y)-Ebene, der von den Koordinaten x und y durchlaufen wird mit $\mathrm{d}B = \mathrm{d}x\,\mathrm{d}y$

$$\int\limits_{(A)} f(x, y, z)\,\mathrm{d}A = \int\limits_{B} f\big(x, y, z(x, y)\big)\sqrt{1 + z_x^2 + z_y^2}\,\mathrm{d}x\,\mathrm{d}y$$

Für $f(x, y, z) = 1$ liefert die Formel den *Flächeninhalt* von (A)

$$A = \int\limits_{(A)} \mathrm{d}A = \int\limits_{B} \sqrt{1 + z_x^2 + z_y^2}\,\mathrm{d}x\,\mathrm{d}y$$

10.7.2 Flächenintegral zweiter Art

Gegeben: Orientierte, zweiseitige, nicht geschlossene Fläche (A), Kurve auf (A) erhält einen Durchlaufsinn so, dass eine Rechtsschraubung mit der Normalen entsteht. $\boldsymbol{n}$ ist der Normaleneinheitsvektor der Fläche (A), kurz: *Flächennormale* (siehe 8.3.3).

Das Flächenintegral zweiter Art über die ausgewählte Seite von (A) lautet bei eindeutigen Projektionen auf die drei Koordinatenebenen:

$$I = \int\limits_{(A)} f(x, y, z)\,\mathrm{d}x\,\mathrm{d}y$$

$$I = \int\limits_{(A)} f(x, y, z)\,\mathrm{d}y\,\mathrm{d}z$$

$$I = \int\limits_{(A)} f(x, y, z)\,\mathrm{d}z\,\mathrm{d}x$$

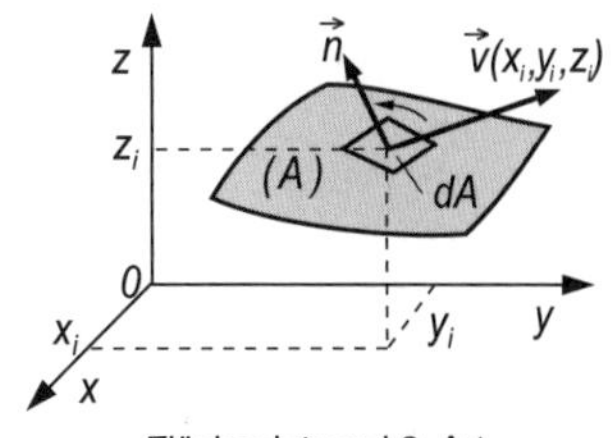

Flächenintegral 2. Art
Vektordarstellung

Allgemeines Flächenintegral zweiter Art

$$\int\limits_{(A)} (V_x \,\mathrm{d}y \,\mathrm{d}z + V_y \,\mathrm{d}z \,\mathrm{d}x + V_z \,\mathrm{d}x \,\mathrm{d}y)$$

wobei $V_x(x, y, z)$,$V_y(x, y, z)$,$V_z(x, y, z)$ Ortsfunktionen auf (A) sind.

Für zwei verschiedene, nicht geschlossene Flächen (A_1) und (A_2) mit gleicher Randkurve k hat das Flächenintegral im Allgemeinen verschiedene Werte.

Das Flächenintegral über eine geschlossene Fläche hat im Allgemeinen nicht den Wert null.

Es verschwindet nur für

$$\frac{\partial V_x}{\partial x} + \frac{\partial V_y}{\partial y} + \frac{\partial V_z}{\partial z} = 0$$

Vektorielle Darstellung des Flächenintegrals

Deutet man die Funktionen V_x,V_y und V_z wieder als rechtwinklige Koordinaten eines Vektors $\boldsymbol{V}(\boldsymbol{r})$, der dem Punkt $P(x, y, z)$ zugeordnet ist, erhält man den Feldvektor $\boldsymbol{V}$. Der Raumteil, in dem dies geschieht, heißt *Feld des Vektors* $\boldsymbol{V}$.

Flächenintegral des Vektorfeldes $\boldsymbol{V}$ über das glatte Flächenstück (A)

Vektorfeld $\boldsymbol{V}$ hat stetige Komponenten im Raumgebiet, das (A) enthält. Bei zweiseitigen Flächen wird über die von der Aufgabenstellung fixierten Seite der Oberfläche integriert und daraus der entsprechene Normalenvektor festgelegt.

Das *Flächenintegral* beschreibt den *Fluss* eines Vektorfeldes durch die orientierte Fläche (A).

In kartesischen Koordinaten (Bild und Bezeichnungen siehe oben)

$$I = \int\limits_{(A)} \boldsymbol{V} \cdot \mathrm{d}\boldsymbol{A} = \int\limits_{(A)} (V_x \,\mathrm{d}y \,\mathrm{d}z + V_y \,\mathrm{d}z \,\mathrm{d}x + V_z \,\mathrm{d}x \,\mathrm{d}y)$$

In Parameterform

$$I = \int\limits_{(A)} \boldsymbol{V} \cdot \mathrm{d}\boldsymbol{A} = \int\limits_{(A)} [\boldsymbol{V},\boldsymbol{r}_u,\boldsymbol{r}_v] \,\mathrm{d}u \,\mathrm{d}v = \int\limits_{v_1}^{v_2} \int\limits_{u_1(v)}^{u_2(v)} \boldsymbol{V}\big(\boldsymbol{r}(u,v)\big) \cdot (\boldsymbol{r}_u \times \boldsymbol{r}_v) \,\mathrm{d}u \,\mathrm{d}v$$

$\boldsymbol{r}(u, v) = x(u, v)\boldsymbol{e}_x + y(u, v)\boldsymbol{e}_y + z(u, v)\boldsymbol{e}_z$, $\boldsymbol{r}(u, v) \in \mathbb{R}^3$

$[\boldsymbol{V}, \boldsymbol{r}_u, \boldsymbol{r}_v]$ Spatprodukt

u, v krummlinige Koordinaten, siehe 8.3.3

Eine explizit gegebene Kurve $z = f(x,y)$ kann auf vielfältige Art parametrisiert werden, eine Möglichkeit ist z. B. $x = u, y = v, z = f(u,v)$.

Bei geschlossener Fläche (A) schreibt man:

$$\int\limits_{(A)} \boldsymbol{V} \cdot \mathrm{d}\boldsymbol{A} \Rightarrow \oint\limits_{(A)} \boldsymbol{V} \cdot \mathrm{d}\boldsymbol{A}$$

♦ **Beispiel**

Man berechne das über die Oberfläche (A): $\boldsymbol{r} = 2(u+v)\boldsymbol{e}_x + (u-v)\boldsymbol{e}_y + uv\boldsymbol{e}_z$ erstreckte Flächenintegral des Vektorfeldes $\boldsymbol{V} = x\boldsymbol{e}_x - 2y\boldsymbol{e}_y + z^2\boldsymbol{e}_z$, in den Grenzen $-1 \leq u \leq 0, 0 \leq v \leq 1$. Zu integrieren ist bei der gegebenen Parameterdarstellung über die durch $\boldsymbol{r}_u \times \boldsymbol{r}_v$ markierte Seite.

$$\boldsymbol{r}_u \times \boldsymbol{r}_v = \begin{vmatrix} \boldsymbol{e}_x & \boldsymbol{e}_y & \boldsymbol{e}_z \\ 2 & 1 & v \\ 2 & -1 & u \end{vmatrix} = (u+v)\boldsymbol{e}_x + 2(v-u)\boldsymbol{e}_y - 4\boldsymbol{e}_z$$

$$\boldsymbol{V} \cdot (\boldsymbol{r}_u \times \boldsymbol{r}_v) = 2(u+v)^2 + 4(u-v)^2 - 4u^2v^2$$

$$I = \int\limits_{v=0}^{1} \int\limits_{u=-1}^{0} \left(2(u+v)^2 + 4(u-v)^2 - 4u^2v^2\right) \mathrm{d}u\, \mathrm{d}v$$

$$= \frac{1}{3} \int\limits_{v=0}^{1} \left(-2v^3 - 2(v-1)^3 + 4(v+1)^3 - 4v^2\right) \mathrm{d}v = \frac{41}{9}$$ ♦

10

10.8 Integralsätze

Integralsätze stellen Beziehungen zwischen Integralen verschiedener Dimensionen unter Nutzung der Operationen **grad**, div und **rot** her.

10.8.1 GAUSSscher Integralsatz

GAUSSscher Integralsatz im Raum

Der GAUSS*sche Integralsatz* im Raum bewirkt die Wandlung eines Volumenintegrals über (V) in ein Flächenintegral zweiter Art über die äußere Seite der Randfläche (A).

$$\int\limits_{(V)} \operatorname{div} \boldsymbol{V}\, \mathrm{d}V = \oint\limits_{(A)} (\boldsymbol{V} \cdot \mathrm{d}\boldsymbol{A}) = \oint\limits_{(A)} (\boldsymbol{V} \cdot \boldsymbol{n})\, \mathrm{d}A$$

Bezeichnungen

(V) Gebiet im Raum mit nach außen gerichteter Normale

$\mathrm{d}V$ *Volumenelement* von (V)

(A) Randfläche (einfach geschlossene Hüllfläche) von (V)
$\mathrm{d}A$ *Oberflächenelement* von (A)
$\mathrm{d}\boldsymbol{A}$ dessen Vektor nach außen (in Richtung $\boldsymbol{n}$)
$\boldsymbol{n}$ nach außen gerichteter Normalenvektor von (A)
$\boldsymbol{V}$ Vektorfeld

Deutung

Quellenergiebigkeit des Raumausschnitts (V) = Masse, die über (A) aus (V) in der Zeiteinheit abgeflossen ist.

Für $\operatorname{div} \boldsymbol{V} = 0$ (quellenfreies Feld) wird der gesamte Fluss durch eine geschlossene Oberfläche Null.

GAUSSscher Integralsatz in kartesischen Koordinaten, $\boldsymbol{V} = \boldsymbol{V}(x, y, z)$

$$\int\limits_{(V)} \left(\frac{\partial V_x}{\partial x} + \frac{\partial V_y}{\partial y} + \frac{\partial V_z}{\partial z}\right) \mathrm{d}V \qquad \text{mit } \mathrm{d}V = \mathrm{d}x\,\mathrm{d}y\,\mathrm{d}z$$

$$= \oint\limits_{(A)} (V_x\,\mathrm{d}y\,\mathrm{d}z + V_y\,\mathrm{d}z\,\mathrm{d}x + V_z\,\mathrm{d}x\,\mathrm{d}y)$$

$$= \oint\limits_{(A)} \big(V_x \cos\angle(x,\boldsymbol{n}) + V_y \cos\angle(y,\boldsymbol{n}) + V_z \cos\angle(z,\boldsymbol{n})\big)\mathrm{d}A$$

Richtungskosinus der nach außen gerichteten Flächennormalen von (A)

$$\cos\angle(x,\boldsymbol{n}) = \cos\alpha = \boldsymbol{e}_x \cdot \boldsymbol{n}$$

$$\cos\angle(y,\boldsymbol{n}) = \cos\beta = \boldsymbol{e}_y \cdot \boldsymbol{n}$$

$$\cos\angle(z,\boldsymbol{n}) = \boldsymbol{e}_z \cdot \boldsymbol{n}$$

♦ **Beispiel**

Gegeben sei ein Vektorfeld $\boldsymbol{V} = x^3\boldsymbol{e}_x + y^3\boldsymbol{e}_y + z^3\boldsymbol{e}_z$.

Man berechne die Quellenergiebigkeit innerhalb der Kugel mit der Oberfläche (A): $x^2 + y^2 + z^2 = R^2$.

$$\operatorname{div} \boldsymbol{V} = \frac{\partial V_x}{\partial x} + \frac{\partial V_y}{\partial y} + \frac{\partial V_z}{\partial z} = 3(x^2 + y^2 + z^2)$$

in Kugelkoordinaten: $x^2 + y^2 + z^2 = r^2$

$\mathrm{d}V = r^2 \sin\vartheta\,\mathrm{d}r\,\mathrm{d}\vartheta\,\mathrm{d}\varphi$ (siehe 9.6.1.5)

$$\int\limits_{(V)} \operatorname{div} \boldsymbol{V}\,\mathrm{d}V = 3\int_0^{2\pi}\int_0^{\pi}\int_0^{R} r^2 \cdot r^2 \sin\vartheta\,\mathrm{d}r\,\mathrm{d}\vartheta\,\mathrm{d}\varphi = \frac{3R^5}{5}\int_0^{2\pi}\int_0^{\pi} \sin\vartheta\,\mathrm{d}\vartheta\,\mathrm{d}\varphi$$

$$\frac{3R^5}{5}\int_0^{2\pi} (-\cos\vartheta)\Big|_0^{\pi}\,\mathrm{d}\varphi = \frac{6R^5}{5}\int_0^{2\pi}\mathrm{d}\varphi = \frac{12\pi R^5}{5}$$ ♦

GAUSSscher Integralsatz in der Ebene

Der GAUSS*sche Integralsatz in der Ebene* bewirkt die Wandlung eines Flächenintegrals über (A) in ein Kurvenintegral über dessen Rand k:

$$\int_{(A)} \operatorname{div} \boldsymbol{V} \, \mathrm{d}A = \oint_k (\boldsymbol{V} \cdot \boldsymbol{n}) \, \mathrm{d}s$$

$\boldsymbol{n}$ Einheits-Normalenvektor der Kurve k, nach außen gerichtet
$\mathrm{d}s$ Linienelement von k

In kartesischen Koordinaten $\boldsymbol{V} = \boldsymbol{V}(x, y)$ lautet der Integralsatz

$$\int_{(A)} \left(\frac{\partial V_x}{\partial x} + \frac{\partial V_y}{\partial y} \right) \mathrm{d}A = \oint_k (-V_y \, \mathrm{d}x + V_x \, \mathrm{d}y)$$

Bedingungen: Kurve k stückweise glatt, V_x,V_y und ihre Ableitungen in (A) stetig, Durchlauf der Randkurve k im mathematisch positiven Sinn (entgegen Uhrzeigersinn)

Durch einfache Umbenennung $F_x = -V_y$ und $F_y = V_x$ wird aus dem GAUSSschen Satz in der Ebene der GREENsche Satz

$$\int_{(A)} \left(\frac{\partial F_y}{\partial x} - \frac{\partial F_x}{\partial y} \right) \mathrm{d}A = \oint_k (F_x \, \mathrm{d}x + F_y \, \mathrm{d}y) = \oint_k \boldsymbol{F} \cdot \mathrm{d}\boldsymbol{r}$$

10.8.2 STOKESscher Integralsatz

(Zirkulation von $\boldsymbol{V}$ längs k)

Der STOKES*sche Integralsatz* bewirkt die Wandlung eines Oberflächenintegrals über (A) in ein Kurvenintegral über k:

$$\int_{(A)} \mathbf{rot}\, \boldsymbol{V} \cdot \mathrm{d}\boldsymbol{A} = \int_{(A)} (\mathbf{rot}\, \boldsymbol{V} \cdot \boldsymbol{n}) \, \mathrm{d}A = \oint_k \boldsymbol{V} \cdot \mathrm{d}\boldsymbol{r}$$

In Worten: „Der Fluss des Vektorfeldes **rot** $\boldsymbol{V}$ durch die Fläche (A) ist gleich dem Arbeitsintegral von $\boldsymbol{V}$ längs des Randes von (A).“

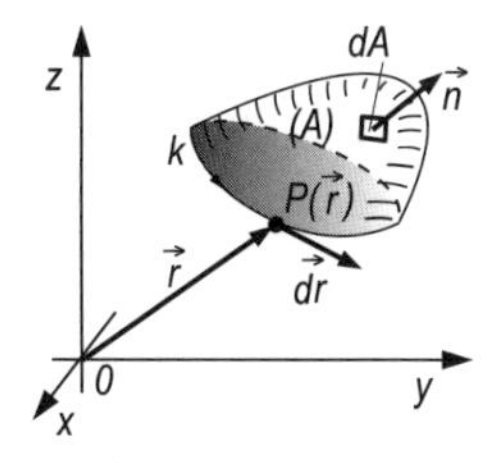

STOKESscher Integralsatz

Bezeichnungen

(A) glatte, nicht geschlossene, zweiseitige Fläche im Raumgebiet G mit orientierter Randkurve k

10

d$\boldsymbol{A}$ Vektor des Flächenelements
dA Oberflächenelement von (A)
d$\boldsymbol{r}$ Vektor des Linienelements
k wird so durchlaufen, dass sich mit dem Normalenvektor $\boldsymbol{n}$ der ausgewählten Seite eine Rechtsschraubung ergibt.

Lokale Zirkulation eines Vektorfeldes $\boldsymbol{V}$ längs einer geschlossenen Kurve k:

$$\Gamma = \oint_k \boldsymbol{V}(\boldsymbol{r}) \cdot \mathrm{d}\boldsymbol{r}$$

Für konservative Vektorfelder gilt: $\Gamma = 0$.

Bedingung: V_x, V_y, V_z mit ihren partiellen Ableitungen stetig in G

In kartesischen Koordinaten, $\boldsymbol{V} = \boldsymbol{V}(x, y, z)$

$$\int_{(A)} \left(\left(\frac{\partial V_z}{\partial y} - \frac{V_y}{\partial z} \right) \cos \angle(x, \boldsymbol{n}) + \left(\frac{\partial V_x}{\partial z} - \frac{\partial V_z}{\partial x} \right) \cos(y, \boldsymbol{n}) \right.$$
$$\left. + \left(\frac{\partial V_y}{\partial x} - \frac{\partial V_x}{\partial y} \right) \cos \angle(z, \boldsymbol{n}) \right) \mathrm{d}A$$
$$= \oint_{(A)} \left(\left(\frac{\partial V_y}{\partial x} - \frac{\partial V_x}{\partial y} \right) \mathrm{d}x\, \mathrm{d}y + \left(\frac{\partial V_z}{\partial y} - \frac{\partial V_y}{\partial z} \right) \mathrm{d}y\, \mathrm{d}z + \left(\frac{\partial V_x}{\partial z} - \frac{\partial V_z}{\partial x} \right) \mathrm{d}z\, dx \right)$$
$$= \oint_{(k)} \left(V_x\, \mathrm{d}x + V_y\, \mathrm{d}y + V_z\, \mathrm{d}z \right)$$

wobei $\cos \angle(x, \boldsymbol{n}) = \cos \alpha = \boldsymbol{e}_x \cdot \boldsymbol{n}$ der Richtungskosinus zwischen dem Normalenvektor und der x-Achse ist, analog für y und z.

Wenn (A) eine geschlossene Fläche ist, dann ist der Wirbelfluss null:

$$\oint_{(A)} \mathbf{rot}\, \boldsymbol{V} \cdot \mathrm{d}\boldsymbol{A} = 0$$

♦ **Beispiel**

Man berechne mithilfe des STOKESschen Satzes den Wirbelfluss $\int_{(A)} (\mathbf{rot}\, \boldsymbol{V} \cdot \boldsymbol{n})\, \mathrm{d}A$ des Vektorfeldes $\boldsymbol{V} = (x + y)\boldsymbol{e}_x - 4xz\boldsymbol{e}_y + yz\boldsymbol{e}_z$ über das Kurvenintegral.

Das Flächenstück (A) ist der im 1. Oktanten liegende Teil des elliptischen Kegels $\frac{x^2}{16} + \frac{y^2}{9} - z^2 = 0$ mit $0 \leq z \leq 2$ und nach außen gerichteter Normale.

$$\boldsymbol{V} \cdot \mathrm{d}\boldsymbol{r} = \begin{pmatrix} x + y \\ -4xz \\ yz \end{pmatrix} \cdot \begin{pmatrix} \mathrm{d}x \\ \mathrm{d}y \\ \mathrm{d}z \end{pmatrix} = (x + y)\, \mathrm{d}x - 4xz\, \mathrm{d}y + yz\, \mathrm{d}z$$

Die geschlossene Kurve setzt sich aus drei Teilen zusammen (Bild unten).

(1) Kurventeil k_1, Gerade $\boldsymbol{r}(t) = \begin{pmatrix} 0 \\ 6t \\ 2t \end{pmatrix}, 0 \leq t \leq 1$

$$I_1 = \int\limits_{k_1} \boldsymbol{V} \cdot \mathrm{d}\boldsymbol{r} = \int\limits_0^1 \big((0+6t)\cdot 0 - 4\cdot 0 \cdot 2t \cdot 6 + 6t \cdot 2t \cdot 2\big)\,\mathrm{d}t$$

$$= \int\limits_0^1 6t \cdot 2t \cdot 2\,\mathrm{d}t = 8$$

(2) Kurventeil k_2

Ellipse $\dfrac{x^2}{64} + \dfrac{y^2}{36} = \dfrac{z^2}{4} = 1$ für $z = 2$

Parameterdarstellung:

$x = 8\cos t,\ \mathrm{d}x = -8\sin t\,\mathrm{d}t$

$y = 6\sin t,\ \mathrm{d}y = 6\cos t\,\mathrm{d}t$

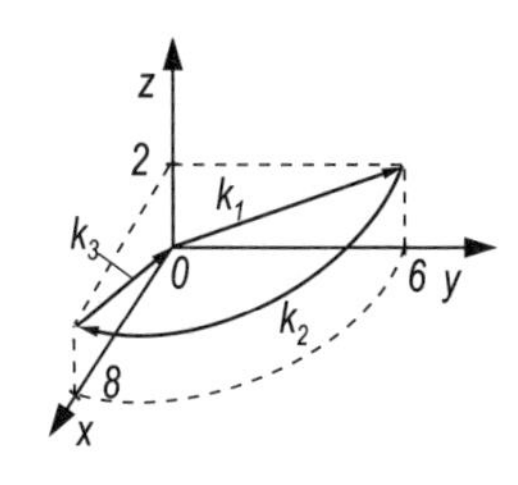

$$I_2 = \int\limits_{k_2} \boldsymbol{V} \cdot \mathrm{d}\boldsymbol{r} = \int\limits_{\frac{\pi}{2}}^0 (8\cos t + 6\sin t)(-8\sin t)\,\mathrm{d}t - \int\limits_{\frac{\pi}{2}}^0 4 \cdot 8\cos t \cdot 2 \cdot 6\cos t\,\mathrm{d}t$$

$$= -64\left[\frac{1}{2}\sin^2 t\right]_{\frac{\pi}{2}}^0 - 48\left[\frac{t}{2} - \frac{1}{4}\sin 2t\right]_{\frac{\pi}{2}}^0 - 384\left[\frac{t}{2} + \frac{1}{4}\sin 2t\right]_{\frac{\pi}{2}}^0$$

$$= 32 + 12\pi + 96\pi = 32 + 108\pi$$

(3) Kurventeil k_3, Gerade $\boldsymbol{r}(t) = \begin{pmatrix} -8t \\ 0 \\ -2t \end{pmatrix}, -1 \leq t \leq 0$

$$I_3 = \int\limits_{k_3} \boldsymbol{V} \cdot \mathrm{d}\boldsymbol{r} = \int\limits_{-1}^0 -8t \cdot (-8)\,\mathrm{d}t = 32t^2\Big|_{-1}^0 = -32$$

Gesamtwirbelfluss

$$I = \oint\limits_{k_1+k_2+k_3} \boldsymbol{V} \cdot \mathrm{d}\boldsymbol{r} = 8 + 32 + 108\pi - 32 = 8 + 108\pi$$ ♦

11 Differenzialgleichungen

11.1 Allgemeines

11.1.1 Differenzialgleichungen, Arten

Bestimmungsgleichungen für Funktionen einer oder mehrerer unabhängiger Variablen, die auch mindestens eine Ableitung dieser Funktion nach der (den) Variablen enthalten, heißen *Differenzialgleichungen* (abgekürzt Dgln.).

Gewöhnliche Differenzialgleichungen sind Bestimmungsgleichungen für *eine* Funktion von *einer* unabhängigen Variablen, die mindestens eine Ableitung der gesuchten Funktion nach dieser Variablen enthalten.

Darstellungen

implizit: $F\left(x, y(x), y'(x), \ldots, y^{(n)}(x)\right) = 0$ *n Ordnung der Dgl.*

explizit: $y^{(n)}(x) = f\left(x, y(x), y'(x), \ldots, y^{(n-1)}(x)\right)$

Ein *System von gewöhnlichen Differenzialgleichungen* zur Ermittlung *mehrerer* unbekannter Funktionen ist ein Satz von gekoppelten, simultanen Bestimmungsgleichungen obiger Definition.

Darstellungen

implizit: $F_i\left(x, y_1, y_2, \ldots, y_1', y_2', \ldots, y_1^{(n)}, y_2^{(n)}, \ldots\right) = 0$

explizit: $y_i^{(n)}(x) = f_i\left(x, y(x), y'(x), \ldots, y^{(n-1)}(x)\right)$

F_i bzw. f_i gesuchte Funktionen, $i = 1, 2, \ldots, r$ Anzahl der Dgln.

Statt $y'(x), y''(x), \ldots$ ist auch $\dot{y}(t), \ddot{y}(t), \ldots$ üblich.

Partielle Differenzialgleichungen sind Bestimmungsgleichungen für Funktionen von *mehreren* unabhängigen Variablen, die mindestens eine partielle Ableitung der gesuchten Funktionen nach einer unabhängigen Variablen enthalten.

Darstellung

z. B. für zwei unabhängige Variable, gesuchte Funktion $z(x,y)$

$$F(x,y,z,z_x,z_y,z_{xx},z_{yy},z_{xy}) = 0$$

Integration einer Differenzialgleichung heißt Auffinden aller Funktionen für eine oder mehrere unabhängige Variable, die mit ihren Ableitungen beim Einsetzen in die Dgl. diese für alle Werte des Arguments x im Intervall $x \in I = [a,b]$ (oder im unendlichen Intervall $\mathbb{R}$) identisch erfüllen.

11.1.2 Gewöhnliche Differenzialgleichungen

Die *allgemeine Lösung* einer gewöhnlichen Dgl. n-ter Ordnung ist die Menge aller Lösungsfunktionen (Lösung, *Integral*). Sie enthält n willkürliche (unabhängige) Parameter $C_i \in \mathbb{R}$ (Konstanten).

Lösung in geschlossener Form: $y = y(x, C_1, \ldots, C_n)$

Eine *partikuläre* (*spezielle*) *Lösung* einer Dgl. erhält man, wenn durch n zusätzliche Anfangsbedingungen an einer Stelle x_0 (*Anfangswertproblem*, Abk. „AWP", CAUCHY*sches Problem*, siehe Ende dieses Abschnitts und 11.7) bzw. Randbedingungen an mindestens zwei Stellen $x_1 \neq x_2$ (*Randwertproblem*, Abk. „RWP", siehe 11.8), den n Konstanten C_i spezielle Werte erteilt werden.

Eine Lösung einer Dgl. heißt *singulär*, wenn sie nicht durch die Wahl eines speziellen Parameters aus der allgemeinen Lösung hervorgeht.

♦ **Beispiel**

Man bestimme die Lösungen der Differenzialgleichung $y'^2 + y^2 = 1$.

allgemeine Lösung: $y = \sin(x + C)$
partikuläre Lösung: $y = \cos x$ für $C = \pi/2$
singuläre Lösungen: $y = \pm 1$ ♦

Eigenwertaufgabe

Eine *Eigenwertaufgabe* ist ein *Randwertproblem* mit zusätzlichem *Eigenwertparameter* λ in der Dgl. bzw. in den Randbedingungen.

Parameterwerte λ, für die sich nichttriviale Lösungen $y_\lambda(x)$ (*Eigenlösungen*) des Randwertproblems finden lassen, heißen *Eigenwerte*.

Ordnung, Grad einer Differenzialgleichung

Die *Ordnung einer Dgl.* ist gleich der Ordnung der in ihr vorkommenden höchsten Ableitung der gesuchten Funktion.

$y^{(n)}(x)$ ist eine Dgl. n-ter Ordnung.

Der *Grad einer Dgl.* wird bestimmt durch die höchste auftretende Potenz der gesuchten Funktion bzw. ihrer Ableitungen.

Erniedrigung der Ordnung (Ordnungsreduktion)

Gegeben ist ein AWP einer Dgl. n-ter Ordnung mit n Anfangsbedingungen

$$\begin{cases} y^{(n)}(x) = f\left(x, y, y', \ldots, y^{(n-1)}\right) \\ y(x_0) = y_0, y'(x_0) = y'_0, \ldots, y^{(n-1)}(x_0) = y_0^{(n-1)} \end{cases}$$

Substitution: $y^{(k)}(x) := y_{k+1}(x), k = 0, 1, \ldots, (n-1)$

mit den Anfangsbedingungen $y^{(k)}(x_0) := y_{k+1}(x_0)$, d. h.

$y(x) = y_1(x),\ y'(x) = y'_1(x) = y_2(x),\ y'' = y'_2 = y_3, \ldots, y^{(n-1)} = y'_{n-1} = y_n,$

führt auf ein System von n Dgln. 1. Ordnung. f muss bezüglich der y_i einer LIPSCHITZ-Bedingung genügen, Satz von CAUCHY, siehe Ende dieses Abschnitts.

$$\begin{cases} y'_1 = y_2, y'_2 = y_3, \ldots, y'_{n-1} = y_n \\ y'_n = f(x, y_1, \ldots, y_n) \end{cases} \qquad x \in [x_0, b]$$

$y_k(x)$ gesuchte Funktionen, $k = 1, 2, \ldots, n$, mit den Anfangsbedingungen

$$y_1(x_0) = y_0,\ y_2(x_0) = y'_0,\ y_3(x_0) = y''_0, \ldots, y_n(x_0) = y_0^{(n-1)}$$

Das heißt, die Dgl. n-ter Ordnung und ihre $(n-1)$ Ableitungen nehmen für die beliebige Zahl $x = x_0$ je einen willkürlichen Wert an. Die Lösung heißt *allgemeines Integral*und besitzt n willkürliche Konstanten C_i.

Folgerung: Lösungsmethoden und Sätze für AWP 1. Ordnung sind auch auf AWP für Dgln. n-ter Ordnung anwendbar.

Weitere Verfahren bei Kenntnis eines partikulären Integrals siehe 11.3 und 11.4.

Geometrische Deutung einer Differenzialgleichung

Die grafische Darstellung der *allgemeinen Lösung einer Dgl.* n-ter Ordnung stellt eine *Kurvenschar* mit n willkürlichen Parametern dar. Umgekehrt hat jede n-parametrische, n-mal differenzierbare Kurvenschar ihre Dgl., soweit sich die Parameter eliminieren lassen (Beispiel siehe Aufstellen von Dgln.).

Eine partikuläre Lösung entspricht *einer* bestimmten Kurve aus der Schar (*Lösungskurve, Integralkurve*).

Differenzialgleichungen 1. Ordnung bestimmen für jeden Punkt (x, y) des Definitionsbereiches die Richtung $y' = \tan\alpha$ der durch diesen Punkt verlaufenden Lösungskurve:

$$y' = f(x, y)$$

Durch die Wertetripel (x, y, y') wird jeweils ein *Linienelement* aus der Kurvenschar der Lösungsmenge festgelegt, alle Linienelemente ergeben das *Richtungsfeld* im kartesischen Koordinatensystem (siehe Bilder).

Die Verbindungslinien aller Punkte mit *gleicher Richtung der Linienelemente* heißen *Isoklinen*, $y' =$ konst. Aus deren Kenntnis kann man mit guter Näherung Lösungskurven der Dgl. ableiten (*grafische Integration* der Dgl.).

Das Isoklinenverfahren ist nur bei explizit vorliegenden Differenzialgleichungen anwendbar.

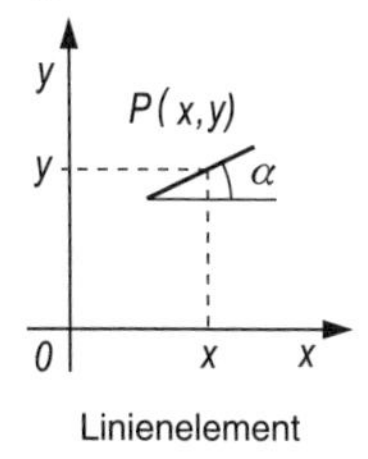

Linienelement

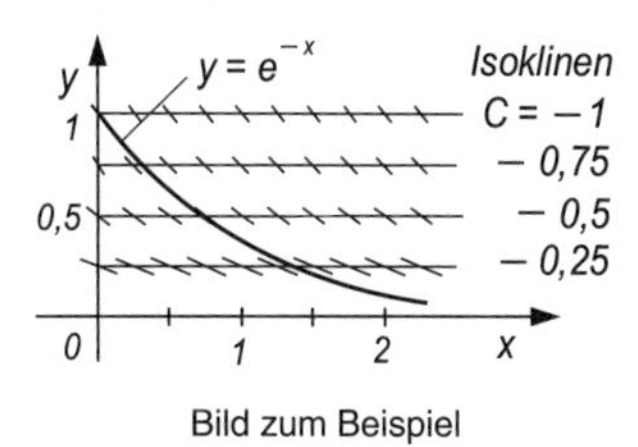

Bild zum Beispiel

◆ **Beispiel**

$y' = f(x, y) = -y$

Die Isoklinen $y' = C \Rightarrow y = -C$ ergeben fallende Exponentialfunktionen als Integralkurven, $C \in \mathbb{R}$.

Eine partikuläre Lösung, beispielsweise für $y(0) = 1$, ist die im Bild eingezeichnete Lösungskurve $y = g(x) = \mathrm{e}^{-x}$. ◆

Differenzialgleichungen 2. Ordnung bestimmen für jeden Punkt des Definitionsbereiches Richtung *und* Krümmung der Bogenelemente. Das Isoklinenverfahren kann angewendet werden, indem man $y' = f(t) = z$ setzt, wodurch die Dgl. 2. Ordnung in eine 1. Ordnung in z umgewandelt wird.

Trajektorien sind Kurven, die jede einzelne Kurve einer Schar genau einmal schneiden, und zwar unter

- konstantem Winkel: *isogonale Trajektorie*
- rechtem Winkel: *orthogonale Trajektorie*

Anwendung: Bestimmung der *Potenzialflächen* bzw. *Potenziallinien* aus gegebenem Feldlinienverlauf.

Gegebene Kurvenschar einer Dgl. 1. Ordnung	$F(x,y,c)=0$	$y=f(x,c)$
Dgl. der Schar durch Elimination von c aus	$F(x,y,c)=0$ und $\frac{\partial F}{\partial x}+\frac{\partial F}{\partial y}y'=0$	$y=f(x,c)$ und $y'=g(x,y)$
Richtung der Kurven	$y'=\frac{-F_x}{F_y}$	$y'=g(x,y)$
Orthogonale Trajektorien	$\frac{\partial F}{\partial y}-\frac{\partial F}{\partial x}y'=0$	$y'=-\frac{1}{g(x,y)}$
Isogonale Trajektorien, Schnittwinkel φ	$y'=\frac{-F_x/F_y+\tan\varphi}{1+\left(F_y/F_x\right)\tan\varphi}$	$y'=\frac{g(x,y)+\tan\varphi}{1-\left(1/g(x,y)\right)\tan\varphi}$

♦ **Beispiel**

Kurvenschar: $F(x,y,c)=4x^2+5y+c=0$

Dgl. der Kurvenschar: $8x+5y'=0$

Richtung der Kurven: $y'=-8x/5=-1{,}6x$

Orthogonale Trajektorien: $5-8xy'=0$

Isogonale Trajektorien für $\varphi=30°$: $y'=\dfrac{-\dfrac{8x}{5}+\tan 30°}{1+\dfrac{5}{8x}\tan 30°}$, daraus

$192x^2-40\sqrt{3}x+(120x+25\sqrt{3})y'=0$ ♦

Aufstellen von Differenzialgleichungen

1. Man differenziert die Gleichung der Kurvenschar so oft, bis alle Parameter eliminiert werden können.

♦ **Beispiel**

Man bestimme die Differenzialgleichung aller nach rechts geöffneten Parabeln.

Ansatz der Gleichung für die Kurvenschar mit den Parametern x_s, y_s, p

$(y-y_s)^2=2p(x-x_s)$ Bedingung: $p>0$

$$\left.\begin{aligned} &2(y-y_s)y' = 2p \\ &(y-y_s)y'' + y'^2 = 0 \\ &y'y'' + (y-y_s)y''' + 2y'y'' = 0 \end{aligned}\right\} \quad \text{implizites Differenzieren}$$

Aus den beiden letzten Dgln. (Multiplikationen mit y''' bzw. y'' und Subtraktion) ergibt sich die Dgl. 3. Ordnung, 2. Grades: $y'''y'^2 - 3y'y''^2 = 0$

gekürzt mit $y' \neq 0$ ergibt: $y'''y' - 3y''^2 = 0$ ♦

2. Man stellt die Differenzialgleichungen auf Basis physikalischer Gesetze auf.

♦ **Beispiel**

Verlustbehafteter Kondensator (Zweipol) $i = i_r + i_c$ (Stromverzweigung)

$i(t) = \dfrac{u(t)}{R} + \dfrac{\mathrm{d}Q}{\mathrm{d}t}$ mit $\mathrm{d}Q = i_c \mathrm{d}t$ (Kondensatorladung)

$Q := CU$ (Definition der Kapazität)

$i(t) = \dfrac{u(t)}{R} + C\dfrac{\mathrm{d}u(t)}{\mathrm{d}t}$ (Dgl. 1. Ordnung) ♦

Satz von Cauchy

Der *Satz von* CAUCHY beschreibt die *Existenz* und *Eindeutigkeit* einer Lösung $\boldsymbol{y}(x)$ eines Anfangswertproblems aus n gewöhnlichen Dgln. 1. Ordnung für n Funktionen. Die Ordnung des Systems ist n.

$$\begin{cases} y_i'(x) = f_i(x, y_1, \ldots, y_n) \\ y_i(x_0) = y_{i0} \end{cases} \quad i = 1, 2, \ldots, n$$

Matrizenform $\begin{cases} \boldsymbol{y}' = f(x, \boldsymbol{y}) \\ \boldsymbol{y}(x_0) = \boldsymbol{y}_0 \end{cases}$

mit $\boldsymbol{y} = \begin{pmatrix} y_1(x) \\ \vdots \\ y_n(x) \end{pmatrix}$, $\boldsymbol{f} = \begin{pmatrix} f_1(x, y_1, y_2, \ldots, y_n) \\ \vdots \\ f_n(x, y_1, y_2, \ldots, y_n) \end{pmatrix}$

$x \in I = [x_0, b]$ Integrationsintervall

Existenz und Eindeutigkeit sind gegeben, wenn

- die Funktionen f_i, $i = 1, 2, \ldots, n$ stetig und beschränkt in der Umgebung U von $P(x_0, y_0)$ sind: $|f_i(x, y)| \leq k$, $k > 0$

- für die Funktionen f_i für alle Tupel $(x, \tilde{y}_1, \ldots, \tilde{y}_n)$ und $(x, y_1, \ldots, y_n)$ aus U die LIPSCHITZ-Bedingung gilt $(i = 1, 2, \ldots, n)$:

$$|f_i(x, \tilde{y}_1, \ldots, \tilde{y}_n) - f_i(x, y_1, \ldots, y_n)| \leq L \left(\sum_{k=1}^{n} |\tilde{y}_k - y_k| \right)$$

bzw. $|\boldsymbol{f}(x, \tilde{\boldsymbol{y}}) - \boldsymbol{f}(x, \boldsymbol{y})| \leq L |\tilde{\boldsymbol{y}} - \boldsymbol{y}|$ $\quad$ L LIPSCHITZ-Konstante, $L > 0$

Das heißt, der Differenzenquotient ist beschränkt.

Hinreichende Bedingung (LIPSCHITZ-Bedingung)

$$\left| \frac{\partial}{\partial y_k} f_i(x, y_1, \ldots, y_n) \right| \leq L \qquad i, k = 1, 2, \ldots, n$$

Speziell für eine Dgl. 1. Ordnung $(n = 1)$ gilt:

$y' = f(x, y), x \in [x_0, b]$ hat genau eine Lösung $y = y(x)$ im Intervall

$x_0 - h \leq x \leq x_0 + h, h = \min\left(a, \dfrac{b}{k}\right), a, b > 0$ mit $y(x_0) = y_0$, wenn $f(x, y)$ in der Umgebung $U = \{(x, y) | x_0 - a \leq x \leq x_0 + a; y_0 - b \leq y \leq y_0 + b\}$

stetig und beschränkt ist:

$f(x, y) \leq k$ für alle Punkte $p(x, y) \in U$ und

$$\left| \frac{\partial f(x, y)}{\partial y} \right| \leq L$$

Im Folgenden werden *Gewöhnliche Differenzialgleichungen*, Abschnitte 11.2 bis 11.8, behandelt.

11.2 Differenzialgleichungen 1. Ordnung

$F(x, y, y') = 0$	implizite Darstellung
$y' = f(x, y)$	explizite Darstellung

11.2.1 Differenzialgleichung mit trennbaren Variablen

$$y' = f(x, y) = g(x) \cdot h(y) \quad h(y) \neq 0 \quad (\textit{separable Dgl.})$$

$$\int \frac{\mathrm{d}y}{h(y)} = \int g(x) \, \mathrm{d}x$$

$h(y) = 0$, speziell betrachtet, kann evtl. eine weitere (singuläre) Lösung $y =$ konst. liefern.

◆ **Beispiele**

(1) $xe^{x+y} = yy'$

Wandlung in die explizite Form: $\frac{dy}{dx} = \frac{x}{y}e^{x+y} = xe^x \cdot \frac{1}{y}e^y,\ y \neq 0$

$$\int xe^x\,dx = \int ye^{-y}\,dy \qquad \text{(Trennung der Variablen)}$$

$$xe^x - \int e^x\,dx = -ye^{-y} + \int e^{-y}\,dy \qquad \text{(partielle Integration oder 14.3.1)}$$

$$e^x(x-1) = -e^{-y}(1+y) + C \qquad C \in \mathbb{R}$$

(2) $y'(2x-7) + y(2x^2 - 3x - 14) = 0$

$$\frac{dy}{dx} = -y\frac{2x^2 - 3x - 14}{2x - 7} \qquad x \neq \frac{7}{2}, y \neq 0$$

$$\int \frac{dy}{y} = -\int \frac{2x^2 - 3x - 14}{2x - 7}\,dx = -\int (x+2)\,dx$$

(Trennung der Variablen)

$$\ln|y| = -\frac{x^2}{2} - 2x + C$$

$$y = \pm e^{-\frac{x^2}{2} - 2x + C} = \pm e^C \cdot e^{-\frac{x^2}{2} - 2x} = C_1 e^{-\frac{x^2}{2} - 2x}$$

(allgemeine, vollständige Lösung), wobei $\pm e^C \in \mathbb{R}\backslash\{0\}, C_1 \in \mathbb{R}$

Nachträglich erkennt man, dass sich der ausgeschlossene Fall $x = \frac{7}{2}$ mit der speziellen (singulären) Lösung $y = 0$ in obige Lösung einpasst, wenn $C_1 = 0$ zugelassen wird. Dann ist das Erhaltene die vollständige Lösung.

(3) $RC\frac{du}{dt} + u = E \quad u \neq E$ (*RC*-Glied)

$$\frac{du}{dt} = \frac{E-u}{RC} \qquad \int \frac{du}{E-u} = \int \frac{dt}{RC} \qquad \text{(Trennung der Variablen)}$$

$$-\ln|E-u| = \frac{t}{RC} + \ln|K| \qquad K \text{ Konstante}$$

$E - u = Ke^{-\frac{t}{RC}}$ ergibt $u = E - Ke^{-\frac{t}{RC}}, K \in \mathbb{R}$

Hier ist in $\ln|K|$ zunächst $K \neq 0$.

Für $K = 0$ (singuläre Lösung) wird aber $u = E$ (vollständige Lösung).

(4) $y' = \sqrt{y}$, zunächst $h(y) = \sqrt{y} \neq 0$

$$\int y^{-\frac{1}{2}}\,dy = \int dx + C \qquad 2\sqrt{y} = x + C \qquad y = \left(\frac{x}{2} + C_1\right)^2 \qquad \sqrt{y} \neq 0$$

Für $y = 0$ wird die Dgl. jedoch ebenfalls erfüllt (singuläre Lösung). ◆

11.2.2 Gleichgradige Differenzialgleichung 1. Ordnung

(*Ähnlichkeitsdifferenzialgleichung*)

Typ 1: $y' = \dfrac{g(x,y)}{h(x,y)}$ bzw. $y' = f\left(\dfrac{y}{x}\right)$ oder $\dot{x} = f\left(\dfrac{x}{t}\right)$

$g(x,y)$ und $h(x,y)$ Terme vom gleichen Grad bezüglich der Variablen

Substitution: $y = xz$, $y' = xz' + z$, $\mathrm{d}y = x\,\mathrm{d}z + z\,\mathrm{d}x$

♦ **Beispiel**

$(3x - 2y)\,\mathrm{d}x - x\,\mathrm{d}y = 0$ bzw. $y' = 3 - 2\dfrac{y}{x}$, $x \neq 0$

Substitution $y = xz$ mit $y' = xz' + z$

gleichgesetzt: $3 - 2z = xz' + z \Rightarrow 3(1 - z) = xz'$

Division durch x und Trennung der Variablen

$\displaystyle\int \frac{3}{x}\,\mathrm{d}x = \int \frac{\mathrm{d}z}{1 - z} \qquad z \neq 1$

$3 \ln|x| = -\ln|1 - z| + C$

$\ln|x^3| = -\ln\left|1 - \dfrac{y}{x}\right| + C \Rightarrow \ln\left|x^3\left(1 - \dfrac{y}{x}\right)\right| = C$

$x^3 - x^2 y = \pm \mathrm{e}^C = C_1, C_1 \in \mathbb{R}^*$ bzw. $y = C_2 x^{-2} + x$

Weitere Lösung für $C_1 = 0$ bzw. $C_2 = 0$: $y = x$ (d. h. aber damit $z = 1$) ♦

Typ 2: $y' = f(ax + by + c) + \text{konst.}$

Substitution: $ax + by + c = z$ führt zur Trennung der Variablen.

Typ 3: $y' = f\left(\dfrac{ax + by + c}{Ax + By + C}\right)$ $\qquad a, b, c, A, B, C$ Konstante

Zwei Kriterien für zwei unterschiedliche Lösungen

- $aB - bA \neq 0$

Tranformation: $\bar{y} = y - y_0$, $\bar{x} = x - x_0$ führt auf eine Ähnlichkeitsdifferenzialgleichung Typ 1, wobei (x_0, y_0) Lösung des nachstehenden Gleichungssystems ist:

$$\begin{cases} ax + by + c = 0 \\ Ax + By + C = 0 \end{cases}$$

- $aB - bA = 0$

Transformation $\bar{y} = ax + by$, $\bar{x} = x$ führt auf eine Dgl. mit trennbaren Variablen.

♦ **Beispiel**

$y' = \dfrac{y-1}{x-y+3} \qquad aB - bA = 0 - 1 \cdot 1 = -1$

$\begin{cases} y-1=0 \\ x-y+3=0 \end{cases} \Rightarrow x_0 = -2, y_0 = 1$, Transformation: $\bar{y} = y-1, \bar{x} = x+2$

ergibt die Ähnlichkeitsdifferenzialgleichung Typ 1: $\dfrac{\mathrm{d}\bar{y}}{\mathrm{d}\bar{x}} = \dfrac{\bar{y}}{\bar{x}-\bar{y}}$

mit der Lösung nach Rücktransformation

$y - 1 = C\mathrm{e}^{-\frac{x+2}{y-1}}, C \in \mathbb{R}$ ♦

11.2.3 Lineare Differenzialgleichungen 1. Ordnung

Bei linearen Dgln. treten die Funktion und ihre Ableitungen nur linear auf.

Allgemeine Form

$$f(x)y' + g(x)y = \bar{s}(x)$$

$\bar{s}(x)$ *Störfunktion*

11.2.3.1 Homogene lineare Differenzialgleichung 1. Ordnung

Normalform: $y' + p(x)y = 0$

Lösung durch Trennung der Variablen: $\dfrac{\mathrm{d}y}{y} = -p(x)\,\mathrm{d}x$

$$y = C\mathrm{e}^{-\int p(x)\,\mathrm{d}x} \quad C \in \mathbb{R} \quad \text{(allgemeine, vollständige Lösung)}$$

Ist ein partikuläres Integral y_p bekannt, erhält man die allgemeine Lösung durch Multiplikation von y_p mit einer Konstanten.

11

♦ **Beispiel**

Entladung einer Kapazität C über einen ohmschen Widerstand R,

$Q(0) = Q_0$

$\dfrac{\mathrm{d}Q}{\mathrm{d}t} + \dfrac{1}{RC}Q = 0, \dfrac{\mathrm{d}Q}{Q} = -\dfrac{1}{RC}\,\mathrm{d}t$ (Trennung der Variablen)

$Q(t) = K\mathrm{e}^{-\frac{1}{RC}t}, K \in \mathbb{R}.$

Mit der Anfangsbedingung $K = Q_0$: $Q(t) = Q_0\mathrm{e}^{-\frac{1}{RC}t}$

Die *Zeitkonstante* $T = RC$ ist die Zeit, in der die Ladung auf $1/\mathrm{e}$ abgesunken ist: $Q(T) = Q(RC) = \dfrac{1}{\mathrm{e}}Q_0$.

Stromstärke während der Entladung: $\dfrac{\mathrm{d}Q}{\mathrm{d}t} = i(t) = -\dfrac{Q_0}{RC}\mathrm{e}^{-\frac{1}{RC}t}$ ♦

11.2.3.2 Inhomogene lineare Differenzialgleichung 1. Ordnung

Normalform: $y' = p(x)y = s(x)$ $\qquad$ $s(x)$ *Störfunktion*

Allgemeine Lösung der inhomogenen linearen Dgl.

$y = y_\mathrm{h} + y_\mathrm{p}$	y_h allgemeine Lösung der homogenen Dgl. y_p partikuläre Lösung der inhomogenen Dgl.

Bemerkung

Diese Aussage ist allgemeingültig für lineare Dgln. n-ter Ordnung.

Findet man zwei partikuläre Lösungen $y_{\mathrm{p}1}$ und $y_{\mathrm{p}2}$, lautet die allgemeine Lösung der inhomogenen Differenzialgleichung

$$y = y_{\mathrm{p}1} + C(y_{\mathrm{p}2} - y_{\mathrm{p}1}) \qquad C \in \mathbb{R}$$

Lösungsweg 1: Integration durch Substitution

Substitution: $p(x) = \dfrac{\mu'(x)}{\mu(x)} \Rightarrow \mu(x) = \mathrm{e}^{\int p(x)\,\mathrm{d}x}$

$\mu(x)$ *integrierender Faktor*, siehe 11.2.5

eingesetzt: $y' + \dfrac{\mu'}{\mu}y = s(x) \Rightarrow y'\mu + \mu' y = s(x)\mu$

Lösungsformel: $y = \dfrac{1}{\mu(x)}\left(\int \mu(x)s(x)\,\mathrm{d}x + C\right)$ mit $\mu(x) = \mathrm{e}^{\int p(x)\,\mathrm{d}x}$, $C \in \mathbb{R}$

♦ **Beispiel**

$(4+x)y' + y = 6 + 2x$

$y' + y\dfrac{1}{4+x} = \dfrac{6+2x}{4+x}$

Substitution: $p(x) = \dfrac{1}{4+x} = \dfrac{\mu'}{\mu} \Rightarrow \ln|\mu| = \ln|4+x| \Rightarrow \mu = 4 + x$

$y' + \dfrac{\mu'}{\mu}y = \dfrac{6+2x}{4+x}$

$y'\mu + \mu' y = 6 + 2x$ integriert ergibt $\mu y = 6x + x^2 + C$

$y = \dfrac{6x + x^2 + C}{4+x}, C \in \mathbb{R}$ ♦

Lösungsweg 2: Integration durch Variation der Konstanten

Gelöst wird zunächst die homogene Dgl. (allgemeine Lösung). Zur Bestimmung einer partikulären Lösung ersetzt man die Konstante C durch den Term $z = z(x)$.

$$y = z(x)\mathrm{e}^{-\int p(x)\,\mathrm{d}x}$$

$$y' = z'(x)\mathrm{e}^{-\int p(x)\,\mathrm{d}x} + z(x)\mathrm{e}^{-\int p(x)\,\mathrm{d}x} \cdot \big(-p(x)\big)$$

Aus der Ausgangsgleichung und der Gleichung für y' folgen $z(x)$ und y.

Die allgemeine Lösung (Lösungsformel) lautet:

$$y = \mathrm{e}^{-\int p(x)\,\mathrm{d}x}\left(\int s(x) \cdot \mathrm{e}^{\int p(x)\,\mathrm{d}x}\mathrm{d}x + C_1\right) \qquad C_1 \in \mathbb{R}$$

Bemerkung: Oft lässt sich ein partikuläres Integral mit einem von der Form des Störgliedes abhängigen Ansatz gewinnen. Dabei ist zu beachten, dass bei Störgliedern der Form $A \sin \omega t$ und $A \cos \omega t$ stets deren Summe oder $A \sin(\omega t + \varphi)$ anzusetzen ist.

♦ **Beispiel**

$(4 + x)y' + y = 6 + 2x$

Homogene Dgl.: $(4 + x)y' + y = 0$

$$\frac{\mathrm{d}y}{y} = -\frac{\mathrm{d}x}{4+x} \text{ integriert: } \ln|y| = -\ln|4+x| + \ln|C|,\ y_\mathrm{h} = \frac{C}{4+x},\ x \neq -4$$

(Lt. Ausgangsgleichung ergibt $x = -4$ die spezielle Lösung $y_\mathrm{h} = -2$)

Variation der Konstanten

$$y = z(x)\frac{1}{4+x}, y' = z'\frac{1}{4+x} - z\frac{1}{(4+x)^2}, \text{ eingesetzt}$$

$$(4+x)\left(z'\frac{1}{4+x} - z\frac{1}{(4+x)^2}\right) + z\frac{1}{4+x} = 6 + 2x$$

$z' = 6 + 2x$ (Dass alle z-Terme wegfallen, gilt immer!)

$$z = 6x + 2\frac{x^2}{2} + C_1 = 6x + x^2 + C_1, \text{ eingesetzt: } y = \frac{6x + x^2 + C_1}{4+x}, C_1 \in \mathbb{R}$$ ♦

Sonderfall

Inhomogene lineare Dgl. 1. Ordnung mit konstanten Koeffizienten

$$y' - \lambda y = s(x)$$

$$y_\mathrm{h} = C\mathrm{e}^{\lambda x} \qquad C \in \mathbb{R}$$

y_p wie in 11.3.4, Störgliedansätze

11

11.2.4 Totale Differenzialgleichung

(*exakte, vollständige Dgl.*)

$$P(x,y)\,\mathrm{d}x + Q(x,y)\,\mathrm{d}y = 0$$

oder $P(x,y) + Q(x,y)y' = 0$

oder $y' = -\dfrac{P(x,y)}{Q(x,y)}$

mit der Bedingung, dass die linke Seite ein *vollständiges Differenzial* darstellt.

Integrabilitätsbedingung

$$\frac{\partial P(x,y)}{\partial y} = \frac{\partial Q(x,y)}{\partial x}$$

Unmittelbare Integration führt zur allgemeinen Lösung

$$\int P(x,y)\,\mathrm{d}x + \int\left(Q(x,y) - \int\frac{\partial P(x,y)}{\partial y}\,\mathrm{d}x\right)\mathrm{d}y = C$$

♦ **Beispiel**

$$\left(3x^2 + 8ax + 2by^2 + 3y\right)\mathrm{d}x + (4bxy + 3x + 5)\,\mathrm{d}y = 0$$

$$\frac{\partial P}{\partial y} = \frac{\partial\left(3x^2 + 8ax + 2by^2 + 3y\right)}{\partial y} = 4by + 3$$

$$\frac{\partial Q}{\partial x} = \frac{\partial(4bxy + 3x + 5)}{\partial x} = 4by + 3$$

$$\frac{\partial P}{\partial y} = \frac{\partial Q}{\partial x} \Rightarrow \text{Die Integrabilitätsbedingung ist erfüllt.}$$

$$\int\left(3x^2 + 8ax + 2by^2 + 3y\right)\mathrm{d}x$$

$$+\int\left(4bxy + 3x + 5 - \int(4by + 3)\,\mathrm{d}x\right)\mathrm{d}y = C$$

$$x^3 + 4ax^2 + 2bxy^2 + 3xy + \int(4bxy + 3x + 5 - (4bxy + 3x))\,\mathrm{d}y = C$$

$$x^3 + 4ax^2 + 2bxy^2 + 3xy + 5y = C,\ C \in \mathbb{R}$$ ♦

11.2.5 Integrierender Faktor

(EULER*scher Multiplikator*)

Ein Term $\mu(x,y) \neq 0$ heißt *integrierender Faktor* der Differenzialgleichung $P(x,y)\,\mathrm{d}x + Q(x,y)\,\mathrm{d}y = 0$, wenn die linke Seite der Gleichung durch Multiplikation mit $\mu(x,y)$ zu einem vollständigen Differenzial wird:

$$\frac{\partial(\mu(x,y)\cdot P(x,y))}{\partial y} = \frac{\partial(\mu(x,y)\cdot Q(x,y))}{\partial x} \quad \text{(partielle Dgl. für } \mu\text{)}$$

Die Form der Dgl. lässt oft vereinfachende Annahmen für den integrierenden Faktor wie nachstehend zu.

Ausgewählte integrierende Faktoren

$(P = P(x,y),\ Q = Q(x,y))$

Der integrierende Faktor enthalte nur x

$$\mu(x) = \mathrm{e}^{-\int \frac{1}{Q}\left(\frac{\partial Q}{\partial x} - \frac{\partial P}{\partial y}\right)\mathrm{d}x}$$

Der integrierende Faktor enthalte nur y

$$\mu(y) = \mathrm{e}^{\int \frac{1}{P}\left(\frac{\partial Q}{\partial x} - \frac{\partial P}{\partial y}\right)\mathrm{d}y}$$

Der integrierende Faktor enthalte nur xy

$$\mu(x,y) = \mathrm{e}^{\int \frac{1}{xP - yQ}\left(\frac{\partial Q}{\partial x} - \frac{\partial P}{\partial y}\right)\mathrm{d}z} \qquad z = xy$$

Der integrierende Faktor enthalte nur $\frac{y}{x}$

$$\mu(x,y) = \mathrm{e}^{\int \frac{x^2}{xP + yQ}\left(\frac{\partial Q}{\partial x} - \frac{\partial P}{\partial y}\right)\mathrm{d}z} \qquad z = \frac{y}{x}$$

Der integrierende Faktor enthalte nur $x^2 + y^2$

$$\mu(x,y) = \mathrm{e}^{\int \frac{1}{2(yP - xQ)}\left(\frac{\partial Q}{\partial x} - \frac{\partial P}{\partial y}\right)\mathrm{d}z} \qquad z = x^2 + y^2$$

♦ **Beispiel**

$(3x - 2y)\,\mathrm{d}x - x\,\mathrm{d}y = 0$

$\frac{\partial(3x - 2y)}{\partial y} = -2;\ \frac{\partial(-x)}{\partial x} = -1$

Die Integrabilitätsbedingung ist nicht erfüllt.

11

Annahme: Der integrierende Faktor enthalte nur x.

$\mu(x) = \mathrm{e}^{-\int \frac{1}{-x}(-1+2)\,\mathrm{d}x} = \mathrm{e}^{\int \frac{\mathrm{d}x}{x}} = \mathrm{e}^{\ln|x|+C} = C_1 x$

Für $C_1 = 1$ wird speziell $\mu(x) = x$, eingesetzt ergibt die total Dgl.

$(3x^2 - 2xy)\,\mathrm{d}x - x^2\,\mathrm{d}y = 0$

$x^3 - x^2 y = C$

Lösung: $y = x - \dfrac{C}{x^2}, C \in \mathbb{R}$ ♦

11.2.6 BERNOULLIsche Differenzialgleichung

$$y' + g(x)y = h(x)y'' \qquad n \neq 0, n \neq 1$$

Substitution: $z = \dfrac{y}{y^n}$ ergibt $y = z^{\frac{1}{1-n}}, y' = \dfrac{1}{1-n} z^{\frac{n}{1-n}} \cdot z'$

$$z' + (1-n)zg(x) = (1-n)h(x) \qquad \text{(lineare Dgl.)}$$

♦ **Beispiel**

$y' + \dfrac{y}{x} - x^2y^3 = 0 \Rightarrow y' + \dfrac{y}{x} = x^2y^3$

Substitution: $z = \dfrac{y}{y^3} = \dfrac{1}{y^2}, y = z^{\frac{1}{1-3}} = z^{-\frac{1}{2}}, y' = -\dfrac{1}{2} z^{-\frac{3}{2}} \cdot z'$, eingesetzt

$-\dfrac{1}{2} z^{-\frac{3}{2}} z' + \dfrac{1}{x} z^{-\frac{1}{2}} = x^2 z^{-\frac{3}{2}} \Rightarrow z'x - 2z = -2x^3$

Diese Dgl. ergibt durch Variation der Konstanten $z = x^2(C - 2x)$ mit der allgemeinen Lösung $x^2y^2(C - 2x) - 1 = 0, C \in \mathbb{R}$ und der singulären Lösung $y = 0$ (gilt für alle $n > 0$) ♦

11.2.7 RICCATIsche Differenzialgleichung

$$y' = f(x)y^2 + g(x)y + h(x)$$

Eine Lösung ist im Allgemeinen nur dann möglich, wenn ein partikuläres Integral y_p gefunden werden kann.

Substitution: $y - y_\mathrm{p} = \dfrac{1}{z}$

♦ **Beispiel**

$x^2y' + xy - x^2y^2 + 1 = 0 \Rightarrow y' = y^2 - \dfrac{1}{x}y - \dfrac{1}{x^2}$

Aufgrund der Gleichungsform kann man zur Bestimmung eines partikulären Integrals mit dem Ansatz $y = \dfrac{A}{x}, y' = -\dfrac{A}{x^2}$ probieren.

$-A + A - A^2 + 1 = 0 \Rightarrow A_{1;2} = \pm 1$

Partikuläres Integral: $y_\mathrm{p} = \dfrac{1}{x}$

Substitution: $y - \dfrac{1}{x} = \dfrac{1}{z}, y' = -\dfrac{1}{z^2}z' - \dfrac{1}{x^2}$

$$-\frac{1}{z^2}z' - \frac{1}{x^2} = \left(\frac{1}{z} + \frac{1}{x}\right)^2 - \frac{1}{x}\left(\frac{1}{z} + \frac{1}{x}\right) - \frac{1}{x^2}$$

$$z' + \frac{z}{x} + 1 = 0$$

Nach der Methode der Variation der Konstanten wird

$$z = -\frac{x}{2} + \frac{C}{x} \Rightarrow y = \frac{1}{x} + \frac{2x}{C_1 - x^2} \quad C, C_1 \in \mathbb{R}$$

♦

11.2.8 Clairautsche Differenzialgleichung

$$y = xy' + g(y')$$

Differenziation der Dgl. nach x und Seitentausch ergibt

$$y''\left(x + g'(y')\right) = 0$$

Lösung

- $y'' = 0$ mit dem allgemeinen Integral $y = Cx + g(C), C \in \mathbb{R}$
- $y + g'(y') = 0$. Eliminiert man y' aus der letzten sowie aus der Ausgangsdifferenzialgleichung, erhält man $y = g(x)$ als singuläre Lösung.

Das allgemeine Integral stellt eine Schar von Geraden dar, während die singuläre Lösung die *Einhüllende* dieser *Geradenschar* ist.

11

♦ **Beispiel**

$$y = xy' - 2y'^2 + y'$$

$$xy'' - 4y'y'' + y'' = y''(x - 4y' + 1) = 0$$

1. Faktor

$y'' = 0 \Rightarrow y = Cx + g(C)$, somit $C = y'$

eingesetzt in die Ausgangsgleichung ergibt die allgemeine Lösung als Geradenschar

$$y = Cx + g(C) = Cx - 2C^2 + C, C \in \mathbb{R}$$

2. Faktor

$$x - 4y' + 1 = 0 \Rightarrow y' = \frac{x+1}{4}$$

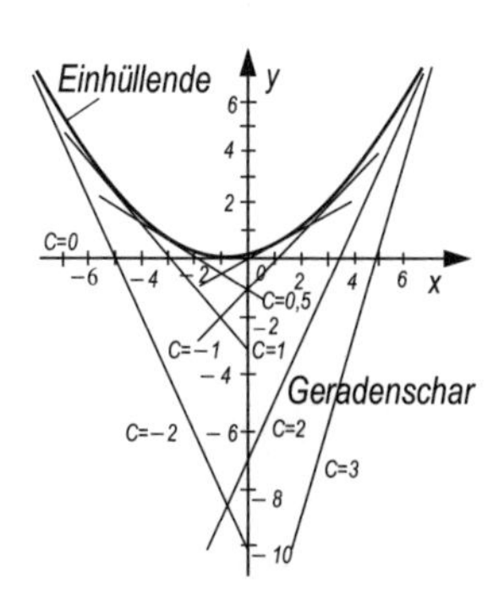

Singuläre Lösung, Einhüllende

$$y = g(x) = x\frac{x+1}{4} - 2\frac{(x+1)^2}{16} + \frac{x+1}{4} = \frac{x^2+2x+1}{8} = \frac{(x+1)^2}{8}$$ ♦

11.3 Differenzialgleichungen 2. Ordnung

$F(x, y, y', y'') = 0$ implizite Darstellung

$y'' = f(x, y, y')$ explizite Darstellung

11.3.1 Sonderfälle, Erniedrigung der Ordnung

(1) $y'' = g(x)$

Lösung: zweifache direkte Integration [1)]

♦ **Beispiel**

$$y'' = 4x^2 + 5x$$

$$y' = \int \left(4x^2 + 5x\right) \mathrm{d}x = \frac{4x^3}{3} + \frac{5x^2}{2} + C_1$$

$$y = \int \left(\frac{4x^3}{3} + \frac{5x^2}{2} + C_1\right) \mathrm{d}x = \frac{x^4}{3} + \frac{5x^3}{6} + C_1 x + C_2 \qquad C_1, C_2 \in \mathbb{R}$$ ♦

(2) $y'' = g(y)$

Substitution: $y' = p(y)$

$$y'' = p' = \frac{\mathrm{d}p}{\mathrm{d}y} y' = \frac{\mathrm{d}p}{\mathrm{d}y} p \quad \text{ergibt} \quad \frac{\mathrm{d}p}{\mathrm{d}y} p = g(y)$$

Lösung: Trennung der Variablen, Rücksubstitution, Trennung der Variablen

♦ **Beispiel**

$$y'' = \frac{y}{a^2}$$

$$\frac{\mathrm{d}p}{\mathrm{d}y} p = \frac{y}{a^2} \qquad y' = p(y) = p$$

$$\int p \,\mathrm{d}p = \int \frac{y}{a^2} \,\mathrm{d}y \quad \text{(Trennung der Variablen)}$$

$$\frac{p^2}{2} = \frac{y^2}{2a^2} + C_1 \Rightarrow p = \pm\sqrt{\frac{y^2 + 2C_1 a^2}{a^2}} = y' = \frac{\mathrm{d}y}{\mathrm{d}x}, C_1 \in \mathbb{R} \quad \text{(Rücksubst.)}$$

[1)] $y^{(n)} = g(x)$ ist durch n-maliges Integrieren lösbar.

$$\mathrm{d}x = \frac{a\,\mathrm{d}y}{\pm\sqrt{C_2+y^2}}, \text{ integriert ergibt } x = \pm a \int \frac{\mathrm{d}y}{\sqrt{C_2+y^2}} \qquad C_2 = 2C_1a^2$$

$$x = \pm a \operatorname{arsinh} \frac{y}{\sqrt{C_2}} + C_3$$

$$y = C_4 \sinh \frac{x - C_3}{\pm a} \qquad C_3, C_4 \in \mathbb{R}$$ ♦

(3) $y'' = g(y')$

Substitution: $y' = p(x)$, $\dfrac{\mathrm{d}p}{\mathrm{d}x} = g(p)$

Lösung: Trennung der Variablen, Rücksubstitution, direkte Integration

♦ **Beispiel**

$$y'' = 2y'^2$$

$y' = p$, $y'' = p'$ eingesetzt ergibt $p' = 2p^2 \Leftrightarrow \dfrac{\mathrm{d}p}{\mathrm{d}x} = 2p^2 = g(p)$

$$\int \frac{\mathrm{d}p}{p^2} = \int 2\,\mathrm{d}x$$

$$-\frac{1}{p} = 2x + C_1 \qquad p = -\frac{1}{2x_1 + C_1} = y'$$

$$y = -\int \frac{1}{2x + C_1}\,\mathrm{d}x$$

$$y = -\frac{1}{2}\ln|2x + C_1| + \ln|C_2| = \ln\left|\frac{C_2}{\sqrt{2x + C_1}}\right| \qquad C_1, C_2 \in \mathbb{R}$$ ♦

11

(4) $y'' = g(x, y')$

Substitution: $y' = p(x)$, $\dfrac{\mathrm{d}p}{\mathrm{d}x} = g(x, p)$

Lösung: abhängig von $g(x,p)$ [1)]

♦ **Beispiel**

$$y'' = -\frac{y'}{x} + \frac{1}{x} \qquad \text{Substitution: } y' = p(x) \text{ ergibt } p' = -\frac{p}{x} + \frac{1}{x}$$

$$\int \frac{\mathrm{d}p}{1-p} = \int \frac{\mathrm{d}x}{x}$$

$$-\ln|p - 1| = \ln|x| + \ln|C_1| + \ln|C_1x|$$

$$\frac{1}{p-1} = C_1x \qquad p = \frac{1}{C_1x} + 1 = y'$$

1) $y^{(n)} = g\left(x, y^{(n-1)}\right)$ ist mit der Substitution $y^{(n-1)} = p(x)$ lösbar.

$$y = \int \frac{dx}{C_1 x} + \int dx = \frac{1}{C_1} \ln|x| + x + C_2 = x + C_3 \ln|x| + C_2;$$

$$C_1, C_2, C_3 \in \mathbb{R}$$ ♦

(5) $y'' = g(y, y')$, $y' \neq 0$, d. h., y ist streng monoton.

Substitution: $y' = p(y)$, $y'' = p' = \frac{dp}{dy} y' = \frac{dp}{dy} p \Rightarrow \frac{dp}{dy} p = g(y, p)$

Lösung: abhängig von $g(y, p)$

♦ **Beispiel**

$$y'' = y'^2 \frac{1}{y} \qquad y' = p \qquad y'' = \frac{dp}{dy} p$$

$$p\frac{dp}{dy} = p^2 \frac{1}{y} \Leftrightarrow \frac{dp}{p} = \frac{dy}{y}, p \neq 0$$

$$\ln|p| = \ln|y| + \ln|C_1| = \ln|C_1 y|$$

$$p = \frac{dy}{dx} = C_1 y \Rightarrow \frac{dy}{y} = C_1\, dx \qquad \text{(Trennung der Variablen)}$$

$$\ln|y| = C_1 x + C_2 \Rightarrow y = \pm e^{C_1 x + C_2} = C_3 e^{C_1 x} \qquad C_1, C_2, C_3 \in \mathbb{R}$$ ♦

11.3.2 Homogene lineare Differenzialgleichung 2. Ordnung mit konstanten Koeffizienten

Normalform: $y'' + ay' + by = 0$

(ggf. nach Division durch den nicht verschwindenden Faktor von y'')

Jede homogene lineare Dgl. 2. Ordnung hat zwei linear unabhängige Lösungen (*Basisfunktionen*, *Basislösungen*) $y_1(x)$ und $y_2(x)$.

Allgemeine Lösung als Linearkombination

$$y(x) = C_1 y_1(x) + C_2 y_2(x)$$

Zur Gewinnung der Basisfunktion dient der Ansatz

$$y = e^{\lambda x} \Rightarrow y' = \lambda e^{\lambda x}, \quad y'' = \lambda^2 e^{\lambda x},$$

ergibt $\lambda^2 e^{\lambda x} + a\lambda e^{\lambda x} + b e^{\lambda x} = 0$

Division durch $e^{\lambda x} \neq 0$ liefert die *charakteristische Gleichung*

$$\lambda^2 + a\lambda + b = 0 \qquad \lambda_i \text{ Eigenwerte}$$

Partikuläre Lösungen der Dgl.: $y_i(x) = e^{\lambda_i x}$

Allgemeine Lösung der Differenzialgleichung

Fall 1: $\lambda_1 \neq \lambda_2$ $\qquad \lambda_1, \lambda_2, C_1, C_2 \in \mathbb{R}$

$$y = C_1 e^{\lambda_1 x} + C_2 e^{\lambda_2 x}$$

Fall 2: $\lambda_1 = \lambda_2 = \lambda$ (Doppelwurzel) $\qquad \lambda, C_1, C_2 \in \mathbb{R}$

$$y = e^{\lambda x}(C_1 x + C_2)$$

Fall 3: $\lambda_{1;2} = \alpha \pm j\beta$ $\qquad \alpha, \beta, \varphi, A, C_i \in \mathbb{R}$

$$y = e^{\alpha x}(C_1 \cos \beta x + C_2 \sin \beta x) = A e^{\alpha x} \sin(\beta x + \varphi)$$

oder $y = e^{\alpha x}\left(C_3 e^{j\beta x} + C_4 e^{-j\beta x}\right)$ (komplexe Lösung)

♦ **Beispiele**

(1) $y'' - 4y' + 3y = 0$
$\lambda^2 - 4\lambda + 3 = 0 \Rightarrow \lambda_1 = 3, \lambda_2 = 1$
$y = C_1 e^{3x} + C_2 e^{x}$ $\qquad C_1, C_2 \in \mathbb{R}$

(2) $y'' + 6y' + 9y = 0$
$\lambda^2 + 6\lambda + 9 = 0 \Rightarrow \lambda_{1;2} = -3$
$y = e^{-3x}(C_1 x + C_2)$ $\qquad C_1, C_2 \in \mathbb{R}$

(3) $y'' + 2y' + 5y = 0$
$\lambda^2 + 2\lambda + 5 = 0 \Rightarrow \lambda_{1;2} = -1 \pm 2j$
$y = e^{-x}(C_1 \cos 2x + C_2 \sin 2x)$ oder
$y = e^{-x}(C_3 e^{j2x} + C_4 e^{-j2x})$ $\qquad C_i \in \mathbb{R}$ ♦

11.3.3 Homogene lineare Differenzialgleichung 2. Ordnung mit veränderlichen Koeffizienten

Normalform: $y'' + g(x)y' + h(x)y = 0$

Falls ein partikuläres Integral y_p gefunden werden kann, gilt der Lösungsansatz $y = y_p z$. Es entsteht mit einer weiteren Substitution $z' = u(x) = u$ eine Dgl. 1. Ordnung (*Erniedrigung der Ordnung*).

♦ **Beispiel**

$x^2(\ln|x| - 1)y'' - xy' + y = 0$ $\qquad x \neq 0$

Ein partikuläres Integral wird erraten: $y_p = x$, $y_p' = 1$, $y_p'' = 0$

$y = y_p z = xz$ $\qquad y' = xz' + z$ $\qquad y'' = xz'' + 2z'$

$x^3(\ln|x| - 1)z'' + x^2(2\ln|x| - 3)z' = 0$ $\qquad z' = u,\ z'' = u'$

$xu'(\ln|x| - 1) = u(3 - 2\ln|x|)$ $\qquad$ (Dgl. 1. Ordnung)

$$\frac{du}{u} = \frac{3 - 2\ln|x|}{x(\ln|x| - 1)}\,dx \qquad \ln|x| \neq 1,\ u \neq 0 \qquad \text{(Trennung der Variablen)}$$

Substitution: $\ln|x| = v$, $\frac{dx}{x} = dv$

$$\int \frac{du}{u} = 3\int \frac{dv}{v-1} - 2\int \frac{v\,dv}{v-1}$$

$$\ln|u| = 3\ln|v-1| - 2\int \left(1 + \frac{1}{v-1}\right) dv$$

$$\ln|u| = 3\ln|v-1| - 2v - 2\ln|v-1| + \ln|C_1|$$

$$u = C_1 \frac{\ln|x| - 1}{x^2} = z'$$

$$z = \int C_1 \frac{\ln|x| - 1}{x^2}\,dx$$

$$z = C_2 - \frac{C_1}{x}\ln|x| \qquad (z = \text{konst. für } C_1 = 0)$$

$$y = C_2 x - C_1 \ln|x| \qquad C_1, C_2 \in \mathbb{R}$$

♦

11.3.4 Inhomogene lineare Differenzialgleichung 2. Ordnung mit konstanten Koeffizienten

Normalform: $y'' + ay' + by = s(x)$ $\quad s(x) \neq 0$ Störglied

Allgemeine Lösung der inhomogenen Dgl.

$$y = y_h(x) + y_p(x)$$

$y_h(x)$ allgemeine Lösung der homogenen Dgl.

$y_p(x)$ partielle Lösung der inhomogenen Dgl.

Lösungswege

- Variation der Konstanten oder
- Spezielle Lösungsansätze, siehe Tafel 11, unten.

Wird die Lösung der homogenen Dgl. zu einem Glied der Störfunktion, liegt der *Resonanzfall* vor, es erfolgt Multiplikation mit x^q, siehe Störgliedansätze nächste Seite.

Variation der Konstanten

(1) Allgemeine Lösung der homogenen Dgl.: $y_h(x) = C_1 y_1(x) + C_2 y_2(x)$, wobei $y_1(x)$ und $y_2(x)$ Basislösungen der homogenen Dgl. sind.

(2) Ansatz für ein partikuläres Integral: $y_p = z_1(x)y_1(x) + z_2(x)y_2(x)$ mit der Zusatzbedingung: $z_1'(x)y_1 + z_2'(x)y_2 = 0$, siehe Beispiel (3)

Lösungsansätze (Störgliedansätze)

Hat die Störfunktion $s(x)$ eine spezielle Form, vereinfacht sich die Lösung durch dieser Form angepasste Ansätze, $\alpha, \beta \in \mathbb{R}$.

- $s(x) = A\mathrm{e}^{\alpha x}$

  Ansatz: $y_\mathrm{p} = A_1\mathrm{e}^{\alpha x}$, falls $\mathrm{e}^{\alpha x}$ keine Lösung der homogenen Dgl. ist oder
  $y_\mathrm{p} = x^q A_1\mathrm{e}^{\alpha x}$, falls α q-fache Wurzel der charakteristischen Gleichung ist (*Resonanzfall*).

- $s(x) = A\mathrm{e}^{\alpha x}\sin\beta x$ oder $s(x) = B\mathrm{e}^{\alpha x}\cos\beta x$ oder ihre Linearkombination

  Ansatz: $y_\mathrm{p} = \mathrm{e}^{\alpha x}(A_1\sin\beta x + B_1\cos\beta x)$, falls $\mathrm{e}^{\alpha x}\sin\beta x$ oder $\mathrm{e}^{\alpha x}\cos\beta x$ keine Lösungen der homogenen Dgl. sind

  oder

  $y_\mathrm{p} = x^q\mathrm{e}^{\alpha x}(A_1\sin\beta x + B_1\cos\beta x)$, falls $\lambda = \alpha \pm \mathrm{j}\beta$ q-fache Wurzel der charakteristischen Gleichung ist (Resonanzfall).

  Auch für $\mathrm{e}^{\alpha x} = 1$, d. h. $\alpha = 0$, gültig.

  Analog für $\sinh\beta x, \cosh\beta x$

- $s(x) = A_m x^m + A_{m-1}x^{m-1} + \ldots + A_0 = \varphi_m(x)$

  Ansatz: $y_\mathrm{p} = \Phi_m(x)$, falls y in der Dgl. vorkommt, oder

  $y_\mathrm{p} = x^q\Phi_m(x)$, falls $y, y', \ldots, y^{(q-1)}$ in der Dgl. fehlen,

  mit $\Phi_m(x) = A_{1m}x^m + A_{1(m-1)}x^{m-1} + \ldots + A_{10}$

- $s(x) = \left(A_m x^m + A_{m-1}x^{m-1} + \ldots + A_0\right)\mathrm{e}^{\alpha x} = \varphi_m(x)\mathrm{e}^{\alpha x}$

  Ansatz: $y_\mathrm{p} = \Phi_m(x)\mathrm{e}^{\alpha x}$, falls $\mathrm{e}^{\alpha x}$ keine Lösung der homogenen Dgl. ist

  oder

  $y_\mathrm{p} = x^q\Phi_m(x)\mathrm{e}^{\alpha x}$, falls α q-fache Wurzel der charakteristischen Gleichung ist (Resonanzfall), $\Phi_m(x)$ wie oben.

Die Parameter des Lösungsansatzes sind durch Bilden der Ableitungen, Einsetzen in die Dgl. und Koeffizientenvergleich eindeutig bestimmbar. Sind einzelne Koeffizienten A_i der Störfunktion gleich null, ist trotzdem der volle Ansatz vorzusehen.

Superpositionsprinzip für lineare Dgln.: Ist $s(x)$ die Summe aus aufgeführten Störfunktionen, so ist der Lösungsansatz für y_p ebenfalls die Summe der Ansätze der Störglieder.

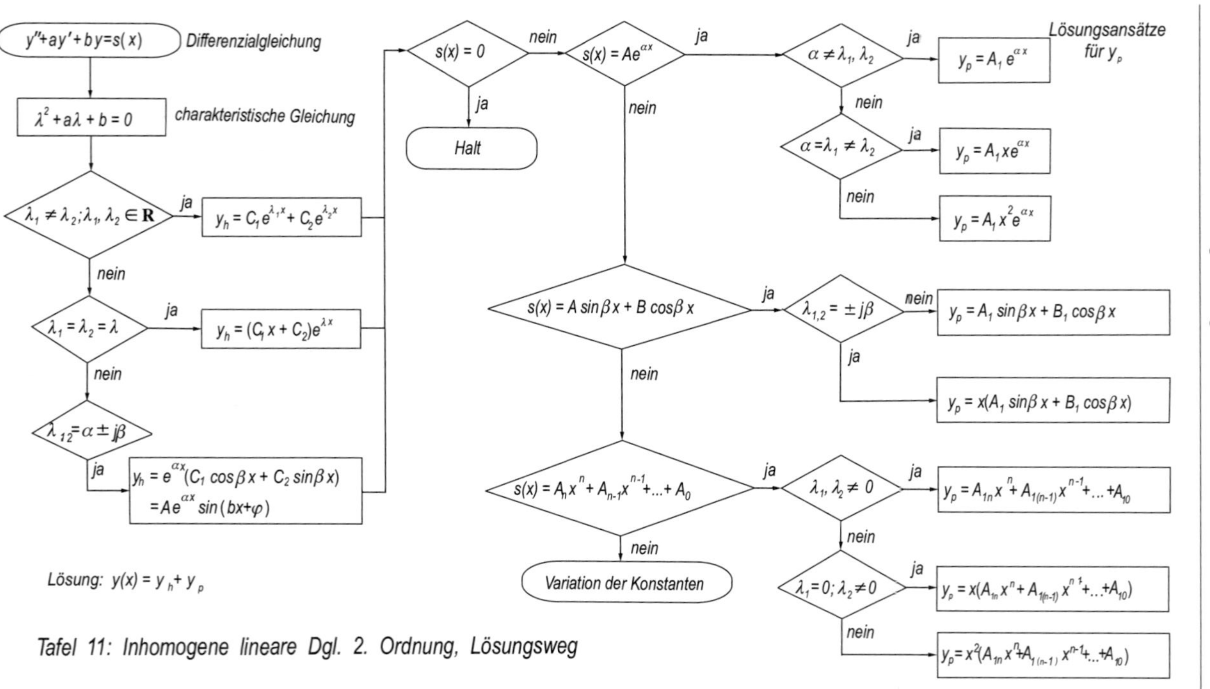

Tafel 11: Inhomogene lineare Dgl. 2. Ordnung, Lösungsweg

♦ **Beispiele**

(1) $y'' - 2y' - 8y = 3\sin x + 4$

$y'' - 2y' - 8y = 0$, homogene Dgl. mit der Lösung

$\lambda^2 - 2\lambda - 8 = 0 \Rightarrow \lambda_1 = 4, \lambda_2 = -2$

$y_\text{h}(x) = C_1\text{e}^{4x} + C_2\text{e}^{-2x}$

Ansatz zur Bestimmung eines partikulären Integrals

$y_\text{p} = A\sin x + B\cos x + C$

$y_\text{p}' = A\cos x - B\sin x$

$y_\text{p}'' = -A\sin x - B\cos x$

Eingesetzt in die Ausgangsgleichung

$$-A\sin x - B\cos x - 2A\cos x + 2B\sin x - 8A\sin x - 8B\cos x - 8C = 3\sin x + 4$$

Durch Koeffizientenvergleich ergibt sich $A = -\dfrac{27}{85}, B = \dfrac{6}{85}, C = -\dfrac{1}{2}$

$$y(x) = y_\text{h} + y_\text{p} = C_1\text{e}^{4x} + \frac{C_2}{\text{e}^{2x}} - \frac{27}{85}\sin x + \frac{6}{85}\cos x - \frac{1}{2} \qquad C_1, C_2 \in \mathbb{R}$$

(2) $\ddot{x} + 2\dot{x} + x = t\text{e}^{-t}$

Lösung der homogenen Dgl., charakteristische Gleichung

$\lambda^2 + 2\lambda + 1 = 0 \Rightarrow (\lambda + 1)^2 = 0$ mit der ($q = 2$) zweifachen Wurzel $\lambda_{1;2} = -1$

$x_\text{h}(t) = (C_1 + C_2 t)\text{e}^{-t}$

Resonanzfall, da e^{-t} und $t\text{e}^{-t}$ Glieder der Störfunktion und in x_h enthalten sind.

Der Ansatz ist mit $t^q = t^2$ zu multiplizieren ($\alpha = -1 = \lambda$).

Ansatz zur Bestimmung eines partikulären Integrals gemäß Störgliedansätze vorn, Punkt 4

$x_\text{p}(t) = t^2(A + Bt)\text{e}^{-t} = \left(At^2 + Bt^3\right)\text{e}^{-t}$

$\dot{x}_\text{p} = (2At + 3Bt^2)\text{e}^{-t} - (At^2 + Bt^3)\text{e}^{-t} = (-Bt^3 + (3B - A)t^2 + 2At)\text{e}^{-t}$

$\ddot{x}_\text{p} = \left(Bt^3 + (-6B + A)t^2 + (6B - 4A)t + 2A\right)\text{e}^{-t}$

Eingesetzt in die Ausgangsgleichung und vereinfacht

$(6Bt + 2A)\text{e}^{-t} = t\text{e}^{-t} \Rightarrow A = 0, B = 1/6$

Allgemeine Lösung: $x(t) = x_\text{h}(t) + x_\text{p}(t) = \left(C_1 + C_2 t + \dfrac{1}{6}t^3\right)\text{e}^{-t}$,

$C_1, C_2 \in \mathbb{R}$

(3) $y'' + y' - 2y = \cosh x$

$\lambda^2 + \lambda - 2 = 0 \Rightarrow \lambda_1 = 1, \lambda_2 = -2$

$y_\text{h}(x) = C_1\text{e}^{x} + C_2\text{e}^{-2x}$

Aus $\cosh x = \dfrac{1}{2}\left(\text{e}^x + \text{e}^{-x}\right)$ folgt, dass mit $C_1 = \dfrac{1}{2}$ und $C_2 = 0$ die Lösung der homogenen Gleichung zu einem Glied der Störfunktion wird (*Resonanzfall*).

11

Lösung mit Variation der Konstanten

$y = z_1(x)e^x + z_2(x)e^{-2x}$

$y' = z_1'e^x + z_1e^x + z_2'e^{-2x} - 2z_2e^{-2x}$, wobei $z_1 = z_1(x), z_2 = z_2(x)$

Zusatzbedingungen: $z_1'(x)e^x + z_2'(x)e^{-2x} = 0$

$y'' = z_1'e^x + z_1e^x - 2z_2'e^{-2x} + 4z_2e^{-2x}$

Eingesetzt in die Ausgangsgleichung

$z_1'e^x + z_1e^x - 2z_2'e^{-2x} + 4z_2e^{-2x} + z_1e^x - 2z_2e^{-2x} - 2z_1e^x - 2z_2e^{-2x} = \cosh x$

$z_1'e^x - 2z_2'e^{-2x} = \cosh x$ Die Glieder mit z_1 und z_2 fallen stets weg.

In Verbindung mit dem oben gemachten Ansatz ergibt sich ein Gleichungssystem für die beiden Unbekannten z_1' und z_2':

$$\begin{cases} z_1'e^x - 2z_2'e^{-2x} = \cosh x \\ z_1'e^x + z_2'e^{-2x} = 0 \end{cases}$$

$$z_1' = \frac{\cosh x}{3e^x} = \frac{e^x + e^{-x}}{6e^x} \qquad z_2' = -\frac{\cosh x}{3e^{-2x}} = -\frac{e^x + e^{-x}}{6e^{-2x}}$$

$$dz_1 = \frac{1}{6}\left(1 + e^{-2x}\right)dx \qquad \text{(Trennung der Variablen)}$$

$$z_1 = \frac{1}{6}x - \frac{1}{12}e^{-2x} + K_1 \qquad z_2 = -\frac{1}{18}e^{3x} - \frac{1}{6}e^x + K_2$$

Die Lösung der Dgl. lautet damit

$$y = \left(\frac{1}{6}x - \frac{1}{12}e^{-2x} + K_1\right)e^x - \left(\frac{1}{18}e^{3x} + \frac{1}{6}e^x - K_2\right)e^{-2x}$$

$$y = \left(\frac{1}{6}x + K_3\right)e^x - \frac{1}{4}e^{-x} + K_2e^{-2x} \qquad K_2, K_3 \in \mathbb{R}$$

Bemerkung: y_p kann auch aus $y_p = Axe^x + Be^{-x}$ mit dem Ansatz des Hyperbelkosinus berechnet werden. ♦

11.3.5 Inhomogene lineare Differenzialgleichung 2. Ordnung mit veränderlichen Koeffizienten

Normalform: $y'' + g(x)y' + h(x)y = s(x)$ $s(x) \neq 0$ *Störfunktion*

Allgemeine Lösung: $y = y_h + y_p$

Das allgemeine Integral der homogenen Dgl. y_h löst man gemäß 11.3.3.

Das allgemeine Integral der inhomogenen Dgl. findet man durch

Variation der Konstanten

Ansatz: $y = z_1(x)y_1 + z_2(x)y_2$

Zusatzbedingung: $z_1'(x)y_1 + z_2'(x)y_2 = 0$

$y' = z_1y_1' + z_2y_2'$

$y'' = z_1'y_1 + z_2'y_2' + z_1y_1'' + z_2y_2''$

Eingesetzt in die Normalform ergibt den allgemeingültigen Ausdruck

$$z_1'y_1' + z_2'y_2' + z_1y_1'' + z_2y_2'' - \frac{2}{x}z_1y_1' - \frac{2}{x}z_2y_2' + z_1y_1 + z_2y_2 + \frac{2}{x^2}z_1y_1 + \frac{2}{x^2}z_2y_2 = s(x)$$

$$z_1'y_1' + z_2'y_2' + z_1\left(y_1'' - \frac{2}{x}y_1' + y_1 + \frac{2}{x^2}y_1\right) + z_2\left(y_2'' - \frac{2}{x}y_2' + y_2 + \frac{2}{x}y_2\right) = s(x)$$

Da y_1 und y_2 partikuläre Integrale der homogenen Dgl. sind, sind die Klammerausdrücke stets gleich null. Daraus

$$\begin{cases} z_1'y_1' + z_2'y_2' = s(x) \\ z_1'y_1 + z_2'y_2 = 0 \end{cases}$$

♦ **Beispiel**

$$x^2y'' - 2xy' + \left(x^2 + 2\right)y = x^4$$

$$y'' - \frac{2}{x}y' + \frac{x^2+2}{x^2}y = x^2 \qquad \text{(Normalform)}$$

Man löst zunächst die homogene Dgl. $y'' - \frac{2}{x}y' + \frac{x^2+2}{x^2}y = 0$

Ein partikuläres Integral wird erraten: $y_\mathrm{p} = \sin x$

Lösungsansatz: $y_\mathrm{h} = y_\mathrm{p} \cdot u = x\sin x \cdot u$

$$y_\mathrm{h}' = u\sin x + xu\cos x + xu'\sin x$$

$$y_\mathrm{h}'' = (u\cos x + u'\sin x) + (u\cos x + xu'\cos x - xu\sin x) + (u'\sin x + xu''\sin x + xu'\cos x)$$

Eingesetzt in die Dgl. und zusammengefasst ergibt

$$2u'\cos x + u''\sin x = 0$$

Substitution: $u' = v$, $u'' = v'$ ergibt die Dgl. 1. Ordnung

$$2v\cos x + v'\sin x = 0$$

Trennung der Variablen $\frac{v'}{v} = -2\frac{\cos x}{\sin x}$ und Integration liefert

$$\ln|v| = -2\ln|\sin x| + \ln|C_1| = \ln\left|\frac{C_1}{\sin^2 x}\right|$$

$$v = \frac{C_1}{\sin^2 x} = u' = \frac{\mathrm{d}u}{\mathrm{d}x},\ x \neq 0, \pi, 2\pi, \ldots \Rightarrow \mathrm{d}u = \frac{C_1}{\sin^2 x}\,\mathrm{d}x, \text{ integriert}$$

$$u = C_1\cot x + C_2 = C_1\frac{\cos x}{\sin x} + C_2$$

Das gesuchte allgemeine Integral der homogenen Dgl. ist

$$y_\mathrm{h} = y_\mathrm{p}u = x\sin x\left(C_1\frac{\cos x}{\sin x} + C_2\right) = C_1 x\cos x + C_2 x\sin x = C_1 y_1 + C_2 y_2$$

Variation der Konstanten

$$\begin{cases} z_1' y_1' + z_2' y_2' = x^2 \\ z_1' y_1 + z_2' y_2 = 0 \end{cases}$$

Die Koeffizientendeterminante (WRONSKI-*Determinante*) ist (siehe 11.4)

$$\det A = \begin{vmatrix} y_1' & y_2' \\ y_1 & y_2 \end{vmatrix} = y_1' y_2 - y_2' y_1$$
$$= (\cos x - x\sin x)x\sin x - (\sin x + x\cos x)x\cos x = -x^2 \neq 0$$

Obiges Gleichungssystem liefert

$$z_1' = \frac{\begin{vmatrix} x^2 & y_2' \\ 0 & y_2 \end{vmatrix}}{\det A} \text{ und } z_2' = \frac{\begin{vmatrix} y_1' & x^2 \\ y_1 & 0 \end{vmatrix}}{\det A}$$

Integration ergibt $z_1 = \int \frac{x^2 y_2}{\det A}\,\mathrm{d}x$ und $z_2 = -\int \frac{x^2 y_1}{\det A}\,\mathrm{d}x$

$$z_1(x) = \int \frac{x^2(x\sin x)}{-x^2}\,\mathrm{d}x = -\int x\sin x\,\mathrm{d}x = -\sin x + x\cos x + C_3$$

$$z_2(x) = -\int \frac{x^2\cdot x\cos x}{-x^2}\,\mathrm{d}x = \int x\cos x\,\mathrm{d}x = \cos x + x\sin x + C_4$$

$$y_\mathrm{a}(x) = z_1(x)y_1 + z_2(x)y_2 = (-\sin x + x\cos x + C_3)x\cos x$$
$$+(\cos x + x\sin x + C_4)(-\sin x) = x^2 + C_3 x\cos x + C_4 x\sin x$$

$C_3, C_4 \in \mathbb{R}$ ♦

11.3.6 BESSELsche Differenzialgleichung

$$x^2y'' + xy' + (x^2 - p^2)y = 0 \qquad p \text{ Index der Dgl.}$$

Die Lösungen heißen BESSEL*sche Funktionen*. Sie lassen sich nur für $p = (2k+1)/2, k \in \mathbb{Z}$ aus elementaren Funktionen kombinieren.

Potenzreihenansatz: $y = x^p\left(a_0 + a_1x + a_2x^2 + \ldots\right)$

Einsetzen in die Ausgangsgleichung ergibt für die Koeffizienten a_k

$$a_{2n-1} = 0 \qquad a_{2n} = \frac{(-1)^n a_0}{2^{2n}n!(p+1)(p+2)\cdot\ldots\cdot(p+n)} \qquad n \in \mathbb{N}^*$$

Dabei ist $a_0 = \dfrac{1}{2^p\Gamma(n+1)}$ unter Verwendung der *Gammafunktion*

$$\Gamma(x) := \int\limits_0^\infty \mathrm{e}^{-t}t^{x-1}\,\mathrm{d}t \text{ für } x \in \mathbb{R}_{>0} \quad (\text{zweites EULER}\textit{sches Integral})$$

oder nach GAUSS

$$\Gamma(x) := \lim_{n\to\infty} \frac{n!\, n^{x-1}}{x(x+1)(x+2)\cdot\ldots\cdot(x+n-1)} \qquad x \in \mathbb{R}\backslash\mathbb{Z}_{\leq 0}$$

Beziehungen der Gammafunktion

$$\Gamma(n+1) = n! \text{ für } n \in \mathbb{N}$$

$$\Gamma(x+1) = x\Gamma(x) \quad x \in \mathbb{R}\backslash\mathbb{Z}_{\leq 0}$$

$$\Gamma(x)\Gamma(1-x) = \frac{\pi}{\sin \pi x} \qquad x \in \mathbb{R}\backslash\mathbb{Z}$$

$$\Gamma(x)\,\Gamma\left(x+\frac{1}{2}\right) = \frac{\sqrt{\pi}}{2^{2x-1}}\Gamma(2x) \qquad \Gamma\left(\frac{1}{2}+x\right)\Gamma\left(\frac{1}{2}-x\right) = \frac{\pi}{\cos \pi x}$$

$$\Gamma(1) = 1$$

$$\Gamma\left(\frac{1}{2}\right) = \sqrt{\pi} \qquad \Gamma\left(-\frac{1}{2}\right) = -2\sqrt{\pi}$$

BESSEL-Funktion *p*-ter Ordnung erster Art (Zylinderfunktion)

$$J_p(x) = \sum_{m=0}^{\infty} \frac{(-1)^m x^{2m+p}}{2^{2m+p} k!\,\Gamma(p+m+1)}$$

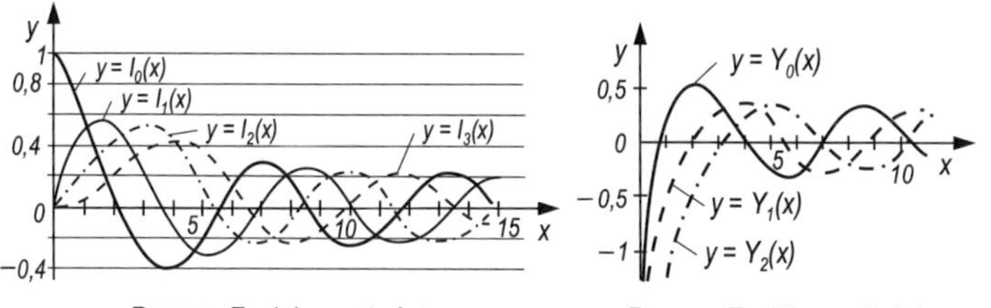

BESSEL-Funktionen 1. Art   BESSEL-Funktionen 2. Art

Die allgemeine Lösung der BESSELschen Dgl. ist dann für $p \in \mathbb{R}\backslash\mathbb{Z}$, also wenn p nicht ganzzahlig ist:

$$y = C_1 J_p(x) + C_2 J_{-p}(x)$$

Für $p \in \mathbb{N}$ setzt sich die allgemeine Lösung aus der Summe der BESSEL-Funktionen erster und zweiter Art zusammen:

$$y = C_1 J_p(x) + C_2 Y_p(x)$$

mit $Y_p(x) = \lim\limits_{m\to p} \dfrac{J_p(x)\cos p\pi - J_{-p}(x)}{\sin p\pi}$

$\Gamma(x)$, $J_p(x)$ und $Y_p(x)$ für $p \in \mathbb{N}$ sind in der einschlägigen Literatur tabelliert.

Zusammenhänge zwischen Bessel-Funktionen erster Art verschiedener Ordnung

$$J_{p-1}(x) + J_{p+1}(x) = \frac{2p}{x} J_p(x)$$

$$\frac{\mathrm{d}J_p(x)}{\mathrm{d}x} = -\frac{p}{x} J_p(x) + J_{p-1}(x)$$

$$\frac{\mathrm{d}}{\mathrm{d}x}\left(x^p J_p(x)\right) = x^p J_{p-1}(x)$$

Bemerkung: Analog gelten diese Formeln auch für $Y_p(x)$.

11.3.7 Anwendungsfall Schwingungen

Bezeichnungen

$x(t)$	*Elongation*, Momentanausschlag
A	*Amplitude*, Anfangswert der Hüllkurve für $t = 0$
β	*Dämpfungskonstante, Reibungsfaktor*
δ	*Abklingkoeffizient, Abklingkonstante*
ϑ	*Dämpfungsgrad*, $\vartheta = \delta / \omega_0$
m	Masse
k	Federkonstante
$\omega_0, \omega_\mathrm{d}$	*Eigenkreisfrequenz, Kennkreisfrequenz* Index d: gedämpftes System
T, T_d	*Periodendauer, Schwingungsdauer*
φ	*Phasenwinkel, Phase*, $\varphi = \omega_0 t + \varphi_0$, $0 \leq \varphi < 2\pi$
φ_0	*Nullphasenwinkel, Phasenlage* des ungedämpften Systems

Freie ungedämpfte Sinusschwingung (homogene Dgl.)

$$\ddot{x} + \omega_0^2 x = 0 \text{ oder } m\ddot{x} + kx = 0$$

Allgemeine Lösung

$$x(t) = A \cdot \sin(\omega_0 t + \varphi)$$

oder $x(t) = A_1 \sin \omega_0 t + A_2 \cos \omega_0 t$

$A \in \mathbb{R}_{>0}, A_1, A_2 \in \mathbb{R}$

$x(0) = x_0$ (Anfangslage)

$\dot{x}(0) = v(0) = v_0$

(Anfangsgeschwindigkeit)

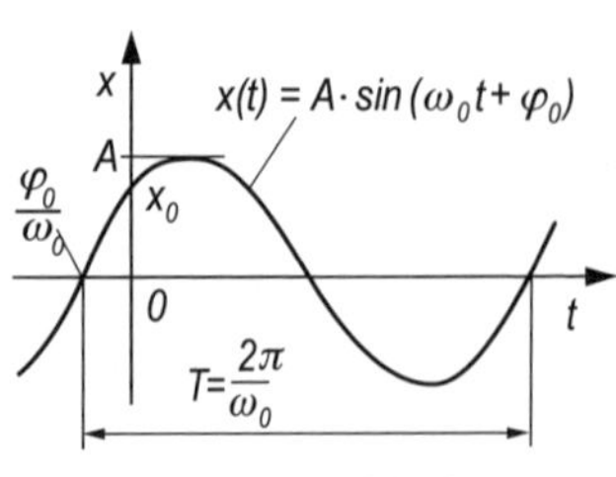

Freie ungedämpfte Schwingung

Freie gedämpfte Sinusschwingung

(Beschrieben durch homogene Differenzialgleichungen)

Mechanische Schwingung

$$\ddot{x} + 2\delta\dot{x} + \omega_0^2 x = 0 \text{ oder } m\ddot{x} + \beta\dot{x} + kx = 0$$

Elektrischer Schwingkreis

$$\ddot{i} + 2\delta\dot{i} + \omega_0^2 i = 0 \text{ oder } L\ddot{i} + R\dot{i} + \frac{1}{C}i = 0$$

Es gilt $\omega_0 = \sqrt{\frac{k}{m}}$ bzw. $\omega_0 = \frac{1}{\sqrt{LC}}$ $\qquad \omega_0 = 2\pi f_0 = \frac{2\pi}{T}$

$$\delta = \frac{\beta}{2m} \text{ bzw. } \delta = \frac{R}{2L}$$

$$\omega_\mathrm{d} = 2\pi f_\mathrm{d} = \frac{2\pi}{T_\mathrm{d}} = \sqrt{\omega_0^2 - \delta^2} \text{ bei Dämpfung}$$

Logarithmisches Dämpfungsdekrement: $\Lambda = \delta T_\mathrm{d} = \ln\left|\frac{x(t)}{x(t+T_\mathrm{d})}\right|$

Charakteristische Gleichung

$$\lambda^2 + 2\delta\lambda + \omega_0^2 = 0$$

Lösung: $\lambda_{1,2} = -\delta \pm \sqrt{\delta^2 - \omega_0^2}$

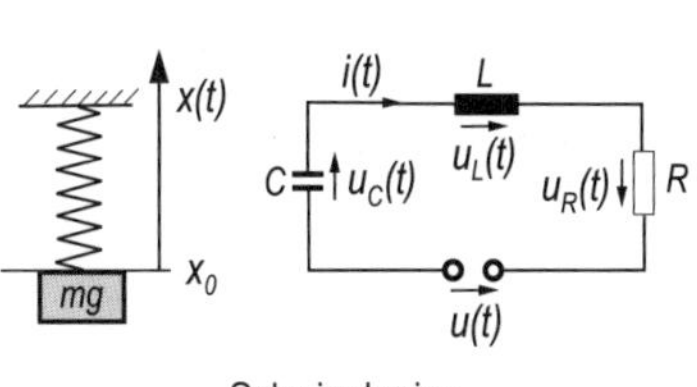

Schwingkreise

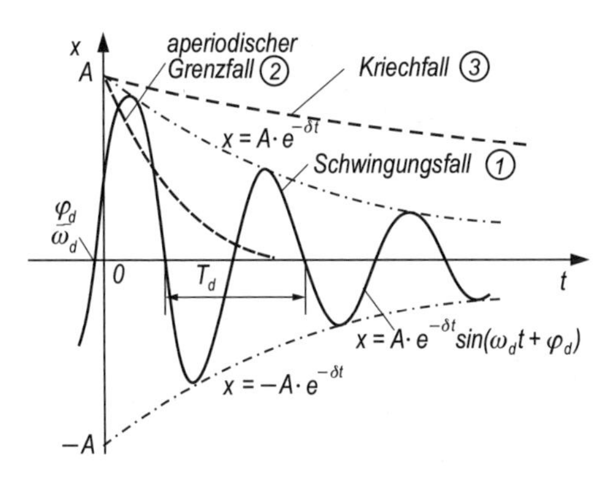

Freie gedämpfte Sinusschwingung

Fallunterscheidungen

(1) *Schwingungsfall* (schwache Dämpfung), $\delta < \omega_0$, $\lambda_{1,2} = -\delta \pm \mathrm{j}\omega_\mathrm{d}$

$x(t) = A\mathrm{e}^{-\delta t}\sin(\omega_\mathrm{d} t + \varphi_\mathrm{d})$ $\quad A \in \mathbb{R}_{>0}$

Nullstellen für: $t = \dfrac{k\pi - \varphi_\mathrm{d}}{\omega_\mathrm{d}}$

Extrema für: $t_\mathrm{E} = \dfrac{k\pi - \varphi_\mathrm{d} + \arctan(\omega_\mathrm{d}/\delta)}{\omega_\mathrm{d}}$

Asymptote: t-Achse $\quad k \in \mathbb{Z}$

(2) *Aperiodischer Grenzfall* (keine echte Schwingung, asymptotische Näherung an die Gleichgewichtslage), $\delta = \omega_0, \lambda_{1,2} = -\delta$

$x(t) = (A_1 t + A_2)\mathrm{e}^{-\delta t} = A(\delta t + 1)\mathrm{e}^{\delta t}$ $\quad A \in \mathbb{R}_{>0}, A_1, A_2 \in \mathbb{R}$

(3) *Aperiodische Bewegung, Kriechfall* (starke Dämpfung)

$$\delta > \omega_0, \lambda_{1,2} = -\delta \pm \sqrt{\delta^2 - \omega_0^2} < 0$$

$x(t) = A_1\mathrm{e}^{-k_1 t} + A_2\mathrm{e}^{-k_2 t}$ oder $x(t) = A_1\mathrm{e}^{\lambda_1 t} + A_2\mathrm{e}^{\lambda_2 t}$

wobei $k_1 = -\lambda_1$, $k_2 = -\lambda_2$, $k_1, k_2 > 0$, $A_1, A_2 \in \mathbb{R}$

Im Bild gilt für die aperiodischen Fälle $\dot{x}(0) = 0$.

Erzwungene Sinusschwingung

(Beschrieben durch inhomogene Differenzialgleichungen)

$$\ddot{x} + 2\delta\dot{x} + \omega_0^2 x = \frac{F_0}{m}\sin\omega t \qquad \text{oder } m\ddot{x} + \beta\dot{x} + kx = F_0\sin\omega t$$

$$\ddot{i} + 2\delta\dot{i} + \omega_0^2 i = \frac{1}{L}\dot{u}(t) \qquad \text{oder } L\ddot{i} + R\dot{i} + \frac{1}{C}i = \dot{u}(t)$$

$F_0\sin\omega t$ erregende äußere Kraft, $u(t)$ erregende äußere Spannung

Stationäre Lösung: Nach der Einschwingphase schwingt das System mit der Kreisfrequenz ω der erregenden Kraft:

$x(t) = A\sin(\omega t + \varphi)$

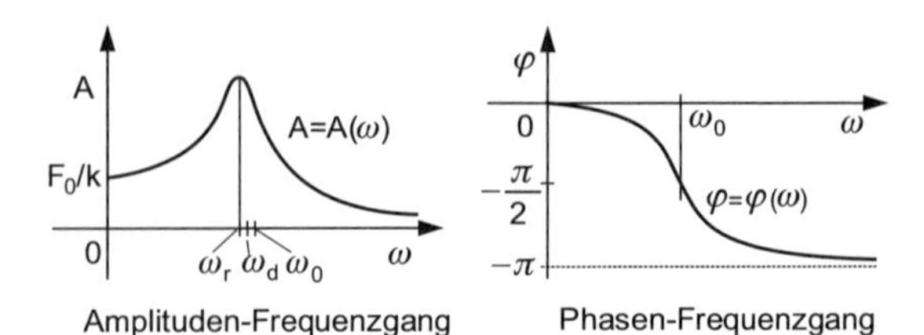

Frequenzgänge

Amplitude und Phasenverschiebung hängen auch von der Kreisfrequenz ω des Erregers ab (*Frequenzgänge*):

$$A(\omega) = \frac{F_0}{m\sqrt{\left(\omega_0^2 - \omega^2\right)^2 + 4\delta^2\omega^2}} \qquad \text{(Resonanzkurve)}$$

$$\varphi(\omega) = \begin{cases} \arctan\left(-\dfrac{2\delta\,\omega}{\omega_0^2 - \omega^2}\right) & \text{für } \omega < \omega_0 \\ -\dfrac{\pi}{2} & \text{für } \omega = \omega_0 \\ \arctan\left(-\dfrac{2\delta\,\omega}{\omega_0^2 - \omega^2}\right) - \pi & \text{für } \omega > \omega_0 \end{cases}$$

Resonanzfall (maximale Amplitude) bei der Resonanzfrequenz ω_r

$$\omega_\mathrm{r} = \sqrt{\omega_0^2 - 2\delta^2}$$

11.4 Differenzialgleichungen *n*-ter Ordnung

Lineare Dgln. *n*-ter Ordnung mit konstanten Koeffizienten

$$L_n(y) = y^{(n)} + a_{n-1}y^{(n-1)} + \ldots + a_1 y' + a_0 y = s(x)$$

Störfunktion: $s(x) = 0$ homogene Dgl.
$s(x) \neq 0$ inhomogene (vollständige) Dgl.

Rechenregeln für $L_n(y)$

y ist n-mal differenzierbar, $c, c_1, c_2, \ldots \in \mathbb{R}$ Konstante

$$L_n(c \cdot y) = c \cdot L_n(y)$$

$$L_n(y_1 + y_2) = L_n(y_1) + L_n(y_2) \quad \textit{(Überlagerung)}$$

$$L_n(c_1y_1 + c_2y_2 + \ldots + c_my_m) = c_1L_n(y_1) + c_2L_n(y_2) + \ldots + c_mL_n(y_m)$$

$$L_n(yz) = zL_n(y) + \Lambda_{n-1}(z') = yL_n(z) + \Lambda_{n-1}(y')$$

Λ_{n-1} auf die Ordnung $(n-1)$ bezogene Dgl.

Aus letztgenannter Beziehung folgt die *Erniedrigung der Ordnung* bei einem bekannten partikulären Integral $y_\mathrm{p}(x) \neq 0$ einer homogenen Dgl.

Substitution $y = y_\mathrm{p}z$ führt auf

$$L_n(y_\mathrm{p}z) = zL_n(y_\mathrm{p}) + \Lambda_{n-1}(z') = s(x)$$

Da $L_n(y_\mathrm{p}) = 0$ ist, tritt kein Glied mit z auf. Siehe auch Abschnitte 11.1.2 und 11.3.3.

Allgemeine Lösung der homogenen Dgl. *n*-ter Ordnung

Die Lösung der homogenen Dgl. beschreibt den Einschwing- (Ausgleichs-) Vorgang. Er ist abklingend, wenn alle Realteile der Lösungen der charakteristischen Gleichung negativ sind (*Kriterium von* ROUTH-HURWITZ). [1]

Sind $y_1(x), y_2(x), \ldots, y_n(x)$ Lösungen der homogenen Dgl. $L_n(y) = 0$, so ist deren Linearkombination die *allgemeine Lösung* der homogenen Dgl.

$$y_\mathrm{h}(x) = C_1 y_1(x) + C_2 y_2(x) + \ldots + C_n y_n(x) \qquad C_i \in \mathbb{R}$$

Bedingung: Lineare Unabhängigkeit der partikulären Lösungen $y_i(x)$, dann ist $\{y_1, \ldots, y_n\}$ *Basislösung* oder *Fundamentalsystem*, d. h., die Gleichung

$$C_1 y_1(x) + C_2 y_2(x) + \ldots + C_n y_n(x) = 0$$

darf nur richtig sein, wenn alle $C_i = 0$ sind. Sonst sind sie linear abhängig.

Kriterium für lineare Unabhängigkeit ist, wenn die WRONSKI-*Determinante* wenigstens an einer Stelle $x \in \mathrm{D}$ ungleich null ist:

$$W(x, y_1, \ldots, y_n) = \begin{vmatrix} y_1(x) & y_2(x) & \ldots & y_n(x) \\ y_1'(x) & y_2'(x) & \ldots & y_n'(x) \\ \vdots & & & \\ y_1^{(n-1)}(x) & y_2^{(n-1)}(x) & \ldots & y_n^{n-1}(x) \end{vmatrix} \neq 0$$

in Parameterdarstellung: man setze $y_i := x_i$, $y_i' := \dot{x}_i$, $y_i'' = \ddot{x}_i$ usw.

Der Lösungsansatz $y = \mathrm{e}^{\lambda x}$ führt auf die *charakteristische Gleichung*:

$$\lambda^n + a_{n-1}\lambda^{n-1} + \ldots + a_1\lambda + a_0 = 0 \qquad \lambda_i \text{ Eigenwerte}$$

Ihre reellen oder konjugiert komplexen Wurzeln λ_i, $i = 1, 2, \ldots, s$ mit ihren Vielfachheiten $k_i, k_1 + k_2 + \ldots + k_s = n$, ergeben die faktorisierte Gleichung:

$$(\lambda - \lambda_1)^{k_1} (\lambda - \lambda_2)^{k_2} \cdot \ldots \cdot (\lambda - \lambda_s)^{k_s} = 0$$

Die Basislösung setzt sich additiv zusammen aus folgenden Anteilen y_i

(1) bei einfachen reellen Wurzeln $\lambda_i \in \mathbb{R}$: $\mathrm{e}^{\lambda_i x}$

(2) bei k_i-fachen reellen Wurzeln $\lambda_i \in \mathbb{R}$: $\mathrm{e}^{\lambda_i x}, x\mathrm{e}^{\lambda_i x}, \ldots, x^{k_i-1}\mathrm{e}^{\lambda_i x}$

(3) bei k_i-fachen konjugiert komplexen Wurzeln
$\mathrm{e}^{\lambda_i x}, x\mathrm{e}^{\lambda_i x}, \ldots, x^{k_i-1}\mathrm{e}^{\lambda_i x}$ und $\mathrm{e}^{\lambda_i^* x}, x\mathrm{e}^{\lambda_i^* x}, \ldots, x^{k_i-1}\mathrm{e}^{\lambda_i^* x}$,
$\lambda_i = \alpha + \mathrm{j}\beta, \lambda_i^* = \alpha - \mathrm{j}\beta$

[1] Zeidler, E. (Hrsg.): Teubner-Taschenbuch der Mathematik. – 2. Aufl. – Teubner 2003
Zurmühl: Praktische Mathematik für Ingenieure und Physiker. – Springer

Diese komplexen Anteile zur Basislösung lassen sich reell ersetzen durch

$$e^{\alpha x}\cos\beta x, xe^{\alpha x}\cos\beta x, \ldots, x^{k_i-1}e^{\alpha x}\cos\beta x \text{ und}$$
$$e^{\alpha x}\sin\beta x, xe^{\alpha x}\sin\beta x, \ldots, x^{k_i-1}e^{\alpha x}\sin\beta x$$

♦ **Beispiele**

(1) $y''' - 2y'' - y' + 2y = 0$ (Dgl. 3. Ordnung, Fall 1)

charakteristische Gleichung: $\lambda^3 - 2\lambda^2 - \lambda + 2 = 0 \Rightarrow \lambda_1 = 1, \lambda_2 = -1,$

$\lambda_3 = 2$

allgemeine Lösung: $y_h = C_1e^x + C_2e^{-x} + C_3e^{2x}, C_i \in \mathbb{R}$

(2) $y''' + 5y'' + 17y' + 13y = 0$ (Dgl. 3. Ordnung, Fall 3, $k_i = 1$)

charakteristische Gleichung: $\lambda^3 + 5\lambda^2 + 17\lambda + 13 = 0$

mit den Lösungen $\lambda_1 = -1, \lambda_{2,3} = -2 \pm 3\,j$

allgemeine Lösung: $y_h = C_1e^{-x} + e^{-2x}(C_2\cos 3x + C_3\sin 3x), C_i \in \mathbb{R}$

(3) $y^{(4)} + 4y''' + 8y'' + 8y' + 4y = 0$ (Dgl. 4. Ordnung, Fall 3, $k_i = 2$)

charakteristische Gleichung: $\lambda^4 + 4\lambda^3 + 8\lambda^2 + 8\lambda + 4 = 0$ mit den Doppelwurzeln $y_{1,2} = y_{3,4} = -1 \pm j$

allgemeine Lösung:

$y_h = C_1e^{-x}\cos x + C_2xe^{-x}\cos x + C_3e^{-x}\sin x + C_4e^{-x}\sin x, C_i \in \mathbb{R}$ ♦

11

Lösung der inhomogenen Dgl. n-ter Ordnung $L_n(y) = s(x)$

$$y(x) = \underbrace{C_1y_1(x) + C_2y_2(x) + \ldots + C_ny_n(x)}_{\text{allgemeine Lösung der homogenen Dgl.}} + \underbrace{y_p(x)}_{\text{partikuläre Lösung der inhomogenen Dgl.}}$$

Die Lösung der inhomogenen Dgl. beschreibt den stationären Vorgang.

Bemerkung: Auf lineare Dgl. n-ter Ordnung lassen sich die Methoden der Dgln. 2. Ordnung, Abschnitte 11.3.2 bis 11.3.5, analog anwenden. Insbesondere Lösungsansätze bei bestimmten Störgliedern, siehe 11.3.4.

EULERsche Differenzialgleichung n-ter Ordnung

$$a_nx^ny^{(n)} + a_{n-1}x^{n-1}y^{(n-1)} + \ldots + a_1xy' + a_0y = s(x)$$

Bemerkung: Die Lösung gilt auch für $x := (bx + c)$.

Substitution: $x = e^t \Leftrightarrow t = \ln x$ für $x > 0, x = -e^t \Leftrightarrow t = \ln(-x)$ für $x < 0$

$$y(x) = y\big(x(t)\big) = \bar{y}(t) \text{ mit } y' = \frac{\mathrm{d}y}{\mathrm{d}x} = \frac{\mathrm{d}y}{\mathrm{d}t} \Big/ \frac{\mathrm{d}x}{\mathrm{d}t} = \dot{y}\frac{1}{x}$$

$$y'' = (\ddot{y} - \dot{y})\,\frac{1}{x^2} \qquad y^{(3)} = \left(\dddot{y} - 3\ddot{y} + 2\dot{y}\right)\frac{1}{x^3}$$

ergibt eine lineare Dgl. mit konstanten Koeffizienten $\bar{y}(t)$.

Ansatz für die charakteristische Gleichung

$$y = x^{\lambda} \text{ mit } y' = \lambda x^{\lambda-1}, y'' = \lambda(\lambda-1)x^{\lambda-2}, \ldots$$

Durch Einsetzen in die Ausgangsgleichung erhält man die charakteristische Gleichung für λ. Diese bestimmt die Lösung der *homogenen* EULER*schen Differenzialgleichung*.

♦ **Beispiele**

(1) $x^3y''' + x^2y'' - 2xy' + 2y = 0$

Charakteristische Gleichung

$\lambda(\lambda-1)(\lambda-2) + \lambda(\lambda-1) - 2\lambda + 2 = 0$

$(\lambda+1)(\lambda-1)(\lambda-2) = 0 \Rightarrow \lambda_1 = 1, \lambda_2 = -1, \lambda_3 = 2$ (Fall 1)

Allgemeine Lösung der Dgl.

$y = C_1x + C_2x^{-1} + C_3x^2 \qquad C_i \in \mathbb{R}$

(2) $x^4y^{(4)} + 6x^3y''' + 6x^2y'' + 2xy' + 2y = 0$

Charakteristische Gleichung

$\lambda(\lambda-1)(\lambda-2)(\lambda-3) + 6\lambda(\lambda-1)(\lambda-2) + 6\lambda(\lambda-1) + 2\lambda + 2 = 0$

$\lambda^4 - \lambda^2 + 2\lambda + 2 = (\lambda+1)^2\left(\lambda^2 - 2\lambda + 2\right) = 0$

$\lambda_{1;2} = -1, \lambda_{3;4} = 1 \pm \mathrm{j}$ (Fall 3)

Allgemeine Lösung der Dgl.

$y = \big(C_1 + C_2 \ln|x|\big)x^{-1} + x\big(C_3 \cos\ln|x| + C_4 \sin\ln|x|\big) \quad C_i \in \mathbb{R}$ ♦

Die *inhomogene* EULER*sche Dgl.* wird durch Variation der Konstanten (siehe 11.3.4 und 11.3.5) gelöst. Im Ausnahmefall lassen sich aus der Form des Störglieds $s(x)$ durch spezielle Ansätze (siehe 11.3.4) auf Basis der Substitution $x = \mathrm{e}^t$ partikuläre Lösungen finden.

♦ **Beispiel**

$x^2y'' - 2xy' - 10y = 2x^2 - 3x + 10$

Charakteristische Gleichung: $\lambda(\lambda-1) - 2\lambda - 10 = 0 \Rightarrow \lambda_1 = 5, \lambda_2 = -2$

Allgemeine Lösung der homogenen Dgl.: $y_\mathrm{h} = C_1x^5 + C_2x^{-2} \qquad C_1, C_2 \in \mathbb{R}$

Bestimmung eines partikulären Integrals y_p der inhomogenen Dgl.

Ansatz: $y = Ax^2 + Bx + C$
$y' = 2Ax + B \qquad y'' = 2A$ eingesetzt

$$x^2 2A - 2x(2Ax + B) - 10\left(Ax^2 + Bx + C\right) = 2x^2 - 3x + 10$$

Koeffizientenvergleich liefert: $A = -\frac{1}{6}, B = \frac{1}{4}, C = -1$

Partikuläre Lösung: $y_\mathrm{p} = -\frac{1}{6}x^2 + \frac{1}{4}x - 1$

Lösung: $y = y_\mathrm{h} + y_\mathrm{p} = C_1 x^5 + C_2 x^{-2} - \frac{1}{6}x^2 + \frac{1}{4}x - 1$ ♦

11.5 Lineare Differenzialgleichungssysteme

Die *Ordnung eines Differenzialgleichungssystems* ist gleich der Summe der Ordnungen der einzelnen Differenzialgleichungen.

> Praktisch bedeutsam ist ein *Differenzialgleichungssystem n-ter Ordnung* aus n gewöhnlichen Dgln. 1. Ordnung für n gesuchte Funktionen:
>
> $$\begin{cases} y_1' = f_1(x, y_1, \ldots, y_n) \\ \vdots \\ y_n' = f_n(x, y_1, \ldots, y_n) \end{cases}$$
>
> Gesucht: $y_1(x), \ldots, y_n(x)$

In Matrizenform

$\boldsymbol{y}' = \boldsymbol{f}(x, \boldsymbol{y}) \qquad$ Anfangsbedingungen: $\boldsymbol{y}(x_0) = \boldsymbol{y}_0, x_0$ fest

Andere Schreibweise

$\boldsymbol{y}' = \boldsymbol{A}\boldsymbol{y} + \boldsymbol{s}(x) \qquad$ Anfangsbedingungen: $\boldsymbol{y}(x_0) = \boldsymbol{y}_0, x_0$ fest

$\boldsymbol{A}$ (n,n)-Koeffizientenmatrix

$$\boldsymbol{f}(x,\boldsymbol{y}) = \begin{pmatrix} f_1(x,\boldsymbol{y}) \\ \vdots \\ f_n(x,\boldsymbol{y}) \end{pmatrix}, \ \boldsymbol{s}(x) = \begin{pmatrix} s_1(x) \\ \vdots \\ s_n(x) \end{pmatrix}, \ \boldsymbol{y}_0 = \begin{pmatrix} y_{0;1} \\ \vdots \\ y_{0;n} \end{pmatrix}, \ \boldsymbol{y} = \begin{pmatrix} y_1(x) \\ \vdots \\ y_n(x) \end{pmatrix}$$

Allgemeine Lösung: n-Tupel von Funktionen $(y_1, \ldots, y_n)$, die alle jede Gleichung des Systems identisch erfüllen, wobei

$$y_i = y_i(x, C_1, \ldots, C_n), \ i = 1, 2, \ldots, n \quad C_i \in \mathbb{R} \text{ beliebig}$$

Existenz und Eindeutigkeit einer Lösung siehe Satz von CAUCHY, 11.1.2.

Sind alle $s_i(x) = 0$: homogenes Differenzialgleichungssystem
Ist mindestens ein $s_i(x) \neq 0$: inhomogenes Differenzialgleichungssystem

Matrizenverfahren

Für $\boldsymbol{s} = \boldsymbol{o}$ (homogenes System) gilt: $\det(\boldsymbol{A} - \lambda \boldsymbol{E}) = 0$

Die charakteristische Gleichung liefert die Eigenwerte λ_i und die Eigenvektoren $\boldsymbol{a}_i$.

Bei n linear unabhängigen Eigenvektoren $\boldsymbol{a}_i$ zu λ_i sind $\boldsymbol{y}_i = \boldsymbol{a}_i \mathrm{e}^{\lambda_i x}$ die Basislösungen $\boldsymbol{y}_1, \ldots, \boldsymbol{y}_n$ des homogenen Systems, sie ergeben die Matrix $\boldsymbol{Y}$ (*Fundamentalmatrix*) und die Lösungen $\boldsymbol{y}_\mathrm{h} = \boldsymbol{Y} \cdot \boldsymbol{c}$.

Bei k_i-fachem Eigenwert λ_i: Eliminationsverfahren anwenden, siehe unten

Variation der Konstanten liefert das lineare Gleichungssystem als Lösung des inhomogenen Systems: $\boldsymbol{Y}\boldsymbol{z}(x) = \boldsymbol{s}(x)$.

Hieraus durch Integration $\boldsymbol{z}(x)$ und $\boldsymbol{y}_\mathrm{p} = \boldsymbol{Y}\boldsymbol{z}(x)$ und schließlich

$$\boldsymbol{y} = \boldsymbol{y}_\mathrm{h} + \boldsymbol{y}_\mathrm{p}$$

Eliminationsverfahren

Praktisch ergibt sich durch Differenzieren einzelner Dgln. und Eliminieren durch Einsetzen in bekannte Beziehungen eine Dgl. n-ter Ordnung, die mit den Methoden aus 11.4 zu lösen ist. Das Verfahren ist auch bei speziellen Systemen von k Dgln. m_j-ter Ordnung mit $n = \sum_{j=1}^{k} m_j$ oder auch bei variablen Koeffizienten in $\boldsymbol{A}$ anwendbar.

♦ **Beispiele**

(1) Homogenes Dgl.-System 2. Ordnung mit konstanten Koeffizienten

$$\begin{cases} y_1' = y_1 - y_2 \\ y_2' = 4y_1 - 3y_2 \end{cases}$$

Aus der 1. Gleichung $y_2 = y_1 - y_1'$ differenziert $y_2' = y_1' - y_1''$, eingesetzt in die 2. Gleichung

$y_1' - y_1'' = 4y_1 - 3(y_1 - y_1') \Rightarrow y_1'' + 2y_1' + y_1 = 0$ (Lösung nach 11.3.2)

Charakteristische Gleichung: $\lambda^2 + 2\lambda + 1 = 0 \Rightarrow \lambda_{1;2} = \lambda = -1$

Allgemeine Lösung: $y_1 = \mathrm{e}^{-x}(C_1 x + C_2)$ $\qquad C_1, C_2 \in \mathbb{R}^*$

$y_2 = \mathrm{e}^{-x}(2C_1 x + 2C_2 - C_1)$ $\qquad$ (aus $y_2 = y_1 - y_1'$)

(2) Inhomogenes Dgl.-System 2. Ordnung mit konstanten Koeffizienten

$$\begin{cases} y_1' = y_1 - y_2 + x \\ y_2' = 4y_1 - 3y_2 + 2 \end{cases}$$

Allgemeine Lösung des homogenen Systems gemäß Beipsiel (1)

$y_1 = \mathrm{e}^{-x}(C_1x + C_2)$ $\qquad C_1, C_2 \in \mathbb{R}^*$ (zwei willkürliche Parameter)

$y_2 = \mathrm{e}^{-x}(2C_1x + 2C_2 - C_1)$

Matrizenschreibweise: $\boldsymbol{y}(x) = \begin{pmatrix} y_1(x) \\ y_2(x) \end{pmatrix} = C_1 \begin{pmatrix} x \\ 2x-1 \end{pmatrix} \mathrm{e}^{-x} + C_2 \begin{pmatrix} 1 \\ 2 \end{pmatrix} \mathrm{e}^{-x}$

Variation der Konstanten liefert eine partikuläre Lösung des inhomogenen Systems:

$$\begin{cases} y_{1\mathrm{p}}(x) = z_1(x)x\mathrm{e}^{-x} + z_2(x)\mathrm{e}^{-x} \\ y_{2\mathrm{p}}(x) = z_1(x)(2x-1)\mathrm{e}^{-x} + z_2(x)2\mathrm{e}^{-x} \end{cases}$$

Einsetzen in das Ausgangssystem ergibt die partikuläre Lösung.

$\boldsymbol{Y}\boldsymbol{z}(x) = \boldsymbol{s}$ liefert $\boldsymbol{z}(x) = \begin{pmatrix} 2x-2 \\ 3x-2x^2 \end{pmatrix} \mathrm{e}^{x}, \boldsymbol{y}_\mathrm{p} = \boldsymbol{Y}\boldsymbol{z}(x)$

$y_{1\mathrm{p}}(x) = 3x - 7$ und $y_{2\mathrm{p}}(x) = 4x - 10$

Allgemeine Lösung des inhomogenen Dgl.-Systems:

$y_1 = \mathrm{e}^{-x}(C_1x + C_2) + 3x - 7$ und

$y_2 = \mathrm{e}^{-x}(2C_1x + 2C_2 - C_1) + 4x - 10$ $\qquad C_1, C_2 \in \mathbb{R}$ ♦

11.6 Näherungslösungen für Differenzialgleichungen 1. Ordnung

11.6.1 Verfahren unbestimmter Koeffizienten

(*Potenzreihenansatz*)

Anwendung erfolgt dann, wenn die bisher behandelten Methoden versagen.

Gegeben: $y^{(n)} = f\left(x, y, y', \ldots, y^{(n-1)}\right)$ mit den Anfangsbedingungen

$$y(x_0) = y_0, y'(x_0) = y_0', \ldots, y^{(n-1)}(x_0) = y_0^{(n-1)}$$

Lösung: Differenziation der Dgl. ergibt $y^{(n+1)} = f(x, y, y', \ldots, y^{(n)})$ und mit den Anfangsbedingungen erhält man $y^{(n+1)}(x_0)$.

Weitere Differenziationen ergeben die Ableitungen $y^{(n+2)}(x_0)$, $y^{(n+3)}(x_0)$, …, die man in die TAYLOR-Reihe (siehe 12.1.3.2) einsetzt.

Vereinfachungen des Verfahrens

Man setzt die *ganzrationale Funktion*

$$y = a_0 + a_1x + a_2x^2 + \ldots + a_nx^n$$

mit den entsprechenden Ableitungen in die Dgl. ein und vergleicht die Koeffizienten gleicher Potenzen von x. Durch die Anfangsbedingungen erhält man a_0, mit dem sich alle anderen Koeffizienten bestimmen lassen. Diese Methode ist auch für Differenzialgleichungssysteme geeignet.

Oder *Potenzreihensatz*

$$y = \sum_{k=0}^{\infty} a_k (x - x_0)^k \quad \text{mit } a_k = \frac{1}{k!} y^{(k)}(x_0)$$

Berechnung der a_k durch wiederholtes Differenzieren der Dgl. und Einsetzen in die Reihe.

Man ersetzt in einer Dgl. komplizierte Funktionsterme (Exponential-, logarithmische, trigonometrische, zyklometrische, Hyperbel- oder Area-Terme) durch ihre Potenzreihen (siehe Abschnitt 12.1.5) und vernachlässigt höhere Potenzen (für kleine Argumente unbedeutende Anteile).

♦ **Beispiel**

$y' = y^2 + x^3$ mit der Anfangsbedingung $y(0) = -1$

Reihenansatz: $y = a_0 + a_1 x + a_2 x^2 + \ldots + a_n x^n$

$y' = a_1 + 2a_2 x + 3a_3 x^2 + 4a_4 x^3 + \ldots$ eingesetzt in die Dgl.

$$a_1 + 2a_2 x + 3a_3 x^2 + 4a_4 x^3 + \ldots = \left(a_0 + a_1 x + a_2 x^2 + \ldots\right)^2 + x^3$$

$$= a_0^2 + 2a_0 a_1 x + \left(a_1^2 + 2a_0 a_2\right) x^2 + (1 + 2a_0 a_3 + 2a_1 a_2) x^3 + \ldots$$

Aus der Anfangsbedingung wird: $a_0 = -1$

Koeffizientenvergleich liefert:

$a_1 = a_0^2$ $\qquad a_1 = 1$

$2a_2 = 2a_0 a_1$ $\qquad a_2 = -1$

$3a_3 = a_1^2 + 2a_0 a_2$ $\qquad a_3 = 1$

$4a_4 = 1 + 2a_0 a_3 + 2a_1 a_2$ $\qquad a_4 = -3/4$ usw.

Angenäherte Lösung der Dgl.: $y(x) \approx -1 + x - x^2 + x^3 - \frac{3}{4} x^4$

(Spezielle Lösung; allgemeine Lösung, wenn a_0 unbestimmt ist)

oder: $y(0) = -1$ (Anfangsbedingung) $\qquad = -1$

$y' = y^{(1)}(0) = y^2 + x^3_{x=0} \qquad = 1$

$y'' = y^{(2)}(0) = 2yy' + 3x^2_{x=0} \qquad = -2$

$y^{(3)}(0) = 2y'^2 + 2yy'' + 6x_{x=0} \qquad = 6$

$y^{(4)}(0) = 4y'y'' + 2y''y' + 2yy^{(3)} + 6_{x=0} \quad = -18$

$y(x) \approx -1 + x - \frac{2}{2!} x^2 + \frac{6}{3!} x^3 - \frac{18}{4!} x^4 = -1 + x - x^2 + x^3 - \frac{3}{4} x^4$, wie oben ♦

11.6.2 Iterationsverfahren

(Iteration nach PICARD-LINDELÖF)

Mit der Anfangsbedingung $y(x_0) = y_0$ gilt für eine Dgl. 1. Ordnung $y' = f(x, y)$ die Rekursionsformel für die Näherungswerte $Y_i(x)$

$$Y_i(x) = y_0 + \int_{x_0}^{x} f\big(t, Y_{i-1}(t)\big)\,\mathrm{d}t \qquad i = 1, 2, \ldots$$

mit Startfunktion $Y_0(x) = y_0$. Die Folge $\{Y_i(x)\}$ konvergiert für alle Werte von x innerhalb des vom Existenz- und Eindeutigkeitssatz gegebenen Intervalls $x_0 - h \le x \le x + h$, $h = \min\left(a, \dfrac{b}{M}\right)$, $|f_i| \le M$, gegen die gesuchte Lösung $y(x)$.

♦ **Beispiel**

$y' = xy \qquad$ Anfangsbedingung $y(0) = 1$

$$Y_0(x) = y_0 = 1$$

$$Y_1(x) = 1 + \int_0^x tY_0(t)\,\mathrm{d}t = 1 + \int_0^x t \cdot 1\,\mathrm{d}t = 1 + \frac{x^2}{2}$$

$$Y_2(x) = 1 + \int_0^x tY_1(t)\,\mathrm{d}t = 1 + \int_0^x t\left(1 + \frac{t^2}{2}\right)\mathrm{d}t = 1 + \frac{x^2}{2} + \frac{x^4}{2 \cdot 4}$$

$$Y_3(x) = 1 + \int_0^x tY_2(t)\,\mathrm{d}t$$

$$= 1 + \int_0^x t\left(t + \frac{t^2}{2} + \frac{t^4}{2 \cdot 4}\right)\mathrm{d}t = 1 + \frac{x^2}{2} + \frac{x^4}{2 \cdot 4} + \frac{x^6}{2 \cdot 4 \cdot 6}$$

$$Y_n(x) = 1 + \frac{x^2}{2} + \frac{x^4}{2 \cdot 4} + \frac{x^6}{2 \cdot 4 \cdot 6} + \ldots + \frac{x^{2n}}{2 \cdot 4 \cdot \ldots \cdot 2n} = \sum_{k=0}^{n} \frac{1}{k!}\left(\frac{x^2}{2}\right)^k$$

$$y(x) = \lim_{n \to \infty} Y_n(x) = \mathrm{e}^{\frac{x^2}{2}}$$

Potenzreihe hierzu, siehe 12.1.5 ♦

Systeme von zwei Differenzialgleichungen 1. Ordnung

Zu lösen ist das System

$$y' = f(x, y, z)$$
$$z' = g(x, y, z)$$

11

zu den Anfangswertbedingungen $y(x_0) = y_0$ und $z(x_0) = z_0$. Die Näherungsfunktionen $Y_n(x)$ und $Z_n(x)$ gewinnt man durch die Rekursionsformeln

$$Y_n(x) = y_0 + \int_{x_0}^{x} f\big(t, Y_{n-1}(t), Z_{n-1}(t)\big)\,\mathrm{d}t \qquad n = 1, 2, 3, \ldots$$

$$Z_n(x) = z_0 + \int_{x_0}^{x} g\big(t, Y_n(t), Z_{n-1}(t)\big)\,\mathrm{d}t$$

mit $Y_0(x) = y_0$ und $Z_0(x) = z_0$. Die Folgen $\{Y_i(x)\}$ und $\{Z_i(x)\}$ konvergieren für alle Werte von x innerhalb des vom Existenz- und Eindeutigkeitssatz gegebenen Intervalls (s. 11.1.2)

$$x_0 - h \leq x \leq x + h, \quad h = \min\left(a, \frac{b}{M}, \frac{c}{M}\right)$$

gegen die gesuchte Lösung $y(x), z(x)$.

11.7 Anfangswertprobleme

11.7.1 Allgemeines

Anfangswertprobleme (Abk. AWP) n-ter Ordnung lassen sich auf ein System von n Dgln. 1. Ordnung zurückführen (siehe 11.1.2, Erniedrigung der Ordnung). Die Verfahren für Dgln. 1. Ordnung sind dadurch generell anwendbar.

Gegeben sei ein Anfangswertproblem

$$\begin{cases} y' = f(x, y) \\ y(x_0) = y_0 \end{cases} \qquad x \in [x_0, \beta]$$

Bei einem AWP als System von n linearen Dgln. 1. Ordnung für n Funktionen $y_r, r = 1, 2, \ldots, n$, und n Anfangsbedingungen ersetze y durch $\boldsymbol{y}$ und f durch $\boldsymbol{f}$, gleichermaßen für die Fehler e durch $\boldsymbol{e}$.

$$\boldsymbol{y} = \begin{pmatrix} y_1(x) \\ \vdots \\ y_n(x) \end{pmatrix} \quad \boldsymbol{f} = \begin{pmatrix} f_1(x, y_1, \ldots, y_n) \\ \vdots \\ f_n(x, y_1, \ldots, y_n) \end{pmatrix} \quad \boldsymbol{y}' = \begin{pmatrix} y_1'(x) \\ \vdots \\ y_n'(x) \end{pmatrix} \quad \boldsymbol{y}_0 = \begin{pmatrix} y_{10} \\ \vdots \\ y_{n0} \end{pmatrix}$$

Lösungsprinzip

Gegeben AWP einer Dgl. wie oben angegeben.

Das Integrationsintervall $I = [x_0, \beta]$ wird zerlegt in Teilintervalle mit geordneten Indizes gemäß $x_0 < x_1 < x_2 < \ldots < x_m = \beta$

x_i Stützstellen bei einer Dgl. (Gitterpunkte bei Dgl.-Systemen)

$h_i = x_{i+1} - x_i > 0, i = 0, 1, \ldots, (m-1)$, lokale Schrittweite, m Schrittzahl

auch $h =$ konst. ist möglich.

Gesucht wird eine Näherung $Y(x_i) \approx y(x_i)$, kurz $Y_i \approx y_i$

Die Integration von $y' = f(x, y)$ über $\left[x_i, x_{i+1}\right]$

$$\int_{x_i}^{x_{i+1}} y'(x)\,\mathrm{d}x = \int_{x_i}^{x_{i+1}} f(x,y)\,\mathrm{d}x \qquad i = 0, 1, \ldots, (m-1)$$

ergibt die Rekursionsgleichung (Integralgleichung)

$$(*) \quad y_{i+1} = y_i + \int_{x_i}^{x_{i+1}} f\big(x, y(x)\big)\,\mathrm{d}x \qquad \text{mit } y_i := y(x_i)$$

Einteilung der Verfahren

- *Einschrittverfahren*
- *Mehrschrittverfahren*
- *Extrapolationsverfahren*
- *Prädiktor-Korrektor-Verfahren*: Spezielle Klasse von Verfahren, die einen Näherungswert nach dem Ein- oder Mehrschrittverfahren ermitteln (Prädiktor) und diesen danach korrigierend verbessern (Korrektor)

Daneben unterscheidet man

Explizite Verfahren: Der Näherungswert am Gitterpunkt x_{i+1}, Y_{i+1} wird nur aus Werten zurückliegender Punkte i, Wertepaare (x_i, Y_i) gewonnen.

Implizite Verfahren: Das Wertepaar (x_{i+1}, Y_{i+1}) selbst wird für die Berechnung von Y_{i+1} benötigt. Die Lösung kann dadurch nur iterativ bestimmt werden.

Lokaler Verfahrensfehler (*Diskretisierungsfehler*) für die Stelle x_{i+1} unter der Annahme, dass $Y_i = y(x_i)$ korrekt ist bei Integration über $\left[x_i, x_{i+1}\right]$

$$\varepsilon(x_{i+1}, h_i) := y(x_{i+1}, y_i) - Y_{i+1} \qquad i = 0, 1, \ldots, (m-1)$$

Gilt für den lokalen Verfahrensfehler

$$\varepsilon(x_{i+1}, h) = O\left(h_i^{q+1}\right), \text{ dann heißt}$$

q *Konsistenzordnung* des Verfahrens.

Globaler Verfahrensfehler für die Stelle x_{i+1} unter Beachtung *aller* Fehler zurückliegender Schritte bei der Integration der Dgl. über $\left[x_0, x_{i+1}\right]$

$$e(x_{i+1}, h) := y\big(x_{i+1}\big) - Y_{i+1}$$

Bei Einschrittverfahren ist q die Ordnung des globalen Fehlers, mit der der Abbruch- bzw. Diskretisierungsfehler gegen null strebt:

$$e(x_i, h) = O\left(h_{\max}^q\right)$$

$$h_{\max} = \max\{h_i\}, \quad i = 0, 1, \ldots, (m-1)$$

Das Verfahren heißt dann von q-ter Ordnung. Die Konvergenz der Y_i gegen y_i ist umso besser, je größer q ist.

q wird erreicht, wenn die Lösung $y(x)$ des AWP $(q+1)$-mal stetig differenzierbar ist.

Zusätzlich zum Verfahrensfehler treten Rechenfehler auf.

Für Ein- und Mehrschrittverfahren gilt als Ordnung des globalen Rechenfehlers: $O\left(\dfrac{1}{h_{\max}}\right)$

Zur Definition des Rechenfehlers siehe 2.1.2.5.

Schrittweitensteuerung

Neben der Berechnung des nächsten y-Wertes werden folgende Rechnungen notwendig:

- Algorithmus zur Schätzung des lokalen Fehlers (Der globale Fehler kann um ein Vielfaches größer sein.)

Methode 1: Berechnung des Integrals mit einem Verfahren, aber 2 Schrittweiten. Aus deren Differenz erfolgt die Schätzung des Fehlers.

Allgemeiner Fehlerschätzer für Einschrittverfahren der Ordnung q:

$$\hat{\varepsilon}_{i+1} := \frac{2^q}{2^q - 1}\left(Y_{h/2} - Y_{\mathrm{h}}\right)$$

Methode 2: Berechnung des Integrals mit zwei verschiedenen Verfahren. Aus deren Differenz erfolgt die Schätzung des Fehlers.

- Berechnung eines Algorithmus für die Schrittweite, damit der Fehler kleiner als die vorgegebene Toleranz TOL wird.

$$\mathrm{TOL} = \mathrm{TOL}_{\mathrm{abs}} + \mathrm{TOL}_{\mathrm{rel}} \left| \int_a^b f(x)\,\mathrm{d}x \right| \quad \text{oder}$$

$$\mathrm{TOL} = \max\left\{ \mathrm{TOL}_{\mathrm{abs}}, \mathrm{TOL}_{\mathrm{rel}} \left| \int_a^b f(x)\,\mathrm{d}x \right| \right\}$$

Je nach Größenordnung des y-Wertes ist auf absolute ($y \approx 0$) bzw. relative ($|y|$ sehr groß) Genauigkeit zu prüfen.

Damit: $h_{\text{neu}} = 0{,}8h \cdot \sqrt[q+1]{\dfrac{\text{TOL}}{\hat{\varepsilon}_{i+1}}}$

Spezielle Berechnungen für nachfolgende Einschrittverfahren siehe Spezialliteratur zur Numerik [1].

Bei Mehrschrittverfahren wird die Schrittweite aus der Prädiktor-Korrektor-Differenz abgeleitet. Das Verfahren ist wesentlich aufwendiger als bei Einschrittverfahren.

11.7.2 Explizite Einschrittverfahren

Prinzip: Ein verbesserter Näherungswert Y_{i+1} wird nur aus *einem* vorangegangenen Wert Y_i ermittelt (*explizit*): $Y_{i+1} := Y_i + h_i\Phi(x_i, Y_i, h_i) = Y_i + k$

Φ Verfahrensfunktion

Für $h \to 0$ ist Stabilität gegeben.

11.7.2.1 Polygonzugverfahren von Euler-Cauchy

(einstufiges Verfahren [2], grobe Genauigkeit der Näherung, $q = 1$)

Grafische Lösung

Vom Anfangspunkt $P(x_0, y_0)$ mit $y'(x_0) = y'_0$ wird ein Linienelement von nicht zu großer Länge gezeichnet, ergibt $P(x_1, Y_1)$.

Fortsetzung des Verfahrens mit $y'(x_1) = y'_1$ usw.

11

Analytische Lösung

Rechteckregel

$$\int\limits_{x_i}^{x_{i+1}} f(x)\,\mathrm{d}x = h_i f(x_i) + \frac{h_i^2}{2} f'(\xi_i) \qquad \xi_i \in \left[x_i, x_{i+1}\right]$$

Ausgangswerte: $Y_0 = y(x_0), y'_0 = f'(x_0, y_0) = \tan\alpha_0$

$$x_{i+1} = x_i + h_i, \quad i = 0, 1, \ldots, (m-1) \text{ Schrittzahl}$$

h_i Schrittweite (große/kleine Steigung $\Leftrightarrow$ kleine/große Schrittweite), auch $h =$ konst. ist möglich

[1] Engeln-Müllges, G. / Niederdrenk, K. / Wodicka, R.: Numerik-Algorithmen. – Springer 2011; Preuß, W. / Wenisch, G.: Lehr- und Übungsbuch Numerische Mathematik. – Fachbuchverlag Leipzig 2001

[2] *p-stufig* heißt: p = Anzahl der Auswertungen von f

Rekursionsformel: $Y_{i+1} := Y_i + h_i f(x_i, Y_i)$

Lokaler Verfahrensfehler

$$\Delta_{i+1}^{\mathrm{EC}} := \frac{h_i^2}{2} y''(\xi_i) = O\left(h_i^2\right)$$

Globaler Verfahrensfehler: $e_{i+1}^{\mathrm{EC}} := y_{i+1} - Y_{i+1} = O(h_{\max})$ (von 1. Ordnung)

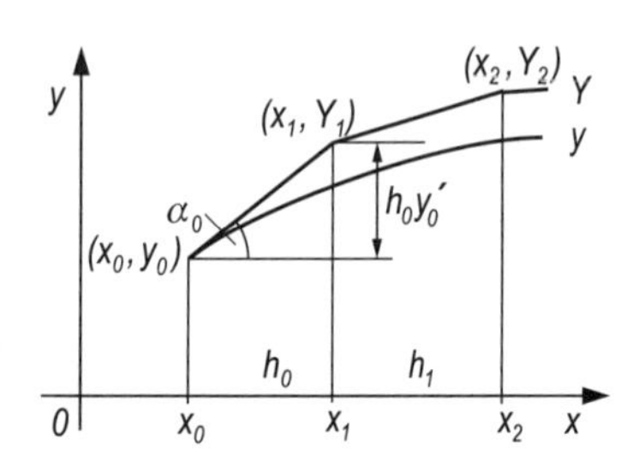

EULER-CAUCHY-Polygonzug

Verbesserter EULER-CAUCHY-Polygonzug

Verbesserter EULER-CAUCHYscher Polygonzug

(*Halbschrittverfahren*, *Mittelpunktsregel*, zweistufiges Verfahren, $q_g = 2$)

Grafische Lösung

Mit der im Punkt $P\left(x_0 + \frac{h_0}{2}, Y_{0+1/2}\right)$ ermittelten Steigung im Punkt $P(x_0, y_0)$ ansetzen. Das ergibt $P(x_1, Y_1)$ usw.

Analytische Lösung

Das Richtungsfeld im Punkt $\left(x_i + \frac{h_i}{2}, Y_{i+1/2}\right)$ dient der Berechnung von Y_{i+1}.

Ausgangswert: $Y_0 = y(x_0)$

Rekursionsformel: $Y_{i+1} := Y_i + h_i k_2$

mit den beiden Stufen: $k_1 = f(x_i, y_i)$ $\qquad i = 0, 1, \ldots, (m-1)$

$$k_2 = f\left(x_i + \frac{h_i}{2}, Y_i + \frac{h_i}{2} k_1\right)$$

Globale Fehlerordnung: $O(h_{\max}^2)$ (von 2. Ordnung)

11.7.2.2 HEUN-Verfahren

(Sehnentrapezformel, zweistufiges Verfahren = Verfahren 2. Ordnung)

Das HEUN-*Verfahren* gehört zum Prädiktor-Korrektor-Typ.

Anfangswert: $Y_0 = y(x_0)$

Prädiktor: $Y_{i+1}^{(0)} = Y_i + h_i f(x_i, Y_i)$ (*explizites Verfahren*)

Korrektor: $Y_{i+1}^{(v+1)} = Y_i + \frac{h_i}{2}\left(f(x_i, Y_i) + f\left(x_{i+1}, {Y_{i+1}}^{(v)}\right)\right)$

(*implizite* Trapezmethode)

globale Fehlerordnung: $O\left(h_{\max}^2\right)$ $i = 0, 1, \ldots, (m-1), v = 0; 1$

11.7.2.3 Klassisches Verfahren von RUNGE-KUTTA

(SIMPSON*sche Regel*, vierstufiges Verfahren = Verfahren 4. Ordnung)

Anfangswert: $Y_0 = y(x_0)$

Rekursionsformel:

$$Y_{i+1} := Y_i + h_i\left(\frac{1}{6}k_1 + \frac{1}{3}k_2 + \frac{1}{3}k_3 + \frac{1}{6}k_4\right), \quad i = 0, 1, \ldots, (m-1)$$

mit $k_1 = f(x_i, Y_i)$ $\quad k_2 = f\left(x_i + \frac{h_i}{2}, Y_i + h_i\frac{k_1}{2}\right)$

$k_3 = f\left(x_i + \frac{h_i}{2}, Y_i + h_i\frac{k_2}{2}\right)$ $\quad k_4 = f(x_i + h_i, Y_i + h_i k_3)$

Lokale Fehlerordnung: $O\left(h_i^5\right)$

Abschätzung des lokalen Fehlers (i gerade): $\Delta Y_i \approx \frac{1}{15}\left(Y_i - Y_{i/2}^*\right)$, wobei $Y_{i/2}^*$ ein Näherungswert bei $h^* = 2h$ und gleicher Stützstelle $x_i = x_{i/2}^* = x_0 + \frac{i}{2}h^*$ ist.

Globale Fehlerordnung: $O\left(h_{\max}^4\right)$

Für $y_i = 0$, d. h. $f(x, y) = f(x)$, ergibt sich die SIMPSONsche Regel.

Die 3/8-Formel entsteht mit den Koeffizienten der k_j in der Rekursionsformel: 1/8; 3/8; 3/8; 1/8

11

11.7.2.4 Einbettungsformeln

(RUNGE-KUTTA-FEHLBERG-*Verfahren*)

Stimmen bei zwei *expliziten* RK-*Formeln* unterschiedlicher Stufen, d. h. $m < \overline{m}$, die k_j-Werte überein, werden beide Formeln als Paar verwendet (*Einbettungsformel*). Jede der beiden Formeln liefert einen Näherungswert, beide werden für die Schrittweitensteuerung verwendet.

Die globale Fehlerordnung ist $q = 4$; 5 oder 6.

11.7.3 Mehrschrittverfahren

(für kompliziert gebaute Funktionen)

Gegeben AWP: $\begin{cases} y' = f(x,y) \\ y(x_{-s}) = y_{-s} \end{cases}, \quad x \in \left[x_{-s}, \beta\right]$

Ein Näherungswert $Y_{i+1} \approx y(x_{i+1})$ wird berechnet unter Verwendung der $(s+1)$, $s \in \mathbb{N}$, vorausgehenden Werte $Y_{i-s}, Y_{i-s+1}, \ldots, Y_{i-1}, Y_i$.

Teilung des Integrationsintervalls: $x_{-s} < x_{-s+1} < \ldots < x_{m-s} = \beta$

Schrittweite: $h_i := x_{i+1} - x_i > 0$ für $i = -s, (-s+1), \ldots, (m-s)$

Benötigt wird ein *Anlaufstück* (bekannt oder mittels Einschrittverfahren separat berechnet) mit den Stellen $x_{-s}, x_{-s+1}, \ldots, x_{-1}, x_0$

$$\big(x_i, f(x_i, y_i)\big) =: (x_i, f_i) \quad i = -s, (-s+1), \ldots, -1, 0$$

mit dem an den Stellen $x_1, x_2, \ldots, x_{m-s}$ die Näherungswerte berechnet werden.

Man ersetzt in der Integralgleichung (*) aus 11.7.1 f durch f und weiter durch ein Interpolationspolynom p_s vom höchsten Grad s, gehörig zu den $(s+1)$ Interpolationsstellen (x_j, f_j), $j = (i-s), (i-s+1), \ldots, i$ (Startwerte) und integriert über $\left[x_i, x_{i+1}\right]$ (*explizite Formel*).

Für $i = 0$ sind die Wertepaare des Anlaufstücks die Startwerte, $i > 0$ fügt Wertepaare (x_j, f_j), $j = 1, 2, \ldots, i$ zum Anlaufstück hinzu.

Bei dem *impliziten Verfahren* wird auch die Stelle x_{i+1} verwendet.

Beide Formeln zusammen bilden das *Prädiktor*(explizit)-*Korrektor*(implizit)-*Verfahren*, bei dem die Näherung $Y_{i+1}^{(0)}$ mit dem Ein- oder Mehrschrittverfahren bestimmt wird (Prädiktor), verbessert mittels Korrektor zu $Y_{i+1}^{(1)}, Y_{i+1}^{(2)}, \ldots$

11.7.3.1 Explizitverfahren von ADAMS-BASHFORTH

(AB-*Extrapolation*)

Startwerte: (x_j, f_j), $j = (i-s), (i-s+1), \ldots, i$

Rekursionsformel: $Y_{i+1} := Y_i + \int\limits_{x_i}^{x_{i+1}} p_s(x)\,\mathrm{d}x$

mit dem lokalen Verfahrensfehler

$$\Delta y_{i+1}^{AB} = y(x_{i+1}) - Y_{i+1} = \int\limits_{x_i}^{x_{i+1}} R_{s+1}(x)\,\mathrm{d}x = O\left(h^{q_l}\right) \quad R \text{ Restglied}$$

In der numerischen Spezialliteratur[1)] sind ADAMS-BASHFORTH-Formeln angegeben für $s = 3$ $(q_l = 5)$ bis $s = 6$ $(q_l = 8)$.

Diese lautet z. B. für $s = 3$ $(q_l = 5)$ mit $h_i = h = \text{konst.}$

$$Y_{i+1} = Y_i + \frac{h}{24}\left(55f_i - 59f_{i-1} + 37f_{i-2} - 9f_{i-3}\right), i = 0, 1, \ldots, (m-4)$$

Vorteil des Verfahrens: Schnelligkeit, da zum nächsten Schritt nur ein $\boldsymbol{f}_i$ neu zu berechnen ist. Die (nachteilige) Ermittlung der Startwerte kann mit einem RUNGE-KUTTA-Verfahren erfolgen oder einem anderen Einschrittverfahren mindestens der Ordnung q_g, d. h., Kopplung beider Verfahren ist sinnvoll.

Da p_s anstelle $f(x,y)$ Interpolationspolynom im Bereich $x_{i-s}, x_{i-s+1}, \ldots, x_i$ ist und über $\left[x_i, x_{i+1}\right]$ integriert wird, wird extrapoliert. Dadurch steigt das Restglied für Werte außerhalb des Interpolationsbereiches stärker an als innerhalb.

11.7.3.2 Prädiktor-Korrektor-Verfahren von ADAMS-MOULTON

Einen Korrektor höherer Ordnung erhält man, wenn $f(x,y)$ in der Integralgleichung (*) aus 11.7.1 durch sein Interpolationspolynom p_{s+2} mit $(s+2)$ Stützstellen (x_i, f_i), $i = (i-s), (i-s+1), \ldots, (i+1)$ ersetzt wird.

Es handelt sich um eine *implizite Formel* für Y_{i+1} mit $s = 3$, $h = \text{konst.}$ und der Iterationsstufe v (bei kleinem h reichen ein bis zwei Iterationsschritte). Benötigt man mehr als zwei Iterationen, ist es besser, h zu halbieren.

Man iteriert so lange, bis $\left|Y_{i+1}^{(v+1)} - Y_{i+1}^{(v)}\right| < \varepsilon$ wird.

[1)] z. B. in Engeln-Müllges, G. / Niederdrenk, K. / Wodicka, R.: Numerik-Algorithmen. – Springer 2011

11

Rekursionsformel

$$Y_{i+1}^{(v+1)} = Y_i + \frac{h}{720}\left(251f\left(x_{i+1}, Y_{i+1}^{(v)}\right) + 646f_i - 264f_{i-1} + 106f_{i-2} - 19f_{i-3}\right)$$

Konvergenzbedingung: $\frac{251}{720}hL = \kappa < 1$ mit $L = \max\limits_{\substack{1\leq k\\ r\leq n}} \left|\frac{\partial f_r}{\partial y_k}\right|$

Empfehlung für h: $hL < 0{,}2$

Rechenschema für $s = 3$, $n = 1$

	i	x_i	$Y_i = Y(x_i)$	$f_i = f(x_i, Y_i)$
Anlaufstück	-3	x_{-3}	Y_{-3}	f_{-3}
	-2	x_{-2}	Y_{-2}	f_{-2}
	-1	x_{-1}	Y_{-1}	f_{-1}
	0	x_0	Y_0	f_0
AB-Extrapolation	1	x_1	$Y_1^{(0)}$	$f(x_1, Y_1^{(0)})$ Prädiktor
AM-Interpolation	1	x_1	$Y_1^{(1)}$	$f(x_1, Y_1^{(1)})$ Korrektor
	1	x_1	$Y_1^{(2)} =: Y_1$	$f(x_1, Y_1)$
AB-Extrapolation	2	x_2	$Y_2^{(0)}$	$f(x_2, Y_2^{(0)})$ Prädiktor
AM-Interpolation	2	x_2	$Y_2^{(1)}$	$f(x_2, Y_2^{(1)})$ Korrektor
	2	x_2	$Y_2^{(2)} =: Y_2$	$f(x_2, Y_2)$

Lösungsalgorithmus für $s = 3$

Gegeben: $y' = f(x, y)$, $x \in \left[x_{-3}, x_{m-3}\right] = \beta$, $y(x_{-3}) = y_{-3}$, $h > 0$

$x_i = x_0 + ih$ (Stützstellen) $\qquad i = -3, -2, \ldots, (m-3)$

$h = \frac{x_{m-3} - x_{-3}}{m}$ (Schrittweite)

(x_i, f_i) (Anlaufstück) $\qquad i = -3, -2, -1, 0$

Gesucht: Näherungen $Y_i \approx y(x_i)$ $\qquad i = 1, \ldots, (m-3)$

Ablauf

1. Berechnung des Prädiktors $Y_{i+1}^{(0)}$ nach ADAMS-BASHFORTH (AB), $q_l = 5$
2. Berechnung von $f(x_{i+1}, Y_{i+1}^{(0)})$
3. Berechnung des Korrektors $Y_{i+1}^{(v+1)}$, $v = 0$; 1 nach ADAMS-MOULTON (AM), $q_l = 6$

Weitere AM-Verfahren in Spezialliteratur zur Numerik[1].

[1] Engeln-Müllges, G. / Niederdrenk, K. / Wodicka, R.: Numerik-Algorithmen. – Springer 2011

11.7.4 Extrapolationsverfahren von Bulirsch-Stoer-Gragg

(für höhere Genauigkeitsforderung, analog für Systeme von Dgln.)

Gegeben: AWP mit einer Dgl. ($n = 1$)

$$y' = f(x, y),\ y(x_0) = y_0 \quad x \in [x_0, \beta]$$

Gesucht: Näherungswert $Y(\tilde{x}) \approx y(\tilde{x})$ an den Stellen

$$\tilde{x} := x_0 + n_j h_j,\ h_j := \frac{\tilde{x} - x_0}{n_j},\ N > 0$$

Für eine Folge natürlicher Zahlen $\{n_j\}$, $0 < n_0 < n_1 < \ldots$, entweder nur gerade oder nur ungerade Zahlen, berechnet man für jedes j die Graggschen *Funktionen* $S(\tilde{x}, h_j)$

$$S(\tilde{x}, h_j) := \frac{1}{2}\left(Y_{n_j} + Y_{n_{j-1}} + h_j f(x_{h_j}, Y_{n_j})\right)$$

mit:

$$Y_0 := y_0$$

$$Y_1 := Y_0 + h_j f(x_0, y_0) \qquad x_1 := x_0 + h_j$$

$$Y_{i+1} := Y_{i-1} + 2h_j f(x_i, Y_i) \quad x_{i+1} := x_i + h_j \qquad i = 1, 2, \ldots, (n_j - 1)$$

Ergebnis: $y(\tilde{x}) = S(\tilde{x}, h_j) + O(h_j^2)$

Wegen ihrer asymptotischen Entwicklung kann man mit $S(\tilde{x}, h_j)$ ein Romberg-Schema (siehe 9.4.4) mit den Elementen $T_j^{(v)}$ aufbauen.

Globale Fehlerordnung: $O(h^2)$

Zur Stabilität siehe numerische Spezialliteratur[1].

11

11.8 Randwertprobleme

11.8.1 Allgemeines

Ein *Randwertproblem* (Abk. „RWP") ist die Bestimmung der Lösung einer Dgl. in einem Gebiet $x \in [a, b]$, wobei die Lösung am Rand des Gebietes bestimmte Bedingungen (*Randbedingungen*) erfüllt.

RWP n-ter Ordnung: $y^{(n)} = f\left(x, y, y', \ldots, y^{(n-1)}\right)$

---

[1] z. B. Preuß, W. / Wenisch, G.: Lehr- und Übungsbuch Numerische Mathematik. – Fachbuchverlag Leipzig 2001
Engeln-Müllges, G. / Niederdrenk, K. / Wodicka, R.: Numerik-Algorithmen. – Springer 2011

Spezialfall: Lineares Randwertproblem, d. h., die Variablen und ihre Ableitungen treten nur linear auf.

$$L_n(y)\colon -y^{(n)} + g_{n-1}(x)y^{(n-1)} + \ldots + g_1(x)y' + g_0(x)y = s(x)$$

mit n linearen Randbedingungen r_i, in die die Werte von $y, y', \ldots, y^{(n-1)}$ an mindestens je zwei Stellen (Zweipunkte-RWP) eingehen.

Ein Randwertproblem n-ter Ordnung mit linearen Randbedingungen lässt sich durch Substitution $y_{k+1} := y^{(k)}$, $k = 0, 1, \ldots, (n-1)$ auf ein Randwertproblem für ein System n-ter Ordnung von Dgln. erster Ordnung zurückführen, siehe 11.1.2, Erniedrigung der Ordnung:

$$\boldsymbol{y}' = \boldsymbol{f}(x, \boldsymbol{y}) \qquad x \in [a, b]$$

mit den linearen Randbedingungen

$$\boldsymbol{Ay}(a) + \boldsymbol{By}(b) - \boldsymbol{a} = \boldsymbol{o}$$

wobei: $\boldsymbol{A}_{n,n} = (\alpha_{ik}), \boldsymbol{B}_{n,n} = (\beta_{ik}), \boldsymbol{y} = (y_1, \ldots, y_n)^{\mathrm{T}}, \boldsymbol{a} = (a_1, \ldots, a_n)^{\mathrm{T}}$

Von praktischer Bedeutung sind

Randwertprobleme für Dgln. 2. (und 4.) Ordnung

$$y'' = f\big(x, y(x), y'(x)\big) = f(x, y, y') \qquad a \leq x \leq b$$

bzw. bei einem linearen Randwertproblem 2. Ordnung

$$-y'' + g_1(x)y' + g_0(x)y = s(x)$$

mit dem linearen Paar Randbedingungen (Zweipunkt-RWP)

$$\begin{cases} \alpha_1 y(a) + \alpha_2 y'(a) = A \\ \beta_1 y(b) + \beta_2 y'(b) = B \end{cases}$$

$|\alpha_1| + |\alpha_2| > 0, \ |\beta_1| + |\beta_2| > 0$

Einteilung der Randwertprobleme

- $s(x) = 0$ und $A = B = 0$: *vollhomogenes* Randwertproblem, (Dgl. und Randbedingungen homogen)
- $s(x) = 0$ oder $A = B = 0$: *halbhomogenes* Randwertproblem, (entweder Dgl. oder Randbedingungen homogen)
- $s(x) \neq 0$ und/oder $A \neq 0$ oder $B \neq 0$: *inhomogenes* Randwertproblem

Man bestimmt (falls möglich) die allgemeine Lösung der linearen Dgl. und setzt diese in die Randbedingungen ein. Aus dem Gleichungssystem gewinnt man C_1 und C_2. Randwertprobleme sind nicht immer lösbar.

♦ **Beispiel**

$y'' + y = 0$, Randbedingungen: $y(0) = 0, y(\pi) = 0; x \in [0, \pi]$

Charakteristische Gleichung: $\lambda^2 + 1 = 0 \Rightarrow \lambda_{1,2} = \pm \mathrm{j}$

Damit allgemeine Lösung der Dgl.: $y(x) = C_1 \sin x + C_2 \cos x$

Unter Berücksichtigung der Randbedingungen wird

$y(0) = 0$: $C_1 \sin 0 + C_2 \cos 0 \Rightarrow C_2 = 0, C_1 = A$

$y(\pi) = 0$: $C_1 \sin \pi + C_2 \cos \pi \Rightarrow C_2 = 0, C_1 = A$

Lösung: Kurvenschar $y(x) = A \sin x \qquad A \in \mathbb{R}$ Amplitude

Mit einer Zusatzbedingung, z. B. $y'(0) = 2$, wird A festgelegt.

$y'(0) = A \cos 0 = 2 \Rightarrow A = 2$ und

$y = 2 \sin x$ ist eine Kurve aus der Kurvenschar. ♦

11.8.2 Schießverfahren

(Zurückführen eines Randwertproblems auf ein Anfangswertproblem)

Abgeleitet von der Bestimmung einer Geschossflugbahn wird die rechte Randbedingung „Zielpunkt“ $y(b)$ überführt in das parameterabhängige Anfangswertproblem „Anstieg der Flugbahn“ $y'(a) = t$.

In der Lösung $y(x,t)$ ist der Parameter t so festzulegen, dass die von t abhängige Lösung des Anfangswertproblems auch Lösung des RWP wird.

Schießverfahren für ein lineares Randwertproblem

$$L(y):\ -y'' + g_1(x)y' + g_0(x)y = s(x) \quad a \le x \le b$$

mit dem linearen Paar Randbedingungen (Zweipunkt-RWP)

$$\begin{cases} \alpha_1 y(a) + \alpha_2 y'(a) = A \\ \beta_1 y(b) + \beta_2 y'(b) = B \end{cases} \qquad |\alpha_1| + |\alpha_2| > 0,\ |\beta_1| + |\beta_2| > 0$$

Lösungsansatz für das ersatzweise Anfangswertproblem

$$y = y(x,s) = v(x) + s \cdot w(x)$$

mit $v(x)$ und $w(x)$ als Teillösungen zweier Anfangswertprobleme

$$\begin{cases} -v'' + g_1(x)v' + g_0(x)v = s(x) & v(a) = -A,\ v'(a) = -Ar \\ -w'' + g_1(x)w' + g_0(x)w = 0 & w(a) = -\alpha_2,\ w'(a) = \alpha_1 \end{cases}$$

Berechnung der freien Parameter r und s

$$\alpha_2 r + \alpha_1 = -1 \text{ und } s = \frac{B - \beta_1 v(b) - \beta_2 v'(b)}{\beta_1 w(b) + \beta_2 w'(b)}, \quad \beta_1 w(b) + \beta_2 w'(b) \neq 0$$

11

Eine vorteilhafte numerische Lösung der beiden Anfangswertprobleme wird durch Rückführung auf ein System von zwei Dgln. 1. Ordnung erreicht, siehe 11.1.2, Erniedrigung der Ordnung.

♦ **Beispiel**

Dgl.: $y'' + y = 0 \Leftrightarrow -y'' - y = 0$

Randbedingungen: $y(0) = 0, y'(0) = 2, y(\pi) = 0; x \in [0,\pi]$,

d. h. $a = 0, b = \pi$

$g_1(x) = 0,\ g_0(x) = -1,\ s(x) = 0,\ \alpha_1 = \alpha_2 = \beta_1 = 1, A = 2, \beta_2 = B = 0$

$$\begin{cases} -v'' - v = 0 \\ -w'' - w = 0 \end{cases} \text{mit} \quad \begin{matrix} v(0) = -2,\ v'(0) = (-2)(-2) = 4 \\ w(0) = -1,\ w'(0) = 1 \end{matrix} \quad \text{und}$$

$1 \cdot r + 1 = -1 \Rightarrow r = -2$

$v = C_1 \sin x + C_2 \cos x$ ergibt unter Berücksichtigung der Anfangsbedingungen $v(x) = 4\sin x - 2\cos x$ und $w(x) = \sin x - \cos x$

Mit $s = -2$ wird die Lösung

$y(x,s) = v + sw = 4\sin x - 2\cos x - 2(\sin x - \cos x) = 2\sin x$ ♦

Schießverfahren für ein nichtlineares Randwertproblem

Bei nichtlinearen Randbedingungen kann die Lösung nicht nach $y = y(x,s) = v(x) + s \cdot w(x)$ berechnet werden, d. h., s ist nicht wie oben explizit berechenbar. Die hier nichtlineare Gleichung für s ist nur iterativ zu bestimmen (Folge von Anfangswertproblemen). Zu jedem Wert $s^{(v)}$ muss das AWP neu gelöst werden.

Startwert $s^{(0)}$ beliebig, ergibt erste Näherung des AWPs.

Fehlerordnung: $O(h^q)$

Bemerkung: Wenn $y(x,s)$ empfindlich von s abhängt, wird das *Mehrzielverfahren* angewendet. Man teilt $[a,b]$ in $l \leq m$ Teilintervalle und erhält l AWPe und ein $2l$-dimensionales nichtlineares Gleichungssystem $F(s) = \boldsymbol{o}$.

11.8.3 Direkte Differenzenapproximation

(*Methode der finiten Differenzen*, für geringe Genauigkeitsforderungen)

Gegeben: Lineares Randwertproblem 2. Ordnung

$$L(y):\ -y'' + g_1(x)y' + g_0(x)y = s(x)$$

mit dem linearen Paar Randbedingungen (Zweipunkt-RWP)

$$\begin{cases} \alpha_1 y(a) + \alpha_2 y'(a) = A \\ \beta_1 y(b) + \beta_1 y'(b) = B \end{cases}$$

Gesucht: Näherungswerte $Y_i \approx y(x_i)$ $\quad x \in [a,b] = [x_0, x_m]$

an den Stützstellen: $x_i = x_0 + ih,\ h = \dfrac{b-a}{m},\quad i = 1, 2, \ldots, (m-1)$

Algorithmus

1. Ersatz der Ableitungen $y_i' := y'(x_i)$, $y_i'' := y''(x_i)$ durch mit Näherungswerten $Y_j \approx y(x_j)$, $j = (i-1), i, (i+1)$ gebildete zentrale Differenzenquotienten (*Diskretisierung des Randwertproblems*)

$$y_i' = \frac{1}{2h}\left(-Y_{i-1} + Y_{i+1}\right) + O(h^2) \quad i \neq 0, i \neq m$$

$$y_i'' = \frac{1}{h^2}(Y_{i-1} - 2Y_i + Y_{i+1}) + O(h^2)$$

2. Aufstellen eines linearen Gleichungssystems von $(m-1)$ Differenzengleichungen zum Randwertproblem

$$\left(1 - \frac{h}{2}g_{1i}\right)Y_{i-1} + \left(-2 + h^2 g_{0i}\right)Y_i + \left(1 + \frac{h}{2}g_{1i}\right)Y_{i+1} = h^2 s_i$$

$i = 1, 2, \ldots, (m-1)$, $g_{ki} := g_k(x_i), s_i := s(x_i)$

und Diskretisierung der Randbedingungen

$$\begin{cases} \alpha_1 Y_0 + \alpha_2 \dfrac{Y_1 - Y_{-1}}{2h} = A \\ \beta_1 Y_m + \beta_2 \dfrac{Y_{m+1} - Y_{m-1}}{2h} = B \end{cases}$$

Aus den Differenzengleichungen für $i = 0$ und $i = m$ entstehen zusätzliche Randbedingungen, die nach Y_{-1} und Y_{m+1} aufgelöst und in die diskreten Randbedingungen eingesetzt werden:

$$\begin{cases} \tilde{\alpha}_1 Y_0 + \tilde{\alpha}_2 Y_1 = \tilde{A}h \\ -\tilde{\beta}_2 Y_{m-1} + \tilde{\beta}_1 Y_m = \tilde{B}h \end{cases}$$

mit den Abkürzungen

$$\tilde{\alpha}_1 = \alpha_1 h - \tilde{\alpha}_2 \frac{2 - h^2 g_{00}}{2} \qquad \tilde{\beta}_1 = \beta_1 h + \tilde{\beta}_2 \frac{2 - h^2 g_{0m}}{2}$$

$$\tilde{\alpha}_2 = \frac{2\alpha_2}{2 - hg_{10}} \qquad \tilde{\beta}_2 = \frac{2\beta_2}{2 + hg_{1m}}$$

$$\tilde{A} = A + \alpha_2 \frac{hs_0}{2 - hg_{10}} \qquad \tilde{B} = B - \beta_2 \frac{hs_m}{2 + hg_{1m}}$$

11

Ergibt ein System aus $(m+1)$ Gleichungen für $(m+1)$ Näherungswerte Y_i:

$$\boldsymbol{Ay} = \boldsymbol{b} \quad \text{mit } \boldsymbol{y} = (Y_0, \ldots, Y_m)^{\mathrm{T}}$$

$\boldsymbol{A}$ ist tridiagonal, Lösung gemäß Abschnitt 5.4.3

$$\boldsymbol{A} = \begin{pmatrix} \tilde{\alpha}_1 & \tilde{\alpha}_2 & 0 & 0 & 0 \\ 1 - \frac{h}{2} g_{11} & -2 + h^2 g_{01} & 1 + \frac{h}{2} g_{11} & 0 & 0 \\ 0 & \ddots & \ddots & \ddots & 0 \\ 0 & 0 & 1 - \frac{h}{2} g_{1,m-1} & -2 + h^2 g_{0,m-1} & 1 + \frac{h}{2} g_{1,m-1} \\ 0 & 0 & 0 & -\tilde{\beta}_2 & \tilde{\beta}_1 \end{pmatrix}$$

$$\boldsymbol{b} = \begin{pmatrix} \tilde{A}h \\ h^2 g_1 \\ \vdots \\ h^2 g_{m-1} \\ \tilde{B}h \end{pmatrix}$$

Ist das RWP *inhomogen*, d. h. $s(x) \neq 0$ oder wenigstens $A \neq 0$ oder $B \neq 0$, dann ergibt sich, falls $\det \boldsymbol{A} \neq 0$, eine eindeutige Lösung.

Liegt ein vollhomogenes RWP vor, d. h. $s(x) = 0$ und $A = B = 0$, ergeben sich nichttriviale Lösungen, falls $\det \boldsymbol{A} = 0$ ist.

Genügt die Schrittweite h den Bedingungen $h \cdot |g_1(x)| < 2$ und $g_0(x) < 0$ für alle $x \in [a, b]$, ist $\boldsymbol{A}$ diagonal dominant und $\det \boldsymbol{A} \neq 0$. Das Verfahren ist stabil, wenn zusätzlich $h \cdot \sqrt{|g_0(x)|} < 1$.

Bemerkung: Verwendet man statt der finiten Differenzen sog. *finite Ausdrücke* höherer Ordnung, Fehlerordnung $O(h^4)$ bzw. $O(h^6)$, wird die Näherung genauer, ohne h zu verkleinern bzw. m zu vergrößern. Die Koeffizientenmatrix wird 5- bzw. 7-diagonal.

Tabelle der finiten Ausdrücke in numerischer Spezialliteratur[1)].

Hinweis: Lösung gewöhnlicher Differenzialgleichungen mittels LAPLACE-Transformation siehe 12.4.3.1.

[1)] z. B. in Engeln-Müllges, G. / Niederdrenk, K. / Wodicka, R.: Numerik-Algorithmen. – Springer 2011

11.9 Partielle Differenzialgleichungen

11.9.1 Allgemeines

Definition siehe 11.1.1.

Ordnung, Grad

Die *Ordnung* einer partiellen Dgl. wird bestimmt durch die Ordnung der höchsten vorkommenden partiellen Ableitung der gesuchten Funktion.

Eine partielle Dgl. heißt *linear*, wenn sie in der gesuchten Funktion und deren partiellen Ableitungen linear ist. Eine partielle Dgl. 1. Ordnung heißt *quasilinear*, wenn sie lediglich in den partiellen Ableitungen $u'(x,y)$ linear ist, nicht aber in $u(x,y)$ selbst.

Der *Grad* einer partiellen Dgl. wird bestimmt durch die höchste Potenz der gesuchten Funktion oder ihrer partiellen Ableitungen.

Lösung

Eine *Lösung* (ein *Integral*) einer partiellen Dgl. ist jede Funktion, die im definierten Bereich der unabhängigen Variablen die partielle Dgl. identisch erfüllt.

Die *allgemeine Lösung* einer partiellen Dgl. ist eine Lösung, die willkürliche unabhängige Funktionen enthält. Ihre Anzahl ist im Allgemeinen gleich der Ordnung der Dgl.

Eine *partikuläre Lösung* entsteht durch Festlegung der willkürlichen Funktionen gemäß zusätzlicher Nebenbedingungen.

11

11.9.2 Partielle Differenzialgleichung 1. Ordnung

Allgemeine Form für zwei unabhängige Variable x und y

$$F(x,y,u,u_x,u_y) = 0 \qquad \text{mit } u = u(x,y)$$

Allgemeine Form für drei unabhängige Variable x, y und z

$$F(x,y,z,u,u_x,u_y,u_z) = 0 \qquad \text{mit } u = u(x,y,z)$$

♦ **Beispiele für allgemeine Lösungen partieller Dgln.**

$u_x = 0$ $\qquad u(x,y) = w(y)$ $\qquad w$ willkürliche Funktion

$u_y = 0$ $\qquad u(x,y) = w(x)$

$u_x = 1$ $\qquad u(x,y) = x + w(y)$

$u_y = 1$	$u(x,y) = y + w(x)$
$u_x + u_y = 0$	$u(x,y) = w(x-y)$
$u_x - u_y = 0$	$u(x,y) = w(x+y)$
$au_x + bu_y = 0$	$u(x,y) = w(ay - bx)$
$xu_x - yu_y = 0$	$u(x,y) = w(x \cdot y)$
$yu_x - xu_y = 0$	$u(x,y) = w(x^2 + y^2)$
$u_x g_y - u_y g_x = 0$	$u(x,y) = w\big(g(x,y)\big)$
$u_z = 0$	$u(x,y,z) = w(x,y)$
$u_x + u = 0$	$u(x,y,z) = w(y,z)\mathrm{e}^{-x}$ ♦

(Quasi-)lineare partielle Differenzialgleichung 1. Ordnung

(*Charakteristikenmethode*)

Allgemeine Form für eine Funktion mit zwei unabhängigen Variablen $u(x,y)$

$$P(x,y,u)u_x + Q(x,y,u)u_y = R(x,y,u)$$

Man gewinnt ein System von gewöhnlichen Dgl. (*charakteristische Dgln.*) aus der Proportion $\mathrm{d}x : \mathrm{d}y : \mathrm{d}u = P : Q : R$

$$\frac{\mathrm{d}y}{\mathrm{d}x} = \frac{Q}{P},\ \frac{\mathrm{d}u}{\mathrm{d}x} = \frac{R}{P},\ P \neq 0 \text{ oder } \frac{\mathrm{d}x}{\mathrm{d}u} = \frac{P}{R},\ \frac{\mathrm{d}y}{\mathrm{d}u} = \frac{Q}{R},\ R \neq 0 \text{ oder}$$
$$\frac{\mathrm{d}x}{\mathrm{d}y} = \frac{P}{Q},\ \frac{\mathrm{d}u}{\mathrm{d}y} = \frac{R}{Q},\ Q \neq 0$$

Allgemeine Lösung des Systems gewöhnlicher Dgln.

$$f_1(x,y,u) = C_1 \qquad f_2(x,y,u) = C_2$$

Diese Lösungen heißen *Charakteristika* der Dgl.

Allgemeine Lösung der quasilinearen partiellen Dgl.

$$w(f_1, f_2) = 0 \qquad w \text{ willkürliche Funktion mit stetiger Ableitung}$$

oder $f_2(x,y,u) = \varphi\big(f_1(x,y,u)\big)$ bzw. $f_1(x,y,u) = \psi\big(f_2(x,y,u)\big)$

Für drei unabhängige Variable analog.

♦ **Beispiel**

Man löse die partielle Dgl. $2xyu_x + 4y^2u_y = x^2y$ unter der Nebenbedingung: $u(x,4) = \frac{5}{4}x^2$.

Gesucht: $u(x,y)$

Proportion: $\mathrm{d}x : \mathrm{d}y : \mathrm{d}u = 2xy : 4y^2 : x^2y$

Charakteristische Dgl. zur Bestimmung von f_1

$$\frac{\mathrm{d}x}{\mathrm{d}y} = \frac{2xy}{4y^2} = \frac{x}{2y} \Rightarrow \frac{\mathrm{d}x}{x} = \frac{\mathrm{d}y}{2y} \Rightarrow \int \frac{\mathrm{d}x}{x} = \int \frac{\mathrm{d}y}{2y}$$

$$\ln|x| = \frac{1}{2}\ln|y| + C_1^* \Rightarrow 2\ln|x| - \ln|y| = C_1$$

$$\ln\left|\frac{x^2}{y}\right| = \ln|C_1| \Rightarrow C_1 = \frac{x^2}{y} = f_1$$

Charakteristische Dgl. zur Bestimmung von f_2

$$\frac{\mathrm{d}u}{\mathrm{d}x} = \frac{x^2y}{2xy} = \frac{x}{2} \Rightarrow \mathrm{d}u = \frac{x}{2}\,\mathrm{d}x \Rightarrow u = \frac{x^2}{4} + C_2$$

$$C_2 = u - \frac{x^2}{4} = f_2$$

Allgemeine Lösung der partiellen Dgl.

$$w(f_1, f_2) = w\left(\frac{x^2}{y}, u - \frac{x^2}{4}\right) = 0$$

Spezielle Lösung aufgrund der Nebenbedingung

$y = 4$ ergibt $C_1 = \dfrac{x^2}{4}$ und $C_2 = \dfrac{5}{4}x^2 - \dfrac{x^2}{4} = x^2$

$$C_1 = \frac{1}{4}C_2$$

$$\frac{x^2}{y} = \frac{1}{4}\left(u - \frac{x^2}{4}\right) \Rightarrow 4x^2 = yu - \frac{x^2y}{4}$$

$$u(x,y) = \frac{4x^2}{y} + \frac{x^2}{4} = x^2\left(\frac{4}{y} + \frac{1}{4}\right)$$

♦

11.9.3 Partielle Differenzialgleichung 2. Ordnung

Allgemeine Form für zwei unabhängige Variable

$$F(x, y, u, u_x, u_y, u_{xx}, u_{yy}, u_{xy}) = 0 \qquad u = u(x,y)$$

♦ **Beispiele für allgemeine Lösungen partieller Dgln. 2. Ordnung**

$u_{xx} = 0$	$u(x,y) = xw_1(y) + w_2(y)$
$u_{yy} = 0$	$u(x,y) = yw_1(x) + w_2(x)$
$u_{xy} = 0$	$u(x,y) = w_1(x) + w_2(y)$
$u_{xy} = f(x,y)$	$u(x,y) = \iint f(x,y)\,\mathrm{d}x\,\mathrm{d}y + w_1(x) + w_2(y)$

$$u_{xx} - \frac{u_{yy}}{c^2} = 0 \qquad u(x,y) = w_1(x+cy) + w_2(x-cy) \quad c \in \mathbb{R}^*$$

$$u_{xx} - u_{yy} = 0 \qquad u(x,y) = w_1(x+y) + w_2(x-y)$$

$$u_{xx} + u_{yy} = 0 \qquad u(x,y) = w_1(x+\mathrm{j}y) + w_2(x-\mathrm{j}y)$$

$$w_2 = w_1^* \text{ (\textit{Potenzialgleichung})}$$

♦

Auch für partielle Differenzialgleichungen mit Nebenbedingungen gibt es numerische Verfahren für Näherungslösungen, z. B. das *Differenzenverfahren*. Dabei werden die partiellen Ableitungen in der Dgl. und evtl. den Nebenbedingungen durch geeignete Differenzenquotienten ersetzt. Der betrachtete Bereich B wird mit einem Gitter überzogen, in dessen Gitterpunkten die gesuchte Lösung durch Näherungswerte $U(i,j)$ ersetzt wird:

$$u(x_i, y_i) \approx U(i,j)$$

12 Reihen, F- und L-Transformation

12.1 Unendliche Reihen

12.1.1 Unendliche Zahlenreihen

Ist $(a_k) = a_1, a_2, \ldots, a_k, \ldots$ eine reelle unendliche Zahlenfolge, so heißt

$$\sum_{k=1}^{\infty} a_k = a_1 + a_2 + \ldots + a_k + \ldots \qquad a_k \text{ Glieder der Reihe, } k \in \mathbb{N}$$

eine (unendliche) *(Zahlen-)Reihe.*

Die *Summe* der unendlichen Reihe wird durch Teil-(*Partial-*)*Summen* vom ersten bis zum k-ten Glied schrittweise angenähert.

Partialsummenfolge einer Reihe (*Teilsummenfolge*)

k-te Teilsumme: $s_k = \sum_{i=1}^{k} a_i$

$$(s_k) = s_1, s_2, s_3, \ldots, s_k, \ldots = a_1, a_1 + a_2, a_1 + a_2 + a_3, \ldots$$

Eine unendliche Reihe heißt *konvergent*, wenn die Partialsummenfolge (s_k) einen Grenzwert S (*Summe*, Wert der Reihe) besitzt:

$$\lim_{k\to\infty} s_k = S \quad \text{bzw.} \quad \sum_{k=1}^{\infty} a_k = a_1 + a_2 + \ldots + a_k + \ldots = S$$

Restglied (Reihenrest): $R_k = S - s_k$

Bei Konvergenz wird $\lim_{k\to\infty} R_k = 0$.

Eine unendliche Reihe heißt

- *bestimmt divergent*, wenn $\lim_{k\to\infty} s_k = \pm\infty$,
- *unbestimmt divergent*, wenn $\lim_{k\to\infty} s_k$ nicht existiert,
- *absolut konvergent*, wenn die Reihe der Beträge $\sum_{k=0}^{\infty} |a_k|$ konvergiert,
- *unbedingt konvergent*, wenn die Summe von der Reihenfolge der Glieder unabhängig ist, *bedingt konvergent*, wenn sie abhängig ist.

Absolut konvergente Reihen sind unbedingt konvergent.

Konvergente Reihen können gliedweise addiert oder subtrahiert werden.

Die Konvergenz bleibt erhalten, wenn man endlich viele Glieder einer Reihe hinzufügt oder entfernt bzw. die Reihe mit einer Konstanten multipliziert. Dabei wird aber der Grenzwert verändert.

Absolut konvergente Reihen können wie endliche Summen miteinander multipliziert werden.

Zweckmäßig:

$$\left(\sum_{i=0}^{\infty} a_i\right) \cdot \left(\sum_{k=0}^{\infty} b_k\right) = \sum_{n=0}^{\infty} \left(\sum_{i=0}^{n} a_i \cdot b_{n-i}\right) \quad \text{(CAUCHY\textit{sches Produkt})}$$

Hauptkonvergenzkriterium für Reihen mit positiven Gliedern

Notwendig **und** hinreichend ist (für praktische Berechnungen aber irrelevant)

$$\lim_{k\to\infty} (s_{k+p} - s_k) = 0, \quad p \in \mathbb{N} \quad \text{(beschränkte Folge der Partialsummen)}$$

Weitere Konvergenzkriterien

Notwendig, aber **nicht** hinreichend ist

$$\lim_{k\to\infty} a_k = 0$$

Hinreichend, aber **nicht** notwendig für absolute Konvergenz sind

Quotientenkriterium (D´ALEMBERT):

$$\lim_{k\to\infty} \left|\frac{a_{k+1}}{a_k}\right| = q < 1 \quad \text{(oft einfacher)}$$

Wurzelkriterium (CAUCHY): $\lim_{k\to\infty} \sqrt[k]{|a_k|} = q < 1$ (schärfer)

Falls $q > 1$, liegt Divergenz vor, falls $q = 1$, ist keine Aussage möglich.

Reihenvergleichs-Kriterium

Das Reihenvergleichs-Kriterium ist hinreichend.

Seien alle $a_k > 0$.

Ist die Reihe

$$\sum_{k=1}^{\infty} a_k \begin{cases} \text{konvergent} \\ \text{divergent} \end{cases} \text{und } \forall k \geq N : \begin{cases} |b_k| \leq a_k \\ b_k \geq a_k \end{cases}, \text{ so ist es auch } \sum_{k=1}^{\infty} b_k.$$

$$\sum_{k=1}^{\infty} a_k \text{ ist dann } \begin{cases} \text{konvergente } \textit{Majorante, Oberreihe} \\ \text{divergente } \textit{Minorante, Unterreihe} \end{cases} \text{ zu } \sum_{k=0}^{\infty} b_k.$$

Zu Vergleichszwecken:

$$\sum_{k=1}^{\infty} \frac{1}{k^{\alpha}} \text{ für } \begin{cases} \alpha > 1\text{: Konvergenz} \\ \alpha \leq 1\text{: Divergenz} \end{cases} \qquad \text{für } \alpha = 1 \textit{ harmonische Reihe}$$

Alternierende Reihe

$$\sum_{k=1}^{\infty} (-1)^{k+1} a_k = a_1 - a_2 + a_3 \mp \ldots \qquad \text{für } a_k > 0$$

Allgemein gilt: Die alternierende Reihe $\sum_{k=1}^{\infty} (-1)^{k+1} a_k$ ist konvergent mit der Summe S, wenn die Reihe $\sum_{k=1}^{\infty} a_k$ konvergiert.

Restglied: $R_k = S - s_k$ mit dem Vorzeichen $(-1)^k$ und der Fehlerabschätzung $|R_k| \leq a_{k+1}$

LEIBNIZsches Konvergenzkriterium für alternierende Reihen

Das LEIBNIZ*sche Konvergenzkriterium* ist hinreichend.

> Eine alternierende Reihe $\sum_{k=1}^{\infty} (-1)^{k+1} a_k$, $a_k > 0$, konvergiert, wenn die Zahlenfolge (a_k) monoton abnimmt, $a_k \geq a_{k+1}$, $k \geq N \in \mathbb{N}$ und $\lim_{k \to \infty} a_k = 0$.

Ist das erste Glied negativ, untersucht man die negierte alternierende Reihe.

Die *arithmetische Reihe* $\sum_{k=1}^{\infty} \big(a_1 + (k-1)d\big)$ ist für $d \neq 0$ bestimmt divergent.
Sinnvoll ist daher nur die n-te *Partialsumme*, $n \in \mathbb{N}$:

$$s_n = \sum_{k=1}^{\infty} \big(a_1 + (k-1)\,d\big) = \frac{n}{2}\big(2a_1 + (n-1)\,d\big) = \frac{n}{2}(2a_1 + a_n)$$

Die *geometrische Reihe* $\sum_{k=1}^{\infty} a_1 \cdot q^{k-1}$ ist für $|q| < 1$ konvergent.

Summe einer konvergenten geometrischen Reihe: $s = a_1 \dfrac{1}{1-q}$, $|q| < 1$

12

♦ **Beispiele**

(1) $(a_k) = 1, \frac{1}{2}, \frac{1}{4}, \frac{1}{8}, \ldots, \frac{1}{2^{k-1}}, \ldots$

$$(s_k) = 1, 1+\frac{1}{2}, 1+\frac{1}{2}+\frac{1}{4}, \ldots = 1, \frac{3}{2}, \frac{7}{4}, \frac{15}{8}, \ldots, \frac{2^k-1}{2^{k-1}}, \ldots$$

$$s = \sum_{k=1}^{\infty} a_k = \frac{1}{1-\frac{1}{2}} = 2 \qquad \left(\text{geometrische Reihe mit } q = \frac{1}{2}\right)$$

(2) $0{,}\bar{6} = \sum_{k=1}^{\infty} 6 \cdot \frac{1}{10^k} \qquad \left(\text{periodischer Dezimalbruch mit } q = \frac{1}{10}\right)$

$$s = \frac{\frac{6}{10}}{1-\frac{1}{10}} = \frac{2}{3}$$

♦

12.1.2 Summen einiger konvergenter Zahlenreihen

$$\sum_{k=1}^{\infty} \frac{1}{(k-1)!} = 1 + \frac{1}{1!} + \frac{1}{2!} + \ldots = \mathrm{e}$$

$$\sum_{k=1}^{\infty} \frac{(-1)^{k-1}}{k} = 1 - \frac{1}{2} + \frac{1}{3} \mp \ldots = \ln 2$$

(alternierende *harmonische Reihe*)

$$\sum_{k=1}^{\infty} \frac{1}{2^{k-1}} = 1 + \frac{1}{2} + \frac{1}{4} + \ldots = 2$$

$$\sum_{k=1}^{\infty} \frac{1}{k^2} = 1 + \frac{1}{2^2} + \frac{1}{3^2} + \ldots = \frac{\pi^2}{6}$$

$$\sum_{k=1}^{\infty} \frac{(-1)^{k-1}}{k^2} = 1 - \frac{1}{2^2} + \frac{1}{3^2} \mp \ldots = \frac{\pi^2}{12}$$

$$\sum_{k=1}^{\infty} \frac{1}{(2k-1)^2} = 1 + \frac{1}{3^2} + \frac{1}{5^2} + \ldots = \frac{\pi^2}{8}$$

$$\sum_{k=1}^{\infty} \frac{1}{k^4} = 1 + \frac{1}{2^4} + \frac{1}{3^4} + \ldots = \frac{\pi^4}{90}$$

$$\sum_{k=1}^{\infty} \frac{1}{k(k+1)} = \frac{1}{1\cdot 2} + \frac{1}{2\cdot 3} + \frac{1}{3\cdot 4} + \ldots = 1$$

$$\sum_{k=1}^{\infty} \frac{1}{(2k-1)(2k+1)} = \frac{1}{1\cdot 3} + \frac{1}{3\cdot 5} + \frac{1}{5\cdot 7} + \ldots = \frac{1}{2}$$

$$\sum_{k=1}^{\infty} \frac{1}{k(k+1)(k+2)} = \frac{1}{1 \cdot 2 \cdot 3} + \frac{1}{2 \cdot 3 \cdot 4} + \ldots = \frac{1}{4}$$

$$\arctan 1 = \sum_{k=1}^{\infty} \frac{(-1)^{k-1}}{2k-1} = 1 - \frac{1}{3} + \frac{1}{5} - \frac{1}{7} \pm \ldots = \frac{\pi}{4}$$

(LEIBNIZ 1673)

$$\arctan \frac{1}{2} + \arctan \frac{1}{3}$$
$$= \left(\frac{1}{2} + \frac{1}{3}\right) - \frac{1}{3}\left(\frac{1}{2^3} + \frac{1}{3^3}\right) + \frac{1}{5}\left(\frac{1}{2^5} + \frac{1}{3^5}\right) \mp \ldots = \frac{\pi}{4}$$

(EULER)

$$4 \arctan \frac{1}{5} - \arctan \frac{1}{239} = 4\left(\frac{1}{5} - \frac{1}{3} \cdot \frac{1}{5^3} + \frac{1}{5} \cdot \frac{1}{5^5} - \frac{1}{7} \cdot \frac{1}{5^7} \pm \ldots\right)$$
$$- \left(\frac{1}{239} - \frac{1}{3} \cdot \frac{1}{239^3} \pm \ldots\right) = \frac{\pi}{4}$$

(MACHIN 1706)

12.1.3 Potenzreihen

12.1.3.1 Allgemeines

Eine *Funktionenreihe* ist eine unendliche Reihe, deren Glieder Funktionen einer Variablen sind:

$$\sum_{k=0}^{\infty} f_k(x) = f_1(x) + f_2(x) + \ldots + f_k(x) + \ldots$$

Eine *Potenzreihe*[1] ist eine Funktionenreihe mit $f_k = A_k(x - x_0)^k$:

$$\sum_{k=0}^{\infty} A_k(x - x_0)^k = A_0 + A_1(x - x_0) + A_2(x - x_0)^2 + \ldots$$

(Die Koeffizienten der Reihe werden hier mit $A_k \in \mathbb{R}$ bezeichnet zur Unterscheidung von den Gliedern einer Reihe a_k.)

Mittelpunkt, Entwicklungsstelle: $x_0 \in \mathbb{R}$

[1] Die Definitionen von Potenzreihe und Konvergenzradius gelten auch im Komplexen.

12

speziell

Entwicklung um den Nullpunkt $x_0 = 0$

$$\sum_{k=0}^{\infty} A_k x^k = A_0 + A_1 x + A_2 x^2 + \ldots + A_k x^k + \ldots$$

$$A_k = \frac{f^{(k)}(0)}{k!}$$

Konvergenzradius

Der *Konvergenzradius* der Potenzreihen $\sum_{k=0}^{\infty} A_k (x-x_0)^k$ lautet (falls diese Grenzwerte existieren):

$$r = \lim_{k\to\infty} \left| \frac{A_k}{A_{k+1}} \right| \quad \text{oder} \quad r = \frac{1}{\lim\limits_{k\to\infty} \sqrt[k]{|A_k|}}$$ (allgemeingültig, aber oft komplizierter)

$r = \infty$, die Reihe ist konvergent für jedes x (*beständig konvergent*)
$r = 0$, die Reihe ist nicht konvergent außer für $x = x_0$ bzw. $x = 0$

Eine Potenzreihe

- *konvergiert absolut* für $|x-x_0| < r$, d. h. $x \in (x_0-r, x_0+r)$
- *divergiert* für $|x-x_0| > r$, d. h. $x < x_0-r$ oder $x > x_0+r$
- unbestimmte Aussage für $x = x_0 \pm r$

Der *Konvergenzbereich* einer Potenzreihe ist die maximale Menge aller x-Werte, für die die Potenzreihe konvergiert.

Jede *Potenzreihe* kann im Inneren ihres Konvergenzbereichs *gliedweise differenziert* oder *integriert* werden, die entstehende Potenzreihe hat den gleichen Konvergenzradius wie die Ausgangsreihe.

Zwei *Potenzreihen* dürfen im gemeinsamen Konvergenzbereich *gliedweise addiert* bzw. *subtrahiert* oder *multipliziert* werden, wobei die entstehende Reihe mindestens im gemeinsamen Konvergenzbereich konvergiert.

Restglied

$$R_n(x) = f(x) - s_n(x) \qquad \lim_{n\to\infty} R_n(x) = 0 \qquad \text{für alle } x \in (-r, r)$$

♦ **Beispiel**

$$\mathrm{e}^x = 1 + x + \frac{x^2}{2!} + \frac{x^3}{3!} + \ldots = \sum_{k=1}^{\infty} \frac{x^k}{k!}$$

$$r = \lim_{k\to\infty} \left| \frac{1/k!}{1/(k+1)!} \right| = \lim_{k\to\infty} |k+1| = \infty$$

Das heißt, die Reihe ist beständig konvergent. ♦

12.1.3.2 Entwicklung von Funktionen in Potenzreihen

(Näherung durch ganzrationale Funktionen)

Mit dem Ansatz $f(x) = \sum_{k=0}^{\infty} A_k x^k$ führt mitunter die Methode der unbestimmten Koeffizienten zu einer Potenzreihe für $f(x)$.

Identitätssatz für die TAYLORsche Reihe

> Wird eine Funktion $y = f(x)$ durch eine Potenzreihe dargestellt, so ist dies ihre eigene TAYLOR-*Reihe* an der Entwicklungsstelle x_0.
>
> f beliebig oft differenzierbar im Intervall $[a, b]$ für alle $x \in [a, b]$
>
> $$f(x) = f(x_0) + \frac{f'(x_0)}{1!}(x - x_0) + \frac{f''(x_0)}{2!}(x - x_0)^2 + \ldots$$
> $$= \sum_{k=0}^{\infty} \frac{f^{(k)}(x_0)}{k!}(x - x_0)^k$$

Notwendige und hinreichende Bedingung für die Konvergenz der TAYLORschen Reihe

Ist $\lim_{n \to \infty} R_n(x) = 0$ für $|x - x_0| < r$, r Konvergenzradius, dann ist die TAYLORsche Reihe konvergent und hat für $x_0 - r < x < x_0 + r$ die Summenfunktion $f(x)$.

Für $x_0 = 0$ heißt die Reihe MACLAURIN*sche Reihe*:

$$f(x) = f(0) + \frac{f'(0)}{1!}x + \frac{f''(0)}{2!}x^2 + \ldots = \sum_{k=0}^{\infty} \frac{f^{(k)}(0)}{k!}x^k$$

TAYLORsche Formeln (TAYLORscher Satz)

f ist $(n + 1)$-mal differenzierbar im Intervall $[a, b]$, $x_0 \in [a, b]$

1. Form: TAYLORsche Formel an der Stelle x_0

$$f(x) = T_n(x) + R_n(x) = f(x_0) + \frac{f'(x_0)}{1!}(x - x_0) + \frac{f''(x_0)}{2!}(x - x_0)^2$$
$$+ \ldots + \frac{f^{(n)}(x_0)}{n!}(x - x_0)^n + R_n(x)$$

12

TAYLOR-*Polynom* vom Grad n und Restglied

$$T_n(x) = \sum_{k=0}^{n} \frac{1}{n!} f^{(k)}(x_0)(x - x_0)^k$$

$$R_n(x) = \frac{f^{(n+1)}(x_0)}{(n+1)!}(x - x_0)^{n+1} + \ldots$$

TAYLOR-Entwicklung, siehe auch HORNER-Schema 3.3.1.7.

Geometrische Deutung

Annäherung durch ein Näherungspolynom n-ten Grades $T_n(x)$ ($n = 2$: *Schmiegeparabel*) an den Graphen $y = f(x)$ im *Arbeitspunkt* $P_0(x_0, y_0)$.

Linearisierung einer Funktion ($n = 1$)

$$f_1(x) = f(x_0) + f'(x_0) \cdot (x - x_0)$$

als Näherung für $f(x)$ durch eine Gerade (*Tangente* im Arbeitspunkt)

Restglieder

LAGRANGE: $R_n = f^{(n+1)}(x_0 + \vartheta(x - x_0))\dfrac{(x - x_0)^{n+1}}{(n+1)!}$ $\qquad 0 < \vartheta < 1$

oder $R_n = \dfrac{f^{(n+1)}(\xi)}{(n+1)!}(x - x_0)^{n+1}$ $\qquad \xi$ zwischen x_0 und x

CAUCHY: $R_n = f^{(n+1)}\big(x_0 + \vartheta(x - x_0)\big)\dfrac{(x - x_0)^{(n+1)}}{n!}(1 - \vartheta)^n$ $\qquad 0 < \vartheta < 1$

oder $R_n(x) = \dfrac{1}{n!}\displaystyle\int_{x_0}^{x} f^{(n+1)}(\xi)(x - \xi)^n \,\mathrm{d}\xi$

Allgemeine Form des Restgliedes

$$R_n(x) = f^{(n+1)}\big(x_0 + \vartheta(x - x_0)\big)\frac{(x - x_0)^{n+1}}{n!p}(1 - \vartheta)^{n+1-p}$$

$$p \in \mathbb{N}^*, 0 < \vartheta < 1$$

2. Form: TAYLORsche Formel mit $x - x_0 = h$

$$f(x_0 + h) = f(x_0) + f'(x_0)\frac{h}{1!} + \ldots + f^{(n)}(x_0)\frac{h^n}{n!} + R_n(h)$$

Restglieder wie oben mit $x - x_0 = h$

3. Form: TAYLORsche Formel mit $x := x + a$ $\qquad a$ Konstante

$$f(x + a) = f(a) + \frac{f'(a)}{1!}x + \frac{f''(a)}{2!}x^2 + \ldots + \frac{f^{(n)}(a)}{n!}x^n + R_n(x)$$

Restglieder wie oben.

MacLaurinsche Formel

(Entwicklung der Taylor-Formel an der Stelle $x_0 = 0$)

$$f(x) = f(0) + \frac{f'(0)}{1!}x + \frac{f''(0)}{2!}x^2 + \ldots + \frac{f^{(n)}(0)}{n!}x^n + R_n(x)$$

Restglieder

$$R_n(x) = \frac{x^{n+1}}{(n+1)!}f^{(n+1)}(\vartheta x) \qquad 0 < \vartheta < 1 \quad \text{oder}$$

$$R_n(x) = \frac{x^{n+1}}{n!}(1-\vartheta)^n f^{(n+1)}(\vartheta x) \qquad 0 < \vartheta < 1$$

Taylorsche Reihe für Funktionen von zwei unabhängigen Variablen

Die Taylor*sche Reihe für zwei Variablen* an der Entwicklungsstelle (x_0, y_0) ist die zu $f(x,y)$ gehörende Potenzreihe

$$f(x,y) = \sum_{s,t=0}^{\infty} \frac{1}{s!\,t!}\frac{\partial^{s+t}}{\partial x^s \partial y^t} f(x_0,y_0)(x-x_0)^s(y-y_0)^t$$

Bedingung: $f(x,y)$ ist im Punkt x_0 analytisch, d. h., die Funktion lässt sich im Konvergenzbereich als Summe einer Potenzreihe von zwei Variablen schreiben.

Taylorsche Formel für zwei Variablen

1. Form: $f(x,y) = f(x_0+h, y_0+h)$

$$= f(x_0,y_0) + \frac{1}{1!}\left(h\frac{\partial}{\partial x} + k\frac{\partial}{\partial y}\right) f(x_0,y_0)$$

$$+ \ldots + \frac{1}{n!}\left(h\frac{\partial}{\partial x} + k\frac{\partial}{\partial y}\right)^n f(x_0,y_0) + R_n(x,y)$$

mit z. B.

$$\left(h\frac{\partial}{\partial x} + k\frac{\partial}{\partial y}\right)^2 f(x_0,y_0) = h^2 f_{xx}(x_0,y_0) + 2hk f_{xy}(x_0,y_0) + k^2 f_{yy}(x_0,y_0)$$

Lagrange-Restglied

$$R_n(x,y) = \frac{1}{(n+1)!}\left(h\frac{\partial}{\partial x} + k\frac{\partial}{\partial y}\right)^{n+1} f(x_0+\vartheta_1 h, y_0+\vartheta_2 k) \quad 0 < \vartheta_i < 1$$

12

2. Form: TAYLORsche Formel mit $h = x - x_0$, $k = y - y_0$

$$f(x,y) = f(x_0,y_0) + \frac{1}{1!}\big((x-x_0)f_x(x_0,y_0) + (y-y_0)f_y(x_0,y_0)\big)$$
$$+ \frac{1}{2!}\big((x-x_0)^2 f_{xx}(x_0,y_0) + 2(x-x_0)(y-y_0)f_{xy}(x_0,y_0)$$
$$+ (y-y_0)^2 f_{yy}(x_0,y_0)\big) + \ldots + R_n(x,y)$$

Für $n = 0$: Mittelwertsatz der Differenzialrechnung, siehe 8.2.3

Das Schaubild (siehe 8.2.3) der linearen Näherungsfunktion

$$z = f(x_0,y_0) + f_x(x_0,y_0)(x-x_0) + f_y(x_0,y_0)(y-y_0)$$

ist die Tangentialebene an die Fläche von $z = f(x,y)$ im Berührungspunkt $P_0(x_0,y_0,z_0)$. Siehe auch 8.3.3.

12.1.4 Numerische Berechnung von Reihen

HORNERsches Schema (siehe 3.3.1.7)

- zur Entwicklung eines Polynoms in eine TAYLOR-Reihe
- zur Berechnung der n-ten Partialsumme, d. h. der ganzrationalen Funktion n-ten Grades

Konvergenzverbesserung von Reihen

Die Konvergenz einer Reihe wird besser, je weniger Glieder Anteile bis zur vorgegebenen Genauigkeit liefern.

- Zerlegung langsam konvergierender Reihen in eine Reihe mit bekannter Summe und einen schnell konvergierenden Anteil

♦ **Beispiel**

$$\sum_{k=1}^{\infty} \frac{1}{k^2+1} = \sum_{k=1}^{\infty} \frac{1}{k^2} - \sum_{k=1}^{\infty} \frac{1}{k^2(k^2+1)} = \frac{\pi^2}{6} - \sum_{k=1}^{\infty} \frac{1}{k^2(k^2+1)}$$ ♦

- Abspalten führender Glieder und EULER-*Transformation* des Restes mit dem *Differenzenschema*:

$$y_k - y_{k+1} + y_{k+2} \mp \ldots$$
$$= \frac{1}{2^1}y_k - \frac{1}{2^2}\Delta^1 y_k + \frac{1}{2^3}\Delta^2 y_k \mp \ldots = \sum_{j=0}^{\infty} (-1)^j \frac{1}{2^{j+1}} \Delta^j y_j$$

y_k	$\Delta^1 y_k$	$\Delta^2 y_k$	
y_0			
	$\Delta^1 y_0 = y_1 - y_0$		
y_1		$\Delta^2 y_0 = \Delta^1 y_1 - \Delta^1 y_0$	
	$\Delta^1 y_1 = y_2 - y_1$		
y_2		$\Delta^2 y_1 = \Delta^1 y_2 - \Delta^1 y_1$	usw.

- Ausnutzung von Additionstheoremen oder Ähnliches
  z. B. $e^x = e^k \cdot e^\xi$ für $|x| > 1$, mit $x = k + \xi$, $k \in \mathbb{Z}$, $|\xi| < 1$
- TAYLORsche Reihe für $f\big(g(x)\big)$ an der Stelle $x_0 = 0$, wenn $g(0) = 0$ durch Einsetzen der Reihe für $g(x) = y$ in die Reihe für $f(y)$

♦ **Beispiel**

Man entwickle $\ln(\cos x)$ in eine Potenzreihe um $x = 0$:

$\ln x = \frac{x-1}{1} - \frac{(x-1)^2}{2} + \frac{(x-1)^3}{3} \mp \ldots$ (s. 12.1.5), daher

$$\ln(\cos x) = \frac{\cos x - 1}{1} - \frac{(\cos x - 1)^2}{2} + \frac{(\cos x - 1)^3}{3} \mp \ldots \qquad |x| < \frac{\pi}{2}$$

Für $\cos x$ wird seine Potenzreihe eingesetzt unter Berücksichtigung aller Potenzen bis einschließlich x^6:

$$\begin{aligned}\ln(\cos x) &= \left(-\frac{x^2}{2!} + \frac{x^4}{4!} - \frac{x^6}{6!}\right) - \frac{1}{2}\left(-\frac{x^2}{2!} + \frac{x^4}{4!}\right)^2 + \frac{1}{3}\left(-\frac{x^2}{2!}\right)^3 + \ldots \\ &= -\frac{x^2}{2} - \frac{x^4}{12} - \frac{x^6}{45} - \ldots\end{aligned}$$

wobei z. B. das 2. Glied des Ergebnisses lautet

$$\frac{x^4}{4!} - \frac{1}{2}\left(-\frac{x^2}{2!}\right)^2 = \frac{x^4}{24} - \frac{1}{2} \cdot \frac{x^4}{2 \cdot 2} = -\frac{x^4}{12}$$

♦

12.1.5 Zusammenstellung fertig entwickelter Reihen

Bemerkung: Die angegebenen Entwicklungen gelten auch für komplexe Werte von x.

12

Binomische Reihe

Allgemeine Form

$$\begin{aligned}(1 \pm x)^a = 1 &\pm \binom{a}{1}x + \binom{a}{2}x^2 \pm \binom{a}{3}x^3 + \ldots \\ &+ (\pm 1)^n \frac{a(a-1)(a-2)\ldots(a-n+1)}{n!}x^n + \ldots\end{aligned}$$

Konvergenzbereich: $|x| < 1$ Falls $a > 0$, gilt: $|x| \leq 1$

$$(b \pm x)^a = b^a\left(1 \pm \frac{x}{b}\right)^a = b^a \pm \binom{a}{1}b^{a-1}x + \binom{a}{2}b^{a-2}x^2 \pm + \ldots$$

Bei ganzzahligem positivem Exponenten $a = n$ bricht die Reihe beim $(n+1)$-ten Glied ab (Binomischer Lehrsatz, 2.1.5), sonst ist sie unendlich.

Binomische Reihe für ausgewählte Exponenten

$$(1 \pm x)^{\frac{1}{2}} = 1 \pm \frac{1}{2}x - \frac{1 \cdot 1}{2 \cdot 4}x^2 \pm \frac{1 \cdot 1 \cdot 3}{2 \cdot 4 \cdot 6}x^3 - \frac{1 \cdot 1 \cdot 3 \cdot 5}{2 \cdot 4 \cdot 6 \cdot 8}x^4 \pm - \ldots \qquad |x| \leq 1$$

$$(1 \pm x)^{\frac{1}{3}} = 1 \pm \frac{1}{3}x - \frac{1 \cdot 2}{3 \cdot 6}x^2 \pm \frac{1 \cdot 2 \cdot 5}{3 \cdot 6 \cdot 9}x^3 - \frac{1 \cdot 2 \cdot 5 \cdot 8}{3 \cdot 6 \cdot 9 \cdot 12}x^4 \pm - \ldots \qquad |x| \leq 1$$

$$(1 \pm x)^{\frac{1}{4}} = 1 \pm \frac{1}{4}x - \frac{1 \cdot 3}{4 \cdot 8}x^2 \pm \frac{1 \cdot 3 \cdot 7}{4 \cdot 8 \cdot 12}x^3 - \frac{1 \cdot 3 \cdot 7 \cdot 11}{4 \cdot 8 \cdot 12 \cdot 16}x^4 \pm - \ldots \qquad |x| \leq 1$$

$$(1 \pm x)^{-1} = 1 \mp x + x^2 \mp x^3 + x^4 \mp + \ldots \qquad |x| < 1$$

$$(1 \pm x)^{-\frac{1}{2}} = 1 \mp \frac{1}{2}x + \frac{1 \cdot 3}{2 \cdot 4}x^2 \mp \frac{1 \cdot 3 \cdot 5}{2 \cdot 4 \cdot 6}x^3 + \frac{1 \cdot 3 \cdot 5 \cdot 7}{2 \cdot 4 \cdot 6 \cdot 8}x^4 \mp + \ldots \qquad |x| < 1$$

$$(1 \pm x)^{-\frac{1}{3}} = 1 \mp \frac{1}{3}x + \frac{1 \cdot 4}{3 \cdot 6}x^2 \mp \frac{1 \cdot 4 \cdot 7}{3 \cdot 6 \cdot 9}x^3 + \frac{1 \cdot 4 \cdot 7 \cdot 10}{3 \cdot 6 \cdot 9 \cdot 12}x^4 \mp + \ldots \qquad |x| < 1$$

$$(1 \pm x)^{-\frac{1}{4}} = 1 \mp \frac{1}{4}x + \frac{1 \cdot 5}{4 \cdot 8}x^2 \mp \frac{1 \cdot 5 \cdot 9}{4 \cdot 8 \cdot 12}x^3 + \frac{1 \cdot 5 \cdot 9 \cdot 13}{4 \cdot 8 \cdot 12 \cdot 16}x^4 \mp + \ldots \qquad |x| < 1$$

Reihen für Exponentialfunktionen

$$e^x = 1 + \frac{x}{1!} + \frac{x^2}{2!} + \ldots + \frac{x^n}{n!} + \ldots \qquad x \in \mathbb{R}$$

$$a^x = 1 + \frac{\ln a}{1!}x + \frac{\ln^2 a}{2!}x^2 + \ldots + \frac{\ln^n a}{n!}x^n + \ldots \qquad x \in \mathbb{R}, a > 0$$

BERNOULLI*sche Zahlen* B_n (DIN 13 301)

$$\frac{x}{e^x - 1} = \sum_{n=0}^{\infty} B_n \frac{x^n}{n!} = 1 - \frac{1}{2}x + B_2\frac{x^2}{2!} + B_4\frac{x^4}{4!} + B_6\frac{x^6}{6!} + \ldots \quad |x| < 2\pi$$

mit $B_0 = 1$, $B_1 = -\frac{1}{2}$, $B_{2n} \neq 0$, alternierend, $B_3 = B_5 = \ldots B_{2n+1} = 0$ für $n \geq 1$

n	B_n	n	B_n	n	B_n	n	B_n
2	$\frac{1}{6}$	8	$-\frac{1}{30}$	14	$\frac{7}{6}$	20	$-\frac{174\,611}{330}$
4	$-\frac{1}{30}$	10	$\frac{5}{66}$	16	$-\frac{3\,617}{510}$	22	$\frac{854\,513}{138}$
6	$\frac{1}{42}$	12	$-\frac{691}{2\,730}$	18	$\frac{43\,867}{798}$	24	$-\frac{236\,364\,091}{2\,730}$

Reihen für logarithmische Funktionen

$$\ln x = \frac{x-1}{1} - \frac{(x-1)^2}{2} + \frac{(x-1)^3}{3} - \ldots + (-1)^{n+1}\frac{(x-1)^n}{n} + \ldots \qquad 0 < x \leq 2$$

$$\ln x = \frac{x-1}{x} + \frac{(x-1)^2}{2x^2} + \frac{(x-1)^3}{3x^3} + \ldots + \frac{(x-1)^n}{nx^n} + \ldots \qquad x > \frac{1}{2}$$

$$\ln x = 2\left(\frac{x-1}{x+1} + \frac{(x-1)^3}{3(x+1)^3} + \ldots + \frac{(x-1)^{2n+1}}{(2n+1)(x+1)^{2n+1}} + \ldots\right) \qquad x > 0$$

$$\ln(1+x) = x - \frac{x^2}{2} + \frac{x^3}{3} - \ldots + (-1)^{n+1}\frac{x^n}{n} + \ldots \qquad -1 < x \leq 1$$

$$\ln(1-x) = -\left(x + \frac{x^2}{2} + \frac{x^3}{3} + \ldots + \frac{x^n}{n} + \ldots\right) \qquad -1 \leq x < 1$$

$$\ln\frac{1+x}{1-x} = 2\operatorname{artanh} x = 2\left(x + \frac{x^3}{3} + \frac{x^5}{5} + \ldots + \frac{x^{2n+1}}{2n+1} + \ldots\right) \qquad |x| < 1$$

$$\ln\frac{x+1}{x-1} = 2\operatorname{arcoth} x = 2\left(\frac{1}{x} + \frac{1}{3x^3} + \ldots + \frac{1}{(2n+1)x^{2n+1}} + \ldots\right) \qquad |x| > 1$$

Reihen für trigonometrische Funktionen

$$\sin x = x - \frac{x^3}{3!} + \frac{x^5}{5!} - \frac{x^7}{7!} + \ldots + (-1)^n\frac{x^{2n+1}}{(2n+1)!} + \ldots \qquad x \in \mathbb{R}$$

$$\cos x = 1 - \frac{x^2}{2!} + \frac{x^4}{4!} - \frac{x^6}{6!} + \ldots + (-1)^n\frac{x^{2n}}{(2n)!} + \ldots \qquad x \in \mathbb{R}$$

$$\tan x = x + \frac{x^3}{3} + \frac{2x^5}{15} + \frac{17x^7}{315} + \ldots + (-1)^{n+1}\frac{2^{2n}(2^{2n}-1)}{(2n)!}B_{2n}x^{2n-1} + \ldots \qquad |x| < \frac{\pi}{2}, x \in \mathbb{R}$$

$$\cot x = \frac{1}{x} - \frac{1}{3}x - \frac{1}{45}x^3 - \frac{2}{945}x^5 - \ldots - (-1)^n\frac{2^{2n}}{(2n)!}B_{2n}x^{2n-1} - \ldots \qquad 0 < |x| < \pi$$

Reihen für zyklometrische Funktionen

$$\arcsin x = x + \frac{1 \cdot x^3}{2 \cdot 3} + \frac{1 \cdot 3 \cdot x^5}{2 \cdot 4 \cdot 5} + \dots + \frac{1 \cdot 3 \cdot 5 \cdot \ldots \cdot (2n-1)}{2 \cdot 4 \cdot 6 \cdot \ldots \cdot 2n} \cdot \frac{x^{2n+1}}{(2n+1)} + \dots \qquad |x| < 1$$

$$\arccos x = \frac{\pi}{2} - \arcsin x \qquad |x| < 1$$

$$\arctan x = x - \frac{x^3}{3} + \frac{x^5}{5} - \dots + (-1)^n \frac{x^{2n+1}}{2n+1} + \dots \qquad |x| \leq 1$$

$$\operatorname{arccot} x = \frac{\pi}{2} - \arctan x \qquad |x| \leq 1$$

Reihen für Hyperbelfunktionen

$$\sinh x = x + \frac{x^3}{3!} + \frac{x^5}{5!} + \dots + \frac{x^{2n+1}}{(2n+1)!} + \dots \qquad x \in \mathbb{R}$$

$$\cosh x = 1 + \frac{x^2}{2!} + \frac{x^4}{4!} + \dots + \frac{x^{2n}}{(2n)!} + \dots \qquad x \in \mathbb{R}$$

$$\tanh x = x - \frac{x^3}{3} + \frac{2x^5}{15} - \frac{17x^7}{315} + \dots + \frac{2^{2n}(2^{2n}-1)}{(2n)!} \mathrm{B}_{2n} x^{2n-1} + \dots \qquad |x| < \frac{\pi}{2},\ x \in \mathbb{R}$$

B_{2n} BERNOULLIsche Zahlen, siehe 12.1.5.

$$\coth x = \frac{1}{x} + \frac{x}{3} - \frac{x^3}{45} + \frac{2x^5}{945} - \dots + \frac{2^{2n}}{(2n)!} \mathrm{B}_{2n} x^{2n-1} + \dots \qquad 0 < |x| < \pi$$

EULER*sche Zahlen* E_n (DIN 13301)

$$\frac{1}{\cosh x} = \sum_{n=0}^{\infty} \mathrm{E}_n \frac{x^n}{n!} = 1 + \mathrm{E}_2 \frac{x^2}{2!} + \mathrm{E}_4 \frac{x^4}{4!} + \mathrm{E}_6 \frac{x^6}{6!} + \dots$$

mit $\mathrm{E}_0 = 1$, $\mathrm{E}_{2n} \neq 0$, alternierend, $\mathrm{E}_1 = \mathrm{E}_3 = \ldots = \mathrm{E}_{2n+1} = 0$ für $n \geq 1$

n	E_n	n	E_n	n	E_n
2	−1	8	1385	14	−199 360 981
4	5	10	−50 521	16	19 391 512 145
6	−61	12	2 702 765	18	−2 404 879 675 441

Bemerkung: BERNOULLIsche und EULERsche Zahlen werden teilweise abweichend mit nicht alternierenden, sondern nur positiven Vorzeichen definiert.

Reihen für Areafunktionen

$$\operatorname{arsinh} x = x - \frac{1 \cdot x^3}{2 \cdot 3} + \frac{1 \cdot 3 \cdot x^5}{2 \cdot 4 \cdot 5} - \ldots + (-1)^n \frac{1 \cdot 3 \cdot 5 \cdot \ldots \cdot (2n-1)}{2 \cdot 4 \cdot 6 \cdot \ldots \cdot (2n)} \cdot \frac{x^{2n+1}}{(2n+1)} + \ldots \qquad |x| < 1$$

$$\operatorname{arsinh} x = x - \frac{1 \cdot x^3}{2 \cdot 3} + \frac{1 \cdot 3 \cdot x^5}{2 \cdot 4 \cdot 5} - \ldots + (-1)^n \frac{(2n-1)!!}{(2n)!!} \cdot \frac{x^{2n+1}}{(2n+1)} + \ldots \qquad \text{s. u.}$$

$$\operatorname{arcosh} x = \ln(2x) - \frac{1}{2 \cdot 2x^2} - \frac{1 \cdot 3}{2 \cdot 4 \cdot 4x^4} - \ldots - \frac{1 \cdot 3 \cdot 5 \cdot \ldots \cdot (2n-1)}{2 \cdot 4 \cdot 6 \cdot \ldots \cdot 2n} \cdot \frac{1}{2nx^{2(n-1)}} - \ldots \qquad |x| > 1$$

Bemerkung: Die zur Vereinfachung auch gebrauchten Schreibweisen $(2n)!! := 2 \cdot 4 \cdot 6 \cdot \ldots \cdot (2n)$ und $(2n-1)!! := 1 \cdot 3 \cdot 5 \cdot \ldots \cdot (2n-1)$ (*Semifakultät*) sind nicht DIN-gerecht.

$$\operatorname{artanh} x = x + \frac{x^3}{3} + \frac{x^5}{5} + \ldots + \frac{x^{2n+1}}{2n+1} + \ldots \qquad |x| < 1$$

$$\operatorname{arcoth} x = \frac{1}{x} + \frac{1}{3x^3} + \frac{1}{5x^5} + \ldots + \frac{1}{(2n+1)x^{2n+1}} + \ldots \qquad |x| > 1$$

12.1.6 Näherungsformeln

Für kleine x-Werte liefern die Potenzreihen *Näherungsformeln.*

$$(1 \pm x)^n \approx 1 \pm nx \qquad \text{für } |x| \ll 1$$

$$(a \pm x)^n \approx a^n \left(1 \pm n\frac{x}{a}\right) \qquad \text{für } |x| \ll a$$

Der absolute Fehler wird $< 10^{-3}$, wenn $|x| \leq$ (Klammerwert).

$\frac{1}{1+x} \approx 1-x$	(0,0312)	$\frac{1}{(1+x)^2} \approx 1-2x$	(0,0181)
$\sqrt{1+x} \approx 1+\frac{1}{2}x$	(0,0874)	$\sqrt[3]{1+x} \approx 1+\frac{x}{3}$	(0,0923)
$\frac{1}{\sqrt{1+x}} \approx 1-\frac{x}{2}$	(0,0505)	$\frac{1}{\sqrt[3]{1+x}} \approx 1-\frac{x}{3}$	(0,0653)
$\frac{(1+x)}{(1-x)} \approx 1+2x$	(0,0221)	$\sqrt{\frac{(1+x)}{(1-x)}} \approx 1+x$	(0,0437)
$e^x \approx 1+x$	(0,0444)		
$\ln(1+x) \approx x$	(0,0440)	$\ln\frac{1+x}{1-x} \approx 2x$	(0,1141)
$\sin x \approx x$	(0,1819)	$\sin x \approx x-\frac{x^3}{6}$	(0,6557)
$\cos x \approx 1$	(0,0447)	$\cos x \approx 1-\frac{1}{2}x^2$	(0,3941)
$\tan x \approx x$	(0,1438)	$\tan x \approx x+\frac{x^3}{3}$	(0,3715)
$\arcsin x \approx x$	(0,1808)	$\arccos x \approx \frac{\pi}{2}-x$	(0,1808)
$\arctan x \approx x$	(0,1448)	$\operatorname{arccot} x \approx \frac{\pi}{2}-x$	(0,1448)
$\sinh x \approx x$	(0,1816)	$\cosh x \approx 1+\frac{x^2}{2}$	(0,3931)
$\tanh x \approx x$	(0,1446)		
$\operatorname{arsinh} x \approx x$	(0,1826)	$\operatorname{artanh} x \approx x$	(0,1436)

Allgemein gilt: $f(x) = f(0) + f'(0) \cdot x$ (MACLAURIN, siehe 12.1.3.2)

12.2 FOURIER-Reihen

12.2.1 FOURIER-Reihe einer periodischen Funktion

Sei $f(x)$ eine im Intervall $[0, 2\pi]$ stückweise stetige und darüber hinaus durch $f(x+2\pi) = f(x)$ fortgesetzte *periodische Funktion* mit der *Primitivperiode* $T = 2\pi$. Die FOURIER-*Reihe* von $f(x)$ ist dann definiert als

$$\frac{a_0}{2} + \sum_{k=1}^{\infty} (a_k \cos kx + b_k \sin kx) \qquad x \in \mathbb{R}$$

mit den *Fourier-Koeffizienten* (EULER-FOURIER-*Formeln*, trigonometrische Form)

$$a_k = \frac{1}{\pi} \int_0^{2\pi} f(x) \cos kx \, \mathrm{d}x \qquad k = 0, 1, 2, \ldots$$

$$b_k = \frac{1}{\pi} \int_0^{2\pi} f(x) \sin kx \, \mathrm{d}x \qquad k = 1, 2, 3, \ldots$$

Die periodische Funktion f wird in eine *trigonometrische Reihe*, die FOURIER-Reihe von f, entwickelt (*harmonische Analyse* oder FOURIER-*Analyse*). Bei einer FOURIER-Analyse einer periodischen Funktion f wird diese also in eine Summe harmonischer Schwingungen zerlegt, deren Kreisfrequenzen ganzzahlige Vielfache einer Grundkreisfrequenz sind (*diskretes* oder *diskontinuierliches Frequenzspektrum*).

Die FOURIER-Koeffizienten sind der *Gleichanteil* $a_0/2$ und die Amplituden der *Teilschwingungen* a_k, b_k von $f(x)$.

Wegen der Periodizität der vorkommenden Funktionen kann über jedes Integrationsintervall $[c, c+2\pi]$, $c \in \mathbb{R}$ beliebig, integriert werden.

Dabei wird als Güte der Annäherung der mittlere quadratische Fehler (GAUSSsche *Methode der kleinsten Quadrate*)

$$\varepsilon^2(x) := \int_0^{2\pi} \big(f(x) - s_n(x)\big)^2 \, \mathrm{d}x$$

mit $s_n(x) := \dfrac{\alpha_0}{2} + \sum\limits_{k=1}^{n} (\alpha_k \cos kx + \beta_k \sin kx)$

12

genau dann minimal, wenn man in s_n für α_k und β_k die FOURIER-Koeffizienten a_k, b_k verwendet:

$$f(x) \approx s_n(x) = \frac{a_0}{2} + \sum_{k=1}^{n} (a_k \cos kx + b_k \sin kx)$$

Hinreichende (aber nicht notwendige!) Bedingungen für die Konvergenz der FOURIER-Reihe liefert der

Satz von DIRICHLET (Hauptsatz der Theorie der FOURIER-Reihen)

Die 2π-periodische Funktion $f(x)$ erfülle folgende DIRICHLET-*Bedingungen*:

- Das Perioden-Intervall $[0, 2\pi]$ lässt sich in endlich viele Teilintervalle zerlegen, auf denen $f(x)$ und $f'(x)$ stetig sind.
- An einer Unstetigkeitsstelle x_0 (endliche Sprungstelle) existieren links- und rechtsseitiger Grenzwert $f(x_0-)$ und $f(x_0+)$.

Dann konvergiert die FOURIER-Reihe von f gegen

a) $f(x)$, falls f in x stetig ist

b) $\dfrac{f(x_0-) + f(x_0+)}{2}$, falls f in x_0 unstetig ist.

Die *trigonometrischen Polynome* $s_n(x)$ konvergieren unter den DIRICHLET-Bedingungen *im quadratischen Mittel* gegen f, d. h., es wird $\lim\limits_{n\to\infty} \varepsilon^2 = 0$ (*Quadratmittelapproximation*).

Bemerkung: Ist $f(x)$ nur im Intervall $[0,\pi]$ gegeben und gelten dort die DIRICHLET-Bedingungen, kann man f mit $b_k = 0$ bzw. $a_k = 0$ entweder als Kosinus- oder als Sinusentwicklung fortsetzen.

Praktisch bricht man die FOURIER-Reihe nach einer endlichen Anzahl von n Gliedern ab, was einer Approximation von f durch ein *trigonometrisches Polynom n-*ten Grades entspricht.

FOURIER-Reihe mit beliebiger Periode *T* (allgemeiner Fall)

Bezeichnungen

ω_0 *Bezugskreisfrequenz, Grundkreisfrequenz,* $\omega_0 = \dfrac{2\pi}{T}$ in $\dfrac{1}{\text{s}}$

ω_k *Kreisfrequenz der Oberschwingungen,* $\omega_k = k \cdot \omega_0$, $k \in \mathbb{N}$

T *Periodendauer, Schwingungsdauer, (Primitiv-)Periode,*
$T = \dfrac{2\pi}{\omega_0}$ in s

φ_k *Phasenlage, Nullphasenwinkel, Phasenverschiebung*

t Variable, meist Zeit in s

Man substituiert $x = \omega_0 t = \frac{2\pi}{T} t$ und erhält $f(t)$ mit der Periode $T = \frac{2\pi}{\omega_0}$.

FOURIER-Reihe von $f(t)$ (trigonometrische Form)

$$f(t) = \frac{a_0}{2} + \sum_{k=1}^{\infty} \left(a_k \cos(k\omega_0 t) + b_k \sin(k\omega_0 t)\right)$$

Es wird von 0 bis T, $-\frac{T}{2}$ bis $\frac{T}{2}$ oder allgemein c bis $c + T$ integriert.

Reelle FOURIER-*Koeffizienten* ($c \in \mathbb{R}$ beliebig)

$$a_k = \frac{2}{T} \int_c^{c+T} f(t) \cos(k\omega_0 t)\, \mathrm{d}t \qquad k = 0, 1, 2, \ldots$$

$$b_k = \frac{2}{T} \int_c^{c+T} f(t) \sin(k\omega_0 t)\, \mathrm{d}t \qquad k = 1, 2, 3, \ldots$$

Spektraldarstellung der FOURIER-Reihe

$$f(t) = \frac{a_0}{2} + \sum_{k=1}^{\infty} A_k \sin(k\omega_0 t + \varphi_k)$$

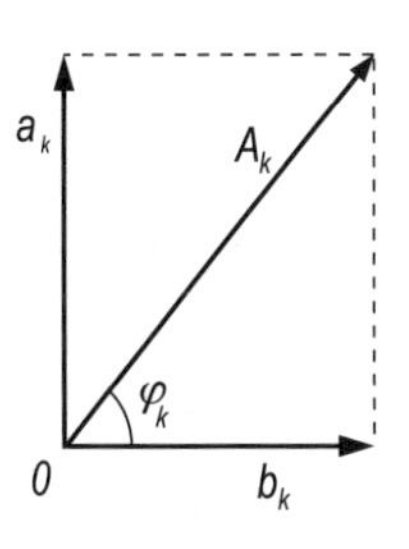

Spektraldarstellung

FOURIER-*Amplitude* der Teilschwingungen

$$A_k = \sqrt{a_k^2 + b_k^2} \qquad k = 1, 2, 3, \ldots$$

Phasenverschiebung der Teilschwingungen

$$\varphi_k = \arctan \frac{a_k}{b_k} \qquad b_k > 0$$

Komplexe Form der FOURIER-Reihe

$$f(t) = \sum_{k=-\infty}^{\infty} c_k \mathrm{e}^{\mathrm{j}k\omega_0 t} \qquad \text{Periode } T = \frac{2\pi}{\omega_0}$$

Komplexe FOURIER-*Koeffizienten* c_k

$$c_k = \frac{1}{T} \int_c^{c+T} f(t) \mathrm{e}^{-\mathrm{j}k\omega_0 t}\, \mathrm{d}t$$

$$= \frac{1}{T} \int_c^{c+T} f(t) \cos(k\omega_0 t)\, \mathrm{d}t - \frac{\mathrm{j}}{T} \int_c^{c+T} f(t) \sin(k\omega_0 t)\, \mathrm{d}t$$

$T c_k$ *(Linien-)Spektrum* von $f(t)$

Beziehungen zwischen den reellen und komplexen FOURIER-Koeffizienten

$$a_0 = 2c_0, \quad a_k = c_k + c_{-k} = 2\mathrm{Re}\,(c_k), \quad b_k = \mathrm{j}(c_k - c_{-k}) = -2\mathrm{Im}\,(c_k)$$

$$k = 1, 2, 3, \ldots$$

$$c_0 = \frac{a_0}{2}, \quad c_k = \frac{a_k - \mathrm{j}b_k}{2}, \quad c_{-k} = \frac{a_k + \mathrm{j}b_k}{2}, \quad c_{-k} = c_k^*$$

Symmetrieverhältnisse

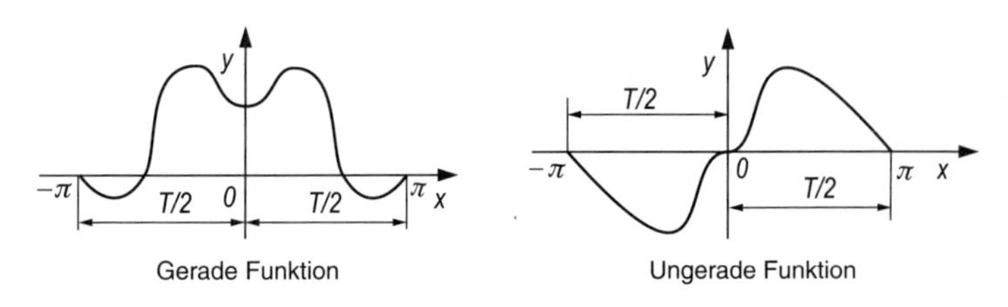

Gerade Funktion: $f(x) = f(-x)$

$$a_k = \frac{2}{\pi}\int_0^{\pi} f(x)\cos kx\,\mathrm{d}x \qquad b_k = 0 \qquad \text{(keine Sinusglieder)}$$

Ungerade Funktion: $f(x) = -f(-x)$

$$b_k = \frac{2}{\pi}\int_0^{\pi} f(x)\sin kx\,\mathrm{d}x \qquad a_k = 0 \qquad \text{(keine Kosinusglieder, kein Gleichanteil)}$$

Gleiche Form und Lage der Halbperioden zur x-Achse: $f(x) = f(x+\pi)$

$$a_{2k+1} = 0,\ b_{2k+1} = 0 \qquad \text{(nur Glieder mit geraden Indizes)}$$

Gleiche Form bei verschiedener Lage der Halbperioden: $f(x) = -f(x+\pi)$

$$a_{2k} = 0,\ b_{2k} = 0 \qquad \text{(nur Glieder mit ungeraden Indizes)}$$

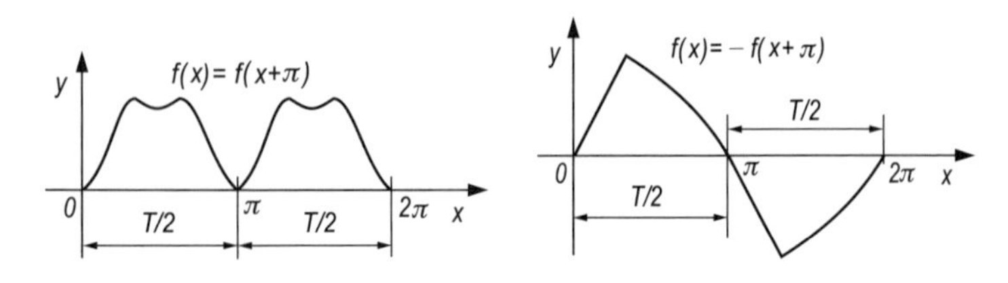

Beispiel

Nachfolgender rhythmisch verlaufender *Ausgleichsvorgang* soll in eine FOURIER-Reihe entwickelt werden:

$f(x) = h\mathrm{e}^{-x} \qquad x \in [0, 2\pi],\ T = 2\pi$

1. Lösungsweg

Berechnung der Koeffizienten über die *trigonometrische Form*, $k \in \mathbb{N}$

$$a_k = \frac{1}{\pi}\int_0^{2\pi} h\mathrm{e}^{-x}\cos kx\,\mathrm{d}x = \frac{h}{\pi}\int_0^{2\pi}\mathrm{e}^{-x}\cos kx\,\mathrm{d}x$$

Lt. Integraltabelle 14.3.1, Nr. (273) ist

$$\int \mathrm{e}^{-x}\cos kx\,\mathrm{d}x = \frac{\mathrm{e}^{-x}}{1+k^2}(k\sin kx - \cos kx) + C$$

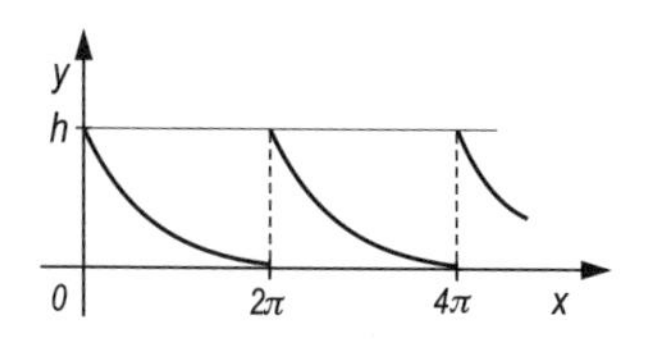

Unter Berücksichtigung der Grenzen werden allgemein

$$a_k = \frac{h\left(1-\mathrm{e}^{-2\pi}\right)}{\pi(1+k^2)} \qquad b_k = \frac{hk\left(1-\mathrm{e}^{-2\pi}\right)}{\pi(1+k^2)}$$

und konkret

$$a_0 = \frac{h\left(1-\mathrm{e}^{-2\pi}\right)}{\pi} \qquad a_1 = \frac{h\left(1-\mathrm{e}^{-2\pi}\right)}{2\pi} \qquad a_2 = \frac{h\left(1-\mathrm{e}^{-2\pi}\right)}{5\pi} \qquad \text{usw.}$$

$$b_1 = \frac{h\left(1-\mathrm{e}^{-2\pi}\right)}{2\pi} \qquad b_2 = \frac{2h\left(1-\mathrm{e}^{-2\pi}\right)}{5\pi} \qquad \text{usw.}$$

Die FOURIER-Reihe lautet

$$f(x) = \frac{h\left(1-\mathrm{e}^{-2\pi}\right)}{\pi}\left(\frac{1}{2} + \frac{1}{2}\cos x + \frac{1}{2}\sin x + \frac{1}{5}\cos 2x + \frac{2}{5}\sin 2x + \ldots\right)$$

Die FOURIER-Reihe konvergiert für alle $x \in \mathbb{R}$ gegen $f(x)$, wenn man $f(2k\pi) = \dfrac{h\left(1+\mathrm{e}^{-2\pi}\right)}{2}$ setzt ($k \in \mathbb{Z}$, Mittelwert aus rechts- und linksseitigem Grenzwert an den Sprungstellen).

2. Lösungsweg

Berechnung der Koeffizienten über die *komplexe Form*

$$c_k = \frac{1}{2\pi}\int_0^{2\pi} h\mathrm{e}^{-x}\mathrm{e}^{-\mathrm{j}kx}\,\mathrm{d}x = \frac{h}{2\pi}\int_0^{2\pi}\mathrm{e}^{-(1+\mathrm{j}k)x}\,\mathrm{d}x$$

Integration liefert sofort

$$c_k = \frac{-h\mathrm{e}^{-(1+\mathrm{j}k)x}}{2\pi(1+\mathrm{j}k)}\Bigg|_0^{2\pi} = \frac{-h}{2\pi(1+\mathrm{j}k)}\left(\mathrm{e}^{-2\pi}\cdot\underbrace{\mathrm{e}^{-\mathrm{j}2\pi k}}_{=1} - 1\right) = \frac{h\left(1-\mathrm{e}^{-2\pi}\right)}{2\pi(1+\mathrm{j}k)}$$

12

Aus c_k berechnen sich die Koeffizienten der trigonometrischen Form a_k und b_k:

$$a_k = c_k + c_{-k} = \frac{h\left(1 - \mathrm{e}^{-2\pi}\right)}{2\pi}\left(\frac{1}{1+\mathrm{j}k} + \frac{1}{1-\mathrm{j}k}\right)$$

$$= \frac{h\left(1 - \mathrm{e}^{-2\pi}\right)}{2\pi} \cdot \frac{1 - \mathrm{j}k + 1 + \mathrm{j}k}{1+k^2} = \frac{h\left(1 - \mathrm{e}^{-2\pi}\right)}{\pi(1+k^2)}$$

$$b_k = \mathrm{j}(c_k - c_{-k}) = \mathrm{j}\frac{h\left(1 - \mathrm{e}^{-2\pi}\right)}{2\pi}\left(\frac{1}{1+\mathrm{j}k} - \frac{1}{1-\mathrm{j}k}\right)$$

$$= \mathrm{j}\frac{h\left(1 - \mathrm{e}^{-2\pi}\right)}{2\pi} \cdot \frac{1 - \mathrm{j}k - 1 - \mathrm{j}k}{1+k^2} = \frac{hk\left(1 - \mathrm{e}^{-2\pi}\right)}{\pi(1+k^2)}$$

Die Koeffizienten aus beiden Rechnungen stimmen natürlich überein. Man erkennt, dass die Berechnung über die komplexe Form wesentlich einfachere Integrale ergibt, vor allen Dingen, wenn $f(x)$ eine e-Funktion ist.

Das Linienspektrum von $f(x)$ ergibt sich zu

$$2\pi c_k = \frac{h\left(1 - \mathrm{e}^{-2\pi}\right)}{1+\mathrm{j}k} = \frac{h\left(1 - \mathrm{e}^{-2\pi}\right)(1 - \mathrm{j}k)}{1+k^2}$$

$$= \frac{h\left(1 - \mathrm{e}^{-2\pi}\right)}{1+k^2} + \mathrm{j}\frac{-hk\left(1 - \mathrm{e}^{-2\pi}\right)}{1+k^2}$$

$$\approx \frac{h}{1+k^2} + \mathrm{j}\frac{-hk}{1+k^2}, \text{ da } \mathrm{e}^{-2\pi} \ll 1 \text{ ist.}$$

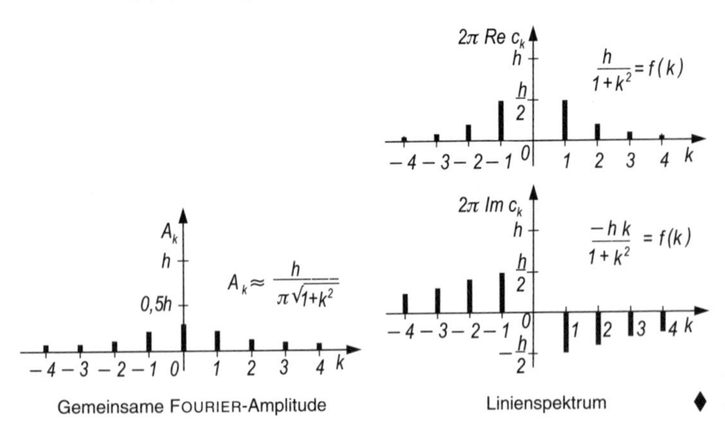

Gemeinsame FOURIER-Amplitude Linienspektrum ♦

12.2.2 Numerische harmonische Analyse

Sind die Integrale zur Bestimmung der a_k, b_k nicht geschlossen darstellbar bzw. liegt $f(x)$ im Intervall $[0, 2\pi]$ nur an $2N$ diskreten, äquidistanten Stützstellen $x_i = i\frac{2\pi}{2N}$, $i = 0, 1, \ldots, 2N-1$, $N \in \mathbb{N}^*$ als $y_i = f(x_i)$ vor, ist eine Näherung durch ein trigonometrisches Polynom anzusetzen. Die $(2n+1)$ Koeffizienten a_0, a_k, b_k, $k = 1, 2, \ldots, n$ sind für $2n + 1 < 2N$ eindeutig bestimmt (diskrete FOURIER-Transformation).

Trigonometrische Interpolation

Anzahl der Koeffizienten $2n$ = Anzahl der Stützstellen $2N$, $b_N = 0$

Periode 2π: $f(x) \approx s_N(x) = \dfrac{a_0}{2} + \sum\limits_{k=1}^{N-1}(a_k \cos kx + b_k \sin kx) + \dfrac{a_N}{2}\cos Nx$

wobei

$$a_0 = \frac{1}{N}\sum_{i=1}^{2N} f(x_i), \qquad a_N = \frac{1}{N}\sum_{i=1}^{2N}(-1)^i f(x_i), \qquad x_i = \frac{i\pi}{N}$$

$$a_k = \frac{1}{N}\sum_{i=1}^{2N} f(x_i)\cos kx_i, \qquad b_k = \frac{1}{N}\sum_{i=1}^{2N} f(x_i)\sin kx_i,$$

$k = 1, 2, \ldots, (N-1)$

Bei Periode T wird die neue Variable t eingeführt. Man setzt $x := \dfrac{2\pi}{T}t$.

Komplexe diskrete (schnelle) FOURIER-Transformation, FFT

Die reelle oder komplexwertige Funktion f habe die Periode $T = x_{2N} - x_0$.

Anzahl der äquidistanten Stützstellen: $2N = 2^\tau$, $\tau \in \mathbb{N}^*$

Stützstellen: $x_i = x_0 + i\dfrac{T}{2N}$, $i = 0, 1, \ldots, 2N-1$

Stützwerte: $f(x_i)$

Diskrete, T-periodische FOURIER-Teilsumme

$$s_{2N} = \sum_{k=-N+1}^{N-1} c_k e^{j\left(k\frac{2\pi}{T}x\right)} + c_N \cos\left(N\frac{2\pi}{T}x\right) \qquad j^2 = -1$$

Die Anteile der harmonischen Schwingungen in f werden wie oben durch die komplexen diskreten FOURIER-Koeffizienten beschrieben, das sind die

Schwingungsanteile vom k-fachen der Grundfrequenz $\frac{2\pi}{T}$, $c_{-k} = c_k^*$

$$c_k = \frac{1}{2N} \sum_{i=0}^{2N-1} f(x_i) \mathrm{e}^{-\mathrm{j}\left(k \frac{2\pi}{T} x_i\right)} \qquad k = (-N+1), (-N+2), \ldots, (N-1)$$

Berechnung mittels schneller FOURIER-Transformation (engl. *fast fourier transform*)[1)]

Ist $f(x_i)$ reellwertig, wird auch ihre diskrete FOURIER-Teilsumme reell.

$$s_{2N}(x) = \frac{a_0}{2} + \sum_{k=1}^{N-1} \left[a_k \cos\left(k \frac{2\pi}{T} x\right) + b_k \sin\left(k \frac{2\pi}{T} x\right) \right] + a_N \cos\left(N \frac{2\pi}{T} x\right)$$

mit den diskreten FOURIER-Koeffizienten als Ausdruck der Anteile der jeweiligen harmonischen Schwingung

$$a_k = \frac{1}{2N} \sum_{i=0}^{2N-1} f(x_i) \cos\left(k \frac{2\pi}{T} x_i\right) = \operatorname{Re} c_k \qquad k \text{ siehe oben}$$

$$b_k = \frac{1}{2N} \sum_{i=0}^{2N-1} f(x_i) \sin\left(k \frac{2\pi}{T} x_i\right) = -\operatorname{Im} c_k$$

Umkehrtransformation zur Bestimmung von $f(x_i)$ aus den c_k

$$f(x_i) = \sum_{k=0}^{N} c_k \mathrm{e}^{\mathrm{j}\left(i \frac{2\pi}{T} x_k\right)} + \sum_{k=N+1}^{2N-1} c_{k-2N} \mathrm{e}^{\mathrm{j}\left(i \frac{2\pi}{T} x_k\right)} \qquad i = 0, 1, \ldots, 2N-1$$

12.2.3 Ausgewählte FOURIER-Reihen

1. *Rechteckkurve*

$$f(x) = \frac{4h}{\pi} \left(\sin x + \frac{1}{3} \sin 3x + \frac{1}{5} \sin 5x + \ldots \right)$$

2. *Rechteckkurve*

$$f(x) = \frac{4h}{\pi} \left(\cos x - \frac{1}{3} \cos 3x + \frac{1}{5} \cos 5x \mp \ldots \right)$$

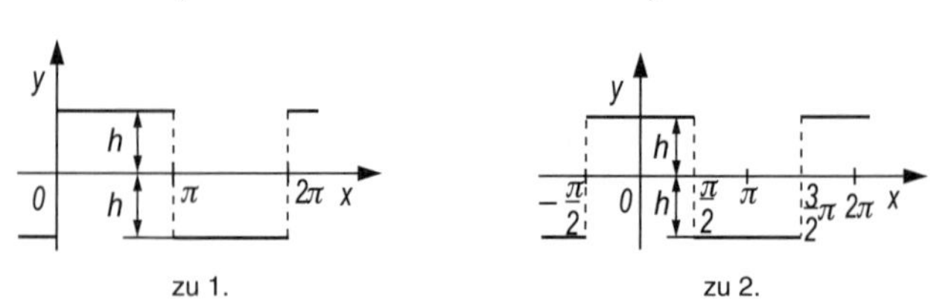

zu 1. zu 2.

1) siehe Zeidler, E. (Hrsg.): Teubner-Taschenbuch der Mathematik. – 2. Aufl. – Teubner 2003

3. *Rechteckkurve*

$$f(x) = \frac{h_1 + h_2}{2} + \frac{2(h_1 - h_2)}{\pi}\left(\sin x + \frac{1}{3}\sin 3x + \frac{1}{5}\sin 5x + \ldots\right)$$

$h_2 = 0$ führt zum *Rechteckimpuls*.

4. *Rechteckkurve*

$$f(x) = \frac{h_1 + h_2}{2} + \frac{2(h_1 - h_2)}{\pi}\left(\cos x - \frac{1}{3}\cos 3x + \frac{1}{5}\cos 5x \mp \ldots\right)$$

$h_2 = 0$ führt zum *Rechteckimpuls*.

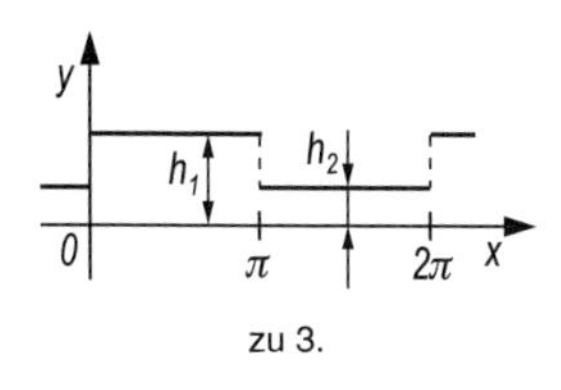

zu 3.

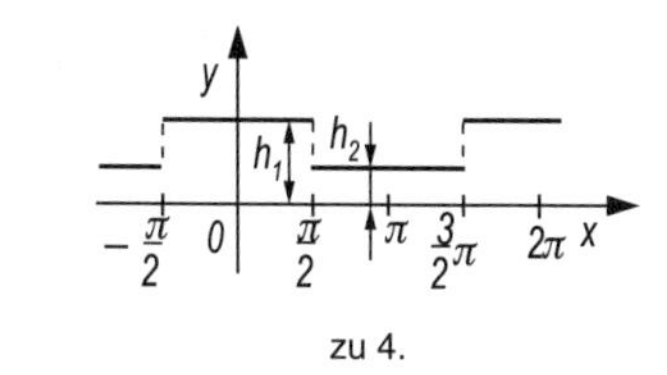

zu 4.

5. *Rechteckimpuls*, (variable Impulsbreite)

$$f(x) = \frac{2h}{\pi}\left(\frac{\varphi}{2} + \frac{\sin\varphi}{1}\cos x + \frac{\sin 2\varphi}{2}\cos 2x + \ldots\right)$$

6. *Rechteckimpuls*, (variable Lückenbreite)

$$f(x) = \frac{4h}{\pi}\left(\frac{\cos\varphi}{1}\sin x + \frac{\cos 3\varphi}{3}\sin 3x + \ldots\right)$$

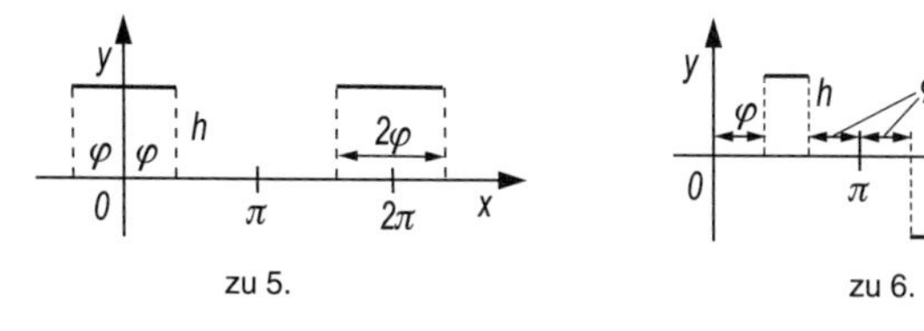

zu 5.

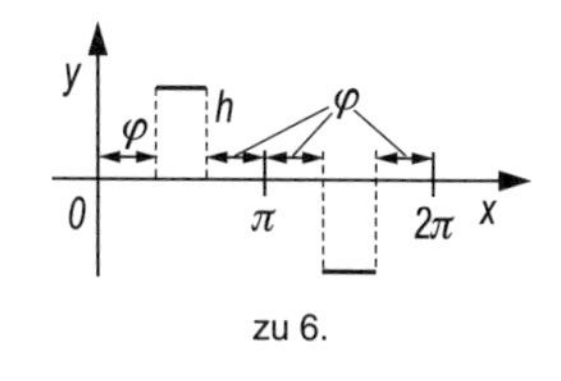

zu 6.

7. *Trapezkurve* (gleichschenkliges Trapez)

$$f(x) = \frac{4h}{\pi\varphi}\left(\frac{1}{1^2}\sin\varphi\sin x + \frac{1}{3^2}\sin 3\varphi\sin 3x + \ldots\right)$$

8. *Trapezimpuls* (gleichschenkliges Trapez)

$$f(x) = \frac{4h}{\pi(\alpha - \varphi)}\left(\frac{\sin\alpha - \sin\varphi}{1^2}\sin x + \frac{\sin 3\alpha - \sin 3\varphi}{3^2}\sin 3x + \ldots\right)$$

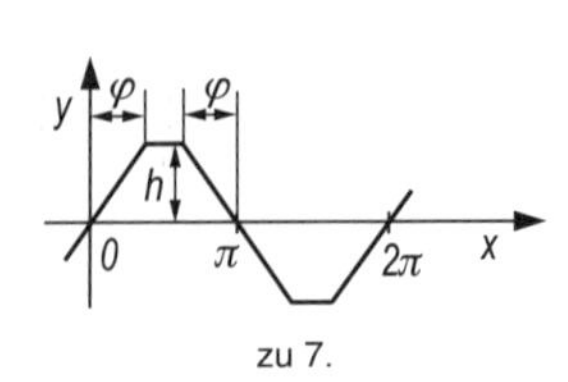

zu 7.

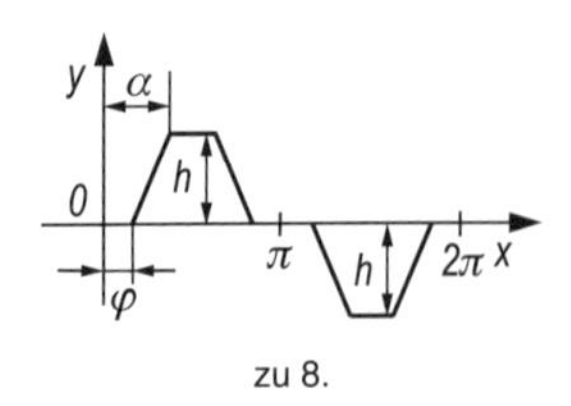

zu 8.

9. *Dreieckkurve* (gleichschenkliges Dreieck)

$$f(x) = \frac{8h}{\pi^2}\left(\frac{1}{1^2}\sin x - \frac{1}{3^2}\sin 3x + \frac{1}{5^2}\sin 5x \mp \ldots\right)$$

10. *Dreieckkurve* (gleichschenkliges Dreieck)

$$f(x) = \frac{8h}{\pi^2}\left(\frac{1}{1^2}\cos x + \frac{1}{3^2}\cos 3x + \frac{1}{5^2}\cos 5x + \ldots\right)$$

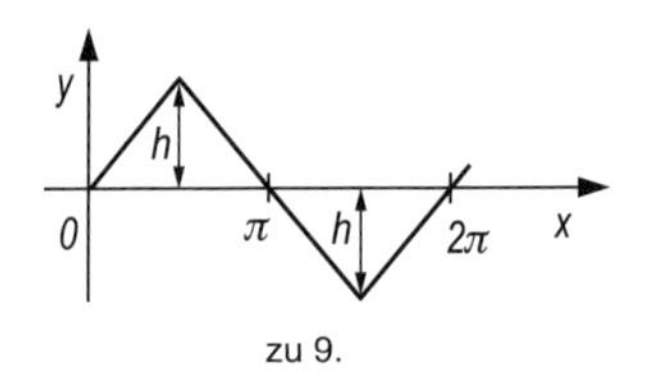

zu 9.

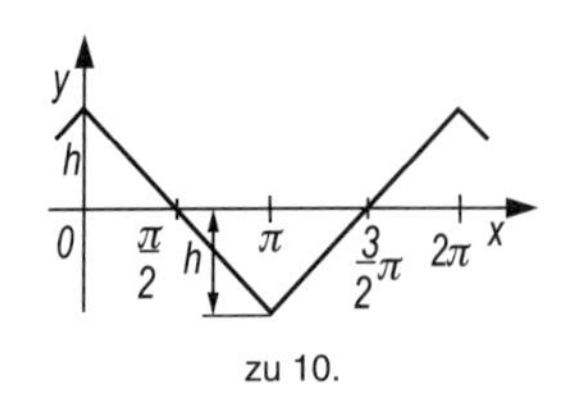

zu 10.

11. *Dreieckkurve* (gleichschenkliges Dreieck)

$$f(x) = \frac{h}{2} + \frac{4h}{\pi^2}\left(\frac{1}{1^2}\cos x + \frac{1}{3^2}\cos 3x + \frac{1}{5^2}\cos 5x + \ldots\right)$$

12. *Dreieckkurve* (gleichschenkliges Dreieck)

$$f(x) = \frac{h}{2} - \frac{4h}{\pi^2}\left(\frac{1}{1^2}\cos x + \frac{1}{3^2}\cos 3x + \frac{1}{5^2}\cos 5x + \ldots\right)$$

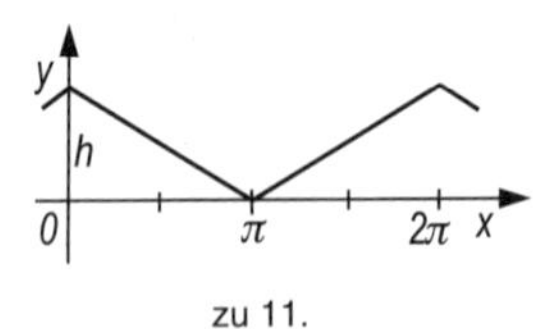

zu 11.

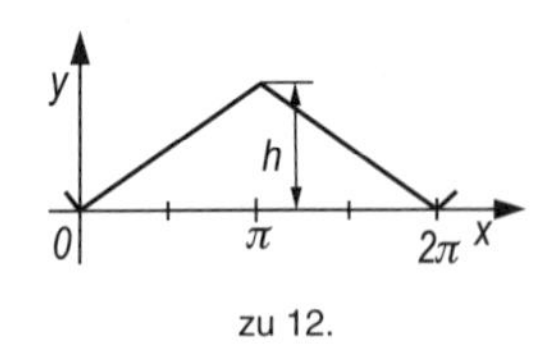

zu 12.

13. *Dreieckimpuls* (gleichschenkliges Dreieck)

$$f(x) = \frac{h\varphi}{2\pi} + \frac{2h}{\pi\varphi}\left(\frac{1-\cos\varphi}{1^2}\cos x + \frac{1-\cos 2\varphi}{2^2}\cos 2x + \frac{1-\cos 3\varphi}{3^2}\cos 3x + \ldots\right)$$

14. *Sägezahnkurve* (steigend)

$$f(x) = \frac{2h}{\pi}\left(\sin x - \frac{1}{2}\sin 2x + \frac{1}{3}\sin 3x \mp \ldots\right)$$

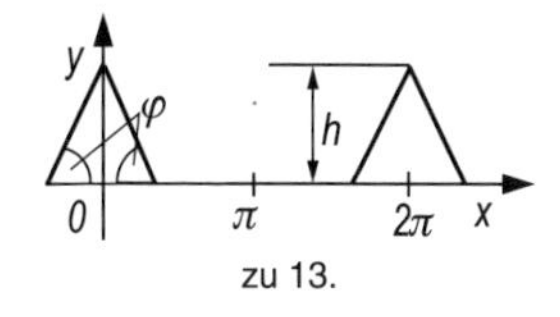

zu 13.

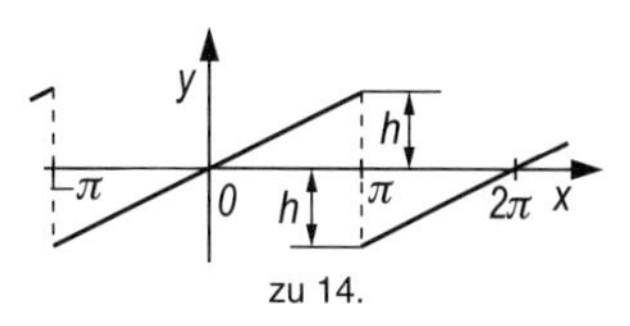

zu 14.

15. *Sägezahnkurve* (steigend)

$$f(x) = -\frac{2h}{\pi}\left(\sin x + \frac{1}{2}\sin 2x + \frac{1}{3}\sin 3x + \ldots\right)$$

16. *Sägezahnkurve* (steigend)

$$f(x) = \frac{h}{2} - \frac{h}{\pi}\left(\sin x + \frac{1}{2}\sin 2x + \frac{1}{3}\sin 3x + \ldots\right)$$

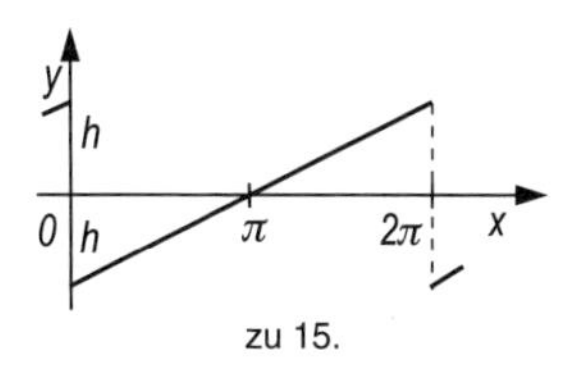

zu 15.

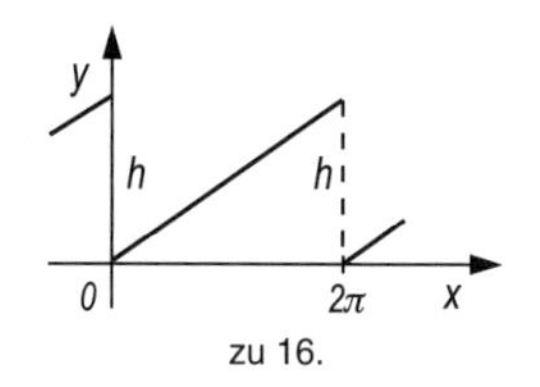

zu 16.

17. *Sägezahnkurve* (fallend)

$$f(x) = \frac{2h}{\pi}\left(\sin x + \frac{1}{2}\sin 2x + \frac{1}{3}\sin 3x + \ldots\right)$$

18. *Sägezahnkurve* (fallend)

$$f(x) = \frac{2h}{\pi}\left(-\sin x + \frac{1}{2}\sin 2x - \frac{1}{3}\sin 3x \pm \ldots\right)$$

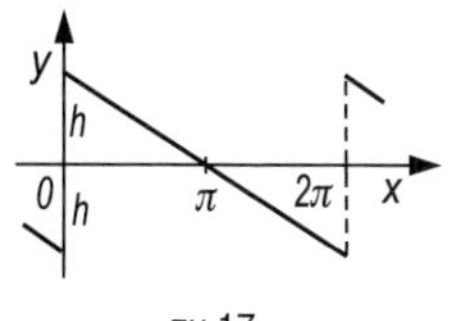

zu 17.

zu 18.

19. *Sägezahnkurve* (fallend)

$$f(x) = \frac{h}{2} + \frac{h}{\pi}\left(\sin x + \frac{1}{2}\sin 2x + \frac{1}{3}\sin 3x + \ldots\right)$$

12

20. *Sägezahnimpuls* (steigend)

$$f(x) = \frac{h}{4} + \frac{h}{\pi}\left(\sin x - \frac{1}{2}\sin 2x + \frac{1}{3}\sin 3x \mp \ldots\right)$$
$$- \frac{2h}{\pi^2}\left(\cos x + \frac{1}{3^2}\cos 3x + \frac{1}{5^2}\cos 5x + \ldots\right)$$

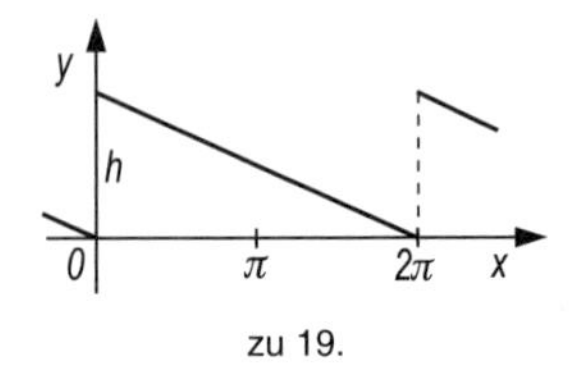

zu 19.

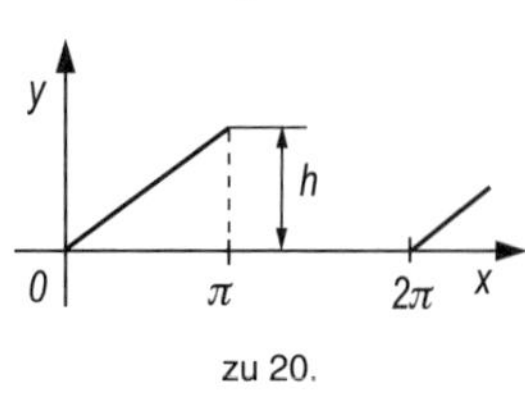

zu 20.

21. *Sägezahnimpuls* (fallend)

$$f(x) = \frac{h}{4} + \frac{h}{\pi}\left(\sin x + \frac{1}{2}\sin 2x + \frac{1}{3}\sin 3x + \ldots\right)$$
$$+ \frac{2h}{\pi^2}\left(\cos x + \frac{1}{3^2}\cos 3x + \frac{1}{5^2}\cos 5x + \ldots\right)$$

22. *Sinuskurve* (*Zweiweggleichrichtung*)

$$f(x) = \frac{4h}{\pi}\left(\frac{1}{2} - \frac{1}{1\cdot 3}\cos 2x - \frac{1}{3\cdot 5}\cos 4x - \ldots\right)$$

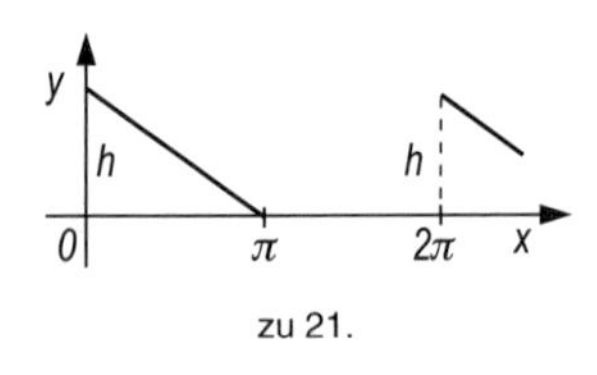

zu 21.

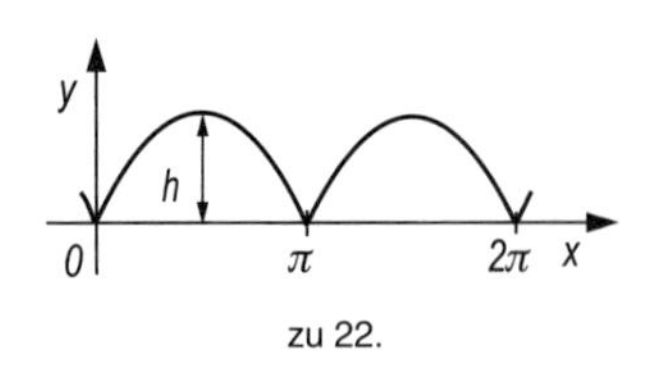

zu 22.

23. *Kosinuskurve* (*Zweiweggleichrichtung*)

$$f(x) = \frac{4h}{\pi}\left(\frac{1}{2} + \frac{1}{1\cdot 3}\cos 2x - \frac{1}{3\cdot 5}\cos 4x \pm \ldots\right)$$

24. *Sinusimpuls* (*Einweggleichrichtung*)

$$f(x) = \frac{h}{\pi} + \frac{h}{2}\sin x$$
$$- \frac{2h}{\pi}\left(\frac{1}{1\cdot 3}\cos 2x + \frac{1}{3\cdot 5}\cos 4x + \frac{1}{5\cdot 7}\cos 6x + \ldots\right)$$

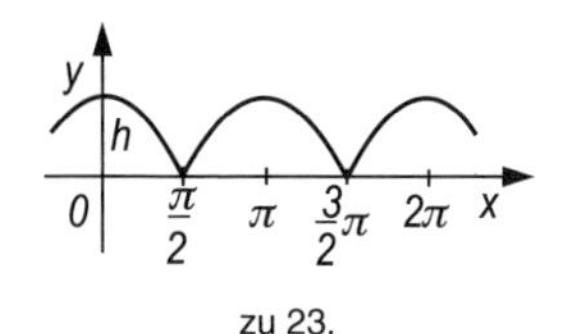

zu 23.

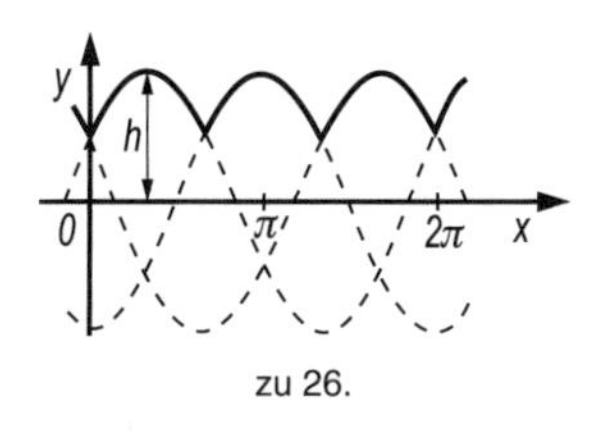

zu 24.

25. *Kosinusimpuls (Einweggleichrichtung)*

$$f(x) = \frac{h}{\pi} + \frac{h}{2}\cos x + \frac{2h}{\pi}\left(\frac{1}{1\cdot 3}\cos 2x - \frac{1}{3\cdot 5}\cos 4x + \frac{1}{5\cdot 7}\cos 6x \mp \dots\right)$$

26. *Gleichgerichteter Drehstrom*

$$f(x) = \frac{3h\sqrt{3}}{\pi}\left(\frac{1}{2} - \frac{1}{2\cdot 4}\cos 3x - \frac{1}{5\cdot 7}\cos 6x - \dots\right)$$

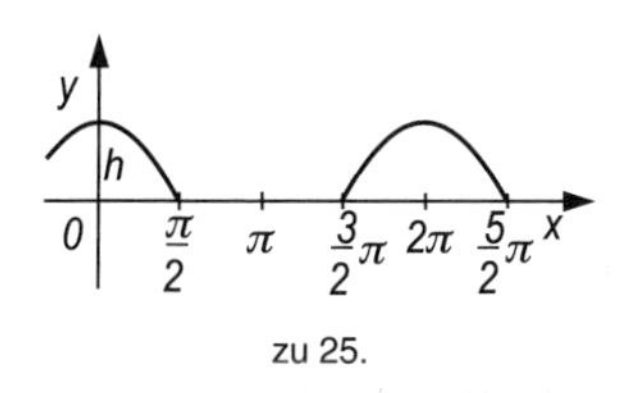

zu 25.

zu 26.

27. *Parabelbögen* $y = \frac{h}{\pi^2}x^2$ für $[-\pi, \pi]$

$$f(x) = \frac{h}{3} - \frac{4h}{\pi^2}\left(\cos x - \frac{1}{2^2}\cos 2x + \frac{1}{3^2}\cos 3x \mp \dots\right)$$

28. *Parabelbögen* $y = \frac{h}{\pi^2}(x-\pi)^2$ für $[0, 2\pi]$

$$f(x) = \frac{h}{3} + \frac{4h}{\pi^2}\left(\cos x + \frac{1}{2^2}\cos 2x + \frac{1}{3^2}\cos 3x + \dots\right)$$

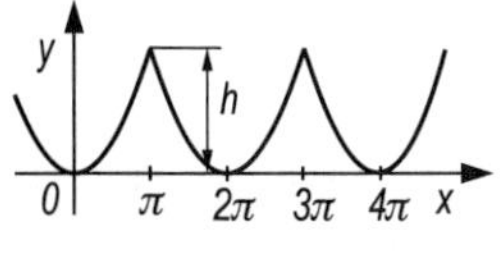

zu 27.

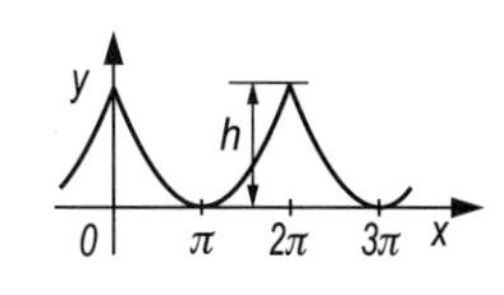

zu 28.

29. *Parabelbögen* $y = x^2$ für $[-\pi, \pi]$

$$f(x) = \frac{\pi^2}{3} - 4\left(\cos x - \frac{1}{2^2}\cos 2x + \frac{1}{3^2}\cos 3x \mp \ldots\right)$$

30. *Parabelbögen* $y = \begin{cases} \dfrac{4h}{\pi^2}x(\pi - x) & \text{für } 0 \le x \le \pi \\ \dfrac{4h}{\pi^2}(x^2 - 3\pi x + 2\pi^2) & \text{für } \pi \le x \le 2\pi \end{cases}$

$$f(x) = \frac{32h}{\pi^3}\left(\sin x + \frac{1}{3^3}\sin 3x + \frac{1}{5^3}\sin 5x + \ldots\right)$$

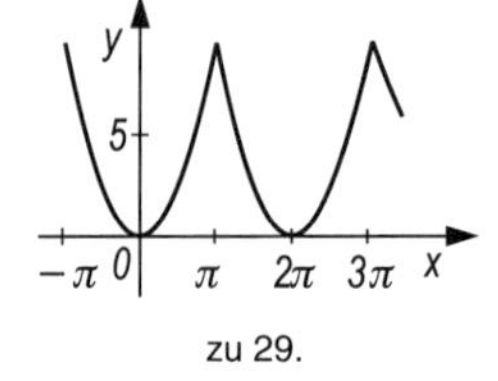

zu 29.

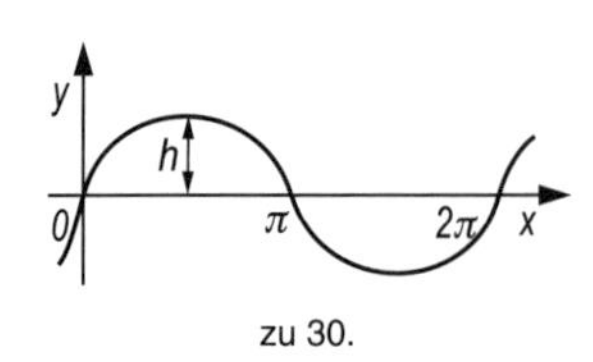

zu 30.

31. *Ausgleichsvorgang* $f(x) = h\mathrm{e}^{-x}$, siehe 12.2.1.

12.3 FOURIER-Transformation

Die Zerlegung einer **nichtperiodischen Funktion** $f(t)$ (Grenzübergang $T \to \infty$) erfolgt statt in eine FOURIER-Reihe in ein FOURIER-*Integral.*

Deutung

Zerlegung der *Originalfunktion* $f(t)$ in eine Summe unendlich vieler Kosinus- und Sinusschwingungen mit stetig variierender Frequenz, d. h., man ersetzt $k\omega_0$ durch ω: Entwicklung in ein *kontinuierliches Frequenzspektrum*, $\Delta\omega \to \mathrm{d}\omega$.

FOURIER-Integral

Bedingungen für die Konvergenz nach DIRICHLET-JORDAN

- $\int\limits_{-\infty}^{\infty} |f(t)|\mathrm{d}t < \infty$ (Beschränktheit)
- nur endlich viele Sprungstellen, an denen das FOURIER-Integral den Mittelwert der einseitigen Grenzwerte $\dfrac{f(t+) + f(t-)}{2}$ annimmt.

Komplexe Form des FOURIER-Integrals

$$f(t) = \frac{1}{2\pi} \int\limits_{\omega=-\infty}^{\infty} \int\limits_{\tau=-\infty}^{\infty} f(\tau) e^{j\omega(t-\tau)} \, d\tau \, d\omega \quad \text{(gültig für Hauptwerte)},$$

wobei $t, \omega \in \mathbb{R}$.

Reelle oder trigonometrische Form des FOURIER-Integrals

$$f(t) = \frac{1}{\pi} \int\limits_{0}^{\infty} \big(a(\omega)\cos \omega t + b(\omega)\sin \omega t\big) \, d\omega$$

mit den kontinuierlichen Spektren

$$a(\omega) = \int\limits_{-\infty}^{\infty} f(\tau)\cos \omega\tau \; d\tau \qquad \text{und} \qquad b(\omega) = \int\limits_{-\infty}^{\infty} f(\tau)\sin \omega\tau \; d\tau$$

Weitere Form des FOURIER-Integrals:

$$f(t) = \frac{1}{\pi} \int\limits_{\omega=0}^{\infty} \int\limits_{\tau=-\infty}^{\infty} f(\tau)\cos\big(\omega(t-\tau)\big) \, d\tau \; d\omega$$

FOURIER-Transformation (DIN 5487)

Übergang: *Originalfunktion* $f(t) \Rightarrow F(\omega)$ *Bildfunktion*
Zeitbereich ⇒ Frequenzbereich

Amplitudenspektrum: $A(\omega) = |F(\omega)| = \sqrt{a^2(\omega) + b^2(\omega)}$

Phasenspektrum: $\varphi(\omega) = \arg\big(F(\omega)\big)$

FOURIER-Transformierte, Spektralfunktion, Bildfunktion

$$F(\omega) = \mathcal{F}\{f(t)\} = \int\limits_{-\infty}^{\infty} f(t) e^{-j\omega t} dt = a(\omega) - jb(\omega)$$

darstellbar als *Ortskurve* in der komplexen Ebene.

Inverse FOURIER-Transformation

$$f(t) = \mathcal{F}^{-1}\{F(\omega)\} = \frac{1}{2\pi} \int\limits_{-\infty}^{\infty} F(\omega) e^{j\omega t} \, d\omega$$

Bemerkung: Für FOURIER-Transformation[1] und inverse Fourier-Transformation findet man in den Lehrbüchern unterschiedliche Fassungen: Der

[1] Tabellen der FOURIER-Transformation siehe Zeidler, E. (Hrsg.): Teubner-Taschenbuch der Mathematik. – 2. Aufl. – Teubner 2003 oder Preuß, W: Funktionaltransformationen. – 2. Aufl. – Fachbuchverlag Leipzig 2009

12

Faktor $\frac{1}{2\pi}$ kann sowohl vor dem Integral der Transformierten als auch vor dem der Originalfunktion bzw. als $\frac{1}{\sqrt{2\pi}}$ vor beiden Integralen stehen.

Rechenregeln zur FOURIER-Transformation

Additionssatz, Linearitätssatz

$$\mathcal{F}\{af(t) + bg(t)\} = a\mathcal{F}\{f(t)\} + b\mathcal{F}\{g(t)\} = aF(\omega) + bG(\omega) \qquad a, b \in \mathbb{R}$$

Verschiebungssatz

$$\mathcal{F}\{f(t - t_0)\} = F(\omega)\mathrm{e}^{-\mathrm{j}\omega t_0}$$

Dämpfungssatz

$$\mathcal{F}\{f(t)\mathrm{e}^{\mathrm{j}\omega_0 t}\} = F(\omega - \omega_0)$$

Ähnlichkeitssatz, Maßstabsänderung

$$\mathcal{F}\{f(at)\} = \frac{1}{a}F\left(\frac{\omega}{a}\right) \qquad a > 0$$

Faltungssatz

$$\mathcal{F}\{(f * g)(t)\} = F(\omega) \cdot G(\omega) \qquad (f * g)(t) = \int_{-\infty}^{\infty} f(\tau)g(t - \tau)\,\mathrm{d}\tau$$

FOURIER-Kosinus-Transformation für gerade Funktionen

$$F(\omega) = 2F_\mathrm{C}(\omega) = 2\int_0^{\infty} f(t)\cos\omega t\,\mathrm{d}t \qquad f(t) = \frac{2}{\pi}\int_0^{\infty} F_\mathrm{C}(\omega)\cos\omega t\,\mathrm{d}\omega$$

FOURIER-Sinus-Transformation für ungerade Funktionen

$$F(\omega) = -2\mathrm{j}F_\mathrm{S}(\omega) = -2\mathrm{j}\int_0^{\infty} f(t)\sin\omega t\,\mathrm{d}t$$

$$f(t) = \frac{2}{\pi}\int_0^{\infty} F_\mathrm{S}(\omega)\sin\omega t\,\mathrm{d}\omega$$

Durch geeignete Zerlegung von $f(t) = g(t) + u(t)$ in geraden und ungeraden Anteil wird die FOURIER-Transformierte zu

$$\mathcal{F}\{f(t)\} = F(\omega) = G(\omega) + U(\omega) = 2G_\mathrm{C}(\omega) - 2\mathrm{j}U_\mathrm{S}(\omega)\,.$$

♦ **Beispiele**

(1) Man bestimme die FOURIER-Transformierten der ungeraden Funktion

$$f(t) = \begin{cases} -\mathrm{e}^{t/T} & \text{für } t < 0 \\ \mathrm{e}^{-t/T} & \text{für } t \geq 0 \end{cases}$$

mittels FOURIER-Sinustransformierter.

$$F(\omega) = -2\mathrm{j} \int_0^\infty \mathrm{e}^{-t/T} \sin \omega t \mathrm{d}t = -2\mathrm{j} \frac{\omega}{(1/T)^2 + \omega^2} = -2\mathrm{j} \frac{\omega T^2}{1 + (\omega T)^2}$$

Das Integral wird gelöst mithilfe der Integraltabelle in 14.4, Nummer (29).

(2) Der *Ausgleichsvorgang* vom Beispiel in 12.2.1 $f(x) = h\mathrm{e}^{-x}$, dort mit $T = 2\pi$, soll als nichtperiodischer, einmaliger Vorgang betrachtet werden.

$$f(t) = \begin{cases} h\mathrm{e}^{-t} & \text{für } 0 \leq t \\ 0 & \text{für } t < 0 \end{cases}$$

Wert der Spektralfunktion

$$F(\omega) = \int_0^\infty \mathrm{e}^{-\mathrm{j}\omega t} f(t) \mathrm{d}t$$

$$= h \int_0^\infty \mathrm{e}^{-\mathrm{j}\omega t} \mathrm{e}^{-t} \mathrm{d}t$$

$$= h \int_0^\infty \mathrm{e}^{-(1+\mathrm{j}\omega)t} \mathrm{d}t$$

$$= h \frac{-1}{1+\mathrm{j}\omega} \mathrm{e}^{-(1+\mathrm{j}\omega)t} \Big|_0^\infty = \frac{h}{1+\mathrm{j}\omega} = \frac{h}{1+\omega^2} + \mathrm{j} \frac{-h\omega}{1+\omega^2}$$

Das FOURIER-Integral lautet in komplexer Form

$$f(t) = h\mathrm{e}^{-t} = \frac{1}{2\pi} \int_{-\infty}^{\infty} \frac{h}{1+\mathrm{j}\omega} \mathrm{e}^{\mathrm{j}\omega t} \mathrm{d}\omega$$

$$= \frac{h}{2\pi} \int_{-\infty}^{\infty} \frac{1-\mathrm{j}\omega}{1+\omega^2} \mathrm{e}^{\mathrm{j}\omega t} \mathrm{d}\omega$$

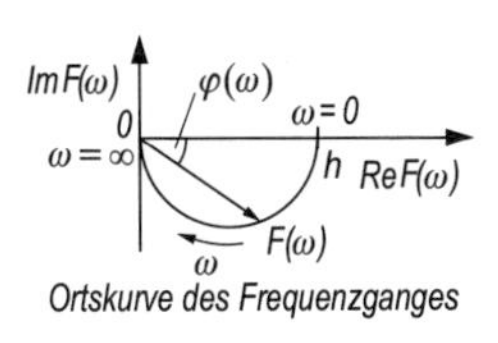

Ortskurve des Frequenzganges

Ortskurve des Frequenzganges siehe Bild.

Die grafische Darstellung ergibt ein kontinuierliches Spektrum. ♦

12.4 LAPLACE-Transformation

12.4.1 LAPLACE-Transformation, Allgemeines

Die LAPLACE-*Transformation* ist wie die Fourier-Transformation eine *Integraltransformation.*

$\mathrm{j}\omega$ wird verallgemeinert zu $s = \sigma + \mathrm{j}\omega$ (auch p statt s üblich).

Originalfunktion, Urbildfunktion $f(t)$, Oberfunktion

$f(t)$ ist reellwertig und integrierbar über $(0, \infty)$, $t \in \mathbb{R}$. Sie ist beschränkt und stückweise stetig, an evtl. Sprungstellen t_k existieren die eindeutigen Grenzwerte $f(t_k \pm 0)$. $f(t)$ ist definiert für $t \geq 0$ (*kausale Funktion*[1]).

LAPLACE-Transformierte $F(s)$, Bildfunktion, Unterfunktion

Die LAPLACE-*Transformierte* einer Funktion $f(t)$ ist die *Bildfunktion* $F(s)$ der komplexen Variablen $s = \sigma + \mathrm{j}\omega \in \mathbb{C}$ gemäß Definition:

$$F(s) := \int_0^\infty \mathrm{e}^{-st} f(t) \mathrm{d}t = \mathcal{L}\{f(t)\} \qquad \textit{(Laplace-Integral)}$$

Schreibweisen: $F(s) = \mathcal{L}\{f(t)\}$, auch $F = \mathrm{L}(f)$, $F = \mathcal{L}(f)$

Definitionsbereich = *Originalraum, Originalbereich, Zeitbereich*

Wertebereich = *Bildraum, Bildbereich*

Umkehroperation (LAPLACE-*Rücktransformation*)

Man ermittelt die Originalfunktion $f(t)$ aus dem Ergebnis der Rechnung im Unterbereich $F(s)$ über Korrespondenzen (siehe unten) oder über die *komplexe Umkehrformel* (*inverse Laplace-Transformation*)

$$f(t) = \frac{1}{2\pi \mathrm{j}} \int_{s=\sigma - \mathrm{j}\infty}^{\sigma + \mathrm{j}\infty} \mathrm{e}^{st} F(s) \, \mathrm{d}s = \mathcal{L}^{-1}\{F(s)\} = \begin{cases} f(t) & \text{für } t \geq 0 \\ 0 & \text{für } t < 0 \end{cases}$$

Im Bereich stückweise stetiger Funktionen existiert, wenn überhaupt, zu einer Bildfunktion $F(s)$ nur eine Oberfunktion $f(t)$.

Korrespondenzen (siehe Korrespondenzentabelle, 12.4.4)

$f(t)$ ist Original von $F(s)$:	$f(t) = \mathcal{L}^{-1}\{F(s)\}$	$f(t)$ ○—● $F(s)$
$F(s)$ ist Bild von $f(t)$:	$F(s) = \mathcal{L}\{f(t)\}$	$F(s)$ ●—○ $f(t)$

Es gilt:

$$\mathcal{L}\left\{\mathcal{L}^{-1}\{F(s)\}\right\} = F(s) \qquad \mathcal{L}^{-1}\left\{\mathcal{L}\{f(t)\}\right\} = f(t)$$

[1] *Kausale Funktion:* $\forall t < 0$: $f(t) = 0$

Kriterium für die Existenz der LAPLACE-Transformierten $F(s)$

Das LAPLACE-Integral konvergiert, wenn $f : [0, \infty] \to \mathbb{R}$ stückweise stetig auf jedem endlichen Intervall ist und wenn es Konstanten $M > 0$ und $\beta \in \mathbb{R}$ gibt mit $|f(t)| < M\mathrm{e}^{\beta t}$ für alle $t > 0$. Das bedeutet, die Originalfunktion wächst betragsmäßig nicht stärker als eine Exponentialfunktion. Diese Bedingung ist für alle praktisch vorkommenden Zeitfunktionen erfüllt. $F(s)$ existiert dann für alle $s = \sigma + \mathrm{j}\omega$ mit Re $s = \sigma > \beta$.

β *Konvergenzabszisse* (KA)

Das Gebiet der Konvergenz ist die Halbebene Re $s > \beta$.

12.4.2 Rechenregeln der LAPLACE-Transformation

Linearität, Additionssatz, Superposition

$$\mathcal{L}\{c_1 f_1(t) + c_2 f_2(t)\} = c_1 \mathcal{L}\{f_1(t)\} + c_2 \mathcal{L}\{f_2(t)\} = c_1 F_1(s) + c_2 F_2(s)$$

Konvergenzabszisse $\beta = \max(\beta_1, \beta_2)$

Die LAPLACE-Transformation ist damit eine lineare Abbildung.

Dämpfungssatz (Verschiebung im Bildbereich, s-Shift)

$$\mathcal{L}\{\mathrm{e}^{-at} f(t)\} = F(s+a) \qquad \text{KA} = \beta - \operatorname{Re} a,\ \operatorname{Re}(s+a) \in \mathbb{R}_{>0},\ a \neq 0$$

♦ **Beispiel**

Gedämpfte Sinusschwingung: $g(t) = \mathrm{e}^{-3t} \sin \omega t$.

Lt. Korrespondenztabelle 12.4.4, Nr. 11, gilt: $\mathcal{L}\{\sin \omega t\} = F(s) = \dfrac{\omega}{s^2 + \omega^2}$

$$\mathcal{L}\{\mathrm{e}^{-3t} \sin \omega t\} = F(s+3) = \frac{\omega}{(s+3)^2 + \omega^2}$$ (vgl. Tabelle 12.4.4, Nr. 15) ♦

Ähnlichkeitssatz

$$\mathcal{L}\{f(at)\} = \frac{1}{a} F\left(\frac{s}{a}\right) \qquad \text{KA} = a\beta,\ a > 0$$

♦ **Beispiel**

Mit der Korrespondenz $\mathcal{L}\{\cosh t\} = F(s) = \dfrac{s}{s^2 - 1}$ bilde man die LAPLACE-Transformierte von $\cosh at$.

$$\mathcal{L}\{\cosh at\} = \frac{1}{a} F\left(\frac{s}{a}\right) = \frac{1}{a} \frac{s/a}{(s/a)^2 - 1} = \frac{s}{s^2 - a^2}$$

(vgl. Korrespondenztabelle 12.4.4, Nr. 14) ♦

Verschiebungssatz (Verschiebung im Zeitbereich nach rechts, t-Shift)

$$\mathcal{L}\{f(t-a)\cdot\varepsilon(t-a)\} = \mathrm{e}^{-as}F(s) = \mathrm{e}^{-as}\mathcal{L}\{f(t)\}$$

mit $\varepsilon(t-a) = \begin{cases} 0 & \text{für } t < a \\ 1 & \text{für } t \geq a \end{cases}$

((*Einheits-*)*Sprungfunktion*, HEAVISIDE-*Funktion*)

♦ **Beispiel**

LAPLACE-Transformierte der Sprungfunktion $\varepsilon(t-a)$ selbst:

$\mathcal{L}\{\varepsilon(t-a)\} = \mathrm{e}^{-as}\mathcal{L}\{\varepsilon(t)\} = \dfrac{\mathrm{e}^{-as}}{s}$ lt. Korrespondenzentabelle 12.4.4, Nr. 3 und Verschiebungssatz. ♦

Differenziationssatz

$$\mathcal{L}\{f^{(n)}(t)\} = s^n F(s) - \sum_{k=1}^{n} s^{n-k} f^{(k-1)}(0+)$$

mit $f^{(\nu)}(0+) = \lim\limits_{t\to 0+} \dfrac{\mathrm{d}^\nu f(t)}{\mathrm{d}t^\nu}$

Bei Anfangsstelle $t \neq 0$ Verschiebung vornehmen!

speziell: $\mathcal{L}$-Transformierte der 1. und 2. Ableitung der Originalfunktion

$$\mathcal{L}\{f'(t)\} = sF(s) - f(0+)$$

$$\mathcal{L}\{f''(t)\} = s^2F(s) - sf(0+) - f'(0+)$$

Beispiele siehe 12.4.3.1.

Integrationssatz

$$\mathcal{L}\left\{\int_0^1 f(\tau)\,\mathrm{d}\tau\right\} = \frac{1}{s}F(s)$$

$$\mathcal{L}\left\{\frac{f(t)}{t}\right\} = \int_s^\infty F(\nu)\,\mathrm{d}\nu \qquad \nu \in \mathbb{C}$$

Faltungsintegral, Faltungssatz, Faltungsprodukt

$$(f_1 * f_2)(t) := \int_0^t f_1(\tau) f_2(t-\tau)\,\mathrm{d}\tau$$

$$\mathcal{L}^{-1}\{F_1(s)\cdot F_2(s)\} = (f_1 * f_2)(t)$$

Regeln

$$\mathcal{L}\{(f_1 * f_2)(t)\} = \mathcal{L}\{f_1(t)\} \cdot \mathcal{L}\{f_2(t)\} = F_1(s) \cdot F_2(s)$$

$$(f_1 * f_2)(t) = (f_2 * f_1)(t) \qquad \text{(Kommutativgesetz)}$$

$$\big((f_1 * f_2) * f_3\big)(t) = (f_1 * (f_2 * f_3))(t) \qquad \text{(Assoziativgesetz)}$$

Beispiele siehe 12.4.3.1, Nr. (2).

Multiplikationssatz

$$\mathcal{L}\{t^n f(t)\} = (-1)^n F^{(n)}(s)$$

speziell: $F'(s) = -\mathcal{L}\{tf(t)\}$ $\qquad F''(s) = \mathcal{L}\{t^2 f(t)\}$

LAPLACE-Transformation einer periodischen Funktion

Sei $f(t)$ eine T-periodische Funktion, d. h. $\forall t > 0$: $f(t+T) = f(t)$

$$\mathcal{L}\{f(t)\} = F(s) = \frac{1}{1 - e^{-sT}} \int_0^T f(t) e^{-st} dt$$

♦ **Beispiel**

Sägezahnkurve $f(t) = \dfrac{h}{2\pi} t$ für $0 \le t < 2\pi$, $T = 2\pi$, Bild in 12.2.3, Nr. 16

$$\mathcal{L}\{f(t)\} = \frac{1}{1 - e^{-s2\pi}} \cdot \frac{h}{2\pi} \int_0^{2\pi} t e^{-st} dt = \frac{h}{2\pi\left(1 - e^{-s2\pi}\right)} \cdot \left. \frac{e^{-st}(-st - 1)}{s^2} \right|_0^{2\pi}$$

siehe Tabelle 14.3.1 (261).

$$= \frac{h}{2\pi s^2 \left(1 - e^{-s2\pi}\right)} \left(e^{-s2\pi}(-s2\pi - 1) + 1\right)$$

$$= \frac{h}{2\pi s^2 \left(1 - \dfrac{1}{e^{s2\pi}}\right)} \, \frac{-2\pi s - 1 + e^{s2\pi}}{e^{s2\pi}} = \frac{h\left(1 + 2\pi s - e^{s2\pi}\right)}{2\pi s^2 \left(1 - e^{s2\pi}\right)}$$ ♦

Grenzwertsätze

Bemerkung: Grenzwertsätze sind im Spezialfall nützlich, wenn nicht der volle Verlauf von $f(t)$, sondern nur das Verhalten für $t = 0$ bzw. $t \to \infty$ von Interesse ist, z. B. bei Stabilitätsbetrachtungen.

(1) Aus $\lim\limits_{t \to 0+} f(t) = A$ folgt für $F(s) = \mathcal{L}\{f(t)\}$:

$\lim\limits_{s \to \infty} sF(s) = A$ mit $|\arg(s - s_0)| \le \varphi \le \dfrac{\pi}{2}$, wobei s_0 ein Konvergenzpunkt von $F(s)$ ist.

12

Umkehrschluss

Aus $\lim\limits_{s\to\infty} sF(s) = A$ mit $|\arg(s-s_0)| \leq \varphi \leq \dfrac{\pi}{2}$ folgt für $F(s) = \mathcal{L}\{f(t)\}$:

$\lim\limits_{t\to 0+} f(t) = A$ gilt nur unter den Bedingungen, dass zu $F(s) = \mathcal{L}\{f(t)\}$ die Oberfunktion $f(t) = \mathcal{L}^{-1}\{F(s)\}$ **und** $\lim\limits_{t\to 0+} f(t)$ existieren.

(2) Aus $\lim\limits_{t\to+\infty} f(t) = B$ folgt für $F(s) = \mathcal{L}\{f(t)\}$:

$\lim\limits_{s\to 0} sF(s) = B$ mit $|\arg(s)| \leq \varphi < \dfrac{\pi}{2}$

Umkehrschluss

Aus $\lim\limits_{s\to 0} sF(s) = B$ folgt für $F(s) = \mathcal{L}\{f(t)\}$:

$\lim\limits_{t\to\infty} f(t) = B$ gilt nur unter den Bedingungen, dass zu $F(s) = \mathcal{L}\{f(t)\}$ die Oberfunktion $f(t) = \mathcal{L}^{-1}\{F(s)\}$ **und** $\lim\limits_{t\to\infty} f(t)$ existieren.

12.4.3 Anwendungen der LAPLACE-Transformation

12.4.3.1 Lösung gewöhnlicher Differenzialgleichungen

Dgl. + Anfangsbedingung	$\Rightarrow$	Lösung y	*Originalraum*
$\downarrow$		$\uparrow$	
LAPLACE-Transformation (Rechenregeln, Tabellen)		$\mathcal{L}^{-1}$-Transformation (Rechenregeln, Tabellen)	
$\downarrow$		$\uparrow$	
Lineare algebraische Gleichung	$\Rightarrow$	Lösung $\mathcal{L}\{y\}$	*Bildraum*

Vorteile des Verfahrens

Die Lösung eines AWPs einer gewöhnlichen Dgl. für die Funktion $y(x)$ wird reduziert auf die Lösung einer algebraischen Gleichung für die Bildfunktion $\mathcal{L}\{y\}$, wobei die Anfangsbedingungen von vornherein berücksichtigt werden, d. h., man erhält sofort die spezielle Lösung.

Sind keine Anfangsbedingungen gegeben, enthält die allgemeine Lösung n Parameter anstelle von $y(0), \ldots, y^{(n-1)}(0)$.

Hat das Störglied eine LAPLACE-Transformierte, wird die inhomogene Dgl. genauso gelöst wie die homogene. Besonders geeignet ist die Methode der LAPLACE-Transformation für stückweise definierte Störfunktionen (z. B. Sprungfunktion, Rampenfunktion).

Wirklich zum Tragen kommt die LAPLACE-Transformation bei *Differenzialgleichungssystemen*, deren Lösungen sich auf die Lösung von linearen *Gleichungssystemen* reduziert.

Der Rahmen des Buches gestattet nur einige Beispiele relativ einfacher Differenzialgleichungen.

♦ **Beispiele**

(1) $y'' + 5y' + 4y = t$ mit den Anfangsbedingungen $y(0) = 0$, $y'(0) = 0$

$$s^2\mathcal{L}\{y\} - sy(0) - y'(0) + 5s\mathcal{L}\{y\} - 5y(0) + 4\mathcal{L}\{y\} = \mathcal{L}\{t\}$$

(Additions- und Differenziationsansatz)

$$s^2\mathcal{L}\{y\} + 5s\mathcal{L}\{y\} + 4\mathcal{L}\{y\} = \mathcal{L}\{t\}$$

(Anfangsbedingungen berücksichtigt)

$$\mathcal{L}\{y\} = \mathcal{L}\{t\} \cdot \frac{1}{s^2 + 5s + 4} = \frac{1}{s^2} \cdot \frac{1}{s+1} \cdot \frac{1}{s+4}$$

(Tabelle 12.4.4, Nr. 6 und Linearfaktoren des Nenners)

$$y = \mathcal{L}^{-1}\left\{\frac{1}{s^2} \cdot \frac{1}{s+1} \cdot \frac{1}{s+4}\right\}$$ (Rücktransformation)

Umwandlung in eine Summe durch Partialbruchzerlegung:

$$\frac{1}{s^2} \cdot \frac{1}{s+1} \cdot \frac{1}{s+4} = \frac{A}{s^2} + \frac{B}{s} + \frac{C}{s+1} + \frac{D}{s+4}$$

$$\frac{1}{s^2(s+1)(s+4)}$$

$$= \frac{A(s+1)(s+4) + Bs(s+1)(s+4) + Cs^2(s+4) + Ds^2(s+1)}{s^2(s+1)(s+4)}$$

Koeffizientenvergleich liefert: $A = \frac{1}{4}, B = -\frac{5}{16}, C = \frac{1}{3}, D = -\frac{1}{48}$

$$y = \frac{1}{4}\mathcal{L}^{-1}\left\{\frac{1}{s^2}\right\} - \frac{5}{16}\mathcal{L}^{-1}\left\{\frac{1}{s}\right\} + \frac{1}{3}\mathcal{L}^{-1}\left\{\frac{1}{s+1}\right\} - \frac{1}{48}\mathcal{L}^{-1}\left\{\frac{1}{s+4}\right\}$$

$$y = \frac{t}{4} - \frac{5}{16} + \frac{1}{3}\mathrm{e}^{-t} - \frac{1}{48}\mathrm{e}^{-4t}$$ (Tabelle 12.4.4, Nr. 6, 3 und 4)

(2) $y'' - 4y = 2\sinh t$ mit $y(0) = 0$, $y'(0) = 0$

$$s^2\mathcal{L}\{y\} - sy(0) - y'(0) - 4\mathcal{L}\{y\} = 2\mathcal{L}\{\sinh t\}$$

$$s^2\mathcal{L}\{y\} - 4\mathcal{L}\{y\} = 2\mathcal{L}\{\sinh t\}$$

$$\mathcal{L}\{y\} = \frac{2}{s^2 - 4}\mathcal{L}\{\sinh t\}$$

Lösungsweg 1

$$\frac{2}{s^2 - 4} = \mathcal{L}\{\sinh 2t\}$$ (Tabelle 12.4.4, Nr. 13)

$$\mathcal{L}\{y\} = \mathcal{L}\{\sinh 2t\} \cdot \mathcal{L}\{\sinh t\} = \mathcal{L}\{\sinh 2t * \sinh t\}$$ (Faltungssatz)

12

$$y = \sinh 2t * \sinh t$$
$$= \int_0^t \sinh(t - \tau) \cdot \sinh 2\tau \, d\tau$$

Lösung durch zweimalige partielle Integration

$$y = \left[\frac{1}{2}\sinh(t-\tau)\cosh 2\tau\right]_{\tau=0}^{t} + \frac{1}{2}\int_0^t \cosh(t-\tau)\cosh 2\tau \, d\tau$$
$$= -\frac{1}{2}\sinh t + \left[\frac{1}{2}\left(\frac{1}{2}\cosh(t-\tau)\right)\sinh 2\tau\right]_0^t$$
$$+ \frac{1}{4}\int_0^t \sinh 2\tau \sinh(t-\tau) \, d\tau$$
$$= -\frac{1}{2}\sinh t + \frac{1}{4}\sinh 2t + \frac{1}{4}y$$

Lösung: $y = -\frac{2}{3}\sinh t + \frac{1}{3}\sinh 2t$

Lösungsweg 2

$$\mathcal{L}\{\sinh t\} = \frac{1}{s^2 - 1} \qquad \text{(Tabelle 12.4.4, Nr. 13)}$$
$$\mathcal{L}\{y\} = \frac{2}{s^2-4} \cdot \frac{1}{s^2-1}$$
$$y = \mathcal{L}^{-1}\left\{\frac{2}{s^2-4} \cdot \frac{1}{s^2-1}\right\}$$

Partialbruchzerlegung:

$$\frac{2}{(s^2-4)(s^2-1)} = \frac{A}{s^2-4} + \frac{B}{s^2-1}$$

Eine Zerlegung in die linearen Faktoren des Nenners $(s \pm 2)$ und $(s \pm 1)$ ist unzweckmäßig, da $\frac{a}{s^2 - a^2}$ selbst LAPLACE-Transformierte ist.

$$A = \frac{2}{3}, B = -\frac{2}{3}$$
$$y = \frac{1}{3}\mathcal{L}^{-1}\left\{\frac{2}{s^2-4}\right\} - \frac{2}{3}\mathcal{L}^{-1}\left\{\frac{1}{s^2-1}\right\}$$
$$y = -\frac{2}{3}\sinh t + \frac{1}{3}\sinh 2t \quad \text{wie oben} \qquad \text{(Tabelle 12.4.4, Nr. 13)}$$

(3) Man löse die Dgl. der gleichmäßig beschleunigten Bewegung $y'' = a(t)$ mit $y(0) = y_0$ und $y'(0) = v_0$.

$$s^2\mathcal{L}\{y\} - sy(0) - y'(0) = \mathcal{L}\{a(t)\} \qquad \text{(Differenziationssatz)}$$

$$s^2\mathcal{L}\{y\} - sy_0 - v_0 = \frac{a}{2} \Rightarrow s^2\mathcal{L}\{y\} = \frac{a}{2} + sy_0 + v_0$$

(Tabelle 12.4.4, Nr. 3)

$$\mathcal{L}\{y\} = \frac{a}{s^3} + \frac{y_0}{s} + \frac{v_0}{s^2}$$

Faltungssatz für: $\frac{a}{s^3} = \frac{a}{s^2} \cdot \frac{1}{s} = \mathcal{L}\{at\} \cdot \mathcal{L}\{1\}$

$$y = \mathcal{L}^{-1}\big(\mathcal{L}\{at\} \cdot \mathcal{L}\{1\}\big) + \mathcal{L}^{-1}\left\{\frac{y_0}{s}\right\} + \mathcal{L}^{-1}\left\{\frac{v_0}{s^2}\right\}$$

(Tabelle 12.4.4, Nr. 3 und 6)

$$= \mathcal{L}^{-1}\mathcal{L}\{at * 1\} + y_0 + v_0 t = \int_0^t a\tau \cdot 1\,\mathrm{d}\tau + y_0 + v_0 t$$

$$y = \frac{a}{2}t^2 + v_0 t + y_0$$

Man erkennt, dass die Methode der Lösung von Differenzialgleichungen mittels LAPLACE-Transformation nur bei komplizierten Gleichungen den Lösungsweg vereinfacht.

(4) Man löse die Dgl. der ungedämpften *harmonischen Schwingung*

$m\ddot{x}(t) = -mg + k(a - x(t))$ mit $x(0) = 0, \dot{x}(0) = v_0$, k Federkonstante

Aus dem Kräftegleichgewicht $-mg = ka$ folgt

$$m\ddot{x} + kx = 0$$

$$\ddot{x} + \frac{k}{m}x = 0$$

$$s^2\mathcal{L}\{x\} - sx(0) - x'(0) + \frac{k}{m}\mathcal{L}\{x\} = 0$$

$$s^2\mathcal{L}\{x\} - 0 - v_0 + \frac{k}{m}\mathcal{L}\{x\} = 0$$

$$\mathcal{L}\{x\} = \frac{v_0}{s^2 + \frac{k}{m}}$$

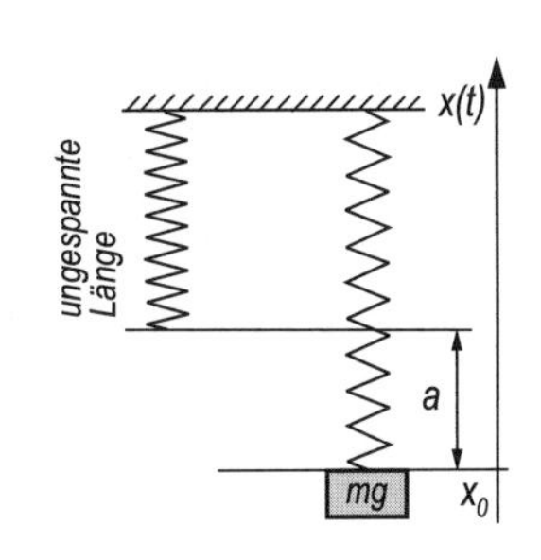

Rücktransformation (Tabelle 12.4.4, Nr. 11)

$$y = v_0\mathcal{L}^{-1}\left\{\frac{1}{s^2 + \frac{k}{m}}\right\} = v_0\sqrt{\frac{m}{k}}\mathcal{L}^{-1}\left\{\frac{\sqrt{\frac{k}{m}}}{s^2 + \frac{k}{m}}\right\},$$

$$x(t) = v_0\sqrt{\frac{m}{k}}\sin\left(\sqrt{\frac{k}{m}} \cdot t\right)$$

♦

12.4.3.2 Test linearer Übertragungsglieder

(Regelungs- und Informationstechnik)

Ein rückwirkungsfreies *Übertragungsglied* (Regelstrecke, Verstärker, Kabel u. Ä.) heißt *linear*, wenn sein Verhalten durch eine lineare Dgl. mit konstanten Koeffizienten beschrieben werden kann:

$$b_n x^{(n)}(t) + b_{n-1} x^{(n-1)}(t) + \cdots + b_1 x'(t) + b_0 x(t) = K(t) \cdot y(t)$$

$K(t)$ Übertragungsfaktor, $x(t)$ Eingangssignal, $y(t)$ Ausgangssignal

Statische Linearität (verzögerungsfrei) für $K(t) = K = \text{konst.}$

$$a_n x^{(n)}(t) + a_{n-1} x^{(n-1)}(t) + \cdots + a_1 x'(t) + a_0 x(t) = y(t), \quad a_i := \frac{b_i}{K}$$

Bei energielosem System sind zur Zeit $t = 0$ alle Anfangswertbedingungen gleich null. Dann lautet die Dgl. im Bildbereich

$$(a_n s^n + a_{n-1} s^{n-1} + \cdots + a_1 s + a_0) \cdot \mathcal{L}\{x(t)\} = \mathcal{L}\{y(t)\}$$

Übertragungsfunktion eines Systems (Bildbereich)

$$G(s) := \frac{\mathcal{L}\{y(t)\}}{\mathcal{L}\{x(t)\}} = \frac{Y(s)}{X(s)} = \frac{1}{a_n s^n + a_{n-1} s^{n-1} + \cdots + a_1 s + a_0}$$

Damit ist im Bildbereich der Zusammenhang zwischen Eingangssignal $X(s)$ und Ausgangssignal $Y(s)$ besonders einfach beschreibbar:

$$Y(s) = G(s) \cdot X(s).$$

- **Beispiele für lineare Übertragungsglieder**

  P-Glied (*Proportionalglied*)

  $y = Kx$ $\qquad G(s) = K$

  PT_1-Glied (Proportionalglied mit Verzögerung 1. Ordnung)

  $Ty' + y = Kx$ $\qquad G(s) = \dfrac{K}{Ts+1}$

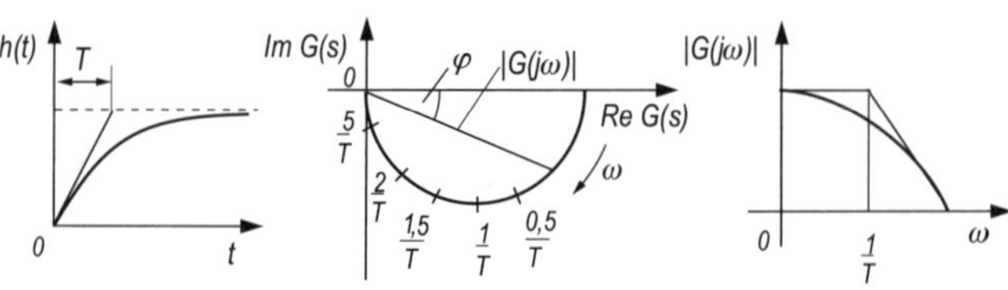

Proportionalglied mit Verzögerung 1. Ordnung

PT_2-Glied (Proportionalglied mit Verzögerung 2. Ordnung)

$T^2y'' + 2DTy' + y = Kx \qquad G(s) = \dfrac{K}{T^2s^2 + 2DTs + 1}$

I-Glied (Integrierglied ohne Verzögerung, Glied ohne Ausgleich)

$y' = Kx \qquad G(s) = \dfrac{K}{s}$

IT_1-Glied (Integrierglied mit Verzögerung 1. Ordnung)

$Ty'' + y' = Kx \qquad G(s) = \dfrac{K}{Ts^2 + s}$

DT_1-Glied (Differenzierglied mit Verzögerung 1. Ordnung)

$Ty' + y = Kx' \qquad G(s) = \dfrac{Ks}{Ts + 1}$

T_t-Glied (Glied mit Totzeit T_t)

$y(t) = Kx(t - T_t) \qquad G(s) = K\mathrm{e}^{-T_t s}$ ♦

Testsignale und zugehörige Ausgangssignale (Zeitbereich)

(1) $x(t) = \delta(t)$ *Impulsfunktion*, DIRAC*sche δ-Funktion*, *Stoßfunktion*

Die Antwort des Übertragungsgliedes auf $\delta(t)$ heißt *Gewichtsfunktion* oder *Impulsantwort* $g(t)$. Sie ist die zur Übertragungsfunktion $G(s)$ gehörige Originalfunktion:

$g(t) = \mathcal{L}^{-1}\{G(s)\}.$

Bedeutung von g: Für beliebiges Eingangssignal $x(t)$ kann man $y(t)$ mit dem DUHAMEL*schen Integral* (auch *Faltungsintegral*) berechnen:

$$y(t) = (x * g)(t) = \int_0^t x(\tau)g(t - \tau)\,\mathrm{d}\tau$$

(2) $x(t) = \varepsilon(t) = \begin{cases} 0 & \text{für } t < 0 \\ 1 & \text{für } t \geq 0 \end{cases}$

(Einheits-)Sprungfunktion, HEAVISIDE-*Funktion*

Die Antwort des Übertragungsgliedes auf $\varepsilon(t)$ heißt *Übergangsfunktion* oder *Sprungantwort* $h(t)$.

Zusammenhang: $h(t) = \displaystyle\int_0^t g(\tau)\mathrm{d}\tau$ und $g(t) = \dfrac{\mathrm{d}h(\tau)}{\mathrm{d}\tau}$.

12

(3) *Periodisches Eingangssignal*, Kreisfrequenz ω

Zeitbereich

$x(t) = x_0(\cos \omega t + \mathrm{j} \sin \omega t) = x_0 \mathrm{e}^{\mathrm{j}\omega t}$

$y(t) = y_0 \mathrm{e}^{\mathrm{j}(\omega t + \varphi)}$ (im eingeschwungenen Zustand)

Bildbereich

$X(s) = \mathcal{L}\{x(t)\} = \dfrac{x_0}{s - \mathrm{j}\omega}, \quad Y(s) = G(s)X(s) = G(s)\dfrac{x_0}{s - \mathrm{j}\omega}$

Frequenzgang

Die Übertragungsfunktion $G(s)$ auf der Geraden $s = \mathrm{j}\omega$ (imaginäre Achse) der komplexen s-Ebene heißt *Frequenzgang*. Es gilt:

$G(\mathrm{j}\omega) = \dfrac{y_0}{x_0}\mathrm{e}^{\mathrm{j}\varphi}$

Eigenschaft: Aus dem Frequenzgang lassen sich Amplitude y_0 und Phasenverschiebung φ der Antwort des Übertragungsgliedes auf einen sinusförmigen Eingang im eingeschwungenen Zustand berechnen:

$G(\mathrm{j}\omega) = P(\omega) + \mathrm{j}Q(\omega)$ (kartesische Form)

$G(\mathrm{j}\omega) = |G(\mathrm{j}\omega)|\big(\cos \varphi(\omega) + \mathrm{j} \sin \varphi(\omega)\big)$ (trigonometrische Form)

$G(\mathrm{j}\omega) = |G(\mathrm{j}\omega)|\mathrm{e}^{\mathrm{j}\varphi(\omega)}$ (Exponentialform)

Amplitudenverhältnis: $\dfrac{y_0}{x_0} = |G(\mathrm{j}\omega)| = \sqrt{P^2(\omega) + Q^2(\omega)}$

Argument, Phase: $\varphi = \arg G(\mathrm{j}\omega) = \arctan \dfrac{Q(\omega)}{P(\omega)} = \arctan \dfrac{\operatorname{Im} G(\mathrm{j}\omega)}{\operatorname{Re} G(\mathrm{j}\omega)}$

Das Argument $\arg G(\mathrm{j}\omega)$ wird von der positiven reellen Achse aus gerechnet, es ist negativ bei Drehung im Uhrzeigersinn.

Die Verbindungslinie der Zeigerspitzen von $G(\mathrm{j}\omega)$ in der komplexen Zahlenebene mit der Kreisfrequenz ω als Parameter heißt *Ortskurve*, Bild oben.

12.4.4 Korrespondenztabelle der Laplace-Transformationen

Festlegungen: $\operatorname{Re} s$ hinreichend groß, $m, n \in \mathbb{N}$, $a, b, c \in \mathbb{C}$

Die Tabelle ist geordnet nach Potenzen von s im Nenner.

$F(s) = \mathcal{L}\{f(t)\}$	$f(t)$	$F(s) = \mathcal{L}\{f(t)\}$	$f(t)$
(1) 1	$\delta(t)$ DIRAC-Impuls	(2) s^n	$\delta^{(n)}(t)$ n-te Ableitung
(3) $\frac{h}{s}$	$h \cdot \varepsilon(t)$ Sprungfunktion	(4) $\frac{1}{s-a}$	e^{at}
(5) $\frac{1}{s-\ln\lvert a\rvert}$	a^t, $\operatorname{Re} a > 0$	(6) $\frac{1}{s^2}$	t
(7) $\frac{1}{s(s-a)}$	$\frac{1}{a}\left(\mathrm{e}^{at}-1\right)$	(8) $\frac{1}{s(as+1)}$	$1-\mathrm{e}^{-\frac{t}{a}}$
(9) $\frac{1}{(s-a)(s-b)}$	$\frac{\mathrm{e}^{at}-\mathrm{e}^{bt}}{a-b}$, $a \neq b$	(10) $\frac{s}{(s-a)(s-b)}$	$\frac{a\mathrm{e}^{at}-b\mathrm{e}^{bt}}{a-b}$
(11) $\frac{a}{s^2+a^2}$	$\sin at$	(12) $\frac{s}{s^2+a^2}$	$\cos at$
(13) $\frac{a}{s^2-a^2}$	$\sinh at$	(14) $\frac{s}{s^2-a^2}$	$\cosh at$
(15) $\frac{a}{(s-b)^2+a^2}$	$\mathrm{e}^{bt}\sin at$	(16) $\frac{a}{(s-b)^2-a^2}$	$\mathrm{e}^{bt}\sinh at$
(17) $\frac{s-b}{(s-b)^2+a^2}$	$\mathrm{e}^{bt}\cos at$	(18) $\frac{s-b}{(s-b)^2-a^2}$	$\mathrm{e}^{bt}\cosh at$
(19) $\frac{1}{(s-a)^2}$	$t\mathrm{e}^{at}$	(20) $\frac{s}{(s-a)^2}$	$(1+at)\,\mathrm{e}^{at}$
(21) $\frac{1}{s^2(s-a)}$	$\frac{1}{a^2}\left(\mathrm{e}^{at}-at-1\right)$	(22) $\frac{1}{s(s-a)^2}$	$\frac{(at-1)\,\mathrm{e}^{at}+1}{a^2}$
(23) $\frac{1}{(s-a)^3}$	$\frac{t^2}{2}\mathrm{e}^{at}$	(24) $\frac{(s-a)^2}{s\left(s^2+a^2\right)}$	$1-2\sin at$
(25) $\frac{s^2-2a^2}{s\left(s^2-4a^2\right)}$	$\cosh^2 at$	(26) $\frac{s^2+2a^2}{s\left(s^2+4a^2\right)}$	$\cos^2 at$
(27) $\frac{1}{s\left(s^2+4a^2\right)}$	$\frac{\sin^2 at}{2a^2}$	(28) $\frac{s}{(s-a)^3}$	$\left(\frac{1}{2}at^2+t\right)\mathrm{e}^{at}$

$F(s) = \mathcal{L}\{f(t)\}$	$f(t)$
(29) $\dfrac{s^2}{(s-a)^3}$	$\left(\dfrac{1}{2}a^2t^2 + 2at + 1\right) \mathrm{e}^{at}$
(30) $\dfrac{1}{s(s-a)(s-b)}$	$\dfrac{b\mathrm{e}^{at} - a\mathrm{e}^{bt} + a - b}{ab(a-b)}$
(31) $\dfrac{1}{(s-a)(s-b)(s-c)}$ $a \neq b, b \neq c, c \neq a$	$\dfrac{(c-b)\mathrm{e}^{at} + (a-c)\mathrm{e}^{bt}}{(a-b)(b-c)(c-a)}$ $+ \dfrac{(b-a)\mathrm{e}^{ct}}{(a-b)(b-c)(c-a)}$
(32) $\dfrac{(s-a)(s-b)}{s(s+a)(s+b)}$	$1 + 2\dfrac{a+b}{a-b}\left(\mathrm{e}^{-at} - \mathrm{e}^{-bt}\right)$
(33) $\dfrac{1}{(s^2-a^2)(s^2-b^2)}$	$\dfrac{b \sinh at - a \sinh bt}{ab(a^2-b^2)}$
(34) $\dfrac{s}{(s^2-a^2)(s^2-b^2)}$	$\dfrac{\cosh bt - \cosh at}{b^2-a^2}$
(35) $\dfrac{s^2}{(s^2-a^2)(s^2-b^2)}$	$\dfrac{a \sinh at - b \sinh bt}{a^2-b^2}$
(36) $\dfrac{s^3}{(s^2-a^2)(s^2-b^2)}$	$\dfrac{a^2 \cosh at - b^2 \cosh bt}{a^2-b^2}$
(37) $\dfrac{1}{(s^2-a^2)^2}$	$\dfrac{t \cosh at}{2a^2} - \dfrac{\sinh at}{2a^3}$
(38) $\dfrac{a^2 s}{s^4+a^4}$	$\sin \dfrac{at}{\sqrt{2}} \sinh \dfrac{at}{\sqrt{2}}$
(39) $\dfrac{s^3}{s^4+a^4}$	$\cos \dfrac{at}{\sqrt{2}} \cosh \dfrac{at}{\sqrt{2}}$
(40) $\dfrac{s^2-2a^2}{s^4+4a^4}$	$\dfrac{\cos at \sinh at}{a}$
(41) $\dfrac{s}{(s^2-a^2)^3}$	$\dfrac{t^2 \cosh at}{8a^2} - \dfrac{t \sinh at}{8a^3}$
(42) $\dfrac{s^2}{(s^2-a^2)^3}$	$\dfrac{t \cosh at}{8a^2} - \dfrac{1-a^2t^2}{8a^3} \sinh at$
(43) $\dfrac{n!}{s^{n+1}}$	t^n
(44) $\dfrac{n!}{(s+a)^{n+1}}$	$t^n \mathrm{e}^{-at}$

Nichtrationale (stetige) Bildfunktionen

$F(s)=\mathcal{L}\{f(t)\}$	$f(t)$	$F(s)=\mathcal{L}\{f(t)\}$	$f(t)$
Wurzelfunktionen			
(45) $\frac{1}{\sqrt{s}}$	$\frac{1}{\sqrt{\pi t}}$	(46) $\frac{1}{s\sqrt{s}}$	$2\sqrt{\frac{t}{\pi}}$
(47) $\frac{1}{\sqrt{s+a}}$	$\frac{\mathrm{e}^{-at}}{\sqrt{\pi t}}$	(48) $\frac{1}{s^2\sqrt{2}}$	$\frac{4t}{3}\sqrt{\frac{t}{\pi}}$
(49) $\sqrt{\sqrt{s^2+a^2}-s}$	$\frac{\sin at}{t\sqrt{2\pi t}}$	(50) $\sqrt{\frac{\sqrt{s^2+a^2}-s}{s^2-a^2}}$	$\sqrt{\frac{2}{\pi t}}\sin at$
(51) $\sqrt{\frac{\sqrt{s^2-a^2}-s}{s^2-a^2}}$	$\sqrt{\frac{2}{\pi t}}\sinh at$	(52) $\sqrt{\frac{\sqrt{s^2+a^2}+s}{s^2+a^2}}$	$\sqrt{\frac{2}{\pi t}}\cos at$
(53) $\sqrt{\frac{\sqrt{s^2-a^2}+s}{s^2-a^2}}$	$\sqrt{\frac{2}{\pi t}}\cosh at$	(54) $\frac{1}{s^k}$ $\quad \operatorname{Re} k>0$	$\frac{t^{a-1}}{\Gamma(a)}$
(55) $\frac{1}{s\sqrt{s+a}}$	$\frac{1}{\sqrt{a}}\operatorname{erf}(\sqrt{at})$ *error function* s. 13.2.8.2		
Logarithmische, zyklometrische Funktionen, Exponentialfunktion			
(56) $\arctan\frac{a}{s}$	$\frac{\sin at}{t}$	(57) $\ln\frac{s-a}{s}$	$\frac{1-\mathrm{e}^{at}}{t}$
(58) $\ln\frac{s+a}{s-a}$	$2\frac{\sinh at}{t}$	(59) $\ln\frac{s-a}{s-b}$	$\frac{\mathrm{e}^{bt}-\mathrm{e}^{at}}{t}$
(60) $\ln\frac{s^2+a^2}{s^2}$	$\frac{2-2\cos at}{t}$	(61) $\ln\frac{s^2-a^2}{s^2}$	$\frac{2(1-\cosh at)}{t}$
(62) $\ln\frac{s^2+a^2}{s^2+b^2}$	$2\frac{\cos bt-\cos at}{t}$	(63) $\mathrm{e}^{-\tau s}$	$\delta(t-\tau), \tau>0$ DIRAC-Impuls
(64) $\frac{\mathrm{e}^{-Ts}}{s}, T\in\mathbb{R}$	$\varepsilon(t-T)$ Sprung	(65) $\frac{1-\mathrm{e}^{-as}}{s^2}, a\in\mathbb{R}$	$\begin{cases} t \text{ für } t<a \\ a \text{ für } t\geq a\end{cases}$ Rampe
(66) $\frac{\mathrm{e}^{\frac{1}{s}}}{\sqrt{s}}$	$\frac{\cosh 2\sqrt{t}}{\sqrt{\pi t}}$	(67) $\frac{\mathrm{e}^{\frac{1}{s}}}{s\sqrt{s}}$	$\frac{\sinh 2\sqrt{t}}{\sqrt{\pi}}$

$F(s)=\mathcal{L}\{f(t)\}$	$f(t)$	$F(s)=\mathcal{L}\{f(t)\}$	$f(t)$
Logarithmische, zyklometrische Funktionen, Exponentialfunktion			
(68) $\frac{1+e^{-\pi s}}{s^2+1}$	$\begin{cases}\sin t & \text{für } t<\pi\\ 0 & \text{für } t>\pi\end{cases}$ Sinusbogen	(69) $\frac{s(1+e^{-\pi s}]}{s^2+1}$	$\begin{cases}\cos t & \text{für } t<\pi\\ 0 & \text{für } t>\pi\end{cases}$ Kosinusbogen
(70) $\frac{h(e^{-as}-e^{-bs})}{s}$	$\begin{cases}h & \text{für } a\le t\le b\\ 0 & \text{sonst}\end{cases}$ Rechteckimpuls	(71) $\frac{h}{s(1+e^{-as})}$	$\begin{cases}h & \text{für } 0\le t\le a\\ 0 & \text{für } a<t<2a\end{cases}$ Rechteckkurve
(72) $\frac{h(1-e^{-as})}{as^2(1+e^{-as})}$	$\begin{cases}\frac{h}{a}t & \text{für } 0\le t\le a\\ -\frac{h}{a}(t-2a) & \\ & \text{für } a\le t\le 2a\end{cases}$ Dreieckkurve	(73) $\frac{h}{s(e^{as}-1)}$	$\begin{cases}0 & \text{für } 0\le t<a\\ h & \text{für } a\le t<2a\\ 2h & \text{für } 2a\le t<3a\\ \text{usw.} & \end{cases}$ Treppenkurve
Kreis- und Hyperbelfunktionen			
(74) $\frac{1}{s}\sinh\frac{1}{s}$	$\frac{\cosh 2\sqrt{t}}{2\sqrt{\pi t}}-\frac{\cos 2\sqrt{t}}{2\sqrt{\pi t}}$	(75) $\frac{1}{s}\cosh\frac{1}{s}$	$\frac{\cosh 2\sqrt{t}}{2\sqrt{\pi t}}+\frac{\cos 2\sqrt{t}}{2\sqrt{\pi t}}$
(76) $\frac{1}{\sqrt{s}}\sin\frac{1}{s}$	$\frac{\sinh\sqrt{2t}\sin\sqrt{2t}}{\sqrt{\pi t}}$	(77) $\frac{1}{\sqrt{s}}\cos\frac{1}{s}$	$\frac{\cosh\sqrt{2t}\cos\sqrt{2t}}{\sqrt{\pi t}}$
(78) $\frac{e^{-\sqrt{as}}}{\sqrt{s}}\sin\sqrt{as}$	$\frac{1}{\sqrt{\pi t}}\sin\left(\frac{a}{2t}\right)$	(79) $\frac{e^{-\sqrt{as}}}{\sqrt{s}}\cos\sqrt{as}$	$\frac{1}{\sqrt{\pi t}}\cos\left(\frac{a}{2t}\right)$

$F(s)=\mathcal{L}\{f(t)\}$	$f(t)$
(80) $\frac{e^{-\frac{a^2+b^2}{4s}}}{\sqrt{s}}\sinh\frac{ab}{2s}$	$\frac{\sin a\sqrt{t}\sin b\sqrt{t}}{\sqrt{\pi t}}$
(81) $\frac{e^{-\frac{a^2+b^2}{4s}}}{\sqrt{s}}\cosh\frac{ab}{2s}$	$\frac{\cos a\sqrt{t}\cos b\sqrt{t}}{\sqrt{\pi t}}$
(82) $\frac{1}{s^2+b^2}\coth\frac{\pi s}{2b}$	$\frac{1}{b}\lvert\sin bt\rvert$
(83) $\frac{\omega}{s^2+\omega^2}\cos\varphi+\frac{s}{s^2+\omega^2}\sin\varphi$	$\sin(\omega t+\varphi)$
(84) $\frac{\Gamma(\alpha+1)}{s^{\alpha+1}}$ *Gammafunktion*	$t^\alpha \quad \alpha\in\mathbb{R}$

13 Statistik, Stochastik

13.1 Beschreibende (deskriptive) Statistik

13.1.1 Grundbegriffe

Die *beschreibende Statistik* liefert Methoden zur Erfassung und Darstellung empirisch gewonnenen Datenmaterials von Massenerscheinungen. Die Daten werden dabei durch wenige aussagekräftige Kenngrößen und/oder Grafiken *beschrieben*.

Begriffe

Statistische Masse (*Grundgesamtheit*): Menge unterscheidbarer Objekte (*statistische Einheiten*, *statistische Elemente*, *Merkmalsträger*) vom Umfang n mit bestimmten *Merkmalen*.

Merkmal X: Eigenschaft der statistischen Einheiten mit den *Merkmalsausprägungen* (Werten, Abstufungen) x_i, $i = 1, 2, \ldots, n$.

Man unterscheidet

- *qualitative* Merkmale: Die Werte besitzen keine (physikalische) Einheit
  - *qualitativ-nominal*: Die Werte lassen sich nur dem Namen nach unterscheiden (z. B. Wohnort, Haarfarbe, Geschlecht)
  - *qualitativ-ordinal*: Die Werte lassen sich zusätzlich der Intensität oder Qualität nach anordnen (z. B. Schwierigkeitsgrad, Schulnote, Geschmack)
- *quantitative* (*metrische*, *kardinale*) Merkmale: Die Werte bestehen aus Zahlenwert und Einheit
  - *quantitativ-diskret*: Die Werte entstehen durch einen **Zählprozess** (z. B. Kinderzahl, Anzahl defekter Stücke in einer Warenpartie). Abzählbar unendlich viele Werte sind möglich.
  - *quantitativ-stetig*: Die Werte entstehen durch einen **Messprozess** (z. B. Länge, Gewicht, Alter). Alle Werte in einem (sinnvollen) Intervall sind möglich.

Urliste

Die *Urliste* ist das Datenmaterial, welches unmittelbar bei der Datengewinnung (Befragung, Beobachtung, Experiment) anfällt. Betrachtet man nur ein einziges Merkmal, besteht die Urliste aus den n Werten $x_1, x_2, \ldots, x_n$. x_i ist dabei die Ausprägung des Merkmals X bei der i-ten statistischen Einheit.

Unklassierte (primäre) Häufigkeitstabelle

Eine *unklassierte Häufigkeitstabelle* enthält die **verschiedenen** Ausprägungen $a_1, a_2, \ldots, a_m$ des Merkmals X. Im Falle eines qualitativ-ordinalen oder quantitativ-diskreten Merkmals sind die Ausprägungen der Größe nach geordnet. Zu jeder Ausprägung a_j wird aufgelistet, wie oft sie unter den x_i, $i = 1, \ldots, n$, vorkommt.

n: Umfang der statistischen Masse
m: Anzahl der verschiedenen Ausprägungen des Merkmals X, $m \leq n$

Absolute Häufigkeit h_j der Ausprägung a_j, $j = 1, 2, \ldots, m$

$$0 \leq h_j \leq n \qquad \sum_{j=1}^{m} h_j = n$$

Relative Häufigkeit f_j der Ausprägung a_j

$$f_j := \frac{h_j}{n} \qquad 0 \leq f_j \leq 1 \qquad \sum_{j=1}^{m} f_j = 1$$

Kumulierte relative Häufigkeit F_j (bei qualitativ-ordinalen und quantitativ-diskreten Merkmalen):

$$F_j := f_1 + f_2 + \ldots + f_j$$

Beispiel dazu am Ende von 13.1.3

Die Werte F_j werden durch die Vorschrift

$$F(x) := \sum_{j:\, a_j \leq x} f_j \qquad x \in \mathbb{R}$$

zu der auf ganz $\mathbb{R}$ definierten *empirischen Verteilungsfunktion* fortgesetzt. Gemäß dem internationalen Trend ist sie definiert als *rechtsseitig stetige Treppenfunktion*. $F(x)$ gibt den Anteil der statistischen Masse an mit einer Merkmalsausprägung kleiner oder gleich x.

Grafische Darstellung unklassierter Häufigkeitsverteilungen im *Stabdiagramm* (*Säulendiagramm*) mit relativen oder absoluten Häufigkeiten und/oder als Treppenfunktion mit kumulierten relativen Häufigkeiten

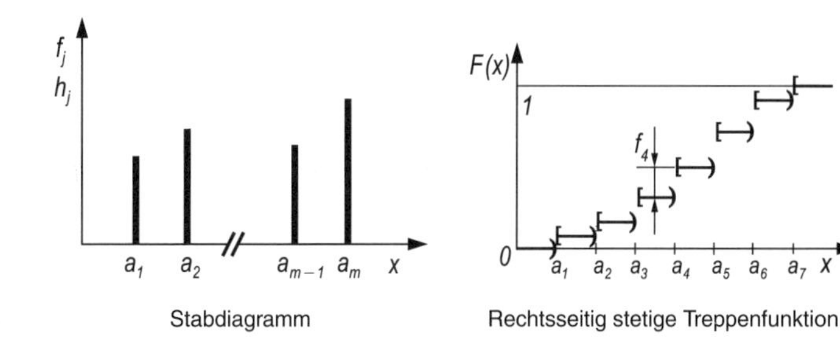

Stabdiagramm

Rechtsseitig stetige Treppenfunktion

Klassierte (sekundäre) Häufigkeitstabelle

Eine *klassierte Häufigkeitstabelle* entsteht durch *Klassierung* (Gruppenbildung) der Werte des (in der Regel) stetigen Merkmals X. Dazu sei $x_0 \leq x_1 \leq \ldots \leq x_k$ eine Einteilung der Merkmalsachse. Die j-te Klasse ist dann $[x_{j-1}, x_j)$, $j = 1, 2, \ldots, k$.

Die Klassenbildung trägt einerseits zu einem Gewinn an Übersichtlichkeit der Informationsdarstellung bei, andererseits vergröbert sie aber auch die Darstellung, da über die Verteilung der Daten innnerhalb einer Klasse nun nichts mehr bekannt ist.

Klassengrenzen eindeutig zugeordnet durch z. B. [10; 12): „von 10 bis unter 12“. Der Wert 12 selbst gehört bereits zur nächsten Klasse.

Klassenbreite der j-ten Klasse $[x_{j-1}, x_j)$: $d_j = x_j - x_{j-1}$ (Differenz der Klassengrenzen), meist $d_j = d$ (konstante Klassenbreite)

13

Wahl der *Klassenanzahl* k nach DIN 53 804, Teil 1:

$$k \approx \sqrt{n} \text{ für } 30 < n \leq 400 \text{ bzw. } k = 20 \text{ für } n > 400$$

Wahl der Klassenbreite d:

$$d \approx \frac{R}{k} \qquad R \textit{ Spannweite} \text{ der stat. Masse, } R = x_{\max} - x_{\min}$$

Repräsentant der j-ten Klasse $[x_{j-1}, x_j)$ ist die *Klassenmitte* m_j, das arithmetische Mittel der Klassengrenzen:

$$m_j = \frac{x_{j-1} + x_j}{2}, \; j = 1, 2, \ldots, k$$

Bei nach oben oder unten offenen *Randklassen* sind die Einzelwerte dieser Randklasse zu einem Klassenrepräsentanten zu mitteln.

Absolute Klassenhäufigkeit h_j *(absolute Besetzungszahl)*: **Anzahl** der Elemente in der j-ten Klasse, $j = 1, 2, \ldots, k$

$$0 \leq h_j \leq k \qquad \sum_{j=1}^{k} h_j = n$$

Relative Häufigkeit f_j *(relative Besetzungszahl)*: **Anteil** der Elemente in der j-ten Klasse, $j = 1, 2, \ldots, k$

$$f_j := \frac{h_j}{n} \qquad 0 \leq f_j \leq 1 \qquad \sum_{j=1}^{k} f_j = 1$$

Kumulierte relative Häufigkeit:

$$F_j := f_1 + f_2 + \ldots + f_j$$

F_j gibt an, welcher Anteil der statistischen Masse unterhalb der Klassengrenze x_j liegt. Ausweitung auf Werte x innerhalb der Klasse $[x_{j-1}, x_j)$ geschieht durch *lineare Interpolation* zwischen den zwei benachbarten Stützpunkten (x_{j-1}, F_{j-1}) und (x_j, F_j), wobei $F_0 := 0$ gesetzt wird:

$$F(x) = \begin{cases} 0 & \text{für } x \leq x_0 \\ F_{j-1} + \dfrac{F_j - F_{j-1}}{x_j - x_{j-1}}(x - x_{j-1}) & \text{für } x \in [x_{j-1}, x_j),\ j = 1, \ldots, k \\ 1 & \text{für } x \geq x_k \end{cases}$$

$F(x)$ ist eine auf ganz $\mathbb{R}$ definierte, stetige, monoton wachsende Funktion mit Wertebereich [0; 1] und heißt *empirische Verteilungsfunktion* oder *Summenhäufigkeitsfunktion*.

Grafische Darstellung klassierter Häufigkeitsverteilungen

Histogramm

Die erste und letzte Klasse müssen nach unten bzw. nach oben begrenzt sein. Die Einteilung der x-Achse ist vorgegeben durch die Klasseneinteilung. Die j-te Klasse $[x_{j-1}, x_j)$ wird dargestellt durch ein Rechteck der Breite $d_j = x_j - x_{j-1}$ und der Höhe f_j/d_j (*Besetzungsdichte*). Die Flächen der Rechtecke geben dann die relativen Besetzungszahlen wieder. Verbindet man die Mittelpunkte der Rechtecksoberkanten, entsteht das *Häufigkeitspolygon*.

Die Summe der Rechtecksflächen ist 1.

Empirische Verteilungsfunktion $F(x)$

Benachbarte Stützpunkte (x_j, F_j), $j = 0, 1, \ldots, k$, werden durch Strecken miteinander verbunden.

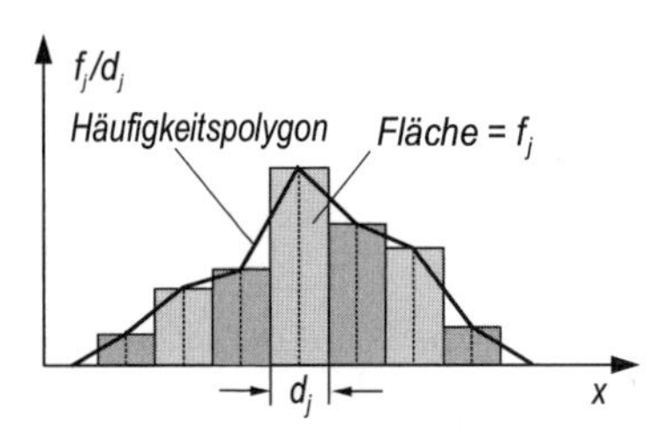

Histogramm und Häufigkeitspolygon

Empirische Verteilungsfunktion

13.1.2 Lageparameter

(Statistikfunktionen des Taschenrechners oder Tabellenkalkulationsprogramms verwenden!)

Arithmetisches Mittel $\bar{x}$ (auch *Mittelwert*, *Durchschnitt*)

Aus **Urliste**:

$$\bar{x} = \frac{1}{n}(x_1 + x_2 + \ldots + x_n) = \frac{1}{n}\sum_{i=1}^{n} x_i \qquad \text{(lies „x-quer“)}$$

Aus **unklassierter Häufigkeitstabelle**:

$$\bar{x} = \frac{1}{n}\sum_{j=1}^{m} a_j h_j = \sum_{j=1}^{m} a_j f_j \qquad \sum_{j=1}^{m} f_j = 1$$

a_j: die verschiedenen Ausprägungen des Merkmals X
h_j: absolute Häufigkeit der Ausprägung a_j
f_j: relative Häufigkeit der Ausprägung a_j
n: Umfang der statistischen Masse
m: Anzahl der verschiedenen Ausprägungen des Merkmals X

Bemerkung: $\sum_{j=1}^{m} a_j f_j$ heißt *gewichtetes arithmetisches Mittel* (der a_j mit den Gewichten f_j).

Aus **klassierter Häufigkeitstabelle**:

$$\bar{x} \approx \frac{1}{n} \sum_{j=1}^{k} m_j h_j = \sum_{j=1}^{k} m_j f_j \qquad \sum_{j=1}^{k} f_j = 1$$

m_j: Klassenmitte der j-ten Klasse
h_j: absolute Besetzungszahl der j-ten Klasse
f_j: relative Besetzungszahl der j-ten Klasse
n: Umfang der statistischen Masse
k: Klassenanzahl

Das arithmetische Mittel kann bei Klassenbildung nur geschätzt werden, da über die genaue Verteilung der Werte innerhalb der Klasse nichts mehr bekannt ist.

Eigenschaften des arithmetischen Mittels ($a, b \in \mathbb{R}$)

1. $\sum_{i=1}^{n}(x_i - \bar{x}) = 0$ (*Schwerpunktseigenschaft*)

2. $\sum_{i=1}^{n}(x_i - \lambda)^2 = \min \Leftrightarrow \lambda = \bar{x}$ (*quadratische Minimumseigenschaft*)

3. $\frac{1}{n}\sum_{i=1}^{n}(a + bx_i) = a + b\bar{x}$ (*lineare Transformation*)

4. $\bar{x} = \frac{\bar{x}_1 n_1 + \bar{x}_2 n_2}{n_1 + n_2}$ (*Teilschwerpunktsatz*)

Geometrisches Mittel $\bar{x}_g$

(vorwiegend in Finanz- und Wirtschaftsmathematik)

Aus **Urliste** ($x_i > 0, i = 1, 2, \ldots, n$):

$$\bar{x}_g = \sqrt[n]{x_1 \cdot x_2 \cdot \ldots \cdot x_n} = \left(\prod_{i=1}^{n} x_i\right)^{1/n}$$

Durch Übergang zu Logarithmen Rückführung auf arithmetisches Mittel:

$$\lg \bar{x}_g = \frac{1}{n} \sum_{i=1}^{n} \lg x_i$$

Aus **unklassierter Häufigkeitstabelle** (*gewichtetes geometrisches Mittel*):

$$\bar{x}_\mathrm{g} = \sqrt[n]{a_1^{h_1} \cdot a_2^{h_2} \cdot \ldots \cdot a_m^{h_m}} = \left(\prod_{j=1}^{m} a_j^{h_j} \right)^{1/n} \qquad \sum_{j=1}^{m} h_j = n$$

$a_j > 0$: die verschiedenen Ausprägungen des Merkmals X
h_j: absolute Häufigkeit der Ausprägung a_j
n: Umfang der statistischen Masse
m: Anzahl der verschiedenen Ausprägungen des Merkmals X

Aus **klassierter Häufigkeitstabelle**:

$$\bar{x}_\mathrm{g} \approx \sqrt[n]{m_1^{h_1} \cdot m_2^{h_2} \cdot \ldots \cdot m_k^{h_k}} = \left(\prod_{j=1}^{k} m_j^{h_j} \right)^{1/n} \qquad \sum_{j=1}^{k} h_j = n$$

$m_j > 0$: Klassenmitte der j-ten Klasse
h_j: absolute Besetzungszahl der j-ten Klasse
n: Umfang der statistischen Masse
k: Klassenanzahl

Anwendung in Wirtschaftsstatistik

$x_0, x_1, \ldots, x_n$ absolute Entwicklungszahlen, *Zeitreihe*

Wachstumsfaktor von Periode $t-1$ auf t: $q_t = \dfrac{x_t}{x_{t-1}}, t = 1, \ldots, n$

Mittlerer Wachstumsfaktor $\bar{q} = \sqrt[n]{q_1 \cdot q_2 \cdot \ldots \cdot q_n} = \sqrt[n]{\dfrac{x_n}{x_0}}$

Mittlere Wachstumsrate $\bar{r} = (\bar{q} - 1) \cdot 100\,\%$

♦ **Beispiel**

Bundesschatzbriefe Typ B wiesen 2011 die folgende Zinstreppe für sieben Jahre Laufzeit auf: 0,50 %, 1,00 %, 1,50 %, 2,25 %, 3,25 %, 4,00 %, 4,00 %. Die aufgelaufenen Zinsen werden weiterverzinst (Zinseszinseffekt). Wie groß ist der durchschnittliche Zinssatz pro Jahr?

$\bar{x}_\mathrm{g} = \sqrt[7]{1{,}005 \cdot 1{,}01 \cdot 1{,}015 \cdot 1{,}0225 \cdot 1{,}0325 \cdot 1{,}04^2} = 1{,}0235$

Der mittlere Wachstumsfaktor ist 1,0235, der mittlere Zinssatz 2,35 %. ♦

13

Harmonisches Mittel $\bar{x}_\mathrm{h}$

Gewöhnliches harmonisches Mittel der Werte $x_1, x_2, \ldots, x_n$:

$$\bar{x}_\mathrm{h} = \frac{n}{\dfrac{1}{x_1} + \dfrac{1}{x_2} + \ldots + \dfrac{1}{x_n}} = \frac{n}{\sum\limits_{i=1}^{n} \dfrac{1}{x_i}}$$

Gewichtetes harmonisches Mittel der Werte $a_1, a_2, \ldots, a_m$:

$$\bar{x}_\mathrm{h} = \frac{n}{\dfrac{h_1}{a_1} + \dfrac{h_2}{a_2} + \ldots + \dfrac{h_m}{a_m}} = \frac{n}{\sum\limits_{j=1}^{m} \dfrac{h_j}{a_i}} \qquad \sum_{j=1}^{m} h_j = n$$

♦ **Beispiel**

Ein Auto fährt 20 km lang mit der Geschwindigkeit 100 km/h und weitere 40 km mit der Geschwindigkeit 120 km/h. Wie groß ist seine Durchschnittsgeschwindigkeit?

$$\bar{v} = \frac{\text{Gesamtstrecke}}{\text{Gesamtzeit}} = \frac{60\ \text{km}}{\frac{20}{100}\,\text{h} + \frac{40}{120}\,\text{h}} = 112{,}5\ \text{km/h}$$

Die Durchschnittsgeschwindigkeit ist also das gewichtete harmonische Mittel der Einzelgeschwindigkeiten mit den Weglängen als Gewichte. ♦

Quadratisches Mittel $\bar{x}_\mathrm{q}$

Gewöhnliches quadratisches Mittel der Werte $x_1, x_2, \ldots, x_n$:

$$\bar{x}_\mathrm{q} = \sqrt{\frac{1}{n} \sum_{i=1}^{n} x_i^2}$$

Gewichtetes quadratisches Mittel der Werte $a_1, a_2, \ldots, a_m$:

$$\bar{x}_\mathrm{q} = \sqrt{\frac{1}{n} \sum_{j=1}^{m} a_i^2 h_j} \qquad \sum_{j=1}^{m} h_j = n$$

Ungleichung zwischen den Mittelwerten

Für die positiven Zahlen $x_1, x_2, \ldots, x_n$ gilt:

$$x_\mathrm{min} \leq \bar{x}_\mathrm{h} \leq \bar{x}_\mathrm{g} \leq \bar{x} \leq \bar{x}_\mathrm{q} \leq x_\mathrm{max}$$

Quantile (auch *untere Quantile*, *Fraktile*)

> Das *γ-Quantil* x_γ ist diejenige Merkmalsausprägung mit der Eigenschaft, dass sie von der **nach der Größe geordneten** Folge der Merkmalsausprägungen der statistischen Masse den Anteil γ nach unten abtrennt. Anders ausgedrückt: $100\gamma\,\%$ der gemessenen (beobachteten) Werte sind kleiner oder gleich x_γ, der Rest ist größer.

γ Ordnung des Quantils, $0 < \gamma < 1$

Bemerkung: Bei kleinen diskreten Grundgesamtheiten ist x_γ oft nicht eindeutig bestimmbar. Man wählt dann bei metrischen Merkmalen oft das arithmetische Mittel der beiden benachbarten Werte. Bei stetigen Merkmalen mit streng monoton wachsender empirischer Verteilungsfunktion $F(x)$ erhält man x_γ rechnerisch oder grafisch als eindeutige Lösung der Gleichung (s. Bild)

$$F(x_\gamma) = \gamma.$$

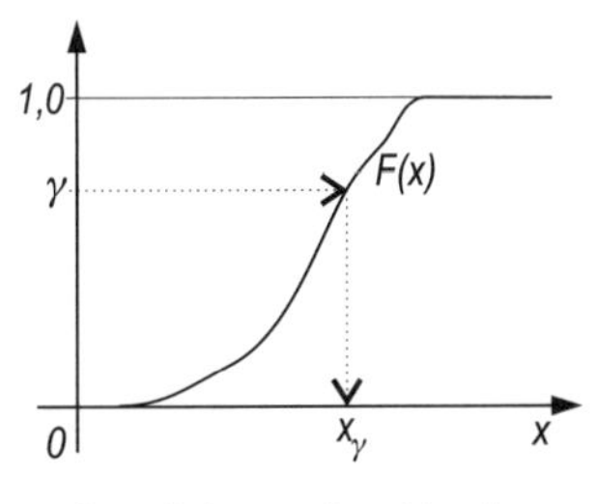

γ-Quantil einer stetigen Verteilung

Besondere Quantile

Das 50 %-Quantil $x_{0,5}$ heißt auch *Median* oder *Zentralwert*. Die Quantile $x_{0,25}$ und $x_{0,75}$ heißen 1. bzw. 3. *Quartil*. *Dezentile* teilen die statistische Masse in Zehntel ein, *Perzentile* in Hundertstel.

♦ **Beispiel**

Zu den acht Merkmalswerten 18, 21, 11, 15, 12, 19, 12, 21 bestimme man den Zentralwert sowie die beiden Quartile.

Geordnete Merkmalsreihe: 11, 12, 12, 15, 18, 19, 21, 21. Das 1. Quartil trennt nach unten ein Viertel der statistischen Masse, also zwei Werte ab. Es liegt daher zwischen dem 2. und dem 3. Wert: $x_{0,25} = 12$. Der Zentralwert liegt zwischen dem 4. und dem 5. Wert, daher $x_{0,5} = (15 + 18)/2 = 16{,}5$. Das 3. Quartil trennt nach unten 3/4 der Masse ab, liegt also zwischen dem 6. und dem 7. Wert: $x_{0,75} = (19 + 21)/2 = 20$. ♦

13

Zentralwert, Median (auch 50 %-*Punkt*, 50 %-*Quantil*, $x_{0,5}$)

Der *Zentralwert* Z ist der mittlere Wert einer **der Größe nach geordneten** Datenreihe $x_1 \leq x_2 \leq \ldots \leq x_n$.

$$Z = \begin{cases} x_{\frac{n+1}{2}} & \text{falls } n \text{ ungerade} \\ \dfrac{x_{\frac{n}{2}} + x_{\frac{n}{2}+1}}{2} & \text{falls } n \text{ gerade} \end{cases}$$

Lineare Minimumseigenschaft von Z: $\sum_{i=1}^{n} |x_i - Z| = \min_{\lambda \in \mathbb{R}} \sum_{i=1}^{n} |x_i - \lambda|$

Der Zentralwert minimiert die Summe der Abstände der Einzelmessungen von einem festen Wert λ.

Bei symmetrischer Verteilung gilt: $\bar{x} = Z$. Ansonsten sind die beiden Lageparameter verschieden. Z reagiert insbesondere nicht auf *Ausreißer*, $\bar{x}$ hingegen schon.

Box-Whisker-Plot

Ein *Box-Whisker-Plot* (engl. *whisker* = Schnurrhaar) stellt die wichtigsten Lageparameter in einer übersichtlichen und standardisierten Form dar: Die Enden der Box sind das 1. bzw. 3. Quartil, sodass 50 % der beobachteten Werte in der Box liegen. Die 25 % kleinsten Wert sind links, die 25 % größten rechts von der Box. Im Innern der Box wird der Zentralwert Z als senkrechter Strich eingezeichnet. Die Definition der Whiskers ist nicht einheitlich, im einfachsten Fall zeichnet man sie von x_{min} bis zur Box bzw. von der Box zu x_{max}.

Box-Whisker-Plots eignen sich besonders gut, um die Verteilung mehrerer statistischer Massen in einer Zeichnung übersichtlich darzustellen. Ist Z nicht in der Mitte der Box, ist das ein Hinweis auf unsymmetrische Verteilung. Sind die Whiskers sehr lang im Vergleich zur Box, deutet das auf Ausreißer hin.

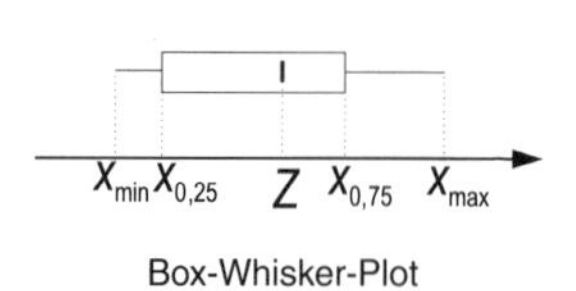

Box-Whisker-Plot

Modalwert *D*, häufigster Wert

Der *Modalwert* der Messreihe $x_1, x_2, \ldots, x_n$ ist der am häufigsten vorkommende Wert. Mehrere Modalwerte sind möglich. Der Modalwert kann im Gegensatz zu den anderen Lageparametern auch noch bei einem nominalen Merkmal gebildet werden.

13.1.3 Streuungsparameter

(Statistikfunktionen des Taschenrechners oder Tabellenkalkulationsprogramms verwenden!)

Im Gegensatz zu Lageparametern messen Streuungsparameter die Ausbreitung der statistischen Masse.

Variationsbreite, Spannweite *R*

$$R = x_{\text{max}} - x_{\text{min}}$$

R ist zwar einfach zu berechnen, ein einziger Ausreißer aber kann R so in die Höhe treiben, dass es einen falschen Eindruck von der statistischen Masse vermittelt. Abhilfe schafft der

Quartilsabstand *Q*

$$Q = x_{0,75} - x_{0,25}$$

Die 25 % kleinsten und 25 % größten Werte der statistischen Masse werden abgeschnitten, vom Rest die Spannweite genommen.

R und Q verwenden jeweils nur zwei Werte, die folgenden Streuuungsmaße berücksichtigen dagegen alle Werte $x_1, x_2, \ldots, x_n$:

Mittlere absolute Abweichung *d* vom Zentralwert

Aus **Urliste**: $d = \frac{1}{n}\sum_{i=1}^{n}|x_i - Z|$

Aus **unklassierter Häufigkeitstabelle**: $d = \frac{1}{n}\sum_{j=1}^{m}|a_j - Z| \cdot h_j$

a_j: die verschiedenen Ausprägungen des Merkmals X
h_j: absolute Häufigkeit der Ausprägung a_j
n: Umfang der statistischen Masse
m: Anzahl der verschiedenen Ausprägungen des Merkmals X

Empirische Varianz s^2 (*Stichprobenvarianz*)

Zusammen mit Standardabweichung der wichtigste Streuungsparameter

> Die *empirische Varianz* ist die Summe der quadratischen Abweichungen der Einzelmessungen von ihrem arithmetischen Mittel, dividiert durch $n-1$.

Aus **Urliste**:

$$s^2 = s_x^2 = \frac{1}{n-1}\sum_{i=1}^{n}(x_i - \bar{x})^2 = \frac{1}{n-1}\left(\sum_{i=1}^{n}x_i^2 - \frac{1}{n}\left(\sum_{i=1}^{n}x_i\right)^2\right)$$

Aus **unklassierter Häufigkeitstabelle**:

$$s^2 = s_x^2 = \frac{1}{n-1}\sum_{j=1}^{m}(a_j - \bar{x})^2 h_j = \frac{1}{n-1}\left(\sum_{j=1}^{m}a_j^2 h_j - \frac{1}{n}\left(\sum_{j=1}^{m}a_j h_j\right)^2\right)$$

a_j: die verschiedenen Ausprägungen des Merkmals X
h_j: absolute Häufigkeit der Ausprägung a_j
n: Umfang der statistischen Masse
m: Anzahl der verschiedenen Ausprägungen des Merkmals X

13

Aus **klassierter Häufigkeitstabelle**:

Man ersetze m durch k (Klassenanzahl) und a_j durch m_j (Klassenmitte, Repräsentant der j-ten Klasse).

Empirische Standardabweichung *s* (*Stichprobenstandardabweichung*)

auch *Standardabweichung der Einzelmessung*

$$s = s_x = \sqrt{s^2}$$

Die empirische Standardabweichung hat die gleiche physikalische Einheit wie die Einzelmessung x_i.

Standardabweichung des arithmetischen Mittels

$$s_{\bar{x}} = \frac{s}{\sqrt{n}}$$

$s_{\bar{x}}$ wird umso kleiner, je größer der Umgang n der statistischen Masse ist und drückt aus, dass das arithmetische Mittel einer Stichprobe vom Umfang n weniger variiert als die Einzelmessungen selbst.

Variationskoeffizient *V*

$$V = \frac{s}{\bar{x}}$$

V ist ein *relatives Streuungsmaß* und drückt die Standardabweichung s in Einheiten von $\bar{x}$ aus. V ist dimensionslos und wird häufig in % angegeben. Je kleiner V ist, desto *homogener* ist eine statistische Masse bezüglich des Merkmals X.

Ausreißerproblem

In einer Stichprobe von $(n + 1)$ Werten sei einer, etwa x_{n+1}, auffallend groß oder klein (*Ausreißer*). Die Grundgesamtheit sei bezüglich des interessierenden Merkmals normalverteilt (siehe 13.2.8.2). Der Ausreißer kann weggelassen werden, falls $x_{n+1} > \bar{x} + Ks$ oder $x_{n+1} < \bar{x} - Ks$.

$\bar{x}$: arithmetisches Mittel ohne x_{n+1}
s: Standardabweichung ohne x_{n+1}
K: siehe Bild

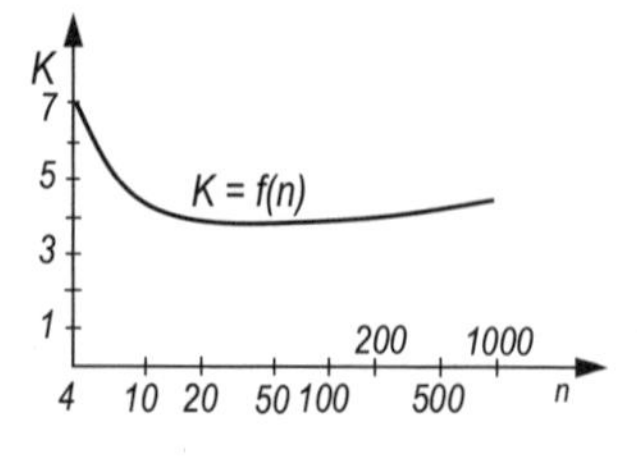

Werden die Ausreißer nicht weggelassen, ist der Median Z dem arithmetischen Mittel $\bar{x}$ und der Quartilsabstand Q der Standardabweichung s vorzuziehen (Z und Q sind *robuste* Maße).

♦ **Beispiel zu Lage- und Streuungsparametern**

Gegeben sei folgende Urliste von $n = 12$ Messwerten: 2, 2, 1, 3, 4, 5, 2, 1, 3, 2, 3, 4

Geordnete Messreihe: 1, 1, 2, 2, 2, 2, 3, 3, 3, 4, 4, 5

Unklassierte Häufigkeitstabelle

	absolute Häufigkeit		relative Häufigkeit	kumulierte relative Häufigkeit
a_j	Strichliste	h_j	$f_j = \frac{h_j}{n}$	$F_j = \sum_{k=1}^{j} f_j$
1	||	2	0,167	0,167
2	||||	4	0,333	0,500
3	|||	3	0,250	0,750
4	||	2	0,167	0,917
5	|	1	0,083	1,000

Modalwert, häufigster Wert: $D = 2$

Median, Zentralwert: $Z = \frac{x_6 + x_7}{2} = 2{,}5$

Arithmetisches Mittel: $\bar{x} = \frac{1}{n} \sum_{j=1}^{5} a_j h_j = \frac{32}{12} = \frac{8}{3} = 2{,}667$

Spannweite: $R = 5 - 1 = 4$

Quartilsabstand: $Q = x_{0,75} - x_{0,25} = 3{,}5 - 2 = 1{,}5$

Mittlere absolute Abweichung vom Zentralwert

$$d = \frac{1}{n} \sum_{j=1}^{5} |a_j - Z| h_j = \frac{1}{12}\big(|1-2{,}5| \cdot 2 + |2-2{,}5| \cdot 4 + \ldots + |5-2{,}5| \cdot 1\big) = 1$$

Empirische Varianz

$$s^2 = \frac{1}{n-1} \sum_{j=1}^{5} (a_j - \bar{x})^2 h_j = \frac{1}{11}\big((1-8/3)^2 \cdot 2 + \ldots + (5-8/3)^2 \cdot 1\big) = 1{,}515$$

Empirische Standardabweichung: $s = \sqrt{s^2} = \sqrt{1{,}515} = 1{,}231$

Variationskoeffizient: $V = \frac{s}{\bar{x}} = \frac{1{,}231}{2{,}667} = 0{,}462 = 46{,}2\,\%$ ♦

13.1.4 Korrelation

Zwei Merkmale X und Y werden in der *Korrelationsrechnung* auf Wechselbeziehungen untersucht (z. B. Bewässerung gegen Wachstum, Strömungswiderstand gegen Geschwindigkeit, Zigarettenkonsum gegen Herzinfarkthäufigkeit, Betongüte gegen Druckfestigkeit). Auch wenn man für die beiden Merkmale keinen *funktionalen* Zusammenhang ($y = f(x)$ oder $x = g(y)$) angeben kann, existiert dennoch oft ein *korrelativer* oder *statistischer* Zusammenhang.

Bei n Untersuchungseinheiten werden jeweils die Merkmale X und Y gemessen, man erhält zwei Messreihen $(x_1, x_2, \ldots, x_n)$ und $(y_1, y_2, \ldots, y_n)$, die in einem kartesischen Koordinatensystem als *Punktwolke* (x_i, y_i), $i = 1, \ldots, n$, dargestellt werden. Jeder Punkt repräsentiert dabei eine statistische Einheit.

Steigt die Punktwolke von links unten nach rechts oben an (d. h. große x-Werte sind häufig mit großen y-Werten gekoppelt), spricht man von *positiver Korrelation*, andernfalls von *negativer Korrelation*. Ein Maß für die Richtung des Zusammenhangs ist die

Kovarianz s_{xy}

$$s_{xy} := \frac{1}{n-1} \sum_{i=1}^{n} (x_i - \bar{x})(y_i - \bar{y}) = \frac{1}{n-1} \left(\sum_{i=1}^{n} x_i y_i - n\bar{x}\bar{y} \right)$$

Ist $s_{xy} > 0$, so sind die beiden Messreihen *positiv korreliert*, bei $s_{xy} < 0$ *negativ korreliert*, im Fall $s_{xy} = 0$ sind sie *unkorreliert*.

Die Kovarianz ist noch mit Einheiten behaftet, daher kann ihre Größe selbst nicht sinnvoll interpretiert werden. Abhilfe schafft der

Korrelationskoeffizient r_{xy}

Der *Korrelationskoeffizient* (*normierte Kovarianz*) ist die Kovarianz, dividiert durch das Produkt der beiden Standardabweichungen der Messreihen:

$$r_{xy} := \frac{s_{xy}}{s_x \cdot s_y} = \frac{\sum_{i=1}^{n} (x_i - \bar{x})(y_i - \bar{y})}{\sqrt{\sum_{i=1}^{n} (x_i - \bar{x})^2 \sum_{i=1}^{n} (y_i - \bar{y})^2}}$$

Es gilt $-1 \leq r_{xy} \leq 1$

r_{xy} ist ein Maß für die *Stärke des linearen Zusammenhangs* der beiden Messreihen $(x_1, x_2, \ldots, x_n)$ und $(y_1, y_2, \ldots, y_n)$:

$r_{xy} = 1$ perfekt positiver linearer Zusammenhang: $y_i = a + bx_i$, $b > 0$
$r_{xy} > 0$ positive Korrelation, Messreihen gleichläufig
$r_{xy} = 0$ kein linearer Zusammenhang, Messreihen unkorreliert

$r_{xy} < 0$ negative Korrelation, Messreihen gegenläufig
$r_{xy} = -1$ perfekt negativer linearer Zusammenhang: $y_i = a + bx_i$, $b < 0$

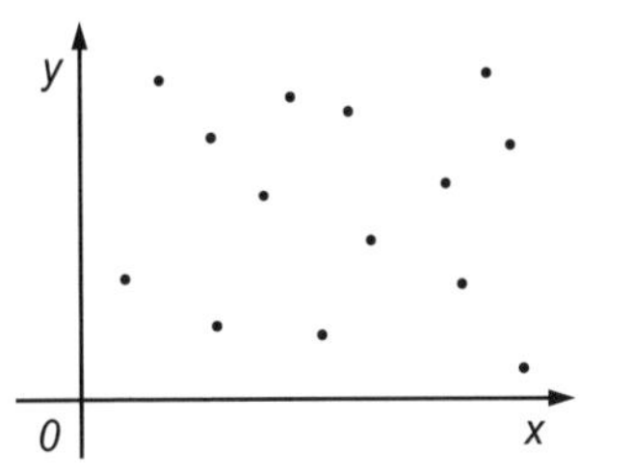

Kein korrelativer Zusammenhang

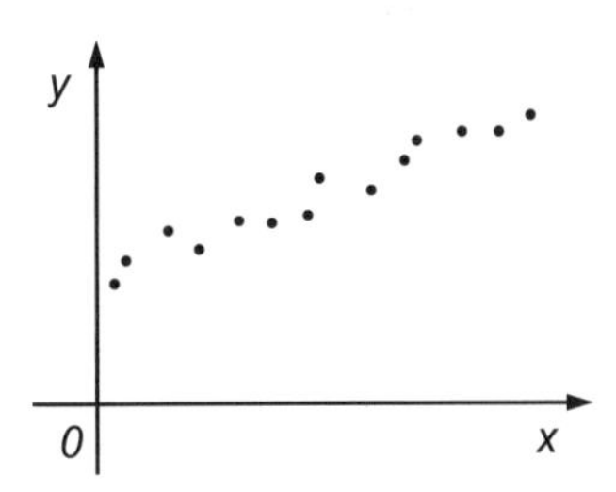

Stark positiver Zusammenhang

Bestimmmtheitsmaß: $B_{xy} = r_{xy}^2 = \dfrac{s_{xy}^2}{s_x^2 \cdot s_y^2}$ $\qquad 0 \leq B_{xy} \leq 1$

13.1.5 Lineare Ausgleichsrechnung

13.1.5.1 Methode der kleinsten Quadrate

(engl. *least squares method*)

Zu einer Punktwolke (x_i, y_i), $i = 1, 2, \ldots, n$, soll eine stetige Funktion $y = f(x)$ optimal angepasst werden im folgenden Sinne: Die Summe der Quadrate der vertikalen Abweichungen r_i (*Residuen*) von den gemessenen Werten y_i zum Funktionswert $f(x_i)$ soll ein Minimum werden (auch *Kurvenanpassung*, engl. *curve fitting*).

Die Methode findet z. B. auch Verwendung in der *Zeitreihenanalyse* zur Bestimmung der *Trendfunktion*.

GAUSSsche Minimumsbedingung

$$S := \sum_{i=1}^{n} \left(y_i - f(x_i)\right)^2 = \sum_{i=1}^{n} r_i^2 \stackrel{!}{=} \min$$

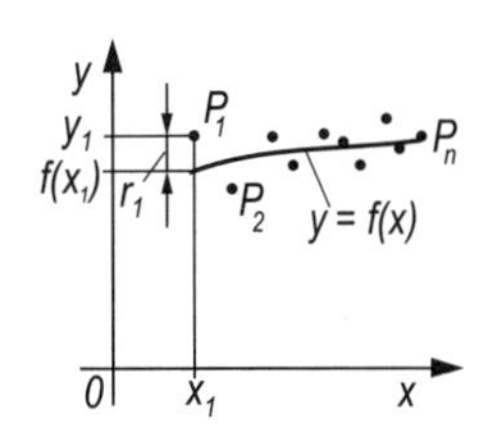

S heißt auch *Fehlerquadratsumme*, obwohl der Begriff „Fehler" hier streng genommen nicht immer zutrifft. Die Minimierung von *S* geschieht durch geeignete Wahl der in der *Modellfunktion*

$$y = f(x)$$

vorkommenden frei wählbaren *Regressionsparameter* $a, b, c, \ldots$ Kommen diese in der Modellfunktion *linear* vor, spricht man von einem *linearen Ausgleichsproblem*. Häufige Modelle bei linearen Ausgleichsproblemen sind:

$y = a + bx$	*lineares Modell*	*ausgleichende Gerade*
$y = a + bx + cx^2$	*quadratisches Modell*	*ausgleichende Parabel*

Die optimalen Regressionsparameter $\hat{a}, \hat{b}, \hat{c}, \ldots$ findet man durch Nullsetzen der partiellen Ableitungen von S nach $a, b, c, \ldots$

$$\frac{\partial S}{\partial a} = 0, \quad \frac{\partial S}{\partial b} = 0, \ \ldots$$

Dies führt im Falle eines linearen Ausgleichproblems immer auf ein *lineares Gleichungssystem*, das GAUSS*sche Normalgleichungssystem* mit m Gleichungen und m Unbekannten $a, b, c, \ldots$

$$\boldsymbol{A}^{\mathrm{T}}\boldsymbol{A} \begin{pmatrix} a \\ b \\ \vdots \end{pmatrix} = \boldsymbol{A}^{\mathrm{T}}\boldsymbol{y}$$

$\boldsymbol{A}$ die (n, m)-Matrix, die in der i-ten Zeile die Beiwerte von $a, b, c, \ldots$ für den Messwert x_i enthält, $i = 1, 2, \ldots, n$ (*Matrix des linearen Ausgleichsproblems*)

$\boldsymbol{y} = (y_1, y_2, \ldots, y_n)^{\mathrm{T}}$ Spaltenvektor der gemessenen y-Werte

13.1.5.2 Ausgleichende Gerade

Modell: $y = a + bx$ (*lineare Regression*)

Matrix des linearen Ausgleichsproblems

$$\boldsymbol{A} = \begin{pmatrix} 1 & x_1 \\ 1 & x_2 \\ \vdots & \vdots \\ 1 & x_n \end{pmatrix}$$

GAUSSsches Normalgleichungssystem

$$\begin{pmatrix} n & \sum x_i \\ \sum x_i & \sum x_i^2 \end{pmatrix} \begin{pmatrix} a \\ b \end{pmatrix} = \begin{pmatrix} \sum y_i \\ \sum x_i y_i \end{pmatrix}$$

und daraus mit der CRAMERschen Regel die optimalen Regressionsparameter *Steigung*

$$\hat{b} = \frac{\sum x_i y_i - n\bar{x}\bar{y}}{\sum x_i^2 - n\bar{x}^2} = \frac{s_{xy}}{s_x^2} = \frac{\text{Kovarianz der } x_i \text{ und } y_i}{\text{Varianz der } x_i}$$

und *Achsenabschnitt*

$$\hat{a} = \bar{y} - \hat{b}\bar{x}$$

Gleichung der *Regressionsgeraden* $y = \hat{a} + \hat{b}x$.

Sie geht stets durch den geometrischen Schwerpunkt $(\bar{x}, \bar{y})$ der zweidimensionalen Masseverteilung $(x_i, y_i), i = 1, 2, \ldots, n$.

Minimale Fehlerquadratsumme $S_{\text{opt}} = S(\hat{a}, \hat{b}) = (n-1)s_y^2(1 - B_{xy})$

s_y^2 Varianz der y-Werte, B_{xy} *Bestimmtheitsmaß* (siehe 13.1.4)

♦ **Beispiel**

Man bestimme die Regressionsgerade (Ausgleichsgerade) zu folgenden fünf gemessenen Wertepaaren: (4, 3), (7; 4), (8; 5), (9; 6), (10; 8)

$\boldsymbol{x} = (4, 7, 8, 9, 10)^{\mathrm{T}} \quad \boldsymbol{y} = (3, 4, 5, 6, 8)^{\mathrm{T}}$

Matrix des linearen Ausgleichsproblems

$$\boldsymbol{A} = \begin{pmatrix} 1 & 4 \\ 1 & 7 \\ 1 & 8 \\ 1 & 9 \\ 1 & 10 \end{pmatrix} \Rightarrow \boldsymbol{A}^{\mathrm{T}}\boldsymbol{A} = \begin{pmatrix} 5 & 38 \\ 38 & 310 \end{pmatrix} \text{ und } \boldsymbol{A}^{\mathrm{T}}\boldsymbol{y} = \begin{pmatrix} 26 \\ 214 \end{pmatrix}$$

Daraus GAUSSsches Normalgleichungssystem

$$\begin{pmatrix} 5 & 38 \\ 38 & 310 \end{pmatrix} \begin{pmatrix} a \\ b \end{pmatrix} = \begin{pmatrix} 26 \\ 214 \end{pmatrix} \Rightarrow \hat{a} = -0{,}679, \hat{b} = 0{,}774$$

Regressionsgerade: $y = -0{,}679 + 0{,}774x$ ♦

13.1.5.3 Ausgleichende Parabel

Die beobachteten Werte (x_i, y_i), $i = 1, 2, \ldots, n$, sollen durch eine Parabel ausgeglichen werden.

Modell: $y = a + bx + cx^2$

Matrix des linearen Ausgleichsproblems

$$\boldsymbol{A} = \begin{pmatrix} 1 & x_1 & x_1^2 \\ 1 & x_2 & x_2^2 \\ \vdots & \vdots & \vdots \\ 1 & x_n & x_n^2 \end{pmatrix}$$

GAUSSsches Normalgleichungssystem

$$\begin{pmatrix} n & \sum x_i & \sum x_i^2 \\ \sum x_i & \sum x_i^2 & \sum x_i^3 \\ \sum x_i^2 & \sum x_i^3 & \sum x_i^4 \end{pmatrix} \begin{pmatrix} a \\ b \\ c \end{pmatrix} = \begin{pmatrix} \sum y_i \\ \sum x_i y_i \\ \sum x_i^2 y_i \end{pmatrix}$$

Daraus die optimalen Regressionsparameter $(\hat{a}, \hat{b}, \hat{c})^{\mathrm{T}}$ mit den Methoden von 5.4.3 bestimmen.

13.1.5.4 Multiple Regression

Angenommen, eine Größe y (*Regressand*) hängt von m Einflussgrößen $x_1, x_2 \ldots, x_m$ (*Regressoren*) ab durch die Modellgleichung

$$y = a_0 + a_1 x_1 + a_2 x_2 + \ldots + a_m x_m \quad (\textit{Regressionshyperebene}).$$

Für $m = 1$ erhält man den Spezialfall der Regressionsgeraden.

Bei n Versuchen ($n > m$) wurden die Werte $(x_{i1}, x_{i2}, \ldots, x_{im}, y_i)$, $i = 1, 2, \ldots, n$, beobachtet (1. Index = Nummer des Versuches). Sie bilden eine $(m+1)$-dimensionale *Punktwolke*. Die Regressionshyperebene ist diejenige Hyperebene, für die die Summe der Quadrate der Abstände von den x-Werten in y-Richtung zur Hyperebene ein Minimum werden.

Man erhält die optimalen Regressionsparameter $\hat{a}_0, \hat{a}_1, \ldots, \hat{a}_m$ als Lösung des GAUSS*schen Normalgleichungssystems*

$$\boldsymbol{A}^{\mathrm{T}}\boldsymbol{A}\boldsymbol{a} = \boldsymbol{A}^{\mathrm{T}}\boldsymbol{y}$$

mit

$$\boldsymbol{A} = \begin{pmatrix} 1 & x_{11} & \ldots & x_{1m} \\ 1 & x_{21} & \ldots & x_{2m} \\ \vdots & \vdots & & \vdots \\ 1 & x_{n1} & \ldots & x_{nm} \end{pmatrix} \quad \boldsymbol{a} = \begin{pmatrix} a_0 \\ a_1 \\ \vdots \\ a_m \end{pmatrix} \quad \boldsymbol{y} = \begin{pmatrix} y_1 \\ y_2 \\ \vdots \\ y_n \end{pmatrix}$$

♦ **Beispiel**

Man vermutet einen Zusammenhang zwischen der Körpergröße y von männlichen Neugeborenen und den Körpergrößen der Eltern (x_1 Größe des Vaters, x_2 Größe der Mutter) der Form $y = a_0 + a_1 x_1 + a_2 x_2$ (Ebene im $\mathbb{R}^3$, $m = 2$). Es wurden $n = 5$ Beobachtungstripel registriert (in cm):

Nr. i	y_i	x_{i1}	x_{i2}
1	51	178	164
2	45	170	159
3	51	181	162
4	56	184	172
5	55	182	168

$$\Rightarrow \boldsymbol{A} = \begin{pmatrix} 1 & 178 & 164 \\ 1 & 170 & 159 \\ 1 & 181 & 162 \\ 1 & 184 & 172 \\ 1 & 182 & 168 \end{pmatrix}$$

GAUSSsches Normalgleichungssystem $\boldsymbol{A}^{\mathrm{T}}\boldsymbol{A} = \boldsymbol{A}^{\mathrm{T}}\boldsymbol{y}$:

$$\begin{pmatrix} 5 & 895 & 825 \\ 895 & 160\,325 & 147\,768 \\ 825 & 147\,768 & 136\,229 \end{pmatrix} \begin{pmatrix} a_0 \\ a_1 \\ a_2 \end{pmatrix} = \begin{pmatrix} 258 \\ 46\,273 \\ 42\,653 \end{pmatrix}$$

Lösung: $\hat{a}_0 = -94{,}409$, $\hat{a}_1 = 0{,}455$, $\hat{a}_2 = 0{,}391$

Regressionsebene: $y = -94{,}409 + 0{,}455x_1 + 0{,}391x_2$

Die damit aus den Größen der Eltern „erklärten" Größen der Neugeborenen lauten 50,75; 45,16; 51,34; 56,61; 54,14. ♦

13.1.6 Fehlerfortpflanzung

Fortpflanzungsfehler sind Fehler am Wert einer Funktion $f : \mathbb{R}^n \to \mathbb{R}$, die durch Fehler in den Eingangsgrößen $x_1, x_2, \ldots, x_n$ entstehen. Diese wiederum entstehen meist durch *Ungenauigkeiten beim Messen.*

Wahre, aber **unbekannte** Größen: $\boldsymbol{x} = (x_1, x_2, \ldots, x_n)$
Gemessene, aber **falsche** Größen: $\boldsymbol{a} = (a_1, a_2, \ldots, a_n)$

Jede Größe ist i. Allg. aus einer *Mehrfachmessung* entstanden, d. h. a_i ist arithmetisches Mittel mehrerer Messungen der i-ten Größe.

Tatsächlicher Fortpflanzungsfehler (Änderung an der **Funktion**)

$$\Delta y = f(\boldsymbol{x}) - f(\boldsymbol{a})$$

Δy ist für die Praxis unbrauchbar, weil $\boldsymbol{x}$ und damit $f(\boldsymbol{x})$ nicht bekannt ist. Für die Fehlerrechnung verwendbar ist hingegen das *totale Differenzial* $\mathrm{d}y$ (Änderung an der **Linearisierung** der Funktion im Punkt $\boldsymbol{a}$):

$$\mathrm{d}y = \sum_{i=1}^{n} \frac{\partial f(\boldsymbol{a})}{\partial x_i} \cdot (x_i - a_i) = \sum_{i=1}^{n} \frac{\partial f(\boldsymbol{a})}{\partial x_i} \Delta x_i \qquad \Delta x_i = x_i - a_i$$

Für kleine Abweichungen Δx_i ist

$$\mathrm{d}y \approx \Delta y$$

Bei bekannten Obergrenzen $|\Delta x_i| \leq |\Delta x_i|_{\max}$ folgt daher für den *maximalen Fortpflanzungsfehler*

$$|\Delta y|_{\max} = \sum_{i=1}^{n} \left| \frac{\partial f(\boldsymbol{a})}{\partial x_i} \right| |\Delta x_i|_{\max}$$

Bei einer Variablen ($n = 1$): $y = f(x)$: $|\Delta y|_{\max} = |f'(a)| \cdot |\Delta x|_{\max}$

Bei zwei Variablen ($n = 2$): $z = f(x, y)$:

$$|\Delta z|_{\max} = \left|\frac{\partial f(a,b)}{\partial x}\right| |\Delta x|_{\max} + \left|\frac{\partial f(a,b)}{\partial y}\right| |\Delta y|_{\max}$$

Relativer Fortpflanzungsfehler ($y = f(\boldsymbol{a}) \neq 0$, $a_i \neq 0$)

$$\delta_y = \frac{\Delta y}{y} = \sum_{i=1}^{n} \frac{\partial f(\boldsymbol{a})}{\partial x_i} \frac{\Delta x_i}{f(\boldsymbol{a})} = \sum_{i=1}^{n} \frac{\partial f(\boldsymbol{a})}{\partial x_i} \frac{a_i}{f(\boldsymbol{a})} \frac{\Delta x_i}{a_i} = \sum_{i=1}^{n} K_i \delta_{x_i}$$

$K_i = \dfrac{\partial f(\boldsymbol{a})}{\partial x_i} \dfrac{a_i}{f(\boldsymbol{a})}$ *Konditionszahlen* bez. der x_i

$\delta_{x_i} = \dfrac{\Delta x_i}{a_i}$ *relativer Eingabefehler*

Konditionszahlen geben die Veränderung der relativen Eingabefehler bei der Funktionsberechnung an, *gute Kondition* bei $|K_i| \leq 1$ (möglichst klein).

Spezialfälle:

Für $y = f(x_1, x_2, \ldots, x_n) = \varphi_1(x_1) \cdot \varphi_2(x_2) \cdot \ldots \cdot \varphi_n(x_n)$, gilt

$$\delta_y = \left(\frac{\varphi_1{}'(a_1)}{\varphi_1(a_1)} a_1\right) \delta_{x_1} + \left(\frac{\varphi_2{}'(a_2)}{\varphi_2(a_2)} a_2\right) \delta_{x_2} + \ldots + \left(\frac{\varphi_n{}'(a_n)}{\varphi_n(a_n)} a_n\right) \delta_{x_n}$$

Ist $y = C \cdot x_1^{\beta_1} \cdot x_2^{\beta_2} \cdot \ldots \cdot c_n^{\beta_n}$ (*Potenzprodukt*), so folgt

$$\delta_y = \beta_1 \delta_{x_1} + \beta_2 \delta_{x_2} + \ldots + \beta_n \delta_{x_n}$$

Maximaler relativer Fortpfanzungsfehler:

$$|\delta_y|_{\max} = \left|\frac{\Delta y}{y}\right|_{\max} = \sum_{i=1}^{n} |K_i| |\delta_{x_i}|_{\max}$$

♦ **Beispiele für Fortpfanzungsfehler**

(1) Summe oder Differenz: $z = f(x, y) = x + y$

$$\Delta z = \mathrm{d}z = \frac{\partial f}{\partial x} \Delta x + \frac{\partial f}{\partial y} \Delta y = \Delta x + \Delta y$$

$$|\Delta z|_{\max} = |\Delta x|_{\max} + |\Delta y|_{\max}$$

$$\delta_z = \frac{x}{x+y} \delta_x + \frac{y}{x+y} \delta_y$$

Addition: Für $x > 0, y > 0$ sind die Konditionszahlen $|K_i| < 1$, gute Kondition

Subtraktion: Für $x > 0, y < 0$ und $|x| \approx |y|$ erfolgt Auslöschung, $|K_i| \gg 1$, schlechte Kondition, δ_z kann sehr groß werden.

(2) Potenzprodukt $z = f(x,y) = C \cdot x^{\alpha} \cdot y^{\beta}$

$\delta_z = \alpha\delta_x + \beta\delta_y$

Produkt: $\alpha = 1, \beta = 1$: $\delta_z = \delta x + \delta y$

Quotient: $\alpha = 1, \beta = -1$: $\delta_z = \delta x - \delta y$

Produkt und Quotient: $|K_i| = 1$, gut konditioniert

n-te Wurzeln: $\alpha = 1/n$, $|K| < 1$, gut konditioniert

Schlecht konditioniert für große Exponenten. ♦

GAUSSsches Fehlerfortpflanzungsgesetz

(Fortpflanzung der Standardabweichungen der Eingabegrößen)

$y = f(x_1, x_2, \ldots, x_m)$ sei eine Funktion der direkt gemessenen, unkorrelierten Größen x_i. Daraus soll eine abhängige Größe y errechnet werden, die ansonsten keiner direkten Messung zugänglich ist. Das Experiment zur Messung der x_i wurde n-mal durchgeführt (*Mehrfachmessung*). Sei $\bar{x}_i$ das arithmetische Mittel und s_{x_i} die Standardabweichung (siehe 13.1.3) der n Messwerte $(x_{i1}, \ldots, x_{in})$ für die i-te Größe.

Dann gilt näherungsweise für das arithmetische Mittel der n errechneten y-Werte:

$$\bar{y} = f(\bar{x}_1, \ldots, \bar{x}_m),$$

und näherungsweise für die Standardabweichung der einzelnen y-Werte

$$s_y = \sqrt{\sum_{i=1}^{m} \left(\frac{\partial f(\bar{x}_i)}{\partial x_i}\right)^2 \cdot s_{x_i}^2}$$

sowie näherungsweise für die Standardabweichung des arithmetischen Mittels $\bar{y}$

$$s_{\bar{y}} = \sqrt{\sum_{i=1}^{m} \left(\frac{\partial f(\bar{x}_i)}{\partial x_i}\right)^2 \cdot s_{\bar{x}_i}^2} \quad \text{(GAUSS}\textit{sches Fehlerfortpflanzungsgesetz})$$

mit $s_{\bar{y}} = \dfrac{s_y}{\sqrt{n}}$ und $s_{\bar{x}_i} = \dfrac{s_{x_i}}{\sqrt{n}}$ (siehe 13.1.3).

Speziell für zwei Variable $z = f(x,y)$: $s_{\bar{z}} = \sqrt{\left(\dfrac{\partial f}{\partial x}\right)^2 s_{\bar{x}}^2 + \left(\dfrac{\partial f}{\partial y}\right)^2 s_{\bar{y}}^2}$

Speziell $z = x \pm y$: $s_{\bar{z}} = \sqrt{s_{\bar{x}}^2 + s_{\bar{y}}^2}$

13

♦ **Beispiel**

Bestimmung der Wanddicke eines Hohlzylinders, Außendurchmesser D, Innendurchmesser d, Wanddicke $w = w(D, d) = \frac{1}{2}(D - d)$

$$\frac{\partial w}{\partial D} = \frac{1}{2} \qquad \frac{\partial w}{\partial d} = -\frac{1}{2}$$

Für D und d wurden jeweils $n = 5$ Messungen (in mm) durchgeführt laut Tabelle.

i	D_i	$D_i - \bar{D}$	$(D_i - \bar{D})^2$	d_i	$d_i - \bar{d}$	$(d_i - \bar{d})^2$
1	9,98	−0,012	0,000 144	9,51	+0,012	0,000 144
2	9,97	−0,022	0,000 484	9,47	−0,028	0,000 784
3	10,01	+0,018	0,000 324	9,50	+0,002	0,000 004
4	9,98	−0,012	0,000 144	9,49	−0,008	0,000 064
5	10,02	+0,028	0,000 784	9,52	+0,022	0,000 484
Σ	49,96	0	0,001 880	47,49	0	0,001 480

Arithmetische Mittel: $\bar{D} = \frac{49{,}96}{5} = 9{,}992 \qquad \bar{d} = \frac{47{,}49}{5} = 9{,}498$

Standardabweichungen der Einzelmessungen

$$s_D = \sqrt{\frac{0{,}001\,880}{4}} = 0{,}021\,68 \qquad s_d = \sqrt{\frac{0{,}001\,480}{4}} = 0{,}019\,24$$

Standardabweichungen der arithmetischen Mittel

$$s_{\bar{D}} = \frac{s_D}{\sqrt{5}} = 0{,}009\,695 \qquad s_{\bar{d}} = \frac{s_d}{\sqrt{5}} = 0{,}008\,602$$

Aus den Mehrfachmessungen errechnete Wanddicke

$$\bar{w} = w(\bar{D}, \bar{d}) = \frac{1}{2}(\bar{D} - \bar{d}) = \frac{9{,}992 - 9{,}498}{2} = 0{,}247$$

Standardabweichung der Ergebnisgröße $\bar{w}$

$$s_{\bar{w}} = \sqrt{\left(\frac{1}{2}\right)^2 s_{\bar{D}}^2 + \left(-\frac{1}{2}\right)^2 s_{\bar{d}}^2} = \sqrt{\frac{0{,}000\,094 + 0{,}000\,074}{4}} = 0{,}006\,481$$

Ergebnis: $w = (0{,}247\,000 \pm 0{,}006\,481)$ mm ♦

13.2 Wahrscheinlichkeitsrechnung

13.2.1 Zufallsexperiment und Ereignis

Die *Wahrscheinlichkeitsrechnung* oder *Stochastik*[1)] liefert mathematische Modelle für zufällige Vorgänge in der Realität.

Unter *Zufall* werden alle Einflussfaktoren auf ein Experiment (Befragung, Beobachtung) verstanden, die dem Beobachter nicht bekannt und/oder von ihm nicht kontrollierbar sind. Ein solches Experiment heißt *Zufallsexperiment* oder *Versuch*. Es ist beliebig oft unter den gleichen Bedingungen wiederholbar.

Standardbeispiele sind das Werfen einer Münze oder eines Würfels, aber auch die Wartezeit auf einen Bus oder die Dauer einer Vorlesung sind (zumindest für den Fahrgast und den Studenten) Zufallsexperimente.

Menge der Elementarereignisse Ω

Elementarereignisse sind alle möglichen, einander ausschließenden und nicht weiter zerlegbaren Ausgänge eines Zufallsexperiments. Bei jeder Durchführung des Experiments muss genau ein Elementarereignis eintreten. Die Menge aller Elementarereignisse wird mit Ω bezeichnet und heißt *Elementarereignisraum*.

$\Omega = \{\omega_1, \omega_2, \ldots, \omega_n\}$ bei endlich vielen Elementarereignissen.

Ω kann auch unendlich sein, z. B. bei Messung einer Lebensdauer. Bei Messexperimenten ist Ω meist ein Intervall.

Zufallsexperimente können ein- oder mehrstufig sein. Bei einem n-stufigen Experiment sind die Elementarereignisse n-Tupel.

13

♦ **Beispiel**

Auswahl von einer Person aus drei (A, B, C): $\Omega = \{A, B, C\}$

Auswahl von zwei Personen aus drei, wenn es auf die Reihenfolge ankommt (1. Stufe = Wahl der 1. Person, 2. Stufe = Wahl der 2. Person):

$\Omega = \{(A,B), (A,C), (B,A), (B,C), (C,A), (C,B)\}$

Auswahl von zwei Personen aus drei, wenn es nicht auf die Reihenfolge ankommt ((A,B) und (B,A) können dann zu einem einzigen, z. B. sortierten Paar, zusammengefasst werden):

$\Omega = \{(A,B), (A,C), (B,C)\}$ ♦

[1)] von gr. *stochastikós* = zum Vermuten geeignet

Ereignisse

Jede Teilmenge $A \subseteq \Omega$ einschließlich der leeren Menge $\emptyset$ (*unmögliches Ereignis*) und der Gesamtmenge Ω (*sicheres Ereignis*) heißt *Ereignis*.

A tritt ein, wenn bei einem Versuch eines seiner Elementarereignisse eintritt.

Ereignisse können verbal beschrieben werden oder als Menge durch Aufzählung ihrer Elementarereignisse.

♦ **Beispiele**

(1) Zufallsexperiment: Werfen eines Würfels
$\Omega = \{1, 2, 3, 4, 5, 6\}$
Ereignis $A =$ „Werfen einer geraden Zahl" $= \{2, 4, 6\} \subseteq \Omega$
A tritt z. B. ein, wenn eine 2 gewürfelt wird.

(2) Zufallsexperiment: Lebensdauer eines technischen Gerätes messen
$\Omega = [0;\ \infty)$
Ereignis $A =$ „Gerät hält weniger als 3000 h" $= [0;\ 3000) \subseteq \Omega$ ♦

Relationen zwischen Ereignissen

$A \subseteq B$ A ist *Teilmenge* von B, mit A tritt stets B ein, A zieht B nach sich

$A = B$ *Gleichheit*, mit A tritt auch B ein und umgekehrt, $(A \subseteq B) \wedge (B \subseteq A)$

Operationen mit Ereignissen

$A \cup B$ *Summe* (Vereinigung), es tritt mindestens eines der beiden Ereignisse ein

$A \cap B$ *Produkt* (Schnitt), A und B treten gleichzeitig ein

$A \setminus B$ *Differenz*, A tritt ein, aber B nicht

$\overline{A}$ *Komplement*, *Gegenereignis*, $\overline{A}$ tritt genau dann ein, wenn A nicht eintritt

Rechenregeln für Ereignisse

$A \cap B = B \cap A$
$A \cup B = B \cup A$ (*Kommutativgesetze*)

$A \cap (B \cap C) = (A \cap B) \cap C$
$A \cup (B \cup C) = (A \cup B) \cup C$ (*Assoziativgesetze*)

$A \cap (B \cup C) = (A \cap B) \cup (A \cap C)$
$A \cup (B \cap C) = (A \cup B) \cap (A \cup C)$ (*Distributivgesetze*)

$\overline{A \cap B} = \overline{A} \cup \overline{B}$
$\overline{A \cup B} = \overline{A} \cap \overline{B}$ (DE MORGAN*sche Gesetze*)

$A \cap \emptyset = \emptyset \qquad A \cup \emptyset = A$
$A \cap \overline{A} = \emptyset \qquad A \cup \overline{A} = \Omega$

Disjunkte Ereignisse

Zwei Ereignisse $A, B \subseteq \Omega$ heißen *disjunkt*, (*unvereinbar*, *schnittfremd*), falls

$A \cap B = \emptyset.$

Disjunkte Ereignisse können nicht gleichzeitig eintreten, sie schließen sich gegenseitig aus.

♦ **Beispiel**

Die Ereignisse A: „Werfen einer geraden Zahl“ und B: „Werfen einer ungeraden Zahl“ beim Würfeln sind disjunkt. ♦

13.2.2 Definition der Wahrscheinlichkeit

Empirischer Wahrscheinlichkeitsbegriff

Führt man einen Versuch sehr oft (n-mal) unter gleichen Bedingungen durch, so strebt die relative Häufigkeit eines Ereignisses A gegen einen festen Wert $P(A)$. Dieser Wert heißt *Wahrscheinlichkeit von A*:

$$P(A) \approx \frac{h_n(A)}{n}$$

$h_n(A)$ Anzahl des Eintretens von A bei n unabhängigen Wiederholungen eines Versuchs

$\frac{h(A)}{n}$ schwankt bei immer größerem n immer weniger um einen gewissen Wert $P(A)$[1]. $P(A)$ ist ein Maß dafür, wie häufig ein Ereignis auf lange Sicht eintritt.

Im Gegensatz zum strengen Konvergenzbegriff der Analysis kann man aber zu einer vorgelegten Abstandsschranke $\varepsilon > 0$ **kein** n_0 angeben, sodass $|P(A) - h_n(A)/n| < \varepsilon$ ist für $n \geq n_0$. Daher ist der empirische Wahrscheinlichkeitsbegriff als Grundlage der modernen Stochastik unbrauchbar, stattdessen wählt man die

[1] gelesen „P von A“, von engl. „probability“

Axiomatische Definition der Wahrscheinlichkeit

(nach A. N. KOLMOGOROFF)

Jedem Ereignis $A \subseteq \Omega$ wird eine reelle Zahl $P(A)$, seine *Wahrscheinlichkeit*, zugeordnet, sodass folgende *Axiome* erfüllt sind:

Axiom 1: $0 \leq P(A) \leq 1$

Axiom 2: $P(\Omega) = 1$

Axiom 3: Für *paarweise disjunkte* Ereignisse $A_1, A_2, \ldots$ ist
$P(A_1 \cup A_2 \cup \ldots) = P(A_1) + P(A_2) + \ldots$

Paarweise disjunkt: $A_i \cap A_j = \emptyset$ für $i \neq j$, $i, j \in \mathbb{N}$

Die drei Axiome werden nicht bewiesen, stellen aber zusammen mit den Axiomen der reellen Zahlen die Grundlage der Wahrscheinlichkeitsrechnung dar. Aus ihnen werden alle weiteren Sätze streng hergeleitet.

Daneben im täglichen Leben: *Subjektiver Wahrscheinlichkeitsbegriff*, um die Stärke eines Vorsatzes oder den Grad empirischen Wissens auszudrücken: „Wahrscheinlich komme ich morgen nicht zur Vorlesung“ oder „Mit ziemlicher Sicherheit bekommen wir bis Jahresende einen neuen Chef“.

13.2.3 Sätze über Wahrscheinlichkeiten

Aus den Axiomen lassen sich unmittelbar folgende Sätze herleiten:

Wahrscheinlichkeit des unmöglichen Ereignisses

$P(\emptyset) = 0$

Wahrscheinlichkeit des Gegenereignisses

$P(\overline{A}) = 1 - P(A)$

Monotonie der Wahrscheinlichkeit

$A \subseteq B \Rightarrow P(A) \leq P(B)$

Additionssatz für beliebige Ereignisse

Für zwei Ereignisse:

$$P(A \cup B) = P(A) + P(B) - P(A \cap B)$$

Für drei Ereignisse:

$$P(A \cup B \cup C) = P(A) + P(B) + P(C) - P(A \cap B) - P(A \cap C) - P(B \cap C) + P(A \cap B \cap C)$$

Die Ereignisse A, B und C müssen nicht notwendig disjunkt sein, daher „beliebige Ereignisse“. Im Fall der Disjunktheit sind alle Wahrscheinlichkeiten von Schnittmengen gleich 0 und man erhält das dritte KOLMOGOROFFsche Axiom als Spezialfall des Additionssatzes.

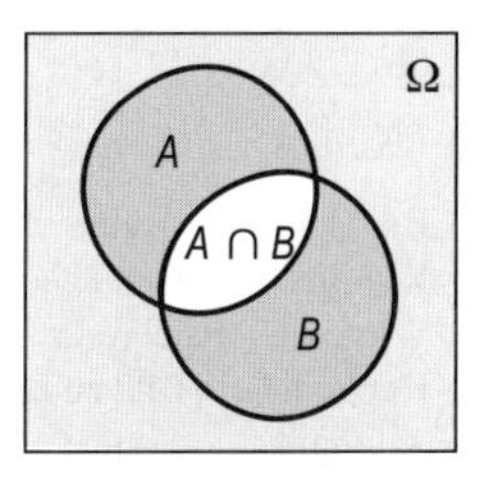

Additionssatz für zwei Ereignisse

Satz von LAPLACE

Besteht der Elementarereignisraum Ω aus nur endlich vielen Elementarereignissen, die **alle gleichwahrscheinlich** sind, so gilt für jedes Ereignis $A \subseteq \Omega$

$$P(A) = \frac{|A|}{|\Omega|} = \frac{\text{Anzahl der für } A \textbf{ günstigen } \text{Elementarereignisse}}{\text{Anzahl der überhaupt } \textbf{möglichen } \text{Elementarereignisse}}$$

$|A|$ *Mächtigkeit* von A, Anzahl der Elemente von A

Die LAPLACE-Annahme „Alle Elementarereignisse gleichwahrscheinlich“ wird in der Praxis als gegeben angesehen, wenn es keinen Grund zu der Annahme gibt, ein Elementarereignis sei gegenüber den anderen in irgendeiner Weise bevorzugt. Dies ist z. B. der Fall bei einem geometrisch und physikalisch perfekt gefertigten Würfel (LAPLACE-*Würfel*) oder bei der Ziehung einer *Zufallsstichprobe*.

♦ **Beispiele**

(1) Werfen eines LAPLACE-Würfels, Ereignis A = „Augenzahl > 4“

$$P(A) = \frac{|\{5,6|\}}{|\{1,2,3,4,5,6\}|} = \frac{2}{6} = \frac{1}{3}$$

(2) Werfen von zwei LAPLACE-Würfeln, Ereignis B = „Augensumme = 4“

Man denke sich die beiden Würfel unterschiedlich, z. B. einen roten und einen grünen. Dann ist Ω die Menge aller Paare (i, j), wobei i die Augenzahl des roten und j die des grünen Würfels ist, $|\Omega| = 36$. Zum Ereignis B tragen genau die Elementarereignisse (1; 3), (2; 2) und (3; 1) bei.

$$P(B) = \frac{3}{36} = \frac{1}{12}$$

(3) Werfen von zwei LAPLACE-Würfeln, Ereignis C = „Augensumme ≥ 5“

Man rechnet einfacher mit dem Gegenereignis $\overline{C}$ = „Augensumme < 5“. Zu $\overline{C}$ tragen die Elementarereignisse (1; 1), (1; 2), (1; 3), (2; 1), (2; 2) und (3; 1) bei.

$$P(C) = 1 - P(\overline{C}) = 1 - \frac{6}{36} = 1 - \frac{1}{6} = \frac{5}{6}$$

(4) Ein Skatspiel (deutsches Blatt) besteht aus 32 Karten, jeweils 7, 8, 9, 10, B, D, K, A in den Farben Schellen, Herz, Blatt und Eichel. B, D, K, A heißen Bilder. Wie groß ist die Wahrscheinlichkeit, beim zufälligen Ziehen einer Karte ein Herz oder ein Bild zu ziehen?

Additionssatz für beliebige Ereignisse:

$$\begin{aligned} P(\text{Herz} \cup \text{Bild}) &= P(\text{Herz}) + P(\text{Bild}) - P(\text{Herz} \cap \text{Bild}) \\ &= \frac{8}{32} + \frac{16}{32} - \frac{4}{32} = \frac{5}{8} \end{aligned}$$

♦

13.2.4 Bedingte Wahrscheinlichkeit und unabhängige Ereignisse

Sei $P(B) > 0$. Dann ist $P(A|B)$ die Wahrscheinlichkeit, dass A eintritt, wenn B bereits eingetreten ist und heißt *Wahrscheinlichkeit von A unter der Bedingung B*. B spielt dabei die Rolle der neuen Grundgesamtheit, d. h. $P(A \cap B)$ wird gemessen an $P(B)$:

$$P(A|B) = \frac{P(A \cap B)}{P(B)}$$

Bedingte Wahrscheinlichkeiten tauchen oft in Alltagssätzen auf, z. B. „90 % der an Lungenkrebs Erkrankten sind Raucher“. Das bedeutet:

$$P(\text{Raucher} \mid \text{Lungenkrebs}) = 0{,}9.$$

♦ **Beispiel**

In einer Gruppe Ω von 20 Studierenden der Biologie und Chemie gibt es Frauen und Männer. Die nebenstehende *Kontingenztafel* (zweidimensionale Häufigkeitstabelle) gibt die Verteilung auf die Fächer (B und C) und Geschlechter (W und M) an.

	W	M	Σ
C	4	1	5
B	9	6	15
Σ	13	7	$n = 20$

Eine Person wird zufällig ausgewählt. Man bestimme die Wahrscheinlichkeiten $P(M)$, $P(C)$, $P(M \cap C)$, $P(M|C)$ und $P(C|M)$.

Mit dem Satz von LAPLACE liest man direkt aus der Tabelle ab:

$$P(M) = \frac{7}{20} = 0{,}35 \qquad P(C) = \frac{5}{20} = 0{,}25 \qquad P(M \cap C) = \frac{1}{20} = 0{,}05$$

$$P(M|C) = \frac{1}{5} = 0{,}20 \qquad P(C|M) = \frac{1}{7} = 0{,}14$$ ♦

Zwei Ereignisse A und B heißen (*stochastisch*) *unabhängig*, wenn das Eintreten des einen Ereignisses keine Auswirkungen auf die Wahrscheinlichkeit des Eintretens des anderen hat:

$$P(A) = P(A|B)$$

Genauso gilt dann $P(B) = P(B|A)$.

Aus $P(A) = P(A|B) = \dfrac{P(A \cap B)}{P(B)}$ folgt der

Multiplikationssatz für unabhängige Ereignisse

Sind die Ereignisse A und B unabhängig, so gilt

$$P(A \cap B) = P(A) \cdot P(B)$$

13

Unabhängigkeit liegt in der Praxis dann vor, wenn ein mehrstufiges Zufallsexperiment kein „Gedächtnis“ hat, z. B. beim Ziehen **mit** Zurücklegen von Kugeln aus einer Urne oder beim mehrfachen Werfen eines Würfels. In der Qualitätskontrolle wird die Unabhängigkeit vorausgesetzt bei Ziehungen aus einem laufenden Produktionsprozess, der mit Wahrscheinlichkeit p Ausschussanteile produziert.

Beim Ziehen **ohne** Zurücklegen aus einer endlichen Grundgesamtheit (z. B. Ziehen einer Stichprobe aus einer Partie Waren) dagegen liegen abhängige Ereignisse vor.

Multiplikationssatz für beliebige Ereignisse

$P(A \cap B) = P(A) \cdot P(B|A)$ für zwei Ereignisse

$P(A \cap B \cap C) = P(A) \cdot P(B|A) \cdot P(C|A \cap B)$ für drei Ereignisse usw.

Der Satz gilt für beliebige, d. h. nicht notwendig unabhängige Ereignisse.

♦ **Beispiel**

Zieht man aus einem Skatspiel (32 Karten) eine Karte, so ist die Wahrscheinlichkeit, einen König zu ziehen, gleich $P(A) = 4/32 = 1/8$ nach LAPLACE. Wurde ein König gezogen und die Karte nicht wieder zurückgelegt, so ist die Wahrscheinlichkeit, auch beim zweiten Mal einen König zu ziehen, gleich $P(B|A) = 3/31$, wieder nach LAPLACE, denn es sind ja nur noch 31 Karten im Spiel und davon drei Könige.

Die Wahrscheinlichkeit, mit zwei Zügen ohne Zurücklegen zwei Könige zu ziehen, ist daher

$$P(A \cap B) = P(A) \cdot P(B|A) = \frac{1}{8} \cdot \frac{3}{31} \approx 0{,}0121$$ ♦

Für **paarweise unabhängige** Ereignisse $A_1, A_2, \ldots, A_n$ ist die Wahrscheinlichkeit dafür, dass

- **keines** eintritt, gleich $p = \big(1 - P(A_1)\big) \cdot \ldots \cdot \big(1 - P(A_n)\big)$
- **mindestens eines** eintritt, gleich $1 - p$

Satz von der totalen (unbedingten) Wahrscheinlichkeit

Ist $\Omega = A_1 \cup A_2 \cup \ldots \cup A_n$ eine disjunkte Zerlegung von Ω (d. h. für $i \neq j$ ist $A_i \cap A_j = \emptyset$), so gilt für ein beliebiges Ereignis $B \subseteq \Omega$

$$P(B) = \sum_{i=1}^{n} P(B \cap A_i) = \sum_{i=1}^{n} P(A_i) \cdot P(B|A_i)$$

Speziell für $n = 2$:

$$P(B) = P(A) \cdot P(B|A) + P(\overline{A}) \cdot P(B|\overline{A})$$

♦ **Beispiel**

Aus einem Skatspiel werden nacheinander zwei Karten **ohne** Zurücklegen gezogen. Seien A bzw. B die Ereignisse „Beim ersten bzw. zweiten Zug erscheint ein König“. Man berechne $P(B)$ mit dem Satz von der totalen Wahrscheinlichkeit.

$$P(B) = P(A) \cdot P(B|A) + P(\overline{A}) \cdot P(B|\overline{A}) = \frac{4}{32} \cdot \frac{3}{31} + \frac{28}{32} \cdot \frac{4}{31} = \frac{1}{8}$$

Die Wahrscheinlichkeit, beim zweiten Zug einen König zu ziehen, ist also genauso groß wie beim ersten Zug. Wegen $P(B|A) = \frac{3}{31} \neq P(B) = \frac{1}{8}$ sind die Ereignisse A und B **nicht** unabhängig. ♦

Formel von BAYES

Seien A und B zwei Ereignisse mit $P(A) > 0$ und $P(B) > 0$. Dann gilt

$$P(B|A) = \frac{P(B) \cdot P(A|B)}{P(A)} = \frac{P(B) \cdot P(A|B)}{P(B) \cdot P(A|B) + P(\overline{B}) \cdot P(A|\overline{B})}$$

Die BAYESsche Formel stellt einen Zusammenhang her zwischen den beiden bedingten Wahrscheinlichkeiten $P(B|A)$und $P(A|B)$.

♦ **Beispiel**

Bei der Herstellung eines Massenartikels sind 1 % der Artikel defekt (d. h., sie erfüllen nicht die Qualitätsanforderungen). Alle Artikel werden vor dem Ausliefern einem flüchtigen Test (*Massenscreening*) unterzogen. Dieser entscheidet bei 98 % aller defekten Artikel richtig „defekt" (d. h., die textitSensitivität des Tests ist 0,98), stuft allerdings auch 5 % der nicht-defekten Artikel fälschlich als defekt ein (d. h., die textitSpezivität des Tests ist 0,95). Angenommen, der Test entscheidet bei einem Artikel „defekt" (Ereignis A). Wie groß ist die Wahrscheinlichkeit, dass dieser Artikel tatsächlich defekt ist (Ereignis B)?

Gesucht ist die bedingte Wahrscheinlichkeit $P(B|A)$. Mit der BAYESschen Formel folgt

$$\begin{aligned} P(B|A) &= \frac{P(B) \cdot P(A|B)}{P(B) \cdot P(A|B) + P(\overline{B}) \cdot P(A|\overline{B})} = \frac{0{,}01 \cdot 0{,}98}{0{,}01 \cdot 0{,}98 + 0{,}99 \cdot 0{,}05} \\ &= 0{,}1653 \end{aligned}$$

Das bedeutet, dass 83,47 % der als defekt eingestuften Artikel gar nicht defekt sind. ♦

13.2.5 Zufällige Variable

Eine *eindimensionale zufällige Variable* (*Zufallsvariable*, *Zufallsgröße*) X ist eine Abbildung von Ω in die reellen Zahlen

$$X : \Omega \to \mathbb{R},$$

sodass alle Ereignisse der Form $X = x$ und $X \in I$ für beliebige reelle Zahlen x und beliebige Intervalle $I \subseteq \mathbb{R}$ Wahrscheinlichkeiten besitzen, die dem Axiomensystem von KOLMOGOROFF (siehe 13.2.2) genügen.

13

Die Werte, die eine zufällige Variable X annimmt, heißen *Realisationen* und werden mit den entsprechenden Kleinbuchstaben $x_1, x_2, \ldots$ oder x bezeichnet.

Verteilungsfunktion

Sei X eine zufällige Variable. Dann heißt die Funktion

$F(x) := P(X \leq x)$

Verteilungsfunktion von X.

Die Verteilungsfunktion ist stets schwach monoton steigend mit

$$\lim_{x \to -\infty} F(x) = 0 \quad \text{und} \quad \lim_{x \to +\infty} F(x) = 1.$$

Sie ist das Analogon zur *Summenhäufigkeitsfunktion* (*empirische Verteilungsfunktion*) der beschreibenden Statistik (siehe 13.1.1)

Für $a < b$ gilt

$$P(a < X \leq b) = P(X \leq b) - P(X \leq a) = F(b) - F(a)$$

Diskrete zufällige Variable, Wahrscheinlichkeits- und Verteilungsfunktion

Eine zufällige Variable heißt *diskret*, wenn sie nur endlich viele oder abzählbar unendlich viele Realisationen hat. In der Regel sind dies natürliche Zahlen und die zufällige Variable entsteht durch eine *Zählung*.

X hat die *Realisationen*

$$x_1, x_2, x_3, \ldots$$

mit den *Eintrittswahrscheinlichkeiten*

$$p_1, p_2, p_3, \ldots$$

wobei $p_j = P(X = x_j)$ gesetzt wird.

Die Funktion

$$f(x) = \begin{cases} p_j & \text{falls } x = x_j \quad (j = 1, 2, 3, \ldots) \\ 0 & \text{sonst} \end{cases}$$

heißt *Wahrscheinlichkeitsfunktion* von X. Sie ordnet jedem Wert $x \in \mathbb{R}$ seine Eintrittswahrscheinlichkeit zu. Ihre grafische Darstellung ist ein *Stabdiagramm*, bei dem über der Stelle x_j ein Stab der Höhe p_j gezeichnet wird.

Für f gilt

$$\sum_{j=1}^{\infty} f(x_j) = 1 \quad \text{und} \quad P(a < X \leq b) = \sum_{a<x_j\leq b} f(x_j)$$

Die *Verteilungsfunktion* im diskreten Fall lautet

$$F(x) = P(X \leq x) = \sum_{x_j \leq x} f(x_j)$$

Sie ist eine *schwach monoton steigende, rechtsseitig stetige Treppenfunktion*, die an den Stellen x_j Sprünge der Höhe p_j, $j = 1, 2, \ldots$ aufweist und zwischen zwei benachbarten Realisationen x_j und x_{j+1} konstant bleibt.

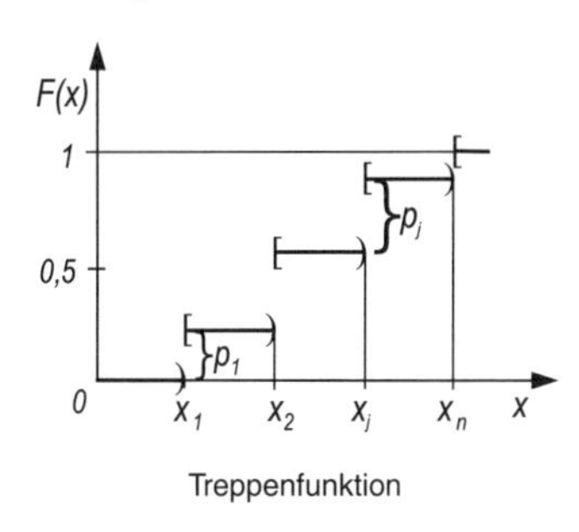

Treppenfunktion

Rechtsseitig stetig: $\forall a \in \mathbb{R}$: $\lim\limits_{x \to a+} F(x) = F(a)$

Stetige zufällige Variable, Dichte- und Verteilungsfunktion

Eine zufällige Variable heißt *stetig*, wenn sie alle Werte aus einem sinnvollen Intervall der Zahlengeraden, auch $(-\infty, \infty)$, annehmen kann. Sie entsteht meist durch eine *Messung*.

Stetige zufällige Variable werden beschrieben durch eine

Dichtefunktion

Eine *Dichtefunktion* (*Wahrscheinlichkeitsdichte*) ist eine Funktion

$f : \mathbb{R} \to \mathbb{R}$, die folgende drei Bedingungen erfüllt:

(1) $f(x) \geq 0$

(2) f ist stückweise stetig

(3) $\int\limits_{-\infty}^{\infty} f(x)\,\mathrm{d}x = 1$

Die Wahrscheinlichkeit, dass die stetige zufällige Variable X Werte im Intervall $(a, b\,]$ annimmt, wird mithilfe eines Integrals über ihre Dichte $f(x)$ beschrieben:

$$P(a < X \leq b) = \int_a^b f(x)\,\mathrm{d}x = F(b) - F(a)$$

13

mit der *Verteilungsfunktion*

$$F(x) = P(X \leq x) = \int_{-\infty}^{x} f(t)\,\mathrm{d}t$$

Aus dem *Hauptsatz der Differenzial- und Integralrechnung* (9.1.1) folgt

$$f(x) = \frac{\mathrm{d}F(x)}{\mathrm{d}x}$$

Die Dichte ist die Ableitung der Verteilungsfunktion, die Verteilungsfunktion ist eine Stammfunktion der Dichte. Die Verteilungsfunktion einer stetigen zufälligen Variablen ist eine schwach monoton steigende stetige Funktion.

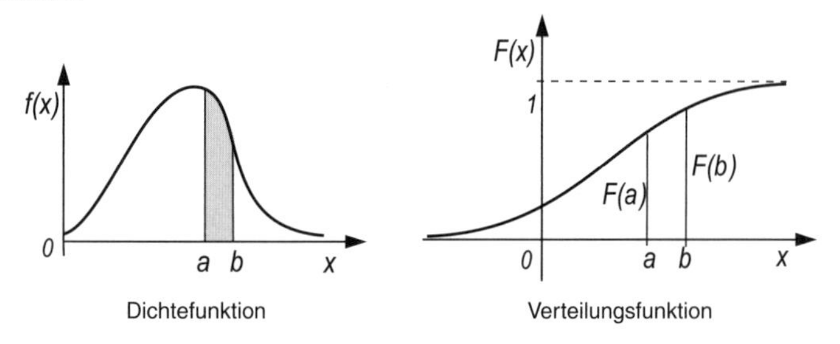

Dichtefunktion Verteilungsfunktion

13.2.6 Kenngrößen von zufälligen Variablen

13.2.6.1 Erwartungswert

Der *Erwartungswert* $E(X)$ einer zufälligen Variablen X (auch $\mathbf{E}X, E[X]$) wird mit μ bezeichnet und ist

$$\mu = E(X) = \begin{cases} \sum_j x_j f(x_j) = \sum_j x_j P(X = x_j) & (X \text{ diskret}) \\ \int_{-\infty}^{\infty} x f(x)\,\mathrm{d}x & (X \text{ stetig}) \end{cases}$$

Neben *Erwartungswert einer zufälligen Variablen* sagt man auch *Erwartungswert einer Verteilung*, nämlich derjenigen Verteilung, die durch die Wahrscheinlichkeitsfunktion bzw. Dichte $f(x)$ beschrieben wird.

Der Erwartungswert ist eine feste reelle Zahl und hängt **nicht** vom Zufall ab. Er ist das *gewichtete arithmetische Mittel* aller Realisationen von X und entspricht im diskreten Fall dem *Schwerpunkt* einer Masseverteilung mit Massen der Größe $f(x_j)$, die punktförmig an den Stellen x_j eines masselosen Stabes aufliegen, im stetigen Fall dem Schwerpunkt eines Stabes mit Gesamtmasse 1 und Massendichte $f(x)$.

Eine Verteilung heißt *symmetrisch* zu c, falls $\forall x \in \mathbb{R}$

$$f(c+x) = f(c-x).$$

Im Falle einer symmetrischen Verteilung ist $E(X) = c$.

♦ **Beispiel**

Der Erwartungswert der Augenzahl eines X beim Würfelversuch mit einem LAPLACE-Würfel ist

$$\mu = E(X) = \sum_{j=1}^{6} j \cdot f(x_j) = \sum_{j=1}^{6} j \cdot \frac{1}{6} = \frac{21}{6} = 3{,}5$$

Dies erhält man auch ganz ohne Rechnung, da die Verteilung zu 3,5 symmetrisch ist. ♦

Der *Erwartungswert* ist keineswegs ein Wert, den man bei einer einmaligen Durchführung eines Versuches *erwarten* darf. So ist (s. Beispiel) der Erwartungswert der Augenzahl eines LAPLACE-Würfels gleich 3,5, ein Wert, den man bei einem Einzelversuch sicher nicht erwartet. Man darf aber erwarten, dass das arithmetische Mittel vieler gleichartiger Versuche gegen den Erwartungswert strebt.

Erwartungswert einer Summe

Der Erwartungswert einer Summe ist stets gleich der Summe der Erwartungswerte:

$$E(X_1 + X_2 + \ldots + X_n) = E(X_1) + E(X_2) + \ldots + E(X_n)$$

♦ **Beispiel**

Der Erwartungswert der Augensumme $Z = X + Y$ beim Würfelversuch mit zwei LAPLACE-Würfeln ist

$$\mu = E(Z) = E(X+Y) = E(X) + E(Y) = 3{,}5 + 3{,}5 = 7$$

Dies erhält man auch wegen der Symmetrie der Verteilung zu 7. ♦

Linearität des Erwartungswertes

Hat die zufällige Variable X den Erwartungswert μ_x, so hat die linear transformierte Variable $Y = a + bX$ den Erwartungswert

$$\mu_y = a + b\mu_x.$$

Erwartungswert einer Funktion

Ist X eine zufällge Variable und $g(x)$ eine auf ganz $\mathbb{R}$ definierte stetige Funktion, dann ist

$$E\big(g(X)\big) = \begin{cases} \sum\limits_j g(x_j)f(x_j) & (X \text{ diskret}) \\ \int\limits_{-\infty}^{\infty} g(x)f(x)\,\mathrm{d}x & (X \text{ stetig}) \end{cases}$$

Dabei ist $f(x)$ die Wahrscheinlichkeitsfunktion bzw. Dichtefunktion von X.

Speziell für $g(x) = x^k$ $(k = 1, 2, \ldots)$ entstehen die *Momente k-ter Ordnung* von X:

$$E(X^k) = \begin{cases} \sum\limits_j x_j^k f(x_j) & (X \text{ diskret}) \\ \int\limits_{-\infty}^{\infty} x^k f(x)\,\mathrm{d}x & (X \text{ stetig}) \end{cases}$$

und für $g(x) = (x-\mu)^k$ $(k = 1, 2, \ldots)$ die *zentralen Momente k-ter Ordnung* von X:

$$E\big((X-\mu)^k\big) = \begin{cases} \sum\limits_j (x_j - \mu)^k f(x_j) & (X \text{ diskret}) \\ \int\limits_{-\infty}^{\infty} (x-\mu)^k f(x)\,\mathrm{d}x & (X \text{ stetig}) \end{cases}$$

13.2.6.2 Varianz und Standardabweichung

Die *Varianz* Var(X) einer zufälligen Variablen X (auch $V(X)$, VX, $\mathbf{D}^2(X)$, $\mathbf{D}^2X$) wird mit σ^2 bezeichnet und ist

$$\sigma^2 = E\big((X-\mu)^2\big) = \begin{cases} \sum\limits_j (x_j - \mu)^2 f(x_j) & (X \text{ diskret}) \\ \int\limits_{-\infty}^{\infty} (x-\mu)^2 f(x)\,\mathrm{d}x & (X \text{ stetig}) \end{cases}$$

Die Varianz ist das *zentrale Moment zweiter Ordnung* einer zufälligen Variablen. Sie ist ein Maß für die Ausbreitung der zufälligen Variablen und umso kleiner, je enger die Realisationen von X um den Erwartungswert herum angeordnet sind. Sie hat ein Analogon in der Physik in Gestalt des Trägheitsmoments einer linearen Masseverteilung (Stab) bezüglich des Schwerpunktes.

Verschiebungssatz

$$\mathrm{Var}(X) = E\big((X-\mu)^2\big) = E(X^2) - \mu^2$$

$$= \begin{cases} \sum\limits_j x_j^2 f(x_j) \; - \mu^2 & (X \text{ diskret}) \\ \int\limits_{-\infty}^{\infty} x^2 f(x)\,\mathrm{d}x \; - \mu^2 & (X \text{ stetig}) \end{cases}$$

♦ **Beispiel**

Die Varianz der Augenzahl X beim Werfen eines LAPLACE-Würfels ist

$$\mathrm{Var}(X) = \sum_{j=1}^{6} j^2 \cdot \frac{1}{6} - 3{,}5^2 = 2{,}9167$$ ♦

Varianz einer Summe

Sind $X_1, X_2, \ldots, X_n$ *unabhängige* zufällige Variable, so ist die Varianz ihrer Summe gleich der Summe ihrer Varianzen:

$$\mathrm{Var}(X_1 + X_2 + \ldots + X_n) = \mathrm{Var}(X_1) + \mathrm{Var}(X_2) + \ldots + \mathrm{Var}(X_n)$$

Zwei zufällige Variable X und Y heißen *unabhängig*, falls für alle $x, y \in \mathbb{R}$ die Ereignisse $X \le x$ und $Y \le y$ unabhängig sind:

$$P(X \le x \wedge Y \le y) = P(X \le x) \cdot P(Y \le y)$$

Standardabweichung

Die *Standardabweichung* ist die positive Wurzel aus der Varianz:

$$\sigma = \sqrt{\sigma^2}$$

Varianz und Standardabweichung unter linearer Transformation

Hat die zufällige Variable X die Varianz σ_x^2, so hat die linear transformierte Variable $Y = a + bX$ die Varianz

$$\sigma_y^2 = b^2 \sigma_x^2$$

und die Standardabweichung

$$\sigma_y = |b| \sigma_x$$

Die Varianz reagiert also nicht auf Verschiebungen von X, sondern nur auf Multiplikation mit einem konstanten Faktor.

Ungleichung von TSCHEBYSCHEFF

Sie gibt eine obere Grenze für die Wahrscheinlichkeit an, dass eine zufällige Variable X mit Erwartungswert μ und Varianz σ^2 um mehr als ε (beliebige positive Zahl) von μ abweicht:

$$P(|X-\mu| \geq \varepsilon) \leq \frac{\sigma^2}{\varepsilon^2} \qquad \text{bzw.}$$

$$P(|X-\mu| < \varepsilon) \geq 1 - \frac{\sigma^2}{\varepsilon^2}$$

Setzt man $\varepsilon = 2\sigma$ oder $\varepsilon = 3\sigma$ in der Ungleichung von TSCHEBYSCHEFF, so erhält man Untergrenzen für die Wahrscheinlichkeiten, dass X Werte im *$k\sigma$-Intervall* annimmt ($k = 2, 3$):

2σ-Intervall $\quad P(\mu - 2\sigma < X < \mu + 2\sigma) \geq 1 - \frac{1}{4} = 0{,}75$

3σ-Intervall $\quad P(\mu - 3\sigma < X < \mu + 3\sigma) \geq 1 - \frac{1}{9} = 0{,}89$

Variationskoeffizient, Variabilitätskoeffizient

$$v = \frac{\sqrt{\mathrm{Var}(X)}}{E(X)} = \frac{\sigma}{\mu} \qquad (\mu > 0)$$

Der Variationskoeffizient ist dimensionslos und drückt die Standardabweichung in Einheiten von μ aus (*relatives Streuungsmaß*).

Standardisierte zufällige Variable

Ist X eine zufällige Variable mit Erwartungswert μ und Standardabweichung σ, so heißt

$$Z = \frac{X-\mu}{\sigma}$$

die aus X *standardisierte* zufällige Variable. Für sie gilt $E(Z) = 0$ und $\mathrm{Var}(Z) = 1$.

13.2.6.3 Schiefe und Exzess

Schiefe

$$\text{Schiefe}(X) = \gamma_1 := \frac{E\big((X-\mu)^3\big)}{\sigma^3}$$

Die *Schiefe* ist ein Maß für die (Un-)Symmetrie einer Verteilung. Sie ist das *zentrale Moment dritter Ordnung* in Bezug auf σ^3. Symmetrische Verteilungen haben Schiefe 0, linkssteile Verteilungen eine positive und rechtssteile eine negative Schiefe.

Exzess, Wölbung, Kurtosis

$$\text{Exzess}(X) = \gamma_2 := \frac{E\left((X-\mu)^4\right)}{\sigma^4} - 3$$

Der *Exzess* ist bei einer symmetrischen Verteilung ein Maß für die Art der Wölbung der Dichtefunktion in der Nähe des Gipfels. γ_2 ist negativ bei abgeplattetem Gipfel und positiv bei „spitzem" Gipfel. Der Grenzfall $\gamma_2 = 0$ wird gerade für eine Normalverteilung (13.2.8.2) angenommen.

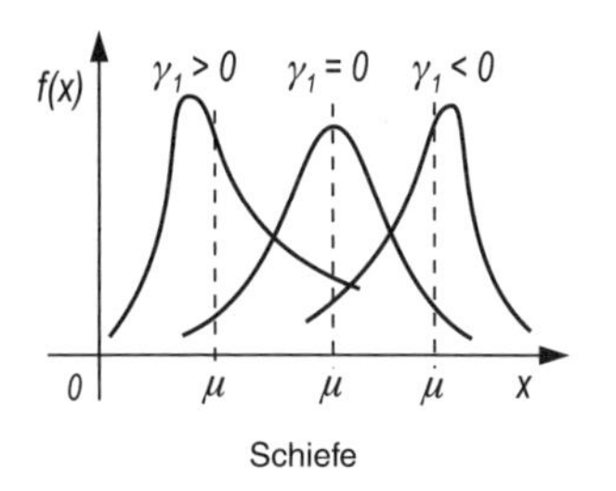

Schiefe

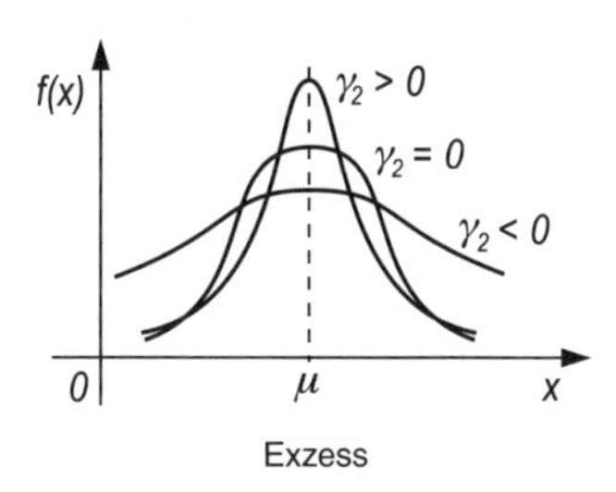

Exzess

13.2.7 Ausgewählte diskrete Verteilungen

13.2.7.1 Diskrete Gleichverteilung

Eine zufällige Variable X heißt *diskret gleichverteilt*, wenn sie jede natürliche Zahl von 1 bis n mit der gleichen Wahrscheinlichkeit $1/n$ annimmt:

$$P(X = k) = \frac{1}{n} \qquad \text{für } k = 1, 2, \ldots, n$$

Beispiel: X = Augenzahl beim Werfen eines LAPLACE-Würfels.

Verteilungsfunktion

$$F(x) = P(X \leq x) = \sum_{k \leq x} P(X = k) = \begin{cases} 0 & x < 1 \\ \dfrac{\lfloor x \rfloor}{n} & 1 \leq x < n \\ 1 & x \geq n \end{cases}$$

Dabei ist $\lfloor x \rfloor$ die kleinste ganze Zahl kleiner oder gleich x (*Integerfunktion*, s. 7.5.6).

Parameter

$$\mu = E(X) = \frac{n+1}{2} \qquad \sigma^2 = \text{Var}(X) = \frac{n^2 - 1}{12}$$

13.2.7.2 BERNOULLI-Verteilung

Ein Zufallsexperiment, welches nur zwei Ausgänge A (*Erfolgsereignis, Treffer*) und $\overline{A}$ kennt, heißt BERNOULLI-*Experiment.*

$$p = P(A) \text{ (Trefferwahrscheinlichkeit)} \qquad q = 1 - p = P(\overline{A})$$

Die zugehörige zufällige Variable X, die nur die Werte 0 und 1 annimmt, mit

$$X := \begin{cases} 1, & \text{falls } A \text{ eintritt} \\ 0, & \text{falls } A \text{ nicht eintritt, also } \overline{A} \text{ eintritt} \end{cases}$$

heißt BERNOULLI-*verteilt* mit Parameter p. Es gilt

$$P(X = 0) = P(\overline{A}) = q = 1 - p \qquad P(X = 1) = P(A) = p$$

Beispiele sind das Werfen einer Münze mit den Seiten „Adler“ und „Zahl“ (A = „Adler“) oder das Ziehen eines Artikels aus einer laufenden Produktion (A = „Artikel defekt“).

Parameter

$$\mu = E(X) = p \qquad \sigma^2 = \text{Var}(X) = pq = p(1 - p)$$

13.2.7.3 Binomialverteilung

Eine zufällige Variable X heißt *binomialverteilt* mit Parametern n und p, kurz $X \sim \text{Bi}(n, p)$, wenn X die Treffer A zählt bei n unabhängigen Durchführungen eines BERNOULLI-Experiments mit $p = P(A)$.

Urnenmodell: Stichprobe vom Umfang n **mit** Zurücklegen aus einer *dichotomen* (zweigeteilten) Grundgesamtheit, z. B. Urne mit Kugeln in zwei Farben.

Bei unendlichen Grundgesamtheiten (Qualitätskontrolle bei laufendem Produktionsprozess) ist Zurücklegen unwesentlich.

Wahrscheinlichkeitsfunktion

$$p_k = P(X = k) = \binom{n}{k} p^k (1 - p)^{n-k} = \binom{n}{k} p^k q^{n-k} \quad k = 0, 1, \ldots, n$$

mit $q = 1 - p$.

Die Werte sind in vielen Lehrbüchern im Anhang tabelliert oder können mit Taschenrechnern und/oder Computeralgebrasystemen berechnet werden oder mit folgender

Rekursionsformel

$$p_{k+1} = \frac{(n-k)p}{(k+1)q}\, p_k \qquad k = 0, 1, \ldots, n-1$$

p_k ist der Beiwert von x^k in der Entwicklung des Polynoms $(q + px)^n$ (*Binomischer Lehrsatz* 2.1.5, daher der Name der Verteilung).

Wegen

$$\begin{aligned} p_k &< p_{k+1} && \text{für } k < np - q \\ p_k &= p_{k+1} && \text{für } k = np - q \text{ ganzzahlig} \\ p_k &> p_{k+1} && \text{für } k > np - q \end{aligned}$$

ist die Verteilung *eingipflig* (*unimodal*).

Verteilungsfunktion

$$F(x) = P(X \le x) = \sum_{k \le x} P(X = k) = \sum_{k \le x} \binom{n}{k} p^k q^{n-k}$$

Parameter

$$\mu = E(X) = np \qquad \sigma^2 = \mathrm{Var}(X) = np(1-p) = npq$$

$$\gamma_1 = \frac{q-p}{\sigma} \qquad \gamma_2 = \frac{1-6pq}{\sigma^2}$$

Für die *Schiefe* der Verteilung gilt

$$\begin{aligned} \gamma_1 &> 0 \ (\textit{linkssteil}) && \text{für } p < \tfrac{1}{2} \\ \gamma_1 &= 0 \ (\textit{symmetrisch}) && \text{für } p = \tfrac{1}{2} \\ \gamma_1 &< 0 \ (\textit{rechtssteil}) && \text{für } p > \tfrac{1}{2} \end{aligned}$$

13

Die BERNOULLI-Verteilung ist ein Spezialfall der Binomialverteilung für $n = 1$.

♦ **Beispiele**

(1) Wie groß ist die Wahrscheinlichkeit, bei zehn Würfen mit einem LAPLACE-Würfel insgesamt k-mal eine 6 zu würfeln, $k = 0, 1, 2, \ldots, 10$?

Sei X die Anzahl, wie oft eine 6 gewürfelt wurde. Dann ist X binomialverteilt mit Parametern $n = 10$ und $p = 1/6$: $X \sim \mathrm{Bi}(10;\ 1/6)$. Daher ist

$$p_k = f(k) = P(X = k) = \binom{10}{k} \left(\frac{1}{6}\right)^k \left(\frac{5}{6}\right)^{10-k}, \quad k = 0, 1, \ldots, 10$$

Damit oder mithilfe der Rekursionsformel erhält man folgende Tabelle (in der rechten Spalte sind zusätzlich die Werte der Verteilungsfunktion $F(k) = P(X \leq k)$ angegeben):

k	$f(k)$	$F(k)$
0	0,1615	0,1615
1	0,3230	0,4845
2	0,2907	0,7752
3	0,1550	0,9303
4	0,0543	0,9845
5	0,0130	0,9976
6	0,0022	0,9997
7	0,0002	0,9999
8	$1{,}9 \cdot 10^{-5}$	1,0000
9	$8{,}3 \cdot 10^{-7}$	1,0000
10	$1{,}7 \cdot 10^{-8}$	1,0000

$\mu = E(X) = 10 \cdot \dfrac{1}{6} = 1{,}6667$ $\qquad \sigma^2 = \mathrm{Var}(X) = 10 \cdot \dfrac{1}{6} \cdot \dfrac{5}{6} = 1{,}3889$

$\sigma = \sqrt{\sigma^2} = 1{,}1785$

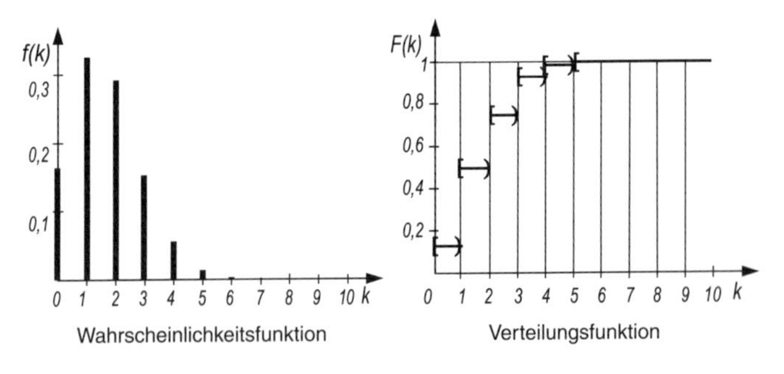

Wahrscheinlichkeitsfunktion Verteilungsfunktion

(2) Die Wahrscheinlichkeit für eine Mädchengeburt sei 0,485. Wie groß ist dann die Wahrscheinlichkeit, dass unter 20 zufällig ausgewählten Geburten genau acht Mädchen sind?

$$p_8 = \binom{20}{8} \cdot 0{,}485^8 \cdot 0{,}515^{12} = 0{,}1342$$ ♦

Für große Versuchsanzahlen n können Wahrscheinlichkeiten der Form $P(X \leq k)$ einer binomialverteilten zufälligen Variablen einfacher mit dem *Grenzwertsatz von* DE MOIVRE *und* LAPLACE unter Verwendung der *Standard-Normalverteilung* (siehe 13.2.8.2) berechnet werden.

13.2.7.4 POISSON-Verteilung

Eine diskrete zufällige Variable X heißt POISSON-*verteilt* mit Parameter $\lambda > 0$, kurz $X \sim \mathrm{Po}(\lambda)$, wenn sie alle natürlichen Zahlen annimmt mit folgenden Wahrscheinlichkeiten:

$$P(X = k) = \frac{\lambda^k}{k!} \mathrm{e}^{-\lambda} \qquad k = 0, 1, 2, \ldots$$

Die POISSON-Verteilung ist *unimodal* und *linkssteil*, der *Modalwert* (Realisation mit der größten Eintrittswahrscheinlichkeit) ist $\lfloor \lambda \rfloor$, die größte ganze Zahl kleiner oder gleich λ.

Parameter

$$\mu = E(X) = \lambda$$

$$\sigma^2 = \mathrm{Var}(X) = \lambda$$

$$\sigma = \sqrt{\lambda}$$

$$\gamma_1 = \frac{1}{\sqrt{\lambda}}$$

$$\gamma_2 = \frac{1}{\lambda}$$

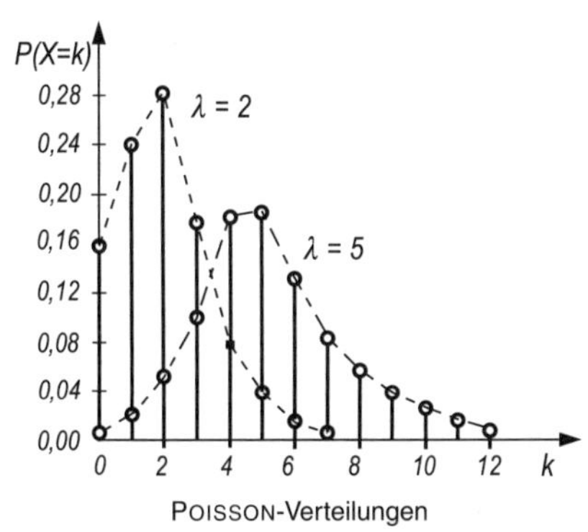

POISSON-Verteilungen

Die Bedeutung der POISSON-Verteilung liegt in folgendem

Grenzwertsatz von POISSON

Sei $X \sim \mathrm{Bi}(n, p)$. Es strebe die Anzahl der Versuche n gegen unendlich und gleichzeitig die Treffer-Wahrscheinlichkeit p gegen 0, aber so gekoppelt, dass das Produkt np den konstanten Wert λ beibehält. Dann gilt:

$$\lim_{\substack{n \to \infty \\ p \to 0}} P(X = k) = \frac{\lambda^k}{k!} \mathrm{e}^{-\lambda} \qquad k = 0, 1, \ldots$$

Die POISSON-Verteilung kann also anstelle der (schwieriger zu berechnenden) Binomialverteilung verwendet werden, wenn n groß und p klein ist. Die Näherung wird als ausreichend genau angesehen, wenn die **Faustregel**

$$n \geq 30 \qquad p \leq 0{,}1 \qquad \lambda = np \leq 10$$

erfüllt ist.

Wegen der Anwendbarkeit der POISSON-Verteilung bei kleinem p heißt die Verteilung auch „Verteilung der seltenen Ereignisse“.

♦ **Beispiel**

Bei einem Produktionsprozess seien 2 % der produzierten Artikel defekt. Die einzelnen Produktionen können als unabhängige BERNOULLI-verteilte zufällige Variable aufgefasst werden. Aus dem laufenden Prozess werden 80 Artikel zufällig herausgegriffen. Mit welcher Wahrscheinlichkeit sind höchstens drei defekte Artikel dabei?

Sei X die Anzahl defekter Artikel in der Stichprobe, $X \sim \text{Bi}(80; 0{,}02)$.

Exakte Lösung mit *Binomialverteilung*:

$$P(X \leq 3) = \sum_{k=0}^{3} \binom{80}{k} 0{,}02^k \cdot 0{,}98^{80-k} = 0{,}9231$$

Näherungslösung mit POISSON-*Verteilung* mit Parameter $\lambda = np = 1{,}6$:

$$P(X \leq 3) \approx \sum_{k=0}^{3} \frac{1{,}6^k}{k!} \mathrm{e}^{-1{,}6} = 0{,}9212$$ ♦

Die POISSON-Verteilung tritt auch in folgender Situation auf:

Punktförmige Ereignisse mögen unabhängig voneinander zu zufälligen Zeitpunkten eintreffen (z.B. Emission von α-Teilchen, Eintreffen von Kunden an einem Schalter, Eintreffen von Flugzeugen an einem Flughafen, Verkehrsunfälle an einer Kreuzung u.v.m.), wobei die Wahrscheinlichkeit, dass in einem kleinen Zeit-Intervall genau ein Ereignis stattfindet, proportional zur Intervall-Länge ist.

Dann ist die Anzahl Ereignisse, die in einem Zeit-Intervall der Länge t stattfindet, eine POISSON-verteilte zufällige Variable mit Parameter ϱt. Dabei ist ϱ der Erwartungswert für die Anzahl Ereignisse **pro Zeiteinheit** und kann durch eine Zählung der Ereignisse über eine längere Zeit hinweg geschätzt werden.

♦ **Beispiel**

Bei einer radioaktiven Substanz werden mit einem Geiger-Müller-Zählrohr in einer Stunde 3012 Zerfallsakte registriert. Mit welcher Wahrscheinlichkeit finden in einem beliebigen 10-Sekunden-Intervall mehr als zwölf Zerfallsakte statt?

Sei X die Anzahl Zerfallsakte in 10 Sekunden. Dann ist $X \sim \mathrm{Po}(10\varrho)$ mit $\varrho = \dfrac{3012}{3600} = 0{,}8367$.

$$P(X > 12) = 1 - P(X \leq 12) = 1 - \sum_{k=0}^{12} \frac{8{,}367^k}{k!} \mathrm{e}^{-8{,}367} = 0{,}0831$$ ♦

13.2.7.5 Hypergeometrische Verteilung

Gegeben sei eine **endliche** Menge von N Elementen, darunter M mit einer besonderen Eigenschaft. Es wird daraus eine Stichprobe von n Elementen **ohne** Zurücklegen gezogen ($n \leq N$).

Dann heißt die zufällige Variable X, welche die Anzahl Elemente mit der besonderen Eigenschaft in der Stichprobe angibt, *hypergeometrisch verteilt* mit Parametern N, Mund n, kurz $X \sim \mathrm{H}(N, M, n)$.

Urnenmodell: Stichprobe vom Umfang n **ohne** Zurücklegen aus einer *dichotomen* (zweigeteilten) Grundgesamtheit, z. B. Urne mit Kugeln in zwei Farben (vgl. Binomialverteilung 13.2.7.3).

Wahrscheinlichkeitsfunktion

$$p_k = P(X = k) = \frac{\binom{M}{k} \cdot \binom{N-M}{n-k}}{\binom{N}{n}} \qquad k = 0, 1, \ldots, \min\{M, n\}$$

Parameter

$$\mu = E(X) = n\frac{M}{N} = np$$

$$\sigma^2 = \mathrm{Var}(X) = npq\frac{N-n}{N-1} \qquad \text{mit } p := \frac{M}{N} \text{ und } q := 1 - p$$

♦ **Beispiel**

In einem Skatspiel mit 32 Karten sind vier Buben. Ein Spieler bekommt zehn Karten zufällig zugeteilt. Mit welcher Wahrscheinlichkeit sind darunter genau drei Buben?

$$p_3 = \frac{\binom{4}{3} \cdot \binom{28}{7}}{\binom{32}{10}} = 0{,}0734$$ ♦

13

13.2.7.6 Geometrische Verteilung

Eine zufällige Variable X heißt *geometrisch verteilt* mit Parameter p, wenn X die Anzahl unabhängiger Durchführungen eines BERNOULLI-Experiments mit Trefferwahrscheinlichkeit p zählt, bis zum ersten Mal ein Treffer erzielt wird.

Nicht zu verwechseln mit der Binomialverteilung: Letztere zählt die **Treffer** in einer Serie von n Versuchen, die geometrische Verteilung zählt die **Versuche**, bis zum ersten Mal ein Treffer auftritt.

Wahrscheinlichkeitsfunktion

$$p_k = P(X = k) = (1-p)^{k-1}p \qquad k = 1, 2, 3, \ldots$$

Die Wahrscheinlichkeiten p_k bilden eine *geometrische Folge* mit Faktor p, daher der Name der Verteilung. Die geometrische Verteilung ist das diskrete Analogon zur stetigen *Exponentialverteilung* (siehe 13.2.8.3).

Verteilungsfunktion

$$F(k) = P(X \leq k) = \sum_{i=1}^{k}(1-p)^{k-1}p = p\sum_{i=1}^{k}(1-p)^{k-1} = 1-(1-p)^k$$

(*geometrische Summe*)

Parameter

$$\mu = E(X) = \frac{1}{p} \qquad \sigma^2 = \mathrm{Var}(X) = \frac{1-p}{p^2}$$

♦ **Beispiel**

Mit welcher Wahrscheinlichkeit braucht man zehn oder mehr Würfe mit einem LAPLACE-Würfel, bis zum ersten Mal Augenzahl 6 erscheint?

$$P(X \geq 10) = 1 - P(X \leq 9) = 1 - F(9) = 1 - \left(1 - \left(\frac{5}{6}\right)^9\right) = 0{,}1938 \quad ♦$$

Bemerkung: Eine geometrisch verteilte zufällige Variable X ist *gedächtnislos* in folgendem Sinne ($i, k \geq 1$):

$$P(X = i + k \mid X > i) = P(X = k)$$

Das bedeutet: Auch wenn nach zehn Würfen mit einem LAPLACE-Würfel noch immer keine 6 erschienen ist, ist die Wahrscheinlichkeit, dass beim elften Wurf die 6 erscheint, genauso groß wie ganz am Anfang, nämlich gleich 1/6 (der Würfel hat kein Gedächtnis).

13.2.8 Ausgewählte stetige Verteilungen

13.2.8.1 Stetige Gleichverteilung (Rechteckverteilung)

Eine stetige Gleichverteilung auf dem Intervall $[a;\, b]$ liegt dann vor, wenn jeder Wert innerhalb des Intervalls die gleiche Wahrscheinlichkeitsdichte besitzt.

Dichtefunktion ($a < b$)

$$f(x) = \begin{cases} \dfrac{1}{b-a} & \text{für } a \leq x \leq b \\ 0 & \text{sonst} \end{cases}$$

Verteilungsfunktion

$$F(x) = \begin{cases} 0 & \text{für } -\infty < x < a \\ \dfrac{x-a}{b-a} & \text{für } a \leq x \leq b \\ 1 & \text{für } b < x < \infty \end{cases}$$

Parameter

$$\mu = E(X) = \frac{a+b}{2} \qquad \sigma^2 = \operatorname{Var}(X) = \frac{(b-a)^2}{12} \qquad \sigma = \frac{b-a}{\sqrt{12}}$$

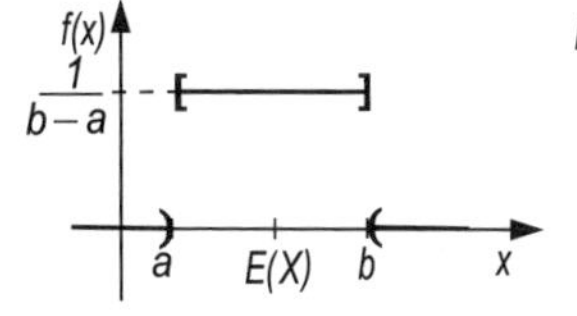

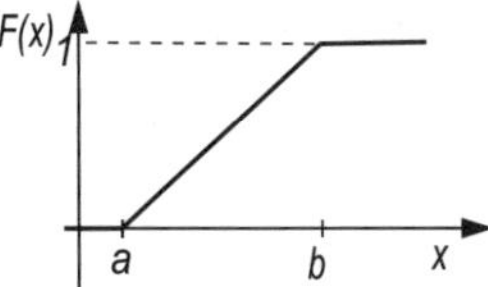

Rechteckverteilung

Anwendung: *Wartezeiten* auf regelmäßig stattfindende Ereignisse, wenn jeder Ankunftszeitpunkt gleichwahrscheinlich ist.

13.2.8.2 Normalverteilung

Eine zufällige Variable X heißt *normalverteilt* oder GAUSS-*verteilt* mit Erwartungswert μ und Varianz σ^2, kurz: $X \sim \mathrm{N}(\mu;\, \sigma^2)$, wenn sie folgende Dichtefunktion besitzt:

$$f(x) = \frac{1}{\sigma\sqrt{2\pi}}\, \mathrm{e}^{-\frac{1}{2}\left(\frac{x-\mu}{\sigma}\right)^2}$$

Die Dichtefunktion heißt wegen ihrer charakteristischen Gestalt GAUSS*sche Glockenkurve*. Sie ist symmetrisch und eingipflig, die Symmetriemitte liegt bei μ, die Wendepunkte bei $\mu \pm \sigma$. Die Kurve ist niedrig und breit für große σ, dagegen hoch und schmal für kleine σ.

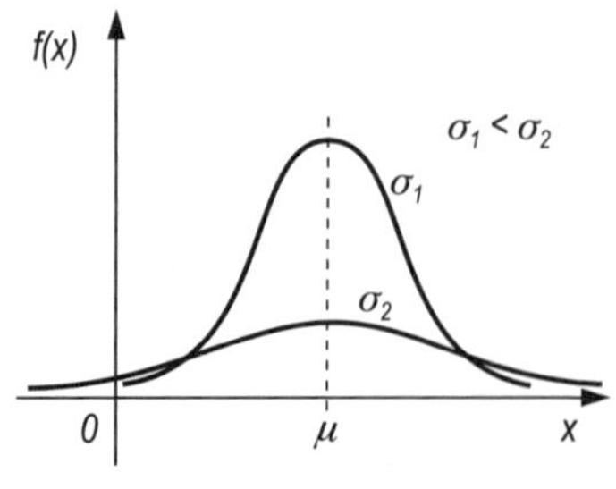

Normalverteilung, Dichtefunktionen

Verteilungsfunktion

$$F(x) = P(X \leq x) = \int_{-\infty}^{x} f(u)\,\mathrm{d}u = \frac{1}{\sigma\sqrt{2\pi}} \int_{-\infty}^{x} \mathrm{e}^{-\frac{1}{2}\left(\frac{u-\mu}{\sigma}\right)^2}\,\mathrm{d}u$$

Das letzte Integral kann **nicht** mit elementaren Methoden berechnet werden. Zu seiner Berechnung verwendet man daher Computeralgebrasysteme oder greift auf Tabellen zurück (s. Anhang).

Standard-Normalverteilung N(0; 1²)

Eine zufällige Variable Z heißt *standard-normalverteilt*, kurz: $Z \sim \mathrm{N}(0; 1^2)$, wenn sie normalverteilt ist mit Mittelwert $\mu = 0$ und Standardabweichung $\sigma = 1$. Ihre Dichte lautet

$$\varphi(z) := \frac{1}{\sqrt{2\pi}}\,\mathrm{e}^{-z^2/2}$$

und ihre Verteilungsfunktion

$$\Phi(z) = P(Z \leq z) = \frac{1}{\sqrt{2\pi}} \int_{-\infty}^{z} \mathrm{e}^{-u^2/2}\,\mathrm{d}u$$

Die Standard-Normalverteilung ist auf $\mu = 0$ **zentriert** und auf $\sigma = 1$ **normiert**. Die Werte der Verteilungsfunktion $\Phi(z)$ sind im Anhang tabelliert. Für negative Argumente verwende man die aus der Symmetrie der Verteilung zu 0 folgende einfache Umrechnung

$$\Phi(-z) = 1 - \Phi(z)$$

Mithilfe der Standard-Normalverteilung können die Werte beliebiger Normalverteilungen ausgedrückt werden:

Umrechnungformel der Normalverteilung

Sei X eine normalverteilte zufällige Variable mit Mittelwert μ, Varianz σ^2 und Verteilungsfunktion $F(x) = P(X \leq x)$. Dann gilt:

$$F(x) = \Phi\left(\frac{x-\mu}{\sigma}\right) \text{ und}$$

$$P(a < X \leq b) = F(b) - F(a) = \Phi\left(\frac{b-\mu}{\sigma}\right) - \Phi\left(\frac{a-\mu}{\sigma}\right)$$

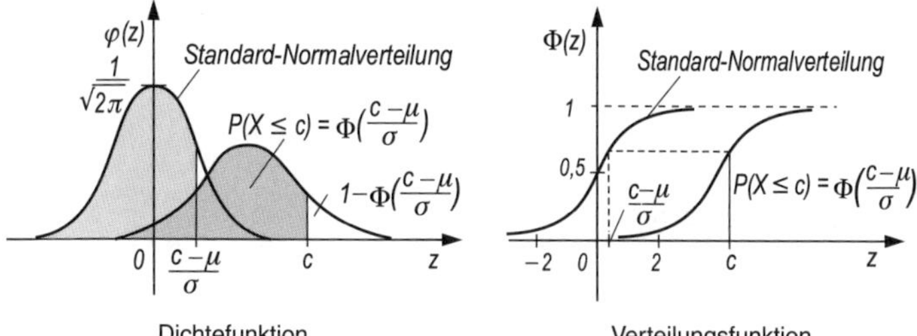

Dichtefunktion Verteilungsfunktion

♦ **Beispiel**

Die Bruchfestigkeit X bestimmter Kunststoffteile sei normalverteilt mit $\mu = 100$ kg und $\sigma = 4$ kg. Ein Teil gilt als unbrauchbar, wenn seine Bruchfestigkeit unter 94 kg liegt. Man bestimme den Anteil unbrauchbarer Teile.

$$\begin{aligned} P(X < 94) &= F(94) = \Phi\left(\frac{94-100}{4}\right) = \Phi(-1{,}5) = 1 - \Phi(1{,}5) \\ &= 1 - 0{,}93319 \\ &= 0{,}06681 \approx 6{,}7\,\% \end{aligned}$$

♦

$k\sigma$-Intervalle

13

Mithilfe der Umrechnungsformel erhält man für die Wahrscheinlichkeiten, dass eine nach $N(\mu;\, \sigma^2)$ verteilte zufällige Variable X Werte im Intervall $[\mu - k\sigma, \mu + k\sigma]$ (*$k\sigma$-Intervall*) annimmt:

$$P(\mu - k\sigma < X \leq \mu + k\sigma) = \Phi(k) - \Phi(-k) = 2\Phi(k) - 1$$

Speziell für die „glatten" Werte $k = 1, 2, 3$ folgen daraus die

$k\sigma$-Regeln

Bei einer nach $N(\mu;\ \sigma^2)$ verteilten zufälligen Variablen liegen

68,27 % der beobachteten Werte im 1σ-Intervall,

95,45 % der beobachteten Werte im 2σ-Intervall und

99,73 % der beobachteten Werte im 3σ-Intervall.

Umgekehrt kann man k so bestimmen, dass für das $k\sigma$-Intervall „glatte" Wahrscheinlichkeiten entstehen, etwa 90 %, 95 % oder 99 %:

Bei einer nach $N(\mu;\ \sigma^2)$ verteilten zufälligen Variablen liegen

90 % der beobachteten Werte im $1{,}64\sigma$-Intervall,

95 % der beobachteten Werte im $1{,}96\sigma$-Intervall und

99 % der beobachteten Werte im $2{,}58\sigma$-Intervall.

Additionssatz der Normalverteilung

Sind X und Y **unabhängige** und nach $N(\mu_x;\ \sigma_x^2)$ bzw. $N(\mu_y;\ \sigma_y^2)$ verteilte zufällige Variable, dann ist die Summe $X + Y$ ebenfalls normalverteilt mit Mittelwert $\mu_x + \mu_y$ und Varianz $\sigma_x^2 + \sigma_y^2$:

$$X + Y \sim N\left(\mu_x + \mu_y;\ \sqrt{\sigma_x^2 + \sigma_y^2}^{\,2}\right)$$

♦ **Beispiel**

In einer Kantine ist der Energiegehalt von Currywürsten normalverteilt nach $N(250\,\text{kcal};\ (20\,\text{kcal})^2)$ und der von Pommes-Portionen ebenfalls normalverteilt nach $N(300\,\text{kcal};\ (25\,\text{kcal})^2)$. Jemand wählt zufällig eine Currywurst und eine Portion Pommes aus. Mit welcher Wahrscheinlichkeit nimmt er mehr als 600 kcal zu sich?

Die Gesamt-Energiemenge G ist wieder normalverteilt mit $\mu = 250 + 300 = 550\,\text{kcal}$ und $\sigma^2 = 20^2 + 25^2 = 1025\,\text{kcal}^2$. Daher

$$\begin{aligned} P(G > 600) &= 1 - P(G \leq 600) = 1 - \Phi\left(\frac{600 - 550}{\sqrt{1025}}\right) = 1 - \Phi(1{,}56) \\ &= 1 - 0{,}94062 = 0{,}05938 \end{aligned}$$ ♦

Zentraler Grenzwertsatz

Die zufälligen Variablen $X_1, X_2, \ldots, X_n$ seien **unabhängig** und alle **identisch verteilt** (aber nicht notwendig normalverteilt!) mit Mittelwert μ und Varianz σ^2. Dann ist die Summe $X_1 + X_2 + \ldots + X_n$ näherungsweise normalverteilt mit Mittelwert $n\mu$ und Varianz $n\sigma^2$.

Bedeutung der Normalverteilung: Zufällige Vorgänge, die sich additiv aus unabhängigen und identisch verteilten zufälligen Vorgängen zusammensetzen, tendieren immer zu einer Normalverteilung.

Eine wichtige Konsequenz hiervon ist der

Grenzwertsatz von DE MOIVRE und LAPLACE

Sei X binomialverteilt mit Parametern n und p, $0 < p < 1$. Dann strebt die Verteilungsfunktion $F(x)$ von X für wachsendes n gegen die Verteilungsfunktion einer Normalverteilung (siehe 13.2.8.2) mit $\mu = np$ und $\sigma^2 = np(1-p)$:

$$P(X \leq x) \approx \Phi\left(\frac{x - np + 0{,}5}{\sqrt{np(1-p)}}\right) \text{ und}$$

$$P(a \leq X \leq b) \approx \Phi\left(\frac{b - np + 0{,}5}{\sqrt{np(1-p)}}\right) - \Phi\left(\frac{a - np - 0{,}5}{\sqrt{np(1-p)}}\right)$$

(mit *Stetigkeitskorrektur* $\pm 0{,}5$)

Damit die Näherung ausreichend genau ist, sollte p nicht zu nahe bei 0 oder 1 sein (sonst wird die Binomialverteilung sehr unsymmetrisch) und n groß genug.

Faustregel für die Anwendung des Grenzwertsatzes von DE MOIVRE und LAPLACE:

$$np(1-p) > 9.$$

13

♦ **Beispiel**

Ein Hersteller verpackt Energiesparlampen in Kisten zu je 1000 Stück. Jede Energiesparlampe ist mit einer Wahrscheinlichkeit von 1 % defekt. Mit welcher Wahrscheinlichkeit sind nicht mehr als 15 defekte Energiesparlampen in der Kiste?

Sei X die Anzahl defekter Energiesparlampen in der Kiste:

$X \sim \mathrm{Bi}(1000; 0{,}01)$.

Die Faustregel für die Anwendung des Grenzwertsatzes von DE MOIVRE und LAPLACE ist erfüllt: $np(1-p) = 9{,}9 > 9$. Es folgt

$$P(X \leq 15) \approx \Phi\left(\frac{15 - 10 + 0{,}5}{\sqrt{9{,}9}}\right) = \Phi(1{,}748) = 0{,}95977 = 95{,}977\,\%$$

Zum Vergleich: Exakte Rechnung mit der Binomialverteilung ergibt

$$P(X \leq 15) = 0{,}95213 = 95{,}213\,\%$$ ♦

Eng verwandt mit der GAUSSschen Normalverteilung ist die

Fehlerfunktion (engl. *error function*)

$$\operatorname{erf}(x) := \frac{2}{\sqrt{\pi}} \int_0^x \mathrm{e}^{-u^2}\,\mathrm{d}u$$

Der Vorfaktor ist so gewählt, dass $\lim\limits_{x\to\infty} \operatorname{erf}(x) = 1$ ist.

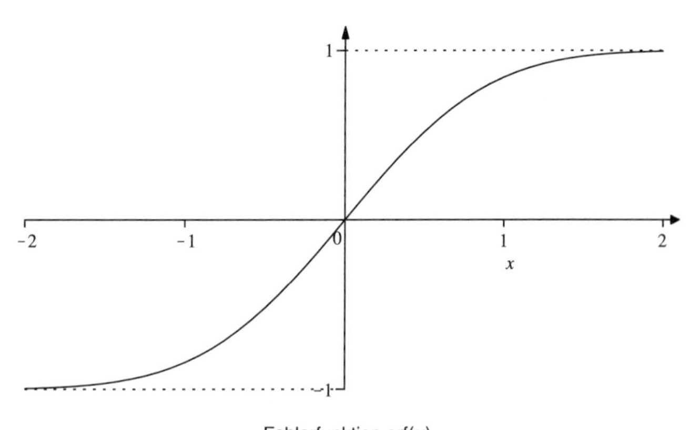

Fehlerfunktion erf(x)

Der Zusammenhang zur GAUSSschen Standard-Normalverteilung $\Phi(x)$ lautet

$$\Phi(x) = \frac{1}{2} + \frac{1}{2}\operatorname{erf}\left(\frac{x}{\sqrt{2}}\right) \quad \text{und} \quad \operatorname{erf}(x) = 2\Phi(\sqrt{2}y) - 1$$

erf wird zu 1 ergänzt durch die *complementary error function*

$$\operatorname{erfc}(x) := 1 - \operatorname{erf}(x) = \frac{2}{\sqrt{\pi}} \int_x^\infty \mathrm{e}^{-u^2}\,\mathrm{d}u$$

13.2.8.3 Exponentialverteilung

Eine zufällige Variable X, die nur nicht-negative Werte annehmen kann, heißt *exponentialverteilt* mit Parameter $\lambda > 0$, kurz $X \sim \mathrm{Exp}(\lambda)$, wenn ihre Dichte gegeben ist durch

$$f(x) = \begin{cases} \lambda\,\mathrm{e}^{-\lambda x} & \text{für } x \geq 0 \\ 0 & \text{für } x < 0 \end{cases}$$

Verteilungsfunktion

$$F(x) = P(X \leq x) = \int_{-\infty}^{x} f(t)\,\mathrm{d}t = \begin{cases} 1 - \mathrm{e}^{-\lambda x} & \text{für } x \geq 0 \\ 0 & \text{für } x < 0 \end{cases}$$

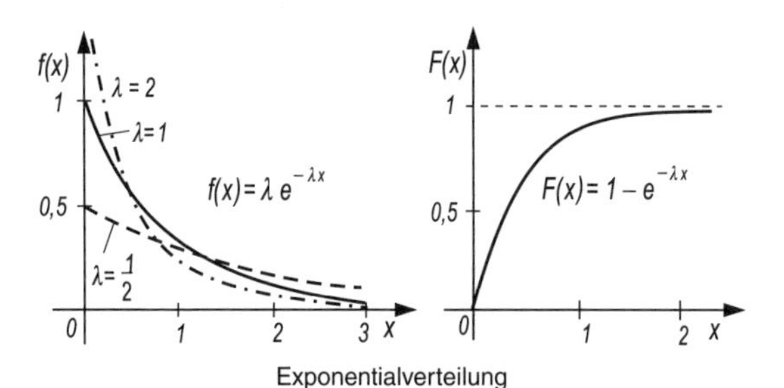

Exponentialverteilung
Dichte und Verteilungsfunktion

Parameter

$$\mu = E(X) = \frac{1}{\lambda} \qquad \sigma^2 = \mathrm{Var}(X) = \frac{1}{\lambda^2} \qquad \sigma = \frac{1}{\lambda}$$

Die Exponentialverteilung wird häufig zur Modellierung von *Lebensdauern* oder *Zeitdauern* eingesetzt (z. B. Zeit bis zum Zerfall eines radioaktiven Kernes, Dauer von Telefongesprächen, von Reparaturzeiten von Maschinen, Zeit zwischen dem Eintreffen von zwei Kunden an einem Schalter u.v.m.), und zwar immer dann, wenn die Wahrscheinlichkeit, dass innerhalb eines bestimmten Zeitintervalls das nächste Ereignis eintritt, unabhängig ist von der bereits verstrichenen Zeit (*Gedächtnislosigkeit* der Exponentialverteilung: Objekte mit exponentialverteilten Lebensdauern altern nicht).

Die Exponentialverteilung darf dagegen **nicht** angenommen werden bei *verschleißbedingten Lebensdauern* (die Wahrscheinlichkeit eines Ausfalles innerhalb des nächsten Zeitintervalls nimmt mit wachsendem Lebensalter zu).

Parameterschätzung

Bei vermuteter Exponentialverteilung der Lebensdauer T beobachte man viele Realisationen $t_1, t_2, \ldots, t_n$ von T und wähle für den Parameter λ den Kehrwert des arithmetischen Mittels der t_i, also $\lambda \approx \frac{1}{\bar{t}}$.

♦ **Beispiel**

Das radioaktive Kohlenstoffisotop $^{14}_{6}$C hat eine Lebendauer T (das ist die Zeit von Beginn der Beobachtung bis zum Zerfall des instabilen Kernes), die exponentialverteilt ist mit Parameter $\lambda = 1{,}4 \cdot 10^{-8}\,\mathrm{h}^{-1}$. Man berechne

a) den Erwartungswert (Mittelwert vieler Beobachtungen) von T,

b) die *Halbwertszeit* $T_{1/2}$, d. h. die Zeit, nach der die Hälfte von vielen Kernen zerfallen ist,

c) die Wahrscheinlichkeit, dass ein Kern länger als 12 000 Jahre nicht zerfällt.

zu a) $\mu = E(T) = \frac{1}{\lambda} = \frac{1}{1{,}4 \cdot 10^{-8}}\,\mathrm{h} = 7{,}14 \cdot 10^7\,\mathrm{h} \approx 8\,154$ Jahre

zu b) $\frac{1}{2} = P(T \leq T_{1/2}) = 1 - \mathrm{e}^{-\lambda T_{1/2}} \Rightarrow T_{1/2} = \frac{\ln 2}{\lambda} = \mu \ln 2 \approx 5\,652$ Jahre

zu c) 12 000 Jahre $\approx 1{,}05 \cdot 10^8\,\mathrm{h}$.

$P(T > 1{,}05 \cdot 10^8) = 1 - P(T \leq 1{,}05 \cdot 10^8) = \mathrm{e}^{-1{,}4 \cdot 10^{-8} \cdot 1{,}05 \cdot 10^8} = \mathrm{e}^{-1{,}47} = 0{,}23$

Nach 12 000 Jahren sind also immer noch ca. 23 % der $^{14}_{6}$C-Kerne nicht zerfallen. ♦

13.2.8.4 χ^2-Verteilung

Die zufälligen Variablen $X_1, X_2, \ldots, X_n$ seien **unabhängig** und alle nach $\mathrm{N}(0;\,1^2)$ verteilt. Dann heißt die zufällige Variable

$X = X_1^2 + X_2^2 + \ldots + X_n^2$

χ^2-verteilt mit *n Freiheitsgraden*, kurz $X \sim \chi_n^2$.

χ^2-verteilte zufällige Variablen können nur nicht-negative Werte annehmen. Ab $n = 3$ ist die Dichtefunktion eingipflig und linkssteil.

Anwendung

Konfidenzintervalle für σ^2, *Anpassungstests* (siehe 13.3) im Rahmen der schließenden Statistik. Hierfür werden ausschließlich die *Quantile* $\chi^2_{n,\gamma}$ der χ^2-Verteilung benötigt, die im Anhang tabelliert sind.

γ-Quantil: $P(X \leq \chi^2_{n,\gamma}) = \gamma$

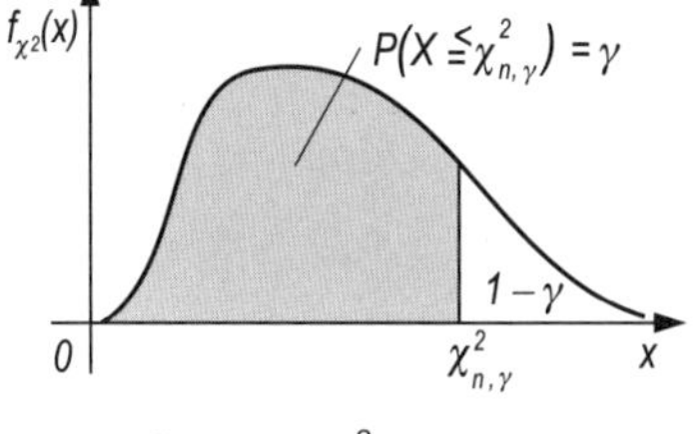

Quantil der χ^2-Verteilung

Parameter

$$\mu = E(X) = n \qquad \sigma^2 = \mathrm{Var}(X) = 2n$$

13.2.8.5 *t*-Verteilung (Student-Verteilung)

Ist X standard-normalverteilt und Y χ^2-verteilt mit n Freiheitsgraden, und sind X und Y **unabhängig**, dann heißt die daraus gebildete zufällige Variable

$$T := \frac{X}{\sqrt{Y/n}}$$

t-verteilt mit *n Freiheitsgraden*, kurz $T \sim t_n$.

Die Dichte der t-Verteilung, nach dem Pseudonym ihres Entdeckers auch Student-Verteilung genannt, ist symmetrisch und eingipflig mit Maximum bei 0, ähnelt also der Standard-Normalverteilung, ist allerdings in der Mitte nicht so hoch und hat dafür am Rand mehr Wahrscheinlichkeitsmasse.

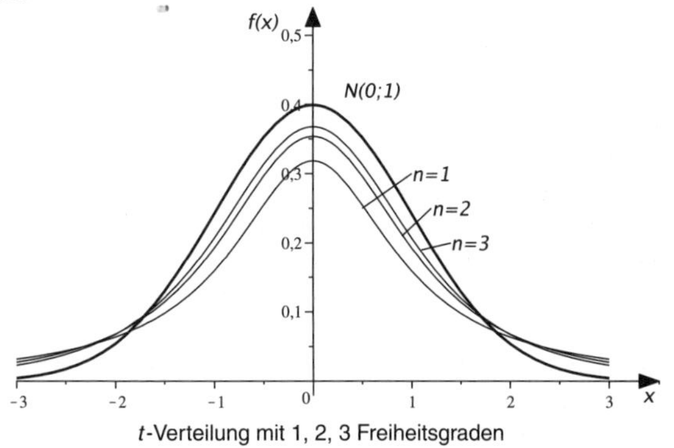

t-Verteilung mit 1, 2, 3 Freiheitsgraden

Für wachsende Zahl von Freiheitsgraden ($n \to \infty$) geht die t-Verteilung in die Standard-Normalverteilung über (siehe Bild).

Ähnlich wie bei der χ^2-Verteilung werden im Rahmen der schließenden Statistik nur die *Quantile* $t_{n,\gamma}$ gebraucht, die im Anhang tabelliert sind.

γ-*Quantil*: $P(T \leq t_{n,\gamma}) = \gamma$

Parameter

$$\mu = E(T) = 0 \text{ für } n \geq 2 \qquad \sigma^2 = \mathrm{Var}(T) = \frac{n}{n-2} \text{ für } n \geq 3$$

Wichtigste Anwendung

Sind die zufälligen Variablen $X_1, X_2, \ldots, X_n$ unabhängig und alle identisch nach $\mathrm{N}(\mu;\ \sigma^2)$ verteilt, dann ist die standardisierte zufällige Variable

$$Z = \frac{\overline{X} - \mu}{\sigma/\sqrt{n}}$$

standard-normalverteilt, dagegen ist die zufällige Variable T, die entsteht, indem man in Z die (in der Regel unbekannte) Standardabweichung σ durch ihre Schätzung $S = \sqrt{\frac{1}{n-1}\sum_{i=1}^{n}(X_i - \overline{X})^2}$ ersetzt, t-verteilt mit $n-1$ Freiheitsgraden:

$$T = \frac{\overline{X} - \mu}{S/\sqrt{n}} \sim t_{n-1}.$$

Anwendung in der schließenden Statistik bei *Konfidenzintervallen* und *Tests* für μ bei unbekanntem σ.

13.3 Schließende (induktive) Statistik

13.3.1 Grundbegriffe

Grundaufgabe der schließenden Statistik ist es, Aussagen zu machen über eine sehr große *Grundgesamtheit* von *Entitäten* (Objekten, Ereignissen, ...) aufgrund einer *Zufallsstichprobe*. Der Umfang n der Stichprobe wird dabei als so klein im Vergleich zum Umfang N der Grundgesamtheit angenommen, dass das Ziehen der Stichprobe auch **ohne** Zurücklegen die Grundgesamtheit praktisch nicht verändert.

Die schließende Statistik zieht Rückschlüsse von einer Stichprobe auf die Grundgesamtheit, die auch unendlich groß sein kann (z. B. die Menge aller möglichen Würfe mit einem Würfel).

Induktives Denken heißt, von Spezialfällen (*Stichprobe*) auf das Allgemeine (*Grundgesamtheit*) zu schließen.

Zufallsstichprobe

> Eine *Zufallsstichprobe* vom Umfang n ist ein n-Tupel $(X_1, X_2, \ldots, X_n)$ von identisch verteilten und unabhängigen zufälligen Variablen, wobei X_i die Merkmalsausprägung des i-ten Elements der Stichprobe bezeichnet. Die X_i heißen *Stichprobenvariablen.*

Die Unabhängigkeit ist streng genommen nicht gegeben bei Ziehen ohne Zurücklegen aus einer endlichen Grundgesamtheit (siehe 13.2.7.5). Da aber, wie vorausgesetzt, die Grundgesamtheit sehr viel größer als die Stichprobe oder unendlich groß ist, wird die Unabhängigkeit – jedenfalls in sehr guter Näherung – als gegeben angesehen.

Die Information, die man über die Grundgesamtheit gewinnen möchte, besteht oft aus den Werten bestimmter *Parameter*, z. B. *Mittelwert* und *Standardabweichung* eines bestimmten Merkmals oder Anteil aller Elemente mit einer bestimmten Eigenschaft (*Anteilssatz*). Diese Parameter sind feste, aber unbekannte Werte, **keine** zufälligen Variablen. Die entsprechenden *Schätzwerte* aus der Stichprobe dagegen sind zufällige Variable und mit Unsicherheiten behaftet.

Schreibweise

θ Parameter $\quad \hat{\theta}$ Schätzwert aus Stichprobe

Schätzprinzip der schließenden Statistik

> Ein unbekannter Parameter der **Grundgesamtheit** wird durch den entsprechenden Parameter der **Stichprobe** geschätzt.

13

13.3.2 Punktschätzungen

> Zur Schätzung eines Parameters θ der Grundgesamtheit wird aus der Stichprobe $(X_1, X_2, \ldots, X_n)$ ein Wert
>
> $$\hat{\theta} = g(X_1, X_2, \ldots, X_n)$$
>
> errechnet. g heißt *Stichprobenfunktion*, *Schätzfunktion* oder kurz *Schätzer.*

Wichtige Schätzfunktionen

Das *Stichprobenmittel* $\hat{\mu} = \bar{x} = \frac{1}{n}\sum_{i=1}^{n} x_i$ ist ein Schätzwert für den wahren, aber unbekannten Mittelwert μ der Grundgesamtheit.

Die *Stichprobenvarianz* $\hat{\sigma}^2 = s^2 = \frac{1}{n-1}\sum_{i=1}^{n}(x_i - \bar{x})^2$ ist ein Schätzwert für die wahre, aber unbekannte Varianz σ^2 der Grundgesamtheit.

Der *Stichprobenanteil* $\hat{p} = \frac{1}{n} \cdot$ (Anzahl Elemente mit A in Stichprobe) ist ein Schätzwert für den wahren, aber unbekannten Anteil p der Merkmal-A-Träger in der Grundgesamtheit.

Wünschenswerte Eigenschaften von Schätzfunktionen

Schätzfunktionen sind, da sie Funktionen der zufälligen Variablen X_i sind, selbst zufällige Variable. In Bezug auf ihren Erwartungswert und ihre Varianz sollten sie idealerweise folgende zwei Bedingungen erfüllen:

Erwartungstreue: Eine Schätzfunktion $\hat{\theta}$ heißt *erwartungstreu* oder *unverfälscht* (engl. *unbiased*), wenn ihr Erwartungswert gleich dem zu schätzenden Parameter ist:

$$E(\hat{\theta}) = \theta$$

Konsistenz: Eine Schätzfunktion heißt *konsistent*, wenn ihre Varianz mit wachsendem Stichprobenumfang n gegen 0 strebt, d. h. $\hat{\theta}$ *konvergiert stochastisch* gegen θ:

$$\lim_{n\to\infty} \mathrm{Var}(\hat{\theta}) = 0$$

Hat man zwei Schätzfunktionen $\hat{\theta}_1$ und $\hat{\theta}_2$ für denselben Parameter θ, so ist diejenige vorzuziehen, welche die kleinere Varianz hat. Sie heißt *wirksamere* Schätzfunktion.

♦ **Beispiele**

(1) Das Stichprobenmittel $\overline{X} = \frac{1}{n}\sum_{i=1}^{n} X_i$ ist erwartungstreu:

$$E(\overline{X}) = E\left(\frac{1}{n}\sum_{i=1}^{n} X_i\right) = \frac{1}{n}\sum_{i=1}^{n} E(X_i) = \frac{1}{n}\cdot n \cdot \mu = \mu$$

Dabei ist μ der Erwartungswert der identisch verteilten zufälligen Variablen X_i.

$\overline{X}$ ist auch konsistent:

$$\mathrm{Var}(\overline{X}) = \mathrm{Var}\left(\frac{1}{n}\sum_{i=1}^{n} X_i\right) = \frac{1}{n^2}\sum_{i=1}^{n} \mathrm{Var}(X_i) = \frac{1}{n^2}\cdot n\cdot\sigma^2 = \frac{\sigma^2}{n}$$

Dabei ist σ^2 die Varianz der identisch verteilten zufälligen Variablen X_i. Ausgenutzt wurde hierbei auch die Unabhängigkeit der X_i: Bei Unabhängigkeit ist die Varianz einer Summe gleich der Summe der Varianzen (siehe 13.2.6.2).

(2) Es liegt nahe, als Schätzer für die Varianz die mittlere quadratische Abweichung der Einzelwerte vom arithmetischen Mittel der Stichprobe zu wählen:

$$\tilde{S}^2 = \frac{1}{n}\sum_{i=1}^{n}(X_i - \overline{X})^2$$

Diese Schätzfunktion ist jedoch **nicht** erwartungstreu für σ^2, vielmehr ist

$$E(\tilde{S}^2) = \frac{n-1}{n}\sigma^2$$

Die Schätzung $\tilde{S}^2$ ist also systematisch zu klein. Daher wählt man als *Stichprobenvarianz* die korrigierte Schätzung

$$S^2 = \frac{1}{n-1}\sum_{i=1}^{n}(X_i - \overline{X})^2$$

Nun ist $E(S^2) = \sigma^2$ und S^2 erwartungstreue Schätzfunktion für σ^2. ♦

Nachteil von Punktschätzungen

Sie enthalten keine Aussagen über die Genauigkeit der Schätzung.

13.3.3 Intervallschätzungen

Intervallschätzungen geben im Gegensatz zu reinen Punktschätzungen auch Auskunft über die Genauigkeit einer Parameterschätzung.

13

Konfidenzintervalle, Vertrauensintervalle

Ein *Konfidenzintervall* (*Vertrauensintervall*) für den wahren, aber unbekannten Parameter θ zur *Vertrauenswahrscheinlichkeit* $1-\alpha$ ist ein Intervall $\mathcal{J} = [T_1, T_2]$, welches den Parameter θ mit der hohen Wahrscheinlichkeit $1-\alpha$ überdeckt:

$$P(T_1 \leq \theta \leq T_2) = 1 - \alpha$$

T_1, T_2 *Grenzen* des Konfidenzintervalls (zufällige Variable)
$1-\alpha$ *Vertrauenswahrscheinlichkeit*, *Konfidenzniveau*, *Vertrauensniveau*
α *Irrtumswahrscheinlichkeit*

Für das Vertrauensniveau $1-\alpha$ sind in der Praxis glatte Werte, etwa 90 %, 95 % oder 99 %, vorgegeben.

θ wird von $\mathcal{J}$ mit der hohen Wahrscheinlichkeit $1-\alpha$ überdeckt, mit der kleinen Wahrscheinlichkeit α dagegen liegt θ außerhalb von $\mathcal{J}$. Bei einer großen Serie von Konfidenzintervallen passiert das also in etwa $\alpha \cdot 100$ % aller Fälle. Im Einzelfall weiß man allerdings nie, ob θ nun überdeckt wird oder nicht. Man weiß nur, dass es mit hoher Wahrscheinlichkeit, also „fast sicher“ überdeckt wird.

13.3.3.1 Konfidenzintervall für den Anteil *p*

Es soll der unbekannte Anteil p der Elemente einer Grundgesamtheit mit Eigenschaft A geschätzt werden (bei unendlichen Grundgesamtheiten: $p = P(A)$). Zu diesem Zweck bestimmt man zunächst die relative Häufigkeit von A-Trägern in der Stichprobe, den *Stichprobenanteil* $\hat{p} = \frac{X}{n}$. Dabei ist X die Anzahl A-Elemente in der Stichprobe. X ist wegen der angenommenen Unabhängigkeit der Stichprobenvariablen binomialverteilt mit Parametern n und p. Für die zufällige Variable $\hat{p}$ folgt daher aus den bekannten Formeln für Mittelwert und Varianz einer Binomialverteilung (siehe 13.2.7.3)

$$E(\hat{p}) = \frac{E(X)}{n} = \frac{np}{n} = p \qquad (\textit{Erwartungstreue}, \text{ s. } 13.3.2)$$

und

$$\operatorname{Var}(\hat{p}) = \frac{\operatorname{Var}(X)}{n^2} = \frac{np(1-p)}{n^2} = \frac{p(1-p)}{n} \qquad (\textit{Konsistenz}, \text{ s. } 13.3.2)$$

Die standardisierte zufällige Variable

$$Z = \frac{\hat{p} - E(\hat{p})}{\sqrt{\operatorname{Var}(\hat{p})}} = \frac{\hat{p} - p}{\sqrt{\dfrac{p(1-p)}{n}}}$$

ist für großes n und p nicht zu nahe bei 0 oder 1 (Faustregel: $np(1-p) \geq 9$) näherungsweise standard-normalverteilt (Grenzwertsatz von DE MOIVRE und LAPLACE, siehe 13.2.8.2).

Ist c das $(1 - \frac{\alpha}{2})$-Quantil der Standard-Normalverteilung, d. h. $\Phi(c) = 1 - \frac{\alpha}{2}$, dann folgt

$$P(-c \leq Z \leq c) = 1 - \alpha$$

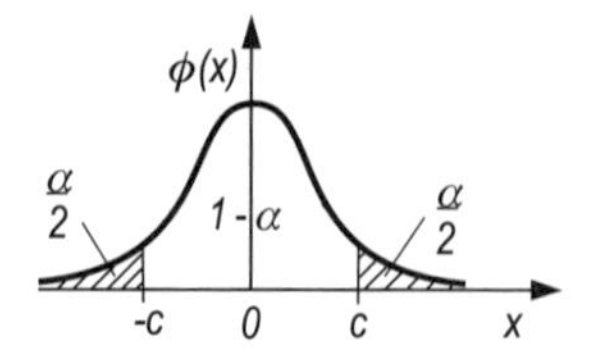

Standard-Normalverteilungsdichte
$(1-\alpha/2)$-Quantil c

Auflösen der Doppelungleichung $-c \leq Z \leq c$ nach p ergibt

$$T_1 \leq p \leq T_2$$

mit

$$T_{1,2} = \frac{n}{n+c^2}\left(\hat{p} + \frac{c^2}{2n} \mp c\sqrt{\frac{\hat{p}(1-\hat{p})}{n} + \left(\frac{c}{2n}\right)^2}\right)$$

(Minuszeichen für T_1, Pluszeichen für T_2)

$\mathcal{J} = [T_1; T_2]$ ist das gesuchte näherungsweise Konfidenzintervall für den unbekannten Anteilssatz (die unbekannte Wahrscheinlichkeit) p.

Erforderlicher Stichprobenumfang, damit das Konfidenzintervall für p die vorgegebene Länge L nicht überschreitet:

$$n \geq \left(\frac{c}{L}\right)^2$$

♦ **Beispiel**

Es soll der Anteil Bäume eines Waldes mit einer bestimmten Schadstufe geschätzt werden. Eine stichprobenartige Untersuchung von $n = 200$ Bäumen ergab 30 geschädigte. Man konstruiere ein Konfidenzintervall zur Vertrauenswahrscheinlichkeit 95 % für den wahren, aber unbekannten Anteil p der geschädigten Bäume.

Stichprobenanteil $\hat{p} = 30/200 = 0{,}15$. Irrtumswahrscheinlichkeit $\alpha = 0{,}05$. Erforderliches Quantil c der Standard-Normalverteilung: $\Phi(c) = 1 - \alpha/2 = 0{,}975$, also $c = 1{,}96$ (Tabelle der Standard-Normalverteilung im Anhang, von innen nach außen lesen). Daraus $t_1 = 0{,}1314$ und $t_2 = 0{,}1818$.

Das Konfidenzintervall zur Vertrauenswahrscheinlichkeit 95 % für den Anteil p geschädigter Bäume lautet [13,14 %; 18,18 %]. ♦

13.3.3.2 Konfidenzintervalle für den Erwartungswert μ

13

Konfidenzintervall für den Erwartungswert μ eines normalverteilten Merkmals bei bekannter Standardabweichung σ

Es soll der unbekannte Mittelwert μ einer Grundgesamtheit bezüglich des nach $N(\mu;\,\sigma^2)$ normalverteilten Merkmals X geschätzt werden. Dazu wird eine Zufallsstichprobe $(X_1, X_2, \ldots, X_n)$ vom Umfang n entnommen und daraus das Stichprobenmittel $\overline{X}$ berechnet.

$$E(\overline{X}) = \mu \qquad \text{(\textit{Erwartungstreue}, siehe 13.3.2)}$$

und

$$\mathrm{Var}(\overline{X}) = \frac{\sigma^2}{n} \qquad \text{(\textit{Konsistenz}, siehe 13.3.2)}$$

Die standardisierte zufällige Variable

$$Z = \frac{\overline{X} - E(\overline{X})}{\sqrt{\mathrm{Var}(\overline{X})}} = \frac{\overline{X} - \mu}{\sigma/\sqrt{n}}$$

ist standard-normalverteilt.

Ist c das $(1 - \frac{\alpha}{2})$-Quantil der Standard-Normalverteilung, d. h. $\Phi(c) = 1 - \frac{\alpha}{2}$, dann folgt

$$P(-c \leq Z \leq c) = 1 - \alpha$$

Auflösen der Doppelungleichung $-c \leq Z \leq c$ nach μ ergibt

$$T_1 \leq \mu \leq T_2$$

mit

$$T_{1,2} = \overline{X} \mp c\frac{\sigma}{\sqrt{n}}$$

(Minuszeichen für T_1, Pluszeichen für T_2).

$\mathcal{J} = [T_1; T_2]$ ist das gesuchte Konfidenzintervall für den unbekannten Mittelwert μ.

Erforderlicher Stichprobenumfang, damit das Konfidenzintervall für μ die vorgegebene Länge L nicht überschreitet:

$$n \geq \left(\frac{2c\,\sigma}{L}\right)^2$$

♦ **Beispiel**

Die zufällige Variable X sei normalverteilt mit Varianz $\sigma^2 = 0{,}36$. Eine Stichprobe vom Umfang $n = 20$ ergab das Stichprobenmittel $\bar{x} = 4{,}3$. Das Vertrauensniveau wird auf $1 - \alpha = 0{,}99$ festgelegt. Wie lautet das Konfidenzintervall?

$\Phi(c) = 1 - \alpha/2 = 0{,}995$, daher $c = 2{,}576$ (Tabelle der Standard-Normalverteilung im Anhang, von innen nach außen lesen). Daraus $T_1 = 3{,}95$ und $T_2 = 4{,}65$.

Das Konfidenzintervall zur Vertrauenswahrscheinlichkeit 99 % für den Mittelwert μ lautet [3,95; 4,65]. ♦

Konfidenzintervall für den Erwartungswert μ eines normalverteilten Merkmals bei unbekannter Standardabweichung σ

Das Konfidenzintervall wird analog zum vorherigen Fall (bekannte Standardabweichung) konstruiert, bei den Grenzen muss jedoch das unbekannte

σ durch seine Schätzung, die *Stichprobenstandardabweichung* (s. 13.1.3)

$$S = \sqrt{\frac{1}{n-1}\sum_{i=1}^{n}(X_i - \overline{X})^2}$$

ersetzt werden. Der Faktor c wird dann **nicht** über die Standard-Normalverteilung bestimmt, sondern als $(1-\alpha/2)$-Quantil der t-Verteilung (STUDENT-Verteilung) mit $n-1$ Freiheitsgraden (siehe 13.2.8.5):

$$F_{n-1}(c) = 1 - \frac{\alpha}{2}$$

F_{n-1} Verteilungsfunktion der t-Verteilung mit $n-1$ Freiheitsgraden, siehe Tabelle im Anhang.

$$T_{1,2} = \overline{X} \mp c\frac{S}{\sqrt{n}}$$

(Minuszeichen für T_1, Pluszeichen für T_2)

$\mathcal{J} = [T_1; T_2]$ ist das gesuchte Konfidenzintervall für den unbekannten Mittelwert μ.

♦ **Beispiel**

Man verwende die gleichen Daten wie im vorherigen Beispiel, jetzt jedoch $s^2 = 0{,}36$. Wie lautet nun das Konfidenzintervall zum Niveau 95 % für μ?

Aus Tabelle der t-Verteilung mit 19 Freiheitsgraden:

$F_{19}(c) = 1 - \alpha/2 = 0{,}995$ daher $c = 2{,}861$.

Das Konfidenzintervall zur Vertrauenswahrscheinlichkeit 99 % für den Mittelwert μ lautet [3,92; 4,68]. ♦

Die Verwendung der t-Verteilung anstelle der Normalverteilung ist insbesondere für kleine Stichprobenumfänge n wichtig (Faustregel: $n \leq 30$), da sich bei kleinen Freiheitsgraden t-Verteilung und Standard-Normalverteilung deutlich unterscheiden! Das $(1 - \alpha/2)$-Quantil der t-Verteilung ist größer als das entsprechende Quantil der Normalverteilung, das Konfidenzintervall für μ bei unbekanntem σ wird daher größer und damit ungenauer als bei bekanntem σ.

13.3.3.3 Konfidenzintervall für die Varianz σ^2 eines normalverteilten Merkmals

Die Stichprobenfunktion

$$U = \sum_{i=1}^{n} \left(\frac{X_i - \overline{X}}{\sigma} \right)^2$$

ist χ^2-verteilt mit $n-1$ Freiheitsgraden (siehe 13.2.8.4). Wählt man für c_1 das $\alpha/2$-Quantil und für c_2 das $(1-\alpha/2)$-Quantil dieser Verteilung, dann ist

$$P(c_1 \leq U \leq c_2) = 1 - \alpha.$$

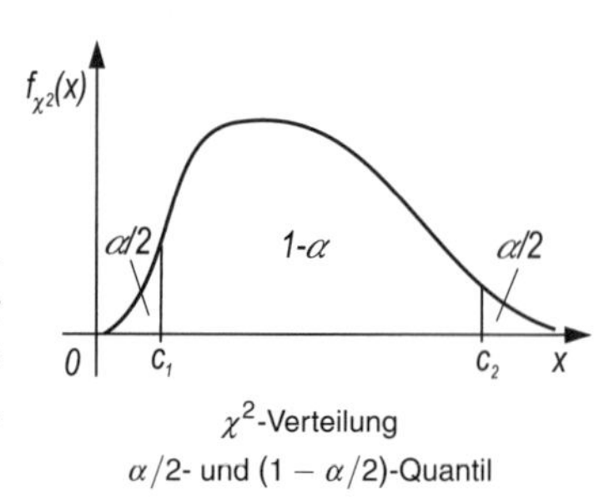

χ^2-Verteilung
$\alpha/2$- und $(1-\alpha/2)$-Quantil

Auflösen der Doppelungleichung $c_1 \leq U \leq c_2$ nach σ^2 ergibt

$$(n-1)\frac{S^2}{c_2} \leq \sigma^2 \leq (n-1)\frac{S^2}{c_1} \quad \text{mit}$$

$$S^2 = \frac{1}{n-1}\sum_{i=1}^{n}(X_i - \overline{X})^2 \qquad (\textit{Stichprobenvarianz}).$$

Das Konfidenzintervall für σ^2 lautet: $\mathcal{I} = \left[(n-1)\frac{S^2}{c_2}, (n-1)\frac{S^2}{c_1}\right]$ mit $F_{n-1}(c_1) = \alpha/2$ und $F_{n-1}(c_2) = 1 - \alpha/2$, F_{n-1} die Verteilungsfunktion der χ^2-Verteilung mit $n-1$ Freiheitsgraden.

♦ **Beispiel**

Unter der Annahme, dass die Füllmenge von Maßkrügen in einem Bierzelt normalverteilt ist, gebe man ein Konfidenzintervall zum Niveau 95 % an für die unbekannte Varianz σ^2, wenn bei einer Stichprobe vom Umfang $n = 30$ die Stichprobenvarianz $s^2 = 15\,\text{ml}^2$ gemessen wurde.

Aus Tabelle der χ^2-Verteilung mit 29 Freiheitsgraden (s. Anhang, Mittelwerte aus 28 und 30 Freiheitsgraden):

$F_{29}(c_1) = \alpha/2 = 0{,}025 \Rightarrow c_1 = 16{,}05$ und

$F_{29}(c_2) = 1 - \alpha/2 = 0{,}975 \Rightarrow c_2 = 45{,}72.$

Daraus das Konfidenzintervall zum Niveau 95 % für die unbekannte Varianz σ^2 der Füllmengen:

$\mathcal{I}_{\sigma^2} = [9{,}51\,\text{ml}^2;\ 27{,}11\,\text{ml}^2]$

Durch Wurzelziehen erhält man daraus ein Konfidenzintervall für die Standardabweichung σ:

$\mathcal{I}_{\sigma} = [3{,}08\,\text{ml};\ 5{,}21\,\text{ml}]$ ♦

13.3.4 Hypothesentests

13.3.4.1 Allgemeines über Tests

Hypothesen

Auch Hypothesentests dienen der Gewinnung von Informationen über eine riesige Grundgesamtheit aus einer Stichprobe. Im Unterschied zu Punkt- oder Intervallschätzungen muss aber bereits **vor** der Ziehung der Stichprobe eine *Hypothese* (Behauptung, Theorie, Annahme) über die Grundgesamtheit vorliegen. Diese Hypothese heißt *Null-Hypothese* und kann Aussagen über die *Parameter* der Grundgesamtheit machen (*Parametertests* oder über die Art einer oder mehrerer Wahrscheinlichkeitsverteilungen (*Anpassungstests*, *Unabhängigkeitstests*).

Die Null-Hypothese selbst kann einer reinen *Wunschvorstellung* entspringen oder auch einer *Vermutung* aufgrund länger zurückliegender Beobachtungen. Häufig macht sie Aussagen über einen *Sollwert*, der von einem Hersteller eingehalten werden muss.

Statistischer Test

> Ein *statistischer Test* ist ein standardisiertes Verfahren, um aufgrund einer Zufallsstichprobe eine Null-Hypothese zu überprüfen. Der Test führt entweder zur *Ablehnung* der Null-Hypothese oder zu ihrer *Nicht-Ablehnung*.

Die Nicht-Ablehnung ist jedoch **nicht** identisch mit einer Annahme oder gar einem Beweis der Null-Hypothese! Sie besagt lediglich, dass die Stichprobe nicht gegen die Null-Hypothese spricht, also mit ihr vereinbar ist.

Null-Hypothese H_0: Zu überprüfende Aussage, z. B. H_0: $\mu = \mu_0$ (μ_0: *Sollwert*) oder H_0: $\mu \geq \mu_0$ (Parametertests) oder H_0: $F(x) = F_0(x)$ ($F(x)$ Verteilungsfunktion eines Merkmals der Grundgesamtheit, F_0 hypothetische, vermutete Verteilungsfunktion)

Alternativ-Hypothese H_1: Häufig das komplette Gegenteil von H_0, also z. B.

H_0: $\mu = \mu_0$ gegen H_1: $\mu \neq \mu_0$ (*zweiseitiger Test*)

H_0: $\mu \geq \mu_0$ gegen H_1: $\mu < \mu_0$ (*einseitiger Test*)

Manchmal auch Auswahl zwischen zwei punktförmigen Alternativen, also

H_0: $\mu = \mu_0$ gegen H_1: $\mu = \mu_1$ (*Alternativtest*)

Da die Entscheidung nur aufgrund einer Stichprobe getroffen wird, kann sie auch falsch sein: Die richtige Null-Hypothese wird **irrtümlich abgelehnt** (*Fehler 1. Art*), die falsche Null-Hypothese wird **irrtümlich nicht abgelehnt** (*Fehler 2. Art*).

unbekannte	Testentscheidung	
reale Verhältnisse	H_0 ablehnen	H_0 nicht ablehnen
H_0 richtig	Fehler 1. Art	richtige Entscheidung
H_0 falsch	richtige Entscheidung	Fehler 2. Art

Prinzipiell sind beide Fehler unvermeidlich. Um wenigstens einen davon in den Griff zu bekommen, werden Tests immer so konstruiert, dass die Wahrscheinlichkeit für den Fehler 1. Art kleiner gleich einer vorgegebenen kleinen Zahl α wird, dass also der Fehler 1. Art selten eintritt.

Signifikanzniveau, Irrtumswahrscheinlichkeit

Eine vorgegebene obere Schranke α (klein) für die Wahrscheinlichkeit des Fehlers 1. Art heißt *Signifikanzniveau* oder *Irrtumswahrscheinlichkeit* des Tests. Sie ist vor der Durchführung des Tests festzulegen und wird häufig als glatter Wert $\alpha = 0{,}05$ oder $\alpha = 0{,}01$ gewählt.

Je höher das Risiko bei einem Fehler 1. Art ist, desto kleiner ist α zu wählen.

$1 - \alpha$: *Sicherheitswahrscheinlichkeit* des Tests, d. h. es gilt

$$\text{Sicherheitswahrscheinlichkeit} = 1 - \text{Irrtumswahrscheinlichkeit}$$

Schema eines statistischen Tests

(1) Formulierung der *Hypothesen* H_0 und H_1
(2) Festlegung der *Irrtumswahrscheinlichkeit* α
(3) *Durchführung* des Tests (Ziehen der Stichprobe und Berechnung der *Testgröße* Z)
(4) Bestimmung des *kritischen Bereichs* K_α
(5) *Testentscheidung*: Liegt die Realisation z der Testgröße Z in K_α, wird H_0 abgelehnt, sonst nicht abgelehnt.

Testgröße Z: eine aus den Stichprobenvariablen $X_1, X_2, \ldots, X_n$ errechnete Größe, also wieder eine zufällige Variable, deren Verteilung unter der Annahme, dass H_0 zutrifft, bekannt ist.

Kritischer Bereich, Ablehnbereich K_α: Bereich, in den die Realisation von Z fallen muss, damit H_0 abgelehnt werden kann unter Zugrundelegung der Irrtumswahrscheinlichkeit α.

Gütefunktion eines Parametertests

Die *Gütefunktion* $g(\theta)$ eines Parametertests gibt die Wahrscheinlichkeit an, dass H_0 abgelehnt wird in Abhängigkeit vom Wert des wahren, aber unbekannten Parameters θ der Grundgesamtheit:

$$g(\theta) = P(Z \in K_\alpha \mid \theta)$$

Statt *Gütefunktion* sind auch die Begriffe *Power*, *Schärfe* oder *Mächtigkeit des Tests* üblich.

13.3.4.2 Test über den Anteil *p*

Hypothesen: H_0: $p = p_0$ gegen H_1: $p \neq p_0$ (zweiseitig)

Zum Beispiel Prüfung einer Annahme, dass eine Urne $p_0 \cdot 100\,\%$ weiße Kugeln enthält oder eine Partie Waren $p_0 \cdot 100\,\%$ Ausschuss.

Ist Y die Anzahl weißer Kugeln in der Stichprobe vom Umfang n, dann ist wegen der Unabhängigkeitsannahme der einzelnen Ziehungen Y verteilt nach $\mathrm{Bi}(n, p_0)$, wenn H_0 zutrifft.

Damit ist die standardisierte zufällige Variable

$$Z = \frac{Y - np_0}{\sqrt{np_0(1-p_0)}}$$

für große n nach dem Grenzwertsatz von DE MOIVRE und LAPLACE (siehe 13.2.8.2) in guter Näherung standard-normalverteilt (Faustregel: $np_0(1-p_0) \geq 9$). Ihre Realisation z wird also nicht allzusehr von 0 abweichen. Umgekehrt heißt das aber: Ist $|z|$ größer als eine gewisse Schranke c, dann steht dieses Ergebnis in deutlichem (*signifikantem*) Widerspruch zu H_0, und H_0 ist daher abzulehnen.

c wird so bestimmt, dass die Wahrscheinlichkeit für einen Fehler 1. Art gleich der vorgegebenen Irrtumswahrscheinlichkeit α wird:

$$\begin{aligned}\alpha &= P(|Z| > c \mid H_0) = P(Z < -c \vee Z > c \mid H_0)\\ &= \Phi(-c) + 1 - \Phi(c) = 2\big(1 - \Phi(c)\big)\end{aligned}$$

Dies führt zur Bestimmung der *Testschranke* c: $\Phi(c) = 1 - \alpha/2$, d. h. c ist das $(1 - \alpha/2)$-Quantil der Standard-Normalverteilung.

13

Kritischer Bereich, in dem die Realisation z von Z liegen muss, damit man H_0 ablehnen kann:

$$K_\alpha = (-\infty, -c) \cup (c, \infty)$$

Durchführung des Tests über Anteilssatz (Wahrscheinlichkeit) *p*

Zu testen ist H_0: $p = p_0$ gegen H_1: $p \neq p_0$, wobei p der unbekannte Anteil der Elemente in einer Grundgesamtheit mit Eigenschaft A ist. Ziehe eine Zufallsstichprobe vom Umfang n (dabei n so groß, dass $np_0(1 - p_0) \geq 9$ ist) und zähle die Anzahl y der A-Elemente in der Stichprobe. Bilde daraus $z = \dfrac{y - np_0}{\sqrt{np_0(1 - p_0)}}$.

Bestimme aus einer Tabelle der Standard-Normalverteilung die Testschranke c so, dass $\Phi(c) = 1 - \alpha/2$.

Testentscheidung: Ist $|z| > c$, so kann H_0 abgelehnt werden unter Zugrundelegung einer Irrtumswahrscheinlichkeit α.

♦ **Beispiel**

Test der Hypothese, dass die Augenzahl 4 bei einem Würfel die Wahrscheinlichkeit 1/6 hat.

Eine Stichprobe ergab: Bei 100 Würfen trat 26-mal die Augenzahl 4 auf.

Bezeichungen: $p = P(\text{Augenzahl } 4)$ und $p_0 = 1/6$

Formulierung der *Hypothesen*: H_0: $p = 1/6$ gegen H_1: $p \neq 1/6$

Festlegung der *Irrtumswahrscheinlichkeit*: $\alpha = 0{,}05$.

Faustregel für Anwendung der Normalverteilung: $np_0(1 - p_0) = 13{,}9 > 9$, erfüllt.

Testgröße $z = \dfrac{y - np_0}{\sqrt{np_0(1 - p_0)}} = \dfrac{26 - 100 \cdot 1/6}{\sqrt{100 \cdot 1/6 \cdot 5/6}} = 2{,}5$

Testschranke c so, dass $\Phi(c) = 1 - \alpha/2 = 0{,}975$, also $c = 1{,}96$ aus Tabelle im Anhang.

Testentscheidung: $|z| = 2{,}5 > c = 1{,}96$, daher Ablehnung der Null-Hypothese unter Zugrundelegung einer Irrtumswahrscheinlichkeit von 5 %. Die Häufigkeit der Augenzahl 4 in der Stichprobe legt den Schluss nahe, dass der Würfel **kein** LAPLACE-Würfel ist, sondern die Augenzahl 4 bevorzugt. ♦

Im Falle, dass die Faustregel für die Anwendung der Normalverteilung **nicht** erfüllt ist, verwende man Y (die Anzahl A-Elemente in der Stichprobe) selbst als Testgröße und bestimme die untere Testschranke c_u möglichst groß und die obere c_o möglichst klein mithilfe der Binomialverteilung (siehe 13.2.7.3) so, dass

$$P(Y < c_u \mid p = p_0) \leq \frac{\alpha}{2} \quad \text{und}$$

$$P(Y > c_o \mid p = p_0) \leq \frac{\alpha}{2}$$

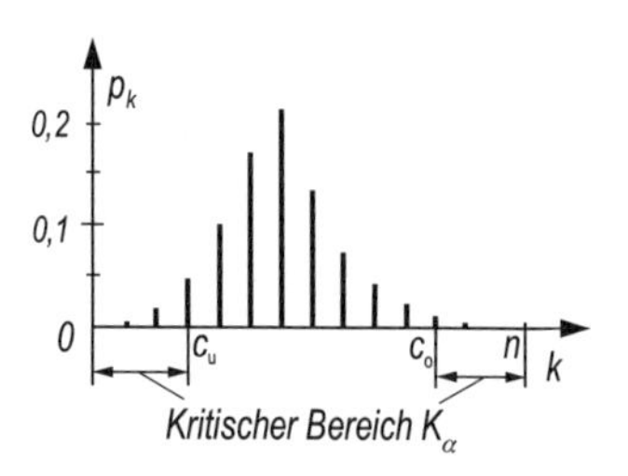

Binomialverteilung, Testschranken c_u und c_o

d. h. die Irrtumswahrscheinlichkeit α wird zu nahezu gleich großen Teilen auf das linke und das rechte Ende der Verteilung „aufgeteilt".

Kritischer Bereich für Y, der zur Ablehnung von H_0 führt:

$$K_\alpha = \{0, 1, \ldots, c_u - 1\} \cup \{c_o + 1, c_o + 2, \ldots, n\}$$

♦ **Beispiel**

Wie letztes Beispiel, aber jetzt trat bei 50 Würfen 13-mal die Augenzahl 4 auf. Man teste die *Hypothese* $p = 1/6$ und gebe zusätzlich die Gütefunktion des Tests an.

Unter der Annahme von H_0 ist $Y \sim \text{Bi}(50; 1/6)$. c_u wird möglichst groß gewählt, sodass

$$P(Y < c_u \mid p = 1/6) = \sum_{k=0}^{c_u-1} \binom{50}{k} \left(\frac{1}{6}\right)^k \left(\frac{5}{6}\right)^{50-k} \leq \frac{\alpha}{2} = 0{,}025$$

$c_u = 4$ liefert den Wert $0{,}0238 < 0{,}025$, dagegen $c_u = 5$ den bereits zu großen Wert $0{,}0643 > 0{,}025$. Also wird $c_u = 4$ gewählt.

In analoger Weise bestimmt man c_o möglichst klein, sodass

$$P(Y > c_o \mid p = 1/6) = \sum_{k=c_o+1}^{n} \binom{50}{k} \left(\frac{1}{6}\right)^k \left(\frac{5}{6}\right)^{50-k} \leq \frac{\alpha}{2} = 0{,}025$$

und erhält $c_o = 14$.

Kritischer Bereich für Y: $K_\alpha = \{0, 1, 2, 3\} \cup \{15, 16, \ldots, 50\}$

Testentscheidung: Realisation $y = 13 \notin K_\alpha$, daher kann die Nullhypothese **nicht** abgelehnt werden unter Zugrundelegung einer Irrtumswahrscheinlichkeit von 5 %. Das Ergebnis ist noch vereinbar mit der Annahme $P(\text{Augenzahl } 4) = 1/6$, wir können die Null-Hypothese weiterhin stehen lassen. Keinesfalls ist sie aber dadurch bewiesen!

13

Gütefunktion (Bild):

$$g(p) = P(Y \in K_\alpha \mid p) = \sum_{k=0}^{3} p_k + \sum_{k=15}^{50} p_k$$

$$\text{mit } p_k = \binom{50}{k} p^k (1-p)^{50-k}$$

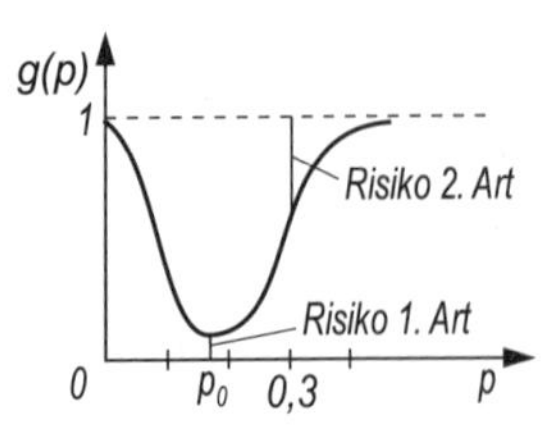

Deutlich ist zu erkennen, dass das Risiko 1. Art, d. h. die Wahrscheinlichkeit, die richtige Null-Hypothese irrtümlich abzulehnen, klein ist. Das Risiko 2. Art dagegen kann sehr groß werden, nämlich dann, wenn die wahre, aber unbekannte Wahrscheinlichkeit p nahe bei p_0 liegt, wenn also die Null-Hypothese nur „ein bisschen" falsch ist. ♦

Einseitige Tests

H_0: $p \leq p_0$ gegen H_1: $p > p_0$

H_0 ablehnen, falls $Y \in K_\alpha = \{c+1, c+2, \ldots, n\}$ mit

$$P(Y > c \mid H_0) = \sum_{k=c+1}^{n} p_k \leq \alpha, \qquad c \text{ möglichst klein}$$

Analog H_0: $p \geq p_0$ gegen H_1: $p < p_0$

H_0 ablehnen, falls $Y \in K_\alpha = \{0, 1, \ldots, c-1\}$ mit

$$P(Y < c \mid H_0) = \sum_{k=0}^{c-1} p_k \leq \alpha, \qquad c \text{ möglichst groß}$$

13.3.4.3 Tests über den Erwartungswert μ

Test für den Erwartungswert μ eines normalverteilten Merkmals bei bekannter Standardabweichung σ (z-Test)

Voraussetzung: Die Stichprobenvariablen X_i sind alle nach $\mathrm{N}(\mu, \sigma^2)$ verteilt mit unbekanntem μ, aber bekanntem σ.

(1) *Hypothesen*: H_0: $\mu = \mu_0$ gegen H_1: $\mu \neq \mu_0$ (zweiseitig)

(2) *Irrtumswahrscheinlichkeit* α festlegen

(3) *Testgröße* $Z = \dfrac{\overline{X} - \mu_0}{\sigma/\sqrt{n}}$ mit $\overline{X} = \dfrac{1}{n}\sum_{i=1}^{n} X_i$ (Stichprobenmittel)

(4) *Kritischer Bereich*: $K_\alpha = (-\infty, -c) \cup (c, \infty)$. Dabei ist c das $(1-\alpha/2)$-Quantil der Standard-Normalverteilung: $\Phi(c) = 1 - \alpha/2$.

(5) *Testentscheidung*: H_0 ist abzulehnen unter Zugrundelegung einer Irrtumswahrscheinlichkeit α, wenn für die Realisation z von Z gilt: $|z| > c$.

Bei *einseitiger Alternative* H_1: $\mu < \mu_0$ bzw. H_1: $\mu > \mu_0$ lautet der kritische Bereich für z:

$$K_\alpha = (c, \infty) \quad \text{bzw.} \quad K_\alpha = (-\infty, c) \quad \text{mit} \quad \Phi(c) = 1 - \alpha$$

♦ **Beispiel**

Ein Seriendrehteil soll mit einem Durchmesser $d = 15\,\text{mm} = \mu_0$ gefertigt werden. Aus zurückliegenden Beobachtungen darf eine Standardabweichung $\sigma = 0{,}011$ mm als bekannt vorausgesetzt werden. Die einzelnen Durchmesser seien nach $\text{N}(\mu, \sigma^2)$ normalverteilt.

Nach einer Neu-Einstellung der Maschine wird eine Stichprobe von $n = 90$ Drehteilen entnommen und die Durchmesser bestimmt. Es ergab sich ein Stichprobenmittel von $\bar{x} = 15{,}006$ mm.

Man teste zum 0,5 %-Niveau, ob diese Abweichung vom Sollwert zufälliger Natur ist, oder ob sie auf eine Vergrößerung des Mittelwerts μ aller Drehteile hindeutet, also *signifikant* ist.

(1) *Hypothesen*: H_0: $\mu = 15\,\text{mm}$ gegen H_1: $\mu \neq 15\,\text{mm}$ (zweiseitig)

(2) *Irrtumswahrscheinlichkeit*: $\alpha = 0{,}005$.

(3) *Realisation der Testgröße* $z = \dfrac{\bar{x} - \mu_0}{\sigma/\sqrt{n}} = \dfrac{15{,}006 - 15{,}000}{0{,}011}\sqrt{90} = 5{,}175$

(4) *Kritischer Bereich*: $\Phi(c) = 1 - \alpha/2 = 0{,}9975$, daher $c = 2{,}807$ aus Tabelle im Anhang (von innen nach außen lesen, mit linearer Interpolation). Kritischer Bereich für z: $K_\alpha = (\infty; -2{,}807) \cup (2{,}807; \infty)$

(5) *Testentscheidung*: $z \in K_\alpha$, daher kann H_0 abgelehnt werden unter Zugrundelegung einer Irrtumswahrscheinlichkeit von 0,5 %. Wegen der extrem kleinen Irrtumswahrscheinlichkeit ist es daher praktisch sicher erwiesen, dass das Stichprobenergebnis kein Zufall war, sondern vielmehr nach der Neu-Einstellung die Maschine systematisch zu große Durchmesser produziert. ♦

Da in der Regel σ genausowenig wie μ bekannt ist, ist der z-Test eher von geringerer praktischer Bedeutung, ganz im Gegensatz zum folgenden t-Test.

Test über den Erwartungswert μ eines normalverteilten Merkmals bei unbekannter Standardabweichung σ (t-Test)

Voraussetzungen und Durchführung wie z-Test, mit zwei charakteristischen Unterschieden:

Bei der Testgröße ist das unbekannte σ durch die *Stichprobenstandardabweichung* (s. 13.1.3)

$$S = \sqrt{\frac{1}{n-1}\sum_{i=1}^{n}(X_i - \overline{X})^2}$$

zu ersetzen.

Bei der Bestimmung des kritischen Bereichs ist die Testschranke c nicht mithilfe der Standard-Normalverteilung, sondern mithilfe der *t-Verteilung* (STUDENT-Verteilung, s. Tabelle im Anhang) mit $n-1$ Freiheitsgraden zu berechnen.

$$F_{n-1}(c) = 1 - \frac{\alpha}{2} \text{ (zweiseitig)} \quad \text{bzw.} \quad F_{n-1}(c) = 1 - \alpha \text{ (einseitig)}$$

F_{n-1} Verteilungsfunktion der t-Verteilung mit $n-1$ Freiheitsgraden.

♦ **Beispiel**

Die zufällige Variable X sei normalverteilt. Man prüfe die Hypothese $\mu = 22$ bei unbekannter Standardabweichung σ. Eine Stichprobe vom Umfang $n = 10$ ergab ein Stichprobenmittel $\bar{x} = 19$ bei einer Stichproben-Standardabweichung $s = 6{,}1$.

Ist die Abweichung des Stichprobenmittels vom hypothetischen Wert zufällig oder signifikant, d. h. deutet darauf hin, dass das wahre, aber unbekannte μ nicht gleich 22 ist? Man teste zum 5 %-Niveau.

(1) *Hypothesen*: H_0: $\mu = 22$ gegen H_1: $\mu \neq 22$ (zweiseitig)

(2) *Irrtumswahrscheinlichkeit*: $\alpha = 0{,}05$

(3) *Realisation der Testgröße* $t = \dfrac{\bar{x} - \mu_0}{s/\sqrt{n}} = \dfrac{19-22}{6{,}1}\sqrt{10} = -1{,}555$

(4) *Kritischer Bereich*: $F_9(c) = 1 - \alpha/2 = 0{,}975$, daher $c = 2{,}262$ aus Tabelle der t-Verteilung mit 9 Freiheitsgraden im Anhang. Kritischer Bereich für t: $K_\alpha = (\infty; -2{,}262) \cup (2{,}262; \infty)$

(5) *Testentscheidung*: $z \notin K_\alpha$, daher kann H_0 **nicht** abgelehnt werden unter Zugrundelegung einer Irrtumswahrscheinlichkeit von 5 %, die Null-Hypothese darf weiter so stehenbleiben, die Abweichung von hypothetischem Wert zu Stichprobenmittel könnte zufällig gewesen sein. ♦

13.3.4.4 Test über die Varianz σ^2

Die Grundgesamtheit sei bezüglich des Merkmals X normalverteilt nach $\mathrm{N}(\mu, \sigma^2)$.

Zu testende Hypothesen: H_0: $\sigma^2 = \sigma_0^2$ gegen H_1: $\sigma^2 \neq \sigma_0^2$

Nach 13.3.3.3 überdeckt das Konfidenzintervall

$$I = \left[(n-1)\frac{S^2}{c_2}, (n-1)\frac{S^2}{c_1}\right]$$

die wahre, aber unbekannte Varianz σ^2 einer normalverteilten Grundgesamtheit mit der hohen Wahrscheinlichkeit $1-\alpha$. Dabei ist $F_{n-1}(c_1) = \alpha/2$ und $F_{n-1}(c_2) = 1 - \alpha/2$, F_{n-1} die Verteilungsfunktion der χ^2-Verteilung mit $n - 1$ Freiheitsgraden.

H_0 kann daher abgelehnt werden unter Zugrundelegung einer Irrtumswahrscheinlichkeit α, wenn der hypothetische Wert σ_0^2 nicht vom Konfidenzintervall überdeckt wird, wenn also

$$\sigma_0^2 < (n-1)\frac{S^2}{c_2} \quad \text{oder} \quad \sigma_0^2 > (n-1)\frac{S^2}{c_1}.$$

Dies kann elementar umgeformt werden zu

$$(n-1)\frac{S^2}{\sigma_0^2} > c_2 \quad \text{oder} \quad (n-1)\frac{S^2}{\sigma_0^2} < c_1.$$

Mit der *Testgröße*

$$\chi_0^2 := (n-1)\frac{S^2}{\sigma_0^2}$$

lautet also die *Entscheidungsregel*:

Die Null-Hypothese H_0: $\sigma^2 = \sigma_0^2$ kann abgelehnt werden unter Zugrundelegung einer Irrtumswahrscheinlichkeit α, wenn

$$\chi_0^2 \in K_\alpha = (0, c_1) \cup (c_2, \infty),$$

wobei c_1 das $\alpha/2$-Quantil und c_2 das $(1 - \alpha/2)$-Quantil der χ^2-Verteilung mit $n - 1$ Freiheitsgraden ist.

Einseitige Tests

H_0: $\sigma^2 \leq \sigma_0^2$ gegen H_1: $\sigma^2 > \sigma_0^2$

H_0 ablehnen, falls $\chi_0^2 \in K_\alpha = (c, \infty)$, c das $(1 - \alpha)$-Quantil der χ^2-Verteilung mit $n - 1$ Freiheitsgraden: $F_{n-1}(c) = 1 - \alpha$.

Analog H_0: $\sigma^2 \geq \sigma_0^2$ gegen H_1: $\sigma^2 < \sigma_0^2$

H_0 ablehnen, falls $\chi_0^2 \in K_\alpha = (0, c)$, c das α-Quantil der χ^2-Verteilung mit $n - 1$ Freiheitsgraden: $F_{n-1}(c) = \alpha$.

13.3.4.5 χ^2-Anpassungstest

Beispiel für einen *nicht-parametrischen* Test

Der χ^2-*Anpassungstest* dient zur Überprüfung der Null-Hypothese, dass die Verteilungsfunktion $F(x) = P(X \leq x)$ einer zufälligen Variablen X mit einer *hypothetischen* (vermuteten) *Verteilungsfunktion* $F_0(x)$ übereinstimmt. Dabei werden die unbekannten Parameter der hypothetischen Verteilung durch die entsprechenden Schätzwerte aus der Stichprobe ersetzt.

(1) *Hypothesen*: H_0: $F(x) = F_0(x)$ gegen H_1: $F(x) \neq F_0(x)$

(2) *Irrtumswahrscheinlichkeit* α festlegen

(3) Bei **diskreter** zufälliger Variable X mit den verschiedenen Realisationen $a_1, a_2, \ldots, a_k$ in der Stichprobe vom Umfang n sei h_j die absolute Häufigkeit der Realisation a_j. Bei **stetiger** zufälliger Variable teile man die Realisationen in k Klassen ein. h_j ist dann die absolute Klassenhäufigkeit (Besetzungszahl) der j-ten Klasse $K_j = [a_j, b_j)$. Zu jeder Realisation/Klasse bestimme man die *erwartete Besetzungszahl* np_j, wobei

$$p_j = P(X = a_j \mid H_0) \text{ bzw. } p_j = P(X \in K_j \mid H_0) = F_0(b_j) - F_0(a_j).$$

Bei Klasseneinteilung gilt die *Faustregel*: $np_j \geq 5$ für jede Klasse K_j. Ist sie nicht erfüllt, müssen benachbarte Klassen zu einer zusammengefasst werden.

$$\textit{Testgröße } \chi_0^2 = \sum_{j=1}^{k} \frac{(h_j - np_j)^2}{np_j} \geq 0$$

(4) *Kritischer Bereich*: Die Testgröße χ_0^2 ist ein Maß für den „Abstand" der beobachteten Häufigkeiten h_j von den erwarteten np_j. Sie wird groß, wenn eine oder mehrere h_j stark von np_j abweichen. Daher ist H_0 abzulehnen, wenn χ_0^2 größer als eine gewisse Testschranke c wird. Unter der Annahme von H_0 ist χ_0^2 näherungsweise χ^2-verteilt mit $k - r - 1$ Freiheitsgraden, wobei r die Anzahl der aus der Stichprobe geschätzten Parameter der hypothetischen Verteilungsfunktion F_0 ist. Der kritische Bereich lautet also $K_\alpha = (c, \infty)$, wobei c das $(1 - \alpha)$-Quantil der χ^2-Verteilung mit $k - r - 1$ Freiheitsgraden ist: $F_{k-r-1}(c) = 1 - \alpha$ (aus Tabelle im Anhang).

(5) *Testentscheidung*: H_0 kann abgelehnt werden unter Zugrundelegung einer Irrtumswahrscheinlichkeit α, wenn $\chi_0^2 \in K_\alpha$, also $\chi_0^2 > c$ ist.

◆ **Beispiel**

An einer stark befahrenen Straße wurden an einer bestimmten Mess-Stelle an 100 Tagen die Höchstwerte der Feinstaubbelastung in $\mu\text{g}/\text{m}^3$ (Mikrogramm pro Kubikmeter Luft) gemessen und in folgende klassierte Häufigkeitstabelle eingetragen:

Klasse von … bis unter …	0–10	10–20	20–30	30–40	40–50
absolute Häufigkeit h_j	6	23	47	17	7
Klassenmitte m_j	5	15	25	35	45

Die 100 Tage, an denen Messungen durchgeführt wurden, sind als Stichprobe aus der Menge aller Tage aufzufassen und auf dem 5 %-Niveau die Hypothese zu testen, dass die Höchstwerte der Feinstaubbelastung normalverteilt sind.

Schätzung der Parameter μ und σ^2 aus der Stichprobe:

Stichprobenmittel: $\bar{x} \approx \frac{1}{100} \sum_{j=1}^{5} m_j \cdot h_j = 24{,}6$

Stichprobenvarianz: $s^2 \approx \frac{1}{99} \sum_{j=1}^{5} (m_j - \bar{x})^2 h_j = 92{,}77$

(Beide Male Schätzung mithilfe der *Klassenmitten*, da Information über die Verteilung des Merkmals innerhalb der einzelnen Klassen nicht zugänglich.)

Stichprobenstandardabweichung: $s = \sqrt{s^2} \approx 9{,}63$.

(1) *Null-Hypothese*: Die Tages-Höchstwerte X der Feinstaubbelastung sind normalverteilt nach $N(24{,}6;\ 9{,}63^2)$.

(2) *Irrtumswahrscheinlichkeit* $\alpha = 0{,}05$.

(3) Berechnung der *hypothetischen Wahrscheinlichkeiten* p_j:

$$p_1 = P(X < 10 \mid H_0) = \Phi\left(\frac{10 - 24{,}6}{9{,}63}\right) = 0{,}0648$$

$$p_2 = P(10 \le X < 20 \mid H_0) = \Phi\left(\frac{20 - 24{,}6}{9{,}63}\right) - \Phi\left(\frac{10 - 24{,}6}{9{,}63}\right) = 0{,}2517$$

$$p_3 = P(20 \le X < 30 \mid H_0) = \Phi\left(\frac{30 - 24{,}6}{9{,}63}\right) - \Phi\left(\frac{20 - 24{,}6}{9{,}63}\right) = 0{,}3960$$

$$p_4 = P(30 \le X < 40 \mid H_0) = \Phi\left(\frac{40 - 24{,}6}{9{,}63}\right) - \Phi\left(\frac{30 - 24{,}6}{9{,}63}\right) = 0{,}2326$$

$$p_5 = P(X \ge 40 \mid H_0) = 1 - \Phi\left(\frac{40 - 24{,}6}{9{,}63}\right) = 0{,}0549$$

Durch Multiplikation mit $n = 100$ ergeben sich daraus die erwarteten Besetzungszahlen np_j, hier noch einmal den tatsächlichen gegenübergestellt:

Klasse von ... bis unter ...	0–10	10–20	20–30	30–40	40–50
absolute Häufigkeit h_j	3	25	49	17	6
erwartete Besetzungszahl np_j	6,48	25,17	39,60	23,26	5,49

Alle erwarteten Besetzungszahlen sind größer als 5, es müssen also keine Klassen zusammengelegt werden.

Testgröße $\chi_0^2 = \sum_{j=1}^{5} \frac{(h_j - np_j)^2}{np_j} = 3{,}70$

(4) *Testschranke* $c = 95\,\%$-Quantil der χ^2-Verteilung mit $k - r - 1 = 2$ Freiheitsgraden ($k = 5$ Klassen, $r = 2$ Parameter, nämlich μ und σ, wurden aus dem Stichprobenmaterial geschätzt), also $c = 5{,}99$ aus Tabelle im Anhang.

(5) *Testentscheidung*: $\chi_0^2 = 3{,}70 < c = 5{,}99$, die Normalverteilungsannahme kann daher **nicht** abgelehnt werden unter Zugrundelegung einer Irrtumswahrscheinlichkeit 5 %, das Stichprobenmaterial widerspricht nicht der Normalverteilungsannahme. ♦

14 Integraltabellen

Die Integrationskonstante $C \in \mathbb{R}$ ist jeweils zu addieren. $x, a, b, f, g \in \mathbb{R}$, $n, m \in \mathbb{N}$, teilweise ist auch $n \in \mathbb{Z}$ bzw. $n \in \mathbb{R}$ möglich. Diese Formeln sind getrennt angegeben. Es gilt generell $a \neq 0$.

In die Tabellen aufgenommen sind auch die *Grundintegrale*.

Inhalt

14.1 Integrale rationaler Funktionen

14.1.1 Integrale mit $ax + b$

(1) $\int (ax+b)^n \,\mathrm{d}x = \frac{(ax+b)^{n+1}}{a(n+1)}, \quad n \in \mathbb{R}\backslash\{-1\}$, für $n = -1$ siehe (2)

Speziell: $\int (ax+b)\,\mathrm{d}x = \frac{ax^2}{2} + bx$

Grundintegrale: $\int x^n \,\mathrm{d}x = \frac{x^{n+1}}{n+1}, n \neq -1 \qquad \int x^a \,\mathrm{d}x = \frac{x^{a+1}}{a+1}, a \neq -1, x > 0$

(2) $\int \frac{\mathrm{d}x}{ax+b} = \frac{1}{a}\ln|ax+b|$ Grundintegral: $\int \frac{1}{x}\,\mathrm{d}x = \ln|x|$

(3) $$\int x(ax+b)^n \,\mathrm{d}x = \frac{(ax+b)^{n+2}}{a^2(n+2)} - \frac{b(ax+b)^{n+1}}{a^2(n+1)} = \frac{a(n+1)x-b}{a^2(n+1)(n+2)}(ax+b)^{n+1}$$

$n \neq -1, -2$, für $n = -1, -2$ siehe (4) und (5)

(4) $\int \frac{x\,\mathrm{d}x}{ax+b} = \frac{x}{a} - \frac{b}{a^2}\ln|ax+b|$

(5) $\int \frac{x\,\mathrm{d}x}{(ax+b)^2} = \frac{b}{a^2(ax+b)} + \frac{1}{a^2}\ln|ax+b|$

(6) $\int \frac{x\,\mathrm{d}x}{(ax+b)^n} = \frac{a(1-n)x-b}{a^2(n-1)(n-2)(ax+b)^{n-1}} \qquad n \in \mathbb{R}\backslash\{1;2\}$

(7) $\int \frac{x^2\,\mathrm{d}x}{ax+b} = \frac{1}{a^3}\left(\frac{(ax+b)^2}{2} - 2b(ax+b) + b^2\ln|ax+b|\right)$

(8) $\int \frac{x^2\,\mathrm{d}x}{(ax+b)^2} = \frac{1}{a^3}\left(ax+b-2b\ln|ax+b| - \frac{b^2}{ax+b}\right)$

(9) $\int \frac{x^2\,\mathrm{d}x}{(ax+b)^3} = \frac{1}{a^3}\left(\ln|ax+b| + \frac{2b}{ax+b} - \frac{b^2}{2(ax+b)^2}\right)$

(10) $$\int \frac{x^2\,\mathrm{d}x}{(ax+b)^n} = \frac{1}{a^3}\left(-\frac{1}{(n-3)(ax+b)^{n-3}} + \frac{2b}{(n-2)(ax+b)^{n-2}} - \frac{b^2}{(n-1)(ax+b)^{n-1}}\right) \qquad n \in \mathbb{R}\backslash\{1;2;3\}$$

(11) $$\int \frac{x^3\,\mathrm{d}x}{ax+b} = \frac{1}{a^4}\left(\frac{(ax+b)^3}{3} - \frac{3b(ax+b)^2}{2} + 3b^2(ax+b) - b^3\ln|ax+b|\right)$$

(12) $$\int \frac{x^3\,dx}{(ax+b)^2} = \frac{1}{a^4}\left(\frac{(ax+b)^2}{2} - 3b(ax+b) + 3b^2 \ln|ax+b| + \frac{b^3}{ax+b}\right)$$

(13) $$\int \frac{x^3\,dx}{(ax+b)^3} = \frac{1}{a^4}\left(ax+b-3b\ln|ax+b| - \frac{3b^2}{ax+b} + \frac{b^3}{2(ax+b)^2}\right)$$

(14) $$\int \frac{x^3\,dx}{(ax+b)^4} = \frac{1}{a^4}\left(\ln|ax+b| + \frac{3b}{ax+b} - \frac{3b^2}{2(ax+b)^2} + \frac{b^3}{3(ax+b)^3}\right)$$

(15) $$\int \frac{x^3\,dx}{(ax+b)^n} = \frac{1}{a^4}\left(-\frac{1}{(n-4)(ax+b)^{n-4}} + \frac{3b}{(n-3)(ax+b)^{n-3}} - \frac{3b^2}{(n-2)(ax+b)^{n-2}} + \frac{b^3}{(n-1)(ax+b)^{n-1}}\right)$$
$n \in \mathbb{R} \setminus \{1;2;3;4\}$

(16) $$\int \frac{dx}{x(ax+b)} = -\frac{1}{b}\ln\left|\frac{ax+b}{x}\right|$$ $b \neq 0$

(17) $$\int \frac{dx}{x(ax+b)^2} = -\frac{1}{b^2}\left(\ln\left|\frac{ax+b}{x}\right| - \frac{b}{ax+b}\right)$$ $b \neq 0$

(18) $$\int \frac{dx}{x(ax+b)^3} = -\frac{1}{b^3}\left(\ln\left|\frac{ax+b}{x}\right| + \frac{2ax}{ax+b} - \frac{a^2x^2}{2(ax+b)^2}\right)$$ $b \neq 0$

(19) $$\int \frac{dx}{x(ax+b)^n} = -\frac{1}{b^n}\left(\ln\left|\frac{ax+b}{x}\right| - \sum_{i=1}^{n-1}\binom{n-1}{i}\frac{(-a)^i x^i}{i(ax+b)^i}\right)$$ $n \geq 1$

(20) $$\int \frac{dx}{x^2(ax+b)} = -\frac{1}{bx} + \frac{a}{b^2}\ln\left|\frac{ax+b}{x}\right|$$ $b \neq 0$

(21) $$\int \frac{dx}{x^2(ax+b)^2} = -\frac{a}{b^2(ax+b)} - \frac{1}{b^2x} + \frac{2a}{b^3}\ln\left|\frac{ax+b}{x}\right|$$ $b \neq 0$

(22) $$\int \frac{dx}{x^2(ax+b)^3} = -\frac{a}{2b^2(ax+b)^2} - \frac{2a}{b^3(ax+b)} - \frac{1}{b^3x} + \frac{3a}{b^4}\ln\left|\frac{ax+b}{x}\right|$$

(23) $$\int \frac{dx}{x^2(ax+b)^n} = -\frac{1}{b^{n+1}}\left(-\sum_{i=2}^{n}\binom{n}{i}\frac{(-a)^i x^{i-1}}{(i-1)(ax+b)^{i-1}} + \frac{ax+b}{x} - na\ln\left|\frac{ax+b}{x}\right|\right)$$ $n \geq 2$

14

(24) $$\int \frac{\mathrm{d}x}{x^3(ax+b)} = -\frac{1}{b^3}\left(a^2 \ln\left|\frac{ax+b}{x}\right| - \frac{2a(ax+b)}{x} + \frac{(ax+b)^2}{2x^2}\right)$$

(25) $$\int \frac{\mathrm{d}x}{x^3(ax+b)^2} = -\frac{1}{b^4}\left(3a^2 \ln\left|\frac{ax+b}{x}\right| + \frac{a^3 x}{ax+b} + \frac{(ax+b)^2}{2x^2} - \frac{3a(ax+b)}{x}\right)$$

(26) $$\int \frac{\mathrm{d}x}{x^3(ax+b)^3} = -\frac{1}{b^5}\left(6a^2 \ln\left|\frac{ax+b}{x}\right| + \frac{4a^3 x}{ax+b} - \frac{a^4 x^2}{2(ax+b)^2} + \frac{(ax+b)^2}{2x^2} - \frac{4a(ax+b)}{x}\right)$$

(27) $$\int \frac{\mathrm{d}x}{x^3(ax+b)^n} = -\frac{1}{b^{n+2}}\left(-\sum_{i=3}^{n+1}\binom{n+1}{i}\frac{(-a)^i x^{i-2}}{(i-2)(ax+b)^{i-2}} + \frac{a^2(ax+b)^2}{2x^2} - \frac{(n+1)a(ax+b)}{x} + \frac{n(n+1)a^2}{2}\ln\left|\frac{ax+b}{x}\right|\right) \qquad n \geq 3$$

(28) $$\int \frac{\mathrm{d}x}{x^4(ax+b)} = -\frac{1}{b^4}\left(\frac{(ax+b)^3}{3x^3} - \frac{3a(ax+b)^2}{2x^2} + \frac{3a^2(ax+b)}{x} - a^3 \ln\left|\frac{ax+b}{x}\right|\right)$$

(29) $$\int \frac{\mathrm{d}x}{x^4(ax+b)^2} = -\frac{1}{b^5}\left(\frac{(ax+b)^3}{3x^3} - \frac{4a(ax+b)^2}{2x^2} + \frac{6a^2(ax+b)}{x} - 4a^3 \ln\left|\frac{ax+b}{x}\right|\right)$$

(30) $$\int \frac{\mathrm{d}x}{x^4(ax+b)^3} = -\frac{1}{b^6}\left(\frac{(ax+b)^3}{3x^3} - \frac{5a(ax+b)^2}{2x^2} + \frac{10a^2(ax+b)}{x} - 10a^3 \ln\left|\frac{ax+b}{x}\right|\right)$$

(31) $$\int \frac{\mathrm{d}x}{x^m(ax+b)^n} = -\frac{1}{b^{m+n-1}}\sum_{i=0}^{m+n-2}\binom{m+n-2}{i}\frac{(-a)^i(ax+b)^{m-i-1}}{(m-i-1)x^{m-i-1}}$$

Verschwindet der Nenner des Gliedes unter dem Summenzeichen, so ist dieses zu ersetzen durch $\binom{m+n-2}{m-1}(-a)^{m-1}\ln\left|\frac{ax+b}{x}\right|$

14.1.2 Integrale mit $ax+b$, $cx+d$

(32) $$\int \frac{ax+b}{cx+d}\,\mathrm{d}x = \frac{ax}{c} + \frac{bc-ad}{c^2}\ln|cx+d|$$

(33) $$\int \frac{\mathrm{d}x}{(ax+b)(cx+d)} = \frac{1}{bc-ad}\ln\left|\frac{cx+d}{ax+b}\right| \qquad bc-ad \neq 0$$

(34) $$\int \frac{x\,\mathrm{d}x}{(ax+b)(cx+d)} = \frac{1}{bc-ad}\left(\frac{b}{a}\ln|ax+b| - \frac{d}{c}\ln|cx+d|\right) \qquad bc-ad \neq 0$$

(35) $$\int \frac{\mathrm{d}x}{(ax+b)^2(cx+d)} = \frac{1}{bc-ad}\left(\frac{1}{ax+b} + \frac{c}{bc-ad}\ln\left|\frac{cx+d}{ax+b}\right|\right) \qquad bc-ad \neq 0$$

(36) $$\int \frac{x\,\mathrm{d}x}{(a+x)(b+x)^2} = \frac{b}{(a-b)(b+x)} - \frac{a}{(a-b)^2}\ln\left|\frac{a+x}{b+x}\right| \qquad a \neq b$$

(37) $$\int \frac{x^2\,\mathrm{d}x}{(a+x)(b+x)^2} = \frac{b^2}{(b-a)(b+x)} + \frac{a^2}{(b-a)^2}\ln|a+x| + \frac{b^2-2ab}{(b-a)^2}\ln|b+x| \qquad a \neq b$$

(38) $$\int \frac{\mathrm{d}x}{(a+x)^2(b+x)^2} = -\frac{1}{(a-b)^2}\left(\frac{1}{a+x} + \frac{1}{b+x}\right) + \frac{2}{(a-b)^3}\ln\left|\frac{a+x}{b+x}\right| \qquad a \neq b$$

(39) $$\int \frac{x\,\mathrm{d}x}{(a+x)^2(b+x)^2} = \frac{1}{(a-b)^2}\left(\frac{a}{a+x} + \frac{b}{b+x}\right) + \frac{a+b}{(a-b)^3}\ln\left|\frac{a+x}{b+x}\right| \qquad a \neq b$$

(40) $$\int \frac{x^2\,\mathrm{d}x}{(a+x)^2(b+x)^2} = -\frac{1}{(a-b)^2}\left(\frac{a^2}{a+x} + \frac{b^2}{b+x}\right) + \frac{2ab}{(a-b)^3}\ln\left|\frac{a+x}{b+x}\right| \qquad a \neq b$$

14.1.3 Integrale mit $ax^2 + bx + c$

(41) $$\int \frac{\mathrm{d}x}{ax^2+bx+c} = \begin{cases} -\dfrac{2}{2ax+b} & \text{für } 4ac-b^2=0 \\ \dfrac{2}{\sqrt{4ac-b^2}}\arctan\dfrac{2ax+b}{\sqrt{4ac-b^2}} & \text{für } 4ac-b^2>0 \\ -\dfrac{2}{\sqrt{b^2-4ac}}\operatorname{artanh}\dfrac{2ax+b}{\sqrt{b^2-4ac}} & \text{für } 4ac-b^2<0 \\ \dfrac{1}{\sqrt{b^2-4ac}}\ln\left|\dfrac{2ax+b-\sqrt{b^2-4ac}}{2ax+b+\sqrt{b^2-4ac}}\right| & \text{für } 4ac-b^2<0 \end{cases}$$

(42) $$\int \frac{\mathrm{d}x}{\left(ax^2+bx+c\right)^2} = \frac{2ax+b}{\left(4ac-b^2\right)\left(ax^2+bx+c\right)} + \frac{2a}{4ac-b^2}\int\frac{\mathrm{d}x}{ax^2+bx+c} \quad \text{siehe (41)}$$

(43) $$\int \frac{\mathrm{d}x}{\left(ax^2+bx+c\right)^3} = \frac{2ax+b}{4ac-b^2}\left(\frac{1}{2\left(ax^2+bx+c\right)^2} + \frac{3a}{\left(4ac-b^2\right)\left(ax^2+bx+c\right)}\right) + \frac{6a^2}{\left(4ac-b^2\right)^2}\int\frac{\mathrm{d}x}{ax^2+bx+c} \quad \text{siehe (41)}$$

(44) $$\int \frac{\mathrm{d}x}{\left(ax^2+bx+c\right)^n} = \frac{2ax+b}{(n-1)\left(4ac-b^2\right)\left(ax^2+bx+c\right)^{n-1}} + \frac{(2n-3)2a}{(n-1)\left(4ac-b^2\right)}\int\frac{\mathrm{d}x}{\left(ax^2+bx+c\right)^{n-1}}$$

$n>1,\ 4ac-b^2\neq 0$, siehe (41)

(45) $$\int \frac{x\,\mathrm{d}x}{ax^2+bx+c} = \frac{1}{2a}\ln\left|ax^2+bx+c\right| - \frac{b}{2a}\int\frac{\mathrm{d}x}{ax^2+bx+c} \quad \text{siehe (41)}$$

(46) $$\int \frac{x\,\mathrm{d}x}{\left(ax^2+bx+c\right)^2} = -\frac{bx+2c}{\left(4ac-b^2\right)\left(ax^2+bx+c\right)} - \frac{b}{4ac-b^2}\int\frac{\mathrm{d}x}{ax^2+bx+c} \quad \text{siehe (41)}$$

(47) $$\int \frac{x\,\mathrm{d}x}{\left(ax^2+bx+c\right)^n} = -\frac{bx+2c}{(n-1)\left(4ac-b^2\right)\left(ax^2+bx+c\right)^{n-1}} - \frac{b(2n-3)}{(n-1)\left(4ac-b^2\right)}\int \frac{\mathrm{d}x}{\left(ax^2+bx+c\right)^{n-1}}$$

$n > 1,\ 4ac - b^2 \neq 0$

(48) $$\int \frac{x^2\,\mathrm{d}x}{ax^2+bx+c} = \frac{x}{a} - \frac{b}{2a^2}\ln\left|ax^2+bx+c\right| + \frac{b^2-2ac}{2a^2}\int \frac{\mathrm{d}x}{ax^2+bx+c}$$ siehe (41)

(49) $$\int \frac{x^2\,\mathrm{d}x}{\left(ax^2+bx+c\right)^2} = \frac{\left(b^2-2ac\right)x+bc}{a\left(4ac-b^2\right)\left(ax^2+bx+c\right)} + \frac{2c}{4ac-b^2}\int \frac{\mathrm{d}x}{ax^2+bx+c}$$

siehe (41)

(50) $$\int \frac{x^2\,\mathrm{d}x}{\left(ax^2+bx+c\right)^n} = -\frac{x}{(2n-3)a\left(ax^2+bx+c\right)^{n-1}} + \frac{c}{(2n-3)a}\int \frac{\mathrm{d}x}{\left(ax^2+bx+c\right)^n} - \frac{(n-2)b}{(2n-3)a}\int \frac{x\,\mathrm{d}x}{\left(ax^2+bx+c\right)^n}$$ siehe (44), (47)

(51) $$\int \frac{x^m\,\mathrm{d}x}{\left(ax^2+bx+c\right)^n} = -\frac{x^{m-1}}{(2n-m-1)a\left(ax^2+bx+c\right)^{n-1}} + \frac{(m-1)c}{(2n-m-1)a} \times \int \frac{x^{m-2}\,\mathrm{d}x}{\left(ax^2+bx+c\right)^n} - \frac{(n-m)b}{(2n-m-1)a}\int \frac{x^{m-1}\,\mathrm{d}x}{\left(ax^2+bx+c\right)^n}$$

$m \neq 2n-1$

14

(52) $$\int \frac{x^{2n-1}\,\mathrm{d}x}{\left(ax^2+bx+c\right)^n} = \frac{1}{a}\int \frac{x^{2n-3}\,\mathrm{d}x}{\left(ax^2+bx+c\right)^{n-1}} - \frac{c}{a}\int \frac{x^{2n-3}\,\mathrm{d}x}{\left(ax^2+bx+c\right)^n} - \frac{b}{a}\int \frac{x^{2n-2}\,\mathrm{d}x}{\left(ax^2+bx+c\right)^n}$$

(53) $$\int \frac{\mathrm{d}x}{x\left(ax^2+bx+c\right)} = \frac{1}{2c}\ln\left|\frac{x^2}{ax^2+bx+c}\right| - \frac{b}{2c}\int \frac{\mathrm{d}x}{ax^2+bx+c}$$

$c \neq 0$, siehe (41)

(54) $$\int \frac{\mathrm{d}x}{x\left(ax^2+bx+c\right)^n}$$
$$= \frac{1}{2c(n-1)\left(ax^2+bx+c\right)^{n-1}} - \frac{b}{2c}\int \frac{\mathrm{d}x}{\left(ax^2+bx+c\right)^n}$$
$$+ \frac{1}{c}\int \frac{\mathrm{d}x}{x\left(ax^2+bx+c\right)^{n-1}}$$ siehe (44)

(55) $$\int \frac{\mathrm{d}x}{x^2\left(ax^2+bx+c\right)}$$
$$= \frac{b}{2c^2}\ln\left|\frac{ax^2+bx+c}{x^2}\right| - \frac{1}{cx} + \left(\frac{b^2}{2c^2}-\frac{a}{c}\right)\int \frac{\mathrm{d}x}{ax^2+bx+c}$$ siehe (41)

(56) $$\int \frac{\mathrm{d}x}{x^m\left(ax^2+bx+c\right)^n} = -\frac{1}{(m-1)cx^{m-1}\left(ax^2+bx+c\right)^{n-1}}$$
$$- \frac{(2n+m-3)a}{(m-1)c}\int \frac{\mathrm{d}x}{x^{m-2}\left(ax^2+bx+c\right)^n}$$
$$- \frac{(n+m-2)b}{(m-1)c}\int \frac{\mathrm{d}x}{x^{m-1}\left(ax^2+bx+c\right)^n}$$ $m > 1$

(57) $$\int \frac{\mathrm{d}x}{(fx+g)\left(ax^2+bx+c\right)} = \frac{f}{2\left(cf^2-gfb+g^2a\right)}\ln\left|\frac{(fx+g)^2}{ax^2+bx+c}\right|$$
$$+ \frac{2ga-bf}{2\left(cf^2-gfb+g^2a\right)}\int \frac{\mathrm{d}x}{ax^2+bx+c}$$ siehe (41)

14.1.4 Integrale mit $a^2 \pm x^2$

Abkürzung: $$Y = \begin{cases} \arctan\dfrac{x}{a} & \text{für „+“} \\ \dfrac{1}{2}\ln\dfrac{a+x}{a-x} = \operatorname{artanh}\dfrac{x}{a} & \text{für „−“ und } |x| < a \\ \dfrac{1}{2}\ln\dfrac{x+a}{x-a} = \operatorname{arcoth}\dfrac{x}{a} & \text{für „−“ und } |x| > a \end{cases}$$

(58) $$\int \frac{\mathrm{d}x}{a^2 \pm x^2} = \frac{1}{a}Y$$

Grundintegrale: $\int \frac{dx}{1+x^2} = \begin{cases} \arctan x + C_1 \\ -\operatorname{arccot} x + C_2 \end{cases} \quad \int \frac{dx}{1-x^2} = \begin{cases} \operatorname{artanh} x \\ \operatorname{arcoth} x \end{cases}$

(59) $\int \frac{dx}{(a^2 \pm x^2)^2} = \frac{x}{2a^2(a^2 \pm x^2)} + \frac{1}{2a^3} Y$

(60) $\int \frac{dx}{(a^2 \pm x^2)^3} = \frac{x}{4a^2(a^2 \pm x^2)^2} + \frac{3x}{8a^4(a^2 \pm x^2)} + \frac{3}{8a^5} Y$

(61) $\int \frac{dx}{(a^2 \pm x^2)^{n+1}} = \frac{x}{2na^2(a^2 \pm x^2)^n} + \frac{2n-1}{2na^2} \int \frac{dx}{(a^2 \pm x^2)^n} \quad n \neq 0$

(62) $\int \frac{x\,dx}{a^2 \pm x^2} = \pm \frac{1}{2} \ln \left| a^2 \pm x^2 \right|$

(63) $\int \frac{x\,dx}{(a^2 \pm x^2)^2} = \mp \frac{1}{2(a^2 \pm x^2)}$

(64) $\int \frac{x\,dx}{(a^2 \pm x^2)^3} = \mp \frac{1}{4(a^2 \pm x^2)^2}$

(65) $\int \frac{x\,dx}{(a^2 \pm x^2)^{n+1}} = \mp \frac{1}{2n(a^2 \pm x^2)^n} \quad n \neq 0$

(66) $\int \frac{x^2\,dx}{a^2 \pm x^2} = \pm x \mp aY$

(67) $\int \frac{x^2\,dx}{(a^2 \pm x^2)^2} = \mp \frac{x}{2(a^2 \pm x^2)} \pm \frac{1}{2a} Y$

(68) $\int \frac{x^2\,dx}{(a^2 \pm x^2)^3} = \mp \frac{x}{4(a^2 \pm x^2)^2} \pm \frac{x}{8a^2(a^2 \pm x^2)} \pm \frac{1}{8a^3} Y$

(69) $\int \frac{x^2\,dx}{(a^2 \pm x^2)^{n+1}} = \mp \frac{x}{2n(a^2 \pm x^2)^n} \pm \frac{1}{2n} \int \frac{dx}{(a^2 \pm x^2)^n}$

$n \neq 0$, siehe (61)

(70) $\int \frac{x^3\,dx}{a^2 \pm x^2} = \pm \frac{x^2}{2} - \frac{a^2}{2} \ln \left| a^2 \pm x^2 \right|$

(71) $\int \frac{x^3\,dx}{(a^2 \pm x^2)^2} = \frac{a^2}{2(a^2 \pm x^2)} + \frac{1}{2} \ln \left| a^2 \pm x^2 \right|$

(72) $\int \frac{x^3\,dx}{(a^2 \pm x^2)^3} = -\frac{1}{2(a^2 \pm x^2)} + \frac{a^2}{4(a^2 \pm x^2)^2}$

(73) $\int \frac{x^3\,dx}{(a^2 \pm x^2)^{n+1}} = -\frac{1}{2(n-1)(a^2 \pm x^2)^{n-1}} + \frac{a^2}{2n(a^2 \pm x^2)^n} \quad n > 1$

(74) $$\int \frac{\mathrm{d}x}{x\left(a^2 \pm x^2\right)} = \frac{1}{2a^2} \ln \left| \frac{x^2}{a^2 \pm x^2} \right|$$

(75) $$\int \frac{\mathrm{d}x}{x\left(a^2 \pm x^2\right)^2} = \frac{1}{2a^2\left(a^2 \pm x^2\right)} + \frac{1}{2a^4} \ln \left| \frac{x^2}{a^2 \pm x^2} \right|$$

(76) $$\int \frac{\mathrm{d}x}{x\left(a^2 \pm x^2\right)^3} = \frac{1}{4a^2\left(a^2 \pm x^2\right)^2} + \frac{1}{2a^4\left(a^2 \pm x^2\right)} + \frac{1}{2a^6} \ln \left| \frac{x^2}{a^2 \pm x^2} \right|$$

(77) $$\int \frac{\mathrm{d}x}{x^2\left(a^2 \pm x^2\right)} = -\frac{1}{a^2 x} \mp \frac{1}{a^3} Y$$

(78) $$\int \frac{\mathrm{d}x}{x^2\left(a^2 \pm x^2\right)^2} = -\frac{1}{a^4 x} \mp \frac{x}{2a^4\left(a^2 \pm x^2\right)^2} \mp \frac{3}{2a^5} Y$$

(79) $$\int \frac{\mathrm{d}x}{x^2\left(a^2 \pm x^2\right)^3} = -\frac{1}{a^6 x} \mp \frac{x}{4a^4\left(a^2 \pm x^2\right)^2} \mp \frac{7x}{8a^6\left(a^2 \pm x^2\right)} \mp \frac{15}{8a^7} Y$$

(80) $$\int \frac{\mathrm{d}x}{x^3\left(a^2 \pm x^2\right)} = -\frac{1}{2a^2 x^2} \mp \frac{1}{2a^4} \ln \left| \frac{x^2}{a^2 \pm x^2} \right|$$

(81) $$\int \frac{\mathrm{d}x}{x^3\left(a^2 \pm x^2\right)^2} = -\frac{1}{2a^4 x^2} \mp \frac{1}{2a^4\left(a^2 \pm x^2\right)} \pm \frac{1}{a^6} \ln \left| \frac{x^2}{a^2 \pm x^2} \right|$$

(82) $$\int \frac{\mathrm{d}x}{x^3\left(a^2 \pm x^2\right)^3}$$
$$= -\frac{1}{2a^6 x^2} \mp \frac{1}{a^6\left(a^2 \pm x^2\right)} \mp \frac{1}{4a^4\left(a^2 \pm x^2\right)} \mp \frac{3}{2a^8} \ln \left| \frac{x^2}{a^2 \pm x^2} \right|$$

(83) $$\int \frac{\mathrm{d}x}{x^4\left(a^2 \pm x^2\right)} = -\frac{1}{3a^2 x^3} \pm \frac{1}{a^4 x} + \frac{1}{a^5} Y$$

(84) $$\int \frac{\mathrm{d}x}{x^4\left(a^2 \pm x^2\right)^2} = -\frac{1}{3a^4 x^3} \pm \frac{2}{a^6 x} + \frac{x}{2a^6\left(a^2 \pm x^2\right)} + \frac{5}{2a^7} Y$$

(85) $$\int \frac{\mathrm{d}x}{x^4\left(a^2 + x^2\right)^3}$$
$$= -\frac{1}{3a^6 x^3} + \frac{3}{a^8 x} + \frac{11x}{8a^8\left(a^2 + x^2\right)} + \frac{x}{4a^6\left(a^2 + x^2\right)^2} + \frac{35}{8a^9} Y$$

(86) $$\int \frac{\mathrm{d}x}{(b + cx)\left(a^2 \pm x^2\right)}$$
$$= \frac{1}{a^2 c^2 \pm b^2} \left(c \ln |b + cx| - \frac{c}{2} \ln \left| a^2 \pm x^2 \right| \pm \frac{b}{a} Y \right)$$

14.1.5 Integrale mit $a^3 \pm x^3$

(87) $$\int \frac{\mathrm{d}x}{a^3 \pm x^3} = \pm\frac{1}{6a^2}\ln\left|\frac{(a\pm x)^2}{a^2 \mp ax + x^2}\right| + \frac{1}{a^2\sqrt{3}}\arctan\frac{2x \mp a}{a\sqrt{3}}$$

(88) $$\int \frac{\mathrm{d}x}{\left(a^3 \pm x^3\right)^2} = \frac{x}{3a^3\left(a^3 \pm x^3\right)} + \frac{2}{3a^3}\int \frac{\mathrm{d}x}{a^3 \pm x^3}$$ siehe (87)

(89) $$\int \frac{x\,\mathrm{d}x}{a^3 \pm x^3} = \frac{1}{6a}\ln\left|\frac{a^2 \mp ax + x^2}{(a\pm x)^2}\right| + \frac{1}{a\sqrt{3}}\arctan\frac{2x \mp a}{a\sqrt{3}}$$

(90) $$\int \frac{x\,\mathrm{d}x}{\left(a^3 \pm x^3\right)^2} = \frac{x^2}{3a^3\left(a^3 \pm x^3\right)} + \frac{1}{3a^3}\int \frac{x\,\mathrm{d}x}{a^3 \pm x^3}$$ siehe (89)

(91) $$\int \frac{x^2\,\mathrm{d}x}{a^3 \pm x^3} = \pm\frac{1}{3}\ln\left|a^3 \pm x^3\right|$$

(92) $$\int \frac{x^2\,\mathrm{d}x}{\left(a^3 \pm x^3\right)^2} = \mp\frac{1}{3\left(a^3 \pm x^3\right)}$$

(93) $$\int \frac{x^3\,\mathrm{d}x}{a^3 \pm x^3} = \pm x \mp a^3\int \frac{\mathrm{d}x}{a^3 \pm x^3}$$ siehe (87)

(94) $$\int \frac{x^3\,\mathrm{d}x}{\left(a^3 \pm x^3\right)^2} = \mp\frac{x}{3\left(a^3 \pm x^3\right)} \pm \frac{1}{3}\int \frac{\mathrm{d}x}{a^3 \pm x^3}$$ siehe (87)

(95) $$\int \frac{\mathrm{d}x}{x\left(a^3 \pm x^3\right)} = \frac{1}{3a^2}\ln\left|\frac{x^3}{a^3 \pm x^3}\right|$$

(96) $$\int \frac{\mathrm{d}x}{x\left(a^3 \pm x^3\right)^2} = \frac{1}{3a^2\left(a^3 \pm x^3\right)} + \frac{1}{3a^6}\ln\left|\frac{x^3}{a^3 \pm x^3}\right|$$

(97) $$\int \frac{\mathrm{d}x}{x^2\left(a^3 \pm x^3\right)} = -\frac{1}{a^3 x} \mp \frac{1}{a^3}\int \frac{x\,\mathrm{d}x}{a^3 \pm x^3}$$ siehe (89)

(98) $$\int \frac{\mathrm{d}x}{x^2\left(a^3 \pm x^3\right)^2} = -\frac{1}{a^6 x} \mp \frac{x^2}{3a^6\left(a^3 \pm x^3\right)} \mp \frac{4}{3a^6}\int \frac{x\,\mathrm{d}x}{a^3 \pm x^3}$$ siehe (89)

(99) $$\int \frac{\mathrm{d}x}{x^3\left(a^3 \pm x^3\right)} = -\frac{1}{2a^3x^2} \mp \frac{1}{a^3}\int \frac{\mathrm{d}x}{a^3 \pm x^3}$$ siehe (87)

(100) $$\int \frac{\mathrm{d}x}{x^3\left(a^3 \pm x^3\right)^2} = -\frac{1}{2a^6x^2} \mp \frac{x}{3a^6\left(a^3 \pm x^3\right)} \mp \frac{5}{3a^6}\int \frac{\mathrm{d}x}{a^3 \pm x^3}$$ siehe (87)

14.1.6 Integrale mit $a^4 + x^4$, $a^4 - x^4$

$$(101)\quad \int \frac{\mathrm{d}x}{a^4 + x^4} = \frac{1}{4a^3\sqrt{2}} \ln\left|\frac{x^2 + ax\sqrt{2} + a^2}{x^2 - ax\sqrt{2} + a^2}\right| + \frac{1}{2a^3\sqrt{2}}\left(\arctan\left(\frac{x\sqrt{2}}{a} + 1\right) + \arctan\left(\frac{x\sqrt{2}}{a} - 1\right)\right)$$

$$(102)\quad \int \frac{x\,\mathrm{d}x}{a^4 + x^4} = \frac{1}{2a^2} \arctan\frac{x^2}{a^2}$$

$$(103)\quad \int \frac{x^2\,\mathrm{d}x}{a^4 + x^4} = -\frac{1}{4a\sqrt{2}} \ln\left|\frac{x^2 + ax\sqrt{2} + a^2}{x^2 - ax\sqrt{2} + a^2}\right| + \frac{1}{2a\sqrt{2}}\left(\arctan\left(\frac{x\sqrt{2}}{a} + 1\right) + \arctan\left(\frac{x\sqrt{2}}{a} - 1\right)\right)$$

$$(104)\quad \int \frac{x^3\,\mathrm{d}x}{a^4 + x^4} = \frac{1}{4} \ln\left|a^4 + x^4\right|$$

$$(105)\quad \int \frac{\mathrm{d}x}{a^4 - x^4} = \frac{1}{4a^3} \ln\left|\frac{a + x}{a - x}\right| + \frac{1}{2a^3} \arctan\frac{x}{a}$$

$$(106)\quad \int \frac{x\,\mathrm{d}x}{a^4 - x^4} = \frac{1}{4a^3} \ln\left|\frac{a^2 + x^2}{a^2 - x^2}\right|$$

$$(107)\quad \int \frac{x^2\,\mathrm{d}x}{a^4 - x^4} = \frac{1}{4a} \ln\left|\frac{a + x}{a - x}\right| - \frac{1}{2a} \arctan\frac{x}{a}$$

$$(108)\quad \int \frac{x^3\,\mathrm{d}x}{a^4 - x^4} = -\frac{1}{4} \ln\left|a^4 - x^4\right|$$

14.2 Integrale nichtrationaler Funktionen

14.2.1 Integrale mit $\sqrt{x^n}$ und $\left(a^2 \pm b^2 x\right)^m$ (Radikand > 0)

Abkürzung: $Y = \begin{cases} \arctan\dfrac{b\sqrt{x}}{a} & \text{für „+“} \\ \dfrac{1}{2}\ln\left|\dfrac{a + b\sqrt{x}}{a - b\sqrt{x}}\right| & \text{für „−“} \end{cases}$

$$(109)\quad \int \frac{\sqrt{x}\,\mathrm{d}x}{a^2 \pm b^2 x} = \pm\frac{2\sqrt{x}}{b^2} \mp \frac{2a}{b^3} Y$$

$$(110)\quad \int \frac{\sqrt{x}\,\mathrm{d}x}{\left(a^2 \pm b^2 x\right)^2} = \mp\frac{\sqrt{x}}{b^2\left(a^2 \pm b^2 x\right)} \pm \frac{1}{ab^3} Y$$

(111) $\int \frac{\sqrt{x}\,\mathrm{d}x}{\left(a^2 \pm b^2x\right)^3} = \mp\frac{\sqrt{x}}{2b^2\left(a^2 \pm b^2x\right)^2} \pm \frac{\sqrt{x}}{4a^2b^2\left(a^2 \pm b^2x\right)} \pm \frac{1}{4a^3b^3}Y$

(112) $\int \frac{\sqrt{x^3}\,\mathrm{d}x}{a^2 \pm b^2x} = \pm\frac{2\sqrt{x^3}}{3b^2} - \frac{2a^2\sqrt{x}}{b^4} + \frac{2a^3}{b^5}Y$

(113) $\int \frac{\sqrt{x^3}\,\mathrm{d}x}{\left(a^2 \pm b^2x\right)^2} = \pm\frac{2\sqrt{x^3}}{b^2\left(a^2 \pm b^2x\right)} + \frac{3a^2\sqrt{x}}{b^4\left(a^2 \pm b^2x\right)} - \frac{3a^3}{b^5}Y$

(114) $\int \frac{\sqrt{x^3}\,\mathrm{d}x}{\left(a^2 \pm b^2x\right)^2} = \mp\frac{\sqrt{x^3}}{2b^2\left(a^2 \pm b^2x\right)^2} \mp \frac{3\sqrt{x}}{4b^4\left(a^2 \pm b^2x\right)} \pm \frac{3}{4ab^5}Y$

(115) $\int \frac{\mathrm{d}x}{\left(a^2 \pm b^2x\right)\sqrt{x}} = \frac{2}{ab}Y$

(116) $\int \frac{\mathrm{d}x}{\left(a^2 \pm b^2x\right)^2\sqrt{x}} = \frac{\sqrt{x}}{a^2\left(a^2 \pm b^2x\right)} + \frac{1}{a^3b}Y$

(117) $\int \frac{\mathrm{d}x}{\left(a^2 \pm b^2x\right)^3\sqrt{x}} = \frac{\sqrt{x}}{2a^2\left(a^2 \pm b^2x\right)^2} + \frac{3\sqrt{x}}{4a^4\left(a^2 \pm b^2x\right)} + \frac{3}{4a^5b}Y$

(118) $\int \frac{\mathrm{d}x}{\left(a^2 \pm b^2x\right)\sqrt{x^3}} = -\frac{2}{a^2\sqrt{x}} \mp \frac{2b}{a^3}Y$

(119) $\int \frac{\mathrm{d}x}{\left(a^2 \pm b^2x\right)^2\sqrt{x^3}} = -\frac{2}{a^2\left(a^2 \pm b^2x\right)\sqrt{x}} \mp \frac{3b^2\sqrt{x}}{a^4\left(a^2 \pm b^2x\right)} \mp \frac{3b}{a^5}Y$

(120) $\int \frac{\mathrm{d}x}{\left(a^2 \pm b^2x\right)^3\sqrt{x^3}}$

$$= -\frac{2}{a^6\sqrt{x}} \mp \frac{b^2\sqrt{x}}{2a^4\left(a^2 \pm b^2x\right)^2} \mp \frac{7b^2\sqrt{x}}{4a^6\left(a^2 \pm b^2x\right)} \mp \frac{15b}{8a^9}Y$$

14.2.2 Integrale mit $\sqrt{(ax+b)^n}$ (Radikand > 0)

14

(121) $\int \sqrt{ax+b}\,\mathrm{d}x = \frac{2}{3a}\sqrt{(ax+b)^3}$

(122) $\int x\sqrt{ax+b}\,\mathrm{d}x = \frac{6ax-4b}{15a^2}\sqrt{(ax+b)^3}$

(123) $\int x^2\sqrt{ax+b}\,\mathrm{d}x = \frac{30a^2x^2-24abx+16b^2}{105a^3}\sqrt{(ax+b)^3}$

(124) $\int \frac{\mathrm{d}x}{\sqrt{ax+b}} = \frac{2}{a}\sqrt{ax+b}$

(125) $\int \frac{x\,\mathrm{d}x}{\sqrt{ax+b}} = \frac{2ax-4b}{3a^2}\sqrt{ax+b}$

(126) $\int \frac{x^2\,\mathrm{d}x}{\sqrt{ax+b}} = \frac{6a^2x^2-8abx+16b^2}{15a^3}\sqrt{ax+b}$

(127) $\int \frac{\mathrm{d}x}{x\sqrt{ax+b}} = \begin{cases} -\frac{2}{\sqrt{b}}\operatorname{arctan}\sqrt{\frac{ax+b}{b}} \\ \quad = \frac{1}{\sqrt{b}}\ln\left|\frac{\sqrt{ax+b}-\sqrt{b}}{\sqrt{ax+b}+\sqrt{b}}\right| & \text{für } b>0 \\ \frac{2}{\sqrt{-b}}\operatorname{arctan}\sqrt{\frac{ax+b}{-b}} & \text{für } b<0 \end{cases}$

(128) $\int \frac{\mathrm{d}x}{x^2\sqrt{ax+b}} = -\frac{\sqrt{ax+b}}{bx} - \frac{a}{2b}\int \frac{\mathrm{d}x}{x\sqrt{ax+b}}$ siehe (127)

(129) $\int \frac{\mathrm{d}x}{x^n\sqrt{ax+b}} = -\frac{\sqrt{ax+b}}{(n-1)bx^{n-1}} - \frac{(2n-3)a}{(2n-2)b}\int \frac{\mathrm{d}x}{x^{n-1}\sqrt{ax+b}}$

(130) $\int \frac{\sqrt{ax+b}}{x}\,\mathrm{d}x = 2\sqrt{ax+b} + b\int \frac{\mathrm{d}x}{x\sqrt{ax+b}}$ siehe (127)

(131) $\int \frac{\sqrt{ax+b}}{x^2}\,\mathrm{d}x = -\frac{\sqrt{ax+b}}{x} + \frac{a}{2}\int \frac{\mathrm{d}x}{x\sqrt{ax+b}}$ siehe (127)

(132) $\int \sqrt{(ax+b)^3}\,\mathrm{d}x = \frac{2}{5a}\sqrt{(ax+b)^5}$

(133) $\int x\sqrt{(ax+b)^3}\,\mathrm{d}x = \frac{2}{35a^2}\left(5\sqrt{(ax+b)^7} - 7b\sqrt{(ax+b)^5}\right)$

(134) $\int x^2\sqrt{(ax+b)^3}\,\mathrm{d}x$

$$= \frac{2}{a^3}\left(\frac{1}{9}\sqrt{(ax+b)^9} - \frac{2b}{7}\sqrt{(ax+b)^7} + \frac{b^2}{5}\sqrt{(ax+b)^5}\right)$$

(135) $\int \frac{\sqrt{(ax+b)^3}}{x}\,\mathrm{d}x = \frac{2\sqrt{(ax+b)^3}}{3} + 2b\sqrt{ax+b} + b^2\int \frac{\mathrm{d}x}{x\sqrt{ax+b}}$

siehe (127)

(136) $\int \frac{x\,\mathrm{d}x}{\sqrt{(ax+b)^3}} = \frac{2}{a^2}\left(\sqrt{ax+b} + \frac{b}{\sqrt{ax+b}}\right)$

(137) $\int \frac{x^2\,\mathrm{d}x}{\sqrt{(ax+b)^3}} = \frac{2}{a^3}\left(\frac{\sqrt{(ax+b)^3}}{3} - 2b\sqrt{ax+b} - \frac{b^2}{\sqrt{ax+b}}\right)$

(138) $\int \frac{\mathrm{d}x}{x\sqrt{(ax+b)^3}} = \frac{2}{b\sqrt{ax+b}} + \frac{1}{b}\int \frac{\mathrm{d}x}{x\sqrt{ax+b}}$ siehe (127)

$$(139)\quad \int \frac{\mathrm{d}x}{x^2\sqrt{(ax+b)^3}} = -\frac{1}{bx\sqrt{ax+b}} - \frac{3a}{b^2\sqrt{ax+b}} - \frac{3a}{2b^2}\int \frac{\mathrm{d}x}{x\sqrt{ax+b}}$$

$$(140)\quad \int \sqrt{(ax+b)^{\pm n}}\,\mathrm{d}x = \frac{2}{a(2\pm n)}\sqrt{(ax+b)^{2\pm n}}$$

$$(141)\quad \int x\sqrt{(ax+b)^{\pm n}}\,\mathrm{d}x = \frac{2}{a^2}\left(\frac{\sqrt{(ax+b)^{4\pm n}}}{4\pm n} - \frac{b\sqrt{(ax+b)^{2\pm n}}}{2\pm n}\right)$$

$$(142)\quad \int x^2\sqrt{(ax+b)^{\pm n}}\,\mathrm{d}x$$

$$= \frac{2}{a^3}\left(\frac{\sqrt{(ax+b)^{6\pm n}}}{6\pm n} - \frac{2b\sqrt{(ax+b)^{4\pm n}}}{4\pm n} + \frac{b^2\sqrt{(ax+b)^{2\pm n}}}{2\pm n}\right)$$

$$(143)\quad \int \frac{\sqrt{(ax+b)^n}}{x}\,\mathrm{d}x = \frac{2}{n}\sqrt{(ax+b)^n} + b\int \frac{\sqrt{(ax+b)^{n-2}}}{x}\,\mathrm{d}x$$

$$(144)\quad \int \frac{\mathrm{d}x}{x\sqrt{(ax+b)^n}} = \frac{2}{(n-2)b\sqrt{(ax+b)^{n-2}}} + \frac{1}{b}\int \frac{\mathrm{d}x}{x\sqrt{(ax+b)^{n-2}}}$$

$$(145)\quad \int \frac{\mathrm{d}x}{x^2\sqrt{(ax+b)^n}} = -\frac{1}{bx\sqrt{(ax+b)^{n-2}}} - \frac{na}{2b}\int \frac{\mathrm{d}x}{x\sqrt{(ax+b)^n}}$$

siehe (144)

14.2.3 Integrale mit $\sqrt{(ax+b)^n}, \sqrt{(cx+d)^m}$ (Radikand > 0)

$$(146)\quad \int \frac{\mathrm{d}x}{\sqrt{(ax+b)(cx+d)}}$$

$$= \begin{cases} \dfrac{2\,\operatorname{sgn} a\ \operatorname{sgn}(ax+b)}{\sqrt{-ac}} \arctan\sqrt{-\dfrac{c(ax+b)}{a(cx+d)}} & \text{für } ac<0,\ -\dfrac{d}{c}<x<-\dfrac{b}{a} \\ \dfrac{2\,\operatorname{sgn} a\ \operatorname{sgn}(ax+b)}{\sqrt{ac}} \operatorname{artanh}\sqrt{\dfrac{c(ax+b)}{a(cx+d)}} + C_1 & \text{für } ac>0,\ \left|x+\dfrac{b}{a}\right| < \left|x+\dfrac{d}{c}\right| \\ \dfrac{2}{\sqrt{ac}} \ln\left(\sqrt{|a(cx+d)|} + \sqrt{|c(ax+b)|}\right) + C_2 & \text{für } ac>0,\ x>-\dfrac{b}{a}>-\dfrac{d}{c} \\ \dfrac{-2}{\sqrt{ac}} \ln\left(\sqrt{|a(cx+d)|} + \sqrt{|c(ax+b)|}\right) + C_3 & \text{für } ac>0,\ x<-\dfrac{d}{c}<-\dfrac{b}{a} \end{cases}$$

14

(147) $$\int \frac{x\,\mathrm{d}x}{\sqrt{(ax+b)(cx+d)}} = \frac{\sqrt{(ax+b)(cx+d)}}{ac} - \frac{ad+bc}{2ac}\int \frac{\mathrm{d}x}{\sqrt{(ax+b)(cx+d)}}$$

siehe (146)

(148) $$\int \frac{\mathrm{d}x}{\sqrt{ax+b}\,(cx+d)} = \begin{cases} \dfrac{2}{\sqrt{acd-bc^2}} \arctan \dfrac{c\sqrt{ax+b}}{\sqrt{acd-bc^2}} & \text{für } bc^2 < acd \\ \dfrac{1}{\sqrt{bc^2-acd}} \ln \left| \dfrac{c\sqrt{ax+b}-\sqrt{c(bc-ad)}}{c\sqrt{ax+b}+\sqrt{c(bc-ad)}} \right| & \text{für } bc^2 > ac \end{cases}$$

(149) $$\int \frac{\mathrm{d}x}{\sqrt{(ax+b)}\sqrt{(cx+d)^3}} = -\frac{2\sqrt{ax+b}}{(bc-ad)\sqrt{cx+d}}$$

(150) $$\int \sqrt{(ax+b)(cx+d)}\,\mathrm{d}x = \frac{(bc-ad)+2a(cx+d)}{4ac}\sqrt{(ax+b)(cx+d)} - \frac{(bc-ad)^2}{8ac}\int \frac{\mathrm{d}x}{\sqrt{(ax+b)(cx+d)}}$$

siehe (146)

(151) $$\int \sqrt{\frac{cx+d}{ax+b}}\,\mathrm{d}x = \frac{1}{a}\sqrt{(ax+b)(cx+d)} - \frac{bc-ad}{2a}\int \frac{\mathrm{d}x}{(ax+b)(cx+d)}$$

siehe (146)

(152) $$\int \frac{\sqrt{cx+d}}{ax+b}\,\mathrm{d}x = 2\frac{\sqrt{ax+b}}{c} + \frac{bc-ad}{c}\int \frac{\mathrm{d}x}{(cx+d)\sqrt{ax+b}}$$

siehe (148)

(153) $$\int \frac{(cx+d)^n}{\sqrt{ax+b}}\,\mathrm{d}x = \frac{2}{(2n+1)a}\left(\sqrt{ax+b}\,(cx+d)^n - n(bc-ad)\int \frac{(cx+d)^{n-1}}{\sqrt{ax+b}}\,\mathrm{d}x\right)$$

(154) $$\int \frac{\mathrm{d}x}{\sqrt{ax+b}\,(cx+d)^n} = -\frac{1}{(n-1)(bc-ad)}\left(\frac{\sqrt{ax+b}}{(cx+d)^{n-1}} + \left(n-\frac{3}{2}\right)a\int \frac{\mathrm{d}x}{\sqrt{ax+b}\,(cx+d)^{n-1}}\right)$$

(155) $$\int \sqrt{ax+b}\,(cx+d)^n\,\mathrm{d}x = \frac{1}{(2n+3)c}\left(2\sqrt{ax+b}\,(cx+d)^{n+1} + (bc-ad)\int \frac{(cx+d)^n}{\sqrt{ax+b}}\,\mathrm{d}x\right)$$

siehe (153)

(156) $\int \frac{\sqrt{ax+b}}{(cx+d)^n}\,dx$

$$= \frac{1}{(n-1)c}\left(\frac{-\sqrt{ax+b}}{(cx+d)^{n-1}} + \frac{a}{2}\int \frac{dx}{\sqrt{ax+b}\,(cx+d)^{n-1}}\right) \quad \text{siehe (154)}$$

14.2.4 Integrale mit $\sqrt{(a^2+x^2)^n}$

(157) $\int \sqrt{a^2+x^2}\,dx = \frac{x}{2}\sqrt{a^2+x^2} + \frac{a^2}{2}\operatorname{arsinh}\frac{x}{a} + C_1$

$$= \frac{x}{2}\sqrt{a^2+x^2} + \frac{a^2}{2}\ln\left(x+\sqrt{a^2+x^2}\right) + C_2$$

(158) $\int x\sqrt{a^2+x^2}\,dx = \frac{1}{3}\sqrt{(a^2+x^2)^3}$

(159) $\int x^2\sqrt{a^2+x^2}\,dx$

$$= \frac{x}{4}\sqrt{(a^2+x^2)^3} - \frac{a^2}{8}\left(x\sqrt{a^2+x^2} + a^2\operatorname{arsinh}\frac{x}{a}\right) + C_1$$

$$= \frac{x}{4}\sqrt{(a^2+x^2)^3} - \frac{a^2}{8}\left(x\sqrt{a^2+x^2} + a^2\ln\left(x+\sqrt{a^2+x^2}\right)\right) + C_2$$

(160) $\int x^3\sqrt{a^2+x^2}\,dx = \frac{\sqrt{(a^2+x^2)^5}}{5} - \frac{a^2\sqrt{(a^2+x^2)^3}}{3}$

(161) $\int \frac{\sqrt{a^2+x^2}}{x}\,dx = \sqrt{a^2+x^2} - a\ln\left|\frac{a+\sqrt{a^2+x^2}}{x}\right|$

(162) $\int \frac{\sqrt{a^2+x^2}}{x^2}\,dx = -\frac{\sqrt{a^2+x^2}}{x} + \operatorname{arsinh}\frac{x}{a} + C_1$

$$= -\frac{\sqrt{a^2+x^2}}{x} + \ln\left(x+\sqrt{a^2+x^2}\right) + C_2$$

(163) $\int \frac{\sqrt{a^2+x^2}}{x^3}\,dx = -\frac{\sqrt{a^2+x^2}}{2x^2} - \frac{1}{2a}\ln\left|\frac{a+\sqrt{a^2+x^2}}{x}\right|$

(164) $\int \frac{dx}{\sqrt{a^2+x^2}} = \operatorname{arsinh}\frac{x}{a} + C_1 = \ln\left(x+\sqrt{a^2+x^2}\right) + C_2$

Grundintegral: $\int \frac{dx}{\sqrt{1+x^2}} = \operatorname{arsinh} x = \ln\left(x+\sqrt{1+x^2}\right)$

(165) $\int \frac{x}{\sqrt{a^2+x^2}}\,dx = \sqrt{a^2+x^2}$

(166) $$\int \frac{x^2}{\sqrt{a^2+x^2}}\,\mathrm{d}x = \frac{x}{2}\sqrt{a^2+x^2} - \frac{a^2}{2}\operatorname{arsinh}\frac{x}{a} + C_1$$
$$= \frac{x}{2}\sqrt{a^2+x^2} - \frac{a^2}{2}\ln\left(x+\sqrt{a^2+x^2}\right) + C_2$$

(167) $$\int \frac{x^3}{\sqrt{a^2+x^2}}\,\mathrm{d}x = \frac{\sqrt{\left(a^2+x^2\right)^3}}{3} - a^2\sqrt{a^2+x^2}$$

(168) $$\int \frac{\mathrm{d}x}{x\sqrt{a^2+x^2}} = -\frac{1}{a}\ln\left|\frac{a+\sqrt{a^2+x^2}}{x}\right|$$

(169) $$\int \frac{\mathrm{d}x}{x^2\sqrt{a^2+x^2}} = -\frac{\sqrt{a^2+x^2}}{a^2x}$$

(170) $$\int \frac{\mathrm{d}x}{x^3\sqrt{a^2+x^2}} = -\frac{\sqrt{a^2+x^2}}{2a^2x^2} + \frac{1}{2a^3}\ln\left|\frac{a+\sqrt{a^2+x^2}}{x}\right|$$

(171) $$\int \sqrt{\left(a^2+x^2\right)^3}\,\mathrm{d}x$$
$$= \frac{1}{4}\left(x\sqrt{\left(a^2+x^2\right)^3} + \frac{3a^2x}{2}\sqrt{a^2+x^2} + \frac{3a^4}{2}\operatorname{arsinh}\frac{x}{a}\right) + C_1$$
$$= \frac{1}{4}\left(x\sqrt{\left(a^2+x^2\right)^3} + \frac{3a^2x}{2}\sqrt{a^2+x^2} + \frac{3a^4}{2}\ln\left(x+\sqrt{a^2+x^2}\right)\right) + C_2$$

(172) $$\int x\sqrt{\left(a^2+x^2\right)^3}\,\mathrm{d}x = \frac{1}{5}\sqrt{\left(a^2+x^2\right)^5}$$

(173) $$\int x^2\sqrt{\left(a^2+x^2\right)^3}\,\mathrm{d}x = \frac{x}{6}\sqrt{\left(a^2+x^2\right)^5} - \frac{a^2x}{24}\sqrt{\left(a^2+x^2\right)^3}$$
$$- \frac{a^4x}{16}\sqrt{a^2+x^2} - \frac{a^6}{16}\operatorname{arsinh}\frac{x}{a} + C_1$$
$$= \frac{x}{6}\sqrt{\left(a^2+x^2\right)^5} - \frac{a^2x}{24}\sqrt{\left(a^2+x^2\right)^3}$$
$$- \frac{a^4x}{16}\sqrt{a^2+x^2} - \frac{a^6}{16}\ln\left(x+\sqrt{a^2+x^2}\right) + C_2$$

(174) $$\int x^3\sqrt{\left(a^2+x^2\right)^3}\,\mathrm{d}x = \frac{1}{7}\sqrt{\left(a^2+x^2\right)^7} - \frac{a^2}{5}\sqrt{\left(a^2+x^2\right)^5}$$

(175) $$\int \frac{1}{x}\sqrt{\left(a^2+x^2\right)^3}\,\mathrm{d}x$$
$$= \frac{1}{3}\sqrt{\left(a^2+x^2\right)^3} + a^2\sqrt{a^2+x^2} - a^3\ln\left|\frac{a+\sqrt{a^2+x^2}}{x}\right|$$

(176) $$\int \frac{1}{x^2}\sqrt{\left(a^2+x^2\right)^3}\,\mathrm{d}x$$
$$= -\frac{1}{x}\sqrt{\left(a^2+x^2\right)^3} + \frac{3x}{2}\sqrt{a^2+x^2} + \frac{3a^2}{2}\operatorname{arsinh}\frac{x}{a} + C_1$$
$$= -\frac{1}{x}\sqrt{\left(a^2+x^2\right)^3} + \frac{3x}{2}\sqrt{a^2+x^2} + \frac{3a^2}{2}\ln\left(x+\sqrt{a^2+x^2}\right) + C_2$$

(177) $$\int \frac{1}{x^3}\sqrt{\left(a^2+x^2\right)^3}\,\mathrm{d}x$$
$$= -\frac{1}{2x^2}\sqrt{\left(a^2+x^2\right)^3} + \frac{3}{2}\sqrt{a^2+x^2} - \frac{3a}{2}\ln\left|\frac{a+\sqrt{a^2+x^2}}{x}\right|$$

(178) $$\int \frac{\mathrm{d}x}{\sqrt{\left(a^2+x^2\right)^3}} = \frac{x}{a^2\sqrt{a^2+x^2}}$$

(179) $$\int \frac{x\,\mathrm{d}x}{\sqrt{\left(a^2+x^2\right)^3}} = -\frac{1}{\sqrt{a^2+x^2}}$$

(180) $$\int \frac{x^2\,\mathrm{d}x}{\sqrt{\left(a^2+x^2\right)^3}} = -\frac{x}{\sqrt{a^2+x^2}} + \operatorname{arsinh}\frac{x}{a} + C_1$$
$$= -\frac{x}{\sqrt{a^2+x^2}} + \ln\left(x+\sqrt{a^2+x^2}\right) + C_2$$

(181) $$\int \frac{x^3\,\mathrm{d}x}{\sqrt{\left(a^2+x^2\right)^3}} = \sqrt{a^2+x^2} + \frac{a^2}{\sqrt{a^2+x^2}}$$

(182) $$\int \frac{\mathrm{d}x}{x\sqrt{\left(a^2+x^2\right)^3}} = \frac{1}{a^2\sqrt{a^2+x^2}} - \frac{1}{a^3}\ln\left|\frac{a+\sqrt{a^2+x^2}}{x}\right|$$

(183) $$\int \frac{\mathrm{d}x}{x^2\sqrt{\left(a^2+x^2\right)^3}} = -\frac{1}{a^4}\left(\frac{\sqrt{a^2+x^2}}{x} + \frac{x}{\sqrt{a^2+x^2}}\right)$$

(184) $$\int \frac{\mathrm{d}x}{x^3\sqrt{\left(a^2+x^2\right)^3}}$$
$$= -\frac{1}{2a^2x^2\sqrt{a^2+x^2}} - \frac{3}{2a^4\sqrt{a^2+x^2}} + \frac{3}{2a^5}\ln\left|\frac{a+\sqrt{a^2+x^2}}{x}\right|$$

14.2.5 Integrale mit $\sqrt{\left(a^2 - x^2\right)^n}$ (Radikand > 0)

(185) $\int \sqrt{a^2 - x^2}\,\mathrm{d}x = \frac{x}{2}\sqrt{a^2 - x^2} + \frac{a^2}{2}\arcsin\frac{x}{a}$

(186) $\int x\sqrt{a^2 - x^2}\,\mathrm{d}x = -\frac{1}{3}\sqrt{\left(a^2 - x^2\right)^3}$

(187) $\int x^2\sqrt{a^2 - x^2}\,\mathrm{d}x = -\frac{x}{4}\sqrt{\left(a^2 - x^2\right)^3} + \frac{a^2}{8}\left(x\sqrt{a^2 - x^2} + a^2\arcsin\frac{x}{a}\right)$

(188) $\int x^3\sqrt{a^2 - x^2}\,\mathrm{d}x = \frac{1}{5}\sqrt{\left(a^2 - x^2\right)^5} - \frac{a^2}{3}\sqrt{\left(a^2 - x^2\right)^3}$

(189) $\int \frac{1}{x}\sqrt{a^2 - x^2}\,\mathrm{d}x = \sqrt{a^2 - x^2} - a\ln\left|\frac{1}{x}\left(a + \sqrt{a^2 - x^2}\right)\right|$

(190) $\int \frac{1}{x^2}\sqrt{a^2 - x^2}\,\mathrm{d}x = -\frac{1}{x}\sqrt{a^2 - x^2} - \arcsin\frac{x}{a}$

(191) $\int \frac{1}{x^3}\sqrt{a^2 - x^2}\,\mathrm{d}x = -\frac{1}{2x^2}\sqrt{a^2 - x^2} + \frac{1}{2a}\ln\left|\frac{1}{x}\left(a + \sqrt{a^2 - x^2}\right)\right|$

(192) $\int \frac{\mathrm{d}x}{\sqrt{a^2 - x^2}} = \arcsin\frac{x}{a}$

Grundintegral: $\int \frac{\mathrm{d}x}{\sqrt{1 - x^2}} = \begin{cases} \arcsin x \\ -\arccos x \end{cases}$

(193) $\int \frac{x\,\mathrm{d}x}{\sqrt{a^2 - x^2}} = -\sqrt{a^2 - x^2}$

(194) $\int \frac{x^2\,\mathrm{d}x}{\sqrt{a^2 - x^2}} = -\frac{x}{2}\sqrt{a^2 - x^2} + \frac{a^2}{2}\arcsin\frac{x}{a}$

(195) $\int \frac{x^3\,\mathrm{d}x}{\sqrt{a^2 - x^2}} = \frac{1}{3}\sqrt{\left(a^2 - x^2\right)^3} - a^2\sqrt{a^2 - x^2}$

(196) $\int \frac{\mathrm{d}x}{x\sqrt{a^2 - x^2}} = -\frac{1}{a}\ln\left|\frac{1}{x}\left(a + \sqrt{a^2 - x^2}\right)\right|$

(197) $\int \frac{\mathrm{d}x}{x^2\sqrt{a^2 - x^2}} = -\frac{1}{a^2x}\sqrt{a^2 - x^2}$

(198) $\int \frac{\mathrm{d}x}{x^3\sqrt{a^2 - x^2}} = -\frac{1}{2a^2x^2}\sqrt{a^2 - x^2} - \frac{1}{2a^3}\ln\left|\frac{1}{x}\left(a + \sqrt{a^2 - x^2}\right)\right|$

(199) $\int \sqrt{\left(a^2 - x^2\right)^3}\,\mathrm{d}x = \frac{x}{4}\sqrt{\left(a^2 - x^2\right)^3} + \frac{3a^2x}{8}\sqrt{a^2 - x^2} + \frac{3a^4}{8}\arcsin\frac{x}{a}$

(200) $\int x\sqrt{\left(a^2 - x^2\right)^3}\,\mathrm{d}x = -\frac{1}{5}\sqrt{\left(a^2 - x^2\right)^5}$

(201) $\int x^2\sqrt{(a^2-x^2)^3}\,\mathrm{d}x$

$$= -\frac{x}{6}\sqrt{(a^2-x^2)^5}+\frac{a^2x}{24}\sqrt{(a^2-x^2)^3}+\frac{a^4x}{16}\sqrt{a^2-x^2}+\frac{a^6}{16}\arcsin\frac{x}{a}$$

(202) $\int x^3\sqrt{(a^2-x^2)^3}\,\mathrm{d}x = \frac{1}{7}\sqrt{(a^2-x^2)^7}-\frac{a^2}{5}\sqrt{(a^2-x^2)^5}$

(203) $\int \frac{1}{x}\sqrt{(a^2-x^2)^3}\,\mathrm{d}x$

$$= \frac{1}{3}\sqrt{(a^2-x^2)^3}+a^2\sqrt{a^2-x^2}-a^3\ln\left|\frac{1}{x}\left(a+\sqrt{a^2-x^2}\right)\right|$$

(204) $\int \frac{1}{x^2}\sqrt{(a^2-x^2)^3}\,\mathrm{d}x$

$$= -\frac{1}{x}\sqrt{(a^2-x^2)^3}-\frac{3x}{2}\sqrt{a^2-x^2}-\frac{3a^2}{2}\arcsin\frac{x}{a}$$

(205) $\int \frac{1}{x^3}\sqrt{(a^2-x^2)^3}\,\mathrm{d}x$

$$= -\frac{1}{2x^2}\sqrt{(a^2-x^2)^3}-\frac{3}{2}\sqrt{a^2-x^2}+\frac{3a}{2}\ln\left|\frac{1}{x}\left(a+\sqrt{a^2-x^2}\right)\right|$$

(206) $\int \frac{\mathrm{d}x}{\sqrt{(a^2-x^2)^3}} = \frac{x}{a^2\sqrt{a^2-x^2}}$

(207) $\int \frac{x\,\mathrm{d}x}{\sqrt{(a^2-x^2)^3}} = \frac{x}{\sqrt{a^2-x^2}}$

(208) $\int \frac{x^2\,\mathrm{d}x}{\sqrt{(a^2-x^2)^3}} = \frac{x}{\sqrt{a^2-x^2}}-\arcsin\frac{x}{a}$

(209) $\int \frac{x^3\,\mathrm{d}x}{\sqrt{(a^2-x^2)^3}} = \sqrt{a^2-x^2}+\frac{a^2}{\sqrt{a^2-x^2}}$

(210) $\int \frac{\mathrm{d}x}{x\sqrt{(a^2-x^2)^3}} = \frac{1}{a^2\sqrt{a^2-x^2}}-\frac{1}{a^3}\ln\left|\frac{1}{x}\left(a+\sqrt{a^2-x^2}\right)\right|$

(211) $\int \frac{\mathrm{d}x}{x^2\sqrt{(a^2-x^2)^3}} = \frac{1}{a^4}\left(-\frac{1}{x}\sqrt{a^2-x^2}+\frac{x}{\sqrt{a^2-x^2}}\right)$

(212) $\displaystyle\int \frac{\mathrm{d}x}{x^3\sqrt{(a^2-x^2)^3}}$

$$= -\frac{1}{2a^2x^2\sqrt{a^2-x^2}} + \frac{3}{2a^4\sqrt{a^2-x^2}} - \frac{3}{2a^5}\ln\left|\frac{1}{x}\left(a+\sqrt{a^2-x^2}\right)\right|$$

14.2.6 Integrale mit $\sqrt{(x^2-a^2)^n}$ (Radikand > 0)

(213) $\displaystyle\int \sqrt{x^2-a^2}\,\mathrm{d}x = \frac{x}{2}\sqrt{x^2-a^2} - \frac{a^2}{2}\operatorname{arcosh}\left|\frac{x}{a}\right|\cdot\operatorname{sgn}x + C_1$

$$= \frac{x}{2}\sqrt{x^2-a^2} - \frac{a^2}{2}\ln\left|x+\sqrt{x^2-a^2}\right| + C_2$$

(214) $\displaystyle\int x\sqrt{x^2-a^2}\,\mathrm{d}x = \frac{1}{3}\sqrt{(x^2-a^2)^3}$

(215) $\displaystyle\int x^2\sqrt{x^2-a^2}\,\mathrm{d}x$

$$= \frac{x}{4}\sqrt{(x^2-a^2)^3} + \frac{a^2}{8}\left(x\sqrt{x^2-a^2} - a^2\operatorname{arcosh}\left|\frac{x}{a}\right|\cdot\operatorname{sgn}x\right) + C_1$$

$$= \frac{x}{4}\sqrt{(x^2-a^2)^3} + \frac{a^2}{8}\left(x\sqrt{x^2-a^2} - a^2\ln\left|x+\sqrt{x^2-a^2}\right|\right) + C_2$$

(216) $\displaystyle\int x^3\sqrt{x^2-a^2}\,\mathrm{d}x = \frac{1}{5}\sqrt{(x^2-a^2)^5} + \frac{a^2}{3}\sqrt{(x^2-a^2)^3}$

(217) $\displaystyle\int \frac{1}{x}\sqrt{x^2-a^2}\,\mathrm{d}x = \sqrt{x^2-a^2} - a\arccos\left|\frac{a}{x}\right|$

(218) $\displaystyle\int \frac{1}{x^2}\sqrt{x^2-a^2}\,\mathrm{d}x = -\frac{1}{x}\sqrt{x^2-a^2} + \operatorname{arcosh}\left|\frac{x}{a}\right|\cdot\operatorname{sgn}x + C_1$

$$= -\frac{1}{x}\sqrt{x^2-a^2} + \ln\left|x+\sqrt{x^2-a^2}\right| + C_2$$

(219) $\displaystyle\int \frac{1}{x^3}\sqrt{x^2-a^2}\,\mathrm{d}x = -\frac{1}{2x^2}\sqrt{x^2-a^2} + \frac{1}{2a}\arccos\left|\frac{a}{x}\right|$

(220) $\displaystyle\int \frac{\mathrm{d}x}{\sqrt{x^2-a^2}} = \operatorname{arcosh}\left|\frac{x}{a}\right|\cdot\operatorname{sgn}x + C_1 = \ln\left|x+\sqrt{x^2-a^2}\right| + C_2$

Grundintegral: $\displaystyle\int \frac{\mathrm{d}x}{\sqrt{x^2-1}} = \operatorname{arcosh}|x|\cdot\operatorname{sgn}x = \ln\left|x+\sqrt{x^2-1}\right|$

(221) $\displaystyle\int \frac{x\,\mathrm{d}x}{\sqrt{x^2-a^2}} = \sqrt{x^2-a^2}$

(222) $\displaystyle\int \frac{x^2\,\mathrm{d}x}{\sqrt{x^2-a^2}} = \frac{x}{2}\sqrt{x^2-a^2} + \frac{a^2}{2}\operatorname{arcosh}\left|\frac{x}{a}\right| \cdot \operatorname{sgn} x + C_1$

$\displaystyle= \frac{x}{2}\sqrt{x^2-a^2} + \frac{a^2}{2}\ln\left|x+\sqrt{x^2-a^2}\right| + C_2$

(223) $\displaystyle\int \frac{x^3\,\mathrm{d}x}{\sqrt{x^2-a^2}} = \frac{1}{3}\sqrt{\left(x^2-a^2\right)^3} + a^2\sqrt{x^2-a^2}$

(224) $\displaystyle\int \frac{\mathrm{d}x}{x\sqrt{x^2-a^2}} = \frac{1}{a}\arccos\left|\frac{a}{x}\right|$

(225) $\displaystyle\int \frac{\mathrm{d}x}{x^2\sqrt{x^2-a^2}} = \frac{1}{a^2x}\sqrt{x^2-a^2}$

(226) $\displaystyle\int \frac{\mathrm{d}x}{x^3\sqrt{x^2-a^2}} = \frac{1}{2a^2x^2}\sqrt{x^2-a^2} + \frac{1}{2a^3}\arccos\left|\frac{a}{x}\right|$

(227) $\displaystyle\int \sqrt{\left(x^2-a^2\right)^3}\,\mathrm{d}x$

$\displaystyle= \frac{x}{4}\sqrt{\left(x^2-a^2\right)^3} - \frac{3a^2x}{8}\sqrt{x^2-a^2} + \frac{3a^4}{8}\operatorname{arcosh}\left|\frac{x}{a}\right| \cdot \operatorname{sgn} x + C_1$

$\displaystyle= \frac{x}{4}\sqrt{\left(x^2-a^2\right)^3} - \frac{3a^2x}{8}\sqrt{x^2-a^2} + \frac{3a^4}{8}\ln\left|x+\sqrt{x^2-a^2}\right| + C_2$

(228) $\displaystyle\int x\sqrt{\left(x^2-a^2\right)^3}\,\mathrm{d}x = \frac{1}{5}\sqrt{\left(x^2-a^2\right)^5}$

(229) $\displaystyle\int x^2\sqrt{\left(x^2-a^2\right)^3}\,\mathrm{d}x = \frac{x}{6}\sqrt{\left(x^2-a^2\right)^5} + \frac{a^2x}{24}\sqrt{\left(x^2-a^2\right)^3}$

$\displaystyle- \frac{a^4x}{16}\sqrt{x^2-a^2} + \frac{a^6}{16}\operatorname{arcosh}\left|\frac{x}{a}\right| \cdot \operatorname{sgn} x + C_1$

$\displaystyle= \frac{x}{6}\sqrt{\left(x^2-a^2\right)^5} + \frac{a^2x}{24}\sqrt{\left(x^2-a^2\right)^3}$

$\displaystyle- \frac{a^4x}{16}\sqrt{x^2-a^2} + \frac{a^6}{16}\ln\left|x+\sqrt{x^2-a^2}\right| + C_2$

(230) $\displaystyle\int x^3\sqrt{\left(x^2-a^2\right)^3}\,\mathrm{d}x = \frac{1}{7}\sqrt{\left(x^2-a^2\right)^7} + \frac{a^2}{5}\sqrt{\left(x^2-a^2\right)^5}$

(231) $\displaystyle\int \frac{1}{x}\sqrt{\left(x^2-a^2\right)^3}\,\mathrm{d}x = \frac{1}{3}\sqrt{\left(x^2-a^2\right)^3} - a^2\sqrt{x^2-a^2} + a^3\arccos\left|\frac{a}{x}\right|$

(232) $\displaystyle\int \frac{1}{x^2}\sqrt{\left(x^2-a^2\right)^3}\,\mathrm{d}x$

$\displaystyle= -\frac{1}{2}\sqrt{\left(x^2-a^2\right)^3} + \frac{3x}{2}\sqrt{x^2-a^2} - \frac{3a^2}{2}\operatorname{arcosh}\left|\frac{x}{a}\right| \cdot \operatorname{sgn} x + C_1$

$\displaystyle= -\frac{1}{2}\sqrt{\left(x^2-a^2\right)^3} + \frac{3x}{2}\sqrt{x^2-a^2} - \frac{3a^2}{2}\ln\left|x+\sqrt{x^2-a^2}\right| + C_2$

(233) $\displaystyle\int \frac{1}{x^3}\sqrt{\left(x^2-a^2\right)^3}\,\mathrm{d}x$

$$= -\frac{1}{2x^2}\sqrt{\left(x^2-a^2\right)^3} + \frac{3}{2}\sqrt{x^2-a^2} - \frac{3a}{2}\arccos\left|\frac{a}{x}\right|$$

(234) $\displaystyle\int \frac{\mathrm{d}x}{\sqrt{\left(x^2-a^2\right)^3}} = -\frac{x}{a^2\sqrt{x^2-a^2}}$

(235) $\displaystyle\int \frac{x\,\mathrm{d}x}{\sqrt{\left(x^2-a^2\right)^3}} = -\frac{1}{\sqrt{x^2-a^2}}$

(236) $\displaystyle\int \frac{x^2\,\mathrm{d}x}{\sqrt{\left(x^2-a^2\right)^3}} = -\frac{x}{\sqrt{x^2-a^2}} + \operatorname{arcosh}\left|\frac{x}{a}\right| \cdot \operatorname{sgn} x + C_1$

$$= -\frac{x}{\sqrt{x^2-a^2}} + \ln\left|x+\sqrt{x^2-a^2}\right| + C_2$$

(237) $\displaystyle\int \frac{x^3\,\mathrm{d}x}{\sqrt{\left(x^2-a^2\right)^3}} = \sqrt{x^2-a^2} - \frac{a^2}{\sqrt{x^2-a^2}} = \frac{x^2-2a^2}{\sqrt{x^2-a^2}}$

(238) $\displaystyle\int \frac{\mathrm{d}x}{x\sqrt{\left(x^2-a^2\right)^3}} = -\frac{1}{a^2\sqrt{x^2-a^2}} - \frac{1}{a^3}\arccos\left|\frac{a}{x}\right|$

(239) $\displaystyle\int \frac{\mathrm{d}x}{x^2\sqrt{\left(x^2-a^2\right)^3}} = -\frac{1}{a^4x}\sqrt{x^2-a^2} - \frac{x}{a^4\sqrt{x^2-a^2}}$

$$= -\frac{2x^2-a^2}{a^4x\sqrt{x^2-a^2}}$$

(240) $\displaystyle\int \frac{\mathrm{d}x}{x^3\sqrt{\left(x^2-a^2\right)^3}}$

$$= \frac{1}{2a^2x^2\sqrt{x^2-a^2}} - \frac{3}{2a^4\sqrt{x^2-a^2}} - \frac{3}{2a^5}\arccos\left|\frac{a}{x}\right|$$

14.2.7 Integrale mit $\sqrt{(ax^2 + bx + c)^n}$ (Radikand > 0)

(241) $$\int \frac{\mathrm{d}x}{\sqrt{ax^2+bx+c}} = \begin{cases} \frac{1}{\sqrt{a}} \ln\left|2\sqrt{a(ax^2+bx+c)} + 2ax + b\right| & a > 0 \\ \frac{1}{\sqrt{a}} \operatorname{arsinh} \frac{2ax+b}{\sqrt{4ac-b^2}} & \text{für } a > 0,\ 4ac - b^2 > 0 \\ \frac{1}{\sqrt{a}} \ln|2ax+b| & \text{für } a > 0,\ 4ac - b^2 = 0 \\ -\frac{1}{\sqrt{-a}} \arcsin \frac{2ax+b}{\sqrt{b^2-4ac}} & \text{für } a < 0,\ 4ac - b^2 < 0 \end{cases}$$

(242) $$\int \frac{\mathrm{d}x}{\sqrt{(ax^2+bx+c)^3}} = \frac{2(2ax+b)}{(4ac-b^2)\sqrt{ax^2+bx+c}} \quad 4ac - b^2 \neq 0$$

(243) $$\int \frac{\mathrm{d}x}{\sqrt{(ax^2+bx+c)^{2n+1}}} = \frac{2(2ax+b)}{2(n-1)(4ac-b^2)\sqrt{(ax^2+bx+c)^{2n-1}}} + \frac{8a(n-1)}{(2n-1)(4ac-b^2)} \int \frac{\mathrm{d}x}{\sqrt{(ax^2+bx+c)^{2n-1}}}$$

$$n \in \mathbb{N} \setminus \{0; 1\},\ 4ac - b^2 \neq 0$$

(244) $$\int \sqrt{ax^2+bx+c}\,\mathrm{d}x = \frac{(2ax+b)\sqrt{ax^2+bx+c}}{4a} + \frac{4ac-b^2}{8a} \int \frac{\mathrm{d}x}{\sqrt{ax^2+bx+c}} \quad \text{siehe (241)}$$

(245) $$\int \sqrt{(ax^2+bx+c)^3}\,\mathrm{d}x = \frac{2ax+b}{8a}\left(\sqrt{ax^2+bx+c} + \frac{3(4ac-b^2)}{8a}\right)\sqrt{ax^2+bx+c} + \frac{3(4ac-b^2)^2}{128a^2} \int \frac{\mathrm{d}x}{\sqrt{ax^2+bx+c}} \quad \text{siehe (241)}$$

14

(246) $$\int \sqrt{\left(ax^2+bx+c\right)^{2n+1}}\,\mathrm{d}x$$
$$= \frac{2ax+b}{4a(n+1)}\sqrt{\left(ax^2+bx+c\right)^{2n+1}}$$
$$+ \frac{(2n+1)\left(4ac-b^2\right)}{8a(n+1)}\int \sqrt{\left(ax^2+bx+c\right)^{2n-1}}\,\mathrm{d}x$$

(247) $$\int \frac{x\,\mathrm{d}x}{\sqrt{ax^2+bx+c}} = \frac{\sqrt{ax^2+bx+c}}{a} - \frac{b}{2a}\int \frac{\mathrm{d}x}{\sqrt{ax^2+bx+c}}$$
siehe (241)

(248) $$\int \frac{x\,\mathrm{d}x}{\sqrt{\left(ax^2+bx+c\right)^3}} = -\frac{2(bx+2c)}{\left(4ac-b^2\right)\sqrt{ax^2+bx+c}}$$
$4ac-b^2 \neq 0$

(249) $$\int \frac{x\,\mathrm{d}x}{\sqrt{\left(ax^2+bx+c\right)^{2n+1}}}$$
$$= -\frac{1}{(2n-1)a\sqrt{\left(ax^2+bx+c\right)^{2n-1}}} - \frac{b}{2a}\int \frac{\mathrm{d}x}{\sqrt{\left(ax^2+bx+c\right)^{2n+1}}}$$
siehe (243)

(250) $$\int \frac{x^2\,\mathrm{d}x}{\sqrt{ax^2+bx+c}}$$
$$= \frac{2ax-3b}{4a^2}\sqrt{ax^2+bx+c} + \frac{3b^2-4ac}{8a^2}\int \frac{\mathrm{d}x}{\sqrt{ax^2+bx+c}}$$
siehe (241)

(251) $$\int \frac{x^2\,\mathrm{d}x}{\sqrt{\left(ax^2+bx+c\right)^3}}$$
$$= \frac{\left(2b^2-4ac\right)x+2bc}{a\left(4ac-b^2\right)\sqrt{ax^2+bx+c}} + \frac{1}{a}\int \frac{\mathrm{d}x}{\sqrt{ax^2+bx+c}}$$
$4ac-b^2 \neq 0$, siehe (241)

(252) $$\int x\sqrt{ax^2+bx+c}\,\mathrm{d}x$$
$$= \frac{1}{3a}\sqrt{\left(ax^2+bx+c\right)^3} - \frac{b(2ax+b)}{8a^2}\sqrt{ax^2+bx+c}$$
$$- \frac{b\left(4ac-b^2\right)}{16a^2}\int \frac{\mathrm{d}x}{\sqrt{ax^2+bx+c}}$$
siehe (241)

(253) $\int x\sqrt{\left(ax^2+bx+c\right)^3}\,\mathrm{d}x$

$$= \frac{1}{5a}\sqrt{\left(ax^2+bx+c\right)^5} - \frac{b}{2a}\int \sqrt{\left(ax^2+bx+c\right)^3}\,\mathrm{d}x$$

siehe (245)

(254) $\int x\sqrt{\left(ax^2+bx+c\right)^{2n+1}}\,\mathrm{d}x$

$$= \frac{\sqrt{\left(ax^2+bx+c\right)^{2n+3}}}{(2n+3)a} - \frac{b}{2a}\int \sqrt{\left(ax^2+bx+c\right)^{2n+1}}\,\mathrm{d}x$$

siehe (246)

(255) $\int x^2\sqrt{ax^2+bx+c}\,\mathrm{d}x$

$$= \frac{6ax-5b}{24a^2}\sqrt{\left(ax^2+bx+c\right)^3} + \frac{5b^2-4ac}{16a^2}\int \sqrt{ax^2+bx+c}\,\mathrm{d}x$$

(256) $\int \frac{\mathrm{d}x}{x\sqrt{ax^2+bx+c}}$

$$= \begin{cases} -\frac{1}{\sqrt{c}}\ln\left|\frac{2}{x}\sqrt{c\left(ax^2+bx+c\right)}+\frac{2c}{x}+b\right| & \text{für } c>0 \\ -\frac{1}{\sqrt{c}}\operatorname{arsinh}\frac{bx+2c}{x\sqrt{4ac-b^2}} & \text{für } c>0, 4ac-b^2>0 \\ -\frac{1}{\sqrt{c}}\ln\left|\frac{bx+2c}{x}\right| & \text{für } c>0, 4ac-b^2=0 \\ \frac{1}{\sqrt{-c}}\arcsin\frac{bx+2c}{x\sqrt{b^2-4ac}} & \text{für } c<0, 4ac-b^2<0 \end{cases}$$

(257) $\int \frac{\mathrm{d}x}{x^2\sqrt{ax^2+bx+c}} = -\frac{\sqrt{ax^2+bx+c}}{cx} - \frac{b}{2c}\int \frac{\mathrm{d}x}{x\sqrt{ax^2+bx+c}}$

(258) $\int \frac{1}{x}\sqrt{ax^2+bx+c}\,\mathrm{d}x$

$$= \sqrt{ax^2+bx+c} - \frac{b}{2}\int \frac{\mathrm{d}x}{\sqrt{ax^2+bx+c}} + c\int \frac{\mathrm{d}x}{x\sqrt{ax^2+bx+c}}$$

siehe (241), (256)

(259) $\int \frac{1}{x^2}\sqrt{ax^2+bx+c}\,\mathrm{d}x$

$$= -\frac{1}{x}\sqrt{ax^2+bx+c} + a\int \frac{\mathrm{d}x}{\sqrt{ax^2+bx+c}} + \frac{b}{2}\int \frac{\mathrm{d}x}{x\sqrt{ax^2+bx+c}}$$

siehe (241), (256)

14.3 Integrale transzendenter Funktionen

14.3.1 Integrale mit e^{ax} (Exponentialfunktionen)

(260) $\int e^{ax}\,dx = \frac{1}{a}e^{ax}$

Grundintegrale: $\int e^{x}\,dx = e^{x}$; $\int a^{x}\,dx = \frac{a^{x}}{\ln a}$, $a \neq 1$

(261) $\int xe^{ax}\,dx = \frac{e^{ax}}{a^2}(ax-1)$

(262) $\int x^2e^{ax}\,dx = e^{ax}\left(\frac{x^2}{a} - \frac{2x}{a^2} + \frac{2}{a^3}\right)$

(263) $\int x^n e^{ax}\,dx = \frac{1}{a}x^n e^{ax} - \frac{n}{a}\int x^{n-1}e^{ax}\,dx$

(264) $\int \frac{e^{ax}}{x}\,dx = \ln|x| + \frac{ax}{1\cdot 1!} + \frac{(ax)^2}{2\cdot 2!} + \frac{(ax)^3}{3\cdot 3!} + \ldots$
siehe auch Integralexponentialfunktion

(265) $\int \frac{e^{ax}}{x^n}\,dx = \frac{1}{n-1}\left(-\frac{e^{ax}}{x^{n-1}} + a\int \frac{e^{ax}}{x^{n-1}}\,dx\right)$ $\quad n \neq 1$

(266) $\int \frac{dx}{1+e^{ax}} = \frac{1}{a}\ln\frac{e^{ax}}{1+e^{ax}}$

(267) $\int \frac{dx}{b+ce^{ax}} = \frac{x}{b} - \frac{1}{ab}\ln|b+ce^{ax}|$

(268) $\int \frac{e^{ax}\,dx}{b+ce^{ax}} = \frac{1}{ac}\ln|b+ce^{ax}|$

(269) $$\int \frac{dx}{be^{ax}+ce^{-ax}} = \begin{cases} \frac{1}{a\sqrt{bc}}\arctan\left(e^{ax}\sqrt{\frac{b}{c}}\right) & \text{für } bc > 0 \\ \frac{1}{a\sqrt{-bc}}\ln\left|\frac{c+e^{ax}\sqrt{-bc}}{c-e^{ax}\sqrt{-bc}}\right| & \text{für } bc < 0 \end{cases}$$

(270) $\int \frac{xe^{ax}\,dx}{(1+ax)^2} = \frac{e^{ax}}{a^2(1+ax)}$

(271) $\int e^{ax}\ln x\,dx = \frac{1}{a}\left(e^{ax}\ln|x| - \int\frac{e^{ax}\,dx}{x}\right)$

(272) $\int e^{ax}\sin bx\,dx = \frac{e^{ax}}{a^2+b^2}(a\sin bx - b\cos bx)$

(273) $\int e^{ax}\cos bx\,dx = \frac{e^{ax}}{a^2+b^2}(a\cos bx + b\sin bx)$

(274) $\displaystyle\int e^{ax}\sin^n x\,dx = \frac{e^{ax}\sin^{n-1}x}{a^2+n^2}(a\sin x - n\cos x) + \frac{n(n-1)}{a^2+n^2}\int e^{ax}\sin^{n-2}x\,dx$

(275) $\displaystyle\int e^{ax}\cos^n x\,dx = \frac{e^{ax}\cos^{n-1}x}{a^2+n^2}(a\cos x + n\sin x) + \frac{n(n-1)}{a^2+n^2}\int e^{ax}\cos^{n-2}x\,dx$

(276) $\displaystyle\int xe^{ax}\sin bx\,dx = \frac{xe^{ax}}{a^2+b^2}(a\sin bx - b\cos bx) - \frac{e^{ax}}{\left(a^2+b^2\right)^2}\Big(\left(a^2-b^2\right)\sin bx - 2ab\cos bx\Big)$

(277) $\displaystyle\int xe^{ax}\cos bx\,dx = \frac{xe^{ax}}{a^2+b^2}(a\cos bx + b\sin bx) - \frac{e^{ax}}{\left(a^2+b^2\right)^2}\Big(\left(a^2-b^2\right)\cos bx + 2ab\sin bx\Big)$

14.3.2 Integrale der Hyberbelfunktionen

(278) $\displaystyle\int \sinh ax\,dx = \frac{1}{a}\cosh ax$ Grundintegral: $\displaystyle\int \sinh x\,dx = \cosh x$

(279) $\displaystyle\int \cosh ax\,dx = \frac{1}{a}\sinh ax$ Grundintegral: $\displaystyle\int \cosh x\,dx = \sinh x$

Grundintegrale: $\displaystyle\int \frac{dx}{\cosh^2 x} = \tanh x$ $\displaystyle\int \frac{dx}{\sinh^2 x} = -\coth x$

(280) $\displaystyle\int \sinh^n ax\,dx$ $n \neq -1$

$$= \begin{cases} \dfrac{1}{an}\sinh^{n-1}ax\cosh ax - \dfrac{n-1}{n}\displaystyle\int \sinh^{n-2}ax\,dx & \text{für } n>0 \\ \dfrac{1}{a(n+1)}\sinh^{n+1}ax\cosh ax - \dfrac{n+2}{n+1}\displaystyle\int \sinh^{n+2}ax\,dx & \text{für } n<0 \end{cases}$$

(281) $\displaystyle\int \cosh^n ax\,dx$ $n \neq -1$

$$= \begin{cases} \dfrac{1}{an}\sinh ax\cosh^{n-1}ax + \dfrac{n-1}{n}\displaystyle\int \cosh^{n-2}ax\,dx & \text{für } n>0 \\ -\dfrac{1}{a(n+1)}\sinh ax\cosh^{n+1}ax + \dfrac{n+2}{n+1}\displaystyle\int \cosh^{n+2}ax\,dx & \text{für } n<0 \end{cases}$$

14

(282) $$\int \frac{\mathrm{d}x}{\sinh ax} = \frac{1}{a} \ln \left|\tanh \frac{ax}{2}\right|$$

(283) $$\int \frac{\mathrm{d}x}{\cosh ax} = \frac{2}{a} \arctan \mathrm{e}^{ax}$$

(284) $$\int x \sinh ax \, \mathrm{d}x = \frac{x}{a} \cosh ax - \frac{1}{a^2} \sinh ax$$

(285) $$\int x \cosh ax \, \mathrm{d}x = \frac{x}{a} \sinh ax - \frac{1}{a^2} \cosh ax$$

(286) $$\int \sinh ax \sinh bx \, \mathrm{d}x = \frac{1}{a^2 - b^2} (a \sinh bx \cosh ax - b \cosh bx \sinh ax) \qquad a^2 \neq b^2$$

(287) $$\int \cosh ax \cosh bx \, \mathrm{d}x = \frac{1}{a^2 - b^2} (a \sinh ax \cosh bx - b \sinh bx \cosh ax) \qquad a^2 \neq b^2$$

(288) $$\int \cosh ax \sinh bx \, \mathrm{d}x = \frac{1}{a^2 - b^2} (a \sinh ax \sinh bx - b \cosh ax \cosh bx) \qquad a^2 \neq b^2$$

(289) $$\int \frac{\cosh^n ax}{\sinh^m ax} \mathrm{d}x$$
$$= \begin{cases} \dfrac{1}{a(n-m)} \dfrac{\cosh^{n-1} ax}{\sinh^{m-1} ax} + \dfrac{n-1}{n-m} \displaystyle\int \dfrac{\cosh^{n-2} ax}{\sinh^m ax} \mathrm{d}x & \text{für } m \neq n \\ \dfrac{-1}{a(m-1)} \dfrac{\cosh^{n+1} ax}{\sinh^{m-1} ax} + \dfrac{n-m+2}{m-1} \displaystyle\int \dfrac{\cosh^n ax}{\sinh^{m-2} ax} \mathrm{d}x & \text{für } m \neq 1 \\ \dfrac{-1}{a(m-1)} \dfrac{\cosh^{n-1} ax}{\sinh^{m-1} ax} + \dfrac{n-1}{m-1} \displaystyle\int \dfrac{\cosh^{n-2} ax}{\sinh^{m-2} ax} \mathrm{d}x & \text{für } m \neq 1 \end{cases}$$

(290) $$\int \frac{\sinh^n ax}{\cosh^m ax} \mathrm{d}x$$
$$= \begin{cases} \dfrac{1}{a(n-m)} \dfrac{\sinh^{n-1} ax}{\cosh^{m-1} ax} + \dfrac{n-1}{n-m} \displaystyle\int \dfrac{\sinh^{n-2} ax}{\cosh^m ax} \mathrm{d}x & \text{für } m \neq n \\ -\dfrac{1}{a(m-1)} \dfrac{\sinh^{n+1} ax}{\cosh^{m-1} ax} + \dfrac{n-m+2}{m-1} \displaystyle\int \dfrac{\sinh^n ax}{\cosh^{m-2} ax} \mathrm{d}x & \text{für } m \neq 1 \\ -\dfrac{1}{a(m-1)} \dfrac{\sinh^{n-1} ax}{\cosh^{m-1} ax} + \dfrac{n-1}{m-1} \displaystyle\int \dfrac{\sinh^{n-2} ax}{\cosh^{m-2} ax} \mathrm{d}x & \text{für } m \neq 1 \end{cases}$$

(291) $$\int \tanh ax \, \mathrm{d}x = \frac{1}{a} \ln |\cosh ax|$$

(292) $$\int \coth ax \, \mathrm{d}x = \frac{1}{a} \ln |\sinh ax|$$

(293) $\int \tanh^n ax \, \mathrm{d}x = -\frac{1}{a(n-1)} \tanh^{n-1} ax + \int \tanh^{n-2} ax \, \mathrm{d}x \qquad n \neq 1$

(294) $\int \coth^n ax \, \mathrm{d}x = -\frac{1}{a(n-1)} \coth^{n-1} ax + \int \coth^{n-2} ax \, \mathrm{d}x \qquad n \neq 1$

(295) $$\int \sinh(ax+b)\sin(cx+d)\,\mathrm{d}x = \frac{a}{a^2+c^2}\cosh(ax+b)\sin(cx+d) - \frac{c}{a^2+c^2}\sinh(ax+b)\cos(cx+d)$$

(296) $$\int \sinh(ax+b)\cos(cx+d)\,\mathrm{d}x = \frac{a}{a^2+c^2}\cosh(ax+b)\cos(cx+d) + \frac{c}{a^2+c^2}\sinh(ax+b)\sin(cx+d)$$

(297) $$\int \cosh(ax+b)\cos(cx+d)\,\mathrm{d}x = \frac{a}{a^2+c^2}\sinh(ax+b)\cos(cx+d) + \frac{c}{a^2+c^2}\cosh(ax+b)\sin(cx+d)$$

(298) $$\int \cosh(ax+b)\sin(cx+d)\,\mathrm{d}x = \frac{a}{a^2+c^2}\sinh(ax+b)\sin(cx+d) - \frac{c}{a^2+c^2}\cosh(ax+b)\cos(cx+d)$$

14.3.3 Integrale mit ln *x* (logarithmische Funktion)

(299) $\int \ln x \, \mathrm{d}x = x \ln x - x$

(300) $\int (\ln x)^2 \, \mathrm{d}x = x(\ln x)^2 - 2x\ln x + 2x$

(301) $\int (\ln x)^3 \, \mathrm{d}x = x(\ln x)^3 - 3x(\ln x)^2 + 6x\ln x - 6x$

(302) $\int (\ln x)^n \, \mathrm{d}x = x(\ln x)^n - n\int (\ln x)^{n-1} \, \mathrm{d}x \qquad n \neq -1$

(303) $\int \frac{\mathrm{d}x}{\ln x} = \ln|\ln x| + \ln x + \frac{(\ln x)^2}{2\cdot 2!} + \frac{(\ln x)^3}{3\cdot 3!} + \ldots$

(siehe Integrallogarithmus)

(304) $\int \frac{\mathrm{d}x}{(\ln x)^n} = -\frac{x}{(n-1)(\ln x)^{n-1}} + \frac{1}{n-1}\int \frac{\mathrm{d}x}{(\ln x)^{n-1}} \qquad n \neq 1$

(305) $\int x^m \ln x \, \mathrm{d}x = x^{m+1}\left(\frac{\ln x}{m+1} - \frac{1}{(m+1)^2}\right) \qquad m \neq -1$

(306) $\int x^m (\ln x)^n \, \mathrm{d}x = \frac{x^{m+1}(\ln x)^n}{m+1} - \frac{n}{m+1}\int x^m (\ln x)^{n-1} \, \mathrm{d}x$

$m, n \neq -1$

(307) $\int \frac{1}{x}(\ln x)^n \, \mathrm{d}x = \frac{(\ln x)^{n+1}}{n+1} \qquad n \neq -1$

(308) $\displaystyle\int \frac{1}{x^m} \ln x \,\mathrm{d}x = -\frac{\ln x}{(m-1)x^{m-1}} - \frac{1}{(m-1)^2 x^{m-1}}$ $\quad m \neq 1$

(309) $\displaystyle\int \frac{1}{x^m} (\ln x)^n \,\mathrm{d}x = -\frac{(\ln x)^n}{(m-1)x^{m-1}} + \frac{n}{m-1} \int \frac{1}{x^m} (\ln x)^{n-1} \,\mathrm{d}x$ $\quad m \neq 1$

(310) $\displaystyle\int \frac{1}{\ln x} x^m \,\mathrm{d}x = \int \frac{\mathrm{e}^{-\tau}}{\tau} \,\mathrm{d}\tau \quad \text{mit } \tau = -(m+1)\ln x$

(311) $\displaystyle\int \frac{1}{(\ln x)^n} x^m \,\mathrm{d}x = -\frac{x^{m+1}}{(n-1)(\ln x)^{n-1}} + \frac{m+1}{n-1} \int \frac{1}{(\ln x)^{n-1}} x^m \,\mathrm{d}x$ $\quad n \neq 1$

(312) $\displaystyle\int \frac{\mathrm{d}x}{x \ln x} = \ln |\ln x|$

(313) $\displaystyle\int \frac{\mathrm{d}x}{x^n \ln x} = \ln |\ln x| - (n-1)\ln x + \frac{(n-1)^2 (\ln x)^2}{2 \cdot 2!} - \frac{(n-1)^3 (\ln x^3)}{3 \cdot 3!} \pm \ldots$

(314) $\displaystyle\int \frac{\mathrm{d}x}{x(\ln x)^n} = -\frac{1}{(n-1)(\ln x)^{n-1}}$ $\quad n \neq 1$

(315) $\displaystyle\int \frac{\mathrm{d}x}{x^m (\ln x)^n} = -\frac{1}{x^{m-1}(n-1)(\ln x)^{n-1}} - \frac{m-1}{n-1} \int \frac{\mathrm{d}x}{x^m (\ln x)^{n-1}}$ $\quad n \neq 1$

(316) $\displaystyle\int \sin(\ln x) \,\mathrm{d}x = \frac{x}{2}\Big(\sin\big(\ln x\big) - \cos\big(\ln x\big)\Big)$

(317) $\displaystyle\int \cos(\ln x) \,\mathrm{d}x = \frac{x}{2}\Big(\sin\big(\ln x\big) + \cos\big(\ln x\big)\Big)$

(318) $\displaystyle\int \mathrm{e}^{ax} \ln x \,\mathrm{d}x = \frac{1}{a}\left(\mathrm{e}^{ax} \ln x - \int \frac{\mathrm{e}^{ax}}{x} \,\mathrm{d}x \right)$

14.3.4 Integrale mit sin *ax*

(319) $\displaystyle\int \sin ax \,\mathrm{d}x = -\frac{1}{a} \cos ax$ $\quad$ Grundintegral: $\displaystyle\int \sin x \,\mathrm{d}x = -\cos x$

(320) $\displaystyle\int \sin^2 ax \,\mathrm{d}x = \frac{x}{2} - \frac{1}{4a} \sin 2ax$

(321) $\displaystyle\int \sin^3 ax \,\mathrm{d}x = -\frac{1}{a} \cos ax + \frac{1}{3a} \cos^3 ax$

(322) $\displaystyle\int \sin^n ax \,\mathrm{d}x = -\frac{\sin^{n-1} ax \cos ax}{na} + \frac{n-1}{n} \int \sin^{n-2} ax \,\mathrm{d}x$ $\quad n \in \mathbb{N}^*$

(323) $\displaystyle\int x \sin ax \,\mathrm{d}x = \frac{\sin ax}{a^2} - \frac{x \cos ax}{a}$

(324) $\int x^2 \sin ax\,\mathrm{d}x = \frac{2x}{a^2}\sin ax - \left(\frac{x^2}{a} - \frac{2}{a^3}\right)\cos ax$

(325) $\int x^3 \sin ax\,\mathrm{d}x = \left(\frac{3x^2}{a^2} - \frac{6}{a^4}\right)\sin ax - \left(\frac{x^3}{a} - \frac{6x}{a^3}\right)\cos ax$

(326) $\int x^n \sin ax\,\mathrm{d}x = -\frac{x^n}{a}\cos ax + \frac{n}{a}\int x^{n-1}\cos ax\,\mathrm{d}x$ $\qquad n > 0$

(327) $\int \frac{\sin ax}{x}\,\mathrm{d}x = ax - \frac{(ax)^3}{3\cdot 3!} + \frac{(ax)^5}{5\cdot 5!} \mp \ldots$ $\qquad$ (siehe Integralsinus)

(328) $\int \frac{\sin ax}{x^2}\,\mathrm{d}x = -\frac{\sin ax}{x} + a\int \frac{\cos ax}{x^2}\,\mathrm{d}x$ $\qquad$ siehe (364)

(329) $\int \frac{\sin ax}{x^n}\,\mathrm{d}x = -\frac{1}{n-1}\frac{\sin ax}{x^{n-1}} + \frac{a}{n-1}\int \frac{\cos ax}{x^{n-1}}\,\mathrm{d}x$

$n \neq 1$, siehe (365)

(330) $\int \frac{\mathrm{d}x}{\sin ax} = \frac{1}{a}\ln\left|\tan\frac{ax}{2}\right| = \frac{1}{a}\ln|\csc ax - \cot ax|$ $\qquad$ $\csc =$ Kosekans

(331) $\int \frac{\mathrm{d}x}{\sin^2 ax} = -\frac{1}{a}\cot ax$ $\qquad$ Grundintegral: $\int \frac{\mathrm{d}x}{\sin^2 x} = -\cot x$

(332) $\int \frac{\mathrm{d}x}{\sin^3 ax} = -\frac{\cos ax}{2a\sin^2 ax} + \frac{1}{2a}\ln\left|\tan\frac{ax}{2}\right|$

(333) $\int \frac{\mathrm{d}x}{\sin^n ax} = -\frac{1}{a(n-1)}\frac{\cos ax}{\sin^{n-1} ax} + \frac{n-2}{n-1}\int \frac{\mathrm{d}x}{\sin^{n-2} ax}$ $\qquad n > 1$

(334) $\int \frac{x\,\mathrm{d}x}{\sin ax} = \frac{1}{a^2}\left(ax + \frac{(ax)^3}{3\cdot 3!} + \frac{7(ax)^5}{3\cdot 5\cdot 5!} + \frac{31(ax)^7}{3\cdot 7\cdot 7!} + \frac{127(ax)^9}{3\cdot 5\cdot 9!}\right.$

$\left. + \ldots + \frac{(-1)^{n+1}2(2^{2n-1}-1)}{(2n+1)!}\mathrm{B}_{2n}(ax)^{2n+1} + \ldots\right)$

B_n BERNOULLIsche Zahlen, siehe 12.1.5

(335) $\int \frac{x\,\mathrm{d}x}{\sin^2 ax} = -\frac{x}{a}\cot ax + \frac{1}{a^2}\ln|\sin ax|$

(336) $\int \frac{x\,\mathrm{d}x}{\sin^n ax} = -\frac{x\cos ax}{(n-1)a\sin^{n-1} ax} - \frac{1}{(n-1)(n-2)a^2\sin^{n-2} ax}$

$+ \frac{n-2}{n-1}\int \frac{x\,\mathrm{d}x}{\sin^{n-2} ax}$ $\qquad n > 2$

(337) $\int \frac{\mathrm{d}x}{1 \pm \sin ax} = \mp\frac{1}{a}\tan\left(\frac{\pi}{4} \mp \frac{ax}{2}\right)$

(338) $\int \frac{x\,\mathrm{d}x}{1 + \sin ax} = \frac{x}{a}\tan\left(\frac{ax}{2} - \frac{\pi}{4}\right) + \frac{2}{a^2}\ln\left|\cos\left(\frac{ax}{2} - \frac{\pi}{4}\right)\right|$

(339) $\int \frac{x\,\mathrm{d}x}{1 - \sin ax} = \frac{x}{a}\cot\left(\frac{\pi}{4} - \frac{ax}{2}\right) + \frac{2}{a^2}\ln\left|\sin\left(\frac{\pi}{4} - \frac{ax}{2}\right)\right|$

(340) $\displaystyle\int \frac{\mathrm{d}x}{\sin ax(1 \pm \sin ax)} = \frac{1}{a}\tan\left(\frac{\pi}{4} \mp \frac{ax}{2}\right) + \frac{1}{a}\ln\left|\tan\frac{ax}{2}\right|$

(341) $\displaystyle\int \frac{\mathrm{d}x}{(1+\sin ax)^2} = -\frac{1}{2a}\tan\left(\frac{\pi}{4} - \frac{ax}{2}\right) - \frac{1}{6a}\tan^3\left(\frac{\pi}{4} - \frac{ax}{2}\right)$

(342) $\displaystyle\int \frac{\mathrm{d}x}{(1-\sin ax)^2} = \frac{1}{2a}\cot\left(\frac{\pi}{4} - \frac{ax}{2}\right) + \frac{1}{6a}\cot^3\left(\frac{\pi}{4} - \frac{ax}{2}\right)$

(343) $\displaystyle\int \frac{\sin ax\,\mathrm{d}x}{1 \pm \sin ax} = \pm x + \frac{1}{a}\tan\left(\frac{\pi}{4} \mp \frac{ax}{2}\right)$

(344) $\displaystyle\int \frac{\sin ax\,\mathrm{d}x}{(1+\sin ax)^2} = -\frac{1}{2a}\tan\left(\frac{\pi}{4} - \frac{ax}{2}\right) + \frac{1}{6a}\tan^3\left(\frac{\pi}{4} - \frac{ax}{2}\right)$

(345) $\displaystyle\int \frac{\sin ax\,\mathrm{d}x}{(1-\sin ax)^2} = -\frac{1}{2a}\cot\left(\frac{\pi}{4} - \frac{ax}{2}\right) + \frac{1}{6a}\cot^3\left(\frac{\pi}{4} - \frac{ax}{2}\right)$

(346) $\displaystyle\int \frac{\mathrm{d}x}{1+\sin^2 ax} = \frac{1}{2\sqrt{2}a}\arcsin\left(\frac{3\sin^2 ax - 1}{\sin^2 ax + 1}\right)$

(347) $\displaystyle\int \frac{\mathrm{d}x}{1-\sin^2 ax} = \int \frac{\mathrm{d}x}{\cos^2 ax} = \frac{1}{a}\tan ax$

(348) $\displaystyle\int \frac{\mathrm{d}x}{b+c\sin ax}$

$$= \begin{cases} \dfrac{2}{a\sqrt{b^2-c^2}}\arctan\dfrac{b\tan\dfrac{ax}{2}+c}{\sqrt{b^2-c^2}} & \text{für } b^2 > c^2 \\[2ex] \dfrac{1}{a\sqrt{c^2-b^2}}\ln\left|\dfrac{b\tan\dfrac{ax}{2}+c-\sqrt{c^2-b^2}}{b\tan\dfrac{ax}{2}+c+\sqrt{c^2-b^2}}\right| & \text{für } b^2 < c^2 \end{cases}$$

(349) $\displaystyle\int \frac{\sin ax\,\mathrm{d}x}{b+c\sin ax} = \frac{x}{c} - \frac{b}{c}\int \frac{\mathrm{d}x}{b+c\sin ax}$ siehe (348)

(350) $\displaystyle\int \frac{\mathrm{d}x}{\sin ax(b+c\sin ax)} = \frac{1}{ab}\ln\left|\tan\frac{ax}{2}\right| - \frac{c}{b}\int \frac{\mathrm{d}x}{b+c\sin ax}$

siehe (348)

(351) $\displaystyle\int \frac{\mathrm{d}x}{(b+c\sin ax)^2} = \frac{c\cos ax}{a(b^2-c^2)(b+c\sin ax)} + \frac{c}{c^2-b^2}\int \frac{\mathrm{d}x}{b+c\sin ax}$

siehe (348)

(352) $\displaystyle\int \frac{\sin ax\,\mathrm{d}x}{(b+c\sin ax)^2} = \frac{b\cos ax}{a(c^2-b^2)(b+c\sin ax)} + \frac{c}{c^2-b^2}\int \frac{\mathrm{d}x}{b+c\sin ax}$

siehe (348)

(353) $\displaystyle\int \frac{\mathrm{d}x}{b^2 + c^2 \sin^2 ax} = \frac{1}{ab\sqrt{b^2+c^2}} \arctan \frac{\sqrt{b^2+c^2}\tan ax}{b}$ $\quad b > 0$

(354) $\displaystyle\int \frac{\mathrm{d}x}{b^2 - c^2 \sin^2 ax}$

$$= \begin{cases} \dfrac{1}{ab\sqrt{b^2-c^2}} \arctan \dfrac{\sqrt{b^2-c^2}\tan ax}{b} & \text{für } b^2 > c^2,\ b > 0 \\[2ex] \dfrac{1}{2ab\sqrt{c^2-b^2}} \ln \left| \dfrac{\sqrt{c^2-b^2}\tan ax + b}{\sqrt{c^2-b^2}\tan ax - b} \right| & \text{für } b^2 < c^2,\ b > 0 \end{cases}$$

14.3.5 Integrale mit cos *ax*

(355) $\displaystyle\int \cos ax \,\mathrm{d}x = \frac{1}{a} \sin ax$ $\qquad$ Grundintegral: $\displaystyle\int \cos x \,\mathrm{d}x = \sin x$

(356) $\displaystyle\int \cos^2 ax \,\mathrm{d}x = \frac{x}{2} + \frac{1}{4a} \sin 2ax$

(357) $\displaystyle\int \cos^3 ax \,\mathrm{d}x = \frac{1}{a} \sin ax - \frac{1}{3a} \sin^3 ax$

(358) $\displaystyle\int \cos^n ax \,\mathrm{d}x = \frac{\cos^{n-1} ax \sin ax}{na} + \frac{n-1}{n} \int \cos^{n-2} ax \,\mathrm{d}x$ $\qquad n \in \mathbb{N}^*$

(359) $\displaystyle\int x \cos ax \,\mathrm{d}x = \frac{\cos ax}{a^2} + \frac{x \sin ax}{a}$

(360) $\displaystyle\int x^2 \cos ax \,\mathrm{d}x = \frac{2x}{a^2} \cos ax + \left(\frac{x^2}{a} - \frac{2}{a^3} \right) \sin ax$

(361) $\displaystyle\int x^3 \cos ax \,\mathrm{d}x = \left(\frac{3x^2}{a^2} - \frac{6}{a^4} \right) \cos ax + \left(\frac{x^3}{a} - \frac{6x}{a^3} \right) \sin ax$

(362) $\displaystyle\int x^n \cos ax \,\mathrm{d}x = \frac{x^n}{a} \sin ax - \frac{n}{a} \int x^{n-1} \sin ax \,\mathrm{d}x$

$n \in \mathbb{N}^*$, siehe (326)

(363) $\displaystyle\int \frac{\cos ax}{x} \,\mathrm{d}x = \ln |ax| - \frac{(ax)^2}{2 \cdot 2!} + \frac{(ax)^4}{4 \cdot 4!} \mp \ldots$

(siehe Integralkosinus)

(364) $\displaystyle\int \frac{\cos ax}{x^2} \,\mathrm{d}x = -\frac{\cos ax}{x} - a \int \frac{\sin ax}{x^2} \,\mathrm{d}x$ $\qquad$ siehe (327)

(365) $$\int \frac{\cos ax}{x^n}\,\mathrm{d}x = -\frac{1}{n-1}\frac{\cos ax}{x^{n-1}} - \frac{a}{n-1}\int \frac{\sin ax}{x^{n-1}}\,\mathrm{d}x$$

$n \neq 1$, siehe (329)

(366) $$\int \frac{\mathrm{d}x}{\cos ax} = \frac{1}{a}\ln\left|\tan\left(\frac{ax}{2}+\frac{\pi}{4}\right)\right| = \frac{1}{a}\ln|\sec ax + \tan ax|$$

sec = Sekans

(367) $$\int \frac{\mathrm{d}x}{\cos^2 ax} = \frac{1}{a}\tan ax$$ $ax \neq \pi/2 + k\pi$

Grundintegral: $\int \frac{\mathrm{d}x}{\cos^2 x} = \tan x$ $x \neq \pi/2 + k\pi$

(368) $$\int \frac{\mathrm{d}x}{\cos^3 ax} = \frac{\sin ax}{2a\cos^2 ax} + \frac{1}{2a}\ln\left|\tan\left(\frac{ax}{2}+\frac{\pi}{4}\right)\right|$$

(369) $$\int \frac{\mathrm{d}x}{\cos^n ax} = \frac{1}{a(n-1)}\frac{\sin ax}{\cos^{n-1} ax} + \frac{n-2}{n-1}\int \frac{\mathrm{d}x}{\cos^{n-2} ax}$$ $n > 1$

(370) $$\int \frac{x\,\mathrm{d}x}{\cos ax} = \frac{1}{a^2}\left(\frac{(ax)^2}{2} + \frac{(ax)^4}{4\cdot 2!} + \frac{5(ax)^6}{6\cdot 4!} + \frac{61(ax)^8}{8\cdot 6!} + \frac{1385(ax)^{10}}{10\cdot 8!} + \ldots + \frac{(-1)^n}{(2n+2)(2n)!}\mathrm{E}_{2n}(ax)^{2n+2} + \ldots\right)$$

E_n EULERsche Zahlen, siehe 12.1.5

(371) $$\int \frac{x\,\mathrm{d}x}{\cos^2 ax} = \frac{x}{a}\tan ax + \frac{1}{a^2}\ln|\cos ax|$$

(372) $$\int \frac{x\,\mathrm{d}x}{\cos^n ax} = \frac{x\sin ax}{(n-1)a\cos^{n-1} ax} - \frac{1}{(n-1)(n-2)a^2\cos^{n-2} ax} + \frac{n-2}{n-1}\int \frac{x\,\mathrm{d}x}{\cos^{n-2} ax}$$ $n > 2$

(373) $$\int \frac{\mathrm{d}x}{1+\cos ax} = \frac{1}{a}\tan\frac{ax}{2}$$

(374) $$\int \frac{\mathrm{d}x}{1-\cos ax} = -\frac{1}{a}\cot\frac{ax}{2}$$

(375) $$\int \frac{x\,\mathrm{d}x}{1+\cos ax} = \frac{x}{a}\tan\frac{ax}{2} + \frac{2}{a^2}\ln\left|\cos\frac{ax}{2}\right|$$

(376) $$\int \frac{x\,\mathrm{d}x}{1-\cos ax} = -\frac{x}{a}\cot\frac{ax}{2} + \frac{2}{a^2}\ln\left|\sin\frac{ax}{2}\right|$$

(377) $$\int \frac{\mathrm{d}x}{\cos ax(1+\cos ax)} = \frac{1}{a}\ln\left|\tan\left(\frac{\pi}{4}+\frac{ax}{2}\right)\right| - \frac{1}{a}\tan\frac{ax}{2}$$

(378) $$\int \frac{\mathrm{d}x}{\cos ax(1-\cos ax)} = \frac{1}{a}\ln\left|\tan\left(\frac{\pi}{4}+\frac{ax}{2}\right)\right| - \frac{1}{a}\cot\frac{ax}{2}$$

(379) $\displaystyle\int \frac{\mathrm{d}x}{(1+\cos ax)^2} = \frac{1}{2a}\tan\frac{ax}{2} + \frac{1}{6a}\tan^3\frac{ax}{2}$

(380) $\displaystyle\int \frac{\mathrm{d}x}{(1-\cos ax)^2} = -\frac{1}{2a}\cot\frac{ax}{2} - \frac{1}{6a}\cot^3\frac{ax}{2}$

(381) $\displaystyle\int \frac{\cos ax}{1+\cos ax}\,\mathrm{d}x = x - \frac{1}{a}\tan\frac{ax}{2}$

(382) $\displaystyle\int \frac{\cos ax}{1-\cos ax}\,\mathrm{d}x = -x - \frac{1}{a}\cot\frac{ax}{2}$

(383) $\displaystyle\int \frac{\cos ax}{(1+\cos ax)^2}\,\mathrm{d}x = \frac{1}{2a}\tan\frac{ax}{2} - \frac{1}{6a}\tan^3\frac{ax}{2}$

(384) $\displaystyle\int \frac{\cos ax}{(1-\cos ax)^2}\,\mathrm{d}x = \frac{1}{2a}\cot\frac{ax}{2} - \frac{1}{6a}\cot^3\frac{ax}{2}$

(385) $\displaystyle\int \frac{\mathrm{d}x}{1+\cos^2 ax} = \frac{1}{2\sqrt{2}a}\arcsin\left(\frac{1-3\cos^2 ax}{1+\cos^2 ax}\right)$

(386) $\displaystyle\int \frac{\mathrm{d}x}{1-\cos^2 ax} = \int \frac{\mathrm{d}x}{\sin^2 ax} = -\frac{1}{a}\cot ax$

(387) $\displaystyle\int \frac{\mathrm{d}x}{b+c\cos ax}$

$$= \begin{cases} \dfrac{2}{a\sqrt{b^2-c^2}}\arctan\dfrac{(b-c)\tan\dfrac{ax}{2}}{\sqrt{b^2-c^2}} & \text{für } b^2 > c^2 \\[2ex] \dfrac{1}{a\sqrt{c^2-b^2}}\ln\left|\dfrac{(c-b)\tan\dfrac{ax}{2}+\sqrt{c^2-b^2}}{(c-b)\tan\dfrac{ax}{2}-\sqrt{c^2-b^2}}\right| & \text{für } b^2 < c^2 \end{cases}$$

(388) $\displaystyle\int \frac{\cos ax}{b+c\cos ax}\,\mathrm{d}x = \frac{x}{c} - \frac{b}{c}\int\frac{\mathrm{d}x}{b+c\cos ax}$ siehe (387)

(389) $\displaystyle\int \frac{\mathrm{d}x}{\cos ax(b+c\cos ax)} = \frac{1}{ab}\ln\left|\tan\frac{ax}{2}+\frac{\pi}{4}\right| - \frac{c}{b}\int\frac{\mathrm{d}x}{b+c\cos ax}$ siehe (387)

(390) $\displaystyle\int \frac{\mathrm{d}x}{(b+c\cos ax)^2}$

$$= \frac{c\sin ax}{a\left(c^2-b^2\right)(b+c\cos ax)} - \frac{b}{c^2-b^2}\int\frac{\mathrm{d}x}{b+c\cos ax}$$ siehe (387)

(391) $\displaystyle\int \frac{\cos ax\,\mathrm{d}x}{(b+c\cos ax)^2}$

$$= \frac{b\sin ax}{a\left(b^2-c^2\right)(b+c\cos ax)} - \frac{c}{b^2-c^2}\int\frac{\mathrm{d}x}{b+c\cos ax}$$ siehe (387)

14

(392) $\int \frac{\mathrm{d}x}{b^2 + c^2 \cos^2 ax} = \frac{1}{ab\sqrt{b^2+c^2}} \arctan \frac{b \tan ax}{\sqrt{b^2+c^2}}$ $\qquad b > 0$

(393) $\int \frac{\mathrm{d}x}{b^2 - c^2 \cos^2 ax}$

$$= \begin{cases} \frac{1}{ab\sqrt{b^2-c^2}} \arctan \frac{b \tan ax}{\sqrt{b^2+c^2}} & \text{für } b^2 > c^2, b > 0 \\ \frac{1}{2ab\sqrt{c^2-b^2}} \ln \left| \frac{b \tan ax - \sqrt{c^2-b^2}}{b \tan ax + \sqrt{c^2-b^2}} \right| & \text{für } b^2 < c^2, b > 0 \end{cases}$$

Ungleiche Winkel

(394) $\int \sin ax \sin bx \,\mathrm{d}x = \frac{\sin(a-b)x}{2(a-b)} - \frac{\sin(a+b)x}{2(a+b)}$ $\qquad |a| \neq |b|$

(395) $\int \sin ax \sin(ax + \varphi) \,\mathrm{d}x = -\frac{1}{4a} \sin(2ax + \varphi) + \frac{x}{2} \cos \varphi$

(396) $\int \cos ax \cos bx \,\mathrm{d}x = \frac{\sin(a-b)x}{2(a-b)} + \frac{\sin(a+b)x}{2(a+b)}$ $\qquad |a| \neq |b|$

(397) $\int \cos ax \cos(ax + \varphi) \,\mathrm{d}x = \frac{1}{4a} \sin(2ax + \varphi) + \frac{x}{2} \cos \varphi$

14.3.6 Integrale mit sin *ax* und cos *ax* bzw. cos *bx*

(398) $\int \sin ax \cos ax \,\mathrm{d}x = \frac{1}{2a} \sin^2 ax$

(399) $\int \sin^2 ax \cos^2 ax \,\mathrm{d}x = \frac{x}{8} - \frac{\sin 4ax}{32a}$

(400) $\int \sin^n ax \cos ax \,\mathrm{d}x = \frac{1}{a(n+1)} \sin^{n+1} ax$ $\qquad n \neq -1$

(401) $\int \sin ax \cos^n ax \,\mathrm{d}x = -\frac{1}{a(n+1)} \cos^{n+1} ax$ $\qquad n \neq -1$

(402) $\int \sin^n ax \cos^m ax \,\mathrm{d}x$

$$= -\frac{\sin^{n-1} ax \cos^{m+1} ax}{a(n+m)} + \frac{n-1}{n+m} \int \sin^{n-2} ax \cos^m ax \,\mathrm{d}x$$

$$= \frac{\sin^{n+1} ax \cos^{m-1} ax}{a(n+m)} + \frac{m-1}{n+m} \int \sin^n ax \cos^{m-2} ax \,\mathrm{d}x \qquad m, n > 0$$

(403) $\int \frac{\mathrm{d}x}{\sin ax \cos ax} = \frac{1}{a} \ln |\tan ax|$

(404) $\int \frac{\mathrm{d}x}{\sin^2 ax \cos ax} = \frac{1}{a}\left(\ln\left|\tan\left(\frac{\pi}{4}+\frac{ax}{2}\right)\right| - \frac{1}{\sin ax}\right)$

(405) $\int \frac{\mathrm{d}x}{\sin ax \cos^2 ax} = \frac{1}{a}\left(\ln\left|\tan\frac{ax}{2}\right| + \frac{1}{\cos ax}\right)$

(406) $\int \frac{\mathrm{d}x}{\sin^3 ax \cos ax} = \frac{1}{a}\left(\ln\left|\tan ax\right| - \frac{1}{2\sin^2 ax}\right)$

(407) $\int \frac{\mathrm{d}x}{\sin ax \cos^3 ax} = \frac{1}{a}\left(\ln\left|\tan ax\right| + \frac{1}{2\cos^2 ax}\right)$

(408) $\int \frac{\mathrm{d}x}{\sin^2 ax \cos^2 ax} = -\frac{2}{a}\cot 2ax$

(409) $\int \frac{\mathrm{d}x}{\sin^3 ax \cos^2 ax} = \frac{1}{a}\left(\frac{1}{\cos ax} - \frac{\cos ax}{2\sin^2 ax} + \frac{3}{2}\ln\left|\tan\frac{ax}{2}\right|\right)$

(410) $\int \frac{\mathrm{d}x}{\sin ax \cos^n ax} = \frac{1}{a(n-1)\cos^{n-1} ax} + \int \frac{\mathrm{d}x}{\sin ax \cos^{n-2} ax}$ $\quad n \neq 1$

(411) $\int \frac{\mathrm{d}x}{\sin^n ax \cos ax} = -\frac{1}{a(n-1)\sin^{n-1} ax} + \int \frac{\mathrm{d}x}{\sin^{n-2} ax \cos ax}$ $\quad n \neq 1$

(412) $\int \frac{\mathrm{d}x}{\sin^n ax \cos^m ax}$

$$= \begin{cases} -\dfrac{1}{a(n-1)\sin^{n-1} ax \cos^{m-1} ax} + \dfrac{n+m-2}{n-1}\displaystyle\int \frac{\mathrm{d}x}{\sin^{n-2} ax \cos^m ax} & \text{für } n > 1,\ m > 0 \\ \dfrac{1}{a(m-1)\sin^{n-1} ax \cos^{m-1} ax} + \dfrac{n+m-2}{m-1}\displaystyle\int \frac{\mathrm{d}x}{\sin^n ax \cos^{m-2} ax} & \text{für } n > 0,\ m > 1 \end{cases}$$

(413) $\int \frac{\sin ax}{\cos^2 ax}\,\mathrm{d}x = \frac{1}{a\cos ax}$

(414) $\int \frac{\sin ax}{\cos^3 ax}\,\mathrm{d}x = \frac{1}{2a\cos^2 ax} + C_1 = \frac{1}{2a}\tan^2 ax + C_2$

(415) $\int \frac{\sin ax}{\cos^n ax}\,\mathrm{d}x = \frac{1}{a(n-1)\cos^{n-1} ax}$ $\quad n \neq 1$

(416) $\int \frac{\sin^2 ax}{\cos ax}\,\mathrm{d}x = -\frac{1}{a}\left(\sin ax - \ln\left|\tan\left(\frac{\pi}{4}+\frac{ax}{2}\right)\right|\right)$

(417) $\int \frac{\sin^2 ax}{\cos^3 ax}\,\mathrm{d}x = \frac{1}{2a}\left(\frac{\sin ax}{\cos^2 ax} - \ln\left|\tan\left(\frac{\pi}{4}+\frac{ax}{2}\right)\right|\right)$

(418) $$\int \frac{\sin^2 ax}{\cos^n ax}\,dx = \frac{1}{n-1}\left(\frac{\sin ax}{a\cos^{n-1} ax} - \int \frac{dx}{\cos^{n-2} ax}\right)$$
$n \neq 1$, siehe (369)

(419) $$\int \frac{\sin^3 ax}{\cos ax}\,dx = -\frac{1}{a}\left(\frac{1}{2}\sin^2 ax + \ln|\cos ax|\right)$$

(420) $$\int \frac{\sin^3 ax}{\cos^2 ax}\,dx = \frac{1}{a}\left(\cos ax + \frac{1}{\cos ax}\right)$$

(421) $$\int \frac{\sin^3 ax}{\cos^n ax}\,dx = \frac{1}{a}\left(\frac{1}{(n-1)\cos^{n-1} ax} - \frac{1}{(n-3)\cos^{n-3} ax}\right)$$
$n \neq 1; 3$

(422) $$\int \frac{\sin^n ax}{\cos ax}\,dx = -\frac{\sin^{n-1} ax}{a(n-1)} + \int \frac{\sin^{n-2} ax}{\cos ax}\,dx$$ $n \neq 1$

(423) $$\int \frac{\sin^n ax}{\cos^m ax}\,dx$$
$$= \begin{cases} \dfrac{\sin^{n+1} ax}{a(m-1)\cos^{m-1} ax} - \dfrac{n-m+2}{m-1}\displaystyle\int \frac{\sin^n ax}{\cos^{m-2} ax}\,dx & \text{für } m \neq 1 \\ -\dfrac{\sin^{n-1} ax}{a(m-1)\cos^{m-1} ax} - \dfrac{n-1}{m-1}\displaystyle\int \frac{\sin^{n-2} ax}{\cos^{m-2} ax}\,dx & \text{für } m \neq 1 \\ -\dfrac{\sin^{n-1} ax}{a(n-m)\cos^{m-1} ax} - \dfrac{n-1}{n-m}\displaystyle\int \frac{\sin^{n-2} ax}{\cos^m ax}\,dx & \text{für } m \neq n \end{cases}$$

(424) $$\int \frac{\cos ax}{\sin^2 ax}\,dx = -\frac{1}{a\sin ax}$$

(425) $$\int \frac{\cos ax}{\sin^3 ax}\,dx = -\frac{1}{2a\sin^2 ax} + C_1 = -\frac{1}{2a}\cot^2 ax + C_2$$

(426) $$\int \frac{\cos ax}{\sin^n ax}\,dx = -\frac{1}{a(n-1)\sin^{n-1} ax}$$ $n \neq 1$

(427) $$\int \frac{\cos^2 ax}{\sin ax}\,dx = \frac{1}{a}\left(\cos ax + \ln\left|\tan\frac{ax}{2}\right|\right)$$

(428) $$\int \frac{\cos^2 ax}{\sin^3 ax}\,dx = -\frac{1}{2a}\left(\frac{\cos ax}{\sin^2 ax} + \ln\left|\tan\frac{ax}{2}\right|\right)$$

(429) $$\int \frac{\cos^2 ax}{\sin^n ax}\,dx = -\frac{1}{n-1}\left(\frac{\cos ax}{a\sin^{n-1} ax} + \int \frac{dx}{\sin^{n-2} ax}\right)$$
$n \neq 1$, siehe (333)

(430) $$\int \frac{\cos^3 ax}{\sin ax}\,dx = \frac{1}{a}\left(\frac{\cos^2 ax}{2} + \ln|\sin ax|\right)$$

(431) $\displaystyle\int \frac{\cos^3 ax}{\sin^2 ax}\,dx = -\frac{1}{a}\left(\sin ax + \frac{1}{\sin ax}\right)$

(432) $\displaystyle\int \frac{\cos^3 ax}{\sin^n ax}\,dx = \frac{1}{a}\left(\frac{1}{(n-3)\sin^{n-3} ax} - \frac{1}{(n-1)\sin^{n-1} ax}\right) \quad n \neq 1; 3$

(433) $\displaystyle\int \frac{\cos^n ax}{\sin ax}\,dx = \frac{\cos^{n-1} ax}{a(n-1)} + \int \frac{\cos^{n-2} ax}{\sin ax}\,dx \quad n \neq 1$

(434) $\displaystyle\int \frac{\cos^n ax}{\sin^m ax}\,dx$

$$= \begin{cases} -\dfrac{\cos^{n+1} ax}{a(m-1)\sin^{m-1} ax} - \dfrac{n-m+2}{m-1}\displaystyle\int \frac{\cos^n ax}{\sin^{m-2} ax}\,dx & \text{für } m \neq 1 \\ \dfrac{\cos^{n-1} ax}{a(n-m)\sin^{m-1} ax} + \dfrac{n-1}{n-m}\displaystyle\int \frac{\cos^{n-2} ax}{\sin^m ax}\,dx & \text{für } m \neq n \\ -\dfrac{\cos^{n-1} ax}{a(m-1)\sin^{m-1} ax} - \dfrac{n-1}{m-1}\displaystyle\int \frac{\cos^{n-2} ax}{\sin^{m-2} ax}\,dx & \text{für } m \neq 1 \end{cases}$$

(435) $\displaystyle\int \frac{dx}{\sin ax \pm \cos ax} = \frac{1}{a\sqrt{2}} \ln\left|\tan\left(\frac{ax}{2} \pm \frac{\pi}{8}\right)\right|$

(436) $\displaystyle\int \frac{dx}{(\sin ax \pm \cos ax)^2} = \frac{1}{2a}\tan\left(ax \mp \frac{\pi}{4}\right)$

(437) $\displaystyle\int \frac{dx}{\sin^n ax + \cos^m ax}$

$$= \begin{cases} -\dfrac{1}{a(n-1)}\dfrac{1}{\sin^{n-1} ax \cos^{m-1} ax} + \dfrac{n+m-2}{n-1}\displaystyle\int \frac{dx}{\sin^{n-2} ax \cos^m ax} \\ \qquad \text{für } m > 0,\ n < 1, \text{ siehe (412)} \\ \dfrac{1}{a(m-1)}\dfrac{1}{\sin^{n-1} ax \cos^{m-1} ax} + \dfrac{n+m-2}{m-1}\displaystyle\int \frac{dx}{\sin^n ax \cos^{m-1} ax} \\ \qquad \text{für } m > 1,\ n > 0, \text{ siehe (412)} \end{cases}$$

(438) $\displaystyle\int \frac{\cos ax\,dx}{\sin ax \pm \cos ax} = \pm\frac{x}{2} + \frac{1}{2a}\ln|\sin ax \pm \cos ax|$

(439) $\displaystyle\int \frac{\sin ax\,dx}{\sin ax \pm \cos ax} = \frac{x}{2} \mp \frac{1}{2a}\ln|\sin ax \pm \cos ax|$

(440) $\displaystyle\int \frac{dx}{\sin ax(1 \pm \cos ax)} = \pm\frac{1}{2a(1 \pm \cos ax)} + \frac{1}{2a}\ln\left|\tan\frac{ax}{2}\right|$

(441) $\displaystyle\int \frac{dx}{\cos ax(1 \pm \sin ax)} = \mp\frac{1}{2a(1 \pm \sin ax)} + \frac{1}{2a}\ln\left|\tan\left(\frac{\pi}{4} + \frac{ax}{2}\right)\right|$

(442) $\int \frac{\sin ax\,\mathrm{d}x}{\cos ax(1 \pm \cos ax)} = \frac{1}{a} \ln \left| \frac{1 \pm \cos ax}{\cos ax} \right|$

(443) $\int \frac{\cos ax\,\mathrm{d}x}{\sin ax(1 \pm \sin ax)} = -\frac{1}{a} \ln \left| \frac{1 \pm \sin ax}{\sin ax} \right|$

(444) $\int \frac{\sin ax\,\mathrm{d}x}{\cos ax(1 \pm \sin ax)} = \frac{1}{2a(1 \pm \sin ax)} \pm \frac{1}{2a} \ln \left| \tan\left(\frac{ax}{2} + \frac{\pi}{4}\right) \right|$

(445) $\int \frac{\cos ax\,\mathrm{d}x}{\sin ax(1 \pm \cos ax)} = -\frac{1}{2a(1 \pm \cos ax)} \pm \frac{1}{2a} \ln \left| \tan \frac{ax}{2} \right|$

(446) $\int \frac{\mathrm{d}x}{1 + \cos ax \pm \sin ax} = \pm\frac{1}{a} \ln \left| 1 \pm \tan \frac{ax}{2} \right|$

(447) $\int \frac{\mathrm{d}x}{b \sin ax + c \cos ax} = \frac{1}{a\sqrt{b^2 + c^2}} \ln \left| \tan \frac{ax + \tau}{2} \right|$

$\tau = \frac{c}{\sqrt{b^2 + c^2}}, \tan \tau = \frac{c}{b}$

(448) $\int \frac{\sin ax\,\mathrm{d}x}{b + c \cos ax} = -\frac{1}{ac} \ln |b + c \cos ax|$

(449) $\int \frac{\cos ax\,\mathrm{d}x}{b + c \sin ax} = \frac{1}{ac} \ln |b + c \sin ax|$

(450) $\int \frac{\mathrm{d}x}{b + c \cos ax + d \sin ax} = \int \frac{\mathrm{d}(x + \tau/a)}{b + \sqrt{c^2 + d^2} \sin(ax + \tau)}$

$\sin \tau = \frac{c}{\sqrt{c^2 + d^2}}, \tan \tau = \frac{c}{d}$

(451) $\int \frac{\mathrm{d}x}{b^2 \cos^2 ax + c^2 \sin^2 ax} = \frac{1}{abc} \arctan\left(\frac{c}{b} \tan ax\right)$

(452) $\int \frac{\mathrm{d}x}{b^2 \cos^2 ax - c^2 \sin^2 ax} = \frac{1}{2ab} \ln \left| \frac{c \tan ax + b}{c \tan ax - b} \right|$

Ungleiche Winkel

(453) $\int \sin ax \cos bx\,\mathrm{d}x = -\frac{\cos(a + b)x}{2(a + b)} - \frac{\cos(a - b)x}{2(a - b)}$ $\qquad |a| \neq |b$

(454) $\int \sin ax \cos(ax + \varphi)\,\mathrm{d}x = -\frac{1}{4a} \cos(2ax + \varphi) - \frac{x}{2} \sin \varphi$

14.3.7 Integrale mit tan *ax* bzw. cot *ax*

(455) $\int \tan ax\,\mathrm{d}x = -\frac{1}{a} \ln |\cos ax|$ $\qquad ax \neq (2k + 1)\frac{\pi}{2}$

(456) $\int \tan^2 ax\,\mathrm{d}x = \frac{\tan ax}{a} - x$

(457) $\int \tan^3 ax\,\mathrm{d}x = \frac{1}{2a}\tan^2 ax + \frac{1}{a}\ln|\cos ax|$

(458) $\int \tan^n ax\,\mathrm{d}x = \frac{1}{a(n-1)}\tan^{n-1} ax - \int \tan^{n-2} ax\,\mathrm{d}x \qquad n \neq 1$

(459) $\int x\tan ax\,\mathrm{d}x = \frac{ax^3}{3} + \frac{a^3x^5}{15} + \frac{2a^5x^7}{105} + \frac{17a^7x^9}{2835} + \ldots + \frac{(-1)^{n+1}2^{2n}\left(2^{2n}-1\right)}{(2n+1)!}\mathrm{B}_{2n}a^{2n-1}x^{2n+1} + \ldots$

B_n BERNOULLIsche Zahlen, siehe 12.1.5

(460) $\int \frac{\tan ax}{x}\,\mathrm{d}x = ax + \frac{(ax)^3}{9} + \frac{2(ax)^5}{75} + \frac{17(ax)^7}{2205} + \ldots + \frac{(-1)^{n+1}2^{2n}\left(2^{2n}-1\right)}{(2n-1)(2n)!}\mathrm{B}_{2n}(ax)^{2n-1} + \ldots$

B_n BERNOULLIsche Zahlen, siehe 12.1.5

(461) $\int \frac{\tan^n ax}{\cos^2 ax}\,\mathrm{d}x = \frac{1}{a(n+1)}\tan^{n+1} ax \qquad n \neq -1$

(462) $\int \frac{\mathrm{d}x}{\tan ax \pm 1} = \pm\frac{x}{2} + \frac{1}{2a}\ln|\sin ax \pm \cos ax|$

(463) $\int \frac{\tan ax}{\tan ax \pm 1}\,\mathrm{d}x = \int \frac{\mathrm{d}x}{1 \pm \cot ax} = \frac{x}{2} \mp \frac{1}{2a}\ln|\sin ax \pm \cos ax|$

(464) $\int \cot ax\,\mathrm{d}x = \frac{1}{a}\ln|\sin ax|$

(465) $\int \cot^2 ax\,\mathrm{d}x = -\frac{\cot ax}{a} - x$

(466) $\int \cot^3 ax\,\mathrm{d}x = -\frac{1}{2a}\cot^2 ax - \frac{1}{a}\ln|\sin ax|$

(467) $\int \cot^n ax\,\mathrm{d}x = -\frac{1}{a(n-1)}\cot^{n-1} ax - \int \cot^{n-2} ax\,\mathrm{d}x \qquad n \neq 1$

(468) $\int x\cot ax\,\mathrm{d}x$

$= \frac{x}{a} - \frac{ax^3}{9} - \frac{a^3x^5}{225} - \ldots - \frac{(-1)^n 2^{2n}}{(2n+1)!}\mathrm{B}_{2n}a^{2n-1}x^{2n+1} - \ldots$

B_n BERNOULLIsche Zahlen, siehe 12.1.5

(469) $\int \frac{\cot ax}{x}\,\mathrm{d}x$

$= -\frac{1}{ax} - \frac{ax}{3} - \frac{(ax)^3}{135} - \ldots - \frac{(-1)^n 2^{2n}}{(2n-1)(2n)!}\mathrm{B}_{2n}(ax)^{2n-1} - \ldots$

B_n BERNOULLIsche Zahlen, siehe 12.1.5

(470) $\int \frac{\cot^n ax}{\sin^2 ax}\,\mathrm{d}x = -\frac{1}{a(n+1)}\cot^{n+1} ax \qquad n \neq 1$

(471) $$\int \frac{\mathrm{d}x}{1 \pm \cot ax}\,\mathrm{d}x = \int \frac{\tan ax}{\tan ax \pm 1}\,\mathrm{d}x$$ siehe (463)

14.3.8 Integrale der Arkusfunktionen

(472) $$\int \arcsin\frac{x}{a}\,\mathrm{d}x = x\arcsin\frac{x}{a} + \sqrt{a^2-x^2}$$

(473) $$\int x\arcsin\frac{x}{a}\,\mathrm{d}x = \left(\frac{x^2}{2}-\frac{a^2}{4}\right)\arcsin\frac{x}{a} + \frac{x}{4}\sqrt{a^2-x^2}$$

(474) $$\int x^2\arcsin\frac{x}{a}\,\mathrm{d}x = \frac{x^3}{3}\arcsin\frac{x}{a} + \frac{x^2+2a^2}{9}\sqrt{a^2-x^2}$$

(475) $$\int \frac{1}{x}\arcsin\frac{x}{a}\,\mathrm{d}x = \frac{x}{a} + \frac{1}{2\cdot 3\cdot 3}\frac{x^3}{a^3} + \frac{1\cdot 3}{2\cdot 4\cdot 5\cdot 5}\frac{x^5}{a^5} + \frac{1\cdot 3\cdot 5}{2\cdot 4\cdot 6\cdot 7\cdot 7}\frac{x^7}{a^7} + \ldots$$

(476) $$\int \frac{1}{x^2}\arcsin\frac{x}{a}\,\mathrm{d}x = -\frac{1}{x}\arcsin\frac{x}{a} - \frac{1}{a}\ln\left|\frac{a+\sqrt{a^2-x^2}}{x}\right|$$

(477) $$\int \arccos\frac{x}{a}\,\mathrm{d}x = x\arccos\frac{x}{a} - \sqrt{a^2-x^2}$$

(478) $$\int x\arccos\frac{x}{a}\,\mathrm{d}x = \left(\frac{x^2}{2}-\frac{a^2}{4}\right)\arccos\frac{x}{a} - \frac{x}{4}\sqrt{a^2-x^2}$$

(479) $$\int x^2\arccos\frac{x}{a}\,\mathrm{d}x = \frac{x^3}{3}\arccos\frac{x}{a} - \frac{x^2+2a^2}{9}\sqrt{a^2-x^2}$$

(480) $$\int \frac{1}{x}\arccos\frac{x}{a}\,\mathrm{d}x = \frac{\pi}{2}\ln|x| - \frac{x}{a} - \frac{1}{2\cdot 3\cdot 3}\frac{x^3}{a^3} - \frac{1\cdot 3}{2\cdot 4\cdot 5\cdot 5}\frac{x^5}{a^5} - \frac{1\cdot 3\cdot 5}{2\cdot 4\cdot 6\cdot 7\cdot 7}\frac{x^7}{a^7} - \ldots$$

(481) $$\int \frac{1}{x^2}\arccos\frac{x}{a}\,\mathrm{d}x = -\frac{1}{x}\arccos\frac{x}{a} + \frac{1}{a}\ln\left|\frac{a+\sqrt{a^2-x^2}}{x}\right|$$

(482) $$\int \arctan\frac{x}{a}\,\mathrm{d}x = x\arctan\frac{x}{a} - \frac{a}{2}\ln\left(a^2+x^2\right)$$

(483) $$\int x\arctan\frac{x}{a}\,\mathrm{d}x = \frac{a^2+x^2}{2}\arctan\frac{x}{a} - \frac{ax}{2}$$

(484) $$\int x^2\arctan\frac{x}{a}\,\mathrm{d}x = \frac{x^3}{3}\arctan\frac{x}{a} - \frac{ax^2}{6} + \frac{a^3}{6}\ln\left(a^2+x^2\right)$$

(485) $$\int x^n\arctan\frac{x}{a}\,\mathrm{d}x = \frac{x^{n+1}}{n+1}\arctan\frac{x}{a} - \frac{a}{n+1}\int\frac{x^{n+1}}{a^2+x^2}\,\mathrm{d}x \qquad n \neq -1$$

(486) $\displaystyle\int \frac{1}{x} \arctan \frac{x}{a}\,\mathrm{d}x = \frac{x}{a} - \frac{x^3}{3^2 a^3} + \frac{x^5}{5^2 a^5} - \frac{x^7}{7^2 a^7} \pm \ldots \qquad |x| < |a|$

(487) $\displaystyle\int \frac{1}{x^2} \arctan \frac{x}{a}\,\mathrm{d}x = -\frac{1}{x} \arctan \frac{x}{a} - \frac{1}{2a} \ln \left| \frac{a^2 + x^2}{x^2} \right|$

(488) $\displaystyle\int \frac{1}{x^n} \arctan \frac{x}{a}\,\mathrm{d}x$
$\displaystyle = -\frac{1}{(n-1)x^{n-1}} \arctan \frac{x}{a} + \frac{a}{n-1} \int \frac{\mathrm{d}x}{x^{n-1}\left(a^2 + x^2\right)} \qquad n \neq 1$

(489) $\displaystyle\int \operatorname{arccot} \frac{x}{a}\,\mathrm{d}x = x \operatorname{arccot} \frac{x}{a} + \frac{a}{2} \ln \left(a^2 + x^2\right)$

(490) $\displaystyle\int x \operatorname{arccot} \frac{x}{a}\,\mathrm{d}x = \frac{a^2 + x^2}{2} \operatorname{arccot} \frac{x}{a} + \frac{ax}{2}$

(491) $\displaystyle\int x^2 \operatorname{arccot} \frac{x}{a}\,\mathrm{d}x = \frac{x^3}{3} \operatorname{arccot} \frac{x}{a} + \frac{ax^2}{6} - \frac{a^3}{6} \ln \left(a^2 + x^2\right)$

(492) $\displaystyle\int x^n \operatorname{arccot} \frac{x}{a}\,\mathrm{d}x = \frac{x^{n+1}}{n+1} \operatorname{arccot} \frac{x}{a} + \frac{a}{n+1} \int \frac{x^{n+1}}{a^2 + x^2}\,\mathrm{d}x \qquad n \neq -1$

(493) $\displaystyle\int \frac{1}{x} \operatorname{arccot} \frac{x}{a}\,\mathrm{d}x = \frac{\pi}{2} \ln |x| - \frac{x}{a} + \frac{x^3}{3^2 a^3} - \frac{x^5}{5^2 a^5} + \frac{x^7}{7^2 a^7} \mp \ldots$

(494) $\displaystyle\int \frac{1}{x^2} \operatorname{arccot} \frac{x}{a}\,\mathrm{d}x = -\frac{1}{x} \operatorname{arccot} \frac{x}{a} + \frac{1}{2a} \ln \left| \frac{a^2 + x^2}{x^2} \right|$

(495) $\displaystyle\int \frac{1}{x^n} \operatorname{arccot} \frac{x}{a}\,\mathrm{d}x$
$\displaystyle = -\frac{1}{(n-1)x^{n-1}} \operatorname{arccot} \frac{x}{a} - \frac{a}{n-1} \int \frac{\mathrm{d}x}{x^{n-1}\left(a^2 + x^2\right)} \qquad n \neq 1$

14.3.9 Integrale der Areafunktionen

14

(496) $\displaystyle\int \operatorname{arsinh} \frac{x}{a}\,\mathrm{d}x = x \operatorname{arsinh} \frac{x}{a} - \sqrt{x^2 + a^2}$

(497) $\displaystyle\int \operatorname{arcosh} \frac{x}{a}\,\mathrm{d}x = x \operatorname{arcosh} \frac{x}{a} - \sqrt{x^2 - a^2}$

(498) $\displaystyle\int \operatorname{artanh} \frac{x}{a}\,\mathrm{d}x = x \operatorname{artanh} \frac{x}{a} + \frac{a}{2} \ln \left|a^2 - x^2\right| \qquad |x| < |a|$

(499) $\displaystyle\int \operatorname{arcoth} \frac{x}{a}\,\mathrm{d}x = x \operatorname{arcoth} \frac{x}{a} + \frac{a}{2} \ln \left|x^2 - a^2\right| \qquad |x| > |a|$

14.4 Bestimmte und uneigentliche Integrale

Integrale algebraischer Funktionen

(1) $\int\limits_0^1 x^a(1-x)^b\,\mathrm{d}x = 2\int\limits_0^1 x^{2a+1}(1-x^2)^b\,\mathrm{d}x = \dfrac{\Gamma(a+1)\Gamma(b+1)}{\Gamma(a+b+2)}$

$= B(a+1, b+1)$ $\qquad a, b \in \mathbb{R}$

B Betafunktion, EULER*sches Integral* 1. Art $B(x,y) = \dfrac{\Gamma(x)\cdot\Gamma(y)}{\Gamma(x+y)}$

$\Gamma(x)$ *Gammafunktion*, EULER*sches Integral* 2. Art (siehe 11.3.6)

(2) $\int\limits_0^\infty \dfrac{\mathrm{d}x}{(1+x)x^a} = \dfrac{\pi}{\sin a\pi}$ $\qquad 0 < a < 1$

(3) $\int\limits_0^\infty \dfrac{x^{a-1}}{1+x}\,\mathrm{d}x = \dfrac{\pi}{\sin a\pi}$ $\qquad 0 < a < 1$

(4) $\int\limits_0^\infty \dfrac{x^{a-1}}{1+x^b}\,\mathrm{d}x = \dfrac{\pi}{b\sin\dfrac{a\pi}{b}}$ $\qquad 0 < a < b$

(5) $\int\limits_0^\infty \dfrac{\mathrm{d}x}{a^2+x^2} = \dfrac{\pi}{2a}$ $\qquad a > 0$

(6) $\int\limits_0^1 \dfrac{\mathrm{d}x}{\sqrt{1-x^a}} = \dfrac{\sqrt{\pi}\,\Gamma\left(\dfrac{1}{a}\right)}{a\Gamma\left(\dfrac{1}{2}+\dfrac{1}{a}\right)}$ $\qquad a > 0$

(7) $\int\limits_0^1 \dfrac{\mathrm{d}x}{\sqrt{1-x^2}} = \dfrac{\pi}{2}$

(8) $\int\limits_0^\infty \dfrac{\mathrm{d}x}{(1+x)\sqrt{x}} = \pi$

(9) $\int\limits_a^b \dfrac{\mathrm{d}x}{\sqrt{(x-a)(b-x)}} = \pi$ $\qquad 0 < a < b$

(10) $\int\limits_0^a \dfrac{\mathrm{d}x}{\sqrt{a^2-x^2}} = \dfrac{\pi}{2}$ $\qquad a > 0$

(11) $\int\limits_0^1 \dfrac{x\,\mathrm{d}x}{\sqrt{1-x^2}} = 1$

(12) $\int\limits_0^a \frac{x^2\,\mathrm{d}x}{\sqrt{ax-x^2}} = \frac{3\pi a^2}{8}$ $\quad a > 0$

(13) $\int\limits_0^1 \frac{\mathrm{d}x}{(1+x)\sqrt{x}} = \frac{\pi}{2}$

(14) $\int\limits_0^a \sqrt{ax-x^2}\,\mathrm{d}x = \frac{\pi a^2}{8}$ $\quad a > 0$

(15) $\int\limits_0^1 \frac{\mathrm{d}x}{1+2x\cos a + x^2} = \frac{a}{2\sin a}$ $\quad 0 < a < \pi$

(16) $\int\limits_0^\infty \frac{\mathrm{d}x}{1+2x\cos a + x^2} = \frac{a}{\sin a}$ $\quad 0 < a < \pi$

(17) $\int\limits_{-1}^1 a^x\,\mathrm{d}x = \frac{a^2-1}{a\ln a}$ $\quad a > 0$

Integrale der Exponentialfunktion

(18) $$\int\limits_0^\infty x^n \mathrm{e}^{-ax}\,\mathrm{d}x = \begin{cases} \dfrac{\Gamma(n+1)}{a^{n+1}} & \text{für } a > 0,\ n > -1 \\ \dfrac{n!}{a^{n+1}} & \text{für } n \in \mathbb{N} \end{cases}$$

(19) $$\int\limits_0^\infty x^n \mathrm{e}^{-ax^2}\,\mathrm{d}x$$

$$= \begin{cases} \Gamma\left(\dfrac{n+1}{2}\right) \Big/ 2a^{\left(\frac{n+1}{2}\right)} & \text{für } a > 0,\ n > -1 \\ \dfrac{1\cdot 3\cdot \ldots \cdot (2k-1)\sqrt{\pi}}{2^{k+1}a^{k+1/2}} & \text{für } n = 2k, \text{ geradzahlig} \\ \dfrac{k!}{2a^{k+1}} & \text{für } n = 2k+1, \text{ ungeradzahlig} \end{cases}$$

(20) $\int\limits_0^\infty \mathrm{e}^{\left(-x^2-\frac{a^2}{x^2}\right)}\,\mathrm{d}x = \frac{\mathrm{e}^{-2a}\sqrt{\pi}}{2}$

(21) $\int\limits_0^\infty \mathrm{e}^{-ax}\,\mathrm{d}x = \frac{1}{a}$ $\quad a > 0$

14

(22) $$\int_0^\infty e^{-ax}\sqrt{x}\,dx = \frac{1}{2a}\sqrt{\frac{\pi}{a}} \qquad a > 0$$

(23) $$\int_0^\infty \frac{e^{-ax}}{\sqrt{x}}\,dx = \sqrt{\frac{\pi}{a}} \qquad a > 0$$

(24) $$\int_0^\infty e^{-a^2x^2}\,dx = \frac{\sqrt{\pi}}{2a} \qquad a > 0$$

(25) $$\int_0^\infty e^{-a^2x^2}\cos bx\,dx = \frac{\sqrt{\pi}}{2a}e^{\frac{-b^2}{4a^2}} \qquad a > 0$$

(26) $$\int_0^\infty \frac{x}{e^x - 1}\,dx = \frac{\pi^2}{6}$$

(27) $$\int_0^\infty \frac{x}{e^x + 1}\,dx = \frac{\pi^2}{12}$$

(28) $$\int_0^\infty e^{-ax}\cos bx\,dx = \frac{a}{a^2 + b^2} \qquad a > 0$$

(29) $$\int_0^\infty e^{-ax}\sin bx\,dx = \frac{b}{a^2 + b^2} \qquad a > 0$$

(30) $$\int_0^\infty xe^{-ax}\sin bx\,dx = \frac{2ab}{\left(a^2 + b^2\right)^2} \qquad a > 0$$

(31) $$\int_0^\infty xe^{-ax}\cos bx\,dx = \frac{a^2 - b^2}{\left(a^2 + b^2\right)^2} \qquad a > 0$$

(32) $$\int_0^\infty \frac{1}{x}e^{-ax}\sin x\,dx = \operatorname{arccot} a = \arctan\frac{1}{a} \qquad a > 0$$

(33) $$\int_0^\infty e^{-x}\ln x\,dx = -C = -0{,}577\,215\,664\,901\ldots$$

C EULER-MASCHERONI*sche Konstante*, siehe 2.4.2

(34) $$\int_0^\infty e^{-x^2}\ln x\,dx = -\frac{\sqrt{\pi}}{4}(C + 2\ln 2) \qquad C \text{ siehe (33)}$$

(35) $$\int_0^\infty e^{-x^2}\ln^2 x\,dx = \frac{\sqrt{\pi}}{8}\left((C + 2\ln 2)^2 + \frac{\pi^2}{2}\right) \qquad C \text{ siehe (33)}$$

Integrale der logarithmischen Funktion

(36) $\int_0^1 (\ln x)^n \, dx = (-1)^n \, n!$ $\quad n \in \mathbb{N}$

(37) $\int_0^1 \ln|\ln x| \, dx = -C$ $\quad$ C siehe (33)

(38) $\int_0^1 \frac{\ln x}{x+1} \, dx = -\frac{\pi^2}{12}$

(39) $\int_0^1 \frac{\ln x}{x-1} \, dx = \frac{\pi^2}{6}$

(40) $\int_0^1 \frac{\ln x}{x^2-1} \, dx = \frac{\pi^2}{8}$

(41) $\int_0^1 \frac{\ln(x+1)}{x^2+1} \, dx = \frac{\pi}{8} \ln 2$

(42) $\int_0^1 \frac{(1-x^a)\left(1-x^b\right)}{(1-x)\ln x} \, dx = \ln \frac{\Gamma(a+1)\Gamma(b+1)}{\Gamma(a+b+1)}$

$a, b > -1, a+b > -1$

(43) $$\int_0^1 (-\ln x)^a \, dx = \begin{cases} \Gamma(a+1) & \text{für } -1 < a < \infty \\ a! & \text{für } a \in \mathbb{N} \\ \frac{\sqrt{\pi}}{2} & \text{für } a = \frac{1}{2} \\ \sqrt{\pi} & \text{für } a = -\frac{1}{2} \end{cases}$$

(44) $\int_0^1 x \ln(1+x) \, dx = \frac{1}{4}$

(45) $\int_0^1 x \ln(1-x) \, dx = -\frac{3}{4}$

(46) $\int_0^1 \frac{\ln x}{\sqrt{1-x^2}} \, dx = -\frac{\pi}{2} \ln 2$

14

(47) $$\int_0^{\pi/2} \ln(\sin x)\,\mathrm{d}x = \int_0^{\pi/2} \ln(\cos x)\,\mathrm{d}x = -\frac{\pi}{2}\ln 2$$

(48) $$\int_0^{\pi} x\ln(\sin x)\,\mathrm{d}x = -\frac{\pi^2}{2}\ln 2$$

(49) $$\int_0^{\pi/2} \sin x \ln(\sin x)\,\mathrm{d}x = \ln 2 - 1$$

(50) $$\int_0^{\infty} \frac{1}{x}\sin x \ln x\,\mathrm{d}x = -\frac{\pi}{2}\mathrm{C}$$ C siehe (33)

(51) $$\int_0^{\infty} \frac{1}{x}\sin x \ln^2 x\,\mathrm{d}x = \frac{\pi}{2}\mathrm{C}^2 + \frac{\pi^3}{24}$$ C siehe (33)

(52) $$\int_0^{\pi} \ln(a \pm b\cos x)\,\mathrm{d}x = \pi \ln \frac{a + \sqrt{a^2 - b^2}}{2}$$ $a \geq b > 0$

(53) $$\int_0^{\pi} \ln\left(a^2 - 2ab\cos x + b^2\right)\mathrm{d}x = \begin{cases} 2\pi\ln a & \text{für } a \geq b > 0 \\ 2\pi \ln b & \text{für } b \geq a > 0 \end{cases}$$

(54) $$\int_0^{\pi/2} \ln(\tan x)\,\mathrm{d}x = 0$$

(55) $$\int_0^{\pi/4} \ln(1 + \tan x)\,\mathrm{d}x = \frac{\pi}{8}\ln 2$$

Integrale trigonometrischer Funktionen $(a, b \in \mathbb{R})$

(56) $$\int_0^{\pi/2} \sin^{2a+1} x \cos^{2b+1} x\,\mathrm{d}x$$

$$= \begin{cases} \dfrac{\Gamma(a+1)\,\Gamma(b+1)}{2\Gamma(a+b+2)} = \dfrac{1}{2}B(a+1, b+1) & \text{für } a, b \in \mathbb{R} \\ \dfrac{m!n!}{2(m+n+1)!} & \text{für } a = m \in \mathbb{N}^*,\ b = n \in \mathbb{N}^* \end{cases}$$

(57) $$\int_0^{\infty} \frac{1}{x}\sin ax\,\mathrm{d}x = \begin{cases} \pi/2 & \text{für } a > 0 \\ 0 & \text{für } a = 0 \\ -\pi/2 & \text{für } a < 0 \end{cases}$$

(58) $\int_0^b \frac{1}{x}\cos ax\,\mathrm{d}x = \infty$ $\qquad$ b beliebige Zahl $\neq 0$

(59) $\int_0^{\pi/2} \frac{1}{x}\tan x\,\mathrm{d}x = \infty$

(60) $\int_0^{\infty} \frac{1}{\sqrt{x}}\sin x\,\mathrm{d}x = \int_0^{\infty} \frac{1}{\sqrt{x}}\cos x\,\mathrm{d}x = \sqrt{\frac{\pi}{2}}$

(61) $\int_0^{\pi/2} \sin^{2n} x\,\mathrm{d}x = \int_0^{\pi/2} \cos^{2n} x\,\mathrm{d}x = \frac{1\cdot 3\cdot\ldots\cdot(2n-1)}{2\cdot 4\cdot\ldots\cdot 2n}\frac{\pi}{2}$ $\qquad$ $n \neq 0$

(62) $\int_0^{\pi/2} \sin^{2n+1} x\,\mathrm{d}x = \int_0^{\pi/2} \cos^{2n+1} x\,\mathrm{d}x = \frac{2\cdot 4\cdot\ldots\cdot 2n}{1\cdot 3\cdot\ldots\cdot(2n+1)}$ $\qquad$ $n \neq 0$

(63) $\int_0^{\pi} \cos mx\,\mathrm{d}x = \begin{cases} 0 & \text{für } m \neq 0 \\ \pi & \text{für } m = 0 \end{cases}$ $\qquad$ $m \in \mathbb{Z}$

(64) $\int_0^{2\pi} \sin mx \sin nx\,\mathrm{d}x = \int_0^{2\pi} \cos mx \cos nx\,\mathrm{d}x = \begin{cases} 0 & \text{für } m \neq n \\ \pi & \text{für } m = n \neq 0 \end{cases}$ $\qquad$ $m, n \in \mathbb{Z}$

(65) $\int_0^{2\pi} \sin mx \cos nx\,\mathrm{d}x = 0$ $\qquad$ $m, n \in \mathbb{Z}$

(66) $\int_0^{\pi} \sin mx \sin nx\,\mathrm{d}x = \int_0^{\pi} \cos mx \cos nx\,\mathrm{d}x = \begin{cases} 0 & \text{für } m \neq n \\ \pi/2 & \text{für } m = n \neq 0 \end{cases}$ $\qquad$ $m, n \in \mathbb{Z}$

(67) $\int_0^{\pi} \sin mx \cos nx\,\mathrm{d}x = \begin{cases} 0 & \text{für } m+n \text{ gerade} \\ \dfrac{2m}{m^2-n^2} & \text{für } m+n \text{ ungerade} \end{cases}$ $\qquad$ $m, n \in \mathbb{Z}$

(68) $\int_0^{2\pi/a} \sin ax\,\mathrm{d}x = \int_0^{2\pi/a} \cos ax\,\mathrm{d}x = 0$

(69) $\int_0^{\pi/(2a)} \sin ax\,\mathrm{d}x = \int_0^{\pi/(2a)} \cos ax\,\mathrm{d}x = \frac{1}{a}$ $\qquad$ $a \in \mathbb{R}^*$

(70) $\int_0^{\pi} \sin ax\,\mathrm{d}x = \frac{1}{a}(1 - \cos a\pi)$ $\qquad$ $a \in \mathbb{R}^*$

(71) $\int\limits_0^{\pi} \cos ax \, \mathrm{d}x = \frac{1}{a} \sin a\pi$ $\qquad a \in \mathbb{R}^*$

(72) $\int\limits_0^{2\pi} \sin mx \, \mathrm{d}x = 0$ $\qquad m \in \mathbb{Z}$

(73) $\int\limits_0^{2\pi} \cos mx \, \mathrm{d}x = \begin{cases} 0 & \text{für } m \neq 0 \\ 2\pi & \text{für } m = 0 \end{cases}$ $\qquad m \in \mathbb{Z}$

(74) $\int\limits_0^{\pi} \sin mx \, \mathrm{d}x = \begin{cases} 0 & \text{für } m \text{ gerade} \\ 2/m & \text{für } m \text{ ungerade} \end{cases}$ $\qquad m \in \mathbb{Z}$

(75) $\int\limits_0^{\pi/4} \tan x \, \mathrm{d}x = \frac{1}{2} \ln 2$

(76) $\int\limits_0^{\pi/2} \frac{\mathrm{d}x}{1 + \cos x} = 1$

(77) $\int\limits_0^{\infty} \frac{1}{x} (\cos ax - \cos bx) \, \mathrm{d}x = \ln \left| \frac{b}{a} \right|$ $\qquad a, b \in \mathbb{R}^*$

(78) $\int\limits_0^{\infty} \frac{1}{x} (\sin x \cos ax) \, \mathrm{d}x = \begin{cases} \pi/2 & \text{für } |a| < 1 \\ \pi/4 & \text{für } |a| = 1 \\ 0 & \text{für } |a| > 1 \end{cases}$

(79) $\int\limits_0^{\infty} \frac{x \sin bx}{a^2 + x^2} \, \mathrm{d}x = \frac{\pi}{2} \mathrm{e}^{-|ab|} \operatorname{sgn} b$ $\qquad a, b \in \mathbb{R}^*$

(80) $\int\limits_0^{\infty} \frac{\cos bx}{a^2 + x^2} \, \mathrm{d}x = \frac{\pi}{2|a|} \mathrm{e}^{-|ab|}$

(81) $\int\limits_0^{\infty} \frac{1}{x^2} \sin^2 ax \, \mathrm{d}x = \frac{\pi}{2} |a|$ $\qquad a \in \mathbb{R}^*$

(82) $\int\limits_{-\infty}^{\infty} \sin x^2 \, \mathrm{d}x = \int\limits_{-\infty}^{\infty} \cos x^2 \, \mathrm{d}x = \sqrt{\frac{\pi}{2}}$

(83) $\int\limits_0^{\pi/2} \frac{\sin x}{\sqrt{1 - a^2 \sin^2 x}} \, \mathrm{d}x = \frac{1}{2a} \ln \frac{1 + a}{1 - a}$ $\qquad |a| < 1$

(84) $\displaystyle\int\limits_0^{\pi/2} \frac{\cos x}{\sqrt{1-a^2\sin^2 x}}\,\mathrm{d}x = \frac{1}{a}\arcsin a$ $\qquad |a| < 1$

(85) $\displaystyle\int\limits_0^{\pi} \frac{\cos nx}{1-2a\cos x+a^2}\,\mathrm{d}x = \frac{\pi a^n}{1-a^2}$ $\qquad n \in \mathbb{N}, |a| < 1$

(86) $\displaystyle\int\limits_0^{\pi/2} \frac{\mathrm{d}x}{a+b\cos x} = \frac{\arccos \frac{b}{a}}{\sqrt{a^2-b^2}}$ $\qquad a > b \geq 0$

(87) $\displaystyle\int\limits_0^{\pi} \frac{\mathrm{d}x}{a+b\cos x} = \frac{\pi}{\sqrt{a^2-b^2}}$ $\qquad a > b \geq 0$

(88) $\displaystyle\int\limits_0^{2\pi} \frac{\mathrm{d}x}{a+b\cos x} = \frac{2\pi}{\sqrt{a^2-b^2}}$ $\qquad a > b \geq 0$

14

Anhang

Übersicht ausgewählter mathematischer Zeichen[1]

Pragmatische Zeichen[2]

$x \approx y$	x ungefähr gleich y (mit ausreichender Genauigkeit)
$x \ll y$	x wesentlich kleiner y, x kann gegenüber y für die Zwecke des Benutzers *vernachlässigt werden*;
$x \gg y$	x wesentlich größer y
$x \mathrel{\widehat{=}} y$	x entspricht y, x wird durch y interpretiert
$\ldots$	und so weiter bis, und so weiter (unbegrenzt), Punkt, Punkt, Punkt
$x \doteq y$	x *gerundet gleich* y, y ist ein gerundeter Wert von x
∞	*unendlich*, $\infty \notin \mathbb{R}$
$\Delta x, \Delta f$	Delta x, Delta f, Differenz zweier Werte gemäß Kontext
$x \equiv y$	x *äquivalent* y, angewendet, um nachdrücklich zu betonen, dass eine besondere, völlige Gleichheit, die *Identität*, herrscht.

Allgemeine arithmetische Relationen und Verknüpfungen

$x \mathrel{+\!\!\!\!=} y, x \neq y$	x ungleich y, keine Identität
$x \overset{\text{def}}{=} y$, $=_{\text{def}}$, $:=$	x ist definitionsgemäß gleich y, im Buch wird $:=$ verwendet
$x < y, x > y$	x *kleiner* (*größer*) y, $x < y \Longleftrightarrow y - x > 0, x > y \Longleftrightarrow y - x < 0$
$x \leq y, x \geq y$	x *kleiner gleich* (*größer gleich*) y, $x \leq y \Longleftrightarrow x < y \vee x = y, \ldots$
$\sum\limits_{i=m}^{n} x_i, \prod\limits_{i=m}^{n} x_i$	Summe x_i (Produkt über x_i) für i von m bis n
$f \sim g, f \propto g$	f proportional g, wobei $\mathrm{D}(f) = \mathrm{D}(g)$, $f(x) = c \cdot g(x)$ für $c \neq 0$
$m \mid n$	m teilt n, es gibt eine ganze Zahl k mit $m \cdot k = n$
$a \equiv b \bmod m$	a kongruent b modulo m, $m \mid (a - b)$, m teilt $(a - b)$

[1] Grundlage sind die Normen DIN 1302, 1303, 4895, 5473, 5487, 13302

[2] Keine streng mathematischen Zeichen, Definition je nach Kontext

Besondere Verknüpfungen

$n!$	n Fakultät
$(x)_n$, $[x]_n$	steigende (fallende) Faktorielle
$\binom{x}{n}$	x über n, Binomialkoeffizient von x und n
$\operatorname{sgn} x$	Signum (von) x (Vorzeichen), nicht normgerecht ist $\operatorname{sign} x$
$\lvert x\rvert$	x Betrag
$\lfloor x \rfloor$, auch $[x]$	größte ganze Zahl kleiner gleich x, auch: $\operatorname{ent} x$, $E(x)$
$\lceil x \rceil$	kleinste ganze Zahl größer gleich x, siehe Beispiel unten
$\operatorname{int} x$	ganzzahliger Anteil von x
$\operatorname{frac} x$	gebrochener Anteil von x
$f\colon A \to B$	f bildet A in B ab
$x \xrightarrow{f} y$	x geht durch f in y über, $f(x) = y$; z. B. $\pi \xrightarrow{\cos} -1$
$f\colon x \mapsto t(x)$	f bildet x auf $t(x)$ ab, $f \overset{\text{def}}{=} x \mapsto t(x)$, Funktionsbildungsoperator
$x \to a$	x strebt gegen a

Komplexe Zahlen

i, j	imaginäre Einheit, $\mathrm{i}^2 = -1, \mathrm{j}^2 = -1$
$\operatorname{Re} z$, $\operatorname{Im} z$	Realteil (Imaginärteil) der komplexen Zahl z
$\bar{z}$, z^*	konjugiert komplexe Zahl zu z
$\lvert z\rvert$	Betrag (von) z
$\arg z$	Argument (von) z
$\operatorname{sgn} z$	Signum (von) z

Zahlenmengen[1)]

$\mathbb{N}$, $\mathbf{N}$	Menge der nichtnegativen ganzen (natürlichen) Zahlen, $\mathbb{N} = \{0, 1, 2, \ldots\}$
$\mathbb{Z}$, $\mathbf{Z}$	Menge der ganzen Zahlen, $\mathbb{Z} = \{\ldots, -2, -1, 0, 1, 2, \ldots\}$
$\mathbb{Q}$, $\mathbf{Q}$	Menge der rationalen Zahlen
$\mathbb{R}$, $\mathbf{R}$	Menge der reellen Zahlen
$\mathbb{C}$, $\mathbf{C}$	Menge der komplexen Zahlen $z = a + \mathrm{j}b$

[1)] Herausnahme der Null aus den Standard-Zahlenmengen: Hochzeichen *
Teilbereiche: Indizierung, z. B. $\mathbb{Z}_{\geq -8}$ Menge der ganzen Zahlen ab -8
DIN 5473: Einschränkung auf positive Zahlen durch Hochzeichen $^+$.

(a,b), $]a,b[$	offenes Intervall von a bis b
$[a,b]$	abgeschlossenes Intervall von a bis b
$[a,b)$, $[a,b[$	linksseitig abgeschlossenes, rechtsseitig offenes Intervall von a bis b

Elementare Geometrie

$\overrightarrow{PQ}$	Vektor PQ, Vektor vom Anfangspunkt P zum Endpunkt Q
PQ	Gerade durch P und Q
$g \perp h$	g orthogonal (rechtwinklig) zu h; g und h müssen sich schneiden
$g \parallel h$	g parallel zu h
$g \uparrow\uparrow h$, $g \uparrow\downarrow h$	g und h sind gleich- (gegen-)sinnig parallel
$\boldsymbol{e}_\varphi$	Einheitsvektor in Richtung φ, gilt nur für die Ebene
$\sphericalangle(g,h)$	Winkel zwischen g und h, auch $\angle(g,h)$ (im Buch verwendet)
$d(P,Q)$	Abstand (Distanz) PQ, auch $\lvert\overline{PQ}\rvert$, dist $\overline{PQ}$ oder $\overline{PQ}$
$\triangle PQR$	Dreieck PQR
$M \cong N$	M kongruent zu N

Grenzwerte

$a = \lim\limits_{n\to\infty} a_n$	a ist Limes (Grenzwert) der Folge (a_n), (a_n) konvergiert gegen a
$\sum\limits_{n=0}^{\infty} a_n$	Summe der Reihe $\sum\limits_{n=0} a_n$, Summe a_n für n von 0 bis ∞
$\prod\limits_{n=0}^{\infty} a_n$	Produkt a_n für n von 0 bis ∞
$b = \lim\limits_{x\to a} f(x)$	b ist Limes von $f(x)$ für x gegen a
$b = \lim\limits_{x\to a+} f(x)$	b ist Limes von $f(x)$ für x von rechts gegen a, auch $\lim\limits_{x\to a+0} f(x)$, analog $\lim\limits_{x\to a-0} f(x)$
$f(a+)$	rechtsseitiger Limes von $f(x)$ für $x \to a$, auch $\lim\limits_{x\to a+} f(x)$, analog $\lim\limits_{x\to a-}$
$f(x) = o\big(g(x)\big)$	$f(x)$ ist klein o von $g(x)$ für $x \to a$ (LANDAU-Symbol, siehe unten)
$f(x) = O\big(g(x)\big)$	$f(x)$ ist groß O von $g(x)$ für $x \to a$ (LANDAU-Symbol, siehe unten)
$f \simeq g$	f asymptotisch gleich g

Differenziation und Integration

$f'(x_0)$, $\left(\dfrac{\mathrm{d}f}{\mathrm{d}x}\right)_{x_0}$	f Strich von x_0, Ableitung von f in x_0, $f(x)$ nach x an der Stelle x_0
f', $\dfrac{\mathrm{d}f}{\mathrm{d}x}$, $\dot{f}$	f Strich, Ableitung von f, $f(x)$ nach x, $\mathrm{d}f$ nach $\mathrm{d}x$, f Punkt
f'', f''', $\ddot{f}$, $\dddot{f}$	f zwei (drei) Strich bzw. Punkt
$f^{(n)}$, $\dfrac{\mathrm{d}^n f}{\mathrm{d}x^n}$	f n-Strich, n-te Ableitung, Ableitung n-ter Ordnung
f_{x_k}, $\dfrac{\partial f}{\partial x_k}$, $\partial_k f$	f partiell nach dem k-ten Argument, partielle Ableitung von f nach x_k
$\dfrac{\partial f}{\partial \boldsymbol{n}}(\boldsymbol{x}_0)$	Richtungsableitung von f in Richtung von $\boldsymbol{n}$ in $\boldsymbol{x}_0$
$\mathrm{d}f(\boldsymbol{x}_0)$	(totales oder vollständiges) Differenzial von f an der Stelle $\boldsymbol{x}_0$
$\mathrm{d}f$	(totales) Differenzial von f
$\int\limits_a^b f(x)\,\mathrm{d}x$	Integral über $f(x)\mathrm{d}x$ von a bis b, auch $\int\limits_I f(x)\,\mathrm{d}x$ mit $I = [a, b]$
$F(x)\Big\vert_{x=a}^{x=b}$, $F\Big\vert_a^b$	$F(x)$ an den Grenzen für x von a bis b, F an den Grenzen a und b
$\oint$	Kurvenintegral über geschlossene Kurve

Exponential- und Logarithmusfunktionen

$\exp z$, e^z	Exponentialfunktion von z, e hoch z
$\ln x$	natürlicher Logarithmus von x
x^z	x hoch z, $x^z := \exp(z \ln x)$, $\mathrm{e}^z = \exp z$
$\log_y x$	Logarithmus x zur Basis y
$\lg x$	dekadischer Logarithmus von x
$\mathrm{lb}\, x$	binärer Logarithmus von x

Kreis- und Hyperbelfunktionen sowie ihre Umkehrungen

Siehe Abschnitte 7.6.4 bis 7.6.7

Vektoren und Matrizen

$\boldsymbol{a}, \boldsymbol{b}, \boldsymbol{x}, \vec{a}, \vec{x}, \ldots$	Zeichen für Vektoren
$a, b, x, y, \ldots$	Zeichen für Skalare
$\boldsymbol{o}, \vec{0}$	Nullvektor, neutrales Element bez. Vektoraddition

$\boldsymbol{a} \cdot \boldsymbol{b}$	$\boldsymbol{a}$ mal $\boldsymbol{b}$, skalares (inneres) Produkt von $\boldsymbol{a}$ und $\boldsymbol{b}$
$\lvert\boldsymbol{a}\rvert = a$	Betrag von $\boldsymbol{a}$, auch $\lVert\boldsymbol{a}\rVert$ (Norm)
$\boldsymbol{e}_a$	Einheitsvektor in Richtung von $\boldsymbol{a}$, normierter Vektor, $\boldsymbol{a} \neq \boldsymbol{o}$
$\angle(\boldsymbol{a}, \boldsymbol{b})$	Winkel zwischen $\boldsymbol{a}$ und $\boldsymbol{b}$, $0 \leq \angle(\boldsymbol{a}, \boldsymbol{b}) \leq \pi$, $\boldsymbol{a} \neq \boldsymbol{b} \neq \boldsymbol{o}$
$\boldsymbol{a} \perp \boldsymbol{b}$	$\boldsymbol{a}$ orthogonal zu $\boldsymbol{b}$, $\boldsymbol{a} \cdot \boldsymbol{b} = 0$
$\boldsymbol{a} \times \boldsymbol{b}$	$\boldsymbol{a}$ Kreuz $\boldsymbol{b}$, Vektorprodukt von $\boldsymbol{a}$ und $\boldsymbol{b}$, $\boldsymbol{a}, \boldsymbol{b} \in \mathbb{R}^3$
$[\boldsymbol{a}, \boldsymbol{b}, \boldsymbol{c}]$	Spatprodukt von $\boldsymbol{a}, \boldsymbol{b}, \boldsymbol{c}$, $[\boldsymbol{a}, \boldsymbol{b}, \boldsymbol{c}] = (\boldsymbol{a} \times \boldsymbol{b}) \cdot \boldsymbol{c}$, $\boldsymbol{a}, \boldsymbol{b}, \boldsymbol{c} \in \mathbb{R}^3$
$\boldsymbol{A}, \boldsymbol{B}, \ldots$	Zeichen für Matrizen, auch (a_{ik})
$\boldsymbol{A}^{\mathrm{T}}$	transponierte, gestürzte Matrix
$\boldsymbol{O}, \boldsymbol{O}_{m,n}$	Nullmatrix, alle Elemente gleich null
$\boldsymbol{E}, \boldsymbol{E}_n$	Einheitsmatrix, auch $\boldsymbol{U}, \boldsymbol{I}$
$\operatorname{diag} \boldsymbol{a}$	Diagonalisierung von $\boldsymbol{a}$, Diagonalmatrix mit $d_i = a_i$
$\det \boldsymbol{A}$	Determinante der quadratischen Matrix $\boldsymbol{A}$
$\operatorname{cof}_{ik} \boldsymbol{A}$	algebraisches Komplement oder Kofaktor von $\boldsymbol{A}$
$\boldsymbol{A}^{-1}$	inverse Matrix von $\boldsymbol{A}$, $\boldsymbol{A}$ quadratische Matrix
$\overline{\boldsymbol{A}}$	konjugierte Matrix von $\boldsymbol{A}$
$\mathrm{r}(\boldsymbol{A})$	Rang von $\boldsymbol{A}$, auch $\mathrm{Rg}(\boldsymbol{A})$
$\operatorname{tr} \boldsymbol{A}$, $\operatorname{sp} \boldsymbol{A}$	Spur von $\boldsymbol{A}$
$\mathrm{N}(\boldsymbol{A})$, $\lVert\boldsymbol{A}\rVert$	Norm von $\boldsymbol{A}$, euklidische (unitäre) Norm

Mengen

$a \in A$, $\notin A$	a ist (nicht) Element von A, Grundbegriff; A Menge (Klasse)
$\{x \mid \varphi(x)\}$	Menge (Klasse) aller x mit $\varphi(x)$, Klassenbildungsoperator
$\{a_1, \ldots, a_n\}$	Menge mit den Elementen $a_1, \ldots, a_n$
$\varnothing$	leere Menge
$A \subseteq B$	A ist Teilklasse (Teilmenge) von B
$A \subset B$	A ist echte Teilklasse (echte Teilmenge) von B
$A \cap B$	A geschnitten mit B, Durchschnitt von A und B
$A \cup B$	A vereinigt mit B, Vereinigung von A und B
$A \setminus B$	A ohne B, Differenzmenge von A und B
$\setminus B, \overline{B}$	absolutes Komplement von B

Relationen

(a, b), $\langle a, b\rangle$	(geordnetes) Paar von a und b, auch $(a; b)$, $(a \mid b)$
$\operatorname{Rel} R$	R ist eine Relation
aRb	a steht in Relation R zu b, R trifft auf a und b zu

$\{x, y \mid \varphi(x, y)\}$	Die Relation zwischen x, y mit $\varphi(x, y)$, Relationsbildungsoperator
$A \times B$	A Kreuz B, (kartesisches) Produkt von A und B

Funktionen

$C[a, b]$	Menge der auf $[a,b]$ definierten stetigen Funktionen
$C^r[a, b]$	desgl., r-mal stetig differenzierbar
$\mathrm{D}(f), D(f)$	Definitionsbereich von f, auch $D_f, \mathbb{D}_f, \mathbf{D}_f$
$\mathrm{W}(f), W(f)$	Wertebereich von f, auch W_f, $\mathbf{W}_f$
$f(a)$	f von a, f angewendet auf a
$g \circ f$	g nach f, erst f, dann g (anwenden)
$f\colon A \to B$	f ist Abbildung von A in B, $f\colon A \twoheadrightarrow B$ Abbildung von A auf B
$f\colon A \rightarrowtail\!\!\!\!\twoheadrightarrow B$	f ist Bijektion von A auf B
$\langle x \mapsto a(x) \rangle$	Funktion, die x auf $a(x)$ abbildet, Funktionsbildungsoperator

Mathematische Logik

$\neg\varphi, \overline{\varphi}$	nicht φ, Negation
$\varphi \vee \psi$	φ oder ψ, Disjunktion (Adjunktion), einschließendes ODER
$\varphi \wedge \psi$	φ und ψ, Konjunktion
$\varphi \Rightarrow \psi$	φ impliziert ψ, Subjunktion von φ und ψ; auch $\varphi \to \psi$
$\varphi \Longleftrightarrow \psi$	φ äquivalent zu ψ, Äquivalenz von φ und ψ, auch $\varphi \leftrightarrow \psi$
$\forall x\, \varphi(x)$	für alle x (gilt) φ, Allquantor, auch $\forall x\colon \varphi(x)$
$\exists x\, \varphi(x)$	es gibt (wenigstens) ein x mit $\varphi(x)$, Existenzquantor, auch $\exists x\colon \varphi(x)$
$\iota x \varphi$	das (eindeutig bestimmte) x mit $\varphi(x)$, Kennzeichnungsoperator

Ordnungsstrukturen

$\min X$	Minimum von X, kleinstes Element von X
$\max X$	Maximum von X, größtes Element von X
$\sup X$	Supremum von X, kleinste obere Schranke von X
$\inf X$	Infimum von X, größte untere Schranke von X

LANDAU-Symbole

$f(x) = o\big(g(x)\big)$ „$f(x)$ ist *klein o* von $g(x)$ für $x \to a$“:

$$\lim_{x \to a} \frac{f(x)}{g(x)} = 0, \quad g(x) \neq 0$$

$f(x) = O\big(g(x)\big)$ „$f(x)$ ist *groß O* von $g(x)$ für $x \to a$“, es gibt ein $\delta > 0$ und ein $K > 0$, sodass für alle $x \in \mathrm{D}(f)$ mit $|x - a| < \delta$ gilt:

$$\left| \frac{f(x)}{g(x)} \right| < K, \quad g(x) \neq 0$$

Bemerkung: Die Ausdrücke $o\big(g(x)\big)$, $O\big(g(x)\big)$ sind nur in Verbindung mit einer Gleichung sinnvoll. Die Stelle a ist dem Zusammenhang zu entnehmen.

Integerfunktion, Abrundungsfunktion, GAUSS-Klammer

(engl. „*floor x*“)

$\lfloor x \rfloor, [x]$ größte ganze Zahl kleiner gleich x, das $n \in \mathbb{Z}$ mit $n \leq x < n + 1$

$$\lfloor x \rfloor \leq x < \lfloor x \rfloor + 1 \quad x \in \mathbb{R}$$

Für ganze Zahlen gilt: $\lfloor x \rfloor = x$

Für ganze Zahlen k und reelle Zahlen x gilt: $\lfloor x + k \rfloor = \lfloor x \rfloor + k$

Rundung auf die nächstliegende ganze Zahl: $\lfloor x + 0{,}5 \rfloor$

Aufrundungsfunktion

(engl. „*ceiling function*“, ceil **x**)

$\lceil x \rceil, [x]$ kleinste ganze Zahl größer gleich x, das $n \in \mathbb{Z}$ mit $n - 1 < x \leq n$

$$\lceil x \rceil \geq x > \lceil x - 1 \rceil$$

Zusammenhänge

$$\lceil x \rceil = -\lfloor -x \rfloor$$

Für ganze Zahlen gilt: $\lfloor k/2 \rfloor + \lceil k/2 \rceil = k$

Für teilerfremde natürliche Zahlen m und n gilt:

$$\sum_{i=1}^{n-1} \left\lfloor i \cdot \frac{m}{n} \right\rfloor = \frac{(m-1)(n-1)}{2}$$

♦ **Beispiele**

$\lfloor \pi \rfloor = 3 \qquad \lfloor -\pi \rfloor = -4$

$\lfloor x \rfloor = 3$ steht für $3 \leq x < 4 \qquad \lfloor x \rfloor = -3$ steht für $-3 \leq x < -2$

$\lceil \pi \rceil = 4 \qquad \lceil -\pi \rceil = -3$ ♦

SI-Vergrößerungs- und SI-Verkleinerungsvorsätze (DIN 1301)

Man bevorzuge Vorsätze, die einer Potenz 10^{3n}, $n = \pm 1, \pm 2, \ldots$, entsprechen. Vorsätze Deka, Hekto, Dezi und Zenti sollen nur noch dort verwendet werden, wo sie bereits üblich sind.

Die Einheiten von Ergebnissen sollen mit *dem* Vorsatz versehen werden, der den Zahlenwert in den Bereich [0,1; 999] bringt.

Als dritte Spalte sind die umgangssprachlichen Bezeichnungen angegeben.

da	Deka	Zehn	10^1	d	Dezi	10^{-1}
h	Hekto	Hundert	10^2	c	Zenti	10^{-2}
k	Kilo	Tausend	10^3	m	Milli	10^{-3}
M	Mega	Million	10^6	μ	Mikro	10^{-6}
G	Giga	Milliarde [1)]	10^9	n	Nano	10^{-9}
T	Tera	Billion	10^{12}	p	Piko	10^{-12}
P	Peta	Billiarde	10^{15}	f	Femto	10^{-15}
E	Exa	Trillion	10^{18}	a	Atto	10^{-18}
Z	Zetta	Trilliarde	10^{21}	z	Zepto	10^{-21}
Y	Yotta	Quadrillion	10^{24}	y	Yocto	10^{-24}

$10^k, k \in \mathbb{N}$ *Zehnerpotenzen*
$10^{-k}, k \in \mathbb{N}$ *Dezimale*

Griechisches Alphabet

A	α	Alpha	I	ι	Jota	P	ρ	Rho
B	β	Beta	K	κ	Kappa	Σ	σ	Sigma
Γ	γ	Gamma	Λ	λ	Lambda	T	τ	Tau
Δ	δ	Delta	M	μ	My	Y	υ	Ypsilon
E	ε	Epsilon	N	ν	Ny	Φ	φ	Phi
Z	ζ	Zeta	Ξ	ξ	Xi	X	χ	Chi
H	η	Eta	O	o	Omikron	Ψ	ψ	Psi
Θ	θ, ϑ	Theta	Π	π	Pi	Ω	ω	Omega

Bemerkung: Die drei nachstehenden Tabellen wurden entnommen:

Sachs, M.: Wahrscheinlichkeitsrechnung und Statistik, 3. Auflage 2009, Fachbuchverlag Leipzig

Die Werte wurden mit dem Computeralgebrasystem Maple 11.02 berechnet.

[1)] USA, Russland „billion“

A

Verteilungsfunktion der Standard-Normalverteilung

Tabelliert sind die Werte der Verteilungsfunktion

$$\Phi(z) = \frac{1}{\sqrt{2\pi}} \int_{-\infty}^{z} e^{-x^2/2}\, dx.$$

Für $z < 0$ ist die Formel $\Phi(z) = 1 - \Phi(-z)$ anzuwenden.

Beispiel: $\Phi(-0{,}21) = 1 - \Phi(0{,}21) = 1 - 0{,}5832 = 0{,}4168$.

z	0,00	0,01	0,02	0,03	0,04	0,05	0,06	0,07	0,08	0,09
0,0	,5000	,5040	,5080	,5120	,5160	,5199	,5239	,5279	,5319	,5359
0,1	,5398	,5438	,5478	,5517	,5557	,5596	,5636	,5675	,5714	,5753
0,2	,5793	,5832	,5871	,5910	,5948	,5987	,6026	,6064	,6103	,6141
0,3	,6179	,6217	,6255	,6293	,6331	,6368	,6406	,6443	,6480	,6517
0,4	,6554	,6591	,6628	,6664	,6700	,6736	,6772	,6808	,6844	,6879
0,5	,6915	,6950	,6985	,7019	,7054	,7088	,7123	,7157	,7190	,7224
0,6	,7257	,7291	,7324	,7357	,7389	,7422	,7454	,7486	,7517	,7549
0,7	,7580	,7611	,7642	,7673	,7704	,7734	,7764	,7794	,7823	,7852
0,8	,7881	,7910	,7939	,7967	,7995	,8023	,8051	,8078	,8106	,8133
0,9	,8159	,8186	,8212	,8238	,8264	,8289	,8315	,8340	,8365	,8389
1,0	,8413	,8438	,8461	,8485	,8508	,8531	,8554	,8577	,8599	,8621
1,1	,8643	,8665	,8686	,8708	,8729	,8749	,8770	,8790	,8810	,8830
1,2	,8849	,8869	,8888	,8907	,8925	,8944	,8962	,8980	,8997	,9015
1,3	,9032	,9049	,9066	,9082	,9099	,9115	,9131	,9147	,9162	,9177
1,4	,9192	,9207	,9222	,9236	,9251	,9265	,9279	,9292	,9306	,9319
1,5	,9332	,9345	,9357	,9370	,9382	,9394	,9406	,9418	,9429	,9441
1,6	,9452	,9463	,9474	,9484	,9495	,9505	,9515	,9525	,9535	,9545
1,7	,9554	,9564	,9573	,9582	,9591	,9599	,9608	,9616	,9625	,9633
1,8	,9641	,9649	,9656	,9664	,9671	,9678	,9686	,9693	,9699	,9706
1,9	,9713	,9719	,9726	,9732	,9738	,9744	,9750	,9756	,9761	,9767
2,0	,9772	,9778	,9783	,9788	,9793	,9798	,9803	,9808	,9812	,9817
2,1	,9821	,9826	,9830	,9834	,9838	,9842	,9846	,9850	,9854	,9857
2,2	,9861	,9864	,9868	,9871	,9875	,9878	,9881	,9884	,9887	,9890
2,3	,9893	,9896	,9898	,9901	,9904	,9906	,9909	,9911	,9913	,9916
2,4	,9918	,9920	,9922	,9925	,9927	,9929	,9931	,9932	,9934	,9936
2,5	,9938	,9940	,9941	,9943	,9945	,9946	,9948	,9949	,9951	,9952
2,6	,9953	,9955	,9956	,9957	,9959	,9960	,9961	,9962	,9963	,9964
2,7	,9965	,9966	,9967	,9968	,9969	,9970	,9971	,9972	,9973	,9974
2,8	,9974	,9975	,9976	,9977	,9977	,9978	,9979	,9979	,9980	,9981
2,9	,9981	,9982	,9982	,9983	,9984	,9984	,9985	,9985	,9986	,9986

z	0,0	0,1	0,2	0,3	0,4	0,5	0,6	0,7	0,8	0,9
3	,9987	,9990	,9993	,9995	,9997	,9998	,9998	,9999	,9999	1,000

Quantile der Studentschen t-Verteilung

Sei F_m die Verteilungsfunktion der t-Verteilung mit m Freiheitsgraden. Tabelliert sind die Werte $t_{m,\gamma}$ für gegebenes m und γ, sodass $F_m(t_{m,\gamma}) = \gamma$ ist. ($t_{m,\gamma}$ ist das γ-Quantil der t-Verteilung mit m Freiheitsgraden.)

Beispiel: Gesucht ist $t_{7;0,95}$, also z mit $F_7(z) = 0{,}95$. Aus der Tabelle liest man ab (Zeile $m = 7$, Spalte $\gamma = 0{,}95$): $t_{7;0,95} = 1{,}895$.

Für kleine γ ($\gamma = 0{,}1$, $0{,}05$, $0{,}025$ usw.) verwende man analog zur Normalverteilung die Symmetrie $F_m(-t_{m,\gamma}) = 1 - \gamma$.

	γ					
m	0,9	0,95	0,975	0,99	0,995	0,999
1	3,078	6,314	12,706	31,821	63,657	318,309
2	1,886	2,920	4,303	6,965	9,925	22,327
3	1,638	2,353	3,182	4,541	5,841	10,215
4	1,533	2,132	2,776	3,747	4,604	7,173
5	1,476	2,015	2,571	3,365	4,032	5,893
6	1,440	1,943	2,447	3,143	3,707	5,208
7	1,415	1,895	2,365	2,998	3,499	4,785
8	1,397	1,860	2,306	2,896	3,355	4,501
9	1,383	1,833	2,262	2,821	3,250	4,297
10	1,372	1,812	2,228	2,764	3,169	4,144
11	1,363	1,796	2,201	2,718	3,106	4,025
12	1,356	1,782	2,179	2,681	3,055	3,930
13	1,350	1,771	2,160	2,650	3,012	3,852
14	1,345	1,761	2,145	2,624	2,977	3,787
15	1,341	1,753	2,131	2,602	2,947	3,733
16	1,337	1,746	2,120	2,583	2,921	3,686
17	1,333	1,740	2,110	2,567	2,898	3,646
18	1,330	1,734	2,101	2,552	2,878	3,610
19	1,328	1,729	2,093	2,539	2,861	3,579
20	1,325	1,725	2,086	2,528	2,845	3,552
22	1,321	1,717	2,074	2,508	2,819	3,505
24	1,318	1,711	2,064	2,492	2,797	3,467
26	1,315	1,706	2,056	2,479	2,779	3,435
28	1,313	1,701	2,048	2,467	2,763	3,408
30	1,310	1,697	2,042	2,457	2,750	3,385
40	1,303	1,684	2,021	2,423	2,704	3,307
60	1,296	1,671	2,000	2,390	2,660	3,232
80	1,292	1,664	1,990	2,374	2,639	3,195
100	1,290	1,660	1,984	2,364	2,626	3,174
200	1,286	1,653	1,972	2,345	2,601	3,131
∞	1,282	1,645	1,960	2,326	2,576	3,090

Quantile der χ^2-Verteilung

Sei F_m die Verteilungsfunktion der χ^2-Verteilung mit m Freiheitsgraden. Tabelliert sind die Werte $\chi^2_{m,\gamma}$ für gegebenes m und γ, sodass $F_m(\chi^2_{m,\gamma}) = \gamma$ ist. ($\chi^2_{m,\gamma}$ ist das γ-Quantil der χ^2-Verteilung mit m Freiheitsgraden.)

Beispiel: Gesucht ist $\chi^2_{4;0,05}$, also z mit $F_4(z) = 0{,}05$. Aus der Tabelle liest man ab (Zeile $m = 4$, Spalte $\gamma = 0{,}05$): $\chi^2_{4;0,05} = 0{,}71$.

	γ							
m	0,005	0,01	0,025	0,05	0,95	0,975	0,99	0,995
1	0,00	0,00	0,00	0,00	3,84	5,02	6,63	7,88
2	0,01	0,02	0,05	0,10	5,99	7,38	9,21	10,60
3	0,07	0,11	0,22	0,35	7,81	9,35	11,34	12,84
4	0,21	0,30	0,48	0,71	9,49	11,14	13,28	14,86
5	0,41	0,55	0,83	1,15	11,07	12,83	15,09	16,75
6	0,68	0,87	1,24	1,64	12,59	14,45	16,81	18,55
7	0,99	1,24	1,69	2,17	14,07	16,01	18,48	20,28
8	1,34	1,65	2,18	2,73	15,51	17,53	20,09	21,95
9	1,73	2,09	2,70	3,33	16,92	19,02	21,67	23,59
10	2,16	2,56	3,25	3,94	18,31	20,48	23,21	25,19
11	2,60	3,05	3,82	4,57	19,68	21,92	24,72	26,76
12	3,07	3,57	4,40	5,23	21,03	23,34	26,22	28,30
13	3,57	4,11	5,01	5,89	22,36	24,74	27,69	29,82
14	4,07	4,66	5,63	6,57	23,68	26,12	29,14	31,32
15	4,60	5,23	6,26	7,26	25,00	27,49	30,58	32,80
16	5,14	5,81	6,91	7,96	26,30	28,85	32,00	34,27
17	5,70	6,41	7,56	8,67	27,59	30,19	33,41	35,72
18	6,26	7,01	8,23	9,39	28,87	31,53	34,81	37,16
19	6,84	7,63	8,91	10,12	30,14	32,85	36,19	38,58
20	7,43	8,26	9,59	10,85	31,41	34,17	37,57	40,00
22	8,64	9,54	10,98	12,34	33,92	36,78	40,29	42,80
24	9,89	10,86	12,40	13,85	36,42	39,36	42,98	45,56
26	11,16	12,20	13,84	15,38	38,89	41,92	45,64	48,29
28	12,46	13,56	15,31	16,93	41,34	44,46	48,28	50,99
30	13,79	14,95	16,79	18,49	43,77	46,98	50,89	53,67
40	20,71	22,16	24,43	26,51	55,76	59,34	63,69	66,77
60	35,53	37,48	40,48	43,19	79,08	83,30	88,38	91,95
80	51,17	53,54	57,15	60,39	101,88	106,63	112,33	116,32
100	67,33	70,06	74,22	77,93	124,34	129,56	135,81	140,17
200	152,24	156,43	162,73	168,28	233,99	241,06	249,45	255,26

Sachwortverzeichnis

S

E

S

S

I

S

L

S

M

S

S

O

S

S

S

S

S